척추동물

생화학

수정판

척추동물 생화학 수정판

한국수의화학교수협의회 편

집필진

편저자 대표 : 조종후 전북대학교 수의과대학

편저자 :

김곤섭 경상대학교 수의과대학
박상열 전북대학교 수의과대학
박승용 건국대학교 수의과대학
송재찬 경북대학교 수의과대학
신광순 충남대학교 수의과대학
안미라 전남대학교 수의과대학
안태호 전남대학교 수의과대학
이문한 서울대학교 수의과대학
이영재 제주대학교 수의학과
이 항 서울대학교 수의과대학
정배동 강원대학교 수의학과
정의배 충북대학교 수의과대학
(편저자 대표 외 집필진은 가나다순임)

월드사이언스

척추동물 생화학 수정판

2005년 3월 10일 인쇄
2005년 3월 25일 발행
2006년 3월 2일 수정판 발행

공 저 전국수의화학교수협의회
발행인/박선진
발행처/도서출판 월드사이언스

주소/서울특별시 동작구 사당5동 240-15
등록일자/1987년 12월 14일
등록번호/제 3-136 호
대표전화/(02) 581-5811~3
팩스/(02) 521-6418

E-mail/worldscience@hanmail.net
URL/http://www.worldscience.co.kr
http://월드사이언스.com

정가/ 25,000원
ISBN/89-5881-053-X

* 이 도서의 국립중앙도서관 출판시도서목록(CIP)은 e-CIP 홈페이지 (http://www.nl.go.kr/cip.php)에서 이용하실 수 있습니다.(CIP제어번호: CIP2006000394)

서 문

가축을 대상으로 연구하는 축산학이나 수의학에서 가축의 생체 내 각종 영양소들이나 약물들의 동태 내지 대사과정의 이해는 필수적이며, 따라서 척추동물 생화학은 축산학이나 수의학을 완성하기 위한 필수 기초학문이다. 뿐만 아니라 생체 내에서 진행되는 모든 생화학적 반응들은 주변환경이나 질병상태에 크게 영향 받으므로 생화학적 지식은 가축의 건강을 진단하거나 예방 및 치료에 적용할 수 있는 이론적 근거를 뒷받침하는 임상학과도 직접 관계가 있으며 활용범위가 매우 높은 학문분야라고 할 수 있다. 그러나 가축은 종류도 많고, 최근에는 많은 야생동물들조차도 애완동물로 흔히 사육되고 있는 상황에서 모든 동물들을 구별해서 각각의 생화학적 지식을 짧은 시간 내에 연마하기는 매우 어려운 실정이다. 더구나 가축을 비롯한 여러 척추동물들에 관한 생화학 교재는 국내에서 발간된 바 없고 외국서적도 찾아보기 어려워서 이 분야를 공부하고 연구하는 학생들이나 학자들은 많은 어려움이 있어온 것이 사실이며 이로 인하여 대부분의 대학에서 축산학이나 수의학에 필요한 생화학적 지식을 이해하기 위하여 인체 생화학 교재를 사용하고 있는 실정이다. 물론 동물에 따라서는 인체 생화학과 매우 유사한 점도 있으나 동물종에 따라 여러 가지로 다른 점이 많고, 특히 섭취하는 사료나 섭취양태가 달라서 대사의 방향과 속도가 많이 다르다는 것을 이해해야만 할 것이다. 이런 이유로 본 저자는 오래 동안 대학강단에서 수의생화학을 강의해 오면서 척추동물 생화학 교재가 반드시 필요하다고 생각하였고 본인의 능력부족을 절감하면서도 앞으로의 발전에 밑거름이 돼야겠다는 일념으로 이 책을 편저술하게 된 것이다. 그럴지라도 인체 생화학에서 밝혀진 사실들은 척추동물 생화학을 저술함에 있어 여전히 여러 곳에서 인용될 수밖에 없었다는 것도 사실이다.

본 교재는 축산학, 수의학은 물론 애완동물학을 전공하는 모든 학생들을 위하여 저술된 것이다. 화학적 기초가 부족한 학생들을 위하여 전반부에는 생화학을 이해하는데 필요한 기초적 지식을 요약하여 기술하였고 후반부에는 척추동물의 대사와 응용, 영양학, 단위동물과 반추동물의 차이점들을 다루었다. 최근에 유전공학의 중요성이 증대됨에 따라 이의 기초가 되는 핵산에 대한 기초이론과 유전공학에 응용되는 몇몇 예들을 다루어 이 분야에 관심을 가진 학생들에게 도움이 되도록 하였으며. 이 분야는 특히 미생물학과 연관성이 높다. 생화학의 방대한 내용에 비추어 주어진 짧은 시간에 전 과정을 다 소화할 수 없는 경우에는 부득이 전반 기초편을 생략하고 후반 각론만을 공부할 수 있으리라고 생각된다.

생화학의 발전속도는 참으로 상상하기 어려울 정도이다. 그러므로 본 교재를 사용하더라도 새로운 학문의 발전에 항상 관심을 갖는 것이 필요하며 수시로 보완하지 않으면 오래 사용할 수 없다. 단지 이 교재의 발간이 척추동물 생화학의 발전에 조금이라도 밑거름이 되어 보다 충실한 교재가 만들어질 수 있는 기틀이 된다면 저자에게는 큰 즐거움이 될 것이다.

2005년 2월

편저자 대표 **조 종 후**

목 차

제3부 신진대사

제 1부 생화학의 기초

제1장 서론

제2장 물의 성질과 체액의 산-염기 평형

제3장 세포의 구조와 기능

제4장 단백질의 구조와 기능

제5장 효소

제6장 세포막 현상과 생물학적 수송

제7장 생체에너지론과 생물학적 산화

제8장 혈액의 조성과 기능

제9장 위장의 기능

제1장 서 론

1. 척추동물 생화학의 정의와 목표

자연현상을 실질적이고 기능적인 방법으로 잘 이해하기 위해서는 생리화학적 접근법이 중요하다. 그러므로 생리화학의 과제를 다룰 때 제일 먼저 묻는 것이 왜 그것이 필요한가? 그 기능은 무엇인가? 그것을 조절하는 물질은 무엇인가? 그것이 정상적으로 작용하기 위한 조건은 무엇인가? 등의 질문들에서 출발한다. 그 다음에 실질적으로 어떻게 작용하는지에 대한 탐구가 필요하며 이러한 탐구분야를 생화학이라고 할 수 있다. 그러므로 척추동물 생화학은 다양한 동물을 대상으로 하여 다양한 물리화학적 기전들과 보다 통합적인 기능과의 연관성을 다루는 학문이다.

생화학을 더 구체적으로 정의하면 모든 생물체 내에서 계속적으로 일어나는 화학적 변화나 생성하는 물질들의 화학적 성질 등을 연구하는 학문으로 정의할 수 있다. 더 간단히 말하면 살아있는 생물의 화학(chemistry of living things)이라고도 할 수 있다. 생화학은 탐구하는 내용에 따라 생체물질 자체를 연구하는 **정적 생화학**(static biochemistry)과 생체물질의 체내변화를 연구하는 **동적 생화학**(dynamic biochemistry)으로 나눌 수 있다. 따라서 생화학의 범위는 매우 넓으며 생물학 또는 의학의 기초가 된다고 볼 수 있다.

생화학을 효과적으로 이해하기 위해서는 개체의 항상성(homeostasis)개념이 강조된다. 동물들이 잘 알려진 화학과 물리적 법칙의 지배를 받으면서도 표적세포가 어떻게 신호를 감지하고 신경내분비계를 사용하여 자극을 전달, 어떻게 환경에 적응할 수 있는지를 이해하여야 한다. 그러기 위하여 세포 표면현상에서 신경내분비 자극에 의한 2차 전령(2nd messenger)이 조직세포의 반응과 주요 효소들의 활성화를 위하여 작용하는 방법은 세포생리학과 깊은 연관성이 있다. 또한 최근에 급속히 발전하고 있는 유전자 조작의 의학적 적용은 생화학의 한 중요한 분야가 되었다. 또한 혈액과 다른 체액의 구성이 항상성을 유지하면서 어떻게 적혈구가 산소를 운반하는지와 신장기능(renal function)과 관련한 대사의 특성, Na^+, K^+, Ca^{2+}, HCO_3^-, Cl^-, 물, 인산 그리고 산-염기 평형의 이해도 중요하다. 본 교재는 위와 같은 기초적 생화학에 부가하여 위장관의 대사작용을 살펴본 후 생화학적 조절, 간, 지방세포, 근육 및 기타 조직의 신진대사 기능과 분비샘(glands), 영양적 필수 조인자들의 의학적 적용 등을 연관시켜서 중간대사에 관하여 중점적으로 기술하였고 마지막으로 반추동물과 단위동물의 중간대사를 비교하였다.

생화학을 공부하는 목표는 다음과 같이 요약할 수 있다.

- 전문서적을 읽을 수 있는 기초능력. 이것은 독학(self-education)과 최근의 학문발전에 따를 수 있게 한다.
- 주제(topic)를 몇 글자(또는 그림)로 축약할 수 있는 능력을 갖출 수 있도록 한다.

- 동물의 생화학적 지식을 바탕으로 하여 생리학, 약리학, 영양학, 임상병리학, 내과학 등 수의학과 축산학 주변 분야를 완전히 이해할 수 있도록 적용 능력을 배양한다.

위와 같은 목표를 달성하기 위해서 다음 사항들을 실행하여야 한다.

- 기술용어를 정의된 의미 및 철자와 함께 익힐 것.
- 개념들을 가능한 한, 한 단어나 한 문장으로 줄일 수 있는 능력의 배양.
- 새로운 개념에 대하여 예를 들거나 또는 응용 예를 붙일 것.

척추동물 생화학을 이해하기 위하여 배경 지식이 충분하지 않으면 전문 서적을 참고하여야 한다. 보다 전문화된 최신의 교재를 원하면 교수와 상담하여야 한다. 생화학은 급속히 발전하는 학문이므로 항상 신간 교재에 큰 관심을 가져야 하며 특히 원서 독해능력을 기르도록 노력해야 한다. 원서 독해가 어렵다고 생각되는 초학자들은 빠른 실체적 윤곽을 파악하기 위하여 최신의 번역판들을 활용하는 것이 좋을 것이다.

2. 생명현상의 전체적 이해

포유류의 생명을 유지하기 위하여 산소, 음식, 질소화합물은 식물로부터 얻어지며, 식물은 또한 포유류의 대사산물(CO_2, H_2O, 그리고 질소노폐물 등)을 활용한다. 이러한 현상은 끝없이 순환된다(그림 1-1). 그러므로 포유류의 생활은 유동적 상태에 있다. 신체 내에서 끊임없이 화학적, 해부학적 구조의 반복/전환이 계속된다. 탄소, 산소, 수소 및 질소와 같은 원자들은 계속 순환된다. 왜냐하면 화학에서 원자핵은 변형되지 않기 때문이다.

포유동물의 생체화학은 대사경로를 통해 영양소로부터 추출한 전자를 미토콘드리아에 있는 전자전달사슬(electron transport chain)로 보내 에너지를 생성하는 것이다. 그 전자들은 CO_2와 H_2O의 형태로 산소에 의해 재활용된다.

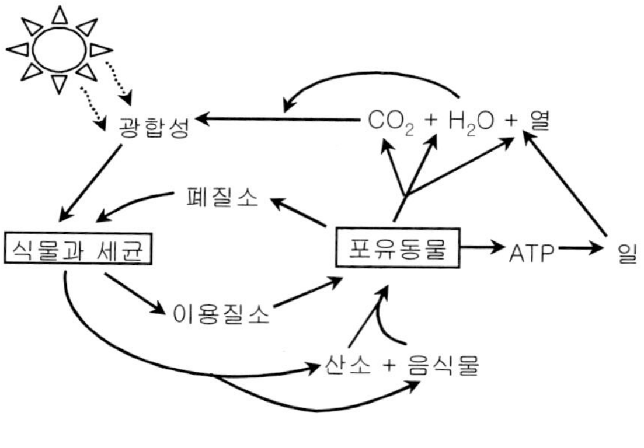

그림 1-1. 생물계에서 포유동물 생명체의 순환.

광합성(photosynthesis)에 의해 흡수된 태양 에너지는 포유동물의 생명현상에 이용되어 대사열로서 소실되거나 육체 활동(운동)의 산물로서 계속적으로 소멸된다. 이렇게 생물체에 흡수된 태양 에너지는 생물체를 통해 유동하면서 생명현상을 유지하기 위하여 상승과정(uphill process, 에너지 축적과정)을 촉진시킬 수 있는 에너지로 전환되는 것이다. 그러나 각각의 상승과정에 사용되는 에너지를 생성하기 위해서는 반드시 필요한 에너지를 유도하도록 에너지를 소모하는 하강과정(downhill process, 에너지 발산과정)을 수반한다. 더 간단히 말하자면, 상승과정에 상응하는 하강과정이 반드시 존재한다. 예를 들면 상승과정인 아세트산으로부터 지질을 합성하기 위해서는 하강과정인 글루코스의 분해를 유도하여 아세트산을 생성한다. 그러나 생물학적 맥락을 벗어난 분리된 계(isolated system)에서는 예외일 수도 있다.

유동상태에 있는 포유동물의 생명체에서 이러한 동적인 모습은 생명현상을 유지하기 위하여 영양에너지를 지속적으로 공급할 필요성을 말해준다. 또한 생물체가 평소의 정상적 항상성 상태에 있는 동안에도 모든 종류의 생화학적 반응들이 지속적으로 진행되고 있다는 것을 말해준다.

1) 항상성

항상성(homeostasis)이라는 용어는 생체가 지속적인 변화를 보이지 않으면서 유동적인 외부조건에 대처하고 보상할 수 있는 능력을 말한다. 40년의 성인기간 동안 인체는 약 6톤의 고형음식과 38,000l의 물을 처리하면서도 체중과 체구성에 있어 안정된 상태를 유지한다. 이것은 살아있는 동안 신체가 구조적 통합을 유지하고 온도, 칼로리, 물, 광물질, 질소 등이 평형을 유지한다는 것을 의미한다. 이 과정에서 소화가 가능한 음식은 계속 CO_2, 물, 노폐물 및 열로 전환된다. 간단히 말해서, 해부학적, 화학적 구조의 파괴와 같은 이화(catabolism)와 합성과 같은 동화(anabolism) 사이에 역동적 평형상태가 유지된다는 것이다. 예를 들어, 장 점막세포들은 새로운 세포들이 형성되는 동안 지속적으로 파괴되며, 체내에 저장된 지방과 탄수화물은 여러 목적으로 이용되지만 하루 동안 저장 에너지의 합성률과 소비율은 같다.

이러한 동적 평형상태의 본질은 무엇일까? 왜 생물은 자동차와 같은 무생물과는 달리 신체적 통합(integrity)을 유지하기 위해 음식을 필요로 하는가? 태양은 에너지를 공급하고, 식물은 전분을 생산하기 위해 그 에너지를 흡수하고, 동물은 그 식물을 먹고, 인간은 그 식물과 동물을 먹는 것이다. 여기에 살아있는 생명체의 평형이 있다. 음식이 조직에 공급되는 한, 구조적 완전성(structural integrity)과 온도, 물, 광물질, 칼로리 등의 균형이 유지되며 안정된 상태(항상성)가 존재하는 것이다. 에너지 공급이 없이는 이들은 급속히 "하강"으로 가게 되고 결국 분해된다. 이러한 개념은 주위 환경 속의 생명체에만 적용되는 것이 아니라 시험관내에서 배양된 세포에도 적용된다. 이리하여, 생명은 "비평형의 영원한 안정 상태를 유지하기 위해 음식이 필요하다"는 말로 기능적으로 정의할 수 있다.

표 1-1. 정상혈당 농도의 범위

동물종	농도(㎎/㎖)
사람	70~110
고양이	65~130
개	70~125
돼지	80~120
말	60~130
암소	40~80
산양	40~75
면양	40~80

본서는 물리적, 화학적, 해부학적, 그리고 생리학적 특성이 조직세포 차원에서, 기관의 차원에서, 그리고 개체 차원에서 어떻게 혼합되고, 조직되고, 통제되는지, 그리고 한 동물종이 다른 동물종들과 어떤 차이가 있는지를 기술할 것이다.

신체 구성에 대한 항상성 조절은 개체 지표

(parameter)들의 일시적 변화를 인정하는 평균치의 일정범위 또는 정상치로 나타낸다. 예를 들어, 서로 다른 종들의 혈당 농도를 비교할 때 관찰된 정상치에 영향을 주는 몇 가지 요인들이 고려되어야 한다(표 1-1). 분명히, 정상범위의 수치들은 평균치 부근의 변화량을 해석할 때 적용하는 중요한 기준이 된다. 예를 들어 37℃ 부근의 체온을 가진 동물은 약 100㎎/100㎖의 혈당 농도를 갖는다. 정상범위를 벗어난 관찰치의 확률을 결정하는데 통계학이 사용되며 그 동물이 비정상인지 또는 가능한 질병증세가 있는지를 판단하는데 이용되도록 한다. 이어서 항상성의 붕괴원인 및 탐지와 그 상황을 정상상태로 환원시키기 위한 방법(치료)들의 연구가 요구된다.

2) 항상성 조절기전

항상성의 유지는 신체의 모든 기관 시스템이 연관되는 과정이다(그림 1-2). 정상치는 확인과 평형의 시스템에 의해 유지된다.

정상치의 작은 편차는 신경과 내분비계에 의하여 검지(monitoring)되어 조절계를 가진 기관으로 전달되어 수정된다. 그러므로 단 하나의 지표(예: 삼투압, pH, 온도 등)의 변화도 신체의 다양한 기관과 시스템 간의 상관반응을 유도한다. 즉, 전 반응(global response)을 유발시킨다. 이 중요한 개념은 신체가 낮은 혈량에 다면적으로 반응하는 것을 보면 알 수 있는데, 수많은 기관과 항상성 조절시스템이 관여한다(그림 1-3). 다시 말하면 확인과 평형시스템의 작용, 즉, 신체의 수많은 기관들이 신경내분비계의 지시하에 협연하는 하나의 통합조직이라는 것이다.

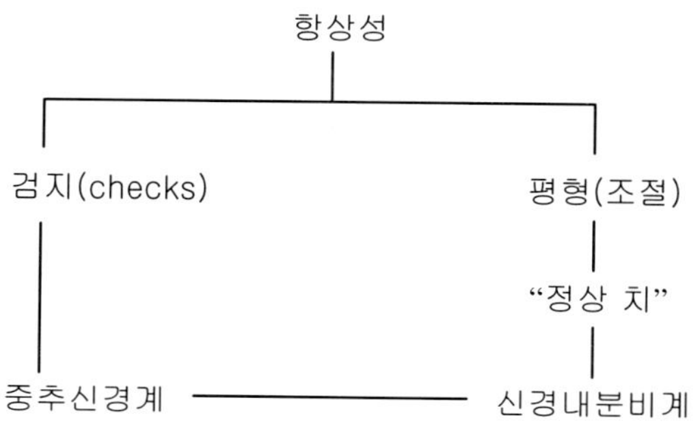

그림 1-2. 항상성 조절기전.

독립된 부분을 연구할 때 통합적으로 조직의 연관성을 염두에 두는 것은 매우 중요하다. "전 상황(global picture)"에서 중추신경계와 내분비계는 주요기관에 대한 보정적 조절(correc- tive control) 기능으로 전 신체의 항상성에 영향을 미친다(그림1-4). 이러한 전 상황은 앞으로 논의할 각 주제에 대한 자세한 논의의 시발점이 될 것이다. 예를 들어, 간에서 해당(glycolysis)을 다룰 때 가장 먼저 "신체에 왜 당 분해가 필요한가", "그 기능은 무엇인가"를 묻는다. 그 다음에 식이성 탄수화물을 장에서 글리코겐(glycogen)의 형태로 한정된 저장능력을 가진 간장(liver)까지 도식적으로 추적한다. 글리코겐으로 저장할 수 없는 과잉의 탄수화물이 가진 에너지는 지방조직 내에 지방으로 저장된다. 간장은 과다한 탄수화물을 지방으로(여기서 해당과정이 요구된다) 전환시키고 그 지방을 지단백질(lipoprotein)의 형태로 지방세포로 내보낸다. 이 과정은 전 상황에서 금방 추적될 수 있다. 어떠한 새로운 주제도 먼저 전 도식(global scheme)에 적용시켜야 하는데 그럼으로써 신체 내에서 차지하는 그 기능을 확인할 수 있다. 그런 후 그 주제를 독립시켜 모두 세부적으로

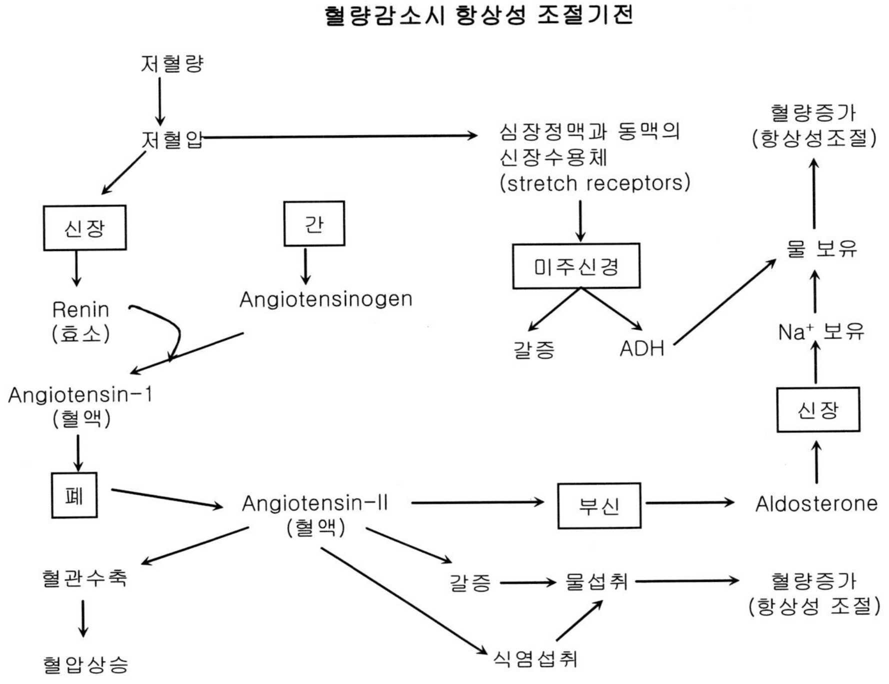

그림 1-3. 항상성 조절을 위한 전 반응. ADH, antidiuretic hormone.

해부하여 연구하고, 다시 전 도식에 맞추어 놓는 것이다.

혈액은 물질들을 세포내 외로 전달하는 매체이다. 그리고 신체를 통한 혈액의 이동을 통해 신경내분비 검지(neuroendocrine monitoring)가 이루어진다. 혈액내의 비정상적인 노폐물질들은 항상성 교란(deranged homeostasis/disease)을 즉시 진단할 수 있게 하는 물질들이다. 혈류(blood stream)는 약품이나 영양소들을 투여할 때 중요한 역할을 한다. 물질들을 경구투여 대신 정맥으로 주사하는 이유는 장의 소화과정을 거치지 않고 흡수과정에 소비되는 시간을 단축시키는데 있다. 물질의 비경구적 투여에는 복강내주사, 근육주사, 피하주사 등이 있다.

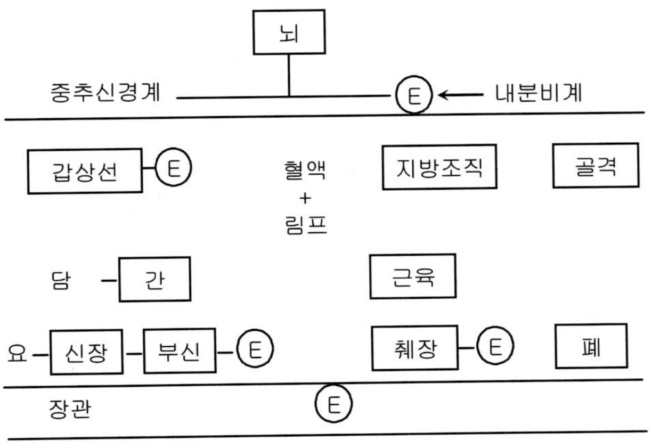

그림 1-4. 전 상황. Ⓔ, endocrine system.

생체에 대한 연구는 직접 동물 개체를 대상으로 하면 이상적이지만 그렇지 못할 경우 한 기관의 기능을 이해하기 위해서 그 기관의 신경분포, 혈액순환, 구성세포들에 대하여 해부학적으로 상세하고도 깊은 연구가 이루어져야 하며 세포의 기능을 이해하기 위해서는 그 세포를 구성하는 소기관들(원형질막, 미토콘드리아, 핵, 소포체 등)을 따로 분리하여 그 구조물의 특성들을 분자(DNA, 효소, 수용체 등)의 개념에서 연구해야 한다. 이러한 결과는 신체의 항상성에 대하여 실질적인 기능적 관점에서 작고 섬세한 신체의 단편으로부터 시작하여 통합적 기관의 기능으로 나타난다. 그러나 전 상황을 항상 염두에 두는 것이 중요하다

3. 생화학 연구에 사용되는 동물실험 재료

생화학이나 생리학은 실험과학이다. 그러므로 연구 보고서나 교과서 등의 모든 출판물은 실험적 데이터의 해석을 바탕으로 한다. 실험 데이터를 입수하여 해석할 때 그것이 반드시 확실한 것은 아니라는 것을 알아두어야 한다. 그래서 교과내용은 언제든지 의심받을 수 있으며 교정될 수 있다. 여기서는 척추동물 생화학을 연구할 때 사용되는 몇 가지 실험재료들을 기술한다. 동시에, 아세포구조물(subcellular structures)의 이름과 기능을 검토한다. 생명을 희생시키지 않고 생체를 조사할 수 있는 방법이 있다면 가장 이상적이다. 그러나 항상 그럴 수는 없기 때문에 연구자는 동물을 죽이거나 단편(또는 시스템)을 분리하는 것 등 자연을 침해하는 일이 흔히 발생한다. 그리고 실험 관찰은 자연적 현상을 반영할 수도, 그렇지 않을 수도 있다. 그래서 연구를 통해 얻은 결론은 다음 중 하나 이상의 조심스런 용어로 표현되어야 한다.

- 사용된 실험 조건하에서만 유효하며, 자연환경에서 사는 무손상동물(intact animal)에 적용할 수 없음.
- 사용된 실험 방법의 결과로 생성된 인공물질(artifact)에 의해 오염되었을 수도 있음.
- 시료 채취에 오류가 있었음: 통계학적으로 유의성이 있음; 즉, 95% 이상의 확률이 있는가?

척추동물 생화학에서 사용되는 연구동물은 무언가를 알아내기 위해 의도적으로 희생시킬 수 밖에 없다. 물질대사에 관한 현재의 지식과 이론은 방사능 표지화합물을 비경구적으로 투여한 후 분리/고립된 개체의 관찰에서부터 동물을 희생시키거나, 조직을 채취하거나, 세포 구조물들을 분리하여 실험한 결과를 기초로 한다.

다양한 목적에 따라 부과된 광범위한 연구에 의하여 얻어진 정보를 정상적인 생체에 적용하거나 추론하는 것이 비록 가능하다 할지라도 한 동물종에 대한 실험결과를 다른 종에게 적용하는 것은 극히 위험하다. 그래서 대부분의 국가는 인간을 위한 약을 상품화하기 전에 다양한 동물종에 대한 광범위한 실험을 수행하도록 엄격히 법률로 규제하고 있다. 그래도 오류는 발생한다. 예를 들어, 전자전달사슬(electron transport chain)과 산화적인산화반응(oxida- tive phosphorylation)을 분리하는 탈공역제(uncoupler)인 디니트로페놀(dinitrophenol)은 동물실험에서는 부작용이 없었으나 인체에서는 급속한 체중감량을 일으키며, 그래서 인간의 체중조절 보조약으로 시판되었다. 그러나 사람들에게 시력상실을 일으키자 곧 판매가 금지되었다. 제약회사는 다시 여러 동물종들에 대하여 실험한 결과 오리가 이런 종류의 부작용을 일으킨다는 사실을 알

아내었다.

동물을 대상으로 하는 척추동물 생화학에 대한 실험적 접근법을 순서에 따라 기술한다.

1) 자연상태의 동물

이 실험은 척추동물 생화학에서는 거의 사용되지 않지만 환경적응, 번식기, 수명, 음식 기호성, 섭취양식 등에 관한 정보를 제공한다.

2) 격리동물

동물을 격리하면 음식물 섭취와 마찬가지로 정신적, 육체적 활동에 변화를 주므로 동물에게 심한 부담이 된다. 그 예로 야생동물을 애완동물용 또는 실험실로 격리시켰을 때 번식을 못하거나 심지어 죽기까지 하는 것이다. 다음의 자료는 격리동물에 대한 실험으로 얻은 것이다.

- 일주기(주야리듬, circadian rhythm): 라틴어의 circa(about)와 dies(days)에서 유래된 일주기는 동물의 wake/sleep사이클, 육체활동, 섭취, 체온, 호르몬 농도, 대사효소의 활성, 배뇨량과 광물질의 배설 등에 대한 24시간의 주기표(periodicity)를 말한다. 일주기에 대한 영향은 매우 크므로 어떤 동물 실험의 해석에도 이 요소가 고려되어야 한다. 동-서간 장시간을 여행한 사람들은 시차로 인하여 수면, 식사 그리고 정신적, 육체적 활동의 큰 변화를 경험한다. 신체활동에 대한 쥐들의 인내력은 조직 글리코겐의 수준이 낮은 저녁보다 수준이 높은 아침에 60% 더 높다.

신체는 생체시계(biological clock)를 갖고 있는데 이를 내부시계(internal timekeeper), 시간조절자(pacemaker), 1차 주야진동자(primary circadian oscillator)라고도 한다. 조류에서 이 시계는 송과선의 분비와 대사활성의 시-소 율동성을 갖게 하는데 이것은 송과선 제제를 사용하는 시험관내 실험에 의하여 증명된다. 포유류에서 wake/sleep사이클의 근원은 시상하부의 시교차상핵(suprachiasmatic nuclei)에 연결되어 있다. 시삭(optic tract)과는 다른 특수 신경삭(special nervous tract; the reino-hypothalamic tract)이 눈의 망막과 시교차상핵을 연결하여 일주효과(circadian effects)의 빛 감수성을 유발시킨다. 인간에서 약 25시간 정도인 선천적 일주기는 명암회로의 24시간 외부리듬으로 맞추어진다. 선천적 리듬과 외부리듬과의 연관을 **엔트레인멘트**(entrainment)라고 하는데, 이것은 습관과 대사능의 주간변동(diurnal oscillations)을 일으킨다. 동물을 암실에서 기르거나, 또는 연속된 채광 속에서 기르거나, 또는 비정상적인 명암의 교차(일정한 공간, 은신처, 부적절한 생활공간 등)상태에서 기르면 그 동물은 행동이나 정신상태에 심각한 영향을 미치게 된다.

- 급여 연구(feeding studies): 평형 연구에서 섭취한 음식물의 양은 배설물의 양과 비교된다. 이 방법 중의 하나는 동물에서 칼슘평형이 정상적인지를 알아보는 것이다.

섭취물과 배설물을 확인함으로써 대사경로의 본질을 추론할 수 있다. 예를 들면, 방사선표지식이성 콜레스테롤은 부분적으로 분변 담즙산염으로 출현된다. 약물의 교체시간(turnover time)과 약물로부터 생성되는 대사산물은 급여연구를 통해서 정립될 수 있다.

급여를 중단하거나 또는 과도한 급여는 성장률, 생식력, 또는 다른 지표에 영향을 줄 수 있다. 이 방법은 비타민류와 광물질에 대한 초기실험에서 많이 이용되었다

▪ 화합물의 비경구 투여시험: 주입(infusion)이나 주사(injection)는 소화와 장관의 영향을 받지 않는다. 이 방법은 너무 소화가 잘되거나 또는 너무 분자량이 커서 장관에서 흡수되지 않는 화합물(예; 폴리펩티드호르몬, 단백질, C-수크로스 등) 등을 체내에 공급하기 위하여 사용된다.

3) 정소부위 관류장기

동-정맥 농도차를 측정하는 방법은 특정 기관의 대사활성 연구에 사용된다. 예를 들어, 절식동물의 간정맥 혈당 농도가 문정맥혈보다 높지만 급여동물에서는 그 반대임이 확인되었으며 따라서 간장은 혈당 농도조절과 관련이 있다는 것을 알 수 있다.

4) 장기 제거 동물

▪ 장기의 제거(organ removal): 장기제거는 분리연구 및 실험을 용이하게 하지만 동물의 어떤 신체기능을 없앤다. 예를 들면, 쥐의 간장을 외과적으로 절제하면 적정 혈당치를 유지하기 위하여 식이성 프룩토스(fructose)를 이용하지 못하며, 고환을 외과적으로 절제(거세, castration)하면 생식능력을 상실한다.

▪ 생체 내에서 기능을 차단시킨 장기: 위대한 생리학자인 버나드(Claude Bernard, ca. 1850)는 그 당시 논란되었던 "혈당 농도의 조절에 대한 췌장의 역할"에 대해 종지부를 찍었다. 그러기까지 그는 개의 췌장관을 결찰하여 소화효소와 중탄산염(bicarbonate) 등, 췌장의 외분비를 차단시켰을 때 췌장의 위축(atrophy)이 있었지만 혈당과 요당농도의 상승을 관찰 할 수 없음으로 췌장은 혈당조절에 관여하지 않는다고 결론지었다. 그러나 1869년 베를린의 의대생이였던 P. Langerhans는 그 위대한 생리학자가 틀렸다는 것을 입증했다.

그는 "Histology of Pancreas"에 관한 짧은 논문에서 췌장의 랑거한스섬(islets of Langerhans)에서 인슐린(insulin)이 생산되어 내분비를 통해 혈중으로 직접 방류된다고 하였다(그림 1-5).

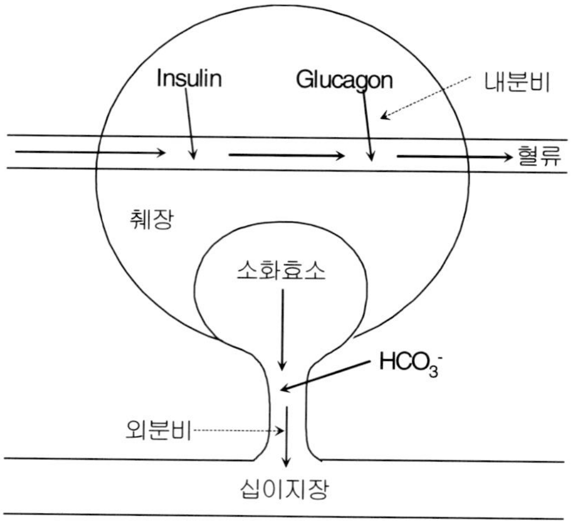

그림 1-5. 췌장의 내분비와 외분비.

분비에 관한 주제에서, 방분비(paracrine)란 한 세포에서 만들어져서 주변 세포에 영향을 주는 물질을 분비하는 것을 말한다. 예를 들면, 췌장 섬(pancreatic islets)의 D-세포에서 만들어진 소마토스타틴(somatostatin)은 인접한 α-와 β-세포 각각에 의한 글루카곤(glucagon)과 인슐린의 분비를 억제한다. 자가분비(autocrine)라는 용어는 세포가 그 자신의 대사에 영향을 주는 물질을 분비하는 것을 말한다. 예를 들어, 라이소솜(lysosome)

을 형성할 때, 새로 합성된 라이소솜 효소전구체들의 한 부분이 그 세포에 의해 분비되고, 다음에 다시 흡수되어 라이소솜 전의 구획으로 보내진다.

▪ 동물에게 급여하거나 주사한 장기추출물: 수탉은 거세(caponization) 후에 볏(comb)과 목밑살(wattles)의 퇴화, 적혈구량의 감소, 수탉울음의 정지, 생식불능 등 몇 가지 변화를 보인다. 거세닭(capons)에 주입된 고환 추출물(테스토스테론 함유)은 생식 불능을 제외한 모든 변화들을 회복시켰다. 사람에서는 인슐린을 주사하면 당뇨병에 의한 췌장부전(pancreas insufficiency)을 보상할 수 있다.

5) 분리된 관류장기

이 기술을 사용하여 내분비와 신경조절이 차단된 상태에서 장기를 관류하는 매체를 조절할 수 있다. 장기의 기능과 약품대사에 관련된 연구가 이 방법으로 연구할 수 있는 것들에 속한다. 예를 들면, 혈중 노폐물의 간장에 의한 제거, 췌장 인슐린의 분비를 자극하는 요소들(secretagogues)에 관한 연구 등이다.

6) 조직 절편

생리적 완충액에서 신선하게 제조한 조직 절편을 배양하는 것은 대사경로를 정립하기 위한 좋은 연구방법이다. 예를 들면, 아세트산, 메발론산(mevalonic acid), 스쿠알렌(squalene) 등과 같은 표지 중간물질로부터 콜레스테롤 합성 등에 관한 연구들이다.

7) 분리세포

분리세포는 장기를 관류하거나 조직세포를 항온 배양하여 만든다. 이때 사용하는 관류액이나 배양액은 *collagenase*를 함유하고 있는데 이것은 콜라겐(collagen)을 소화시켜 세포간 접착을 방지시켜준다. 그 다음에 세포들은 분류되어 세포배양기 안에서 배양되고 증식된다. 분리세포는 순수 세포형으로 물질대사를 연구하거나, 세포인지 현상(예: 수용체, 호르몬작용, 면역), 또는 발암물질들을 검지하는데 이용된다.

8) 조직 균질액

조직 균질기(tissue homogenizer)를 사용하면 세포막은 파쇄되지만 미토콘드리아, 핵, 라이소솜과 같은 아세포 소기관들은 등장액 중에 온전할 수 있다. 균질액은 단백질, 글리코겐, DNA, 효소활성 등의 세포 구성물질들이나 아세포 소기관들의 대사와 관련된 물질들을 분석하는데 이용된다.

9) 아세포 분획

아세포 분획은 도표에서처럼 초원심분리에 의해 얻을 수 있으며, 각각의 분획은 아세포 실체(subcellular entities)들의 혼합물을 함유하고 있다(그림 1-6).

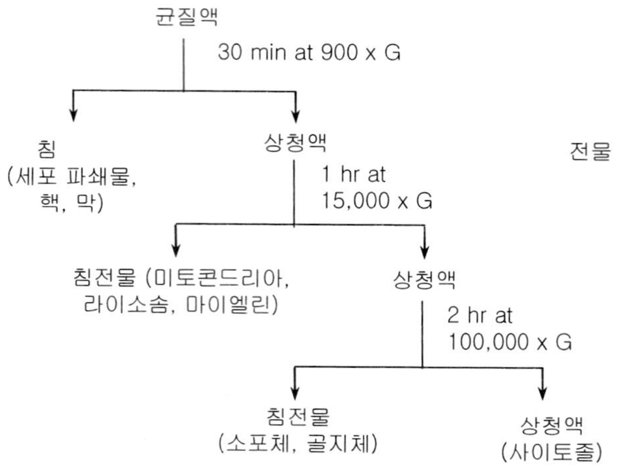

그림 1-6. 초원심분리법에 의한 아세포 분획.

각 소기관들은 수크로스를 사용하는 등의 밀도구배 초원심분리(density gradient ultracen- trifugation)에 의해 보다 순수하게 정제할 수 있다. 소기관들의 정제과정은 전자현미경적 검사(electron microscopic inspection), 표지효소들의 활성 측정(미토콘드리아의 *cytochrome oxidase*, 장막의 5-*nucleotidase*), 또는 핵이나 미토콘드리아 내의 DNA와 같은 표지구성분들을 측정함으로써 검색할 수 있다.

10) 미소 구성분

궁극적으로, 아세포 소기관들은 그들의 구성부위로 분해된다. 예를 들면, 온전한 미토콘드리아에서 내막을 분리할 수 있고 계속해서 그 내막으로부터 산화적인산화의 가장 중요한 특징을 갖고 있는 소 분자단위들을 분리할 수 있다. 생리학에서 다루는 가장 작은 기능성 단위들은 서로 다른 분자들로 구성된 복합체라는 것을 명심해야 한다. 예를 들면, 구조물 중에 부착되어 있는 단위막(unit membrne), 지단백질(lipoprotein), 세포질내의 구조물에 부착되어 있는 효소복합체들이며 각 분자들에 대한 연구는 생화학 분야에 속한다.

4. 생화학에서 중요한 작용기

1) 알콜

생체 내에는 여러 종류의 알콜(alcohol)이 존재한다(예, 당, 일부 지질과 아미노산 등). 알콜은 분자 내에 극성(-OH)과 비극성(alkyl기) 특성을 가진다. 그러므로 이들은 수산화된 탄화수소의 알킬 유도체라고 말할 수 있다. 3개 이하의 탄소원자를 가진 알콜은 물에 완전히 가용성이나 탄소수의 증가, 즉, 비극성 탄소사슬이 증가함에 따라 용해도는 감소한다. 알콜은 -OH기가 결합된 C원자에 결합되어 있는 알킬기의 수에 따라 다음 예와 같이 1급 알콜(primary alcohol), 2급 알콜(secondary alcohol) 및 3급 알콜(tertiary alcohol)로 분류한다.

알콜은 또한 분자 내의 -OH기의 수에 따라 1가 알콜(monohydric alcohol), 2가(dihydric alcohol), 3가 알콜(trihydric alcohol) 및 다가 알콜(polyhydric alcohol)로 분류하기도 한다. 알콜

은 모두 생리학적으로 중요하다. 당은 다가 알콜의 유도체이며 이노시톨(inositol)은 고리로 된 다가 알콜이다. 한 분자 내에 -OH기의 수가 많을수록 수용성은 높아진다. 따라서 6개 이상의 C 원자를 가진 물질이라도 다가 알콜이면 그 수용성은 높다.

Primary butyl alcohol: $CH_3CH_2CH_2CH_2-OH$
(1-butanol)

Secondary butyl alcohol: 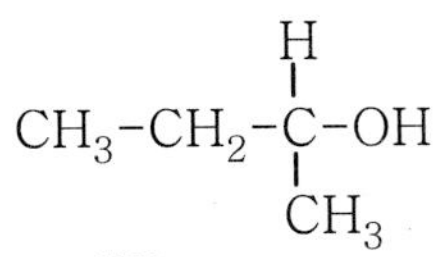
(1-methylpropanol)

Tertiary butyl alcohol: 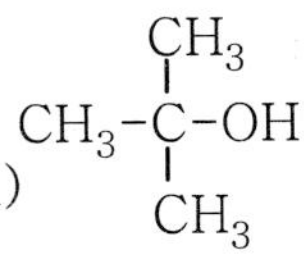
(2-methyl-2-propanol)

생화학적으로 중요한 알콜의 화학반응들은 다음과 같다.

(1) 산화(oxidation):

1급 알콜은 강한 산화제에 의하여 알데히드와 산으로 산화되고, 2급 알콜은 케톤으로 산화된다.

3급 알콜은 C-C결합이 파괴되지 않고는 산화(탈수소)될 수 없다.

Primary alcohol: $R-CH_2OH \xrightarrow{[O]} RCHO + RCOOH$

Secondary alcohol: 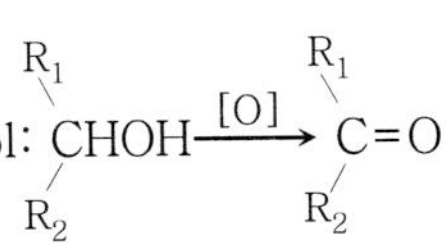

(2) 에스테르화(esterification)

알콜과 산이 반응하여 탈수결합하면 에스테르(ester)가 생성된다.

산은 유기산 또는 무기산일 수 있다. 인산(H_3PO_4)과 황산(H_2SO_4)의 에스테르는 생화학에서 매우 중요하다. 지질은 또한 카복시산(carboxylic acid)과 알콜의 에스테르이다.

$$R-\overset{O}{\overset{\|}{C}}-OH + HO-R' \longrightarrow R-\overset{O}{\overset{\|}{C}}-O-R' + H_2O$$

(3) 에테르 형성(ether formation)

에테르는 알콜의 유도체로 -OH기의 H가 알킬기(R-)로 대체된 것이다. 에테르 결합은 생체에서 비교적 흔하지 않다.

주기율표에서 O와 같은 족에 속하는 S는 유사한 화합물을 형성한다. 티오알콜(thioalcohol,

$R-CH_2-SH$	$R-C(=O)-S-R'$	$R-S-R'$
Thioalcohol	Thioester	Thioether

thiols, mercaptan), 티오에스테르(thioester) 및 티오에테르(thioether)는 모두 자연계에 존재한다.

이황화물(disulfide)과 과산화물(peroxide)은 각기 단백질 구조와 프로스타글란딘(prostaglandin) 생합성에서 중요한 역할을 한다.

$R-S-S-R' \qquad R-O-O-R'$

2) 알데히드와 케톤

알데히드(aldehyde)와 케톤(ketone)은 환원성이 강한 카보닐기(carbonyl기, >C=O)를 가진다. 알데히드기는 카보닐기를 가진 C에 1개의 알킬기가, 케톤은 2개의 알킬기가 붙어 있다.

당은 다가 알콜이면서 동시에 알데히드 또는 케톤이기도 하다. 생화학적으로 중요한 알데히드와 케톤의 화학반응들은 다음과 같다.

(1) 산화(oxidation)

알데히드는 산화되어 카복시산이 된다. 케톤은 쉽게 산화되지 않으며, 그 이유는 3가 알콜처럼 C-C결합이 파괴되지 않으면 H를 방출할 수 없기 때문이다.

$$R-\underset{}{\overset{H}{\overset{|}{C}}}=O \xrightarrow{[O]} R-COOH$$

(2) 환원(reduction)

알데히드는 환원되어 해당하는 1급 알콜을 생성하고, 케톤은 환원되어 해당하는 2급 알콜을 생성한다.

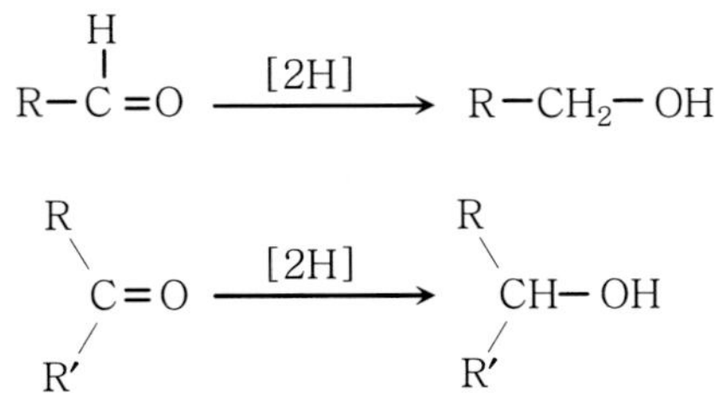

(3) 헤미아세탈 및 아세탈 생성

산성 조건하에서 알데히드는 1분자의 알콜 또는 2분자의 알콜기(-OH기)와 결합하여 각기 헤미아세탈(hemiacetal) 또는 아세탈(acetal)을 생성한다.

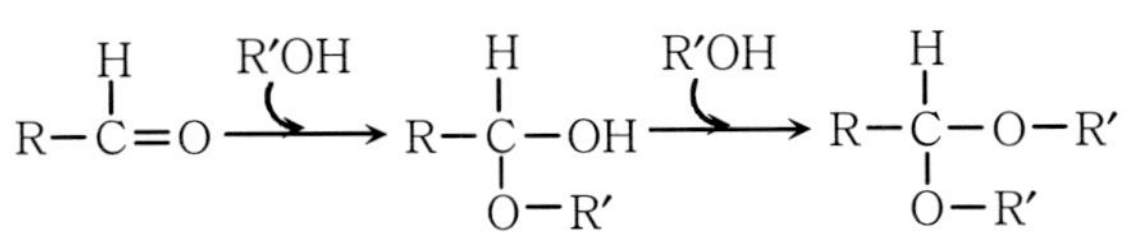

Hemiacetal Acetal

동일 분자 내에 알데히드기와 알콜기를 가지고 있는 알도스(aldose)는 용액 내에서 서로 반응하여 분자내 헤미아세탈을 형성하여 존재한다. 케톤과 알콜은 유사한 반응으로 헤미케탈(hemiketal)과 케탈(ketal)을 형성한다.

또한 알데히드는 티오알콜(thioalcohol)과 반응하여 티오헤미아세탈(thiohemiacetal)과 티오아세탈(thioacetal)을 형성할 수 있다.

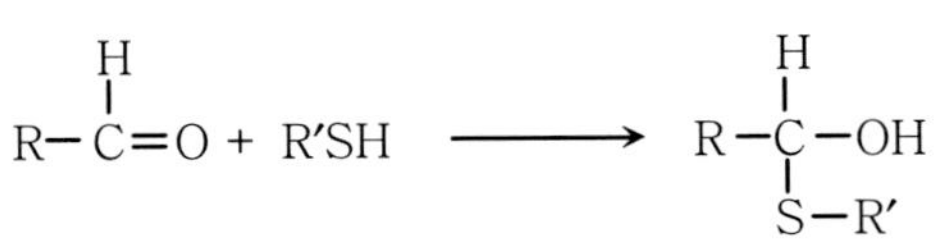

Thiohemiacetal

(4) 알돌 축합(aldol condensation)

알칼리상태에서 알데히드의 카르보닐 탄소원자와 다른 알데히드 또는 케톤의 α-탄소원자가 축합하여 β-하이드록시알데히드(β-hydroxyaldehyde) 또는 케톤을 생성한다. 알돌로부터 유래하는 β-하이드록시산(β-hydroxy acid)은 지방산 대사에서 매우 중요하다.

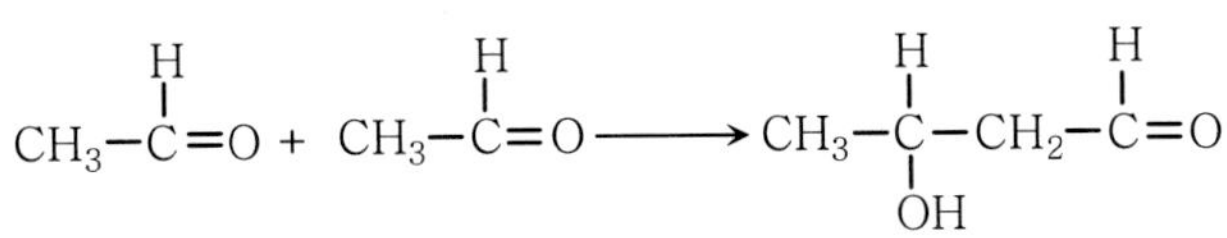

3) 카복시산

카복시산(carboxylic acid)은 같은 탄소원자에 카보닐기(>C=O)와 -OH기를 함께 가지고 있다. 이들은 전형적인 약산으로서 물에서 부분적으로 해리되어 H^+과 $R\text{-}COO^-$을 형성하는데, 이 음전하는 2개의 O원자에 동등하게 공유된다. 생화학적으로 카복시산은 다음과 같이 반응한다.

(1) 환원

완전히 환원(reduction)되면 1급 알콜을 생성한다.

$$R-COOH \xrightarrow{[4H]} R-CH_2OH + H_2O$$

(2) 에스테르 및 티오에스테르 형성

알콜 참조.

(3) 산무수물(acid anhydride) 생성: 2분자 카복시산의 카르복실기 사이에서 한 분자의 물이 빠져서 생성된다.

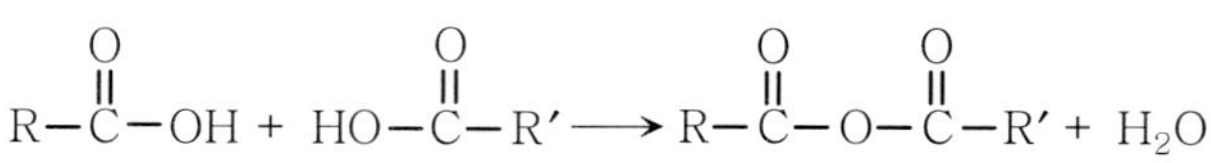

2분자의 산이 동일할 때는 대칭성 산무수물을 생성하고, 각기 다른 산 분자의 탈수 결합은 혼합 산무수물을 생성한다. 자연계에서 발견되는 산무수물에는 인산 무수물(예; ATP)과 인산과 카복시산 간의 탈수결합으로 생성되는 혼합 산무수물이 있다.

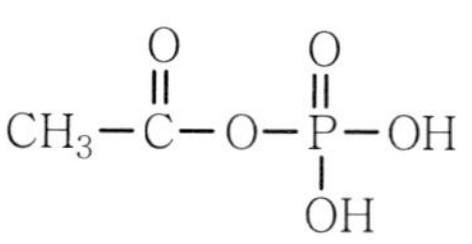

Acetyl phosphate

(4) 염 형성(salt formation)

카복시산은 염기와 반응하여 염을 생성하는데 Na과 K염은 용액 중에서 100% 해리된다.

(5) 아마이드 생성(amide formation)

카복시산과 암모니아 또는 아민(amine)과의 탈수 결합은 아마이드를 생성한다.

특히 중요한 아마이드는 펩티드(peptide)로서 한 아미노산의 아미노기와 다른 아미노산의 카르복시기 사이에 탈수결합으로 생성된다.

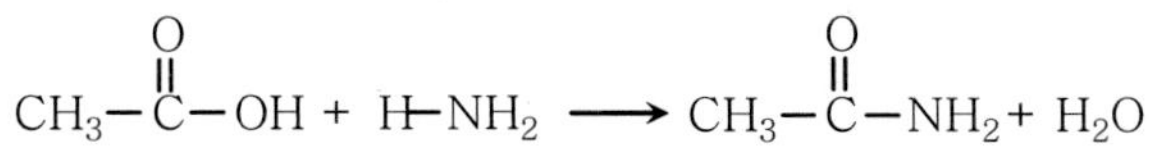

Acetic acid　　Ammonia　　　Acetamide

4) 아민

암모니아(NH_3)의 알킬유도체인 아민(amine)은 일반적으로 기체이거나 휘발성을 가진 액체로서 암모니아와 유사하나 비린내가 나는 물질이다. 1급, 2급 및 3급 아민은 각각 NH_3의 수소원자 중 1개, 2개 또는 3개의 수소원자가 알킬기로 치환되어 생성된다.

Ammonia　　Primary amine　　Secondary amine　　Tertiary amine

용액 내의 암모니아는 H^+과 반응하여 다음과 같이 하전상태와 비하전상태로 존재한다.

$$NH_3 + H^+ \rightleftharpoons NH_4^+$$

Ammonia　　　　Ammonium ion

아민도 암모니아와 유사한 방식으로 행동한다.

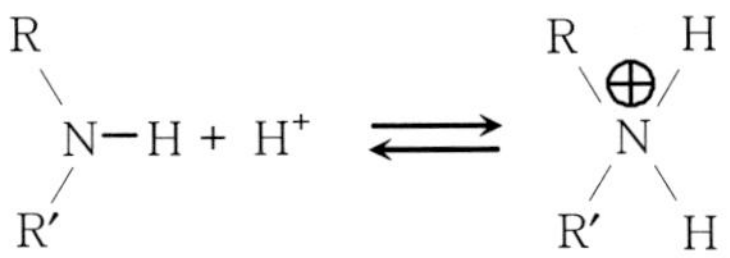

Amine　　　Alkylammonium ion

제2장 물의 성질과 체액의 산-염기 평형

1. 물

1) 물의 이중 기능

동물은 체중의 반 이상이 물로 구성되어 있다. 물은 생명현상이 진행되는 매체로서 중요한 역할을 수행할 뿐 아니라 화학반응물질로 화학반응에 직접 참여한다. 예를 들어, 물은 다음과 같은 에스테르 가수분해에 참여한다.

$$R-\overset{\overset{\large O}{\|}}{C}-OH + HO-R' \longrightarrow R-\overset{\overset{\large O}{\|}}{C}-O-R' + H_2O$$

2) 물의 물리적 성질

(1) 물의 성질에 기초한 물리적 상수

섭씨온도는 0℃를 어는점으로, 100℃를 1기압에서 물이 끓는점으로 정하고 있다. 이 척도는 100등분으로 나눠지며, 수치들은 섭씨(℃)로 표시된다. 화씨온도는 32°F에서 어는점, 212°F에서 끓는점으로 180등분으로 나뉘어진다.

칼로리(cal)는 에너지 단위로서, 물 1g의 온도를 14.5℃에서 15.5℃로 1℃ 상승시키는데 필요한 열량으로 정의한다. 1000cal는 1kcal(혹은 1Cal)이다. CALORIE같이 대문자로 표시하면 cal인지, Cal인지 구별할 수 없으나 이런 경우 kcal을 뜻한다.

물은 4℃에서 최대의 밀도를 갖는다. 질량단위(unit of mass)는 4℃에서 1cm^{3}의 물은 정확히 1g이다. 여름의 따뜻한 물과 겨울의 찬물(1~4℃), 특히 밀도가 낮은 얼음(0.9g/cm^{3}의 밀도를 가짐)은 4℃에서 밀도가 높은 물 위에 뜨게 되어 수중동물의 생활에 도움을 준다.

(2) 물의 열용량

물은 높은 열용량을 가지고 있다. 예를 들어, 물의 온도를 높이는데 많은 양의 열이 필요하다 (1℃당 1cal). 이러한 물의 특징은 온도조절이나 신체의 체온조절에 도움이 된다. 만약 인체가 낮은 열용량을 가진 구리로 만들어져 있다면 가열되어 빛을 발하게 될 것이다.

(3) 수소결합

용액 중에서 한 분자에 속해있는 수소원자는 다른 분자에 속한 산소원자나 질소원자에 연결될 수 있다. 이렇게 적절히 배치된 인접 분자와의 연결을 수소결합(hydrogen bond)이라고 한다. 인접된 산소원자들 간에 수소결합에 의한 연결이 없으면 물은 실온에서 액체가 될 수 없다. 왜냐하면 H_2S(S는 주기율표의 O아래 16번째 칸에 있고 두 배로 무거움)가 기체이기 때문이다. 수소결합은 또한 단백질(나선형, 평판구조)과 두 가닥으로 구성된 DNA 핵산구조를 안정화시키는 데 주요한 역할을 한다.

3) 물의 화학적 성질

물분자는 H^+과 OH^-으로 해리(이온화)하려는 성질을 가진다.

$$H_2O \rightleftharpoons H^+ + OH^-$$

이온은 계속적으로 결합하여 물분자를 형성하고 또 해리되기 때문에 가역적이지만 실제로 물분자의 해리는 극히 적게 나타난다.

4) 물질의 물에 대한 용해도

(1) 물의 쌍극자 성질

물분자의 두 수소원자가 산소원자의 한편에 부착되어 부분적으로 양으로 하전되기 때문에 산소원자는 음으로 하전되며 수소원자는 양으로 하전되어 "극(pole)"을 형성하며 전체적으로 물분자는 전기적으로 중성이다. 이렇게, 물은 양(+)극과 음(-)극을 가진 쌍극자(dipole)이다(그림 2-1).

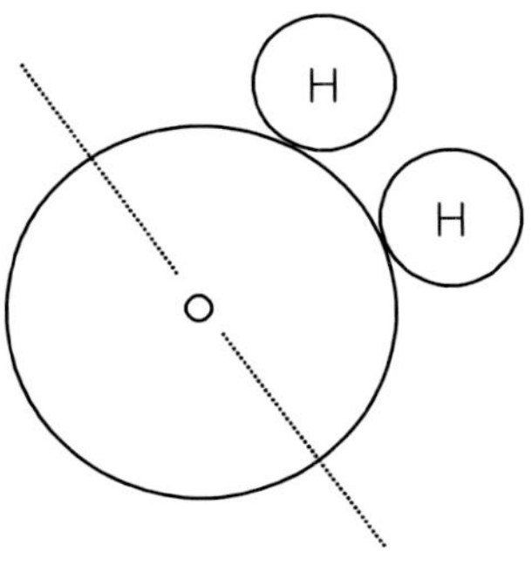

그림 2-1. 물의 쌍극자 성질.

(2) 이온들의 수화

물의 쌍극자 성질은 염을 용해시킨다. 물의 쌍극자들은 이온 주변에 위치하여(그림 2-2) 이온들의 표면을 수화시키므로 이온들 표면의 하전밀도를 감소시켜 상호인력을 약화시키며 이온들이 결정형태로 재결합하는 것을 방해한다.

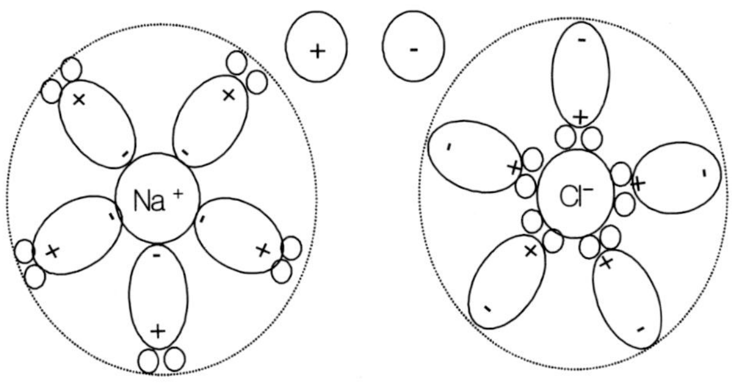

그림 2-2. 이온들의 수화.

염이온들의 수화는 염용액을 농축시킬 때 염용액 중에 유리상태의 순수 물분자(유리수)들이 결핍될 수 있다. 유리수의 결핍으로 이온들 간에는 유리수에 대한 경쟁이 생긴다. 따라서 염용액 중의 단백질은 분자의 하전된(이온화된) 원자단들이 수화되지 않아 단백질분자들끼리 응집하여 침전할 수 있다. 단백질들이 중성염용액 중에서 침전되는 이러한 현상을 "염석(salting out)"이라고 하며, 염석의 차이를 이용하여 용액의 염농도를 단계적으로 증가시키면서 원심분리하면 개개의 단백질들을 혼합물에서 분리할 수 있다.

(3) 극성(polarity)

앞에서 언급한 바와 같이, 하전된 원자단 또는 이온들의 수화는 물에 대한 용해도를 증가시킨다. 유기물질들은 음이온(예, $-COO^-$과 H^+으로 분리되는 -COOH)과 양이온(예, NH^{3+}와 같은 양자화된 아미노기)의 이온기를 가질 수 있다. 이온기들은 물과 상호 작용하므로 이온기를 가지고 있는 유기물질들(아세트산, 아미노산등)은 물에 대한 용해도가 증진된다. 이온기 외에 불균등한 전하를 가진 전기적으로 중성인 원자단들은 물과 같이 극성화하므로 이런 원자단들을 가지고 있는 물질들도 물에 대한 용해도를 증대시킨다. 극성 원자단에 대한 예로는 알콜[= CH(OH)], 케톤[= CO], 알데히드[= CO(H)], 니트로기[= CH (NO_2)] 등이 있다. 극성을 증가시키는 것이 물에 대한 용해도를 증대시키는 것처럼, 물질의 용해도는 극성 원자단이 없으면 감소된다. 예를 들어, 메탄(CH_4)은 물에 용해되지 않지만 메탄올(CH_3OH)은 용해된다. 또, 유기산의 극성 카르복실기[R-C(O)O-]가 에스테르[R-C(O)O-R′]를 생성하면 극성 카르복실기가 가려져서 용해도는 많이 감소된다.

5) 소수성 상호작용

물과 상호작용하는 물질의 성질을 친수성(hydrophilic)이라 하고, 비극성 물질의 물에 대한 성질을 소수성(hydrophobic)이라고 한다. 비극성 부위 간에는 약한 인력이 작용하여 소수성 물질 간에 상호 작용한다(그림 2-3). 예를 들어 수용액 중의 소수성인 지방입자들은 약한 인력으로 합쳐지며, 이를 소수성 상호작용(hydrophobic interaction)이라고 한다. 이러한 인력 때문에 소수성 물질은 기름에 용해되며, 그러한 성질을 친유성(lipophilic)이라 한다. 생물학에서 유성매체의 예로 세포막이 있다. 세포막은 세포내부에 접하고 있는 지질이 외부의 지질과 상호작용 한다. 친유성 물질은 친수성 물질보다 더 쉽게 지질이중층(lipid bilayer)을 통과한다. 그래서 영양소나 약물 등의 소수성 또는 친유성의 정도에 따라 세포 내 흡수율이 결정된다.

6) 양성 상호작용

양성물질(amphoteric compound)은 친수성 부위와 소수성 부위 모두를 가지고 있으므로 친유성 물질이나 물과 동시에 상호작용 할 수 있으며 이를 양성상호작용(amphoteric interaction)이라고 한다.

(1) 청정제

양성물질은 수성매체 속에서 지질을 결합하여 운반할 수 있는데 이런 양성물질을 청정제

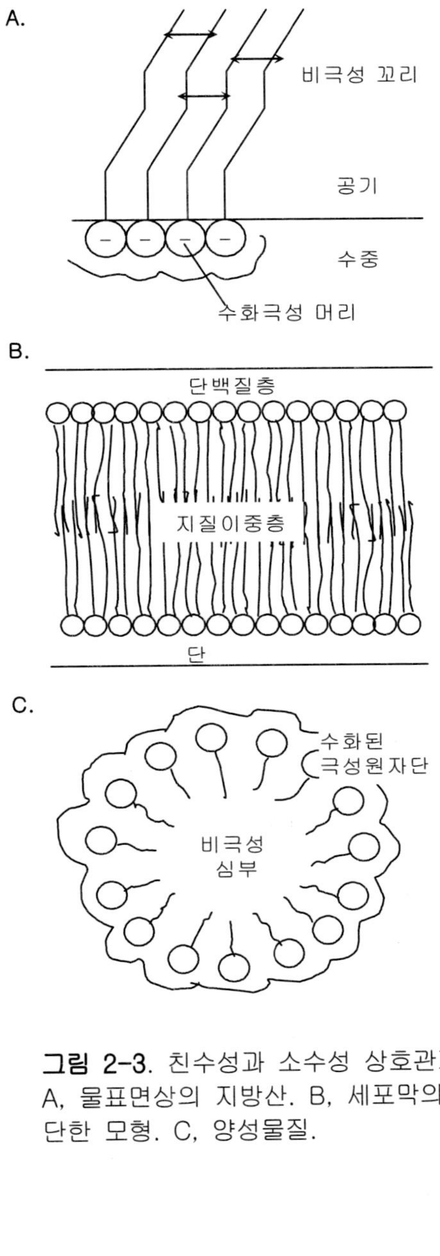

그림 2-3. 친수성과 소수성 상호관계. A, 물표면상의 지방산. B, 세포막의 간단한 모형. C, 양성물질.

(detergents)라고 한다. 동물체에서 가장 중요한 청정제는 담즙산염(bile salts)인데 담즙산염은 비극성 콜레스테롤에 극성원자단(알콜과 카르복시기등)이 많이 첨가되어 만들어진다. 담즙산염의 작용방법인 지질미셀(lipid micelle)의 형성과 다른 양성물질(예, lecithin)에 의한 지질유탁입자(lipid emulsion droplets)의 안정화에 대해서는 추후에 논의한다.

(2) 단백질 결합

단백질은 양성물질중 대표적인 물질이다. 단백질은 극성 아미노산들(아스파르트산, 글루타민산, 세린, 리신, 아르기닌 등)로 구성되어 있는 친수성 주머니와 함께 비극성 아미노산들(루신, 이소루신, 발린, 페닐알라닌 등)로 구성되어 있는 소수성 주머니를 가지고 있다. 비극성 물질(예, 지질)은 소수성 주머니와 결합하고 많은 극성원자단의 복합체는 수용성이 된다.

- 이러한 단백질 결합은 다음의 예들에서 보여주는 바와 같이 생리학적으로 매우 중요하다. 혈액 내에서 알부민(albumin)과 결합한 빌리루빈(bilirubin)의 수송.
- 단백질 결합은 호르몬과 같은 작은 생 분자(vital molecule)들이 신장에서 걸러져 요중으로 배설되는 것을 방지한다.
- 혈청에서 단백질 결합 호르몬(불활성형)과 유리 호르몬(활성형)간의 가역적 해리 평형은 호르몬의 활성을 조절한다.
- 특정의 운반단백질(transport protein)들이 호르몬들, 지질, 무기질 및 비타민 등의 운반에 사용된다[예; 코티솔(cortisol)을 운반하는 트랜스코르틴(transcortin), 지방산을 운반하는 알부민, 콜레스테롤과 중성지질을 운반하는 아포단백질(apoprotein), 철을 운반하는 트랜스페린(transferrin), 동을 운반하는 세룰로플라스민(ceruloplasmin), 비타민 B12를 운반하는 트랜스코발라민(transcobalamin) 등]. 이들 운반단백질들은 기능성 물질들을 운반하여 특이적인 수용체에 단백질결합을 통해서 표적 조직에 들어가도록 돕는다.
- 어떤 효소단백질은 막에 끼워져 있어 비극성 물질들을 기질로 이용할 수 있다.

2. pH와 완충액

1) pH

pH = -log[H^+]: H^+농도의 범위는 너무 크기 때문에 수소이온 농도를 직접 표기하기보다 [H^+] 앞에 음(-)의 대수(log)를 붙여 표시하면 실용적이다. 그러나 잘못하면 착각하기 쉬운데 그것은 직선으로부터 곡선을 만들기 때문이다. 예를 들어, pH 7.1에서의 [H^+]는 pH 7.4에서의 [H^+]에 비하여 두 배나 된다. 또한 동물체에서 혈청의 pH 범위(7.1~7.8) 안에 있는 [H^+]는 10^{-8} 에서부터 10^{-7}molar의 범위내에 있는데 그것은 혈장 [Na^+]의 백만분의 1보다도 적은 량이다.

H^+공여체(H+donor)는 HA ↔ H^+ + A^-과 같이 산(acid)으로 작용한다. 그리고 **H^+수용체**(H^+ acceptor)는 A^- + H^+ ↔ HA와 같이 염기(base)로 작용한다. H_2PO_4-과 같은 물질은 양자(proton, H^+)를 주거나 받음으로써 산 또는 염기로 작용할 수 있다.

약전해질(weak electrolyte)은 부분적으로 해리 되는 반면, **강전해질**(strong electrolyte)은 완전히 해리된다. 염산은 강산이고, 아세트산은 약산이며, 단백질은 약전해질이다.

2) 완충액

약산은 용액 중에서 화학 평형의 법칙에 따라 등식이 $K = \frac{[H^+][A^-]}{[HA]}$ 성립된다.

양변에 대수를 붙여 변형시키면 $pH = pK_a + \log \frac{[H^+\text{수용체}]}{[H^+\text{공여체}]}$ 식이 유도되는데 이 등식을 Henderson-Hasselbalch 등식이라고 하며 모든 완충계에서 유효하다. 어떤 산에 짝 염기를 가하면(예; 아세트산에 아세트산나트륨을 가하는 것) 그 산으로부터 자연스럽게 분리된 H^+은 H^+수용체인 짝 염기의 일부를 제거할 수 있다. 이 등식을 다음과 같이도 쓸 수 있는데 H^+수용체 대신에 염농도를, H^+공여체 대신에 산농도를 쓴 것이다.

$$pH = pK_a + \log \frac{[\text{염}]}{[\text{산}]}$$

pK_a는 해리상수의 음의 대수이며 [A^-(염)]와 [HA(약산)]가 같을 때 pK=pH이므로 Henderson-Hasselbalch 등식에서 대수치(log term)는 0이 된다.

결과적으로 약산과 그 짝염기가 공존하는 용액을 완충액(buffer solution)이라고 한다. 완충액에 산(H^+)을 가하면 용액 중의 짝염기와 반응하므로 제거되며, 반대로 알카리(OH^-)를 가하면 용액 중의 H^+과 반응하므로 제거되어 pH에 큰 영향을 주지 않는다. 그러므로 약산과 그 짝염기의 농도가 같을 때 가장 이상적인 완충액이 된다.

3) 적정곡선

그림 2-4에서 보여주는 완충물질의 적정곡선(titration curve)에서 다음과 같은 특징을 알 수 있다.

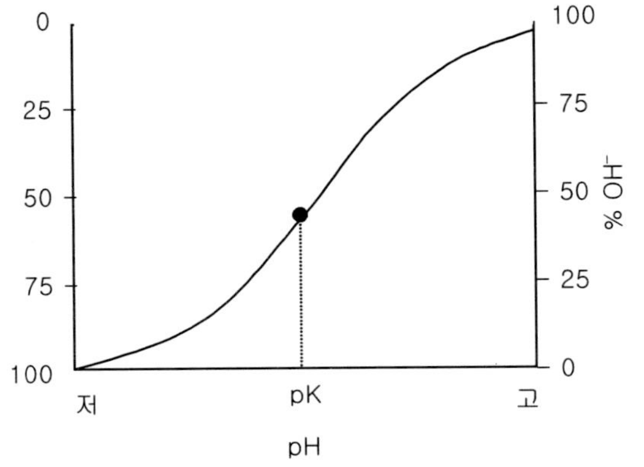

그림 2-4. 완충액의 적정곡선.

- 모든 완충물질들에 대한 보편성
- pK 주위의 대칭성
- pK 주위의 급격한 경사(최상의 완충 범위)
- 산과 염기에 대한 완충력

3. 체액

1) 체수의 근원

대부분의 동물들은 주로 음수의 방법으로 물을 얻는다. 또한 물을 함유하고 있는 음식을 섭취하여 물을 얻는데 이는 특히 육식동물에서 중요하다. 생명체는 또한 체내에서 음식의 산화로 생성된 대사수(metabolic water)를 이용하기도 한다. 탄수화물은 $(CH_2O)n$으로 표현되며 O_2에 의하여 연소되어 CO_2와 H_2O를 생성한다. 이런 방법으로, 주로 CH_2사슬로 구성되어 있는 지질은 다음과 같이 연소되어 대사수를 생성한다.

$$CH_2(s) + 1.5\ O_2\ (g) \longrightarrow CO_2(g) + H_2O(l)$$

대사수는 낙타와 새에게 특히 중요하다.

2) 체수의 기능

생체의 주요 구성분인 물은 체내 모든 조직공간을 채우고 있으며, 다음과 같은 많은 기능을 수행한다.

- 화학 반응물질로 작용한다(예, 가수분해).
- 이온과 거대분자들의 용매로서 역할을 수행한다.

- 운반의 매체가 된다(예, 혈액, 담즙, 요, 유즙).
- 쇼크를 흡수한다(예, 뇌척수액).
- 윤활제로 작용한다(예, 활액).
- 체온을 조절한다(열 보유능력과 폐와 피부로부터의 열 발산).

인체에서 총 체수량(total body water volume)은 수분의 섭취가 다름에도 불구하고 하루에 1% 이하의 범위에서 변화된다. 더 많은 물을 섭취하면 요생성을 증가시켜 배설한다(자발적 배설). 그러나 식품과 음료중의 수분 섭취와 영양소의 산화에 의하여 생성된 대사수는 자발적 또는 강제적 수분의 배설과 평형을 이루어야 한다. 강제적 상실은 염류 및 삼투성을 가진 용질들의 강제적인 배제를 수반하는 분과 요를 통한 배설과 피부와 폐에서의 증발이다. 성숙동물의 휴식 중 수분교체는 10-30 mℓ/kg/day로서, 대체로 일당 수분 요구량은 15mℓ/kg이다. 그러나 수분의 교체는 많은 인자들, 즉, 동물 종, 식료, 연령, 환경(습도, 바람 및 온도), 건강(열, 하리, 당뇨병) 및 비유(lactation)에 의하여 영향을 받는다(표 2-1).

표 2-1. 두과식물 목초를 섭취한 Holstein 암소의 수분평형

물 섭취(ℓ)			물 배출(ℓ)		
근원	**건유기**	**비유기**	**근원**	**건유기**	**비유기**
음수	26	51	분	12	19
음식물	1	2	요	7	11
대사수	2	3	증발	10	14
			우유	0	12
총량	29	56	총량	29	56

3) 체액의 구획

가축의 총 체수는 체중의 55~75% 범위에 있다. 총 체수의 평균치는 60%로서 종(species), 연령(노화로 감소), 성별(수컷이 높음) 및 비만증(adiposity)에 의하여 영향을 받는다. 지방은 10% 이하, 근육은 70% 이상의 수분을 함유하고 있으므로 마른 사람은 70% 이상, 비만한 사람은 40% 이하의 수분함량을 가질 수 있다.

표 2-2. 생체의 구분과 비율

구분	비율(%)
고형물	30~50
세포내액	30~40
세포외액	20~25
간질액	14~16
혈장	4~5
세포통과액	1~6

총 체수의 약 2/3는 세포내액(intracellular fluid)이다(표 2-2).

혈관 액은 간질액(림프액)과 세포 통과액이며, 뇌척수액, 수양액(aqueous humor), 활액(synovial fluid) 및 정량적으로 가장 중요한 소화액 등이 여기에 속한다. 성인에서 매일 분비되는 소화액의 총량은 8.2ℓ로, 혈장 3.5ℓ보다 많고 세포외액 14ℓ보

표 2-3. 인체 소화 분비액의 종류와 양

분비액	분비량(㎖/day)
타액	1500
위액	2500
담즙	500
췌장액	700
장액	3000
총량	8200

다는 적다(표 2-3).

세포외액(extracellular fluid)은 혈관 내액(vascular fluid)과 혈관 외액(extravascular fluid)으로 나누어진다. 혈관 내액은 혈장(plasma)과 세포들(적혈구, 혈소판 및 백혈구)을 함유한다. 총 혈량은 동물 종에 따라 다르며, 따라서 헤마토크리트치(hematocrit, packed cell volume, PCV)도 산양에서 약 23%, 개에서 약 47%처럼 동물에 따라 다르다(표 2-4).

표 2-4. 동물의 혈량과 hematocrit(PCV)치

동물	양(체중의%)			PCV (%)
	총혈량	혈장	적혈구	
개	8.5	4.5	4.0	47
고양이	6.7	4.7	2.0	30
닭	6.5	4.5	2.0	31
암소	5.7	3.8	1.9	33
산양	7.0	5.4	1.6	23
면양	6.5	4.5	2.0	31
돼지	7.5	4.8	2.7	36
말(Draft)	7.0	4.0	3.0	43

4) 체액의 조성

(1) 체액의 조성

생체에서 체액의 구분은 막에 의하여 구별되며 물과 호흡기체는 구획 간에 자유롭게 이동할 수 있다. 하나의 구획, 예를 들면, 혈장은 삼투압수용기(osmoreceptor)에 의하여 감시되며, 그 구획의 용량은 신장에 의한 수분의 보유와 배설에 의하여 유지되고 조절된다. 체액의 총량은 주로 신장에서의 무기질과 수분의 보유와 상실에 의하여 조절된다.

세포내액과 세포외액(혈장)의 조성을 비교 관찰하면, 다음과 같은 특징을 발견할 수 있다. 간질액은 혈장에 비하여 단백질 함량이 더 낮은 것을 제외하면 주요 전해질 함량에서 대체로 비슷하다(그림 2-5).

- K^+은 세포내액의 주요 양이온이며, Na^+은 세포외액의 주요 양이온이다.
- 인산($H_2PO_4^{2-}$)은 제1의 세포내 음이온으로 대부분이 인산화된 유기물질로 존재한다. Cl^-은 세포외액 중 가장 많은 음이온이다.

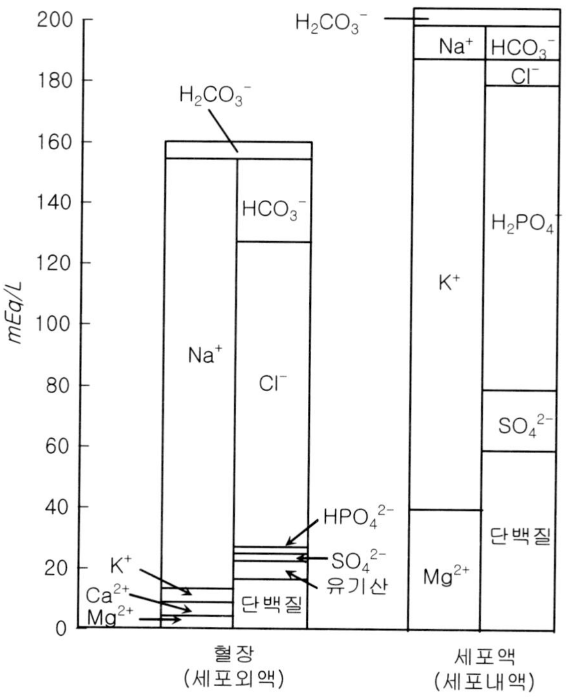

그림 2-5. 세포외액(혈장)과 세포내액의 전해질 조성.

- 세포내액의 단백질 농도는 간질액과 혈장보다 높다.
- 세포내액은 균일하지 않다. 미토콘드리아와 소포체에서 Ca^{2+}의 격리, 라이소솜의 낮은 pH는 불균일한 분포의 예들이다. 그러므로 세포내액의 조성은 평균치로 나타낸다.

(2) 혈장의 조성

인체혈액의 약 절반은 세포로 되어있고, 세포는 주로 적혈구이며 또한 소수의 백혈구와 혈소판이 들어 있다. 나머지 액체 부분은 혈장이며, 이는 90%의 H_2O와 10%의 용해물질로 되어있다. 혈장 중 고형물질의 70% 이상이 단백질이다(표 2-5).

표 2-5. 혈장 단백질의 주요 분획

단백질	양(㎎/100㎖)	분자량	기 능
Albumin	3500~4500	66,000	혈액 부피조절; 지방산 운반
α_1- Globulin	300~600	40,000~60,000	지질, 타이록신 및 부신피질호르몬 운반
α_2- Globulin	400~900	100,000~400,000	지질과 동(Cu) 운반
β-Globulin	600~1100	110,000~120,000	지질, 철 및 헴 운반; 항체활성
γ-Globulin	700~1500	150,000~200,000	순환하는 항체 대부분
Fibrinogen	3000	340,000	Fibrin의 전구체
Prothrombin	100	69,000	Thrombin의 전구체

표2-6. 혈장의 조성

<table>
<tr><td rowspan="5">전혈</td><td rowspan="2">혈장</td><td>H_2O</td><td>무기성분 (10%)</td><td>NaCl, HCO_3^- , $H_2PO_4^{2-}$-완충액, $CaCl_2$, $MgCl_2$, KCl, Na_2SO_4</td></tr>
<tr><td>용질</td><td>유기물 및 노폐물 (20%)</td><td>Glucose, Amino acids, Lactate, Pyruvate, 케톤체, Citrate, Urea, Uric acid</td></tr>
<tr><td rowspan="3">세포</td><td>적혈구</td><td rowspan="3">혈장 단백질 (70%)</td><td rowspan="3">주요혈장단백질:
albumin
초저밀도 지단백질
저밀도 지단백질
고밀도 지단백질
Prothrombin
Immunoglobulin
Fibrinogen
운반단백질들

Immunoglobulin에도 수백종의 다른 단백질이 존재한다.</td></tr>
<tr><td>백혈구</td></tr>
<tr><td>혈소판</td></tr>
</table>

표 2-7. 혈장의 주요 비단백 유기물질의 농도

성분	정상범위 (mℓ/100mℓ)
질소화합물	
요소	20~30
아미노산	35~65
요산	2~6
Creatinine	1~2
탄수화물	
Glucose	70~90
Fructose	6~8
유기산	
케톤체	1~4
Lactate	8~17
Pyruvate	0.4~2.5
Citrate	1.5~3.0
지질(α-와 β-globulin에 결합)	
총지질	300~700
Triacylglycerols	80~240
Cholesterol 및 cholesteryl esters	130~260
Phospholipids	160~300

표 2-6은 정상인의 혈장 내 주요한 용질 분포의 개략을 나타낸 것이다. 혈장 고형물질의 약 20%는 각 기관 사이를 이동하는 유기대사물질과 요로 배설되기 위해 신장으로 운반되는 요소와 산들이며(표 2-7), 혈장 고형물질의 나머지 10%는 무기질이다. 표 2-8은 인체의 혈장 중 전해질 농도를 보여준다.

표 2-8. 인체 혈장의 전해질농도

양이온	(mEq/ℓ)	음이온	(mEq/ℓ)
Na^+	144.0	Cl^-	105.0
K^+	4.0	HCO_3^-	25.0
Ca^{2+}	5.0	Phosphate	1.5
Mg^{2+}	2.0	SO_4^{2-}	0.5
		유기산	9.0
		단백질	14.0
총량	155.0	총량	155.0

표 2-9. 성인 요의 주요성분

성분	배설량 (g/24시간)	농도비 (요/혈장)
Glucose	< 0.05	< 0.05
아미노산	0.80	1.0
NH_4^+	0.80	100
요소	25	70
Creatinine	1.5	70
요산	0.7	20
H^+	pH5~8	300까지
Na^+	3.0	1.0
K^+	1.7	15
Ca^{2+}	0.2	5
Mg^{2+}	0.15	2
Cl^-	6.3	1.5
HPO_4^{2-}	1.2g P	25
SO_4^{2-}	1.4g S	50
HCO_3^-	0~3	0~2

(3) 요의 조성

정상인 요의 조성을 표 2-8에 나타내었다. 정상인의 요 중 글루코스는 극히 미량만이 존재한다. 이 글루코스는 ATP-의존성 막수송계의 작용으로 농도구배에 역행하여 신사구체(glomeruli) 여과액으로부터 혈액으로 재흡수된다.

요중 NH_4^+, K^+, 인산염을 포함하는 두 번째 부류의 용질의 농도는 혈액보다 높다. 이 용질들 역시 농도구배에 역행하여 혈액에서 세뇨관으로 능동운반된다. 요소(urea)나 크레아티닌(creatinine)을 함유하는 세 번째 부류의 용질은 재흡수되지 않으므로 세뇨관을 따라 내려가면서 점점 농도가 증가된다. 예외적으로 Na^+은 세뇨관의 시작부위에서 재흡수되지만 그 중 일부는 뒤에 다른 양이온과 교환되어 다시 요로 되돌아간다.

Na^+과 K^+의 운반은 신장에서 특히 중요하다. 신장은 Na^+을 보유하고 K^+을 배설하므로써 매우 중요한 이 양이온들을 적절한 농도로 유지시킨다. 실제로 모든 포유동물의 세포 내에는 고농도의 K^+과 저농도의 Na^+을 함유하지만 혈장과 대부분의 세포외액은 고농도의 Na^+과 저농도의 K^+을 함유하고 있다. 대부분의 세포 형질막은 K^+을 세포내로 운반하는 동시에, Na^+을 밖으로 운반하는 *Na^+K^+-ATPase*를 함유하고 있다. 에너지 의존적인 이 과정은 세포질의 ATP가 ADP와 인산염으로 가수분해되는 과정과 짝지어 일어난다. 세뇨관 세포의 *Na^+K^+- ATPase*는 Na+의 배설을 억제하고 K^+의 배설을 촉진한다. 에너지를 필요로 하는 글루코스 및 아미노산의 운반계와 Na^+과 K^+을 운반하는 *Na^+K^+-ATPase*의 작용에 의하여 혈중으로부터 제거할 물질은 배설하고, 필요한 물질은 재흡수한다. 호흡에 의하여 생성되는 ATP의 3/4 이상이 신장의 능동운반에 사용되어 요를 생성한다.

(4) 림프액

림프액과 간질액은 때로는 서로 혼동해서 사용되지만 정확히 말하면 림프액은 림프관 내의 액체를 말한다. 림프액의 단백질 조성은 해부학적 위치에 따라 크게 다르다. 피하 림프액은 0.25%의 단백질을 함유하지만 간장 림프액은 6%까지 단백질을 함유하고 있다. 혈장 및 세포 여과액과 같이 림프액은 거대 단백질(글로불린)보다는 작은 단백질(알부민)이 풍부하다. 피브리노겐과 프로트롬빈이 존재하며 따라서 방치하면 림프액을 응고시킨다. 림프액의 중요한 기능 중의 하나는 조직단백질과 혈장에서 흘러나온 혈장 단백질과 같은 특별한 물질들을 간질에서 먼 곳으로 운반하며 혈액순환으로 돌아갈 수 있도록 운반한다. 림프세관의 다공성(porosity)은 이러한 기능을 수행할 수 있게 한다. 부가적으로 림프액은 액체가 간질로부터 혈액으로 흐를 수 있도록 하는 부차적 경로이다.

70kg의 체중을 가진 사람에서 24시간 동안 정상적 림프액의 흐름은 2~4ℓ(약100㎖/hr)이다. 림프액의 흐름은 다음과 같은 사실에 기인하는 것으로 생각되고 있다.

- 골격근의 운동
- 흡기(inspiration)중 음의 흉강내압(intrathoracic pressure)
- 림프관이 끝나는 위치에 있는 정맥혈의 고속흐름에 의한 흡인효과(suction effect)
- 거대 림프관벽의 율동성 수축

림프관은 역류를 방지하는 판막을 가지고 있으므로 골격근의 수축은 림프액을 심장으로 밀어낸다. 림프관 근처에 있는 동맥혈관의 박동은 비슷한 효과를 나타낼 수도 있으나 림프관벽의 수축은 중요하며 수축 속도는 함유하고 있는 림프액량에 직접 비례하여 증가한다.

림프액의 흐름을 증가시키는 최림프물질(lymphagogue)들은 모세관 막투과성을 증가시키는 물질들을 말한다.

(5) 간질액

세포간의 공간인 간질(interstitium)은 조직의 약 16%를 차지한다. 이 공간은 콜라겐섬유와 프로테오글리칸 필라멘트(proteoglycan filaments)로 구성된 겔 물질로 채워져 있다. 이 겔은 액체의 흐름을 효과적으로 억제하나 용질의 확산을 저해하지 않는다.

혈액과 간질공간사이의 액체이동은 동맥밖으로 액체를 이동시키거나(정미 여과압, net filtration pressure) 또는 정맥내로 돌아오는(정미 흡수압, net absorption pressure) 실질적인 힘, 즉, 네 개의 정수압 내지 삼투압의 총합인 스타알링력(Starling force; 그림 2-8)의 대수적 합계로 측정된다. 혈액과 혈관외액간 정상적 평형의 변화로부터 나타나는 임상적으로 중요한 문제는 부종(edema)과 쇼크이다.

간질의 액체총량인 부종은 스타알링력의 유체동력학적 평형 이상에 기인한다(표 2-10).

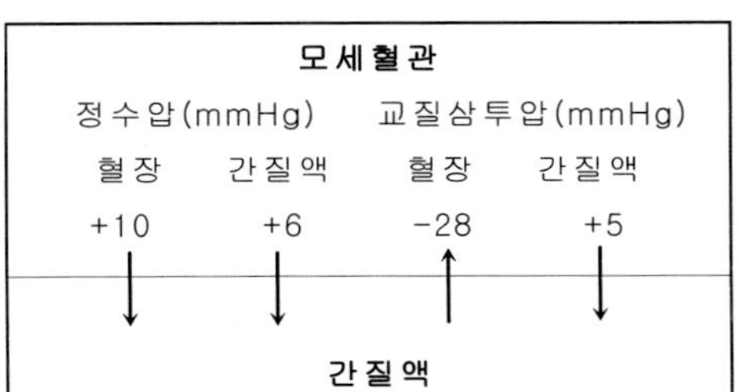

그림 2-7. 모세혈관의 간질액 재흡수 (Starling forces; mmHg).

표 2-10. 부종(A~C)시 스타알링력(액재흡수)의 평형

예	정수압 (mmHg)		교질삼투압 (mmHg)		정미 재흡수압 (mmHg)
	혈장	간질액	혈장	간질액	
정상	+10	+6	−28	+5	−7
A	+41	−3	−28	+5	+15
B	+10	−1	−10	+8	+7
C	+10	−10	−28	+28	0

주: 혈장의 정수압은 피하조직 모세혈관 말단의 정맥혈압과 같다. 음의 간질액 압력은 림프액 펌프작용에 의하여 유지된다. 정미 재흡수압은 체액을 모세혈관의 정맥으로 끌어들인다. (+)는 체액을 모세혈관 외로 유출하는 압력이며, (-)는 체액을 모세혈관 내로 흡수하는 압력이다.

- 예 A: 심장마비에 의한 모세관 정수압의 증가, 또는 히스타민 유리는 국소 알레르기반응을 일으켜 세동맥을 이완시키고 세정맥을 수축시켜 두드러기(urticaria)를 일으킨다.
- 예 B: 혈장 단백질농도의 저하로 인한 혈장 교질삼투압 감소는 부적절한 단백질 영양, 신증(nephrosis)에 의한 요를 통한 단백질 상실, 간 질환 및 혈관의 다공성 증가(따라서 간질 교질삼투압 증가)로 인한 혈장단백질의 상실 등이 원인이다. 피부화상으로 인한 혈관의 파열은 단백질 유실을 초래하며, 혈관 막공의 확대로 다공성이 증대되어 수포(blister)가 생기고 혈장단백질도 유실된다. 세균독소와 알레르기 반응들은 혈관 투과성을 증대시키는 또 다른 원인들이다.
- 예 C: 간질액의 교질삼투압 증가는 간질의 단백질 축적을 암시하며 이는 혈액에서 빠져나온 혈장단백질이 축적된 부위의 림프성 배액 폐쇄에 기인할 수 있다. 예를 들면, 암환자에서 림프절을 절제한 후의 종창을 일으키는 것과 같다.
- 쇼크는 혈액으로 적절하게 관류되지 못하는 기관들의 일반적인 순환장애로 정의된다. 쇼크는 화상과 아나필락시반응(anaphylactic reaction)에서와 같이 출혈이나 혈관 투과성의 증가에 기인할 수 있다.

4. 체액의 산-염기 평형

1) pH 항상성의 중요성

모든 생체가 기능을 유지하기 위하여 좁은 범위 내의 pH유지는 반드시 필요하다. 산-염기 평형을 변화시키는 조건들은 체액의 농도와 양, 효소활성 및 수송과정에 영향을 주어, 대사는 물론 신경과 근육의 기능을 조절하는 막 전위 같은 기관의 기능에 영향을 준다.

대부분의 세포외액에서 정상적인 생리적 pH는 7.4이다. 세포내액의 pH는 대사활성에 따라 차이가 있으며 평균 pH 7.0 전후이나 라이소솜과 같은 어떤 입자들에서는 pH가 더 낮다. 혈액의 pH 7.4는 정맥혈의 7.35(높은 pCO_2에 기인)와 동맥혈의 7.45의 중간이다. 생리적 pH를 벗어

나는 혈액의 낮은 pH를 **산혈증**(acidemia)이라고 하며, 보통 **산증**(acidosis)을 수반한다. 혈액 pH가 7.4 이상이면 **알카리혈증**(alkalemia)이라고 하며, 증상을 **알카리증**(alkalosis)이라고 한다. 포유동물의 생명유지에 적합한 혈액 pH는 대략 7.0~7.8의 범위이다. 산증(pH 7.0 이하)의 주요 증세는 중추신경계의 억제로 방향감각의 상실, 혼수, 이어서 죽음에 이른다. 알카리증의 주요 증세는 신경계의 과도한 흥분으로 근육의 경련을 일으키며 호흡근의 진전(tetany)으로 폐사할 수 있다.

2) H^+농도에 대한 음식물의 영향

(1) H^+ 생성(산성화)

조직으로부터 폐로 CO_2의 수송시 H^+의 출현은 일시적이다. 왜냐하면 조직에서 *carbonic anhydrase*에 의하여 생성된 H^+($CO_2 + H_2O \leftrightarrow H^+ + HCO_3^-$)은 폐에서 역반응으로 H^+을 사용하기 때문이다. 다만 약간의 HCO_3^-이 생체서 소실된다면(예, 해리), H^+은 남게 되고 영원한 부담으로 작용한다.

혐기적 조건(심한 근육운동, 적혈구의 대사)에서 글루코스 대사는 H^+과 lactate$^-$(젖산이온)을 생성한다. 이때 생성된 젖산은 간장에서 다시 글루코스로 전환되거나 혹은 CO_2와 H_2O로 대사되므로 단지 일시적으로 부담이 된다. 그러나 젖산이온이 Na^+이나 K^+처럼 요로 배설된다면 잔류하는 H^+ 때문에 큰 부담으로 작용한다. 젖산은 대부분의 동물에서 혈중농도 50㎎/100㎖로서 요중에 출현하며, 특히 심한 운동 중에 잘 나타난다.

젖산산증(lactic acidosis)은 반추동물에서 곡류와 같은 발효성 탄수화물을 과식하였을 때, 제1위내의 세균총(microbial flora)에 의하여 생성된 과량의 젖산(느리게 대사되는 D-이성체 포함)을 흡수하여 발생한다. 젖산은 강산으로 다량의 젖산이온이 요중으로 배설되면 H+의 부담이 생기고 반추류에 심한 산증을 일으킨다.

메티오닌, 시스테인 및 시스틴 등의 황을 포함하는 아미노산은 H^+을 생성하는 산들이다. 단백질 섭취 후 이들 아미노산들의 황은 산화되어 H_2SO_3를 생성하지만 이때 생성되는 H^+에 대한 부담은 적다. 왜냐하면 모든 황을 포함하는 아미노산의 산화로 생성되는 H^+은 아미노산의 α-COOH로부터 생성되는 HCO_3^-의 약 7%이하만을 중화할 수 있는 양으로 적기 때문이다.

케톤체인 아세토아세트산(acetoacetic acid)과 β-하이드록시부티르산(β-hydroxybutyric acid)은 강산들이다. 간은 절식, 당뇨병, 면양의 다태임신(multiple pregnancy) 및 소의 비유초기 등에서 탄수화물이 부족하게 되며, 이 때 지방으로부터 케톤체들을 과량으로 생성한다. 이 산들의 생성속도보다 대사속도가 느리면 음이온은 요 중에 배설되고 H^+은 동물에 큰 부담으로 남게 된다 (ketoacidosis).

암모늄염을 투여했을 때 생성되는 NH_4^+으로부터 요소의 생성은 H^+ 생성 과정이다($2NH_4^+ + CO_2 \leftrightarrow O = C(NH_2)_2 + 2H^+ + H_2O$). 그러나 체내에서 최초로 NH_4^+이 생성될 때 H^+을 사용하므로 이 때 생성되는 H^+은 부담이 되지 않는다.

(2) H^+소비 (알카리화)

식품 중의 대사성 유기산음이온(예, lactate⁻, citrate⁻)은 CO_2와 H_2O로 연소될 때 자신의 음이온에 해당하는 하나의 H^+을 고정하여 소모시키므로 체액을 알카리화한다. 채소와 과일은 다량의 유기산을 함유하므로 대사에 의하여 H^+을 소모시키고 HCO_3^-을 생성한다. 따라서 초식동물은 알카리성뇨를 배설하지만 육식동물은 그렇지 않다.

반추류의 요소독성은 과량의 요소를 섭취하였을 때 일어난다. 요소는 제1위에서 *urease*의 촉매로 암모니아를 생성한다($O = C(NH_2)_2 + H_2O_2 \leftrightarrow NH_3 + CO_2$). 이때 생성되는 암모니아가 미생물의 단백질 합성에 사용되는 것보다 과량일 때 H^+을 흡수하여 NH_4^+을 생성한다. 제1위에서 흡수된 NH_4^+은 간장에서 요소로 전환될 때 다시 H^+을 유리시키므로 H^+의 부담이 없다. 그러나 간장에서 요소생성의 저하로 제1위에서의 NH_4^+ 생성과 평형을 이루지 못할 때, NH_4^+은 요중으로 배설되어 알카리증을 일으킨다.

3) 체액의 산-염기 평형

생체의 산-염기 항상성은 H^+과 HCO_3^-을 조절하는 완충기전이 있기 때문에 가능하다. H^+을 생성하거나 소모하는 생체 완충물질들은 화학적 및 생리적 완충계로서 작용한다.

(1) 화학적 완충

정상 상태에서 혈청의 생리적 pH는 7.4이기 때문에 7.4 부근의 pK를 가진 혈액 중의 완충물질들이 그 pH에서 최적의 완충력을 갖는다. 다음의 완충계들은 pH 7.4에서 완충에 적합한 최적의 pK는 아니지만 체액내에 존재하는 4개의 가장 중요한 완충계에 속한다.

① **탄산완충계**(HCO_3^-/H_2CO_3):pK 6.1: $H^+ + HCO_3^- \leftrightarrow H_2CO_3 \leftrightarrow CO_2 + H_2O$.이 완충물질의 pK는 생리적 pH에서 훨씬 벗어나 있지만 이 완충계는 혈청의 완충에 매우 중요하다. 왜냐하면 신체의 장기시스템이 항상성으로 H^+수용체/H^+ 공여체로서 HCO_3^-/H_2CO_3 농도를 조절하기 때문이다.

HCO_3^-/H_2CO_3 완충계는 하나의 주요한 완충계일 뿐 아니라 일차적인 산-염기 장애와 생체의 방어에 중대한 영향을 미치는 완충계이다. 완충계에 대한 Henderson-Hasselbalch 방정식은

$$pH = pK + \log \frac{[H^+ \text{수용체}]}{[H^+ \text{공여체}]}$$

탄산 완충계(pK = 6.1)는

$$pH = 6.1 + \log \frac{[HCO_3^-]}{[H_2CO_3]}$$

혈액의 pH = 7.4 이므로

$$7.4 = 6.1 + \log \frac{[HCO_3^-]}{[H_2CO_3]}$$

따라서 pH 7.4가 되기 위해서는 $[HCO_3^-]/[H_2CO]$ = 20/1 이어야 한다.

탄산 완충계의 적정곡선(그림 2-8)은 pH 7.4 근처에서 생리적 중요성을 가진다. 인체는 알카리의 도전에 대응할 주요 완충제의 능력은 극히 제한된 pH 범위에 있으며, 생존에 알맞은 산성쪽은 가파른 곡선으로 단지 약간 더 나은 완충력을 가질 뿐이다. 다행히도 혈장 중에서 이 완충계가 비교적 높은 농도로 존재하여 어느 정도의 화학적 완충능력을 제공하며, 특히 동물에서는 산성부담에 비하여 알카리의 부담에 대하여 더 큰 완충력을 제공한다.

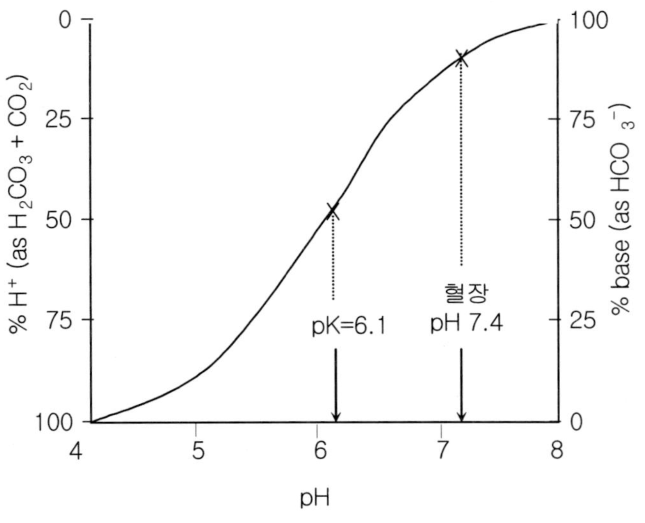

그림 2-8. HCO_3^-/H_2CO_3 완충액의 적정곡선. 혈장의 pH 7.4에서 pK=6.1인 이 완충계의 완충력은 매우 약하다.

물에서 H_2CO_3와 용존 CO_2의 관계는 $CO_2 + H_2O \leftrightarrow H_2CO_3$이므로 총 CO_2의 양($H_2CO_3+CO_2$)은 CO_2 분압(pCO_2)에 CO_2용해도(S)를 곱한 것 ($S \times pCO_2$)에 비례한다. 체온에서 S=0.03mmole/ℓ/ mmHg이므로 Henderson-Hasselbalch 방정식에 적용하면,

$$pH = 6.1 + \log \frac{[HCO_3^-]}{[0.03 \times pCO_2]}$$

예를 들면, 동맥혈에서 pCO_2=40mmHg, $[HCO_3^-]$ = 24mEq/ℓ일 때, pH = 6.1 + log [24/(0.03×40)] = 7.4 이다.

HCO_3^-/H_2CO_3 완충계는 주변 공기중의 CO_2와 접촉하고 있는 개방완충계로서 중요하다. 또한 주요 대사산물인 CO_2는 H^+이 고갈될 때 이용할 수 있도록 완충에 필요한 H_2CO_3를 다량 공급할 수 있다. 한편 CO_2는 휘발성이므로 완충에 의하여 생성된 과량의 H_2CO_3는 폐에서 외부로 배출될 수 있다.

HCO_3^-/H_2CO_3계의 중심기능을 보여주는 그림 2-9에서 HCO_3^-은 대사성 산-염기 장애 시에 주

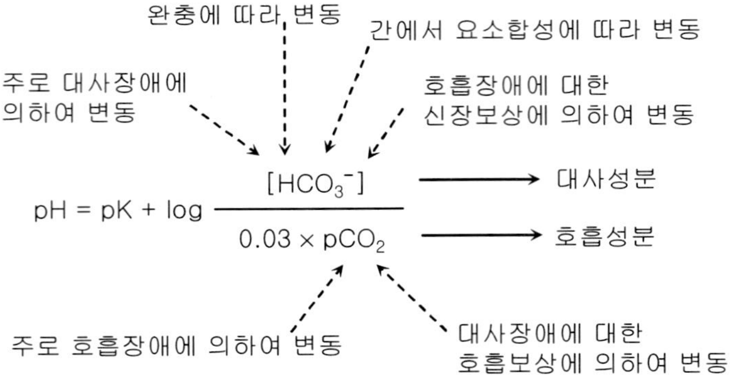

그림 2-9. 산-염기 평형에서 HCO_3^-/H_2CO_3 완충계의 중심기능.

로 영향을 받는 성분이다. HCO_3^- 농도는 호흡장애와 간에서 요소합성 정도에 따라 변하는 pCO_2에 대응하여 신장에서 흡수되는 HCO_3^-에 의하여 조절된다. 이러한 재흡수에 의한 조절은 pH 7.4에 알맞도록 $[HCO_3^-]/[H_2CO_3]=20/1$로 복귀하려는 경향으로 이루어진다. pCO_2는 주로 호흡성 산-염기 장애시에 영향받는 호흡성분으로 묘사되며, 그 값은 대사장애에 의한 $[HCO_3^-]$의 변화에 대응하여 폐와 호흡중추에 의한 호흡조절로 변화된다. 다른 계에 의한 완충 또한 그 비율에 영향을 준다(그림 2-9참조). HCO_3^-/H_2CO_3의 비율을 일정하게 유지하는 완충계의 조절이 이루어진 후 모든 다른 완충계의 조절이 뒤따르고, 체액의 pH 조절도 이루어진다.

② **인산완충계**(HPO_4^{2-} /$H_2PO_4^-$)**:** pK 6.8: $H^+ + HPO_4^{2-} \leftrightarrow H_2PO_4^-$. 이 완충계의 pK는 혈청의 pH에 가깝지만, 혈청중의 인산농도가 낮아서 세포외액에서는 생리적으로 중요하지 않다. 그러나 인산완충계는 세포내에서는 양적으로 중요한 완충계이다.

$$\mathrm{pH}\ 7.4 = 6.8 + \log \frac{[\mathrm{HPO_4^{2-}}]}{[\mathrm{H_2PO_4^-}]} \text{ ;비율은··4:1}$$

③ **조직세포의 단백질완충계:** H^+ + $Protein^-$ ↔ HProtein. 단백질은 생존능력(viability)의 한계를 벗어난 pH에서 가장 잘 작용하는 완충물질이다.

④ **적혈구의 헤모글로빈에 의한 완충:** 사람의 혈청 중 이러한 완충물질들의 농도는 적다. 혈청HCO_3^-/CO_2 , 24~29mmol/ℓ; 인산염, 1~1.5 mmol/ℓ; 그리고 단백질 50~80g/ℓ이다. 더욱이 이들의 pK 값만으로 보면, pH 7.4에서 좋은 완충력을 가진 완충물질은 하나도 없다.

(2) 생리적 완충

혈액의 pH는 7.1~7.8로 생명유지를 위하여 좁은 범위 내에서 항상성으로 조절된다(그림 2-10). 생리적 pH 7.4 이하의 혈청 pH는 산혈증이라고 하며, 이것은 동물에서 산증의 일반적 상

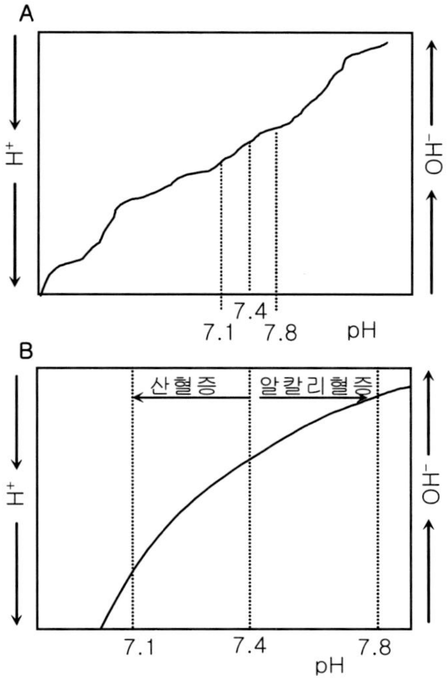

그림 2-10. A, 혈청의 적정곡선. B, 실질적 혈청 pH의 범위.

태이다. 반면에 혈청 pH 7.4 이상이면 알카리혈증이 되며 알카리증의 일반적 상태이다.

산-염기 평형이 깨지면 H^+농도는 거의 모든 생명현상에 다음과 같이 중요한 영향을 미친다.

- 효소활성을 변화시켜 물질대사에 영향을 미친다.
- 막투과전위(transmembrane potential)를 변화시켜 세포내외로 합성물질들의 수송과 신경 및 근육의 특성에 영향을 미친다.
- 호흡에 영향을 미친다.
- 헤모글로빈의 산소운반 능력에 영향을 미친다.
- 국소적 혈액의 흐름 등에 영향을 미친다.

그러므로 H^+농도가 잘 감시되고 완충되어야 한다. 화학적 완충제들은 산-염기 환경에 대응하여 신속하게 그리고 일시적으로 방어하지만 결국 화학 완충제들은 원래의 상태로 복귀하며, 화학적 완충계에 의한 완충력이 약화되면 유기적인 생리적 완충계가 혈청 pH를 조절하여 생명을 유지하도록 구조한다. 가해진 산이나 염기는 생체로부터 영원히 제거된다. 이런 결과는 다음과 같이 생리적 완충계에 의하여 달성된다.

- 호흡계는 CO_2를 보유하거나 배제하는 폐의 능력을 위하여 신속하게 호흡항진(hyperventil-ation) 또는 호흡저하(hypoventilation) 상태로 개선된다. 그러나 단지 부분적으로만 효과가 있다.
- 산증과 알카리증에서 Na^+, Cl^-, K^+, NH_4^+, HCO_3^- 및 다른 이온이나 물질들을 보유하거나 제거하는 신장의 적응 능력에 의하여 느리지만 완전하고 효과적인 완충능력이 발휘된다.
- 조직과 골격 중의 K^+ 및 Na^+과 혈장 중 H^+의 교환에 의하여 조절된다.
- 간에서 요소와 글루타민을 생성하여 HCO_3^-과 NH_4^+을 제거한다.
- HCO_3^-을 중화시키기 위하여 간에서 생성된 요소를 장에서 분해시켜(*urease*에 의하여) NH_4^+을 생성한다. NH_4^+의 생성은 간장, 장 및 다른 기관들의 기능에 의하여 조절된다.

그러나 영구적이며 확실한 재조정은 산-염기의 생성 원인이 개선되지 않으면 달성될 수 없다.

4) 호흡에 의한 산-염기 평형 조절

호흡조절은 HCO_3^-/H_2CO_3 완충계의 pCO_2 성분에 작용한다.

pCO_2는 폐포의 호흡속도(alveolar ventilation rate)에 역비례 한다. 폐포의 호흡속도를 두 배

로 하면 +0.23의 pH 상승을 가져온다. 정상 호흡속도의 25%까지 호흡속도가 감소하면 pH가 0.4 저하되며, 이 수치는 폐포 호흡속도의 변화에 의한 최대의 pH 변화에 해당한다.

체액성 자극(humoral stimuli)과 신경 자극(neural stimuli)의 두 형태의 자극은 호흡중추의 활성을 증가시키거나 감소시킬 수 있다. 체액성 자극은 호흡중추, 뇌척수액의 pCO_2, 혹은 말초 화학수용체로부터 유래한다. 체액 중 pCO_2의 증가, $[H^+]$의 증가, 혹은 pO_2의 감소에 반응하여 호흡계는 피드백 양상으로 호흡의 속도와 깊이를 조절하며 이에 따라 pH도 조절된다. 폐의 신장수용체(stretch receptors)로부터의 신경자극은 호흡의 깊이와 일회 호흡량(tidal volume)을 감소시켜 폐의 과도한 신장을 방지한다.

호흡에 의한 보상은 pH를 완전히 회복시키지 못한다. pH와 pCO_2가 정상치에 접근하면서 점차로 호흡중추의 자극도 정지된다. 예를 들면, 갑자기 pH가 7.4에서 7.0으로 떨어지면 몇 분을 소비하여 pH 7.2~7.3까지만 회복된다. 알카리증의 호흡저하에 의한 보상은 호흡중추의 자극을 제한하여 호흡저하로서 pO_2의 저하와 pCO_2의 증가를 유도한다.

호흡계에 의한 완충력은 모든 화학완충제에 의한 완충력의 1~2배에 이른다.

5) 신장의 산-염기 평형 조절

신장에 의한 조절은 HCO_3^-/H_2CO_3 완충계의 HCO_3^-성분에 작용한다.

산증의 보상으로 HCO_3^-이 전부 흡수되며, H^+은 거의 배설되지 않는다. 그러나 약간의 적정가능한 산($H_2PO_4^-$)과 NH_4^+(H^+은 신장에서 *glutaminase* 활성을 유도한다)이 H^+을 대신하여 배설된다. 알카리증의 보상으로 HCO_3^-을 함유하는 알카리성 뇨를 배설한다.

산-염기 부담에 대한 신장의 보상은 느리지만(며칠) 결과는 완전하다. 장애의 원인은 분리되어 개선된다.

HCO_3^-/Cl^-관계: 신장에서 NH_4^+의 형태로 H^+이 제거될 때 Cl^-도 같이 제거되며 HCO_3^-이 흡수된다. 그러므로 세포외액의 Cl^-은 HCO_3^-으로 치환된 것과 같다. 역으로 알카리증에서 HCO_3^-이 요중으로 제거되면 Cl^-이 재흡수되어 과염소혈증(hyperchloremia)이 된다. 그러므로 신장에서의 산-염기조절은 또한 세포외액 중 HCO_3^-/Cl^-비의 동반조절을 수반한다.

- 세뇨관에서 Na^+의 재흡수는 H^+과 K^+의 배설에 대한 교환으로 이루어진다. H^+과 K^+은 서로 경쟁하며 따라서 저칼륨혈증(hypopotassemia)은 심한 알카리증을 유발한다. 역으로 과칼륨혈증(hyperpotassemia)은 산증을 유발한다. 알도스테론(aldosterone)은 Na^+의 재흡수를 조절한다. 그러므로 알도스테론의 과량 생성을 유도하는 조건들은 요중에 H^+ 배설을 증대시켜 알카리증을 유발하고, 반대로 알도스테론의 생성을 억제하는 조건들은 산증을 유발한다.

6) 간장과 장의 산-염기 평형 조절

아미노산의 -COOH로부터 빠른 속도로 HCO_3^-이 생성되는데 비하여 신장은 배설되는 HCO_3^-을 거의 재흡수하기 때문에 신장을 통한 배설은 느리다. 또한 HCO_3^-의 일부는 칼슘과 결합하여 용해도가 낮은 $CaCO_3$를 생성하여 배설을 저해한다.

간장에서의 요소생성은 암모니아와 HCO_3^-을 제거하는 것이다. 정상적인 상태에서 아미노산의 분해로 생성된 HCO_3^-은 부분적으로 폐에서 CO_2로 배출되며 나머지는 아미노기의 분해로 생성된 NH_4^+과 결합하여 간장의 문맥주위 세포(periportal cells)에서 요소를 생성한다(그림 2-11). 정맥주위 간세포(perivenous liver cells)에서 아미노기의 일부는 글루타민산과 결합하여 글루타민을 형성한다. 간장에서 생성된 글루타민과 간 외에서 유래된 글루타민의 아마이드기는 요소합성에 사용되고 이때 분리된 글루타민산은 정맥주위 세포로 가서 재사용된다.

산증에서 혈장 HCO_3^-농도는 감소되며, 암모니아 배설을 위한 요소회로의 기여는 감소된다. 더 많은 글루타민이 간장에서 생성되며, 반면에 신장에서 *glutaminase* 활성이 증가되어 생성된

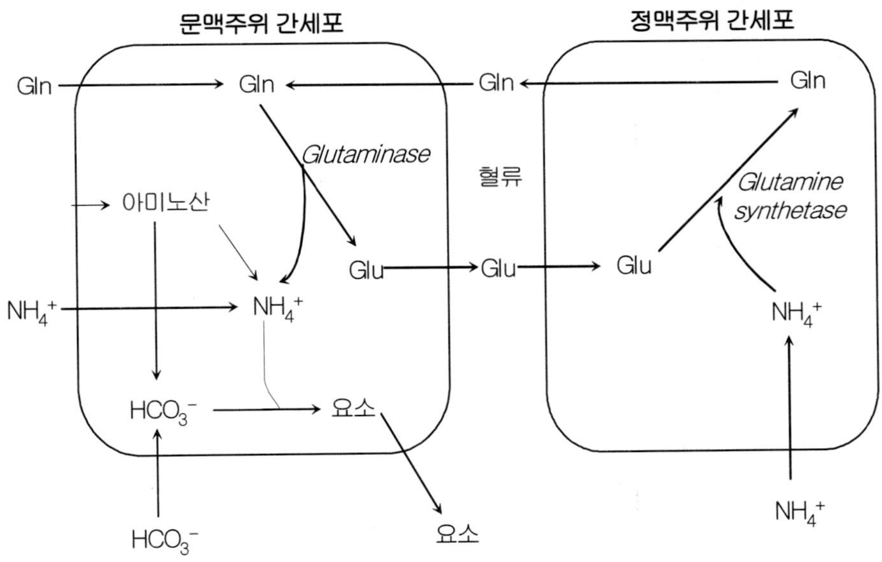

그림 2-11. 요소 생성에 의한 NH_4^+과 HCO_3^-의 제거. 문맥주위 간세포와 정맥주위 간세포간 glutamate-glutamine 회로의 역할

다량의 NH_4^+이 산증환자의 요중에 배설된다(그림 2-12). 장에서 *urease*에 의하여 생성된 암모니아는 혈류를 통하여 간장으로 운반되며 요소회로에서 HCO_3^-을 중화한다. 산-염기 평형에 대한 장의 역할은 초식동물에서 특히 중요하다. 이들 동물은 식물 중의 유기산으로부터 HCO_3^-을 생성하며, 혈중 요소의 일부는 타액으로 분비되어 장으로 들어간다. 동면동물에서 요소의 장-간 순환은 질소 평형의 유지에 중요하다.

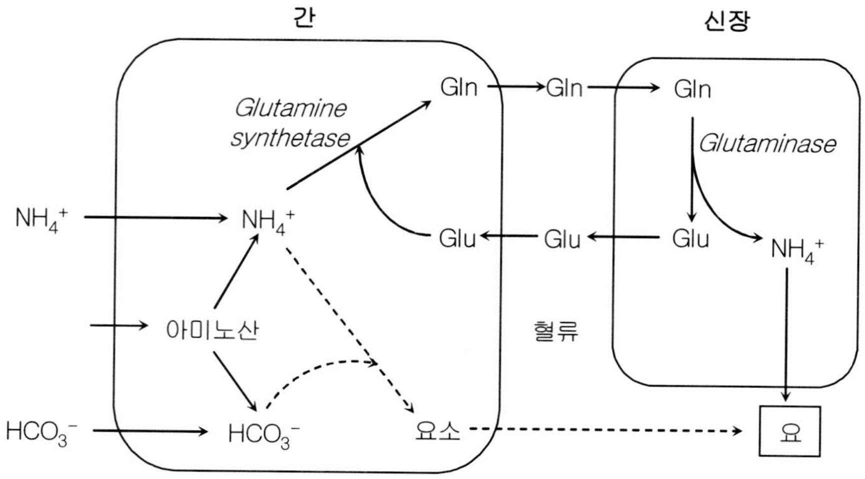

그림 2-12. 산증시 NH_4^+의 제거. 낮은 pH에서 HCO_3^-의 이용이 제한적이므로 요소 생성이 억제된다. 간장의 낮은 pH에서 *glutamamine synthetase* 활성이 증가하고 산증시 신장 *glutamamiase* 활성이 자극되어 glutamine-glutamate 회로를 유지하면서 요중에 NH_4^+이 제거된다.

7) 산-염기 평형 이상

(1) 1차 장애의 분류

CO_2에 대한 HCO_3^-의 비율에 근거하여 산-염기 장애를 4종류로 분류할 수 있다. 첫째는 호흡성 산증(respiratory acidosis)으로 일차적 CO_2보유, 둘째는 호흡성 알카리증(respiratory alkalosis)으로 일차적 CO_2 부족, 셋째는 대사성 알카리증(metabolic alkalosis)으로 일차적HCO_3^- 보유, 넷째는 대사성 산증(metabolic acidosis)으로 일차적 HCO_3^- 부족에 기인한다.

① **호흡성 산증**(respiratory acidosis)**:** 호흡성 산증의 일차적 원인은 호흡저하에 따른 CO_2 보유에 기인한다. 동맥혈의 pCO_2가 상승하면 HCO_3^-/CO_2 비율이 감소하며 따라서 Henderson-Hasselbalch 방정식에 의하여 pH는 낮아진다.

호흡성 산증은 다음과 같은 원인으로 발생한다.

- 호흡중추를 억제하는 약물 또는 독소(toxins).
- 폐의 CO_2 확산장애(예, 폐렴, 폐기종, 말의 천식).
- 폐를 붕괴시키는 기흉(pneumothorax).
- 호흡정체: 경동맥 화학수용체(carotid chemoreceptors)에 의하여 pO_2의 저하와 pCO_2의 증가가 감지되더라도 호흡자극이 무시된다.
- 정압(positive-pressure)마취기계에 의한 호흡저하.

신장에서의 보상은 HCO_3^-의 보유와 산성뇨에서 산과 NH_4^+의 형태로 H^+을 제거하여

HCO_3^-/CO_2 비율을 정상화시킨다. 보상성 호흡성 산증의 특징은 혈장중 CO_2와 HCO_3^-이 동반 증가한다.

② **호흡성 알카리증**(respiratory alkalosis): 호흡성 알카리증의 일차적 원인은 호흡항진에 따른 CO_2 부족이다. HCO_3^-/CO_2 비율은 증가하며, 따라서 pH도 증가한다. 가축에서 호흡성 알카리증은 매우 드물게 나타난다.

호흡성 알카리증은 다음과 같은 원인으로 발생 한다.

- 정압 마취기계에 의한 호흡항진[이런 의인성 (iatrogenic) 원인이 대부분이다].
- 호흡중추를 자극하는 약물과 독소.
- 통증, 불안, 신경증(histeria), 개의 자간 (eclampsia), 초기 열사병(heat stroke) 및 NH_4^+ 중독상태에서 호흡항진.
- 고도의 낮은 pO_2는 호흡항진을 일으킨다.

신장에 의한 보상은 HCO_3^-의 재흡수 감소와 함께 HCO_3^-과 HPO_4^{2-}을 함유하는 알카리성뇨를 배설하며, NH_4^+생성을 억제한다. 따라서 보상성 호흡성 알카리증은 CO_2와 HCO_3^-의 동반 감소가 특징이다.

③ **대사성 산증**(metabolic acidosis): 일차적 원인은 HCO_3^-의 부족으로 HCO_3^-/CO_2 비율이 낮아지며 따라서 pH가 낮아진다. HCO_3^-의 저하는 산(섭취, 주사, 또는 대사에 의하여 생성된 산)에 의한 중화로 소모되었거나 체액에서 염기의 상실에 기인할 수 있다. 대사성 산증의 증상은 호흡항진(보상성), 중추신경계의 억제, 심장의 율동부정 (cardiac dysrythmia), 방향착각 (disorientation) 및 혼수상태를 초래할 수 있다.

대사성 산증은 다음과 같은 원인으로 발생한다.

- 심한 설사는 직접적인 HCO_3^-상실을 초래하며, 가축에서 가장 보편적인 대사성 산증의 원인이다.
- 상부 장 내용물의 역류를 수반하는 구토는 직접적인 HCO_3^- 상실을 초래한다.
- 요독성 산증(uremic acidosis)과 같은 신장병은 HCO_3^-을 재흡수하지 못하며, H^+을 배설하지 못한다.
- 과염소혈증시 고농도의 Cl^-에 대한 보상으로 HCO_3^- 농도가 낮아진다. 이러한 이유로 생리적 식염수를 주입할 때 약한 산증이 유발될 수 있다. 혈액의 용량이 증대되면 사구체의 여과속도가 증가하고, Na^+과 HCO_3^-의 재흡수가 감소된다.
- 고칼륨혈증은 조직세포에 K^+과 H^+의 교체로 혈장 중 $[H^+]$를 증가시키며, 또한 재흡수되는 Na^+과 교체되어 과량의 K^+이 배출될 때 신장의 H^+ 분비가 감소된다.
- 애디슨병(Addison's disease)에서 알도스테론 분비의 결핍은 신장에서 Na^+의 재흡수를 감소시키며, 동시에 HCO_3^-의 재흡수도 감소된다.
- 신장에서 *carbonic anhydrase*의 활성을 감소시키는 약물 혹은 독소는 HCO_3^-의 재흡수를 감소시킨다.
- 당뇨병(diabetes mellitus), 기아(starvation) 혹은 소의 케톤증(ketosis)과 같은 여러 조건들에

서 아세토아세트산, β-하이드록시부티르산과 같은 케토산의 과량 생성.

- 반추류에서 곡류의 과다 섭취에 기인하는 젖산혈증(lactic acidemia).
- 혐기적 대사(anaerobic metabolism)와 심한 근육운동 후에 나타나는 허혈상태(ischemic conditions)는 젖산혈증을 유발한다.

폐에서의 보상은 호흡항진으로 과량의 CO_2를 제거하여 HCO_3^-/CO_2 비율을 정상화시킨다. 그러나 낮아진 HCO_3^-에 대응하는 완전한 보상이 되지 못한다. 신장은 HCO_3^-의 재흡수, 산의 배설 및 간장과 협력하여 NH_4^+의 생성으로 H^+의 제거를 돕는다. 보상성 대사성 산증은 HCO_3^-과 CO_2의 동반저하가 특징이다.

④ 대사성 알카리증(metabolic alkalosis): 일차적 원인은 HCO_3^-의 보유로서, HCO_3^-/CO_2 비율이 높아져 pH도 높아진다. 대사성 알카리증의 증상은 중등도의 호흡저하(보상성)와 신경계의 과도한 흥분으로 진전을 일으키며 심하면 폐사한다. 생체의 완충계는 과량의 알카리를 잘 처리할 수 없다. 그러나 다행히도 대사성 알카리증은 비교적 드물게 발생한다.

대사성 알카리증은 다음과 같은 원인으로 발생 한다.

- 염산이 많은 위 내용물의 구토와 위 벽측세포(parietal cells)에서의 염산생성은 HCO_3^-을 혈중으로 되돌아오게 한다. 초식동물은 구토하지 않으며, 육식동물과 잡식동물만이 구토한다.
- 저염소혈증은 신장의 HCO_3^- 재흡수를 증가시킨다.
- 저칼륨혈증은 신장의 HCO_3^- 재흡수를 증가시키고, Na^+ 교환으로 H^+의 배설을 증가시킨다.
- 이뇨 요법(diuretic therapy)은 같은 방법으로 Cl^-의 배설과 HCO_3^-의 재흡수를 증가시킨다.
- 산증을 치료하기 위하여 산성탄산나트륨 ($NaHCO_3$), 아세트산나트륨(CH_3COONa), 젖산나트륨($C_3H_5O_3Na$), 혹은 시트르산나트륨($C_6H_5Na_3O_7$)과 같은 알카리성 약물의 과다섭취는 HCO_3^-을 증가시킨다.
- 알도스테론의 과다분비로 Na^+과 HCO_3^-의 과다한 재흡수를 유발한다.
- 비단백 질소(요소, NH_4^+)의 과다 섭취에 의한 반추류의 암모니아 독성은 HCO_3^-의 농도를 증가시킨다.

폐에 의한 보상은 호흡저하로 CO_2를 보유시켜 HCO_3^-/CO_2 비율을 정상에 가깝도록 회복시킬 수 있으나 증가된 pCO_2와 저하된 pO_2에 의한 강력한 호흡자극에 의하여 제한을 받는다. 신장은 HCO_3^-의 재흡수를 감소시키고, 요중으로 HCO_3^- 의 배설을 증대시키며, 유리 H^+, $H_2PO_4^-$ 및 NH_4^+의 배출을 감소시킨다. 보상성 대사성 알카리증은 HCO_3^-과 CO_2가 동시에 증가하는 것이 특징이다.

(2) 보상성 기전의 요약

대사성 산증과 대사성 알카리증에 대한 호흡에 의한 보상은 신속하며 50~75%의 효과를 나타낸다. 호흡성 산증과 호흡성 알카리증에 대한 신장의 보상은 며칠 걸리며, 일차적 원인의 제거로 100% 회복될 수 있다. 보상성 산-염기장애를 요약하면 표 2-11과 같다.

표 2-11. 보상성 산-염기 장애

구분	Acidosis				Alkalosis			
	pH	pCO_2	HCO_3^-	$\frac{HCO_3^-}{CO_2}$	pH	pCO_2	HCO_3^-	$\frac{HCO_3^-}{CO_2}$
대사성	저하	저하	저하	저하	상승	상승	상승	상승
호흡성	저하	상승	상승	저하	상승	저하	저하	상승

(3) 산-염기 평형에서 음이온격차

표 2-12에서 보여준 혈장 이온농도들 중에 임상적으로 양이온은 Na^+과 K^+(합계 약148 mEq/ℓ), 음이온은 Cl^-과 HCO_3^- (합계 약 130mEq/ℓ)만이 측정된다. 이 양이온과 음이온의 차이를 **음이온격차**(anion gap)라고 한다. 그러므로 여기에서 음이온격차는 18mEq/ℓ이다. 정상 음이온격차는 15~20mEq/ℓ이다.

표 2-12. 인체의 혈장 전해질농도

양이온	농도(mEq/ℓ)	음이온	농도(mEq/ℓ)
Na^+	144.0	Cl^-	105.0
K^+	4.0	HCO_3^-	25.0
Ca^{2+}	5.0	Phosphate	1.5
Mg^{2+}	2.0	SO_4^{2-}	0.5
		유기산	9.0
		단백질	14.0
총량	155.0	총량	155.0

음이온격차는 대사성 산증에서 혈장 HCO_3^-의 저하를 가져온 두 가지 원인, 즉, 장 또는 신장에서 HCO_3^-의 상실인지, 아니면 내인성 또는 외인성 산의 부가에 기인하는 것인지를 감별하는데 사용된다. 또한 저단백혈증성 대사성 알카리증의 진단에도 유용하다.

- 신장 또는 장으로부터 HCO_3^-의 상실에 기인하는 대사성 산증의 음이온격차는 정상이다(그림 2-13의 B). 이러한 이유는 HCO_3^-과 함께 Na^+의 요를 통한 배설과, 설사 혹은 구토에 의한 상실 때문이다. Na^+의 상실을 보상하기 위하여 신장은 Na^+의 세뇨관 재흡수를 증가시키며 Cl^-도 같이 흡수된다. 이 Cl^-은 정상 Cl^- 농도에 부가되어 과염소혈증이 되며 음이온격차는 16mEq/ℓ [(144+4)-(119+13)]로 정상이다. 이와 같이 과염소혈증성 산증은 정상적 음이온격차를 보이며 ㉮ 설사, ㉯ *carbonic anhydrase* 억제물질, ㉰ 요독증성 산증 (uremic acidosis)과 같은 원인들에 의한 HCO_3^-의 상실로서 진단할 수 있다. 생리식염수의 주입으로 산증이 완화되며, 또한 정상적 음이온격차가 특색이다.
- 체내에 산이 가해지면 HCO_3^-만 저하되고 Cl^-과 양이온들의 농도는 변하지 않는다. 따라서 그림 2-13의 C에서 음이온 격차는 28mEq/ℓ [(144+4)-(105+15)]로 증가한다. 비정상적 음이온 격차를 나타내는 대사성 산증의 원인은 당뇨병성 케톤산증, 젖산증, 산을 배설하지 못하는 신부전(renal failure), 산-생성물질에 의한 중독(살리실산 또는 에틸렌글라이콜) 등이다.
- 저단백혈증에 기인하는 대사성 알카리증에서 음이온격차는 감소된다. 그 이유는 상실된 단백질 음이온을 보상하기 위하여 HCO_3^-과 Cl^-이 증가하기 때문이다.

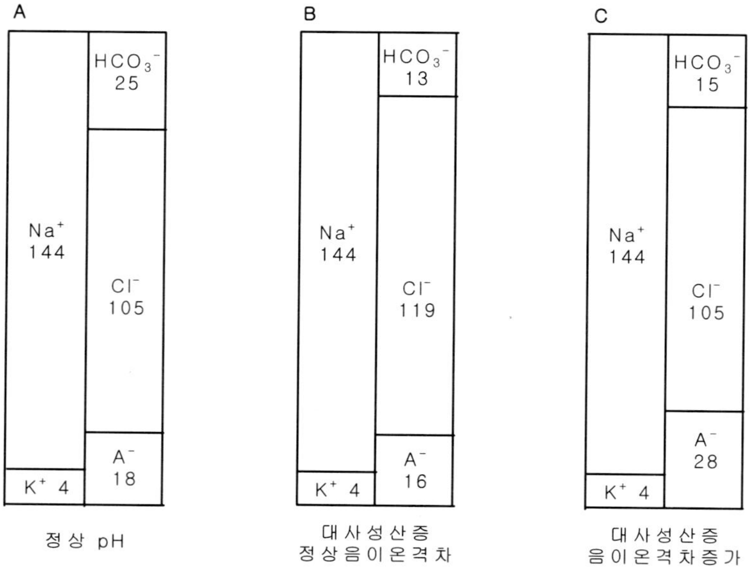

그림 2-13. 음이온격차에 대한 대사성 산증의 영향. 대사성 산증은 음이온 격차를 증가시킬 수도 그렇지 않을 수도 있다.

(4) 산-염기 장애 치료의 생리적 기준

산증은 산성탄산, 아세트산, 젖산 또는 시트르산의 나트륨염과 같은 알카리성 물질들을 투여하여 치료할 수 있다. 이들 염류들의 유기성분은 CO_2 와 H_2O로 대사되며 생체로부터 H^+을 제거하고 HCO_3^-을 남긴다.

$$Na^+lactate^- + H_2CO_3 \rightarrow Na^+ + HCO_3^- + C_3H_6O_3(\text{lactic acid})$$

$$C_3H_6O_3 + 3O_2 \rightarrow 3CO_2 + 3H_2O$$

두 반응을 합치면:

$$Na^+lactate^- + H_2CO_3 + 3O_2 \rightarrow Na^+ + HCO_3^- + 3CO_2 + 3H_2O$$

이런 알카리성 물질들은 체내에서 대사될 때만 가능하며 그렇지 않으면 치료효과는 기대할 수 없다. 예를 들어, 이들 물질들은 대부분 저산소성 상태에서 빈약하게 대사되며 이 때문에 저산소증(hypoxia)과 산증이 있을 때 산성탄산나트륨(중조, $NaHCO_3$)과 같은 알카리성 물질로 직접 치료 하는 것이 더 좋다. 이 물질들은 대부분의 경우 비경구적으로 또는 경구적으로 투여된다.

알카리증은 산성 물질로 치료한다. 예로서, 염산(HCl)을 생성하는 염산리신(lysine hydrochloride), 요소를 생성하고 HCl을 남기는 염화암모늄 (NH_4Cl), 강산으로 산화되는 황을 포함하는 아미노산들, 염화나트륨(NaCl) 등이다.

그러나 산성 위 내용물을 토해낸 후 양적으로 부족한 저염소혈증성(hypochloremic) 환자는 혈량감소(hypovolemia)를 보충하기 위하여 음이온 HCO_3^-과 함께 Na^+을 재흡수하여 알카리증을 일으킨다. 따라서 이런 경우 저칼륨혈증이 있다면 KCl이 첨가된 0.9% NaCl을 정맥 내로 주입한다. 과량의 알도스테론 분비에 의한 알카리증은 NaCl 주입으로 치료할 수 없다. 요석증(urolithiasis)에는 일반적으로 유기 칼슘염으로 구성된 신석(kidney stones)을 용해시키기 위하여 요-산성화 약물을 투여한다. 그러나 신석이 요산(영장류와 달마시안 개)으로 구성되어 있다면 요산이 산성 용액에 불용성이므로 요 산성화 약물은 증세를 더욱 악화시킬 것이다.

제3장 세포의 구조와 기능

생화학은 주로 세포수준에서 진행되고 있는 화학을 연구하는 학문으로 대부분의 질병은 세포수준의 기능부전(malfunction)에 기인하기 때문에 세포의 구조와 기능에 대한 철저한 이해가 필요하다.

이 장에서는 생체에서 발견되는 구성원소들의 종류와 이런 원소들이 왜 생명에 중요한가, 생물(living matter)과 무생물(inanimate matter)을 구분하는 기준은 무엇인가, 그리고 세포의 형태와 구조 및 기능에 대하여 기술한다.

1. 생명체의 구성원소

생명체를 깊이 살펴보면 놀랄만한 사실을 발견하게 된다. 그것은 생명체가 근본적으로 생명이 없는 물질, 즉 무생물로 이루어져 있다는 것이다. 세포내에는 이러한 무생물질(nonliving matter)이 복잡하게 조직화되어 살아있는 상태, 즉 생명력을 가지게 된다. 자연계에 존재하는 90여종의 원소 중 소수만이 생물 세포에서 발견되는 것은 매우 흥미롭다. 이 중에 탄소(C), 수소(H), 산소(O), 그리고 질소(N)의 4가지 원소는 세포중량의 약 99%를 차지한다. 이러한 소수의 생체원소들로부터 만들어진 아미노산, 단백질, 탄수화물, 지질, 핵산 및 기타 생체분자(biomolecule)들이 세포에서 발견되며 이들은 여러 가지 생물학적 기능을 위하여 필요하다. 이외에 소량의 인(P)과 황(S)이 생체분자의 구성에 사용된다.

표 3-1. 세포내 일반원소의 종류

생체분자 구성요소	이온	미량원소
C(탄소)	Na^+(나트륨)	Co(코발트)
H(수소)	K^+(칼륨)	B(붕소)
O(산소)	Cl^-(염소)	Al(알루미늄)
N(질소)	Mg^{2+}(마그네슘)	V(바나듐)
P(인)	Mn^{2+}(망간)	Mo(몰리브덴)
S(황)	Ca^{2+}(칼슘)	I(요오드)
	Fe^{2+}, Fe^{3+}(철)	Si(규소)
	Cu^{2+}(구리)	Ni(니켈)
	Zn^{2+}(아연)	Cr(크롬)
		F(불소)
		Se(셀레늄)

세포는 많은 이온들을 함유하고 있다. 이 중에는 Na^+, K^+, Cl^-, Mg^{2+}, Mn^{2+}, Ca^{2+}, Fe^{2+}, Zn^{2+} 및 Cu^{2+}가 있다. 1가 이온들은 신경자극의 전달과 혈액의 전해질평형 유지에 필요하며, 2가 이온들과 3가 이온들은 효소와 결합하여 효소활성에 영향을 주기도 한다. 기타 많은 원소들이 정상세포의 기능에 필요하며, 이들은 미량으로 충분히 기능을 발휘하므로 미량원소(trace elements)라고 부른다. 표 3-1은 세포에서 발견되는 원소들을 요약한 것이다.

생체를 구성하는 주요 원소 중 탄소의 화학적 성질은 특히 중요하다. 탄소원자는 6개의 전자를 가지고 있으며 바깥 궤도에 4개의

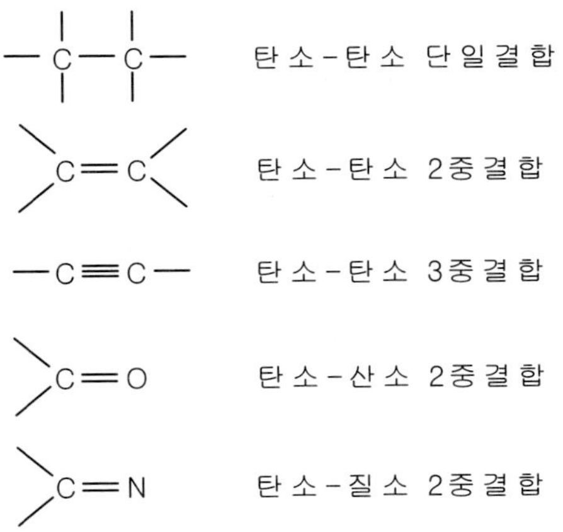

그림 3-1. 탄소원자의 다양한 공유결합.

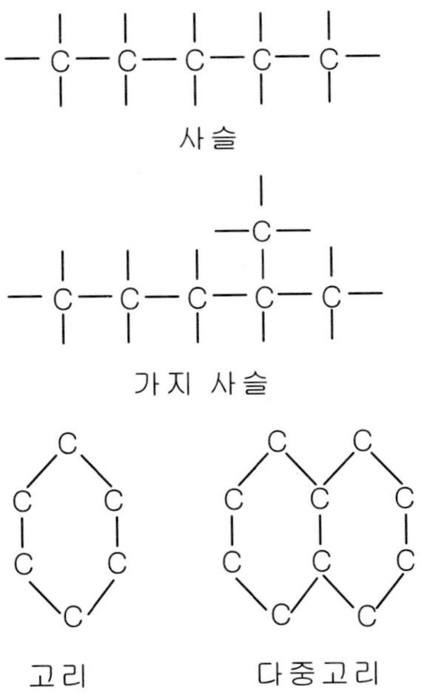

그림 3-2. 탄소의 가능한 화학결합의 예.

전자를 가지고 있으므로 다른 원소의 전자를 공유하여 **공유결합**(covalent bond)을 형성한다. 이와 같이 탄소는 다른 탄소, 수소, 산소, 또는 질소 등과 강하고 안정한 공유결합을 쉽게 형성할 수 있다. 더욱이, 탄소는 단일결합, 이중결합 및 삼중결합을 할 수 있기 때문에 다양한 공유결합 배열이 가능하며 거의 수백만 종의 물질이 만들어질 수 있다(그림 3-1). 따라서 탄소는 만능의 원소이며, 생명의 기초원소로서 서로 공유결합으로 연결되어 다양한 물질을 만들 수 있는 특징이 있다(그림 3-2).

또한 산소, 질소, 수소도 전자쌍을 공유함으로써 강하고 완전한 공유결합을 할 수 있다.

산소와 질소는 보통 단일 또는 이중결합을 만든다. 그러나 수소는 하나의 전자만을 가지고 있기 때문에 단일결합만을 만들 수 있다.

산소는 전기음성도(electronegativity)가 매우 크기 때문에 물의 특이한 성질과 수소결합(hydrogen bond)의 근거를 제공한다. 또한 산소는 세포내의 에너지 생성과정에서 최종 전자수용체(electron acceptor)로 작용하기 때문에 세포호흡에 중요하다.

질소는 탄소와 결합하여 펩티드결합(peptide bond)을 형성하기 때문에 중요한 원소이다. 이 결합은 모든 단백질의 주요한 결합구조이다. 질소는 또한 유전정보(genetic information)를 저장하고 전달하는 분자인 핵산(nucleic acid)의 구성원소이다.

수소는 수소결합형성과 세포내 전자전달(electron transport)과정에 관여한다.

2. 생명력의 부여

앞에서 언급한 바와 같이 살아있는 세포는 궁극적으로 살아있지 않은 물질로 구성되어 있다.

세포내의 원자와 분자는 무생물 중에서 발견되는 원자와 동일한 물리적 법칙을 따른다. 따라서 생명력(vital force)은 분자수준에서 복잡성(complexity), 다양성(diversity), 그리고 구조적 조직화(structural organization)에 의하여 생명력이 부여되는 것이 확실하다. 생물(living matter)에 대한 몇 가지 일반적 사항들이 이를 뒷받침한다.

첫째, 동물체의 각 기관(organ), 기관을 만들고 있는 세포(cell), 세포내의 소기관(organelles)과 아세포구조물(subcellular structures), 그리고 소기관과 구조물을 만드는 여러 가지 생체분자들(biomolecule)의 구조와 배치 등에서 보는 바와 같이 생물체는 극히 복잡하고 고도로 조직화되어 있다.

<u>생체분자의 단계적 조직화</u>

1단계: 구성 단위(compositional unit); 아미노산, 글루코스, 염기, 지방산

2단계: 거대분자(macromolecules); 단백질, DNA, RNA, 다당류

3단계: 초분자 집합체(supramolecular assembly); 생체막, 라이보솜, 크로마틴, 미소관

4단계: 세포 소기관(organelles); 핵, 미토콘드리아, 소포체, 골지체

5단계: 세포(cell)

6단계: 기관(organ)

둘째, 생명체는 특수한 목적이나 기능을 가진 구조로 이루어져 있다. 각 구성분의 궁극적 목적은 생명체의 성장(growth), 발육(development), 복제(replication) 및 기타 생물학적 목적을 달성 하도록 돕는 것이다.

셋째, 생명체는 환경으로부터 물질과 에너지를 획득하여 생명체의 정상적 성장, 발육 및 유지에 사용할 수 있다. 그러나 생명체는 노폐물과 폐기에너지를 생성하여 그들의 환경에 배출하며 배출된 물질들은 가끔 다른 생물체가 이용하므로써 여러 가지 구성분들은 재순환된다.

넷째, 생물은 유전정보(genetic information)를 저장하는 DNA(deoxyribonucleic acid)를 가지고 있어 자기복제(self-replication)를 통하여 자신의 특징적인 정보를 다음 세대로 전달할 수 있다. 이러한 정보저장체계는 극히 복잡하고 변하기 쉬우나 아주 정확하게 복제되거나 전달되며 잘못이 있을 경우에는 보통 스스로 수선할 수 있다. 즉, 눈의 색, 피모의 색, 성별 등 특징적인 정보들이 생체를 구성하고 있는 모든 세포의 핵에 들어 있는 DNA에 모두 암호화되어 있다. 핵 속의 DNA는 최소한의 공간에 최대의 정보를 저장할 수 있다.

살아있는 세포는 본질적으로 자기집합성(self-assembling)과 자기조절성(self-regulating)이 있으며, 자기복제가 가능하다. 살아있는 세포는 세포 자신이 만든 효소를 사용하여 에너지의 포착과 운반, 또는 세포성분의 합성에 필요한 수많은 유기반응들을 촉진시킨다.

3. 세포의 형태

자연계의 모든 세포들을 두 가지 방법을 기준으로 하여 분류할 수 있다.

첫째 방법은 세포의 크기와 구조의 복잡성에 따라 분류하는 방법으로 원핵세포(prokaryote)와 진핵세포(eukaryote)로 분류한다. 원핵세포는 핵을 가지고 있지 않으므로 무핵세포라고도 하며, 진핵세포는 핵을 가지고 있으므로 유핵세포라고도 한다. 원핵세포의 유전물질은 상당히 불규칙한 형태로 주위에 막이 없는 핵영역[nuclear zone; 핵체(nuclear body); 또는 핵양체(nucleoid)라고도 함] 안에 존재한다. 반면에 유핵세포는 고도로 발달된 매우 복잡한 핵을 가지고 있으며 이중막으로 된 핵막(nuclear membrane)에 의하여 둘러싸여 있다. 이 두 세포형태간의 차이를 요약하면 표 3-2와 같다.

표 3-2. 원핵세포와 진핵세포의 차이

	원핵세포	진핵세포
크기	작다 (직경 1~2㎛)	크다 (직경 20~30㎛)
구조	간단한 내부구조	복잡한 내부구조 (소기관이 존재)
핵	핵영역 존재	핵막 존재
예	세균, 남조류	고등동물, 식물, 곰팡이, 대부분의 조류

표 3-3. 독립영양세포와 종속영양세포의 차이

	독립영양세포	종속영양세포
탄소원	CO_2(공기)	복잡한 유기물질
에너지원	태양광선	복잡한 유기물질
예	광합성 식물세포	동물세포, 세균

두 번째 방법은 세포들이 환경으로부터 물질과 에너지를 얻는 방법에 따라 분류하는 방법으로 스스로 영양소를 생성하여 이용하는 독립영양세포(autotroph)와 다른 생물체로부터 영양소를 획득하여 이용하는 종속영양세포(heterotroph)로 분류한다. 이 두 세포간의 차이점을 요약하면 표 3-3과 같다.

4. 세포의 구조와 기능

세포의 내부구조에 대한 이해는 1940년대에 전자현미경(electron microscope)이 발명된 후 세포를 10만배 이상 확대시켜 사진을 찍을 수 있게됨으로써 급속히 진전되어 세포내의 극히 복잡한 미세구조들이 밝혀졌다.

1) 원핵세포

원핵세포는 세균(bacteria) 및 남조류(blue green algae)와 같은 작은 단세포 생물이다. 이들의 구조를 진핵세포와 비교하면 비교적 단순한 내부구조를 가지고 있다. 즉, 원핵세포의 세포질은 단단한 세포벽(cell wall)으로 둘러싸여 있으며 핵(nucleus), 미토콘드리아(mitochondria) 또는 골지체(Golgi apparatus)와 같은 복잡한 세포내 소기관(subcellular organelles)을 가지고 있지 않다.

(1) 세포벽

세포벽은 단단한 구조로서 탄수화물과 단백질로서 구성되어 있으며, 외부 환경의 삼투압에 견디어낸다. 세포벽의 안쪽에는 세포막이 결합되어 있으며, 이 막은 지질과 단백질로 구성되어 있고 세포내외로 여러 가지 구성물질들을 통과시킨다.

(2) 세포질

세포질(cytoplasm)은 세포내의 수용성 부분으로 단백질과 기타 대사산물들을 함유하고 있는 점성이 높은 용액이다. 세포질에서 해당작용과 지방산합성을 포함한 많은 대사반응들이 일어난다.

(3) 핵영역

핵영역은 일정한 모양이 없으며 단단히 꼬여진 DNA가 존재하는 지역이다. DNA는 2중나선(double stranded helix)이며, 말단이 서로 연결되어 환상으로 되어있다. DNA에는 정상적인 기능에 필요한 모든 유전정보를 가지고 있다.

2) 진핵세포

진핵세포는 원핵세포보다 더 크며(흔히 20~30배), 여러 가지 복잡한 세포 소기관들을 가지고 있다. 동물 진핵세포의 복잡한 내부구조의 모형은 그림 3-3과 같다.

(1) 세포막

세포막(cell membrane)은 원형질막(plasma membrane)이라고도 하며 40~50%의 단백질과 45~55%의 지질로 구성되어 있다. 지질은 이중층(lipid bilayer)으로 되어있으며 그 사이에 여러 종류의 단백질이 끼어있다. 세포막은 세포내부의 내용물을 보존하며, 세포내로 영양소의 유입과 세포외로 노폐물의 배출작용을 조절한다. 또한 세포막은 세포간의 접착을 촉진시키는 복잡한 탄수화물과 단백질을 함유하며, 여러 수용체를 가지고 있어 세포내 신호전달에 관여하고 특수한 면역학적 성질을 갖게 한다.

(2) 세포질

세포질은 단백질, 효소, 핵산, 탄수화물 및 기타 생화학적 대사산물들을 함유한 용액으로 여기에서 해당작용과 지방산합성 등 다양한 생화학적 대사반응들이 진행된다. 세포질에는 또한 막에 둘러쌓이지 않은 과립상의 성분이 존재하며 라이보솜(ribosome), 글리코겐과립(glycogen granules) 및 지방소적(fat droplet)이 그것이다.

라이보솜이나 과립상 성분들을 함유하고 있는 세포질을 특히 **사이토졸**(cytosol)이라고 부르기도 한다. 사이토졸의 조성은 매우 복잡하며 밀도는 겔상에 가깝다. 사이토졸에는 위에서 언급한 물질 외에도 세포의 에너지 전환계에 중심적 물질인 ATP, ADP와 기타 여러 가지 조효소들을 함유하고 있으며, 또한 K^+, Mg^{2+}, Ca^{2+}, Cl^-, HCO_3^-, HPO_4^{2-}과 같은 무기질이온도 포함되어 있다.

사이토졸에 있는 모든 성분들은 원형질막을 통한 여러가지 수송기전에 의하여 일정한 농도와 비율로 균형을 이루고 있다.

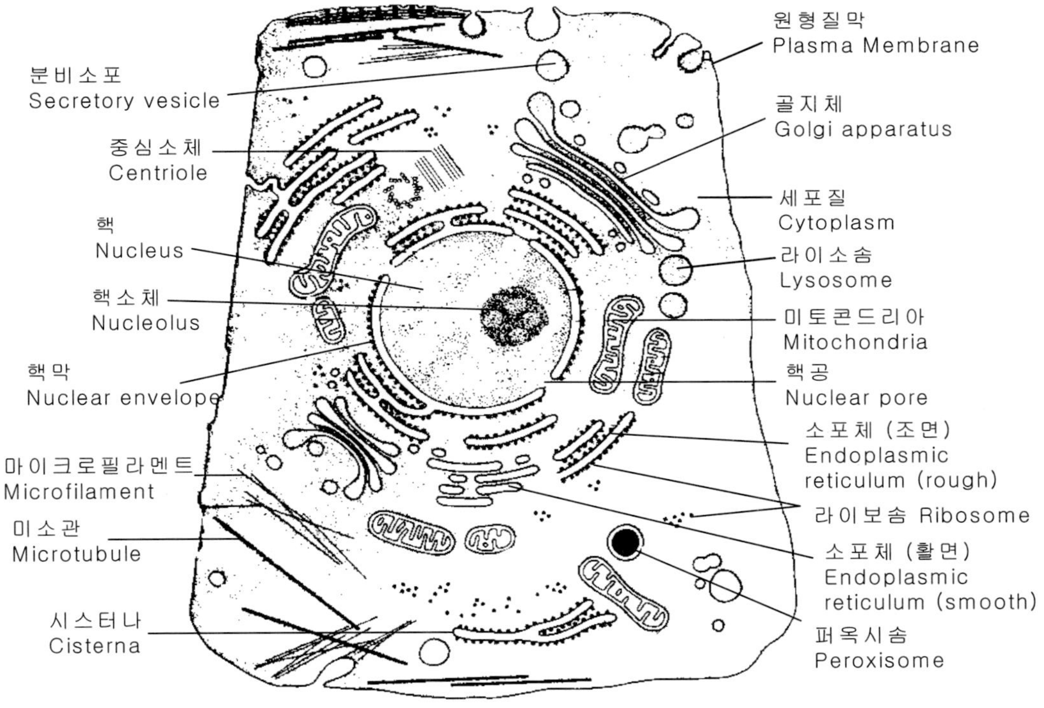

그림 3-3. 동물세포의 모형도.

(3) 핵

핵(nucleus)은 둥근모양으로 구멍이 많은 핵막(porous nuclear membrane)으로 둘러싸여 있다. 핵은 DNA를 함유하고 있으며, DNA는 히스톤(histone) 단백질과 결합하여 단단히 꼬인 염색체(chromosome)를 이루고 있다. 핵은 DNA 속에 들어 있는 유전정보를 저장하고 전달한다.

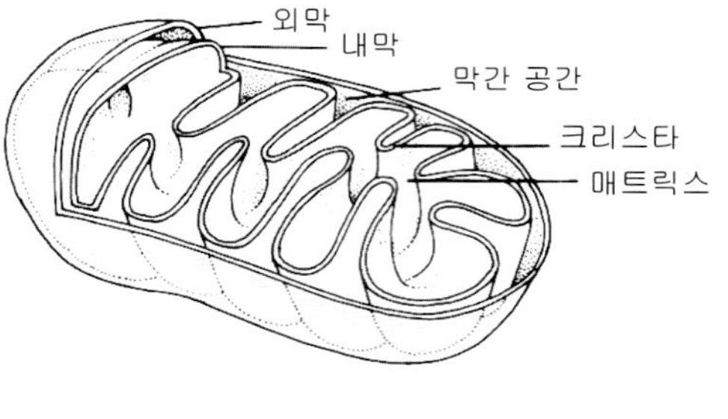

그림 3-4. 미토콘드리온 구조의 모형도.

(4) 미토콘드리아

미토콘드리아(mitochondria)는 간상(rod shaped)으로 그림 3-4와 같이 특이한 내부구조를 가지고 있다. 미토콘드리아 막은 이중막으로 외막(outer membrane)은 평활하며 미토콘드리아를 완전히 둘러싸고 있다. 내막(inner membrane)은 크리스테(cristae)라고 불리는 접혀진 부분이 존재하며 내부에는 겔상의 매트릭스(matrix)로 채워져 있다. 세포의 발전소라고도 불리는 미토콘드리아의 내부에서 여러가지 화합물로부터 ATP형태로 에너지가 얻어지며, 이것이 세포의 다른 부분으로 전달된다. 미토콘드리아는 TCA회로, 지방산 산화 및 전자전달사슬에 사용되는 효소들을 함유하고 있으며 또한 일정량의 DNA를 함유하고 있다.

(5) 소포체

소포체(endoplasmic reticulum)는 막에 둘러싸인 긴 통로를 가진 3차원적 구조를 형성하고 있다(그림 3-5). 소포체의 내부에 형성된 공간은 시스터네(cisternae)라 불리며 세포내 여러 가지 생성물을 세포외로 이동시키는 통로 역할을 한다. 세포에 따라서는 물질을 저장하는 역할을 하기도 한다. 소포체막의 외표면에 라이보솜이 점점이 붙어있는 소포체를 조면소포체(rough endoplasmic reticulum, rER)라고 하며 라이보솜이 붙어있지 않은 소포체를 활면소포체(smooth endoplasmic reticulum, sER)라고 한다. 라이보솜은 단백질을 생합성하며 합성된 단백질은 막을 통해 시스터내 공간으로 밀려나고 최종적으로 세포 밖으로 분비된다. 소포체는 지방질의 생합성에도 관여하며 독성물질의 해독(detoxification)에도 관여한다. 진핵세포의 종류에 따라 여러 형태의 기능을 가진다. Ca^{2+}의 자극으로 일어나는 골격근세포의 수축시에 소포체는 Ca^{2+}을 흡수하여 골격근 세포의 이완 반응에 관여한다.

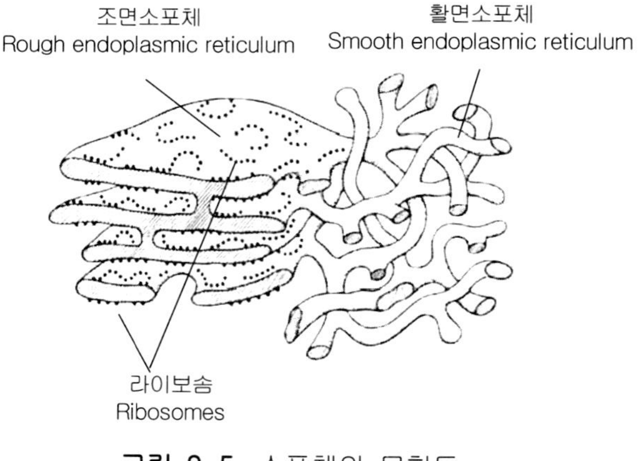

그림 3-5. 소포체의 모형도.

초원심분리법에 의하여 분리된 **마이크로솜**(microsome)은 주로 파쇄된 소포체단편들을 지칭하는 용어로 세포막단편들과 라이보솜입자들도 소량 함유되어 있다.

(6) 라이보솜

라이보솜(ribosome)은 단백질 합성에 필요한 초분자집합체이다. 이것은 단백질과 RNA (ribonucleic acid)로 구성되어 있다.

(7) 골지체

골지체(Golgi body)는 소포체가 확장되어 만들어진 납작한 접시모양의 기관이다. 이것은 작은 막으로 닫혀진 소포(membrane-enclosedvesicle) 속에 여러가지 물질들을 싸서 세포 밖으로 운반하며 이 과정을 세포외배출(exocytosis) 이라고 한다.

(8) 라이소솜

라이소솜(lysosome)은 세포내에서 더 이상 필요 없는 단백질, 다당류, 지질을 가수분해하는 여러 효소들을 포함하고 있다. 이러한 효소들은 세포의 다른 부분에 대해서는 유해하기 때문에 라이소솜안에 격리되어 있다. 분해될 단백질이나 다른 성분들은 선택적으로 라이소솜에 운반되어 구성분으로 가수분해 된 후 세포질로 반출된다. 사람의 **테이-삭스병**(Tay-Sachs disease)은 라이소솜내 지질 가수분해효소의 하나가 결핍되어 뇌 또는 기타 조직에 지질이 축적됨으로써 정신장애를 일으키는 유전질병이다.

(9) 퍼옥시솜

퍼옥시솜(peroxisome)은 미소체(microbody)라고도 하며, 라이소솜보다 약간 크고 결정형의 단백질을 다량 함유하고 있다. 독성이 강한 과산화수소를 생성하는 효소와 과산화수소를 분해하는 효소인 *catalase*와 *peroxidase*를 다같이 함유하고 있어 과산화수소에 의한 파괴작용을 방어한다.

(10) 마이크로필라멘트

마이크로필라멘트(microfilament, 미소필라멘트)는 전자현미경으로 관찰되는 끈 모양의 단백질로 구성되어 있는 물질이다. 세가지 형태로 분류할 수 있는데 첫째 형태는 세포막 아래에 느슨하게 짜여진 그물모양으로 존재하는 액틴필라멘트(actin filament)로 골격근 수축, 세포막의 접힘과 펼침, 세포내 구조의 운동 등 장력의 발생과 관계가 있다. 둘째 형태는 마이오신필라멘트(myosin filament)로 액틴필라멘트보다 굵다. 액틴필라멘트와 같이 여러 가지 형태의 세포이동이나 세포내 이동과 관련이 있다. 셋째 형태는 더 굵은 형태로 많은 세포에 존재한다.

(11) 미소관

미소관(microtubule)은 튜불린(tubulin)이라는 단백질로 만들어진 긴 섬유로 동물신경계의 긴 세포에서 보여준다. 신경세포에서 미소관은 한 묶음이 되어 세포의 중심에서 세포의 끝부분인 축색돌기(axon)를 향해 물질을 이동하는데 관여한다. 미소관은 세포분열시 방추체의 작용에 관여하고, 유핵세포의 섬모(cilia)나 편모(flagella)의 운동단위로 작용하는 등 많은 기능을 가지고 있다.

(12) 사이토스켈레톤

사이토스켈레톤(cytoskeleton, 세포골격)은 미소섬유, 미소관 및 마이크로트라베큘라 네트워크(microtrabecular network, MTN)가 모여서 형성된다. 전에 기저물질(ground substance)이라고 불렸던 MTN은 매우 가늘며 얼기설기 짜인 필라멘트로 이루어졌으며 단백질을 함유하고 있다.

사이토스켈레톤은 세포마다 특징적인 형태를 부여하고 소기관이나 다른 구조체에게 결합할 자리를 제공하여 세포내에 위치를 고정시켜 주며 세포구획 사이의 연락을 가능하게 해준다. 사이토스켈레톤은 동적이고 변화하는 골격으로 미소관의 구조단위는 끊임없이 집합하고 이산한다.

제4장 단백질의 구조와 기능

단백질(protein)은 생명체에 가장 풍부하게 존재하며 다양한 기능을 가진 분자이다. 실제로 생명현상은 단백질 분자들에 의존한다. 예를 들면, 효소와 펩티드 호르몬들은 대사를 진행시키기도 하고 조절하기도 하며 근육의 수축단백질을 운동할 수 있게 한다. 뼈에서 단백질 콜라겐은 인산칼슘결정을 축적하여 구조물을 형성하며 콘크리트의 철구조물과 같이 작용한다. 혈류 중의 헤모글로빈과 알부민은 생명현상에 필수적인 분자들을 운반하며, 반면에 면역글로불린은 전염성 세균과 바이러스를 파괴에 한 역할을 한다. 간단히 말하면 단백질은 신비하고 다양한 기능을 가진 분자이며 아미노산의 중합체로 이루어진 일반적 구조적 특성을 가지고 있다.

1. 단백질 구성 아미노산

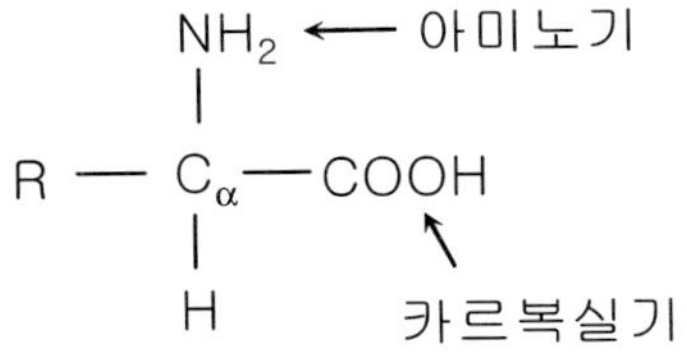

그림 4-1. α-아미노산의 일반 구조식.

1) 아미노산의 구조

자연계에 300종 이상의 아미노산이 존재하지만 동물단백질을 구성하는 아미노산은 단지 20종이다. 프롤린을 제외한 모든 아미노산들은 하나의 카르복실기와 하나의 아미노기 및 α-탄소에 결합된 측쇄를 가지고 있다(그림 4-1). 생리적 pH에서 카르복실기는 해리되어 음하전의 카복시산이온($-COO^-$)을 형성하며, 아미노기는 아미노이온($-NH_3^+$)으로 양전화된다. 단백질에서 거의 모든 카르복실기와 아미노기는 펩티드 결합에 의하여 연결되므로 화학반응에 이용되지 않는다. 따라서 단백질을 구성하는 아미노산의 역할은 측쇄의 성질에 달려있다. 그러므로 측쇄의 성질, 즉 비극성 또는 극성, 비하전 또는 하전, 산성 또는 염기성 등에 따라 분류하는 것이 유용하다.

2) 아미노산의 광학적 성질

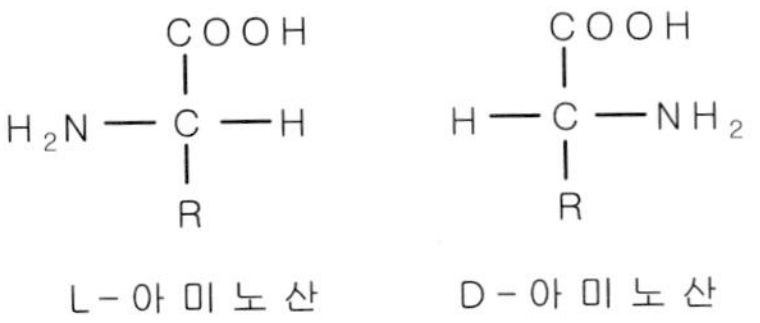

그림 4-2. α-아미노산의 D형과 L형.

각 아미노산의 α-탄소에 결합되어있는 네 개의 원자단들은 모두 다르며 따라서 α-탄소는 비대칭탄소원자로서 α-탄소원자를 가진 모든 아미노산들은 광학적으로 활성이다. 그러나 글리신은 α-탄소원자에 두 개의 수소원자가 결합되어 있으므로 광학적으로 비활성인 유일한 아미노산이다. 부제탄소원자인 α-탄소원자에 결합한 아미노기의 위치에 따라 그림 4-2에서 보여주는 바와 같이 D-아미노산과 L-아미노산이 존재한다. 이 두 이성체를 입체 이성체(stereoisomer), 광학 이성체(optical isomer) 혹은 거울상 이성질체(enantiomer)라고 한다. 단백질을 구성하는 모든 아미노산들은 L-아미노산들이다. 그러나 어떤 항생물질과 세균 세포벽 중에 D-아미노산이 발견된다.

3) 아미노산의 분류

단백질은 20종의 아미노산들에 속하는 다수의 아미노산들로 구성된 폴리펩티드 사슬이거나 또는 이들의 결합으로 이루어진 물질이다. 단백질을 구성하는 20종 아미노산들을 구조적 특성에 따라 분류한 각 아미노산들의 명칭과 약어(3문자/단문자), 화학명 및 구조식은 표 4-1과 같다.

표 4-1. 단백질 구성 아미노산의 명칭, 약어, 화학명 및 구조식

일반명	(3문자/단문자)	화학명	구조식
1. 지방족 아미노산(aliphatic amino acids)			
1) Glycine	Gly/G	α-amino acetic acid, glycocoll	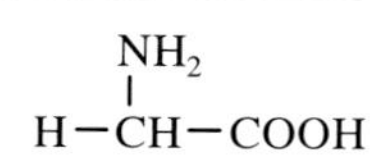
2) Alanine	Ala/A	α-aminopropionic acid	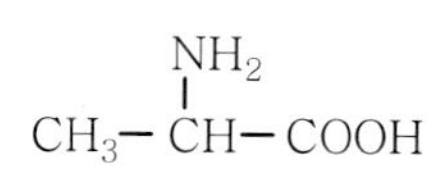
3) Valine	Val/V	α-aminoisovaleric acid	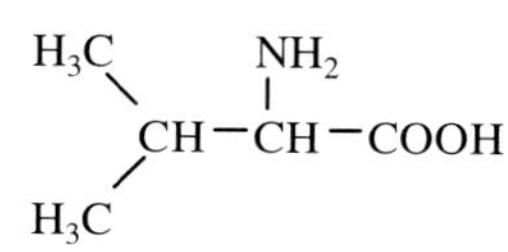
4) Leucine	Leu/L	α-aminoisocaproic acid	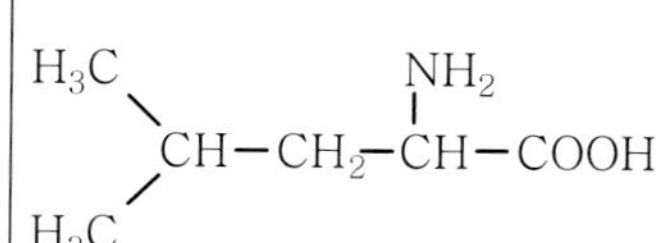
5) Isoleucine	Ile/I	α-amino-β-methyl-β-ethylpropionic acid	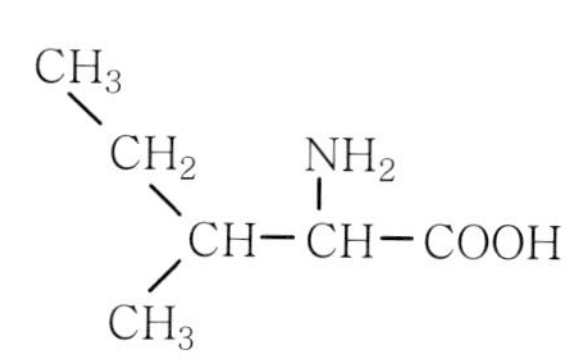

2. 하이드록실기 함유 아미노산(hydroxy amino acids)			
6) Serine	Ser/S	β-hydroxy-α-aminopropionic acid	$OH\quad NH_2$ $CH_2-CH-COOH$
7) Threonine	Thr/T	β-hydroxy-α-aminobutyric acid	$OH\quad NH_2$ $CH_3-CH-CH-COOH$
(Tyrosine)		p-hydroxyphenylalanine	방향족 아미노산 참조
3. 산성 및 산 아마이드 아미노산(acidic and acid amide amino acids)			
8) Aspartic acid	Asp/D	α-aminosuccinic acid	NH_2 $HOOC-CH_2-CH-COOH$
9) Glutamic acid	Glu/E	α-aminoglutaric acid	NH_2 $HOOC-CH_2-CH_2-CH-COOH$
10) Asparagine	Asn/N	aspartic acid amide	$O\quad NH_2$ $H_2N-C-CH_2-CH-COOH$
11) Glutamine	Gln/Q	glutamic acid amide	$O\quad NH_2$ $H_2N-C-CH_2-CH_2-CH-COOH$
4. 염기성 아미노산(basic amino acids)			
12) Arginine	Arg/R	δ-guanidyl-α-aminovaleric acid	$NH\quad NH_2$ $H_2N-C-NH-CH_2-CH_2-CH_2-CH-COOH$
13) Lysine	Lys/K	α,ε-diaminocaproic acid	$NH_3^+\quad NH_2$ $CH_2-CH_2-CH_2-CH_2-CH-COOH$
14) Histidine	His/H	β-4-imidazolylalanine	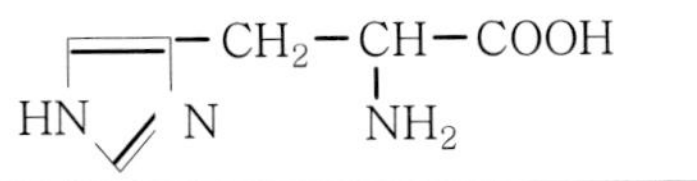
5. 황-함유 아미노산(sulfur-containing amino acids)			
15) Methionine	Met/M	ɣ-methylthiol-α-aminobutyric acid	$S-CH_3\quad NH_2$ $CH_2-CH_2-CH-COOH$
16) Cysteine	Cys/C	β-thio-α-aminopropionic acid	$SH\quad NH_2$ $CH_2-CH-COOH$
(Cystine)		(di-β-thio-α-aminocaproic acid)	$H_2N-CH-COOH\quad H_2N-CH-COOH$ $CH_2-S-S-CH_2$

6. 방향족 아미노산(aromatic amino acids)			
17) Phenylalanine	Phe/F	β-phenyl-α-aminopropionic acid	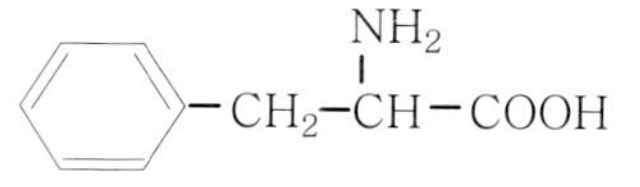
18) Tyrosine	Tyr/Y	p-hydroxyphenylalanine	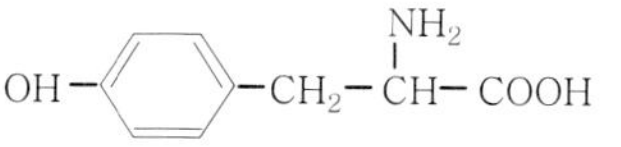
19) Tryptophan	Trp/W	β-indole-α-aminopropionic acid	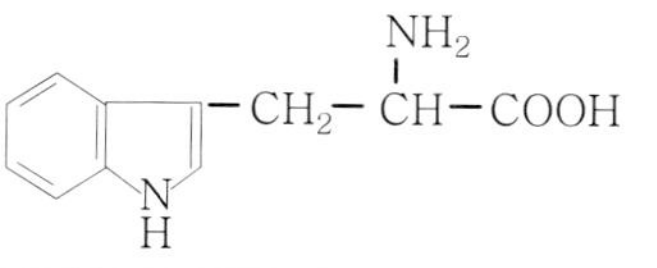
7. 이미노산(Imino acid)			
20) Proline	Pro/P	Pyrrolidine-α-carboxylic acid	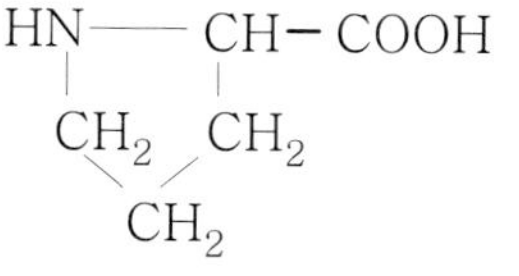
(Hydroxyproline)		4-hydroxypyrrolidine-α-carboxylic acid	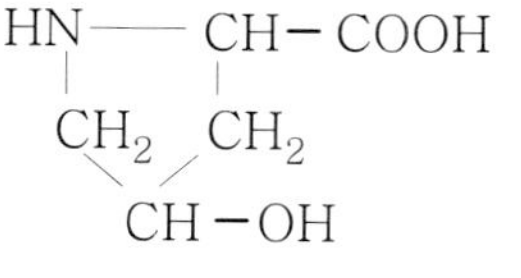

① **지방족 아미노산**: 글리신(glycine), 알라닌(alanine), 발린(valine), 루신(leucine), 이소루신(isoleucine) 등으로 비극성 아미노산에 속한다. 단백질이 지질환경과 접촉할 때 비극성 아미노산들이 우선하여 반응한다. 예를 들어 세포막의 지질이중층에 박혀있는 단백질에서 볼 수 있다.

② **하이드록실기(-OH)를 가진 아미노산**: 세린(serine), 트레오닌(threonine)이 여기에 속한다. 타이로신(tyrosine)도 -OH기를 가지고 있으나 일반적으로 방향족 아미노산으로 분류한다. 당단백질(glycoprotein)에서 탄수화물 사슬들은 -OH기에 의하여 연결되거나(threonine), 아마이드기를 통해(asparagine) 단백질에 결합한다.

③ **산성 및 산 아마이드 아미노산**: 아스파르트산(aspartic acid)과 글루타민산(glutamic acid)은 α-카르복실기 외에 제2의 카르복실기를 가지고 있으므로 음이온성 아미노산이다. 제2의 카르복실기는 아마이드기[-C(O)OH → -C(O)NH_2]를 형성함으로써 각각 아스파라긴(asparagine)과 글루타민(glutamine)을 생성한다.

④ **염기성 아미노산**: 리신(lysine), 아르기닌(arginine), 히스티딘(histidine)이 여기에 속한다. 이 아미노산들은 α-아미노기 외에 양자화될 수 있는 제2의 아미노기를 갖고 있으므로 양이온성 아미노산이다.

표 4-2. 물과의 친화성에 의한 L-α-아미노산의 분류

소수성 아미노산	친수성 아미노산
Alanine	Arginine
Isoleucine	Asparagine
Leucine	Aspartic acid
Methionine	Cysteine
Phenylalanine	Glutamic acid
Proline	Glutamine
Tryptophan	Histidine
Tyrosine	Lysine
Valine	Serine
Glycine	Threonine

⑤ **유황-함유 아미노산**: 시스테인(cysteine)과 메티오닌(methionine)이 여기에 속한다. 이황화결합(disulfide bond, -S-S-)으로 두 시스테인분자들을 연결하여 시스틴(cystine)을 형성하는 방법은 단백질의 4차구조를 결정하는 주요한 요소이다. 메티오닌의 $-S-CH_3$기는 생체내의 메틸화(methylation)에서 매우 중요하다.

⑥ **방향족 아미노산**: 페닐알라닌(phenylalanine), 타이로신(tyrosine), 트립토판(tryptophan)이 여기에 속한다. 이 아미노산들은 280nm에서 자외선을 흡수하므로 용액 중의 단백질 농도 측정에 이용할 수 있다.

⑦ **이미노산**: 이미노기를 가진 아미노산으로 프롤린(proline)과 이의 번역 후 유도체인 하이드록시프롤린(hydroxyproline)이 있다.

위의 아미노산 중에서 특이적으로 중성 pH에서는 비하전이지만 알카리성 pH에서는 H^+을 유리시킬 수 있는 아미노산으로 시스테인과 타이로신이 있으며, 세린, 트레오닌 및 타이로신은 극성 -OH기를 가지고 있으므로 수소결합에 참여할 수 있다. 아스파라긴과 글루타민의 측쇄는 카보닐기와 아마이드기를 가지고 있으므로 또한 수소결합에 참여할 수 있다.

아미노산을 물과의 친화성에 따라 소수성 아미노산(hydrophobic amino acids)과 친수성 아미노산(hydrophilic amino acids)으로 분류하면 표 4-2와 같다.

소수성 아미노산을 비극성 아미노산(nonpolar amino acids), 친수성 아미노산을 극성 아미노산(polar amino acids)이라고도 하며, 이러한 구분은 분자내 극성 원자단의 유무에 의하여 좌우된다.

영양학적으로 아미노산들을 필수아미노산과 비필수아미노산으로 구분할 수 있다. **필수아미노산**(essential amino acids)이란 생명체가 필요로 하지만 필요한 만큼 합성할 수 없는 아미노산으로서 외부에서 반드시 섭취해야 하는 아미노산이다. 동물 종에 따라서 적절한 양으로 합성할 수 없는 필수아미노산들에 다소 차이가 있다.

표 4-3. 단백질을 구성하지 않으면서 포유동물 대사에 중요한 α-아미노산의 예

일반명(계통명)	중요성
Homocysteine(2-amino-4-mercaptobutanoate)	Methionine 생합성 중간물질
Cysteine sulfinic acid (2-amino-3-sulfinopropanoate)	Cysteine 대사 중간물질
Homoserine(2-amino-4-hydroxybutanoate)	Threonine, aspartate 및 methionine 대사의 중간물질
Ornithine(2,5-bisaminopentanoate)	Threonine, aspartate 및 methionine 대사의 중간물질
Citrulline(2-amino-5-ureidopentanoate)	요소 생합성 중간물질
Argininosuccinate	요소 생합성 중간물질
Dopa(3,4-dihydroxyphenylalanine)	Melanin의 전구체
3-Monoiodotyrosine	갑상선호르몬 전구체
3,5-Diiodotyrosine	갑상선호르몬 전구체
3,5,3'-Triiodothyronine(T_3)	갑상선호르몬 전구체
Thyroxine(3,5,3',5'-tetraiodothyronine: T_4)	갑상선호르몬 전구체

인체와 대부분의 동물종에서 루신, 이소루신, 발린, 메티오닌, 리신, 트레오닌, 페닐알라닌, 트립토판 등 8종은 공통된 필수아미노산들이다. 아르기닌과 히스티딘은 보통 발육 중인 동물들에서 필수적이며 글리신은 어린 닭에서 필수적이다. 비필수아미노산은 필요할 때 생체에서 합성된다.

단백질을 구성하지 않지만 포유동물 대사에서 중요한 기능을 수행하는 α-아미노산들이 존재한다(표 4-3).

단백질을 구성하지 않지만 포유동물 대사에서 중요한 기능을 수행하는 α-아미노산 이외의 아미노산들이 존재한다(표 4-4).

1827년 소의 담즙에서 발견된 타우린(taurine)은 시스테인의 -SH기가 -SO_3H기로 산화됨과 동시에 탈탄산에 의하여 생성된다(그림 4-3).

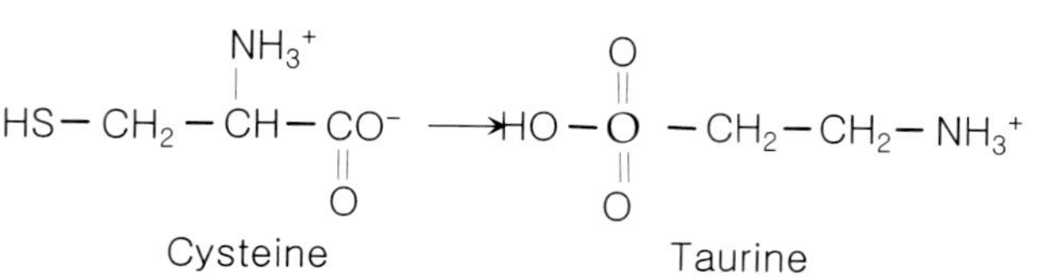

그림 4-3. Cystein으로부터 taurine의 생성.

표 4-4. 포유동물 대사에서 중요한 비 α-아미노산의 예

일반명(계통명)	구조식	중요성
β-Alanine (3-aminopropanoate)	NH_2 CH_2-CH_2-COOH	Coenzyme A와 비타민 pantetheine의 주성분
Taurine (2-aminoethylsulfonate)	NH_2 $CH_2-CH_2-SO_3H$	담즙중 담즙산과 결합하여 존재
γ-Aminobutyrate (GABA) (4-aminobutanoate)	NH_2 $CH_2-CH_2-CH_2-COOH$	뇌조직에서 glutamate로부터 생성된 신경전달물질
β-Aminoisobutyrate (2-methyl-3-aminopropanoate)	NH_2 CH_3 $CH_2-CH-COOH$	인체의 요중에 배설되는 pyrimidine 대사의 종산물

타우린은 담즙산과 결합하여 존재한다. 고양이는 타우린을 합성하여 저장할 수 있는 양이 제한되어 있으므로 음식물로서 섭취해야 한다. 고양이의 타우린결핍증은 망막중심변성(central retinal degeneration)과 실명, 번식장애, 성장지연 및 골격기형과 확장성심근병(dilated cardiomyopathy)을 포함한 병리생리적 증상을 나타낸다. 타우린은 에너지대사, 세포분열, 삼투평형, 프로스타글란딘 대사, 항산화작용, 근 수축 및 이물질의 포합체 형성과 같은 세포의 중요한 과정들에서 민감한 조절물질로 작용한다. 그러나 타우린의 작용기전은 아직 명확히 밝혀져 있지 않다. 타우린 활성의 큰 부분은 세포내의 이온흐름, 특히 칼슘의 흐름에 영향을 주거나 또는 글루타민산 합성을 조절하여 간접적으로 세포막의 여기 한계치(excitation threshold)를 조절하는 것으로 생각되고 있다.

아미노산으로부터 생성된 호르몬으로 타이록신, 멜라토닌, 에피네프린 및 노르에피네프린 등이 있다.

4) 생리활성 펩티드

아미노산과 단백질의 중간에는 생물학적으로 중요한 많은 펩티드(peptide)들이 존재하며 대표적으로 예를 들면 다음과 같다.

(1) 글루타티온

글루타티온(glutathione)은 트리펩티드로서 글루타민산, 시스테인, 글리신으로 구성되어 있다(그림 4-4).

글루타티온은 시스테인의 -SH기 때문에 세포 내의 환원/산화(redox)환경에 민감하다. 두 분자의 글루타티온(GSH)은 전자들을 방출하므로서 이황화결합(-S-S-)에 의해 연결되어 산화글루타티온(GSSG)이 된다.

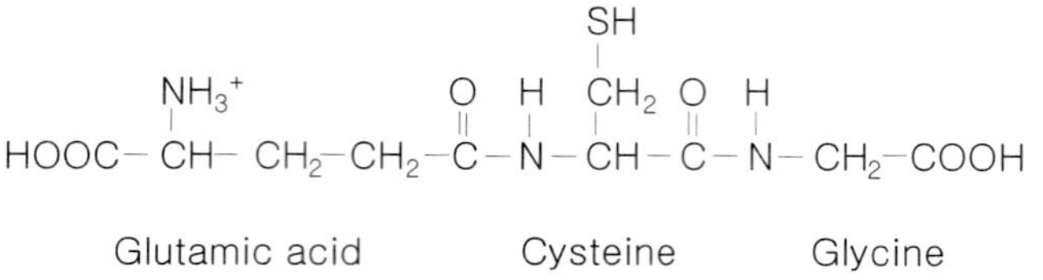

그림 4-4. Glutathione(γ-Glutamyl-cysteinyl-glycine)의 구조.

2GSH ↔ GSSG + 2H

글루타티온의 기능은 ㉮적혈구에서 특별히 중요한 환원제이다. ㉯간에서 담즙으로 배설되는 물질들과 포합체를 형성한다. ㉰췌장에서 인슐린의 생성에 필요하다. ㉱류코트리엔(leukotrienes)의 구성물질로 사용된다.

(2) 타이로트로핀-방출 호르몬

타이로트로핀-방출호르몬(thyrotropin-releasing hormone, TRH)은 Pro-His-Glu로 구성된 또 다른 트리펩티드이다. 트리펩티드는 너무 작은 분자이기 때문에 이들의 생물학적 활성에 대하여 오랫동안 탐지되지 못했다. 시상하부에서 생성된 TRH는 뇌하수체로 수송되어 갑상선 자극 호르몬(thyroid stimulating hormone, TSH)의 방출을 자극한다.

TSH는 갑상선을 활성화시켜 타이록신(thyroxine)을 생성하게 한다. TRH는 최초로 확인되어 정제되고 합성된 유리 호르몬이다. 시상하부에서 유리되거나 조절기능을 가진 다른 방출호르몬(RH)들에는 부신피질자극호르몬-방출호르몬(adrenocorticotropic hormone-RH), 성장호르몬-방출호르몬(growth hormone-RH), 성선자극호르몬-방출호르몬(gonadotropin-RH), 프로락틴-방출호르몬(prolactin-RH) 등이 있다.

(3) 엔돌핀

엔돌핀(endorphin)은 몰핀(morphine)의 18~30배에 해당하는 강한 진통효과(analgesic potency)를 가진 폴리펩티드(17~31 아미노산)이다. 엔돌핀은 뇌에서 아편수용체(opiate receptors)에 결합하여 통감각(pain perception)의 내인성 조절에 관여한다.

(4) 카노신

카노신(carnosine)은 Ala-His의 디펩티드로 간과 근육에 존재하며 혈압강하작용이 있다.

(5) 엔케팔린

엔케팔린(enkephalin)은 펜타펩티드로서 Tyr-Gly-Gly-Phe-Met 또는 Tyr-Gly-Gly-Phe-Leu로 구성된다. 뇌의 중추신경계에서 생성되며 뇌의 특정 수용체와 결합하여 통증을 조절한다.

(6) 호르몬

많은 호르몬들이 펩티드이다(표 4-5)

항이뇨호르몬(antidiuretic hormone, ADH; vasopressin)과 옥사이토신(oxytocin)은 시상하부에서 합성된 노나펩티드(nonapeptide)이고 뇌하수체 후엽에 저장된다. 이 두 호르몬은 완전한 상동구조를 가지고 있고 그래서 부분적으로 중복된 기능들을 가진다.

이 외에 멜라닌세포자극호르몬(melanocyte stimulating hormone, MSH)은 18개의 아미노산으로 구성되며 뇌하수체 중엽에서 분비되어 멜라닌(melanin)생성을 자극한다.

브라디키닌(bradykinin)은 노나펩티드로서 혈액에서 생성되어 혈관을 팽창시켜 혈압을 조절하고, 기관지, 장 및 자궁 등의 평활근을 수축시키며, 강력한 통증을 일으키는 호르몬이다.

표 4-5. 중요한 펩티드 호르몬들의 아미노산 배열과 생물학적 기능

호르몬	아미노산 배열	생물학적 기능
Thyrotropin releasing factor(TRH)	Pro-His-Glu[a]	시상하부에서 생산되어 뇌하수체로부터thyroid stimulating hormone (TSH)의 방출을 자극한다.
Met-enkephalin	Tyr-Gly-Gly-Phe-Met	뇌에서 생산되어 통증을 조절한다.
Angiotensin (hypertensin)	Asp-Arg-Val-Tyr-Ile-His-Pro	혈액에서 생성되어 혈압증가, 신장의 배출 감소로 체액을 유지시킨다.
Antidiuretic hormone (ADH, vasopressin)	S—S (Cys–Cys) Cys-Try-Phe-Gln-Asn-Cys-Pro-Arg-Gly	시상하부에서 생성되어 혈압을 상승시킨다.
Oxytocin	S—S (Cys–Cys) Cys-Try-Ile-Gln-Asn-Cys-Pro-Leu-Gly[b]	시상하부에서 생성되어 뇌하수체에 저장되며 자궁수축과 유즙 분비를 촉진한다.

[a], Glutamic acid는 환상이다.[b], 말단 glycine은 아마이드 유도체이다.

2. 단백질의 구조와 성질

단백질은 10,000~1,000,000달톤의 분자량을 가진 거대분자복합체이다. 분자량은 다양한 방법으로 결정될 수 있는데, 초원심분리법(ultracentrifugation), 전기영동법(electrophoresis), 겔 여과법(gel filtration) 등이 사용된다. 일반적으로 분자량을 알고 있는 몇 개의 단백질들이 표준 단백질로서 분석에 사용된다.

대부분의 단백질은 하나 이상의 폴리펩티드사슬을 가지고 있으며, 또한 단백질들은 하나 이상의 탄수화물, 지질, 핵산, 헴 및 무기질들을 포함할 수도 있다. 화학적으로 단백질 부분과 특이적으로 결합하는 물질을 리간드(ligand)라고 하며, 리간드를 단백질 부분과 구별할 수 있으나 단백질-리간드의 결합형태만이 정해진 기능을 발휘할 수 있기 때문에 생리학적으로 그 구별은 의미가 없다.

1) 단백질의 구조

단백질의 복잡한 구조는 다음의 4단계로 나누어 설명하는 것이 일반적이다.

(1) 1차구조

아미노산의 펩티드사슬은 유전적으로 암호화되어 번역 후 수정된다. 1차구조(primary structure)는 유전적으로 암호화되어 펩티드결합(peptide bond)으로 연결된 아미노산들의 배열순서이다(그림 4-5). 모든 다른 구조적 요소들은 화학 및 물리의 법칙을 따른다. "시스템"은 주어진 일련의 환경조건(pH, 산화환원전위, 온도, 이온강도 및 조성)에서 가장 낮은 자유에너지 상태인 최대의 안정상태를 가지게 되며, 이는 단백질 분자의 특징적인 3차원적인 구조에 반영된다.

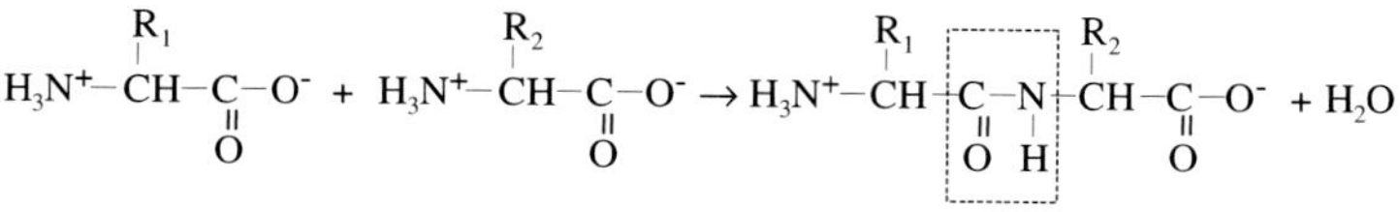

그림 4-5. 펩티드결합의 형성

(2) 2차구조

펩티드사슬의 2차구조(secondary structure)는 나선형으로 감겨지거나(α-helix), 역평형의 병풍구조(β-pleated sheet)를 만들거나 또는 임의로 감겨진 구조(random coil configurations)로 존재한다. 이러한 구조의 형성은 서로 다른 아미노산들 간에 많은 수소결합을 만들어(그림 4-6, 그림 4-7) 시스템의 자유에너지를 낮추고 그럼으로써 안정화시키는 것이다.

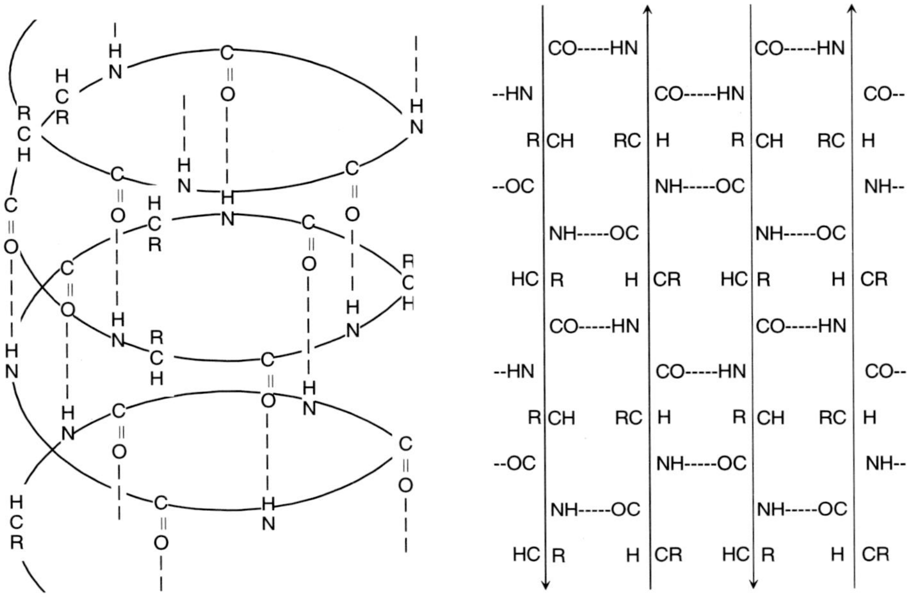

α-helix 구조 β-병풍구조(역평행)

그림 4-6. 단백질의 2차구조에서 수소결합에 의한 α-helix와 β-pleated sheet의 형성.

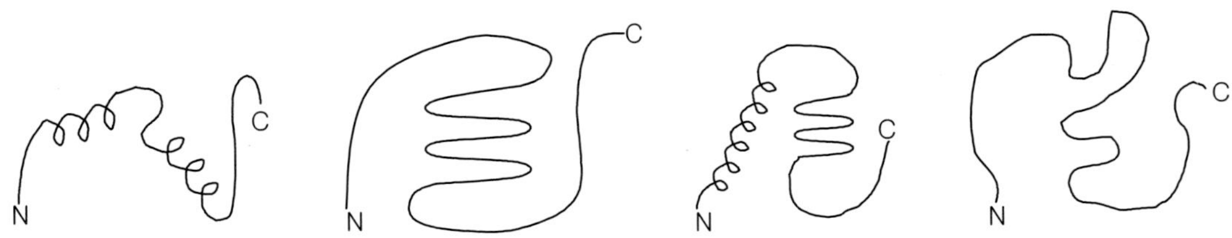

α-helix를 가진 단백질 β-병풍구조(역평행)를 가진 단백질 α-helix 와 β-병풍 구조를 가진 단백질 임의구조 단백질

그림 4-7. 단백질의 2차구조의 여러 형태.

(3) 3차구조

2차구조는 접혀지고 꼬여서 3차구조를 형성한다(그림 4-8). 같은 펩티드사슬 중의 수소결합과 함께 시스테인잔기 간에 또는 다른 펩티드사슬중의 시스테인잔기 간에 이황화결합(disulfide bond)이 이루어지며 이는 3차구조(tertiary structure)의 주요한 결정요소이다. 산화와 환원 시에 이황화결합의 형성감도는 생체의 산화환원전위의 항상성 조절을 필요로 한다.

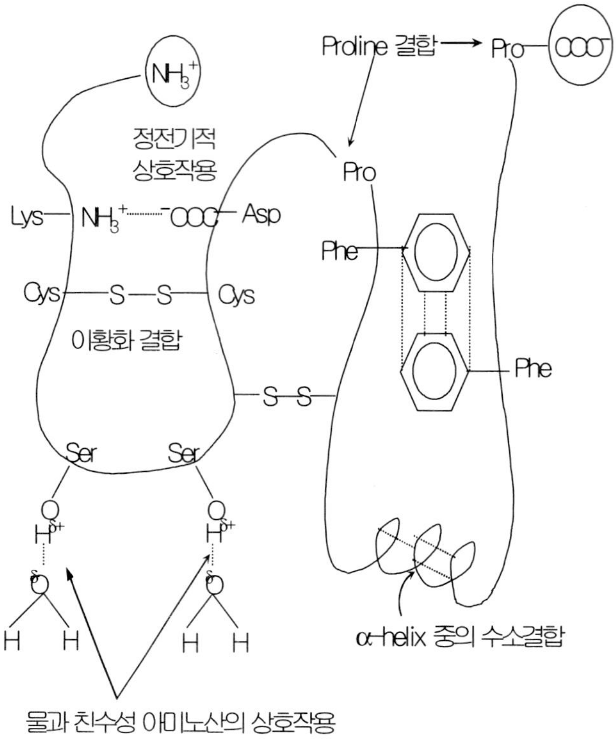

그림 4-8. 단백질의 3차구조를 나타내는 모형도.

이온결합(ionic bond) 또는 정전기적 상호작용(electrostatic interaction)은 반대 전하를 함께 불러옴으로써 펩티드사슬의 구조적 형태를 갖게 한다. 이는 단백질의 안정성이 주어진 환경에서 pH, 이온강도, 이온조성 등의 항상성 조절에 달려 있다는 것을 의미한다.

단백질에서 비극성 아미노산잔기간의 소수성 상호작용(hydrophobic interaction)은 단백질의 3차구조를 안정화시키는데 기여한다. 비극성 아미노산잔기들의 응집은 유성 주머니(oily pocket)를 만들어 단백질이 지질과 상호작용할 수 있게 한다.

(4) 4차구조

많은 단백질들은 단지 3차구조만을 갖고 있으며 이런 단백질들은 하나의 폴리펩티드사슬로서 단량체(monomer)들이다. 그러나 어떤 단백질들은 4차구조(quaternary structure)에서 단량체들간에 이황화결합, 이온결합, 수소결합 및 소수성 상호작용 등으로 종합적인 배치(어떤 경우에는 10개가 넘게)가 이루어져 최종적으로 기능적 형태를 가진 다량체인 단백질을 만든다(예, 많은 효소들, 헤모글로빈, 페리틴). 구성 단량체들은 같은 종류이거나 종종 다른 종류들이 혼합된다.

요약하면, 단백질구조는 얼핏보면 변하기 쉬운(일시적인) 것처럼 보이지만, 사실은 주어진 환경조건에서 완전히 확고하고 특성있는 구조를 가지고 있다.

2) 아미노산과 단백질의 산-염기 성질

(1) 아미노산의 산-염기 성질

아미노산의 아미노기와 카르복실기들은 낮은 pH에서 양자화되어 카르복실기는 전하를 잃게 되며 아미노기는 양이온이 된다. 결국 낮은 pH에서 실질전하는 양전하를 띄게 된다. 마찬가지

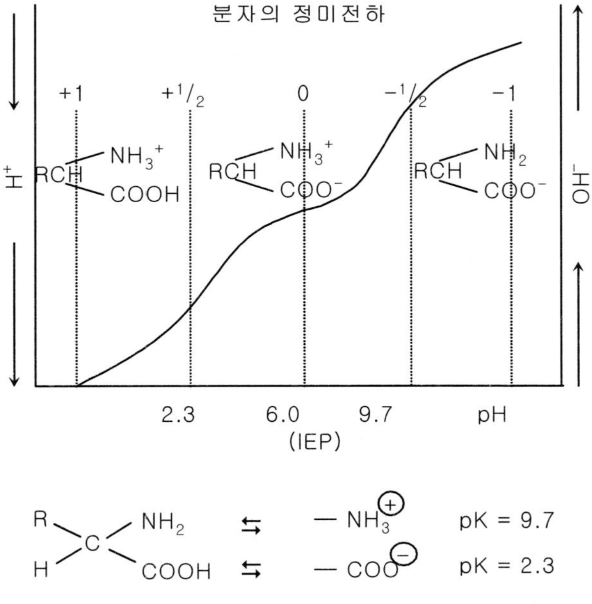

그림 4-9. pH에 따라 변화하는 아미노산.

로, 높은 pH에서 아미노산의 실질전하는 카르복실기가 완전히 해리되어 음전하를 가지게 되기 때문에 음이온이 된다. 반면 아미노기는 H^+을 잃어버림으로써 전하를 상실한다(그림 4-9). α-아미노기와 α-카르복실기의 pK치 중간에서는 양전하와 음전하의 수가 같으며 이 때의 pH를 **등전점**(isoelectric point, pI)이라고 한다. 등전점에서 아미노산은 전기적으로 중성이며 용액중에서 침전한다.

(2) 단백질의 산-염기 성질

펩티드결합은 아미노산 간의 축합반응으로 물을 생성한다(그림 4-5 참조). 이 때 α-탄소에 결합한 α-NH_3^+과 α-COO^-기들이 전하를 잃어버리면서 한 개의 아미노말단(-NH_3^+)과 한 개의 카복실말단(-COO^-)을 갖는 펩티드사슬이 형성된다. 측쇄(R)를 가진 아미노산들로 구성된 펩티드들은 구성 아미노산의 수(2∼10)에 따라 di-, tri-, tetra-, penta-, hexa-, hepta-, octa-, nona-, deca-펩티드라고 이름을 붙인다. 10이 넘으면 폴리펩티드(polypeptide)라고 한다. 폴리펩티드의 분자량이 10,000(약 50개의 아미노산으로 구성)에 가까우면 단백질이라고 한다. 단백질은 대개 몇 개의 폴리펩티드사슬로 구성되며 비아미노산물질(예, 헴, 탄수화물, 지질 등)들이 결합할 수 있다.

측쇄가 없는 펩티드사슬은 소수성이며 물에 대한 펩티드(단백질)의 용해도는 구성 아미노산들이 가진 측쇄(R 부위)의 하전특성에 달려있다. 펩티드사슬 중 대부분의 아미노산들은 측쇄(R)에 전하가 없으므로 물에 대한 용해도나 산-염기 완충에 기여하지 못한다. 이런 수많은 불용성 단백질들은 구조적 물질(세포골격, 콜라겐, 피모 등), 근육 내의 수축성 단백질(액틴, 마이오신) 및 혈액응고인자(피브린)로서의 기능을 가진다. 많은 단백질들은 양성성질을 가지며 그들의 비극성부위는 지질과 상호 작용할 수 있고, 극성부위는 펩티드 또는 단백질이 물에 용해되도록 하며 이들을 가용성펩티드 또는 가용성단백질이라고 한다.

펩티드사슬에서 두 아미노산(아스파르트산과 글루타민산)은 음이온으로 하전되며, 세 아미노산(리신, 히스티딘, 아르기닌)은 양이온으로 하전된다. pK에 의하면, 혈청의 생리적 pH에서 두 산성아미노산은 완전히 해리되어 음이온으로 하전되고, 세 염기성아미노산들은 양자화되어 양이온으로 하전된다(그림 4-10). 그러므로 pH 7.4에서 부분적으로만 양자화되는 히스티딘의 이미다졸기(pK 6.0)는 어느정도 완충기로서 작용할 수 있는 유일한 원자단이며 따라서 단백질은 비생리적 pH에서 주로 완충력을 발휘하게 된다.

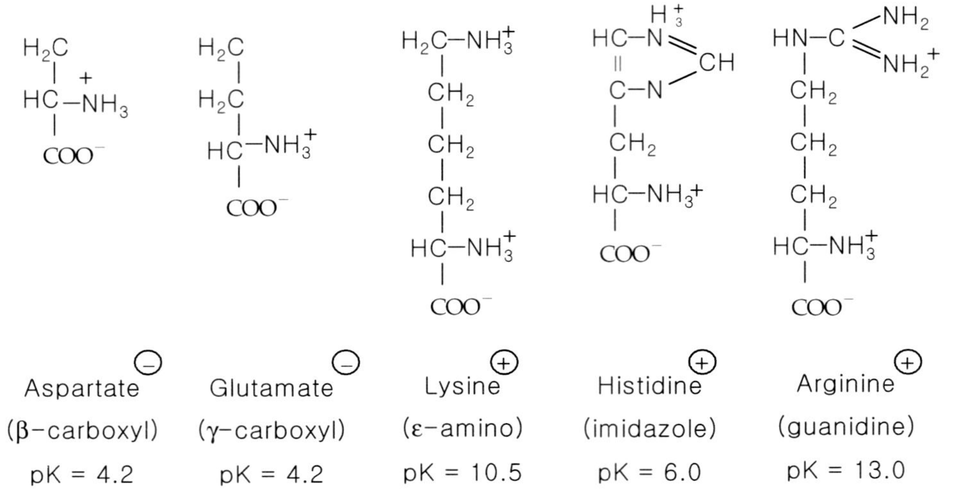

그림 4-10. 음이온성 아미노산과 양이온성 아미노산. 특정 원자단이 괄호 안에 표시되어 있다.

(3) 단백질의 전하

단백질의 전하는 pH에 의하여 변화된다. β-락토글로불린(β-lactoglobulin)은 3개의 카복실 말단기, 60개의 아스파르트산/글루타민산 카르복실기, 3개의 아미노말단기, 33개의 리신, 7개의 아르기닌, 4개의 히스티딘을 포함하고 있다. 말단기의 수로 보아, β-락토글로불린은 3개의 펩티드 사슬로 구성되어 있으며 양전하수(47개)보다 음전하수(63개)를 더 많이 갖고 있다는 점에서 전형적인 단백질에 속한다. 그러므로 pH 7.4에서 β-락토글로불린은 실질 음전하를 가진 단백질이다.

더 높은 알카리성 pH에서는 더 많은 양이온기들이 탈양자화되며, 그래서 β-락토글로불린의 실질 음전하는 증가한다. 마찬가지로 매체를 산성화하면 양자화에 의해 음전하들을 잃게된다. β-락토글로불린의 63개 음전하 중 16개가 양자화 되면, 남은 47개의 음이온 전하는 47개의 양이온 전하와 같아진다. 이 pH에서, β-락토글로불린의 실질전하는 0이다.

등전점 또는 등전 pH(IEP)는 단백질에 따라 특이적이다. 대부분의 단백질은 염기성 아미노산보다 아스파르트산과 글루타민산을 더 많이 함유하고 있으므로 그들의 등전점은 pH 6.0 이하이다. 그래서 생리적 pH에서, 실질음전하를 띄게 된다. 그 예외로는 세포핵 내에서 DNA와 결합하여 존재하는 히스톤이 있다. 리신과 아르기닌을 다량 함유하고 있는 히스톤은 등전점 7.0 이상으로 생리적 pH에서 양이온으로 하전된다.

단백질전하를 이용하여 다음과 같이 단백질을 분리할 수 있다.

㉮ 전기영동법(electrophoresis): 완충용액에 적신 고형지지체(겔 또는 여과지)에 단백질 혼합액을 점적한 후 그 지지체에 전기장을 갖게 하면 지지체의 단백질들이 그들의 전하/질량의 비율로 이동하여 분리된다. 그 다음에 단백질은 고정되고, 염색되어 밀도계(densitometer)로 양을 측정할 수 있다(그림 4-11).

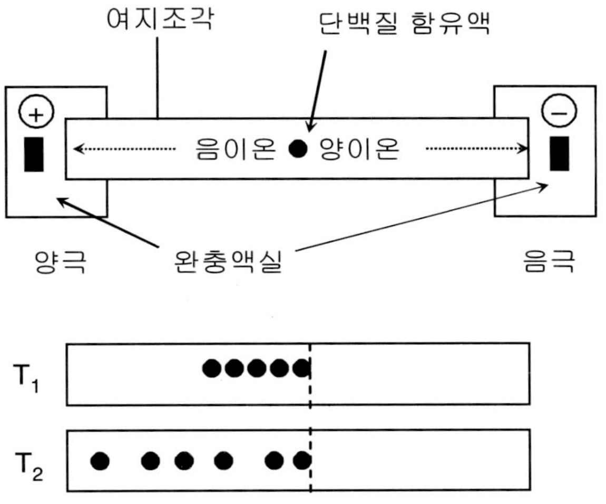

그림 4-11. 전기영동법. 알카리성 완충액의 사용으로 단백질은 음전하를 띄게되며, 따라서 양극 쪽으로 이동한다.

㉯ 등전점전기분획영동법(electro-focussing): 연속적인 pH 기울기를 갖고 있는 겔 칼람에 단백질 용액을 가하고 전압을 부하하면 단백질 용액에 혼합되어 있던 각 단백질은 각각의 등전점을 향해 이동하여 칼럼내의 해당되는 등전 pH에서 띠(band)를 형성한다.

3. 단백질의 분류와 기능

1) 단백질의 분류

단백질은 기능, 크기, 형태 및 화학조성에 따라 분류할 수 있다.

(1) 기능에 의한 분류

①구조단백질(structural protein): 결체조직의 콜라겐, 엘라스틴, 케라틴 등.

②수송단백질(transport protein): 헤모글로빈, 알부민(지방산 수송) 등.

③저장단백질(storage protein): 페리틴(ferritin, 간에 철의 저장).

④방어단백질(protective protein): 혈청항체(immunoglobulin; IgG, IgA, IgM, IgD, IgE).

⑤촉매단백질(catalytic protein): 각종 효소.

⑥수축단백질(contractive protein): 근조직 섬유의 액틴, 마이오신.

(2) 크기에 의한 분류

단백질의 크기는 매우 다양하다. 일반적으로 분자량 10,000달톤에서 큰 것은 수백만 달톤에 이른다. 다음은 몇 가지 단백질의 분자량을 물분자와 비교한 것이다(표 5-6).

표 4-6. 단백질의 분자량 비교

단백질	분자량(dalton)
Lysozyme	13,900
Hemoglobin	64,000
γ-Globulin	156,000
Thyroglobulin	660,000
β1-Lipoprotein	1,300,000
Pyruvate dehydrogenase complex	4.6×10^6
H_2O	18

(3) 형태에 의한 분류

단백질은 일반적으로 구상단백질(globular protein)과 섬유상단백질(fibrous protein)의 두 가지 형태로 나누어진다. 구상단백질은 다소 조밀한 형태를 가지며 구형이다. 어떤 구상단백질은 타원형의 것도 있으며, 편평한 구형처럼 생긴 단백질도 있다. 섬유상단백질은 보통 매우 길고 얇은 섬유형태를 하고 있다.

(4) 화학조성에 의한 분류

단백질을 화학적 조성에 의하여 분류하면 다음과 같다.

① **단순단백질**(simple protein)**:** 아미노산으로만 구성되어 있는 단백질이다. 이러한 단백질을 강산으로 처리하면 아미노산을 연결하는 펩티드결합이 파괴되어 유리 아미노산 용액이 얻어진다. 단순 단백질은 용해도에 의하여 다음과 같이 분류할 수 있다.

- 알부민(albumin): 물, 묽은 염용액, 묽은 산용액 및 묽은 알카리용액에 가용성이며, 열에 응고하고, 포화 황산암모늄[$(NH_4)_2SO_4$]용액에 석출된다. 동식물의 세포와 체액 중에 들어있다. 혈청 알부민(serum albumin), 락트알부민(lact-albumin), 오발부민(ovalbumin), 마이오겐(myogen) 등이 여기에 속한다.
- 글로불린(globulin): 물에 불용성이며, 묽은 염용액, 묽은 산용액 및 묽은 알카리용액에 가용성이다. 열에 응고하고 반포화 $(NH_4)_2SO_4$ 용액에 석출된다. 동식물의 세포와 체액 중에 들어있다. 혈청 글로불린, β-락토글로불린, 리소자임(lysozyme: 타액과 백혈구에 존재), 마이오신, 피브리노겐 등이 여기에 속한다.
- 글루텔린(glutelin): 물과 묽은 염용액에 불용성이며, 묽은 산용액과 묽은 알카리용액에 가용성이다. 곡류의 글루테닌(glutenin), 오리제닌(oryzenin) 등이다.
- 프롤라민(prolamin): 물과 묽은 염용액에 불용성이며, 묽은 산용액과 묽은 알카리용액에 가용, 70~90% 에탄올에 가용성이다. 곡류의 글리아딘(소맥의 gliadin), 호르데인(hordein), 제인(zein) 등이 여기에 속한다.
- 알부미노이드(albuminoid): 경성단백질(scleroprotein)이라고도 한다. 물, 묽은 염용액, 묽은 산 용액, 묽은 알카리용액 등에 불용성이다. 일반 용매에 불용성이며 소화되지 않는다. 동물 조직에 들어있는 콜라겐(골피, 건, 근막), 엘라스틴(건, 동맥), 케라틴(모, 뿔, 손톱, 발톱), 견사(silk fibroin), 해면(spongin) 등이다.
- 히스톤(histone): 물, 묽은 염용액, 묽은 산용액에 가용성이며, 묽은 알카리용액에 불용성이

다. 함황 아미노산을 함유하며, 산 및 중성용액에서 인텅스텐산(phosphotungstic acid)에 침전한다. 동물세포에 존재하는 흉선 히스톤, 적혈구 히스톤, 간장 히스톤, 스콤브론(scombrone), 글로빈 등이다.

- 프로타민(protamine): 물, 묽은 염 용액, 묽은 산 용액에 가용성이며 묽은 알카리 용액에 불용성이다. 함황 아미노산을 함유하고 있지 않다. 성숙 생식세포에 들어있는 살민(salmin), 클루페인(clupein), 스콤브린(scombrine) 등이다

② **복합단백질**(conjugated protein): 단백질을 강산으로 처리하였을 때 유리 아미노산 이외의 물질을 생성하는 단백질이다. 이 때 생성되는 비아미노산 물질은 대개 구상단백질의 보결분자단(prosthetic groups)으로 작용하므로 효소활성에 필요한 조인자(cofactors)로 알려졌으며 특히 비타민에서 유래된 몇 개의 구성분자들은 조효소(coenzyme)라고 한다. 이와 같이 복합단백질은 생물학적 활성을 갖도록 비아미노산과 결합하여 존재한다. 복합단백질을 구성하는 단백질을 아포단백질(apoprotein)이라고 하며, 아포단백질과 결합하는 보결분자단에 따라 복합단백질들을 표 4-7과 같이 분류한다.

③ **유도단백질**(derived protein): 자연상태의 천연단백질이 부분적으로 가수분해되었거나 변성된 단백질을 유도단백질이라고 한다.

제1차 유도단백질(primary derived protein): 천연단백질의 변성물로, 골격은 그대로이나 성질이 변화한 단백질이다. 겔라틴(gelatin), 메타프로테인(metaprotein), 응고단백질 등이다. 겔라틴은 콜라겐의 변성물이다.

제2차 유도단백질(secondary derived protein):제1차 유도단백질에서 분해가 진행된 단백질이다. 프로테오스(proteose), 펩톤(peptone) 등으로 물에 가용성이며, 열에 응고되지 않고 교질성이 없다.

표 4-7. 복합 단백질의 분류

복합단백질의 분류	보결 분자단	종 류
당단백질(glycoprotein)	당	Ovomucoid, ovomucin, seromucoid
지단백질(lipoprotein)	지질	Thromboplastin(혈액), lipovitellin(난황), lipovitellenin(난황)
핵단백질(nucleoprotein)	핵산	Nucleohistone(흉선), nucleoprotamine(어류 정낭)
인단백질(phosphoprotein)	인산	Casein(유), vitellin(난황), vitellenin(난황), phosvitin(난황)
색소단백질(chromoprotein)	색소 또는 금속	
플라보단백질(flavoprotein)	riboflavin	Flavin enzymes
금속단백질(metalloprotein)	Fe	Ferritin
헴단백질(hemoprotein)	Fe	Hemoglobin, myoglobin, cytochromes, catalase, ferritin
	Cu	Hemocyanin
금속효소(metalloenzymes)	Mg,Zn,Mo,Sn	Cytochrome oxidase, alcohol dehydrogenase

2) 단백질의 기능

단백질의 기능을 나열하면 다음과 같다. 기능의 대부분은 별도로 상세하게 논의할 것이다.

- 모든 효소는 단백질촉매로서 생화학적 반응들을 촉매한다.
- 막의 수용체가 된다.
- 어떤 호르몬들과 호르몬들을 인지하는 대부분의 세포수용체들은 단백질이거나 폴리펩티드들이다.
- 단백질 인자들(proteinaceous factors)이 유전암호가 표현되는 전사/번역과정을 조절한다.
- 신체 내부의 구조적 요소가 된다(collagen, cytoskeleton).
- 윤활제(점액)로 작용한다.
- 혈액, 세포 및 세포막에서 리간드를 수송한다. 단백질은 어떤 환경조건이 우세한 신체의 한 부분에서 작은 분자들(리간드)과 결합한다. 단백질-리간드 복합체는 안정된 구조(가장 낮은 자유에너지)로서 리간드를 목적지로 수송한다. 목적지에서는 다른 환경조건이 우세할 수 있으며, 단백질은 3차구조의 변화로 리간드를 분리하여 배달하는 것이다. 단백질-리간드 결합은 활성물질의 생리효과를 조절하는 역할을 하는데, 그것은 분자의 크기가 매우 작아 용이하게 세포내로 들어갈 수 있는 유리형과 들어갈 수 없는 복합체의 형태로서 리간드의 작용을 조절할 수 있기 때문이다. 유리 리간드의 분해는 리간드의 대사위치에서 평형의 변화에 의하여 진행된다.

역적 단백질-리간드 결합은 혈청단백질에 의한 호르몬의 수송, 헤모글로빈에 의한 산소의 수송, 지단백질에 의한 지질의 수송, 혈청 알부민에 의한 빌리루빈의 수송, 기질과 효소의 결합 등에서 중요한 역할을 한다.

- 면역, 방어시스템으로 중요하다.
- 혈액응고인자로서 작용한다.
- 체액을 보유시킨다.

위와 같은 기능을 가진 단백질들은 유전자 정보를 전사 및 번역하는 기능유전자의 역할과 신뢰성 있는 완전한 단백질 구조를 가짐으로써 달성된다. 그러한 선행조건이 없으면 단백질구조가 변경되어, 기능을 상실할 수도 있고 그렇지 않을 수도 있다. 유전적 요인 이외에도, 환경적 요인들이 단백질의 기능에 심각한 영향을 미칠 수 있다.

4. 단백질의 변성과 재생

단백질은 환경 변화에 의한 비공유성결합의 파괴로 구조의 변화를 일으켜 생물학적 활성을 잃을 수 있으며 이를 **단백질의 변성**(denaturation of protein)이라고 한다. 일반적인 단백질 변성의 원인은 열, 강산 또는 강염기, 유기용매, 고농도의 염용액 등이다. 이 때 단백질은 일시적으로(환경이 원래의 상태로 돌아올 때 가역적) 또는 영구적(비가역적)으로 변화된 환경에 적응하여 가장 낮은 에너지의 안정된 구조를 갖게 된다.

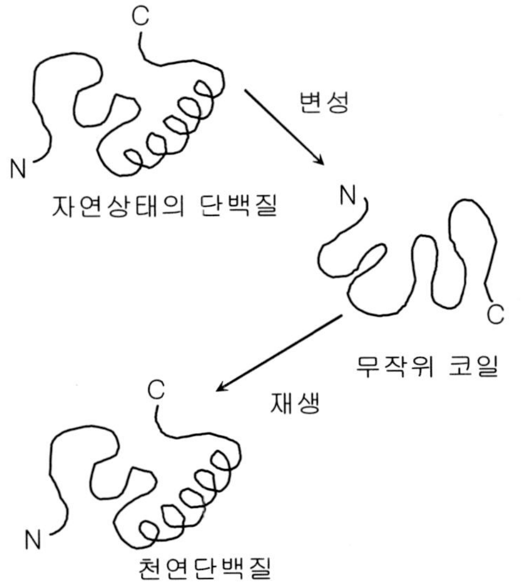

그림 4-12. 단백질의 변성과 재생 모형도.
변성된 단백질의 3차구조가 재생으로 회복된다.

생체의 기능은 신체 내부의 변성인자들(pH, 산화환원전위, 온도, 이온강도, 이온조성 등)에 저항하여 단백질 구조가 임의로 변화되지 않도록 항상성 조절이 이루어진다. 어떤 경우에는 단백질을 변성시키려는 생체의 필요에 따라 환경을 조정한다. 예를 들면, 위 또는 라이소솜에서의 소화와 같은 예에서 볼 수 있다.

단백질을 포함하는 혼합물에서 단백질들을 분리하거나, 식별하기 위한 실험적 목적을 달성하기 위하여 의도적으로 변성시키는 방법이 종종 사용된다. 그러한 방법들에는 끓임(boiling), 염의 첨가(salting), 탈수(dehydration), 요소(urea)에 의한 수소결합 파괴, 등전 침전법 등이 있다.

단백질은 특수 조건하에서 변성인자를 제거하여 원래의 환경으로 되돌리면 수소결합의 파괴로 풀어졌던 폴리펩티드사슬이 다시 접혀져서 원래의 3차원적 모형으로 복귀하는데 이를 재생(regeneration)이라고 한다. 즉, 어떤 조건에서는 신속히 재생되어 원래의 생물학적 활성을 되찾을 수 있다(그림 4-12).

5. 콜라겐

콜라겐(collagen)은 섬유상 단백질로 모든 동물 단백질 중 3분의 1 이상을 차지한다. 콜라겐의 강하고 질긴 섬유들은 골격, 연골, 건(tendon), 인대(ligament), 피부, 심장판막, 태반 및 자궁 등의 유기기질을 구성하는 구조적 요소이다. 또한 콜라겐은 피부, 혈관 및 사구체의 상피세포, 내피세포의 기저막(basement membrane) 등에서 판상(sheet)으로 존재한다. 콜라겐가닥들은 간질공간에 분산되어 있다. 골격과 건의 콜라겐은 운동, 훈련과 같은 강한 육체 활동과 스트레스에 보다 잘 대응하기 위하여 결체조직의 세포내 라이소솜의 *collagenase*에 의한 분해와 재합성에 의해 규칙적으로 개조된다. 성질이 비슷한 단백질인 엘라스틴(elastin)은 물리적 강도와 탄성이 필요한 폐, 피부 및 동맥에 존재한다.

1) 콜라겐의 구조

콜라겐은 분자량 약 290,000의 트로포콜라겐(tropocollagen)으로 구성되어 있다. I형 트로포콜라겐은 나선형으로 꼬여진 3개의 폴리펩티드사슬로 구성되어 있으며, 이 중 두 개는 α_1-사슬로 되어 있고 다른 하나는 α_2-사슬로 되어 있다. 트로포콜라겐의 모형도는 그림 4-13과 같다.

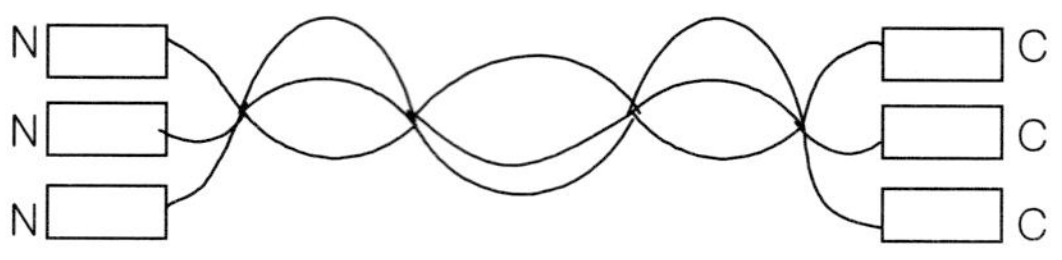

비나선형의 N-말단과 C-말단부위를 가진 tropocollagen 분자; 이 부위는 가교형성에 매우 중요하다.

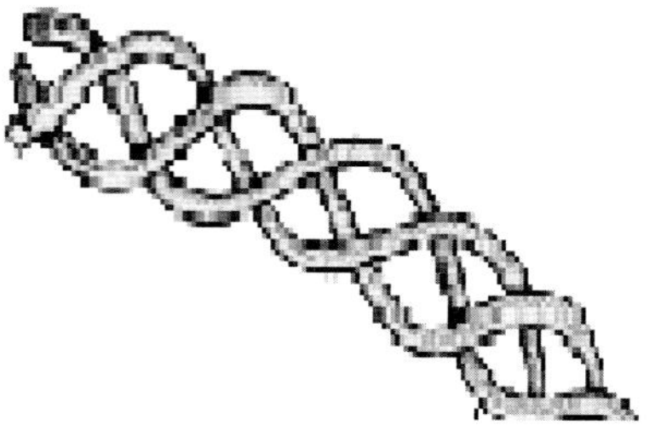

tropocollagen 3중의 나선형 (triple helix)

그림 4-13. Tropocollagen의 모형도. 3개의 polypeptide사슬이 우선성으로 꼬여있는 것을 보여준다.

α_1과 α_2-사슬의 아미노산 배열은 흔히 (Gly-X-Y)n로 표시된다. 여기에서 X와 Y의 위치는 변할 수 있으며, 보통 알라닌과 프롤린으로 구성되어 있다. 그러나 리신잔기나 하이드록시프롤린 또는 하이드록시리신유도체 등이 발견되기도 한다. (Gly-X-Y) 배열은 트로포콜라겐의 3중나선 말단에는 존재하지 않으며, 독특한 약 20개의 아미노산으로 구성된 말단이 존재한다. 각각의 트로포콜라겐 나선은 상호 섬유가교를 형성하여 콜라겐을 형성한다.

트로포콜라겐은 구성되는 폴리펩티드에 따라 표 4-8과 같이 4종류로 구분한다.

이들 트로포콜라겐이 세포내에서 합성되면 각 트로포콜라겐 분자들의 비나선 말단부위와 중앙의 특정부위에 존재하는 리신잔기 간에 *lysyl oxidase*라는 효소에 의하여 공유성 결합과 수소결합에 의한 교차결합(cross linkage)으로 가교를 형성한다(그림 4-14).

많은 조직들에서 발견되는 다섯가지 형태의 콜라겐에는 7종의 유전적으로 다른 α-사슬들이 존재한다. 비록 조직 분포와 물리적 형태(원섬유, 판상)가 다를지라도, 콜라겐의 아미노산 조성에는 다음과 같은 공통적인 특징이 있다.

- 콜라겐 나선부위의 α-사슬 세번째 아미노산은 글리신이다. 글리신의 작은 분자 크기 때문에 α-사슬의 견고한 꼬임이 가능해지며, 따라서 글리신은 어린 동물에서는 발육을 제한하는 아미노산일 수 있다.

표 4.8. 트로포콜라겐의 형태

Polypeptide 사슬조성	소재
Type I(α_1-Type I)$_2\alpha_2$	체내에 가장 많은 형태로 피부, 뼈, 건, 혈관 및 폐조직에 존재한다.
Typ II(α_1-Type II)$_3$	비교적 낮은 인장강도를 가지며 연골조직에 존재한다.
Type III(α_1-Type III)$_3$	태아의 피부에만 존재한다.
Type IV(α_1-Type IV)$_3$	드물게 탄수화물과 결합되어 있으며, 기저막 collagen이다.

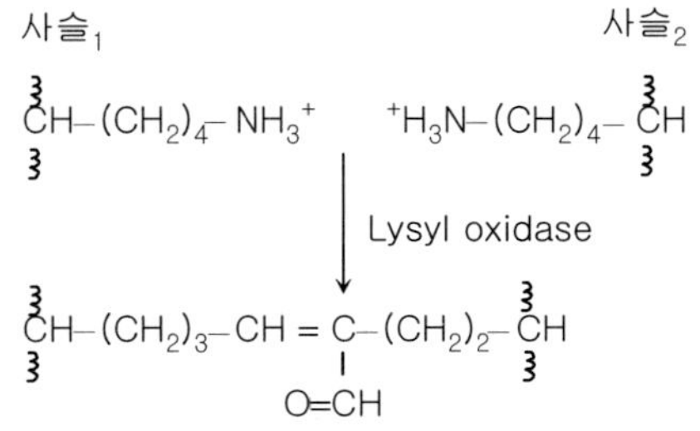

그림 4-14. Lysyl oxidase에 의한 protocollagen간의 교차결합.

- 몇 개의 필수아미노산은 농도가 아주 낮거나 존재하지 않기 때문으로 영양학적 관점에서는 저질의 단백질이다.
- 콜라겐에 함유된 약 25%의 아미노산은 프롤린 또는 하이드록시프롤린이다. 프롤린의 하이드록시화반응은 아스코르브산(ascorbic acid)을 필요로 하는데, 이 때문에 아스코르브산이 결여된 음식은 **괴혈병**(scurvy)을 일으킨다. 기능성 콜라겐형성의 결함으로 유발되는 괴혈병은 한때 상인과 해군들의 사망원인이기도 했는데, 이것으로 항해사들의 식량에 감귤류의 과일(citrus fruit)들이 공급되었으며 이로써 괴혈병은 해결되었다.

2) 콜라겐 관련 질병

트로포콜라겐 분자의 비정상적 가교형성은 중증의 질병을 유발시킨다. 비정상적 두 가지의 가교형성은 저가교형성(low cross-linking)과 고가교형성(high cross-linking)이다. 저가교형성은 비정상의 *lysyl oxidase*와 비정상의 트로포콜라겐 말단부위가 원인이다. 가교형성의 비율이 낮으면 약하고 연한 콜라겐이 생성된다. 고가교형성은 *lysyl oxidase*의 과다 활성이나 너무 많은 리신잔기를 함유한 트로포콜라겐 분자가 원인이다.

너무 많은 가교의 형성으로 콜라겐 섬유가 단단하게 되어 정상적인 탄성을 가질 수 없다.

표 4-9는 비정상적 콜라겐 가교형성과 관련된 질병들을 요약한 것이다.

표 4-9. 비정상적인 콜라겐 가교형성에 의한 질병

교차결합	특징
1. 저가교형성(low cross-linking)	낮은 인장강도가 특징이다.
1) 척추변형(spinal deformities)	연골에서 기형의 뼈를 형성한다.
2) 관절탈구(dislocation of joints)	연골조직이 부서지기 쉽다.
3) 대동맥류(aortic aneurism)	약한 혈관벽.
4) 피부장애(dermal lesions)	
2. 고가교형성(high cross-linking)	collagen이 딱딱하다.
1) 동맥벽 섬유증(arterial wall fibrosis)	collagen의 침전으로 폐동맥의 탄성이 감소한다.
2) 폐동맥 섬유증(pulmonary fibrosis)	collagen 침전으로 폐동맥 탄성감소로 인한 폐동맥 기능저하.
3) 노화와 관련한 문제	피부탄력 감소, 관절의 강직 등.

사람, 개, 고양이, 양, 그리고 소들의 콜라겐 구조에서 다양한 종류의 유전적 결함들이 보고되었다. 어떤 유전적 돌연변이는 비정상적인 α-사슬을 만들며 어떤 유전장애는 번역 후 효소활성의 결여에 기인한다. 이 둘 모두는 콜라겐의 기능상실을 초래하며 사망에 이르게 한다. 영양의 결핍은 또한 콜라겐장애의 원인이 되기도 하는데, 비타민 C의 결핍 외에 구리(copper)의 신진대사 결함이 보고되었다(돼지). 동은 *cytochrome oxidase*와 *lysyl oxidase*의 활성에 필요하다. 콜라겐장애는 불완전골격형성증(osteogenesis imperfecta), 상처치유지연(slow wound healing), 그리고 잘 찢어지는 과신장성연약피부(dermatosparaxis)가 특징으로 출혈과 감염을 일으킨다.

제5장 효 소

1. 효소의 필요성

화학자들은 화학반응을 촉진시키기 위하여 반응물질의 농도를 높이거나, pH, 온도 및 압력을 변경시키거나, 진탕 등의 조건들을 사용한다. 그러나 생체는 수성 매체, 37℃의 체온, pH 7.4 및 낮은 반응물질농도 등 완만한 조건하에서 반응이 이루어지도록 효소를 사용한다.

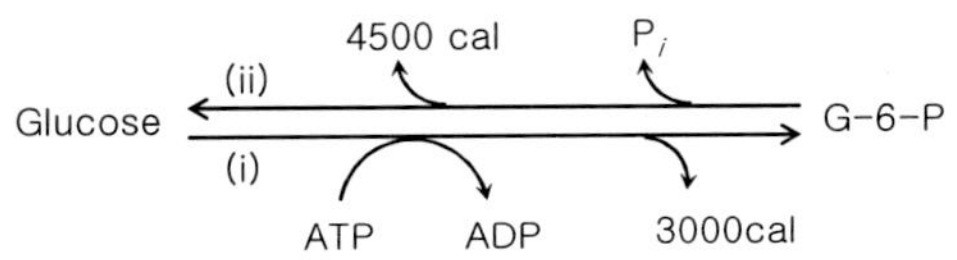

그림 5-1. Glucose의 인산화와 그 역반응.

효소(enzyme)는 반응을 촉진하며(촉매), 반응의 효율성을 증대시키며, 반응의 방향을 인도하고 조절한다. 그러나 효소는 신비한 물질이 아니며 다만 에너지 감소로 나가는 반응을 촉매할 뿐이다. 다음의 반응식에서 보여주는 바와 같이 얼핏보기에 에너지 생성 과정처럼 보일수도 있으나 동시에 에너지 감소반응에 의하여 유도된다(그림 5-1).

1단계는 *glucokinase* 또는 *hexokinase*에 의하여 촉매되고, 2단계로서 *glucose-6-phosphatase* (*G-6-Pase*)에 의하여 역반응이 촉매된다. 이 반응에서 글루코스의 자유에너지 수준을 글루코스-6-포스페이트(glucose-6-phosphate, G-6-P)의 수준으로 증가시키는데 4500cal(ATP의 7500cal 중)가 사용되었으며 나머지 3000cal은 열로서 비가역적으로 소실되었음을 보여준다(그림 5-2). 그러므로 이 반응은 비가역적이다.

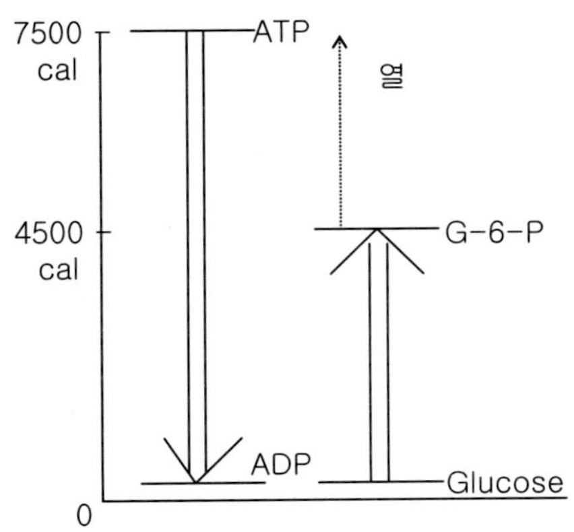

그림 5-2. 간세포의 glucokinase 촉매 반응에서 에너지의 흐름.

*Glucokinase*와 *G-6-Pase*가 동시에 활성을 띤다면 생성된 G-6-P는 즉시 다시 가수분해되므로 **무익회로**(futile cycle)가 되며, ATP가 가졌던 에너지의 발산으로 열이 생성된다. 온혈동물에서 이러한 무익회로는 실제로 존재한다. 그러나 이러한 반응들은 항상 환경조건에 따라 실제의 반응방향이 결정된다. 예를 들면, *glucokinase*를 자극하는 조건들(식사후 글루코스 및 인슐린 농도의 상승과 같은)은 *G-6-Pase*를 억제하며, 역으로도 마찬가지이다.

2. 효소의 성질

1) 효소의 정의

효소는 에너지론적으로 가능한 반응들을 촉진시킬 수 있는 촉매로서 단순단백질이거나 복합단백질이다. 복합단백질효소는 단백 부분의 아포효소(apoenzyme)와 비단백 부분의 조인자(cofactor)로 구성되며, 조인자는 비타민 B군에 속하는 것들과 무기질들이다. 조인자 중에서 비타민 유도체들은 흔히 조효소(coenzyme)라고 한다.

척추동물 생화학에서는 정제된 효소 분자들 보다는 조직 또는 체액 중의 효소활성을 다루게 된다. 같은 반응을 촉매하는 다른 종류의 효소단백질 분자들을 **동위효소**(isoenzyme, isozyme)라고 한다. *Glucokinase*와 *hexokinase*는 글루코스를 같은 기질(substrate)로 사용하는 동위효소들이다. 임상적으로 중요한 *젖산 탈수소효소*(*lactate dehydrogenase, LDH*)는 5종의 동위효소가 있으며 모두 다음의 가역적 반응을 촉매한다.

$$\text{Pyruvate} + \text{NADH} + \text{H}^+ \rightleftarrows \text{lactate} + \text{NAD}^+$$

임상 실험실에서 각 장기나 조직들 중 특정 비율로 함유되어있는 *LDH*의 5종 동위효소를 전기영동법으로 쉽게 분리할 수 있다. 간장, 심근, 골격근, 적혈구, 장 및 신장피질은 *LDH* 농도가 높다. 혈청 총 *LDH* 활성의 측정은 비록 조직 특이성이 없을지라도 특이적인 *LDH*의 출현은 간장과 심장 질환을 진단하는데 흔히 이용된다(그림 5-3).

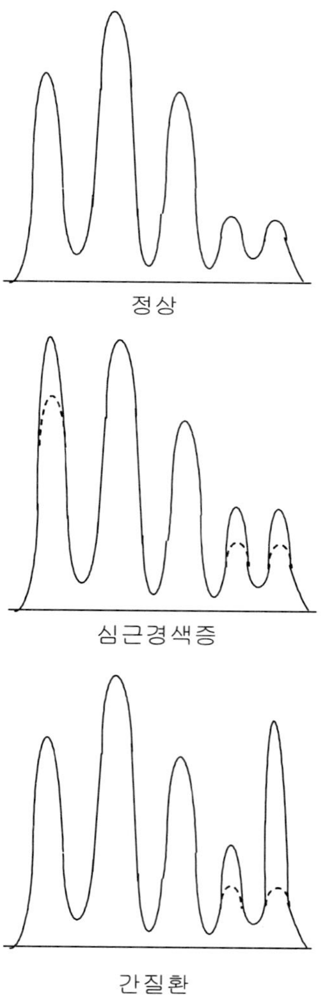

그림 5-3. 사람 혈청 *LDH isoenzyme*들의 정상 및 병리적 양상.

효소는 기질과 결합하는 활성 부위(active site)를 가지고 있으며 어떤 효소들은 알로스테릭 부위(allosteric site)를 가지고 있어 외부 인자들에 의하여 조절받는다. 활성부위는 구조적 효소활성부위로 존재하기도 하고, 효소활성이 필요할 때 유도되기도 한다. 효소활성을 유도하는 인자들에는 기질과 내분비계의 2차 전령들(2nd messengers)이다. 효소단백질 분자의 알로스테릭 부위는 단백질의 3차구조를 변경시켜 활성부위의 기능을 조절할 수 있도록 화합물이 결합하는 부위이다. 효소활성의 활성화 또는 억제는 이와 같은 방법으로 조절될 수 있다. 그림 5-4와 같이 알로스테릭 부위에 화합물이 결합하면 활성부위의 구조를 변화시켜 효소활성을 억제한다.

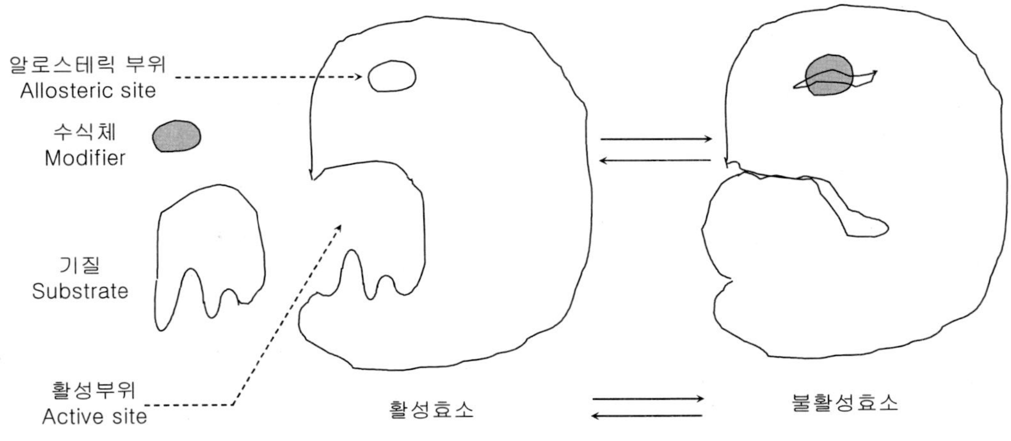

그림 5-4. 알로스테릭 수식에 의한 효소활성의 변화.

2) 효소의 명명과 분류

효소들은 그들이 촉진하는 반응들에 기초하여 명명되고 또 분류된다. 각각의 효소들은 일반적으로 작용을 받는 기질들의 이름 밑에 "*-ase*"를 붙여서 명명한다.

예를 들면, *urease, arginase, phosphatase* 등과 같다. *Trypsin, pepsin* 들과 같이 오랜 문헌에 나타난 약간의 효소들은 그대로 사용되고 있다.

국제생화학연맹(IUB)의 효소 분과위원회는 효소들을 6개의 부류로 분류하였다. 이 분류법은 효소가 촉진하는 화학반응에 기초를 두고 있다.

이 분류법에서 각 효소는 고유한 계통명과 분류번호가 주어져있다. 예를 들면, *젖산 탈수소효소(LDH)*는 다음과 같은 효소위원회(Enzyme Commission, EC) 이름과 번호를 가진다.

EC 1. 1. 1. 27 L-lactate: NAD^+*oxidoreductase*

여기에서 처음의 1은 분류번호이며, 다음의 1은 반응의 종류(=CH-OH의 반응), 세 번째의 1은 수소수용체의 종류NADP이며 27은 효소의 일련번호이다. 이것은 *LDH*가 첫번째 분류항(I. *oxidoreductase*)에 속하며, 기질(lactic acid)로부터 전자를 제거하고 조효소 NAD^+를 이용한다는 것을 의미한다.

그러나 아직도 관용명이 많이 사용되고 있으며 IUB가 제정한 분류법에 따르는 학자들도 늘어가는 추세여서 어느 한쪽도 소홀히 할 수 없다. 이 책에서는 관용명을 주로 사용할 것이나 IUB

의 분류법에 의하여 어느 효소군에 속하는지를 분명히 인식할 필요가 있다. 예를 들면, dehydrogenase (탈수소효소)는 oxidoreductase(산화환원효소)에 속한다는 사실을 인식하는 것이다. IUB가 정한 효소 6군은 다음과 같다.

I. 산화환원효소(oxidoreductase): 이 무리의 효소들에는 탈수소효소(dehydrogenase), 산화효소(oxidase), 과산화효소(peroxidase)들이 포함된다.

II. 전달효소(transferase): 이 효소들은 기(group)들의 전달반응을 촉매한다. 예를 들면, 키나제(kinase)는 ATP로부터 다른 화합물로 인산기를 전달하며, 아미노기전달효소(amino- transferase)는 아미노기를 전달한다.

III. 가수분해효소(hydrolase): 이 효소들은 화합물의 가수분해를 촉매한다. 소화효소들을 비롯하여 많은 효소들이 여기에 속한다.

IV. 기제거효소(lyase): 이 효소들은 비가수분해적인 기들의 제거반응을 촉매한다. 탈탄산효소(decarboxylase), 탈아미노효소(deaminase), 알돌라제(aldolase)가 그 예이다.

V. 이성체화효소(isomerase): 이 무리의 효소들은 cis-, trans- 이성체화반응, 에피머화반응, 라세미화반응, 분자 내 전달반응, 분자 내 이성체화반응들을 촉매한다.

VI. 연결효소(ligase): 연결효소는 피로인산결합의 분해를 동반하면서 두 분자 사이의 결합을 촉매한다. 합성효소(synthetase)는 여기에 속한다.

3) 효소의 촉매작용

효소는 화학반응을 정상보다 수천 배, 때로는 수백만 배까지 촉진시킨다. 촉매작용(catalysis)을 받지 않는 화학반응은 평형상태에 도달하기 위해서 수일 또는 몇 주일이 걸릴 수 있다. 효소는 똑같은 반응을 수초만에 평형에 도달되도록 할 수 있다. 어떤 방법으로 효소는 이렇게 반응을 촉진시킬 수 있는가?

먼저 "에너지언덕(energy hill)"과 전이상태(transition state)의 개념을 이해할 필요가 있다. 두 종류의 물질 A와 B가 반응하여 C와 D가 생성되는 방정식은,

$$A + B \rightleftarrows C + D$$

위의 반응식에서 A와 B가 반응하기 위해서는 화학결합을 형성 또는 파괴하기 위한 충분한 운동에너지(kinetic energy)가 필요하다. 그러므로 반응물 A와 B는 전이상태(transition state)에 도달하기 위하여 충분한 **활성화에너지**(activation energy)를 가져야만 한다.

이 전이상태는 A와 B가 생성물 C와 D로 변환되기에 충분한 자유에너지를 가진 고에너지중간산물이다. 일단 전이상태에 도달하면 생성물의 형성은 "내리막 길(downhill)"이다. 만약 대부분의 반응물 분자가 충분한 운동에너지를 가지지 못한다면 전이상태의 에너지에 도달할 수 없으며, 생성물을 만들 수 없다. 그러나 만약 열과 같은 충분한 자유에너지가 이 계에 공급된다면 많은 반응물분자가 전이상태에 도달하는 충분한 에너지를 가지게 됨으로 더 많은 생성물 분자

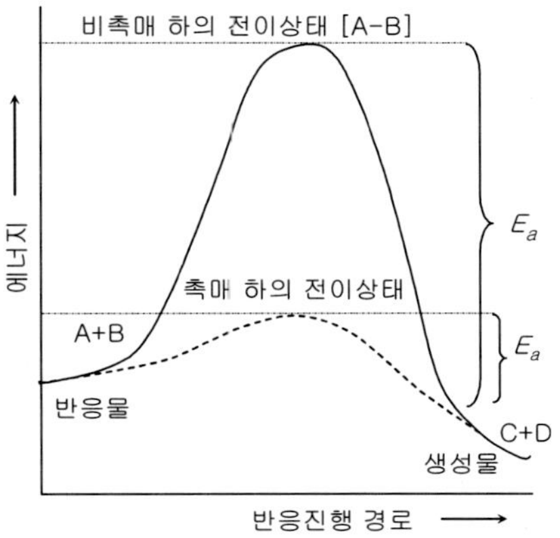

그림 5-5. 효소 촉매에 의한 활성화에너지의 감소. Ea, 활성화에너지.

가 만들어진다.

효소-촉매반응에서 반응물 A와 B는 효소의 활성부위에 결합하여 생성물 C와 D를 형성한다. 이 상태에서 에너지 언덕은 촉매되지 않는 반응에서보다 훨씬 낮다(그림 5-5). 이것은 낮은 에너지를 가진 반응물에서도 더욱 낮은 활성화에너지를 가지게 되는 새로운 전이상태를 형성할 수 있다는 것을 의미한다. 그러므로 효소는 활성화에너지를 크게 감소시킴으로써 화학반응을 촉매한다. 요컨대, 효소는 훨씬 낮은 에너지 언덕을 가지는 다른 경로를 반응물에 제공하는 것이다.

앞에서 논의된 개념을 요약하여 특이적인 3차 구조와 활성부위를 가진 효소(E)를 생각해보자. 기질(S)은 먼저 활성부위에 결합하여 효소-기질 복합체(ES)를 형성한다. 활성부위의 아미노산들은 기질과 그 외 다른 필요한 조인자(cofactor)들과 결합한다. 특이 아미노산 잔기는 촉매작용을 유도하고, 이 사이에 화학결합이 생성되거나 파괴된다. 이 과정에서 ES 복합체는 비촉매 반응보다 훨씬 낮은 활성화에너지를 사용하여 전이상태에 도달한 후 분해되어 효소-생성물 복합체(EP)로 된다. 이 EP 복합체의 활성 부위에서 반응 생성물이 분리되고 효소(E)는 재생된다.

평형상태에서 정반응속도 v_1은 A와 B의 농도에 비례하고, 역반응속도 v_2는 C와 D 농도에 비례하므로 $v_1 = v_2$이다. 촉매는 평형에 도달하는 속도에만 영향을 미친다. 촉매는 활성화에너지를 낮춤으로써 반응속도에 영향을 미치므로 양쪽방향의 반응속도들에 똑같이 영향을 미친다. 촉매는 평형상수 또는 자유에너지 변화를 변경시키지 않는다. 한 분자의 촉매가 수천 분자의 기질들을 활성화할 수 있다.

4) 효소반응의 화학적 성질

(1) 기질 특이성

앞에서 언급한 바와 같이 효소는 촉매활성(catalytic activity)을 가진 단백질 분자이다. 촉매제(catalyst)는 화학반응속도를 증가시키지만, 그 자신은 반응 도중에 소비되거나 비가역적으로 변화되지 않는다. 비록 촉매제가 실제 화학반응에 관여할지라도 나중에 다시 재생된다.

모든 생물체의 세포는 수천 개의 상이한 화학반응을 수행하고 있으며 이들 반응의 대부분은 효소가 없다면 매우 늦거나 또는 전혀 반응이 진행될 수 없다. 세포내에 있는 수천 개의 다른 효소들은 각각 특정한 화학반응을 촉매하여 생명활동이 가능하도록 한다.

효소는 단백질 분자이므로 독특한 3차구조를 가진다. 어떤 효소는 소량체(oligomer)이고 따라서 4차구조를 가진다. 효소의 형태는 반응하는 분자와 적합한 결합이 이루어지도록 되어 있다. 효소가 작용하는 분자를 **기질**(substrate)이라고 한다. 효소가 기질과 결합할 수 있도록 폴리펩티드사슬의 3차구조 중 "작은 주머니" 혹은 "갈라진 틈(cleft)"을 효소의 활성부위(active site)라고 한다. 따라서 효소분자를 자물쇠로, 기질을 열쇠로, 그리고 활성부위를 열쇠구멍이라고 생각할 수 있다. 이와 같은 묘사를 효소 구조의 "열쇠와 자물쇠 이론(lock-and-key theory)"이라고 한다.

대부분의 화학반응들이 효소촉매반응이며, 활성부위는 단지 한 종류의 기질분자만 받아들일 수 있는 특이한 3차원적 구조를 가지고 있다. 이와 같은 기질특이성은 매우 엄격하기도 하고 완만하기도 하다. 기질 특이성은 다음과 같이 분류할 수 있다.

① **절대적 특이성**(absolute specificity)**:** 효소가 한 가지 기질과만 반응하여 촉매하는 특이성을 말한다.

② **상대적 특이성**(relative specificity)**:** 구조적으로 관계가 있는 기질과 반응하여 관련있는 생성물을 내는 특이성을 말하며 활성부위에 보다 유연성을 가지고 있다. 상대적 특이성에는 군 특이성과 결합 특이성이 있다.

- 군 특이성(group specificity): 공통의 작용기를 가지는 한 종류의 기질에 반응할 수 있다. *Phosphatase*는 상이한 여러 종류의 기질과 반응하지만, 각 기질은 인산기를 반드시 가져야 한다.
- 결합 특이성(linkage specificity): 특정한 화학결합에만 특이적으로 작용한다. *Esterase*는 에스테르의 가수분해만을 촉매한다.

③ **입체 특이성**(stereospecificity)**:** 어떤 효소는 D-이성체와 L-이성체를 구분하여 이들 중 하나에 대해서만 반응을 촉매한다. 예는 L-아미노산과 D-당류의 대사이다.

완만한 특이성(relaxed specificity)의 예는 군 특이성으로 펩티드의 아미노말단이나 카복시말단을 공격하는 *aminopeptidase*와 *carboxypeptase*와 같은 효소들이며 이들은 하나의 펩티드가 완전히 분해될 때까지 동시에 작용한다.

(2) 조효소 특이성

조효소는 효소반응에 참여한 후 재생되는 비단백물질이다. 조효소는 대부분 비타민이거나 비타민과 대사적으로 관련되어 있는 것들이다. 금속이온은 조인자로서 조효소와 같은 역할을 한다.

조효소는 다음과 같이 3부류로 분류할 수 있다.

- 고에너지 화합물: ATP, GTP, coenzyme A 등
- 비타민류의 유도체: Biotin, NAD^+/NADH, $NADP^+$/NADPH, FAD/$FADH_2$, pyridoxal phosphate/pyridoxamine phosphate, tetrahydrofolate, S-adenosyl-methylcobalamin 등
- 무기질류: K^+, Mg^{2+}, Ca^{2+}, Cu^{2+}, Mn^{2+}, Mo 등.

효소는 정의에 의하면 촉매로서 반응에 참여하여 변화되지 않아야 함으로 조효소인 ATP와

산화-환원복합체(NAD^+)는 변화되기 때문에 조효소라는 용어는 부적절하며 오히려 **조기질**(cosubstrate)이라는 표현이 더 적절할지도 모른다. 대부분의 경우 **조인자**(cofactor)라는 표현으로 부가 화합물들을 지칭하려는 경향이 있다.

조효소 특이성은 또한 매우 엄격하기도 하고 완만하기도 하다. 예를 들면, *glucokinase*는 ATP, Mg^{2+} 및 K^+을 필요로 하며 다른 고에너지 화합물이나 다른 무기이온으로 치환하면 효소활성을 상실한다. *LDH*는 전자의 수송에 NAD^+를 필요로 하며 다른 반응에서 전자를 수송하는 FAD나 $NADP^+$로 대체할 수 없다.

3. 효소활성에 대한 환경의 영향

1) 효소활성의 측정

효소활성은 일정한 온도와 pH에서 특정시간동안 일정한 양의 기질을 생성물로 전환시키는 효소량으로 정의된다. 학자들은 특정 효소에 대하여 독자적인 분석법을 개발하여 사용함으로써 많은 혼란을 주었다. 이러한 혼란을 없애기 위하여 국제효소위원회(International Enzyme Commission)는 표준단위로서 **국제단위**(International Unit, I.U.)를 채택하였다. 1 I.U.는 25℃에서 매분 1㎛의 기질을 생성물로 변화시킬 수 있는 효소량으로 정의된다. 국제단위는 최근에 다시 정의되어 Katal로 바뀌게 될 것이다. 여기에서 활성은 25℃에서 매 초당 생성물로 변환되는 기질의 몰수로 정의된다.

$$1\ \text{I.U.} = 10^{-6}\text{mol}/60\text{초} = 1.67\times10^{-9}/\text{초}$$

효소활성의 측정은 질병의 진단에 필수적이기 때문에 이러한 기준은 매우 중요하다.

일반적으로 효소활성을 측정하기 위하여 효소를 정제할 필요가 없다. 대신 생성물을 측정하거나 감소한 기질농도의 측정법이 많이 이용된다. 흔히 사용되는 **비활성**(specific activity)은 단백질 ㎎당 효소의 국제단위 수(number)이다. 비활성은 효소의 순도를 나타낸다. 비교적 순수하지 못한 효소들은 다른 단백질들이 혼합되어 있으므로 비활성이 낮으며, 효소의 순도가 높을수록 비활성이 높다. 비활성은 원료물질에서 효소를 정제할 때 이용되는 방법이다.

비활성에 관련된 용어로서 **반응회전수**(turnover number)는 효소 1몰당 효소활성의 양(I.U.)을 간단히 나타낸 것이다. 다시 말해서, 반응회전수는 각각의 효소분자에 의해 얼마나 많은 기질분자가 생성물로 변환되는가를 말해준다. 산화환원효소에서 측정이 편리한 조인자는 NADH이다. 예를 들면, *LDH* 활성을 측정하고자 할 때 시료와 젖산을 함유한 완충용액을 비색관에 넣고 340nm에서 흡광도를 0으로 맞춘 후 NAD^+를 가하여 신속히 혼합한 후 340nm에서의 흡광도 증가를 측정한다. NAD^+는 340nm의 자외선을 흡수하지 않지만 *LDH*에 의하여 생성된 NADH는 자외선을 흡수하며 흡광도는 *LDH* 활성에 비례하여 증가한다.

2) 효소의 반응속도론

화학적 요인들과 함께 생리적 요인들이 효소활성(효소의 반응속도)에 영향을 준다. 생리적 요인들은 순간적인 필요에 따라 효소활성의 적절한 수정이 이루어지도록 한다. 합성과 효소분자 활성에 대한 신경 및 내분비 조절이 여기에 속한다. 효소활성에 대한 물리화학적 영향들(시간, 온도, 기질 농도 및 효소 농도)에 관하여 간단히 설명하겠다.

(1) 시간의 영향

생성물의 형성률은 반응률과 같다. 초기의 반응속도는 일정하므로 초기속도를 측정하는 것이 중요하다(그림 5-6).

초기속도는 다음과 같은 여러 가지 이유로 지속되지 않을 수도 있다.

- 기질이 소모되면 속도조절이 이루어진다.
- 시간이 경과함에 따라 효소활성이 방해를 받는다.
- 생성물이 증가되면 효소활성이 억제된다(생체에서 생성물들은 연속적으로 대사되어 축적되지 않기 때문에 문제되지 않는다).

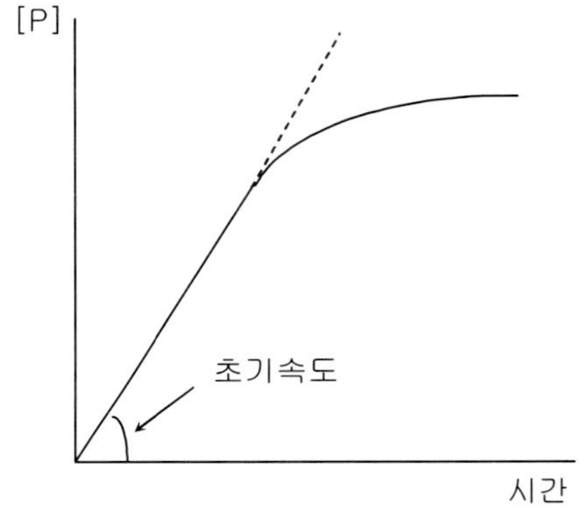

그림 5-6. 효소의 반응속도에 대한 시간의 영향. [P], 생성물농도.

(2) 열의 영향

열은 반응물질들이 서로 부딪쳐서 반응할 수 있는 기회를 증가시켜 화학반응을 촉진한다. 그러나 열은 동시에 효소단백질을 변성시키기도 한다. 모든 효소가 열에 민감하게 불활화되지 않으며 어떤 효소들은 열에 매우 안정하다. 열에 의한 반응성의 증가와 효소변성과 관련하여 주어진 반응에 대한 최적온도를 나타내는 곡선을 그릴 수 있다(그림 5-7). 모든 효소반응들에 대한 최적 조건이 다르므로 생체에서는 체온의 항상성 유지가 필요하게 된다.

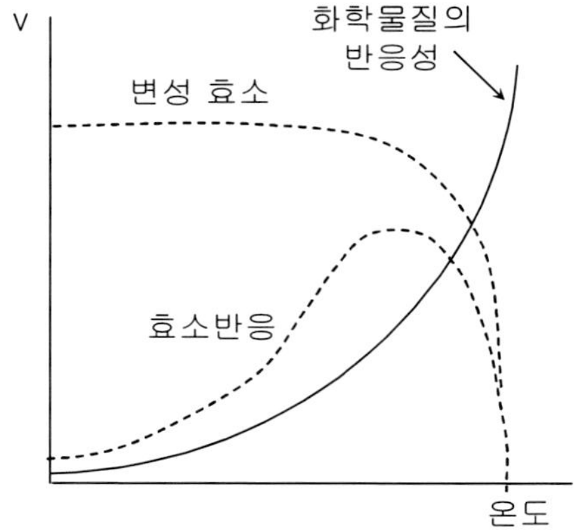

그림 5-7. 효소의 반응속도에 대한 온도의 영향.

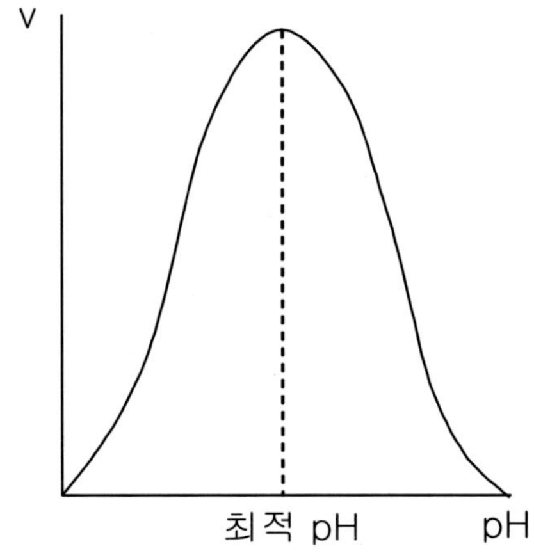

그림 5-8. 효소의 반응속도에 대한 pH의 영향. v, 반응속도.

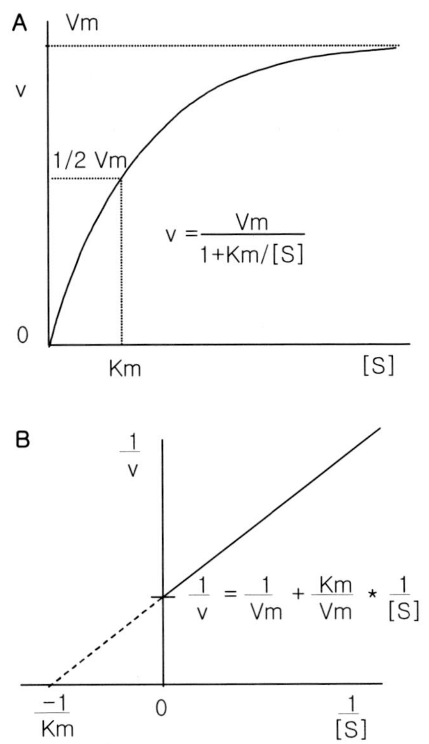

그림 5-9. 효소의 반응속도에 대한 기질농도의 영향. [S], 기질농도; v, 초기속도;, A, 직접plot; B, Lineweavwe-Burk plot; Vm, 최대속도; Km, Michaelis constant.

(3) pH의 영향

각 효소반응은 각각의 특징적인 최적 pH에서 최고 속도를 나타낸다(그림 5-8). 따라서 생체에서 안정적 pH와 산-염기의 항상성이 유지되어야 한다. 신체의 특정 부위에서 일정한 pH를 유지하더라도 그 pH에서 모든 효소들의 활성이 최대라는 것을 의미하지는 않는다. 오히려 이 pH는 관련된 모든 효소들의 최상의 절충 pH인 것이다. 성인의 위액 pH는 약 1.5로 단백질을 소화하기 위한 *pepsin*의 최적 pH이다. 그러나 신생아의 위액은 모유를 응유(curdling)시키는 것이 더욱 중요하며 따라서 응유효소인 *rennin*의 활성을 위하여 최적 pH 약 4.5를 가진다. 이 pH에서 *pepsin*은 활성을 나타내지 않는다.

(4) 기질 농도의 영향

적당한 조건하에서 한 효소가 촉진하는 반응속도는 효소와 기질농도에 달려있다. 만일 효소의 농도를 일정하게 유지하면 초기 반응속도는 기질농도의 증가와 더불어 증가하다가 한계속도에 도달할 것이다(그림 5-9).

이러한 사실들을 설명하기 위하여 Michaelis와 Menten은 효소(E)와 기질(S)은 복합체(ES)를 형성하며, 이것이 생성물(P)과 효소(E)로 전환한다고 가정하였다.

$$E + S \underset{k_2}{\overset{k_1}{\rightleftarrows}} ES \xrightarrow{k_3} P + E$$

또한 기질이 생성물질로 전환되는 반응속도는 ES가 E와 P로 전환되는 반응속도에 의하여 결정된다고 가정하였다.

그림 5-9의 A는 효소반응의 초기속도(v)는 두 매개변수의 방법으로 기질농도[S]에 달려 있음을 보여준다. 기질농도가 증가함에 따라 반응속도는 최대치에 접근한다. 곡선의 이 부분에서 효소는

전부 ES복합체의 형태로 있다. 이 조건 밑에서 E=ES이며, Vm은 E농도에 비례한다. 이러한 사실로부터 Michaelis-Menten식이 유도된다. 즉, 위의 방정식에서 다음과 같은 조건을 설정한다.

[E]: 효소의 총 농도

[S]: 기질의 총 농도

[ES]: 효소-기질 복합체의 농도

[E][ES]: 유리 효소의 농도

k_1, k_2, k_3 : 세 반응들의 반응속도 상수

[ES]형성속도는 기질농도와 유리효소농도에 비례하므로 다음 식으로 나타낼 수 있다.

$d\,[ES]/dt = k_1([E]-[ES])[S]$

[ES]가 소실되는 속도는 다음 식으로 나타낼 수 있다.

$-d[ES]/dt = k_2[ES] + k_3[ES]$

평형상태에서 [ES]의 형성속도와 소실속도는 같다.

$k_1([E]-[ES])[S] = k_2[ES] + k_3[ES]$

윗 식을 적당히 이항하면 다음과 같이 된다.

$$\frac{([E]-[ES])[S]}{[ES]} = \frac{(k_2+k_3)}{k_1}$$

윗 식에서 $(k_2+k_3)/k_1$을 K_m과 같다고 하면

$[E][S]-[ES][S] = K_m[ES]$

다시 고쳐 쓰면,

$[E][S] = K_m[ES] + [ES][S] = [ES](K_m+[S])$

[ES]에 대하여 풀면,

$$[ES] = \frac{[E][S]}{K_m + [S]} \qquad (1)\text{ 식}$$

초기 반응속도(v)는 [ES]에 비례하므로

$v = k_3[ES]$

여기에 (1식)을 대입하면,

$$v = k_3 \frac{[E][S]}{K_m + [S]} \qquad (2)\text{ 식}$$

기질의 농도가 효소의 농도에 비하여 높을 때에는 모든 효소가 [ES]로 존재하고, 반응속도는 최대(V_m)가 된다.

$$V_m = k_3[E] \qquad (3)\text{ 식}$$

(2식)에 (3식)을 대입하면,

$$v = \frac{V_m[S]}{K_m + [S]} = \frac{V_m}{1 + K_m/[S]} \qquad (4)\text{ 식}$$

위의 방정식을 **Michaelis-Menten 방정식**이라고 하며 V_m(최대반응속도)은 [S]가 매우 높을 때의 속도로서 반응력을 나타낸다. 이 방정식의 중요한 결론은 다음과 같다.

K_m(Michaelis상수)은 어떤 기질에 대한 효소의 친화성을 나타낸다. Michaelis-Menten 방정식에 의하면 K_m은 초기속도(v)가 V_m의 1/2일 때의 기질농도와 같다. K_m은 효소의 농도와 무관한 고유의 값을 가지며, 만일 한 효소가 여러 기질들에 작용한다면 각각의 기질에 대한 특유한 K_m을 가질 것이다.

㉮ 낮은 K_m은 기질에 대한 높은 친화성을 나타낸다. 즉, 낮은 농도의 기질로서 효소를 반포화시켜 $V_m/2$에 도달할 수 있음을 의미한다.

㉯ 높은 K_m은 기질에 대한 낮은 친화성을 나타낸다. 즉, 높은 농도의 기질로서 효소를 반포화시켜 $V_m/2$에 도달할 수 있음을 의미한다.

반응 속도는 모든 기질농도에서 효소농도에 비례한다. 예를 들면, 효소 농도가 반감하면 초기 반응속도도 반감된다.

기질농도가 K_m보다 매우 낮으면 반응 속도는 일반적으로 기질농도에 비례한다. 이 때의 반응속도를 **1차반응속도**(first order reaction velocity)라고 한다. 반대로 기질농도가 K_m보다 매우 높으면 반응 속도는 최대속도(V_m)에 도달하여 일정하게 되며 기질농도에 영향받지 않는다. 이 때의 반응속도를 **영차반응속도**(zero order reaction velocity)라고 한다.

실제상황에서 혈청 효소의 V_m이 요구될 때에도 다음의 경우 Michaelis-Menten 방정식에 따르지 못할 수 있다.

- 기질농도가 충분히 높지 않을 때
- 기질억제가 있을 때
- 사용된 높은 기질농도와 함께 생성물에 의한 억제가 있을 때
- 기질농도가 매우 낮을 때
- 기질의 용해성이 충분하지 않을 때

이런 이유 때문에 정확한 K_m치를 측정하기 위해 Michaelis-Menten 방정식을 변형시킨 **Lineweaver-Burk 방정식**(역수도, reciprocal plot)이 적용된다(그림 5-9 참조).

Michaelis-Menten 방정식의 역수를 취하면,

$$\frac{1}{v} = \frac{K_m + [S]}{V_m[S]} = \frac{K_m}{V_m[S]} + \frac{[S]}{V_m[S]}$$

$$= \frac{K_m}{V_m}\frac{1}{[S]} + \frac{1}{V_m}$$

1/v을 1/[S]에 대하여 작도하면 직선을 그리며(그림 5-9, B), 기울기는 K_m/V_m이고, 종축과의 교차점이 $1/V_m$이며, 횡축과의 교차점은 $-1/K_m$과 같다.

- 이론적으로는 기질농도가 매우 낮을 때의 초기속도가 가장 높다.
- 낮은 기질농도 범위에서 2~3개 실험치의 연결은 직선이다.
- 종축(1/[S])이 0이면 V_m이 된다.
- 횡축(1/v)이 0이면 K_m이 된다.

실제로 V_m과 K_m을 구하고자할 때 2~3개의 저농도 기질을 사용하여 초기속도를 구한 다음 Lineweaver-Burk 플로트에 의하여 회귀선을 그린다.

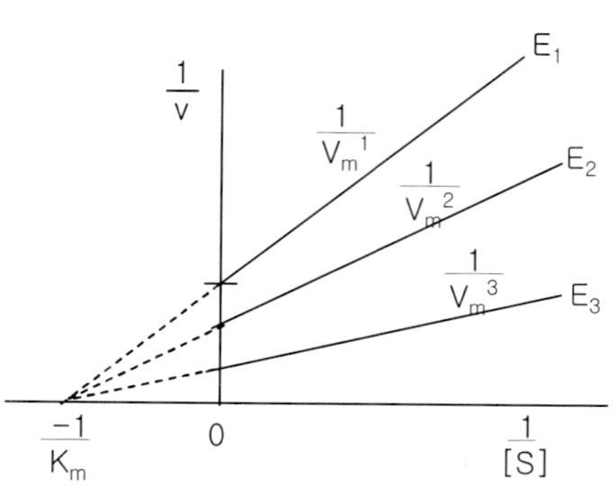

그림 5-10. 효소반응의 최대속도에 대한 효소농도의 영향(reciprocal plot).

V_m과 K_m치는 효소와 기질이 조화를 이루고 환경조건이 조절될 때만이 의미가 있다. 즉, 효소는 다른 기질, 조인자들, 억제물질들에 의하여 다른 V_m과 K_m을 가지며 주위 환경에 영향을 많이 받는다.

(5) 효소 농도의 영향

Michaelis-Menten 방정식에는 효소 농도(E)가 포함되어 있지 않다. 효소를 첨가하면 V_m을 증가

시킨다. 그러나 친화성(K_m)에는 영향을 주지 못한다.

실제에서 V_m은 효소 농도에 비례한다(그림 5-9, A). 역수도(그림 5-10)에 의하면 모든 선은 한 점에 모이고, 가장 낮은선(가장 낮은 $1/V_m$, 즉, 최고속도)은 최고의 효소 농도를 나타낸다.

4. 생체의 효소 활성 조절

생명체에서 대부분의 기능 수행은 효소활성에 의하여 조절된다. 생명체 내외 환경의 변화에 따른 기능의 변화는 효소활성의 순응적 조절(adaptive modification)에 의하여 활성화되거나 억제된다. 순응적 조절에는 점차적이고 장기적 조절(예를 들면, 기후와 식습관의 변화와 같은)과 급격한 조절(급격한 빛 강도의 변화에 적응하는 동공의 반사와 같은)이 있다.

생리적 기능이 필요에 따라 즉시 역전될 수 있도록 효소의 조절속도가 "on/off 스위치"에 의한 것처럼 빠르게 조절되어야 한다(예를 들면, 대사경로에서의 효소들). 다른 조절방법에는 비가역적 조절이 있으며 이 때에는 효소활성의 변화를 위하여 효소의 파괴와 합성에 의하여서만 조절될 수 있다(예를 들면, 혈액 응고 및 장내 소화 효소들의 활성).

비가역적 조절속도의 변화에는 유전기구(새 효소 단백질 합성) 또는 효소 전구체의 비가역적 활성화(예; 효소 전구체의 부분적 가수분해)가 있다. 가역적 조절속도의 변화에는 효소분자의 입체구조 변화, 세포구조의 변화 및 효소활성과 기질 이용성에 대한 신경 및 내분비계의 영향이 있다.

요약하면, 효소활성의 조절속도의 변화는 다음 세 분야로 나누어 생각할 수 있다.

- 유전적 조절(genetic control): 효소의 양적 조절
- 생리적 조절(physiological control): 각 효소분자의 활성에 의한 조절
- 기타 기질의 총체적 농도, 세포구조, 대사산물의 제거 및 수송에 의한 조절

1) 효소활성의 유전적 조절

효소 농도는 아미노산으로부터 효소를 규칙적으로 합성하거나 분해함으로써 조절될 수 있다. 암모니아를 해독시키는 요소회로의 효소 중 하나인 *arginase*를 예로 들 수 있다. 암모니아는 아미노산들로부터 글루코스를 형성할 때 만들어지며 따라서 굶거나 글루코코티코이드를 투여한 후 당신생(gluconeogenesis)이 활발해지면 *arginase*(즉, 요소회로)가 활성화된다. 글루코코티코이드는 DNA의 증강서열을 활성화시켜 효소합성을 자극함으로서 *arginase* 농도를 증가시킨다.

(1) 효소 농도의 조절

유전적 유도기전은 효소합성으로 세포대사를 조절하는 것이다. 유전적 유도는 효소합성에서 일시적이거나 가역적으로 유도되기도 하고, 보다 영구적이거나 비가역적으로 유도되기도 한다.

효소의 기능이 필요할 때 효소합성의 유도는 효소농도를 2~1000배로 증가시킨다. 다음은 유

도효소들의 예들이다.

- 간장 중의 *glucokinase*는 식이성 글루코스와 반응한다. 1위 내의 세균총은 거의 모든 글루코스를 분해시키므로 반추동물의 간은 *glucokinase*를 필요로 하지 않으며 실제로 이 효소의 활성은 없다.
- 간장 중의 *arginase*는 당 신생시 아미노산으로부터 다량 생성되는 암모니아를 처리하기 위하여 유도된다.
- 장내의 *sucrase*는 장기간 수크로스(sucrose)의 섭취에 의하여 유도된다. 한편 *lactase*는 장기간의 우유 섭취에 의하여 약간 유도된다.
- *Penicillinase*는 페니실린을 장기간 투여할 때 유도되어 페니실린에 대한 저항성을 유발시킨다.

세포내에서 효소활성이 유도되지 않는 구성 효소(constitutive enzyme)들은 대사의 조절에 덜 중요하다.

(2) 분자병

분자병(molecular disease, 선천성 대사이상)은 유전적 돌연변이로 비기능성 단백질(효소)이 생성되는 선천성 질병이다. 다음은 분자병의 예들이다.

- 페닐케톤뇨증(phenylketonuria, PKU): 페닐알라닌을 타이로신으로 전환시키는 효소의 결핍으로 페닐피루브산(phenylpyruvate), 페닐아세트산(phenylacetate) 및 페닐락트산(phenyllactate)으로 전환되어 유아의 두뇌 개발을 저해한다.
- 갈락토스혈증(galactosemia): 갈락토스를 대사하는 효소의 결핍으로 축적되며, 눈에서 갈락티톨(galactitol)로 환원되어 백내장(cataracts)을 유발한다.
- 당원병(glycogen storage disease): 글리코겐을 글루코스로 분해하는 효소들 중 하나(예, *G-6-P-ase*)의 결핍으로 간장에 글리코겐이 축적되며 혈당 농도는 극히 낮아진다.
- 겸상적혈구성 빈혈(sickle cell anemia): 헤모글로빈중 한 아미노산의 치환 돌연변이는 헤모글로빈의 형태를 낫모양(겸상)으로 만들어 산소운반능력을 감소시킨다.

분자병이 있을 때 효소활성에 대한 유전적 조절은 느리며 새 효소의 합성에 몇 시간이 걸린다. 식이, 기후, 성장 및 임신과 같은 특수한 상태에서도 만성적인 변화로 적응하게 된다. 그러므로 급격한 변화에 적응하기 위하여 이미 존재하고 있는 효소분자들의 활성을 수정하는 생리적 기전들이 필요하게 된다.

2) 효소활성의 생리적 조절

(1) 효소활성의 경쟁적 억제

유사 기질과 유사 조인자들은 효소의 활성부위에 대하여 진짜 기질 또는 진짜 조인자와 경쟁하며 따라서 효소활성이 억제된다. 이러한 현상을 효소의 **경쟁적 억제**(competitive inhibition)라

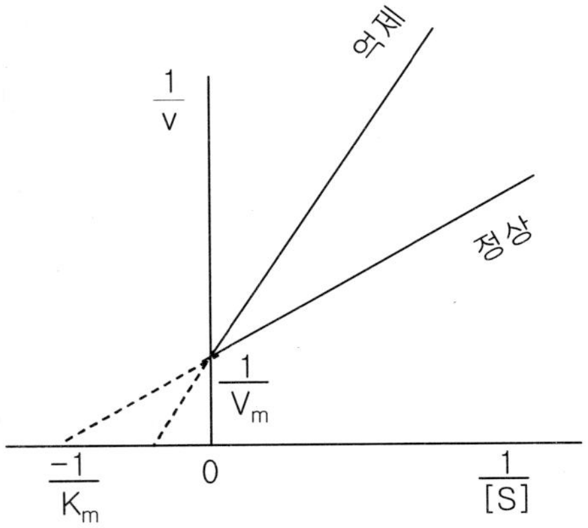

그림 5-11. 효소활성의 경쟁적 억제. Km은 증가되나 Vm은 영향이 없다.

고 한다. 이때 효소활성은 빨리 조절되어 K_m치는 증가하며, V_m은 진짜 기질농도를 증가시키면 영향을 받지 않는다(그림 5-11).

다음은 경쟁적 억제의 예들이다.

말론산(malonic acid)은 숙신산(succinic acid)의 유사물질로 *숙신산 탈수소효소(succi- nate dehydrogenase, SDH)*에 대하여 경쟁한다. 그러나 말론산의 두 카르복실기와 결합한 효소는 말론산을 변화시키지 못한다(그림 5-12).

- 항생물질들(예, puromycin).

성장은 DNA 합성을 필요로 하며, 우라실(uracil)의 메틸화와 환원에 의하여 티민(thymine)을 생성한다. 이 때 조인자로서 메틸테트라하이드로엽산(methyltetrahydro- folate)을 필요로 하며 디하이드로엽산(dihy- drofolate)을 생성한다. 디하이드로엽산을 테트라하이드로엽산으로 복귀시키는 효소는 디하이드로엽산의 유사체인 메토트렉세이트(methotrexate)에 의하여 억제된다(그림 5-13). 그러므로 이런 약물은 불필요한 성장을 억제하는 약물로 사용된다. 항암제인 아미노프테린(aminopterin)과 메토트렉세이트 및 항균제 설파닐아마이드(sulfanilamide)가 그 예들로서 디하이드로엽산 중심부의 유사체들이다. 세균과 곤충들이 오랫동안 같은 약물에 노출된 후 약물 저항성 돌연변이가 유발됨으로서 약리학적으로 새로운 유사체의 개발을 위한 화학공학은 약품산업을 주도하는 것 중의 하나가 되어왔다. 경쟁적 억제는 일반적으로 진짜 기질과 조인자의 유사체로 일시적으로 대체 시키는 것이기 때문에 효소활성의 가역적 조절에 해당된다.

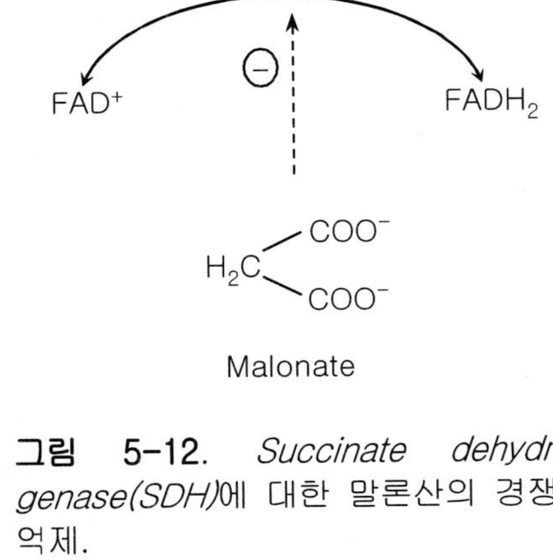

그림 5-12. *Succinate dehydrogenase(SDH)*에 대한 말론산의 경쟁적 억제.

(2) 효소활성의 비경쟁적 억제

비경쟁적 억제(noncompetitive inhibition)는 기질 유사체에 의한 경쟁적 억제와 다른 방법으로 효소활성을 억제한다. 비경쟁적 억제는 다음 예와 같이 비가역적 억제와 가역적 억제로 나누어 생각할 수 있다.

① 경쟁물질에 의한 비가역적 억제: 경쟁물질이 알로스테릭부위 또는 활성부위에 결합하여 3차

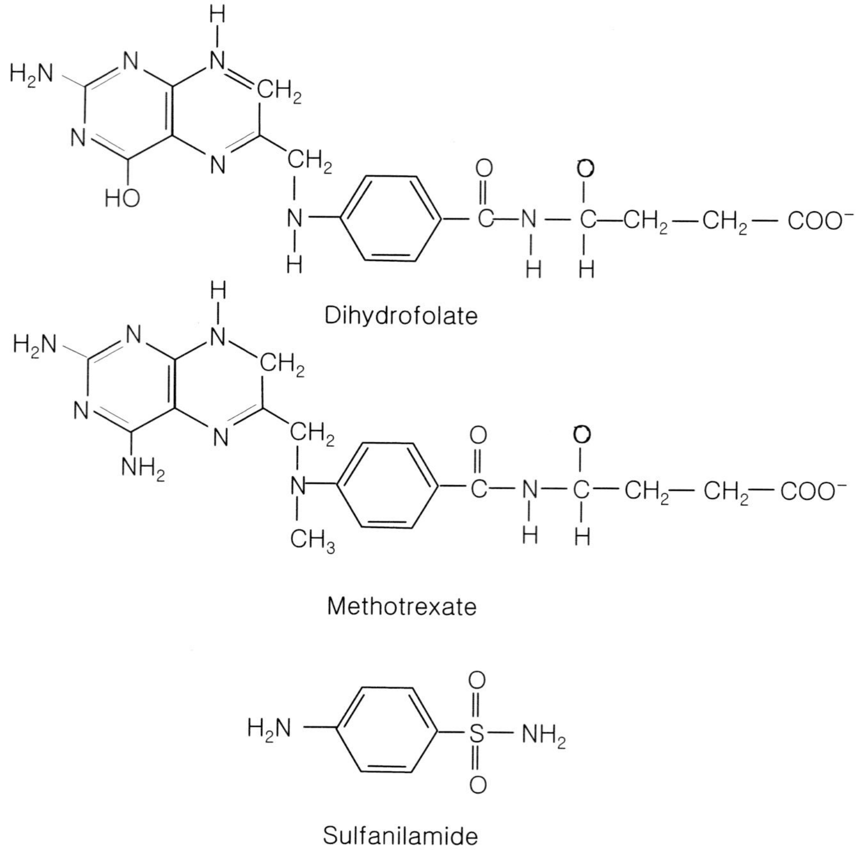

그림 5-13. 경쟁적 효소억제에 의하여 성장을 억제시키는 약물들. Aminopterin의 구조는 methotrexate의 N-결합 methyl기가 H로 치환된 것이다.

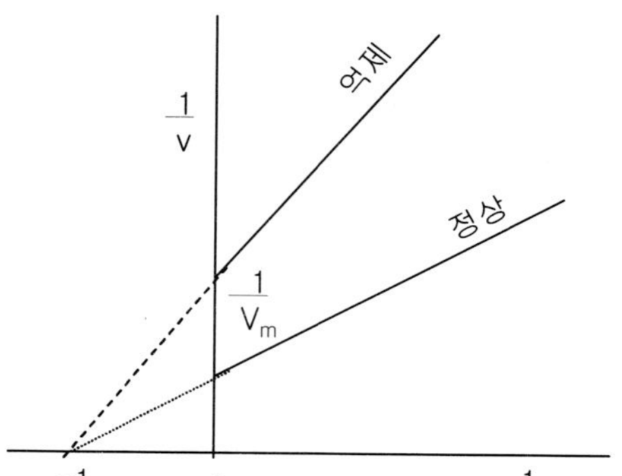

그림 5-14. 효소활성의 비경쟁적 억제. Vm은 감소되지만 Km은 변화가 없다.

구조를 변경시킴으로서 기질이 결합할 활성부위에 기질이 결합할 수 없게 된다. 이런 형태의 억제는 비가역적이다(예, 납중독).

이때 활성효소 분자수가 감소되므로 V_m은 감소되지만 K_m은 변하지 않는다(그림 5-14). 이는 또한 효소활성의 속효성 조절에 속한다.

② **음의 피드백억제**(negative feedback inhibition)**:** 합성경로의 종산물이 경로 초기 속도조절 효소의 활성을 억제하는 비경쟁적 알로스테릭 조절로서 가역적 형태이다(그림 5-15). 이 단계(B→C)는 일반적으로 비가역적이며 이 경로의 생

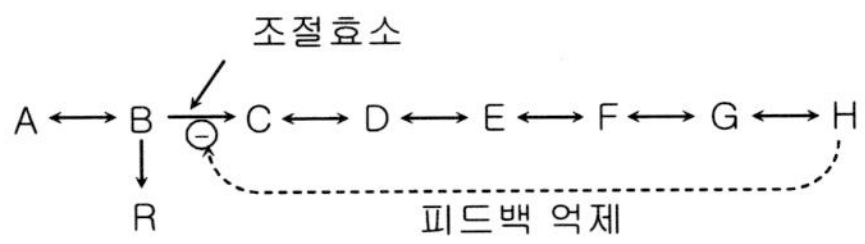

그림 5-15. 음의 피드백 억제에 의한 대사경로의 알로스테릭 조절.

성물로서 C가 남게 된다. B→C 단계가 알로스테릭하게 억제될 때 B는 A로 되돌아갈 수도 있고, R로 전환될 수도 있다.

③ **화학적 생성물 억제** (chemical product inhibition): 종산물에 의한 억제와는 다르며, 생성물의 농도가 높을 때 자신을 생성한 바로 앞 단계의 반응을 억제한다. 즉, 그림 5-15에서 형성되는 중간 생성물의 농도에 의하여 중간반응들이 억제된다. 예를 들어, 높은 D농도는 C→D로의 전환을 억제하여 D생성을 억제시킨다. 대조적으로, 음의 피드백 조절은 미량으로 존재하는 조절효소분자 당 하나의 억제분자가 결합하여 불활화되므로 미량의 억제물질로서 조절된다. 종산물은 대사에 의하여 즉시 제거되지 않으므로 속도조절효소에 알로스테릭하게 결합하여 자신의 지속적인 생합성을 차단시킨다. 대사과정 중 조절효소의 활성에 대한 민감한 조절을 이해하기 위해서는 효소활성에 대한 알로스테릭 효과와 반응의 억제 또는 자극에 대한 반응물질들의 열역학적 질량작용효과를 명백히 식별해야만 한다(그림 5-16).

생성물에 의한 느린 유전적 억제와 비교할 때 음의 피드백 조절은 극히 민감할 뿐 아니라 빠

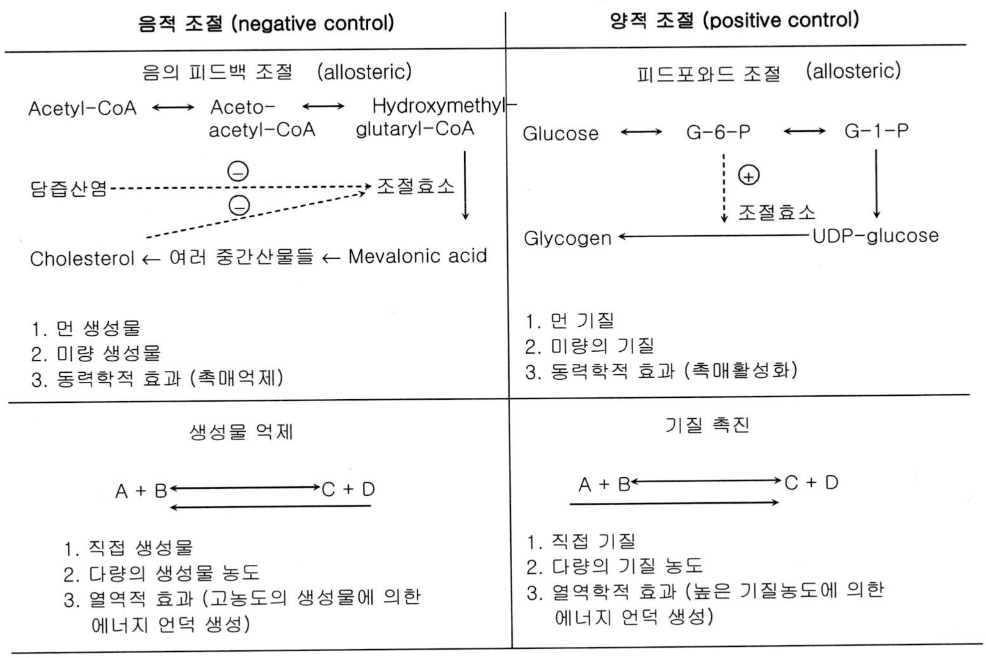

그림 5-16. 반응물질들에 의한 일반적 효과와 조절효소에 대한 알로스테릭 효과에 의한 반응 조절.

르다. 음의 피드백 조절은 조직과 혈액 중 각종 물질농도의 항상성조절에 관여하는 가장 중요한 인자들 중의 하나이다. 음의 피드백 조절의 예로서 지방산, 콜레스테롤 및 핵산 염기들의 합성 속도를 들 수 있다.

퓨린염기들(adenine과 guanine)에 대한 음의 피드백조절 결여는 **통풍**(gout)을 유발한다. 이 염기들의 산화는 요산을 과다하게 생성하여 관절의 관절염성 종창(arthritic swelling)을 유발하고 신석(kidney stone)을 형성한다. 요산형성 효소인 *xanthine oxidase*는 원래 기질 하이포크샨틴(hypoxanthine)의 유사체인 알로푸리놀(allopurinol) 에 의하여 억제된다(그림 5-17).

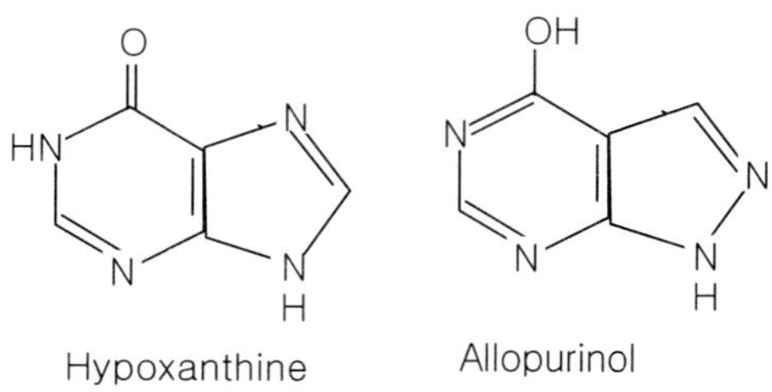

그림 5-17. Hypoxanthine과 allopurinol의 유사한 구조식.

비경쟁적 억제의 또 다른 예는 면역물질들(완전 단백질들)을 함유하는 초유중의 트립신 억제물질(trypsin inhibitor)이다. 장내 기생충은 자신이 소화되지 않도록 외부에 소화되지 않는 물질들과 함께 숙주의 장내 효소에 대한 억제물질을 가지고 있다.

(3) 기질에 의한 효소의 활성화

효소단백질에 기질 또는 생성물이 활성부위나 알로스테릭부위에 결합하여 단백질의 3차구조를 변화시킬 때 자극적 혹은 억제적 협동성을 나타내어 반응의 Km이 변경된다. 결과는 헤모글로빈에 대한 산소의 결합과 용리에서 보여주듯이(그림 5-18) 기질농도에 대한 속도의 S자형 곡선을 나타낸다. S자형 곡선은 생리적으로 중요한 의미가 있는데 생체조직처럼 산소장력이 낮은 곳에서 산소의 용리가 쉽게 이루어지는 것과 같다.

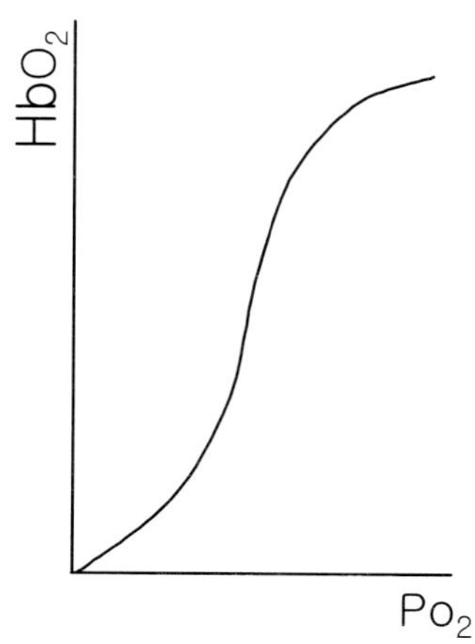

그림 5-18. 산소분압에 따른 헤모글로빈과 산소결합의 협동성.

알로스테릭 활성화(allosteric activation)는 알로스테릭 억제와 마찬가지로 중요하다. 알로스테릭 활성화는 효소활성의 느린 유전적 유도와 달리, 빠르며 가역적이다.

속도조절효소는 휴면상태로 존재할지도 모르며 직접적 또는 간접적(멀리 떨어져있는) 기질에 의하여 신속히 활성화된다. 그 예들은 다음과 같다.

- *Glucokinase*는 직접기질인 글루코스에 의하여 활성화된다.
- G-6-P는 *글리코겐 합성효소*의 직접적 기질은

아니지만 이 효소를 활성화시켜 결과적으로 간접기질인 글루코스를 글리코겐합성경로(glycogenesis)로 반응이 진행되도록 한다. 이와 같은 방법의 조절을 **피드포와드 조절**(feed forward control)이라고 한다(그림 5-16 참조).

지금까지 논의된 내용을 요약하면 다음과 같다.

- 음의 피드백 조절: 먼 생성물의 미량이 경로의 초기에 작용하는 조절효소를 억제하여 더 많은 생성물의 형성을 억제한다.
- 피드포와드 조절: 간접기질의 미량이 조절효소를 활성화시켜 종산물의 생성을 지속시킨다.
- 생성물에 의한 억제: 다량의 직접 생성물이 반응을 역류시킨다.
- 다량의 직접기질은 반응을 정방향으로 진행시킨다.

실험적으로 단백질 합성 억제물질(예, puromycin 혹은 actinomycin D)과 함께 활성화 물질을 동시에 가하여 유전적 또는 알로스테릭 활성화를 구별할 수 있다. 이때 관찰되는 활성화는 유전적이 아니다.

(4) 효소전구체

효소전구체(proenzyme, zymogen)는 선도서열이 잘려나간 후의 직접적인 번역생성물로서 효소단백질의 불활성형이며 이 효소전구체의 저장은 조직을 활성형에 의한 파괴로부터 보호하기 위한 것이다. 효소활성이 필요하게 되면 전구체는 단백질분할에 의하여 신속히 그리고 비가역적으로 활성화된다. 예를 들면, 췌장세포가 *trypsin*, *chymotrypsin* 및 *carboxypeptidase*를 저장한다면 세포단백질들은 자가소화 될 것이다. 췌장의 소화효소와 위 펩시노겐(pepsinogen)의 활성화는 양(+)의 피드백(자연에서는 드문)이 작용하는 자가촉매과정이다. 예를 들면, 소량의 위산(HCl)은 펩시노겐을 *pepsin*으로 전환시키며, *pepsin*은 더 많은 펩시노겐의 펩티드 단편을 제거하여 펩시노겐을 활성화시킨다.

효소전구체의 저장과 유사한 방법으로 혈액응고인자들은 불활성 전구체로 저장된다. 지혈(hemostasis)이 필요할 때 prothrombin은 신속히 활성형인 *thrombin*으로 전환되어 피브리노겐을 피브린으로 전환시킨다. 또한 어떤 경우에는 호르몬들이 불활성형의 호르몬전구체(예, preproinsulin 및 proinsulin)로서 저장된다. 그러나 프로인슐린은 약간의 인슐린양 활성을 가진다.

(5) 4차구조 변경에 의한 효소활성화

소단위체(subunit)로 구성된 4차구조의 형성은 많은 효소들의 활성화 기전이며 이들의 활성은 필요에 따라 조립된 소단위체들의 신속한(그리고 가역적인) 회합/해리 평형으로 조절된다(예, 근육 *phosphorylase*; 간 *pyruvate dehydrogenase complex*).

(6) 공유결합에 의한 효소단백질의 변형

많은 경우에 효소단백질이 활성화되기 위해서는 인산화되거나 탈인산화되어야 한다. 이 방법은 매우 신속히 가역적으로 효소활성을 변화시킨다. 많은 조절효소들이 이 방법으로 조절되는데 예를 들면, 글리코겐저장을 조절하는 효소인 *phosphorylase*, 저장지방을 분해하는 *triacylgly- cerol lipase(TG-lipase)* 등이다.

조절효소의 중추적인 인산화와 탈인산화는 신경계의 신호에 반응하는 호르몬(그들의 2차 전령을 통하여)에 의하여 조절받는 효소들(*protein kinase* 및 *phosphatase*)의 단계적 연속조절(cascade control)에 따라 진행된다.

(7) 반응물질의 이용성 조절

세포의 구조적, 생물학적 특징은 기질과 조인자들에 대한 효소의 접근을 조절할 수 있다.

- 아세포입자들과 같은 구획화(compartmentalization)는 효소활성을 제한할 수 있으며 기질과 조인자들은 그들의 효소가 존재하는 아세포 소기관의 위치를 찾아서 막을 통과해야만 한다. 예를 들면, 세포질에 저장된 지방산을 연소시키기 위하여 연소시킬 수 있는 효소를 가진 미토콘드리아 내로 들어가는 것이다.
- 하나의 단위에 주어진 경로의 모든 효소를 포함하고 있는 거대분자복합체는 일련의 통합된 질서를 유지한다. 기질은 그 경로의 최종효소에 의하여 최종산물로서 유리될 때까지 계속하여 들어오고 유지된다. 이런 사실은 생체에 매우 유익하게 작용한다. 거시적으로 기질농도가 매우 낮을지라도 전 경로를 통해서 효소가 위치하는 부위에 기질이 높은 농도를 유지하게 되며 이에 따라 반응속도도 높게 유지된다(예, 세포질의 지방산합성; 미토콘드리아의 산화적 인산화).
- 반응물질의 단백질결합은 효소반응에 사용되는 유리상태의 반응물질을 크게 감소시킨다. 다량의 단백질결합 반응물질은 완충물질로 사용되며 필요로 할 때 즉시 반응물질을 유리시켜 기질을 제공한다. 예를 들면, 여러 호르몬들과 유리 지방산, 비타민 B_{12}, 칼슘 및 철 등이 혈류 중에 단백질과 결합하여 수송되며 필요한 위치에서 이들 물질들을 유리시킨다. 단백질결합의 부가적 장점은 신사구체에 의하여 작은 소수성 분자가 체외로 여과되는 것을 막아주는 것이다.
- 세포막을 통한 수송은 간질액 중의 화합물을 세포내로 수송하는 데에도 필요하다.

(8) 생체의 유기적 조절

다음은 효소의 적응속도가 생체 내에서 어떻게 조절되는지를 간략하게 보여준다.

항상성은 혈액이나 세포내 물질들의 농도가 계속하여 절대적으로 일정해야 함을 의미하지는 않으며 오히려 그 날의 체계적인 변화로 생각된다. 그러나 물질농도의 감소는 그 물질생성에 관여하는 조절효소의 활성을 증대시키며, 반대로 그 물질농도의 증가는 생성에 관여하는 조절효소를 알로스테릭하게 억제시킨다. 조절효소의 이러한 교정적 적응으로 생체내의 대사경로가 조절되어 현상이 유지되는 것이다.

조절효소를 강조하는 이유는 조절효소의 활성이 구성효소의 활성과 구별되기 때문이다. 생체 내에서 대부분의 효소활성은 언제나 충분히 유지되고 있다(예, 구조적 효소들). 구성효소의 활성은 섬세하게 조절되어지는 조절효소의 활성에 따라 생성되는 대사중간산물들의 양에 의하여 지배된다. 이러한 체계는 물막이의 개폐에 따라 물 흐름이 정해지는 하수도와 매우 닮았다(그림 5-19).

효소경로 중 구조적 부분의 능력이 비록 증폭될 지라도 대사중간산물의 흐름은 조절효소가 활성화되는 정도에 따라 조절된다. 그림 5-19에서 두 개의 통로(효소 6과 11)는 거의 막혀있어서 정상적 생성물 A와 C는 매우 낮은 수준으로 떨어지고, 하나의 통로(효소 2)는 순간적으로 넓게 열려 대사 중간산물의 흐름을 효소 5로 가게 만든다. 그렇게 되면 조절효소 6은 막혀지고 조절효소 9가 열리면서 대사는 생성물 B를 형성하는 방향으로 진행된다. 이와 같은 예는 단지 몇 개의 조절효소가 어떻게 한번에 2가지를 촉매 할 수 있는지를 보여준다. 즉, 주어진 시간 내에 하나의 생성물을 형성하고 2가지 생성물이 형성되지 않도록 대사를 진행시키며, 조절효소(효소 9)를 필요량만큼만 활성화시켜 생성물의 형성속도를 결정한다. 생성물 A는 효소 6의 활성을 피드백 조절하고, 고농도의 생성물 C는 조절효소 11의 활성을 알로스테릭하게 억제한다. 대사속도

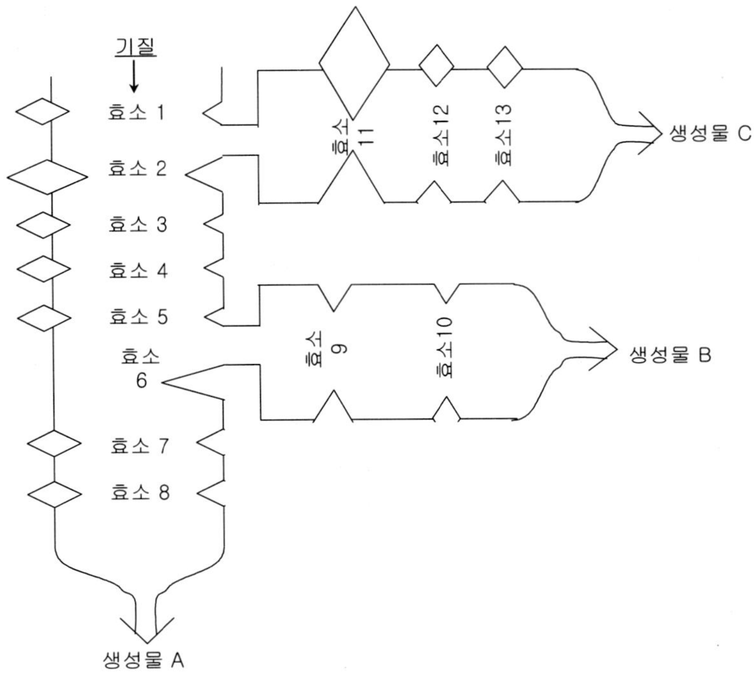

그림 5-19. 조절효소에 의한 대사의 조절. 조절효소 2, 6, 9 및 11은 생성물 A, B 및 C의 생성속도를 조절하는 효소들이다.

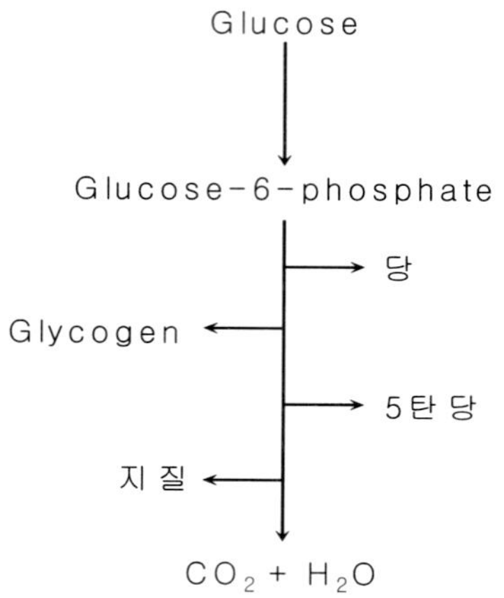

그림 5-20. 간장의 glucose의 대사경로.

와 방향의 조절이 필요하다는 것은 간장으로 들어오는 식이글루코스의 대체 대사경로가 말해주고 있다(그림 5-20).

모든 동물들은 대사경로에 조절효소 외에도 필요한 여러 효소들을 가지고 있으며 그렇지 않으면 생존할 수 없다. 수의학적 관점에서 대사의 방향이나 대사수준의 이상을 진단하는 것은 매우 중요하며, 조절효소의 활성을 적정한 수준으로 조절시키기 위한 노력이 치료의 핵심이다.

일반적으로 조절효소들만이 휴면형(dormant form)으로 존재할 수 있다. 시간이 소요되는 단백질 합성과정에서 신속히 단백질 합성이 이루어지는 것은 필요에 따라 신속하게 휴면형의 조절효소가 활성화되기 때문이다. 휴면효소는 신경내분비 신호, 기질의 영향하에 알로스테릭 활성화, 단백질 분해에 의한 효소전구체의 활성화, 불활성 단량체의 중합 및 인산기의 부가 혹은 제거 등에 의하여 활성화된다. *Phosphorylase*(글리코겐 저장을 조절)와 *TG-lipase*와 같은 조절효소들은 식사 후 글리코겐과 지방의 축적시간 중에는 휴면상태이며 저장물질의 분해가 필요하게 되면 가역적으로 활성화된다.

대사의 생리적 조절은 조절효소의 활성조절과 효소합성의 유도 또는 억제로 이루어진다. 어떤 식이 성분들은 알로스테릭효과나 호르몬을 통하여 조절효소의 활성을 수정한다. 호르몬은 조절효소의 합성과 활성의 수정, 그리고 기질의 세포막 투과와 효소부위로의 수송을 조절함으로써 대사에 영향을 미친다. 신경계가 직접적으로 어떤 효소들의 활성을 조절하는 것과 같이 호르몬 분비는 부분적으로 신경계의 조절을 받는다. 신경조절은 생체내 평형의 미세한 변화에도 매우 민감하며, 이들 변화에 대한 적응반응은 극히 신속하며 가역적이다.

5. 혈청효소의 임상적 활용

조직과 체액을 분석해보면 그 구성분들이 여러 조직과 체액 중에 왜 존재하며, 그런 성분들이 어떻게 정상적으로 존재할 수 있는가에 대하여 관심을 가지게된다. 어떤 효소들과 효소전구체 및 그들의 기질은 정상적으로 혈중에 순환하면서 생리적 기능을 수행하고 있다. **기능성 혈장효소**로 불리는 이들 효소들에는 *lipoprotein lipase*, *pseudocholinesterase* 및 혈액응고와 용해를 촉매하는 효소 전구체들이 있다. 이들 효소들은 일반적으로 간장에서 합성되어 조직보다도 혈액 중에 더 높은 농도로 존재하면서 기능을 발휘한다.

비기능성 혈장효소는 혈액 중에서 생리적 기능이 없으며 그들의 기질도 없다. 이들 효소들의 혈중 농도는 조직 중 농도의 100만 분의 1정도에 이르기까지 매우 낮다. 그러므로 비기능성 혈장효소의 존재는 조직의 파괴속도가 증가하고 있다는 사실을 암시하는 것이며 수의사에게 질병의 진단과 예후에 대한 가치있는 정보를 제공한다.

비기능성 혈장효소들은 다음과 같이 외분비 효소들과 진성 세포내 효소들로 구분된다.

- 외분비 효소: 췌장 *amylase, lipase,* 담즙의 *alkaline phosphatase,* 전립선의 *acid phosphatase* 이들은 혈장으로 확산된다.
- 진성세포내 효소들은 정상적으로 순환 혈액 중에 없다.

혈장 중 조직효소들의 존재와 농도의 분석은 현재 임상진단의 중요한 방법으로 일반화되어 있다.

1) 진단에 이용되는 효소

(1) 산화환원효소

- *Lactate dehydrogenase(LDH)*: Lactate + NAD^+ ↔ pyruvate + NADH + H^+; 신장, 심장, 간, 근육, 자궁 및 뇌의 세포질에 존재한다.
- *Sorbitol dehydrogenase(SDH)*: Sorbitol + NAD^+ ↔ sorbose + NADH + H^+; 신장, 간, 정낭의 미토콘드리아와 세포질에 존재한다.
- *Glutamate dehydrogenase(GDH)*: L-Glutamate + $NAD(P)^+$ + H_2O ↔ α-ketoglutarate + NAD(P)H + H^+ + NH_4^+; 간, 신장, 심장, 뇌, 자궁, 장 점막, 계태아(chick embryo)의 미토콘드리아에 존재한다.
- *Isocitrate dehydrogenase(ICDH)*: Isocitrate + $NAD(P)^+$ ↔ α-ketoglutarate + CO_2 + NAD(P)H + H^+; 심장, 간 골격근의 미토콘드리아와 세포질에 존재한다. NAD^+-특이 동위효소는 미토콘드리아에만 존재하며 $NADP^+$-동위효소는 미토콘드리아와 세포질 양쪽에 존재한다. 그러나 간장은 세포질에 주로 $NADP^+$-특이 동위효소가 존재하며, 심장과 골격근은 주로 미토콘드리아에 $NADP^+$-특이 동위효소가 존재한다.

(2) 전달효소

- *Aspartate aminotransferase(AST, GOT)*: Aspartate + α-ketoglutarate ↔ oxaloacetate + glutamate; 간장, 뇌, 근육, 자궁, 상피의 미토콘드리아와 세포질에 존재한다.
- *Alanine aminotransferase(ALT, GPT)*: Alanine + α-ketoglutarate ↔ pyruvate + glutamate; 간장의 미토콘드리아에 존재한다.
- *Ornithine carbamoyltransferase(OCT)*: Ornithine + carbamoyl phosphate → citrulline + orthophosphate; 간장과 장의 미토콘드리아에 존재한다.
- *Creatine phosphokinase(CPK, CK)*: Creatine + ATP ↔ phosphocreatine + ADP; 근육, 뇌

의 미토콘드리아에 존재한다.

- ɣ-*Glutamyl transpeptidase(GGT)*: L-말단 글루타밀기의 분해; 간장, 신장, 췌장의 핵에 존재한다.
- *Pyruvate kinase(PK)*: Pyruvate + ATP → phosphoenolpyruvate + ADP; 간장, 신장, 근육, 심장, 뇌의 세포질과 미토콘드리아에 존재한다.
- *Transketolase(TK)*: Sedoheptulose-7-phosphate + glyceraldehyde-3-phosphate ↔ ribose-5-P + xylose-5-P

(3) 가수분해효소

- α-*Amylase(Amyl)*: 전분 → 글루코스; 간, 췌장, 타액에 존재한다.
- *Arginase(Arg)*: Arginine + H_2O → ornithine + urea; 간과 적혈구의 핵과 마이크로솜에 존재한다.
- *Alkaline phosphatase(AP)*: Orthophosphoric monoester + H_2O → alcohol + orthophosphate; 간, 신장, 장, 신경의 핵과 마이크로솜에 존재한다.
- *Lipase(LIP)*: Triacylglycerol → 2 Fatty acids + monoacylglycerol; 췌장, 소장 상피세포의 지모겐과립으로 존재한다.
- *Cholinesterase(Che)*: Acetylcholine + H_2O → acetate + choline; 적혈구, 뇌, 간장, 혈장, 신경세포, 근육, 폐에 존재한다.

2) 혈청 효소의 임상적 활용

(1) 간장과 관련된 혈청효소

- 개: *GOT, GPT, AP*
- 고양이: *GOT, GPT, AP*
- 말: *Arg, SDH, GD, GOT, ICDH, LDH, AP, MD*
- 소와 면양: *ICDH, LDH, GGT, SDH, GDH, OCT*
- 돼지: *LDH, OCT, GPT, GOT*

(2) 각 기관에 특징적인 혈청효소

- 근육: *LDH, ALD(aldolase), GOT, CK(CK2, CK3), AP*
- 뼈: *AP*
- 췌장: *Protease, phospholipase, Amyl, LIP*
- 중추신경계: *CK1, GOT, TK,* (Thiamin pyrophosphate, TPP)
- 신장: *GGT, AP*
- 간: *GOT, ARG, GPT, SDH, AP, GGT*

▪ 혈구세포: *LDH, PK, G-6-P dehydrogenase*

(3) 병리적 조건에 의한 혈청효소의 변화

▪ *LDH*: ㉮ 증가; 재생불능 빈혈(aplastic anemia), 세균성 수막염(bacterial meningitis), 급성 심근염(acute myocarditis), 간경변증(liver cirrhosis), 신경색(renal infarction), 임신, 쇼크 ㉯ 감소; X-선 조사

▪ *SDH*: 증가; 간장병(hepatic disorders)

▪ *GGT*: 증가; 폐쇄성 간질환(obstructive liver disease)

▪ *GOT*: ㉮ 증가; 간장병, 말라리아, 폐결핵(pulmonary tubercuosis), 부르셀라병(brucell-osis), 탄저(tetanus), 패혈증(septicemia), 장티부스(typhoid fever), 악성종양(malignant neoplasm), 쇼크. ㉯ 감소; 임신

▪ *GPT*: ㉮ 간세포질환, 관절염(arthritis), 급성 췌장염(acute pancreatitis), 화상(burn), 열사병(heat stroke), 간암(hepatic tumor), 갑상선기능항진증(hyperthyroidism), 당뇨성 산증(diabetic acidosis), 알콜중독(alcoholism), 뇌경색(brain infarction), 간농양(liver abscess). ㉯ 감소; 운동

▪ *CK*: ㉮ 증가; 심근경색(cardiac infarction), 저칼륨혈증(hypopotasssemia), 저체온증(hypothermia), 열사병, 좌상(crush), 피부근염(dermatomyositis), 경련(cunvulsion). ㉯ 감소; 선천성 구형적혈구증(hereditary spherocytosis), 임신.

▪ *LIP*: 증가; 췌장암(pancreatic neoplasm), 췌장염(pancreatitis).

▪ *AP*: ㉮ 각종 뼈와 간질환, 당뇨병(diabetes mellitus), 갑상선기능저하증(hypothy- roidism), 부신피질기능항진증(hyperadrenocorticism), 임신후기(late gestation), 절식, 감염증(infection), 장폐쇄증(intestinal obstruction), 골수염(osteomyelitis), 간농양, 췌장염, 급성 및 아급성 간괴사(acute and subacute necrosis of liver), 골다공증(osteoporosis). ㉯ 감소; 갑상선기능저하증(hypothyroidism), 비타민과잉증(hypervitaminosis), 단백질 영양불량(protein malnutrition), 비타민 C 결핍증(vitamin C deficiency).

▪ *Amyl*: ㉮ 증가; 췌장염, 알콜중독증, 쇼크, 간경변증, 악성종양, 전립선염(prostatitis), 바이러스성 간염(viral hepatitis), 당뇨병성 산독증. ㉯ 감소; 갑상선기능항진증, 당뇨병, 급성 및 아급성 간괴사.

▪ *Che*: 감소; 급성 감염증(acute infection), 폐감염증(pulmonary infection), 근이영양증(muscular dystrophy), 만성 신장병(chronic renal disease), 임신, 살충제 중독(insecticide intoxication).

▪ 체액중 각종 유기물질농도의 측정은 또 다른 효소의 임상적 활용으로 볼 수 있다. 예를 들면:

▪ 젖산(lactate)은 *LDH*와 함께 측정할 수 있다.

▪ 요 및 혈중 요소(urea)는 *urease*와 함께 측정할 수 있다.

(4) 효소요법

효소 치료법은 현재 흥미 있는 분야중의 하나이다. 정맥 내 주입 효소의 문제점은 수용자가 효소에 대한 항체를 만드는 것이다. 이런 문제를 해결하는 방법으로서 ㉮ 효소를 라이포솜(liposome)으로 싸서 주사한다[라이소솜 효소의 결핍에 기인하는 지방증(lipidosis)을 치료하기 위해서]. ㉯ 배관(cannula)을 사용하여 효소의 활성이 필요한 부위에 효소를 유리시킨다(예, 관상동맥의 혈병을 용해시키기 위하여 *streptokinase*의 유리).

임상적인 목적 또는 연구와 산업적 목적으로 필요한 물질들을 유기화학적 방법으로 얻기 어려울 때 이런 물질들을 합성하기 위하여 효소를 사용한다.

제6장 세포막 현상과 생물학적 수송

1. 세포막의 기능, 조성 및 교체

세포막은 세포를 싸고있는 막이며, 아세포막은 소포체, 라이소솜, 퍼옥시솜, 핵, 미토콘드리아 등의 막을 말한다. 특수한 막으로 신경 축색(axon) 주위에 수초(myelin sheath)를 형성하는 막과 유지방구막(milk fat globule membrane)이 있다.

1) 세포막의 일반적 기능

- 구조적 기능으로 소기관들의 형태를 유지하고 모든 내용물들을 보호한다.
- 세포외부와 접해있는 세포막 수용체와 세포막 내부에 부착되어있는 사이토스켈레톤을 통하여 세포내외에 신호를 전달한다.
- 세포막 외부의 세포유착물질(cell adhesion molecules)에 의한 세포집단을 형성한다.
- 다음과 같은 대사기능을 가진다.

㉮ 영양소를 도입시키고 노폐물을 배출시킨다.

㉯ 효소의 기능: 예를 들면, 골지체에서 당단백질의 글라이코시드사슬을 만드는 *glycosyl transferase*와 세포막 수용체에 결합한 호르몬의 작용으로 2차 전령을 생성하는 *adenylate cyclase*와 *phospholipase* 등이 결합되어 있다.

- 세포막이 확대되어 형성된 미세융모(microvilli)는 세포내로 물질의 도입을 촉진한다.
- 분리세포(isolated cells)는 섬모(cilia)나 편모(flagella)를 이용하거나 화학주성(chemo- taxis)에 의하여 세포막 수용체가 결합하는 물질의 농도가 높은 쪽으로 이동한다.

2) 세포막의 조성과 비대칭성

(1) 막지질

동물 진핵세포의 생체막은 인지질, 당지질 및 콜레스테롤로 구성된 지질이중층(lipid bilayer)으로 되어있다. 양성성질을 가진 지질들의 극성부분은 물과 접촉하고 있고 비극성 꼬리는 내부에 있다. 막의 유동 모자이크 모델(fluid mosaic model) 은 막 구조의 개념을 상징적으로 보여주고 있다(그림 6-1). 지질이중층 밖으로 단백질이 넓게 퍼져있고 지질 한쪽 끝은 지질이중층 내부를 향하여 파묻혀 있다. 이 세포막 내재단백질(integral protein)은 막 전체의 넓이를 확장시키며 외계와의 신호전달에 관여한다. 이 단백질들은 정확하게 신호를 전달하기 위하여 막의 평면

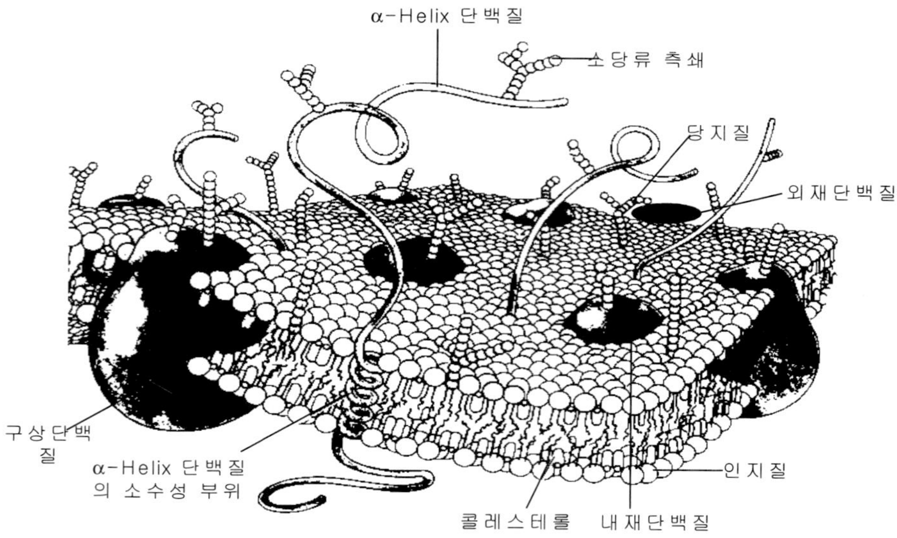

그림 6-1. 세포막의 유동 모자이크 모델.

으로 자유롭게 움직일 수 있어야 하며 따라서 지질층이 유동적이어야 한다.

막지질의 유동성(fluidity)은 막구성 인지질과 당지질중의 다중불포화지방산(polyun- saturated fatty acids)함량에 의하여 결정된다. 다중불포화지방산 중에는 동물체내에서 합성할 수 없음으로 외부에서 반드시 섭취하여야 하는 것이 있으며, 영양학적으로 필수적이기 때문에 이런 지방산들을 필수지방산(essential fatty acids)이라고 한다. 이런 지방산들은 쉽게 산화되어 경화하며 유동성을 상실할 뿐 아니라 그렇게 되면 세포는 더 이상 외계와 적절히 대응할 수 없어 사멸하게 된다. 이런 현상은 세포노화의 한 원인으로서 알려져 있다. 비타민 C와 비타민 E는 스스로 더 쉽게 산화함으로써 다중불포화지방산의 산화를 방지한다. 유동성은 세포막의 계속적인 교체에 의하여 더 잘 보존된다.

막지질 중 가장 중요한 인지질에는 포스파티딜콜린(phosphatidylcholine, lecithin), 포스파티딜에탄올아민(phosphatidylethanolamine, cephalin), 포스파티딜이노시톨(phosphatidylino- sitol), 카디오리핀(cardiolipin, diphospatidylglycerol) 및 플라스마로겐(plasmalogen)이 있으며, 세라미드(ceramide)에서 유도된 당지질에는 스핑고마이엘린(sphingomyelins), 설파티드(sulfatides), 세레브로시드(cerebrosides) 및 강글리오시드(gangliosides) 등이 있다. 또한 콜레스테롤이 인지질과 거의 같은 농도로 포유동물의 세포막에 존재한다. 콜레스테롤의 -OH기는 인지질의 극성부위를 향하여 자리잡고 스테로이드 구조는 안정성을 유지하여 막을 강건하게 한다. 반면에 비극성 말단은 인지질 중 지방산 말단의 유동성을 간섭하지 못하도록 한다. 무한한 다양성을 가진 막지질의 공통점은 그들의 3차원 구조가 매우 유사하다는 점이다. 즉, 막지질에서 극성부위는 다른 극성부위로 상호 교환되며 비극성 말단은 다른 비극성 말단으로 교체될 수 있다는 점이다. 이런 사실은 막지질의 비극성 성분들이 막의 내부로 향하게 하며 극성원자단들은 막의 바깥쪽을 향하도록 한다.

(2) 막단백질

단백질은 지질이중층을 덮고 가로지른다. 막 단백질은 표면활성제(detergents)로 작용하는 지질기질(lipid matrix)과 잘 조직화되어 있다.

내부 단백질은 특징적인 극성을 가지고 있다. 글라이코시드사슬은 세포 밖으로 돌출된 단백질 부위중의 아스파라긴, 트레오닌, 세린잔기에 결합되어 있고 단백질의 1차구조 중 20개의 비극성 아미노산서열은 막의 지질기질과 접해있는 부위에 나타난다. 어떤 단백질들은 몇 개의 비극성 아미노산서열을 가지며 한번 이상 지질이중층을 가로지른다. 예를 들면, 지방세포의 글루코스 운반체의 경우 12회에 걸쳐 지질이중층을 가로지른다. 모든 막단백질은 당단백질이며 외계와 신호전달에 관여하는 기능성 효소, 수용체 및 면역단백질 등도 당단백질에 속한다.

(3) 막탄수화물

탄수화물은 단백질과 결합할 뿐 아니라 강글리오시드와 같이 당지질의 형태로도 존재한다. 당지질의 중요한 기능은 각종 호르몬의 수용체로 작용하는 것이다. 라이소솜에서의 당지질파괴는 계속적인 막 교체의 일환으로 진행된다. 당지질과 라이소솜에서의 당지질의 소화는 뇌와 다른 조직들에서도 중요하다. 신경 축색을 둘러싼 분리물질인 수초(myelin sheath)는 특히 풍부한 지질로 되어있다. 많은 지방증(lipidosis)들은 선천적 라이소솜 유래의 당지질 분해효소들의 결핍에 기인하며 비정상적인 뇌 발달을 초래한다. 당지질 저장병 들을 표 6-1에 나타내었다.

(4) 막의 비대칭성

당단백질과 당지질의 당사슬은 막의 바깥쪽에만 존재한다. 또한 두 막지질면에 있는 상대적 지질의 종류는 크게 그리고 일관성있게 변한다. 그러나 막지질 이중층 간에 지질분자의 이동은 일어나지 않는다.

특이적인 다양한 세포들의 필요에 따라 막이 분화되어 비대칭성의 다른 형태를 취할 수 있다. 예를 들면;

- 막 조성에서 단백질/지질 비율의 변화: 대부분의 막들은 대체로 동등한 양의 단백질과 지질을 함유하고 있다. 그러나 수초는 80%의 지질을 함유하며 미토콘드리아 내막은 약 80%가 단백질이다.
- 막에 부착된 외재단백질(peripheral proteins): 예를 들면, 면역글로불린과 세포유착분자.
- 막중에 삽입되어 있는 단백질: 예를 들면, 미토콘드리아 내막의 전자전달사슬.
- 거대분자인 핵산복합체를 통과시키는 핵공(nuclear pores).

- 수초구조를 형성하는 막의 다중층.
- 세포운동에 필요한 편모나 미세융모와 같은 막의 돌출과 세포내로 물질들을 쉽게 확산시키기 위한 막 표면의 확장.

표 6-1. Glycosphingolipid 저장질환

질병	결핍효소	증상
Ceramide lactoside lipidosis	Ceramide lactosidase (β-galactosidase)	진행성 뇌손상, 간과 비장종대.
Farber's disease	Ceramidase	쉰목소리, 피부염, 기형뼈, 정신발육지연, 조기치사.
Fabry's disease	α-Galactosidase	피부발진, 신부전.
Gaucher's disease	β-Glucosidase	간과 비장종대, 장골침식증, 유아 정신발육장애.
Generalized gangliosidosis	G_{M1}-β-galactosidase	정신발육장애, 간종대, 골격기형.
Fucosidosis	α-Fucosidase	뇌변성, 근경련, 피부비후.
Krabbe's disease	β-Galactosidase	정신발육장애, myelin이 거의 없다.
Metachromatic leucodystrophy	Arylsulfatase A	정신발육장애, 심리적 장애, 탈수 (demyelination).
Niemann-Pick disease	Sphingomyelinase	간과 비장종대, 정신발육장애, 조기치사.
Tay-Sachs disease	Hexosaminidase A	정신발육장애, 실명, 근무력(muscle weakness).
Tay-Sachs variant (Sandhoff's disease)	Hexosaminidase A, B	Tay-Sachs disease와 같으나 진행이 훨씬 더 빠르다.

3) 사이토스켈레톤의 기능

아세포소기관들 사이의 세포질은 복잡한 구조의 사이토스켈레톤을 가지고 있으며, 다음과 같은 중요한 기능을 가진다.

- 세포막에 부착하여 외부의 영향에 대한 세포내부의 반응을 유도한다.
- 세포내부를 보호하여 형체를 유지시킨다.
- 대사경로에 관여하는 효소들의 순차적 부착에 의한 효소배열로 반응생성물은 다음 반응에 필요한 높은 기질농도를 제공할 수 있으며 대사경로에 관여하는 모든 효소들의 반응을 빠르게 할 수 있다.
- 세포내부에서 미소관을 이용하는 화합물과 세포 소기관들의 수송.
- 세포내 봉입(endocytosis)과 세포외 배출(exocytosis) 과정에서 봉입막포(endocytic vesicle)의 방향 이동.

- 세포분열시 미소관이 유사방추체(mitotic spindle)를 형성할 때 염색체(chromosome)의 방향 이동.
- 세포내에서의 방향 이동은 물론 세포자신의 방향 이동(예, fibroblasts).

마이크로필라멘트는 액틴으로 구성되어 있으며 액틴의 집합체를 **긴장섬유**(stress fibers)라 하고 주로 세포의 수축과 관련이 있다. 미소섬유는 세포막아래에 체(mesh)를 형성하며 막의 내부 단백질에 연결되어 있다. 중간필라멘트(intermediate filament)는 단백질조성과 기능에서 다르며 세포의 형태유지에 기여한다. 미소관은 α-튜불린과 β-튜불린의 이종이량체(hetero- dimer)로 구성되는 프로토필라멘트(protofilament)의 복합체로서 세포내의 수송기능과, 세포막과 핵간의 공간을 확보하는 형태적 기능을 가진다.

사이토스켈레톤의 기능을 위한 수축력은 액틴필라멘트상에서 활주하는 마이오신(myosin)에 의하여 생성된다. Ca^{2+}의 존재하에 단백질 칼모듈린(calmodulin)은 활주하는 마이오신필라멘트를 붙든다. 수축에너지는 마이오신의 *ATPase*에 의한 ATP의 분해로 얻는다.

사이토스켈레톤은 서로 다른 세포들에서 특이한 단백질들에 의하여 세포막에 부착되어 있다. 이들 단백질들은 적혈구, 장점막세포, 섬유아세포 및 기타 세포들에 따라 구별된다. 세포막에 이러한 특이 단백질들의 부착은 외부와의 2원통신(two-way communication)을 위한 주요 연결이다.

4) 생체막의 생합성과 교체

막은 성숙된 형태로 합성되지 않고 각종 막 성분들이 자신들의 고유한 속도로 모두 치환되어 매우 빠르게 젊어진다. 예를 들면, 어떤 막 수용체들은 몇 분 안에 교체된다. 계속적으로 세포막의 일부는 함입되어 소화되고 소실된 일부의 막은 새로운 막으로 대체된다. 인지질이중층은 활면소포체의 세포질쪽 표면에서 형성되어 소포를 만들어 골지체로 이동한다. 막단백질은 라이보솜에서 합성되어 조면소포체강(lumen of rER)으로 들어가 선도서열이 잘려지고 탄수화물사슬이 부가된다.

비극성 화합물인 돌리콜피로인산(dolicholpyrophosphate)에 결합한 거대한 탄수화물복합체(mannose 다량 함유)는 단백질중의 세린, 트레오닌, 또는 아스파라긴 잔기에 결합한 후 돌리콜 운반체는 떨어져 나간다. 당사슬은 다시 수정되어 글루코스와 만노스는 제거되고 N-아세틸글루코사민과 N-아세틸갈락토사민, 갈락토스, 푸코스(fucose) 및 시알산(sialic acid)분자들을 부가시킨다. 이런 수정은 소포체에서 시작하여 골지체에서 완결된다. 이렇게 만들어진 당단백질들의 특징은 만노스분자들로 만들어진 측쇄를 많이 가지고 있거나 만노스에 결합된 특징적인 당사슬로 만들어진 안테나들을 가지고 있다. 시알산이 존재하면 항상 당사슬의 말단부위에 위치하며 당단백질을 음이온으로 하전시킨다.

골지체의 원위 소낭에서 새로 생성된 당단백질들은 분리되어 인지질이중층에 결합된 분아(buds) 내에 저장된 후 최종 목적지로 향하기 위하여 수식된다. 골지체에서 나온 다른 분아들은 세포를 가로질러 세포막과 융합하고 단백질들을 분비한다. 골지체의 당단백질들은 세포막 중에 삽입되기 위하여 그들의 당사슬을 내부에 위치하도록 새로 합성된 인지질이중층으로 둘러싼 소포의 지질이중층과 세포막간에 융합이 일어난다. 거기서 내부 단백질의 당사슬이 막외로 향하도록 소포는 절개된다. 막지질의 내인성 재생과는 별도로 외부와의 지질교환은 막의 지질조성을 변화시킬 수 있다.

2. 생물학적 수송기전

수송(또는 운반, transport)의 필요에 따라 수송과정의 형태가 달라진다. 생물학적 수송의 예를 들면 다음과 같다.

- 세포질과 미토콘드리아 간의 지방산, 피루브산, 아미노산 및 케톤체의 수송은 산화적 대사를 조절하는 인자들 중의 하나이다.
- 또 다른 세포내의 수송에 기질을 향한 효소의 수송과 핵 내로의 호르몬 수송이 있다.
- 혈류중에 순환중인 영양소의 세포내 흡수[예, 혈액-뇌 장벽(blood-brain barrier)을 가로지르는 수송, 인슐린에 의한 지방세포의 혈당흡수].
- 특정세포에 대한 어떤 화합물의 수송(호르몬, 약물).
- 장으로부터 지용성물질과 수용성물질의 다른 수송기전.
- 단백질운반체(protein carriers)는 혈류에서 서로 다른 화합물의 수송에 대하여 다양한 특이성을 가진다.
- 특이적인 무기질 펌프(mineral pump)들은 세포막 또는 세포 소기관들의 막을 통해서 Na^+, K^+, Ca^{2+}, Mg^{2+} 및 H^+과 같은 양이온과 각종 음이온들을 수송한다.
- 담즙과 요중으로 화합물들을 분비하는 각종 수송계가 존재한다.
- 이 장에서 확산, 삼투 및 도난평형의 물리화학적 특성과 독특한 생물학적 수송현상, 즉, 수동수송, 능동수송, 운반체매개수송, 수용체, 호르몬 작용세포 내부에 외부 메시지의 전달 등에 대하여 조명될 것이다.

1) 수동수송

수동수송(passive transport)은 에너지를 소비하지 않고 농도구배와 전기적 구배에 의한 수송을 말한다. 수동수송은 다음과 같이 분류할 수 있다.

(1) 확산

확산(diffusion)은 농도구배(concentration gradient)에 따른 입자들(이온, 분자, 응집체)이 막의 지질이중층을 통과하거나 또는 통로단백질(channel protein)내의 구멍을 통한 자발적인 이동을 말하며 이동하는 힘은 입자의 농도 혹은 엔트로피의 양에 따라 결정된다.

① **확산속도:** 주어진 온도에서 확산속도를 결정하는 3인자는 다음과 같다.

- 농도구배: 구배가 클수록 확산(이동)이 빠르다.
- 확산의 표면적: 표면적이 클수록 단위 시간당 확산이 빠르다.
- 화합물의 확산계수(diffusion constant, F): 작고 가는 입자가 크고 기형인 입자보다 더 빨리 확산하고 확산계수는 높다. 이 세 가지 인자들을 종합하면,

$$\text{확산속도} = F \times \text{표면적} \times \text{농도구배}$$

이 방정식은 농도구배가 확산에 의하여 점차적으로 감소되므로 다른 방정식으로 쓰여져야 하지만 생체에서 에너지의 소비와 공급으로 농도구배는 유지될 수 있다.

② **확산의 생리적 개념:** 교반(stirring)은 확산을 촉진한다[예, 장의 연동운동(peristalsis)]. 확산의 효율을 증대시키기 위하여 세포 표면적을 미소해부학적으로 융모(microvilli)의 형태로 확장시킨다[예, 장 점막(gut mucosa), 간 실질세포(parenchymal cells), 신장의 세뇨관세포(tubular cells)]. 확산을 돕기 위하여 필요한 곳에 에너지를 공급하여 농도구배를 유지시킨다. 예를 들면, 신장에서 염화나트륨과 요소구배는 수분의 농도를 조절하도록 도와준다.

(2) 삼투

체액에서 물의 이동을 위하여 구배가 존재하여야 하며, 물은 물의 농도가 높은 곳(용질 함량이 적은 물)에서 물의 농도가 낮은 곳(용질 함량이 높은 물)으로 확산된다. 물은 투과할 수 있으나 특별한 용질(예, 단백질)은 투과할 수 없는 반투막(semi-permeable membrane)을 통한 이런 과정의 물 이동을 **삼투**(osmosis)라고 한다. 그러므로 삼투가 일어나기 위해서는 물에 용해된 어느 한 물질의 농도가 반투막으로 나뉘어져 각기 다른 농도를 가져야 한다. 일반적으로 생물학에서 삼투현상이란 상대적으로 단백질 비투과성인 모세관막(capillary membrane)과 세포막을 통과하는 삼투적 물의 이동을 말한다.

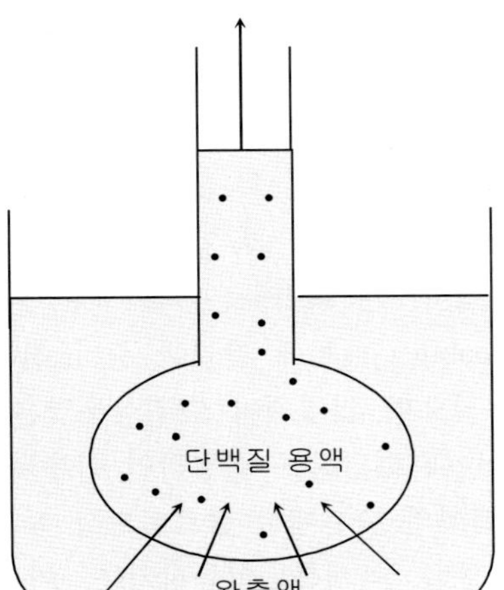

그림 6-2. 삼투. 반투막에 의하여 완충액과 분리된 누두관 내의 단백질 용액은 삼투적 일을 수행하도록 한다.

① **삼투압:** 용질의 확산속도를 결정하는 3가지 요소들은 삼투적 물의 이동에도 적용된다(확산계수, 표면적 및 농도구배). 그러나 반투막의 성질 때문에 용질과 물분자 간에 확실한 구별이 요구된

다. 다음 예를 고찰해 보자.

누두관(thistle tube)의 입구를 반투막으로 막은 다음 완충액 중에 거꾸로 넣으면(그림 6-2), 작은 염이온들은 누두관 내외로 자유롭게 이동한다. 그러나 막을 통과하기에 너무 큰 단백질을 누두관 안에 넣으면 누두관 안쪽을 향하여 물구배가 형성되고 물은 삼투에 의하여 누두관 안쪽으로 이동하여 누두관 내의 물표면은 비중에 저항하면서 위로 올라간다. 즉, 관내의 단백질구배(protein gradient)가 물이 일하도록 만든다.

물이 이런 일을 하도록 하는 힘을 그 용액의 **삼투압**(osmotic pressure)이라고 한다. 주어진 온도에서의 삼투압은 입자들의 농도에 의하여 결정된다. 반투막의 성질은 문제가 되지 않는다. 혹자는 막의 존재유무에 관계없이 용액의 삼투압을 논하기도 한다. 또한 입자의 성질도 문제가 되지 않으며 단지 용액중 입자들의 수만이 문제가 된다. 그러므로 1원자의 Na^+(원자량 23)은 분자량 200,000인 1분자의 단백질과 같은 삼투압을 가진다.

체 조직에서 체액은 반투막으로 분리되어 있다(세포내액과 세포외액). 이런 막들은 작은 용질들(예, Na^+와 Cl^-)은 투과할 수 있으나 단백질은 투과할 수 없다. 고로 단백질은 세포내에 불균등하게 분포되어 있는 반면에, 작은 염이온들은 Donnan 평형효과와 Na^+/K^+-펌프와 같은 능동과정에 의한 개입을 제외하면 균등하게 분포되는 경향이 있다. 총 삼투압을 고려할 때 막투과성이 있는 작은 염이온들은 구획간의 삼투압의 차이를 결정하는 주요한 물질이 아니며, 단백질의 불균등한 분포에 의하여 결정된다. 거대분자들(단백질들)에 기인하는 삼투압을 **교질삼투압**(oncotic pressure, colloid osmotic pressure)이라고 한다.

- 교질삼투압의 정량: 0.9% NaCl과 6% 단백질(분자량 120,000)을 함유하는 혈장은 NaCl 9g/ℓ(150mmoles=300mosmoles)과 단백질 60g/ℓ(0.5mmole=0.5mosmole)을 함유한다. 따라서 혈장의 교질삼투압은 총 삼투압의 0.2%이하에 지나지 않으나 체액의 분배에 매우 중요하다(※ Osmolality=osmol/㎏ H_2O=(n)(c). , 삼투계수; n, 입자수; c, mol/㎏H_2O).
- 체액 분배와 교질삼투압의 관계: 혈장 단백질의 생체 기능 중의 하나는 혈류와 간질액(interstitial fluid)간에 삼투적 구배(osmotic gradient)를 유지하는 것이다. 이러한 구배는 혈액에서 조직으로 영양소들을 공급하고, 반대로 조직으로부터 혈액으로 노폐물을 방출하는 체액의 이동을 가능하게 한다. 혈장의 총 삼투압은 약 5000mmHg이며 교질삼투압은 약 25mmHg로 총 삼투압의 약 0.2%에 지나지 않는다. 생명체에서 콜로이드성 화합물은 거의 대부분 단백질로 구성되어 있다. 생물학적 막의 반투과성(semipermeability)때문에 간질액 중의 전해질 농도는 혈장중의 농도와 비슷하나, 단백질 농도는 훨씬 낮으며 간질액의 교질삼투압은 약 10mmHg이다. 그러므로 혈장과 간질액 간에는 약 15mmHg에 해당하는 실질적인 삼투적 구배가 형성되며 따라서 간질액을 혈중으로 이동시킨다. 동맥혈의 순환에서 콜로이드성 삼투압을 능가하는 높은 혈압(blood pressure)으로 동맥혈로부터 액체를 이동시키는 **여과압**(filtration pressure)이 존재하며, 반대로 정맥혈에서는 혈압은 낮고 교질삼투압은 높아져서 정맥혈내로 액체를 끌어드리는 **흡수압**(absorption pressure)이 존재하게 된다(그림 6-3). 결과적으로 간질액에 둘러 쌓인 조직세포는 동맥혈로부터 액체와 함께 여과되는 영양소들을 공급받으며, 조직세포에서 나온 노폐물은 운반되어 배출되는 액체와 함께 정맥혈로 흡수된다. 다음

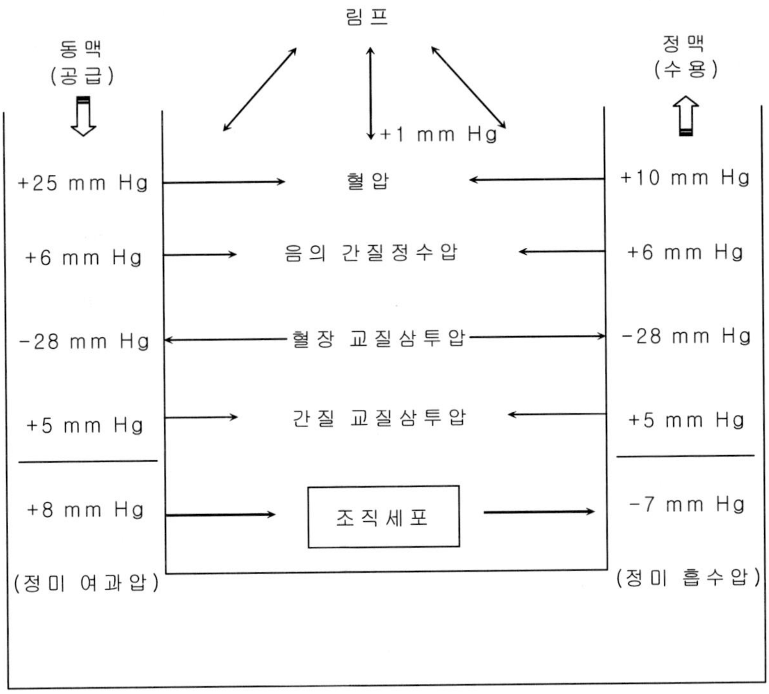

그림 6-3. 체액분배에서 교질삼투압의 역할.

에 간장과 신장은 혈액으로부터 노폐물을 제거하고 노폐물의 일부를 유용한 화합물로 재사용할 수 있는지를 결정하며, 그렇지 않으면 담즙과 요를 통하여 배설한다.

위의 내용과 관련된 사항들을 요약하면 다음과 같다.

- 혈관 내외로 액체의 이동을 결정하는 네가지 힘(그림 6-3 참조)을 스타알링력(Starling's force)이라고 한다.
- 정수압(hydrostatic pressure)과 교질삼투압은 혈장과 간질 간에 일정한 액상의 분배를 유지토록 한다. 한편 체수(body water) 총량은 총 삼투압에 의하여 결정되며, 따라서 체액에 존재하는 전해질들에 의하여 결정되는 것과 같다. 그러므로 생체의 전해질 함량과 조성의 조절은 생체의 전체 수분평형(water balance)을 조절하도록 하며, 이것은 신장의 중요한 기능 중의 하나이다.
- 부종(edema)은 간질공간에 액체가 축적되는 현상으로 다음 중 하나가 원인이다.

㉮ 정맥혈압 상승[우측 심부전(right-sided heart failure), 정맥 폐쇄(venous obstruction)].

㉯ 혈장 교질삼투압 감소 [간 질환, 출혈, 신증(nephrosis), 기아(starvation) 등].

㉰ 간질액의 교질삼투압 증가(조직 손상).

㉱ 모세혈관 투과성 증가(histamines, kinins 등).

㉤ 림프관 폐쇄(lymphatic obstruction).

▪ 조직중의 단백질은 분해되어 간장에서 글루코스나 혈장 단백질을 생성하는데 이용되거나 조직중에 과량의 단백질을 축적할 수 있다. 따라서 조직은 혈장 단백질의 변동에 저항하는 완충제로서 작용한다. 즉, 혈장 교질삼투압을 완충시킨다.

▪ 조직 단백질에 의한 완충력에 영향을 주는 사고의 발생, 예를 들면, 신증과 화상에 의한 알부민의 급성적인 대량손실이나 기아 혹은 만성 영양불량으로 인한 필수아미노산의 결핍은 혈장 단백질농도의 감소를 초래하여 공복시 부종(fasting edema)을 가져온다. 유아에게 곡류 전분을 섭취시키면 특징적으로 리신과 메티오닌 결핍증을 초래하여 부종과 지방간(fatty liver)을 수반하는 콰시오르코르(kwashiorkor)라는 단백질 결핍증상을 나타낸다.

▪ 수액 요법(fluid theraphy): 혈류에서 알부민 1g은 약 18㎖의 액체를 보유한다. 농후한 알부민(25g/100㎖)의 주입은 혈장 약 500㎖의 교질삼투효과와 같다. 따라서 알부민의 주입은 혈장량의 감소에 기인하는 혈액 감소성 쇼크(hypovolemic shock)를 예방하거나 치료에 필요한 혈장량을 회복시키는데 유익하다.

② **장력**(tonicity)

㉮ 생리적 완충액(physiological buffers): **등장액**(isotonic solution)이란 용어는 생리학에서 양적으로 적절한 오스몰농도와 정성적으로 적절한 생명유지성분(life-supporting ingredients)을 함유하고 있음을 나타낸다. 그러므로 장력은 혈장과 관계되는 용액의 효과적인 삼투압을 말한다. 효과적인 등장완충액은 총 오스몰 농도, pH, Na^+, K^+, Mg^{2+}, Ca^{2+}, HCO_3^-, Cl^-, $H_2PO_4^-$ 및 영양소들(글루코스, 비타민들, 아미노산들과 같은)을 함유하며 산소가 부가될 수도 있다. 세포배양시 시험관내에서 어떤 조직의 항온배양에 적합한 용액은 발명자의 이름을 따서 Krebs-Ringer 용액, Krebs-Henseleit 용액 및 Tyrode 완충액 등으로 부른다.

㉯ 적혈구의 용혈(hemolysis)과 둔거치(crenation): 저장액 중에 부유시킨 적혈구는 물을 흡수, 종창하여 터질 수 있으며 이를 **용혈**(hemolysis)이라고 한다. 반면에 고장액(hypertonic solution)에서 적혈구는 물을 잃고 오그라들어 무딘 톱날모양의 둔거치상 적혈구가 된다.

이런 효과들은 마이크로헤마토크리트관(microhematocrit tube)에 혈액 일정량을 넣어 원심분리하여 얻을 수 있다. 전 용량중 분획은 헤마토크리트(hematocrit) 또는 충전세포용적(packed cell volume, PCV)으로 지칭된다. 대부분의 가축은 정상적으로 23~47%의 PCV를 가진다. 저장액에 의한 종창은 PCV를 증가시키며 용혈과 고장액 중에서 둔거치상 적혈구는 PCV를 감소시킨다.

㉰ 장력의 생리학적 조절: 큰 힘을 가진 삼투압은 생체의 적절한 기능 발휘를 위하여 좁은 범위 내에서 조절되어야 한다. 신경계는 혈류와 접한 삼투수용기(osmoreceptor)를 제공하며 정상주변 2% 범위내의 오스몰 농도변화에 반응한다. 다음에 내분비 반응들[알도스테론, 항이뇨호르몬, 심방성 나트륨 배설인자(atrial natriuretic factor), 레닌-안기오텐신(renin- angiotensin)]이 신장으로 하여금 물, Na^+ 등을 보유시키거나 요중으로 배설하도록 한다.

㉱ 투석: 반투막으로 된 튜브에 단백질용액을 넣고 밀봉하여 물 속에 넣으면 단백질은 튜브

안에 그대로 보유되지만 작은 이온들은 반투막 내외로 교환이 이루어진다. 이와 같이 거대분자는 막을 통과하지 못하고 작은 이온들이나 분자들은 통과하여 서로 분리시킬 수 있는 방법을 **투석**(dialysis)이라고 한다. 신장은 투석에 의하여 여과기능을 발휘한다. 즉, 신사구체(glomeruli)의 반투과성 모세혈관은 단백질은 투석되지 않고 작은 이온들이나 노폐물들은 투석되어 배설된다.

인공신장은 온도가 조절된 생리적 완충액이 담겨져 있는 용기 중에 부유시킨 긴 반투막 튜브를 통하여 혈액이 흐르도록 구성되어 있다. 환자의 혈액은 튜브를 통하여 흐르면서 작은 대사노폐물들은 투석에 의하여 튜브 밖으로 나가고 혈액은 생리적 완충액 중의 적절한 pH, 영양소들 및 무기질들로서 평형을 이루게 된다.

(3) Donnan 막평형

모세혈관의 반투과성으로 인하여 간질액의 정성적 내지 정량적 전해질조성은 혈장의 전해질 조성과 같을 것으로 생각된다. 그러나 대부분의 단백질들은 모세관 투과성이 없으며, pH 7.4에서 이들 단백질들은 실질적인 음전하를 가진다. 혈장의 전기적 중성은 위성 양이온(satelite cations)에 의하여 유지된다. 그러므로 두 체액이 반투막으로 구획되어 있으므로 두 구획중의 하나는 음이온성 단백질을 더 많이 함유하게 되며 두 구획간의 양이온들의 분배는 불균등하게 된다. 이것이 **Donnan 평형** 중 하나의 특징이며, 다른 특징은 두 구획 간에 전위차가 형성된다는 것이다(그림 6-4).

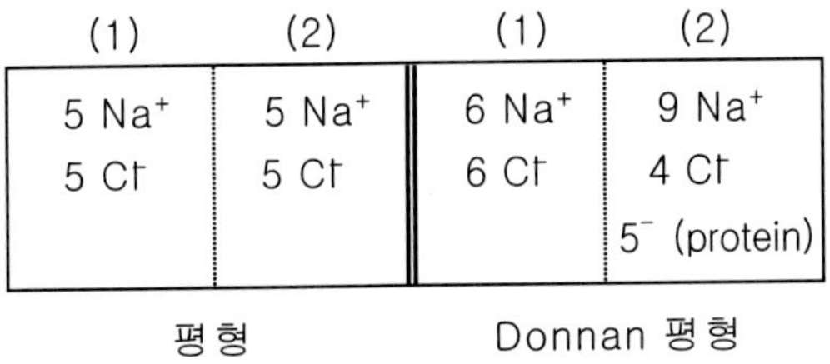

그림 6-4. 평형과 Donnan 평형. Donnan평형은 전기적 전압구배에 의하여 균형을 이룬 불균등한 무기질 분배가 특징이다.

생체 또는 아세포구조에서 반투막에 의한 두 체액의 구획은 크게 단백질 농도에서 다르다. 그러므로 생체는 생리적으로 곳곳에 Donnan 평형이 존재하게 되며 다음과 같은 효과를 나타낸다.

- 교질삼투압이 강화된다: 이웃한 체액의 구획간에 단백질의 불균일한 농도 때문에 위성이온들도 또한 불균일하게 분배된다. 위성 양이온들은 전기적 중성을 유지하기 위하여 단백질이 많은 구획쪽으로 이동하고 단백질에 의한 교질삼투압을 증가시킨다.
- 세포내 음전위가 형성된다: 세포의 바깥쪽보다 세포내에 음이온성 단백질의 농도가 높기 때문에 세포내에 음전위가 형성된다. 실제로 생체에서 정확히 평형상태에 있는 이온은 없다. 그러나 세포내외의 [K^+]와 [Cl^-]분배의 측정은 Donnan 평형에 가깝다고 말할 수 있으며, 모든 이온들(Na^+은 제외)의 분배를 고려할 때 더욱 그러하다. Na^+의 분배는 에너지를 사용하는 비평형상태로 유지된다.

- K^+ 항상성의 중요성: 세포질에서의 높은 K^+ 농도로부터 K^+ 농도가 낮은 세포외액으로의 확산은 신경 및 근막에서 매우 중요하며 $[K^+]_{내}/[K^+]_{외}$ 비율의 항상성 조절이 필요하다. $[K^+]_{내}$ =140 mEq/ℓ에 비하여 $[K^+]_{외}$=5mEq/ℓ로 매우 적으므로 세포외 $[K^+]$의 작은 변화(예, 1mEq/ℓ)라도 그 비율은 즉시 매우 크게 변화한다. 반대로 세포내의 Na^+ 농도($[Na^+]_{내}$ =10mEq/ℓ)에 비하여 세포외의 Na^+ 농도($[Na^+]_{외}$=140mEq/ℓ)가 매우 높다. 따라서 세포외의 작은 Na^+의 변화(예, 1mEq/ℓ)는 $[Na^+]_{내}/[Na^+]_{외}$ 비율에 큰 영향을 주지 못한다. 그러므로 많은 생리적 조절기전이 혈장 K^+의 수준과 관련이 있는 것은 당연하다. 신경 수용체(nervous receptors)는 뇌, 부신 및 신장에서의 몇몇 내분비계를 활성화시키며, 이들의 영향으로 신장은 K^+을 공급하거나 제거하게 된다.
- H^+ 항상성의 중요성: 생체에서 pH의 항상성은 효소활성의 조절을 위하여 매우 중요하며 아울러 Donnan 평형을 위해서도 중요하다.

산증의 경우 세포는 수소이온을 취하여 단백질의 해리된 카르복실기와 결합함으로써 단백질의 음전하 일부가 상실된다. 이들 단백질들이 등전 pH에 가깝게 되면 세포내 양이온들은 더 이상 전기적 중성의 유지에 필요하지 않게 되어 세포를 떠나게 된다. 결과적으로 여러 위험이 따르는 고칼륨혈증(hyperpotassemia)이 될 수 있다.

pH가 낮아질 때에는 단백질의 전하가 감소되고 Donnan 효과도 감소된다. 세포내외의 무기이온들의 분배는 변경되고, 위성 양이온들의 농도가 저하되어 교질삼투압이 영향받는다. 세포막 전위차는 감소되며 결과적으로 수송과정, 근 수축, 신경자극에 의한 흥분성(excita- bility)에 영향을 미친다.

2) 능동수송

능동수송(active transport)은 전기화학적 구배에 역행하는 수송을 말한다. 능동수송을 위한 에너지는 *ATPase*에 의한 ATP의 가수분해로 생성된다. 대부분의 막들은 풍부한 *ATPase*활성을 가진다. 막을 통한 수송이 능동수송인지 수동수송인지를 결정하기 위해서는 하전된 화합물들의 전기적 구배와 함께 화학적(농도) 구배를 고려하여야 하며 아울러 Donnan 평형도 고려하여야 한다.

(1) Na^+의 수송

Na^+은 혈장에서 높고(약 140mEq/ℓ) 세포내에서 낮다(약 10mEq/ℓ). 이러한 비평형의 화학적 전기적 구배는 세포의 내부로 향하도록 되어있다. 그래서, 세포는 외부로부터 Na^+의 공격을 계속 받고있다고 생각되며, 따라서 계속해서 Na^+을 세포외로 보내기 위하여 많은 에너지를 필요로 하는 능동과정이다(휴식상태의 인체내에서 필요한 열량의 25%는 Na^+-펌프에 사용된다). Na^+-펌프의 에너지는 거의 모든 세포의 원형질막에 존재하며 Mg^{2+}에 의하여 활성화되는 *ATPase*에 의하여 생성된다. Na^+-펌프는 세포 밖으로 Na^+을 유리시키고, K^+을 세포내로 가져온다.

(2) 유기물질의 수송

생체가 장으로부터 글루코스를 흡수하는데 수동수송에 의존한다면 혈류중 글루코스농도(100 ㎎/dℓ) 때문에 불완전한 흡수로 많은 양의 글루코스를 상실하게 될 것이다. 그러나 대부분의 동물종들에서 장에서의 글루코스흡수는 능동수송이며 장과 혈액중의 글루코스 농도는 독립적이다. 세포의 내부로 향한 큰 Na^+ 구배는 장의 세포막을 통한 글루코스의 능동수송과 장, 간장, 신장 및 기타 다른 세포들에서의 아미노산 수송을 위한 추진력으로 작용한다.

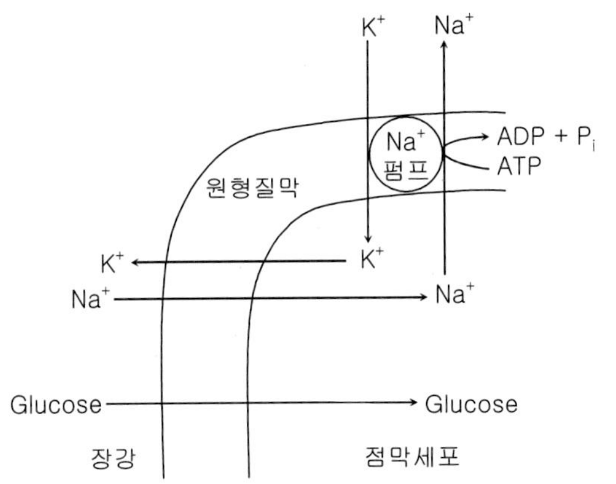

그림 6-5. 장점막에 의한 glucose의 이용에서 Na^+-펌프의 역할.

장 점막세포에 의한 글루코스의 능동흡수는 Na^+을 동시에 흡수하는 **공수송**(symport)이며 세포내의 K^+은 Na^+과 교체되는 **상호수송**(antiport)이 진행된다(그림 6-5). 산화적인산화반응의 장애로 ATP 생성이 저해되면 Na^+과 짝지은 글루코스의 능동흡수는 정지된다.

3) 촉진수송

수동수송과 능동수송 외에 세 번째의 수송형태는 촉진수송(facilitated transport)이다. 촉진수송은 전기화학적구배에 따라 수송되나 이때 단순확산과는 달리 운반될 물질이 운반체단백질(carrier protein)에 결합하여 확산되므로 **촉진확산**(facilitated diffusion)이라고도 한다. 예를 들면, 지방세포막과 근 세포막을 통과하는 글루코스의 수송은 특이한 글루코스운반체에 의하여 촉진된다.

3. 세포막 수송

1) 지용성 물질의 수송

생체막을 통한 물질의 투과성은 지질에 대한 용해도와 높은 상관성이 있다. 지질을 비롯한 비극성 물질들 그리고 산소, 질소, 이산화탄소, 일산화탄소 등의 기체들은 그들의 농도구배에 따라 막을 통하여 쉽게 확산한다. 마취제(anesthetics)는 흔히 비극성 구조를 갖는 물질들이다(예, halothane, chloroform, ether).

2) 수용성 물질의 수송

흔히 이온화되거나 수산기를 가진 극성 물질들은 수용성이며 단순 확산에 의하여 생체막을 통과할 수 없다. 이런 이유 때문에 하전된 약물을 세포내로 수송하기 위해서는 하전된 원자단이

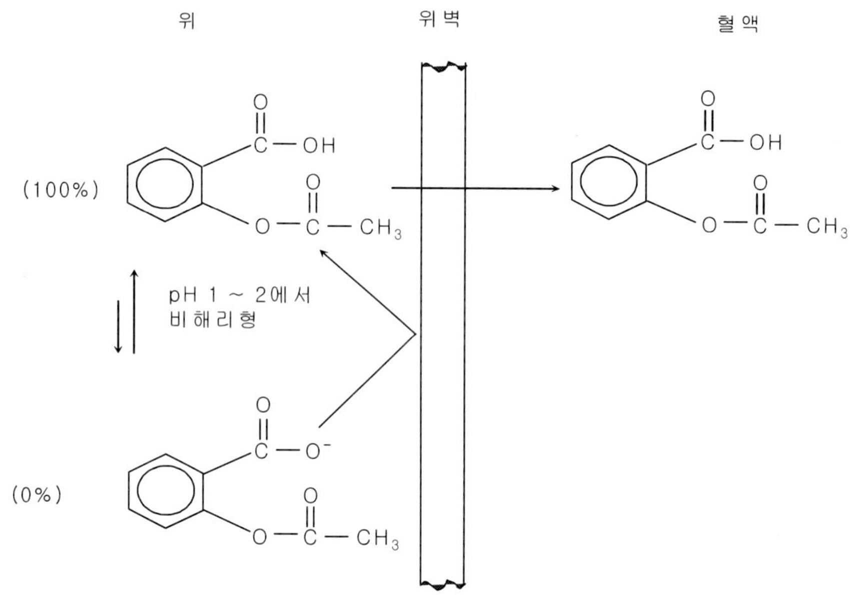

그림 6-6. Aspirin의 흡수.

가리워져야 한다. 예를 들면, 이온성 카르복실기를 메틸에스테르(methyl ester)로 만드는 것이다. 아스피린(aspirin, acetylsalicylic acid)은 pKa=3.5인 약산으로 쉽게 해리하여 H^+을 유리시키지 않으며, 특히 위액의 pH 1~2에서는 거의 100%가 비해리된 중성상태로 위점막세포에 의하여 쉽게 흡수되어 혈액으로 운반된다. 그러나 pH가 상승하면 해리되어 음이온을 가지게 되므로 위벽에서 쉽게 흡수되지 못하게 된다(그림 6-6). 같은 이유로 간세포가 식이성 글루코스를 G-6-P로 전환하면 당에 다량의 극성 인산기가 부가되어 세포 밖으로 확산할 수 없게 된다.

3) 이온공을 통한 확산

세포막은 물과 이온들이 확산할 수 있는 물로 채워진 통로(channel, ion pores)를 가지고 있다. 소수성 지질이중층을 관통하는 이 극성 통로는 막 내부 단백질과 접한 펩티드사슬에 의하여 형성된다. 생체막은 Na^+, K^+, Ca^{2+} 및 Cl^-에 특이적인 통로가 존재한다. 양이온 통로(cation channel) 는 음이온을 배제하기 위하여 음전하로 채워져 있으며, 음이온 통로(anion channel)는

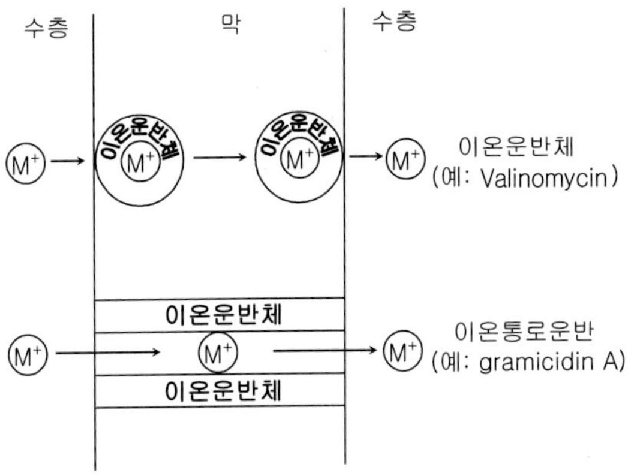

그림 6-7. 생체막의 이온 수송.

양전하로 채워져 양이온을 배제시킨다. 이 통로를 통한 이온들의 진입은 막투과전위(transmembrane potential)의 일시적인 변화를 초래한다. 이것은 특이 이온들의 관문에 개폐변화를 초래하여 이온 이동을 혼란하게 하며, 세포내로 한 이온의 수송은 그들의 통로를 이용한 다른 이온들의 교환에 영향을 준다. 예를 들면, Na^+ 통로의 차단이 불완전하면 세포 외의 낮은 Ca^{2+} 농도 때문에 세포내로 Na^+의 확산이 증가되어 근육의 마비와 경련을 일으킨다(저칼슘혈증성 경련, hypocalcemic tetany).

이온공은 매우 작기 때문에 극성인 막 관문은 단지 무기 이온들과 물, 요소 같은 작은 물질들만 통과시킬 수 있다. 그러나 어떤 세균독소(예, diphtheria)는 세포막에 큰 구멍들을 만들어 거대분자들을 통과시킨다.

미생물이 생성한 이온운반체(ionophore)는 두 가지 방법으로 세포막을 통한 이온들의 이동을 증대시킨다(그림 6-7). 첫째 운반체의 극성쪽이 무기 이온을 둘러싸 바구니를 만들고 비극성인 바깥쪽은 막의 지질이중층을 통과할 수 있도록 한다[예, K^+운반체(nonactin, valino- mycin)와 Ca^{2+}운반체 A23187]. 둘째 막을 통과하는 이온통로(ion chan- nels)를 만든다[예, gramicidine, nystatin]. 이런 작용 때문에 항생제(antibiotics)와 항진균제(antifungal agents)와 같은 이온운반체는 세포의 연구에도 사용된다.

4) 거대 단백질분자의 수송

(1) 세포내 봉입

세포가 거대복합체를 봉입하는 세포내 봉입(endocytosis)에는 세 가지 형태가 있다(그림 6-8).

- 식균작용(phagocytosis): 탐식(cell eating)이라고도 하며, 이물체 주위로 세포막을 확장시켜 삼켜버린다. 망상내피계의 단핵식세포(mononuclear phagocyte)는 이런 방법으로 물질입자들을 혈류로부터 받아들인다.
- 흡음작용(pinocytosis): 탐음(cell drinking)이라고도 하며, 세포막을 함입시켜 모든 물질을 함유하고 있는 외부의 액체를 둘러싸서 탐음한다. 모든 세포에 존재하는 현상이다.
- 수용체-조절 봉입(receptor-mediated endocytosis): 세포막의 특이적 수용체가 외부의 물질(ligand)과 결합하고 이어서 막이 포위하여 세포내로 떼어낸다.

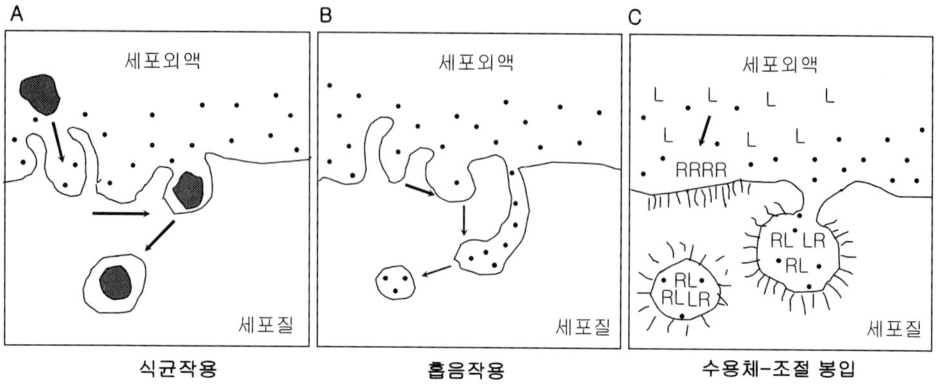

그림 6-8. 세포내 봉입방법. A. 식균작용에 의한 고형입자의 봉입; B. 흡음작용에 의한 세포외액의 봉입; C. 수용체(R)-조절에 의한 리간드(L)의 봉입.

(2) 세포외 배출

물질의 **세포외 배출**(exocytosis)은 물질의 성질과 최종 분해산물에 따라서 여러 형태로 진행된다. 거대분자복합체인 단백질이 골지체에서 번역 후 가공되어 최종 목적지(세포막, 라이소솜, 세포외로 방출)로 향한다는 것은 이미 언급한 바 있다.

세포외 배출은 선 세포(glandular cells)로부터 내분비와 외분비물질의 유리에 특히 중요하다.

5) 특별 수송계

(1) 세포간 통신

조직중의 개개 세포는 얇은 간질 공간에 의하여 분리되어 있다. 간질 공간은 겔 기질(gel matrix)로 채워져 있으며 겔 기질은 콜라겐섬유와 약간의 유리 액포를 함유한 단백질과 하이알우론산(hyaluronic acid)으로 구성되어 있다. 겔은 액체의 흐름을 방해하지만 용질들은 쉽게 확산할 수 있다.

인접한 세포들의 세포막간 다양한 형태의 접합(junction)은 조직을 만들고 세포간의 통신을 가능하게 한다. 조직에서 세포간의 통신을 쉽게 하기 위하여 이웃 세포막간에 많은 간극연접부위(gap junction area)가 집합되어 있다. 두 막간의 간극연접은 수공(water pore)인 코넥손(connexon)을 구성하며, 코넥손은 한 막을 가로지르는 내부 단백질과 결합되어 있고 이웃 막을 가로지르는 단백질과도 연결되어있다. 연속적이며 좁은 수공은 이온들과 작은 분자들(당, 아미노산, 누클레오타이드)을 통과시키나 단백질과 핵산 같은 거대분자는 통과시키지 않는다. 코넥손은 카메라렌즈 위에 있는 조리개와 유사한 방법으로 그들의 단백질을 이용해서 갭접합을 열거나 닫는다. 높은 Ca^{2+} 혹은 독소에 의한 조직손상의 측면확대는 갭접합을 닫음으로써 피할 수 있다.

(2) 상피와 내피수송

상피세포(epithelial cells)는 생체의 구획과 장기들을 외부로부터 분리시키는 막을 형성한다. 예를 들면, 외피, 장점막, 신세뇨관 및 간실질세포 들이다. 선단부위에서 굳건한 접합으로 구성된 장벽(barrier)은 내부의 물질을 외부와 분리시키며 세포막 통로 이외의 교환을 차단하여 능동 및 확산과정에 의한 수송이 조절된다. 접합이 결여된 조직에서 약간의 물과 이온들이 수동적 누출과 용매 끌기를 통하여 교환된다.

내피세포(endothelial cells)는 모세혈관을 둘러싸고 이어서 점액다당류와 콜라겐섬유로 구성된 기저막(basement membrane)에 결합되어 있다. 혈류로부터 조직으로 흡수되는 물질은 이 장벽을 극복해야만 한다. 기체와 작은 비극성물질들은 모세혈관막을 통하여 직접 이동할 수 있다. 내피세포간의 간극(intercellular cleft)을 통하여 물과 작은 수용성물질이 통과할 수 있으나 단백질과 같은 거대분자는 분자의 크기와 간극의 음전하 때문에 통과할 수 없다. 내피세포는 흡음작용으로 흡음소포를 형성하여 거대분자들을 수송하며 일부는 세포통과공(transcellular pores)을 형성하기 위하여 서로 결합한다. 내피세포를 통과하는 창(window 또는 fenestrae)은 신사구체(renal glomeruli)에서 발견되며 단백질보다 작은 물질과 혈액중의 입자성분들을 통과시킨다. 또 모세혈관의 내피세포를 통과하는 수송의 또 다른 예는 간장 내피세포간의 큰 갰에서 볼 수 있으며, 이 갰 아래의 기저막은 불연속적이다.

(3) 혈액-뇌 관문

뇌는 뇌의 대사에 필요한 물질들을 극히 선택적으로 내피를 통하여 흡수할 수 있으며 이러한 특징을 혈액-뇌 관문(blood-brain barrier)이라고 한다. 혈액-뇌 관문의 특징은 내피세포간의 견고한 접합, 온전한 기저막으로 되어있고, 뇌 모세혈관 내에 글루코스, 아미노산, 콜린(choline), 아데닌(adenine), 글루타민산 및 아스파르트산과 같은 흥분성 신경전달물질들의 특이적 운반체-조절 수송계(carrier-mediated transport system)를 가지고 있다는 점이다.

(4) 간장 수송

순환중인 노폐물을 검사하고 제거하며 담즙으로 그들을 배설하기 위하여 간장은 다양한 수송특성을 가지고 있다. 모세혈관 내피세포의 갰과 기저막의 갈라진 틈은 혈중 단백질결합물질을 포함한 모든 가용성 성분들과 간 실질세포의 접촉을 가능하게 한다. 미세융모는 실질세포의 혈액과 접하는 표면에 존재하며 확산을 증대시키기 위한 표면적의 증가에 기여한다. 부가해서 이들 세포들은 혈액 성분들의 인지와 결합에 필요한 수용체와 각종 물질들의 세포막 통과에 필요한 운반체 조절 수송계를 가지고 있다(예, 담즙산염, 빌리루빈, 지방산, 아미노산). 특이 결합단백질들(예, ligandin)은 세포질중에서 비극성 물질들을 운반한다. 이어서 세포내 대사(예, 산화, 메틸화 및 글루타티온, 아미노산, 글루쿠론산 등의 포합체형성)와 골지체 내에 미셀복합체를 충전(packaging)시켜 담세관(bile canaliculi)내로 간 생성물들의 능동배설 수송(active excretory transport)을 준비한다.

실질세포에서의 수송계에 부가해서 간의 내피세포와 망상내피세포에 의한 순환 물질들의 흡음작용(pinocytosis), 식균작용(phagocytosis) 및 수용체-조절 세포내 봉입이 일어난다.

(5) 혈중 수송

많은 혈장 성분들이 단백질과 결합하여 수송된다. 알부민은 각종 극성 및 비극성 물질들(예, 유리 지방산, 빌리루빈)과 결합, 간장으로 운반하여 대사되도록 하거나 담즙으로 배설되도록 한다. 혈장중의 비결합 성분들은 신사구체에서 여과되며 신세뇨관에서 재흡수되지 않으면 요중으로 배설된다. 알부민결합은 또한 대사활성을 가진 Ca^{2+} 농도를 조절한다. 특이한 혈장단백질들(예, transferrin, ceruloplasmin, transcobalamin)은 철, 동 및 비타민 B_{12}를 그들의 저장소나 대사활성장소로 수송한다. 혈장에서 호르몬과 단백질의 결합(예, transcortin에 corticosteroids 및 progesterone의 결합, thyroglobulin에 thyroxine의 결합)은 해리평형에 의하여 비결합 호르몬의 농도를 조절하여 쉽게 이용할 수 있도록 호르몬을 보유시키는 동시에 신장에서의 호르몬 배설을 차단시킨다.

4. 세포막수용체

1) 수용체의 일반적 성질과 기능

세포막수용체는 일부 생리활성물질이 효과를 나타내기 위하여 결합하는 장소로 수용체와 활성물질간의 결합은 효소-기질의 인식관계와 매우 유사하다. 화학적으로 수용체는 흔히 당단백질이지만 어떤 수용체는 단백질을 함유하고 있지 않다(예, 세포 표면의 강글리오시드는 당지질에 속한다).

(1) 수용체의 기능

세포막 표면의 수용체는 세포간의 상호작용 [예, 배형성(embryogenesis), 조직접합성(histocompatibility)]과 세포와 리간드간의 상호작용(예, 영양소의 이용, 신경과 내분비자극에 대한 세포반응)을 조절한다. 세포내 수용체들은 세포내 물질들의 수송과 관계가 있으며 수용체의 모든 기능을 위하여 사이토스켈레톤을 필요로 한다.

수용체들은 효소와 대비될 정도로 대사의 방향과 속도를 조절한다. 리간드의 구조적 특성은 세포내 반응방향을 결정한다. 예를 들면, 골지체는 만노스-6-인산을 함유하는 당단백질을 생성하여 라이소솜의 수용체로 향하도록 한다. 음, 양의 협동성에 의하여 수용체에 대한 리간드의 결합속도를 조절한다. 대사속도의 조절에서 특히 중요한 것은 수용체 **감소조절**(down regulation)이다. 세포가 고농도의 리간드에 노출되면 필요한 모든 리간드와 결합하고 리간드와 결합한 많은 수용체들은 세포내로 흡수된다(endocytosed). 세포의 수용체들은 거의 없어지므로 세포는 리간드들을 더 이상 받아드릴 수 없게 되며, 이 경우 그 세포가 감소조절 되었다고 일컬어진다. 감소조절에 의한 대사조절의 예를 들면 다음과 같다.

간세포의 저밀도지단백질(low-density lipoprotein, LDL)의 수용체 수는 높은 혈장 LDL농도에 의하여 감소한다. 따라서 간세포는 필요 이상의 더 많은 LDL-콜레스테롤을 세포내로 흡수할 수 없으며 혈중 콜레스테롤 수치는 증가하게 된다. 결국 과량의 콜레스테롤은 동맥을 막아 동맥경화증(atherosclerosis)을 유발하여 심장마비나 뇌졸증을 일으킨다. 지속적인 과식(overindulgence)은 만성적인 인슐린의 과다생성을 초래하며 따라서 지방세포의 인슐린수용체 수를 감소시켜 세포는 인슐린에 덜 민감하게 된다. 혈중 대사산물의 높은 농도는 췌장으로 하여금 인슐린을 생성하도록 계속 자극하며 결국 췌장은 지치게 된다. 각종 호르몬들(TSH, HCG, LH, ACTH)의 수용체들이 이런 방법으로 감소조절 된다. 반대로 **증가조절**(up-regulation)은 만성적인 낮은 리간드 농도에 따라 수용체 수를 증가시키며 세포는 그들의 리간드에 대하여 더욱 예민하게 반응한다 (prolactin, angiotensin II, LDL).

(2) 렉틴

단백질이나 세포표면에 결합하는 식물성 또는 동물성 단백질을 렉틴(lectin)이라 하며 그것은 세포 표면의 당단백질 , 당지질 등의 당잔기에 결합할 수 있다. 식물체로부터 많은 렉틴들이 분리되어(agglutinin, concanavalin A, ricin 등) 이용되고 있다. 동물세포의 표면과 내부에서도 몇 종의 렉틴이 분리되었으며 이들은 막수용체로 작용하여 리간드의 당잔기와 결합한다.

렉틴의 사용 예들은 다음과 같다.

- 렉틴은 혈액형의 식별에 사용된다. 적혈구의 혈액형은 적혈구의 내재성 당단백질인 글리코포린(glycophorin)에 존재하는 소당류의 독특한 구조적 차이에 기인하며, 그 구조에 적합한 렉틴만이 결합하여 적혈구응집반응(hemagglutination)을 일으키는 원리를 이용하여 식별한다.
- 포유동물에서 렉틴은 생체 및 세포대사의 방향을 결정한다. 전에 언급한 바와 같이 만노스에 특이적인 렉틴은 골지체로부터 라이소솜의 효소를 향하도록 방향을 결정한다. 어떤 당단백질은 약 20시간의 반감기를 가졌으나 시알산을 제거하여 글라이코시드성 사슬 중 갈락토스가 노출되면 2분내로 반감기가 짧아져 혈장으로부터 사라진다.
- 조직적합성(histocompatibility)과 관계가 있다. 세포와 다른 세포 혹은 거대분자간의 많은 상호작용이 렉틴에 의하여 중개된다. 적혈구 뿐 아니라 동물조직의 다른 세포도 표면에 특이적인 당단백질을 가지고 있다. 이것은 피부나 신장 또는 심장과 같은 기관을 다른 동물로 이식할 때, 그 이식이 성공하기 위해서는 공여동물과 수용동물의 조직형이 같아야 한다.

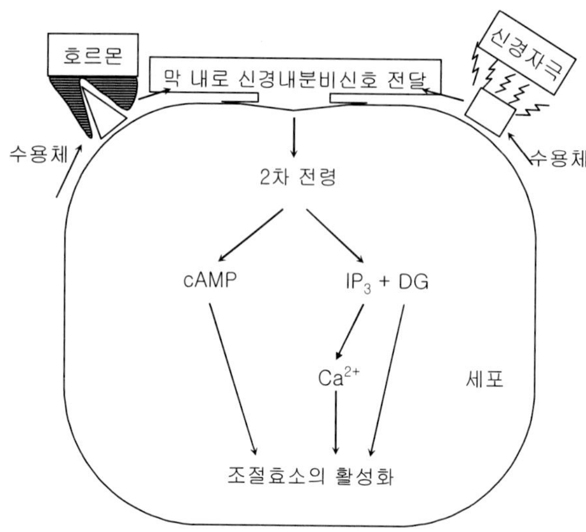

그림 6-9. 형질막에 존재하는 신경내분비 수용체와 2차전령들. IP_3, inositol triphosphate; DG, diacylglycerol phosphate.

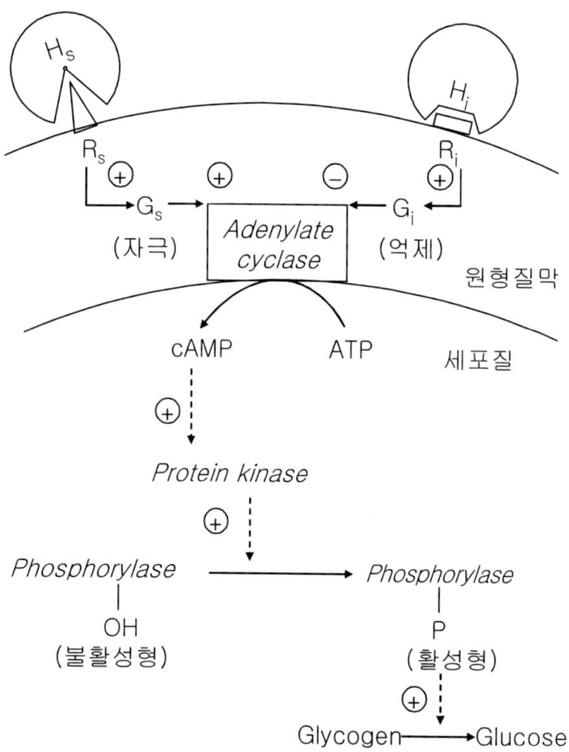

그림 6-10. 저혈당농도에 반응하여 간에서 cAMP 생성의 활성화. H, 호르몬; R, 수용체; G_s, 자극 G단백질; G_i, 억제 G단백질.

▪ 약물 또는 효소를 표적세포에 보낼 수 있다. 의학적인 면에서 약물 또는 효소를 라이포솜의 수성 핵심에 넣어 표적세포로 보낼 수 있다. 라이포솜의 지질이중층을 가로지른 당단백질은 표적세포 표면상의 렉틴에 의하여 인지된다. 유사한 방법으로 수성인 중심에 항암제를 함유한 라이포솜을 종양세포의 글리코칼릭스(glycocalix, 당의)중 독특한 당류에 특이적인 렉틴과 함께 보내어 종양세포에 도달시킬 수 있다.

▪ 렉틴은 방어단백질이다. 식물과 무척추동물의 렉틴은 미생물에 대한 방어단백질인 것 같다. 이들 생물들은 면역계를 가지고 있지 않기 때문에 항체가 없다.

2) 수용체 조절세포간 상호작용

기관을 형성하기 위한 세포의 응집은 배형성(embryogenesis)시에 나타난다. 또한 갑상선세포와 심장세포의 시험관내 혼합배양에서도 같은 조직세포들의 응집을 볼 수 있다. 세포들간의 유착은 직접 결합에 의하거나 다중의 중개분자에 의한 간접결합으로 이루어진다.

혈소판응집은 지혈시 혈소판들간에 그리고 혈소판과 콜라겐간에 일어난다. 네 분자의 *glycosyl transferase*(혈소판과 콜라겐간, 혈소판과 당단백질간 및 혈소판간의 당류의 전이)가 성숙한 혈소판에 존재한다. 성숙한 혈소판은 더 이상 단백질을 만들지 않기 때문에 세포막에서 발견되는 이들 전이효소들이 렉틴과의 상호작용에 의하여 유착되는 것으로 보인다.

침입 미생물에 대한 망상내피세포의 식균작용은 렉틴과의 결합에 의하여 이루어진다.

난세포와 정자의 렉틴-조절 상호작용으로 난자의 세포막이 변화되어 다중 수정(multiple fertilization)을 방지한다.

세균 감염시 숙주세포의 표면에 있는 특이 당류에 렉틴을 통한 세균의 결합이 필요하다. 예를 들면 대장균(*E. coli*)은 사람의 협측 상피세포 표면의 만노스-함유 점액다당류를 인지하는 렉틴이 있어 결합할 수 있다. 이러한 결합은 저농도의 만노스 또는 메틸-D-만노시드(methyl-D-mannoside)에 의하여 경쟁적으로 억제된다. 렉틴에 의한 숙주세포와 세균 결합의 또 다른 예는 콩과식물의 뿌리 끝에 질소고정세균의 결합이다.

3) 수용체 조절세포와 거대분자의 상호작용

호르몬은 세포대사에 영향을 주는 거대분자들중의 한 부류이다. 자율신경계는 α-아드레날린성 수용체(α-adrenergic recep tors)와 β-아드레날린성 수용체(β-adrenergic receptors)로부터의 신호를 통해서 직접 세포대사에 영향을 주거나, 간접적으로 호르몬을 유리시켜 세포대사에 영향을 준다. 여기에서는 2차전령(second messe- ngers)의 중개로 세포내부로 전달되는 신경내분비신호(neu- roendocrine signaling)를 다룬다. 두 종류의 2차전령계(second messenger system)는 그림 6-9에서 보여준다. 하나는 cAMP와 관련된 것이고 다른 하나는 Ca^{2+}, 이노시톨-3인산(inositol triphosphate, IP_3) 및 디아실글리세롤(diacylglycerol, DG)과 관련된 것이다.

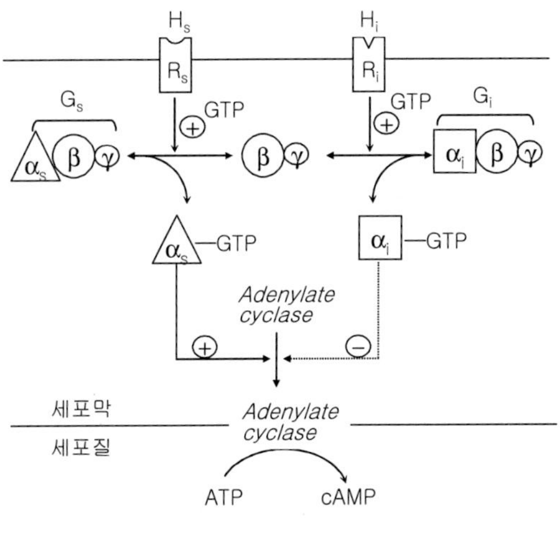

그림 6-11. 자극 G단백질(G_s)과 억제 G단백질(G_i)의 cAMP생성 조절. α_s, 자극단위체; α_i, 억제단위체.

(1) 2차전령으로서의 cAMP

cAMP를 통해서 세포 대사에 영향을 주는 호르몬과 신경전달물질들은 세포 표면에 있는 이들 물질들에 특이적인 수용체에 결합한다(그림 6-10).

이 결합은 ATP로부터 cAMP를 형성하는 *adenylate cyclase*의 활성을 억제하거나 활성화시킨다. 막 표면에 있는 결합 수용체로부터의 신호는 막 내부의 G_s단백질(자극) 혹은 G_i단백질(억제)을 통하여 *adenylate cyclase*를 활성화시키거나 억제시킨다. G단백질은 GTP와 협력하여 효소를 활성화시키기 때문에 붙여진 이름이다(그림 6-11). G단백질은 3개의 소단위체(subunit)로 구성되며 이중 두 개의 소단위체를 상실함으로서 활성화된다. 남은 하나의 α소단위체는 GTP와 결합하여 GTP가 가수분해될 때까지 *adenylate cyclase*를 자극 (α_s)하거나 억제(α_i)한다.

콜레라 독소(cholera toxin)는 α_s의 *GTPase*활성을 불활화시킴으로 만성적으로 *adenylate cyclase*를 활성화시킨다. 또한 백일해 독소(pertussis toxin)는 α_i의 GTP활성화를 억제하여 영원히 *adenylate cyclase*를 활성화시킨다.

글루카곤, ADH, TSH, ACTH 및 β-아드레날린성 카테콜아민(β-adrenergic catecholamines)은 *adenylate cyclase*의 활성제이며 아세틸콜린(acetylcholine), 소마토스타틴(somatostatin), 안기오텐신 II(angiotensin II) 및 α_2-아드레날린성 카테콜아민들은 *adenylate cyclase*의 억제제들이다.

*Adenylate cyclase*를 활성화시키는 호르몬들로서 HCG, TSH, LH 및 FSH 등은 보통 5개의 아미노산서열을 가지며 세포막의 강글리오시드와 결합한다. 흥미롭게도 식물독소인 아브린(abrin, agglutinin: 두과식물의 독성 당단백질)과 리신(ricin: 피마자유중의 독성 단백질), 그리고 콜레라와 디프테리아독소들은 이와 같은 아미노산 서열을 가지고 있으며 모두 강글리오시드를 막수용체로 하고 있다.

cAMP의 작용방법은 *protein kinase*와 *phosphatase*를 활성화시키는 것이다. 이 효소들은 조절효소단백질을 인산화 또는 탈인산화함으로써 활성을 조절한다. 많은 종류의 *kinase*들이 알려졌으며 호르몬-의존성인 것도 있고 그렇지 않은 것도 있다. 어떤 종류는 cAMP-의존성, Ca^{2+}-칼모둘린(calmodulin)-의존성, Ca^{2+}-인지질-의존성 혹은 다른 매개체 의존성을 가진다.

*Phosphodiesterase(PDE)*는 cAMP를 가수분해시켜 세포내 cAMP 농도의 조절을 돕는다. 인슐린에 의한 *PDE*의 활성화는 cAMP 농도를 저하시켜 에피네프린과 글루카곤의 작용에 길항한다. 카페인은 *PDE*를 억제하므로서 cAMP의 안전성을 높여 글리코겐과 지방을 분해하는 조절효소를 자극한다. *PDE* 활성의 조절은 Ca^{2+}-의존성이므로 cAMP와 Ca^{2+}-의존 2차전령계는 서로 연관되어 있다.

(2) 2차전령으로서의 포스포이노시톨, 디아실글리세롤 및 Ca^{2+}

2차전령계를 통하여 세포대사를 자극하는 물질중에는 신경원성 α_1-아드레날린성 카테콜아민(neurogenic α_1-adrenergic catecholamine)들과 아세틸콜린 및 호르몬으로서 콜레시스토키닌(cholecystokinin), 가스트린(gastrin), ADH, 안기오텐신 II 들이 있다. 이들 물질들이 세포막의 수용체에 결합하면 G단백질이 신호를 전달하여 막 내측의 *phospholipase C*를 활성화시킨다. 이 효소는 막지질의 하나인 포스파티딜이노시톨-4,5-2인산(phosphatidylinositol-4,5- diphsphate, PIP_2)을 디아실글리세롤(DG)과 이노시톨-1,4,5-3인산(inositol-1,4,5-triphosphate, IP_3)으로 분해한다. DG와 IP_3는 2차전령들이다(그림 6-12).

DG는 직접 Ca^{2+}-인지질 의존 *protein kinase*를 활성화시킨다. IP_3는 소포체로부터 Ca^{2+}을 유리시키고, Ca^{2+}은 특이적인 단백질인 칼모둘린과 결합한다. Ca^{2+}은 또한 다량체로 구성된 많은 조절효소의 4차구조 속에 포함되어있으며, Ca^{2+}결합은 결합단백질의 4차구조를 변경시켜 조절효소들의 활성을 변화시킨다(예, *adenylate cyclase, phosphodiesterase, glycogen synthase, pyruvate*

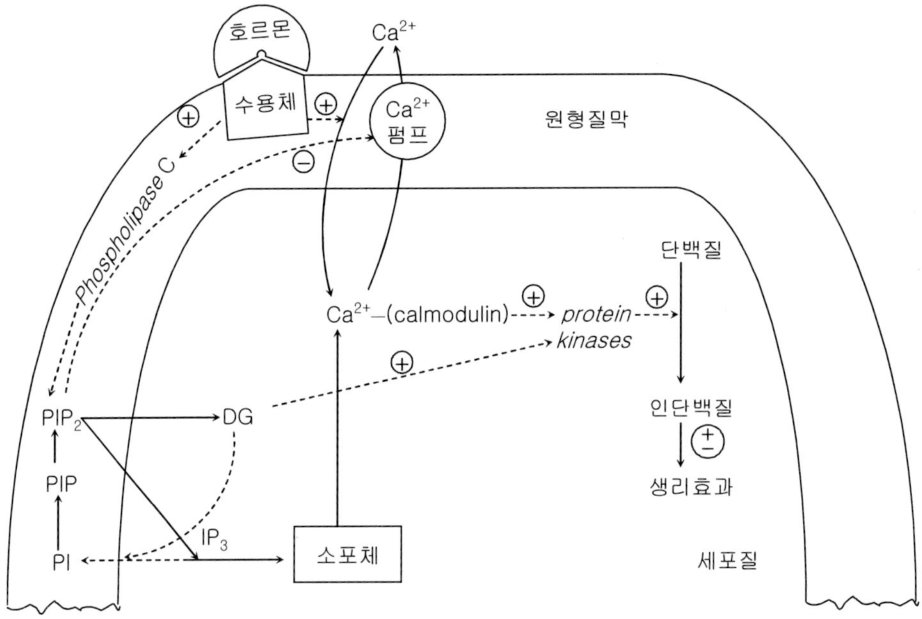

그림 6-12. 세포에 대한 호르몬 효과를 조절하는 2차전령들의 작용. DG, diacyglycerol; PI, phosphoinositeol; PIP, phosphatidyinositol-4-phosphate; PIP_2, phosphotidylinositol diphosphate; IP_3, inositol triphosphate.

dehydrogenase, pyruvate kinase 및 *pyruvate carboxylase*).

세포외 Ca^{2+} 농도는 세포내 Ca^{2+} 농도보다 수 천배 더 높으므로 단백성 호르몬은 Na^+과 Ca^{2+}의 교환에 의하여 세포내 Ca^{2+} 농도를 증가시킨다. 부가적으로 PIP_2는 H^+과 교체하여 세포내 Ca^{2+}을 방출하는 Ca^{2+}-펌프를 억제한다(그림 6-12 참조).

세포내 Ca^{2+}은 각종 결합단백질과 결합하여 다음과 같은 기능을 발휘한다.

- Ca^{2+}은 Ca^{2+}-칼모둘린의 직접적인 부착, 또는 *protein kinase*나 *phosphatase* 활성을 자극하여 조절효소의 활성을 조절한다.
- Ca^{2+}-결합 단백질인 트로포닌 C(troponin C)는 골격근과 심근수축에서 Ca^{2+}의 역할을 조절한다.
- 세포내 봉입에서 사이토스켈레톤의 관여와 세포외 배출에 의한 내분비 또는 외분비물질의 분비에 관여한다.
- 핵단백질의 인산화 또는 탈인산화는 유전발현(genetic expression)에 영향을 준다.

(3) 2차전령계에 대한 자율신경의 영향

2차전령계의 활성과 억제는 각종 아드레날린성 수용체에 의하여 정밀하게 균형이 이루어진다(그림 6-13). 이 외에도 특이적 수용체에 영향을 주는 약물들과 이들의 임상적 활용에 대한 연구

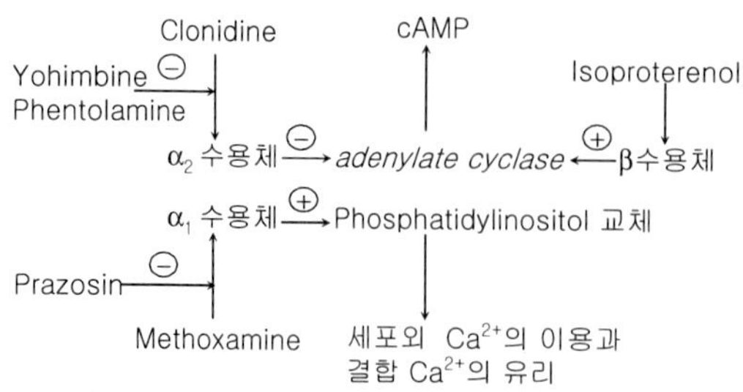

그림 6-13. Catecholamine들에 의한 세포내 대사조절의 모델. Catecholamine들의 β효과는 *adenylate cyclase*의 활성화와 회로의 α_2억제와 관련된다. 반대로 α_1효과는 세포질 Ca^{2+}를 상승시키고 phosphatidylinositol의 교체를 증가시키는 별도의 수용체를 통하여 조절된다.

가 진행되고 있다.

(4) 기타 전령계

cAMP와 Ca^{2+}의 두 물질은 가장 보편적인 2차전령들이다. 세포는 또한 특이한 신호전달계로써 cGMP와 산화질소(nitric oxide, NO)가 있다.

① cGMP: cGMP 신호전달계는 여러 점에서 cAMP 경로와 유사하다. 첫째는 cAMP의 생성경로와 유사하게 cGMP는 막결합 *guany- late cyclase*에 의하여 GTP로부터 합성된다. 둘째는 cGMP는 *cGMP-의존 protein kinase(protein kinase* C라고도 함)를 활성화한다. 그러나 *adenylate cyclase*가 수용체의 내부에 존재하는 것과 달리 *guanylate cyclase*는 막결합효소이다. [주: 많은 조직들의 세포질 내에 존재하면서 세포 표면의 수용체와 결합하지 않는 *guanylate cyclase*가 존재한다. 이 효소는 보결분자단으로 헴을 가지고 있으며 산화질소에 의하여 자극된다. cAMP는 여러 과정에서 광범위하게 영향을 주는데 반하여 cGMP는 평활근이완, 혈소판응집 및 시계(visual system)에서 특이한 전령으로 작용한다.]

② 산화질소: 산화질소(nitric oxide, NO)는 생물계의 혼란스러운 정돈에 관여하는 매개체로 인식되고 있다. NO는 내피-유도이완인자(endothelium-derived relaxing factor)로서 혈관 평활근을 이완시켜 혈관을 확장시킨다. NO는 또한 신경전달물질로 작용하며, 혈소판응집을 방지하고, 대식세포(macrophage)의 기능에 필수적인 역할을 수행한다. NO는 독성이 강한 유리래디칼 기체(free radical gas)로서 매우 불안정(6~10초간 존재)하며 산소와 물에 의하여 질산염(nitrate)과 아질산염(nitrite)으로 전환된다.

- NO의 합성: *NO synthase*에 의하여 기질인 아르기닌, O_2 및 NADPH로부터 합성되며(그림 6-14), 조효소로 FMN, FAD, 헴 및 테트라하이드로바이옵테린(tetrahydrobiopt-erin)이 필요하다. 효소는 두 부류로 분류될 수 있는데 하나는 구성효소로서 Ca^{2+}-칼모듈린 의존성이며, 내피, 신경조직 및 혈소판에 존재한다. 다른 하나는 유도효소로서 Ca^{2+}-비의존성이며 간세포, 대식세포 및 호중구(neutrophils)에 발현될 수 있다. *NO 합성효소(NO synthase)*의 특이적 유도물질은 세포에 따라 다르다. 종양 괴사인자(tumor necrosis factor)와 인터류킨-1 interleukin-1)은 이 효소의 합성을 증진시키는 것으로 알려졌다.
- 혈관 내피에 대한 NO의 작용: NO는 혈관 평활근의 조절을 위한 중요한 매개체이다. NO는 내피세포에서 합성되며, 혈관 평활근으로 확산되어 세포질내의 *guanylate cyclase*를 활성화시킨다. 결과적으로 생성되는 cGMP의 상승은 *protein kinase G*를 활성화시켜 근육을 이완시킨다. [주: 니트로글리세린(nitroglycerin)과 니트로프루시드(nitroprusside)와 같이 혈관확장제인

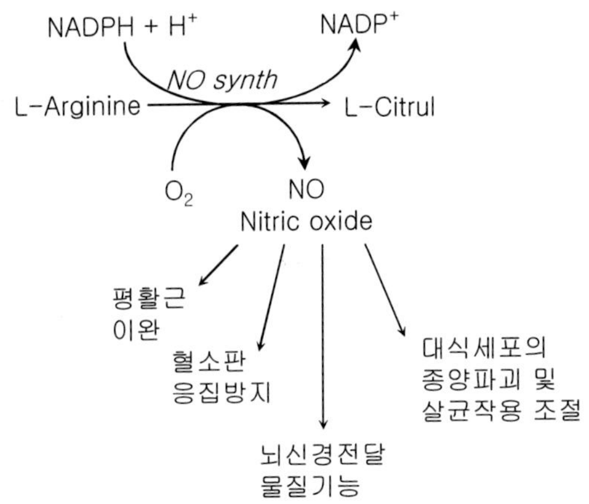

그림 6-14. 산화질소의 합성과 작용

질산염은 NO로 대사되어 위와 같은 기전으로 혈관 평활근을 이완시킨다. 따라서 NO는 내분비 니트로혈관확장제(nitrovasodilator)라고 할 수 있다.]

▪ 대식세포에 의한 살균활성의 조절에서 NO의 역할: 정상적인 대식세포에서 *NO 합성효소*의 활성은 낮다. 그러나 감염되면 세균의 리포다당체(lipopolysaccharide)와 γ-인터페론(γ-interferon)을 유리하여 뚜렷하게 *NO 합성효소*의 합성을 자극한다. 활성화된 대식세포는 산소 유리 래디칼을 형성하고 NO와 결합하여 NO 자신보다도 살균작용이 더 큰 화합물을 형성한다.[주: 내피와 뇌 *NO 합성효소*와 달리 대식세포의 *NO 합성효소*는 Ca^{2+} -비의존성이다]

5. 호르몬의 성질과 작용

여기서는 세포막과 호르몬 간의 상호작용 및 호르몬의 메시지를 세포내부에 전달함에 있어 2차전령들의 역할과 호르몬들의 일반적 특성에 관하여 고찰한다

1) 호르몬의 분비와 수송

호르몬의 분비는 호르몬의 필요성을 탐지하는 신경성수용체(nervous receptors)의 영향과 과량에 대한 음의 피드백기전에 의하여 잘 조절된다. 혈중 호르몬의 수송은 대부분 특이 단백질운반체(예: progesterone과 corticosteroides를 운반하는 transcortin, thyroxine을 운반하는 thyroid-binding globulin) 혹은 알부민에 의하여 이루어진다. 결합호르몬과 유리호르몬의 해리평형에 의하여 유리호르몬(활성형)의 농도가 조절되며, 또한 작은 호르몬분자의 신장배설을 방지한다. 일반적으로 호르몬의 반감기는 짧은데, 그것은 요중 배설과 조직에서의 파괴때문이다. 특히 간장에서, 단백분해효소는 인슐린, 글루카곤과 같은 호르몬을 분해하며, 다른 호르몬들도 화학적 변화에 의하여 불활성화되거나 글루쿠론산 또는 글루타티온과 포합체를 형성하여 담즙과 요중으로 배설된다.

2) 호르몬수용체의 중요성

호르몬과 호르몬수용체 중 어느 것이 더 중요한가? 그 대답은 호르몬수용체가 아닌가 생각된다. 수용체는 호르몬의 작용을 흉내낼 수 있으며, 수용체 단백질에 대한 항체는 그의 수용체를

자극하여 호르몬과 같은 활성을 나타낸다. 항체, 스퍼미딘(spermidine), 비타민 K 또는 소맥배아 아글루티닌(agglutinin)의 인슐린수용체 자극은 지방세포에 대한 많은 작용들을 증폭시킨다. 이와 같이 호르몬은 호르몬 대용물질로 대체될 수 있으나 호르몬수용체는 대체될 수 없다. 이러한 사실은 수용체의 유전적 결핍, 항체에 의한 자극이나 차단 또는 호르몬결합활성의 감소와 같은 선천성 질병 등에서 명확히 증명된다(표 6-2).

3) 작용방법에 의한 호르몬의 분류

호르몬은 세포내로 들어갈 수 있는 호르몬과 세포막수용체와 결합하여 2차전령에게 그들의 효과를 위임하는 호르몬으로 나눌 수 있다.

표 6-2. 호르몬수용체와 질병

질병	수용체	문제
Graves' disease(hyperthyroidism)	TSH	항체는 TSH 수용체를 자극한다.
인슐린저항성 흑색표피증식증 (acanthosis nigricans with insulin resistance)	Insulin	항체는 수용체에 인슐린결합을 차단한다.
중증근무력증(myasthenia gravis)	Acetylcholine	항체는 acetylcholine수용체의 교체를 증가시킨다.
천식(asthma)	β-Adrenergic receptor	항체는 β-adrenergic 결합을 차단한다.
선천성신성요붕증(congenital nephrogenic diabetes insipidus)	ADH	수용체 결핍.
고환 여성화증후군(testicular feminization syndrome)	Androgen	수용체 결핍.
가성 부갑상선기능저하증 (pseudohypoparathyroidism)	PTH	수용체 결핍.
비타민 D-저항성 구루병 II형(vitamin D-resistant rickets type II)	Calcitriol	수용체 결핍.
비만(obesity)	Insulin	호르몬결합 감소.
비인슐린-의존 당뇨병(non-insulin-dependent diabetes mellitus)	Insulin	호르몬결합 감소.

(1) 세포내에서 작용하는 호르몬

글루코코티코이드(glucocorticoid)는 세포질의 스테로이드수용체(steroid receptor)와 결합하여 세포핵으로 수송된 후 당신생 조절효소들을 암호화하는 mRNA를 증가시킨다. 성호르몬, 미네랄 코티코이드(mineral corticoid) 및 디하이드록시콜레칼시페롤(dihydroxycholecalciferol)과 갑상선

호르몬들은 유사한 작용방법을 가진 호르몬들이다.

(2) 세포막수용체와 결합하는 호르몬

- 2차전령으로 cAMP를 사용하는 많은 호르몬들은 세포 표면의 수용체와 결합하며, 막 결합 *adenylate cyclase*를 자극하여 생성되는 cAMP를 2차전령으로 하여 그들의 세포내 임무를 수행하도록 한다. 호르몬들은 cAMP를 생성하거나(예, 글루카곤, ADH, 부갑상선호르몬 및 β-아드레날린성 카테콜아민), 혹은 cAMP 생성을 억제하여(예, 소마토스타틴, α_2-아드레날린성 카테콜아민) 대사를 조절한다.
- 2차전령으로 포스파티딜이노시톨/디아실글리세롤/Ca^{2+}시스템을 사용하는 호르몬들은 세포막 수용체에 결합되어 있는 *phospholipase C*를 활성화하여 유리되는 이노시톨-1,4,5-3인산(IP_3), 디아실글리세롤(DG) 및 Ca^{2+}시스템을 2차전령으로 사용한다(예, 콜레시스토키닌, 아세틸콜린 및 α_1-아드레날린성 카테콜아민)(그림 6-12 참조). 2차전령들은 각종 *protein kinase*와 *phosphatase*에 의한 인산화와 탈인산화로 조절효소들의 활성을 조절하여 중간대사의 흐름과 방향을 조절한다.

DG와 IP_3가 협력하여 단백질의 인산화를 증가시킨다. DG는 Ca^{2+}을 사용하여 *protein kinase C*를 활성화시키며, IP_3는 Ca^{2+} 농도를 상승시켜 *calmodulin-의존 protein kinase*를 활성화시킨다. Ca^{2+} 농도의 상승은 칼모둘린과 관계없는 부가적 기전으로 작용할지도 모른다.

칼모둘린은 모든 세포내에 존재하는 작은 분자량의 칼슘-결합단백질이다. 칼모둘린은 골격 및 심장근의 수축에서 칼슘의 역할을 조절하는 또 다른 칼슘-결합 단백질인 troponin C와 구조적으로 그리고 기능적으로 비슷하다. 이러한 칼모둘린-조절효소들이 많으며 대표적인 효소들을 예로 들면, *calmodulin-의존 protein kinase, adenylate cyclase, guanylate cyclase* 및 ATP-의존 Ca^{2+}-펌프 등이다.

마지막으로 세포내의 2차전령이 확인되지 않은 호르몬들이 있다. 이 부류중에는 각종 성장-증진 호르몬들로서 성장 호르몬(growth homone), 인슐린 및 신경 성장인자(nerve growth factor), 인슐린양 성장인자(insulin-like growth factor), 혈소판-유도 성장인자(platelet-derived growth factor), 표피 성장인자(epidermal growth factor) 및 섬유아세포 성장인자(fibroblast growth factor)들이다.

인슐린 수용체는 대사적으로 중요하기 때문에 그 특성에 대하여 다음에 요약한다.

4) 인슐린 수용체

대부분의 세포들은 세포막에 인슐린 수용체를 가지고 있다(그림 6-15). 수용체는 막 외측에 두 개의 α-소단위체(α-subunit)가 접하여 있고 두 개의 β-소단위체가 양 측면에 이황화결합(disulfide bond)에 의하여 연결되어 있다. 인슐린과 수용체의 α-소단위체가 결합한 인슐린-수용체 복합체는 세포내로 봉입된다. 인슐린이 수용체에 결합하면 β-소단위체는 자동으로 인산화되며(수용체는 *tyrosine kinase*로 작용한다). 각종 신호들이 세포에 전달된다.

- β-소단위체에 의하여 *adenylate cyclase*가 억제된다.
- 지방세포에서 골지체의 글루코스 운반체를 세포막으로 이동시킨다.
- 인슐린은 직접 막투과성을 증가시켜 글루코스의 수송을 증가시키지 않는 간장에서, *glucokinase*와 같은 각종 효소들을 유도한다.
- *Protein kinase*와 *phosphatase*를 활성화하여 단백질의 인산화와 탈인산화가 일어난다. 이와 같이 인슐린이 조절효소들을 조절하여 대사되는 대사경로에는 글리코겐합성, 글리코겐분해, 해당, 당신생, 지질의 합성과 분해 및 콜레스테롤 합성 등이 있다.
- 인슐린은 전사(transcription)를 조절하여 알부민과 *glucokinase, pyruvate kinase* 및 *지방산합성효소(fatty acid synthase)*와 같은 몇몇 조절효소들을 생성하기 위한 mRNA의 생성을 유도한다.

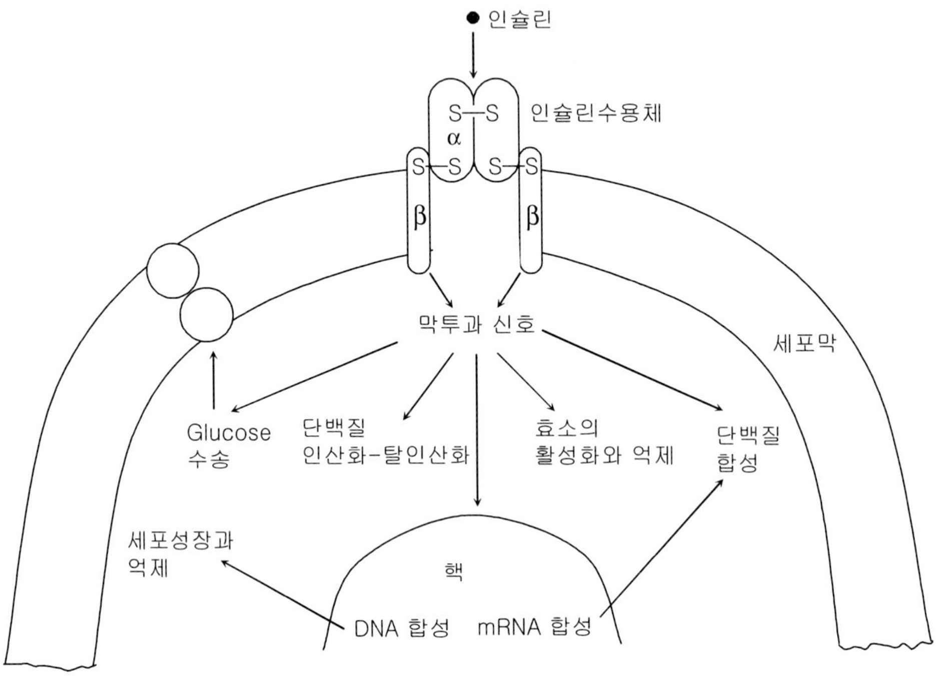

그림 6-15. 인슐린에 의하여 유도되는 세포내 반응.

제7장 생체에너지론과 생물학적 산화

1. 생체에너지론

생체에너지론(bioenergetics)은 생세포에서 일어나는 에너지의 변환과 이용에 관한 생화학의 한 분야이다. 생체에너지론은 기본적으로 물리학의 한 부분인 열역학의 법칙에 따르므로 열역학의 몇 가지 기본원리를 잘 이해할 필요가 있다.

열역학의 기본 법칙인 제1법칙은 에너지 보존의 법칙으로 어떠한 물리적, 화학적 변화가 일어나도 우주의 에너지 총량은 일정하다는 것이다. 즉, 에너지는 창조되지도, 파괴되지도 않으며 따라서 에너지의 한 형태로부터 다른 형태로 바뀌어도 전체적인 에너지총량은 변함이 없다는 것이다. 제2법칙은 모든 물리적, 화학적 변화는 유용한 에너지가 비가역적으로 파괴되어 **엔트로피**(entropy)라고 불리는 혼란하고(random) 무질서(disordered)한 형이 되려는 방향으로 진행되며 그 변화는 일정한 상태에서 엔트로피가 최대가 될 때, 그 평형점에서 정지된다는 것이다. 제2법칙은 특히 생물계에서의 적용을 이해하는 데 필요하며 이를 위해 다음 용어를 정의해 두는 것이 편리하다.

- 반응계(system): 어떤 특정한 물리적 또는 화학적 반응에 참여하고 있는 물질의 집합. 즉, 생물계에서 이것은 한 마리의 동물, 하나의 세포일 수도 있고 반응중인 2종류의 화합물일 수도 있다.
- 외계(surroundings): 반응계가 에너지를 교환할 수 있는 주위로서 반응계와 함께 우주(universe)를 구성한다. 몇몇 화학적 또는 물리적 반응은 외계와 에너지를 교환할 수 없는 분리된 계에서 일어난다. 그러나 생물계에서, 반응계는 외계와 에너지 교환이 일어난다.

1) 에너지의 형태

(1) 에너지와 엔트로피

혼란하고 무질서한 쓸모없는 엔트로피라는 에너지 형태와 달리 유용한 에너지는 다음과 같은 두 종류가 있다.

- 자유에너지(free energy): 일정한 온도와 압력에서 일을 할 수 있는 에너지.
- 열에너지(heat energy): 온도 또는 압력의 변화를 통해서만 일을 할 수 있는 에너지.

열은 생세포에서 중요한 에너지원은 아니다. 왜냐하면 열은 한 온도에서 그보다 낮은 온도로 흐를 때에만 일을 할 수 있기 때문이다.

세포가 이용할 수 있는 에너지의 형태는 일정한 온도와 압력하에서 일에 사용할 수 있는 자유에너지이다. 종속영양세포는 영양소 분자로부터 자유에너지를 얻으며 세포는 받아들인 자유에너지를 화학에너지의 형태로 변환하며 거의 온도차가 없는 반응에 의해서 이들 에너지를 일에 이용한다. 간단하게 말하면 세포는 일정한 온도와 압력하에서 일을 하는 화학기관(chemical engine)이라고 할 수 있다.

에너지는 전기에너지, 화학에너지 및 열 등과 같이 여러 형태가 있다. 일반적으로 다른 형태의 에너지는 상호 전환될 수 있다. 화학에너지는 일할 수 있는 에너지 또는 열로 전환될 수 있다. 예를 들면, 식품과 ATP가 가지고 있는 화학에너지는 근수축 또는 Na^+/K^+ 펌프로 전환될 수 있다. 그러나 에너지가 전환될 때는 엔트로피로 일부의 에너지가 상실되며, 흔히 열로서 상실된다. 온혈동물에서 대사열의 상실은 체온유지에 기여한다. 이러한 상실은 반응계의 엔트로피라고 불리는 마찰(friction)과 혼란한 형이 되려는 방향으로 진행되는데 기인한다. 반면에 자유에너지(G)는 총 에너지(*H*)에서 엔트로피에 의한 에너지상실(T · ΔS: T는 절대온도, S는 엔트로피)을 뺀 차이로 정의된다. 따라서 반응계가 변화할 때(예, 글루코스가 젖산으로 대사될 때) 일할 수 있는 자유에너지량(Δ*G*)은 총 열량의 변화[Δ*H*: 엔탈피(enthalpy) 변화라고도 함]에서 엔트로피 변화(T · ΔS)를 뺀 것과 같다.

$$\Delta G = \Delta H - T \cdot \Delta S$$

위 방정식은 다음과 같은 사실을 말해주고 있다.

- 에너지 사용과 관련한 불가피한 엔트로피 에너지의 상실은 원칙적으로 모든 과정을 비가역적으로 만든다. 결국 이 지상의 모든 에너지는 엔트로피 변화로 소비되어 모든 것이 혼란스럽게 될 것이며 자유에너지는 감소되어 고도(예; 산), 대기압, 전압, 온도 등은 더 이상 차이가 없게 될 것이다. 먼 장래에는 엔트로피에 의한 죽음만이 있을 것이다.
- 열량의 변화(Δ*H*)는 일정한 온도와 압력하에서 반응계로부터 외계로 방출되거나 또는 외계로부터 흡수되는 열의 양으로 정의된다. 반응계가 열을 상실할 때 Δ*H*는 마이너스이며 반응계가 외계로부터 열을 흡수할 때 Δ*H*는 플러스가 된다.
- 자발적(수동적) 과정은 내리막길(downhill)로서 -Δ*G*값을 가진다. 방정식에 의하면 -Δ*G*값을 가지려면, -Δ*H*(에너지의 상실)와 일정한 체온에서 +ΔS(엔트로피의 증가) 이어야 한다. 자발적인 반응은 구배(gradient)를 따라서 자연히 흐르는 내리막길의 과정이다. 구배는 이온과 전자를 향한 전기적 구배 또는 농도가 낮은 방향으로 물질이 이동하는 화학적 구배와 같이 하나의 "힘(force)" 이다. 수동과정(passive process)은 구배가 존재하는 한 계속되며, 결국 구배는 사라지게 된다. 물질을 한 방향으로 이동시키는 힘은 반대방향으로 물질을 이동시키는 동일한 힘이 존재할 때 평형을 이루어 반응은 정지되며, ΔG = 0이 된다.

에너지의 입력을 필요로 하는 과정을 능동과정(uphill, active process)이라고 한다. 능동과정을 분리해서 진행시킬 수도 있으나 자연계에서는 능동과정에 필요한 충분한 에너지를 제공할 수 있는 수동과정과 연결되어 진행된다. 예를 들면, 식후 능동적인 지방산 합성은 글루코스의 분해로 유리되는 더 큰 수동에너지를 사용할 수 있기 때문에 가능하다.

종합적인 면에서 반응이 에너지론적으로 가능한지, 즉 능동 또는 수동적인지를 결정하는데 에너지 및 엔트로피 변화가 고려되어야 한다.

(2) 활성화에너지

자발적 과정에 필요한 구배(비평형)의 형성과 유지에 필요한 에너지를 **활성화에너지**(activation energy)라고 한다.

- 일정한 에너지의 입력(예, 식품 섭취, Na^+/ K^+-펌프)은 생명의 불안정한 상태(비평형)를 유지시킨다.
- 활성화에너지장벽(activation energy barriers)이 극복되어야 한다. 예를 들면, 산 언덕아래의 작은 흙으로 된 능선에 불안정하게 돌이 걸려있을 때 돌을 굴러 떨어지게 하려면 흙을 제거하거나 돌을 능선위로 들어 올려야 한다. 이러한 현상은 생명체에도 그대로 적용된다. 분자들은 활성화에너지장벽에 의하여 수동적 과정(자발적 과정)이 억제되며, 효소는 기질(substrate)과 결합하여 활성화에너지장벽을 낮추어서 반응이 가능하도록 해준다.

2) 자유에너지변화와 표준자유에너지변화

ΔG로 표시되는 자유에너지변화는 생성물질과 반응물질의 특정농도에서 자유에너지변화에 따른 반응의 방향을 예견할 수 있으므로 보다 보편적으로 이용된다. 이와 대조적으로 표준자유에너지변화 ΔG^{o}는 표준상태, 즉 모든 성분의 초기농도가 1.0M, pH 7.0, 온도 25℃일 때, 어떤 반응이 평형에 이르기 위해 어느 방향으로 얼마나 진행될 것인가를 알려준다. 따라서 ΔG^{o}는 불변의 상수이며, 어떤 주어진 반응의 특유한 불변의 값이다. 따라서 어떤 반응의 실제 ΔG는 반응 중에 실제로 존재하는 농도, pH, 온도 조건의 함수가 된다.

3) 표준자유에너지와 평형상수의 관계

표준자유에너지변화는 각각의 반응에서 일정하며 표준상태하의 반응 평형상수(Keq)로부터 계산할 수 있다. 예컨대 반응 aA+bB ↔ cC+dD의 평형상수는 다음과 같다.

$$Keq = [C]^{c}[D]^{d} / [A]^{a}[B]^{b}$$
$$\Delta G^{o} = -2.303\ RT\ \log Keq$$

여기에서 R은 기체상수(gas constant, 1.987 cal/mol.K), T는 절대온도이며 이 경우, 298K가 된다. 자유에너지변화는 반응물의 1몰당 칼로리 단위로 계산된다. 어떤 특정 반응의 평형상수가 1.0일 때, 표준자유에너지변화 ΔG^{o}는 0으로 평형상태가 된다. 반응의 평형상수가 1.0보다 클 때 ΔG^{o}는 마이너스이며 반응은 정방향으로 진행되고, 또한 평형상수가 1.0보다 작을 때 ΔG^{o}는 플러스이며 반응은 역방향으로 진행된다.

Keq = 1 이면, $\Delta G^{o} = 0$

Keq >1 이면, $\Delta G^{o} < 0$

Keq <1 이면, $\Delta G^{o} > 0$

자유에너지변화(ΔG)에서처럼 두 연속적인 반응의 표준자유에너지변화(ΔG^{o})는 부가적이다. 예를 들면:

Glucose +ATP	→	glucose-6-P + ADP	ΔG^{o} = -4000 cal/mol
Glucose-6-P	→	fructose-6-P	ΔG^{o} = +400 cal/mol
Glucose+ATP	→	fructose-6-P + ADP	ΔG^{o} = -3600 cal/mol

4) 자유에너지변화와 반응방향

일정한 온도와 압력하에서 G는 반응의 방향을 예측하게 한다. 반응식 A ↔ B에서

- $\Delta G < 0$: ΔG가 음수이면 에너지상실반응이고 반응은 자발적으로 A에서 B로 정방향으로 진행되며 이러한 반응을 **발에너지반응**(exergonic reaction)이라고 한다.
- $\Delta G > 0$: ΔG가 양수이면 에너지흡수반응이고 A에서 B로 자발적으로 진행되지 않으며 A로부터 B로 반응을 진행시키기 위해서는 에너지가 가해져야 한다. 이러한 반응을 **흡에너지반응**(endergonic reaction)이라고 한다.
- $\Delta G = 0$: 반응물질들은 서로 평형상태에 있다. 반응이 자발적으로 진행될 때에는 자유에너지는 상실되어 ΔG가 0에 도달되면 평형상태에 도달한다.

정반응과 역반응의 ΔG: 정반응과 역반응의 자유에너지는 부호가 다를 뿐 크기에서 같다. 예를 들면, 정반응(A→B)의 ΔG가 -5000cal/mol 이라면, 역반응의 ΔG는 +5000 cal/mol이다.

ΔG는 반응물질과 생성물질의 농도에 좌우된다. 일정한 온도와 압력하에서 반응 A→B의 ΔG와 ΔG^{o}는 다음과 같은 관계가 있다.

$$\Delta G = \Delta G^{o} + 2.303\ RT \log Keq \qquad Keq=[B]/[A]$$
$$= \Delta G^{o} + 1.36 \log Keq$$

ΔG와 ΔG^{o}는 구별되어야 한다. 반응물질에 대한 생성물질의 비율(B/A)이 매우 낮다면(즉, 생성물질에 대한 반응물질의 비율이 매우 높다면) ΔG^{o}가 양수인 반응이라도 정방향으로 진행될 수 있다(전체적으로는 음수의 ΔG를 가짐).

다음의 반응,

Glucose-1-P ⇄ glucose-6-P (ΔG ° = -1.74)에서

각각의 초기농도가 0.02M과 2.00M이었다면 반응은 어느 방향으로 진행될 것인가?

ΔG = -1.74 + 1.36 log(2.00/0.02)

= -1.74 + 1.36 log100

= -1.74 + 13.6 = +11.86kcal/mol

따라서 반응은 역방향으로 진행된다. 따라서 ΔG와 ΔG °는 구별되어야 하며 생체내에서는 표준상태에 있는 것이 아니므로 반응물과 생성물의 농도비에 따라 반응의 진행방향이 결정된다.

대사경로의 ΔGs(자유에너지변화의 합계)는 부가적이다. 자유에너지의 부가적 성질은 기질이 특정한 방향(예를 들면, A→B→C→D→…)으로 대사되는 생화학적 경로에서 매우 중요하다. 경로 중 개별 반응들의 ΔG가 양수일지라도 ΔGs가 음수인 한 경로는 정방향으로 진행된다. 실질적인 반응률은 물론 반응을 촉매하는 효소들의 활성에 달려있다.

2. 생물학적 산화

생체에너지론은 생명체의 에너지 수요와 공급의 평형을 이루기 위한 에너지의 이동에 관한 내용을 다루는 학문 분야이다. 생체에너지의 공급원은 식품 또는 사료의 형태로 공급되는 화학적 에너지이다. 신진대사는 필요에 따라 화학에너지를 역학적 에너지(근육수축), 전기에너지(신경 및 기타 세포막 기능) 및 기타 다른 형태의 화학적 에너지(ATP, 지방 및 glycogen 등)로 전환시킨다.

세포 수준에서 에너지 이동은 구배에 의하여 결정된다. 구배는 적절한 매개체를 통한 에너지 교환을 가능케 하는 전위이다. 예를 들면, 전압의 차이(전위, electrical potential)에 의하여 이동하는 전자의 흐름과 농도구배(화학전위)에 의하여 이동하는 화학물질 등이다. 이 두 전위를 합하여 전기화학적 구배(electrochemical gradient)라고 한다.

구배의 문제는 그들의 구배를 따라서 매체의 자발적인 흐름으로 구배가 소실된다는 점이다. 예를 들면, 화합물이 희박한 쪽으로 확산함으로써 농도구배가 사라지는 것이다. 그러므로 생체에서 구배는 에너지를 사용하여 유지되어야 한다(예, Na^+, K^+, Cl^- 및 Ca^{2+}펌프). 자연상태에서 자발적인 과정은 전기화학적 구배에 의존하므로 수동적이다. 대조적으로 능동적 과정은 전기화학적 구배에 관계없이 진행되므로 에너지를 필요로 한다.

따라서 생체에너지론의 주제는 전기화학적 구배를 따르거나 구배에 역행하는 세포간 수송 및 세포내 수송의 성질과 기전을 이해하는데 있다. 중간대사의 주제는 전기화학적 구배를 유지하기 위하여 영양소로부터 어떻게 적절한 에너지 형태로 전환되는가를 다루는 것이다.

전기에너지는 저장될 수 없으며 필요에 따라 사용되는 속도로 화학적 저장물질로부터 만들어지지 않으면 안된다. 생화학에서 ATP생성률과 이용률은 서로 조율되지 않으면 안된다.

화학적 에너지는 지방, 단백질 및 글리코겐으로 저장된다. 화학저장물이나 영양소의 전자들은 전위차를 만들기 위하여 이동하며 이는 전기에너지를 생성하기 위한 것이다. 이러한 전압의 구배는 미토콘드리아 내막과 인접한 사이토크롬(cytochrome)분자들 간에 유지된다. 필요한 전자들은 산화-환원반응에 의하여 유도되며 산화-환원 조효소들에 의하여 이동한다.

1) 산화-환원반응

전자전달반응은 산화환원반응(redox reaction)이다. 화합물은 전자를 유리함으로써 산화되며, 전자를 수용함으로써 환원된다. 동일한 물질이 다른 조건하에서 전자공여체로 작용하거나 전자수용체로 작용할 수 있다. 산화환원반응에서 전자공여체를 환원제(reducing agent, reductant)라고 하며, 전자수용체를 산화제(oxidizing agent, oxidant)라고 한다.

환원제와 산화제는 산화환원쌍(reduction-oxidation pair, redox pair)으로 작용한다.

$$\text{산화형} + \text{전자} \leftrightarrow \text{환원형}$$

$$Fe^{3+} + e^{-} \leftrightarrow Fe^{2+}$$

$$R\text{-}CHO + 2H^{+} + 2e^{-} \leftrightarrow R\text{-}CH_2OH$$

$$\begin{matrix} HC-COOH \\ \| \\ HC-COOH \end{matrix} + 2H^{+} + 2e^{-} \leftrightarrow \begin{matrix} H_2C-COOH \\ | \\ H_2C-COOH \end{matrix}$$

(fumarate) (succinate)

$$\tfrac{1}{2}O_2 + 2H^{+} + 2e^{-} \leftrightarrow H_2O$$

$$NAD^{+} + 2H^{+} + 2e^{-} \leftrightarrow NADH + H^{+}$$

이런 종류의 전자이동은 세포 안에서 모두 일어난다. 환원당량(reducing equivalent)이라는 용어는 산화환원반응에 관여하는 1개의 단일 전자당량을 나타내는데 사용되며 그것은 1개의 전자 그 자체가 1개의 수소원자, 또는 1개의 H^{-} (hydride ion)이어도 무방하고 또한 산소화된 생성물을 생성하는 경우에도 사용된다. 미토콘드리아에서의 전자전달에 있어서 전자는 H^{-}으로서, 수소원자로서, 또는 사이토크롬으로 촉매되는 최종단계에서는 전자로서 여러 가지 다른 형태로 이동하게 된다.

생물학적 연료분자는 일반적으로 효소적 탈수소반응에 의해 한번에 2개의 환원당량을 잃으며, 또한 산소 1원자는 2환원당량을 수용하기 때문에 생체산화의 단위를 기질로부터 산소로 이동하는 한 쌍의 환원당량으로 생각하는 것이 일반적인 관례로 되어있다.

포유동물에서 신진대사의 최종 전자수용체는 산소이다. 이런 점으로 볼 때 식품의 섭취와 산소 요구량은 매우 밀접한 관계가 있다. 식품은 주로 미토콘드리아에서 산화되며 이곳에서 대사 중간산물인 아세틸-CoA는 TCA회로에서 연소되고, 전자들은 조효소들(NADH, $FADH_2$)에 의하여 미토콘드리아의 전자전달사슬로 이동하며 전압차이가 산화-환원짝들(cytochrome들)간에 유지된다. 사슬 끝으로 전달된 전자들은 산소에 의하여 수용된다. 전기에너지는 부분적으로 인산화에 의하여 ADP와 무기인산의 결합으로 ATP를 형성하며 화학에너지로 전환된다. 전자의 이동(산화)과 ATP형성(인산화)의 복합과정을 **산화적인산화**(oxidative phospho- rylation)라고 부른다.

2) 산화-환원효소와 조효소

- 산화효소(oxidase): 전자와 수소수용체가 산소이며 물을 생성한다.

$AH_2 + \frac{1}{2}O_2 \rightarrow A + H_2O$

산화효소는 동(Cu)을 함유한다(예, *cytochrome oxidase*)

- 산소화효소(oxygenase): 기질에 분자산소 또는 산소원자 하나를 결합시킨다.

$A + O_2 \rightarrow AO_2$: cysteine-SH $+ O_2 \rightarrow$ cysteine-SO_2H (cysteine의 산화)

$AH + O_2 + NADPH + H^+ \rightarrow AOH + H_2O + NADP^+$

산소원자 하나를 사용할 때 하나의 다른 산소원자는 양자(proton)와 NADH 또는 NADPH를 사용하여 물을 생성한다. 이런 반응형태를 촉매하는 효소들은 활면소포체와 미토콘드리아에 위치한 사이토크롬 b_5 및 사이토크롬 P-450과 관련이 있다. 이 반응은 몇 가지의 중요한 기능을 수행한다. 대부분의 세포는 포화지방산을 산화시켜 -OH기를 첨가한 후 탈수반응으로 불포화지방산을 생성할 때 이 반응을 이용한다. 예를 들면, 스테아르산(stearic acid)으로부터 올레산(oleic acid)으로의 전환, 부신피질에서 스테로이드호르몬의 생성을 위한 페놀성 OH기의 첨가 등이다. 간에서 이런 수산화반응은 해독기능으로 작용한다. 페노바비탈(pheno- barbital)은 간의 소포체에 존재하는 효소들 및 사이토크롬 P-450의 형성과 활성을 유도하는 약품중의 하나이다.

- 혐기성 탈수소효소(anaerobic dehydrogenase): 전자 수용체로 산소를 사용하지 않으며, 한 기질의 산화는 다른 기질의 환원을 수반하는 효소이다.

$AH_2 + B \rightarrow A + BH_2$

혐기성 탈수소효소는 특히 전자를 이동시키기 위하여 조효소로서 FAD, NAD^+, $NADP^+$ 및 GSH를 필요로 한다. 예를 들면, 미토콘드리아의 *젖산 탈수소효소* 등이다(그림 7-1).

- 호기성 탈수소효소(aerobic dehydrogenase): 분자산소를 사용하여 화합물을 산화시키고 과산화수소를 생성하는 효소이다.

$AH_2 + O_2 \rightarrow A + H_2O_2$

황색의 B-비타민인 플라빈(flavin)과 대부분의 경우 금속(예, 몰리브덴)을 조인자로 사용하기 때문에 이 효소를 메탈로플라보프로테인(metalloflavo protein)이라고 한다. 또 다른 예는 D- 및

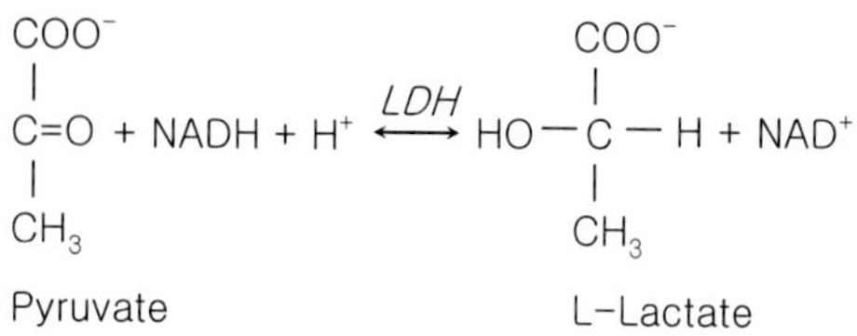

그림 7-1. *Lactate dehydrogenase*에 의한 전자의 이동.

L-아미노산의 *oxidative deaminase*이다.

형성되는 과산화수소는 세포에 매우 독성이 강하므로 즉시 해독되지 않으면 안되며 따라서 두 가지의 효소가 존재하여 해독시킨다. 하나는 *peroxidase*로 식물체에 특히 많으며[예, 서양 고추냉이(horseradish)], 적혈구, 백혈구, 유즙 등에 존재한다.

$$H_2O_2 + AH_2 \xrightarrow[\textit{Peroxidase}]{} 2H_2O + A$$

다른 하나는 *catalase*로서 신속히 작용하는 효소로 알려졌으며 모든 조직들, 특히 간, 신장 및 골수에서 매우 높다.

$$H_2O_2 \xrightarrow[\textit{Catalase}]{} H_2O + [O]$$

퍼옥시솜(peroxisome)은 호기성 탈수소효소와 *catalase*를 많이 함유하고 있으며, 이 두 효소는 분명히 밀접히 협동적으로 작용한다(그림 7-2).

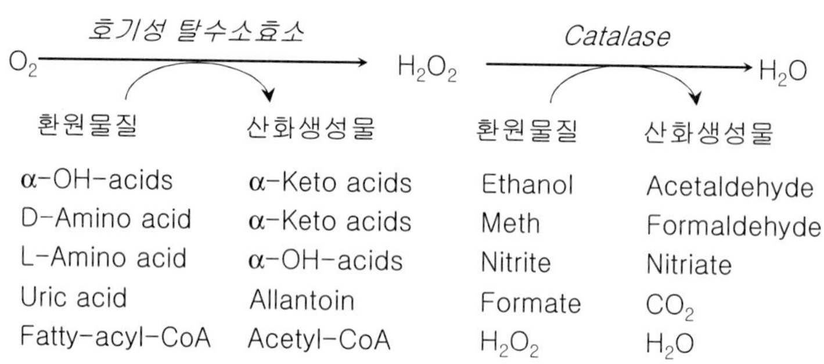

그림 7-2. 퍼옥시솜에서의 산화적 대사.

3) 퍼옥시솜

포유동물에서 퍼옥시솜은 간과 신장(*catalase* 활성이 가장 높은 장기들)에만 존재하는 직경 0.5 ㎛의 작은 구형으로 하나의 막으로 둘러싸인 입자이다. 소량의 *catalase*는 모든 동물세포에서 마이크로퍼옥시솜(microperoxisome)이라는 기다란 모양의 작은 막결합 입자로 존재한다.

(1) 이화기능(catabolic functions)

H_2O_2는 퍼옥시솜 밖에서도 생성된다. 예를 들면, 미토콘드리아의 전자전달사슬은 플라보단백질(flavoprotein)을 함유하고 있으며 H_2O_2를 생성한다. 생성된 H_2O_2를 제거하기 위하여 미토콘드리아와 퍼옥시솜은 중요한 연결을 형성한다.

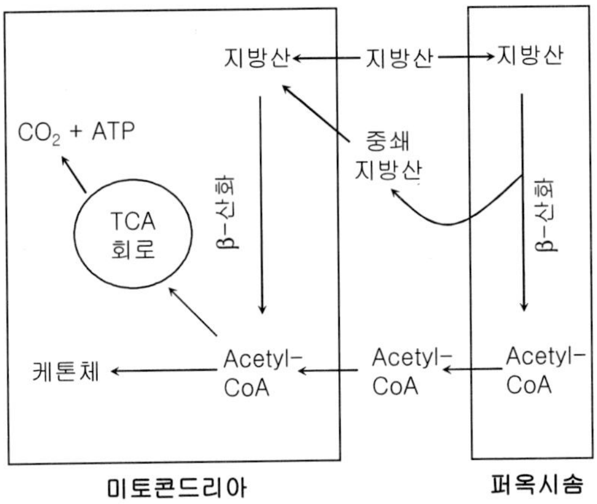

그림 7-3. 퍼옥시솜과 미토콘드리아에서의 지방산 산화.

미토콘드리아와 퍼옥시솜간의 또 다른 연관은 지방산산화이다. 지방산을 아세틸-CoA로 전환시키는 β-산화는 미토콘드리아뿐 아니라 퍼옥시솜에서도 일어난다. 그러나 퍼옥시솜에서 일어나는 지방산이나 다른 화합물들의 산화는 미토콘드리아에서의 산화와 다른 몇 가지 중요한 차이가 있다(그림 7-3).

- 퍼옥시솜은 일반 지방산은 물론 식물로부터 분리되는 트랜스형 지방산과 장쇄형 지방산(C20, C22)들을 산화시킨다.
- 퍼옥시솜에서의 산화는 산소장력에 달려있다. 반면에 미토콘드리아에서의 산화는 *cytochrome oxidase*가 산소에 대한 친화성이 매우 높기 때문에 산소장력은 속도조절요인이 아니다. 그러므로 간장과 신장에서 높은 퍼옥시솜의 활성을 나타낸다.
- 퍼옥시솜에서의 지방산 산화는 아세틸-CoA와 중쇄 지방산(medium chained fatty acids)을 생성하며 중쇄 지방산은 퍼옥시솜 밖으로 배출된다.
- 퍼옥시솜에서의 산화는 ATP를 생성하지 않으며 대신 열을 생성한다. 그러므로 미토콘드리아에서처럼 높은 ATP/ADP 비율에 의한 피드백억제를 받지 않는다. 그러므로 퍼옥시솜에 의한 산화는 고농도의 지방산을 제거할 필요가 있을 때(예, 굶거나 고지방 섭취 후) 유효하게 지방산을 연소시킬 수 있는 방법으로서 중요하다. 간장의 퍼옥시솜에서 과량의 지방산은 아세틸-CoA와 중쇄 지방산으로 전환되어 미토콘드리아로 보내어지며 다시 케톤체로 전환된다.
- 고지방 식이, 추위, 지질분해약물(예, clofibrate) 등은 퍼옥시솜에 의한 지방산 산화뿐 아니라 기타의 모든 퍼옥시솜에 의한 산화를 유도한다. 이런 조건들에서는 간장에서 산화되는 전 지방산 산화의 50%이상을 퍼옥시솜에서의 산화에 의존할지 모른다. 정상적인 상태에서 퍼옥시솜은 간장에서 이용되는 산소의 약 10%를 소비하지만 고지방에 의한 유도에 의하여 뚜렷하게 더 많은 산소가 퍼옥시솜에 배분된다.
- 퍼옥시솜에서의 에탄올, 메탄올 등의 산화는 NAD^+/NADH를 필요로 하지 않으며 산화-환원 짝에 대한 대사적 영향을 주지 않고 계속된다. 반면에 *알콜 탈수소효소*에 의한 에탄올산화는 혐기적이며 NAD^+를 필요로 한다.

(2) 동화기능(anabolic functions)

퍼옥시솜은 단지 산화적 이화 기능만을 수행하는 세포 소기관이 아니다. 퍼옥시솜은 똑같이 합성(동화)기능도 수행한다(예, 플라스마로겐의 합성). 플라스마로겐은 모든 조직에 존재하는 인지질 중 중요한 종류로서 뇌와 근육중 인지질의 약 10%를 함유한다(그림 7-4).

플라스마로겐합성경로 중의 몇몇 효소들과 이 때 필요한 NADPH를 생성하는 효소(*isocitrate dehydrogenase*)는 퍼옥시솜에 위치한다. 또한 1차 담즙산(primary bile acid)인 콜산(cholic acid)은 간장의 퍼옥시솜에서 생성된다.

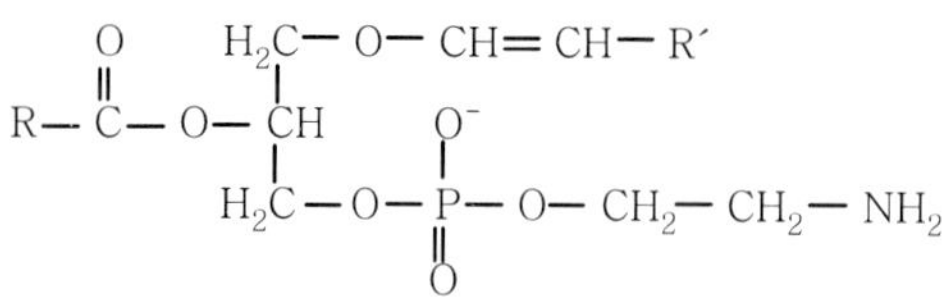

그림 7-4. Plasmalogen. R와 R1는 지방산 사슬.

세균보다 큰 모든 생명체의 다양한 세포 내에서 40종 이상의 효소활성이 *catalase*-함유 미소체(microbody: peroxisome, glyoxysome)에서 발견된다. 그러나 퍼옥시솜이 이런 효소들 모두를 함유하고 있지는 않다. 식물체와 원충류에 있는 퍼옥시솜의 공통분모는 *catalase*이외에 글리옥실산회로(glyoxylate cycle)의 효소들을 함유하고 있다는 것이며, 따라서 어떤 학자들은 글리옥시솜(glyoxysome)이라고도 부른다. 식물의 **글리옥실산회로**는 지방을 아세틸-CoA를 거쳐 탄수화물로 전환시킨다. 이러한 당신생경로는 동물에는 존재하지 않으며 동물들은 지방산으로부터 글루코스를 생성할 수 없다.

퍼옥시솜의 많은 생체기능으로 볼 때 유아에서 드물게 나타나는 선천적인 퍼옥시솜의 결실(Zellweger syndrome)은 치명적이며 1년 내에 치사에 이르게 된다.

4) 환원전위

Henderson-Hasselbalch 방정식에서 pK에 근접한 pH의 변화가 H^+수용체/H^+공여체의 비율에 대한 대수(logarithm)에 달려있는 것처럼, 산화-환원쌍의 환원전위는 전자공여체(Red)에 대한 수용체(Ox)의 비율에 달려있다. 짝지은 산화환원쌍이 전자를 잃는 경향을 표준산화환원전위(standard oxidation- reduc- tion potential, E_o')라는 상수로 정량적으로 표시한다. 이것은 25℃, pH=7.0에서 1.0M인 전자공여체와 그의 짝지은 전자수용체를 포함하는 용액중에 넣은 반응전극이 나타내는 기전력으로서 정의된다. 생화학에서 짝지은 산화환원쌍의 표준전위는 **환원전위**(reduction potential)로서 나타내는데, 표준환원전위(standard reduction potential), 표준전위(standard potential) 혹은 표준 산화환원전위는 같은 용어로서 서로 혼용되고 있다. 전자를 잃는 경향이 커지는 반응계는 마이너스값이 커지며, 전자를 수용하는 경향이 커지는 반응계는 플러스값이 커진다(표 7-1).

표 7-1은 생체의 전자전달에 있어서 짝지은 산화환원쌍의 표준환원전위들을 보여주고 있다.

표 7-1. 표준 환원전위들

산화-환원쌍	E_o'(volts)
Oxygen/water	+0.82
Fe^{3+}/Fe^{2+}	+0.77
Cytochrome a; Ox/Red	+0.29
Cytochrome c; Ox/Red	+0.22
Cytochrome b; Ox/Red	+0.08
Fumarate/succinate	+0.03
Methylene blue; Ox/Red	+0.01
$FAD/FADH_2$	−0.06
Oxaloacetate/malate	−0.17
Pyruvate/lactate	−0.19
Acetoacetate/OH-butyrate	−0.27
$NAD^+/NADH$	−0.32
H^+/H_2	−0.42

전위가 감소하는 순위, 즉, 전자를 잃는 경향이 커지는 순서로 되어 있다. 따라서 비교적 마이너스의 표준전위를 가진 짝지은 산화환원쌍은 표의 위쪽에 위치하는 상대적으로 플러스의 표준전위를 가진 것에 비하여 전자를 잃는 경향이 크다. 더 큰 환원전위를 가진 산화환원쌍은 더 큰 전자에 대한 친화성으로 표 아래쪽의 환원전위가 낮은 산화환원쌍으로부터 전자를 수용하게 된다. 커다란 플러스의 전위를 가진 물/산소의 산화환원쌍에서는 산소가 전자나 수소원자에 대해서 매우 큰 친화성을 가지고 있으므로 물분자가 전자를 잃어버리고 산소분자를 만드는 일이 거의 없다는 것을 뜻한다.

5) 전자전달과 자유에너지변화

여러 가지 산화환원쌍의 E_o'를 알면 두 가지 환원쌍이 모두 표준상태에 있고 촉매작용이 가능할 때 전자가 어느 쌍에서 어느 쌍으로 흐를지 그 방향을 예측할 수 있다. 이 산화환원쌍의 전자 흐름은 흔히 그것을 촉진하는 촉매나 효소가 존재하지 않으면 진행되지 않으며 전자 흐름의 방향을 바꾸거나 최종적인 평형에 영향을 주지 않는다. 이러한 조건 아래서 전자는 $NADH/NAD^+$와 같은 비교적 마이너스 전기인 짝지은 산화환원쌍(E_o'= -0.32V)으로부터 사이토크롬 c(환원형)/사이토크롬 c(산화형)(E_o'=+0.22)와 같은 플러스 전기인 전자수용체로 흐르는 경향이 있다. 마찬가지로 전자는 사이토크롬 c 산화환원쌍으로부터 물/산소쌍(E_o'=+0.82V)으로 흐르는 경향이 있다. 마이너스 전기를 가진 산화환원쌍으로부터 플러스 전기를 가진 산화환원쌍으로 전자가 흐르는 경향은 자유에너지의 감소를 초래하는데, 이는 전자가 항상 반응계의 자유에너지가 감소되는 방향으로 이동하는 경향이 있기 때문이다. 2개의 산화환원쌍 사이의 환원전위차가 크면 클수록 마이너스 전기를 가진 쌍으로부터 플러스인 쌍으로 전자가 이동하는 데 따른 자유에너지의 소실이 커지게 된다. 따라서 전자가 NADH로부터 다수의 전자운반체로 되어있는 전달계를 통과하여 산소까지 운반하면 다량의 자유에너지의 소실을 수반하게 되는데, 이는 $NADH/NAD^+$와 $H_2O/\frac{1}{2}O_2$사이의 환원전위차가 비교적 크기 때문이다.

전자의 이동에 따르는 반응의 표준자유에너지변화는 다음 식으로 구할 수 있다.

$\Delta G^{\circ} = -nFE_o'$

여기에서 ΔG°는 표준자유에너지변화(칼로리), n은 이동하는 전자수, F는 Faraday 상수(23,062 cal/V · mol), E_o'은 전자공여체와 전자수용체 사이의 환원전위차이다. 모든 성분의 농도는 25℃,

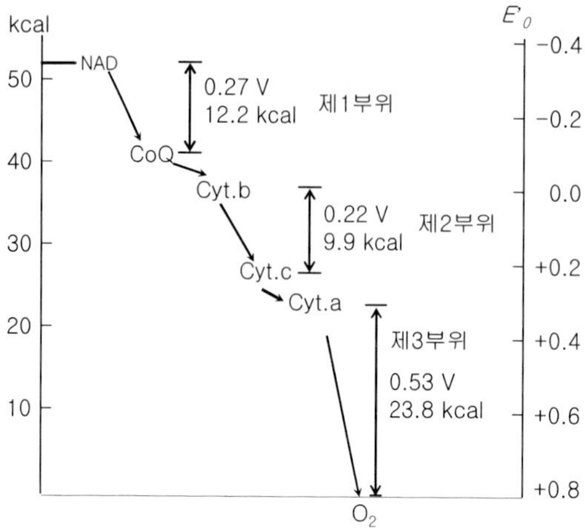

그림 7-5. 미토콘드리아의 전자전달사슬에서 전자흐름의 방향과 에너지의 관계. CoQ는 uniquinone.

pH 7.0에서 1.0M로 본다. 따라서 NADH/NAD$^+$쌍(E_o'= -0.32V)으로부터 $H_2O/\frac{1}{2}O_2$쌍(E_o'= +0.82)으로 이동할 때의 자유에너지변화는 다음과 같다.

ΔG ^{o}= -2(23,062) [0.82-(-0.32)] = -52.6kcal

한쌍의 전자가 표준상태에서 NADH로부터 산소로 이동할 때 유리되는 자유에너지 52.6kcal는 같은 조건에서 3분자의 ATP합성에 필요한 21.9kcal(3×7.3)를 충분히 공급할 수 있다.

같은 방법으로 위의 식으로부터 전자공여 산화환원쌍과 전자수용 산화환원쌍 사이의 환원전위차로부터 전자전달사슬의 각 부분에서의 자유에너지변화를 계산할 수 있다.

그림 7-5의 에너지 도표는 전자전달사슬 중 전자운반체의 환원전위, 산소를 향한 전자흐름의 방향 및 각 단계에서의 상대적인 자유에너지변화를 나타내고 있다. 전자전달사슬을 따라 3개의 단계에서 다량의 자유에너지가 감소되고 있다는 것을 주시할 필요가 있다. 이들 단계는 ATP합성에 필요한 에너지를 마련하는 에너지보존 부위이다.

6) 전자전달사슬 중의 전자운반체

미토콘드리아의 전자전달사슬에는 전자를 전달하는 단백질이 많이 있으며 기질로부터 전자(환원당량)를 차례로 받기도 하고 건네주기도 하는 15종 이상의 화학기에 의하여 전자를 산소로 운반한다. 여러 종류의 전자운반체는 모두 단백질과 결합되어 있다. 중요한 운반체를 보면, 여러 가지의 탈수소효소와 함께 활성을 갖게 되는 NAD$^+$, *NADH 탈수소효소* 중의 FMN, 1개 이상의 단백질과 결합하여 기능을 발휘하는 ubiquinone(coenzyme Q), 2종의 철 함유 단백질인 철-황중심(iron-sulfer center, Fe-S), 동을 포함하고 있는 사이토크롬 b, c_1, c 등 그리고 사이토크롬 aa_3(*cytochrome oxidase*) 등이다. 전자전달사슬의 전자전달 단백질은 거의 모두 물에 녹지 않으며 미토콘드리아의 내막에 박혀있다.

3. 기질수준 인산화

1) 고에너지화합물

가수분해시에 다량의 자유에너지를 생성하는 화학결합을 고에너지결합(high energy bond)이라고 하고 고에너지결합을 가진 화합물을 고에너지화합물(high-energy compound)이라고 한다. 가수분해시에 생성되는 이들 에너지는 근육수축, 거대분자의 합성 및 능동수송과 같은 에너지가 필요한 과정에 사용된다. 예를 들면, 인산에스테르결합은 가수분해될 때 2~5kcal/ mol의 에너지를 생성하는 반면, ATP에서처럼 인산간의 고에너지 산무수물결합은 가수분해될 때 약 8kcal/mol의 고에너지를 생성한다.

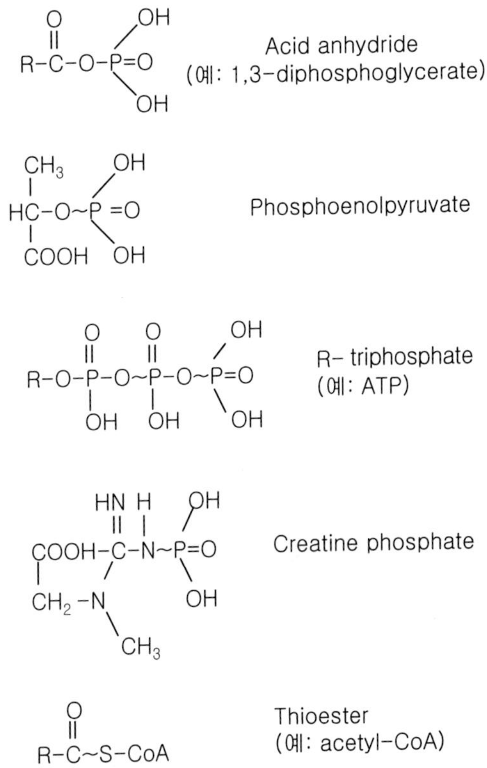

그림 7-6. 고에너지 화합물들.

고에너지화합물들의 예는 그림 7-6과 같다.

- 1,3-디포스포글리세르산(1,3-diphosphoglycerate)은 3-포스포글리세르산(3-phosphoglycerate)으로 전환되면서 11.8kcal/mol의 에너지를 생성하며 이때 기질수준에서 생성되는 하나의 ATP에 7.3kcal가 포착된다.
- 포스포엔올피루브산(phosphoenolpyruvate)은 피루브산(pyruvate)으로 전환될 때 14.8kcal/mol의 에너지를 생성하는 반면 한 분자의 ATP가 기질수준에서 생성된다.
- ATP, GTP, UTP, CTP는 두 개의 인산-무수물결합이 가수분해될 때 각각 약 7.3kcal/mol의 에너지를 생성한다. 이들 조효소들은 각각의 효소들에 대하여 특이적이다. 두 고에너지인산결합 중 대부분의 반응은 끝의 인산을 떼어내어 NDP(nucleoside diphosphate)를 남기며, 때로는 두 개의 인산이 결합한 피로인산(pyrophosphate)을 떼어내고 피로인산은 다시 분해되어 두 개의 인산을 생성하면서 열을 생성한다.
- 크레아틴 포스페이트(creatine phosphate)는 10.3kcal/mol의 에너지를 생성한다. 근육의 에너지 저장형태로 근육 수축시에 ATP로 전환될 수 있다.

- 지방산의 티오에스테르(thioester)는 6kcal/mol의 에너지를 생성한다. 예를 들면, 팔미틸-CoA와 아세틸-CoA에서 볼 수 있다. 아세틸-CoA로부터 아세틸(acetyl)단위의 분리는 아세트산의 생성과 아세트산이 반응하는데 필요한 에너지를 생성한다. 코엔자임 A(coenzyme A)는 B-비타민인 판토텐산을 함유하는 복잡한 구조로 되어있다.

2) 기질수준 인산화

산화적인산화 이외의 방법에 의한 ATP 생성을 **기질수준 인산화**(substrate level phosphorylation)라고 한다.

1,3-디포스포글리세르산과 포스포엔올피루브산(그림 7-6 참조)의 두 고에너지화합물은 해당과정의 중간산물로서 그들의 고에너지화학결합은 약 8kcal의 ATP를 충분히 생성할 수 있다.

미토콘드리아에서의 산화적인산화와 비교해서 대부분 세포질에서 일어나는 기질수준의 인산화는 양적인 면에서 훨씬 덜 중요하다. 그러나 신장의 깊은 수질세포(deep medullary cells)와 같은 산소장력이 낮은 세포나 미토콘드리아가 없는 세포(포유동물의 적혈구) 및 미토콘드리아의 수가 적은 세포(백색 섬유)에서의 기질수준인산화는 매우 중요하다.

4. 미토콘드리아의 에너지대사

글루코스, 지방산 등과 같이 에너지 함유량이 많은 분자들은 미토콘드리아에서 일련의 산화반응에 의하여 대사되어 궁극적으로 CO_2와 물을 생성한다. 이 반응들의 중간대사물질들은 미토콘드리아에서 조효소들인 NAD^+와 FAD에 전자를 제공하여 에너지가 풍부한 환원조효소인 NADH와 $FADH_2$를 생성한다. 이들 환원조효소들은 각각 전자운반체(electron carriers)들 중의 해당하는 짝들에게 연속적으로 전자쌍을 공여하는데 이런 일련의 전자수송을 **전자전달사슬**(electron transfer chain)이라고 한다. 전자들이 전자전달사슬을 통과할 때 많은 자유에너지를 상실하며 상실되는 에너지의 일부는 ADP와 무기인산(Pi)으로부터 ATP를 생성할 때 포착되어 저장된다. 이 전자전달사슬과 공역화된 이 과정을 산화적인산화(oxidative phosphorylation)라고 한다. ATP로서 포착되지 않은 자유에너지는 열로 유리된다.

1) 미토콘드리아의 구조와 기능

(1) 미토콘드리온의 구조

전자전달사슬은 미토콘드리아 내막에 존재하며 영양소들로부터 유도된 전자들을 산소로 흐르게 하는 공통 경로이다. 전자전달과 산화적인산화에 의한 ATP 합성은 미토콘드리아를 가지고 있는 모든 생체세포들에서 연속적으로 진행된다.

미토콘드리아는 외막과 내막을 가지며 내막의 내부로 함입된 부분을 크리스테(cristae)라고 한다(그림 3-4 참조). 외막은 특수한 세공들(special pores)을 함유하고 있어 대부분의 이온들과 작은 분자들을 자유롭게 투과시킬 수 있는 반면에 내막은 H^+, Na^+ 및 K^+을 포함하는 이온들과 ATP, ADP, 피루브산 및 기타 미토콘드리아의 기능에 중요한 대사산물과 같은 작은 분자들을 투과시킬 수 없다. 그러므로 이런 이온들과 분자들을 통과시킬 수 있는 특성화된 특수운반체들과 수송계를 필요로 한다. 내막은 일반적으로 단백질이 풍부하며 절반 정도는 전자전달과 산화적인산화를 수행한다. 내막이 고도로 굴곡되어 크리스테를 형성하면 내막의 표면적을 크게 증가시키게 된다.

(2) *ATP 합성효소복합체*

*ATP 합성효소(ATP synthetase)*를 포함한 내막의 단백질 복합체들은 구형의 내막 입자들로 내막의 표면에 부착되어 미토콘드리아의 기질 쪽으로 내밀어져 있다.

(3) 미토콘드리아의 매트릭스

매트릭스(matrix)는 미토콘드리아의 내부에 채워져 있는 겔과 같은 용액이며 피루브산, 아미노산 및 지방산의 산화를 위한 효소들과 TCA회로의 효소들을 함유하고 있다. 요소와 헴의 합성은 부분적으로 미토콘드리아의 매트릭스에서 이루어진다. 이 때 NAD^+ 및 FAD와 함께 ATP를 생성하기 위하여 ADP와 Pi가 필요하다.

무손상의 미토콘드리아 구조는 미토콘드리아의 완전한 기능을 위하여 필요하다. 미토콘드리아의 손상 또는 미토콘드리아의 종창(예를 들면, 내막과 외막간의 거리가 멀어짐)은 산화경로로부터 인산화가 탈공역되어 모든 전기에너지가 열로서 소실된다.

2) 산화적인산화반응

(1) 에너지론

순간적인 폭발적 에너지의 생성은 효과적으로 이용될 수 없다. 일부는 포착될 수 있으나 대부분은 소실될 것이다. 그러므로 생체가 당을 직접 산소와 반응시켜 연소시킨다면 전자의 흐름은 순간적으로 이루어지고 폭발적으로 생성되는 에너지의 대부분은 포착되지 않고 열로서 소실될 것이다. 따라서 생체에서 일어나는 생화학적 경로들은 여러 단계로 되어있고 소량의 에너지 전환으로부터 에너지를 포착할 수 있으며 경로의 가역성도 가능하게 한다.

TCA회로에서 아세틸-CoA의 연소는 여러 단계로 이루어지며 전자 4쌍이 4단계의 반응에서 추출되고 이 전자들은 운반체들에 의하여 여러 단계의 반응들로 구성된 전자전달사슬로 운반된다. NADH의 전자쌍이 산소로 바로 운반된다면 약 52.6kcal의 전기에너지가 순간적으로 생성되며 아마도 8kcal 이하의 에너지를 포착하여 1개의 ATP만을 생성하게 될 것이며 나머지 45kcal의 에너지는 열로서 소실될 것이다. 생체에서는 전자쌍이 여러 단계의 운반과정을 거치는 과정에서 화학에너지의 약 22kcal에 해당하는 3개의 ATP를 생성한다.

(2) 대사에서 전자전달사슬의 역할

진핵세포에서 피루브산의 아세틸-CoA로의 전환, TCA회로, 전자전달을 포함한 호기성 대사과정은 모두 미토콘드리아에서 일어난다. 반면, 혐기성 과정인 해당작용(glycolysis)은 세포질에서 일어난다.

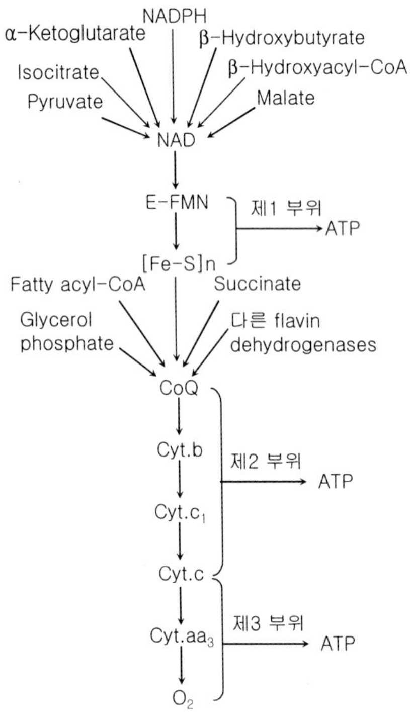

그림 7-7. 여러 기질로부터 NADH와 coenzyme Q로 환원당량의 집합. E-FMN은 NADA dehydrogenase, ATP를 생성하는 3단계의 화살표는 전자가 이동할 때 다량의 자유에너지 감소가 일어나는 곳이다.

전자전달사슬의 기작은 수소이온을 미토콘드리아 내막을 가로질러 펴내어서 H^+ 구배를 만든다. 이 H^+ 농도구배가 저장된 에너지이며 인산화와 짝지음기작의 기초가 된다.

최종 전자수용체인 산소는 물로 환원되며 이것은 글루코스의 대사에서 글루코스의 완전산화로 CO_2와 물을 생성함으로써 종결되는 것을 의미한다.

(3) 전자전달사슬의 반응

미토콘드리아의 매트릭스에서 TCA회로에 의하여 영양소로부터 추출된 전자들은 NADH와 코엔자임 Q(coenzyme Q, ubiquinone)의 두가지 방법으로 내막에 부착되어 있는 전자전달사슬로 들어간다(그림 7-7).

미토콘드리아의 내막에 있는 전자전달사슬의 코엔자임 Q를 제외한 구성분들은 단백질로서 네 개의 호흡복합체로 분리될 수 있다. 이 복합체들은 다효소체제이다(그림 7-8).

① **복합체 I**: *NADH-CoQ 산화환원효소 (NADH-CoQ oxidoreductase)*로서 미토콘드리아 내막의 내재성분으로 다른 여러 단위체와 함께 NADH를 산화시키는 플라보단백질과 철-황 단백질(Fe-S protein)을 포함하고 있다. 플라보단백질은 조효소 FMN과 단단히 결합되어 있으며 NADH로부터 두 개의 수소원자($2e^-+2H^+$)를 수용하여 $FMNH_2$가 된다.

$$NADH + H^+ + E\text{-}FMN \rightarrow NAD^+ + E\text{-}FMNH_2$$

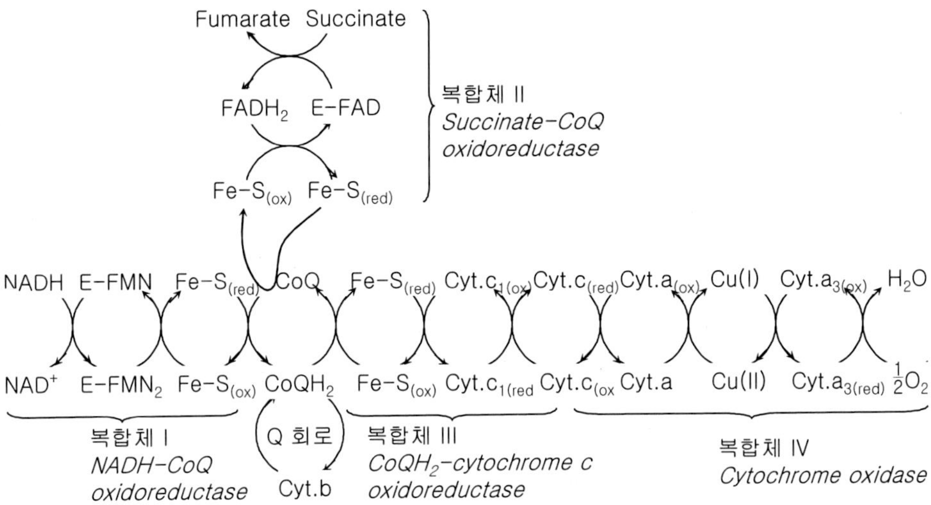

그림 7-8. 영양소에서 추출된 전자들로부터 산소로의 전자전달사슬.

이 반응식에서 E-FMN은 플라빈이 효소에 공유결합 되었다는 것을 나타낸다. 다음 단계는 E-FMNH$_2$로부터 전자들이 철-황단백질에 전달되고 이어서 코엔자임 Q에 전달된다.

$$\text{E-FMNH}_2 + \text{Fe-S(ox)} \rightarrow \text{E-FMN} + \text{Fe-S(red)} + 2H^+$$

$$\text{Fe-S(red)} + \text{CoQ} + 2H^+ \rightarrow \text{Fe-S(ox)} + \text{CoQH}_2$$

전체 반응식은

$$\text{NADH} + H^+ + \text{CoQ} \rightarrow \text{NAD}^+ + \text{CoQH}_2$$

이 반응은 pH 구배를 만드는 H^+ 배출의 세 군데 반응 중의 하나이다. 이 반응은 표준자유에너지가 크게 감소되면(ΔG°=-19.4㎉/mol) ATP를 생성할 수 있는 충분한 에너지의 방출을 나타낸다.

코엔자임 Q는 막 내에서 유동성이 크기 때문에 얻은 전자를 복합체 III에 전달하여 계속적으로 산소에 전달되도록 한다.

② **복합체 II**: *숙신산-CoQ 산화환원효소(succinate-CoQ oxidoreductase)*로서 TCA회로 중의 숙신산(succinate)에서 전자를 포착하여 환원된 FADH$_2$로부터 전자를 코엔자임 Q로 전달한다.

$$\text{Succinate} + \text{E-FAD} \rightarrow \text{fumarate} + \text{E-FADH}_2$$

$$\text{E-FADH}_2 + \text{CoQ} \rightarrow \text{E-FAD} + \text{CoQH}_2$$

전체 반응은 다음과 같다.

Succinate + CoQ → fumarate + $CoQH_2$

TCA회로에서 숙신산을 푸마르산(fumarate)으로 산화시키는 *숙신산 탈수소효소(succinate dehydrogenase)*와 지방산을 산화시키는 *아실-CoA 탈수소효소(acyl-CoA dehydrogenase)*는 이 효소의 일부로서 플라보단백질과 철-황단백질로 구성되어 있다.

③ **복합체 III**: *코엔자임 Q-사이토크롬 c 산화환원효소(CoQ-cytochrome c oxidoreductase)*로서 미토콘드리아 내막에 삽입되어 있다. 코엔자임 Q의 산화에는 두 개의 전자가 관여하지만 Fe^{3+}이 Fe^{2+}로 환원될 때는 단지 하나의 전자를 필요로 한다. 그러므로 한 분자의 코엔자임 Q에 대하여 두 분자의 사이토크롬 c가 필요하게 된다. 이 복합체의 구성분은 사이토크롬 b와 사이토크롬 c_1, 그리고 몇 개의 철-황단백질을 포함한다(그림 7-7 참조). 전자전달사슬의 사이토크롬들은 하나의 철 원자를 가진 헴기를 포함하고 있으나 헤모글로빈과 달리 사이토크롬의 철 원자는 Fe^{3+}으로부터 Fe^{2+}으로 가역적으로 전환하여 전자의 가역적 운반체로서의 기능을 가진다. 환원 코엔자임 Q($CoQH_2$) 중 하나의 전자는 사이토크롬 b와 철-황단백질 운반체를 거쳐, 사이토크롬 c_1으로 이동하는데 철-황단백질을 생략하고 코엔자임 Q와 사이토크롬 c_1이 관여하는 반응식을 다음과 같이 쓸 수 있다.

$CoQH_2$ + 2cyt. b(Fe^{3+}) → CoQ +$2H^+$ + 2cyt. b(Fe^{2+})

2Cyt. b(Fe^{2+}) + 2cyt. c_1(Fe^{3+}) → 2cyt. c_1(Fe^{2+}) + 2cyt. b(Fe^{3+})

2Cyt. c_1(Fe^{2+}) + 2cyt. c(Fe^{3+}) → 2cyt. c(Fe^{2+}) + 2cyt. c_1(Fe^{3+})

전체 반응은 다음과 같다.

$CoQH_2$ + 2cyt. c(Fe^{3+}) → CoQ + 2cyt. c(Fe^{2+}) + $2H^+$

복합체에 속하지 않은 두 개의 중요한 전자운반체인 코엔자임 Q와 사이토크롬 c는 막 내부를 자유롭게 움직일 수 있다는 것은 주목할 만하다.

코엔자임 Q로부터 사이토크롬 c로 전자의 운반과정에서 유리되는 자유에너지는 -8.2kcal로 ADP의 인산화에 필요한 7.3kcal/mol를 공급하여 ATP를 생성하기에 충분하다.

④ **복합체 IV**: 네 번째 복합체는 *사이토크롬 산화효소(cytochrome oxidase)*로서 미토콘드리아의 내재적 성분으로 존재하고 전자전달의 마지막 단계인 전자를 사이토크롬 c에서 산소로 전달하는 과정을 촉매한다. *사이토크롬 aa_3(cytochrome aa_3)*라고도 하는 이 효소는 사이토크롬 a와 사이토크롬 a_3 사이에 Cu^{2+}을 포함하고 있으며 전자 수용체로 작용한다.

Cyt. c → cyt. a → Cu^{2+} → cyt. a_3 → O_2

사이토크롬반응을 전체적으로 표현하면,

표 7-2. 전자전달반응의 에너지론

반 응	ΔG^{o}(㎉/mol NADH)
$NADH + H^{+} + E\text{-}FMN \rightarrow NAD^{+} + E\text{-}FMNH_2$	−9.2
$E\text{-}FMNH_2 + CoQ \rightarrow E\text{-}FMN + CoQH_2$	−10.2
$CoQH_2 + 2\ cyt.\ b(Fe^{3+}) \rightarrow CoQ + 2H^{+} + 2\ cyt\ b(Fe^{2+})$	+2.8
$2\ cyt.\ b(Fe^{3+}) + 2\ cyt.\ c_1(Fe^{3+}) \rightarrow 2\ cyt.\ c_1(Fe^{3+}) + 2\ cyt.\ b(Fe^{3+})$	−8.3
$2\ cyt.\ c_1(Fe^{3+}) + 2\ cyt.\ c(Fe^{3+}) \rightarrow 2\ cyt.\ c(Fe^{3+}) + 2\ cyt.\ c1(Fe^{3+})$	−1.4
$2\ cyt.\ c(Fe^{3+}) + 2\ cyt.\ aa_3(Fe^{3+}) \rightarrow 2\ cyt.\ aa_3(Fe^{3+}) + 2\ cyt.c(Fe^{3+})$	−1.8
$2\ cyt.\ aa_3(Fe^{3+}) + \frac{1}{2}O_2 + 2H^{+} \rightarrow 2\ cyt.\ aa_3(Fe^{3+}) + H_2O$	−24.5
총 반응	
$NADH + H^{+} + \frac{1}{2}O_2 \rightarrow NAD^{+} + H_2O$	−52.6

$$Cyt.\ c(Fe^{2+}) + cyt.\ aa_3(Fe^{3+}) \rightarrow cyt.\ aa_3(Fe^{2+}) + cyt.\ c(Fe^{3+})$$

$$\tfrac{1}{2}O_2 + 2H^{+} + 2e^{-} \rightarrow H_2O$$

그러므로 마지막 반응은 다음과 같다.

$$2cyt.\ aa_3(Fe^{2+}) + \tfrac{1}{2}O_2 + 2H^{+} \rightarrow 2cyt.\ aa_3(Fe^{3+}) + H_2O$$

총체적 반응을 요약하면 다음과 같다.

$$NADH + H^{+} + \tfrac{1}{2}O_2 \rightarrow NAD^{+} + H_2O$$

전자전달사슬에서 전자전달이 양성자(H^{+}) 이동을 통해 ATP 생성과 연결된 세 곳은 ㉮ *NADH 탈수소효소* 반응, ㉯ 사이토크롬 b의 산화, ㉰ *사이토크롬 산화효소*에 의한 e^{-}와 H^{+}의 산소와의 반응들이다. 표 7-2는 전자전달반응에서 에너지의 생성과 흡수를 보여준다.

표 7-3. 동물 cytochrome들의 최대 흡광파장

cytochrome의 종류	최대흡수파장(nm)		
	α	β	γ
환원 cytochrome b	563	532	429
환원 cytochrome c	550	521	415
환원 cytochrome c_1	554	524	418
환원 cytochrome a	600	−	439
환원 cytochrome a_3	604	−	443
환원 cytochromes	−	−	411

(4) 전자전달 억제물질

전자의 흐름이 일련의 산화-환원반응 중에 차단될 때 그 경로내의 차단점 앞에는 환원된 화합물이 축적될 것이다. 차단점 뒤에 나타나는 화합물은 전자가 결핍되어 산화형으로 발견될 것이다. 호

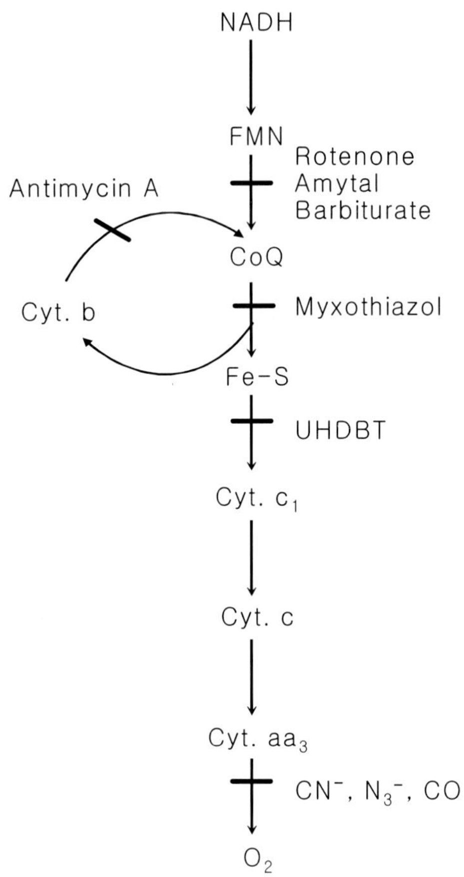

그림 7-9. 전자전달사슬 억제제들의 작용부위.
UHDBT, 5-N-undecyl-6-hydroxy-4,7-dioxobenzothiazol.

흡억제제를 사용하여 전자전달경로의 구성체 순서를 결정하는 추가적 증거를 얻을 수 있다. 전자운반체의 산화, 환원형의 상대적인 양을 알기 위한 실험은 이들 물질들의 흡광특성을 이용한다(표 7-3). 사이토크롬의 산화, 환원형은 환원형의 특징인 α-, β-피크의 존재 유무로서 구별된다. 각 사이토크롬은 어느 파장에서 피크가 나오는지를 보고 구별해 낼 수 있으며, 그 상대적인 양은 피크의 크기로 알 수 있다.

전자전달사슬에는 억제제가 영향을 미치는 부위가 세 군데로, 첫째 부위는 *NADH 탈수소효소*에 의하여 플라보단백질로부터 코엔자임 Q로 전자가 전달되는 부위로 로테논(rotenone), 바르비투르산(barbitu- rate), 아미탈(amytal) 등에 의하여 억제되며, 둘째 부위는 사이토크롬 b, 코엔자임 Q, 사이토크롬 c_1이 관여하는 부위로 안티마이신 A(antimycin A), 믹소티아졸(myxothiazol) 등에 의하여 억제된다. 이러한 혼합물들은 Q회로의 존재를 알아내는데 사용된다. 셋째 부위는 *사이토크롬 산화효소*에서 산소로 전달되는 부위로 시안화물(cyanide, CN^-), 아자이드(azide, N_3^-), 일산화탄소(CO) 등에 의하여 강력하게 억제된다(그림 7-9).

(5) 산화적인산화반응

전자전달사슬과 산화적인산화반응은 세 군데에서 공역되어 있으며, 전자전달사슬의 산화-환원반응에 의해 방출된 에너지는 공역부위(coupling site)에서 ADP를 인산화하여 ATP를 생성하는데 이용된다. ADP를 인산화하는데 7.3kcal가 필요하고 전자전달 반응의 세군데 공역부위에서 각각 7.3kcal 이상의 자유에너지가 발생되므로 각각 하나의 ATP씩, 도합 세개의 ATP를 생성한다(그림 7-10).

화학침투설(chemiosmosis)은 전자전달사슬에서 발생되는 자유에너지가 어떻게 ADP를 인산화시켜 ATP를 생성하는데 사용하는지를 설명해준다. 즉, 전자전달사슬에서 생성된 양성자(H^+)는

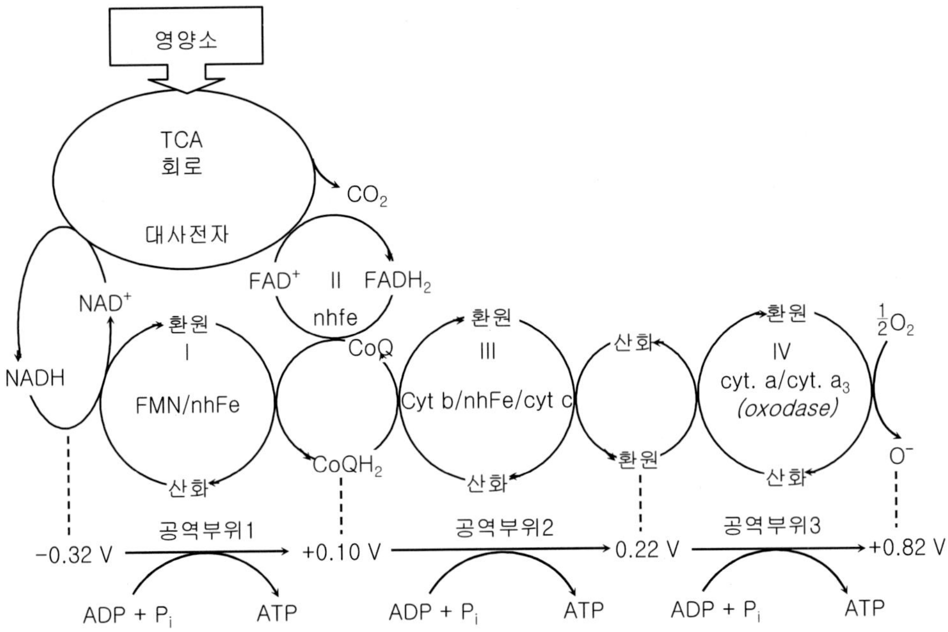

그림 7-10. 산화적인산화. NhFe, nonheme Fe. 전자전달사슬이 대사 전자를 산소로 운반하는 반면 전자 에너지는 ATP와 열을 생성한다.

양성자-펌프에 의하여 미토콘드리아 내막을 가로질러 매트릭스로부터 막간 공간으로 수송되어 전기적 구배(막 내부보다 막 외부에 더 큰 양전하를 가짐)와 pH 구배(막 내부보다 막 외부에 더 낮은 pH를 가짐)가 형성되며, 양성자 구배에 의하여 생성된 에너지는 막간 공간의 양성자가 공역단백질(coupling proteins)인 F_i와 F_o부위의 통로를 통하여 매트릭스로 재진입할 때 *ATP 합성효소*의 촉매로 ADP를 인산화시켜 ATP를 생성하게 되며, 전기구배와 pH 구배는 소실된다는 학설이다(그림 7-11).

*ATP 합성효소*는 ATP의 합성과 분해를 가역적으로 촉매할 수 있으며 따라서 분해를 촉매할 때는 *F_1-ATPase*라고 불린다.

$$\text{ADP} + \text{Pi} \xrightarrow[F_1 - ATPase]{} \text{ATP}$$

올리고마이신(oligomycin)은 *ATP 합성효소*와 결합, H^+ 통로를 차단하여 H^+의 매트릭스로의 재진입을 차단한다. 따라서 pH와 전기구배가 소실되지 않음으로 양성자-펌프에 의한 양성자 방출이 어려워지고 인산화반응에 의한 ATP 생성도 어려워진다.

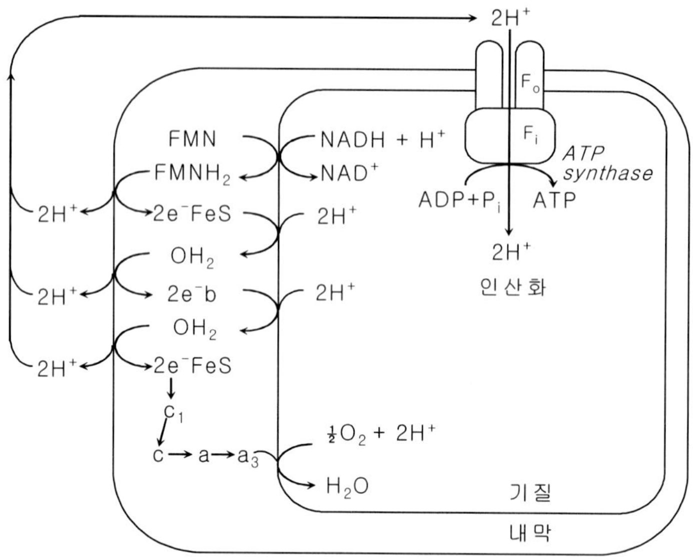

그림 7-11. 화학침투설에 의한 산화적인산화.

3) 산화적인산화반응의 생리적 조절

(1) 자율조절

ATP생성은 ATP/ADP 비율에 의하여 자율적으로 조절된다. 산화와 인산화반응은 단단하게 공역되어 있음으로 에너지의 부족을 암시하는 낮은 ATP/ADP 비율은 산화와 인산화반응을 촉진한다. 세포질과 미토콘드리아간 ATP/ADP의 특이한 수송 때문에 미토콘드리아의 ATP/ADP 비율은 세포내 다른 장소에서와 같은 비율을 나타낸다. 따라서 실제 ATP/ADP 총량은 적으므로 세포내 어떤 곳에서든지 에너지가 필요하게 되면 미토콘드리아에서의 산화적인산화를 자극하는 감응신호가 된다.

에너지가 필요할 때 ATP/ADP 비율은 낮으므로 인산화가 작동되며 환원조효소로부터 산소로 전자를 전달하는 짝지워진 산화반응도 뒤따른다. 이에 따라 NAD^+와 FAD는 산화형태로 존재하여 TCA회로로부터 전자를 추출하도록 준비되며 결과적으로 식품이나 저장 영양소로부터 유도된 더 많은 아세트산을 연소하게 한다.

에너지가 풍부할 때 ATP/ADP 비율은 높으며, 산화적인산화는 느리고, NADH와 $FADH_2$는 재산화가 잘 이루어지지 않는다. 이렇게 되면 대사전자들을 수용할 조효소들이 부족하기 때문에 TCA회로는 느려지고, 과량의 아세틸-CoA는 조건에 따라서 지방산이나 케톤체 등의 합성에 이용되게 된다.

결론적으로 산화적인산화반응은 ATP/ADP비율에 의하여 자율조절되며 산화-환원 조효소들의 재산화를 좌우하여 TCA회로의 활성을 결정하게 되므로 결과적으로 식품의 연소와 체내 저장을 결정한다.

(2) 산소에 의한 조절

산소는 산화적인산화반응을 조절하는 또 다른 요소로서, 여기에는 산소의 수송에 필요한 혈류와 산소를 이용할 미토콘드리아 수 등, 두가지 인자가 관련된다.

혈관분포(vascularization)는 혈액의 공급을 좌우하며 조직에 따라 큰 차이가 있다. 또한 허혈상태(ischemic condition)는 조직에 혈액의 공급이 손상받을 때 일어난다.

미토콘드리아 수는 세포에 따라서 다르다. 예를 들면, 심근세포는 많은 수의 미토콘드리아를 가지고 있어 부단한 심근세포의 수축을 계속하기에 충분하며, 반면에 골격근세포 특히 백색근세포는 단지 몇 개의 미토콘드리아만 함유하고 있다. 결론적으로 지속적인 운동중 산화적인산화에 의한 근육의 ATP 생성능력은 제한되어 있음으로 근육은 혈류로부터 글루코스를 흡수하여 기질수준의 ATP를 생성해야만 한다. 근육의 운동상태에 따라 혈관분포와 미토콘드리아 수는 증가하며 특히 적색근세포에서 그렇다.

4) 산화적인산화반응에 영향을 주는 요인

어떤 약물들과 특수한 생리적 조건은 전자전달사슬에 의한 전자전달을 감소시키지 않지만 ATP생성을 심각하게 손상시킬 수 있다. 이런 약물들을 **탈공역제**(uncoupler)라고 하며 탈공역에 의하여 산화는 영향받지 않으나 인산화반응은 탈공역됨으로서 산화에 의하여 생성되는 모든 전기에너지는 열로서 소실된다. 2,4-디니트로페놀(2,4-dinitrophenol), 발리노마이신(valinomycin), 그라미시딘 A(gramicidin A), 안티마이신(antimycin), 올리고마이신, 아스피린 및 비산(arsenic acid) 등은 탈공역제들이다. 2,4-디니트로페놀은 양성자구배를 형성할 수 없이 빠른 속도로 전자를 전달하여 막간 공간의 양성자를 매트릭스 내로 확산시키는 탈공역제로서 전자전달에 의하여 생성된 에너지는 ATP생성보다는 열로써 유리된다. 이에 따라 처음엔 식이성 칼로리를 열로써 유리시키므로 이상적인 체중 감량제로 기대되었으나 뒤에 사람에게 눈을 멀게 한다는 사실이 밝혀졌다. 아스피린은 다른 살리칠산염과 같이 산화적인산화반응의 탈공역제이며 과량의 투약으로 역시 열을 발생한다.

몇몇 항생물질들은 산화적인산화를 저해한다. 예를 들면, 안티마이신은 산화를 손상시키며, 올리고마이신, 그라미시딘 A 및 발리노마이신은 이온통로형성체(ionophore)로 H^+, Na^+, K^+과 같은 이온들이 막을 통과할 수 있도록 통로를 만들어 양성자 농도구배가 무너져 인산화가 억제된다.

전자전달사슬의 억제제들도 결과적으로 인산화반응을 저해하게 된다.

한냉침습(cold stress)은 타이록신을 유리하여 산화적인산화를 탈공역시키며 결과적으로 ATP 대신 열을 생성하여 체온의 항상성을 유지시킨다.

5) 대사에서 산화적인산화반응의 위치

(1) 전자전달사슬에서 전자들의 유래

① **TCA회로로부터**: 아세틸-CoA는 탄수화물대사의 공통 대사산물이다. 아세틸-CoA는 TCA 회로의 연료로 이용되며 다음에 아세트산을 활성화시키기 위하여 코엔자임 A를 분리시킨다. TCA회로를 통한 아세트산의 연소는 다음 반응식으로 요약할 수 있다.

$CH_3COOH + 2O_2 \rightarrow 2CO_2 + 2H_2O$

아세트산의 두 탄소원자는 CO_2로 산화되고, 네 수소원자는 물로 산화된다. 방정식으로부터, 아세트산을 산화시키기 위하여 네 산소원자를 사용하며 한 분자의 아세트산으로부터 네 쌍의 전자가 추출된다는 것을 알 수 있다.

TCA회로에서 전자의 추출은 네 군데의 효소 촉매단계에서 일어난다. 세 군데에서 NADH가 생성되며 한 군데에서 $FADH_2$가 생성된다(그림 7-11 참조). 미토콘드리아에서 이들의 산화 조효소들인 NAD^+와 FAD농도가 매우 낮으므로 환원효소들이 즉시 재산화되지 않으면 TCA회로의 작동이 정지된다. 따라서 환원 조효소들은 재산화를 위하여 즉시 전자전달사슬에 제공되어야 함으로 TCA회로와 전자전달사슬은 단단하게 연결되어있다. 이러한 연결은 조인자인 ATP/ADP 비율에 좌우된다는 것은 앞에서 설명하였다. 한 분자의 아세트산은 세 분자의 NADH(9분자의 ATP에 해당)와 한 분자의 $FADH_2$(2분자의 ATP에 해당)를 생성하며 부가적으로 1분자의 GTP가 기질수준에서 생성된다(그림 7-12).

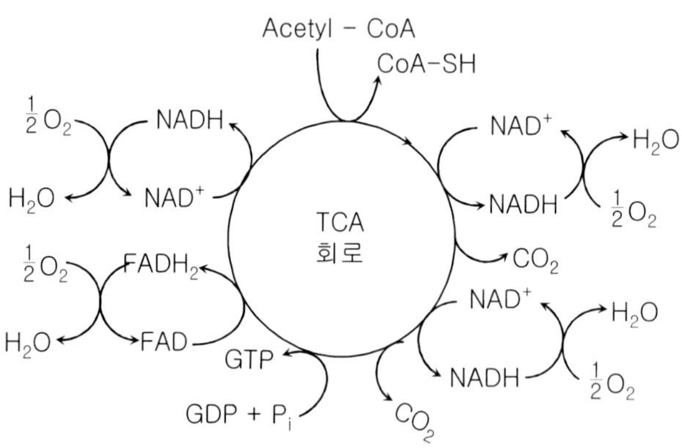

그림 7-12. TCA회로에서 유도된 대사전자들.

② **세포질에서 생성된 NADH로부터**: 세포질에서 생성된 NADH는 미토콘드리아막을 투과할 수 없으므로 NADH의 환원전자들은 특수한 수송계에 의하여 미토콘드리아 내로 운반되어 전자전달사슬에 들어간다. 산화된 NAD^+는 세포질에서 글루코스로부터 피루브산을 생성하는 해당과정 중 전자추출에 재활용된다. 세포질은 또한 NADH를 이용하는 대사과정에 의하여 NAD^+를 재생할 수 있

으며, NAD^+의 재생을 위하여 미토콘드리아의 산화적인산화과정으로 전자를 반드시 수송해야 하는 것은 아니다.

(2) 산화-환원 조효소들의 특성

일반적으로 효소들은 하나의 조효소만을 사용하는 특이성이 있다. 이화반응에서 많은 효소들은 조효소로서 흔히 NAD^+/NADH를 이용한다. 반면에 NADPH는 전자전달사슬의 기질이 아니며, 일반적으로 지방산 합성과 콜레스테롤 합성과 같은 동화반응에 주로 사용된다. 에너지론적으로는 NADH와 NADPH는 다같이 세개의 ATP를 생성할 수 있는 충분한 에너지를 가지고 있다. 실제로 많은 세포들은 이 조효소들이 다음과 같이 상호 전환할 수 있는 약한 효소활성을 가지고 있다.

$$NAD^+ + NADPH \leftrightarrow NADH + NADP^+$$

산화는 에너지를 생성하며 환원은 에너지를 소비한다. 그러므로 합성반응에서 하나의 NADPH의 사용은 3개의 ATP를 사용하는 것과 같다. 역으로 생각하면 하나의 물질이 더 많이 환원될수록 산화에 의하여 더 많은 에너지가 생성되는 것과 같다. 이러한 사실은 지방산 $(-CH_2-)n$이 당류 (-CHOH-)n 보다 더 많은 에너지를 생성하는 이유를 말해준다. 지방의 $-CH_2-$기는 분자량 14로 3개의 산소원자를 사용하여 CO_2와 H_2O로 산화되는 반면에 탄수화물의 CHOH-기는 분자량 30으로 단지 2개의 산소원자를 사용하여 CO_2와 H_2O로 산화된다. 따라서 지질과

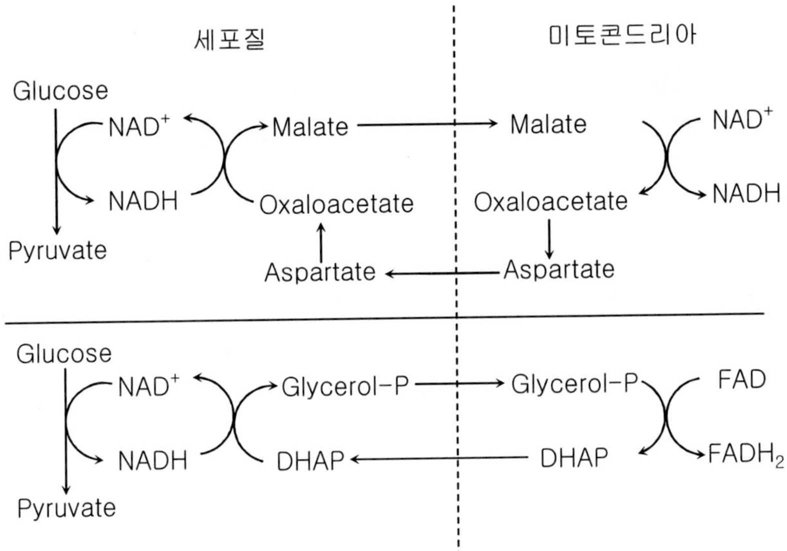

그림 7-13. 세포질에서 생성된 대사전자의 미토콘드리아 내로의 수송.
DHAP, dihydroxyacetone phosphate.

탄수화물의 대사에너지는 g당 각각 9kcal와 4kcal이다.

(3) 세포질과 미토콘드리아 간의 수송

미토콘드리아의 내막은 전하를 가졌거나 또는 친수성인 대부분의 물질들을 투과시킬 수 없다. 그러므로 세포질(더 정확히, 막간 공간)로부터 매트릭스로 특수 분자들을 수송하는 많은 수송단백질을 함유하고 있다.

① **환원당량의 수송**: 세포질에서 생성된 NADH는 직접 미토콘드리아 내로 침투할 수 없다. 그러나 NADH의 두 개의 전자(환원당량)는 두 가지의 왕복기전인 글리세로포스페이트 왕복회로(glycerophosphate shuttle)와 말산-아스파르트산 왕복회로(malate-aspartate shuttle)에 의하여 세포질에서 미토콘드리아 내로 수송된다(그림 7-13). **글리세로포스페이트 왕복회로**에서 세포질의 NADH로부터 두 개의 전자는 디하이드록시아세톤포스페이트(DHAP)를 환원시켜 글리세롤포스페이트(glycerol phosphate)로 전환된 후 미토콘드리아 내로 들어가고, 미토콘드리아 내부에서 다시 DHAP로 산화되면서 FAD를 환원시켜 $FADH_2$를 생성한다. 1분자의 $FADH_2$는 전자전달사슬로 들어가 산화적인산화에 의하여 두 분자의 ATP를 생성한다. 이 기작은 포유동물의 근육과 뇌에서 관찰된다. **말산-아스파르트산 왕복회로**에서 NADH로부터의 두 전자는 옥살로아세트산을 환원시켜 말산으로 전환된 후 미토콘드리아 내로 들어가고, 미토콘드리아 내부에서 다시 옥살로아세트산으로 산화되면서 NAD^+를 환원시켜 NADH를 재생한다. 1분자의 NADH는 전자전달사슬로 들어가 산화적인산화에 의하여 세 분자의 ATP를 생성한다.

② **ATP/ADP 수송**: 세포질에서 ATP를 사용한 후 생성된 ADP와 Pi는 미토콘드리아 내막을 통과하여 미토콘드리아 내부에 들어가 산화적인산화반응에 의하여 ATP로 재생된다. 재생된 ATP는 다시 내막을 통과하여 세포질로 수송되어 활용된다. 아데닌누클레오타이드운반체(adenine nucleotide carrier)는 ADP를 세포질에서 미토콘드리아 내로, ATP를 미토콘드리아의 매트릭스에서 세포질로 운반한다. 식물독인 아트락틸로시드(atractyloside)는 이 운반체를 강하게 억제하여 미토콘드리아 내의 ADP 총량을 고갈시켜 ATP 생성을 차단한다. 인산운반체(phosphate carrier)는 세포질로부터 무기인산을 미토콘드리아 내로 운반한다.

③ **기타 수송계**: 지방산이 아세틸-CoA로 산화되기 위해서는 세포질에서 미토콘드리아 내로 운반되어야하며 이 때 운반체로서 카니틴(carnitine)과 미토콘드리아막에 결합된 3종의 효소들을 사용한다. 또한 세포질에서 탄수화물의 해당으로 생성된 피루브산은 더 산화되기 위하여 운반체를 사용하여 미토콘드리아 내로 들어가며 이 때 CO_2를 유리하고 아세틸-CoA로 전환된다. 미토콘드리아 단백질 합성에 사용되는 아미노산들을 운반하기 위한 특별 운반체가 존재한다. 미토콘드리아내에서 생성된 아세틸-CoA는 지방산합성을 위하여 세포질로 수송되어야 한다. 그러기 위하여 아세틸-CoA는 시트르산으로 전환되어 미토콘드리아막을 통과한 후 세포질 내에서 다시 아세틸-CoA로 재전환된다. 이상의 기타 수송계에 관한 사실들은 각 장에서 구체적으로 더 논의될 것이다.

6) 산화적인산화반응의 선천성 결함

산화적인산화에 필요한 약 100종의 폴리펩티드 중 13종은 미토콘드리아 DNA(mtDNA)에 의하여 암호화되며 나머지 단백질들은 세포질에서 만들어져 미토콘드리아 내로 운반된다. 산화적인산화의 결함은 mtDNA의 돌연변이에 기인하며, mtDNA의 돌연변이율은 핵 DNA(nuclear DNA)보다 약 10배 이상 높다. ATP요구가 높은 조직들(예, 중추신경계, 골격근 및 심근, 신장, 간장)은 산화적인산화의 결함에 가장 영향을 많이 받는다. mtDNA의 돌연변이는 어떤 미토콘드리아 근병증(myopathy)의 원인이기도 하며, 시신경망막 변성(neuroretinal degeneration)의 결과로 중심시각의 양측성 상실을 수반하는 레버 선천성 시신경장애(Leber's hereditary optic neuropathy)의 원인이기도 하다. 정자세포(sperm cell)의 미토콘드리아는 수정란으로 들어가지 않기 때문에 mtDNA는 모계 유전을 한다.

제8장 혈액의 조성과 기능

1. 혈액의 조성

혈량(blood volume)은 체중 증가와 함께 증가하며 나이, 성별, 축종, 비만도 등의 영향 받는다. 체중 70kg인 성인의 경우 남자는 약 8%, 여자는 약 6%의 혈량을 가진다.

신선한 혈액에 항응고제를 가하여 원심분리하면 세 층으로 분리되며, 하층은 적혈구로서 그 양을 **헤마토크리트치**(hematocrit value) 또는 **충전세포용적**(packed cell volume, PCV)이라고 한다. 적혈구상의 얇은 백색층(피막, buffy coat)은 백혈구와 혈소판을 함유한다. 충전세포 위의 투명한 액층은 혈장(plasma)이다.

표 8-1. 인체 혈장의 주요 성분

용질	농도(㎎/100㎖)	용질	농도(㎎/100㎖)
총 단백질	6000-8500	총 노폐물	40
비단백 유기물질		Bilirubin (free+conjugated)	0.2 - 1.7
총 아미노산	60	Creatinine	0.6 - 1.5
Alanine	2.5-7.5	Methylhistidine	0.2
Glutamine	4.5-10.0	Urea	13 - 40
총 탄수화물	90	Uric acid	2.5 - 9.0
Fructose	6-8	**전해질(mEq/l)**	
Glucose (fasting)	65-110	총 음이온	142 - 150
Pentoses	2-4	HCO_3^-	24 - 28
총 지질	600	Cl^-	96 - 106
Cholesterol(free+ester)	150-250	Phosphate	1.6 - 2.5
Fatty acid(free)	8-30	Sulfate	0.3 - 1.3
Phospholipid	140-225	총 양이온	142 -158
Triacylglycerol	140-250	총 calcium	4.2 - 5.3
총 유기산	20	이온 calcium	2.1 - 2.6
Acetoacetate +acetone	0.3-2.0	Magnesium	1.5 - 2.5
Citric acid	1.4-3.0	Potassium	3.4 - 5.0
Lactic acid	4-17	Sodium	135 - 145

1) 혈장의 조성

혈장은 혈액응고인자(blood clotting factor)인 피브린(fibrin, 섬유소)의 전구체인 피브리노겐(fibrinogen, 섬유소원)을 비롯한 가용성 단백질들을 함유하고 있다. 혈액을 응고시켜 원심분리하면 혈청(serum)을 얻을 수 있다. 혈청과 혈장의 황색은 빌리루빈(bilirubin)과 카로티노이드(carotenoid)에 기인한다. 인체의 혈장 중 용질은 혈장량의 약 9%이며, 이 중 약 7%는 단백질, 약 1%는 비단백 유기물질, 약 0.9%는 무기염류이다 (표 8-1).

성숙한 가축 혈액의 화학조성은 인체와 매우 유사하다(표 8-2). 측정치들은 연령, 성별, 일주기 등 생리적 변동과 사용한 실험법들에 따라 다르다.

표 8-2. 성숙 가축의 혈중 특정 화학성분들의 함량범위

구성분	측정단위	혈액	말	암소	면양	돼지	개	고양이	닭
Glucose	mg/100mℓ	P,S,WB	60-110	40-80 80-120 (송아지)	40-80 80-120 (새끼)	80-120	70-120	70-120	130-270
비단백질소	mg/100mℓ	P,S,WB	20-40	20-40	20-38	20-45	17-38		20-35
요소 질소 (BUN)	mg/100mℓ	P,S,WB	10-24	10-30	8-20	8-24	10-30	10-30	0.4-1.0
요산	mg/100mℓ	WB	0.5-1	0.1-2	0.1-2	0.1-2	0.1-1.5	0.2-2.5	1.2 1.7 (산란계)
Creatinine	mg/100mℓ	P,S,WB	1-2	1-2	1-2	1-2.5	1-2	0.8-2	1-2
아미노질소	mg/100mℓ	WB	5-7	4-8	5-8	6-8	7-8		4-10
Lactic acid	mg/100mℓ	WB	10-16	5-20	9-12		8-20		47-56 20-98 (산란계)
Cholesterol	mg/100mℓ	P,S,WB	75-150	80-180	60-150	60-200	120-250	80-180	125-200
Bilirubin	mg/100mℓ	P,S,WB	0.2-6	0.2-1.5	0.1-0.4	0-0.6	0.1-0.6	0.2-0.6	
Direct	mg/100mℓ	P,S,WB	-0.4	-0.3	-0.3	0-0.3	0.06-0.1	0.05-0.1	
Indirect	mg/100mℓ	P,S,WB	0.2-5	0.1-0.5	0-0.1	0-0.3	0.01-0.5	0.15-0.3	
Na	mEq/100mℓ	P,S	132-152	132-152	139-152	135-150	141-155	142-158	151-161
K	mEq/100mℓ	P,S	2.5-5.0	3.9-5.8	3.9-5.4	4.4-6.7	3.7-5.8	3.4-5.4	4.6-4.7
Ca	mEq/100mℓ	P,S	4.5-6.5	4.5-6.0	4.5-6.0	4.5-6.5	4.5-6.0	4.5-6.0	4.5-6.0 8.5-19.5 (산란계)
P	mEq/100mℓ	P,S	2-6	2-7	2-7	3-6	2-6	4-7	
Mg	mEq/100mℓ	P,S	1.5-2.5	1.5-2.5	1.8-2.3	2-3	1.5-2.0	1.6-2.5	
Cl	mEq/100mℓ	P,S	99-109	97-111	95-105	94-106	100-115	117-123	119-130

P, 혈장; S, 혈청; WB, 전혈

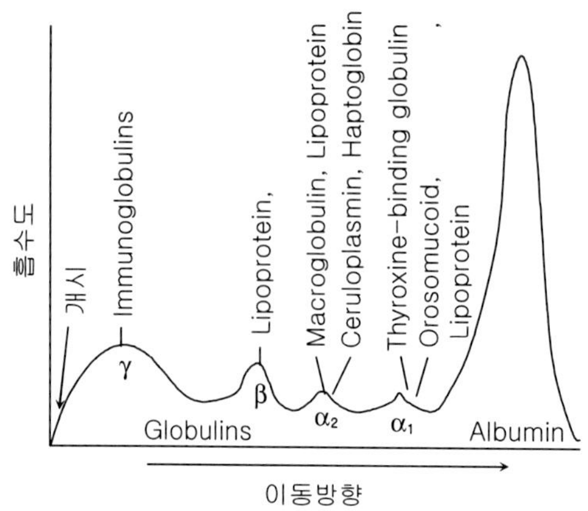

그림 8-1. 전기영동법에 의하여 분리된 인체 혈청단백질의 흡수 스펙트럼.

2) 혈장단백질의 기능

혈장단백질을 전기영동법으로 분리하여(그림 8-1) 측정하면 알부민 52~68%, $α_1$-글로불린 2.4~7.0%, $α_2$-글로불린 6.1~10.1%, $β_1$-글로불린 8.5~14.5%, γ-글로불린 10~21%이다.

개개 단백질들은 특이적 면역항체를 사용하여 측정할 수 있다. $α_1$-글로불린과 β-글로불린은 지단백질(lipoprotein)을 함유한다.

각종 혈장단백질들의 기능은 다음과 같다.

- 알부민은 지질을 운반하며 비교적 다량으로 존재하기 때문에 교질삼투압(osmotic pressure)에 크게 기여한다. 알부민의 약 40%는 혈중에 순환되며, 나머지 약 60%는 체내 간질액 중에 존재한다. 매 시간당 간질액 중 알부민의 약 5%가 림프를 통하여 간질액을 떠나 흉관을 경유하여 혈중으로 돌아온다. Ca^{2+}, 스테로이드호르몬 및 친유성 약물들(설폰아마이드, 아스피린, 페니실린 등)은 알부민과 결합함으로써 이들의 대사적 활성형(비결합형)의 혈장농도가 조절된다.
- 다른 $α_1$-글로불린에는 레티놀-결합단백질 (retinol-binding protein, RBP), 타이록신-결합글로불린(thyroxine-binding globulin) 및 글루코코티코이드(glucocorticoids)를 운반하는 트랜스코르틴(transcortin)이 있다.
- $α_2$-글로불린의 하나인 세룰로플라스민(ceruloplasmin)은 Cu^{+} 혹은 Cu^{2+}과 결합, 장에서 *ferroxidase*로 작용하여 Fe^{2+}를 Fe^{3+}로 전환시켜 트랜스페린(transferrin)에 삽입시킨다.
- $α_2$-글로불린인 합토글로빈(haptoglobin)은 혈관내 용혈에 의하여 유리된 헤모글로빈과 결합한다. 거대한 합토글로빈-헤모글로빈복합체는 망상내피세포(reticuloendothelial cell)에 식균되고 철은 재순환된다.
- 헤모펙신(hemopexin)은 헤모글로빈과 결합하지 않고, 헴과 결합하여 간으로 운반된 후 재사 용된다.
- γ-글로불린은 면역글로불린(immunoglobulin)이라고도 하며 항체로 작용한다. 하루에 순환 혈장단백질의 약 25%는 주로 간장과 신장을 통하여 교체된다. 정맥내로 투여한 알부민은 조직에 흡수되어 분해된 후 아미노산들은 재사용된다.

알부민, 피브리노겐과 혈장 글로불린의 80%를 생성하는 간장은 혈장단백질의 교체와 합성에 특히 중요하다. 저알부민혈증(hypoalbuminemia)은 간경화증(liver cirrhosis)에서 나타난다. 림프계 조직과 망상내피계(간, 비장, 골수, 림프절)는 γ-글로불린을 포함한 면역단백질들을 생성하는 장소이다.

2. 혈액응고

혈관의 손상으로 출혈이 일어나도 곧 출혈이 정지되는데 이를 지혈(hemostasis)이라고 한다. 이와 같은 지혈시스템의 특징은 필요할 때 빨리 작용하며, 온전한 혈관에서는 작용하지 않는다. 따라서 손상된 혈관이 수리되면 작용하지 않는다. 이와 같은 지혈 시스템이 완료되기까지는 매우 복잡한 과정을 거친다. 상처가 난 후 일련의 지혈반응들을 요약하면 다음과 같다. 신경근의 영향으로 즉각적인 혈관수축이 일어난다. 상처부위에서 혈소판은 콜라겐과 기저막에 접촉해서 끈끈하게 되어 콜라겐에 접착되고 또 서로 접착하여 상처난 혈관벽을 봉합하는 마개를 형성한다. 다음에 혈소판은 혈관수축인자들과 평활근세포의 성장을 자극하는 호르몬을 유리하여 혈관벽의 손상을 수선한다. 조직과 혈소판이 손상되면 혈액응고(blood clotting)를 일으키는 일련의 반응이 시작되어 혈소판은 피브린섬유, 포집된 적혈구와 함께 혈소판망으로 구성된 혈괴(thrombus, blood clot)를 형성한다. 이어서 혈소판망은 수축되고 손상된 혈관은 봉합된다. 조직이 수선된 후 혈괴는 섬유소분해활성(fibrinolytic activity)에 의하여 용해된다.

위의 내용에 따라 혈액응고과정을 다음 순으로 구분할 수 있다.

- 혈소판 마개 형성
- 혈관수축
- 혈액 응고와 혈괴의 섬유상 조직화
- 혈괴의 용해

1) 혈소판

혈소판(platelet, thrombocyte)은 골수의 거핵세포(megakaryocyte)에서 유도되어 적출된 세포단편으로 착색되어있지 않다. 혈중농도는 200,000~400,000/㎣이다. 혈소판의 결핍(혈소판감소증, thrombocytopenia)은 출혈시간을 연장시키고 혈액응고를 불가능하게 한다. 어떤 약물들, 방사선에 의한 이온화, 감염, 빈혈 및 백혈병 등이 원인이다.

혈소판이 혈액응고에 참여하기 위해서는 조직인자 또는 트롬빈(thrombin)에 의하여 노출된 내피하 콜라겐에 접착하여 활성화되어야 한다. 활성화된 혈소판은 혈관수축물질인 트롬복산 A_2 (thromboxane A_2)와 접착하여 혈소판 단층에 결합하는 부가적 혈소판을 활성화할 ADP를 분비한다. 결과적으로 덮개가 만들어진다. 활성화혈소판에 의하여 유리되는 다른 인자들 중에는 혈관수선을 위하여 세포복제를 유도하는 혈소판-유도 성장인자(platelet-derived growth factor, PDGF)와 맥관형성(angiogenesis)을 억제하고 호중구와 단핵구에 강한 화학주성 물질인 혈소판인자 IV(platelet factor IV)가 있다. 혈소판인자 IV는 항-염증성세포들을 상처부위로 이끈다.

혈소판-유도 트롬복산들과 대조적으로 프로스타사이클린(prostacyclin: 동맥벽과 폐에서 생성)들은 혈소판응집을 억제한다. 정상적 상태에서 생성되는 프로스타사이클린은 트롬복산들에 의한 과도한 응집을 억제한다. 그러나 동맥벽의 손상으로 프로스타사이클린의 합성속도가 저하되어 상대적으로 더 강해진 트롬복산의 효과는 혈소판을 응집시켜 혈액을 응고시킬 수 있다. 동맥혈관 내에 아테롬성동맥경화증성 플라크(atherosclerotic plaque)가 존재하면 또한 동맥혈관벽에서 프로스타사이클린의 생성과 유리속도를 감소시켜 동맥혈관에 혈전형성 기회를 증가시키며 치명적 결과를 초래할 수 있다.

혈소판은 위와 같은 기능 외에 혈액응고인자 XIII(blood clotting factor XIII)를 생성하고 응고인자들이 결합할 표면인지질을 제공하여 활성화 시킨다.

2) 혈관수축

혈관벽의 손상은 반사성 혈관수축(reflex vasoconstriction)을 일으킨다. 계속해서 응고혈액에 의하여 혈관이 압축된다. 활성화된 혈소판은 강력한 혈관수축물질인 세로토닌(serotonin)과 트롬복산들을 유리한다.

3) 내인성 및 외인성 혈액응고기전

외부 물질과 접촉으로 인한 혈관손상은 내인성 혈액응고경로를 진행하게 하며, 반면에 조직손상은 외인성 혈괴형성경로를 유발시킨다. 지혈의 내인성기전은 순환인자들을 필요로 하며 외인성기전은 조직인자들을 사용한다는 점에서 서로 다르며 두 경로는 최종 단계인 공통경로를 사용한다(그림 8-2). 최종 단계에서 프로트롬빈(prothrombin)은 활성물질이 생성되어 트롬빈(thrombin)으로 전환되고 트롬빈은 가용성인 피브리노겐(fibrinogen)을 불용성인 피브린(fibrin)으로 전환시킨다.

(1) 순환인자

순환인자들(circulating factors)은 응고가 시작될 때까지 불활성이며, 여러 기전들에 의하여 활성화 된다.

- 단백분해효소 전구체(zymogen)가 활성화되면 단백분해작용으로 또 다른 효소전구체를 활성화하여 궁극적으로 피브리노겐으로부터 피브린이 생성된다.
- 혈소판이 활성화된다.
- 어떤 인자들이 단백분해에 의하여 활성화되면 부인자들(accessory factors)을 생성하여 다른 인자들을 단백분해함으로서 활성화 속도를 증가시킨다. 3종의 부인자들이 이 연결반응에서 작용한다. 즉, Ca^{2+}, 혈소판과 손상된 조직의 막지질이중층에서 유도된 산성인지질, 효소전구체의 활성화에 특이적으로 필요한 단배질조인자 등이다. 예를 들면, 프로트롬빈의 활성화에 필요한 단백질 인자는 인자 Va(factor Va)이다 (그림 8-2 참조).

활성화된 인자들은 로마숫자 뒤에 "a"를 붙여 명명한다. 각종 혈액 응고인자들과 그들의 기능들에 대하여 표 8-3에 나타내었다.

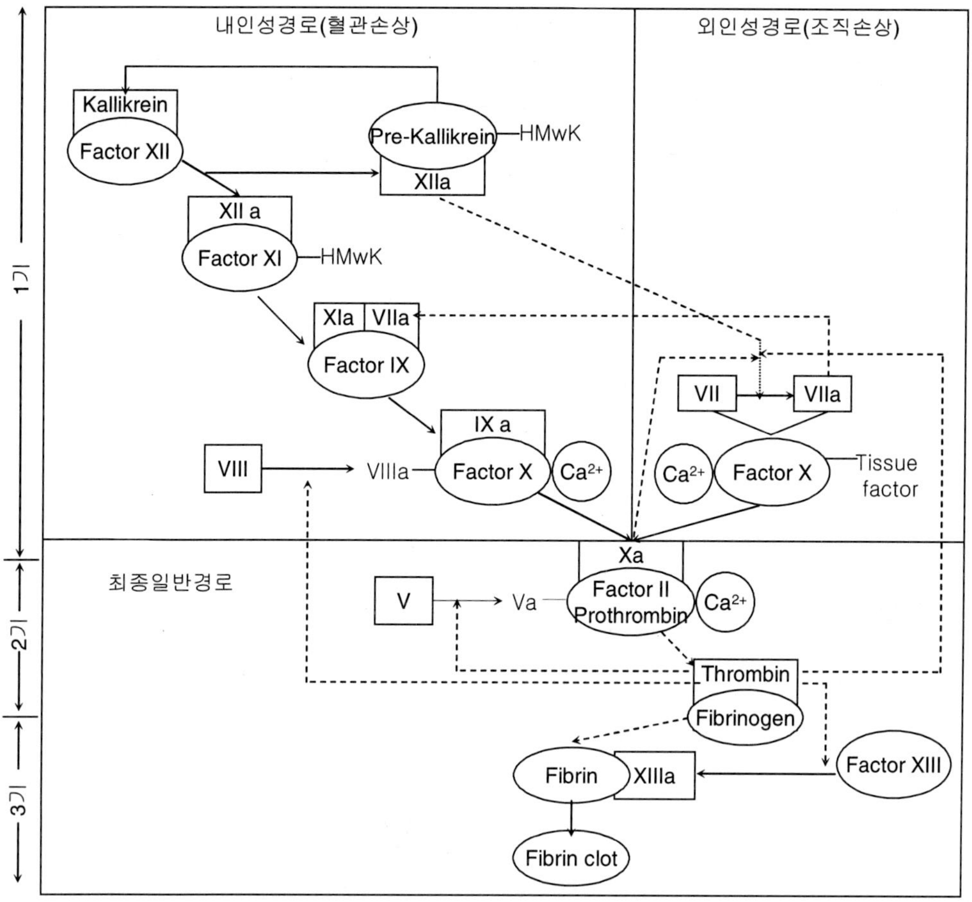

그림 8-2. 인체혈액의 응고 경로. 내부경로는 혈관손상으로 시작되며 순환중인 성분들이 관여한다. 외부경로는 조직손상으로 활성화되며 혈액성분들과 함께 조직인자를 필요로 한다. 경로들의 활성화로 1기 말에 프로트롬빈활성물질(Factor Xa)이 형성되고 이어서 2기 중에 트롬빈이 형성된다. 트롬빈은 트롬빈-활성화인자 XIII의 영향하에 피브리노겐을 피브린으로 분해하여 혈괴를 형성한다(3기). 순환중인 응고인자전구체들은 단백분해효소인 활성형(접미어 a를 붙인 것)으로 전환되어 작용한다. 또한 비단백 조인자들(HMwK, VIII, Va, 조직인자), Ca^{2+} 및 많은 경우 인지질표면이 몇 단계에서 요구된다. 점선으로 표시된 화살표는 활성화응고인자들이 다른 성분들에게 영향을 주는 피드백 영향을 나타낸다.

(2) 내인성경로의 초기 활성화: 접촉기

내인성경로는 혈액이 손상된 혈관벽과 같은 외부 표면에 접촉될 때 시작된다. 네종류의 인자들, 즉 인자 XII(factor XII), 프레칼리크레인(prekallikrein), 인자 XI(factor XI: 이들은 혈청 *protease* 전구체들이다) 및 부인자로 작용하는 브라디키닌(bradykinin)의 전구체인 고분자량의 키

표 8-3. 인체 혈액의 응고인자들

Factor No. 와 명칭	기능과 특징
I. Fibrinogen	가용성 단백질로 thrombin에 의하여 분해된 후 중합하여 fibrin clot를 형성한다.
II. Prothrombin	혈중에 순환하는 전구체로 factor Xa에 의하여 thrombin으로 전환되어 fibrinogen을 fibrin으로 전환시키며 factors V, VII, VIII 및 XIV을 활성화한다.
III. Thromboplastin; 조직인자	손상조직에서 유리되는 부인자, 외인성 응고에 필요한 인지질을 필요로 한다.
IV. Ca^{2+}	막 인지질에 vitamin K-의존 응고인자들을 연결시키고, fibrinogen, factor V 및 기타 단백질들을 안정화시키며, factor XIII 활성화에 필요하다.
V. Proaccelerin	Thrombin에 의하여 활성화되어 factor Xa에 의한 prothrombin의 활성화를 촉진하는 부혈장단백질. Factor Va는 전에 VI으로 불렸으며 현재 factor VI는 없다.
VII. Proconvertin	외인성 경로에서 factor X를 활성화하는 protease의 전구체.
VIII. Antihemophilic factor; von Willebrand factor	활성화되면 내인성경로에서 factor IX에 의한 factor X의 활성화를 증대시키는 부혈장단백질.
IX. Christmas factor	Factor XIa와 VIIa에 의하여 활성화되어 protease를 생성하는 순환효소전구체로 protease는 내인성경로에서 factor X를 활성화한다.
X. Stuart factor	Factor IXa에 의하여 활성화되어 prothrombin을 thrombin으로 전환시키는 protease를 생성하는 순환효소전구체.
XI. 혈장 thromboplastin 전구체	Factor IX를 활성화하는 protease의 순환전구체.
XII. Hageman factor	내인성경로의 접촉기에 표면접촉 또는 kallikrein계에 의하여 활성화되어 factor XI의 활성화를 증대시키는 순환효소전구체.
XIII. Fibrin-stabilizing factor	굳은 혈괴를 형성하기 위하여 단량체인 fibrin가닥을 교차결합시키는 transglutaminase의 순환전구체로 thrombin에 의하여 활성화된다.
XIV. Protein C	Thrombin에 의하여 활성화되어 factor V와 VIII를 불활화시키는 protease를 생성하는 순환전구체.
Prekallikrein	내인성경로의 접촉기에 단백분해로 factor XII를 활성화시키는 kallikrein의 전구체.
고분자량 kininogen (HMwK)	Factor XI과 XII를 활성화시키는 부인자. Kallikrein에 의한 HMwk의 분해는 bradykinin을 생성한다.
Plasminogen	조직 활성화물질들에 의하여 활성화되면 혈괴형성 후 fibrin을 분해하는 protease인 plasmin을 생성하는 순환전구체.

니노겐 (high-molecular-weight-kininogen, HMwK)이 응고접촉기에 관련된다(그림 8-2참조). 브라디 키닌은 혈관확장제로 작용하여 혈압을 낮추기도 한다.

인자 XII는 콜라겐 또는 혈소판막에 흡착되어 *protease* XIIa가 된다. 인자 XIIa는 프레칼리크레인을 칼리크레인(kallikrein)으로 전환시키며, 칼리크레인은 계속해서 인자 XII을 활성화시킨다. 상호활성화(reciprocal activation)라고 지칭되는 이 순환 과정은 자가촉매과정의 하나이다. 이렇게 생성된 인자 XIIa는 다음 단계에서 부인자로 HMwK를 사용하여 인자 XI을 활성화시킨다.

(3) 외인성경로의 초기 활성화

조직손상에서 인자 VII와 조직인자(인자 III 또는 트롬보플라스틴으로도 지칭)가 지혈 초기에 관여한다(그림 8-2 참조). 응고는 내인성경로보다 외인성경로가 시작될 때 더욱 빨라진다.

인자 X의 활성화는 프로트롬빈의 활성화와 매우 비슷하다. 이 때 Ca^{2+}과 인지질이 사용되며, 이용하는 *protease*는 인자 VIIa, 부단백질은 트롬보플라스틴(thromboplastin)이다. 조직손상으로 트롬보플라스틴과 인지질이 유리되어 소량의 인자 Xa를 생성하는 인자 VII의 활성을 증대시켜 약간의 트롬빈이 형성되도록 한다. 트롬빈은 더 많은 인자 VII을 VIIa로 전환시킨다.

(4) 초기신호의 증폭

초기반응에서 생성된 극소량의 활성 *protease*에 의하여 수백 분자의 인자 XI가 생성되며, 계속해서 수천 분자의 활성화된 인자 IX가 생성된다.

혈장 중 응고인자들의 농도는 일련의 반응에서 다음 단계를 시작하기에 필요한 양을 반영한다. 인자 VII, V, II 및 피브리노겐의 농도는 각각 약 0.015, 0.9, 12 및 360㎎/100㎖이다.

(5) 피브린괴(fibrin clot)의 수축

혈소판 유래의 인자 XIII는 트롬빈에 의하여 활성화된다. *Transglutaminase*인 인자 XIIIa는 피브린분자들의 리신과 글루타민잔기를 연결하여 단량체인 피브린섬유들을 교차결합시킨다(그림 8-3).

(6) 비타민 K와 Ca^{2+}의 요구

트롬빈의 형성과 인자 IX와 X의 활성형은 적당량의 비타민 K와 Ca^{2+}섭취를 필요로 한다. 비타민 K는 간세포의 조면소포체 내강 쪽에 위치하여 새로 합성되는 응고인자들의 어느 것에서 글루타민산잔기들을 카복실화하는 *carbo- xylase*의 필수 조인자이다. 결과적으로 γ-카복시글루타민산(γ-carboxy glutamic acid, 그림 8-4)을 생성하며 이들 중 몇몇은 비타민 K-의존 응고인자들 중의 집괴에서 발견된다. 인체 프로트롬빈은 27개의 아미노산서열로 이루어져 있으며 이 중 10개의 아미노산이 γ-카복시글루타민산이다. 디쿠마롤(dicumarol, 그림 8-5)과 같은 비타민 K의 항

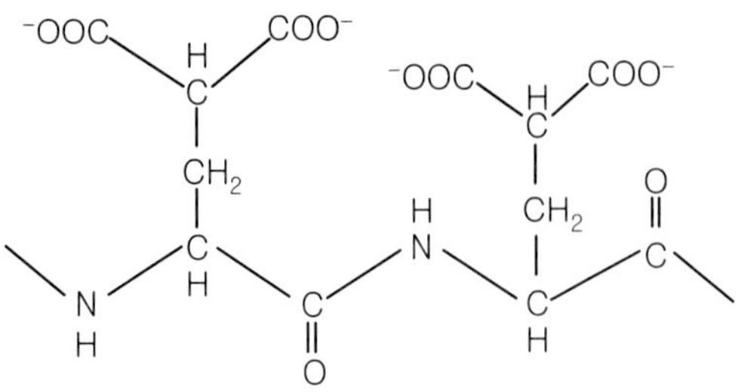

그림 8-4. ɣ-Carboxyglutamic acid.

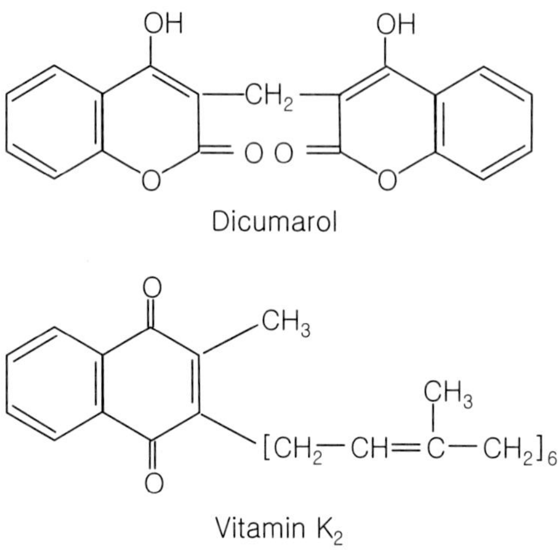

그림 8-5. Dicumarol과 vitamin K의 구조적 유사성.

대사물질들은 응고인자들의 합성을 억제한다.

디쿠마롤을 급여한 동물들은 ɣ-카복시글루타민산 대신 글루타민산이 존재한다. 디쿠마롤은 소의 출혈병을 일으키는 부패한 스위트클로바(sweet clover)에서 최초로 확인되었다. 현재 디쿠마롤은 쥐약으로 사용되며, 또한 혈전증(thrombosis)환자에서 응고-형성경향을 감소시키기 위하여 치료목적으로 사용된다.

두 인접한 카르복실기는 Ca^{2+}결합부위를 형성하며 따라서 프로트롬빈의 10 ɣ-카복시글루타민산에 결합된 10개의 Ca^{2+}이 존재한다. 응고인자들과 결합하는 Ca^{2+}의 기능과 각종 부인자들(인지질, 인자 Va와 Xa)의 관여를 증명하는 프로트롬빈으로부터 트롬빈으로의 전환과정을 그림 8-6 에 나타내었다.

(7) 응고의 연결반응에 대한 조절

상처에 대한 반응에서 지혈속도와 지혈수준의 조절뿐 아니라 임의의 응고형성을 방지하도록 조절이 이루어져야만 한다.

- 활성 응고인자들의 농도는 혈류에 의한 희석으로 크게 감소하며, 단지 상대적으로

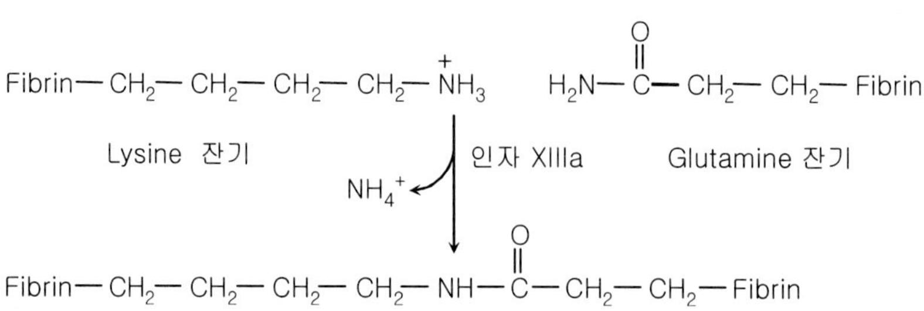

그림 8-3. Factor XIIIa의 *transglutaminase* 활성에 의한 fibrin clot의 형성.

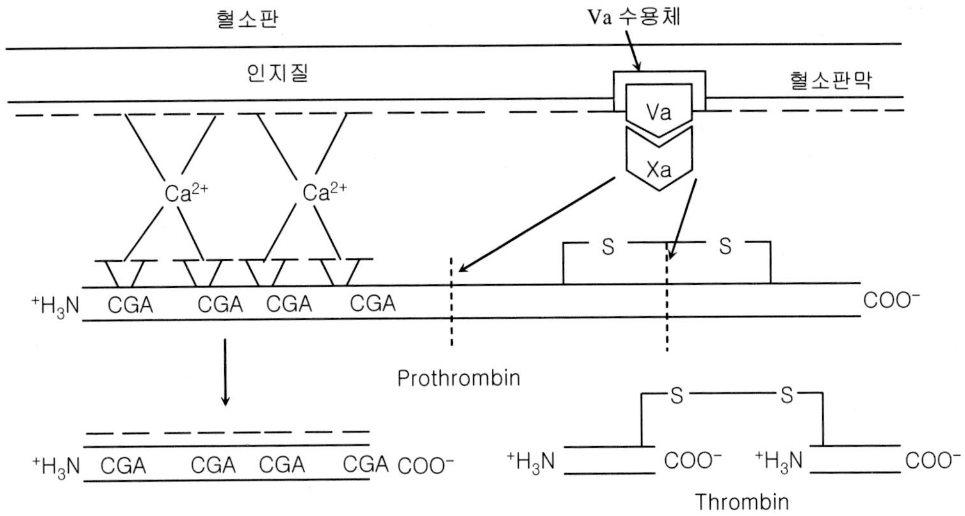

그림 8-6. Prothrombin의 thrombin으로의 전환. Prothrombin에 있는 많은 γ-carboxyglutamate(CGA) 분자들과 장막상의 음이온성 인지질은 Ca^{2+}에 의하여 연결되어 있다. 혈소판의 파열은 혈소판 내의 인자 V를 활성화시킨다. 인자 Va는 형질막의 수용체에 부착하여 인자Xa를 결합시키고 계속하여 하나의 수용체로 작용한다. 하나의 *protease*인 인자 Xa는 두 곳에서 prothrombin 펩티드사슬을 분해하여 한 분자의 활성 thrombin을 생성한다.

침체된 미소순환의 정맥혈에서만 활성이 있다.

- 혈장 중에는 안티트롬빈-III(antithrombin-III)와 같은 활성화된 응고인자들에 대한 억제물질들이 존재한다. 활성 응고인자들은 그들의 전구체와 달리 불안정하며 따라서 작용시간이 제한되어있고 간장에 의하여 혈액으로부터 빨리 제거된다. 특히 인자 VIIIa와 Va의 반감기는 매우 짧다. 트롬빈에 의하여 생성되는 인자 Va는 또한 지속적으로 트롬빈에 의하여 분해(불활성화)된다.
- 어떤 활성 응고인자들은 다른 응고인자들을 활성화하거나 억제한다. 트롬빈은 인자 V, VII 및 XIII를 활성화시켜 응고를 증대시킨다. 그러나 프로테인 C(protein C)의 트롬빈 활성화는 인자 Va와 VIIIa를 분해하여 응고속도를 감소시키고 특히 혈전부위의 과도한 응고를 방지한다.
- 트롬빈과 혈소판은 혈괴의 피브린망에 포집되어 그들의 농도가 감소된다.

4) 피브린의 분해

혈괴형성 후 며칠 내에 피브린의 분해(fibrinolysis)로 조직이 수선되어 모세혈관이 뚫리고 말단 모세혈관으로부터 미소한 혈괴가 제거된다.

피브린분해 시스템(fibrinolytic system)은 플라스미노겐(plasminogen), 플라스민(plasmin), 플라

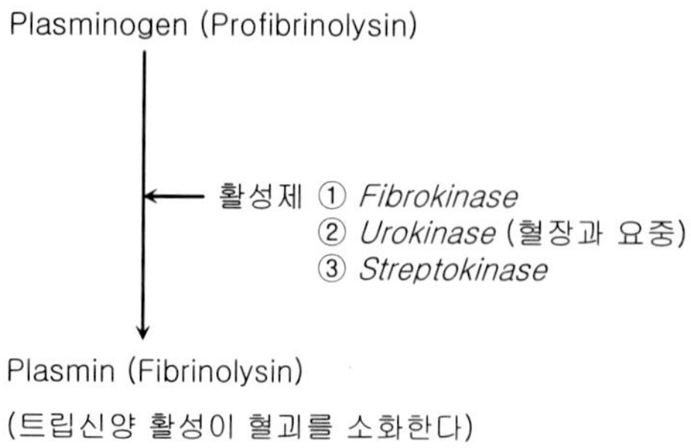

그림 8-7. Fibrin의 분해(혈괴의 분해).

스미노겐 활성물질들(plasminogen activators) 및 α_2-안티플라스민(α_2-antiplasmin)으로 구성된다 (그림 8-7). 피브린의 분해는 조직 플라스미노겐 활성물질들에 의한 플라스미노겐의 활성화로 생성된 플라스민(plasmin)에 의하여 이루어진다. 혈장단백질 α_2-안티플라스민은 플라스민을 특이적으로 억제하여 플라스민의 작용조절에 도움을 준다. 인체의 플라스미노겐은 신장에서 만들어진다. 여러 조직들이 다른 플라스미노겐 활성물질들을 가지고 있다. 신장에서 만들어지고 요중에 나타나는 강력한 플라스미노겐 활성물질은 *urokinase*이다. β-용혈성 연쇄상구균들(β-hemolytic streptococci)의 단백질인 *streptokinase*는 또다른 플라스미노겐 활성제이다.

*Urokinase*와 *streptokinase*는 심장 관상동맥 폐색증을 치료하기 위하여 동맥 카테터(arterial catheter)를 사용하여 임상적으로 사용된다.

5) 항응고제

항응고제(anticoagulants)는 일련의 혈액응고기전에 관여하는 효소들과 부인자들을 간섭하여 지혈을 억제하고 출혈을 지속시킨다. 실험관내에서 사용되는 어떤 항응고제는 여러 단계의 응고기전에 필수적인 Ca^{2+}을 제거한다. 옥살산(oxalate)과 불화물(fluoride)은 Ca^{2+}과 단단히 결합하며. EDTA(ethylenediaminetetraacetic acid) 또는 EGTA[ethylene glycolbis(β-aminoeth-ylether)-N,N′-tetraacetic acid]도 Ca^{2+}과 결합한다. 불화물은 Ca^{2+}과 결합하는 것 외에도 해당(glycolysis)을 억제하여 혈당 농도에 영향을 미친다. 옥살산, 불화물 및 EGTA는 독성물질이다. 한편 Ca^{2+}과 결합하는 시트르산은 독성이 없으며 따라서 혈액의 보존을 위하여 널리 사용된다.

헤파린(heparin)은 동물체내의 중요한 항응고제로서 혈장단백질, 안티트롬빈-III와 결합하여 혈액응고기전에 관여하는 인자 IIa, IXa, Xa, XIIa 및 칼리크레인을 포함한 *protease*들을 억제한다. 헤파린이 혈관 내피의 비만세포(mast cells)에서 유리되거나 주사하면 안티트롬빈-III와 복합체를 만들어 응고에 관여하는 *protease*들 중의 하나와 결합하여 억제시킨다. 다음에 헤파린은 *protease*-antithrombin-III복합체로부터 유리되어 제2의 *protease* 억제에 사용된다. 헤파린은 작용이 빠르므로 수술중 또는 수술후 사용되며 혈장을 분리할 때에도 사용된다. 디쿠마롤은 간장에서 응고인자들의 합성을 억제하여 장시간에 걸쳐 응고경향을 감소시킨다.

인체의 프로테인 C는 혈청 *protease*의 전구체로서 활성화되면 부단백질들, 특히 인자 Va와 VIIIa의 활성형을 신속히 분해하여 항응고활성을 나타낸다.

6) 과다출혈의 원인

과다출혈(excessive bleeding)은 다음의 경우에 일어난다.

- 비타민 K는 간에서 프로트롬빈과 인자 V, VII, IX 및 X의 합성에 필요하기 때문에 비타민 K의 결핍은 과다출혈의 원인이다. 디쿠마롤의 부주의한 사용에 기인하는 중독은 드물다.
- 간염과 간경화증은 응고인자들의 합성을 억제한다.
- 혈우병(hemophilia)은 선천성 응고결핍증이다. 가장 흔한 원인은 인자 VIII(전체의 85%이상) 또는 인자 IX의 결핍이다. 수혈이 가능하지만 공혈자의 혈소판이 쉽게 제거되는 것이 문제이다. 현재 생합성인자 VIII의 이용이 가능하다. 매우 드물게 Stuart인자, Christmas인자, Hageman인자 등과 같은 다른 응고인자들의 결핍이 원인이다.
- 50,000혈소판/㎣보다 더 적은 수의 혈소판을 가진 혈소판감소증(thrombocytopenia)은 모세혈관의 내부출혈을 일으킨다. 이러한 상태는 골수손상에 기인할 수 있다(예를 들면, 방사선 피폭, 약물 과민증, 자가면역 장애 등).

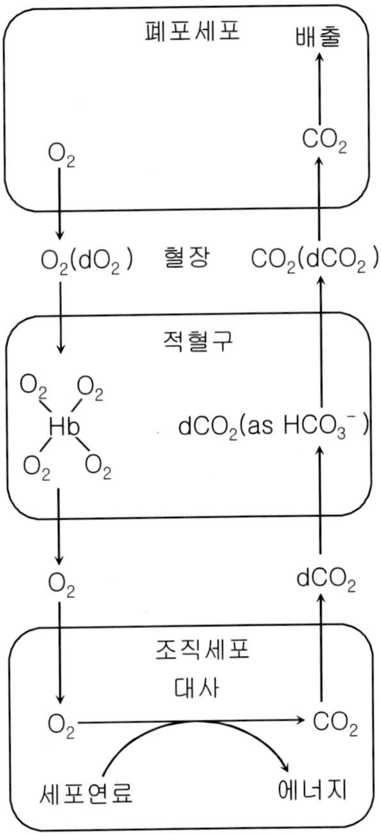

그림 8-8. O_2와 CO_2의 전달. dO_2, 용존 산소 dCO_2, 용존 이산화탄소.

3. 적혈구의 기능

1) 적혈구의 형태와 기능

혈액의 약 2/5는 적혈구(erythrocyte, red blood cell, RBC)이다. 많은 동물들의 적혈구는 비슷한 형태를 가지고 있으나 크기에서 많이 다르다. 적혈구는 양 표면의 중심이 함몰된 평평한 원반형(biconcave dish)의 세포로서 핵이나 다른 세포내 소기관들을 가지고 있지 않다. 적혈구는 정상적인 성장과 성숙 동안에 핵이 없어진다. 적혈구의 세포질은 약 20%가 단백질이며, 이 단백질의 약 90%가 헤모글로빈이다.

적혈구는 다양한 대사반응을 수행하는 수 백개의 다른 단백질과 효소를 가지고 있으며 그렇게 단순하지 않은 세포이다. 적혈구의 일차적인 목적은 O_2와 결합하여 조직에 O_2를 공급하는 것이다. O_2와 CO_2는 그림 8-8에서처럼 적혈구 세포막을 통하여 확산한다.

적혈구 내에 존재하는 헤모글로빈(hemoglobin)은 물에 대한 용해도가 낮은 기체인 O_2뿐만 아니라 CO_2와 H^+의 운반체이다. 폐로부터 O_2를 조직으로 운반하고 조직의 대사에 의하여 생성된 CO_2를 폐로 운반한다. 포유동물의 적혈구는 고도로 특성화된 세포로서, 적혈구 중량의 약 1/3에 해당하는 헤모글로빈은 적색으로 적혈구에 산소운반능력을 부여한다.

적혈구는 핵, 미토콘드리아, 라이소솜, 소포체 및 골지체가 없으며 이는 성숙 적혈구에 대하여 중요한 대사적 의미를 가진다. 예를 들면, 적혈구는 핵산이나 단백질을 합성할 수 없으며 지방을 연소시켜 에너지를 얻을 수도 없다. 따라서 적혈구는 세포막의 이온펌프, 사이토스켈레톤의 형태 및 기능성 헤모글로빈 등을 유지하기 위한 영양소로 글루코스를 사용하게 된다.

인간의 적혈구 수명은 120일로서, 생존기간 동안 282㎞를 순환한다. 가축에서 적혈구의 수명은 동물종에 따라 다르며 돼지의 65일부터 말의 150일까지 다양하다. 적혈구의 나이가 증가 함에 따라 망상내피계의 세포들, 특히 비장의 대식세포에 의하여 영원히 혈류로부터 제거된다. 헤모글로빈은 분해되어 구성분인 단백질(globin), 헴(heme) 및 철을 생성한다. 글로빈은 가수분해되며 생성된 아미노산은 단백질 합성에 재사용되고, 헴은 빌리루빈으로 분해되어 담즙으로 배설된다. 철은 골수와 간으로 수송되어 헴합성에 재사용된다. 적혈구의 분해와 평형을 이루기 위하여 골수에서의 적혈구의 생성, 즉, 조혈(hematopoiesis)은 일정한 속도로 진행된다.

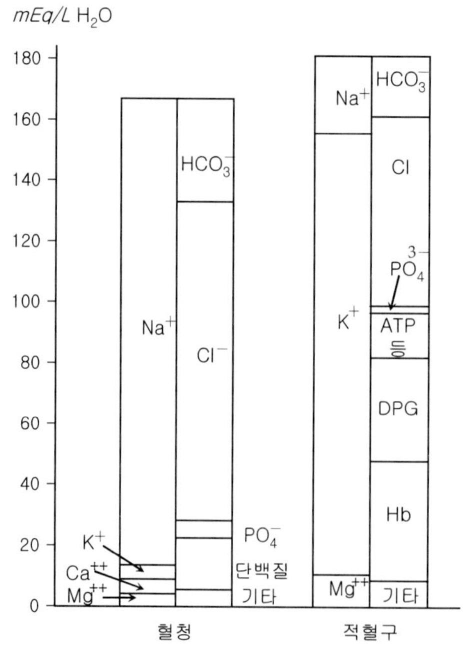

그림 8-9. 혈청과 적혈구의 조성비교.

2) 적혈구의 조성

혈청과 적혈구의 조성을 비교하여 그림 8-9에 나타내었다.

- 적혈구의 총 산-염기당량수(acid-base equivalents)는 혈청보다 높다. 세포내 단백질농도가 더 높은 것을 고려하면 Donnan 막평형에 의한 분배를 예측할 수 있다.
- K^+은 적혈구의 주요 양이온이다.
- 적혈구는 특이적으로 2,3-디포스포글리세르산(2,3-diphosphoglycerate, DPG) 함량이 높으며 헤모글로빈과 결합한 O_2의 유리를 조절한다.
- 적혈구 내의 매우 낮은 Ca^{2+} 농도는 세포막의 특이한 Ca^{2+}-펌프(Ca^{2+}/Mg^{2+}*ATPase*)에 기인 한다.
- 적혈구의 팽윤(swelling), 용혈(hemolysis). 및 둔거치(crenation)는 전에 논의된 바와 같으며, 용혈 후 불용성인 세포막과 부착된 단백질을 **고스트**(ghost)라고 한다.

적혈구막은 Ca^{2+}-펌프와 함께 Na^+-펌프

(Na^+/ K^+ *ATPase*)를 가지고 있다. 세포의 노화는 위의 두 펌프의 기능상실을 가져오며 세포내 Na^+와 Ca^{2+} 농도를 상승시킨다. 이에 따라 K^+-의존성 효소(*kinase*)의 활성이 억제되며, 세포 골격의 안정성이 감소된다. 결과적으로 세포는 경직되어 변형되지 않으므로 모세혈관을 통과할 수 없게 되며 망상내피세포에 의하여 흡수된다.

표 8-4. 가축의 중요한 혈액형 시스템

동물종	혈액형
개	DEA 1.1, DEA 1.2, DEA7
고양이	A, B
말	A, C, Q
소	B, J
면양	B, R
돼지	A, E

3) 혈액형 항원

항원 결정체(혈액형 물질)는 적혈구 표면에 있다. 이들 항원은 특이 항체에 의하여 인지되며, 특이 항체는 항원을 가지고 있는 세포들을 응집시킨다. 혈액형(blood group)은 유전되므로 이들에 관한 지식은 혈연관계나 수혈(blood transfusion)시 안전성을 확인하는데 유용하다.

혈액형 물질들은 적혈구뿐만 아니라 타액, 유즙, 위액, 요 및 정액과 난소낭포액(ovarian cyst fluid)과 같은 체액에도 존재한다.

인체의 막단백질에 결합한 소당류의 화학적 성질이 혈액형 A, B, AB 및 O형을 결정한다. 이외에도 Rh 인자(Rh factors)가 있다. 가축의 혈액형은 표 8-4에서 보여준다. 가축에서 보여주는 모든 혈액형 항원은 보통염색체로 유전되며, 어떤 것은 비적혈구성 조직(nonerythroid tissues)에서 형성되어 혈중으로 분비되며 적혈구에 수동적으로 흡수된다 (예, 개의 DEA7; 면양의 R; 소의 J).

4) 적혈구의 대사

조직을 구성하는 세포와 달리 적혈구는 에너지원으로서 지방, 케톤체 및 아미노산들을 이용할 수 없다. 적혈구는 미토콘드리아가 없으므로 대사에 의하여 추출되는 전자들을 포착하는데 산소를 사용할 수 없다. 따라서 산소가 없는 상태에서 혐기적 대사경로(anaerobic catabolic pathway)에 의하여 분해될 수 없는 아미노산은 에너지원으로 사용할 수 없다. 그러므로 혐기적으로 대사될 수 있는 글루코스를 적혈구의 대사기능을 유지하기 위하여 유일한 에너지원으로 이용한다. 글루코스는 특이 막통과운반체(transmembrane transporter)에 의하여 촉진되는 확산의 방법으로 적혈구내에 들어간다. 적혈구내의 글루코스는 해당(glycolysis)과 5탄당분로(pentose shunt)에 의하여 대사 되면서(그림 8-10) ATP 형태로 에너지를 제공하며, NADH와 NADPH의 형태로 환원력을 제공한다.

적혈구에서 생성된 에너지(ATP)와 환원조효소들(NADH와 NADPH)은 다음과 같은 적혈구의 기능을 위하여 사용된다.

- 세포막과 사이토스켈레톤의 보존과 효소활성에 필요한 높은 K^+ 농도, 낮은 Na^+ 농도 및

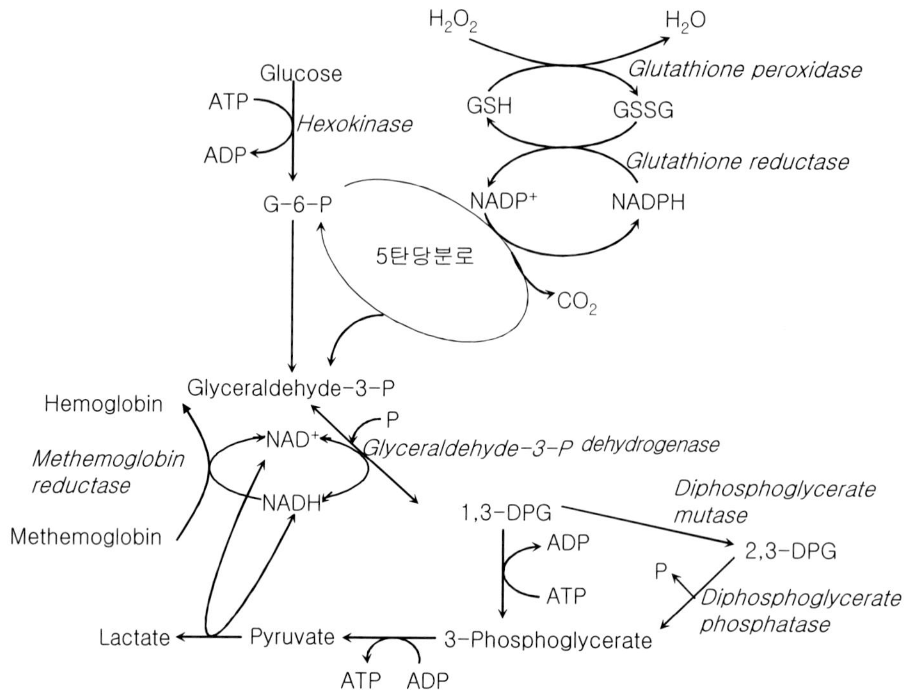

그림 8-10. 적혈구의 글루코스대사. G-6-P, glucose 6-phosphate; GSH, 환원 glutathione; GSSG, 산화glutathione; DPG, diphosphoglycerate.

낮은 Ca^{2+} 농도를 유지하기 위한 펌프의 기능을 위하여 ATP를 사용한다.

- 헤모글로빈의 철을 환원형(Fe^{2+})으로 유지하기 위하여 NADH와 NADPH가 필요하다. Fe^{3+}을 가진 산화형 메트헤모글로빈(methemoglobin)은 산소운반 능력이 없다.
- 산화글루타티온을 환원글루타티온으로 전환시키는데 NADPH가 필요하다.
- 조직 중 헤모글로빈-결합 O_2의 해리를 조절하는 디포스포글리세르산(DPG, diphosphoglycerate)의 생성에 에너지가 필요하다.

해당에 의한 ATP의 안정적 공급을 위하여 *글리세르알데히드인산 탈수소효소*의 반응에 NAD^+가 계속 공급되어야 하며(그림 8-10), NAD^+의 재생은 NADH가 가진 전자들의 소비를 필요로 한다. 소비된 전자들의 일부는 메트헤모글로빈의 환원에 사용되며 다른 일부는 피루브산을 젖산으로 환원시키는데 사용된다. 그러므로 젖산은 적혈구의 주요한 대사 종산물로서 혈중으로 유리되어 간에서 글루코스로 전환되며 적혈구 대사에 다시 이용될 수 있다.

메트헤모글로빈(metHbFe^{3+})은 다음 반응식에서 보여주는 것처럼 헤모글로빈의 자가산화(autoxidation)에 의하여 느린 속도로 연속적으로 생성된다(아질산염, 흡연과 같이 독성물질의 섭취 또는 흡입에 의하여 다량 생성된다).

$$HbFe^{2+} + O_2 \leftrightarrow HbFe^{2+}\text{-}O_2 \leftrightarrow metHbFe^{3+} + O_2^{-}\cdot$$

$O_2^{-}\cdot$(superoxide 래디칼)은 *superoxide dismutase*에 의하여 H_2O_2와 O_2로 전환된다.

$$O_2^{-}\cdot + O_2^{-}\cdot + 2H^{+} \xrightarrow{\textit{Superoxide dismutase}} H_2O_2 + O_2$$

메트헤모글로빈의 형성은 *methemoglobin reductase*의 영향으로 헤모글로빈으로 환원되어 평형을 이룬다. 환원에 필요한 NADH는 해당과 사이토크롬 b_5(cytochrome b_5)에 의하여 생성된다.

자가산화에 의하여 생성된 과산화수소는 셀레늄(Se)을 함유하는 *glutathione peroxidase*의 작용으로 환원글루타티온(GSH, reduced glutathione)에 의하여 해독된다.

$$2\ GSH + H_2O_2 \xrightarrow{\textit{Glutathione peroxidase}} GSSG + 2H_2O$$

산화글루타티온(GSSG, oxidized glutathione)은 5탄당분로에서 생성되는 NADPH를 사용하여 *glutathione reductase* 에 의하여 환원글루타티온이 된다.

*Mutase*에 의한 2,3-디포스포글리세르산(2,3-DPG)의 생성과 *phosphatase*에 의한 3-포스포글리세르산(3-phosphoglycerate)의 생성은 같은 기질인 1,3-디포스포글리세르산(1,3-DPG)에 대하여 경쟁한다. 고도(high altitude)에서의 낮은 산소분압은 pH를 상승시키며 *mutase*를 활성화시켜

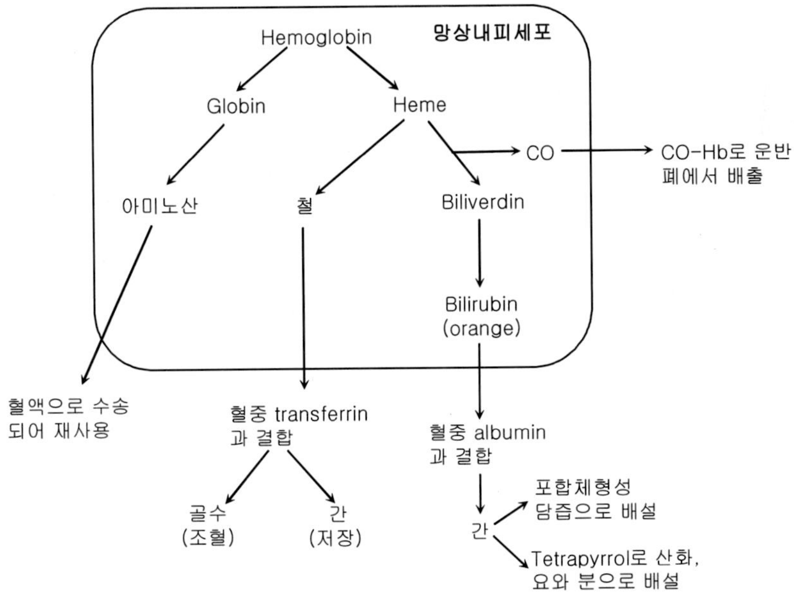

그림 8-11. 망상내피세포에 의한 hemoglobin의 분해.

2,3-DPG를 증가시킨다. 이에 따라 O_2-헤모글로빈해리곡선은 우측으로 이동한다. 반대로 pH의 저하는 *mutase*를 억제하고 *phosphatase*를 자극한다.

5) 적혈구의 운명

노쇠한 적혈구를 인지하여 순환으로부터 제거하는데 몇 가지 인자들이 관여한다. 적혈구에서 노화와 함께 활성이 없어지는 조절효소는 *hexokinase*이며, *hexokinase*가 불활화되면 적혈구의 글루코스 이용능력이 상실된다.

다음으로 Na^{+}과 Ca^{2+}-펌프들의 작동이 정지되어 사이토스켈레톤은 굳어지고 적혈구는 좁은 모세혈관에 걸려서 특히 비장과 간의 망상내피세포에 의하여 흡수된다. 다른 노화와 관련된 변화는 당단백질과 당지질조성의 변화로 노화된 적혈구는 망상내피세포막의 렉틴(lectin)에 이끌리게 된다.

헤모글로빈은 망상내피세포에서 대사된다. 단백질인 글로빈은 가수분해되어 아미노산으로 배출되어 체내에서 재활용되며, 헴은 소화되어(그림 8-11) 배출되는 철은 혈장중의 트랜스페린(transferrin)과 결합, 골수로 운반되어 적혈구 신생에 활용되거나 다른 조직(예, 간장) 중에 저장된다. 헴의 일부는 빌리베르딘(biliverdin: 조류와 뱀의 담즙 녹색색소)으로 산화되어 포르피린환(porphyrin ring)이 개열되고 일산화탄소(CO)를 생성한다(그림 8-12).

독성이 강한 CO는 헤모글로빈과 결합하며 폐에서 배출된다. 빌리베르딘은 빌리루빈으로 환원

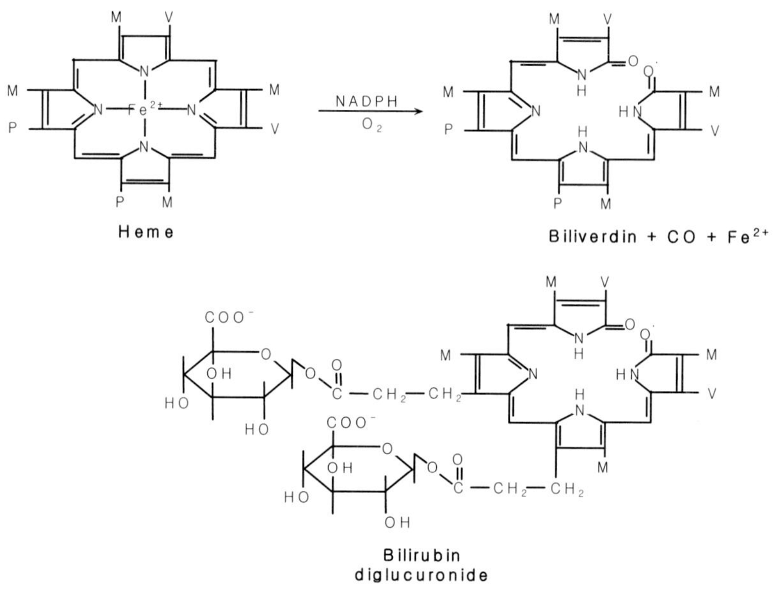

그림 8-12. Heme으로부터 담즙색소의 형성. M, methyl기 P, propionyl기 V, vinyl기.

되며 알부민과 결합하여 간장으로 운반된 후 글루쿠론산(glucuronic acid)과 포합체(conjugate)를 형성하여 (담즙의 오렌지색) 담즙으로 배설된다(그림 8-12). 장에서 빌리루빈은 세균에 의하여 분해되어 우로빌린(urobilin) 및 스테르코빌린(stercobilin)과 같은 유색 또는 무색의 다양한 테트라파이롤을 생성한다.이중 소량은 장에서 흡수되어 간장으로 재순환되며, 대부분은 분뇨중에 배설되어 특이한 냄새를 가지게 한다.

혈중 빌리루빈의 제거는 간장에서 이루어지며, 간장에서 제거되지 않으면 혈장 중 높은 빌리루빈 농도에 의하여 피부, 잇몸 및 안구가 황색을 띄게되는 황달(jaundice)을 일으킨다. 황달은 용혈발증(hemolytic crisis)에서와 같이 과량의 빌리루빈이 생성되거나, 외상(trauma), 중독(intoxication), 담관폐쇄(biliary obstruction), 혹은 간염(hepatitis)에 기인하는 간기능부전으로 발전한다. 신생아 특히 조산아에서 빌리루빈과 글루쿠론산의 포합과 배설이 느려지고 고빌리루빈혈증(hyperbilirubinemia)으로 신생아 황달(neonatal jaundice)이 되기 쉽다. 신생아의 뇌조직에 빌리루빈의 축적과 심각한 핵황달(kernicterus)을 피하기 위하여 적절한 치료가 필요하다.

6) 철 대사

인체는 약 4g의 철을 함유하고 있으며 이 중 65%는 헤모글로빈에, 10%는 조직에서 산소를 운반하는 마이오글로빈에 들어있다. 20%는 대부분 간장, 비장, 골수 및 장 등의 조직세포에 철-단백질복합체인 페리틴(ferritin)과 헤모시데린(hemosiderin)으로서 저장된다. 약간의 철은 트랜스페린(transferrin)에 결합되어 혈장 중에 운반된다. 과산화수소를 분해하는 *catalase*와 미토콘드리아의 산화적인산화반응에서 산소로 전자를 수송하는 FeS-함유효소와 사이토크롬-함유효소는 그들의 구조중에 포르피린(헴)기를 가지고 있다.

1일당 장으로부터 흡수되는 철 약 1㎎은 체내의 철 총량 4g 중 분변으로 상실되는 철을 보충하기에 충분하다. 아울러 유기산의 철염은 체내의 수성매체에 불용성으로 인하여 철의 항상성이 유지된다. 그러므로 철은 필요한 때에, 필요한 장소에서 꼭 필요한 형태와 필요한 양이 이용된다.

철 이온은 Fe^{2+}-화합물과 Fe^{3+}-화합물로 존재한다. Fe^{3+}은 저장철의 이온형이며, Fe^{2+}은 장에서 흡수되고 운반되며 헴 합성에 사용된다. 식이성 철은 헤모글로빈과 식육중의 마이오글로빈에 함유되어 있으며 과일과 채소에는 비헴화합물(nonheme compounds)로 들어있다. 위에서 대부분의 철-복합체(헴은 제외)는 염산에 의하여 소화되며 Fe^{3+}은 아스코르브산에 의하여 Fe^{2+}로 환원된다. Fe^{2+}은 장의 중성 pH에서 불용성의 철염형성을 방지하는 점액다당류인 가스트로페린(gastroferrin)과 결합한다. 소장의 점막세포는 두 Fe^{2+}을 결합시켜 트랜스페린의 4차구조를 가공한 후 장점막세포상의 수용체에 인지되어 세포내 봉입(endocytosis)에 의하여 점막세포내로 흡수 되고 트랜스페린은 다시 유리된다.

영양학적인 철 요구량은 장에서의 일정하지 않은 흡수때문에 측정하기 어렵다. 이러한 변이는 식이성 철의 이용성 외에도 점막에서의 대사와 수송에 달려있다. 철은 많은 유기물질과 불용성 복합체를 형성하며 또한 음식 중 고농도의 무기인산염이 존재할 때에도 잘 흡수되지 않는다.

헴 화합물은 잘 흡수되므로 식육중의 철은 쉽게 이용된다. 음식중의 아스코르브산과 같은 환원제는 철의 이용성을 증가시킨다. 추천된 철의 1일 섭취량은 헤모글로빈합성에 필요한 양의 약 10배이며 허용량은 조혈의 필요에 따라 달라져야 한다.

철 결핍은 일반적으로 빈혈(anemia)을 유발한다. 반대로 과량의 철에 기인하는 혈색소증(hemochromatosis)은 빈혈을 치료하기 위하여 경구적 또는 비경구적으로 철을 만성적으로 투여하거나, 용혈에 따른 보상성 적혈구생성(erythropoiesis)을 위한 장에서의 철흡수 증가로 유발된다. 과량의 철은 헤모시데린의 형태로 축적되어 각종 임상증상이 발현된다[예, 피부 색소침착(skin pigmentation), 당뇨병과 함께 췌장손상, 간경변증 (liver cirrhosis), 간암(hepatic carcinoma), 성선 위축(gonadal atrophy)].

7) 적혈구 이상

빈혈은 순환 적혈구수가 적거나(낮은 hematocrit), 비정상적인 적혈구로 기능이 없거나, 적혈구의 헤모글로빈 함량이 낮거나 또는 헤모글로빈의 산소운반 능력이 없을 때 등을 지칭하는 용어로 혈액의 상실, 적혈구 파괴속도의 증가, 효소의 결핍, 섭취부족으로 인한 적혈구 생성의 손상 등이 원인이다.

모든 유전성 빈혈(hereditary anemia)의 일반적인 특성은 비정상적 적혈구가 생성되어 순환으로부터 신속히 제거되는 것이다.

겸상적혈구성빈혈(sickle cell anemia)은 비정상적인 헤모글로빈과 낫 모양 적혈구의 생성에 기인하는 대표적인 혈색소병(hemoglobinopathy)이다. 이 병은 헤모글로빈의 β-사슬을 암호화하는 변형된 유전자를 양친으로부터 하나씩 물려받아 변형된 헤모글로빈 S를 가지고 있다. 이 헤모글로빈은 β-사슬의 N-말단 영역에서 6번째 위치에 있는 글루타민산이 발린으로 치환되어 있다. 글루타민산은 생리적 pH에서 음전하를 띤 아미노산이지만 발린은 소수성 아미노산이다. 따라서 겸상적혈구성빈혈증에서 소수성 부분이 헤모글로빈의 표면에 나타나서 헤모글로빈 분자가 매우 긴 섬유상으로 응집하게 된다. 섬유상의 헤모글로빈은 적혈구 내의 삼투압이 감소하여 특이적인 낫모양의 겸상세포(sickle cell) 형태로 변화된다. 이들 적혈구는 완전히 산화되었을 때는 정상적인 적혈구 형태를 하고 있지만 탈산소화되었을 때는 낫 모양이 된다. 겸상적혈구는 소혈관이나 모세혈관을 막아서 주위 조직에 산소결핍을 일으킨다. 겸상적혈구는 비장에 의하여 분해되기 때문에 적혈구 수가 현저히 감소하여 심한 빈혈증을 일으킨다.

다른 여러가지 형태의 헤모글로빈이 인체에서 확인되었다. 정상적 헤모글로빈과 달리 이들 헤모글로빈들은 α-사슬이나 β-사슬을 암호화하는 유전자내에 돌연변이가 생겨 폴리펩티드사슬합성 중에 잘못된 아미노산으로 치환되어 특정한 위치에 한개의 잘못된 아미노산을 가지게 된다. 비정상적인 헤모글로빈 분자가 250종 이상 확인되었으나 대부분 임상징후는 나타나지 않는다. 그러나 그 중 몇 가지는 표 8-5에 요약된 것처럼 심각한 병을 유발한다.

지중해빈혈(thalassemia): 헤모글로빈사슬 중 하나의 사슬생성이 감소되어 나타나는 병이다. 그러나 비록 사슬생성이 감소되기는 하지만 비정상적인 아미노산서열을 가진 헤모글로빈이 생

표 8-5. 인체의 비정상 hemoglobin

Hemoglobin 형[a]	치환[b]	임상증상
Hemoglobin S	β^6Glu→Val	용혈성 빈혈, 겸상적혈구화
Hemoglobin Köln	β^{98}Val→Met	불안정 hemoglobin
Hemoglobin Zurich	β^{63}His→Arg	불안정 hemoglobin
Hemoglobin M(Boston)	α^{58}His→Tyr	청색증(cyanosis)
Hemoglobin Yakima	β^{99}Asp→His	O_2포화곡선의 좌측이동
Hemoglobin Bethesda	β^{145}Tyr→His	O_2포화곡선의 좌측이동

[a]. 비정상 hemoglobin은 뒤에 확인하고 연구한 도시명을 붙인다.

[b]. 표기법은 사슬의 종류, 치환의 위치, 치환된 아미노산 등을 나타낸다.

성되지는 않는다. 이 병에는 α-형과 β-형의 두 가지가 있으며 둘 다 경미한 빈혈증을 나타낸다.

㉮ **α**-지중해 빈혈(α-thalassemia): 이 병은 α-사슬의 생성감소가 원인이다. 치명적인 선천성태아수종(hydrops fetalis)은 이 병의 일종으로 보통 임신기간 중이나 출생 후 즉시 사망한다.

㉯ **β**-지중해 빈혈(β-thalassemia): 이 병은 β-사슬의 생성감소가 원인이다. 이 병은 지중해 연안지역과 중앙아시아, 동남아시아, 그리고 말라리아 오염지역에 널리 퍼져있다.

포르피린증(porphyria)은 피드백 억제(feedback inhibition)의 결함으로 포르피린의 과다생성에 기인하는 헴합성 이상이다. 포르피린은 조직중에 축적되어 광감수성(photosensitivity)과 피부, 골격 및 치아의 탈색을 일으킨다. 소의 선천성 포르피린증(분홍색 치아)이 잘 알려졌으며, 광감작(photosensitization)과 관련된 포르피린증이 고양이와 돼지에서도 관찰되었다.

용혈성빈혈(hemolytic anemia)은 적혈구 효소(예, *hexokinase, pyruvate kinase, glutathione reductase*)의 결핍에 기인하며, 에너지와 환원력의 결핍으로 적혈구 수명이 단축된다.

빈혈은 말라리아(malaria) 혹은 잘못된 수혈, 혹은 헤모글로빈합성에 필요한 단백질, 철, 엽산(folic acid)과 코발라민(cobalamin, vitamin B_{12}) 같은 비타민류의 결핍에 기인할 수도 있다. 코발라민결핍은 위장관으로부터의 흡수장애가 가장 보편적인 원인이다. 위는 내인성인자(intrinsic factor)를 생성하여 십이지장에서 코발라민과 결합시켜 회장 점막세포의 수용체로 보낸다. 회장은 내인성인자-코발라민복합체와 결합하여 해리시킨 후 장액막 쪽으로 코발라민을 유리시킨다. 코발라민결핍성 빈혈 혹은 악성 빈혈(pernicious anemia)은 위의 외과적 절제(gastrectomy), 장내 기생충, 혹은 내인성인자나 회장 수용체 생성의 선천성 오류에 기인할 수 있다.

4. 호흡화학

헤모글로빈의 구조는 2중 기능을 갖기에 적합하게 되어있다. 헤모글로빈은 폐에서 O_2와 결합하여 조직으로 수송되며 조직이 필요로 하는 적합한 속도로 O_2를 유리한다. 대사의 결과로 조직에서 생성된 CO_2는 적혈구에서 H_2CO_3로 전환되며, H_2CO_3는 다시 H^+과 HCO_3^-으로 해리한다. H^+은 헤모글로빈과 결합하며 약간의 pH 변환을 갖는 혈중으로 운반된다. 폐에서 헤모글로빈으로부터 해리된 H^+은 다시 HCO_3^-과 결합하여 H_2CO_3를 생성하며, H_2CO_3는 H_2O와 CO_2로 분리되어 CO_2는 호흡을 통하여 배출된다. 폐에서 H^+을 상실한 헤모글로빈은 재산화된다.

혈중에서 헤모글로빈에 의한 O_2와 CO_2의 수송 그리고 조직과 폐에서 이들 기체들의 교환이 적혈구의 주 기능이라고 할 수 있다.

1) 호흡 중 O_2와 CO_2의 교환

이상기체의 혼합물에서 전체 압력은 모든 구성 기체들 분압의 합계와 같다. 혼합기체에서 각 기체는 상대적 농도에 비례하여 전체의 압력에 기여한다. 그러므로 대기압의 약 80%는 질소에 기인하며 약 20%는 산소에 기인한다. 폐포에서 각 구성분의 분압은 수증기 47mmHg, 이산화탄소 40mmHg, 질소 569mmHg 및 산소 104mmHg이다.

용액을 벗어나려는 기체의 분압을 장력(tension)이라고 하며 pO_2, pCO_2 등으로 표현한다. 평형상태에서 한 기체의 분압은 바로 그 기체의 장력이다. 따라서 분압과 장력은 서로 바꾸어 사용할 수 있다.

체내에서 기체의 교환은 액체와 막을 통한 확산에 의하여 일어난다. O_2, CO_2 및 N_2는 모두 고도의 지용성이므로 세포막은 그들의 확산에 장벽이 되지 않는다. 따라서 한 기체의 상대적 확산속도는 그 기체와 그 기체의 상대적인 확산계수(diffusion coefficient)의 크기에 대한 두 구획간의 분압구배(partial pressure gradient)에 의하여 결정된다. CO_2의 확산계수는 O_2의 20배 이상

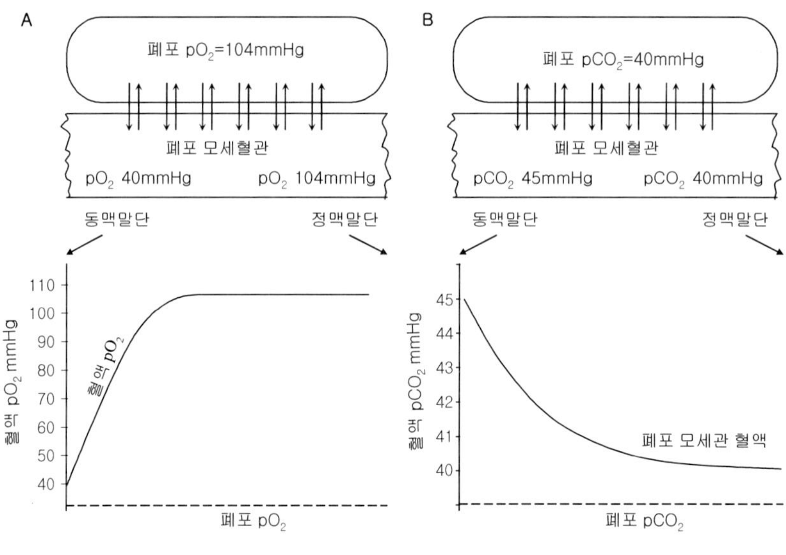

그림 8-13. 폐에서 기체의 교환. O_2의 이용(A)과 CO_2의 유리(B)는 단지 적절한 폐혈관의 길이를 필요로 한다.

이다. 이것은 생리적으로 작은 분압구배에 의해서도 효율적인 CO_2 교환이 이루어질 수 있다는 것을 의미한다. 반면에, 산소의 확산을 위해서는 훨씬 더 큰 분압구배가 필요함을 의미한다. 폐에서의 pCO_2 구배는 단지 5mmHg이지만 신속하게 CO_2 평형이 이루어지며, 대조적으로 pO_2 구배는 64mmHg(그림 8-13)이다. 폐 혈액중 O_2와 CO_2 의 효율적 교환은 충분한 기체의 교환에 필요한 혈관의 길이도 중요한 역할을 한다.

2) 헤모글로빈과 마이오글로빈의 구조

(1) 헤모글로빈과 마이오글로빈의 구조

척추동물에서 산소를 운반하는 단백질로 헤모글로빈과 마이오글로빈이 있다.

혈액은 혈장과 혈구세포(blood cell)로 구성되어 있다. 혈액의 약 2/5는 적혈구이다. 적혈구내에 존재하는 헤모글로빈은 O_2뿐만 아니라 CO_2와 H^+의 운반체이며 마이오글로빈은 근육세포에 존재하여 O_2를 저장하고 공급하는 기능을 가지고 있다.

헤모글로빈은 폐로부터 조직으로 혈류를 통하여 O_2를 운반하며 마이오글로빈은 조직내에서 O_2를 아세포소기관(subcellular organelles: 미토콘드리아, 퍼옥시솜)으로 운반한다. 운반된 O_2는 그곳의 대사활성에 의하여 유리되는 전자들과 결합한다.

헤모글로빈과 헤모글로빈유도체에 사용되는 용어와 약어는 다음과 같다.

- 헤모글로빈(Hb)은 Fe^{2+}을 가지며 O_2와 결합하지 않은 헤모글로빈이다. 데옥시헤모글로빈(deoxyhemoglobin), 페로헤모글로빈(ferrohemoglobin) 및 환원헤모글로빈 등은 모두 헤모글로빈의 동의어이다.
- 옥시헤모글로빈(oxyhemoglobin, HbO_2)은 Fe^{2+}을 가지며 완전히 산소화된 $Hb(O_2)_4$를 지칭한다.
- 메트헤모글로빈(methemoglobin, MetHb)은 산화된 Fe^{3+}을 가진 헤모글로빈으로 산소와 결합할 수 없다.

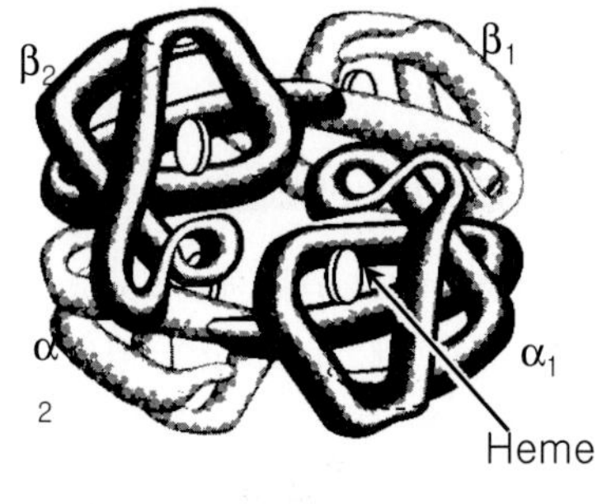

그림 8-14. Hemoglobin의 구조.

헤모글로빈의 단백질 부분은 글로빈(globin)으로서 4개의 소단위체(subunit)로 구성된 4량체(tetramer)이다. 4개의 소단위체는 두 α-사슬과 두 β-사슬로 구성되며 각 α-사슬은 141개의 아미노산을, 각 β-사슬은 146개의 아미노산을 가지고 있다. α-사슬과 β-사슬의 4차구조는 매우 유사하다. 각 사슬은 1개의 헴(heme)기를 가지고 있다. 각각의 헴기는 1분자의 O_2와 결합할 수 있으므로 4개의 헴기를 가진 헤모글로빈은 4분자의 O_2

와 결합할 수 있다(그림 8-14).

마이오글로빈은 헤모글로빈과 달리 153개의 아미노산으로 된 하나의 단량체로 하나의 헴기와 결합되어 있기 때문에 한 분자의 O_2와 결합할 수 있으며 구조는 헤모글로빈의 β-사슬과 매우 유사하다.

(2) 헴의 구조와 기능

헤모글로빈과 마이오글로빈의 산소결합능력은 비단백성분인 각 폴리펩티드사슬에 결합된 헴기(protoporphyrin IX)에 기인한다.

헴기는 테트라파이롤(tetrapyrrole)고리의 중앙에 철원자를 가진 복잡한 원판모양의 분자이다. 철은 전부 6개의 원자와 결합할 수 있으며 6개의 결합 가운데 4개는 테트라파이롤고리의 질소원자 4개와 결합되어 있고, 5번째 결합은 펩티드사슬의 히스티딘잔기 중 R기 질소원자와 결합되어 있다. 그리고 O_2가 6번째 위치에 결합되어 있다. 모든 헴기는 각 폴리펩티드사슬의 소수성 "주머니(pocket)" 속에서 발견된다.

물을 싫어하는 헴주머니(heme pocket)의 소수성 때문에 아래와 같은 산소와의 반응에서 우측으로 잘 진행되지 않는다.

$$HbFe^{2+} + O_2 \leftrightarrow HbFe^{2+}\text{-}O_2 \leftrightarrow HbFe^{3+} + O_2^-$$

결과적으로 MetHb과 H_2O_2(O_2^-로부터 생성)가 느리게 생성되며, 이러한 느린 속도는 적혈구의 환원대사속도와 평형을 이루게 된다.

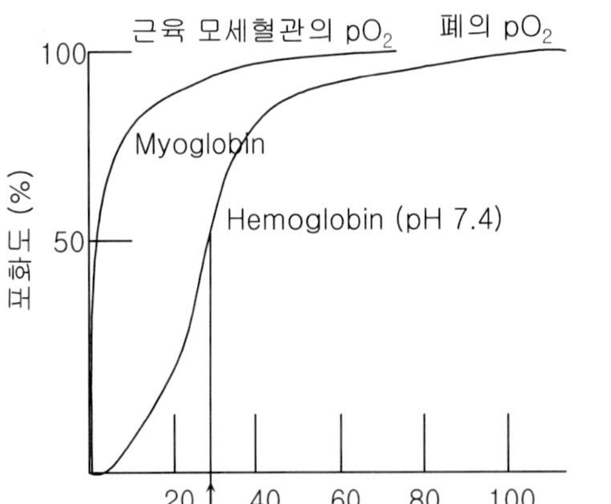

그림 8-15. Myoglobin과 hemoglobin의 산소 포화곡선.

태아의 헤모글로빈은 α-와 β-사슬 외에 1차구조만 다른 γ-, δ-, ε-, ζ-사슬들이 존재하며 헤모글로빈의 산소운반 특성에 뚜렷한 차이가 있다.

3) 헤모글로빈의 산소운반

(1) 헤모글로빈의 산소결합

대기압(760mmHg)과 체온(38℃)에서 평형상태에 있을 때 1mmHg의 압력에서 혈장 ㎖당 용해된 기체의 ㎖수를 혈장중 그 기체의 용해도계수(solubility coefficient)라고 한다. 용해된 기체의 양은 대기중 그 기체의 분압에 비례하므로 용해된 기체의 양은 그 기체의 분압 생성물로서 혈장 중 그 기체의 용해도계수이다. 혈장중 산소의 용해도계수는 0.024이며(CO_2는 0.57), 산소분압 104mmHg로 곱하면 혈장 1㎖당 2.5㎖의 산소용해도가 산출된다. 혈장에 용해된 이 산소의 양은 대사에 필요한 양에 비하여 매우 낮지만 혈액 100㎖중의 헤모글로빈 15g(g당 1.34㎖의 O_2와 결합)은 완전히 산소화된 혈액으로 하여금 단순용액중의 산소량에 비하여 거의 70배의 산소를 운반할 수 있다.

헤모글로빈과 같은 소량체(oligomer)는 소단위체 간에 협동성을 나타낼 수 있지만 한 개의 소단위체만 가진 마이오글로빈은 협동성을 나타내지 않는다(그림 8-15). 그림에서와 같이 산소분압의 증가에 따른 마이오글로빈과 헤모글로빈의 산소결합능력을 산소포화곡선(oxygen saturation curve), 또는 산소해리곡선(oxygen dissociation curve)이라고 부른다.

산소포화곡선에서 보여주듯이 마이오글로빈의 산소포화곡선은 기질농도와 효소 반응속도간의 관계와 유사하며 협동성을 나타내지 않으므로 쌍곡선 형태(hyperbolic type)이다. 그러나 헤모글로빈은 4개의 펩티드사슬로 구성되는 4차구조를 가지므로 마이오글로빈의 산소결합곡선에 비하여 협동성(cooperativity)을 나타낸다. 첫번째의 산소가 헤모글로빈에 결합하면 나머지 3개의 O_2분자가 더 쉽게 헤모글로빈에 결합하도록 한다. Hb와 HbO_2의 O_2 친화성은 약 700배의 차이가 있다. 이와 같이 산소분압의 변화에 따라 변화하는 헤모글로빈의 산소포화곡선은 협동성에 의하여 S자와 비슷하므로 S자 곡선(sigmoid curve)이라고 부른다. 낮은 산소분압(20mmHg 이하)에서는 매우 적은 양의 헤모글로빈만이 산소로 포화된다. 20~60mmHg 사이의 산소분압에서는 산소로 포화된 헤모글로빈의 양이 급격히 증가한다. 80~100 mmHg의 압력에서 거의 모든 헤모글로빈이 산소로 포화된다. 폐포모세혈관내의 산소분압은 약 100mmHg로 헤모글로빈은 산소로 완전히 포화되며, 조직모세혈관내의 산소분압은 약 20mmHg로 산소가 헤모글로빈으로부터 쉽게 방출된다는 것을 의미한다.

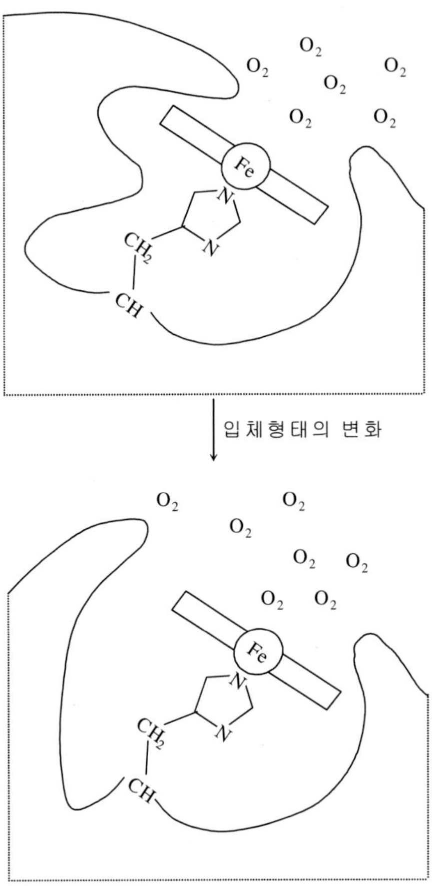

그림 8-16. Heme과 O_2간의 결합에서 소수성 주머니의 역할.

Koshland의 실험결과에 의하면 데옥시헤모글로빈에 있는 철원자는 테트라피이롤고리의 공동 중심에 쉽게 고정되지 않는다는 것이 증명되었다. 산소분자가 철원자에 결합하면 철원자의 이온반경이 감소하여 헴고리의 공동중심에 쉽게 고정되게 된다. 이러한 철의 미소한 이동은 큰 결과를 초래하여 헴에 결합되어 있는 히스티딘잔기와 함께 히스티딘잔기를 가진 폴리펩티드사슬이 움직이게 된다. 폴리펩티드사슬이 움직임으로써 각각의 사슬을 함께 유지하고 있는 정전기적 상호작용(염결합)도 파괴되어 사슬내에 특이적인 구조적 변화가 초래된다. 즉, 한 사슬 내의 움직임이 다른 사슬로 전달되어 모든 사슬이 움직이게 된다. 그 결과 두 β-사슬은 서로 더욱 가까워지고, 이 이동은 두 번째, 세 번째, 네번째 소단위체의 소수성 주머니를 열게하여 헴기에 대한 산소의 접근과 결합을 쉽게한다(그림 8-16).

낮은 pO_2 구배하에서 조직 중 산소유리는 Hb에 H^+과 DPG의 알로스테릭결합에 의하여 잘 조절될 수 있다.

(2) 산소포화곡선의 이동

어떤 조건에서는 산소포화곡선이 우측으로 이동한다. 이러한 우측이동(rightward shift)은 생리적으로 중요한 의미를 가지고 있다. 우측 이동은 보다 많은 산소를 조직에 방출할 수 있게 한다. 우측이동은 조직 pH의 저하, 조직온도의 상승, 조직 pCO_2의 증가, 적혈구내 2,3-디포스포글리세르산(2,3-diphosphoglycerate, DPG) 농도의 증가 등에 기인한다. 이들 조건들은 보통 골격근이 심한 운동을 할 때 일어난다. 운동 중 조직 대사산물로서 과잉의 젖산, 과잉의 CO_2, 그리고 열이 생성된다.

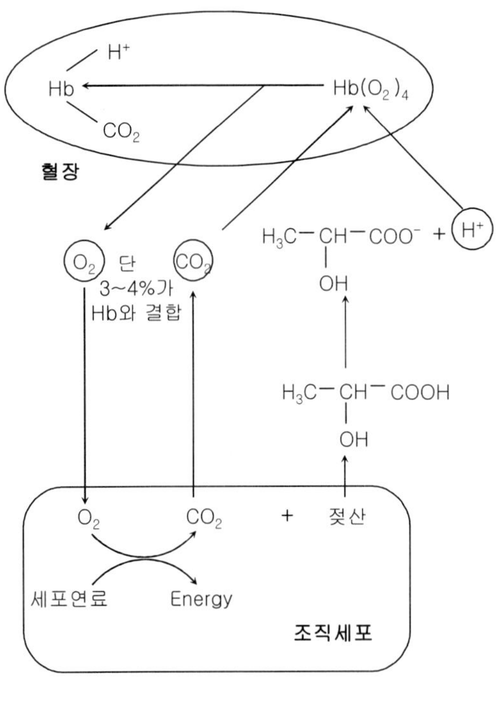

그림 8-17. HbO_2로부터 O_2의 유리에 대한 CO_2와 H^+의 효과(Bohr효과).

① **CO_2와 H^+의 영향(Bohr효과):** 헤모글로빈은 산소와 결합하는 것 이외에 가역적으로 CO_2 및 H^+과 결합할 수 있다. 예를 들면, 정상적인 세포대사에서 생성된 CO_2는 Hb의 4개의 펩티드사슬 중 하나의 N-말단에 결합하여 카바민산(carbamate)유도체를 형성한다. 그러나 체내 CO_2 양의 대부분은 HCO_3^-으로서 폐로 수송된다. 심한 운동중에 다량의 CO_2와 H^+이 활동 중인 조직세포 내에서 생성된다. H^+은 CO_2와 물이 반응하여 생성되지만 세포대사산물인 젖산(lactic acid)에서 생성되기도 한다. CO_2와 H^+은 옥시헤모글로빈(O_2-Hb)에 결합하여 산소가 필요한 조직세포로 산소의 방출을 촉진시킨다(그림 8-17). HbO_2의 해리에 대한 pCO_2의 효과는 pCO_2에 의한 pH변화

에 기인한다(그림 8-18 참조).

적혈구에서 CO_2의 변환은

$CO_2 + H_2O \leftrightarrow H_2CO_3 \leftrightarrow H^+ + HCO_3^-$

따라서 CO_2의 이용은 H^+을 생성한다. H^+은 다음 방정식과 같이 HbO_2로부터 O_2를 유리시킨다.

$H^+ + HbO_2^- \leftrightarrow HHb + O_2$

이와 같이 옥시헤모글로빈으로부터 O_2의 유리에 대한 CO_2와 H^+의 효과를 **Bohr효과**라고 알려졌으며, 반대로 폐포내에서는 고농도의 O_2가 Hb에 결합된 CO_2와 H^+의 유리를 촉진한다. 유리된 CO_2는 외부로 배출되어 폐포내의 pCO_2가 낮아지므로 H^+도 감소되어 Bohr효과에 따라 다시 O_2가 데옥시헤모글로빈에 결합하게 된다.

Bohr효과의 생리적 의의는 O_2에 대한 조직대사의 필요에 따라 HbO_2^-으로부터 O_2의 유리가 예민하게 조절된다는 것이다. 즉, 조직의 대사활성이 높으면 더 많은 CO_2가 생성되고, 그러면 높은 대사활성을 유지하기 위하여 HbO_2^-으로부터 더 많은 O_2가 해리되는 것이다. 폐에서도 CO_2가 배출되면 낮아진 pCO_2는 Hb^-에 O_2결합을 증대시켜서 Hb^-은 재산화되어 O_2로 포화된다.

② **HbO_2에 대한 2,3-디포스포글리세르산의 영향:** 적혈구의 2,3-디포스포글리세르산(DPG)의 생성은 4~5mM로서 Hb농도와 같다. Hb^-의 글로빈중 β-사슬에 있는 하나의 특이적 알로스테릭 부위에 DPG가 1:1로 결합하면 헤모글로빈의 산소에 대한 친화성이 감소된다.

$HbO_2^- + DPG \leftrightarrow Hb^- — DPG + O_2$

그러므로 조직의 적혈구 중 일정한 HbO_2 농도에서 DPG농도의 증가는 HbO_2^-으로부터 산소의 유리를 증대시킨다(그림 8-18). 반대로 폐에서 pO_2의 증가는 Hb-DPG복합체의 해리와 함께 HbO_2의 형성을 증대시킨다.

운동, 산혈증(acidemia), 갑상선호르몬의 증가 및 고도에서 나타나는 저산소증(hypoxia)시에 DPG를 증가시켜 산소의 유리를 촉진시킨다. 태아의 헤모글로빈은 성인의 헤모글로빈에 비하여 DPG에 대한 친화성이 낮으며 태반을 지나는 중에 빨리 산소를 유리시키지 않도록 한다. 헤모글로빈에 대한 친화성에서 DPG를 능가하는 피틴산(phytate)이 조류의 적혈구에서 발견되었으며 같은 pO_2에서 인체의 적혈구보다 더 많은 산소를 유리시킨다. 고양이와 유제류(ungulates)에서 헤모글로빈의 산소에 대한 친화성은 DPG에 의하여 영향받지 않는다. 만약 DPG가 없다면 산소포화곡선이 좌측으로 이동하여 헤모글로빈은 조직 세포에 산소를 거의 방출하지 않는다. 1분자의 헤모글로빈이 4분자의 O_2, 4분자의 CO_2, 그리고 대략 4개의 H^+과 결합하는 것과는 대조적으로 1분자의 헤모글로빈에 1분자의 DPG만이 결합할 수 있다.

산소의 결합과 DPG의 결합 사이에는 서로 반대의 관계가 있으며 이 두 결합은 헤모글로빈의 서로 다른 부위에서 일어난다. DPG는 폐의 산소분압과 관련하여 헤모글로빈의 산소결합 친화성을 조절한다. 높은 고도에서는 산소분압이 해변보다 현저하게 낮으며 따라서 조직내의 산소분

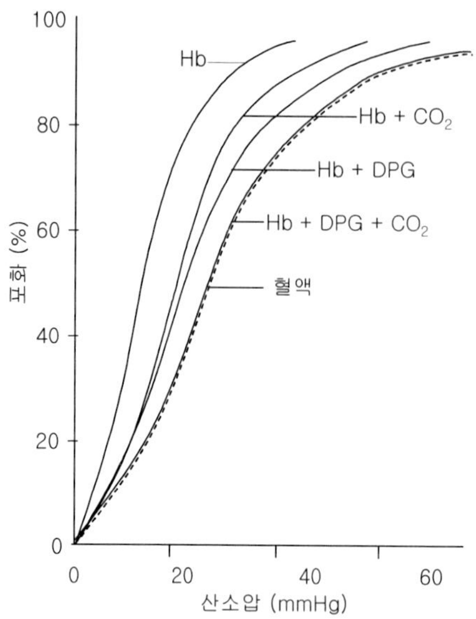

그림 8-18. 헤모글로빈의 산소포화곡선에 대한 CO_2와 디포스포글리세르산(DPG)의 영향.

압도 낮다. 높은 곳으로 올라감에 따라 DPG농도는 상승되며 헤모글로빈이 조직내에서 더욱 쉽게 산소를 방출되도록 한다.

어떤 새의 적혈구는 DPG를 함유하고 있지 않고 **이노시톨 6-인산**(inositol 6-phosphate)을 함유하고 있으며 이 물질은 DPG보다 강력하게 헤모글로빈의 산소친화성을 감소시킨다.

4) 혈중 CO_2와 H^+의 수송

혈중 CO_2의 수송은 HCO_3^-의 형태로, 용존 CO_2로, 혹은 카바미노화합물(carbamino compound)의 형태로 이루어진다(표 8-6). 정맥혈과 동맥혈 중 CO_2 함량의 차이는 약 40㎖/L이므로 혈액 1L는 조직에서 폐로 약 40㎖의 CO_2를 운반한다.

이 중 용존 CO_2로 운반되는 양은 약 8%로서 매우 적다. 다량의 용존 CO_2는 정맥혈의 pH를 크게 저하시킬 수 있으나 실제로 생성되는 소량의 H^+은 Hb^-과 결합하여 운반되므로 정맥혈의 pH는 0.05정도 낮을 뿐이며 pH의 큰 변화없이 CO_2를 수송하는 장점이 있다. 혈중에 수송되는 모든 CO_2의 약 60%는 혈장 중의 HCO_3^-형으로 운반된다. 적혈구에 의하여 운반되는 CO_2 중 카바미노-CO_2(carbamino-CO_2)형으로 운반되는 CO_2는 혈중에 운반되는 CO_2의 약 25%에 이른다. 헤모글로빈에 의한 CO_2의 수송은 그렇게 많지 않으며 오히려 O_2의 수송과 HHb로서 H^+의 수송에 중요하다.

표 8-6. 동맥과 정맥혈 중 CO_2의 분포

	동맥혈 (mmol)	정맥혈 (mmol)	차이 (mmol)	차이 (ml)
총 CO_2/ℓ 혈액	21.53	23.21	1.68	37.4
총 CO_2/600㎖ 혈장(ℓ혈액)	15.94	16.99	1.05	23.5
용존 Co_2로서	0.71	0.80	0.09	2.0
HCO_3^-으로서	15.23	16.19	0.96	21.5
총 CO_2/400㎖ 적혈구	5.59	6.22	0.63	14.0
용존 Co_2로서	0.34	0.39	0.05	1.1
HCO_3^-으로서	4.28	4.41	0.13	2.9
Carbamino-CO_2로서	0.97	1.42	0.45	10.0

(1) 수소탄산이온(HCO_3^-)

HCO_3^-은 혈중의 주요한 CO_2 운반체이다(표 8-6 참조).

$$CO_2 + H_2O \leftrightarrow H_2CO_3 \leftrightarrow H^+ + HCO_3^-$$

적혈구에서 HCO_3^-의 형성은 Zn^{2+}-함유 *carbonic anhydrase*에 의하여 촉매된다.

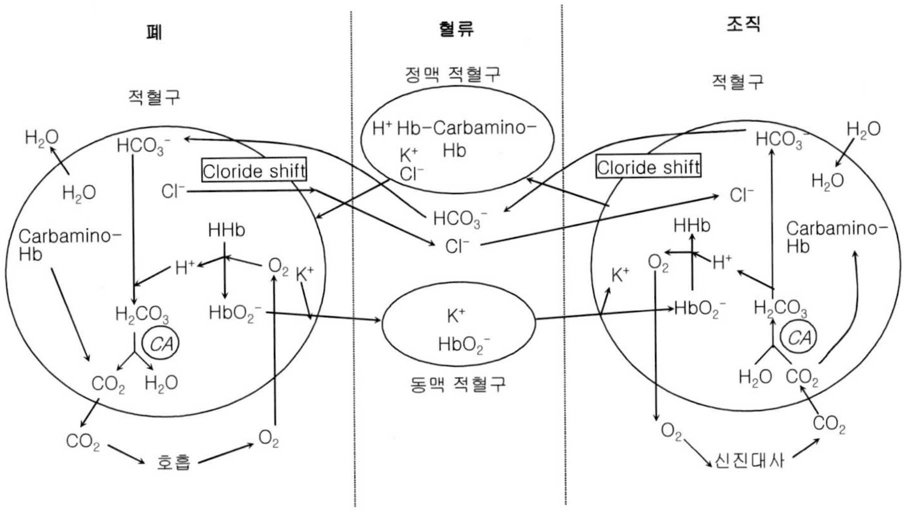

그림 8-19. 등가 CO_2 수송(염소 이동). *CA, carbonic anhydrase.*

다음에 HCO^{3-}은 적혈구를 떠나 혈장 내로 들어가며 대신 Cl^-으로 교체된다.

(2) 카바미노헤모글로빈

CO_2는 글로빈의 α-와 β-사슬의 N-말단에 결합하여 카바미노헤모글로빈(carbamino-hemoglobin)을 생성한다. 이 반응은 가역적이며 폐의 낮은 pCO_2에 의하여 CO_2로 분리되어 외부로 배출된다.

$$Hb-NH_2 + CO_2 \leftrightarrow Hb-NH-COO^- + H^+$$

더욱이 폐에서 O_2와 헤모글로빈의 결합으로 CO_2를 유리시키며 이런 현상을 **Haldane효과**라고 한다.

카바미노헤모글로빈은 적혈구의 미량성분이지만 동맥과 정맥혈 중의 큰 농도차 때문에 적혈구에 의한 주요한 CO_2 운반체이다(표 8-6 참조).

(3) 산으로서 환원 및 산소화헤모글로빈

HbO_2^-(pK 6.17)으로부터 산소가 유리되면 단백질의 4차구조는 변화되고 환원 Hb^-은 더 약한 산(pK 7.71)이 되며, H^+을 수용한다.

$$H^+ + HbO_2^- \leftrightarrow HHb + O_2$$

다시 말하면, HbO_2가 조직세포에서 O_2를 유리하면, 환원된 Hb^-은 더 약한 산이므로 pH는 올라갈 것이나 H^+과 결합하여 pH는 일정하게 유지된다. 적혈구내에서 Hb^-과 결합할 H^+의 생성은 같은 몰수의 HCO_3^-을 동반 생성하여 혈장내로 유입되고 대신 Cl^-으로 대체된다(염소 이동).

(4) 등가 CO_2수송(염소이동)

조직에서 폐로 CO_2의 수송은 폐에서 조직으로 O_2의 수송과 교환으로 이루어진다. 조직의 산소화는 다음과 같은 조직의 대사속도에 비례한다.

산소소비속도를 반영하는 조직의 낮은 pO_2는 HbO_2^-의 해리에 영향을 주며, 대사에 의하여 생성된 CO_2는 적혈구내로 확산하여 Bohr효과로 산소의 유리를 민감하게 조절한다. 조직에서 생성된 CO_2중 소량만이 용존상태로 수송되기 때문에 약간의 pH저하(pH 0.05)를 가져올 뿐이며, 나머지 중 약간의 CO_2는 카바미노헤모글로빈을 형성하고 대부분은 *carbonic anhydrase*에 의하여 HCO_3^-과 H^+으로 전환된다. 이 때 생성된 H^+은 헤모글로빈에 결합되어 운반되며 pH에 큰 영향을 주지 않으므로 **등가 CO_2 수송**(isohydric CO_2 transport)이라고 한다(그림 8-19). 아울러 이 과정에서 생성된 HCO_3^-은 Cl^-과 교환되므로 헤모글로빈의 산소유리는 헤모글로빈을 더 강한 H^+ 수용체로 만든다. 거꾸로 말하면 헤모글로빈에 H^+이 결합하면 Bohr효과에 의하여 O_2의 유리를 자극한다. 헤모글로빈에 H^+이 결합하면 하나의 K^+(HbO_2^-을 중화시켰던)을 남겨 생성되는 HCO_3^-을 중화시킨다. HCO_3^-은 염소이동으로 Cl^-과 교환되어 혈장 내로 확산된다. 따라서 정맥혈중의 적혈구는 Cl^-이 풍부하게 되며 물의 삼투로 팽대되어 동맥혈의 헤마토크리트보다 높은 약 45~49%의 헤마토크리트를 나타낸다.

조직대사에 대한 적혈구의 모든 효과는 적혈구가 폐에 도달하여 역전된다. pCO_2의 감소와 pO_2 의 증가는 Hb^-이 HbO_2^-으로 재산소화되고 H^+은 유리된다. 염소이동은 반대로 전환되어 HCO_3^-은 적혈구내로 들어가 HCO_3^-과 H^+은 다시 결합하고 *carbonic anhydrase*에 의하여 CO_2를 생성하며, 확산에 의하여 적혈구 밖으로 나와서 외부로 배출된다. 높은 pO_2는 또한 카바미노헤모글로빈으로부터 CO_2를 유리시킨다(Haldane효과). Cl^-은 HCO_3^-으로 치환되고 HCO_3^-은 삼투적으로 불활성물질로 전환되므로 물이 세포 밖으로 빠져나가서 정상적인 동맥혈의 헤마토크리트로 재정립된다.

결과적으로 대사에 필요한 충분한 O_2가 폐에서 조직으로 수송되고 조직대사에서 생성된 CO_2는 적혈구, 혈장, 또는 세포외액의 산-염기 평형에 영향을 주지 않고 조직에서 폐로 운반된다.

5) 마이오글로빈의 산소운반

산소포화곡선(그림 8-15 참조)에서 보여준 바와 같이 마이오글로빈은 헤모글로빈보다 산소에 대한 친화성이 훨씬 더 높다. 10mmHg의 낮은 pO_2에서 헤모글로빈은 그의 산소 약 90%를 상실하는 반면, 마이오글로빈은 약 80%가 산소로 포화된다. 마이오글로빈의 기능을 충분히 이해하기 위해서 미토콘드리아의 에너지대사에 관여하는 *cytochrome oxidase*의 역할을 이해할 필요가 있다. 산화적인산화반응에 의한 ATP생성경로에서 *cytochrome oxidase*는 마이오글로빈의 산소친화성보다 더 높은 친화성으로 산소와 결합하며 대사전자들과도 결합한다. 조직의 모세혈관에서 마이오글로빈은 산소를 전달받아 근육세포내로 운반하여 미토콘드리아의 *cytochrome oxidase*에게 건네주는 것이다. 변칙적으로 산소는 퍼옥시솜으로 전달된다.

마이오글로빈은 포유동물의 모든 조직, 특히 심근중에 풍부하게 존재한다. 마이오글로빈은 산소운반의 매개체로써 근육 수축 중 pO_2가 떨어질 때 마지막 산소보유체로 이용될 수 있다. 산소공급이 충분할 때 헤모글로빈보다 먼저 재산화된다.

6) 태아의 호흡

태반 내의 산소분압은 약 30mmHg에 지나지 않는다. 이와 같이 낮은 pO_2에서 정상적인 헤모글로빈은 산소로 충분히 포화되지 않는다. 그러나 태아는 낮은 pO_2에서 산소와 높은 친화성을 가진 다른 종류의 헤모글로빈을 가지고 있으며 정상 헤모글로빈의 산소포화곡선보다 좌측으로 이동되어 있다.

표 8-7. 인체 헤모글로빈의 종류

	기호	사슬조정
성인	HbA_1	$\alpha_2\beta_2$
성인	HbA_2	$\alpha_2\delta_2$
태아	HbF	$\alpha_2\gamma_2$

헤모글로빈은 2종류의 폴리펩티드사슬 4개가 비공유결합으로 결합된 4량체임을 앞에서 언급했으며, 인체의 헤모글로빈은 폴리펩티드사슬에서 약간의 차이가 발견되었다(표 8-7).

소, 면양, 산양 및 인체와 같은 동물종에서 태아의 헤모글로빈은 성체의 것과 다르다. 태아의 헤모글로빈(HbF)과 성인의 헤모글로빈(HbA)은 전기영동법, 아미노산 분석법, 혹은 기타 방법으로 서로 식별할 수 있다.

성인 HbA의 α- 및 β-사슬과 다른 4량체가 태아의 발육중에 나타난다. 태아 HbF의 4량체는 $\alpha_2\gamma_2$이다. 출생 후 HbF는 신속히 사라지며 신생아의 대사기능을 위하여 철을 제공한다. 태아에게 태반을 통한 산소의 전달은 다음과 같이 이루어진다.

㉮ HbF는 HbA보다 더 높은 산소친화성을 가지며 태반을 경과하면서 모체가 운반해 온 HbO_2로부터 O_2가 유리되어 HbF는 산소화된다.

㉯ HbF는 DPG-결합부위의 히스티딘잔기가 비하전의 세린으로 치환되어 있기 때문에 DPG와 약하게 결합한다. 따라서 같은 DPG농도에서 HbA는 산소를 유리하고, HbF는 영향받지 않으므로 산소는 태반을 지나 태아로 들어가게 된다.

자연은 명백히 태반을 통한 산소공급을 위하여 태아에게 안전인자로 HbF를 제공했지만 모체가 저산소혈증(hypoxemia)의 경우에도 HbF가 절대적으로 필요한 것인지는 의문이다. 예를 들어, 돼지와 말에서 태아의 헤모글로빈은 성체의 것과 다르지 않으며, 사람의 태아 혈액을 모체의 혈액으로 치환하더라도 생존에 큰 지장이 없다.

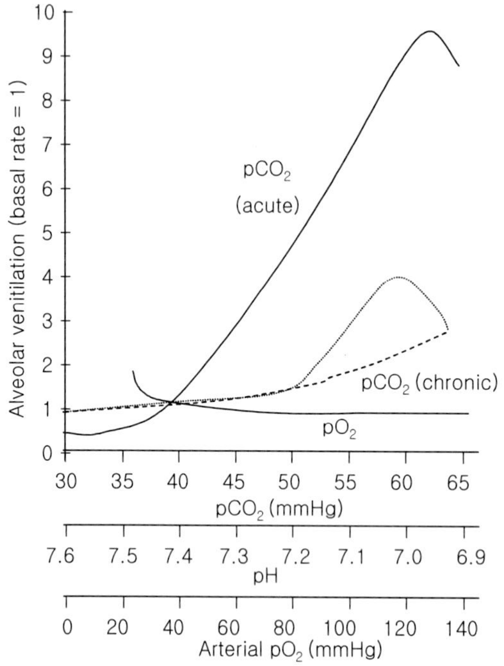

그림 8-20. 폐포호흡 속도에 대한 pO_2, pH 및 pCO_2의 영향.

7) CO_2, H^+ 및 O_2에 의한 호흡조절

H^+농도 증가와 더욱 강력한 pCO_2 증가는 직접 뇌의 호흡중추를 자극한다. 이와는 대조적으로 pO_2는 호흡중추에 직접 작용하지 않으나 동맥혈의 pO_2를 모니터하는 경동맥과 대동맥체에 위치한 화학수용체를 통하여 호흡에 영향을 미친다. 그러나 이 화학수용체는 pO_2뿐 아니라 혈장 H^+ 농도와 pCO_2에 더 민감하다.

정상적으로 폐포에서 104mmHg의 pO_2는 폐포호흡에 영향을 미치지 않는다(그림 8-20).

pO_2가 60mmHg 이하로 떨어지면 폐포호흡에 영향을 주며, 30mmHg로 떨어지면 정상 호흡속도의 단지 1.7배 증가한다. 이와같이 폐포호흡에 대한 O_2의 영향은 pH 7.0으로 떨어질 때 4배 증가하거나 정상 pCO_2 40mmHg가 단지 50% 증가할 때 10배 증가하는데 비하여 대조적으로 낮다(그림 8-20 참조).

호흡은 pCO_2에 의하여 민감하게 반응하며 혈액의 pCO_2와 pH의 변화에 의하여 매우 신속하게 조절된다. 산증을 수반하는 pCO_2의 증가(고탄산가스혈증, hypercapnia) 또는 pH의 저하는 호흡속도를 증가시켜 과량의 CO_2를 제거함으로써 $[HCO_3^-]/0.03 \cdot pCO_2$의 비율을 정상치인 약 20으로 복귀시킨다. 반대로 알카리증은 저탄산가스혈증(hypocapnia)을 수반하며 호흡속도를 저하시킨다. 그러나 호흡저하로 인하여 산소이용이 저하되면 호흡을 증대시켜 더 이상의 호흡저하를 막아준다.

제9장 위장의 기능

1. 개론

위장계(gastrointestinal system)의 가장 중요한 기능은 영양물질의 소화와 흡수이다. 위장계에 속하는 조직은 소화관(alimentary tract)과 음식물의 소화에 필요한 물질을 제공하는 췌장, 타액선 및 간/담도계와 같은 분비선(glands)이다. 이들 분비선들의 분비세포들은 도관에 의하여 소화관과 연결되어있다.

위장관의 시작은 입이다. 입은 음식물을 저작하고 타액과 혼합시켜 반죽(paste)을 만들어 식도를 거쳐 위로 보낸다. 위 내용물인 유미(chyle)의 소화는 위산과 효소의 작용으로 시작된다. 위 내용물은 십이지장으로 보내지며 여기서 담관과 췌장관으로부터 위산을 중화시키기 위하여 HCO_3^-을 함유한 선액(glandular fluid), 지질을 분산시켜 수용성 미셀(micelles)을 만드는데 필요한 담즙산염(bile salts) 및 췌장으로부터 분비된 효소전구체 등과 만나게 된다. 장관에서 소화된 성분들의 대부분은 소장의 근위부인 십이지장과 공장 및 원위부인 회장에서 흡수된다. 초식동물에서 특히 발달된 주머니모양의 맹장은 섬유소를 부분적으로 소화할 수 있는 미생물총(microflora)을 가지고 있다. 대장과 결장은 배설물이 항문에 도달하기 전에 수분과 염류의 함량을 조절할 수 있다.

위장관은 영양물질의 소화를 도와주는 세균과 원충류로 구성된 미생물총을 가지고 있다. 반추동물에서 제1위(rumen)내의 미생물총은 모든 탄수화물을 소화하며 단백질과 지질도 어느 정도 대사할 수 있다. 모든 동물종의 대장과 소장에 미생물총이 존재하며 맹장에도 어느 정도 존재한다.

소화관에는 소화효소와 액체(타액, 염산, 담즙, HCO_3^- 장액)를 생성하는 세포, 호르몬을 만들어 혈액 중으로 분비하여 중간대사에 영향을 주도록 하는 내분비세포 및 흡수세포로 구성된다. 점액다당류로 구성된 위장관을 따라서 분비되어 점막세포를 소화액의 공격으로부터 보호하고 장 내용물을 윤활하게 한다.

장강 내의 소화산물(digesta)을 혈중으로 수송하는 장의 기능은 외부환경과 체내 대사간의 연결로서 매우 중요하다. 장강에 접해있는 점막세포는 특이적인 기전에 의하여 당과 아미노산을 능동적으로 흡수하며 각종 영양소와 무기질 및 비타민들을 수송하는 특이적 기전을 가진다. 그 외 소화산물은 수동적으로 흡수된다. 장은 격렬한 대사활성을 가진 기관이다. 점막세포는 흡수된 식이성 대사산물로부터 단백질과 지질응집체를 생성한다. 장에서 영양소 수송은 두가지로 나뉜다. 수용성 소화산물(예, 당과 아미노산)은 장간막 혈액 배액(mesenteric blood drainage)을 통해 문정맥을 거쳐 간으로 이동한다. 간은 혈류로부터 당과 아미노산을 제거하여 대사하거나 대사되지 않은 상태로 다른 조직으로 보낸다. 반대로 지질은 장간막 혈류로 들어가지 않고 킬로미크론(chylomicron)과 초저밀도지단백질(very low density lipoprotein)과 같은 큰 응집체로 만들어져 림프관으로 배출된다. 따라서 대부분의 식이성 지질은 제일 먼저 간장으로 향하지는 않는다.

2. 위장관 호르몬

위장관 호르몬에 관한 다음의 몇 가지 기준들이 있다.

- 호르몬의 생성은 음식물의 섭취 및 장에서의 소화와 관련이 있어야 한다.
- 위장관의 어느 한 곳에서 생성된 호르몬은 다른 멀리 떨어진 목적 부위에 반응할 수 있어야 한다. 예를 들면, 위에서 분비되는 호르몬인 가스트린(gastrin)은 멀리 떨어진 장에 대한 자극효과를 가진다.
- 그 효과는 중추신경계로부터 독립적이어야 하며, 신경이 절단된 후에도 그 효과가 지속되어야 한다.
- 호르몬 추출물의 주사도 같은 효과가 있어야 한다.
- 투여 호르몬의 유효량은 생리적 수준을 초과해서는 안된다. 이런 기준에 의하면 가스트린, 세크레틴(secretin), 위억제펩티드(gastric inhibitory peptide, GIP) 및 콜레시스토키닌(cholecystokinin, CCK) 등 네개의 펩티드가 위장 호르몬으로 평가된다. 또한 많은 활성 펩티드들이 위장조직으로부터 분리되었다.

1) 일반적 성질과 기능

위장 호르몬과 활성 펩티드들은 식이성 자극, 신경원성 자극 및 내분비 자극 등의 영향에 의해대부분 불활성의 펩티드로 생성된다. 위장의 내분비세포는 독립된 기관에 집합되어 있지 않고, 위장 조직 중에 산재되어있다.

위장 호르몬과 활성 펩티드들은 약 4~50여 개의 아미노산으로 구성되어있다. 이 펩티드들 중 많은 수가 아미노산 서열에서 상동성을 보이며, 실제로 이 높은 상동성을 갖는 인자들은 기능이 중복되는 것으로 밝혀졌다. 이 인자들의 각각은 하나 혹은 그 이상의 강력한 활성을 가지며, 더 작은 활성을 다른 인자들과 공유하고 있다(표 9-1).

이러한 활성들은 다음과 같이 매우 다양하다.

- 소화액과 효소들의 분비를 자극하거나 억제한다.
- 장운동을 조절한다.
- 내분비 또는 방분비기전에 의한 다른 호르몬의 분비를 자극하거나 억제한다.
- 위장조직의 신경에서 중추신경으로 신경전달 한다.

2) 특이 호르몬과 펩티드

표 9-1. 위장관 호르몬들의 표적조직에 대한 작용비교

표적조직	작용	호르몬			
		Gastrin	CCK	Secretin	GIP
간/담즙	물과H_2O의 분비	S	S	ⓢ	0
	담낭수축	S	ⓢ	S	-
위	산분비	ⓢ	S	ⓘ	I
	Pepsin 분비	S	S	ⓢ	I
	위내용배출	I	I	I	I
	위운동	S	S	I	I
장	장운동	S	S	I	-
	점막성장	ⓢ	S	I	-
췌장	췌장성장	S	S	S	-
	물과 HCO_3^- 분비	S	S	ⓢ	0
	효소분비	ⓢ	ⓢ	S	0
	Insulin 분비	S	S	S	ⓢ

CCK, cholecystokinin; GIP, Gastric inhibitory peptide; S, 자극; I, 억제; 0, 효과 없음; -, 자료가 없음. ⓢ는 생리적으로 충분한 강력한 효과가 있음을 나타낸다.

각종 위장 호르몬들의 활성 정도를 표(표 9-1과 표 9-2)로 나타내었다. 생리적 수준에서 이들 호르몬들은 자극과 억제 모두를 갖지 않는다. 그러므로 네 개의 위장호르몬은 각각의 특정 표적 조직에 대한 상보적인 효과가 더욱 중요시된다.

가스트린은 부교감신경(미주신경)의 자극, 위 내의 단백질, 혹은 음식물에 의한 위확장 반응으로 생성되며 위 염산 분비와 위 운동을 증가시킨다. 가스트린은 그 외 다른 활성도 가지고 있다.

콜레시스토키닌(CCK)은 십이지장으로 들어오는 음식물과 염산에 반응하여 유리된다. 이 호르몬의 효과는 담낭의 수축, Oddi 괄약근의 이완 및 췌장의 효소분비를 자극하는 것이다. 췌장효소 분비를 자극한다고 알려진 호르몬 판크레오지민(pancreozymin)은 CCK와 같은 호르몬으로 밝혀졌다. 4내지 39개의 아미노산으로 구성된 적어도 다섯 종류의 CCK 활성형이 조직 중에서 발견되었으며, CCK_8과 CCK_{12}만이 혈장에 존재한다.

CCK_{33}의 아미노말단에 있는 6개 아미노산의 서열은 가스트린의 아미노말단 서열과 같다. 그러므로 가스트린과 CCK 간에 활성이 많이 중복된다.

세크레틴은 십이지장으로 들어오는 음식물의 자극으로 생성되며, 특히 위 염산에 반응한다. 세크레틴은 췌장과 간장(담즙분비)으로부터 HCO_3^-이 풍부한 액체의 분비를 자극하여 염산을 중화시키고, 점막을 보호하기 위하여 장 점액의 분비를 자극한다.

위억제펩티드(GIP)는 단당류와 지질이 십이지장으로 들어올 때 유리된다. GIP에 의한 가스트린의 억제는 식후 고혈당증시에 췌장이 인슐린의 분비를 자극하는 것만큼 강력하지 않다.

장 펩티드는 아직 완전한 호르몬기능이 밝혀지지 않았으며, 십이지장으로 유입되는 위의 소화산물에 의한 영향으로 유리된다(표 9-2 참조).

표 9-2. 위장 호르몬들과 기타 펩티드들의 작용

호르몬/펩티드	분비기관	표적조직	주요작용	분비자극
Gastrin	위(십이지장, 공장)	위 분비세포와 근육, Brunner's glands	HCl, pepsin 및 장점액 분비; 위운동자극	미주신경활성; 위펩티드와HCl은 유리를 억제한다.
Cholecystokinin	십이지장, 소장상부	간, 담낭, 췌장, Brunner's glands	담낭수축; 췌장액과 효소 및 장점액 분비	십이지장의 지방산과 아미노산
Secretin	십이지장	췌장, 간, 위의 분비세포와 Brunner's glands	물, $NaHCO_3$ 및 장점액 분비; 위운동억제; pepsin 분비자극	위와 소장의 음식물과 강산
GIP	십이지장, 소장상부	췌장, 위점막과 근육, Brunner's glands	Glucose-조절 insulin분비자극; 위분비와 운동 억제; 장점액 분비자극	십이지장의 단당류와 지방
VIP	십이지장		위근육이완, 장혈행자극 췌장액자극과 위분비 억제	십이지장의 지방
Bulbogastrone			위분비와 운동 억제	십이지장의 산
Motilin	소장상부	위	위장운동자극	
Enteroglucagon	십이지장	공장, 췌장	운동과 분비억제	십이지장의 탄수화물과 지방
Enkephalin	소장	위, 췌장, 장	HCl 분비자극; 췌장효소 분비와 장운동 억제	-
Somatostatin	소장	위, 췌장, 장, 내장세동맥	HCl분비억제; 췌장내외분비, 장운동 및 내장혈행 억제	-
PP	췌장	장	췌장 HCO_3^-과 단백질분비 억제	-
BLI			Gastrin과 CCK유리억제	

GIP, gastric inhibitory peptide; VIP, vasoactive intestinal peptide; PP, pancreatic polypeptide; BLI, bombesin-like immunoreactivity; CCK, cholecystokinin.

이들의 기능은 위, 간장 및 췌장의 분비뿐 아니라 장 운동, 다른 호르몬과 펩티드의 유리 및 내장순환(splanchnic circulation)에 이르기까지 다양하게 영향을 준다. 많은 이러한 펩티드들은 장과 췌장의 호르몬들처럼 엄격히 국소적이거나 일반 신경전달물질과 신경조절물질처럼 신경자극 효과를 나타낸다(표 9-3).

표 9-3. 장과 중추신경계에서 발견되는 펩티드

뇌, 장 양쪽에서 분리되는 peptide류	뇌 또는 장에서 분리되는 peptide류*
Substance P	Vasoactive intestinal peptide(VIP)
Neurotensin	Pancreatic polypeptide(PP)와 motilin
Secretin	Enkephalins와 endorphins
Somatostatin	Bombesin-like immunoreactivity(BLI)
Cholecystokinin(CCK)	Insulin
	Glucagon

* 다른 기관에서 면역반응이 나타난다.

3. 위장의 소화와 흡수

점액분비를 시작으로 전 소화관을 따라서 순차적으로 음식물의 소화와 흡수에 대하여 기술한다.

1) 점액 분비

점액(mucus)은 소화액과 효소에 의하여 자신의 소화관이 소화되지 않도록 보호하며 소화관 조직과 내용물을 윤활하게 한다. 점액은 전 위장관에 위치한 "globlet cells"이라고 불리는 점막 세포로부터, 그리고 타액선 또는 위와 십이지장 상부의 막 깊숙이 위치하거나 "Lieberkhn's crypts"라고 불리는 함몰부위의 장 미세융모간에 위치한 분비선과 같은 복합관상선(complex tubular glands)으로부터 분비된다. 특히 십이지장 유문부에 인접한 Brunner선은 매우 중요하며 HCl 농도가 가장 높다. 이들 분비선으로부터 점액분비는 4가지의 위장관 호르몬들(특히 secretin)의 조절을 받으며 음식물 및 부교감신경계와 연관된다. 교감신경자극은 이 점액분비를 억제하며 따라서 위궤양(stomach ulcer)의 가장 큰 원인이다. 유사한 신경, 내분비 및 촉각 영향 등이 기타 복합선들(complex glands)로부터의 점액분비를 조절한다.

2) 타액

타액선은 신경자극에 의하여 뮤신(mucin)을 함유하는 점액을 분비한다. 물과 뮤신의 함량에 따라 음식물을 촉촉하게 하고 삼키기에 좋도록 윤활하게 한다.

사람은 하루 1~2ℓ의 타액을 생성한다. 타액은 분비속도가 느릴 때에는 저장액(hypotonic solution)이며 분비속도가 높을 때에는 등장액(isotonic solution)이다. pH는 6.4~7.0이며, 혈장에 비하여 HCO_3^-, Na^+ 및 Cl^- 농도는 낮고, K^+과 Ca^{2+} 농도는 높다. 실제로 타액 중의 Ca^{2+} 농도는 매우 높아서 유기물질과 결합하여 치아에 치석(tartar)을 형성할 수 있다. 타액은 소량의 요소, 글루코스, 젖산, 비타민 및 면역글로불린 A(immunoglobulin A, IgA)를 함유하고 있다. 혈액으로부터 장으로 타액에 의한 요소(urea)의 수송은 초식동물에서 특히 중요하다. 왜냐하면, 장내의

*urease*가 요소를 분해하여 암모니아를 유리시키며(제1위내의 산을 완충하며, 미생물에 의한 탄수화물의 단백질전환에 필요한 질소원으로 사용됨), 간에서 요소로 재 전환되어 HCO_3^-을 중화한다. 냄새나는 성분들은 혈류로부터 타액으로 수송된다. 그러므로 양파나 마늘의 냄새는 입을 씻는다고 없어지지 않는다.

타액중에는 *carbonic anhydrase*, *phosphatase*, *lipase* 및 *ptyalin* 등의 효소를 함유하고 있다. *Lipase*는 짧은사슬 지방산을 가진 지질에 작용하며, *amylase*의 일종인 *ptyalin*은 전분의 소화를 시작한다.

타액 중의 Na^+과 K^+ 농도는 알도스테론(aldosterone)에 의하여 영향받는다. 쿠싱병(Cushing's disease)처럼 부신피질의 기능항진은 타액관내로 Na^+을 재흡수하며 K^+과 교환되어 타액중 Na^+ 수준은 낮아지고 K^+수준은 높아진다. 애디슨병(Addison's disease)처럼 부신피질의 기능부전은 타액 밖으로 Na^+이 수송되지 않기 때문에 타액 중 Na^+수준이 증가한다.

반추동물의 타액은 단위동물에 비하여 Na^+, HCO_3^- 및 인산의 농도는 더 높고, K^+과 Cl^-농도는 더 낮다. 그러나 반추동물의 타액분비가 증가함에 따라 타액은 고도의 완충이 유지되면서 인산과 HCO_3^-농도가 변화된다.

모든 포유동물에서 타액의 주요기능은 저작(mastication)과 연하(deglutition)를 촉진하는 것이며 초식동물에서 특히 중요하다. 150㎏의 작은말(pony)에서 저작 중 타액 분비는 50㎖/min로 높으며, 암소의 타액선은 1일에 100~200ℓ를 분비한다. 개와 고양이의 타액분비는 증발냉각(evaporative cooling)의 특별한 기능을 가진다. 개는 강력한 부교감신경의 자극으로 이하선(parotid gland)에서 사람의 10배에 해당하는 타액을 분비할 수 있으며, 이런 방법의 체온조절은 사람에서 땀을 증발시키는 것만큼 효과가 있다.

3) 위액

위막은 다음과 같은 물질들이나 성질을 가진 액체를 분비한다.

- 약 98%의 물.
- 염산: pH 약 1.0의 산성은 염산 때문이다. 이 염산은 두 가지의 기능을 가진다. 하나는 음식물중 대부분의 미생물을 사멸시키는 것이며, 다른 하나는 불활성 효소전구체인 펩시노겐을 가수분해하여 활성형 *pepsin*으로 전환시키고 이어서 *pepsin*의 자가촉매로 더 많은 펩시노겐을 활성화시킨다.
- *Endopeptidase*인 *pepsin*
- 무기 염류.
- 뮤신: 점성이 있으며, 풍부한 탄수화물을 가진 당단백질로 위장관 표면을 보호하기 위한 윤활제로 사용된다.
- 내재인자(intrinsic factor): 장에서 비타민 B_{12}의 촉진적 흡수에 필요한 운반체이다.
- 위 호르몬인 가스트린 소량.
- *Lipase*: 타액 *lipase*와 같이 단쇄지방산(short chain fatty acids)으로 구성된 지질을 가수분해

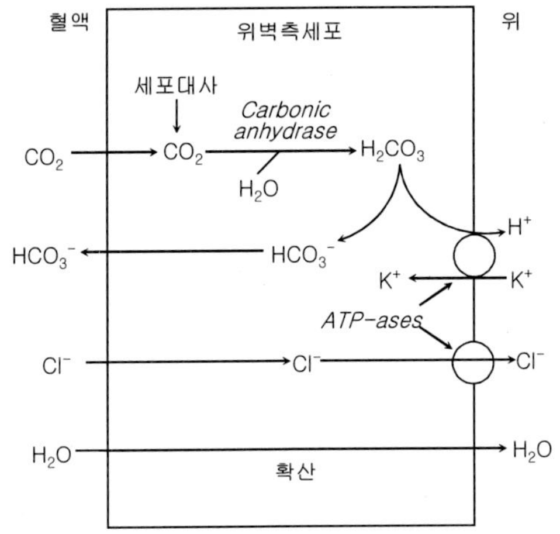

그림 9-1. HCl 분비기전.

한다.

ATP를 사용하는 능동적인 HCl 분비에서(그림 9-1) 벽측세포(parietal cell)는 0.16N HCl과 0.007M KCl용액을 분비한다. 이 H^+농도는 혈장 농도의 백만배에 해당한다. *Carbonic anhydrase*와 H^+/K^+ 및 Cl^--펌프가 관련되어있다. 식후에 위 내로 H^+을 분비하고 혈류 중으로 HCO_3^-을 흡수하므로 혈중 pH가 상승하며 이를 알카리성 시기(alkaline tide)라고 한다. 이런 현상은 산-염기 완충계에 부담이 되지 않으며 그것은 H^+이 십이지장에서 HCO_3^-과 재결합하기 때문이다.

위 분비는 부교감신경계(미주신경)와 매개체인 아세틸콜린이 세포내 2차전령 Ca^{2+}을 통하여 조절한다. 맛, 냄새, 음식에 대한 생각 등이 분비를 시작하도록 한다. 위 내의 음식물은 계속해서 염산과 펩시노겐의 분비를 자극하는 호르몬인 가스트린을 유리시킨다. 가스트린의 유리는 식이성 펩티드, 아미노산 및 미주신경에 의하여 자극된다. 가스트린 분비는 낮은 pH(HCl에 의한 음의 피드백억제)와 각종 십이지장과 장 호르몬들(secretin, somatostatin, CCK, GIP, VIP)에 의하여 억제된다. 위 점막에 존재하는 히스타민은 염산분비를 약하게 자극한다.

포유중인 동물의 위 내에 존재하는 응유효소인 *rennin*(*rennet, chymosin*: 신장에서 분비되는 *renin*과 다름)은 유단백질인 카제인(casein)의 펩티드사슬과 Ca^{2+}을 결합시켜 파라카제인(para-casein)의 응유를 생성한다. 응유형성은 포유중인 동물의 소화관으로부터 급격한 유즙의 배설을 막아준다(우유, *rennin* 및 $CaCl_2$의 혼합은 1단계의 치즈생성과정이다). *Rennin* 활성의 최적 pH는 4.5로서 포유중인 어린 동물의 위액 pH와 같다. 성숙 동물의 위액 pH 1.5에서 *rennin*은 불활성화 된다. pH 4.5에서 *pepsin*은 활성이 없으며 따라서 초유(colostrum) 중의 단백질은 위에서 소화되지 않는다. 초유중의 트립신억제인자(trypsin inhibitor)는 췌장 *endopeptidase*에 의한 공격으로부터 이들 단백질을 보호한다. 이런 방법으로 모체는 단백성 면역인자들을 신생 포유동물에게 이행시킬 수 있다.

4) 췌장액

췌장은 중간대사의 조절에 관여하는 몇 가지 호르몬들(insulin, glucagon, somatostatin, pancreatic polypeptide)을 생성한다. 그러나 장 호르몬들은 소화를 위한 췌장의 외분비기능과 조절에도 관여한다. 췌장관은 유문부와 가까운 십이지장을 향하여 열려있다.

췌장액은 타액처럼 98%의 물과 무기염류, 소량의 단백질 및 유기물질들을 함유하고 있다. 췌장액은 고농도의 HCO_3^-을 함유하여 pH가 약 8.0이며, 십이지장으로 유입되는 산성의 위내용물을 중화시켜 장의 효소활성이 유지되도록 한다. 담즙으로 분비되는 HCO_3^-도 이런 방법으로 도움을 준다. 췌장분비물의 액량과 HCO_3^-함량은 위산의 자극으로 십이지장과 공장의 상부에서 생성되는 호르몬 세크레틴에 의하여 조절된다.

췌장에서 소화효소의 분비는 부교감신경계와 각종 장 호르몬 및 펩티드에 의하여 조절되며 cAMP와 Ca^{2+}-의존 2차 전령계에 의하여 매개된다. 특히 위를 떠난 미즙(chyme)에 함유된 펩티드, 아미노산 및 장쇄지방산(long chain fatty acids)의 반응으로 십이지장과 공장의 상부에서 유리된 호르몬 콜레시스토키닌에 의하여 강력하게 조절된다. 췌장액중의 효소들은 일차적으로 거대분자들을 공격하여 소화를 시작하며 소화관을 내려가면서 소장 효소들에 의하여 소화가 완료된다.

췌장액은 다음의 소화효소들을 함유하고 있다.

- *Amylase*
- *Triacylglycerol lipase*
- *Phospholipase*
- *Cholesterol esterase*
- *Ribonuclease*
- *Endopeptidase(trypsin, chymotrypsin, elastin)*
- *Exopeptidase(carboxypeptidase)*
- *Endopeptiase*와 *exopeptidase*: 효소전구체로서 저장되거나 유리된다. 췌장에서 분비되는 트립신억제인자는 *trypsin*에 의한 자가소화를 방지하기 위하여 불활성형인 트립시노겐(trypsinogen)을 보호한다. 장 점막에서 생성된 단백분해효소인 *enterokinase*는 트립시노겐을 *trypsin*으로 전환시키며, *trypsin*은 계속해서 장내의 모든 다른 *peptidase*들을 활성화시킨다.

5) 담즙

담즙(bile)은 간에서 생성되며 간 실질세포는 장내 지질의 유화와 흡수에 필요한 담즙산염과 대사노폐물을 담세관(bile canaliculi)으로 분비한다. 담세관은 담관에 합쳐져서 그 내용물을 유문근처의 십이지장으로 유출시킨다. 어떤 동물종들(사람, 마우스, 개, 암소, 면양, 돼지, 산양, 고양이 및 어떤 조류)은 담즙이 농축되어있는 담낭을 가지고 있으며, 또 다른 동물종들(랫드, 고래, 돌고래, 비둘기, 코끼리, 낙타, 기린, 사슴 및 말)은 담낭이 없다. 담즙은 부교감 신경과 호르몬(secretin, CCK, gastrin)의 작용으로 분비되며 소화에 필요한 담즙산염과 HCO_3^-을 함유하고 있다. 담즙은 담즙산염, 콜레스테롤 및 레시틴(lecithin)의 혼합 미셀을 함유하는 담즙산-의존 분획(bile acid-dependent fraction)과 혈청 전해질조성의 가진 담즙산-비의존 분획(bile acid-independent fraction)으로 구별된다. 담즙의 주 기능은 혈류로부터 노폐물을 제거하는 것이다. 담즙의 pH는 7.2로서 담즙 중의 HCO_3^-은 장내 위산을 중화하는데 도움을 준다. 담즙산염과 레시틴은 장내 지질의 소화(유화)와 흡수에 필요하다.

담즙산염(bile salt)은 담즙산들을 함유하는 매우 다양한 분자들을 통틀어 일컫는 말이다. 자연계에 존재하는 담즙산은 콜산(cholic acid), 데옥시콜산(deoxycholic acid), 케노데옥시콜산(chenodeoxycholic acid), 리토콜산(lithocholic acid), 우르소콜산(ursocholic acid) 등이다. 이들 담즙산들은 부분적으로 글리신 또는 타우린과 결합하여 담즙산염을 형성한다. 동물종에 따라서 그들의 담즙산염의 조성은 주요 구성 성분인 담즙산, 포합체의 비율 및 포합체 중 글리신 혹은 타우린의 농도에 따라 다르다.

담즙산염은 미셀을 형성하여 단백질이 없는 수용성 매체에서 단백질을 대신하여 지질을 운반한다. 혈액과 조직세포 내에서 지질은 단백질 분자의 비극성부위에 결합되어 운반된다. 담즙과 위장관에는 지질을 운반할 단백질이 없다. 따라서 담즙산염에 의하여 형성된 혼합 미셀에 의하여 운반되는 것이다. 소장에서 담즙산염은 점막세포 표면으로 지질소화산물을 운반하며 거기서 지질은 흡수되고, 담즙산염은 재활용되기 위하여 혈액을 통하여 간으로 운반된다(장간 순환, enterohepatic circulation).

콜레스테롤은 간장에서 합성되는 담즙산염의 시발물질이며 담즙 중에 그대로 배설되기도 한다. 콜레스테롤은 물에 불용성이므로 담즙산염 및 인지질과 함께 혼합 미셀형태로 수송된다. 담즙은 두 부류의 물질들을 함유하고 있는데 그 하나는 무기염류처럼 혈장중의 농도와 같은 농도로 함유되어 있는 물질들과, 다른 하나는 빌리루빈, 콜레스테롤, 담즙산염, 인지질 및 약물(예, penicillin, sulfobromophthalein)처럼 혈장 중의 농도보다 매우 높은 농도로 함유되어 있는 물질들이다. 담낭 중의 담즙은 고도로 농축된 콜레스테롤과 빌리루빈으로 과포화되어 있으며 미셀형성으로 이루어진 비평형의 액체이다. 간에서 콜레스테롤을 과다하게 생성하거나, 감염되었거나, 담관이 폐쇄된 경우 콜레스테롤이 장으로 즉시 배출되지 않음으로써 핵을 만들어 담석(gallstone)을 형성하게 된다(담석증, cholelithiasis).

6) 장에서의 소화

영양소의 소화는 입에서 시작하여 십이지장을 거쳐 대부분 소장에서 완료된다. 췌장의 효소들이 장강(lumen of gut)으로 분비되는 것과 달리 장효소들은 장 점막세포에서 분비된다. 위에서 *pepsin*에 의하여 소화된 단백질들은 장에서 췌장 유래 *endopeptidase*들에 의하여 펩티드 단편들로 더 분해된다. 이들 펩티드 단편들은 양쪽 끝에서부터 췌장 *carboxypepsidase*와 장 *aminopeptidase*에 의하여 소화되며 동시에 *endopeptidase*들에 의하여 아미노산으로 분해된다. 췌장 *ribonuclease*들은 핵산을 소화한다.

탄수화물은 췌장 *amylase*들과 여러 분지효소에 의하여 2당류로 분해되고 이어서 장 *maltase*, *lactase* 및 *sucrase* 등에 의하여 글루코스, 프룩토스 및 갈락토스로 분해된다.

지질소화는 지질이 물에 불용성이기 때문에 복잡하다. 지질은 위에서의 휘저음, 장운동 및 담즙산염의 유화작용에 의하여 인지질로 안정화된 유탁입자(emulsion droplets)로 분해된다. 십이지장에서 췌장 *lipase*는 유착입자들에 작용하여 모노아실글리세롤(monoacylglycerol)과 유리 지방산으로 분해시킨다. 이 중 대부분은 담즙과 결합하여 담즙성 미셀을 형성한다. 장점막에서 분비되는 호르몬인 콜레시스토키닌과 위와 십이지장에서 분비되는 호르몬인 가스트린과 세크레틴은 담낭과 간장에서 알카리성 담즙분비를 자극하여 산성인 미즙(chyme)을 중화시키고 지방산-담즙산염 포합체, 중성인 지방-담즙산염의 미셀과 라이포솜을 유화시킨다. 이들 혼합 담즙산염 미셀은 식이 콜레스테롤과 인지질, 장쇄지방산, 모노아실글리세롤 및 지용성 비타민(A, D, E, K)을 운반한다. 혼합 미셀은 장 점막을 덮고있는 점액다당류층을 가로질러서 점막세포로 흡수된다. 담즙산염은 장강내에 잔류되며 회장에서 흡수된다. 흡수된 담즙산염은 혈류를 통하여 간으로 운반되어 재사용되며 이를 **장간 순환**(enterohepatic circu- lation)이라고 한다.

위장관에서의 소화효소에 의한 작용을 요약하여 표 9-4에 나타내었다. 이 주제로 뒤에 대사과정과 관련하여 부분적으로 더 논의될 것이다.

7) 장에서의 흡수

소화산물 복합체와 담즙, 췌장 및 소장의 소화 분비액 중 재순환되는 물질들이 주로 소장의 점막세포에 의하여 흡수된다. 실제로 소화된 영양소들은 공장의 시작부에서 흡수되며 담즙산염과 비타민 B_{12}는 회장에서 흡수된다. 물과 전해질은 소장의 앞부위와 대장에서 흡수된다.

탄수화물의 분해산물인 글루코스와 갈락토스는 Na^+과 함께 능동적으로 흡수되며, 다른 당류들은 농도구배에 의한 확산 방식으로 점막세포에 흡수되며 어떤 경우에는 특이적 운반체의 도움을 받기도 한다. 아미노산은 능동적으로 흡수된다. 디펩티드와 약간 더 긴 펩티드도 소장에서 흡수될 수 있음이 확인되었으며 점막세포 내에서 아미노산으로 전환된다. 흡수된 당과 아미노산으로서 장점막에서 단백질로 합성되지 않는 것들은 장간막 혈액과 문정맥혈에 의하여 간으로 수송되어 대사된다. 흡수된 지질은 수용성물질들의 혼합물과 함께 점막세포에 존재한다. 수용성 물질들은 혈류를 통하여 간으로 운반되는 반면에 지질은 킬로미크론(chylomicron)과 초저밀도지단백질(VLDL)로 만들어져 장림프관으로 들어가 흉관을 거쳐 쇄골하정맥으로 들어간다. 예외로서 닭은 장림프관과 장간막으로 들어가는 경로를 가지고 있지 않다.

물의 흡수는 매우 중요한 장의 기능 중 하나이다. 사람에서 매일 약 10ℓ의 액체가 장에 들어온다.

이 10ℓ중 1.5~2.5ℓ는 섭취에 의한 것이며, 1~1.5ℓ는 타액에서, 2~3ℓ는 위에서 분비된 것이고, 1~2ℓ는 소장에서 분비된 것이다. 정상적으로 약 200㎖ 정도는 재흡수된다. 재 흡수되는 200㎖의 물은 정상적으로 배출되는 양과 같으며 부분적으로 윤활제로 사용된다. 장에서 물의 재흡수는 점막세포의 능동적 Na^+ 펌프의 도움으로 전해질 재흡수와 같이 이루어진다(신장의 물흡수와 비슷함).

전해질은 구배에 따른 확산 혹은 전기적 중성을 위한 능동적 흡수로 흡수된다. 점막세포내에서 낮은 Na^+농도를 유지하기 위하여 능동적인 펌프가 작동되고, 이 때 Cl^-의 분비가 수반된다. 개와 말은 회장에서 Cl^-이 능동적으로 흡수되고, K^+은 대부분 수동적으로 흡수된다. 장의 Ca^{2+} 흡수는 Ca^{2+}-결합단백질을 필요로 하며, 이 단백질의 생성은 1,25-디하이드록시콜레칼시페롤

표 9-4. 소화과정의 요약

분비기관과 분비자극	효소	활성화방법과 최적조건	기질	종산물 또는 작용
타액선: 구강음식물	*Salivary amylase*	Cl^-: pH 6.6-6.8	전분, glycogen	Maltose+1:6 glucosides + maltotriose
설선	*Lingual lipase*	pH 2.0-7.5(pH 4.0-4.5)	단쇄 ester(*sn*-3)	지방산+diacylglycerol
위선: 주세포와 벽측세포에서 반사자극과 gastrin의 작용	*Pepsin A(fundus)* *Pepsin B (pylorus)*	HCl이 pepsinogen을 *pepsin*으로 전환(pH1.0-2.0)	단백질	Peptides
	Rennin	Calcium(pH 4.0)	Casein	응유
췌장: 산성미즙이 십이지장을 활성화시켜 ① secretin분비하여 췌장액분비자극 ② CCK분비하여 효소생성을 자극	*Trypsin*	pH 5.2-6.0에서 장 *enterokinase*에 의하여 trypsinogen으로부터 전환 (pH 7.9에서 자가촉매)	단백질, peptides	Polypeptides; dipeptides
	Chymotrypsin	*Trypsin*에 의하여 chymotrypsinogen으로부터 전환(pH 8.0)	단백질, peptides	*Trypsin*과 같으나 유즙 응고력이 더 강하다
	Elastase	Proelastase로 분비되어 *trypsin*에 의하여 활성형으로 전환	단백질, peptides	Polypeptides, dipeptides
	Carboxypeptidase	Procarboxypeptidase로 분비되어 *trypsin*에 의하여 활성형으로 전환	Polypeptide의 carboxy말단	Peptides, 유리아미노산
	Pancreatic amylase	pH 7.1	전분, glycogen	Maltose+1:6glucosides +maltotriose
	Lipase	담즙산염, 인지질, colipase에 의하여 활성화(pH 8.0)		
소장: 십이지장의 Brunner's glands와 Lieberkühn 분비선에서 분비	*Ribonuclease*	-	RNA	Nucleotides
	Deoxyribonuclease	-	DNA	Nucleotides
	Cholesteryl ester hydrolase	담즙산염에 의하여 활성화	Cholesteryl esters	Cholesterol+지방산
	Phospholipase A_2	Proenzyme으로 분비되어 *trypsin*과 Ca^{2+}에 의하여 활성화	인지질	지방산; Lysophospholipids
	Aminopeptidase	-	Polypeptide의 amino말단	Peptides; 아미노산
	Dipeptidase	-	Dipeptides	아미노산
	Sucrase	pH 5.0-7.0	Sucrose	Fructose+glucose
	Maltase	pH 5.8-6.2	Maltose	Glucose
	Lactase	pH 5.4-6.0	Lactose	Glucose+galactose
	Trehalase	-	Trehalose	Glucose
	Phosphatase	pH 8.6	유기인산	인산
	Isomaltase (1:6 glucosidase)	-	1:6 glucosides	Glucose
	Polynucleotidase	-	핵산	Nucleotides
	Nucleosidase (Nucleoside phosphorylases)	-	Purine 또는 pyrimidine nucleotides	Purine 또는 pyrimidine 염기, pentose phosphate

(dihydroxycholecalciferol)에 의하여 조절된다. 비타민 D_3로부터 1,25-디하이드록시콜레칼시페롤의 생성은 혈중 낮은 Ca^{2+} 농도와 이때 유리된 부갑상선 호르몬에 의하여 촉진된다.

8) 흡수장애

가장 흔한 흡수장애(malabsorption)는 설사(diarrhea)로 다량의 수양성 배변현상으로 나타난다, 그 원인은 보통 전해질 이동과 삼투적 구배의 형성 또는 상실에 기인한다. 국소적 조직손상으로 점막세포 간의 견고한 접합이 이완되어 상피세포 간의 염구배(salt gradient)가 없어지고 따라서 물 흡수가 감소된다. 비흡수성 용질의 섭취 혹은 장강에서 이들 용질의 생성은 불가피하게 분변 중 물을 삼투적으로 보유하게 된다. 예를 들어 *lactase* 활성이 결핍된 사람은 적절하게 락토스를 소화할 수 없으며 따라서 우유를 마신 후 삼투적 설사를 하게된다. 세균 및 바이러스감염(장염)은 회장의 원위 말단과 대장의 점막을 자극하여 장강에 다량의 액체를 분비시키고 연동운동을 증대시킨다. 이렇게 함으로서 자체 방어수단에 의하여 세균독소를 희석시키고 세균을 빨리 제거시키는 것이다. 콜레라독소는 회장의 원위와 결장으로부터 과량의 액체분비를 자극하며 부가해서 HCO_3^-- Cl^-교환기전을 증대시킨다. 결과적으로 대량의 HCO_3^- 배설이 증가되고 Na^+과 물이 대량으로 동반 배설되어 흔히 치명적인 결과를 가져온다. 많은 질병이 비타민과 무기질의 흡수장애와 관계가 있다. 예를 들면, 빈혈은 철, 엽산, 혹은 코발라민의 흡수장애에 기인하며 Ca의 흡수부족은 골연화증을 유발한다.

제 2부
유전정보의 전달과 표현

제10장 핵산의 구조

핵산(nucleic acid)은 생물체의 성장과 진화, 복제에 필요한 모든 유전정보(genetic information)를 지니고 있는 정보저장 분자이다. 핵산은 당, 인산 그리고 질소를 함유하는 유기염기(nitogenous base)로 구성되어 있는 거대분자로 20세기 중반에 이들 물질들의 역할이 밝혀짐으로써 생물학은 큰 변혁을 가져왔다.

세포가 어떻게 핵산으로 암호화된 정보를 저장하거나 표현하는지, 그리고 어떻게 단백질을 합성하는지를 이해하기 위해서는 먼저 누클레오타이드(nucleotide)와 핵산의 화학적 구조 및 성질을 알아야 한다.

핵산은 기본적으로 유기염기, 5탄당(pentose) 및 인산의 세 가지 성분으로 구성되어 있다. 유기염기와 5탄당이 결합한 것을 누클레오사이드(nucleoside)라고 하며 여기에 인산이 결합하면 누클레오타이드가 된다. 세가지 성분 각 하나씩만 결합한 것을 모노누클레오타이드(mononucleotide)라고 하며 이들의 중합체를 폴리누클레오타이드(polynucleotide)라고 한다. 핵산은 그 종류에 따라 한 가닥의 폴리누클레오타이드 자체일 수 있으며 두 분자의 폴리누클레오타이드가 결합하여 만들어지기도 한다. 전자의 예는 라이보핵산(ribonucleic acid, RNA)이며, 후자의 예는 데옥시라이보핵산(deoxyribonucleic acid, DNA)이다.

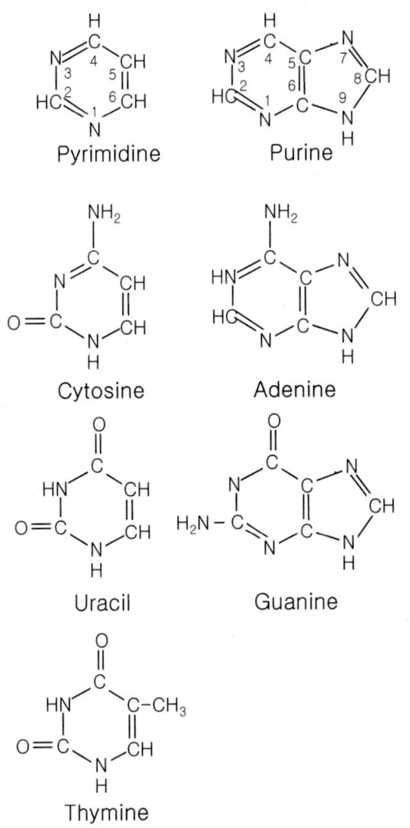

그림 10-1. RNA와 DNA구성. 주요 purine 및 pyrimidine염기들의 종류와 구조.

1. 핵산의 구성물질

1) 유기염기의 구조와 종류

누클레오타이드를 구성하는 유기염기는 퓨린염기(purine base)와 피리미딘염기(pyrimidine base)로 구분할 수 있다. 주요한 퓨린염기는 아데닌(adenine, A)과 구아닌(guanine, G)이고, 주요한 피리미딘염기는 사이토신(cytosine, C), 티민(thymine, T) 및 우라실(uracil, U)이다(그림 10-1).

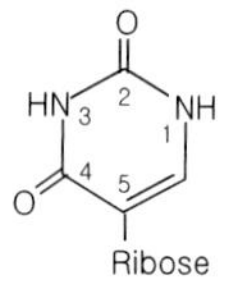

Pseudouridine (ψ)

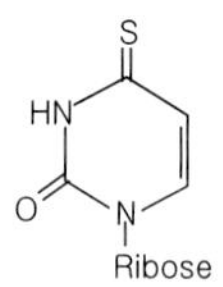

4-Thiouridin

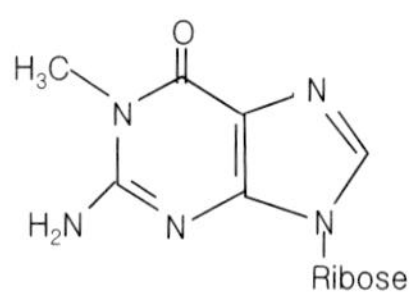

1-Methylguanosine (mG)

그림 10-2. tRNA에서 발견되는 몇몇 변형된 염기 구조.

RNA를 구성하고 있는 주요염기는 아데닌, 구아닌, 사이토신 및 우라실 등이며, DNA를 구성하고 있는 주요 염기들은 아데닌, 구아닌, 사이토신 및 티민 등이다. 그러므로 RNA는 DNA에 없는 우라실을 가지고 있는 반면에 DNA는 RNA에 없는 티민을 가지고 있다는 점에서 다르다. RNA와 DNA을 구성하는 유기염기는 모두 등량의 퓨린염기와 피리미딘염기를 함유하고 있다.

어떤 바이러스 DNA와 전달 RNA(transfer RNA, tRNA)에는 다음과 같은 변형된 유기염기들이 존재하며 그 중 몇 가지 예의 구조를 보면 그림 10-2와 같다.

DNA와 RNA에 들어있는 변형 유기염기들은 다음과 같다.

DNA: 5-메틸사이티딘(methylcytidine), 5-하이드록시메틸사이티딘(hydroxymethylcytidine).

RNA: 이노신(inosine), 메틸화 퓨린 및 피리미딘(methylated purines과 pyrimidines), 티오우라실(thiouracil), 디하이드로우라실(dihydrouracil), 이소펜테닐아데닌(isopentenyladenine), 아세틸사이토신(acetylcytosine), 슈도우라실(pseudouracil).

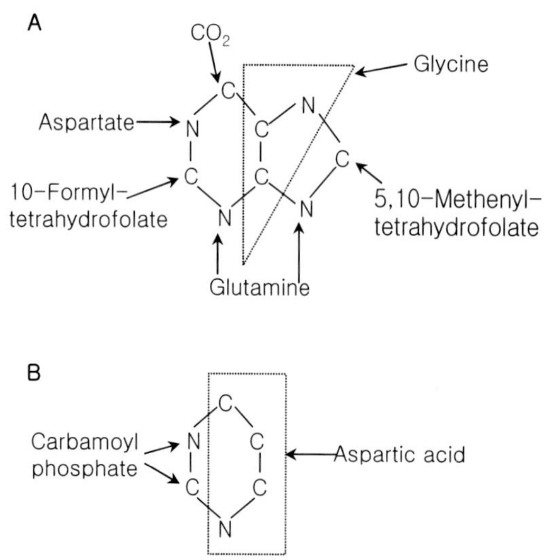

그림 10-3. Purine과 pyrimidine 고리 구성 원자들의 기원. A, 퓨린 염기; B, 피리미딘 염기.

2) 누클레오사이드(nucleoside)의 구조와 종류

유기염기들은 5탄당인 D-라이보스 또는 D-2′-데옥시라이보스(그림 10-3)와 결합하여 누클레오사이드를 형성한다(그림 10-4, 10-5). 당의 1′ 위치에 퓨린 염기의 9번 질소 또는 피리미딘 염기의 1번 질소와 결합되어 있다. 그림에서 보여주듯이 D-라이보스와 결합한 라이보누클레오사이드(ribonucleoside)에는 아데노신(adenosine), 구아노신(guanosine), 사이티딘(cytidine) 및 우리딘(uridine)의 4종류가 있으며, D-2′-데옥시라이보스와 결합한 데옥시라이보누클레오사이드(deoxyribonucleoside)에는 데옥시아데노신(deoxyadenosine), 데옥시구아노신(deoxyguanosine), 데옥시사이티딘(deoxycytidine) 및 데옥시티미딘(deoxythymidine)의 4종류가 있다. RNA는 리보누클레오사이드로

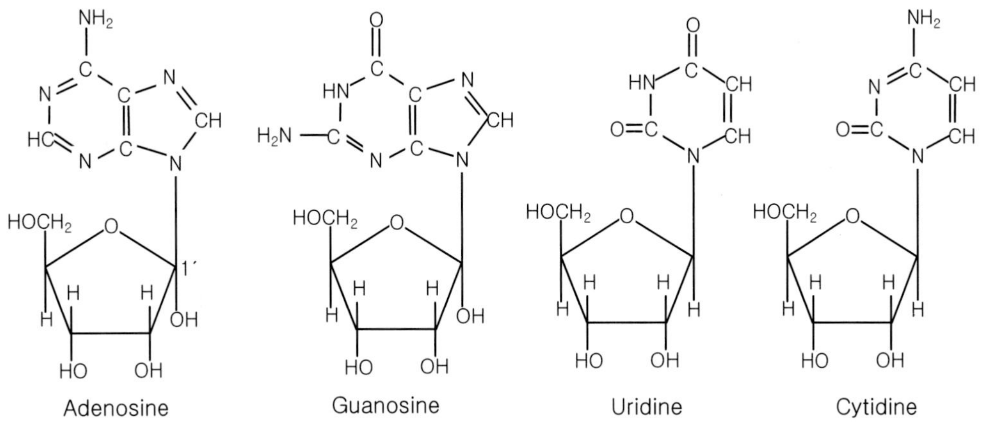

그림 10-4. 주요 ribonucleoside의 종류와 구조식.

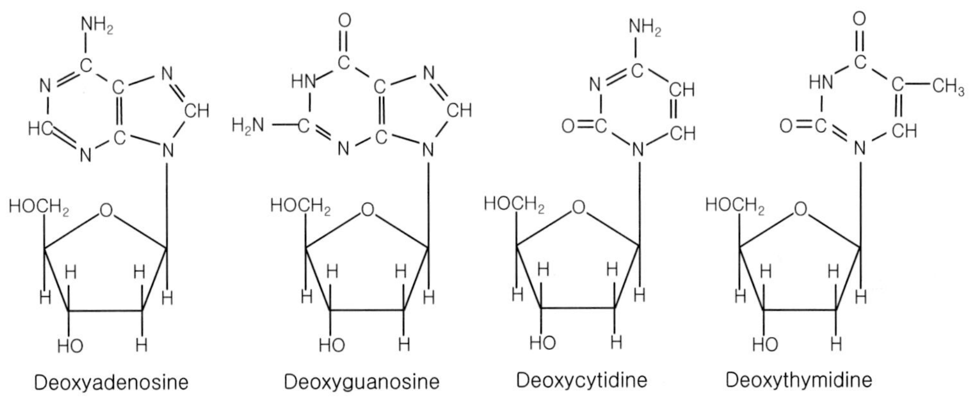

그림 10-5. 주요 deoxyribonucleoside의 종류와 구조식.

구성되므로 데옥시라이보스를 함유하고 있지 않으며, DNA는 데옥시라이보누클레오사이드로 구성되어 있어 라이보스를 함유하고 있지 않다.

3) 누클레오타이드의 형성

누클레오타이드를 구성하고 있는 당의 5′ 위치에 하나 혹은 둘 이상의 인산이 에스테르결합하여 누클레오타이드를 형성한다. 그림 10-6은 누클레오타이드의 기본 구조를 보여주고 있으며,

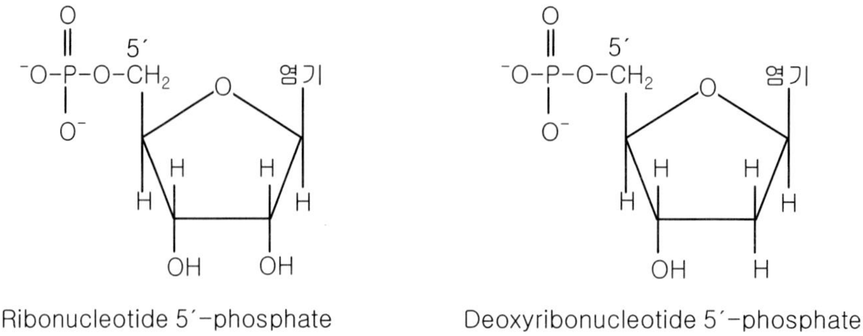

그림 10-6. Nucleotide의 기본 구조식.

표 10-1. 핵산구성 주요 nucleoside와 nucleotide의 종류

Nitrogenous bases	Ribonucleosides	Ribonucleotides
아데닌(A)	Adenosine	Adenosine 5'-monophosphate(AMP, Adenylate)
구아닌(G)	Guanosine	Guanosine 5'-monophosphate(GMP, Guanylate)
우라실(U)	Uridine	Uridine 5'-monophosphate(UMP, Uridylate)
사이토신(C)	Cytidine	Cytidine 5'-monophosphate(CMP, Cytidylate)
Nitrogenous bases	**Deoxyribonucleosides**	**Deoxyribonucleotides**
아데닌(A)	Deoxyadenosine	Deoxyadenosine 5'-monophosphate(dAMP, Deoxyadenylate)
구아닌(G)	Deoxyguanosine	Deoxyguanosine 5'-monophosphate(dGMP, Deoxyguanylate)
티민(T)	Deoxythymidine	Deoxythymidine 5'-monophosphate(TMP, Thymidylate)
사이토신(C)	Deoxycytidine	Deoxycytidine 5'-monophosphate(dCMP, Deoxycytidylate)

표 10-1은 주요 누클레오타이드의 종류를 요약한 것이다.

누클레오사이드에 하나의 인산기가 에스테르결합으로 연결되어 있으면 누클레오사이드 5′-모노포스페이트(nucleoside 5′-monophosphate, NMP)가 되며, 두 개의 인산이 결합하면 NDP, 세 개의 인산기가 결합하면 NTP가 된다. 예를 들어, adenosine이 인산기 하나, 둘 및 셋과 결합한 구조와 명칭은 그림 10-7과 같다.

유기염기, 5탄당 및 인산의 세 가지 성분 각 하나씩으로 구성되는 누클레오타이드를 모노누클레오타이드(mononucleotide)라고 하며, 두 모노누클레오타이드간의 연결로 이루어진 것을 디누클레오타이드(dinucleotide)라고 하고, 이와 같은 방법으로 모노누클레오타이드 여러 분자가 연결되어 이루어진 가닥을 폴리누클레오타이드(poly- nucleotide)라고 한다. 모노누클레오타이드간의 연결은 각 5탄당의 3′와 5′간에 포스포디에스테르(phosphodiester)결합에 의하여 연결된 당-인산사슬로 구성되어 있다. DNA는 5탄당으로 D-2′-데옥시라이보스를 함유하고 있으므로 두 모노누클레오타이드중의 D-2′-데옥시라이보스간에 3′, 5′-포스포디에스테르결합으로 연결되어 있으

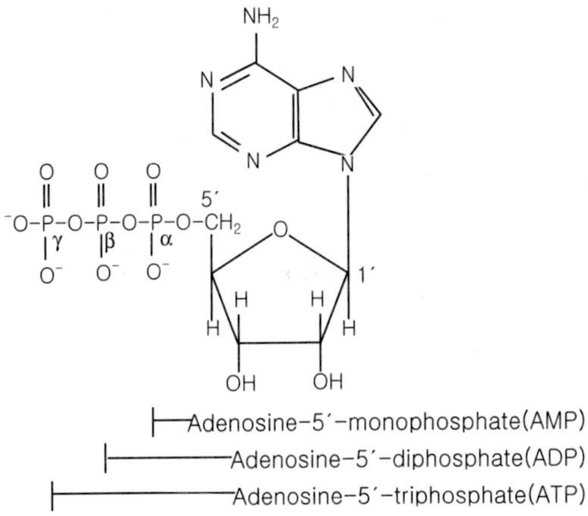

그림 10-7. Adenosine 5'-mono-, di- 및 triphosphate의 구조식과 명칭.

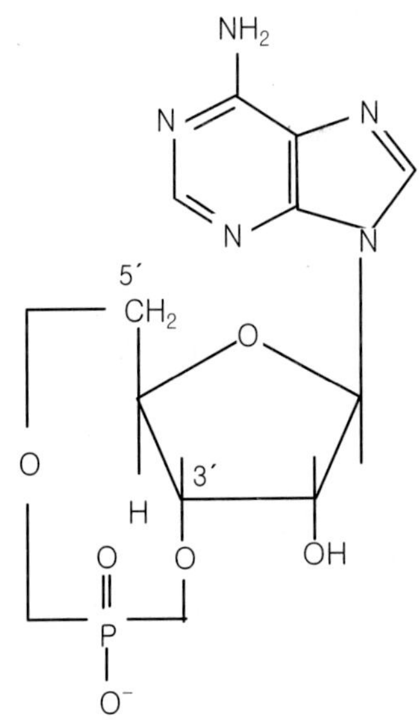

Cyclic AMP
(adenosine 3', 5'-monophosphate)

그림 10-8. 3', 5'-cAMP의 구조.

며, RNA는 두 모노누클레오타이드중의 D-라이보스간에 3´, 5´-포스포디에스테르 결합으로 연결되어 있다. 그러므로 DNA와 RNA의 각 가닥은 3´와 5´ 말단을 갖고 있다.

어떤 모노포스페이트누클레오타이드는 환상 유도체를 형성하여 생리조절물질로 작용한다. 예를 들어, cyclic AMP(cAMP)는 하나의 라이보스고리 중 5´와 3´ 위치 사이에 인산기가 에스테르결합으로 고리를 형성하고 있다(그림 10-8).

4) 누클레오타이드의 기능

누클레오타이드는 다음과 같은 다양한 기능을 가진다.

- 핵산을 구성하는 기본단위가 된다. RNA나 DNA는 모두 모노누클레오타이드의 중합체이다.
- 고에너지의 저장 및 운반체로 작용한다. 대사에 의하여 생성된 일차적 유리 에너지를 저장하며 필요할 때 다음과 같은 일에 사용한다.

  ㉮ 근육수축 등의 기계적인 일

  ㉯ 단백질 합성과 같은 화학적일

  ㉰ 능동수송과 같은 삼투적인 일

  ㉱ 신경자극전달과 같은 전기적인 일

ATP가 가장 중요하며, 다른 누클레오사이드 트리포스페이트(CTP, GTP, UTP 등)와 크레아틴 포스페이트(creatine phosphate) 등도 이러한 작용을 한다.

- 조효소로 작용하는 것도 있다. AMP와 같은 모노포스페이트 누클레오타이드, ADP나 GDP와 같은 디포스페이트 누클레오타이드, ATP, CTP, GTP, UTP 등과 같은 트리포스페이트 누클레오타이드 등은 조효소로 작용한다. 또한 NAD, NADP, FMN, 코엔자임-A, 포스포아데노신 포스포설페이트(phosphoadenosine phosphosulfate, PAPS) 등은 누클레오타이드와 비타

민류가 결합한 것으로 더욱 중요한 조효소로 작용한다.

- 모노포스페이트 누클레오타이드의 환상유도체는 여러 가지 생체기능 조절물질로 작용한다. 예를 들면, cAMP는 라이보스의 5′와 3′ 위치에 인산을 중심으로 에스테르결합에 의하여 연결되어 있는 물질로 세포내에서 신호를 전달하는 중요한 2차 전령이다(그림 10-8 참조).

2. DNA의 구조

1) DNA의 소재

진핵세포의 핵 내에 존재하는 염색질(chromatin)은 DNA와 대등한 중량의 단백질(주로 histone)과의 복합체로 수백 또는 수천 종류의 유전자(gene)들을 보유하는 염색체(chromosome)를 형성한다. 이와 달리 박테리아와 같은 원핵세포들은 세포질에서 잘 구분/분리되지 않는 단 하나의 염색체를 가지고 있다. 진핵세포에서 모든 유전정보는 주로 핵 중의 DNA, 약간은 미토콘드리아 내의 DNA가 보유하고 있다.

염색체의 수는 동물종에 따라 다르다. 사람의 게놈(genome)은 23쌍의 동종염색체 내에 DNA 6.4×10^9개의 염기쌍으로 구성된다. 한 부모로부터 유래된 개체는 염색체쌍을 가짐으로써 2배체(diploid)라고 불린다. 한 염색체내의 모든 DNA를 펼친 길이가 약 47mm이므로, DNA들은 염색체내에서 약 8000번 접혀 압축되어있다. 이러한 "충전(packing)"은 DNA 가닥이 히스톤분자들을 감아서 누클레오솜(nucleosome)을 형성한다. 히스톤은 많은 양의 리신과 아르기닌을 함유한 양하전 단백질이다. DNA에 결합한 히스톤과 비히스톤 단백질들은 DNA활성을 조절한다. 누클레오솜은 꼬여진 가닥 내에 들어가고 그 가닥은 누클레오솜을 감아 초나선(supercoil)을 만든다. 나선형의 DNA는 DNA복제시에 신속하게 나선이 풀린다.

핵 DNA는 이질적인 혼합물로서 모두 단백질 분자를 암호화하지는 않는다. 약 70%는 주요 세포 단백질들을 암호화한 독특한 배열로 구성되어있다. 이러한 암호화된 배열(exon) 중에는 복제되지만 최종 전사체에서 삭제되는 개입배열(intron)이 삽입되어있다. 암호화된 배열은 전사되지 않는 200~300 염기쌍의 반복된 개입배열에 의하여 분리된다. tRNA, rRNA 및 히스톤을 암호화하는 DNA의 배열순서는 적절히 반복되어있다(genome당 100이상의 복사체). 이러한 반복은 모든 히스톤들을 일관성 있게 전사하기 위하여 계속된다.

미토콘드리아 DNA는 몇 개의 미토콘드리아 단백질을 암호화하는 약 15,000개의 염기쌍을 가진 두 가닥의 환상분자이다. 미토콘드리아의 유전암호는 동물과 식물세포의 핵에 있는 것과는 다른 사슬종말신호와 아미노산에 대한 네 개의 코돈(codon) 배분을 갖고 있다. 미토콘드리아 DNA에서 암호화된 단백질들은 미토콘드리아 안쪽의 라이보솜에서 합성된다. 그러나 미토콘드리아 단백질의 90% 이상이 핵에서 암호화되며 세포질에서 들어온다.

2) DNA의 구조

DNA 구조는 1953년 Watson과 Crick에 의하여 보고되었으며, 이 업적은 생물학에 있어서 금자탑이라 말할 수 있는 훌륭한 업적이다.

DNA 분자를 구성하는 한 가닥의 화학구조를 그림 10-9에 나타내었다. 그림에서와 같이 데옥시라이보누클레오타이드의 당인산 잔기들이 5´ 탄소와 3´ 탄소 간에 포스포디에스테르결합으로 연결되어 있다. 당(deoxyribose)과 인산의 기본골격은 이 그림에서 쉽게 알 수 있으며 당의 3´ 탄소에 결합한 인산기는 다음 당 단위의 5´ 탄소에 연결된다. 이 구조식의 가닥 윗부분은 5´ 인산기가 있고, 가장 아래쪽의 3´ 위치에는 인산기가 결합되어 있지 않다. 따라서 인산-데옥시라이보스골격은 5´→3´ 방향성을 나타낸다. 퓨린과 피리미딘염기는 데옥시라이보스단위의 1´ 위치에 연결되어 있다. 여기에서 퓨린과 피리미딘염기의 배열순서는 유전암호(genetic code)로 사용되기 때문에 매우 중요하다.

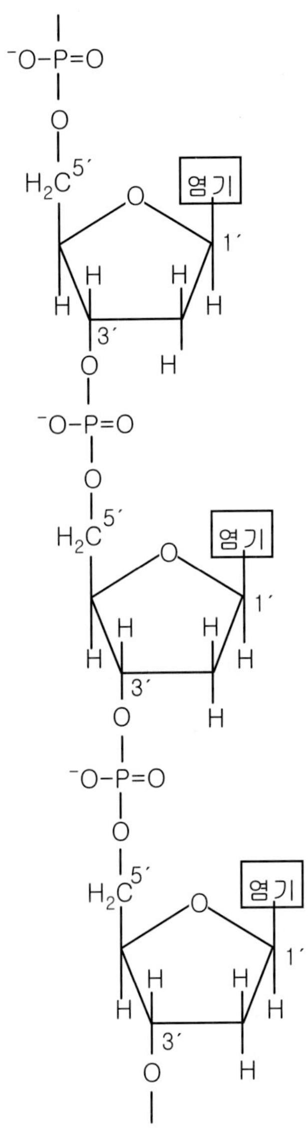

그림 10-9. DNA가닥의 일부분을 나타낸 구조.

그림 10-10은 유기염기의 배열순서에 대한 이해를 돕기 위하여 그린 가상적 염기배열을 나타낸 것이다.

여러 생물체에서 분리한 DNA를 분석해보면, 네개 염기(A, T, G, C)의 함량이 생물종에 따라 일정하며, 퓨린염기(A, G)와 피리미딘염기(T, C)의 함량이 대등하다는 것이 확인되었다. 아데닌의 양은 티민의 양과 같고, 구아닌의 양은 사이토신의 양과 같다(표 10-2).

이러한 관계는 DNA가 두 가닥으로 되어 있으며, 폴리데옥시라이보누클레오타이드 간에 수소결합으로 염기쌍을 형성할 때 아데닌은 오직 티민과만 수소결합(A=T: 2개의 수소결합)을 하며, 구아닌은 사이토신과만 수소결합(G≡C: 3개의 수소결합)을 하기 때문인 것으로 밝혀졌다(그림 10-11).

DNA 분자는 우선성 이중나선(right handed double helix)" 의 구조라는 것이 밝혀졌다. 두 가닥의 인산-데옥시라이보스 기본골격은 친수성이므로 이중나선구조의 바깥쪽에 위치하며 물분자와 접촉해 있다. 퓨린-피리미딘 염기쌍은 소수성으로 물과 떨어져 나선구조의 안쪽에 위치해 있다. DNA 분자에서 데옥시라이보누클레오타이드의 중합으로 이루어진 폴리데

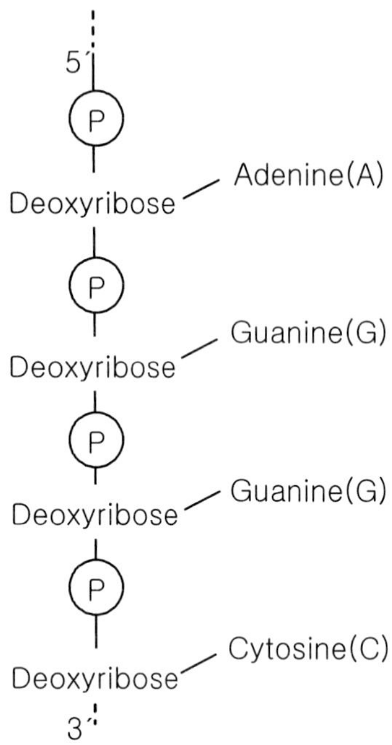

그림 10-10. 가상적인 염기배열순서. 염기배열은 5′위치로부터 읽으며, 5′-A-G-G-C-3′로 표현된다. 세포내 DNA의 염기배열은 길이가 수백만 개의 누클레오타이드로 되어 있다.

옥시라이보누클레오타이드 각 가닥은 5′→3′ 방향성으로 서로 역평행(antiparallel), 즉, 한 가닥의 방향은 다른 가닥의 방향과 반대 방향으로 위치하며, 두 가닥간에 상보적 염기쌍(complementary base pairs), 즉, A와 T간, C와 G간에 수소결합으로 연결되어 나선형을 이루고 있다(그림 10-12).

표 10-2. 인체 DNA의 염기조성

퓨린/피리미딘	조성(%)	염기비율
아데닌/티민	30.9/29.4	1.05
구아닌/사이토닌	19.9/19.8	1.00

DNA 나선의 퓨린과 피리미딘염기의 배열순서는 유전암호를 구성한다. 단백질, 효소 및 핵산 등은 복제, 성장, 발육 등 세포의 정상적 기능수행에 필요하며, DNA 분자는 실제로 이들 생체고분자 합성에 필요한 모든 암호를 가지고 있다. DNA 분자에 함유된 유전정보가 각 개체를 구별할 수 있는 모든 생화학적, 생리학적, 물리학적 특징들을 나타낸다. DNA의 구조와 기능 등을 요약하면 아래와 같다.

- 대부분 세포핵에 분포되어 있고 소량이 미토콘드리아에도 존재한다.
- 두 폴리데옥시리보누클레오타이드 가닥이 A-T, G-C의 수소결합에 의하여 2중 나선구조를 형성하고 있다.
- 백색의 실모양이다.
- 수용액은 260nm에서 최대흡수를 나타내며, 230nm에서 최소 흡수를 나타낸다.
- 세포분열에서 염색체를 형성하여 유전형질을 제공한다(유전정보의 전달-DNA의 복제).
- 단백질을 합성할 때 아미노산 배열순서의 정보를 mRNA에게 제공한다(전사).

두 가닥의 폴리데옥시라이보누클레오타이드는 수천개의 퓨린/피리미딘 염기쌍을 수소결합으로 연결하여 서로 유지하고 있다. 이중나선 축이 1회전하는 데는 10개의 염기쌍, 길이는 3.4nm가 필요하다. 세균과 같은 원핵세포의 DNA 이중나선은 실제로 길게 꼬여진 환상구조로 되어있다. 진핵세포의 DNA 이중나선은 긴 섬유가 코일모양의 묶음을 만든 구조이다. 단백질과 결합한 이 묶음은 세포핵에서 염색체를 형성한다.

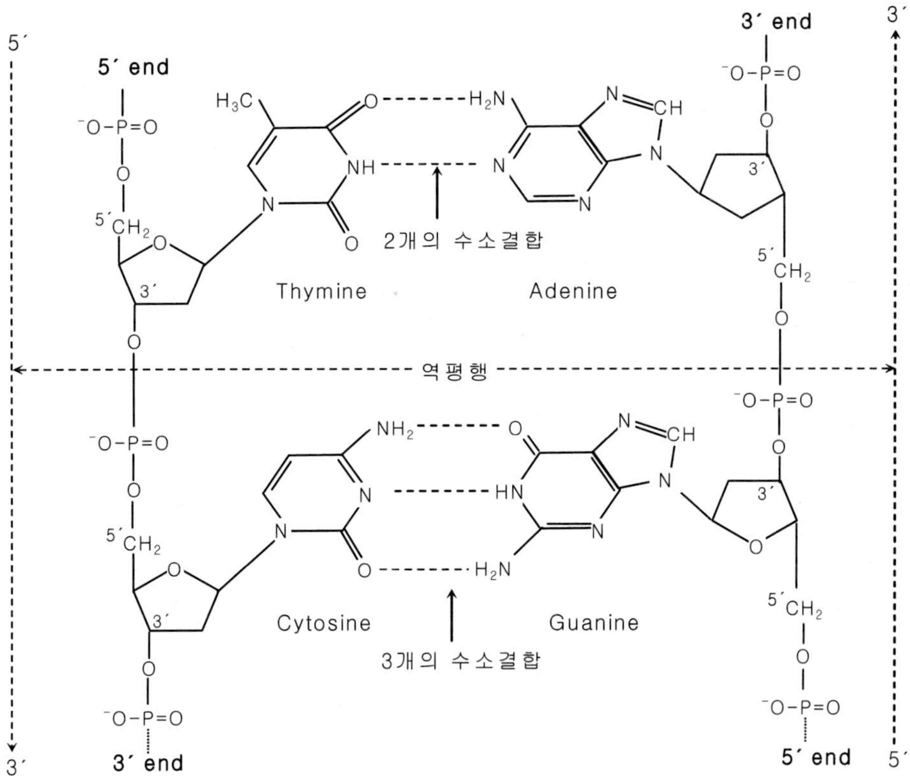

그림 10-11. DNA 분자의 purine과 pyrimidine 염기쌍 간의 수소결합. 각 줄기는 역평형 관계에 있다.

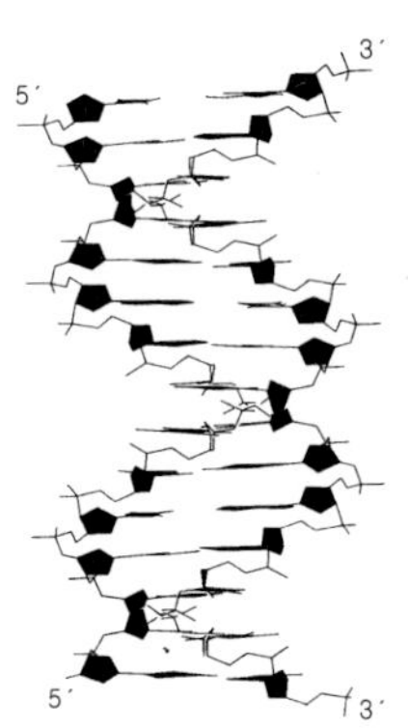

그림 10-12. DNA 2중나선구조의 모형도.

3. RNA의 구조

세 종류의 RNA, 즉, 전달 RNA(transfer RNA, tRNA), 라이보솜 RNA(ribosomal RNA, rRNA) 및 전령 RNA(messenger RNA, mRNA)가 존재하며 생명현상에서 중요한 역할을 한다. 이들 세 종류의 RNA는 세포 DNA의 정보에 따른 일련의 단백질 생합성 반응에 관여한다. 그러므로 모든 RNA의 염기서열은 DNA 염기서열에 의하여 결정된다. DNA로부터 RNA로 염기서열이 전달되는 과정을 **전사**(transcription)라고 한다. 라이보솜은 rRNA와 단백질이 결합되어 있으며, 단백질 생합성에서 폴리펩티드사슬이 형성되는 위치이다. 아미노산은 tRNA에 결합되어 아미노아실-tRNA(aminoacyl-tRNA) 형태로 라이보솜에 전달된다. 생합성되는 단백질의 아미노산 배열순서는 mRNA의 염기서열에 따라 결정된다. mRNA는 DNA 염기서열(유전 정보)에 따라 단백질의 아미노산 배열순서와 일치하는 염기서열로 DNA로부터 전사받아 세포질로 수송되어 라이보솜과 결합한다. mRNA상의 세 염기순서는 합성되는 단백질사슬에 해당하는 아미노산의 부착을 지시한다. 이 과정을 유전정보의 **번역**(translation)이라고 한다.

1) 전달 RNA

전달 RNA(transfer RNA, tRNA)는 순응분자이다. 라이보솜에서 mRNA상의 세 염기순서로 된 코돈(codon, triplet code, 3문자 암호)에 암호화된 유전정보는 펩티드사슬로 번역된다. 즉, 펩티드사슬 그 자체는 mRNA와 접촉하지는 않는다. tRNA는 순응 역할을 위해 두 개의 특정 결합부위를 가지고 있다. 첫째 부위는 특정 아미노산과 결합하여 라이보솜으로 보내고, 둘째 부위는 세 염기순서의 역코돈(anticodon)을 갖고 있는데 mRNA 상의 코돈에 염기쌍의 법칙에 따라 상보적으로 결합한다. 이 역코돈은 다른 라이보솜에서 펩티드사슬의 생산을 위하여 이용될 수 있도록 다음 아미노산을 지니게 한다. tRNA의 역코돈이 mRNA상의 코돈에 결합된 상태에서

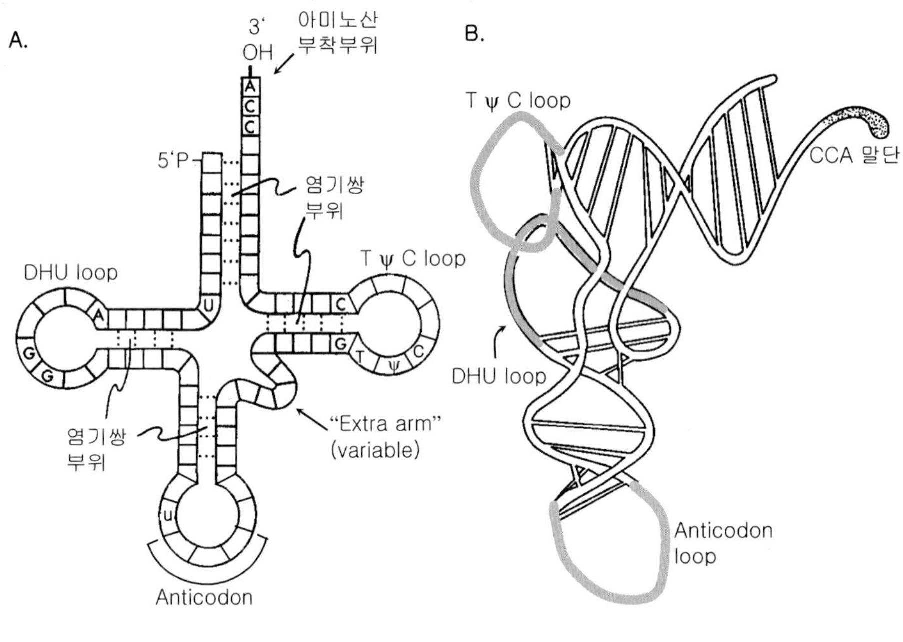

그림 10-13. tRNA의 구조. A, tRNA 2차구조의 일반적 특징; B, 효모 phenylalanine tRNA의 3차 구조.

tRNA는 라이보솜이 또 다른 역할을 위해 떠나기 전에 그 아미노산을 펩티드사슬에 연결시킨다. 각각의 세포에는 30종 이상의 tRNA가 존재하는데 그 각각의 역코돈에 해당하는 아미노산을 결합하여 운반한다. 이러한 tRNA들은 1차구조(예, 염기서열)와 크기(75~85개 길이의 누클레오타이드)에서 서로 다르나, 가까이 병렬된 두 측지를 가진 L형의 3차구조는 다르지 않다(그림 10-13).

tRNA는 한 가닥이지만 2차구조는 내부 염기쌍에서 유래된 세 개의 루프(loop)와 추가 팔(extra arm)을 가진 특징적인 클로버잎 모양(그림 10-13, A)이다. 3′-ACC 말단은 특정 아미노산이 결합하는 부위이고 역코돈 루프는 tRNA-아미노산복합체가 mRNA의 특이적인 코돈에 결합하는 독특한 3개의 염기배열을 하고 있다. tRNA가 라이보솜에 일시적으로 결합하는 것과 아미노산을 tRNA에 부하시키는 데에 관여하는 또 다른 루프는 루프내의 특이한 염기들의 존재에 따라 이름 지어졌다. 즉, D-루프는 디하이드로우리딘(dihydrouridine), T-Ψ-C루프는 라이보티미딘(ribothymidine)과 슈도우리딘(pseudouridine)의 존재에 따라 붙여진 이름이다. 이 외에 염기들의 번역 후 가공에 따라 몇 종의 tRNA가 더 존재한다. 추가 팔은 서로 다른 tRNA의 길이에 따라 다양하다.

tRNA의 전사는 보통 긴 전구체 RNA사슬로서 만들어지며, 이 전구체사슬에는 순서대로 전사되는 몇 개의 서로 다른 tRNA분자들을 포함하고 있다. 이 전구체사슬은 가공되어 서로 다른 tRNA분자들이 분리되거나, *exonuclease*에 의해 다듬어지거나, 핵내 소라이보핵단백질(small nuclear ribonucleoprotein, snurps)에 의해 인트론이 제거된다. 그 후 ACC말단이 더해지고 기능적인 tRNA분자를 완성하기 위하여 몇 개의 염기들이 수정된다. tRNA는 진핵세포에서 안정한 분자가 아니므로, 연속적인 생산을 위해서 게놈이 수 백개의 반복적 서열을 갖는 것이 필요하다.

2) 라이보솜 RNA

라이보솜 RNA(ribosomal RNA, rRNA)는 tRNA와 대조적으로 아주 크며 단백질과 밀접하게 결합되어 라이보솜을 구성한다.

라이보솜의 rRNA 부분은 총 무게의 60~65%를 차지하며, 나머지 단백질부분은 35~40%를 차지하고 있다. 그러므로 라이보솜을 구성요소로 분해하는 것이 rRNA 구조와 특성을 연구하는 유용한 방법이다. rRNA는 mRNA가 단백질로 번역될 때 라이보솜기능에 관여한다. 진핵생물의 라이보솜은 80S(S, Svedberg Unit)의 침강계수(sedimentation coefficient)를 가지고 있으며 작은 소단위체는 각각 40S와 60S의 두 종류가 있다. 라이보솜의 rRNA는 4형으로 분류할 수 있는데 그 중 1종은 40S 라이보솜 소단위체 내에 존재하는 18S rRNA이고 핵질에서 생성된다. 3종은 60S 소단위체 내에 존재하는 5S, 5.8S 그리고 28S rRNA이다. 게놈에는 100개가 넘는 rRNA 유전자가 있다. 이 유전자들은 핵소체와 연관되어 rRNA 3개형의 전사물을 생성한다. 그 전사물들은 굳게 결합되어 세 개의 독특한 기능성 rRNA 분자들로 만들어진다.

3) 전령 RNA

세 종류의 RNA 중 가장 양이 적은 것이 전령 RNA(messenger RNA, mRNA)이다. mRNA는 단백질 합성을 위한 유전정보를 코돈의 형태로 세포질로 운반하여 번역되도록 한다. 진핵세포의 mRNA는 한 가닥의 기능단위(monocistron)로서, 한 가닥 폴리펩티드사슬의 암호를 가지고 있다. 따라서 mRNA를 단백질 합성의 **주형**(template)이라고 한다. 가공이 끝난 후의 mRNA는 5′ 끝에 메틸라이보스(methylribose)와 결합한 독특한 염기인 메틸구아니딘(methylguanidine)이 결합되어 핵을 떠나는데 이 부분(cap)은 인지부위로 기여한다. 또, mRNA는 보통 서로 다른 길이의 3′-폴리아데닐산(3′-polyadenylate)말단을 종종 갖는다. 이러한 양 말단의 변화는 RNA분자가 *mRNAase*에 저항하여 안정성을 갖게 하는 것이다. 이 캡부위는 또 mRNA가 단백질로 번역되는 동안 작은 40S 라이보솜 소단위체에 붙을 때에도 관여한다.

RNA의 구조와 기능을 요약하면 다음과 같다.

- 세포질(상청액, 과립)과 세포핵에 존재한다.
- 폴리라이보누클레오타이드 한 가닥으로 되어 있으며, 특히, tRNA는 한 가닥 내에서 부분적으로 A-U, G-C의 염기쌍으로 수소결합하여 국부적인 2중 나선을 형성하고 있다.
- 분말상으로 DNA와 같이 최대 흡수파장은 260nm, 최소 흡수파장은 230nm이다.
- 3종의 RNA가 존재하며 각각 단백질 합성에 관여한다.

㉮ tRNA: 분자량 25,000으로 세포질에 존재하며 sRNA(soluble RNA)라고도 한다. 활성아미노산을 라이보솜으로 운반한다.

㉯ mRNA: 분자량 3만~200만이며, DNA로부터 유전정보를 전사받아 단백질의 아미노산배열 순서에 대한 유전암호를 전달하여 단백질 합성의 주형이 된다.

㉰ rRNA: 분자량 50만~100만이며 라이보솜에 함유되어 있다. 단백질 합성 장소를 제공하여 mRNA의 정보에 따라 tRNA에 의하여 운반된 아미노산을 결합시킨다.

제11장 DNA의 복제와 복구

DNA는 두 가지 주요 기능을 가진다. 하나는 DNA를 복제(replication)하여 자손들에게 유전자를 전달하는 것이며, 다른 하나는 많은 종류의 RNA와 단백질의 합성에 대한 정보를 제공하는 것이다. 여기서는 DNA의 복제와 수선에 대한 기전을 요약하여 기술하였다.

1. DNA의 복제

DNA의 복제(DNA replication)는 원핵생물에서 잘 연구되었다. 그러므로 일단 원핵생물의 DNA 복제를 중심으로 알아본 뒤 지금까지 알려진 진핵생물의 DNA복제와 비교하였다.

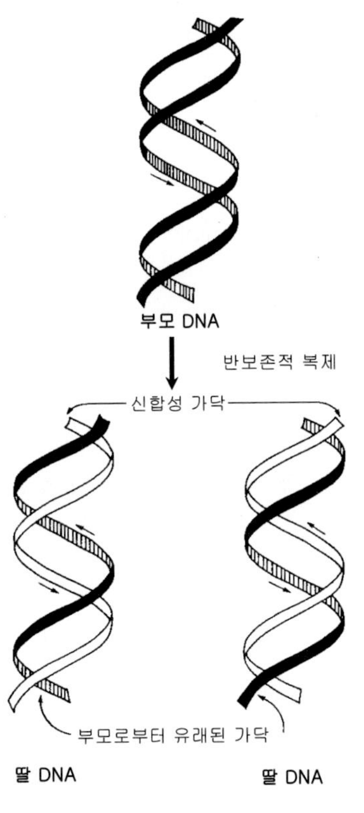

그림 11-1. DNA의 반보존적 복제.

1) 반보존적 복제

DNA 복제는 DNA의 두 가닥에서 갈라진 각 가닥을 **주형**(template)으로 하여 새로운 두 개의 DNA가 복제된다. 새로 생성된 두 DNA 분자는 원래의 DNA에서 유래된 한 가닥과 새로 합성된 한 가닥 간의 염기쌍에 의한 수소결합으로 만들어진다. 이러한 방법에 의한 DNA 복제를 **반보존적 복제**(semiconservative replication)라고 한다(그림 11-1).

2) 복제 기전

DNA 복제는 풀려진 DNA 한 가닥을 주형으로하여 5′→3′ 방향으로 진행된다. 이때 새로 합성되는 선도가닥(leading strand)은 한 개의 개시체(primer)에서 시작하여 딸 배열이 연속적으로 복제된다. 부모 DNA의 다른 한 가닥인 상보적 가닥에 의하여 만들어지는 새로운 가닥은 지연가닥(lagging strand)이라고 하는데 이 가닥은 3′→5′ 방향으로 복제되는 것으로 보이지만 복제 분기점에서부터 5′→3′ 방향의 작은 단편(100~200개의 누클레오타이드로 되어 있음)으로 불연

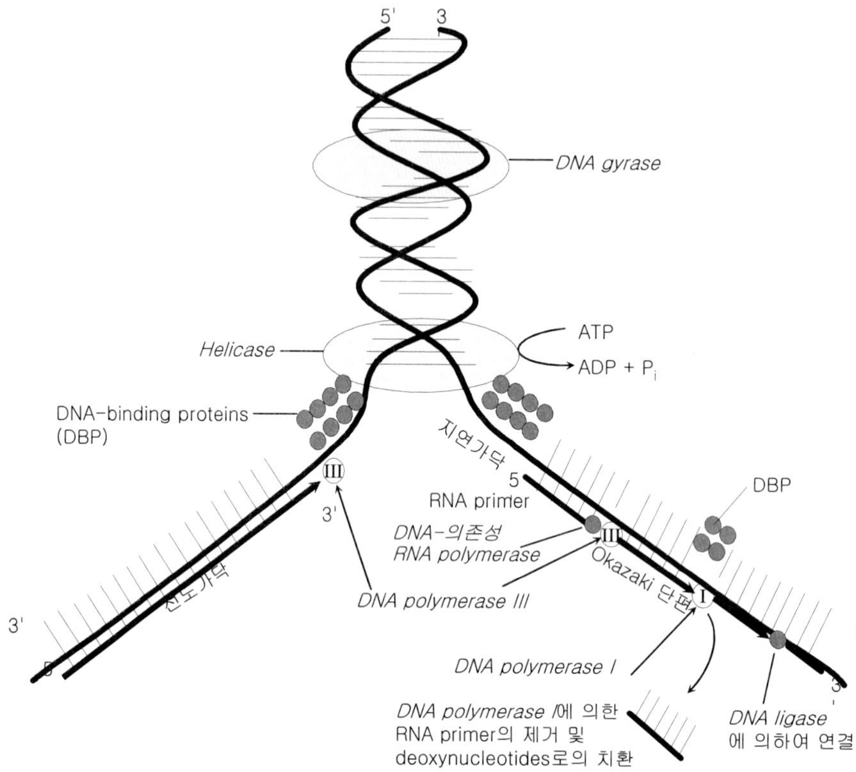

그림 11-2. DNA 복제의 여러 단계. 부모 DNA의 풀림을 위한 선회점과 *DNA helicase*의 작용부위는 정확하게 알려져 있지 않다. DNA 결합 단백질(DNA binding protein)은 단일가닥 결합단백질(single-strand binding protein)로도 불린다.

속적으로 만들어진다(그림 11-2).

DNA 복제를 단계별로 나누어 고찰하면 다음과 같다. DNA 합성 중 새로 복제된 DNA는 계속 교정(proofreading)되고 편집(editting)되며 잘못 끼워진 염기들은 *DNA중합효소(DNA polymerase)*와 함께 작용하는 특이효소들에 의하여 교체된다.

(1) 제1단계: DNA 이중나선의 풀림

복제가 일어나는 동안 DNA 이중나선은 복제원점(origin of replication)으로 불리는 특정한 부위에서 풀린다. 풀린 가닥을 주형으로 사용하여 새로운 폴리누클레오타이드사슬이 합성된다. 풀리는 과정은 완전히 해명된 것은 아니지만 *DNA 나선효소(DNA helicase,* rep protein)는 복제 분기점(replication fork)에 결합하여 DNA의 2중 나선구조를 풀어주는 작업을 촉진한다.

그 동안 특이적인 풀어주는 단백질(unwinding protein: prepriming protein과 DNA binding

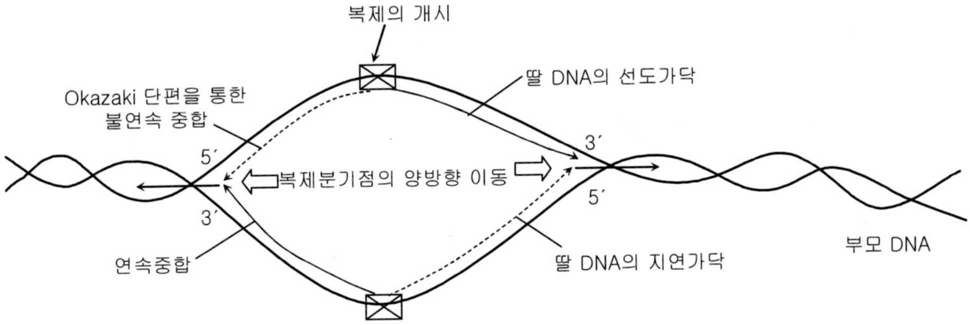

그림 11-3. 복제 분기점으로부터의 양방향 DNA 복제. 딸 DNA 합성에서 선도가닥의 연속적 중합과 지연가닥의 불연속 중합.

protein)이 DNA의 한 가닥에 붙어 두 가닥으로 재복원(reannealing)되는 것을 방지한다. 이것 때문에 DNA 합성 동안 복제기포(replication bubble)가 증가한다. *DNA 선회효소(DNA gyrase)*는 복제분기점 앞에서 나선을 풀기 위한 선회점을 만들고 다시 선회점에 틈이 가지 않도록 작용한다(그림 11-2 참조).

DNA의 나선풀기나, 히스톤의 합성, 누클레오솜의 형성 및 새로 합성된 DNA의 나선 재형성(recoiling)은 복제와 함께 진행되어야 하므로 그 과정들은 조금씩 늦추어진다. 특히 몇 종의 바이러스를 제외한 대부분의 생물은 DNA 합성이 빠르게 이루어지는데 그 이유는 두 가지로 복제분기점에서 양방향으로 합성을 진행시키는 양방향 복제(bidirectional replication)가 일어난다는 것과 각 염색체에서 다중의 복제분기점이 형성되어 각 분기점에서 동시 다발적인 다중 DNA복제(multiple DNA replication)가 진행되는 것이다(그림 11-3).

(2) 제2단계: RNA 개시체의 형성

DNA가 합성되려면 먼저 약 10~30개의 누클레오타이드로 구성된 짧은 RNA 사슬이 합성되어야 한다. 이 물질은 RNA 개시체(RNA primer)라고 불리며 *DNA-의존성 RNA중합효소(DNA-dependent RNA polymerase, primase)*가 이 물질의 합성을 촉매 한다. 합성된 RNA 사슬은 최초 DNA 가닥의 염기배열과 상보적이다.

(3) 제3단계: 새로운 DNA 가닥의 합성

5′→3′ 방향 DNA 한 가닥인 선도가닥(leading strand)은 *DNA 중합효소 III* 에 의하여 RNA 개시체(RNA primer)가닥 위에 역방향(3′→5′)으로 복제된다. 상보적인 다른 3′→5′ 방향의 DNA 한 가닥인 지연가닥(lagging strand)은 3′→5′ 방향으로 복제되는 것으로 보이지만 실제는 5′→3′ 방향으로 상보적으로 DNA 단편들이 합성되며 이들을 Okazaki 단편(Okazaki fragment)이라고

한다. 다음에 RNA 개시체 사슬은 *DNA 중합효소 I*에 의하여 가수분해되고 새로운 DNA 가닥만 남게 된다. 즉, *DNA 중합효소 I*의 *5′→3′ exonuclease*는 RNA 개시체사슬의 분해를 촉매한다.

(4) 제4단계: DNA 사슬의 빈틈을 채움

*DNA 중합효소 I*에 의하여 RNA 개시체가 떨어져 나가면 그 자리는 같은 효소에 의하여 합성된 짧은 DNA 가닥으로 대체된다.

(5) 제5단계: 단편의 연결

마지막으로 *DNA 연결효소(DNA ligase)*는 인접한 Okazaki 단편들의 두 누클레오타이드사이에 3′, 5′-포스포디에스테르결합을 형성하여 두 개의 단편을 연결시킨다.

3) 진핵생물의 DNA 복제

3종의 *DNA 중합효소* α, β, γ가 동물체에서 분리되었다. α와 β효소는 핵에서 발견되고, γ효소는 미토콘드리아에 존재한다. α형의 주된 역할은 원핵생물의 *DNA 중합효소 III*와 같이 DNA를 중합한다. β형은 복구효소이다. γ형은 미토콘드리아에서 DNA를 복제한다. 동물의 *DNA 중합효소*는 *exonuclease* 활성을 갖지 않으며, *exonuclease*는 별도로 존재한다.

진핵세포의 DNA 복제 양상은 원핵생물과 유사하지만 깊이 연구되지 않았다. 기본적으로 원핵생물과 같이 반보존적으로 복제된다. 선도가닥은 5′→3′ 방향으로 연속적으로 합성되고 지연가닥은 5′→3′ 방향으로 불연속적으로 합성된다. 원핵생물과 같이 진핵생물에서도 DNA복제를 위해 RNA 개시체가 특정한 효소에 의하여 합성된다. 150~200개의 염기 길이를 가진 Okazaki 단편의 합성은 *DNA 중합효소* α에 의해 촉매 된다. RNA 개시체를 가수분해하고 제거하여 생긴 틈은 *DNA 중합효소 α*의 작용으로 채워진다. 단편들은 *DNA 연결효소(DNA ligase)*에 의하여 연결된다.

표 11-1. 원핵생물과 진핵생물에서 DNA 복제의 차이

원핵생물	진핵생물
세 종류의 중합효소(I, II, III)	세 종류의 중합효소(α,β,γ)
중합효소들의 기능	중합효소의 기능
I은 복구효소	α는 주된 중합효소
II는 기능 불분명	β는 복구효소
III는 주된 중합효소	γ는 미토콘드리아 DNA 합성
중합효소들이 exonuclease활성을 가진다.	중합효소가 아닌 다른 효소가 exonuclease활성을 가진다.
하나의 복제원점	여러개의 복제원점
Okazaki 단편은 1000~2000 잔기를 가진다.	Okazaki 단편은 15~200 잔기를 가진다.
DNA는 단백질과 비결합	DNA는 histone과 결합

DNA복제에서 원핵생물과 진핵생물의 현저한 차이점은 원핵 DNA는 단백질과 관계없이 존재하고, 진핵 DNA는 단백질 히스톤과 복합체를 이룬다는 점이다. 히스톤의 생합성은 DNA 생합성과 동시에 일어나며 또한 같은 속도로 일어난다. 따라서 진핵생물의 복제에서 히스톤은 생성 즉시 DNA와 연결된다. 원핵생물과 진핵생물에서 DNA복제의 차이는 표 11-1에 요약하였다.

2. DNA의 손상과 복구

DNA의 구조와 유전정보 번역의 정확성을 보장하는 보완장치들이 존재하며 이러한 정확성은 종의 유지와 개체의 건강유지를 위하여 반드시 필요하다. 게놈(genome)의 변화(예, 돌연변이)는 자각없이 진행될 수 있으며 그 결과는 생체에 유익할 수도 있고 유해할 수도 있다. 여기에서는 돌연변이에 대한 분자적 근거, 돌연변이 유발인자와 조건들에 대하여 기술하고 마지막으로 정상적 DNA를 보호하기 위한 DNA 복구과정을 알아본다.

1) 돌연변이

RNA나 단백질 합성은 한 세대에 수차례에 걸쳐 일어나지만 DNA 복제는 평균적으로 각 세포에서 한 번만 일어난다. DNA 복제와 유전정보의 추가 가공시에 오류가 흔히 발생되며 또한 화학물질 및 환경인자들이 DNA 조성에 변화를 일으키기도 하며 이런 현상을 **돌연변이**(mutation)라고 한다. DNA 합성의 오류와 함께 DNA 구조를 변경시키는 많은 환경적, 물리적, 화학적 요인들을 돌연변이원(mutagen)이라고 한다. 그러나 다행히도 생체는 복구기전이 항상 활성화되어 있어 염기조성의 오류를 검지해내고 DNA 복구계가 작용하여 수정한다. 생체의 게놈을 보호하는 복구계의 효율은 매우 놀랄만하다. 하나의 세포가 복제될 때 DNA의 10억개 염기쌍 중 평균 한 개 정도의 돌연변이만이 일어난다. 이렇듯 돌연변이의 발생률은 낮지만 게놈상에서 지속적인 변화가 일어 날 수 있다. 이러한 변화는 성숙세포에서 정상적으로 기능을 발휘하지 못하게 하며, 또한 변화하는 환경에 효과적으로 대응하지 못하게 된다. 예를 들면, 기능성 효소단백질 대신 변화된 쓸모없는 단백질이 합성될 수 있다. 이러한 변화는 시간이 경과할수록 발생할 가능성도 증가하는데 이것은 바로 세포에서 노화가 일어나는 기전 중의 하나이기도 하다. 한편 이미 영구적으로 변화된 환경에 세포나 종이 적응할 수 있도록 돌연변이가 일어날 수 있는데 이것에 의해 진화가 일어나는 것이다.

대부분의 경우 DNA의 구조와 복제시에 발생하는 오류는 쉽게 알 수 없다. 왜냐하면 대부분의 세포는 정상적인 기능을 가지면서 생체의 필요에 따라 잘 적응하기 때문이다. 그러나 세포의 성장이 빠른 줄기세포(stem cell) 혹은 아세포(blast cell)가 손상되면(방사선 피폭 또는 화학물질에 의한 노출) 탈모, 장 점막세포 탈리(흡수장애, 출혈, 하리) 또는 적혈구 및 백혈구 등의 감소를 초래하므로 용이하게 식별된다. 돌연변이에 의해 영향을 받을 수 있는 생체의 기능 중 특히 중요한 것이 두 가지가 있다. 하나는 종양유전자(oncogene)가 활성화되어 세포의 성장이 멈추지를 않고 암으로 발전한다는 것이며 다른 하나는 생식세포의 게놈이 변화되어 그 자손이 생존하

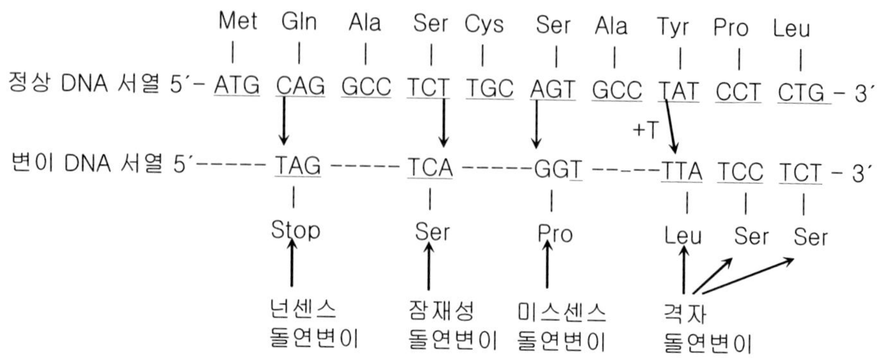

그림 11-4. 돌연변이의 분자적 근거.

지 못하거나 혹은 기형을 초래할 수 있다는 것이다.

돌연변이란 DNA 혹은 mRNA의 누클레오타이드 서열에 변화가 일어난 것이다. DNA에 단 하나의 염기가 삽입(insertion), 결실(depletion) 및 치환(substitution)되거나 전위(inversion)가 일어날 경우 변이된 DNA의 염기서열은 잘못된 mRNA로 전사되어 원래의 코돈이 바뀌게 된다(그림 11-4). 코돈의 세번째 염기가 바뀐다면 정상적으로 암호화된 아미노산으로 번역될 수 있으며 이를 **잠재성 돌연변이**(silent mutation)라고 한다. 첫 번째 혹은 두 번째 염기의 변경은 다른 아미노산으로 치환될 수 있으므로 이것을 **미스센스 돌연변이**(missense mutation)라고 한다. 이 경우 두 가지로 나누어 생각할 수 있는데 그것은 동일하거나 기능적으로 유사한 아미노산을 암호화함으로써(Asp→Glu 혹은 Val→Leu 등) 기능적으로 영향을 주지 않는 경우와 아미노산이 치환되어 단백질의 기능이 부분적으로 혹은 완전히 상실되는 경우이다. 이들 돌연변이의 모든 예들이 헤모글로빈에서 관찰된다.

또 다른 돌연변이에는 **넌센스 돌연변이**(nonsense mutation)와 **격자 돌연변이**(frameshift mutation)가 있다. 전자는 조기에 사슬 종결코돈을 생성하는 것으로 한 염기의 삽입이나 결실에 의해 일어날 수 있다. 후자는 염기의 삽입이나 결실에 의하여 코돈의 체제에 변화를 초래하는 격자이동(frameshift)이 생기면 격자이동 부위까지는 암호화된 유전 메세지를 해석하여 정상적인 아미노산 서열을 가지게 되나 이 후의 코돈은 변경되어 다른 아미노산 서열과 사슬종결을 초래한다.

2) DNA 손상의 원인

손상받은 DNA는 보통 교정기전에 의하여 용이하게 검지되고 복구되지만 세포가 죽지 않는 한 영구적으로 돌연변이 상태를 유지할 수도 있다. 어떤 경우에는 의도적으로 DNA구조를 변경시키기도 하는데 예를 들면, 항생물질을 사용하여 미생물에 치사적 돌연변이를 유도하거나

DNA에 실험적으로 돌연변이원을 사용하여 분자유전학에 관한 연구를 수행하는 것이다. DNA에 가해진 구조적 손상의 형태나 정도는 다음의 간략한 예에서 보여주는 바와 같이 매우 다양하다.

열에너지는 세포 당 매일 수천의 아데닌 및 구아닌 염기들을 데옥시라이보스로부터 해리시키기에 충분하며 사이토신과 아데닌 염기들로부터 탈아미노화 시킨다. 사이토신의 탈아미노화는 복제시 아데닌과 짝을 이루는 우라실(DNA에는 없는)을 생성하므로 신속히 제거되지 않는다면 돌연변이를 유발한다. 염기들의 알킬화는 겨자와 같은 유독물질에 의하여 일어나며 실험적으로 알킬화제들(alkylating agents; 예를들면, ethylmethane sulfonate)에 의해서도 일어난다. 이들은 강력한 돌연변이원들로서 같은 가닥의 염기들간에 또는 다른 가닥의 염기들간에 결합을 형성하기도 하며 염기쌍에서의 변화를 예상할 수 있다. 예를 들면, 아질산은 유기염기의 아미노기를 산화시켜 제거하기도 하고 C, A 혹은 G상의 -OH기를 치환하기도 한다. 하이드록실아민(hydroxylamine)은 C를 수식하여 A와 염기쌍을 만든다. DNA 구조는 실험적으로 변경시킬 수 있으며 누클레오타이드의 삽입이나 결실 혹은 편평한 분자구조를 가진 물질들(예, acridine)을 사용하여 격자 돌연변이를 유도할 수 있다. 변이염기들은 DNA 사슬의 상보적 염기들 사이에 개재될 수 있다. 항생물질의 생성에 많이 이용되는 것과 같은 돌연변이의 유발은 염기유사체를 사용하는 것이며 이들은 잘못된 염기쌍을 만들게 된다.

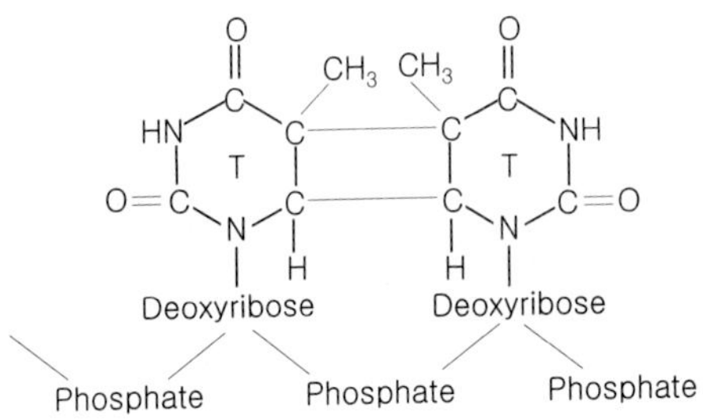

그림 11-5. DNA의 티민-티민 이량체.

화학적 돌연변이원들과 함께 DNA를 손상시킬 수 있는 요인들 중에는 주위환경으로부터의 물리적 영향을 들 수 있다. 전리방사선은 DNA 사슬을 파괴할 수 있다. 자외선은 인접한 티민 혹은 사이토신 염기들의 이량체화(dimerization)를 유발할 수 있다(그림 11-5). 이런 이량체는 절제되거나 *광회복효소*(*photoreactivating enzyme*)에 의하여 가시광선의 영향하에 단량체로 복구될 수 있다.

3) DNA 복구

앞에서 언급한 DNA 한 가닥의 돌연변이는 대부분 절제와 수선의 2단계 과정으로 이루어진다. 먼저 결함은 교정에 의하여 인지되어 비정상적 DNA로 확인되면 그 다음에는 결함부위는 절제되고 손상받지 않은 다른 가닥의 상보적 사본으로 염기쌍의 법칙에 따라 치환된다. 그림 11-6은 C염기의 탈아미노화로 형성된 U염기의 절제와 복구를 보여준다. 잘못된 염기 U는 특이 *glycosylase*에 의하여 감지되고 절제된다. 다음에 *endonuclease*는 절개부위 양쪽의 두 염기를 포함하여 절제하고 *DNA 중합효소*는 상보적 가닥에 상응하는 염기들을 중합한 후 *DNA 연결효소*가 마지막으로 DNA 가닥의 당-인산 부위를 결합시킨다.

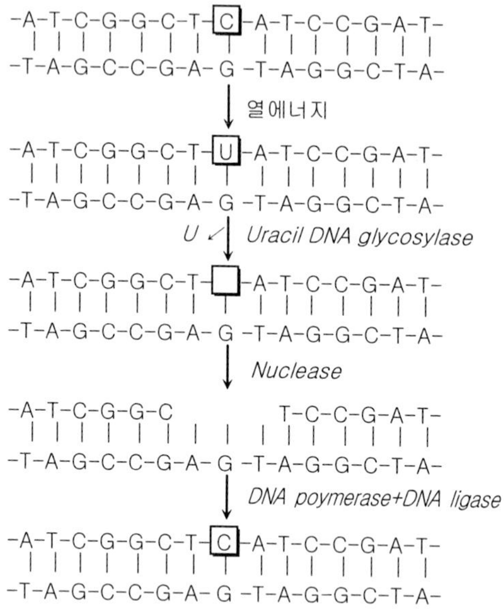

그림 11-6. 돌연변이 DNA의 절제 수선.

4) DNA에 영향을 주는 물질

임상적으로 유용한 항생물질은 포유동물의 숙주세포에는 간섭하지 않고 미생물의 증식을 저해하는 물질이다. 모든 세포는 생존을 위하여 DNA 복제와 단백질 합성에 의존하는데 이것은 DNA의 합성, mRNA의 전사 및 단백질로의 번역등 다양한 과정을 통해서 일어나며 이러한 각 과정들은 약물에 의해 손상을 받을 수 있다. 원핵세포와 진핵세포의 단백질 합성과정은 매우 유사할지라도 조성이 다르거나 라이보솜의 크기 등에서 다소의 차이가 있음으로 이러한 사실을 이용하여 원핵세포만을 특이적으로 억제하는 항생물질을 개발할 수 있다. 이렇게 제조한 염기유사체는 미생물의 DNA 내에 삽입되어 기능이 없는 DNA나 틀린 염기쌍을 만들어서 치명적인 돌연변이를 유발한다. 예를 들면, 5-플루오로우라실 (5-fluorouracil) 및 5-브로모우라실 (5-bromouracil)은 그 구조가 시토신과 유사하여 구아닌과 결합할 수 있다. 이외에도 아미노기가 -SH기로 치환된 티오염기 (thiobases), 아자구아닌 (azaguanine)과 같이 탄소가 질소로 치환된 아자퓨린(azapurines) 등이 있다.

유사한 위조방법이 RNA 분자를 변경시키기 위하여 사용된다. 예를 들면, 누클레오사이드의 라이보스는 다른 5탄당인 아라비노스 혹은 티오라이보스(thioribose)로 치환될 수 있다. 염기속임수의 전문적인 예는 타이로신-tRNA 복합체의 아미노말단과 유사한 퓨로마이신(puromycin)의 사용이다(그림 11-7).

퓨로마이신은 라이보솜과 결합하여 아미노아실-tRNA 복합체의 진입을 방해하며 C말단에서 퓨로마이신과 결합한 불완전한 펩티드는 라이보솜을 떠난다. 퓨로마이신은 진핵세포와 원핵세포 모두에서 단백질 합성을 억제한다. 원핵세포에서 전사를 억제하는 항생물질에는 DNA의 주형가닥을 따라 *RNA 중합효소*가 이동하는 것을 억제하는 리팜피신(rifampicin)과 전사 개시부위에 첫 RNA 염기의 출현을 차단하는 리파마이신(rifamycin)이 있다.

번역을 억제하는 항생물질은 라이보솜 주변에서 활성을 나타낸다. 미토콘드리아는 진핵세포 세포질의 80S 라이보솜과 다른 70S 라이보솜을 가지고있으며 세균의 라이보솜과 유사하다. 클로람페니콜(chloramphenicol), 에리트로마이신(erythromycin)및 테트라사이클린(tetra- cycline)과 같은 많은 항생물질들은 70S 라이보솜은 억제하나 80S 라이보솜은 억제하지 않으므로 포유동물에는 안전하다. 대조적으로 사이클로헥시마이드(cycloheximide)는 진핵세포에만 작용하므로 좋은

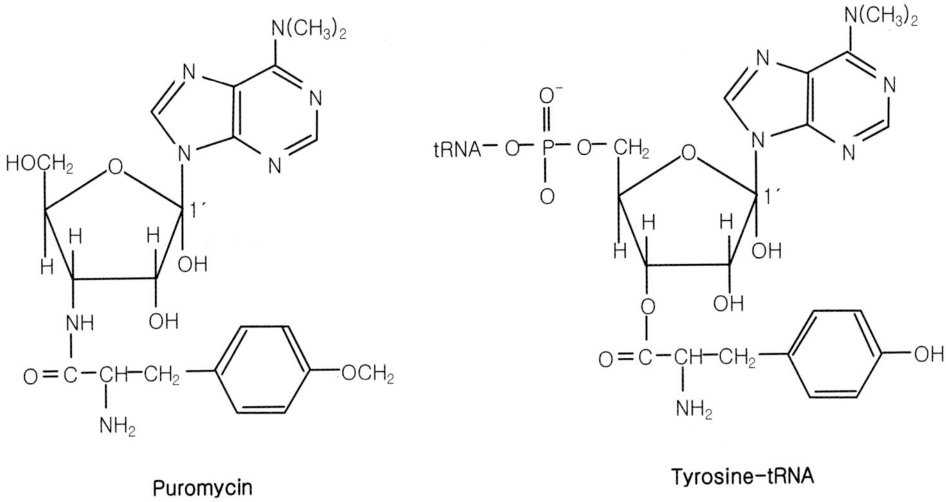

그림 11-7. Puromycin은 tyrosine-tRNA 복합체의 3'말단과 유사하다.

연구물질로 이용되지만 임상적으로 가치가 없다. 퓨로마이신과 스파르소마이신(sparsomycin)은 진핵세포와 원핵세포 모두에서 단백질 합성을 방해하는 항생물질들이다. 단백질 합성의 번역과정에 대한 이들 항생물질의 작용방법은 개시 내지 사슬연장의 억제이다. 즉, 라이보솜에 대한 아미노아실-tRNA 복합체의 결합을 억제하거나 라이보솜 대단위체의 A와 P부위간 펩티드사슬의 왕복에 관여하는 효소들과 인자들을 불활화시킨다. 몇몇 세균 및 식물성 독소들은 흔히 화학적으로 번역인자들 중 하나의 효과를 상실시켜 단백질 합성을 저해하는 점에서 항생물질과 같다. 예를 들면, 디프테리아 독소는 포유동물의 세포에서 사슬 연장인자-2(elongation factor-2)를 불활화시킨다.

지금까지는 항생물질에 관한 주제에서 유전과 단백질 합성에 대해서만 설명하였으나, 이외에도 에너지대사(산화적인산화)를 저해하거나 비타민 유사체를 투여하여 비타민의 기능을 차단함으로서 미생물의 대사과정을 억제시키는 다른 방법들이 있다. 예를 들면, 설파닐아마이드(sulfanilamide)는 많은 미생물 및 동물들의 필수 B-비타민의 일종인 디하이드로엽산의 유사체로서 페니실린(penicillin)이 출현하기 전부터 사용되어 왔으며 아직도 페니실린 과민성(hypersensitivity)이 있을 때 사용되고 있다(페니실린은 세포벽 점액다당류의 합성을 저해한다). 디하이드로엽산의 유사체인 메토트렉세이트(methotrexate)는 항암제로 사용되고 있으나 독성이 매우 강하다.

인터페론(interferon)은 바이러스 감염시 백혈구 및 섬유아세포에서 만들어지는 당단백질이다. 비록 소량 만들어지기는 하나 인터페론은 다른 바이러스들의 감염에 생체가 저항할 수 있게 하는데 그 기전은 바이러스의 증식을 억제하는 것이다. 인터페론은 또한 세포성장을 억제하므로 항암제로 사용한다. 인터페론은 *mRNA 분해효소*의 활성화와 개시인자-2(initiation factor-2)를 인산화시켜 불활화시키는 등 두 가지 방법으로 단백질 합성시 mRNA의 번역을 억제한다.

제12장 단백질 생합성

유전자들은 그들의 정보를 RNA의 형태로 전사하여 단백질 생합성 정보를 제공한다. 유전자의 DNA 정보를 전사받은 최초의 RNA는 세포핵에서 삭제될 비암호 염기배열을 가지고 있으며 단백질 합성에서 각기 정해진 기능을 가진 3종의 RNA를 만든다(rRNA, tRNA, mRNA). DNA의 유전정보를 전사받은 mRNA는 세포질로 보내어져 라이보솜에서 단백질로 번역된다. 번역후의 단백질은 세포의 필요에 맞게 변형되거나 세포 밖으로 배출될 수 있다. 본래의 DNA의 유지, 유전자의 전사와 번역의 정확성과 단백질 합성의 질과 양 등에 대한 정교한 조절에도 불구하고, 돌연변이의 오류가 발생할 수 있다. 분자유전학의 발달은 성장을 원하지 않을 때 성장을 억제할 수 있고, 잘못된 유전자의 특성을 인지·수정할 수 있는 방법들(항생물질, 화학요법)을 개발할 수 있게 한다.

1. DNA의 전사

DNA는 단백질 합성에 직접적으로 관여하지 않는다. 그보다는 유전자 정보가 핵에서 전사(transcription)되고 편집되어 mRNA에 의해 세포질로 운반된다. mRNA에 의하여 세포질의 라이보솜으로 전달된 정보는 단백질의 구조로 번역된다. 단백질 합성에 관여하는 세 종류의 RNA 중 mRNA는 유전자의 정보를 라이보솜으로 운반하고, 라이보솜을 구성하고 있는 rRNA는 암호화된 아미노산들을 운반하는 tRNA 분자들과 연락하여 폴리펩티드사슬의 조립에 관여한다.

모든 RNA는 공통적인 몇 개의 구조적 특색을 가지고 있다. 데옥시라이보스 대신 라이보스가 함유되어 있으며 티민염기(T) 대신 우라실(U)이 참여한다. 그러므로 T는 DNA 연구의 표지물질로 사용되며 U는 RNA의 표지물질로 사용된다. RNA는 한 가닥으로 존재하는데, 같은 가닥의 멀리 떨어져 있는 염기들과 상보적 염기쌍을 형성함으로서 고리를 만들 수 있다.

1) DNA 전사에 의한 RNA 합성

DNA 합성에서는 두 가닥이 복제되지만 RNA 합성에서는 DNA 두 가닥 중 한 가닥만이 주어진 유전자의 전사를 위한 주형(암호가닥)으로서 작용한다. 다른 하나의 가닥(비암호 가닥)은 전사되지 않는다. 다른 유전자에 대해서는 DNA 가닥의 역할이 바뀔 수도 있다.

RNA들은 모두 DNA 유전자들로부터 전사되는데 이때 세 종류의 *DNA-의존RNA 중합효소*가 작용하며, 로마 숫자들에 의해 구분된다. *RNA 중합효소 I*은 핵소체에서 rRNA를 합성하고, *RNA중합효소 II*는 핵질에서 mRNA를 합성하며, *RNA 중합효소 III*는 tRNA를 합성한다.

전사는 T, A, T, A (TATA 상자)로 시작하는 특징적 배열의 짧은가닥으로 되어있는 촉진부위

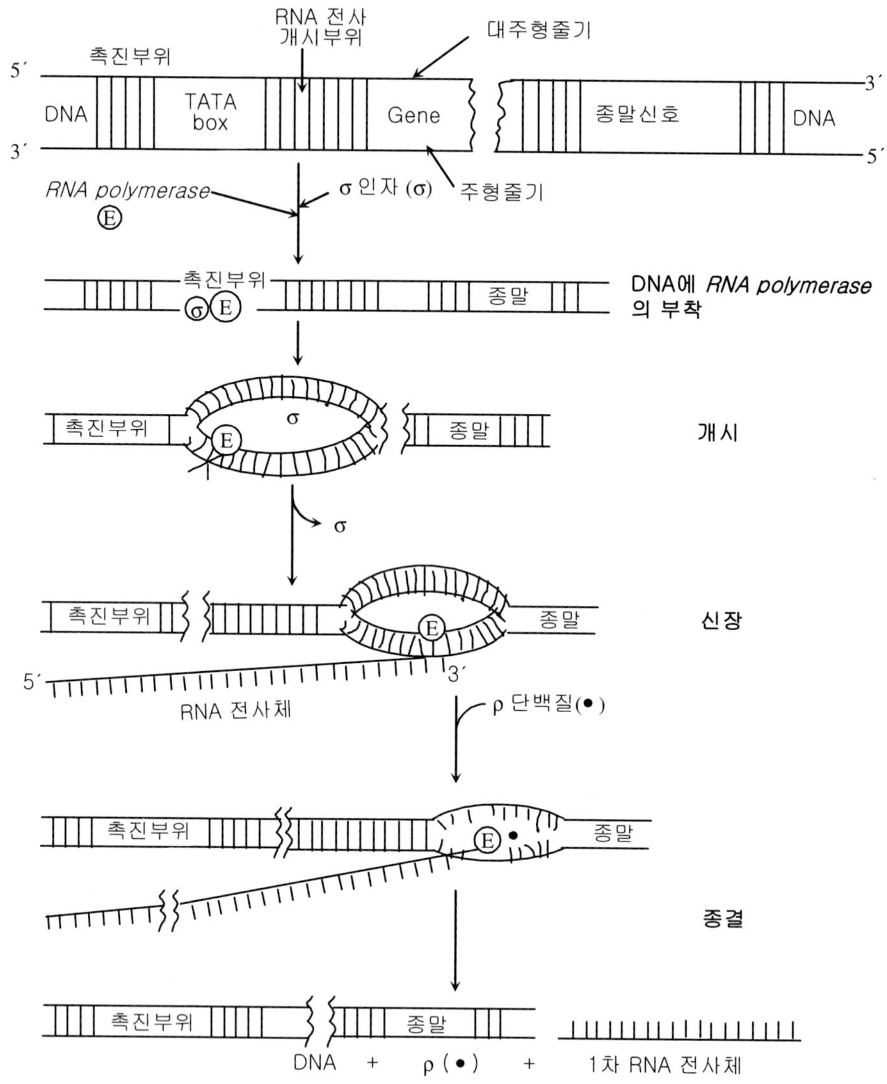

그림 12-1. DNA로부터 1차 RNA전사체의 합성. 진핵세포에서 종결시기의 ρ인자는 불확실하다.

(promoter site)에서 시작된다(그림 12-1). 단백질의 한 단량체인 시그마인자(δ-factor)의 도움으로 중합효소가 TATA상자에 결합한다. 각 단계의 *RNA 중합효소*는 특정 형태의 촉진부위를 인식한다. 중합효소는 두 가닥의 DNA를 분리시킨다. 그리고 촉진부위로부터 내려오는 몇 개의 염기들로 구성된 개시부위(initation site)에서 3′에서 5′ 방향의 주형 DNA사슬로부터 5′에서 3′ 방향의 역평형 방식으로 염기쌍의 법칙에 의하여 RNA를 전사하기 시작한다. 그리고 시그마인자는 해리 된다. RNA사슬의 연장은 DNA사슬의 종말신호에 도달하여 인지될 때까지 계속된다(아마

도 원핵세포에서와 같이 ρ단백질과 같은 종말인자의 도움이 있을 것이다). 그 후에 DNA, ρ단백질 및 1차 RNA전사체(RNA transcript)는 유리된다(그림 12-1 참조).

DNA에 알로스테릭 배열(allosteric sequences)이 존재하며 이 곳에서 환경적 또는 화학적 요인들에 의하여 전사가 자극되거나 억제되는 것으로 인식되고 있다. 그들의 영향에 따라, 이러한 배열들을 증강배열(enhancers) 또는 억제배열(silencers)이라고 한다. 그러한 부위들은 상류(5′ 방향)나 하류(3′ 방향)의 촉진유전자부위에서 제거되어지는 수천의 염기들로서 5′→3′ 또는 3′←5′ 방향으로 제거될지 모른다.

전사에 대한 다른 영향들은 갑상선 또는 스테로이드호르몬에 의한 예를 들 수 있다. 세포질내의 특정 수용체들은 그 호르몬들과 결합하여 단백질 수용체의 3차구조가 연속적으로 변화된다. 그러한 수용체-호르몬 복합체들은 그 후 핵에 들어가 스테로이드-반응유전자의 전사가 시작되는 위치에 접해있는 호르몬 감응요소(hormone responsive element, HRE)로서 DNA상의 수백개의 염기쌍들로 이루어진 특정 수용체-인지부위에 의해 인지된다.

유전자내의 호르몬-감응요소는 전사를 자극하거나 억제한다. 글루코코티코이드에 의한 당합성과정에서 조절효소인 *phosphoenolpyruvate carboxykinase*(*PEPCK*)에 대한 유전자의 자극이 좋은 예이다. 글루코코티코이드-수용체복합체는 DNA상의 수용체 인지부위에 결합하여 호르몬 감응요소를 활성형 증강배열로 전환시킨다. 또 인슐린과 반응하는 15-염기배열을 가진 *PEPCK*의 유전자는 인슐린과 반응하여 *PEPCK*의 전사를 억제한다. 이렇게 해서 인슐린은 글루코코티코이드의 효과를 반전시킨다.

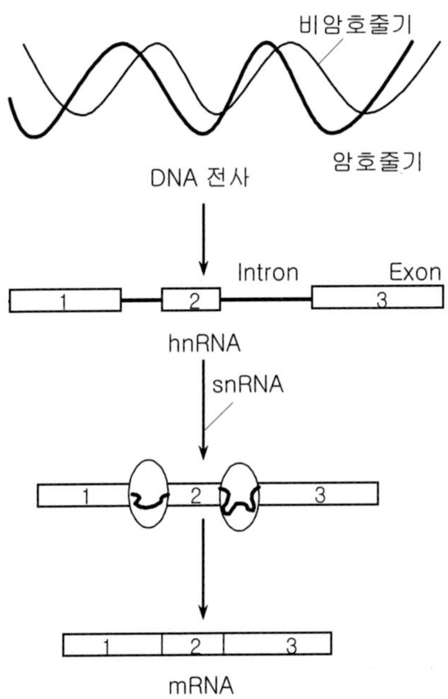

그림 12-2. RNA의 전사후 가공. 인트론은 snRNA의 도움으로 1차 hnRNA 전사체에서 결제된다.

2) RNA 가공

단백질 합성에 관여하는 3종의 RNA(mRNA, tRNA, rRNA)는 모두 nDNA(nuclear DNA)로부터 전사된다. DNA의 1차 전사체는 hnRNA (heteronuclear RNA)이다. 대부분의 경우, 이 전사체는 단백질 합성에서 기능을 발휘할 수 있도록 핵내에서 가공된다. RNA 중의 몇 단편들 끝부분이 *exonuclease*에 의해 가공되는데, 몇 개의 염기들이 첨가되거나 화학적으로 변경된다(예, 메틸화). hnRNA는 암호서열(coding sequence)인 엑손(exon)과 암호화되지 않는 서열(intervening sequence)인 인트론(intron)에 의하여 분리된다. 인트론이 절제된 후 엑손들이 합쳐진다(그림 12-2). 이러한 hnRNA의 가공(splicing)은 효소활성을 가진 snRNA(small nuclear RNA, "snurps")

에 의해 수행된다. 활성 snRNA가 유전적으로나 효소적으로 원시분자라고 주장하는 학자도 있으나 그것에 대해서는 논란의 여지가 있다.

3) 라이보자임

한때 촉매역할은 단백질만의 기능으로 생각되었다. 그러나 snRNA에 의한 mRNA의 이어 맞추기와 같이 자기 자신이 스스로 변화를 촉매하는 사실이 발견되었으며 이러한 촉매 RNA를 라이보자임(ribozyme)이라고 한다. 최근에는 RNA가 단백질 합성에 관여하는 반응을 촉매할 수 있다는 사실을 보여주었다. 라이보자임은 다음과 같이 분류할 수 있다.

- 그룹I 라이보자임: 전사후 가공시 절단과정에서 이어 맞추기 자리에 외부의 구아노신이 공유결합한다. 예를 들면, 원생동물인 *Tetrahymena*의 pre-rRNA에서 일어나는 자가이어맞추기이다(그림12-3). 여기에서 일어나는 에스테르 전이반응(transesterification)은 인트론의 한쪽 끝을 방출한다. 엑손의 3′-OH기 끝은 다른 엑손의 5′ 끝을 공격하여 두 개의 엑손을 이어맞추고 인트론을 방출한다. 그 다음 인트론의 유리 3′-OH기 끝은 5′ 끝으로부터 15번째의 누클레오

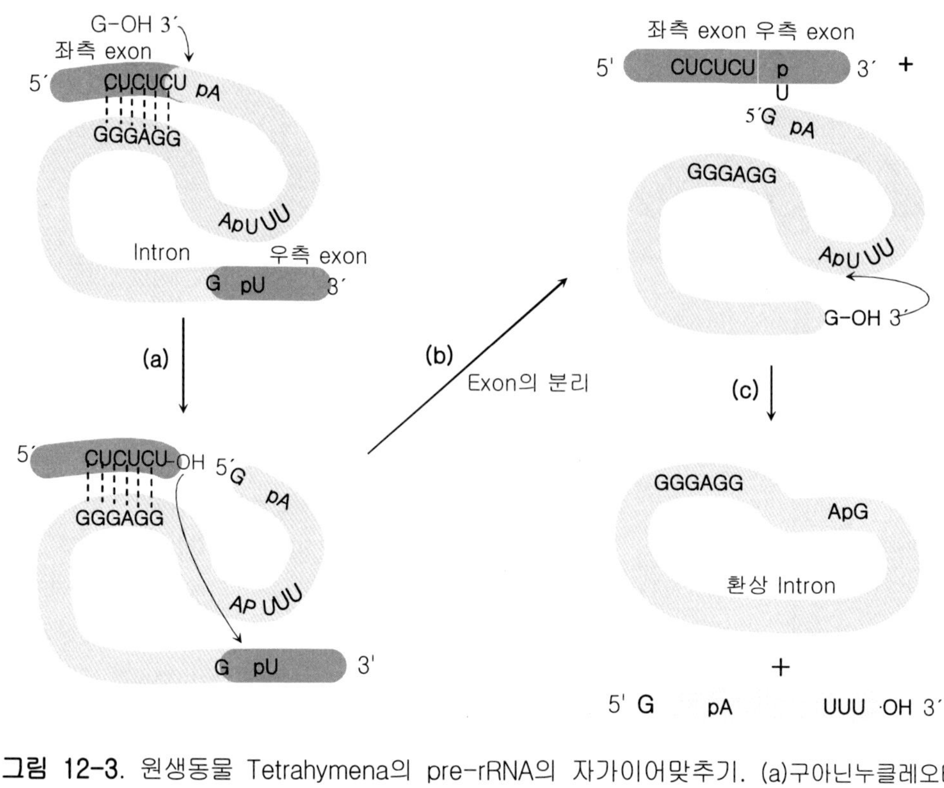

그림 12-3. 원생동물 Tetrahymena의 pre-rRNA의 자가이어맞추기. (a)구아닌누클레오타이드는 좌측 엑손의 이어맞추기 위치를 공격하여 유리 3'-OH기 말단을 형성한다. (b)엑손의 3'-OH기 말단은 우측 엑손의 5' 말단을 공격하여 두 개의 엑손을 이어맞추고 하나의 인트론을 유리시킨다. (c) 인트론의 유리 3'-OH 말단으로부터 15번째의 누클레오타이드를 공격하여 인트론환을 형성하고 하나의 5'말단 서열들을 유리시킨다.

타이드를 공격하여 고리모양의 둥근 인트론을 형성하고 5′ 말단 끝을 유리한다. 이러한 순차적 반응의 정확도는 과정동안 내부적인 수소결합을 하고 있는 RNA의 겹쳐진 구조에 영향을 받는다.

- 그룹II 라이보자임: mRNA의 이어맞추기 과정에서와 매우 유사한 작동으로 올가미기작을 보여준다. 외부의 누클레오타이드는 필요치 않다. 내부에 있는 아데노신의 2′-OH기가 5′쪽의 이어맞추기 위치의 인산을 공격한다. 엑손은 접합되고 인트론은 올가미 형태로 남게 된다(그림 12-4). DNA는 2′-OH기를 가지고 있지 않기 때문에 이러한 형태로 자가이어맞추기를 할 수 없다.

RNA의 접힘은 단백질촉매처럼 촉매활성을 갖는데 매우 중요하다. 이 때 2가 이온(Mg^{2+} 또는 Mn^{2+})이 요구되는데 금속이온들은 RNA 인산기의 음전하를 중화시켜 접힘구조를 안정화시켜 주는 듯하다. RNA의 접힘은 아주 정교한 구조변화에 의하여 이루어진다. 이와 유사한 큰 구조변화는 단백질 합성 중의 라이보솜에서 일어나고, mRNA 공시는 스플라이세오좀(spliceosome: mRNA를 포함하는 40S의 입자)에서 일어난다. 단백질의 촉매작용 외에도 RNA촉매기구가 있다는 사실은 매우 흥미로우며, 특히 아주 큰 구조변화를 일으킬 수 있다는 점에서 매우 중요하다.

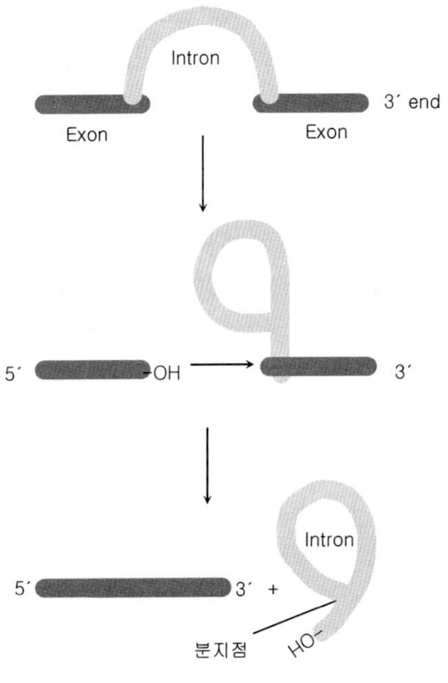

그림 12-4. 그룹II ribozyme의 자가이어맞추기. 아데닌누클레오타이드잔기의 2'-OH기가 2' 5'-phosphodiester결합을 형성할 때 올가미가 형성된다. 올가미 RNA 사슬은 그 지점에서 사슬을 갖는다.

최근 라이보자임을 의학적으로 이용할 수 있는 방법이 제시되고 있다. 만약 라이보자임이 AIDS를 유발하는 인체 면역결핍증 바이러스(human immunodeficiency virus, HIV)의 RNA 게놈을 자르는 데 사용된다면 이런 병을 치료하는 데 크게 공헌할 것이다.

2. mRNA의 번역

DNA의 유전정보를 전사받은 mRNA는 세포질에 있는 라이보솜과 결합하여 직접 단백질 합성의 주형이 되어 특정 단백질의 아미노산 배열순서에 대한 정보를 제공하며 단백질이 합성되도록 한다. 이 과정을 **번역**(translation)이라고 한다. 여기에서 단백질 합성장소를 제공하는 라이보솜 구조의 몇 가지 특징과 단백질 합성과정에 진입하기 전의 유전암호에 관하여 소개한다. 마지막으로, 번역후 단백질을 가공하여 그의 기능에 맞도록 적용시키는 방법들에 대하여 논의할 것이다.

1) 라이보솜의 구조

mRNA상에 암호화된 유전정보는 아미노산을 운반하는 tRNA에 의해 해독되어 서로 다른 rRNA종과 단백질들의 응집체인 라이보솜에서 펩티드사슬로 번역된다. 라이보솜은 세포질 내에서 매우 안정하므로 번역기능을 많이 수행할 수 있다. 라이보솜은 세포질 내의 중요한 단백질 합성을 위하여 유리형태로 존재하거나 또는 세포외로 배출하거나 세포 소기관들이 필요로 하는 단백질을 생산하기 위하여 조면소포체에 부착되어 존재한다. 폴리라이보솜(polyribosome) 또는 폴리솜(polysome)은 하나의 mRNA분자에 부착된 라이보솜의 집합체로서, 하나의 mRNA 정보를 번역하여 다중의 단백질들을 생산한다. 진핵세포의 라이보솜은 80S의 침강계수와 약 4,200kDa의 분자량을 가지는데 크고(60S) 작은(40S) 단위체로 구성되어있다. 두 단위체들은 따로 분리되어 존재하다가 작은 40S 소단위체에서 단백질 합성이 시작된 후 60S 대단위체와 결합한다(그림 12-5). 미토콘드리아는 라이보솜보다 작은 원핵세포의 70S 라이보솜과 닮은 라이보솜에서 그들이 필요로 하는 적은 양의 단백질(10% 이하)을 합성한다.

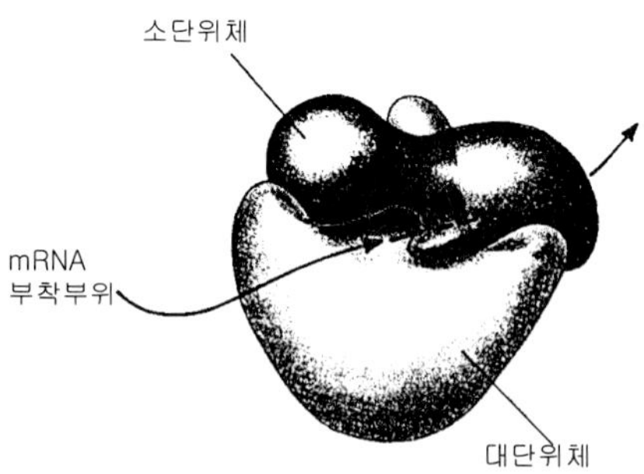

그림 12-5. 단백질 합성을 위한 라이보솜의 대, 소단위체 결합.

라이보솜의 60%는 4가지 형태의 rRNA이며 40%는 약 85종의 단백질로 구성된다. 이런 모든 구성요소들은 협동양식으로 합성되는데, 예를 들면, rRNA종들 중 세개는 하나의 서열로서 전사된 후 분할된다. 모든 구성요소들의 기능은 완전히 밝혀지지 않았지만 라이보솜에서 mRNA에게 결합부위 제공, 아미노산과 tRNA복합체 형성, GTP의 결합, 번역과정에 연관된 특수인자들의 결합, 소포체막에 대한 부착능력 등을 제공한다.

2) 유전암호

4개의 다른 염기들이 DNA에서 발견된다. 그래서 4개의 상보적 염기들만이 mRNA에 전사된다. mRNA상의 누클레오타이드들은 코돈(codon)이라고 하는 3-염기 암호단위의 그룹으로 나뉘어지며, 따라서 3문자 암호(triplet code)라고도 한다. 4개의 다른 염기들 중에서 3종의 염기로 그룹을 만들 때 4^3(64)개의 조합이 가능하므로 유전암호(genetic code)는 64개의 코돈으로 되어 있다(표 12-1). 아미노산을 암호하지 않는 코돈을 **넌센스코돈**(nonsense codon)이라고 한다. 3종의 넌센스 코돈은 세포에서 펩티드사슬로 번역할 때 종말신호로 사용된다.

표 12-1. 유전암호

첫째 염기(5'말단)	둘째 염기				셋째 염기(3'말단)
	U	C	A	G	
U	Phe	Ser	Tyr	Cys	U
	Phe	Ser	Tyr	Cys	C
	Leu	Ser	Stop	Stop	A
	Leu	Ser	Stop	Trp	G
C	Leu	Pro	His	Arg	U
	Leu	Pro	His	Arg	C
	Leu	Pro	Gln	Arg	A
	Leu	Pro	Gln	Arg	G
A	Ile	Tyr	Asn	Ser	U
	Ile	Tyr	Asn	Ser	C
	Ile	Tyr	Lys	Arg	A
	Met	Tyr	Lys	Arg	G
G	Val	Ala	Asp	Gly	U
	Val	Ala	Asp	Gly	C
	Val	Ala	Glu	Gly	A
	Val	Ala	Glu	Gly	G

종말코돈은 tRNA의 역코돈(anticodon)이 없으므로 그들의 암호는 단백질 종말인자들에 의하여 읽혀져서 mRNA로부터 펩티드를 유리시킨다. 그래서 20종의 아미노산에 대해 61종의 코돈들이 남겨지는데, 이는 1종의 아미노산을 암호화하는데 수종의 코돈이 중복되게 존재한다는 것을 의미한다.

코돈의 특징을 열거하면 다음과 같다.

- 1종의 코돈은 하나의 아미노산만을 암호화한다. 따라서 하나의 아미노산을 암호화하는 중복된 코돈이 존재하며 이런 중복된 코돈을 **축중**(degeneracy)이라고 한다.
- 유전암호에 구두점은 없다. mRNA상의 암호는 사슬-개시에서부터 사슬-종말 코돈에 이르기까까지 연속적인 코돈의 연결로서 읽혀진다. 즉, 코돈 사이에 필요없이 끼어있는 염기가 없기 때문에 암호는 중단이 없다. 단백질 합성의 종말신호는 넌센스 코돈으로 여기에 도달하면 끝난다.
- AUG 코돈은 mRNA상의 개시신호 코돈이지만 이 코돈이 중간에 존재할 때는 펩티드사슬 중의 메티오닌잔기를 암호화한다.
- 모든 형태의 생명체에서 유전암호는 공통적이다. 즉, 전 생물에서 동일하다. 그러나 미토콘드리아에 존재하는 몇 개의 코돈은 다르다.
- tRNA의 역코돈(anticodon) 세 염기들은 mRNA 코돈의 세 염기들을 향하여 역평형으로 움직인다. 코돈의 처음 두 염기들과 역코돈의 마지막 두 염기들 간에는 견고한 염기쌍의 법칙에 의해 결합한다. 그러나 세 번째의 코돈염기와 첫 번째의 역코돈 염기간에는 유연성 또는 동요(wobble)가 요구되며 따라서 코돈의 세 번째 염기를 **동요염기**(wobble base)라고 한다.

동요의 결과로 tRNA의 역코돈은 mRNA상의 1종 이상의 코돈과 결합할 수 있다는 것이다. 그런 코돈들이 단지 세 번째의 염기만 다르다면, 몇 종의 아미노산을 암호화할 때, 세 번째 염기는 유전암호의 축중으로 중요한 의미를 갖지 않게 된다(표 12-1 참조). 동요염기는 모든 코돈에 결합할 tRNA의 수를 61개 이하로 줄일 수 있다.

3) 번역과정

핵(또는 미토콘드리아)중의 DNA로부터 세포질(또는 미토콘드리온) 내의 라이보솜까지 단백질 합성에 필요한 유전정보를 정확히 운반하는데, 운반상의 충실도가 낮을 때 치명적인 또는 원치 않는 돌연변이를 일으켜 기능이 떨어지거나 유해한 단백질이 생산될 수 있다. 이미 핵중의 DNA가 복제되고 또 여러 종류의 RNA가 전사되어 교정되고 편집되는 엄격한 법칙에 대하여 설명했다. mRNA상에 전사된 유전정보의 번역은 세포질(또는 미토콘드리아)에서 진행된다. 번역은 펩티드사슬의 개시, 연장 및 종결의 특징적인 단계들에 의하여 mRNA의 5′에서 3′ 방향으로 진행된다. 번역의 각 단계들에서 특정 인자들이 중요한 역할을 수행한다. 이 인자들 중 단 하나라도 결핍되거나 화학적 변화가 있으면 단백질 합성은 중단된다. 번역의 단계적 과정을 요약하면 아래와 같다.

(1) 아미노산의 활성화

단백질 합성에 사용되는 아미노산들은 먼저 활성화되어 아미노아실-tRNA를 형성하여야 한다. 아미노산의 활성화와 아미노아실-tRNA 형성과정은 두 단계를 거쳐 일어나며, 두 단계 모두 *아미노아실-tRNA 합성효소(aminoacyl-tRNA synthetase)*에 의하여 촉매된다. 첫째 단계는 아미노산이 아데닌누클레오타이드에 결합하여 아미노아실-AMP를 형성한다. ATP의 가수분해에 의하여 생성되는 자유에너지가 이 결합형성에 이용된다. 다음 단계에서 아미노아실 부분이 tRNA에 전이되어 아미노아실-tRNA를 형성한다. 이 결과를 종합하면 다음과 같다.

Amino acid + ATP	→	aminoacyl-AMP + PPi
Aminoacyl-AMP+tRNA	→	aminoacyl-tRNA + AMP
Amino acid + ATP + tRNA	→	aminoacyl-tRNA + AMP + PPi

특정 아미노산이 해당되지 않는 tRNA와 결합하면(특정 아미노산에 대한 잘못된 역코돈을 운반하는 것) mRNA상의 코돈이 의도하지 않았던 아미노산을 번역하게 될 것이다. 이 때 합성효소는 그의 촉매작용을 교정하여 오류로 생성된 아미노산-tRNA복합체를 번역시작 전에 가수분해 시킨다. 이렇게 특이 효소와 특이 tRNA는 각 아미노산에 대해 관여하며, 그러한 특이성은 번역의 충실도를 확실히 한다.

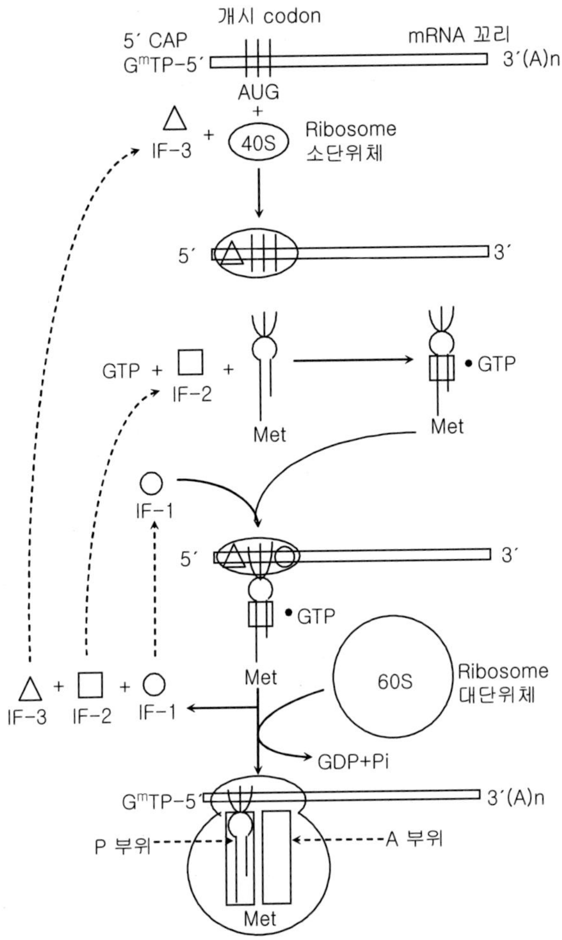

그림 12-6. 단백질 생합성에서 개시 복합체의 형성. 3종류의 개시인자(IF)가 GTP와 함께 참여한다. P부위와 A 부위는 라이보솜의 peptidyl-tRNA와 aminoacyl-tRNA 결합 부위를 나타낸다.

(2) 단백질 합성의 개시

단백질 합성은 다음과 같은 개시인자(initiation factor)들에 의해 진행된다. mRNA는 그의 캡과 함께 라이보솜의 작은 소단위체에 부착한다. mRNA는 메티오닌을 암호화한 AUG 코돈과 함께 개시신호서열(initiation signal sequence)을 가지고 있다. mRNA상의 정보에는 개시코돈인 AUG를 인지하는 개시 tRNA와 내부 AUG 코돈을 인지하는 tRNA가 별도로 존재한다. 메티오닌-개시 tRNA복합체의 역코돈이 mRNA상의 사슬개시 AUG 코돈에 결합함으로서 라이보솜의 소단위체는 대단위체와 결합하며 이로써 mRNA와 라이보솜이 완전히 결합하는 개시기(initiation phase)를 완료한다(그림 12-6).

메티오닌-tRNA 복합체가 mRNA 상의 첫 번째의 개시코돈을 점유하고, 동시에 tRNA의 클로버잎 구조 중 하나가 라이보솜의 peptidyl-tRNA 결합부위(P부위)에 부착한다. P부위는 그 후의 번역과정 중 자라나는 펩티드사슬이 새로 코돈에 부착되는 아미노아실-tRNA의 아미노산과 결합한다. P부위 옆에는 A부위가 있는데, 거기에서 다음 코돈이 다음의 아미노아실-tRNA복합체를 신호한다.

(3) 사슬의 연장

연장은 연장인자(elongation factor)들을 필요로 한다. tRNA와 아미노산의 복합체는 A부위에서 신호코돈과 결합한다(그림 12-7). 그 다음, 자라는 펩티드사슬은 P부위에 있는 tRNA와 분리되어 *peptidyl transferase*에 의해 A부위에 새로 들어온 tRNA에 결합된 아미노산과 연결된다. 그

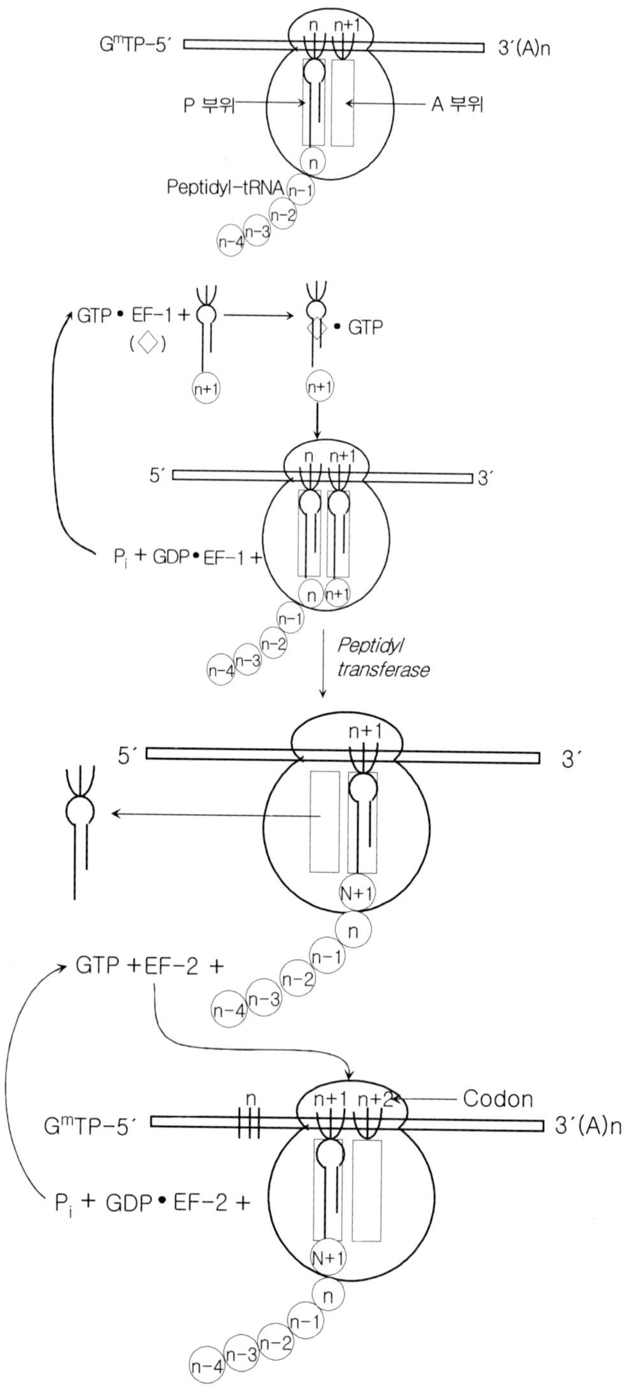

그림 12-7. 펩티드사슬의 연장. 두 연장인자(EF)와 GTP가 참여한다. n-1, n, n+1, 등은 새로 합성되는 단백질 분자의 아미노산잔기들을 나타낸다.

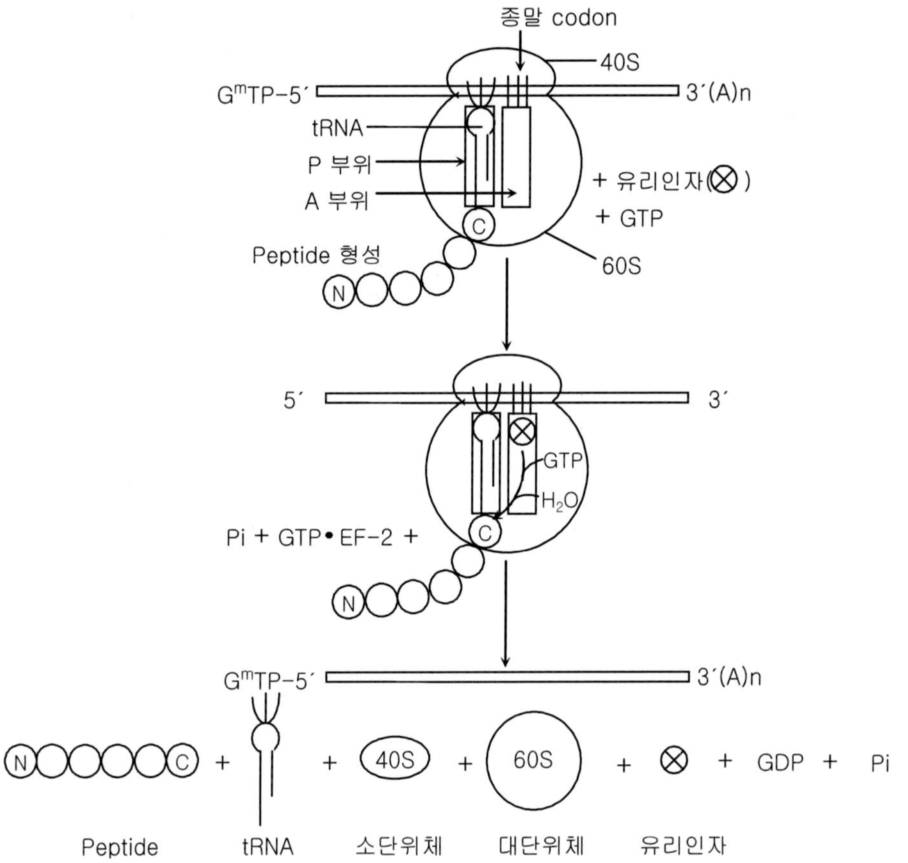

그림 12-8. 단백질 생합성의 종결. N과 C는 합성된 펩티드사슬의 아미노말단 아미노산과 카르복시말단 아미노산을 나타낸다.

동안 peptidyl-tRNA에서 떨어져 나온 tRNA는 P부위를 떠난다. 새로 연장된 peptidyl-tRNA복합체는 비워진 P부위로 전위되고 라이보솜은 새로운 연장을 준비하기 위하여 mRNA를 따라 굴러가서 비워진 A부위에 새 tRNA와 결합할 다음 코돈을 남겨둔다.

(4) 사슬의 종결

사슬-종결코돈이 A부위에 나타나면 끝난다(그림 12-8). 사슬-종결코돈에 상보적인 역코돈을 가진 tRNA가 없기 때문에 유리인자(releasing factor)와 *peptidyl transferase*가 협력하여 완성된 펩티드사슬과 마지막 tRNA가 mRNA로부터 분리되며 아울러 두 라이보솜 단위체들도 분리된다.

단백질의 극성을 고려할 때 새로 합성된 펩티드사슬은 최초로 번역된 메티오닌은 아미노말단을 가지며, 펩티드사슬이 분리되기 전에 마지막으로 번역된 아미노산은 카복시말단을 가진다.

번역과 연관된 다양한 반응들에 요구되는 에너지는 GTP가 공급한다. 번역은 매우 빠르게 진행되어 1개의 라이보솜에서 1분당 약 100개의 코돈이 번역되며 이 때 약 10kDa의 펩티드가 합성된다.

4) 번역 후 가공

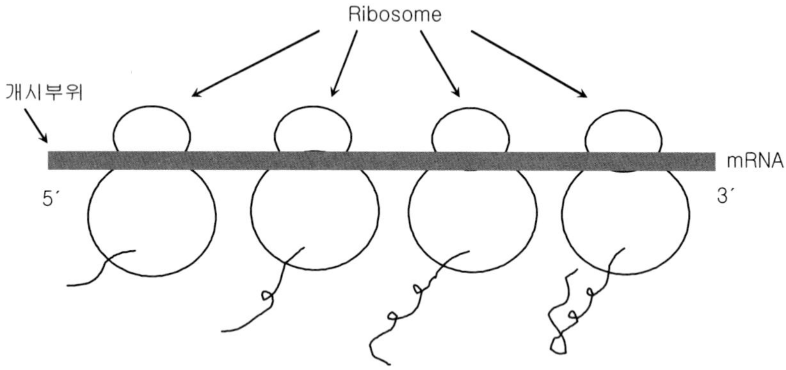

그림 12-9. 폴리솜에서 mRNA 번역에 의한 동일 단백질의 다중 생합성.

몇 개의 라이보솜이 mRNA에 부착하면(폴리솜) 동일한 정보를 다중으로 번역할 수 있게된다. 폴리솜 중의 라이보솜은 mRNA가 효소적으로 분해될 때까지 정보를 따라 계속 이동한다(그림 12-9).

라이보솜에서 합성된 단백질은 그 세포 내에서 기능을 발휘할 수 있다. 세포 내 다른 단백질과 세포외 단백질의 생산을 위해서 라이보솜은 mRNA와 결합하고 다시 그들의 소단위체를 결합시킨 후 세포의 소포체막에 부착하여 조면소포체를 형성한다. 번역되는 개시사슬은 20개의 비극성 아미노산으로 구성된 인도서열(leader sequence) 또는 신호펩티드(signal peptide)로서 성장하는 펩티드사슬이 소수성의 소포체막(지질) 내부를 가로지르도록 한다. 소포체 내에서, *signal peptidase*는 인도서열을 잘라낸다. 그 동안 계속 성장하는 펩티드를 소포체강 내로 밀어내기 위해 번역은 계속 진행된다.

새로 합성된 단백질의 번역 후 가공은 소포체강에서 계속 진행되는데, 거기서 글라이코시드사슬(glycosidic chain)이 단백질에 부착될 수 있다. 골지장치에서, 당단백질(glycoportein)의 글라이코시드사슬에 더 많은 변화가 이루어진다. 예를 들면, 지질복합체가 첨가되기도 하고(지단백질 형성), 더 많은 아미노산들이 떨어져 나가기도 하고, 특이 원자단들이 가해져 단백질의 목적에 맞도록 가공된다.

번역 후 가공에는 어떤 단백질에서 리신과 프롤린의 하이드록시화, 근육 단백질에서 히스티딘의 메틸화, 효소전구체로부터 활성효소로의 전환, 어떤 아미노산들의 산화(예, procollagen의 교차결합으로 collagen의 형성) 등이 포함된다. 인슐린은 동물체에서 매우 중요한 단백질로서 인슐

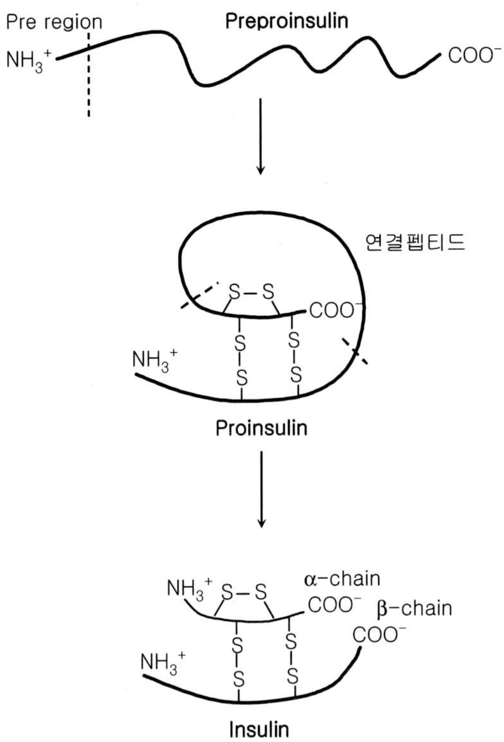

그림 12-10. Preproinsulin의 번역후 가공. Pre region과 뒤에 연결펩티드사슬은 제거된다.

린의 번역 후 가공에 대하여 알아본다.

인슐린은 췌장의 랑거한스섬(islets of Langerhans)의 β-세포에서 생산된다. 최초의 전사체는 프레프로인슐린(prepro-insulin)을 암호화한다. 번역 후 pre서열이 제거된 프로인슐린(proinsulin)의 94개 아미노산으로 이루어진 펩티드사슬은 원위의 시스테인잔기간에 3개의 이황화결합에 의하여 나선형을 만든다. 췌장의 반응을 촉진시키는 조건에 따라 프로인슐린의 중심부위에 있는 33개 아미노산의 연결 펩티드를 제거함으로써 두 사슬의 결합형태인 인슐린으로 전환된다. 즉, 21-아미노산 단편(α-사슬)과 30-아미노산 단편(β-사슬)이 이황화결합으로 연결되어 있다(그림 12-10).

5) 세균의 단백질 합성을 저해하는 항생물질

많은 항생물질들이 세균의 단백질 합성을 저해하며 따라서 어떤 종류의 세균에 대한 매우 효과적인 약물로 이용된다. 이런 항생제들은 단백질 합성에 관여하는 특정 효소들의 활성을 억제한다. 표 12-2는 단백질 합성을 저해하는 몇 가지 대표적 항생물질들의 생물학적 작용을 나타낸 것이다.

표 12-2. 단백질 생합성을 저해하는 항생물질

항생제	생물학적 작용
Chloramphenicol	대단위체의 peptidyl transferase저해
Erythromycin	대단위체에 결합하여 자리옮김(translocation)단계를 저해
Puromycin	미완성된 폴리펩티드사슬의 종결 유도
Streptomycin	단백질 합성 개시단계 저해, mRNA의 번역오류를 유도
Tetracycline	작은 소단위체에 결합하여 aminoacyl-tRNA의 결합을 유도

3. 단백질 생합성의 조절

1) 원핵세포의 단백질 생합성 조절

원핵세포와 진핵세포의 단백질 합성기전이 매우 유사하기 때문에 단백질 생합성의 조절에 관한 연구는 세균에 대한 연구에 기초를 두고 있다.

대장균을 글루코스와 락토스를 함유하는 배지에서 배양하면, 우선 글루코스를 고갈시키고 세균의 성장률은 저하된다. 그 다음에 락토스를 운반하고 대사하는 효소들이 합성되어 락토스를 사용함으로써 세균이 성장한다. 이러한 단백질 합성 조절의 분자적 기초는 기능을 분담하는 DNA의 단편인 락크 오페론(*lac* operon)을 중심으로 이루어진다. 오페론을 기능에 따라 구분하면 그림 12-11과 같다.

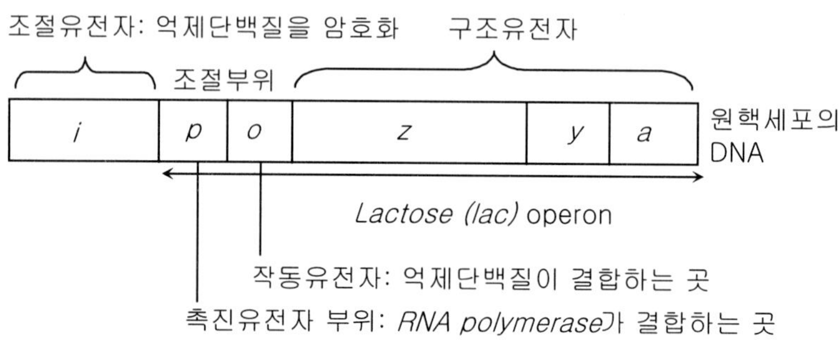

그림 12-11. *Lac* operon의 구조.

Lac operon은 세균 DNA의 한 부분으로써 3개의 뚜렷한 부분으로 구성되어 있다. 즉, 조절유전자(regulatory gene, *i*), 작동유전자(operator gene, *o*) 및 구조유전자(structural gene *z*, *y*, *a*)이다. 조절유전자는 작동유전자에 결합하는 억제단백질(repressor protein)을 암호화한다. 작동유전자는 다시 두 부분으로 나누어진다. 즉, *DNA-의존 RNA중합효소*가 결합하는 촉진유전자부위(promoter region, *p*)와 억제단백질이 결합하는 작동유전자이다. 구조유전자 *z*, *y* 및 *a*는 락토스 대사에 관련된 3종류의 효소를 암호화한다. *z* 유전자는 락토스를 에너지 생산에 이용하기 위해 락토스를 가수분해하는 효소인 *β-galactosidase*를 암호화 한다. y 유전자는 세포내로 락토스의 운반을 매개하는 단백질인 *galactoside permease*를 암호화한다. a 유전자는 아직 기능이 알려지지 않은 *galactoside acetylase*를 암호화한다. 세균세포는 충분한 양의 글루코스가 들어있는 배지에서 배양하면 *lac* operon은 억제되어 *β-galactosidase*와 *galactoside permease* 분자를 만드는데 필요한 mRNA가 전사되지 않는다. 그러나 글루코스가 부족하게 되면 다른 에너지원으로서 락토스를 이용하기 위하여 즉시 *β-galactosidase*와 *galactoside permease*의 생산을 시작한다. 이들 효소가 어

느 수준까지 증가하면 세포내로 락토스의 수송이 더욱더 빨라지고, 락토스는 글루코스와 갈락토스로 가수분해된다. 이 때 락토스는 필요한 효소를 생산하기 위한 유도물질로 작용하며 세포가 이들 효소를 필요로 할 때 생성된다.

Lac operon은 어떻게 작동하고 조절되는가? 유도물질이 없으면 억제단백질이 작동유전자에 결합하여 *RNA 중합효소*에 의한 DNA의 전사를 방해한다. 따라서 이 operon은 *β-galactosidase, galactoside permease*를 암호화하는 mRNA를 생성하지 못하고, 이들 효소는 낮은 농도로 존재하게 된다.

그러나 유도물질(락토스)이 억제단백질과 결합해서 작동유전자로부터 억제단백질이 떨어지면 *lac* operon은 작동을 시작한다. 이에 따라 촉진유전자부위에 결합한 *RNA 중합효소*는 구조유전자인 *z, y, a*를 전사하고, *z, y, a* 단백질을 명령하는 mRNA가 합성되어 단백질이 합성된다. 그러므로 *β-galactosidase*와 *galactoside permease*의 농도가 상승하고 락토스의 섭취와 초기반응을 촉진시킨다. 그림 12-12는 *lac* operon의 조절과정을 요약한 것이다.

2) 진핵세포의 단백질 생합성 조절

(1) 염색체와 유전자 구조

원핵세포와 진핵세포의 DNA를 비교하면 다음과 같은 차이가 있다. 첫째 원핵세포의 DNA는 크고 단단하게 꼬여있는 원형을 이루고 있으며 핵을 가지고 있지 않기 때문에 DNA와 이것의 복제, 전사, 번역에 필요한 효소계가 세균의 세포질에 존재한다. 반면에, 진핵세포의 DNA는 매우 긴 두 가닥의 DNA 분자들이 단단하게 꼬인 염색체 형태로 핵 내에 들어 있어 세포질과 분리되어 있으므로 단백질 합성은 핵 DNA와 떨어진 세포질 내로 이동하여 진행되는 특이성이 있으며, 또한 진핵세포의 DNA는 염기성(+)전하를 띤 히스톤과 결합되어 있는 반면, 원핵세포의 DNA는 히스톤과 결합되어 있지 않다.

진핵세포를 현미경으로 관찰하면 세포핵은 염색체(chromosome)라고 불리는 구조체가 보인다. 사람의 세포는 23쌍의 염색체를 함유한다. 그러나 각 염색체는 크기와 모양이 다르므로 서로 구별할 수 있다. 진핵세포의 DNA는 매우 긴 사슬모양의 이중나선으로 된 구조로서 원핵세포의 DNA와 같은 원형이 아니며 측지가 있거나 짧은 단편으로 구성되어 있지도 않다. 전형적인 염색체는 수백만 혹은 수억의 염기쌍으로 구성되어 있다.

단백질 히스톤은 DNA 이중나선과 결합하여 누클레오솜(nucleosome)이라는 반복단위를 이루고 있다. DNA 이중나선은 히스톤의 주위를 감고있으며, 특정한 히스톤(H1 histone)은 누클레오솜 외측의 DNA사슬에 결합되어 있다(그림 12-13). 개개의 누클레오솜은 연결 DNA(linker DNA)에 의하여 연결되어 한 줄의 누클레오솜사슬을 형성한다. 누클레오솜사슬은 더욱 밀착된 나선형태로 복잡한 3차구조로 감겨져 있다.

진핵세포의 유전자가 염색체 내에 존재하고 있는 상태는 매우 복잡하다. 현재까지 알려진 진

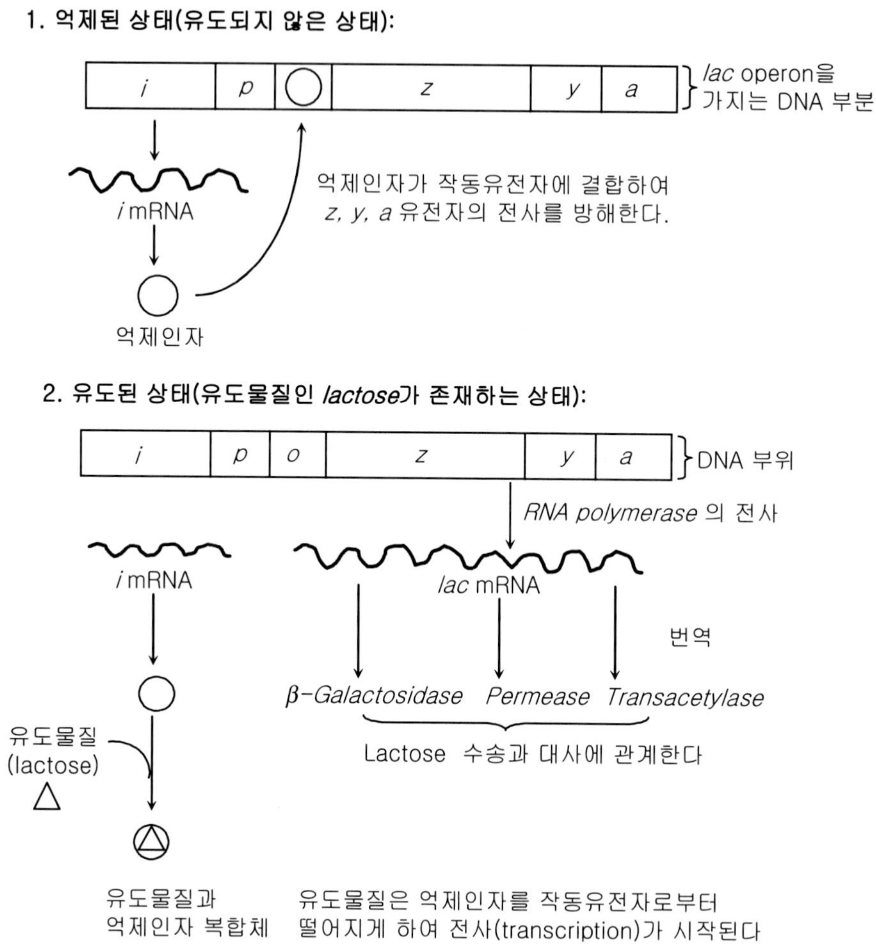

그림 12-12. *Lac* operon의 조절.

핵세포의 유전자구조 및 존재상태는 다음과 같이 요약될 수 있다.

① 진핵세포 DNA의 상당부분이 위성 DNA(satellite DNA)라는 반복되는 염기배열로 구성되어 있으며, 이것은 주로 염색체 두 개의 가지를 연결하는 염색체 중심부위에 위치한다. 이 위성 DNA는 유사분열과 감수분열시 염색체를 정돈하는 역할을 하는 것으로 추측된다.

② rRNA와 히스톤을 암호화하는 유전자는 염색체 내에 여러번 반복되어 있다. 전형적 진핵세포의 염색체에는 이들 유전자가 수천번 반복되어 있으며, 이들은 서로 밀착되어 다발을 이룬다.

③ 히스톤 외의 다른 단백질은 소위 단일복제유전자(single-copy gene)라고 불리는 것에서 만

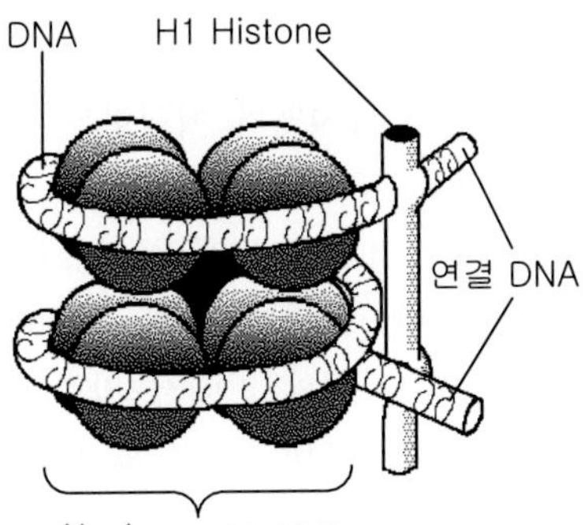

그림 12-13. Nucleosome의 가상적 구조.

들어진다. 즉, DNA 분자 내에 단 한 개의 유전자가 있으며 이것이 특정의 단백질만 암호화 한다.

④ 단일복제유전자의 구조는 유전자가 반복배열로 끼워져 있기 때문에 훨씬 더 복잡하다. 진핵세포의 유전자는 이미 다수가 해석되었으며, 그 대부분이 인트론서열을 지니고 있다. 예를 들면, 헤모글로빈의 α-와 β-사슬을 암호화하는 진핵세포의 유전자는 어느 것이나 2개의 인트론을 가지며, 난알부민(ovalbumin)은 7개, α-콜라겐은 52개의 인트론을 가지고 있다. 엑손과 인트론 둘 다 mRNA로 전사되지만 엑손만이 떨어져 나와 결합되어 성숙한 mRNA로 합성되며 이것이 단백질 합성에 사용된다.

⑤ DNA의 어떤 부분은 운동성이 있어 DNA의 다른 부위에 삽입될 수 있다. 이런 유동적 단위를 전이성 유전요소(translocatable elements, transposons)라고 한다.

(2) 단백질 합성의 조절

진핵세포의 단백질 합성 조절은 더욱 복잡한데 그것은 전사와 번역을 분리시키는 핵막을 가진 핵의 존재, hnRNA전사체로부터 절제되지 않으면 안되는 인트론들 및 원핵세포에 비하여 거대한 게놈 때문이다.

진핵세포에서의 유전자 발현(gene expression)은 주로 번역에 이용할 mRNA의 양에 의하여 조절되며, 각 단계별로 조절기전이 작용한다. 즉, 핵에서 세포질까지, DNA복제과정, 화학적 교정, 염색체로의 복귀, 유도인자에 의한 활성화에서부터 전사에 의한 RNA 합성, 전사 후 가공, 분해, 그리고 단백질로의 번역에 이르기까지 각 단계에서 조절기전이 작동된다. 진핵세포의 단백질 합성에 대한 각 단계별 조절은 다음과 같이 이루어진다.

- DNA의 많은 부분은 전사되지 않으며, DNA의 어떤 부분들은 조직적으로(계속적으로) 전사된다. 이 극단적인 유전자 사이에 필요에 따라 전사를 조절하는 유전자들이 존재한다.
- 작동유전자의 억제 또는 활성화에 의하여 조절된다. 각 세포에 있는 동일한 게놈에서 시작하여, 다양한 세포들 중의 서로 다른 유전자들이 억제된다. 다음에 억제철회(derepression)는 세포의 역분화(dedifferentiation)로 이끈다. 예를 들어 정상적인 근육세포가 아닌 영양장애세포 내에서 *글루코스6-인산 탈수소효소(G-6-P dehydrogenase)*가 활성을 나타낸다. 억제철회는 기존의 효소가 필요하거나, 발암물질에 의한 종양유전자의 활성화와 같은 통제불능의 전사가 이루어지는 병리적 상태 등의 대사유도인자들에 의하여 유발될 수 있다.
- DNA의 활동에 영향을 주는 히스톤 또는 여타 단백질의 가역적 메틸화, 아세틸화 및 인산화에 기인하는 염색질(chromatin)의 화학변화는 단백질 합성의 시간, 장소 및 전사율에 큰 영향을

미친다.

염색질 구조에 작용하여 DNA전사를 억제하는 화학적으로 중요한 변화는 DNA 중 데옥시리보실사이티딘잔기의 메틸화이다. 포유동물의 DNA는 사이토신염기의 약 4%가 메틸화된 형태의 5′-메틸사이토신(5′-methylcytosine)으로 불균일하게 분포되어있다. 고도로 메틸화된 유전자들은 많은 경우에 전사되지 않는다. 실제로 메틸화되지 않은 라이보솜 유전자들만 쥐의 간에서 발현되며, 여성의 체세포내 두 X 염색체 중에서 단지 하나만이 전사되며 불활성인 X 염색체는 고도로 메틸화되어 있다. 실험적 탈메틸화는 유전자 발현을 증가시킨다.

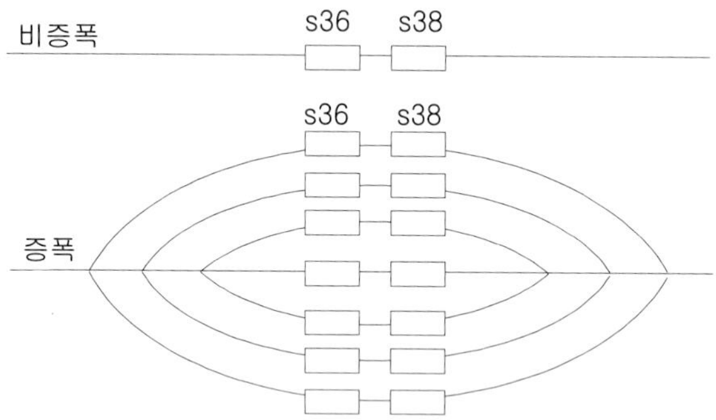

그림 12-14. 융모막 단백질유전자들인 s36과 s38의 유전자 증폭은 혼합된 복제기포를 생산한다.

지금까지, 염색질 중 단백질 또는 DNA성분의 공유결합적 화학변화에 의한 전사의 조절을 살펴보았다. 많은 유전자들은 DNA상에 알로스테릭 서열이 존재하며 환경적 또는 화학적 인자들의 신호가 전사활성에 큰 영향을 미친다. 이들 자극인자들이나 억제인자들은 촉진유전자부위로부터 제거된 수 천개의 염기들일 수 있으며, 5′에서 3′방향이나 그 반대 방향으로 이루어질 수 있다. 그들이 촉진유전자에 의한 전사개시에 영향을 주기 위해서는 동일한 염색체상에 위치해야 한다(그들의 영향이 화학적으로 조절되지 않는다는 증거가 된다). 자극인자의 활성화는 그것이 속해있는 유전자뿐 아니라 동일 염색체상의 떨어져있는 유전자의 촉진유전자를 또한 자극한다.

호르몬과 핵단백질의 신호교환은 코티솔, 에스트라디올, 프로게스테론, 테스토스테론, 알도스테론 및 1,25-디하이드록시콜레칼시페롤과 같은 스테로이드호르몬들의 작용 방법과 관련이 있다. 이런 호르몬들은, 갑상선호르몬처럼 세포에 들어가 세포질 내의 수용체와 결합하여 수용체의 4차구조를 변화시킨다. 스테로이드-수용체복합체는 핵 안으로 들어가 염색질상의 수용체와 결합하여 DNA상의 호르몬감수성인자(hormone responsive element, HRE)에 영향을 준다. HRE는 스테로이드-감수성 유전자의 전사가 시작되는 곳에 인접한 수 백개의 염기상에 위치한다. 유전자 내의 HRE는 전사를 자극할 수도, 억제할 수도 있다. 전에도 언급한 바와 같이, 당신생의 속도조절효소중 하나인 *phosphoenolpyruvate carboxykinase*(*PEPCK*) 유전자에 대한 글루코코티코이드의 자극이 좋은 예이다. 글루코코티코이드-수용체복합체가 DNA상에 있는 그의 수용체 인지부위에 부착함으로써 HRE를 자극제로 전환시킨다. 또한 *PEPCK*의 유전자는 *PEPCK* 전사를 억제하여 인슐린과 반응하는 15개의 염기서열을 보유하고 있다. 즉, 인슐린의 영향은 글루코코티코이드의 영향에 우선한다.

유전자산물(gene product)의 수요증대에 대처할 수 있는 방법은 유전자산물을 만들 수 있는 유전자를 물리적으로 많이 만드는 것이다. 세포들이 유전자를 많이 만들게 하는 방법에는 두 가지가 있다. 하나는 반복 DNA서열에 의한 것이다. 예를 들어, 동물세포의 게놈 안에는 rRNA와 tRNA 유전자 사본(copies)이 수 백개가 있으며 이러한 게놈을 계대배양하여 동일한 수많은 게놈들을 생산하는 방법이다. 다른 방법은 세포가 특정 유전자를 증폭시켜 많은 수의 유전자 사본을 생산하도록 하는 방법이다. 이것은 한 세대 내에서 많은 유전자사본의 생산을 의미하는 것으로 유전자의 증폭은 DNA복제를 반복적으로 개시하도록 하는 것이다(그림12-14). 하나의 증폭된 유전자로부터 생산된 사본들은 일시적으로 유전자산물의 전사에 필요한 다중의 장소를 제공하여 다량의 유전자산물을 생산할 수 있게 한다. 예를 들면, *디하이드로엽산환원효소(dihydrofolate reductase)*의 억제물질(예, methotrexate)을 투여하면 *디하이드로엽산 환원효소* 유전자를 200배 이상 증폭시킨다.

또 다른 형태의 DNA 전사에 대한 물리적 조절은 유전자의 재배치이다. 생식세포계열(germ cell line)에서, 항체단백질을 암호화하는 유전자들은 몇 개의 단편으로 분리되고 게놈내에 넓게 분산되어 비활성화된다. 항체생성세포가 발생되는 동안, 항체유전자들의 분리된 조각들은 가깝게 서로 재배치되어 촉진인자 아래에 단일의 mRNA전구체로서 전사된다.

유전자 재배열에 의한 조절은 유전자 재배치에 의한 조절과 다르다. 유전자 재배열은 전사 후의 기전으로서 1차 전사체로부터 인트론을 절제한 후 다른 서열순서로 엑손을 연결하는 것이다. 이렇게 하여 한정된 수의 DNA로부터 수많은 다양한 최종 전사체가 만들어질 수 있다. 이 예로 세포막에 위치한 당단백질인 저밀도지단백질수용체(LDL receptor)가 있다. 신호서열의 21개 아미노산이 제거된 수용체는 839개의 아미노산으로 구성된다. 한 코돈은 3개의 염기로 구성되므로 약 2,500개의 염기가 메시지(message) 안에 있어야 한다. 그러나 DNA 중 본래의 유전자는 45,000개 이상의 염기들을 가지고 있다. 이 유전자는 18개의 엑손을 포함하고 있는데, 그 중 13개는 기능이 완전히 다른 단백질들의 서열(표피세포 성장인자, 혈액응고인자, 면역보체인자 등)을 암호화한다. 따라서 LDL수용체는 다른 단백질들을 분담한 엑손들이 재 배열된 모자이크 단백질이라고 할 수 있다.

단백질 합성의 전사 후 조절에 관한 다른 형태는 RNA를 중심으로 이루어진다. 세포질 내에서 효소에 의한 분해에 저항할 수 있는 mRNA의 안정성은 5′ cap 또는 3′ poly A 꼬리와 유관한 것 같다. 핵 중 mRNA의 수보다 세포질내의 수가 더 적은 것은 핵 중에 번역할 mRNA와 분해할 mRNA를 결정하는 분별가공기전이 존재함을 의미한다.

번역과정에도 많은 의문점이 있다. 예를 들면, 세포질로 들어오는 다양한 mRNA의 번역에서 우선순위와 차별은 없는가와 같은 것이다. 또 번역개시인자(eIF-2)는 불활성형(인산화된)과 활성형(탈인산화된)이 상호 전환되며 따라서 어떤 조절기전이 존재할 것이다. 신장인자(eEF-2)는 디프테리아 엑소톡신의 영향으로 ADP-라이보스(NAD로부터 생성)와 연관하여 불활화 된다.

제13장 핵산공학

1. 의학에서 핵산공학의 중요성

생물체 수준의 핵산공학(nucleic acid technology)은 인간이 동물과 식물에 대하여 선택적 육종을 처음 시도할 때부터 시작되었다. 처음에는 유전물질의 분자적 성질을 직접 다루지 않고, 형질발현도 인간이 조절하는 단계가 아니었다. 단지 자연발생적으로 일어나는 변화들과 씨름해야 했고, 어떤 형질을 갖도록 육종하느냐 또는 자연적으로 죽게 하느냐 등의 수준이었다. 그러나 점차로 유전자의 분자수준을 이해하게 됨에 따라 이러한 분자들을 실험실에서 조작할 수 있게 발전되었다.

농업과 의학적 목적으로 생물체들을 선택적으로 변경할 수 있게 된 것은 재조합 DNA기법(recombinant DNA technology) 덕분이다. 작물은 핵산공학의 활발한 연구분야이다. 증산, 서리에 대한 저항성, 해충에 대한 저항성을 갖는 유전자들이 딸기, 토마토, 옥수수 등 상업적으로 중요한 식물에 도입되었다. 마찬가지로 상업적으로 중요한 동물들도 유전적으로 변경되었다. 동물에 도입된 유전적 변이들은 의학적으로 중요하다. 유전적 변이 마우스들은 질병퇴치 연구에 많이 사용된다. 어떤 학자들은 학질모기(*Anopheles gambiae*)에 의하여 감염되지 않도록 이 곤충을 유전적으로 변경시키려는 연구가 진행 중이다. 또한 혈당 농도를 조절하는 인슐린을 생산하기 위하여 세균으로 하여금 유전메시지를 번역시킬 수 있다. 유사한 재조합 DNA기법이 세균으로 하여금 다량의 항센스(antisense) mRNA를 생산하도록 유도하기 위하여 사용된다. mRNA에 대한 비암호 DNA 가닥의 전사 생성물인 안티센스mRNA는 센스mRNA에 상보적이며 서로 결합하여 단백질로 번역될 수 없는 mRNA복합체를 형성하므로 세포내에서 불필요한 단백질의 합성을 억제할 수 있다. 이러한 접근은 아직 초보단계이긴 하나 앞으로 바이러스성 질병의 퇴치에 활용할 수 있을 것이며 개개 유전자의 기능을 탐색하거나 유전질환의 연구에서 돌연변이의 조절을 위하여 활용될 수 있을 것이다.

다음과 같은 유전학적 조절에 관한 지식의 적용은 윤리적인 문제와 관련된다. 메탈로티오네인(metallothionein)은 아연, 동 및 카드뮴과 같은 2가의 양이온들을 수송하는 세포내 단백질이다. 이 단백질유전자의 전사는 이들 금속이온들을 투여할 때 유도된다. 이러한 유도는 메탈로티오네인 촉진유전자부위 수준에서 일어난다. 실험적으로 DNA로부터 이 부위를 절제하여 성장호르몬의 구조적 유전자에 결합시킨 혼성DNA(hybrid DNA)를 마우스 수정란(다음에 대리모의 자궁에 넣어 발육시킨다)에 주사하였던 바 성장호르몬 유전자의 전사를 증가시켜 음료수중 아연과 카드뮴의 공급에 반응하는 마우스를 생산하였다. 이 마우스는 유전적으로 처치하지 않았거나 금속이온들을 받지않은 한배 새끼 크기의 두배가 되었다. 유사한 방법으로 LDL수용체의 구조적 유전자와 결합한 메탈로티오네인 촉진유전자부위를 함유하고 있는 키메라 DNA를 가진 마우스 수정란으로 생산한 마우스는 정상 마우스보다 정맥주사한 LDL의 혈중농도를 8내지 10배 더 빨리 감소시켰다.

재조합 DNA 기술은 과학적 연구 이외에도 인간 생활의 많은 면에서 중요한 영향을 미쳤다. 유전병을 일으키는 DNA의 돌연변이를 찾는데 이용되거나, 범죄혐의자를 찾기 위한 법의학, 당뇨병환축을 위한 인슐린, 혈우병 환자를 위한 혈액응고인자 VIII, 그리고 다양한 치료제의 생산에 이용되기도 한다. 이렇듯 DNA 재조합기술은 우리의 주변생활에 큰 영향을 미치고 있다. 이렇게 유전공학적으로 변경된 게놈을 가진 형질전환동물은 새로운 선천적 특성을 갖게 된다는 것을 인식하여야 한다. 이것은 과학자들이 자연의 창조를 영구적으로 변경시킬 수 있다는 두려움 속에 살아야 함을 의미한다. 따라서 척추동물 생화학에서 유전공학에 대한 연구의 초점은 건강증진을 위한 특정 단백질의 생산이나 특이 조직의 세포를 변경하여 병을 경감시키는 유전자 치료(genetic therapy)에 목표를 두어야 한다.

2. DNA 분자의 분석

유전정보가 염기서열 내에 암호화되어 있다는 것을 알게 되면서 과학자들은 유전자가 분자수준에서 어떻게 작용하는지를 /*알아내기 위하여 DNA를 직접 관찰하고 그 누클레오타이드 서열을 결정하고자 하였다. 단백질과 달리 유전자는 세포내에서 별개의 분리된 존재가 아니라 훨씬 더 큰 DNA 분자의 일부분으로 되어 있다. 따라서 DNA 분자에서 효과적으로 유전자를 분리하고 정제할 수 있는 방법의 개발은 많은 학자들의 관심 대상이었다.

이 문제는 *제한효소*(*restriction nuclease*)로 알려진 세균 효소들이 발견되면서 해결되기 시작하였다. *제한효소*는 핵산분해효소와는 다르게 DNA상의 특정 염기서열을 인지, 절단하는 특성을 지닌다. 따라서 다양한 *제한효소*를 이용하여 게놈으로부터 특정한 DNA 단편을 만들 수 있다. 여기에서 이들이 어떻게 작용하고, 이들에 의해 만들어진 조각들이 어떻게 서로 분리되며, 다음에 이렇게 분리된 DNA 단편의 누클레오타이드 서열을 어떻게 결정하는지를 알아볼 것이다.

1) DNA 분자의 절단

*제한효소*의 특징은 DNA 중 어떤 특정 누클레오타이드 서열만을 절단하는 것이다. 세균 자신의 DNA는 동일 누클레오타이드 서열에 대한 변형을 통하여 절단으로부터 보호된다. 여러 세균 종들은 제각기 다른 종류의 *제한효소*를 가지고 있는데, 이들은 각각 다른 특정 누클레오타이드 서열을 절단한다.

DNA기술에 이용되는 *제한효소*는 주로 세균에서 얻는데 이들의 표적서열은 일반적으로 4~8 누클레오타이드쌍 길이로 짧기 때문에 어떠한 긴 DNA 분자에도 포함되어 있을 확률이 높다. 따라서 이들은 출처에 관계없이 모든 종류의 DNA를 분석하는데 이용할 수 있다.

이 효소는 특정 서열에서만 DNA를 절단하기 때문에 동물조직에서 추출한 DNA 시료에 특정 제한효소를 처리하면 항상 같은 세트의 DNA 단편들을 얻게 된다.

이 효소의 표적서열들은 DNA에서 서로 빈도가 다르게 나타난다. 따라서 여러 다른 *제한효소*에 의해 생기는 DNA 단편들의 크기는 매우 다를 수 있다. 이 점은 긴 DNA 분자를 각각 특정한 실험목적에 맞는 조각들로 자를 수 있게 한다.

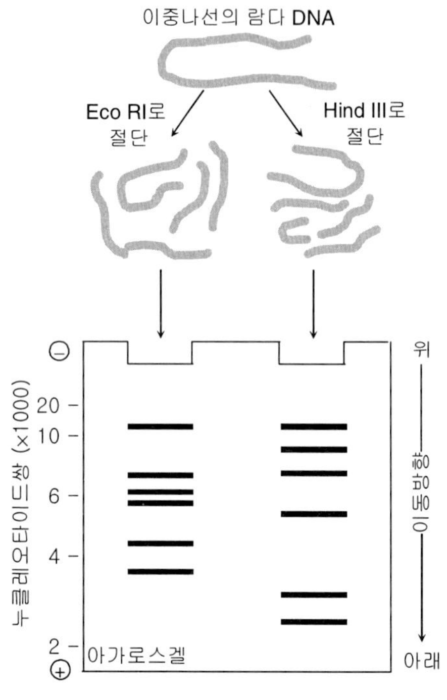

그림 13-1. 전기영동법에 의한 DNA 단편들의 분리. DNA 단편들의 크기에 따라 분리된다.

2) DNA 단편의 분리

절단된 DNA 단편들은 그 길이에 따라 한천 또는 폴리아크릴아마이드겔 전기영동법에 의하여 분리할 수 있다(그림 13-1). 또한 특정 DNA 단편을 분리하려면 그 밴드가 들어있는 겔 조각을 잘라내면 된다.

한천이나 폴리아크릴아마이드겔의 DNA 밴드는 표지하거나 염색하여 관찰한다. DNA를 염색하는 한 가지 방법은 DNA에 결합하면 형광을 발하는 염색물질에 노출시키는 방법이며, 더욱 민감한 방법은 전가영동을 실시하기 전에 DNA 분자를 방사선동위원소로 표지하는 것이다. 대개 ^{32}P가 사용되는데 이것은 DNA의 인산기에 편입되어서 자기방사법에 의하여 쉽게 감지할 수 있는 강력한 β입자를 방출한다.

3) DNA의 누클레오타이드 서열 결정

1970년대 후반 정제된 어떠한 DNA 단편도 그 염기서열을 간단하고 빠르게 결정할 수 있는 방법들이 개발되었으며, 그 중 가장 흔히 이용되는 방법은 *DNA 중합효소*를 이용하여 해당 DNA 시료의 부분적인 복제물을 만들어 내는 것이다. 이러한 DNA복제반응은 시험관 안에서 진행되는데, 새로 합성되는 DNA 가닥들이 특정 누클레오타이드(A, G, C 또는 T)에 이르면 중단되도록 하는 반응조건을 이용하게 된다.

DNA서열 읽기 기술이 향상됨에 따라 과학자들은 사람 게놈의 전체 서열을 읽기 시작하였다. 이것은 총 약 3×10^9 누클레오타이드의 염기서열 길이를 의미한다. 이 서열은 인간을 이루는 모든 가능한 RNA와 단백질 분자들을 말해주기 때문에 그 완성은 "인간에 대한 사전"을 제공해 줄 것이며 이와 같은 방법으로 가축을 비롯한 모든 동물에 대해서도 연구를 촉진시켜 줄 것이다.

3. 핵산의 잡종화

일단 한 유전자가 게놈에서 하나의 DNA 단편으로 분리되면 이 유전자가 어느 염색체에서 왔는지, 그 염색체의 어느 부위에 위치하는지, 그리고 그 생물체의 어느 세포들이 그 유전자를 발현하는지, 다른 생물체들도 이와 비슷한 유전자를 가지고 있는지 궁금할 것이다. 또한 유전병으로 의심되는 유전자의 돌연변이를 확인하기 위하여 DNA 시료를 시험해보고 싶을 것이다. 이런 모든 의문들은 다음의 DNA의 근본적 특성 중 하나를 이용하여 실험실에서 확인할 수 있다. DNA의 한 가닥은 Watson-Crick 염기쌍 형성에 의하여 매우 특이적으로 이와 상보적인 다른 한 가닥의 누클레오타이드 서열과 짝을 이룬다. DNA 이중나선의 두 가닥은 약한 수소결합에 의해 서로 연결되어 있는데, DNA를 90℃로 가열하거나 강염기 또는 강산에 노출시키면 수소결합이 파괴되어 두 가닥이 서로 풀리지만 한 가닥내의 누클레오타이드를 연결하는 공유결합은 영향을 받지 않는다. 이 때 온도를 천천히 정상 체온으로 낮추거나 pH를 중성으로 맞추어주면 상보적인 두 가닥들은 바로 이중나선을 재 형성한다. 이 과정을 재생(renaturation) 또는 잡종화(hybridization)라고 하며, 이것은 상보적 수소결합의 복구에 의한 결과이다(그림 13-2). 어느 두 가닥의 단일핵산가닥들 사이에서도(DNA/DNA, RNA/RNA, 또는 DNA/RNA) 상보적 염기서열을 가지고 있으면 잡종화 반응이 일어난다. 어떤 단일가닥 핵산분자가 상보적 분자와 이중나선을 형성하는 특성 때문에 DNA와 RNA로부터 특정 누클레오타이드 서열을 찾아낼 수 있는 분자수준의 기술이 개발되었다.

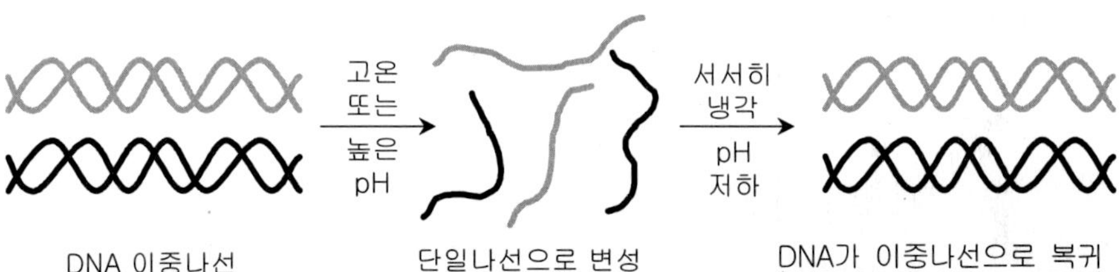

그림 13-2. DNA의 변성과 재생.

1) 산전 유전병의 진단

사람에서 3,000가지 이상의 유전병들이 단일 유전자의 돌연변이에 의하여 생겨난다. 대부분의 경우 이 돌연변이는 열성이다. 즉, 어떤 개인이 두 개의 결핍유전자를 부모로부터 한 개씩 물려받았을 때 그 효과가 나타난다. 이러한 질환들 중 한 쌍의 결핍유전자를 지닌 태아를 조기에 판별할 수 있게 되었으며, 이 정보는 임신중절 여부를 결정하는 중요한 요인으로 적용할 수 있다.

일정 누클레오타이드 서열을 찾는 작업에 잡종화를 이용할 때 탐색용 DNA 탐침(DNA probe)이 필요하다. DNA 탐침은 짧은 한 가닥의 DNA로서 보통 10~1,000 누클레오타이드 길이로 상보적 누클레오타이드 서열을 지닌 핵산분자를 탐지하기 위한 잡종화반응에 사용된다. DNA 탐침은 현재 비효소적 방법으로 실험실에서 화학적 합성을 통해 만들 수 있다.

인간 게놈에서 하나의 유전자를 조사하기 위하여 총 30억 누클레오타이드 이상인 게놈을 탐색해야 한다. 그러나 DNA잡종화의 놀라운 특이성은 이것을 가능하게 한다. 예를 들어 열성 유전병인 겸상적혈구빈혈증에서 헤모글로빈의 β-글로빈 사슬을 암호화하는 DNA 가닥의 한 부위에 GAG가 GTG로 바뀌어져 있다(그림 13-3). 이 때문에 합성되는 단백질 서열에서 글루타민산 대신 발린으로 대체됨으로서 헤모글로빈의 특성이 변화되어 결국 빈혈이 발생하게 된다. 태아의 겸상적혈구 빈혈을 진단하기 위하여 양수 속의 태아세포에서 DNA를 추출한다. 두 가지 DNA 탐침이 시험에 사용된다. 하나는 돌연변이부위의 정상 유전자서열에 상응하는 것이고, 다른 하나는 돌연변이유전자에 상응하는 것이다. 만약 DNA 탐침이 약 20 누클레오타이드 정도로 짧다면 완전히 짝을 맞춘 나선이 안정된 온도에서 해당 DNA와 잡종화할 것이다. 이 기술을 이용하면 태아에서 추출한 DNA가 몇 개의 돌연변이성 β-글로빈 유전자를 가지고 있는지 알아낼 수

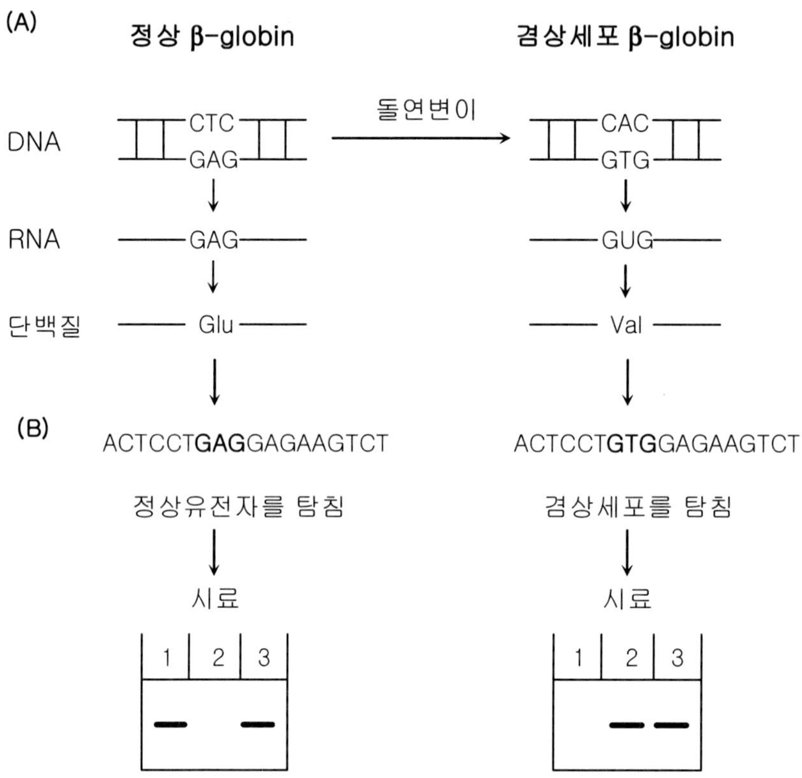

그림 13-3. DNA hybridization을 이용한 겸상적혈구빈혈증의 돌연변이 탐색법. 1번 시료는 두 개의 정상 β-globin 유전자를 가지고 있다. 2번 시료는 두개의 겸상세포 β-globin 유전자를 가지고 있다. 3번 시료를 각각 하나의 정상유전자와 겸상세포 유전자를 가지고 있다.

있다. 이 잡종화반응을 가시화하는 실험과정을 Southern blotting이라고 한다. 이같은 방법은 어떤 개체가 걸리기 쉬운 장래의 질병을 탐지하는 데에도 이용된다.

2) 세포 또는 염색체상 핵산서열의 위치

핵산을 세포로부터 추출할 때 상당량의 잠재적 정보가 유실된다. 이런 이유 때문에 핵산 탐침을 이용하여 세포내 또는 염색체상에 있는 특정 핵산서열의 위치를 알아내는 방법들이 개발되었다. 이 방법을 정소부위 잡종화(*in situ* hybridization)라고 하며, 염색체에서 DNA서열을 탐지하거나 세포에서 RNA서열을 탐지하는데 이용된다. DNA 탐침에 형광염료나 방사성동위원소로 표지하고, DNA 두 가닥을 분리하기 위해 잠시 높은 pH에 노출시킨 전체 염색체들과 잡종화반응을 시킨다. 그러면 표지된 탐침과 결합하는 염색체 부위를 볼 수 있다. 또한 정소부위 잡종화를 이용하여 특정 RNA의 세포내 분포양상을 관찰할 수 있다.

이 기술은 특히 여러 배아세포에서 일어나는 유전자발현 양상의 변화를 쉽게 관찰할 수 있게 도와주므로 배 발생과정을 보다 잘 이해할 수 있게 해준다.

4. DNA 클로닝

DNA 클로닝(DNA cloning)이란 용어는 두 가지 뜻으로 사용된다. 하나는 한 DNA 분자와 똑같은 복제물을 다량으로 만드는 것을 뜻하며, 다른 하나는 특정한 DNA 단편(대개는 특정한 유전자)을 세포의 나머지 DNA로부터 분리하는 뜻으로도 사용된다. 이는 이 과정이 원하는 DNA의 복제물을 다량으로 생성하는데 도움을 주기 때문이다.

1) 재조합 DNA의 제조

두 개 또는 그 이상의 DNA 시료로부터 유래된 DNA 단편이 끼워져 공유결합적으로 연결된 DNA 분자를 **재조합 DNA**(recombinant DNA), 또는 **키메라 DNA**(chimeric DNA)라고 한다. 재조합DNA를 만들려면 DNA의 두 가닥을 자르고 붙여야 한다. 다른 재료로부터 얻은 DNA에서 서로 맞는 말단 서열을 얻기 위해서는 *제한효소*로 절단해야 하며, 말단서열이 맞으면 *DNA 연결효소*를 사용하여 봉합한다. 과학자들은 이 효소를 이용하여 어떤 두 DNA 단편이라도 연결할 수 있게 되었고, 따라서 재조합 DNA 공학에서 가장 중요한 도구 중 하나가 되었다.

(1) DNA의 절단과 연결

*제한효소*들은 DNA의 특정한 염기서열의 특정결합을 가수분해한다. 이 효소에 의하여 인지되는 염기서열(이 효소의 작용부위)은 한 가닥의 왼쪽에서 오른쪽으로 읽은 것과 상보적인 가닥의 오른쪽에서 왼쪽으로 읽은 것이 동일하다. 이런 서열을 **회문구조**(palindrome)라고 한다. *Eco*RI

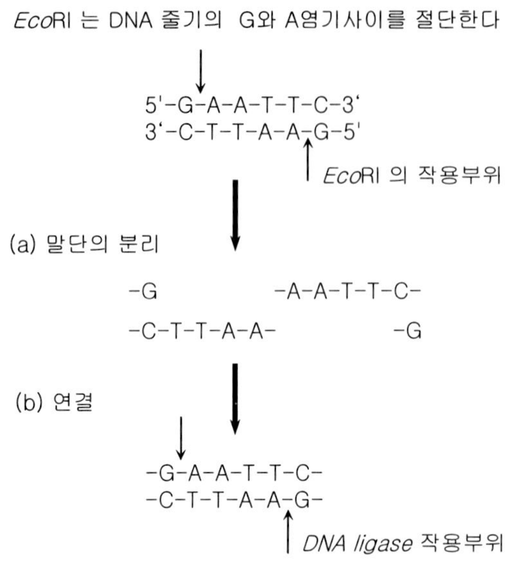

그림 13-4. *제한효소*에 의한 DNA의 가수분해와 *DNA ligase*에 의한 말단들의 재결합.

이라고 불리는 *제한효소*는 대장균(*E. coli*)으로부터 분리되었다. EcoRI가 DNA상에서 인지하는 부위는 5′-GAATTC-3′인데, 다른 가닥에서 보면 3′- CTTAAG-5′이다. DNA 양쪽 가닥의 G와 A사이에서 포스포디에스테르 결합이 가수분해된다. 반대 가닥들에 있는 두 절단 부위간에는 네 개의 누클레오타이드잔기(AA와 TT)가 있어 양쪽 가닥이 각각 **접착말단**(sticky end)으로 작용하여 서로 상보적 염기들 사이에 수소결합으로 결합될 수 있다. 수소결합에 의해 두 말단이 제자리에 위치하면 두 개의 절단된 곳은 *DNA 연결효소*에 의하여 다시 봉합된다(그림 13-4).

다른 재료의 DNA를 동일한 *제한효소*로 처리하면 동일하게 겹쳐지는 염기서열, 즉 접착말단을 얻을 수 있다. 두 가지 다른 DNA로부터 겹치는 염기서열끼리 서로 수소결합 할 수 있고, *DNA 연결효소*에 의하여 공유결합으로 연결될 수 있다. 최근에는 재결합될 DNA 말단들(특히 평활말단, blunt-end)에 합성된 상보적인 "연결자(linker)"들을 연결하는 기술이 개발되었다. 이 방법의 개발로 인하여 학자들은 자르고 붙이는 과정에서 DNA에 원래 존재하는 *제한효소* 부위에만 절대적으로 의존하지 않아도 되었다. DNA를 정해진 부위만 자르도록 하는 다른 방법들이 개발됨으로써 학자들이 *제한효소*를 이용하여 얻는 것보다 큰 DNA 단편을 얻을 수 있게 되었다.

세균 *제한효소*의 생물학적 역할은 세균세포 내로 들어오는 외래성 DNA를 분해하는 것이다. *제한효소*가 세포내에 존재한다면 세포 자신의 DNA에 대한 분해를 막아주는 것은 무엇인가? 세균의 DNA는 어떤 배열 내에 메틸화된 염기를 지닌다. 외래성 DNA도 메틸화된 염기를 가지고 있지만, 세균 DNA의 것과는 다른 배열부위에 메틸화된 염기를 가지고 있다. 따라서 외래성 DNA는 세균 *제한효소*에 의하여 분해되나 자신의 DNA 염기는 보호된다. 메틸화된 아데닌염기를 가진 DNA 배열을 예로 들면 그림 13-5와 같다.

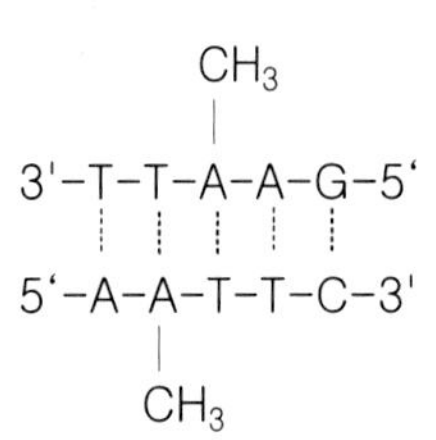

그림 13-5. Methyl화된 아데닌염기를 가진 DNA.

(2) 플라스미드를 이용하는 DNA 클로닝

재조합 DNA기법은 희귀한 단백질이나 단백질을 암호화하는 유전자 및 mRNA를 다량 생산하기 위하여 사용된다(그림 13-6). 가장 간단한 방법은 복제할 DNA를 분열속도가 빠른 세균에 주입하는 것이다. 세균은 자신의 DNA를 한번 복제할 때마다 도입된 외부 DNA도 복제한다. 외부 DNA를 세균세포안에 지속적으로 유지하기 위하여 세균 플라스미드(plasmid) 또는 바이러스 게놈을 운반체, 즉 **벡터**(vector)로 이용한다. **플라스미드**는 세균에서 스스로 복제되는 수천 누클레오타이드쌍으로 된 비교적 작은 두 가닥의 환상 DNA 분자이다. 플라스미드벡터는 세포 내에서 염색체와 독립적으로 복제되며 *제한효소*에 의한 절단지점도 가지고 있어 외부 DNA 단편(유전자)을 삽입시킬 수 있다. 플라스미드는 또한 항생제 내성과 같은 선택적 성질을 부여하는 유

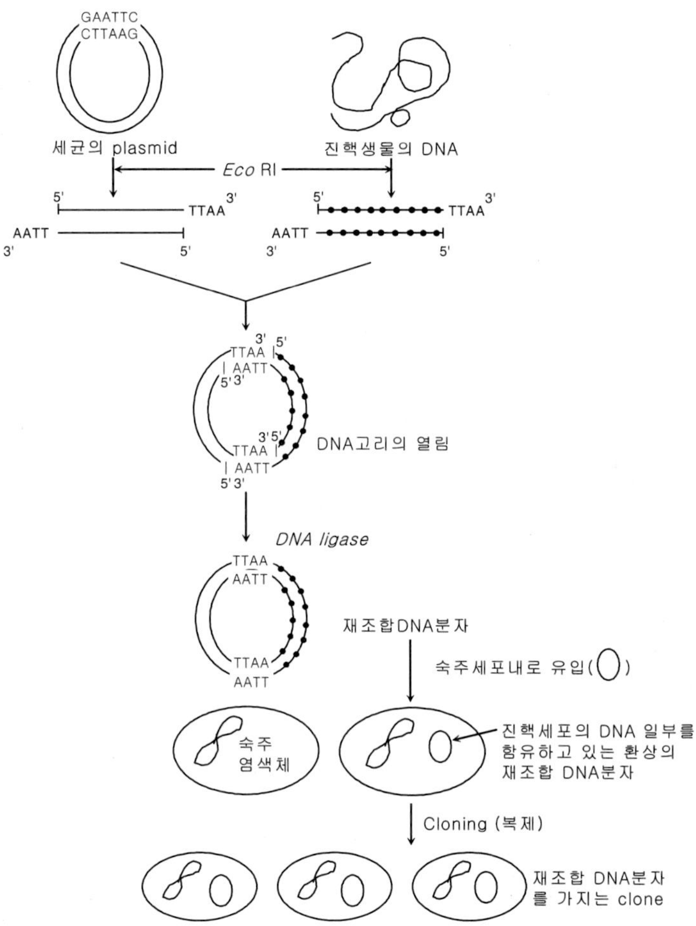

그림 13-6. Plasmid DNA 재조합 기술.

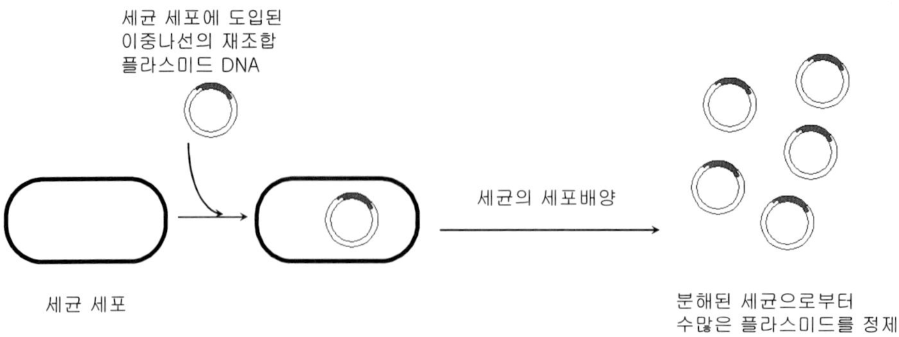

그림 13-7. 재조합 DNA의 cloning.

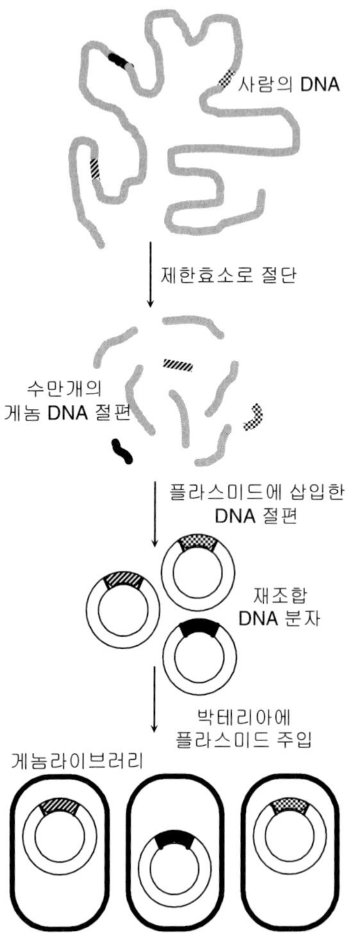

그림 13-8. 사람의 genome library 작성.

전자를 가지고 있어서, 재조합 플라스미드가 삽입된 세균을 선별할 수 있다.

클로닝하려는 DNA를 삽입하기 위해서는 정제된 플라스미드 DNA를 한 위치만 절단하는 *제한효소*에 노출시키고 클로닝할 DNA 단편이 *DNA 연결효소*에 의하여 공유결합으로 삽입되도록 한다(그림 13-6 참조). 재조합된 이 혼성 플라스미드(hybrid plasmid)는 형질전환을 통해 다시 균체(보통 대장균) 내로 삽입되어 연속적으로 증식될 것이다. 이 때 재조합 DNA에 삽입된 DNA는 공여유전자(donor gene)라고 하며, 공여유전자의 운반체(벡터)는 플라스미드 DNA로서 숙주세포 내로 삽입되어 공여유전자의 클로닝(cloning)이 이루어진다(그림 13-7). 동일 유전자(동일한 DNA 사본) 또는 동일세포를 증식시키는 이런 과정을 **클로닝**(cloning)이라고 한다.

클로닝된 이 DNA 단편들은 적절한 *제한효소*를 사용하여 플라스미드 DNA를 절단한 후 전기영동법으로 분리하여 회수될 수 있다. 이와 같이 제한효소의 도움으로 원하는 유전자를 가진 공여 DNA 단편들이 세균에 의하여 생산되고, 절개되어 수확될 수 있다.

2) 인간 유전자의 클로닝

인간게놈의 3×10^9 염기쌍을 모두 다루는 것은 매우

혈액응고인자 VIII 단백질 일부의 아미노산 서열

— Met — Gln — Lys — Phe — Asn —

— ATG CAA(G) AAA(G) TTT(C) AAT(C)—

상응하는 oligonucleotide probe

그림 13-9. 단백질의 아미노산 서열을 이용하여 만든 DNA 탐침.

어렵다. 인간 유전자 클로닝의 첫 번째 과정은 전체 게놈 DNA를 기계적으로 절단하거나 *제한효소*로 처리하여 DNA 단편들로 분할한 다음 각각의 단편을 앞에서 말한 방법으로 클로닝한다. 이렇게 얻어진 DNA 단편 복제물의 집합을 **DNA라이브러리**(DNA library)라고 부른다. 이 경우 DNA 단편들은 염색체 DNA로부터 직접 유래된 것이므로「게놈 라이브러리」라고도 한다. 많은 종류의 생물체에 대한 게놈 라이브러리가 만들어져 있으며 연구자들은 이들을 자유로이 이용할 수 있다.

인간 게놈 라이브러리를 만드는 일반적 방법 중 한 가지가 그림 13-8에 요약되어 있다. 인간 DNA를 먼저 *제한효소*로 절단하여 수백만 종의 다른 DNA 단편들을 만든다. 이 DNA 단편들의 혼합물은 각 플라스미드 분자마다 한 개의 DNA 단편이 들어가는 조건에서 플라스미드벡터로 삽입된다. 이 재조합 플라스미드들은 각 세균세포에 한개의 플라스미드만 받아들여질 수 있는 농도비율로 형질전환이 용이한 상태의 대장균세포와 혼합한다. 여기서 생겨난 세균의 군집은 게놈 라이브러리를 의미한다. 이 때 세균세포에서 생겨난 군집을 배양접시에서 분리한다면, 각

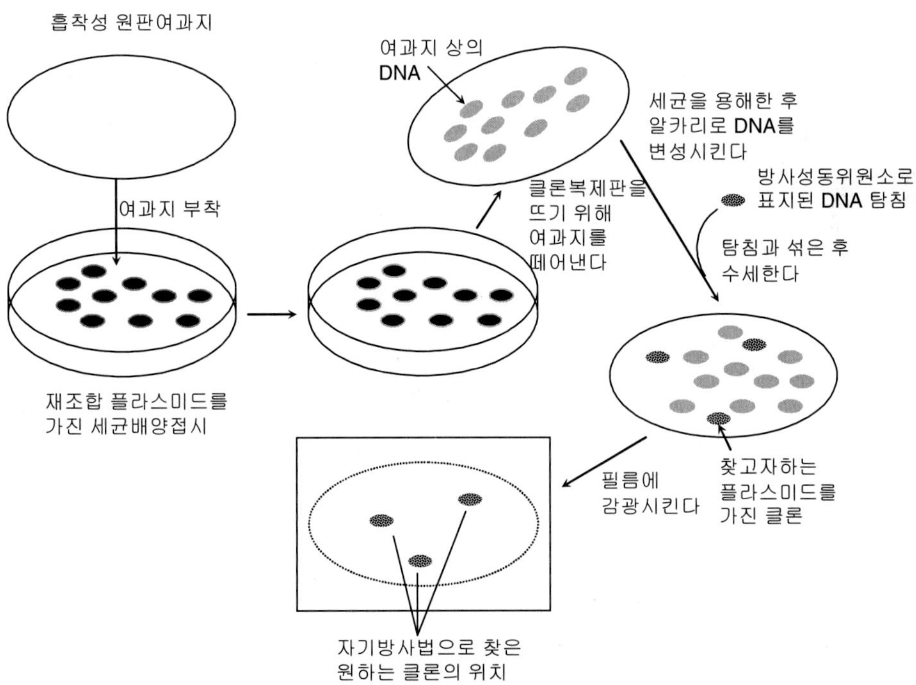

그림 13-10. 특정 DNA clone을 가지고 있는 세균의 집락을 확인하는 방법.

각의 세균군은 한 특정 인간 DNA 단편을 지닌 클론을 나타내게 된다. 따라서 이러한 라이브러리의 수백만개의 집락은 인간 게놈 전부를 포함한다.

그러면 방대한 DNA 라이브러리 안에서 특정한 DNA 단편(특정 유전자)을 어떻게 찾아낼 수 있을까? 이것은 이 장의 앞부분에서 설명한 DNA 탐침을 이용하는 것이다. DNA 탐침은 정제된 단백질의 아미노산 서열들을 암호화하는 DNA 서열들이 유추될 수 있고(그림 13-9), 적절한 DNA 탐침이 화학합성에 의해 만들어질 수 있다. 이 탐침을 사용하는 잡종화실험을 통해서 이 탐침에 상보적인 인간 DNA를 가진 소수의 세균 클론들을 확인할 수 있다(그림 13-10).

DNA 공학을 응용할 때 한 유전자의 암호와 서열만을 지닌 클론, 즉 인트론 DNA가 없는 클

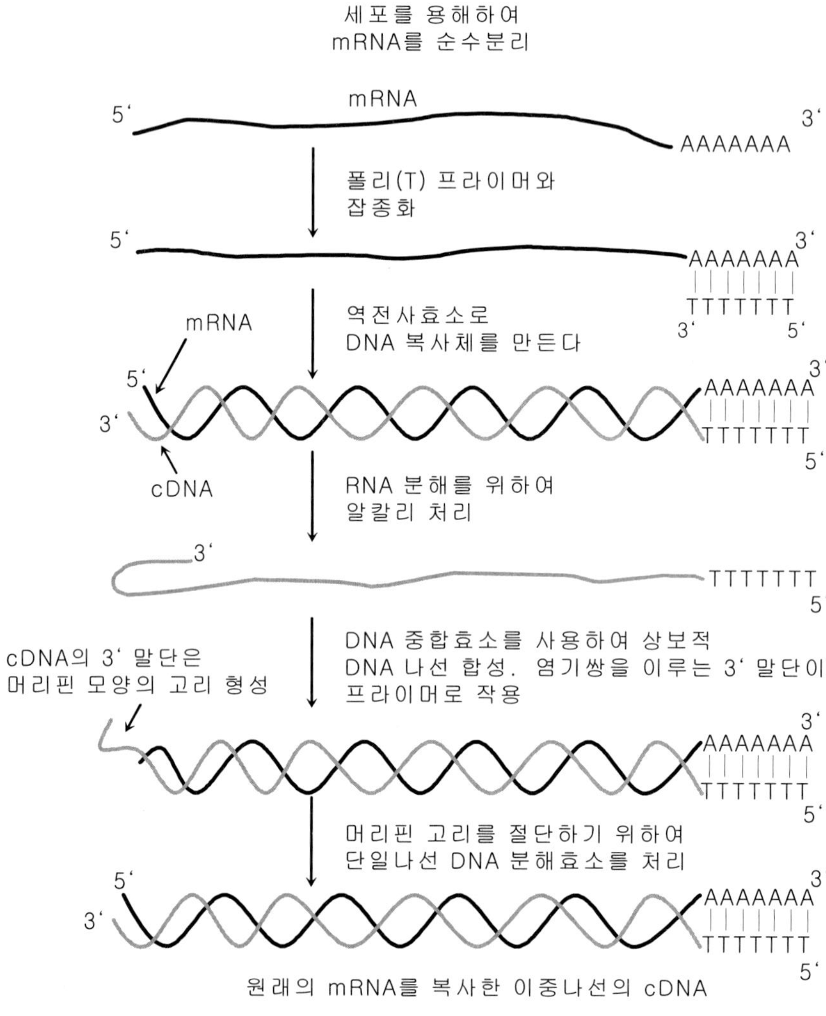

그림 13-11. cDNA 합성.

론을 가지는 것이 유리하다. 인트론과 엑손을 포함한 온전한 게놈클론은 너무 크고 다루기 어려우며, 더욱이 유전자 누클레오타이드 서열로부터 해당 단백질의 아미노산 서열을 알고자 한다면, 게놈 라이브러리의 대부분은 인트론을 포함하기 때문에 게놈 라이브러리에서 염기서열을 결정하는 것은 매우 비효율적이다. 따라서 인트론이 모두 제거된 유전자를 분리하는 것이 중요하며 이 목적을 위하여 상보적 DNA[complementary DNA(cDNA)] 라이브러리가 이용된다.

3) mRNA로부터 cDNA 라이브러리 제조

cDNA 라이브러리를 이루는 DNA는 게놈 DNA가 아니고 특정 조직이나 배양세포에서 추출한 mRNA로부터 합성된 DNA이다. cDNA 라이브러리를 제조하기 위해서는 목표 세포로부터 추출한전체 mRNA를 주형으로 *역전사효소(reverse transcriptase, RNA-dependent DNA polymerase)*를 사용하여 cDNA를 만든다(그림 13-11).

제조한 cDNA를 앞에서 설명한 게놈단편의 클로닝과 같은 방법으로 플라스미드벡터에 삽입하여 cDNA 라이브러리를 만든다. cDNA 라이브러리를 이용하여 특정 유전자의 완전한 암호화서열(인트론을 제거한)을 분리해낼 수 있으며 이 과정에서 해당 게놈 DNA의 일부를 탐침으로 사용한다.

현재 cDNA 클론의 큰 장점은 직접적으로 단백질을 암호화하는 서열을 가짐으로써 DNA로부터 단백질을 구성하는 아미노산 서열을 알아내거나 클론된 유전자를 세균이나 효모세포에 발현시켜 단백질을 대량 생산할 수 있다는 것이다.

4) 중합효소 연쇄반응

DNA 라이브러리를 통한 클로닝이 유전자 분리를 위한 주요 방법이긴 하지만 최근에는 미량의 시료를 사용하는 **중합효소 연쇄반응**(polymerase chain reaction, PCR)이 세포를 사용할 필요없이 전적으로 시험관에서 수행될 수 있으며 저렴하고 빠르기 때문에 클로닝과 DNA 공학의

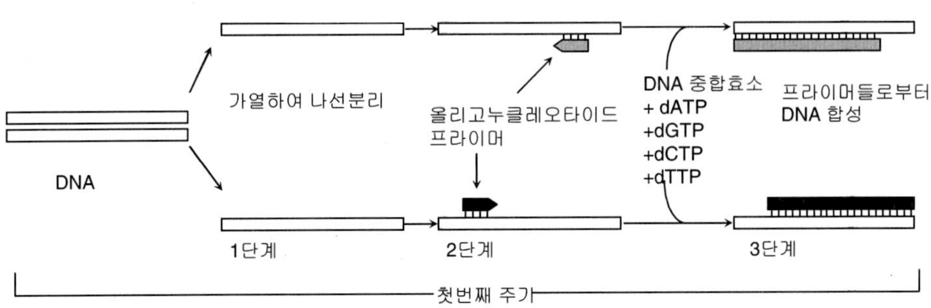

그림 13-12. 중합효소 연쇄반응.

응용에 많이 이용되고 있다. 이 기술을 이용하여 주어진 누클레오타이드 서열을 포함하는 어떤 DNA도 선택적으로 빠르게 대량 복제될 수 있기 때문에 질병 유전자를 진단하거나 소량의 DNA로부터 필요한 유전자를 대량 합성하는데 사용된다. 시료 속에 있는 다른 나머지 DNA를 제거할 필요가 없으며 원하는 DNA의 양쪽 가닥을 모두 복사한다.

이 과정의 초기단계에서 DNA의 두 가닥은 열에 의해 풀어지고, 충분한 양의 짧은 올리고누클레오타이드 단편을 첨가한 후 냉각시켜 원하는 DNA에 다시 결합시킨다. 이 짧은 올리고누클레오타이드 단편은 증폭시킬 DNA 끝부분에 상보적으로 결합하여 시발물질(primer)로 작용하여

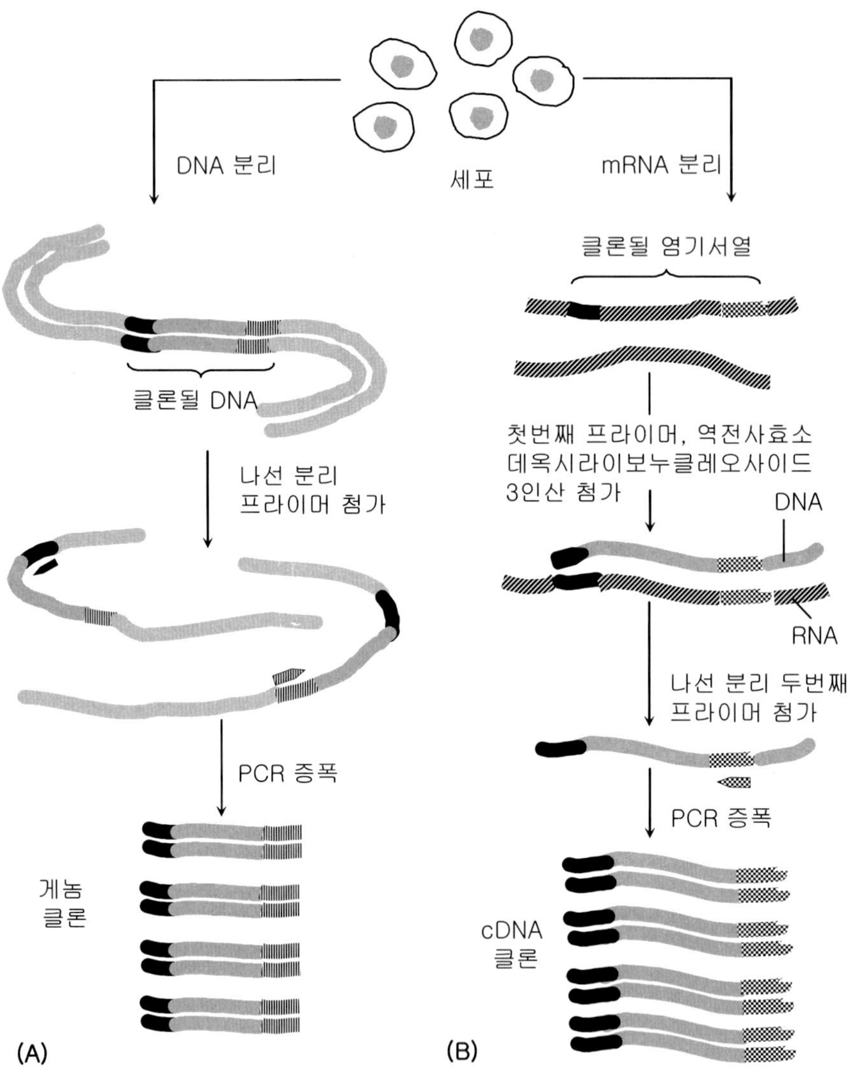

그림 13-13. 게놈 혹은 cDNA 클론을 얻기 위한 PCR의 사용.

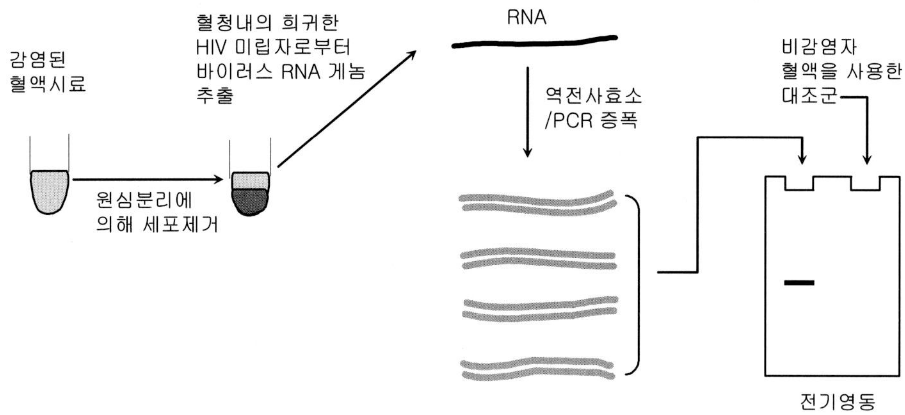

그림 13-14. PCR에 의한 혈액바이러스 게놈의 검색.

*DNA 중합효소*와 합성에 필요한 다른 인자들의 존재하에 상보적 가닥 전부를 합성한다. 두 상보적 가닥은 5′-말단에서 3′-말단 방향으로 합성된다(그림 13-12). 1차주기에 원하는 DNA의 양은 두배가 된다. 이와 같은 방법으로 상보적 가닥의 복사가 반복되면서 선택된 이중 가닥 DNA가 다시 두 배가 된다. 시발물질은 충분히 있으므로 추가적으로 더 넣을 필요가 없으며, *DNA 중합효소*도 추가할 필요가 없다. 열에 안정한 *Thermus aquaticus*로부터 유래한 중합효소는 증폭하는 과정에서도 활성을 유지한다. 두 가닥을 풀어줄 때의 온도조절과 열을 가할 때나 시발제를 붙여주는 시간 등은 매우 중요한 요소이다. 이 모든 과정은 자동화되어 있다.

계속 이어지는 주기마다 DNA의 양이 두 배로 증폭된다. 약 한 시간 후에는 25~40주기의 복제가 일어나고, 길이가 수백에서 수천 염기쌍의 원하는 DNA 단편을 수 백만에서 수 억개 얻을 수 있다. 다른 DNA 염기서열은 증폭되지 않을 뿐 아니라 증폭반응을 방해하지 않으며 증폭 DNA를 이용하는 다음 과정을 저해하지도 않는다.

중합효소 연쇄반응(PCR)은 특히 다음과 같은 세 분야에서 특별히 유용하게 응용된다.

- 세포로부터 한 특정 DNA 단편을 직접 클로닝하는데 사용된다. PCR에 사용되는 원래의 주형은 DNA 혹은 RNA 어느 것이나 사용될 수 있으며, 게놈 DNA나 cDNA 어느 것이든 복제될 수 있다(그림13-13).
- 바이러스 감염의 초기 식별에 사용된다. 이 때 바이러스 게놈에 상보적인 짧은 서열이 시발물질로 사용되며, 여러 번의 증폭 후에는 혈액 시료 안에 있는 바이러스 게놈의 단일 누클레오타이드 서열이라도 그 존재 유무를 확인할 수 있다(그림 13-14).
- 법의학에 응용될 수 있다. 아주 적은 시료(한 개의 세포를 함유한 소량의 혈액이나 조직)로 분석이 가능하며, 아주 미량의 고대 DNA도 증폭 후 연구될 수 있다.

5. 유전공학

최근까지 생물체의 유전적 변이는 오직 돌연변이로부터 발생하는 것으로 알았다. 과학자들은 자발적으로 일어나는 돌연변이나 또는 방사선물질과 발암성 화합물 등 돌연변이원에 노출시켜 얻은 돌연변이의 이점을 이용하였다. 그리고 선택적 육종에 의해 원하는 돌연변이체의 숫자를 증가시키기도 하였다. 그러나 필요한 유전자를 얻기 위하여 주문 제작하듯이 유전자를 변화시킬 수는 없었다.

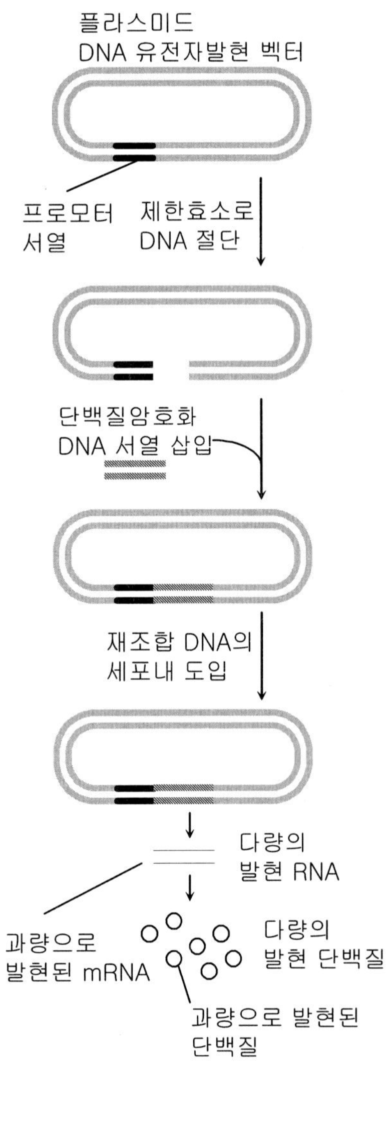

그림 13-16. 유전자발현벡터에 클로닝된 DNA로부터 단백질의 대량 생산.

그러나 DNA 기술이 개발된 후 특정 유전자는 물론 그 유전자 내의 염기서열까지도 바꿀 수가 있어, 생물체의 유전적 형질을 바꾸게 되었다. 이러한 유전공학(genetic engineering)기술의 발달에 따라 의학적으로나 경제적으로 중요한 단백질을 많이 생산하도록 세균을 변이시킬 수 있게 되었다. 동물들의 경우 그들을 치료하거나 또는 그들의 유전질병을 완화시킬 수도 있으며, 식물의 경우 농업적으로 중요한 작물의 생산을 높일 수도 있고 해충에 대한 저항력을 높여 줄 수도 있다.

1) 새로운 DNA 분자의 제조

DNA 라이브러리를 만들기 위한 두 개의 분자 중 하나는 세균 플라스미드 혹은 바이러스로부터 유래한 벡터이고, 또 다른 하나는 염색체의 한 단편 혹은 cDNA 분자이다. 그러한 재조합DNA 분자는 다시 첨가한 DNA의 삽입과 클로닝을 위한 벡터로 사용될 수 있으며, 이 과정의 반복으로 클론된 DNA는 자연상태의 어떤 DNA와도 다른 모습이 될 수 있다(그림 13-15).

이 새로운 DNA는 자연상태의 DNA 서열을 조합하여 만들 수도 있고, 화학적으로 합성된 DNA 서열을 이용하여 만들 수도 있다. DNA 클로닝을 반복함으로써 합성된 DNA와 자연적인 DNA는 여러 조합으로 연결되어 원하는 서열을 가진 더 긴 DNA 분자를 제조할 수 있다. 이러한 기술을 이용하여 희귀한 세포내 단백질을 대량 생산할 수 있다.

2) 세포에 의한 단백질 생산

진핵세포는 기능상 매우 중요한 단백질 외에도 수 천종의 미량 단백질들을 가지고 있다. 그러므로 이 단백질들을 연구에 사용할 만큼 충분한 양으로 순수하게 분리하는 것은 극히 어렵다. 그러나 DNA 클로닝과 유전공학을 이용하여 희귀한 어떤 단백질도 대량으로 생산하는 것이 가능하게 되었다.

이것은 유전자발현벡터(expression vector)라고 불리는 특별히 설계된 벡터를 사용하여 수행된

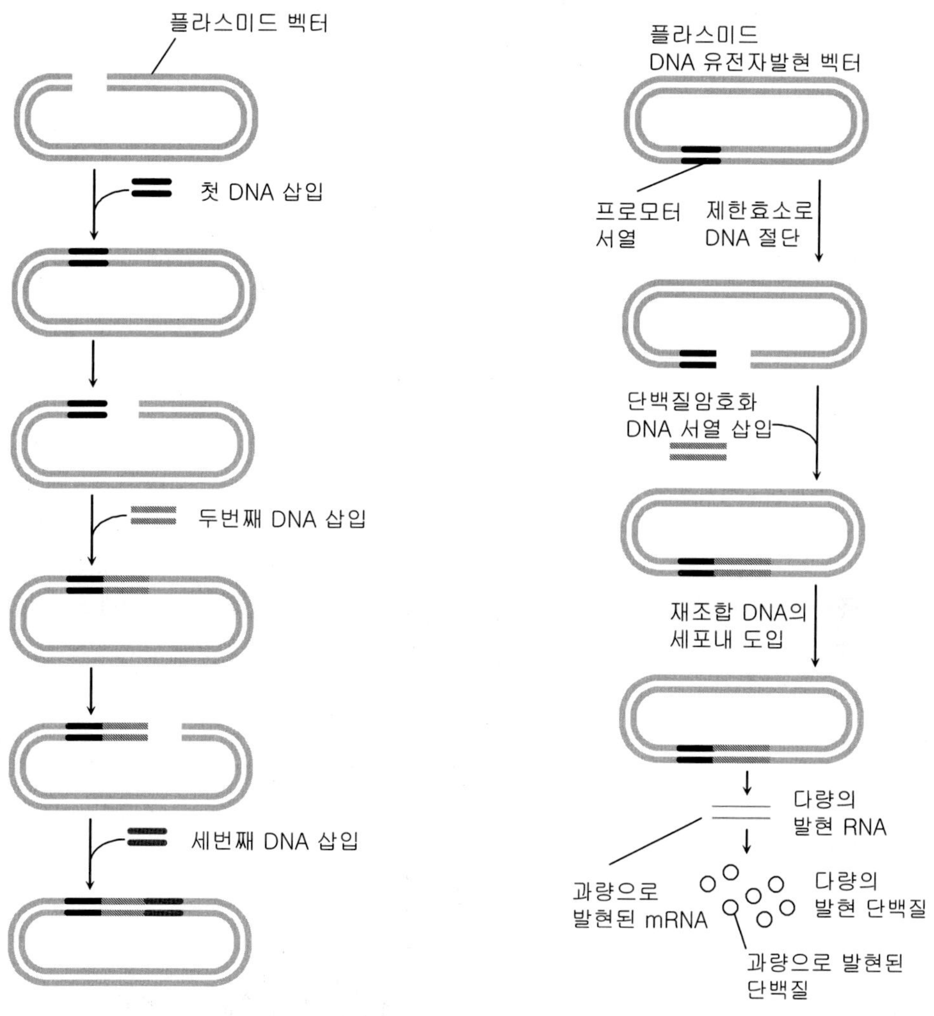

그림 13-15. DNA 단편의 연결에 사용되는 연속적 DNA 클로닝. 재조합 DNA분자는 제한효소로 절단하여 다른 단편의 클로닝벡터로 사용된다.

다. 이들 벡터는 앞서 설명한 클로닝벡터와는 다르게 적절한 유전자조절 DNA서열과 촉진 DNA서열도 가지고 있어서 세포내에서 단백질을 암호화하는 DNA 삽입물을 효과적으로 전사시킬 수 있다. 이들 벡터로부터 대량 합성된 mRNA는 세포내에서 단백질로 번역된다(그림 13-16).

여러 다른 종류의 유전자발현벡터가 세균, 효모, 곤충, 혹은 포유동물 세포에서 사용하기 위해 개발되었는데, 각 벡터는 각 세포에서 전사와 번역에 필요한 조절 염기서열을 가지고 있다. 유전자발현벡터는 세포분열의 한 주기마다 복제되므로 세포배양을 통해 원하는 단백질을 대량으로 합성할 수 있다. 유전자발현벡터에 의해 암호화되는 단백질은 일반적으로 세포내에서 생산되므로 세포를 용해한 후 크로마토그래피를 이용하여 숙주세포의 단백질로부터 순수 분리하여야 한다. 그러나 이 단백질은 세포용해물에 과량으로 존재하므로(종종 전체 세포단백질의 1~10%를 차지한다) 몇 단계 분리과정만으로 쉽게 순수 분리할 수 있다.

이러한 기술은 의학적으로 유용한 많은 종류의 단백질을 대량 생산하는데 이용되고 있다. 예를 들면, 혈액 응고인자VIII 단백질, 인슐린이나 성장 호르몬, 백신에 사용되는 바이러스 내피 단백질과 같은 유용한 단백질들이 이러한 방법으로 생산되고 있다.

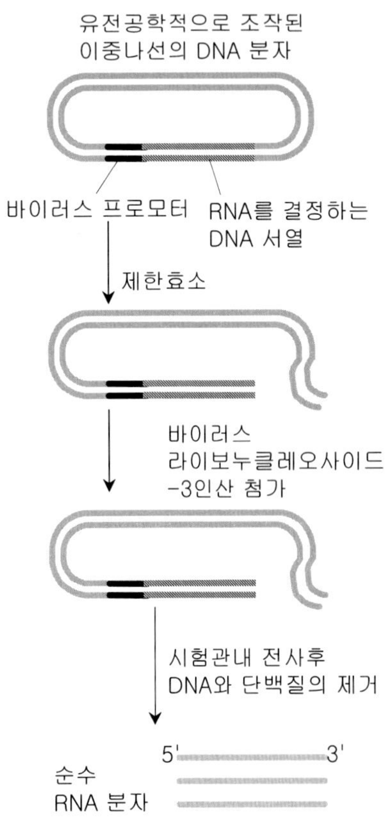

그림 13-17. 바이러스 *RNA 중합효소*를 이용한 시험관내 RNA분자의 생산.

3) RNA의 시험관내 생산

앞 부분에서 재조합 DNA 공학을 이용하여 희귀한 단백질도 대량생산할 수 있음을 알았다. 그런데 많은 세포생물학적 연구를 위해서는 순수분리된 RNA분자도 필요하다. 예를 들면, RNA스플라이싱(RNA splicing: 인트론의 절제와 결합으로 mRNA를 만드는 생체반응), 단백질 합성, RNA 관련효소 등의 연구는 순수한 RNA를 이용할 수 있다면 아주 편리하다. 대부분의 RNA는 매우 적은 양으로 존재하며, 수없이 많은 다른 RNA들로부터 순수하게 분리해 내는 것은 아주 어려운 일이다. 그러나 DNA 공학을 이용하여 원하는 RNA 유전자가 한번 분리되기만 하면 어떤 RNA 분자든지 대량으로 생산할 수 있다. 가장 효과적인 방법은 다른 RNA 분자가 존재하지 않는 상태에서 특정 RNA를 시험관에서 합성하는 것이다(그림 13-17).

4) 돌연변이체를 이용한 유전자 기능 연구

단지 게놈의 누클레오타이드의 서열이나 그 단백

질의 구조가 밝혀졌더라도 단백질의 기능파악은 별도의 문제이다. 그러나 유전공학은 이 문제에 대한 강력한 해결책을 제공한다. 특정 단백질이 결핍된 돌연변이체는 그 단백질의 기능이 무엇인지를 확실히 밝힐 수 있다. 더욱 유용한 것은 극히 제한된 범위의 온도에서만 기능을 갖는 비정상적 단백질을 생산하는 돌연변이체를 만드는 것이다. 이런 돌연변이체는 단순한 온도변화를 통해 단백질의 기능을 조절할 수 있다. 유전자 클로닝이 개발되기 전에는 돌연변이에 의해 저해되는 세포학적 혹은 생리학적 과정을 추적함으로써 유전자의 기능을 알아내었다. 유전학적 접근방법은 번식속도가 빠르고 실험실에서 쉽게 돌연변이를 유도할 수 있는 세균, 효모, 선형동물,

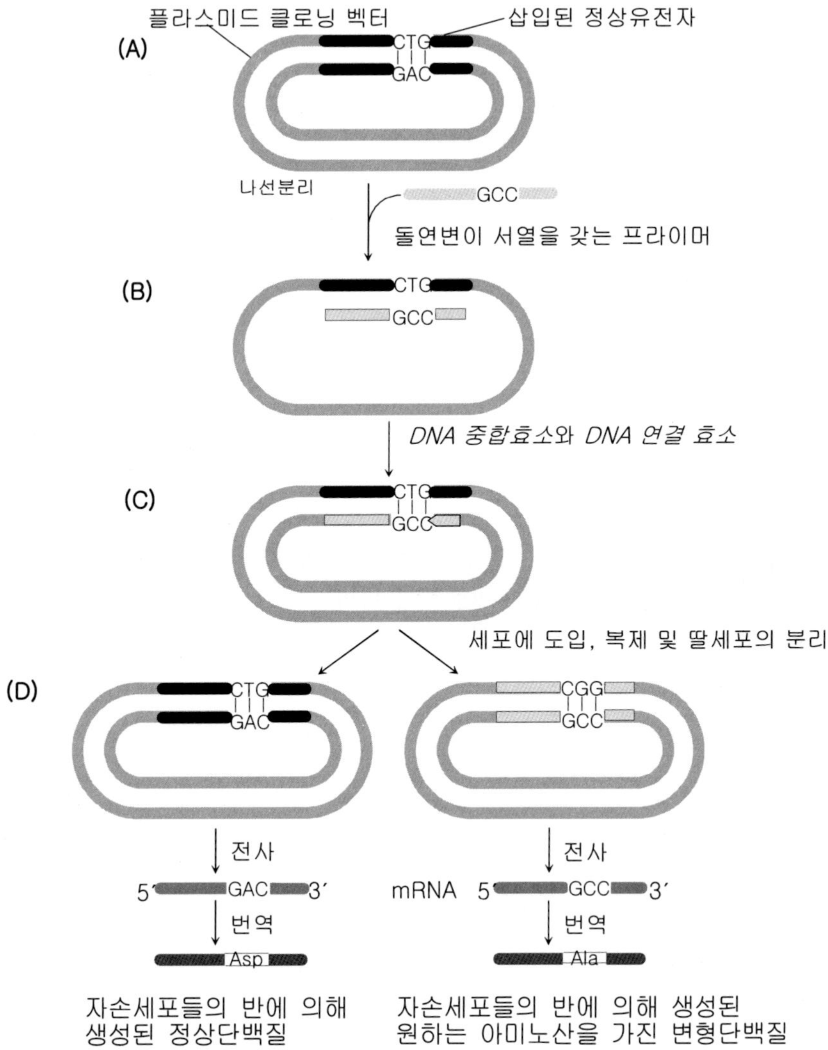

그림 13-18. 부위지정 돌연변이를 이용한 합성 누클레오타이드의 이용.

초파리 등의 생물체에 가장 쉽게 적용된다.

재조합 DNA 공학은 무작위적으로 생성된 돌연변이체를 이용하여 해당 유전자와 단백질의 정체를 밝히는 작업 대신에, 시험관내에서 클론된 유전자의 돌연변이를 유발시킨 후 변형된 유전자를 최초의 생물체에 재 도입시켜 생성한 돌연변이체를 분석함으로써 그 생물체 내에서 그 유전자의 기능을 밝힐 수 있다. 클론된 유전자의 암호와 서열을 바꾸어 단백질생성물의 기능적 특성을 바꾸거나 제거할 수도 있다. 한편으로, 유전자의 조절부위를 변화시켜 단백질생성량을 변화시키거나 그 유전자가 정상과 다른 세포유형 또는 다른 시기의 발생단계에서 발현되도록 할 수 있다.

시험관에서 DNA공학을 이용하여 정확한 돌연변이 생성이 가능하며, 유전자들이 매우 정교한 방법으로 변형될 수 있다. 예를 들면, 한 유전자에 의해 암호화되는 단백질에서 하나 또는 몇 개의 아미노산을 치환함으로써 그 성질을 바꾸는 작업이 종종 필요하다. 이러한 실험은 부위지정돌연변이(site-directed mutagenesis)를 이용하여 수행한다(그림 13-18).

이런 방법으로 특정 아미노산을 바꾸어 폴리펩티드사슬의 어느 부분이 단백질 접힘, 단백질 리간드 상호작용, 효소촉매작용 등과 같은 기본적 과정에 필수적인지를 알아낼 수 있다.

5) 유전자 치료

유전공학의 대상이 되는 생물체가 동물이라면 그것은 여러 종류의 조직으로 구성된 다세포 생물이라는 것을 염두에 두어야 한다. 세균에서 한 세포의 유전적 구성의 변화는 단세포 생물체 내 전부의 변화를 의미한다. 그러나 다세포 생물에서는 한 종류의 분화세포를 가지는 특정된 조직에서만 유전자가 변화된다는 것이다. 다시 말하면 변화된 신체조직에만 영향을 주는 체세포(somatic cell)의 변화가 있는 반면에 생식세포(germ-line)의 변화는 다음 세대에 전달된다. 만약 이 생식세포가 변화되려면, 생식세포가 생물체의 나머지 세포와 격리되기 전인 발달 초기단계에 변화가 일어나야 한다.

어떤 단백질의 결실로 인한 유전병은 그 단백질에 해당하는 유전자를 체세포에 도입하여 치료될 수 있다. 퓨린을 분해하는 *adenosine deaminase*와 관련된 일종의 유전자치료가 현재 임상시

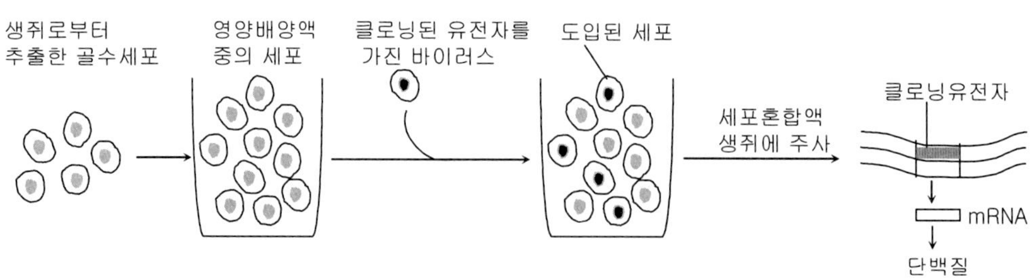

그림 13-19. 골수세포를 이용한 유전자 치료법. 결실된 단백질에 해당하는 클로닝된 유전자를 마우스의 골수세포에 주입하여 그 단백질이 생산되게 한다.

험 단계이다. 만약 이 효소가 없다면 세포내 dATP량이 증가해서 *라이보누클레오타이드 환원효소*(*ribonucleotide reductase*)를 저해한다. 결과적으로 다른 세 개의 데옥시라이보누클레오타이드 트리포스페이트(dNTP)가 부족하게 된다. 이 과량의 dATP나 결핍된 세개의 dNTP는 모두 DNA 합성의 전구체이다. 이 불균형은 특히 면역반응과 관련이 있는 림프세포에서의 DNA합성에 영향을 미친다. *Adenosine deaminase*가 부족한 동형접합체인 사람은 중증복합면역결핍증(severe combined immune deficiency, SCID)을 일으킨다. 이 병을 가진 개체들의 매우 타협적인 면역체계 때문에 쉽게 외부의 균에 감염된다. 이 유전자치료의 계획에 의하면 유전자결실 생물체로부터 골수세포를 분리하여 *adenosine deaminase* 유전자를 바이러스운반체를 사용해 그 안에 집어넣는다. 그리고는 다시 그 세포를 신체의 골수조직으로 도입하여 원하는 효소를 생산하도록 하는 것이다. 이 과정은 마우스에서 실현되었다(그림13-19). 이전의 임상적 시도는 성숙한 T세포의 유전자 수선에 초점이 맞추어졌다. 건강한 세포들을 수혈로 수혜자에게 넣어준다. 이 방법으로 상태를 많이 호전 시켰으며, T세포 이외에 골수세포를 이용하는 일은 이 다음 단계이다.

6) 형질전환동물

생식세포의 변경은 연구를 위하여 마우스나 작물을 유전적으로 변화시키거나, 생산량을 증가시킬 목적으로 가축과 같은 생물체를 대상으로 이루어졌다. 유전공학 기법에 의해 다음 세대로 전달되는 새로운 유전자가 도입된 생물체나 게놈 재조합 DNA기술을 이용하여 변형된 생명체를 **형질전환생물**(transgenic organisms)이라고 하며, 이때 도입되는 유전자를 **형질전환유전자**(transgene) 라고 한다. 마우스같은 포유류에서는 수정난 세포의 핵내로 유전자를 도입하기 위해 DNA의 미량주사법을 이용한다. 주입된 DNA는 게놈에 삽입되며, 이렇게 처리된 수정난세포는 이식할 모체내에 주입된다. 출산 후 신생 마우스의 꼬리에서 DNA 시료를 얻어 도입 DNA의 존재여부를 조사한다. 앞에서 기술한대로 추출한 DNA를 *제한효소*로 자르고 전기영동한 후 블라팅(blotting)을 행한다. 새 유전자가 들어간 동물에서 얻은 DNA 시료는 그 유전자에 해당하는 탐침을 이용해 그 유전자의 삽입을 확인할 수 있다. 만약 탐침이 DNA의 어떤 부위에도 붙지 않는다면 그 동물에 새 유전자가 삽입되지 않았다는 증거이다.

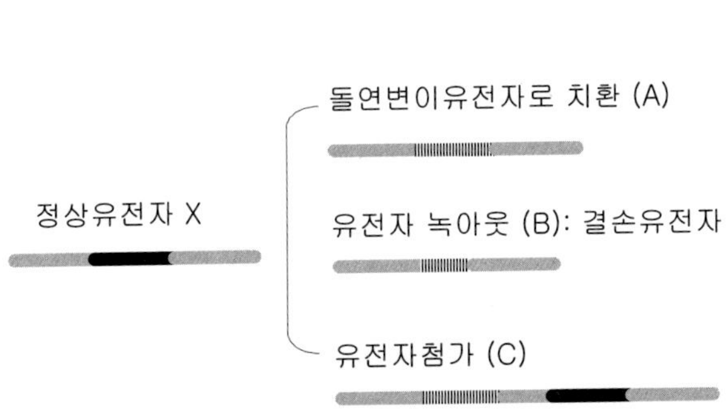

그림 13-20. 유전자 치환, 유전자 녹아웃 및 유전자 첨가.

사람에서 돌연변이를 유발시킨 유전자의 기능을 연구하기 위해서는 정상유전자를 변이유전자로 치환하여 정상 단백질이 없는 상태에서 돌연변이 단백질의 기능을 분석하는 것이 이상적이다. 이러한 유전자치환(그림 13-20A)은 세균이나 효모같은 단순한 반수체 생물에서, 외부에서 도입된 돌연변이 DNA와 염색체 DNA 사이의 상동재조합에 의하여 매우 쉽게 수행될 수 있다. 관심있는 유전자에 결손이 유도된 DNA를 외부에서 도입하여 상동재조합시키면 정상유전자에 큰 결손과 동시에 완전히 불활성화될 수 있는데 이를 녹아웃(knockout)이라 한다(그림 13-20B). 또 다른 가능성은 돌연변이 유전자를 그 과정에서 정상 유전자에 조금도 영향을 주지 않고 게놈에 첨가하는 것이다(그림 13-20C).

마우스와 같이 크고 복잡한 게놈을 가진 이배체에서 유전자 치환을 수행하는 것은 가능하지만 매우 어렵다. 만약 변형된 유전자를 배아의 한 부분을 이루는 세포에 넣을 수 있다면, 이러한 형질전환 생물은 변형된 유전자를 그들 게놈의 영구적인 부분으로 최소한 몇 대 자손에게 전할 수 있을 것이다. 불법적이지만 기술적으로는 사람의 배아도 질병치료를 목적으로 변형할 수 있는데, 그 개체에 예기치 못한 비정상화가 일어날 위험이 따른다. 그런데 동물세포의 유전자결함을 교정하기 위하여 체세포 유전자치료와 같은 유사한 기술들이 개발되고 있다. 예를 들어, 어떤 유전병은 유전적으로 교정된 체세포를 그 질병에 가장 영향을 많이 받는 조직에 넣어줌으로써 완화시킬 수 있다. 그러나 이러한 체세포 변형은 후손에 전해질 수 없는 단점이 있으므로 완전한 치료법은 될 수 없다.

만약 정상 유전자를 결손 유전자 또는 불활성화된 유전자로 치환한다면(그림 13-20B), 형질전환기술은 어떤 유전자가 완전히 제거된 복잡한 생물체를 만드는 것을 가능하게 한다. 예를 들면, 녹아웃 마우스, 즉 특정한 유전자가 영구적으로 불활성화된 마우스가 만들어진다. 발생에 관여하는 유전자들을 녹아웃시킨 마우스로 연구한 결과, 이들 유전자가 포유동물의 발생과정에서 정확히 어떤 기능을 갖는지를 밝히는데 상당한 진전을 가져왔다.

제 3부

신진대사

제14장 신진대사의 개론

1. 신진대사의 정의와 개론

생체는 비평형의 안정상태를 유지하기 위하여 음식, 물 및 산소의 계속적인 공급이 필요하며, 식후에는 대사산물을 저장하고, 식간에는 이들 저장물질들을 분배하거나 소화되지 않은 물질과 대사 노폐물들을 제거한다. 영양소의 소화산물을 글리코겐, 지방 및 단백질로 저장하기 위해서는 에너지를 사용하는 동화과정을 거쳐야 한다. 한편, 지방, 탄수화물 및 단백질의 연소는 에너지를 발생시키는 이화과정이다. 이러한 동화반응(anabolism)과 이화반응(catabolism)을 합쳐서 신진대사(metabolism)라고 한다. 분리된 계(isolated system)로 생각할 때 동화과정에 필요한 에너지를 공급하기 위하여 에너지를 생산하는 이화과정을 수반하며, 이 때 부가적으로 열 형태의 에너지를 유리시킨다. 전체적으로 볼 때 자연상태에서 이루어지는 모든 과정은 유리 에너지를 상실하는 방향으로 진행된다.

생체 구성물질의 항상성 조절은 모든 장기와 조직의 대사에 의하여, 그리고 이들 대사들에 대한 신경과 내분비 조절계의 협조에 의하여 이루어진다. 조절기전은 모든 수준에서 구조적 완전성을 위하여 작동한다. 즉, 신경내분비계에 의한 유기적인 조절, 호흡과 신장기능처럼 어느 정도 자율적인 장기에 의한 조절(organ control), 세포 표면현상, 수용체 및 2차전령과 같은 세포수준에 의한 조절 및 사이토스켈레톤의 기능과 조절효소에 대한 알로스테릭조절과 같은 아세포소기관들과 세포질에서의 조절 등에 의하여 통합적으로 이루어진다. 그러므로 대사과정을 잘 이해하기 위해서는 생체의 전체적인 관계를 우선적으로 고려하여야 한다.

주요 조직들에 존재하는 물질들(그림 14-1)은 생체 내에서 무슨 기능을 가지는가? 왜 그러한 과정이 필요한가? 어디서 일어나서 전 생체에 어떤 영향을 주는가? 등을 생각하게 되며 이에 대한 대답으로서 확인된 과정들의 관계를 이해하고 그 과정들이 어떻게 반응하며 필요한 효소와 조인자들은 무엇인지 등을 조사하게 된다. 척추동물 생화학은 동물의 생리와 화학의 연결학문으로 대사과정들이 어떻게 조절되며 대사장애를 알 수 있는 방법은 무엇인가? 그리고 치료법은 무엇인가? 등의 질문에 답할 수 있는 능력을 갖도록 하는 것이다.

어떤 생리적 조건에서 그림 14-1에 표시된 성분들에 대하여 세 가지 전제조건을 확실히 할 필요가 있다.

① **동물종**: 동물종에 따라 대사에 큰 차이가 있으므로 대상동물을 확실히 하여야 한다.

② **세포형**: 모든 대사경로가 각각의 세포에서 동일하지 않으며 따라서 어떤 세포에 해당되는지 확실히 하여야 한다.

③ **음식물 섭취시간**: 대사와 관련하여 논의할 때 다음 세 가지 상황을 확실히 하여야 한다.

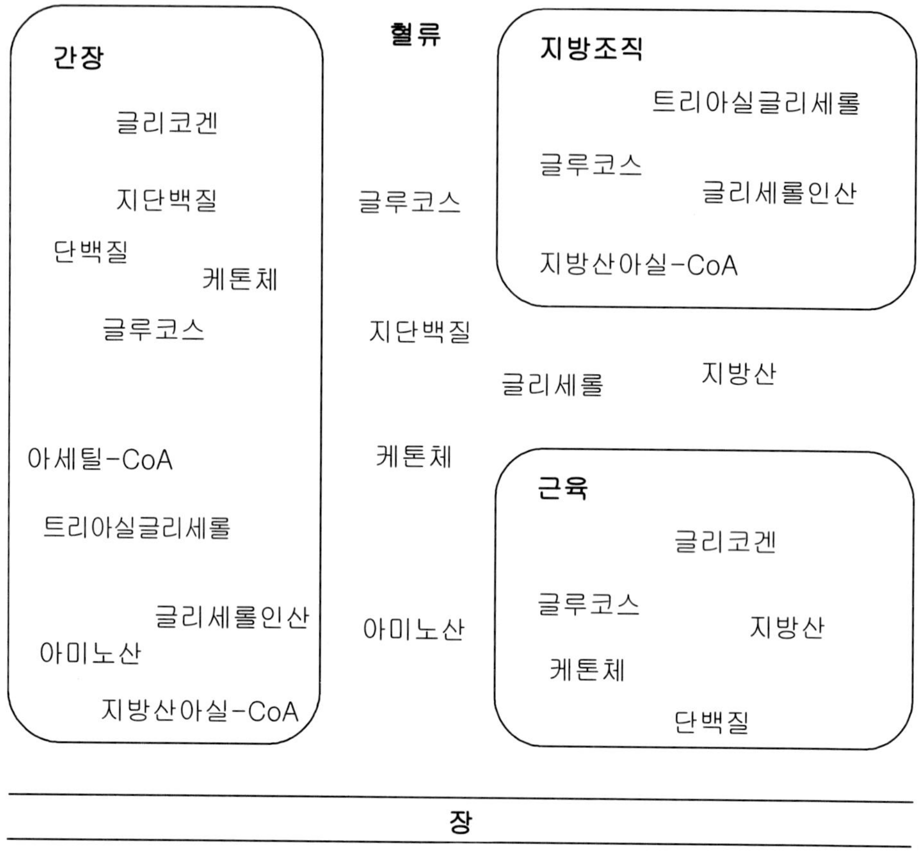

그림 14-1. 주요 조직과 혈액의 주요 구성분의 분포(전 상황).

- 식후: 식 직후 생체 내 음식이 저류되어 있는 상태로 자율신경계의 부교감신경과 호르몬 인슐린(insulin)의 지배를 받는다.
- 식간: 체 저장물질을 절약하는 기간으로 자율신경계의 두 분지와 글루카곤(glucagon)과 같은 인슐린 길항제의 지배를 받는다.
- 절식: 영양적으로 필수인자들이 부족하여 생존이 위협을 받으면 대사적 절약은 한계에 이르고 자율신경계의 교감신경 신경절 절후섬유 말단과 부신수질에서 분비되는 호르몬인 에피네프린(epinephrine) 또는 노르에피네프린(norepinephrine)의 지배를 받는다.

이상의 세 조건을 확실히 한 후 검토되어야 한다. 돼지에서 식후, 지방세포의 대사를 예로 들면, 돼지의 대사와 관련한 그림 14-1의 전체적인 구성분 속에 지방세포를 놓고 식후 여러 장기들이 어떻게 지방세포와 상관성을 갖는지를 밝혀야한다. 이 때 간장은 식이성 당류를 지방으로 전환시켜 초저밀도지단백질(very low density lipoprotein)의 형태로 지방세포로 운반하여 지방세포 내에 저장한다.

2. 대사의 구도와 경로

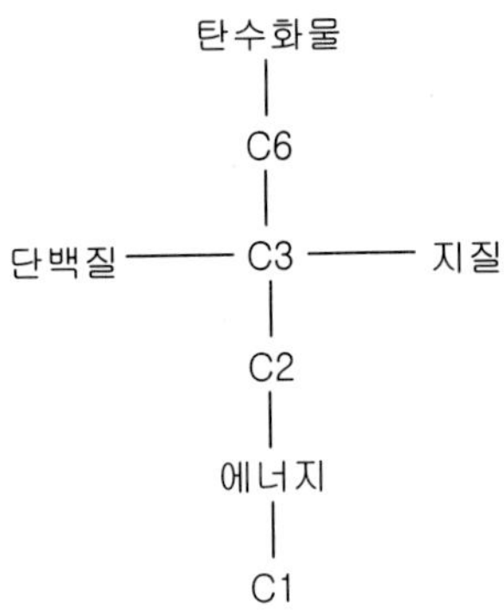

그림 14-2. 대사구도의 요약.

모든 대사의 전체적 구도를 요약한 그림 14-2는 세 가지 체저장물질과 에너지의 관계를 간단히 묘사하고 있다. 중심으로 내려가면서 6-탄소화합물(6탄당)은 3-탄소화합물(glycerol, pyruvate)과 2-탄소화합물(acetate)을 거쳐 1-탄소 CO_2에 이른다. 모든 체 저장물질들은 중심선을 따라서 가역적, 또는 단일방향의 다양한 대사경로에 의하여 상호 연결되어있다.

섭취한 음식물을 대사하여 배설되는 종산물을 생성할 때까지 생명의 유지와 발육에 필요한 에너지와 물질들을 생성하는 모든 분해와 합성과정들을 **중간대사**(intermediary metabolism)라고 한다. 그러므로 중간대사는 모든 대사경로를 통합하는 의미로 사용될 수 있다. 이 때 대사과정에서 생성되는 모든 물질들은 중간대사산물 또는 중간대사물질이라고 한다.

하나의 **대사경로**(metabolic pathway)는 한 단계의 생성물이 다음 단계의 기질이 되는 방법으로 연속적으로 연결된 효소반응들을 말한다. 대사경로의 많은 단계들은 자유에너지변환이 매우 적으므로 가역적 경로가 많다. 여러 단계로 진행되는 경로들은 때로 변칙적인 경로에 의하여 대체되기도 한다. 이것은 많은 계단을 가진 건물에 비유할 수 있다. 한 계단이 너무 크면 그 계단을 뛰어 내려야 하며 반대로 그 계단을 올라가려면 달리 올라갈 수 있는 변칙회로가 필요하게된다.

전체적인 대사구도 중 하나의 대사경로를 고려할 때 정성적으로 또는 정량적으로 조절되지 않으면 안된다. 정성적인 조절은 효소, 비타민, 무기질, pH 및 기질과 생성물의 세포내 수송 등에 의하여 이루어지며, 정량적 조절은 경로의 속도조절이다. 대사경로의 속도조절은 조절효소(regulatory enzyme)의 활성조절로 이루어지며, 이는 신경내분비의 작용, 알로스테릭 효과, 인산화와 탈인산화 같은 공유결합 및 기타 많은 방법들에 의하여 조절된다.

조절효소의 수는 매우 적다. 그러나 생리적 상태의 변화에 적응하여 조절효소가 활성화 되거나 억제됨으로써 전체적 대사경로의 흐름이 조절된다. 대사경로에서 조절효소를 제외한 구성효소(constitutive enzyme)들의 활성은 충분히 유지된다. 대사경로들은 부분적으로 아세포구조에 부착된 다효소복합체(multienzyme complex)로 잘 조직화 되어있어 필요할 때 즉각 조절효소를 활성화시켜 기능을 발휘하도록 한다. 생화학은 대사의 조절을 중요하게 다루고 있으며 따라서 조절효소에 대한 깊은 관심이 필요하다.

조절효소는 흔히 한 경로에서 다른 경로로 갈라지는 분기점에 존재하며, 이 분기점에 해당하는 중간물질에 조절효소가 작용하여 대사의 흐름을 변경시킴으로써 속도가 조절된다.

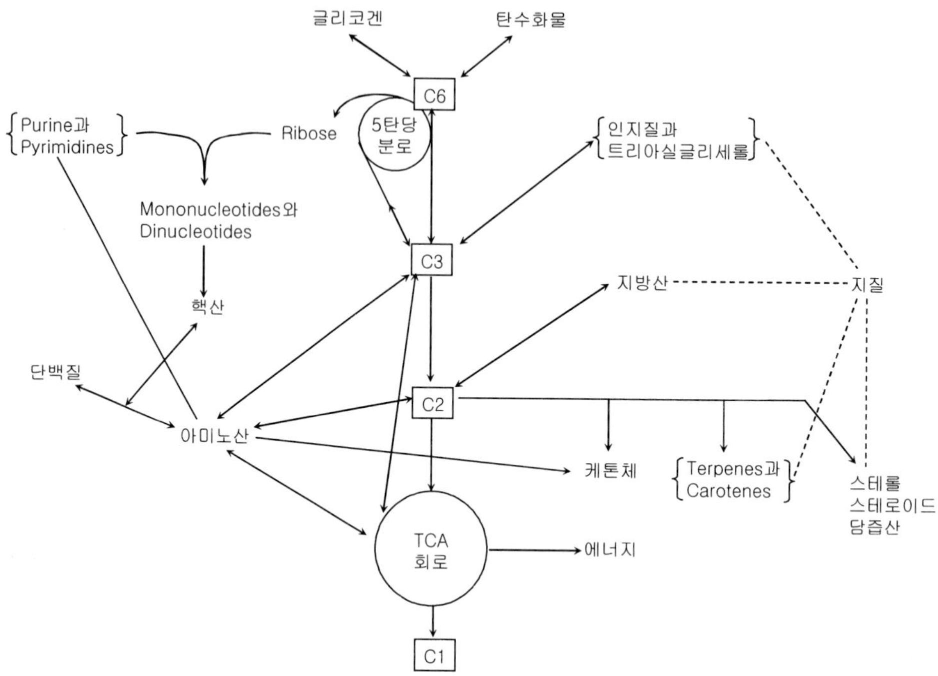

그림 14-3. 중간대사의 요약.

대사경로를 이해하기 위해서 다음 사항에 유의해야 한다.

- 경로의 이름
- 섭취시간과 관련하여 각기 다른 조직들 중 그 경로의 기능
- 동물의 전체적 구도 중 그 경로의 위치(그림 14-1)
- 전체적인 중간대사에서 그 경로의 위치(그림 14-3)
- 경로가 시작되는 분기점
- 그 경로의 속도조절 단계
- 조절효소의 이름
- 필요한 조인자와 조효소
- 그 경로에 대한 생리적 조절

3. 중간대사의 요약

그림 14-3은 체저장물질과 에너지대사의 관계를 나타내고 있으며 C6-C3-C2-C1의 중심선이 서

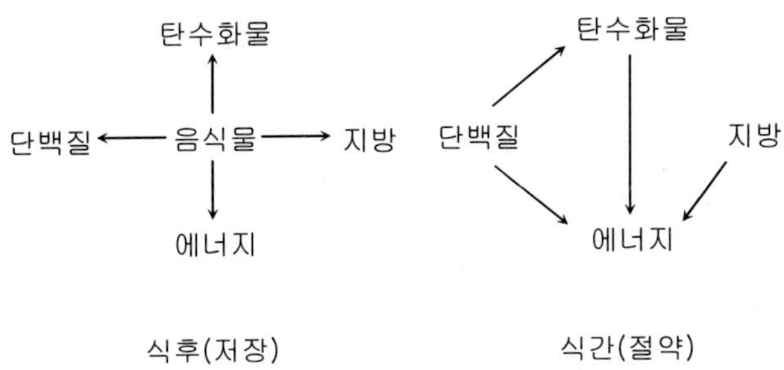

그림 14-4. 식후와 식간의 대사흐름 비교.

로 다른 경로들을 상호 연결시켜 주고 있음을 보여준다. 즉, 그림 14-3은 세포내의 여러 경로들을 통합시킨 것이다.

그림 14-1과 그림 14-3의 사용에 대하여 해당과정(gly- colysis)을 예로 들어 설명하겠다. 먼저 동물종(돼지), 세포(간) 및 섭취시간(식후)을 확인 한 후 그림 14-1에서 식후의 돼지간을 찾는다. 식후 많은 양의 글루코스는 장으로부터 흡수되어 간으로 들어간다. 간에서 매우 적은 양의 글루코스만이 글리코겐으로 저장되며 나머지는 해당과정을 거쳐 아세틸-CoA(acetyl-CoA)로 전환된 후 다시 지방으로 전환된다. 그 지방은 지단백질의 형태로 간에서 지방조직으로 운반되어 저장된다. 이제 식후 돼지간의 해당기능에 대하여 그림 14-3을 사용하여 모든 대사경로와 관련하여 해당의 화학과 조절을 검토한다.

식후와 식간 대사상태는 그림 14-4에서 보여주는 바와 같이 대사의 흐름에서 분명한 차이를 보여주고 있다.

4. 대사의 개시상황

마른 사람에서 체 저장물질의 에너지함량은 지질로서 약 85%, 단백질로서 약 15%, 탄수화물로서 약 0.5%로 구성되어있다. 이 저장물질들은 에너지를 생성하는 것 외에 다른 기능도 가지고 있다.

식후 저장물질이 재 공급되고 식간에 생체의 요구에 따라 저장물질은 대사에 의하여 서서히 감소하면서 계속 유출된다. 주요 체 저장물질과 연결된 많은 대사경로들이 존재하며 모든 이 경로들은 매우 빠른 속도로 진행된다. 중간대사산물들은 그들이 생성되는 속도와 같은 속도로 대사 되기 때문에 축적되지 않으며 그들의 농도는 매우 적다. 이러한 대사경로는 빠르게 흐르는 개천에 비유된다. 필요한 모든 효소와 조인자들이 존재하는 한 축적되는 것은 아무 것도 없다. 그러나 필수 조인자가 결핍되면 그 경로의 조절효소는 더 이상 기능을 발휘할 수 없다. 반응이 차단된 바로 앞의 중간물질은 축적되지만 차단부위 다음에 오는 중간물질들은 멀리 뒤로 갈수록 농도가 낮아지거나 없어지게 되며 이러한 현상은 혈류 중의 농도로 반영된다. 이런 이유로 혈액분석은 대사가 차단된 부위를 알려주는 단서를 찾는데 활용될 수 있다.

5. 대사에서 논의될 주제

대사와 관련하여 논의될 주제들은 다음과 같다.

- 생체와 세포수준의 개시구도
- 아세포수준의 탄수화물, 지질 및 질소대사 경로와 조절
- 세포대사의 통합
- 기관대사의 통합; 대사장기의 기능간 상호의존
- 동물체 대사의 통합; 섭취시간과의 관계; 신경내분비 조절
- 영양 요구량(에너지, 성분, 기타)
- 비교 반추동물 대사

제15장 탄수화물 대사

1. 탄수화물의 정의

탄수화물(carbohydrate)은 자연계에서 가장 풍부한 유기분자로서 대부분의 탄수화물을 화학적으로 정의하면 다가 알콜(polyhydric alcohol)의 알데히드(aldehyde)나 케톤(ketone)이라고 말할 수 있다. 이는 많은 하이드록실기(hydroxyl기, -OH)가 탄수화물 분자와 결합할 수 있음을 의미한다. 일반식은 $(CH_2O)n$이며, 따라서 탄소의 수화물, 즉 탄수화물의 명칭을 가지게 되었다.

탄수화물은 대부분의 동물체가 섭취하는 음식물 중 중요한 에너지원으로서, 동물체에서 세포내 통신을 중개하고, 많은 생명체의 구조성분[세균의 세포벽, 곤충의 외골격(exoskeleton), 식물체의 섬유소가 된다.

2. 탄수화물의 분류

탄수화물은 그들의 중합정도에 따라 단당류(monosaccharides), 소당류(oligosaccharides) 및 다당류(polysaccharides)로 분류한다.

1) 단당류

(1) 단당류의 종류

더 간단한 탄수화물로 가수분해되지 않는 단위체 탄수화물로서 탄소원자의 수에 따라 다음과 같이 분류하며, 동물체에 함유되어 있는 각 단당류의 예들을 함께 표시하였다.

3 탄소: 3탄당(triose); glyceraldehyde, dihydroxyacetone

4 탄소: 4탄당(tetrose); erythrose, erythrulose

5 탄소: 5탄당(pentose); ribose, deoxyribose, xylose, ribulose, xylulose

6 탄소: 6탄당(hexose); glucose, galactose, mannose, fructose

7 탄소: 7탄당(heptose); sedoheptulose

9 탄소: 9탄당(nonose); neuraminic acid

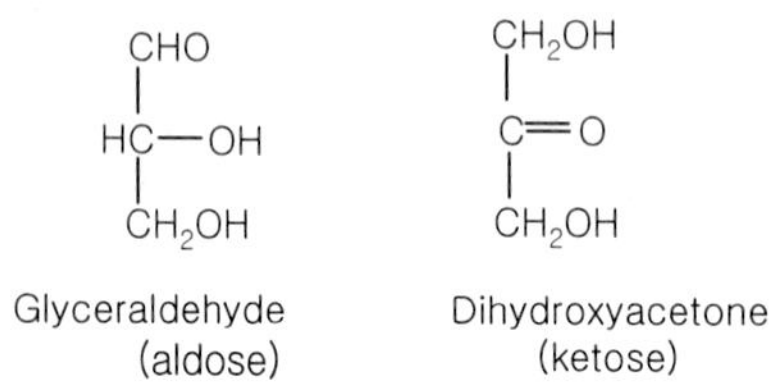

그림 15-1. Aldose와 ketose의 예.

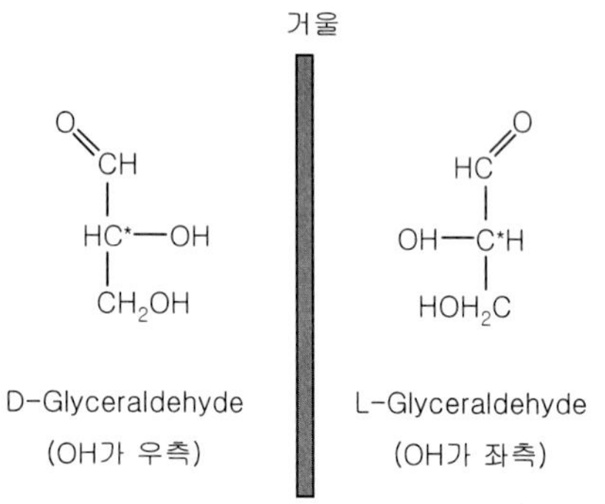

그림 15-2. D-와 L-Glyceraldehyde의 Fisher투영식. C*, 부제탄소원자.

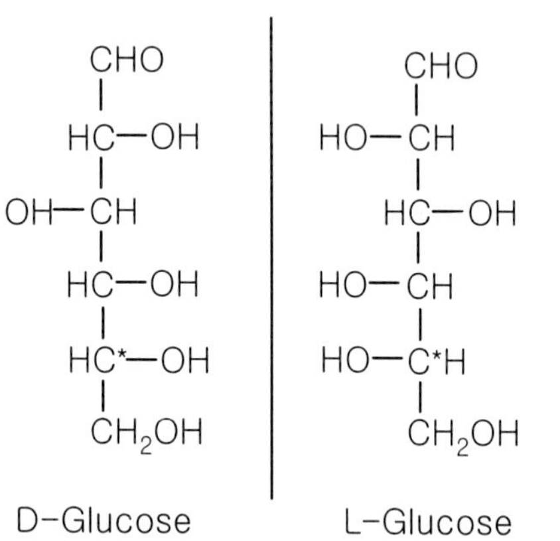

그림 15-3. D-Glucose와 L-Glucose의 구조.

(2) 당류의 이성체

① **알도스와 케토스:** 단당류들은 알데히드 혹은 케톤으로 되어있다. 단당류가 알데히드기를 가졌다면 알도스(aldose)라 하고, 중간 탄소원자에 카보닐기(carbonyl group)를 가졌다면 케토스(ketose)라고 한다(그림 15-1). 3탄당이 알도스이면 알도트리오스(aldotriose)라 하고, 케토스이면 케토트리오스(ketotriose)라고 한다. 글리세르알데히드(glyceraldehyde), 에리트로스(erythrose), 라이보스(ribose), 데옥시라이보스(deoxyribose), 글루코스(glucose), 갈락토스(galactose), 만노스(mannose) 등은 알도스에 속하며, 디하이드록시아세톤(dihydro- xyacetone), 에리트룰로스(erythrulose), 리불로스(ribulose), 크실룰로스(xylulose), 프룩토스(fructose), 세도헵툴로스(sedoheptulose) 등은 케토스에 속한다.

② **입체이성체와 광학이성체:** 디하이드록시아세톤을 제외한 모든 탄수화물은 적어도 하나의 부제탄소원자를 가진다. 제일 간단한 단당류인 글리세르알데히드의 부제탄소원자에 결합한 -OH기의 공간적 배치에 따라 우측에 위치하면 D-형이 되며, D-글리세르알데히드의 거울상은 L-글리세르알데히드가 된다(그림 15-2). 이와 같은 이성체를 **입체이성체(stereoisomer)**라고 하며, 그림 15-2와 같이 나타낸 구조를 Fisher투영식이라고 한다. 다른 당류에 대해서도 같은 방법으로 D-이성체와 L-이성체로 구분된다. D-글루코스와 L-글루코스의 구조는 그림 15-3과 같다. 그림 15-4는 D-알도스계열의 구조를 보여주고 있으며, 그림 15-5는 D-케토스계열의 구조를 나타낸다. D와 L형이 등량일 때 광학적 성질이 없는 **라세미혼합물**(racemic mixture)이 되며 DL-로 표기한다. 합성화합물은 대개 라세미혼합물이다.

어느 물질이 용액 속에서 광학적 활성을 변환시키는 성질을 **선광성**(optical rotation)이라고 하며, 평면편광을 우측으로 회전시키면 우선성

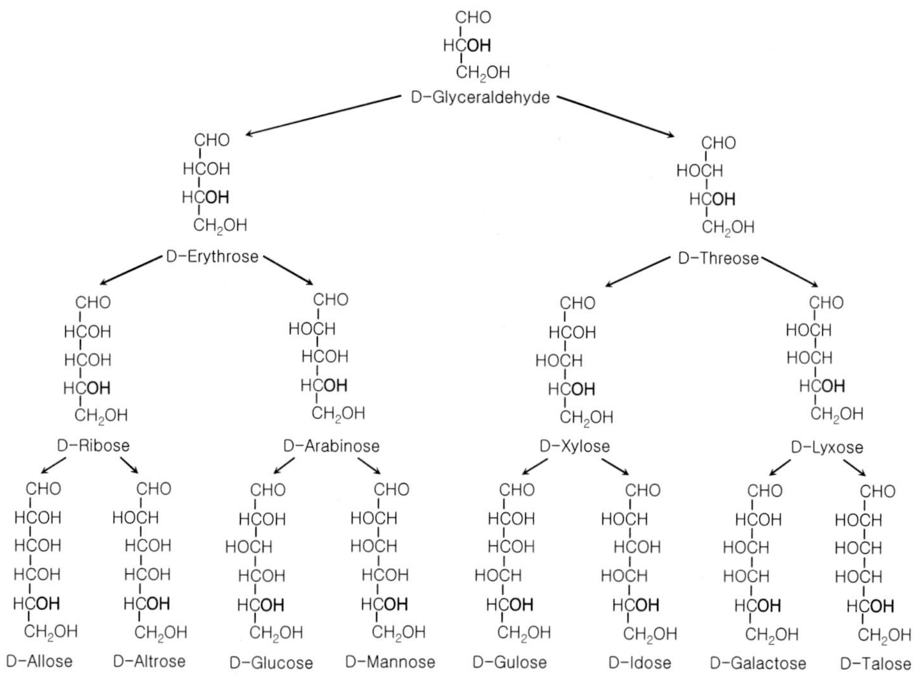

그림 15-4. 3 탄당에서 6 탄당까지의 aldose 군집.

(dextrorotatory)이라 하고 기호는 d 또는 (+)로 표시하며, 반대로 좌측으로 회전시키면 좌선성(levorotatory)이라 하고 기호는 l 또는 (-)로 표시한다. 선광성이 다른 이성체를 **광학 이성체 (optical isomer)**라고 한다. 글루코스의 선광성은 우선성이며 그러므로 덱스트로스(dextrose)라고도 부른다. D-이성체와 L-이성체는 서로 반대의 선광성을 가진다. 입체구조와 선광성을 동시에 표기하는 방법은 D(+), D(-), L(+), L(-)로 표기한다. 예를 들면, D(+)-글루코스와 같은 것이다.

③ **파이라노스와 푸라노스:** 단당류는 한 분자내의 화학결합으로 헤미아세탈(hemiacetal) 또는 헤미케탈(hemiketal)구조를 형성하여 환상화합물이 된다. 6탄당은 일반적으로 6각형의 파이라노스(pyranose)를 형성하며(그림 15-6), 프룩토스와 5탄당은 흔히 5각형의 푸라노스(furanose)를 만든다(그림 15-7). 그러므로 D-글루코스로부터 만들어진 파이라노스를 D-글루코파이라노스(D-glucopyranose)라고 하며, D-프룩토스로부터 만들어진 푸라노스를 D-프룩토푸라노스(D-fructofuranose)라고 한다. 단당류의 이런 환상구조를 Haworth투영식이라고 한다. 글루코스는 용액 중에서 99% 이상이 파이라노스로 존재한다.

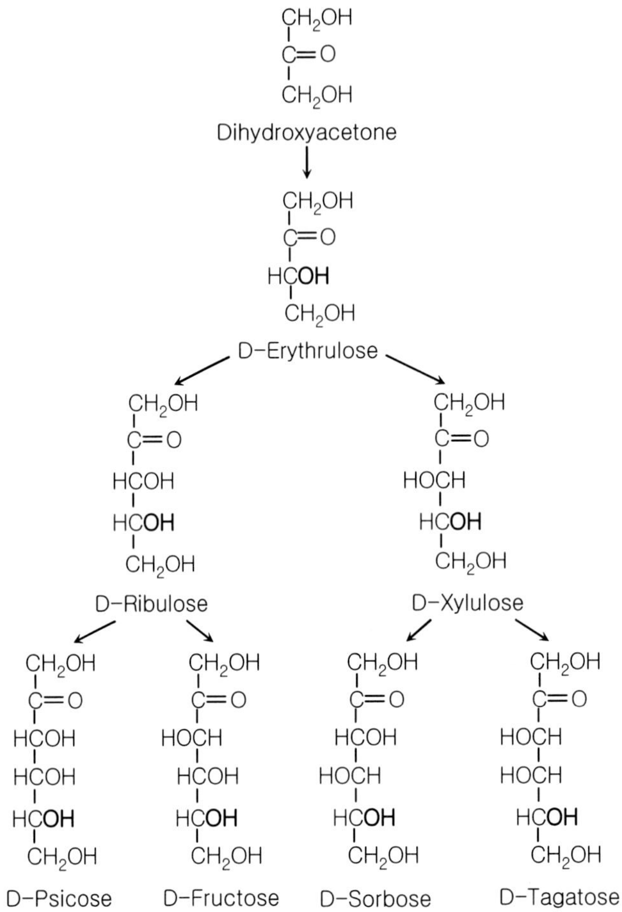

그림 15-5. 3 탄당에서 6 탄당까지의 ketose 군집.

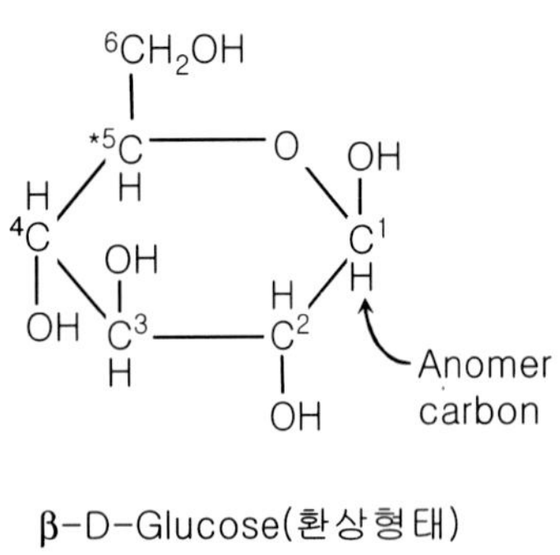

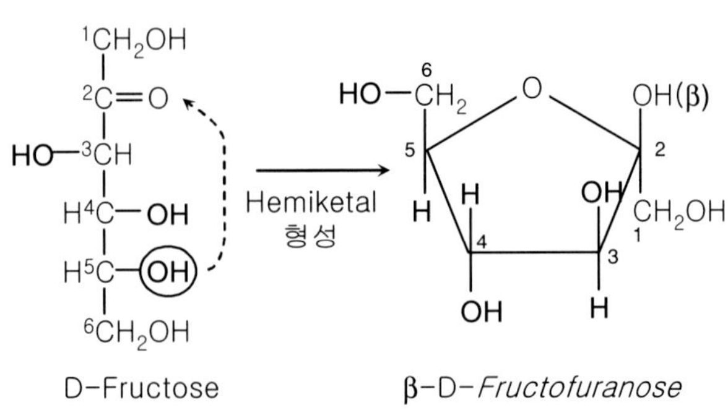

그림 15-6. β-D-Glucopyranose의 구조. **그림 15-7**. D-Fructose로부터 β-D-fructofuranose의 형성.

④ **α-아노머와 β-아노머:** 단당류가 환상구조를 만들 때 1번 탄소(anomer탄소)에 새로 생긴 -OH기가 위쪽에 위치하면 β-구조라 하고(예, β-D-glucopyranose), 아래쪽에 위치하면 α-구조라고 한다(예, α-D-glucopyranose). α-구조와 β-구조처럼 환상구조를 형성함으로써 생기는 이성체를 아노머(anomer)라고 부른다(그림 15-8). 용액 속에서 anomer형태의 당은 빠르게 상호 전환될 수 있으며 따라서 선광성도 변하게 되는데 이를 **변선광**(mutarotation)이라고 한다.

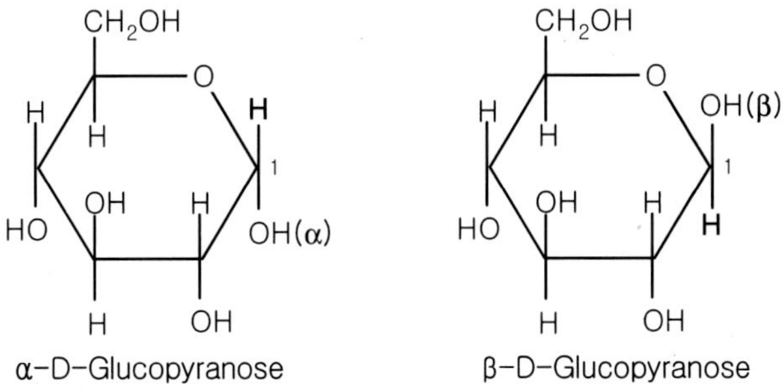

그림 15-8. Glucose의 anomer 이성체.

D-글루코스를 물에 녹이면 최초에는 확률로 보아 α-D-글루코스와 β-D-글루코스가 동량 생성될 것이나 시간이 경과하면서 선광성도 변하며, α-D-글루코스 33%, β-D-글루코스 67%에서 평형을 이루어 존재한다.

α-D-Glucose	⇆	[D-Glucose]	⇆	β-D-Glucose
33%		미량		67%

⑤ **에피머:** 단당류에서 부제탄소원자 중 하나의 부제탄소원자에 결합한 -H와 -OH기의 입체배치가 뒤바뀐 이성체를 에피머(epimer)라고 한다. 생물학적으로 글루코스의 가장 중요한 에피머는 만노스와 갈락토스이다(그림 15-9).

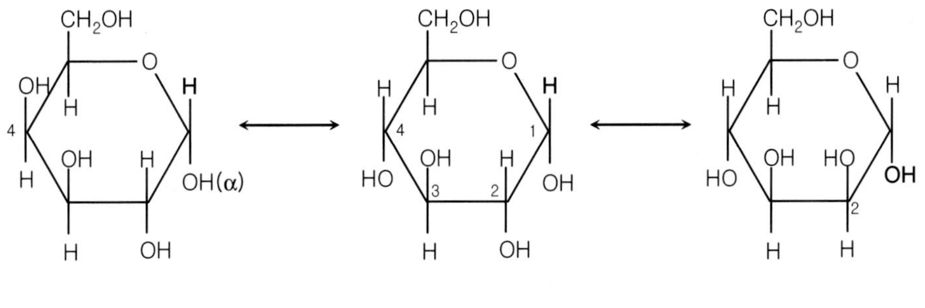

그림 15-9. D-Glucose의 epimer들.

(3) 생리적으로 중요한 단당류

해당경로에서 글루코스가 분해되어 3탄당유도체들이 생성된다. 또 5탄당분로(pentose shunt)에서 글루코스로부터 3탄당, 4탄당, 5탄당 및 7탄당의 유도체들이 생성된다. 5탄당은 누클레오타이드, 핵산 및 많은 조효소들의 구성분으로서 중요하다(표 15-1). 6탄당 중 글루코스, 갈락토스, 프룩토스 및 만노스는 생리적으로 매우 중요하다(표 15-2).

표 15-1. 생리적으로 중요한 5탄당

5탄당	소재	생화학적 중요성	임상적 의의
D-Ribose	핵산	핵산과 조효소의 구조성분, 예, ATP, NAD, NADP, flavoproteins. Ribose phosphate는 5탄당분로의 중간물질	
D-Ribulose	대사과정에서 생성	Ribulose phosphate는 5탄당분로의 중간물질	
D-Arabinose	아라비아고무, 플럼과 버찌의 수지	Glycoprotein의 구성분	
D-Xylose	Proteoglycans, glycosaminoglycans	Glycoprotein의 구성분	
D-Lyxose	심근	인체 심근에서 분리된 lyxoflavin의 구성분	
L-Xylulose	우론산경로의 중간물질		본태성 5탄당뇨증 (essential pentosuria)의 요중에 존재

표 15-2. 생리적으로 중요한 6탄당

6탄당	소재	생화학적 중요성	임상적 의의
D-Glucose	과즙, 전분, 사탕수수, 맥아당, 유당.	체내 당, 혈중에 운반되어 조직에서 사용되는 주요한 당.	고혈당에 기인하는 당뇨병에서 요중에 존재.
D-Fructose	과즙, 꿀, 사탕수수, 이눌린.	간에서 glucose로 전환되어 사용된다.	선천성 fructose intolerance는 fructose축적과 저혈당을 유발한다.
D-Galactose	유당.	간에서 glucose로 전환되어 대사된다. 유당합성에 사용되며, glycolipid와 glycoprotein의 구성분이다.	대사이상은 갈락토스혈증 (galactosemia)과 백내장 (cataract)을 유발한다.
D-Mannose	식물체의 mannan.	많은 glycoprotein의 구성분	

글루코스의 카복시산유도체들로서 중요한 물질들은 D-글루쿠론산(D-glucuronic acid)과 이것의 대사 유도체인 L-이두론산(L-iduronic acid), 그리고 L-굴론산(L-gulonic acid) 등이다.

(4) 단당류의 반응

① **환원당과 비환원당:** 알도스의 카보닐산소는 여러 물질들을 환원시킬 수 있으며, 케토스 역시 환원력을 가지고 있지만 알도스만큼 강하지 않다. 이러한 현상은 알도스와 케토스의 환상구조가 열려져 직선 사슬구조를 만들면서 카보닐기가 노출되기 때문에 일어난다. 이와 같은 방

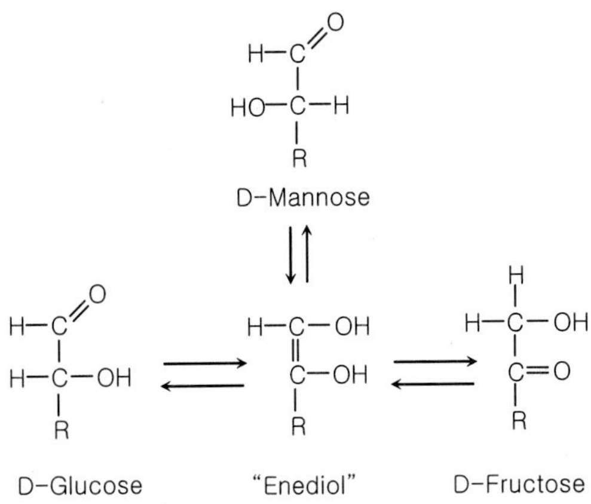

그림 15-10. 6 탄당의 상호전환.

법으로 Cu^{2+}을 Cu^{+}으로 환원시킬 수 있는 당을 **환원당**(reducing sugar)이라고 한다. 수크로스(sucrose)는 글루코스와 프룩토스가 글라이코시드성(glycosidic) -OH기간에 결합이 이루어져 카보닐기가 노출될 수 없기 때문에 **비환원당**(non- reducing sugar)이다. 다당류는 단당류간의 결합으로 환원성 -OH기가 소실되기 때문에 비환원당이다.

② **단당류의 상호전환:** 글루코스, 프룩토스, 만노스는 약한 알카리용액 중에서 자발적으로 엔디올(enediol)형을 거쳐 상호 전환될 수 있다(그림 15-10). 세포 내에서 효소의 촉매로 글루코스와 프룩토스가 같은 기전으로 상호 전환될 수 있다.

(5) 단당류의 유도체

① **배당체:** 당류의 아노머탄소에 결합한 -OH기와 다른 당류의 -OH기 또는 비탄수화물의 -OH기가 결합하여 형성된 화합물을 배당체(glycoside)라고 하며, 이와 같은 결합을 글라이코시드성 결합(glycosidic bond)이라고 한다. 이 때 당류와 결합하는 비탄수화물 부위를 **아글리콘**(aglycone)이라고 한다(그림 15-11).

배당체는 많은 약물들과 향료(또는 양념류)의 성분이며 동물조직의 구성분으로도 존재한다. 아글리콘에는 메탄올(methanol), 글리세롤(glycerol), 스테롤류, 페놀류 등과 같은 알콜류, 혹은 아데닌과 같은 염기들이 포함된다. 심장 배당체(cardiac glycosides)는 모두 아글리콘으로 스테로이드(steroids)를 함유하며 심장에 대한 작용 때문에 의학적으로 중요한 배당체이다. 디기탈리스 유도체(derivatives of digitalis)와 세포막 Na^{+}-K^{+}*ATPase* 억제물질인 와베인(ouabain)이 여기에 속한다.

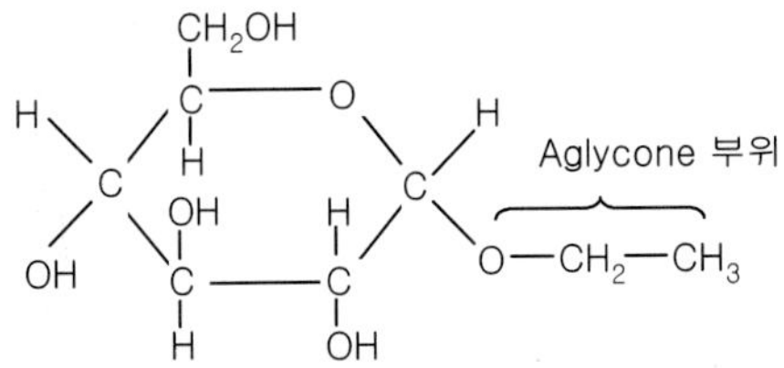

그림 15-11. α-D-Ethylgludoside의 구조.

대부분의 배당체는 식물체에 존재하며 복잡한 구조를 가진 것이 많다. 실제로 중요한 배당체는 세 그룹으로 나눌 수 있다.

- 시안생성 배당체(cyanogenic glycosides): 아글리콘이 시안화물(cyanide)인 배당체이다. 이 배당체를 섭취하면 위장관에서 CN^{-}을 유리하므로 동물은 시안화물중독을 이르킬 수 있다. 이 배당체는 벚나무와 복숭아나무의 잎, 줄기

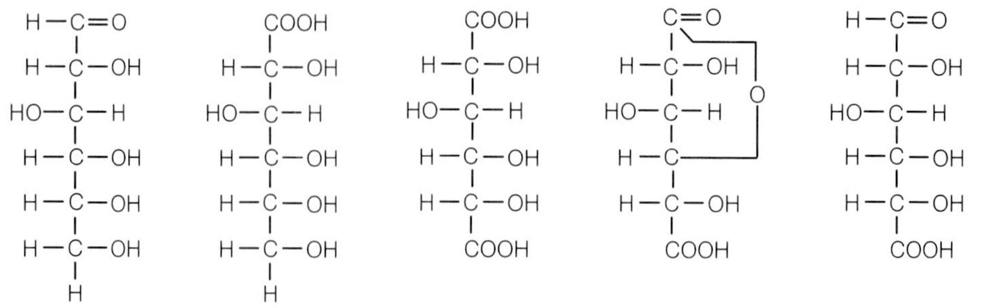

그림 15-12. Glucose의 산화생성물.

및 씨에 함유되어 있다.

- 사포닌(saponins): 아글리콘으로 스테로이드를 함유한 배당체이다. 이 배당체를 섭취하면 위장관에서 스테로이드를 유리시켜 염증과 괴사를 일으킨다. 아메리카자리공은 사포닌을 함유하고 있다.
- 디기탈리스 배당체(digitalis glycosides): 이 배당체는 디기톡시게닌(digitoxigenin), 기톡시겐(gitoxigen), 기탈린(gitalin) 등과 같은 스테로이드들을 함유하고 있다. 이 배당체는 울혈성 심부전증(congestive heart failure) 치료에 큰 효과가 있지만 동물에서 중독을 이르킬 수 있다. 디기탈리스 풀에 함유되어 있다.

② **6탄당 산화생성물:** 글루코스의 산화생성물들을 그림 15-12에 나타내었다. 6탄당의 1번 탄소가 -COOH로 산화되면 어미 "-se"대신 " -nic acid"를 붙여 부른다. 예를 들면, 글루코스의 1번 탄소가 산화되면 글루콘산(gluconic acid)이 되며, 이 물질은 5탄당분로(pentose shunt)중에 나타난다. 글루코스의 1번과 6번 탄소가 카복시산으로 산화하면 사카린산(saccharic acid)이 되며, 카보닐탄소와 알콜 간의 분자내 결합은 사카로락톤(saccharolactone)을 형성한다. 6탄당의 6번 탄소가 산화되면 **우론산유도체**(uronic acid derivatives)가 되며, 어미에 " -uronic acid"를 붙여 부른다. 예를 들면, 글루코스의 6번 탄소가 산화되었으면 글루쿠론산(glucuronic acid)이라고 부른다. 이 물질은 간에서 생성되어 여러 대사노폐물과 유해물질들을 담즙으로 배출시키기 위한 포합체(conjugate)를 형성하는데 사용된다. 이 외에도 만노스에서 유도된 만우론산(mannuronic acid), 갈락토스에서 유도된 갈락트우론산(galacturonic acid) 등이 있다. β-L-이두론산(β-L-iduronic acid)은 D-글루쿠론산의 대사유도체이다(그림 15-13).

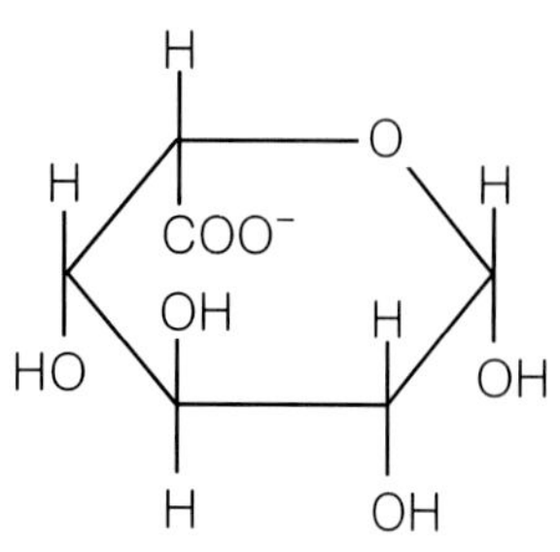

그림 15-13. β-L-Iduronic acid의 구조.

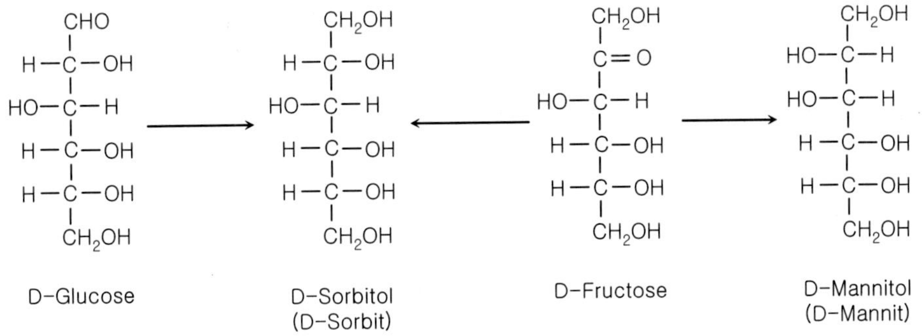

그림 15-14. D-Glucose와 D-fructose로부터 당알콜의 생성.

케토스는 잘 산화되지 않는다. 그러나 특별한 효소에 의하여 프룩토스가 산화되면 6번 탄소가 산화된 D-프룩트우론산(fructuronic acid)과 1번 탄소가 산화된 2-케토글루콘산(2-ketogluconic acid)의 서로 다른 두 가지 물질을 생성한다.

③ **당알콜:** 단당류의 -CHO기 및 =CO기들은 효소적으로 또는 비효소적으로 환원되어 당알콜(sugar alcohol)을 생성한다. D-글루코스는 환원되어 D-솔비톨(D-sor- bitol, D-sorbit)을 생성하고, D-프룩토스는 환원되어 D-솔비톨 또는 D-만니톨(mannitol, D-mannit)을 생성한다(그림 15-14).

D-솔비톨은 여러 고등식물 중 특히 장미과의 장과(berry)에서 발견된다. 실온에서 고체이며 융점은 낮다. D-만니톨은 조류(algae)와 곰팡이에서 발견된다. 이 두 화합물은 물에 녹으며 단맛을 낸다.

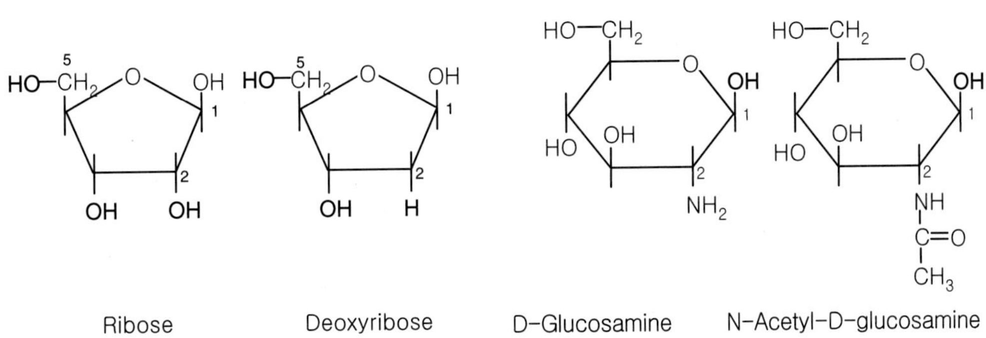

그림 15-15. Ribose와 deoxyribose의 구조. 그림 15-16. D-Glucosamine과 N-acetyl-D-glucosamine의 구조.

④ **데옥시당:** 분자내 산소원자의 탈리로 데옥시당(deoxy sugar)이 생성된다. 대표적인 예는 D-라이보스의 2번 탄소에 결합한 -OH기가 수소원자로 치환되어 생성된 D-2-데옥시라이보스(D-2-deoxyribose)이다(그림 15-15). 데옥시라이보스는 DNA 핵산의 구성분이다.

⑤ **아미노당:** 6탄당의 2번 탄소에 결합한 -OH기가 $-NH_2$기로 치환된 당을 아미노당(amino sugar)이라고 한다. D-글루코사민(D-glucosamine), D-갈락토사민(D-galactosamine) 등이 있으며 모두 자연계에 존재한다. D-글루코사민은 하이알우론산(hyaluronic acid)의 구성분이며, 갈락토사민은 콘드로이틴(chondroitin)의 구성분이다. 아미노당은 흔히 N-acetyl유도체로 존재한다(그림 15-16).

2) 소당류

가수분해에 의하여 2-10개의 단당류를 생성하는 탄수화물을 소당류(oligosaccharides)라고 하며, 단당류의 수에 따라 2당류(disaccharides), 3당류(trisaccharides) 등으로 명명한다. 자연계에서는 2당류가 가장 풍부하며 생리적으로 또는 식품으로도 중요하다.

말토스(maltose), 락토스(lactose), 수크로스(sucrose)들은 자연계에서 가장 흔한 2당류들이며 이들은 생리적으로도 중요하다(표 15-3). 이들 2당류는 두개의 단당류가 글라이코시드성 결합으로 연결된 당류이다(그림 15-17). 글라이코시드성 결합은 한 당류의 아노머탄소에 결합한 -OH기와 두 번째 당의 -OH기간에 탈수에 의하여 연결된 것이다.

표 15-3. 2당류의 소재와 임상적 중요성

2당류	소재	임상적 중요성
Maltose	Amylase에 의한 전분의 가수분해산물, 곡류와 맥아 발아시 생성.	
Lactose	유즙, 임신 중 요중에 존재할 수 있다.	*Lactase* 결핍시에 흡수장애로 설사 또는 고창증을 일으킨다.
Sucrose	사탕수수, 수수, 파인애플, 당근.	*Sucrase* 결핍시 흡수장애로 설사와 고창증을 일으킨다.
Trehalose	곰팡이와 효모. 곤충 hemolymph의 주요 당분이다.	

① **말토스:** 흔히 맥아당으로 불리며 두 분자의 α-D-글루코스가 글라이코시드성 α-1,4 결합으로 연결되어있다. 앞 α-D-글루코스의 1번 탄소에 있는 글라이코시드성 -OH기와 두 번째 α-D-글루코스의 4 번탄소 -OH기간의 결합을 α-1,4 결합이라고 한다. 맥아에 존재하는 β-*amylase*는 전분의 α-1,4 결합을 규칙적으로 분해하여 말토스를 생성한다. 또한 소장에서 α-*amylase*는 전분을 비규칙적으로 소화하여 글루코스와 말토스의 혼합물을 생성한다.

② **락토스:** 유즙 중에 들어있는 유당(젖당)을 지칭한다. β-D-갈락토스의 1번 탄소와 β-D-글루코스의 4번 탄소간에 글라이코시드성 β-1,4 결합으로 연결된 2당류로 유즙중에 들어있다

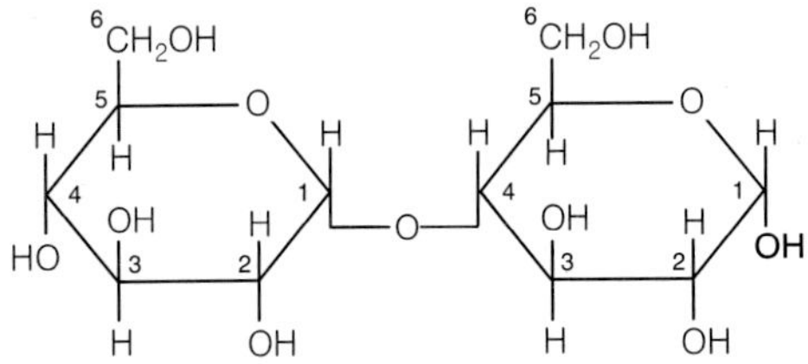

Maltose

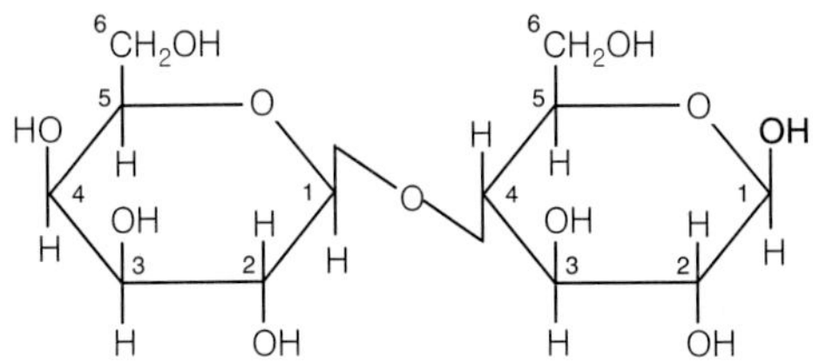

Lactose

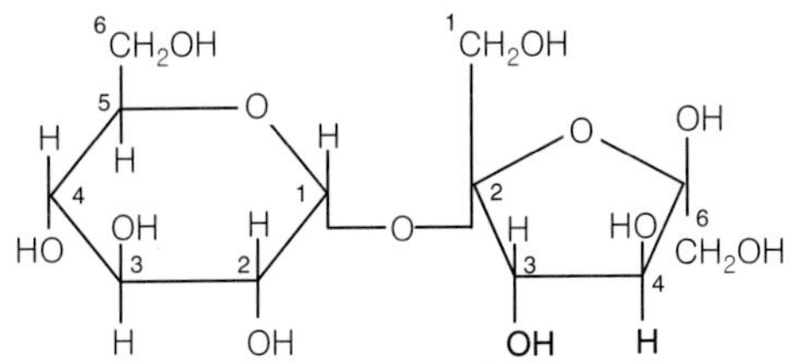

Sucrose

그림 15-17. 2 당류의 구조.

③ **수크로스:** 가정용 설탕이다. α-D-글루코스의 1번 탄소와 β-D-프룩토스의 2번 탄소간에 글라이코시드성 α-1,2 결합으로 연결되어있다. 두 카보닐탄소간의 결합이므로 비환원당이다.

3) 다당류

가수분해에 의하여 10개 이상의 많은 단당류를 생성하는 탄수화물을 다당류(polysaccharides)라고 하며, 자연계에서 발견되는 대부분의 탄수화물은 매우 길고 복잡한 사슬형태의 다당류가 많다. 생물체에 존재하는 다당류는 많은 수의 단당류와 단당류의 유도체단위로 구성된다. 다당류는 구성 단당류의 종류에 따라 동종 다당류(homopolysaccharides)와 이종다당류(heteropolysaccharides)로 나눈다. 동종다당류는 한 종류의 단당류단위로 구성되며, 이종다당류는 두 종류 이상의 단당류 또는 단당류의 유도체단위의 결합으로 구성된다.

각종 단당류가 긴 직쇄형태 또는 측쇄형태의 서열과 삼차원구조는 생물학적 기능과 밀접한 관계가 있다.

(1) 동종다당류

글루코스로 구성된 동종중합체(homopoly- mer)를 글루코산(glucosan) 또는 글루칸(glucan)이라고 하며, 생리적으로 중요한 글루코산들은 다음과 같다.

- 글리코겐(glycogen): 동물체의 저장다당류이다. 기본 구조는 α-D-글루코스가 α-1,4 결합에 의하여 연결되어 있으며, 11~18개의 결합마다 α-1,6 결합을 형성하여 분지점이 되며 결과적으로 나무모양의 측쇄를 형성한다(그림 15-18). 분자량은 1~4백만에 이른다.
- 전분(starch): 식물체의 저장 다당류로서 15~20%의 아밀로스(amylose)와 80~85%의 아밀로펙틴(amylopectin)으로 구성되어있다. 아밀로스는 수 백개의 α-D-글루코스가 α-1,4 결합에 의하여 직쇄로 연결되어 나선형을 이루고 있으며 전분입자의 내부에 위치한다. 아밀로펙틴은 α-D-글루코스가 α-1,4 결합과 α-1,6 결합에 의하여 연결된 많은 측쇄를 가졌으며, α-1,4 결합과 α-1,6 결합의 비율은 약 30 : 1로서 아밀로펙틴이 아밀로스를 둘러싸고 있다. **덱스트린**(Dextrin)은 전분

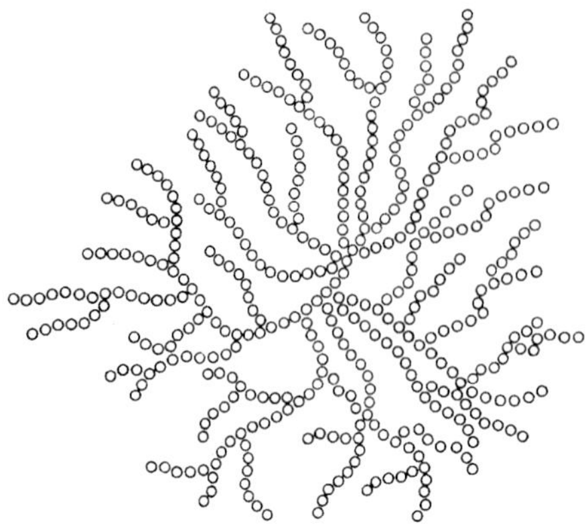

그림 15-18. Glycogen의 고도로 분자된 모양. 각 glucose는 α-1,4 결합으로 연결되어 있으며, 분지점은 α-1,6 결합으로 되어있다.

의 부분적 가수분해 생성물을 말한다. 아밀로펙틴분자의 한 부분을 그림 15-19에 나타내었다.

*α-Amylase*와 *β-amylase*는 모두 α-1,4 결합을 가수분해하는 효소들이다. 타액과 췌장액에 존재하는 *α-amylase*는 전분 내부의 α-1,4 결합을 불규칙하게 가수분해하여 글루코스와 말토스의 혼합물을 생성하며, 맥아에 들어있는 *β-amylase*는 외부로부터 α-1,4 결합을 규칙적으로 가수분해하여 말토스를 생성한다. 두 효소에 의한 가수분해가 α-1,6 결합이 있는 분지점에 이르면 두 효소의 작용은 정지되고 *탈분지효소(debranching enzyme)*에 의하여 α-1,6 결합도 분해된다. 이상과 같이 α- 및 *β-amylase*와 *탈분지효소*가 함께 작용하여 전분과 글리코겐을 완전히 분해시킬 수 있다.

- 셀룰로스(cellulose): 모든 식물의 섬유소로서, 식물세포의 기본적인 골격성분이다. β-D-글루코스가 β-1,4 결합에 의하여 직쇄형으로 연결되어있다(그림 15-20). 식물체가 가진 탄소의 50%이상이 셀룰로스에 들어있다. 따라서 지상에 생육하는 엄청난 식물들을 고려할 때 셀룰로스는 세계에서 가장 풍부한 유기화합물에 속한다.
- 이눌린(inulin): 프룩토스만으로 구성된 동종다당류인 프룩토산(fructosan)으로 달리아 꽃나무 뿌리, 돼지감자, 민들레 뿌리 등에 들어있다.

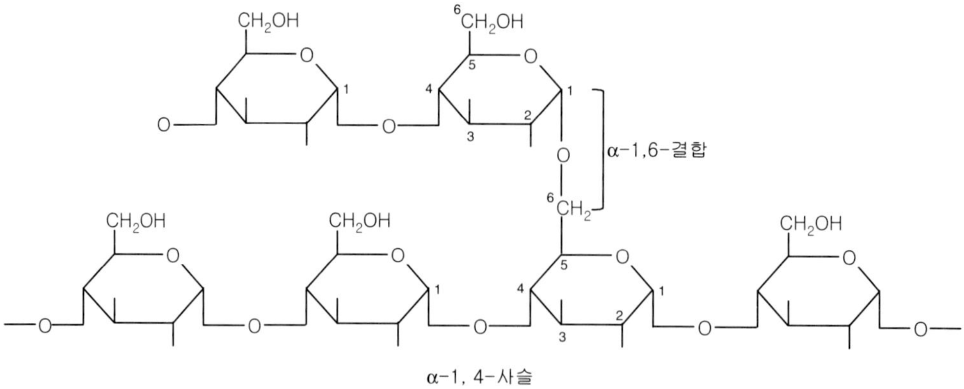

그림 15-19. Amylopectin의 부분적 구조. α-1,4 결합에 의한 glucose의 연결과 α-1,6 결합에 의한 분지형성을 보여주고 있다.

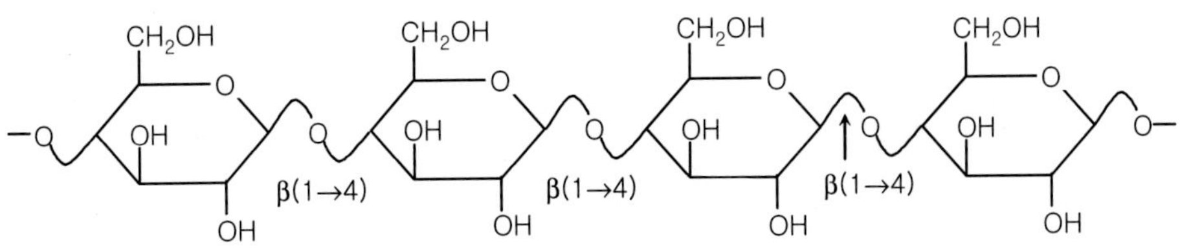

그림 15-20. Celluose 구성 β-D-glucose 간의 β-1,4 결합.

(2) 탄수화물 함유 거대분자복합체

탄수화물은 흔히 대사연료로만 사용되는 것으로 생각하기 쉬우나 거대분자복합체로서 생체 구성분이 되며 중요한 생리기능을 가진다. 거대분자복합체를 구성하는 탄수화물은 다음과 같은 당류가 직쇄 또는 측쇄로 연결되어 있다.

- 글루코스, 만노스 및 갈락토스와 같은 일반 6탄당.
- DNA의 데옥시라이보스
- 혈액형을 결정하는 물질들을 포함한 여러 당단백질 중의 푸코스(fucose)와 N-아세틸뉴라민산 (N-acetyl -neuraminic acid, a sialic acid)(그림 15-21, 15-22)
- Heparin의 황산화당(sulfated sugars).
- 글루코사민, 만노사민, 갈락토사민 등과 이들(hexosamine)의 N-아세틸-유도체들, 그리고 N-아세틸뉴라민산은 당 사슬 끝에서 발견되며 음이온 전하를 제공한다(그림 15-22 참조).

다음과 같은 탄수화물들은 단백질 또는 지질과 결합하여 세포에서 다양한 조절기능을 발휘한다.

① **글라이코사미노글리칸**(glycosaminoglycan)**:** 점액 분비물 중에 들어 있으므로 점액다당류(mucopolysaccharides)라고도 한다. 점막을 보호하는 거대분자의 탄수화물복합체로 우론산유도체(글루쿠론산 혹은 이두론산)와 아미노당(N-아세틸-D-갈락토사민 혹은 N-아세틸-D-글루코사민)이 결합한 2당류단위가 반복되어 연결되어있으며, 많은 경우 아미노당은 황산이 결합되어 있다(그림 15-23).

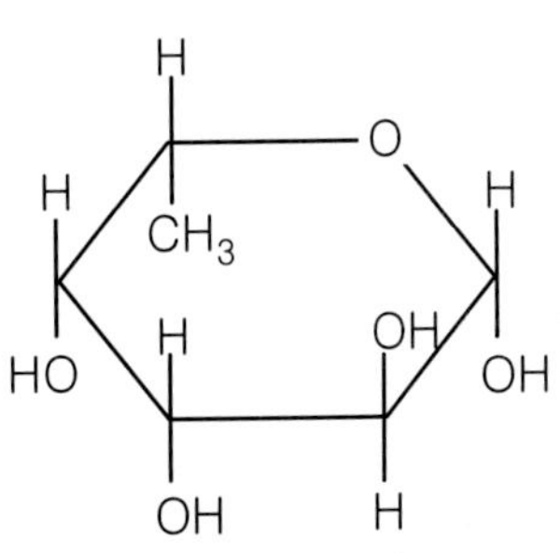

그림 15-21. β-L-Fucose의 구조.

글라이코사미노글리칸은 거대분자의 탄수화물복합체로 6종의 주요 형태와 소재는 다음과 같다.

- 콘드로이틴황산염(chondroitin sulfate): 글루쿠론산과 N-아세틸글루코사민의 교호중합체로 연골, 골격, 각막 등에 존재한다.

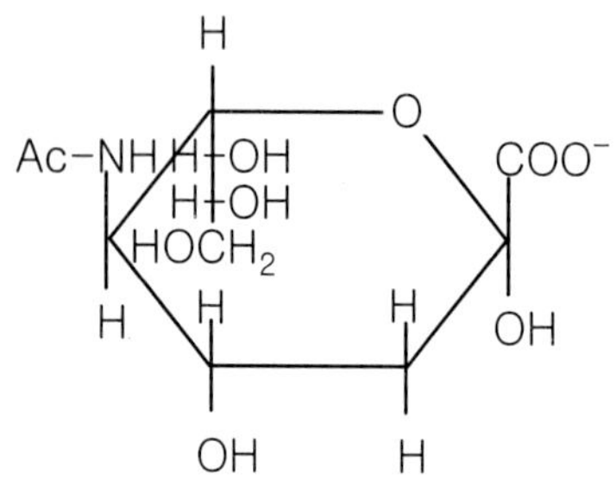

그림 15-22. N-Acetylneuraminic acid(a sialic acid)의 구조.

▪ 더마탄황산염(dermatan sulfate): 이두론산과 N-아세틸갈락토사민황산염의 교호중합체로 광범위하게 분포되어있다.

▪ 헤파린(heparin): 글루쿠론산 또는 이두론산과 글루코사민황산염 혹은 N-아세틸글루코사민과의 교호중합체로 비만세포의 성분이며 항응고제인 동시에 지질소거제이다.

▪ 헤파란황산염(heparan sulfate): 글루쿠론산과 글루코사민(약간의 아세틸화 및 황산기 함유)의 교호중합체로 피부 섬유아세포, 동맥벽에 존재한다.

▪ 하이알우론산(hyaluronic acid): 글루쿠론산과 N-아세틸글루코사민의 교호중합체로 활액, 초자체액, 소성결체조직의 성분이다.

▪ 케라탄황산염(keratan sulfate): 갈락토스와 N-아세틸갈락토사민의 교호중합체로 연골, 소성결체조직, 각막의 성분이다.

글라이코사미노글리칸들이 단백질과 결합되어 있으면 **프로테오글리칸**(proteoglycan)이라고 한다. 단백질과의 연결부위는 그림 15-24와 같으며 그 형태는 그림 15-25와 같다. 글라이코사미노글리칸은 엘라스틴(elastin), 콜라겐(collagen)처럼 골격조직의 기저물질로 사용되며, 분자내에

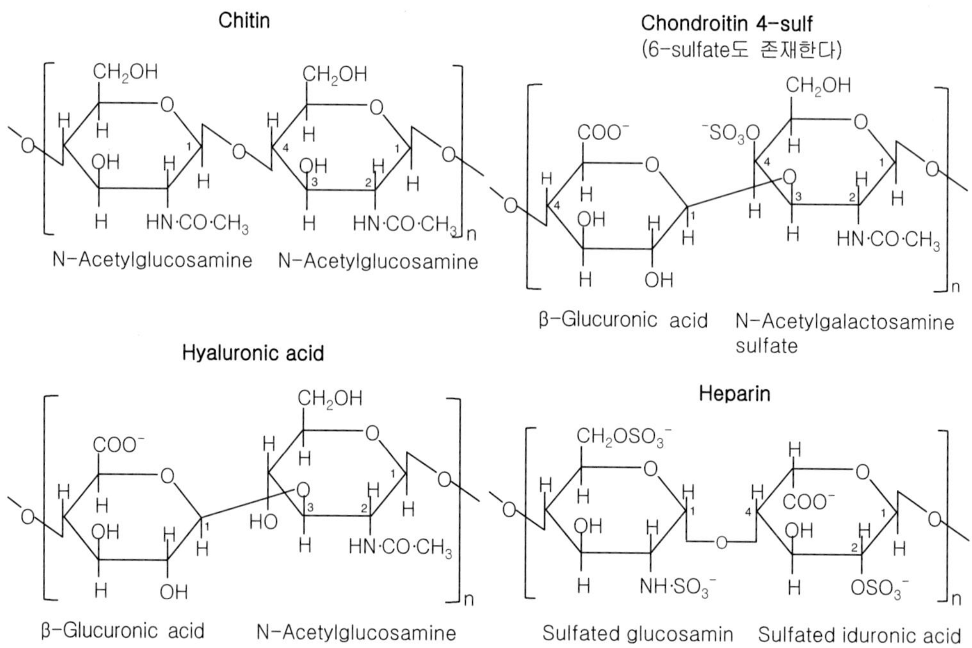

그림 15-23. 몇 종류 glycosaminoglycan들의 구조.

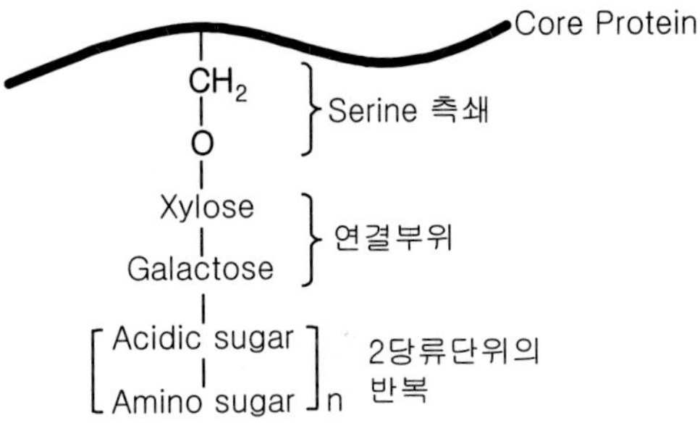

그림 15-24. Glycosaminoglycan과 단백질의 연결부위.

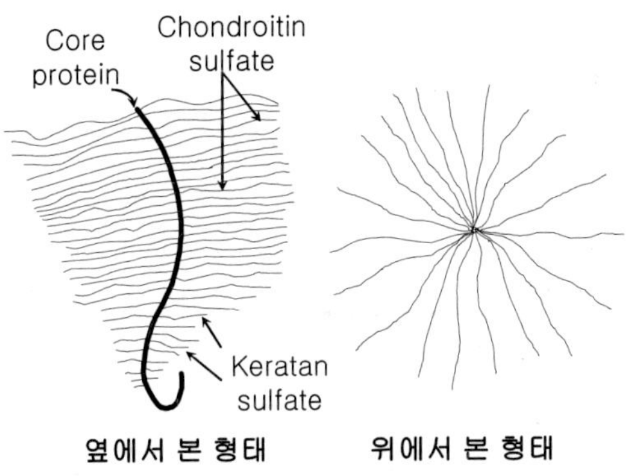

그림 15-25. Proteoglycan 단량체의 "bottle-brush" 모형.

많은 수의 -OH기가 음하전으로 다량의 물을 보유하고 넓은 공간을 차지하여 다른 구조물들의 탄력성을 증대시키는 동시에 윤활제와 같은 역할을 한다.

② **키틴**(chitin): 곤충류의 외골격(exoskeleton)으로 몸체를 보호하는 단단한 막으로 된 물질이다. N-아세틸글루코사민이 비소화성의 β-결합에 의하여 긴 사슬로 연결되어있다.

③ **당단백질**(glycoprotein): 탄수화물사슬이 단백질에 결합된 분자를 말한다. 탄수화물은 그림 15-26과 같이 단백질분자의 세린, 트레오닌, 아스파라긴의 R-기에 탄수화물이 공유결합으로 연결되어있다. 당단백질은 한 개 이상의 여러 사슬을 가지며 그 길이는 다양하다. 타이로글로불린(thyroglobulin)은 갑상선 호르몬의 합성에 필요한 당단백질로 만노스, N-아세틸글루코사민, 갈락토스 및 다른 당으로 구성된 9개의 A사슬과 14개의 B사슬로 되어있다. 이 외에도 혈장 단백질과 세포 단백질들은 대부분 당단백질로서 생물학적 기능을 가진다. 예를 들면, 특이 효소, 수송단백질 및 항체들이다. 어떤 단백성 호르몬(proteinaceous hormone)들은 당단백질이다. 황체형성호르몬(luteinizing hormone, LH)과 인체 융모성 성선자극호르몬(human chorionic gonadotropin, hCG)은 그 예이다.

④ **당지질**(glycolipid): 여러 종류의 지질분자에 탄수화물이 결합되어 있는 것을 당지질이라고 한다. 세포막상의 당단백질과 당지질은 수용체, 세포 간의 접촉, 혈액형과 같은 중요한 기능을 가진다.

3. 탄수화물의 기능과 대사의 개요

신진대사를 탄수화물 대사, 지질 대사, 단백질 대사 등으로 분리하는 것은 교육상 편의에 의한 것이며 실제로는 이들 주요 영양소들은 체내에서 빠르고 쉽게 상호 전환되므로 영양소별로

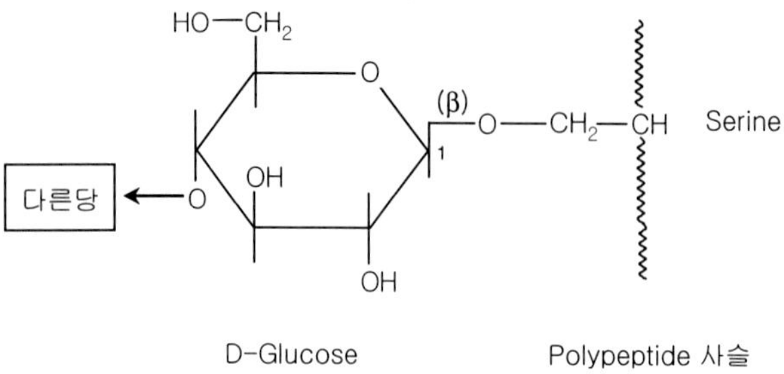

그림 15-26. Glucose와 단백질 간의 결합.

나누어 생각하는 것은 중요하지 않다. 그러므로 탄수화물 대사를 포괄적인 신진대사의 한 부분으로 관심을 갖는 것이 중요하다. 즉, 대사에 관하여 상세히 논의하기 전에 먼저 동물체와 관련한 대사의 모든 면과 전체적 대사의 흐름을 깊이 인식하는 것이 중요하다.

1) 식이 탄수화물의 대사적 운명

(1) 소화와 흡수

사람에서 탄수화물은 음식물로부터 섭취하는 전체 열량의 40~60%를 차지한다. 전분과 설탕은 음식물 중 소화 가능한 탄수화물의 약 90%를 차지한다. 셀룰로스와 같이 소화되지 않는 탄수화물은 야채 또는 다른 섬유질식품으로 섭취된다. 사람을 비롯한 대부분의 포유동물은 셀룰로스를 소화할 수 없으므로 세포의 에너지원으로 이용할 수 없다. 그러나 셀룰로스는 정상적인 장관운동과 기능에 필요한 부피를 제공한다. 장내용물(유미즙, chyme)에 들어있는 셀룰로스는 외부에서 도입되었거나 소화과정 중에 생성된 독성물질들을 흡수하여 체내로 흡수되는 것을 막아주고 배설을 촉진하는 것으로 추측하고 있다. 그러나 반추동물은 셀룰로스를 직접 분해할 수 없으나 1위내의 미생물총(ruminal microflora)에 의하여 발효되며, 이 때 발효된 생성물을 흡수하여 글루코스로 전환하거나 다른 에너지원으로 이용할 수 있기 때문에 매우 중요하다.

위장관 효소들(α-*amylase*와 *탈분지효소*)에 의한 탄수화물의 소화로 생성된 단당류들의 혼합물은 장 점막에서 흡수된다. 글루코스와 갈락토스는 장과 혈액 중 당농도와 관계없이 능동수송에 의하여 흡수되며, 프룩토스, 만노스 및 5탄당들은 수동적으로 흡수되므로 비효율적으로 흡수된다.

(2) 식이 탄수화물의 흡수 후 운명

장에서 흡수된 당류는 문정맥을 거쳐 간으로 운반되어 다음과 같이 사용된다.

- 식후 정상적 혈당농도를 유지하기 위하여 충분한 글루코스를 간정맥을 통하여 배출한다.
- 갈락토스, 만노스 및 프룩토스를 글루코스로 전환시킨다.
- 풍부한 식이성 글루코스를 사용하여 글리코겐 저장량을 재보충한다.
- 식후의 간 기능에 많이 필요한 에너지를 얻기 위하여 글루코스를 연소시킨다.
- 남는 식이성 글루코스는 지방으로 전환되며, 지단백질(lipoprotein)의 형태로 혈류 중에 배출, 지방조직으로 운반되어 저장된다.

(3) 탄수화물의 대사기능

- 신경조직의 1차적인 에너지원은 글루코스의 산화에 의한 것이다. 또한 글루코스는 적혈구, 망막, 신장의 심부 수질세포 및 성선(gonads)의 배상피에 필요한 거의 유일한 에너지원이다.
- 지방조직에 지방을 저장하기 위해서 지방세포는 지방산의 에스테르화에 필요한 글리세롤 인산(glycerol phosphate)의 대부분을 글루코스부터 만들어 사용한다.
- 핵산의 5탄당 성분은 부분적으로 글루코스로부터 생성된 것이다.
- 어떤 거대분자들의 합성과 노폐물의 해독에 필요한 글루쿠론산과 글루코사민은 간에서 글루코스로부터 생성된다.
- 태아의 발육과 비유 중 모체의 락토스합성에 글루코스가 필요하다.

(4) 글루코스의 저장

앞에서 언급한 바와 같이 글루코스의 중요한 기능에도 불구하고 생체 내 글루코스의 저장은 한정되어 있다. 예를 들면, 70kg의 체중을 가진 사람은 개략적으로 간 글리코겐으로 100g, 근육 글리코겐으로 250g, 지방조직의 글리코겐으로 25g, 세포외액에 유리 글루코스로서 10g을 저장한다. 정상적인 상태에서 근육과 지방조직의 글리코겐은 혈중으로 글루코스를 유리시킬 수 없기 때문에(*glucose-6-phosphatase*의 결핍으로) 일반대사에 거의 사용되지 않는다. 생체의 저장 글리코겐으로 중요한 간 저장 글리코겐 100g은 감자 세 개, 혹은 빵 7조각과 같은 양이며 혈중에 순환시킬 수 있다. 간 저장 글루코스는 식 직후가 아닌 다른 조건에서 즉시 이용 가능한 글루코스이다. 또한 음식물 섭취 후 시간이 경과하면서 비탄수화물, 특히 단백질로부터의 글루코스 합성은 더욱 중요하다. 글루코스의 섭취와 이용간의 정밀한 평형에 대해서는 중간대사에 관한 논의에서 중요하게 다루어질 것이다.

2) 탄수화물 대사의 주요 경로와 기능

그림 15-27은 탄수화물, 단백질, 지질저장 및 에너지대사와 관련된 포괄적인 대사구도 중에서 탄수화물대사의 주요경로들을 보여주고 있다.

- 글리코겐의 합성과 분해: 글리코겐은 글루코스, 글루코스 대사물질, 혹은 글루코스 대사전구체들로부터 합성된다(glycogenesis). 글리코겐 분해(glycogenolysis)는 글리코겐이 글루코스로 분해되는 과정이다. 간과 신장은 유리 글루코스를 생성하며, 생성된 글루코스는 혈류를 통하여 전신에 순환되어 활용된다. 근육과 지방조직 같은 다른 조직에서는 저장 글리코겐을 분해하여 유리 글루코스를 혈중으로 배출시킬 수 없다. 왜냐하면 이들 조직에는 글리코겐의 분해로 생성되는 글루코스-6-인산에서 인산을 분리시키는 *glucose-6- phosphatase*(*G-6-Pase*)의 결핍으로 유리 글루코스를 생성할 수 없기 때문이다.
- 해당(glycolysis, Embden-Meyerhof pathway): 글루코스를 피루브산(pyruvic acid)으로 전환시키면서 NADH와 기질수준의 ATP를 생성하는 과정으로 산소의 유무와 관계없이 진행된다.

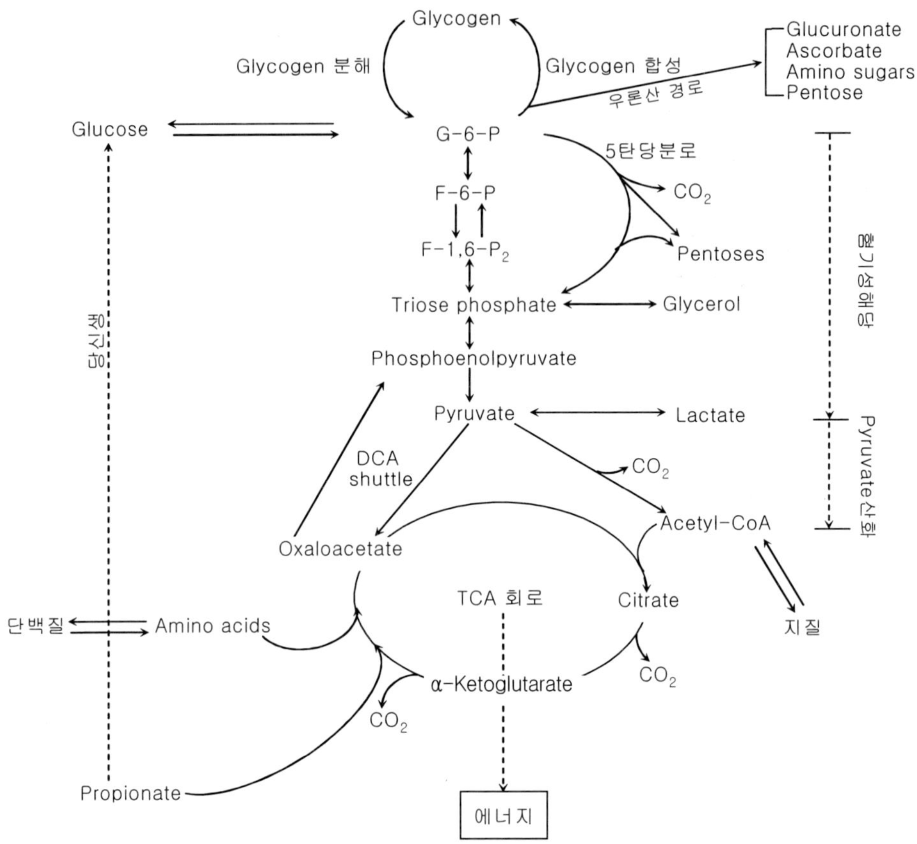

그림 15-27. 탄수화물 대사의 주요 경로들. G-6-P, glucose 6-phosphate; F-6-P, fructose 6-phosphate; F-1,6-BP, fructose 1,6-diphosphate; DCA shuttle, dicarboxylic acid shuttle.

생성된 피루브산은 세포의 미토콘드리아에서 대부분 아세틸-CoA(acetyl-CoA)로 산화되고, 이어서 TCA회로(tricarboxylic acid cycle, TCA cycle)에서 산화된다. 미토콘드리아를 가지고있지 않은 조직이나 산소공급이 부족한 조직에서는 젖산(lactic acid)이 종산물이며, 이는 피루브산이 산화되지 못하고 젖산으로 전환되기 때문이다. 따라서 **혐기성 해당**(anaerobic glycolysis)이란 글루코스로부터 젖산까지의 분해를 지칭하는 용어로 흔히 사용된다. 젖산은 세포 외로 배출되어 순환되며 간에 흡수되어 대사된다.

- 5탄당분로(pentose shunt): 5탄당인산경로(pentose phosphate pathway) 또는 6탄당 1인산분로(hexose monophosphate shunt, HMP shunt)라고도 불린다. 5탄당분로는 세포질에서 글루코스를 CO_2와 H_2O로 산화시키는 경로로서 NADPH와 5탄당인 라이보스를 생성한다.
- 우론산경로(uronic acid pathway): 간의 우론산경로는 글루코스로부터 글루쿠론산을 생성하며 글루쿠론산은 대사 노폐물 또는 독성물질과 포합체를 형성하여 담즙으로의 배설을 촉진한다. 글루쿠론산은 당단백질과 당지질의 탄수화물 성분이며, 아스코르브산(ascorbate, vitamin

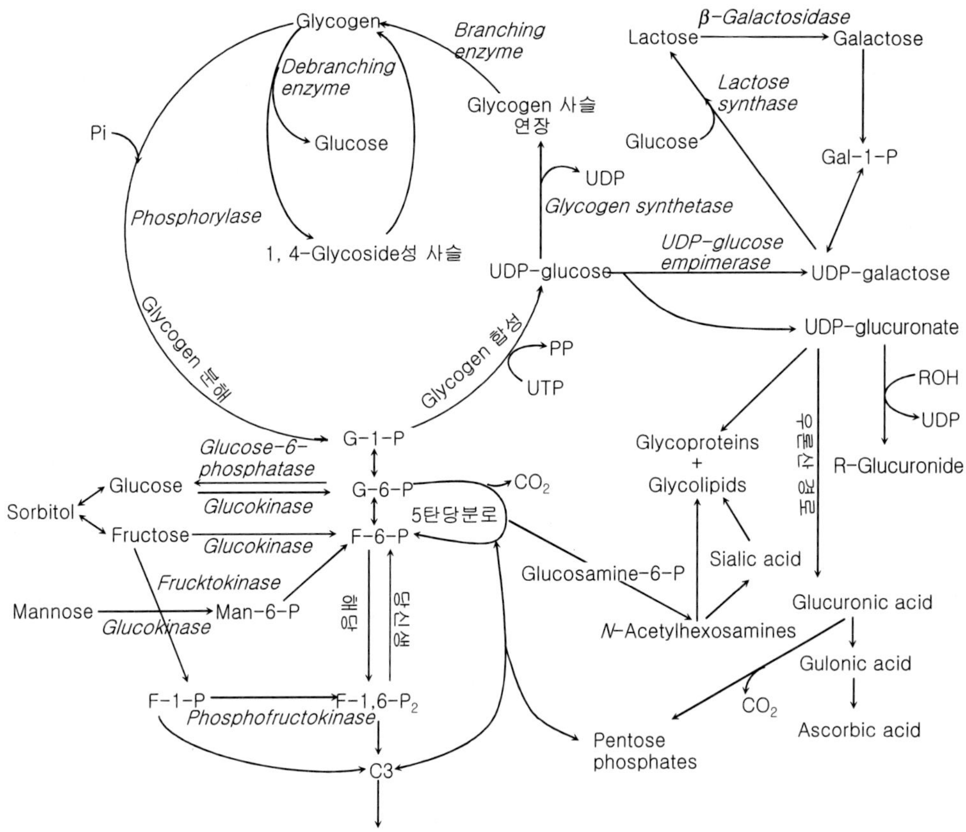

그림 15-28. 6탄당의 주요 경로들. G-1-P, glucose 1-phosphate; G-6-P, glucose-6-phosphate; F-6-P, fructose 6-phosphate; Gal-1-P, galactose-1-phosphate; Man-6-P, mannose-6-phosphate; F-1,6-BP, fructose-1,6-diphosphate.

C)으로 전환된다. 영장류와 기니픽은 우론산경로가 없으며 따라서 아스코르브산을 생성할 수 없으므로 음식물로서 반드시 섭취해야 한다.

그림 15-28는 각종 6탄당들의 상호전환, 글리코겐의 합성과 분해, 해당과 당신생, 우론산경로 및 락토스의 형성과 대사 등 6탄당의 주요 대사경로를 보여준다. 중심에 위치한 글루코스 6-인산(G-6-P)은 이 모든 대사과정의 출발점이 된다.

- 락토스의 생성: 글루코스부터 락토스 생성과정이다.
- TCA회로(Tricarboxylic acid cycle, TCA cycle): 시트르산회로(citric acid cycle), 또는 Krebs 회로(Krebs cycle)라고도 불린다. 이 회로는 탄수화물(피루브산을 거쳐서), 단백질(아미노산을 거쳐서) 및 지질(β-산화를 거쳐서)로부터 유도된 아세틸-CoA에 대한 공통 산화경로이다. 아세트산으로부터 TCA회로에 의하여 유도된 전자들은 NADH와 $FADH_2$로 포착되어 인접한 미토콘드리아의 산화적 인산화(oxidative phosphorylation)경로를 거치면서 ATP를 생성한다.

▪ 당신생(Gluconeogenesis)은 비탄수화물 전구체(주로 아미노산, 글리세롤 및 반추동물의 프로피온산)로부터의 글루코스 합성과정이다. 이 과정은 해당반응의 역과정으로 해당의 비가역적 반응들은 변칙적 회로(예, dicarboxylic acid shuttle, DCA shuttle)에 의하여 역진될 수 있다.

4. 글루코스-6-인산의 형성과 분해

1) 글루코스-6-인산의 형성

글루코스대사의 시작은 세포내 글루코스가 세포외로 유출(확산)되는 것을 방지하기 위하여 전하를 가진 인산기를 결합시키는 것이다. 형성된 글루코스-6-인산(glucose 6-phosphate, G-6-P)은 다양한 경로들을 파생시키는 기질이다.

글루코스의 인산화를 촉매하는 효소는 *glucokinase*와 *hexokinase*이며 에너지 공급을 위하여 ATP를 사용한다. 이 효소들에 필요한 다른 조인자들은 Mg^{2+}과 K^{+}으로 세포내에서 농도가 높은 양이온들이다. 키나제(kinase)가 촉매하는 반응들은 고도의 발에너지반응(exergonic reaction)으로 비가역적이다.

(1) *Hexokinase*

이 효소는 모든 세포에 낮은 농도로 존재한다. *Hexokinase*의 낮은 Km(10^{-5}M)은 매우 낮은 글루코스농도에서 최대속도로 작용한다는 것을 의미한다. 그러나 이 효소는 생성물인 G-6-P에 의하여 강력하게 억제되며, 따라서 G-6-P가 신속히 제거되지 않으면 이 효소의 활성은 정지된다. 이 효소는 유도되지 않는다.

(2) *Glucokinase*

이 효소는 간에 존재하는 효소이다. 높은 Km(10^{-2}M)을 가지며 따라서 최대속도(Vm)에 도달하기전의 높은 글루코스농도에서 비로소 글루코스가 인산화 된다. *Glucokinase*는 유도효소로 혈중의 높은 글루코스농도에서 활성과 효소합성이 신속히 또는 완만하게 유도된다. 성숙 반추동물의 제1위에서 글루코스는 미생물총에 의하여 분해되므로 반추동물의 간장 *glucokinase*의 활성은 유도되지 않는다. *Hexokinase*와 달리 *glucokinase*의 활성은 생성물인 G-6-P에 의하여 억제되지 않으며, 인슐린에 의하여 자극된다.

(3) 특이성 kinase들

*Hexokinase*와 *glucokinase*는 글루코스뿐만 아니라 프룩토스와 만노스의 6번탄소도 인산화시켜 당-6-인산유도체를 만든다. 또한 1번탄소를 인산화하는 *fructokinase*, *phosphofructokinase* 및

*galactokinase*가 존재한다. 이 특이성 kinase들은 글루코스경로가 차단되었을 때 각종 6탄당들의 변칙경로로 사용되므로 중요하다. 예를 들면, 당뇨병에서 글루코스가 대사되지 않는 반면에 프룩토스는 쉽게 대사될 수 있다.

2) 글루코스-6-인산의 분해

간, 신장 및 장에 존재하는 *glucose-6-phosphatase*(*G-6-P-ase*)는 G-6-P를 유리 글루코스와 무기인산(Pi)으로 분해한다. 장의 *G-6-P-ase*는 제1위에서 혈중으로 글루코스의 수송에 관여하는 것으로 보이며, 간과 신장에서는 혈당농도를 조절하는 조절효소이다.

간 *G-6-P-ase* 활성은 인슐린에 의하여 억제된다. 따라서 혈당농도가 높을 때, 췌장에서 유리되는 인슐린에 의하여 *G-6-P-ase*는 억제되고, 반면에 *glucokinase*의 활성은 자극된다. 혈당농도가 떨어지면 인슐린분비는 감소하고, *G-6-P-ase*는 활성화되어 혈당농도를 상승시킨다. 당뇨병에서 인슐린의 결핍으로 고혈당이 되며, *G-6-P-ase* 활성이 증대되어 상태를 더욱 악화시킨다. 결과적으로 G-6-P농도는 점차 낮아지며, 계속해서 글리코겐합성이 저해된다.

근육세포에 *G-6-P-ase*가 없다는 것은 근육 글리코겐이 혈당농도에 직접 기여할 수 없으며 근육 자신을 위해서만 사용한다는 것을 의미한다. 그러나 근육에서의 혐기적 해당은 젖산을 생성하며, 젖산은 간으로 운반되어 글루코스로 전환될 수 있다.

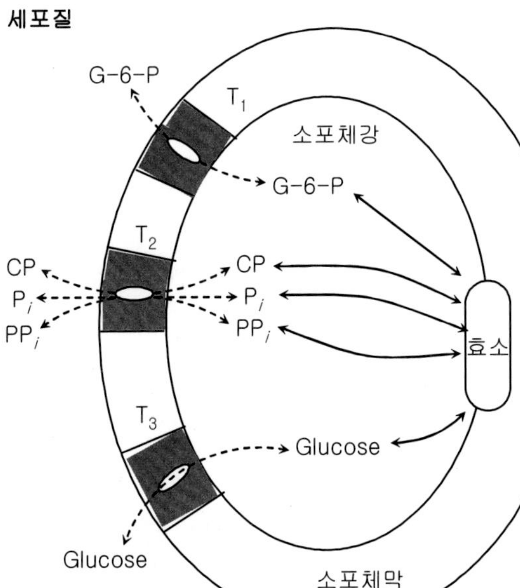

그림 15-29. 간 소포체의 *glucose-6-phosphatase* 시스템. CP, carbamoyl phosphate; 효소, *glucose-6-phosphatase*; T, *translocase*.

*G-6-P-ase*는 소포체 안쪽에 위치한 다효소복합체의 한 부분이다(그림 15-29). 이 효소는 G-6-P 외에도 피로인산(pyrophosphate, PP)과 카바모일-인산(carbamoyl phos- phate)을 가수분해 할 수 있다. 또한 피로인산과 카바모일-인산의 인산기를 글루코스에 전달하여 G-6-P를 생성할 수 있다. 그러나 이것은 전체적으로 볼 때 생리적으로 중요하지 않다. 특이 *translocase*들은 소포체막에서 기질과 생성물들을 통과시킨다(그림 15-29의 T_1, T_2 및 T_3). 인슐린의 결핍 또는 글루카곤과 글루코코티코이드(glucocorticoids)의 투여는 *translocase*의 활성을 증가시켜 G-6-P의 가수분해를 자극한다. I형 글리코겐저장질환(glycogen storage disease Type I)은 G-6-P-ase 활성 부

족에 기인한다. 이 외에도 효소의 촉매 단위 혹은 하나의 *translocase*의 손상과 관련된 원인들이 있을 수 있다.

3) 분지점

그림 15-28에서 G-6-P, F-6-P 및 UDP-글루코스는 여러 경로가 갈라지는 분지점(branching point)이다. 따라서 이 물질들은 여러 효소들이 경쟁하는 직접 기질이 된다. 분지된 경로의 속도 조절효소는 이 분지점들에서 발견된다.

5. 글리코겐의 대사

체내에 탄수화물을 저장할 수 있는 양은 제한되어 있다. 체중 70kg의 사람에서 글리코겐으로 저장할 수 있는 양은 식후 간에 6%로 약 100g, 근육에 1%로 약 250g, 지방조직에 약 25g, 세포 외액 100㎖중 100㎎으로 약 10g, 합계 385g의 글리코겐을 저장할 수 있다. 탄수화물의 열량은 4㎉/g로서 체내 탄수화물형태로 저장된 총 열량은 단지 1540㎉에 지나지 않는다. 이 중 가장 많은 양이 근육에 저장되어 있으며 근육수축에 사용된다. 혈당은 고갈되지 않으며 일정한 농도로 순환되어 필요한 조직에 공급되어야 한다. 그러므로 간에 저장된 글리코겐만이 혈당농도의 유지에 이용되며 필요한 조직에 공급되어 많은 중요한 기능을 수행한다.

이상의 내용에 따라 글리코겐대사에 대하여 다음의 세가지 결론을 유추할 수 있다.

- 당으로 저장되는 열량은 1일간 필요로 하는 열량을 공급하는데 부족하기 때문에 에너지가 필요할 때 저장 지방을 사용한다.
- 탄수화물 저장량은 너무 적기 때문에 탄수화물이 필요할 때, 글리코겐의 분해로 글루코스 생성을 보조하여 당신생이 이루어진다.
- 글리코겐의 주요한 합성장소는 근육과 간이다. 그러나 이들 조직에서 글리코겐의 이용이 다르므로 글리코겐대사에 관여하는 호르몬의 조절기전도 다르다.

1) 글리코겐의 합성

글루코스의 인산화로 생성된 G-6-P는 *phosphoglucomutase*에 의하여 글루코스-1-인산(glucose -1-phosphate, G-1-P)으로 전환되며, G-1-P는 UTP와 반응하여 UDP-글루코스로 전환되고 피로인산을 유리한다(그림 15-28 참조). 이 반응은 *UDP-glucose pyrophosphorylase*에 의하여 촉매된다. 피로인산은 *pyrophosphatase*에 의하여 두 개의 인산기로 분해된다. 그러므로 G-1-P로부터 UDP-글루코스로 전환할 때 2ATP가 사용되는 것과 같으며 따라서 이 반응은 비가역적이다.

G-6-P $\leftrightarrow$ G-1-P

G-1-P + UTP $\rightarrow$ UDP-glucose + PPi

PPi $\rightarrow$ 2 Pi

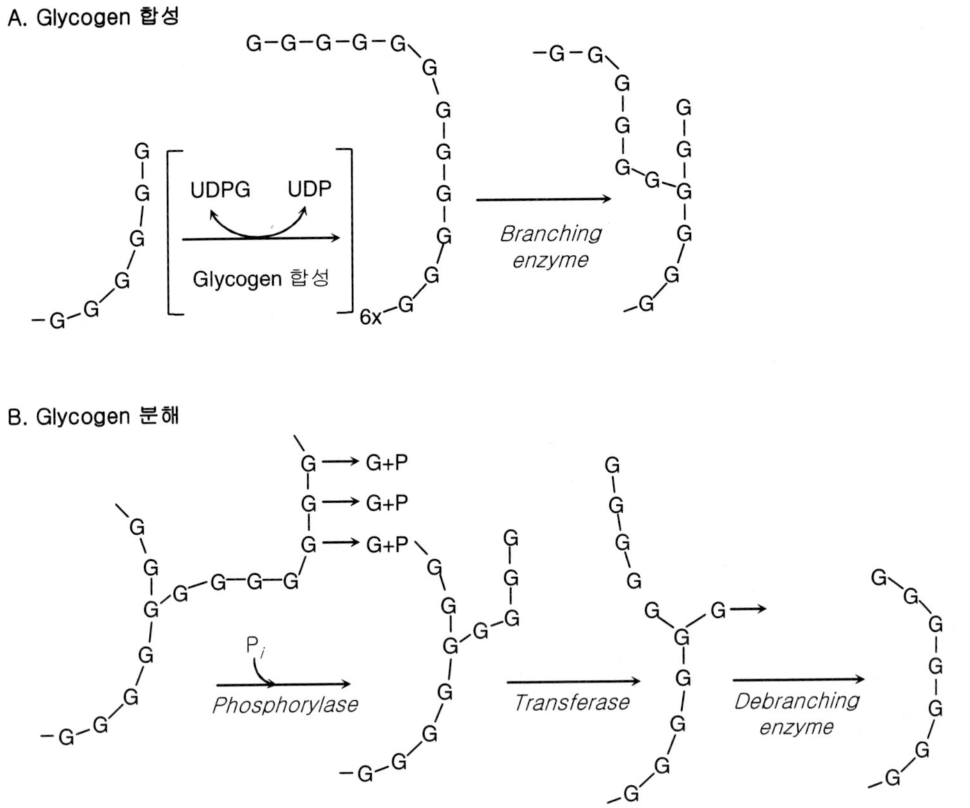

그림 15-30. Glycogen의 분지형성(A)과 분해(B). G, Glucose; UDPG, UDP-glucose; P, phosphoric acid; G-1-P, glucose-1-phosphate.

분지점인 UDP-글루코스는 글리코겐의 합성, 우론산경로 및 유당생성으로 기능이 나뉘어진다.

*글리코겐 합성효소(glycogen synthase)*는 글리코겐 합성의 조절효소로서 인산화에 의하여 활성이 억제되고, 탈인산화에 의하여 활성화되며, 특히 식후에 여러 방법으로 활성화된다. 부교감신경계는 트리포스포이노시톨(IP_3)-매개 Ca^{2+}/칼모듈린전령계에 의한 직접효과와 신경자극에 의한 췌장 인슐린분비의 간접효과를 나타낸다. 식이성분의 저장을 자극하는 인슐린은 *글리코겐 합성효소*를 탈인산화시켜 활성화시킨다. 글리코겐합성에 대한 인슐린의 부가적 효과는 *G-6-P-ase* 활성을 억제하여 세포내의 G-6-P를 *글리코겐 합성효소*의 간접기질로 사용하도록 하는 동시에 *글리코겐 합성효소*에 대한 알로스테릭 피드포와드 활성물질(feed-forward activator)로 작용하도록 하여 글리코겐 합성을 자극한다. *글리코겐 합성효소*는 UDP-글루코스의 글루코스단위를 전에 있던 글리코겐의 외부 끝이나 글리코겐개시체(glycogen primer)에 결합시킨다. 글리코겐개시체는 **글리코게닌**(glycogenin)으로 알려진 단백질개시체(protein primer)에서 형성된다. α-1,4 결합으로

6~11개의 글루코스가 연결되면 *분지효소(branching enzyme)*는 6개 이상의 글루코스가 연결된 사슬을 끊어 옮겨 그 분지에 α-1,6 결합으로 부가적인 측지를 만든다(그림 15-30).

2) 글리코겐의 분해

*Phosphorylase*는 글리코겐의 외부 분지 끝에서 무기인산의 도움으로 α-1,4 결합을 끊어 G-1-P 형태로 하나의 글루코스단위를 떼어낸다(그림 15-30 참조). 한 분지 사슬에서 글루코스가 G-1-P 형태로 떨어져 나간 후 네 개의 글루코스 분자가 남았을 때 *transferase*는 세 개의 글루코스 연결사슬을 끊어 다른 사슬로 옮겨 직쇄로 연결시키고 남은 하나의 글루코스는 *탈분지효소(debranching enzyme)*가 α-1,6 결합을 가수분해하여 인산화되지 않은 글루코스를 유리시킨다.

3) 글리코겐 대사의 조절

*글리코겐 합성효소*와 *phosphorylase*는 글리코겐의 합성과 분해를 조절한다. 글리코겐 합성 중에는 글리코겐 분해에 관여하는 효소들은 활성이 없으며, 반대로 글리코겐 분해 중에는 *글리코겐 합성효소*의 활성이 억제된다. 이런 효소들은 활성형과 불활성형의 구조를 가지며, 길항적 효소활성의 공존을 피하기 위하여 한 효소가 활성형일 때 다른 효소는 불활성형이 되도록 한다. 인산화형에서 *글리코겐 합성효소*는 불활성형이며, *phosphorylase*는 활성형이다. 반대로 탈인산화형에서 *글리코겐 합성효소*는 활성형이며 *phosphorylase*는 불활성형이다.

그러면 무엇이 효소분자의 인산화와 탈인산화에 관여하는가? 그것은 두 가지로 생각되고 있다.

(1) 알로스테릭 조절

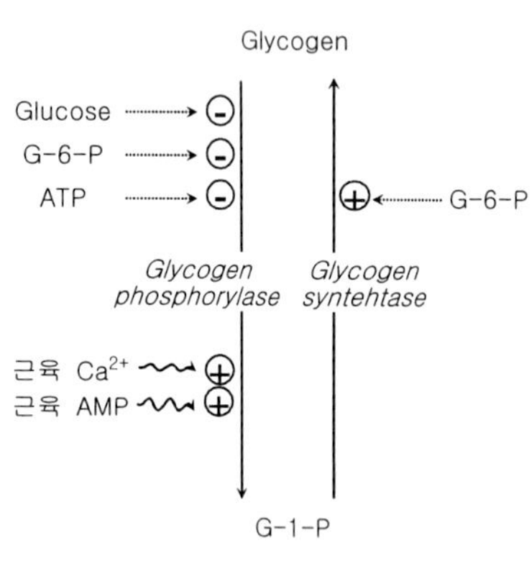

그림 15-31. Glycogen의 합성과 분해에 대한 알로스테릭 조절.

글리코겐의 합성과 분해에 대한 알로스테릭 조절을 그림 15-31에 나타내었다. 식후 고농도의 G-6-P는 *글리코겐 합성효소*를 알로스테릭하게 활성화시킨다. 대조적으로 *glycogen phosphorylase*는 세포내 고에너지수준을 반영하는 ATP와 함께 G-6-P에 의하여 알로스테릭하게 억제된다. 간의 글루코스는 또한 *glycogen phosphorylase*의 알로스테릭 억제물질이다.

근수축 중 긴급하게 필요한 에너지는 글리코겐으로부터 공급된다. 신경충동은 근소포체로부터 세포의 근형질 내로 Ca^{2+}의 유리를 증대시키고, Ca^{2+}은 *phosphorylase kinase*의 한 단위체인 칼모듈린(calmodulin)과 결합하여 *cAMP-의존*

*protein kinase*에 의한 인산화와 관계없이 *phos- phorylase kinase*를 활성화시킨다. 근육이 이완되면 Ca^{2+}은 다시 근소포체로 돌아오고 *phosphorylase kinase*는 활성을 잃는다.

무산소증(anoxia)과 ATP고갈과 같은 극도의 상태에서 나타나는 고농도의 AMP는 근육의 불활성형 *glycogen phosphorylase b*와 결합하여 인산화와 관계없이 이 효소를 활성화시킨다.

(2) 신경-내분비 조절

자율신경계는 조절효소의 인산화에 직접적인 영향을 준다. 부교감신경은 탈인산화를 자극하여 글리코겐합성을 활성화시키며, 아울러 췌장으로부터 인슐린 분비를 자극한다. 교감신경은 글리코겐분해를 활성화하고 글루카곤, 에피네프린 및 노르에피네프린을 생성하도록 한다. 내분비조절은 *cAMP-의존protein kinase* 활성의 조절을 중심으로 이루어진다(그림 15-32). 식후 *adenylate cyclase*가 불활성이기 때문에 세포내 cAMP농도는 낮고, 아울러 인슐린은 *phosphodiesterase* 활성을 자극하여 cAMP를 분해한다. 결과적으로 *cAMP-의존 protein kinase*의 불활성화로 *글리코겐 합성효소*와 *phosphorylase*는 *phosphatase*의 영향하에 탈인산화되어 *글리코겐 합성효소*는 활성화되고 *phosphorylase*는 불활성화된다. 이에 따라 식후 글리코겐합성은 자극되고, 글리코겐분해는 억제된다. 그러나 대사가 진행됨에 따라 인슐린과 G-6-P농도가 떨어지면 글리코겐합성은 더 이상

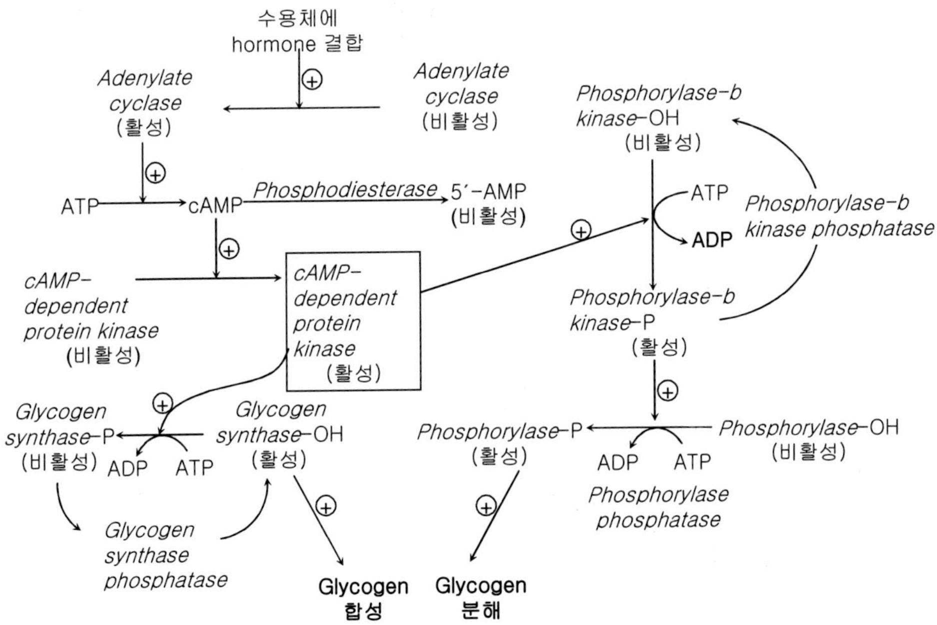

그림 15-32. Glycogen대사에서 cAMP의 역할. *cAMP-의존 protein kinase*에 의한 인산화는 glycogen 합성을 억제하며 glycogen 분해를 자극한다. 탈인산화는 glycogen 합성을 활성화하며 glycogen 분해를 억제한다.

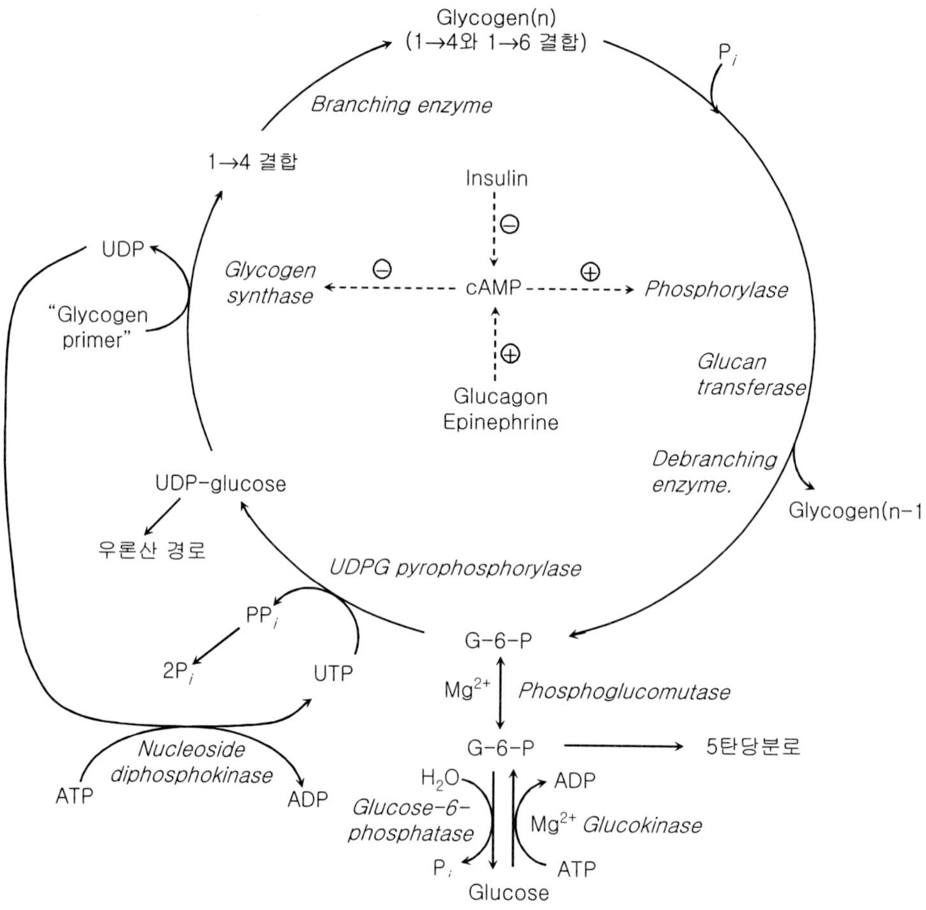

그림 15-33. Glycogen 합성과 분해의 내분비조절. UDPG, UDP-glucose.

자극되지 않는다. 다음에는 식간에 혈당농도를 유지하기 위하여 간 저장 글리코겐의 활용이 요구된다. 따라서 호르몬(글루카곤과 카테콜아민류)의 영향으로 간장 cAMP농도가 증가되며, *cAMP-의존-protein kinase*의 활성화로 *글리코겐 합성효소*와 *phosphorylase*는 인산화되어 글리코겐 합성이 억제되고 저장 글리코겐의 분해는 촉진된다(그림 15-33).

일반적으로 혈당생성경로(글리코겐분해, 당신생)의 조절효소는 인산화에 의하여 활성화되는 반면에, 당을 소모시키는 경로(해당, 지방산 합성)는 인산화에 의하여 억제된다. 예를 들어 간에서 글루카곤은 효소의 인산화를 증가시키는 반면에, 인슐린은 인산화를 억제한다.

근육 중의 *글리코겐 합성효소*와 *phosphorylase*의 화학적 성질은 간에서의 성질과는 좀 다르다. 간은 특이 글루카곤 수용체를 가지고 있어 간 저장 글리코겐을 이용한 혈당농도의 조절기능을 가진다. 그러나 근육은 글루카곤수용체가 없다. 두 조직은 에피네프린과 노르에피네프린에 반응한다. 스트레스는 이 호르몬들의 생성을 유도하며 근육 글리코겐을 동원한다. 기능적으로 중요한 근육 *phosphorylase*의 특징은 근육 수축과 관련되어 있다.

4) 분지점으로서 UDP-글루코스

UDP-글루코스는 *글리코겐 합성효소*의 기질인 동시에 우론산경로와 락토스의 형성과 분해 개시체이다(그림 15-28 참조).

5) 글리코겐 저장병

글리코겐저장병(glycogenoses, 당원병)은 글리코겐 이용에 필요한 효소들 중 한 효소의 결핍으로 간, 신장 및 근육 중에 글리코겐이 축적되는 것을 말한다. 그러나 간 *phosphorylase*는 영향이 없다. 글리코겐저장병 I형인 **폰기에르케병**(von Gierke's disease)은 간, 신장 및 장에 *G-6-P-ase*와 *translocase*들 중 하나의 결핍으로 이들 장기에 글리코겐이 축적되며, 혈당농도는 극도로 낮아지고, 고지혈증(hyperlipidemia)과 케톤증(ketosis)이 된다. 극도로 낮은 혈당농도의 반응으로 생성된 호르몬들은 당신생 속도를 증가시켜 다량의 G-6-P를 생성한다. 이렇게 생성된 G-6-P는 *G-6-P-ase*의 결핍으로 *글리코겐 합성효소*를 피드포와드 활성화하여 글리코겐으로 합성된다. 글리코겐저장병 II형인 **폼페병**(Pompe's disease)은 일반화된 글리코겐저장병으로 라이소솜에 존재하는 *α-1,4-glycosidase*의 결핍에 기인하며 체내 전 조직에 글리코겐이 축적된다. 유아에서 극심한 심장비대증을 일으키며 심장기능 감퇴로 일찍 사망한다. 글리코겐저장병 V형인 **맥카들병**(McArdle's disease)은 근육 *phosphorylase*의 결핍으로 근육 중에 글리코겐이 축적되어 근육이 종창되어 운동할 수 없다. 이 외에도 *분지효소, 탈분지효소* 및 *phosphorylase* 등의 활성 결핍에 기인하는 다른 글리코겐저장병들이 존재하나 중요하지 않다.

6. 해당

해당(glycolysis)은 Embden-Meyerhoff 경로라고도 불리며 글루코스가 분해되어 두 분자의 피루브산(pyruvate) 또는 젖산(lactate)을 생성하는 과정을 말한다.

1) 해당의 기능

- 글리코겐 형태의 탄수화물 저장량은 제한되어 있기 때문에 식후 즉시 보충되며 과량의 글루코스는 지방으로 전환되어 저장된다. 간과 지방세포에서 글루코스가 지방으로 전환할 때는 글루코스의 해당을 수반한다.
- 해당과정에서 생성되는 3탄당-인산(triose phosphate)은 글리세롤-인산(glycerol phos- phate)으로 전환되어 지방세포에서 지질합성에 사용된다.
- 식간에 저장 글루코스는 아껴 사용된다. 대부분의 조직은 에너지를 필요로 할 때 TCA회로

를 통하여 지방과 케톤체를 연소시킨다. 그러나 TCA회로의 중간물질들이 다른 경로로 빠져나가면 글루코스의 해당에 의하여 생성되는 약간의 분해산물과 당합성 중간물질들로 TCA회로의 중간물질들을 보충하게된다. 이렇게 하여 TCA회로가 원활하게 순환되게 함으로서 지방과 케톤체의 연소를 계속시켜 대부분의 조직이 필요로 하는 에너지를 공급할 수 있게 된다.

- 망막조직과 적혈구 같은 조직은 정상적인 상태에서도 유일한 에너지원은 글루코스이다.
- 낮은 산소장력하에서 기능을 발휘하는 세포들은 미토콘드리아의 에너지 생성기구를 이용할 수 없으며, 세포질의 혐기성 해당과정에서 생성하는 ATP를 이용한다. 예를 들면, 신장의 심부 수질세포(deep medullary cells)와 격렬한 운동 중의 골격근 세포들이다.

2) 해당의 개요

글루코스는 G-6-P로 인산화된 후 프룩토스 6-인산(fructose 6-phosphate, F-6-P)으로 전환되며 조절효소인 *phosphofructokinase(PFK)*의 촉매로 ATP로부터 고에너지 인산을 전달받아 프룩토스 1,6-2인산(fructose 1,6-bisphosphate, F-1,6-BP)을 형성한다(그림 15-28 참조). 이 물질은 두 개의 3탄당-인산으로 분리되며, NAD^+에 의하여 산화되어 피루브산을 생성한다. 피루브산은 미토콘드리아와 TCA회로로 계속 산화되거나, 혐기상태에서 젖산으로 환원되거나, 또는 세포 밖으로 배출된다. 글루코스로부터 피루브산을 생성하는 과정은 산소의 유무와 관계없이 세포질에서 진행되며 혐기상태에서 피루브산은 젖산(lactate)으로 환원된다. 일반적으로 혐기적 해당(anaerobic glycolysis)이라 함은 글루코스로부터 젖산을 생성하는 과정을 말하지만 정상상태에서 이 과정의 종산물은 피루브산임을 잊지 말아야 한다.

1분자의 글루코스가 2분자의 피루브산을 생성할 때 4ATP+2NADH의 에너지가 추출된다. 그러나 글루코스와 F-6-P가 인산화할 때 2ATP가 사용되었으므로 이 과정에서의 실질 에너지생산은 2ATP+2NADH(8ATP에 해당)와 같다. 2분자의 피루브산이 산소의 결핍으로 환원되어 2분자의 젖산을 생성하면, 이때 2NADH가 소모되므로 결국 혐기적 해당과정에서의 실질 에너지 생산은 2ATP가 된다.

간세포에서 글루코스가 아세틸-CoA까지 분해되는 과정에 해당과정이 포함되며, 해당과정이 전체 대사과정 중 어느 곳에 위치하며 분지점들에서 다른 대사경로와 어떻게 연결되는지 파악하는 것이 중요하다. 비가역적 단계들에서 중요한 역할을 하는 조절효소와 조인자들을 파악하는 것도 매우 중요하다. 또한 탄수화물 대사경로가 어떻게 지질, 단백질 및 에너지 대사와 연결되어 있는지를 이해하여야 한다.

3) 해당의 반응과 조절

(1) 글루코스-6-인산의 두 해당경로

G-6-P가 대사되는 경로에는 두 가지의 경로가 있다. 하나는 발견자의 이름을 붙여

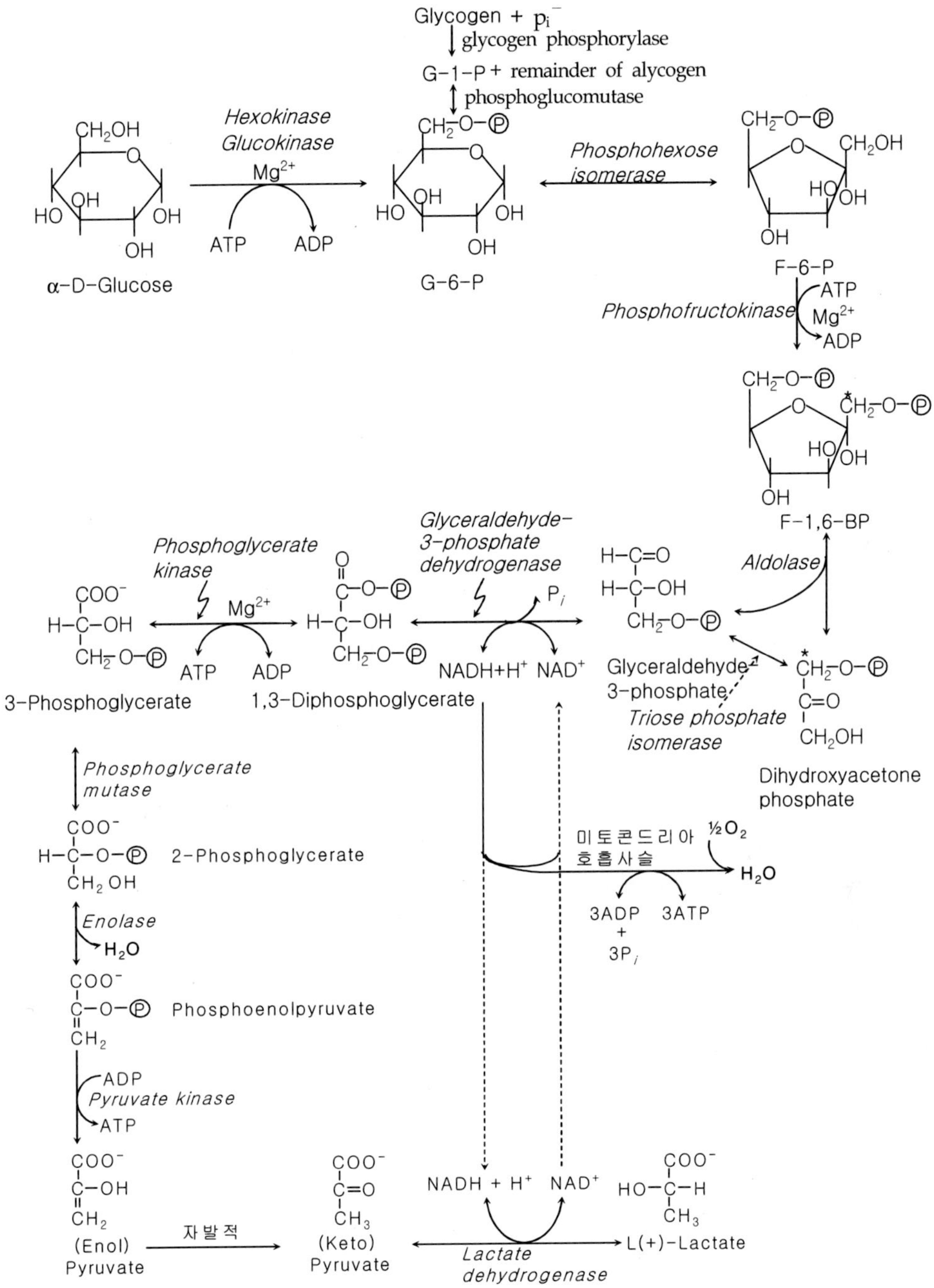

그림 15-34. Glucose의 Embden-Meyerhoff 해당경로. Ⓟ, $-PO_3^{2-}$; Pi, $HOPO_3^{2-}$.

Embden-Meyerhoff 해당경로로 일컬어지는 경로로서 글루코스로부터 피루브산 또는 젖산으로 분해되는 과정으로 모든 세포의 세포질에서 진행된다. 다른 변칙적 회로는 5탄당분로(pentose shunt)로서 G-6-P로부터 에너지를 얻을 수 있으며, 특히 TCA회로가 없는 세포(예, 적혈구)에서 유용하다. 또한 에너지생성 이외의 목적으로도 사용되므로 중요하다.

(2) 해당의 반응

해당 과정을 요약하면 그림 15-34와 같다.

① **글루코스의 인산화:** 글루코스의 인산화는 앞에서 언급한바와 같이 *hexokinase*와 *glucokinase*의 두 효소에 의하여 인산화되어 G-6-P를 생성한다.

② **글루코스 6-인산의 이성체화:** G-6-P는 이성체인 F-6-P로 전환되며 *phospho- glucoisomerase*에 의하여 촉매된다. 이 반응은 가역적이며 속도조절 단계가 아니다.

③ **프룩토스 6-인산의 인산화:** F-6-P의 비가역적 인산화는 조절효소인 *phosphofructokinse 1*(*PFK-1*)에 의하여 프룩토스 1,6-2인산(F-1,6-BP)으로 전환된다. 최적의 *PFK-1* 활성을 위하여 다른 kinase와 마찬가지로 ATP, Mg^{2+} 및 K^{+}을 필요로 한다.

간에서 *PFK-1* 농도가 낮으므로 해당을 조절할 수 있다. 식간에 에너지를 필요로 하지 않으면 ATP농도의 상승으로 *PFK-1*의 활성이 억제되며 글루코스는 절약된다. 식후에 프룩토스-2,6-2인산(fructose 2,6-bisphosphate, F-2,6-BP)은 *PFK-1*을 활성화시켜 식이 글루코스를 지방으로 전환시킬 수 있다.

- AMP, ADP, ATP 및 시트르산(citric acid)에 의한 조절: 세포의 저장 에너지가 고갈되었을 때 AMP와 ADP는 *PFK-1*을 알로스테릭하게 활성화시켜 해당을 통한 에너지를 공급한다.

세포의 에너지요구에 따라 *PFK-1* 활성의 예민한 적응성 조절은 대부분의 조직에 존재하는 효소인 *adenylate kinase*에 의한 다음 반응에 의하여 조절된다.

$$\text{ATP} + \text{AMP} \leftrightarrow 2\ \text{ADP}$$

평형상태에서 ATP농도는 AMP농도의 약 50배이다. 결과적으로 소량의 ATP소비는 ADP를 생성하며 *adenylate kinase*에 의하여 다량의 AMP를 생성하게 된다. AMP는 *PFK-1*을 활성화하며 세포 에너지 상태의 아주 작은 변화에 대해서도 예민하게 반응하여 해당에 의한 탄수화물의 소비를 정확하게 조절한다. 따라서 ADP와 AMP는 다같이 *PFK-1*을 활성화시키는 물질이다. 한편 ATP와 시트르산은 *PFK-1*을 강력하게 억제한다. 지질의 분해는 ATP와 시트르산을 다량 생산하여 풍부한 에너지를 가지게 되므로 *PFK-1*은 억제되어 해당이 억제되고 글루코스가 절약된다.

- 프룩토스 2,6-2인산(F-2,6-BP)에 의한 조절: 식후 식이 글루코스는 간에 저장된다. 그러나 저장량은 제한되어 있으므로 대부분의 글루코스는 지질로 전환되어 저장된다. 이러한 전환은 해당과정을 거치게된다. 해당을 조절하는 효소인 *PFK-1*은 높은 글루코스 상태에서 생성되는

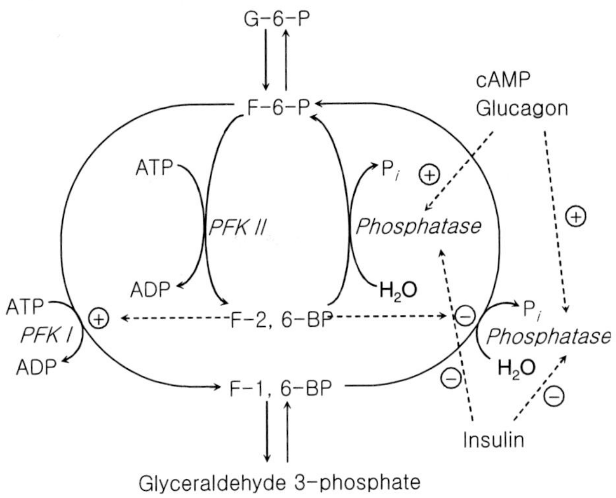

그림 15-35. Fructose 2,6-diphosphate(F-2,6-BP)에 의한 해당의 조절. *PFK 1, phosphofructiokinase 1; PFK II, phosphofructokinase II*; F-1,6-BP, fructose 1,6-bisphosphate; F-2,6-BP, fructose 2,6-bisphosphate.

ATP와 시트르산에 의하여 억제된다. F-2,6-BP은 *PFK-1*의 가장 강력한 활성물질로서 ATP와 시트르산에 의한 *PFK-1*의 억제를 구제하며(F-6-P에 대한 Km을 낮추어준다), 또한 *fructose-1,6-diphosphatase* (*F-1,6-BP-ase*)의 억제물질이다(그림15-35).

해당과 당신생에 대한 F-2,6-BP의 상반된 작용은 두 경로가 동시에 충분히 활성화 될 수 없음을 확인시켜준다. F-2,6-BP는 *phosphofructokinase-2* (*PFK-2*)에 의하여 F-6-P로부터 생성된다. F-2,6-BP는 *F-2,6-BP-ase*에 의하여 다시 F-6-P로 전환된다. 이 두 효소는 인산화와 탈인산화에 의하여 상호 조절된다. *F-2,6-BP-ase* 활성은 인산화에 의하여 활성화되며, 결과적으로 F-2,6-BP 농도를 저하시켜 해당이 감소되고, 당신생이 촉진된다. 대조적으로 *PFK-2*는 탈인산에 의하여 활성화되고 F-2,6-BP를 생성하여 *PFK-1*을 활성화시켜 해당이 증대된다. 인산화는 *cAMP-의존-protein kinase* 혹은 *phosphorylase kinase*에 의하여 촉매되며, 반대로 탈인산화는 *protein phosphatase*에 의하여 촉매된다.

F-2,6-BP의 생성과 분해는 해당과 당신생을 변화시켜 간에서 탄수화물 대사의 조절을 돕는다. 식후에 글루카곤농도는 감소하고, 인슐린농도는 증가하여 F-2,6-BP 농도는 정상의 250%로 증가하며 따라서 해당도 증가한다. 당신생 전구체인 젖산, 글리세롤 혹은 프룩토스를 투여하면 당신생이 진행되도록 간에서의 F-2,6-BP 생성이 저하된다. F-2,6-BP는 글루코스가 풍부한 것을 암시하는 간세포 내 신호로 작용한다. 이런 면에서 F-2,6-BP의 작용은 글루코스의 부족으로 당신생의 필요를 암시하는 신호인 cAMP의 작용과 반대된다.

F-2,6-BP를 통한 *PFK-1*에 대한 호르몬에 의한 조절은 간과 간외 세포에서 다르다. 간에서 글루카곤, 에피네프린, 당뇨병 및 기아는 모두 cAMP농도를 상승시킨다. *Phosphorylase, F-1,6-BP-ase* 및 *F-2,6-BP-ase*의 활성을 증가시키는 *protein kinase*들은 활성화되어 해당을 억제하고, 당신생을 자극한다. 사실상 글루카곤이 F-2,6-BP 농도를 저하시켜 해당을 억제하는 것은 실질적인 당신생을 위하여 필수적이다. 인슐린은 두 효소들을 탈인산화하여 글루카곤 및 에피네프린과는 상반된 작용으로 F-2,6-BP를 증가시켜 해당을 증대시킨다. 그러나 인슐린결핍이나 기아상태에서 간장 F-2,6-BP 농도가 저하되는 반면에 골격근에서는 저하되지 않는다.

글리코겐이 풍부한 간세포에서의 F-2,6-BP 생성은 글루카곤이 결여된 상태에서 α-교감신경의 활성에 의하여 증가된다. 글루카곤의 존재에서 α-교감신경에 의한 해당자극은 억제되며, F-2,6-BP 생성의 억제는 당신생을 자극한다.

절식시 글루카곤농도는 상승하고 인슐린의 분비는 감소되어 간세포 내 F-2,6-BP 농도는 정상 농도의 10%로 감소된다. 결과적으로 전체적인 해당속도는 감소하고 당신생이 증가한다.

분만 전후 F-2,6-BP 농도의 변화는 태아와 모체에서 뚜렷한 탄수화물 대사의 변화를 잘 반영한다. 분만 전 3일 중에 글리코겐합성이 시작될 때 F-2,6-BP 농도는 최소가 된다. 출산 후 2시간에 F-2,6-BP 농도는 글리코겐의 분해에 따라 급격히 증가한다. 신생아의 저혈당증은 열을 생성하기 위한 높은 글루코스 이용속도를 반영한다.

위의 사실에 근거하여 *PFK-1* 활성에 대한 모든 조절이 F-2,6-BP에 의하여 이루어지는 것은 아니다. 많은 조직들과 식후를 제외한 간에서의 *PFK-1*의 활성은 F-2,6-BP 뿐 아니라 AMP농도에 의하여 조절된다. 예를 들어 후지를 전기자극하면 근육이 수축되고 젖산생성이 크게 증가되지만 F-2,6-BP 농도는 낮다. 또한 허혈상태에서 *PFK-1*의 조절은 AMP에 의하여 이루어진다.

④ 프룩토스 1,6-2인산(F-1,6-BP)의 분할: *Aldolase A*는 F-1,6-BP를 두 종류의 3탄당-인산(triose phosphate), 즉, 디하이드록시아세톤인산(dihydroxyacetone phosphate, DHAP)과 글리세르알데히드 3-인산(glyceraldehydes-3-phosphate, GAP)으로 분할한다. 이 반응은 가역적이며 조절되지 않는다.

⑤ 디하이드록시아세톤인산의 이성체화: *Triose phosphate isomerase*는 DHAP와 GAP를 상호 전환시킨다. 그러나 DHAP는 해당과정에서 pyravate까지 대사되기 위하여 이성체인 GAP로 전환되어야 하며 따라서 F-1,6-BP의 분할로 두 분자의 GAP를 생성하는 것과 같다 [주: 해당과정에서 생성되는 DHAP와 GAP는 모두 3탄당유도체(derivative of triose)들이다.]

⑥ 글리세르알데히드 3-인산(GAP)의 산화: *글리세르알데히드-3- 인산 탈수소효소(gleraldehyde 3-phosphate dehydrogenase)*에 의하여 1,3-디포스포글리세르산(1,3-diphosphoglycerate)으로 전환되며 이는 해당과정 중 최초의 산화-환원반응이다. 이 과정에서 NADH가 생성되며 무기인산이 결합한다. 세포에는 단지 소량의 NAD^+가 존재하기 때문에 생성된 NADH는 해당을 계속하기 위하여 NAD^+로 재산화되어야 한다. NADH가 산화되는 두 기전은 피루브산이 젖산으로 환원되면서 산화되는 것과 전자전달사슬에서 산화되는 것이다.

근육과 간 이외의 조직들에서 GAP의 산화는 낮은 효소농도 때문에 해당 과정의 속도조절 단계이다.

- 2,3-디포스포글리세르산(2,3-Diphosphoglycerate, 2,3-DPG)의 합성: 1,3-디포스포글리세르산은 *diphosphoglycerate mutase*에 의하여 2,3-DPG로 전환되며, *phos-phatase*에 의하여 해당과정의 중간산물인 3-포스포글리세르산(3-phosphoglycerate)으로 가수분해된다(그림 15-36). 적혈구에서 해당은 이 "변환" 에 의하여 조절된다. 2,3-DPG는 대부분의 세포에 미량으로 존재하며, 적혈구에는 고농도로 존재한다.

⑦ 1,3-디포스포글리세르산으로부터 ATP생성: 1,3-디포스포글리세르산과 ADP는

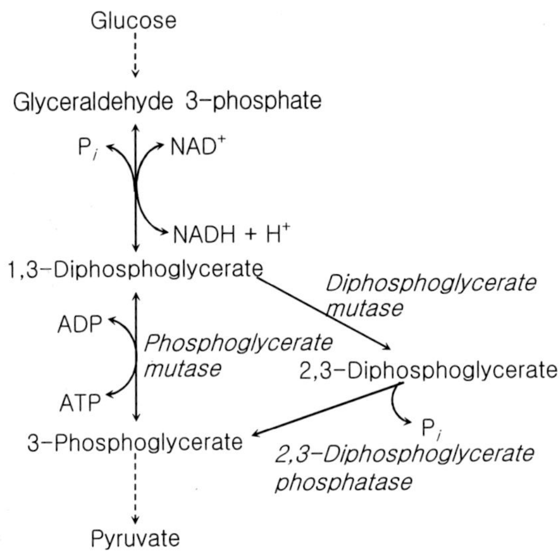

그림 15-36. 적혈구의 2,3-bisphosphoglycerate 회로.

*phosphoglycerate kinase*의 촉매로 3-포스포글리세르산으로 전환되며 이때 ATP를 형성한다. 이 kinase에 의한 반응은 다른 kinase들에 의하여 촉매되는 반응과 달리 가역적이다. 한분자의 글루코스로부터 두 분자의 1,3-디포스포글리세르산을 생성하므로 이 kinase에 의하여 2분자의 ATP가 생성되며 따라서 앞에서 G-6-P와 F-1,6-BP 생성시 소모된 2분자의 ATP를 보상하는 것과 같다.

⑧ **3-포스포글리세르산의 이성체화:** 3-포스포글리세르산의 3번 탄소에 위치한 인산기는 *phosphpoglycerate mutase*에 의하여 2번 탄소로 옮겨져 2-포스포글리세르산(2-phospho- glycerate)을 생성하며 이 반응은 가역적이다.

⑨ **2-포스포글리세르산의 탈수:** 2-포스포글리세르산은 *enolase*의 촉매로 탈수되어 고에너지 인산을 함유하는 포스포엔올피루브산(phosphoenolpyruvate, PEP)을 형성한다. 이 반응은 생성물이 고에너지화합물임에도 불구하고 가역적이다. 불소이온(F)은 *enolase* 활성을 억제하며, 따라서 해당의 억제물질이다. F은 또한 Ca^{2+}과 복합체를 형성하여 혈액의 응고를 방지하므로 불화물(fluoride)은 혈액의 항응고제이다.

⑩ **피루브산의 형성:** 포스포엔올피루브산(PEP)은 *pyruvate kinase*의 촉매로 피루브산으로 전환되며 이 반응은 해당과정에서 세 번째의 비가역적 반응이다. 반응의 평형은 ADP를 사용하여 ATP형성쪽으로 향하고 있으며 해당과정 중 두번째의 기질수준 인산화에 해당한다.

- *Pyruvate kinase*의 피드포와드 조절: 간에서 *pyruvate kinase*는 F-1,6-BP에 의하여 활성화된다. 피드포와드조절(feed forward regulation)은 두 kinase 활성을 연결하는 효과를 가진다. 즉, *phosphofructokinase* 활성의 증가는 F-1,6-BP를 증가시켜 *pyruvate kinase*를 활성화시킨다.
- *Pyruvate kinase*의 공유결합에 의한 조절: *cAMP-의존 protein kinase*에 의한 인산화는 간에서 *pyruvate kinase*를 불활성화시킨다. 혈당농도가 낮을 때 글루카곤의 증가는 인산화를 자극하는 세포내 cAMP농도를 증가시키므로 *pyruvate kinase*를 불활성화시킨다. 따라서 포스포엔올피루브산은 더 이상 분해(해당)될 수 없으며, 대신 당신생 경로에 들어간다. 이런 사실은 글루카곤에 의한 간에서의 해당억제와 당신생 자극을 말해준다. *Phosphoprotein phosphatase*에 의한 탈인산화는 이 효소를 재 활성화시킨다.

⑪ **피루브산의 운명:** 해당에 의하여 생성된 피루브산의 대사적 운명은 미토콘드리아 수, 혈관분포 등과 같이 산소공급능력에 따라 좌우된다. 근 섬유들은 미토콘드리아 수에서 큰 차이가

있다. 격심한 근운동 중 근육은 근 수축에 필요한 많은 에너지를 생산하기 위하여 많은 산소를 필요로 한다. 이런 상태에서 근육의 산소 요구량이 혈류에 의한 산소공급속도와 미토콘드리아에 의한 산소이용속도를 초과하면 근육은 "산소빚(oxygen debt)" 을 졌다고 일컬어진다.

▪ 혐기적 상태에서의 운명: 혐기적 상태에서 피루브산은 *젖산 탈수소효소(lactate dehydrogenase)*의 촉매로 **혐기적 해당**(anaerobic glycolysis)의 종산물인 젖산으로 환원되며, 이 때 NADH는 두 개의 대사전자들을 제공함으로써 NAD^+로 재산화되어 해당을 지속할 수 있도록 *글리세르알데히드 3-인산 탈수소효소*에 의한 산화과정에 재활용된다. 그러므로 혐기적 해당은 산소가 부족한 상태에서 ATP를 생성할 수 있는 비상자원이라고 할 수 있다. 젖산은 적혈구, 눈의 수정체와 각막, 신장의 수질, 고환 및 백혈구 등에서 피루브산으로부터 전환되는 주요한 물질이다. 운동중인 골격근에서의 NADH생성은 미토콘드리아에서의 전자전달사슬에 의한 산화능력을 초과하며 결과적으로 상승된 $NADH/NAD^+$ 비율은 피루브산을 젖산으로 환원되도록 한다. 따라서 격심한 운동 중에는 근육 중에 젖산이 축적되어 세포내 pH를 떨어뜨리고 경련을 일으킨다. 젖산은 산소가 공급되면 가역적 반응에 의하여 피루브산로 전환되어 대사된다.

▪ 호기적 상태에서의 운명: 산소를 충분히 이용할 수 있을 때 세포질에서 해당에 의하여 생성된 피루브산은 미토콘드리아로 들어가 *피루브산 탈수소효소복합체(pyruvate dehydro- genase complex)*의 촉매로 산화적 탈탄산반응에 의하여 아세틸-CoA로 전환된 후 TCA회로를 경유하여 CO_2와 물로 완전히 산화된다.

▪ 피루브산의 카복실화: 피루브산은 *puruvate carboxylase*의 촉매로 카복실화에 의하여 옥살로아세트산으로 전환되며 비오틴(biotin)-의존반응이다(그림 15-37). 이 반응은 당신생의 기질이 되는 TCA회로 중간물질들을 공급하기 때문에 중요하다.

▪ 피루브산의 환원: 효모와 미생물 중에는 *pyruvate decarboxylase*의 촉매로 2단계의 반응을 거쳐 에탄올(ethanol)을 생성한다(그림 15-37 참조). 첫 단계에서 조효소로 티아민 피로인산(thiamine pyrophosphate, thiamine-PP)을 필요로 하며 두 번째 단계에서는 조효소로 NADH가 요구된다.

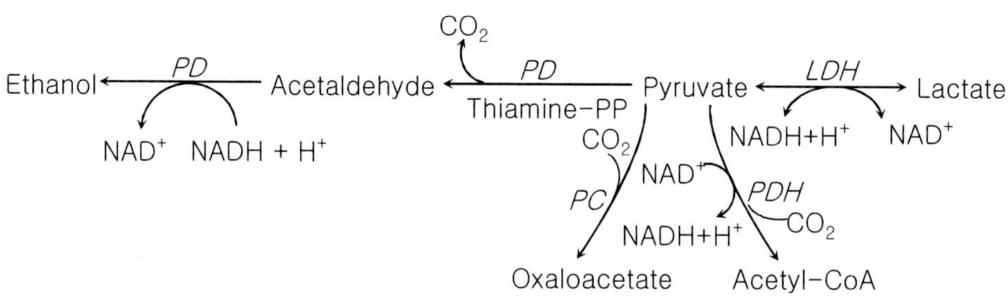

그림 15-37. 피루브산의 대사적 운명. *PD, Pyruvate decarboxylase; LDH, lactate dehydrogenase; PC, pyruvate carboxylase; PDH, pyruvate dehydrogenase complex.*

(3) 젖산의 운명

*젖산 탈수소효소(lactate dehydrogenase, LDH)*반응의 방향은 상대적인 세포 내 피루브산/젖산 농도와 NADH/NAD$^+$ 비율에 달려있다. 예를 들면, 간과 심장의 NADH/NAD$^+$ 비율은 운동중인 근육보다 낮으며 따라서 이들 조직들이 혈류로부터 흡수한 젖산은 피루브산으로 산화된다. 간에서 피루브산은 당신생에 의하여 글루코스로 전환되거나 TCA회로에서 산화된다. 근육에서 생성된 젖산이 혈류에 의하여 간으로 운반되고 간에서 당신생으로 글루코스로 전환되어 재활용되는 과정을 **젖산회로** 또는 **Cori회로**라고 한다(그림 15-38). 심장근육은 특히 젖산을 TCA회로를 통하여 CO_2와 물로 산화시킨다.

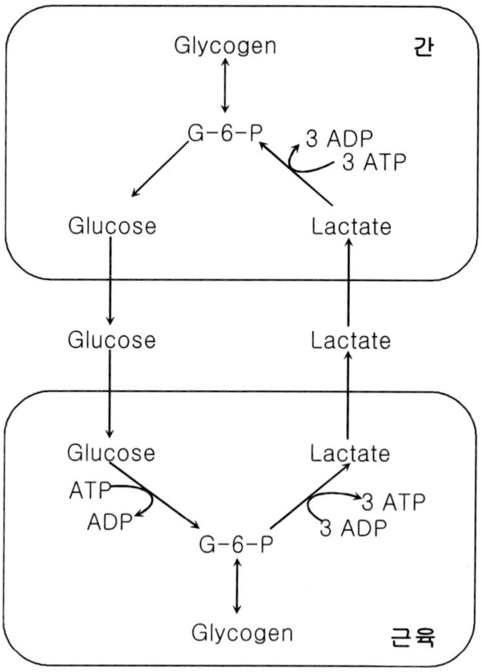

그림 15-38. 젖산 회로.

(4) 파스퇴르 효과

Pasteur는 해당은 호흡, 즉, 산소소비와 연결되어있다고 하였다. 해당속도(글루코스의 소실과 젖산의 출현)는 혐기상태보다 호기상태에서 더 낮다. 이러한 **파스퇴르 효과**(Pasteur effect)를 다른 말로 표현하면 해당계에 산소의 존재는 글루코스를 절약한다는 것이다.

파스퇴르 효과는 다음과 같이 설명할 수 있다.

- 호기상태에서 피루브산은 TCA회로를 통하여 연소되어 글루코스 1분자로부터 38ATP를 생성한다. 그러나 혐기상태에서 해당에 의하여 젖산이 생성되며 이 과정에서 글루코스 1분자로부터 2ATP만이 생성된다. 이 두 조건에서 ATP 생성을 비교할 때 혐기상태보다 호기상태에서 더 적은 분자의 글루코스로부터 필요한 에너지를 더 많이 얻을 수 있음을 의미한다.
- 산소부족으로 ATP농도가 낮으면 속도조절효소인 *phosphofructokinase*와 해당은 억제되지 않는다. 6탄당 섭취는 산소소비를 감소시킨다.

(5) 해당의 에너지 생산

▪ 혐기성 해당: 전체적 반응은

Glucose + 2Pi + 2ADP → 2 lactate + 2ATP + $2H_2O$

결과적으로 1몰의 글루코스가 2몰의 젖산으로 전환되면서 2몰의 ATP가 생성된다. 실제로는 해당의 두 단계에서 2ATP씩 4몰의 ATP가 생성되지만 6탄당의 인산화 두 단계에서 각각 1몰씩 2몰의 ATP가 소모되었으므로 실질적으로 2몰의 ATP가 생성되는 셈이다. 혐기적 해당은 글루코스분자가 함유하는 에너지의 소량만이 포착되는 셈이지만 산소공급이 불충분하거나 격렬한 운동중인 근육에서 그리고 신장수질, 성숙 적혈구 및 백혈구와 같이 미토콘드리아가 결여된 조직들에서 에너지를 생성할 수 있는 중요한 원천이다. 혐기적 해당에서 *글리세르알데히드-3-인산 탈수소효소*에 의하여 생성된 NADH는 *젖산 탈수소효소(LDH)*에 의하여 사용되므로 NADH의 실질적인 생산은 없다(그림 15-34 참조).

▪ 호기성 해당: 전체적 반응은

Glucose + 2Pi + $2NAD^+$ + 2ADP → 2 pyruvate + 2ATP + 2NADH + $2H^+$ + H_2O

ATP의 생성과 소비는 혐기성 해당과 같다. 즉, 1분자의 글루코스로부터 기질수준의 인산화에 의하여 실질적으로 2분자의 ATP가 얻어진다. 호기성 해당은 세포질에서 생성된 피루브산이 젖산으로 환원되지 않고 미토콘드리아 내로 들어가 대사되므로 해당에서 생성된 두 분자의 NADH는 피루브산이 젖산으로 전환되는데 사용되지 않고 미토콘드리아에 들어가 산화적 인산화에 의하여 1분자의 NADH로부터 3분자의 ATP를 생성하게 된다. 그러므로 1분자의 글루코스의 해당과정에서 생성된 2분자의 NADH로부터 모두 6분자의 ATP를 생성하게 되며 따라서 호기성 해당에서 생성되는 전 ATP 수는 8분자가 되는 셈이다.

(6) 해당과정의 이상

① **선천성 해당효소의 결핍:** 사람에서 해당 효소결핍은 약 95%가 *pyruvate kinase*의 결핍, 4%가 *phosphohexose isomerase*의 결핍이다. *pyruvate kinase*와 *hexokinase*같은 효소결핍은 적혈구에만 나타나며, 다른 효소들의 결핍은 광범위한 조직에서 나타난다. 예를 들면, *triose phosphate isomerase* 결핍증은 적혈구, 백혈구, 근육세포 및 중추신경계에서 나타난다. 인체에서 해당 효소결핍증이 있는 환자는 용혈성 빈혈(hemolytic anemia)을 나타내며 빈혈의 정도는 결핍효소에 따라 달라진다. 심한 용혈을 보이는 환자에게 엽산이 공급되며, 대부분의 환자는 치료하지 않는다.

▪ *Pyruvate kinase* 결핍증: 적혈구에 *pyruvate kinase*의 유전적 결핍은 용혈성 빈혈을 일으킨다. 정상적인 성숙 적혈구는 미토콘드리아가 없으며 ATP생성은 완전히 세포질에서의 혐기성 해당에 의존한다. 환자의 적혈구는 전형적으로 정상적인 *pyruvate kinase* 활성의 5~25%에 지나지 않으며 따라서 해당속도는 심하게 감소된다. *Pyruvate kinase* 결핍증에서 관찰되는 빈혈은 해당 및 ATP합성속도의 감소로 세포가 필요로 하는 에너지 요구량의 부족과 세포막 구조의 유지에 필요한 에너지부족에 기인한다. 적혈구막의 변화는 세포형태의 변화를 가져오며 결국 망상내피계의 세포들, 특히 비장의 대식세포(macrophages)에 의한 탐식작용으로 제거된다. 미숙 적혈구의

사멸과 용해는 용혈성 빈혈을 일으킨다.

② **젖산 산증:** 혈장 젖산농도가 상승하는 젖산 산증(lactic acidosis)은 심근경색(myocardial infarction), 폐색전증(pulmonary embolism) 및 다량의 출혈과 같은 순환계의 손상이 있을 때 조직에 적절한 산소공급이 부족하게 되면 산화적 인산화의 손상으로 ATP합성이 감소된다. 이를 보상하기 위하여 세포는 생존에 필요한 ATP를 생성하기 위하여 혐기성 해당을 이용하게 되며 결과적으로 젖산이 다량 생성된다. 혐기성 해당에 의한 적은 양의 ATP생성일지라도 조직에 적절한 혈액공급이 이루어질 때까지 생명유지를 위하여 매우 중요하다.

▪ 혈액 젖산: 산소의 공급이 부족할 때부터 회복하기 위하여 필요한 과량의 산소를 산소 빚(oxygen debt)이라고 한다. 산소 빚은 흔히 환자의 이병률(morbidity) 혹은 사망률과 관계가 있다. 많은 임상적 상황에서 혈액의 젖산 농도는 환자의 산소 빚을 신속하게 조기에 검출하는데 활용된다. 예를 들면, 혈액 젖산은 쇼크의 존재와 심각성을 측정하거나 환자의 회복을 탐지하는데 사용된다.

4) 기타 6탄당의 대사

(1) 갈락토스 대사

① **락토스의 생성:** UDP-글루코스는 포유동물의 조직 중 *epimerase*의 작용으로 UDP-갈락토스로 전환된 후 *락토스 합성효소(lactose synthase)*의 촉매로 글루코스분자와 결합하여 락토스(유당)를 생성한다. 동물의 간에서 글루코스와 갈락토스는 UDP-갈락토스로 전환될 수 있으며(그림

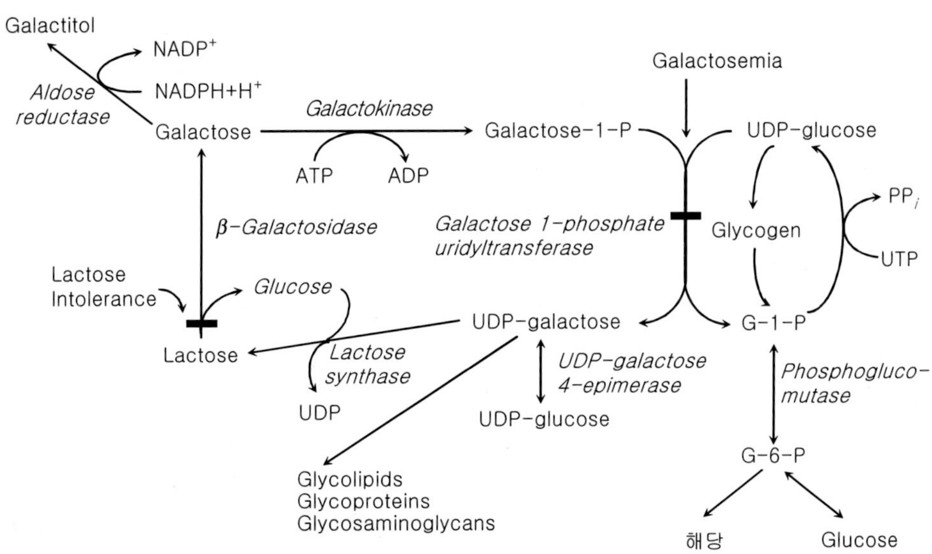

그림 15-39. 갈락토스의 대사.

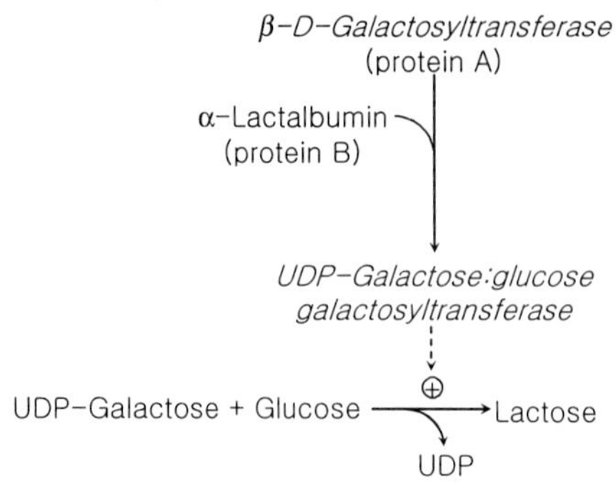

그림 15-40. 유선에서의 lactose 생합성.

15-39) 비유중인 유선에서 글루코스와 반응하여 락토스를 생성할 수 있다. 락토스생성은 에너지론적으로 글리코겐생성에 우선한다. 그러므로 모체가 적절하게 비유중일 때 락토스생성은 계속된다.

포유아는 이유즉시 유즙이 소비되지 않으므로 락토스는 생성되지 않는다.

유선에서의 *락토스 합성효소*는 단백질 A와 B의 두 종류의 단백질로 구성된다(그림 15-40). 단백질 A는 *β-D-galactosyltransferase*로 많은 조직들에 존재한다. 유선 이외의 조직들에서 이 효소는 UDP-갈락토스의 갈락토스를 N-아세틸-D-글루코사민(N-acetyl-D-glucosamine)과 β-1,4 결합시켜 구조적으로 중요한 당단백질의 한 성분인 N-아세틸락토사민(N-acetyllactosamine)을 생성한다. 대조적으로 단백질 B는 유선에만 존재하는 α-락트알부민(α-lactalbumin)으로 유즙에 다량 존재한다. 단백질 A와 단백질 B는 출산 후 유선에서 서로 결합하여 *락토스 합성효소* (*UDP-galactose: glucose galactosyltransferase*)가 된다.

유즙 중에 글루코스 대신 락토스의 존재는 매우 흥미롭다. 2당류의 존재는 아마도 삼투 농도(주어진 에너지 함량에 대응하는)의 효과적 반감에 있을지 모른다. 왜냐하면, 락토스는 유즙 삼투압의 주요한 기여물질이기 때문이다.

② **락토스의 소화:** 장의 *lactase*는 락토스를 소화하여 글루코스와 갈락토스로 분해한다. 장에서 갈락토스의 흡수효율은 글루코스보다 우선하며 간에서 특이 *galactokinase*에 의하여 갈락토스 1-인산(galactose 1-phosphate)으로 전환된다. 이는 다시 UDP-갈락토스로 전환되며 이어서 에피머화로 UDP-글루코스로 전환되어 글리코겐합성에 사용된다.

유당불내증(lactose intolerance)은 성장 후 소장세포의 *lactase* 활성이 거의 또는 전부 없어지기 때문이며, 이에 따라 장관에서 락토스가 소화, 흡수되지 못하게 된다. 이런 경우 유즙을 대량 섭취하면 장액성 설사, 장관연동이상, 대장선통을 일으킨다.

③ **갈락토스혈증:** 선천성 대사성 질병인 갈락토스혈증(galactosemia)은 갈락토스 1-인산을 UDP-글루코스로 전환시키는 효소(*Gal-1-P uridyltransferase*)활성의 결핍에 기인하며 유제품 섭취 후 혈중 갈락토스의 축적과 갈락토스뇨증(galactosuria)이 나타난다. 갈락토스혈증의 병발증인 백내장(cataract)은 안구 수정체에 갈락토스의 환원 생성물인 갈락티톨(galactitol)의 축적에 의한 삼투효과에 기인하며, 따라서 갈락토스혈증이 있을 때에는 갈락토스섭취를 제한하여야 한다. 체내에서 갈락토스혈증이 있을 때에도 UDP-글루코스가 UDP-갈락토스로 전환되어 당단백질, 글라이코사미노글리칸 및 당지질과 같이 갈락토스를 함유하는 많은 중요한 물질들의 합성에 이용되며 갈락토스섭취를 제한하더라도 갈락토스가 부족할 위험은 없다.

(2) 프룩토스 대사

프룩토스는 글루코스로부터 솔비톨(sorbitol)을 거쳐 합성되며 정액 중에 고농도로 존재한다(그림 15-41).

세포는 여러 변칙적인 경로로 프룩토스를 대사한다. *Hexokinase*나 *glucokinase*가 글루코스에 대한 높은 친화성을 갖는데 비하여 프룩토스에 대한 친화성은 낮으므로 이들 효소들에 의하여

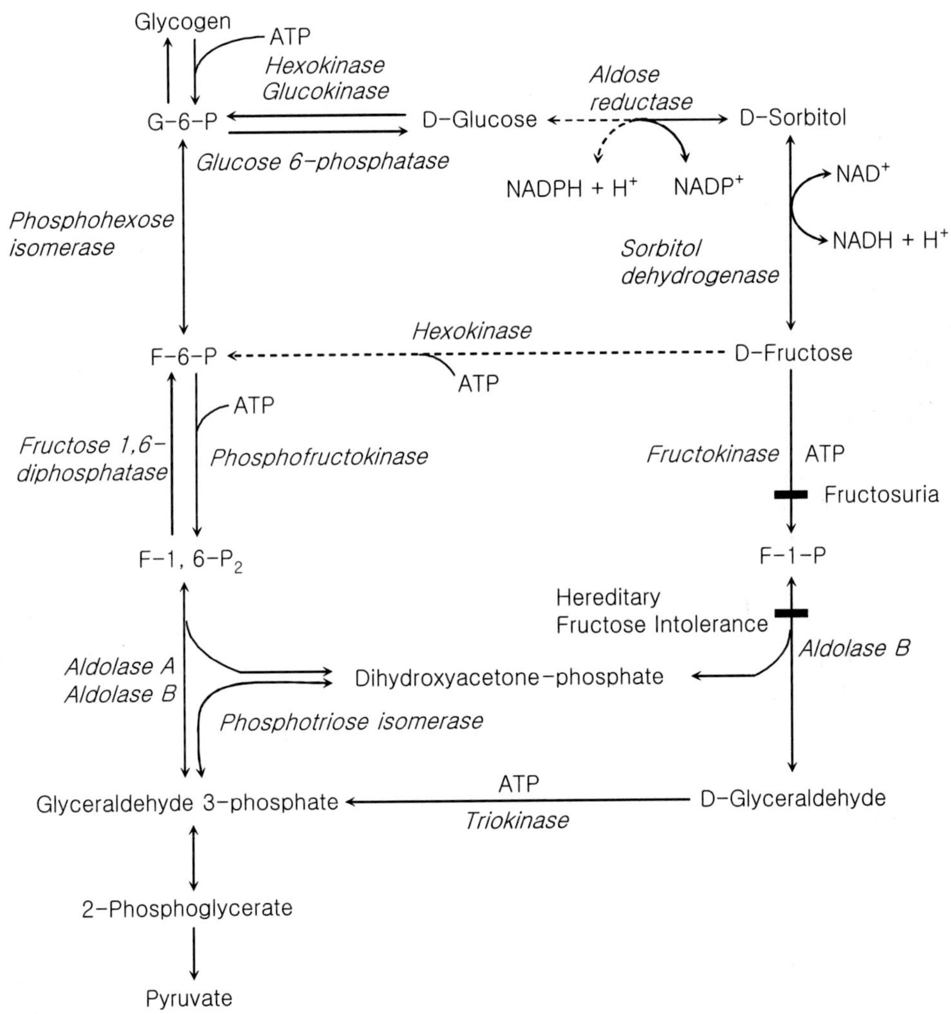

그림 15-41. Fructose의 대사. *Aldolase A*는 간 이외의 모든 조직에 존재한다. *Aldolase B*는 간에만 존재한다. *Aldose reductase*는 간에 존재하지 않으며, 렌즈, 말초신경조직, 신장의 유두, 및 정낭세포에 존재한다.

프룩토스가 F-6-P로 전환되는 것은 그렇게 중요하지 않다. 대신에 간에서 활성이 매우 높은 *fructokinase*가 프룩토스를 F-1-P로 전환시킨다. F-1-P는 두 가지의 다른 방법으로 해당경로의 중간물질로 전환될 수 있다. *Phosphofructokinase*는 F-1-P를 F-1,6-BP로 전환시키며, *fructoaldolase*는 F-1-P를 해당경로의 3탄당 중간물질인 디하이드록시아세톤-인산과 D-글리세르알데히드로 분해시킨다. D-글리세르알데히드는 *triose kinase*에 의하여 D-글리세르알데히드-3-인산으로 전환된다(그림 15-41 참조).

프룩토스에 대한 다중경로의 장점은 한 경로의 결핍을 우회할 수 있다는 점이다. 즉, *glucokinase*의 결핍은 프룩토스를 변칙경로에 의하여 우회시키는 것이다. 당뇨병에서 프룩토스섭취가 유익한 것은 *glucokinase*와 달리 *fructokinase*는 인슐린 결핍에 영향을 받지 않는다는 사실에 기초를 둔다.

프룩토스는 글루코스의 절반 정도의 효율로 장에서 흡수되며, 모든 식이 프룩토스는 장과 간에서 글루코스와 글루코스의 대사산물로 전환된다.

모든 동물들의 프룩토스 대사 수준은 같지 않다. 사람은 소장에서 다량의 식이 프룩토스가 글루코스로 전환되는 반면에 랫트는 그렇지 않다. 간은 글루코스보다도 더 빨리 프룩토스를 대사한다. 아마도 이는 프룩토스가 *glucokinase*와 *phosphofructokinase*의 속도조절효소반응을 우회하기 때문으로 생각되며, 그러므로 프룩토스는 신속연료(rapid fuel)라고 불린다. 근육과 뇌조직은 직접 프룩토스를 사용할 수 없으며, 간에서 프룩토스를 글루코스로 전환하여 연료로 사용할 수 있다. 지방조직은 시험관 내에서 글루코스와 같은 정도로 프룩토스를 대사한다.

(3) 솔비톨 대사

솔비톨(sorbitol)은 간과 정낭세포에서 *솔비톨 탈수소효소(sorbitol dehydrogenase)*에 의하여 가역적인 프룩토스의 환원으로 생성된다. 또한 글루코스도 세포내로 흡수된 후 곧 인산화되지만 *aldose reductase*에 의하여 솔비톨로 환원될 수 있다(그림 15-41 참조). 이 효소는 수정체의 상피세포, 말초신경의 Schwann세포, 신장의 유두 및 정낭세포 등에 상당량이 존재한다. 솔비톨은 세포막을 쉽게 확산하지 못하므로 축적되어 삼투손상을 일으키며, 동시에 마이오이노시톨(myoinositol)농도가 떨어진다. 인체에서 프룩토스와 솔비톨은 수정체에 존재하며 당뇨병에서 이들의 농도는 더욱 증가되어 당뇨병성 백내장(diabetic cataract)을 일으킨다. 솔비톨의 축적, 마이오이노시톨 고갈 및 당뇨병성 백내장은 *aldose reductase* 억제물질들에 의하여 방어된다.

(4) 만노스 대사

식이 만노스는 *glucokinase*와 *isomerase*에 의하여 F-6-P로 대사된다. 만노스는 장에서 수동적으로 흡수되기 때문에 음식물은 만노스원으로 중요하지 않다. 시알산(sialic acid)과 당단백질의 생성에 필요한 N-아세틸-만노사민(N-acetyl-mannosamine)은 F-6-P로부터 합성될 수 있다.

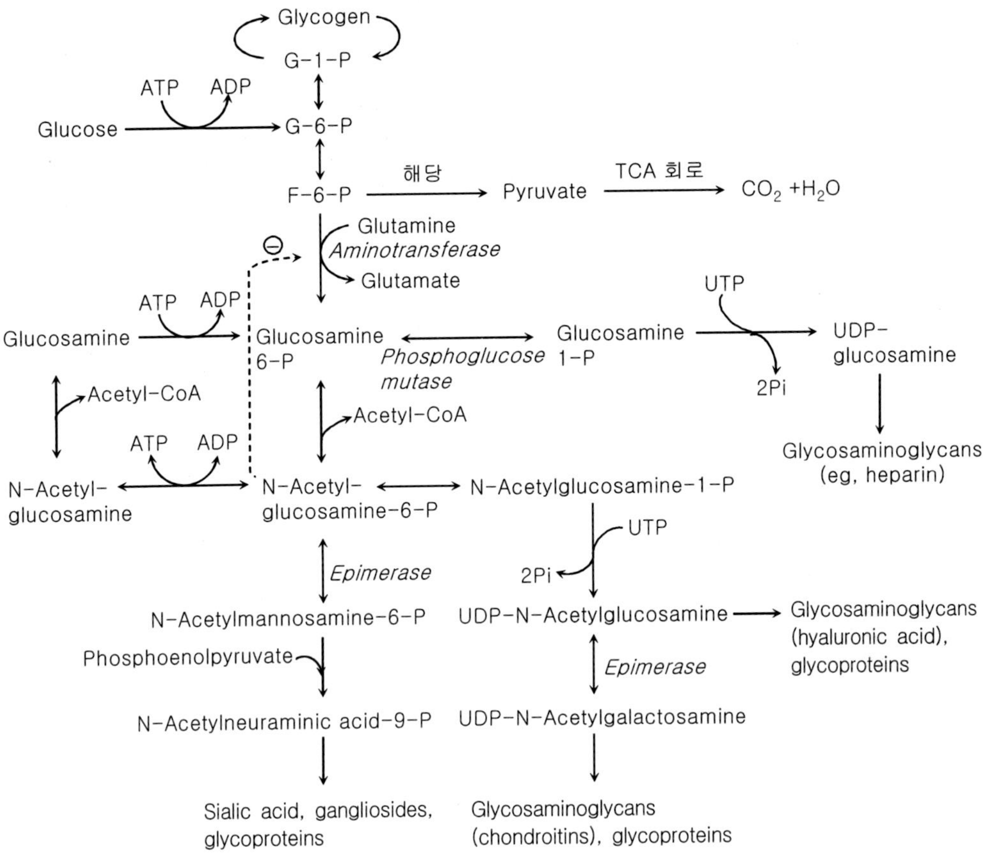

그림 15-42. 아미노당 대사의 상호관계.

(5) 아미노당 대사

아미노당은 당단백질, 어떤 당지질 및 글라이코사미노글리칸의 중요한 구성분이다. 글루코사민, 갈락토사민, 만노사민 및 시알산 등은 주요한 아미노당들이다. 동물의 조직에 존재하는 9-탄소화합물인 시알산은 N-아세틸뉴라민산(N-acetylneuraminic acid, NeuAc)이다. 아미노당 대사의 상호관계는 그림 15-42와 같다. 아미노당 대사의 중요한 특징을 요약하면 다음과 같다.

- 주요한 아미노당인 글루코사민은 F-6-P가 글루타민으로부터 아미노기를 공여 받아 생성된다.
- 아미노당은 주로 N-아세틸형으로 존재하며, 아세틸기의 공여체는 아세틸-CoA이다.
- N-아세틸만노사민 6-인산(N-acetylmannosamine 6-phosphate)은 N-아세틸글루코사민 6-인산(N-acetylglucosamine 6-phosphate)의 에피머화로 생성된다.
- N-아세틸뉴라민산은 N-아세틸만노사민 6-인산과 포스포엔올피루브산의 축합에 의하여 생성된다.

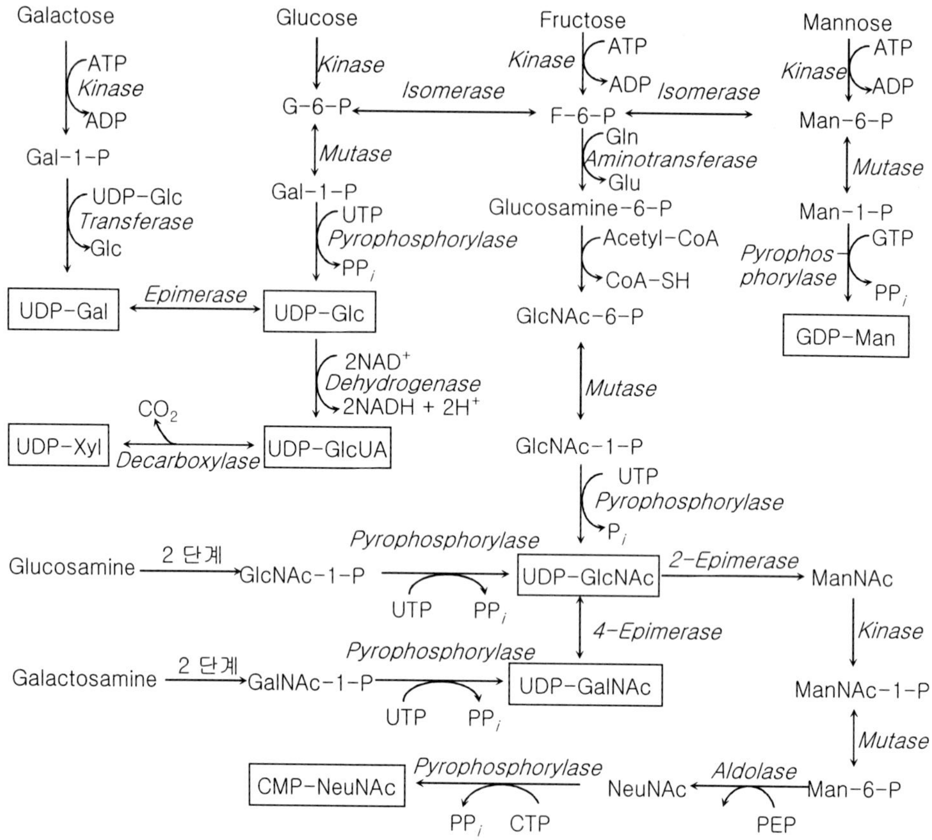

그림 15-43. 누클레오타이드-당의 생성경로와 6탄당 간의 상호변환. Gal, galactose; Xyl, xylose; Glc, glucose; GlcUA, glucuronic acid; GlcNAc, N-acetylglucosamine; GalNAc, N-acetylgalactosamine; ManNac, N-acetylmannosamine; Man, mannose; NeuNAc, N-acetylneuraminic acid(=Sia, sialic acid).

- 갈락토사민은 UDP-N-아세틸글루코사민의 에피머화에 의하여 UDP-N-아세틸갈락토사민으로 전환되어 생성된다.
- 누클레오타이드-당(UDPGlcNAc와 UDPGalNAc)은 당단백질과 글라이코사미노글리칸들의 생합성에 사용되는 아미노당의 형태이다. 여러 누클레오타이드-당의 생성경로와 6탄당간의 상호변환을 그림 15-43에 요약하였다.

7. 5탄당분로

1) 5탄당분로의 기능

5탄당분로(pentose shunt)는 5탄당인산경로(pentose phosphate pathway), 6탄당 1-인산분로(hexose monophosphate shunt, HMP shunt), 혹은 포스포글루콘산경로(phosphogluconate pathway) 등으로도 불린다. 이 경로는 세포의 세포질에 존재하며 G-6-P의 변칙적인 산화경로로서 이 경로의 산화능력은 미토콘드리아가 없는 적혈구와 같은 세포들에서 특히 중요하다. 이 경로는 라이보스(또한 간접적으로 데옥시라이보스)와 NADPH의 합성경로로 중요하다. 라이보스는 핵산과 누클레오타이드의 합성에 필요하며, NADPH는 간과 유선에서의 지방산 합성, 고환과 부신피질에서의 스테로이드합성 및 기타 활성세포의 기능에 필수적이다. 이 경로는 NADPH를 생성하는 세 가지의 주요한 경로 중 하나에 속한다. 5탄당분로는 두 단계의 비가역적 산화반응과 이어지는 가역적 당-인산의 상호전환 반응인 비산화적 반응으로 구성된다(그림 15-44). 이 경로는 ATP를 사용하지 않으며 생성하지도 않는다. 1분자의 G-6-P로부터 비가역적 산화에 의하여 2분자의 NADPH가 생성되며 1번 탄소는 CO_2로 유리된다. 반응방향이 확실한 해당이나 TCA회로와 달리 5탄당분로에서 G-6-P의 상호전환 반응은 몇 개의 다른 방향으로 진행될 수 있다. 주어진 시간에서 반응속도와 방향은 이 경로의 중간물질들의 공급과 필요에 따라 결정된다.

2) 5탄당분로의 반응

(1) 산화적 반응

5탄당분로의 산화반응은 세 반응으로 구성되며 1분자의 G-6-P의 산화에 의하여 리불로스 5-인산, CO_2 및 2분자의 NADPH를 생성한다.

① **글루코스-6-인산의 탈수소화:** *글루코스-6-인산 탈수소효소*(*G-6-P dehydrogenase*)는 조효소로 $NADP^+$를 사용하여 비가역적으로 G-6-P를 6-포스포글루코노락톤(6-phosphogluconolact-one)으로 산화시킨다. *글루코스-6-인산 탈수소효소*는 이 경로의 주요한 조절효소로서 NADPH는 이 효소의 강력한 경쟁적 억제물질이다. 대부분의 대사에서 $NADPH/NADP^+$ 비율은 실질적으로 효소활성을 억제할 만큼 충분히 높다. 그러나 NADPH의 요구가 증가함에 따라 $NADPH/NADP^+$ 비율은 감소하며, *글루코스-6-인산 탈수소효소*활성은 증가하고 경로는 활성화된다.

② **6-포스포글루코노락톤(6-phosphogluconolactone)의 가수분해와 리불로스 5-인산의 형성:** 6-포스포글루코노락톤은 *6-phosphogluconolactone hydrolase*에 의하여 가수분해되어 비가역적으로 6-포스포글루콘산(6-phosphogluconate)을 생성한다. 이어서 *6-포스포글루콘산 탈수소효소*(*6-phosphogluconate dehydrogenase*)의 촉매로 6-포스포글루콘산은 비가역적으로 산화적 탈탄산되어 리불로스 5-인산, CO_2 및 두 번째의 NADPH를 생성한다.

(2) 비산화적 반응

5탄당분로의 비산화적 반응들은 3탄당, 4탄당, 5탄당, 6탄당 및 7탄당의 상호전환을 촉매한다

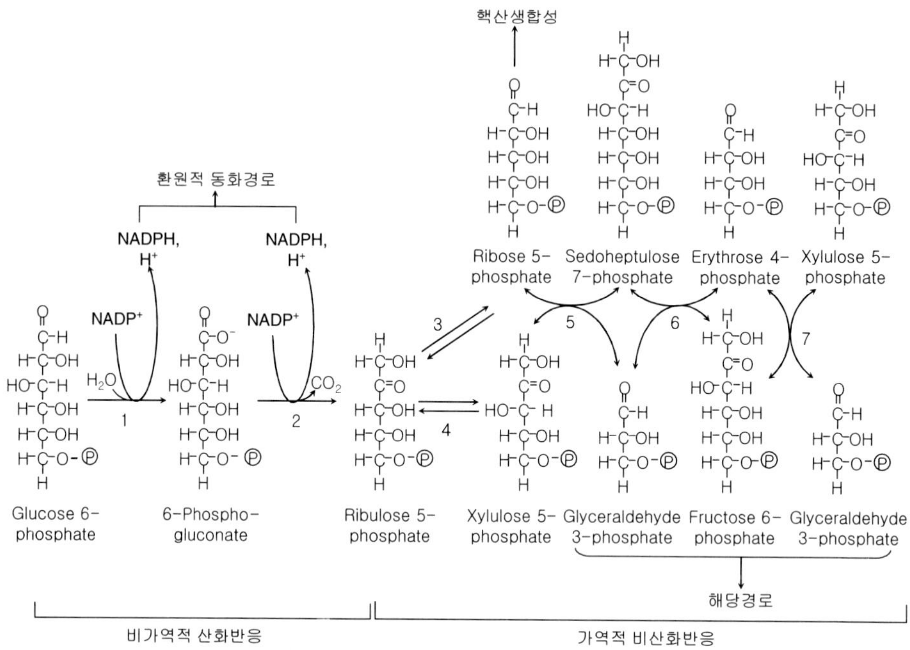

그림 15-44. 5탄당분로의 반응들. 5탄당분로는 산화적 반응과 비산화적 반응으로 나누며, 반응방향에 표시된 번호에 해당하는 효소는 다음과 같다. 1, *Glucose 6-phosphate dehydrogenase + 6-phosphogluconolactone hydrolase*, 2, *6-phosphogluconate dehydrogenase*, 3, *phosphopentose isomerase*, 4, *phosphopentose epimerase*, 5와 7, *transketolase*(조효소 thiamine pyrophosphate 필요), 6, *transaldolase.*

(그림 15-44 참조). 이 반응들은 리불로스 5-인산을 라이보스 5-인산과 해당의 중간산물인 F-6-P와 글리세르알데히드 3-인산으로 전환되도록 한다. 그러므로 5탄당분로는 고립된 경로가 아니며 결국 해당경로에 들어간다. 비산화적 반응은 주로 중간산물들의 이용성에 따라 조절된다. 비산화적 반응에 요구되는 단 하나의 조효소는 *transketolase*반응에 필요한 티아민피로인산(thiamine pyrophosphate)이다.

① **5탄당-인산의 해당 중간물질로의 전환:** 환원적 생합성반응을 수행하는 많은 세포들은 라이보스 5-인산보다 NADPH를 더 필요로 한다. 이때 *transketolase*와 *transaldolase*는 산화적 반응의 종산물인 라이보스 5-인산을 해당의 중간산물인 글리세르알데히드 3-인산과 F-6-P로 전환시킨다.

② **해당 중간물질로부터 라이보스-5-인산의 형성:** NADPH의 필요보다도 누클레오타이드와 핵산합성에 필요한 5탄당이 더 필요할 때 산화적 단계를 거치지 않고 비산화적 반응에 의하여 F-6-P로부터 라이보스 5-인산을 생합성할 수 있다.

(3) 5탄당분로의 조절

5탄당분로가 작동하는 속도는 대사적 연관성에 달려있다. 세포는 핵산과 누클레오타이드의 합성에 5탄당을 필요로 하며, 지방과 스테로이드합성에 NADPH를 필요로 한다. 산화적 경로의 활성은 인슐린에 의하여 자극되며 이것은 NADPH의 필요성이 증대되었음을 반영한다. *글루코스-6-인산 탈수소효소*의 활성은 갈락토스에 의하여 알로스테릭하게 억제된다. 눈 수정체의 대사는 5탄당분로의 적절한 기능에 크게 의존한다. **백내장**(cataracts)은 갈락토스혈증이 있을 때 NADPH를 사용하는 갈락토스의 환원으로 생성된 갈락티톨(galactitol)의 축적에 기인한다.

3) NADPH의 사용

(1) 환원적 생합성

간세포의 세포질에서 $NADP^+$/NADPH 비율은 약 0.1로서 NADPH를 환원적 생합성반응에 이용한다. 이것은 간세포의 세포질내 NAD^+/NADH 비율은 약 1000으로 NAD^+의 산화적 역할과는 대조적인 것이다. NADPH는 NADH와 같이 고에너지 화합물로 생각될 수도 있으나 NADPH의 전자들은 NADH처럼 산소에 전달되지 않고 지방산 합성과 같은 환원적 생합성에 사용된다.

(2) 과산화수소의 환원

과산화수소(H_2O_2)는 분자산소의 부분적 환원에 의하여 생성되는 반응성 산소종들 중의 하나이다(그림 15-45 A). H_2O_2는 호기성대사의 부산물로서, 그리고 약물 또는 환경독소와의 반응에 의하여 연속적으로 생성된다. 반응성 산소종들은 매우 반응성이 커서 DNA, 단백질 및 불포화 지질들을 심각하게 손상시킨다. 반응성 산소종들은 암, 염증성질환 및 노화와 같은 병리적 과정에 나타난다. 세포는 이들 화합물의 독작용을 최소화 할 수 있는 몇 가지의 방어기전을 가지고 있다.

- 항산화반응을 촉매하는 효소: 대부분의 세포에 존재하는 환원 글루타티온(glutathione, GSH)은 화학적으로 H_2O_2를 해독할 수 있다. 이 반응은 *glutathione peroxidase*에 의하여 촉매되며 산화 글루타티온(GSSG)을 생성한다. 세포는 *glutathione reductase*의 촉매로 NADPH를 사용하여 산화 글루타티온을 환원 글루타티온으로 재생시켜 활용할 수 있다.
- 다른 항산화효소들은 다른 반응성 산소 종들을 무해한 물질로 전환시킬 수 있다(그림 15-45 B).
- 항산화 화합물: 비타민 C, 비타민 E 및 β-카로틴(β-carotene)과 같은 세포내 환원제들은 세포내의 반응성 산소 종들을 환원시켜 해독할 수 있다. 이런 항산화제를 많이 함유한 음식물의 섭취는 장기간에 걸쳐 건강문제의 발생 빈도를 감소시키며 어떤 형태의 암 발생 감소와 상관성이 있다. 명확하게 밝혀지지는 않았지만 이런 항산화제들의 항암효과는 부분적으로 반

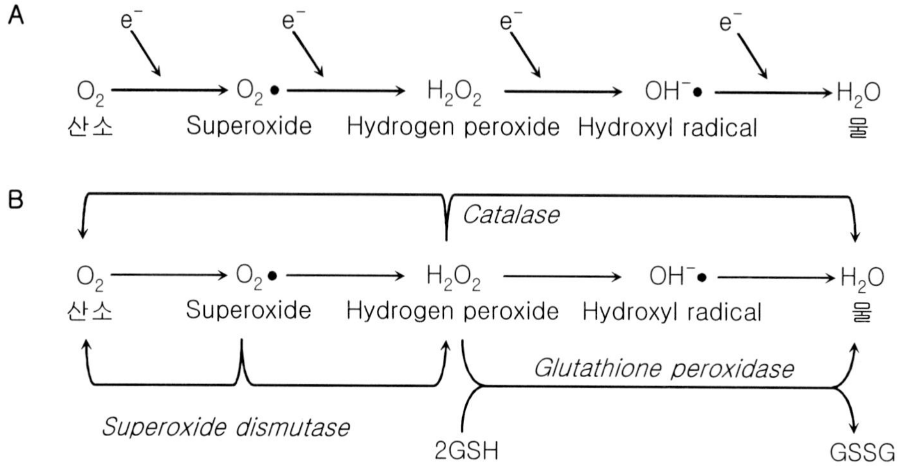

그림 15-45. 분자산소로부터 반응성 산소종들의 생성과(A) 항산화 효소들의 작용(B). GSH, reduced glutathione; GSSG, oxidized glutathione.

응성 산소 종들에 의한 독성효과를 차단시키는 것으로 생각되고 있다.

$$H_2O_2 + 2GSH \xrightarrow{\textit{Glutathione peroxidase}} GSSG + 2H_2O$$

$$GSSG + NADPH + H^+ \xrightarrow{\textit{Glutathione reductase}} 2GSH + NADP^+$$

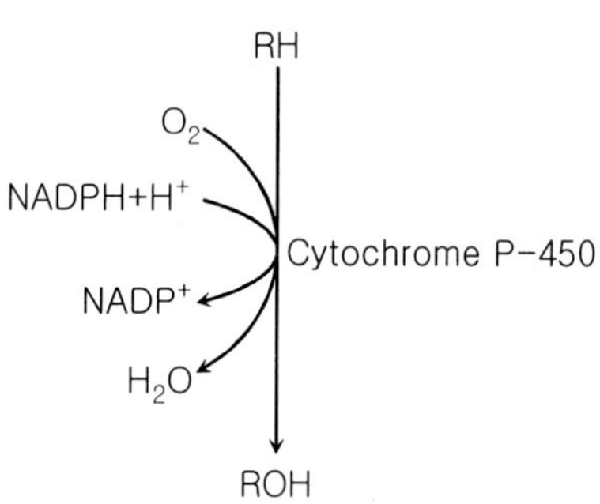

그림 15-46. 마이크로솜의 *cytochrome P-450 monooxygenase* 시스템.

(3) 사이토크롬 P-450 시스템

NADPH는 간세포의 마이크로솜에 존재하는 *cytochrome P-450 monooxygenase* 시스템에 반드시 필요하다(그림 15-46). 이 시스템은 스테로이드와 많은 종류의 약물들을 포함하는 방향족화합물과 지방족화합물들을 하이드록시화하는 경로이다. 이 경로는 약물들과 이물질들을 산화시켜 수용성물질로 전환시킴으로써 신장을 통한 배설을 용이하게 하는 해독시스템으로 작용한다.

(4) 백혈구의 탐식작용

탐식작용(phagocytosis)은 호중구(neutrophils)와 단구(monocytes)같은 세포들에 의한 미생물, 이물질 및 세포 파쇄물들의 탐식을 말한다. 탐식작용은 세균감염에 대한 중요한 방어기전이다. 호중구와 단구는 세균을 사멸시키기 위한 산소-의존 내지 산소-비의존기전을 가지고 있다. 산소-의존기전은 *myeloperoxidase* (*MPO*)시스템과 산소에서 유도된 유리기를 생성하는 또 다른 시스템을 가지고 있다. 산소-비의존 시스템은 파고라이소솜(phago- lysosome)에서의 pH 변화와 병원체를 파괴하는 라이소솜효소(lysosomal enzyme)를 이용한다. 전체적으로 볼 때 *myeloperoxidase* 시스템이 가장 강력한 살균기전이다(그림 15-47). 탐식작용이 시작되면 백혈구 막에 있는 *NADPH oxidase*는 주위조직의 분자산소를 수퍼옥사이드(superoxide, O_2^-)로 전환시킨다. 수퍼옥사이드 형성을 수반하는 급격한 분자산소(O_2)의 소비를 **호흡버스트**(respiratory burst)라고 한다. 다음에 수퍼옥사이드는 *superoxide dismutase* (*SOD*)에 의하여 H_2O_2로 전환된다. 파고라이소솜안에 있는 라이소솜효소인 *myeloperoxidase*는 H_2O_2와 Cl^-으로 차아염소산(HOCl)을 생성하여 세균을 사멸시킨다. 과량의 H_2O_2는 *catalase*와 *glutathione peroxidase*에 의하여 제거된다. *NADPH oxidase*의 유전적 결핍은 만성 화농성감염이 특징인 만성 육아종증(chronic granulomatosis)을 일으킨다.

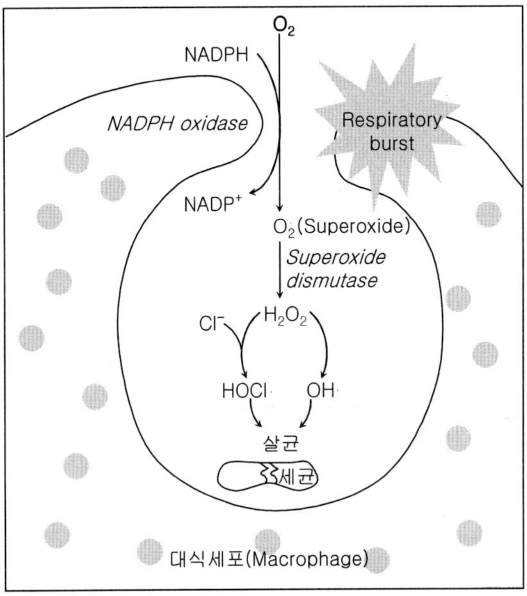

그림 15-47. *Myeloperoxidase* 시스템에 의한 살균기전.

4) 라이보스의 사용

5탄당분로의 또 다른 주요기능은 5탄당의 합성이다. 5탄당분로에 의한 라이보스합성은 G-6-P로부터 산화적으로, 또는 가역적인 비산화적 반응들에 의하여 글리세르알데히드 3-인산으로부터 비산화적으로 이루어진다. *글루코스 6-인산 탈수소효소*가 부족한 근육에서 산화적 5탄당분로의 활성이 매우 낮기 때문에 비산화적 경로가 라이보스합성의 주경로로 이용된다. 라이보스는 ATP, $NAD(P)^+$, 누클레오타이드 및 RNA의 구성분이며, 라이보스로부터 유도된 데옥시라이보스는 DNA의 구성분이다. 소장에서 라이보스의 흡수는 매우 제한적이므로 5탄당분로에 의한 라이보스합성은 매우 중요하다. 간에서 5탄당들은 또한 우론산경로를 통하여 유도될 수 있다.

5) *글루코스 6-인산 탈수소효소* 결핍증

글루코스 6-인산탈수소효소 결핍증은 산화성 물질들을 해독할 수 없기 때문에 특징적인 용혈성 빈혈을 일으킨다. 효소단백질의 유전적 돌연변이에 의한 *글루코스6-인산탈수소효소* 결핍증은 만성 출혈로 인하여 생명이 단축될 수 있다.

- 적혈구에서 *글루코스 6-인산 탈수소효소*의 역할: 이 효소의 활성감소는 NADPH 생성능력에 손상을 주어 산화 글루타티온을 환원시키지 못하므로 세포 내에서 생성되는 유리기와 과산화물질들을 해독할 수 없게 된다. 대부분의 세포가 영향을 받지만 5탄당분로가 NADPH 생성의 유일한 경로인 적혈구에서 심각하게 영향 받아 용혈성 빈혈(hemolytic anemia)을 일으킨다. 다른 조직들은 NADPH를 생성할 수 있는 변칙적인 방법들을 가지고 있다. 적혈구는 핵과 라이보솜이 없으므로 효소를 재생할 수 없으며 적혈구의 안전성이 감소될 때 매우 취약한 특징이 있다.
- *글루코스 6-인산 탈수소효소* 결핍증을 악화시키는 인자들: 이 효소의 돌연변이체를 가진 대부분의 환자들은 임상증세를 보이지 않는다. 그러나 어떤 환자들은 산화성 약물로 처치하거나, 잠두(fava bean)를 섭취하거나, 혹은 심하게 감염되면 용혈성 빈혈이 발현된다.

㉮ 산화성 약물: 이 효소의 결핍으로 용혈성 빈혈을 일으키는 약물들은 소위 **AAA** [**A**ntibiotics(예, sulfamethoxazole); **A**ntimalarials(예, primaquine); **A**ntipyretics(예, acetanilid, 그러나 aspirin과 acetaminophen은 아님)]로 알려졌다.

㉯ 잠두중독증(favism): 이 효소결핍증의 한 형태인 지중해 빈혈(Mediterranean anemia)은 잠두 섭취에 민감하다. 잠두 섭취에 의하여 용혈을 일으키는 잠두중독증은 이 효소가 결핍된 모든 개체에서 관찰되지 않는다. 그러나 잠두중독증을 나타낸 모든 개체는 이 효소가 결핍된 것으로 밝혀졌다.

㉰ 감염: 감염은 이 효소결핍증에서 가장 흔한 용혈 유발인자이다. 감염에 대한 염증성 반응은 대식세포에서 유리 래디칼을 생성하고 적혈구로 확산되어 산화적 손상을 일으킬 수 있다.

㉱ 신생아 황달(neonatal jaundice): 이 효소가 결핍된 개체는 손상된 간 대사와 빌리루빈 생성의 증가에 기인하는 신생아 황달을 일으킬 수 있다.

8. 우론산경로

1) 우론산경로의 기능

우론산경로(uronic acid pathway)는 글루코스로부터 시작하여 분지점인 UDP-글루코스에서 글루쿠론산(glucuronate), 아스코르브산(ascorbate) 및 5탄당을 생성하는 글루코스의 변칙적인 산화경로이다. 그러나 5탄당분로와 같이 ATP를 생성하지 않는다. UDP-글루쿠론산은 글루쿠론산의 활성형으로 프로테오글리칸의 구성분이며, 스테로이드호르몬, 어떤 약품들, 혹은 빌리루빈과 같은 기질들과 포합체를 형성하여 담즙으로 배설시키는 해독물질로 사용된다. 주로 간에서 그리고 약간은 신장에서 혈류로부터 제거되는 독성물질들은 UDP-글루쿠론산과 결합하여 포합체인 R-glucuronide를 형성하며 UDP가 유리된다. R는 헤모글로빈과 사이토크롬(cytochrome)의 분해산물인 빌리루빈, 약물, 혹은 스테로이드호르몬들을 말한다. 호르몬 평형 유지에서 포합체 형성에 의한 불활성화는 호르몬 생성과 함께 매우 중요하다. 혈액으로부터 간(약간은 신장)에 흡수되어 생성된 포합체들은 담즙이나 요 중으로 배출된다.

변칙적으로 UDP-글루쿠론산은 가수분해되어 글루쿠론산과 굴론산(gulonate)을 거쳐 아스코르브산(비타민 C)으로 전환된다. 영장류와 기니픽(guinea pig)같은 동물종은 굴론산을 아스코르브산으로 전환시키는 효소가 없으며 따라서 이들 동물종들은 비타민 C를 음식물을 통하여 섭취해야 한다. 굴론산은 탈탄산되고 인산화되어 5탄당-인산(pentose phosphate)으로 전환된 다음 누클레오타이드와 핵산합성에 사용된다.

UDP-글루코스로부터 시작하는 우론산경로와 F-6-P로부터 탄수화물-단백질복합체(글라이코사미노글리칸, 점액다당류, 당단백질)의 형성은 매우 중요하다.

우론산경로의 네가지 주요한 합성기능을 요약하면 다음과 같다.

- 여러 당단백질을 구성하는 당 성분 합성
- 포합체형성을 위한 글루쿠론산 생성
- 아스코르브산 생성
- 5탄당-인산 생성

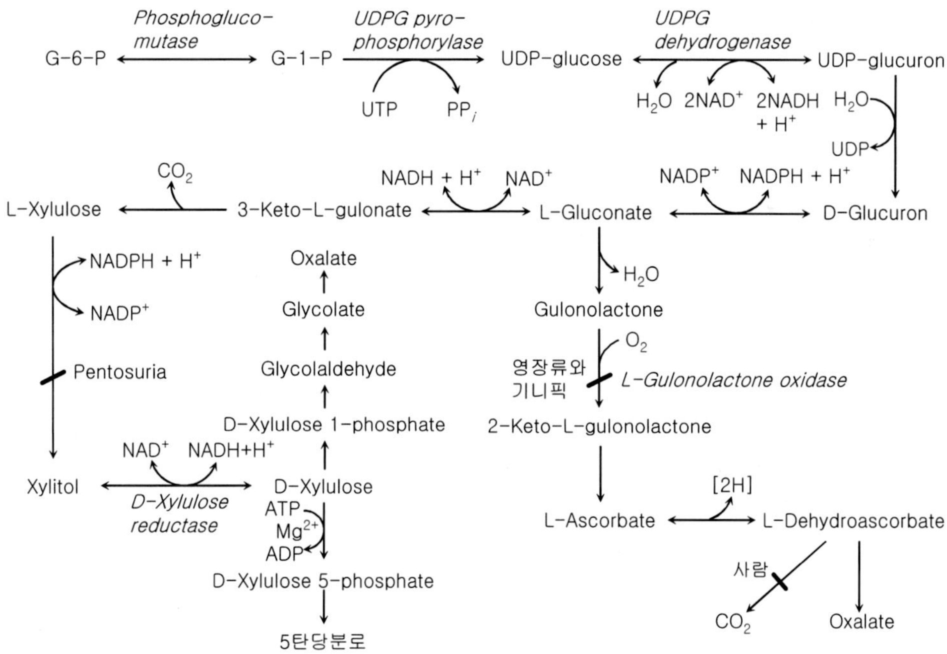

그림 15-48. 우론산 대사경로. UDDG, UDP-glucose.

우론산경로의 속도조절은 생성물의 필요에 따라 이루어진다. 포합체형성은 심한 탄수화물 부족(저혈당성 혼수)시에도 계속되며 따라서 우론산경로는 탄수화물 이용에서 상위의 우선권이 있는 것으로 보인다.

2) 우론산경로의 반응

전체적인 우론산경로를 그림 15-48에 나타내었다. G-6-P는 *phosphoglucomutase*에 의하여 G-1-P로 전환되고 이어서 UTP와 반응하여 활성 누클레오타이드인 UDP-글루코스(UDPG)를 형성한다. 이 반응은 *UDPG pyrophosphorylase*에 의하여 촉매된다. 여기까지의 반응들은 간에서의 글리코겐합성경로에서도 나타난다. UDP-글루코스는 두 단계의 반응에 의하여 6번 탄소가 산화되어 글루쿠론산을 생성한다. *NAD-의존 UDP-글루코스 탈수소효소*가 촉매하는 이 반응에서 생성되는 주요한 물질은 UDP-글루쿠론산이다. 글루쿠론산은 NADPH-의존반응으로 L-굴론산(L-gulonic acid)으로 전환된다. L-굴론산은 비타민을 합성할 수 있는 동물들에서 아스코르브산의 직접적인 전구체이다. 사람과 다른 영장류들 그리고 기니픽은 L-굴론산의 전환으로 생성되는 L-굴로노락톤(L-gulonolactone)을 산화시키는 *L-gulonolactone oxidase*가 없기 때문에 아스코르브산을 합성할 수 없다.

L-굴론산은 또한 3-케토-L-굴론산(3-keto-L-gulonate)으로 산화되고 이어서 탈탄산에 의하여 5탄당인 L-크실룰로스(L-xylulose)로 전환된다. L-크실룰로스는 NADPH에 의하여 xylitol로 환원된 후 NAD^+에 의하여 산화되어 D-크실룰로스(D-xylulose)로 전환된다. D-크실룰로스는 D-크실룰로스 5-인산(D-xylulose 5-phosphate)으로 전환된 후 5탄당 분로에 들어가 대사된다.

9. TCA회로

1) TCA회로의 중요성

혐기적 조건에서 피루브산은 젖산으로 전환되고 NAD^+가 재생되어 세포질에서의 해당과 ATP생성이 계속된다. 호기적 조건에서 피루브산은 아세틸-CoA로 산화되고 이어서 TCA회로(TCA cycle, tricarboxylic acid cycle; citric acid cycle; Krebs cycle)에 의하여 CO_2와 H_2O로 산화된다. 아세틸-CoA는 아미노산, 지방산 및 탄수화물과 같은 연료분자들의 대사에 의하여 생성된다. 이 산화는 사람을 포함 대부분의 동물에서 총 산소 소비량의 약 2/3를 사용하고 ATP를 생성한다. TCA회로는 또한 많은 중요한 합성반응에도 참여한다. 예를 들면, 아미노산의 탄소골격으로 글루코스를 생성하며, 헴합성의 단위체를 제공한다. 이 회로는 미토콘드리아 기질에서 진행되며 따라서 산화적 인산화반응과 밀접하게 근접되어 있다.

2) 피루브산의 산화적 탈탄산반응

(1) 분지점으로서 피루브산

▪ 아미노기전이반응(transamination)에 의하여 피루브산은 알라닌으로 전환되어 단백질을 구성한다.

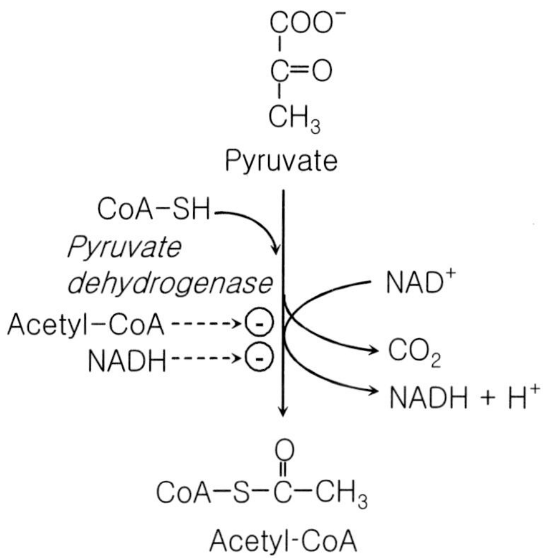

그림 15-49. 피루브산의 산화적 탈탄산반응.

▪ 피루브산은 DCA셔틀(dicarboxylic acid shuttle, DCA shuttle)에서 카복시화되어 옥살로아세트산으로 전환되고 포스포엔올피루브산을 거쳐 해당의 역방향경로에 의하여 글루코스를 생성한다.

▪ 피루브산은 산화적 탈탄산에 의하여 아세틸-CoA로 전환된 후 지방산으로 더 전환되거나 TCA회로를 통하여 CO_2, H_2O 및 에너지를 생성한다.

피루브산의 아세틸-CoA로의 전환은 미토콘드리아에서 이루어지고, 계속해서 TCA회로에 의해서 산화되며 이때 포착된 전자들은 산화적 인산화경로에 들어간다. 그러므로 아세틸-CoA가 TCA회로를 통해서 연소되기 위해서는 미토콘드리아를 벗어날 수 없다. 그러나 아세틸-CoA로부터 지방산 합성의 주 경로는 세포질에 위치한다. 따라서 글루코스가 지방으로 전환될 때 해당에서 생성된 피루브산은 미토콘드리아 내로 수송되어 아세틸-CoA로 전환된 후 아세틸-CoA는 다시 세포질로 환송되어야 한다.

(2) 피루브산의 산화적 탈탄산반응

미토콘드리아의 기질에 있는 다효소복합체인 *피루브산 탈수소효소복합체(pyruvate dehydrogenase complex)*는 호기성 해당의 종산물인 피루브산을 TCA회로의 연료인 아세틸-CoA로 전환시킨다(그림 15-49). 이 반응은 비가역적이며 당신생에서 아세틸-CoA로부터 글루코스가 생성될 수 없음을 의미한다. 엄격히 말해서 *피루브산 탈수소효소복합체*는 TCA회로의 일부가 아니며 TCA회로의 주요 기질인 아세틸-CoA를 생성한다.

① **구성효소:** *피루브산 탈수소효소복합체*는 세 효소들(*pyruvate decarboxylase, dihydrolipoyl transacetylase* 및 *dihydrolipoyl dehydrogenase*)의 다분자 집합체이다. 각 구성효소는 전체적 반응의 한 부분을 촉매한다. 물리적으로 중간물질들을 유리시키지 않고 적절한 순서로 반응들을 연결시

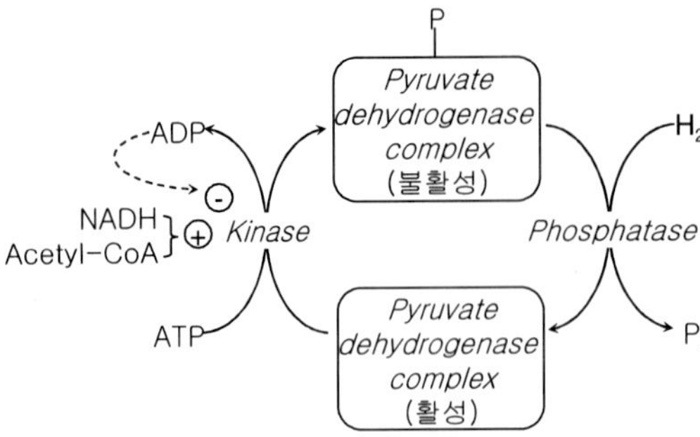

그림 15-50. *Pyruvate dehydrogenase complex*의 조절.

킨다.

② **조효소:** *피루브산 탈수소효소복합체*는 반응 중간물질들의 운반체 또는 산화제로 작용하는 다섯 가지의 조효소, 즉, 티아민 피로인산(TPP), 코엔자임 A(coenzyme A), FAD, NAD^+ 및 리포산(lipoic acid)이 필요하다.

③ ***피루브산 탈수소효소* 활성의 조절:** 두가지 방법으로 억제된다. 첫째는 반응 생성물에 의한 억제로 TCA회로에서 산화할 수 있는 능력을 초과하여 생성된 아세틸-CoA에 의하여 억제되며 또한 전자전달사슬이 기질의 과부하와 산소의 부족으로 상승된 NADH농도에 의하여 억제된다(그림 15-49 참조). 둘째는 탈인산화된 활성형과 인산화된 불활성형이 상호전환에 의하여 조절되며 이런 조절은 두 효소 즉, *protein kinase*와 *phosphatase*에 의하여 조절된다(그림 15-50). *Protein kinase*는 아세틸-CoA/CoA-SH 비율 혹은 NADH/NAD^+ 비율의 증가에 의하여 활성화된다. 에너지 생성의 필요성을 신호하는 ADP/ATP 비율의 증가는 *kinase*활성을 억제하고 *phosphatase*로 하여금 탈인산화형인 활성형으로 전환되도록 한다.

④ **에너지 생성:** 1분자 피루브산의 산화적 탈탄산반응은 1 NADH를 생성하므로 미토콘드리아 막에서의 산화적 인산화에 의하여 3ATP를 생성한다. 1분자의 글루코스는 해당에 의하여 2분자의 피루브산을 생성하므로 2분자 피루브산의 산화적 탈탄산반응에서 2NADH가 생성되고 2NADH의 산화적 인산화에 의하여 6ATP가 생성된다.

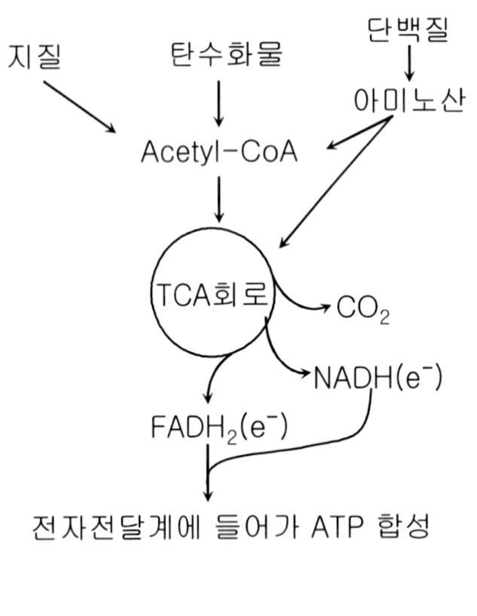

그림 15-51. 탄수화물, 지질, 아미노산은 아세틸-CoA로 분해되어 TCA회로로 들어간다.

3) TCA회로의 반응

산화적 인산화와 협력하는 TCA회로는 호기성 생명체에서 세포내 호흡의 주 경로이다. 미토콘드리아내에서 아세틸-CoA는 피루브산, 지방산, 아미노산 및 케톤체들로부터 유도된다(그림 15-51). 아세틸-CoA는 TCA회로 효소들에 의하여 산화된다(그림 15-52). TCA회로의 효소들 중 어떤 것들은 미토콘드리아 기질 내에 유리상태로 분산되어 있고, 또 어떤 것들은 미토콘드리아 내막의 표면에 부착되어 산화적 인산화와 관련된 효소들과 밀접하게 접촉되어 있다.

그러나 TCA회로는 탄수화물, 지질 및 단백질의 최종적인 산화를 위한 공통경로인 동시에 다른 중요한 목적으로도 활용된다. TCA회로의 중간물질들과 효소들은 당신생(젖산, 아미노산 및 프로피온산으로부터), 지질합성(lipogenesis) 및 누클레오타이드와 헤모글로빈의 합성과 같은 다양한 동화목적으로 활용된다.

(1) 아세틸-CoA와 옥살로아세트산으로부터 시트르산의 합성

아세틸-CoA와 옥살로아세트산(oxaloacetate)의 축합은 *시트르산 합성효소(citrate synthase)*의 촉매로 트리카복시산인 시트르산(citrate)을 생성하며 아세틸-CoA를 산화시키는 조절단계이다(그림 15-52 참조). 이 반응은 아세틸-CoA의 아세트산과 코엔자임 A간의 고에너지결합을 분해하기 때문에 생리적 조건에서 비가역적 반응이다. 또 이 반응은 TCA회로의 중간물질인 옥살로아세트산과 아세트산이 결합하여 또 다른 중간물질인 시트르산을 생성하지만 회로의 순환중에 옥살

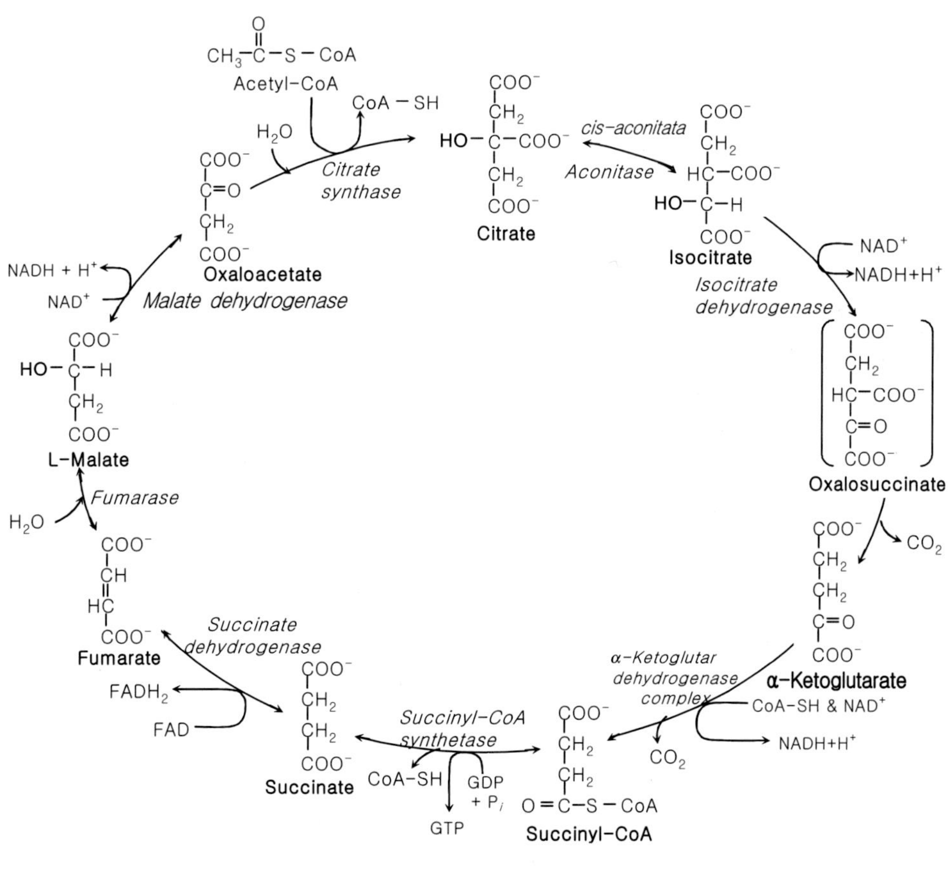

그림 15-52. TCA 회로.

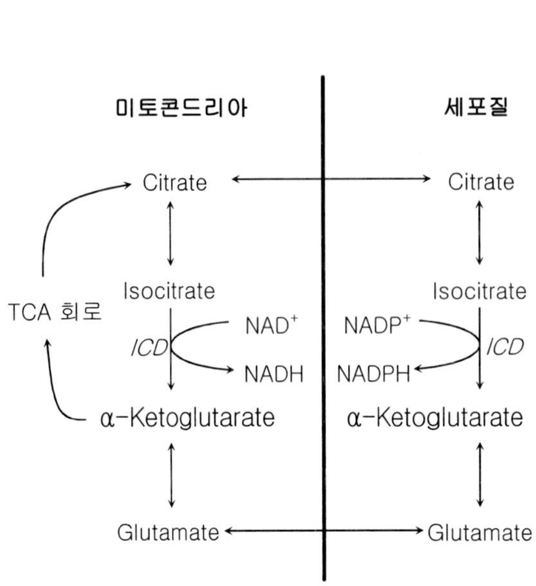

그림 15-53. *이소시트르산 탈수소효소*에 의한 환원 당량의 상호전환. *ICD, Isocitrate dehydrogenase.*

로아세트산이 재생되므로 아세틸-CoA의 삽입으로 인하여 실질적으로 중간물질이 생성되거나 소모되는 것은 아니다.

① **억제물질:** *시트르산 합성효소*는 ATP(ATP/ADP 비율 상승), NADH(NADH/NAD^+ 비율 상승), 아세틸-CoA(아세틸-CoA/CoA-SH비율 상승) 및 숙시닐-CoA(succinyl-CoA)의 상승된 농도에 의하여 억제된다. ATP 농도가 높아지면 *시트르산 합성효소*가 억제되고 따라서 아세틸-CoA는 산화가 억제되어 농도가 상승한다. 아세틸-CoA농도의 상승은 ㉮ *피루브산 탈수소효소*를 억제하여 글루코스를 절약한다. ㉯ *pyruvate carboxylase*를 알로스테릭하게 자극하여 피루브산을 통한 당신생을 증가시킨다. ㉰ 지방산 합성을 증가시킨다. ㉱ 당신생과 지방산 합성이 방해를 받으면 케톤체 생성이 증가된다.

② **시트르산의 다른 기능:** TCA회로의 중간물질인 동시에 시트르산은 세포질에서의 지방산 합성의 시발물질이다. 시트르산은 또한 해당의 속도조절효소인 *phosphofructokinase*를 억제하며 지방산 합성의 속도조절효소인 *acetyl-CoA carboxylase*를 활성화시킨다.

(2) 시트르산의 이소시트르산으로의 이성체화

시트르산은 *aconitase*에 의하여 이소시트르산(isocitrate)으로 전환하며 이 두 이성체는 가역적 평형상태로 존재한다.

(3) 이소시트르산의 α-케토글루타르산으로의 전환

*이소시트르산 탈수소효소(isocitrate dehydrogenase, ICD)*는 이소시트르산을 산화적 탈탄산반응으로 CO_2를 유리시키고 α-케토글루타르산(α-ketoglutarate)으로 전환시킨다. TCA회로에서 생성되는 세분자의 NADH 중 이 반응에서 최초로 NADH가 생성된다. 이 반응은 TCA회로의 속도조절단계 중의 하나로서 ADP에 의하여 활성화되며 세포의 풍부한 에너지 저장을 암시하는 ATP와 NADH 농도의 상승으로 억제된다. *이소시트르산 탈수소효소*는 세포질에서도 발견되는데 세포질에서는 활성을 위하여 $NADP^+$를 필요로 하며 전자를 수용하여 NADPH를 생성한다. *ICD*에

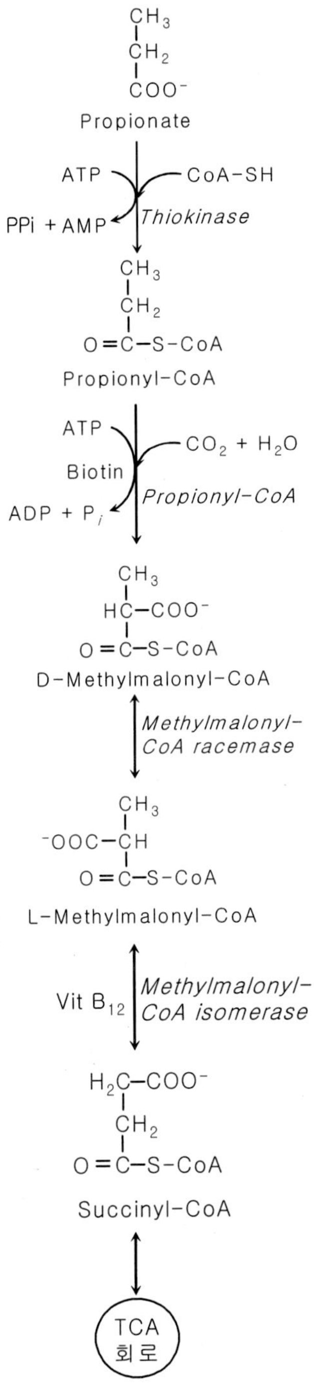

그림 15-54. Propionate의 succinyl-CoA로의 전환.

의한 NADPH의 생성은 다른 두 NADPH 생성(5탄당분로와 *malic enzyme*에 의한)에 비하여 세포질과 미토콘드리아의 *ICD* 활성을 통한 NADPH와 NADH간의 상호전환 때문에 의의가 있는 것으로 추정된다(그림 15-53).

α-케토글루타르산은 아미노산 글루타민산과 상호전환 되므로 중요하다. 아미노산 오르니틴(ornithine), 프롤린, 히스티딘 및 글루타민은 분해과정에서 모두 글루타민산으로 전환되며 따라서 이들은 강력한 TCA회로의 중간물질들이다. 반대로 TCA회로 중간물질인 α-케토글루타르산은 글루타민산으로 전환되어 TCA회로에서 제거되기도 한다.

(4) α-케토글루타르산의 숙시닐-CoA로의 전환

α-케토글루타르산은 α-*케토글루타르산 탈수소효소복합체*(*ketoglutarate dehydrogenase complex*)의 촉매로 숙시닐-CoA로 전환된다. 이 산화적 탈탄산반응의 기전은 *피루브산 탈수소효소복합체*에 의한 산화적 탈탄산반응과 유사하며 생리적 조건에서 비가역적이다. 아세틸-CoA의 형태로 TCA회로에 들어온 두 개의 탄소는 이 반응에서 두 번째의 CO_2를 유리시킴으로써 완전히 연소된 것과 같으며, 따라서 TCA회로에 들어온 아세틸-CoA는 피루브산으로 되돌아갈 수 없으므로 글루코스로의 전환은 불가능하다. 또한 이 반응에서 TCA회로 중 두 번째의 NADH가 생성된다. 반응의 평형은 아세틸-CoA와 유사한 고에너지 티오에스테르결합을 가진 숙시닐-CoA의 생성방향으로 진행된다.

① **조효소:** 필요한 조효소는 티아민피로인산(thiamine pyrophosphate, TPP), 리포산(lipoic acid), FAD, NAD^+ 및 코엔자임 A로 *피루브산 탈수소효소복합체*에 서술된 것과 유사하다.

② **억제물질:** α-*케토글루타르산 탈수소효소복합체*는 ATP, GTP, NADH 및 succinyl-CoA에

의하여 억제된다. 그러나 *피루브산 탈수소효소복합체*에서 처럼 인산화/탈인산화에 의하여 조절되지 않는다.

③ **숙시닐-CoA 분지점:** 숙시닐-CoA의 고에너지 결합은 합성반응 및 기질 인산화와 연결되어 있다.

- 미토콘드리아에서 숙시닐-CoA와 글리신의 결합으로 포르피린(예, 헴과 사이토크롬)을 합성한다. 포르피린의 합성은 TCA회로로부터 숙시닐-CoA를 일정한 속도로 배제한다.
- 아미노산 메티오닌, 이소루신 및 발린과 프로피온산(propionate)은 숙시닐-CoA로 전환된다. 이들 물질들은 모두 당신생의 전구체로 이용된다.

(5) 숙시닐-CoA의 숙신산으로의 변환

*숙시닐-CoA 합성효소(succinyl-CoA synth- etase, succinate thiokinase)*는 숙시닐-CoA의 고에너지 티오에스테르결합을 가수분해하여 숙신산(succinate)으로 변환시키고 GDP를 인산화하여 기질수준에서 GTP를 생성한다. GTP는 중요한 대사과정에 사용된다. ㉮ 당신생의 조절효소인 *PEP-carboxykinase*에 의한 옥살로아세트산의 포스포엔올피루브산(PEP)으로의 전환에 사용된다. ㉯ 지방산산화의 첫 단계인 지방산의 활성화에 필요하다. ㉰ 여러 단계의 단백질합성에 필요하다. ㉱ 막투과성을 조절하며 신경내분비자극에 반응하여 세포내 대사가 이루어지도록 세포내 신호전달을 조절한다. GTP의 에너지 함량은 ATP와 같으며 두 누클레오타이드는 *nucleoside diphosphate kinase*에 의하여 상호 전환된다.

$$\text{GTP} + \text{ADP} \leftrightarrows \text{GDP} + \text{ATP}$$

- 숙시닐-CoA의 합성과 운명: 숙시닐-CoA는 또한 기수의 탄소원자를 가진 지방산과 측지 아미노산들의 대사에 의하여 유도된 프로피오닐-CoA(propionyl-CoA)로부터 형성된다. 프로피온산으로부터 숙시닐-CoA로의 전환은 그림 15-54와 같다.

(6) 숙신산의 푸마르산으로의 산화

숙신산은 *숙신산 탈수소효소(succinate dehydrogenase)*에 의하여 푸마르산(fumarate)으로 산화되며 이때 전자를 포착하여 $FADH_2$를 생성한다(그림 15-52 참조). 주효소에서 유리상태로 분리할 수 있는 NAD^+와 달리 FAD는 *숙신산 탈수소효소*에 부착되어 있으며 숙신산으로부터 전자를 포착하여 생성된 $FADH_2$는 산화적인산화에 의하여 단지 두 분자의 ATP를 생성한다. 당원성 아미노산(glucogenic amino acids)인 페닐알라닌과 타이로신은 푸마르산을 통해 TCA회로에 들어간다. **말론산**(malonate)은 숙신산의 구조적 유사체로 *숙신산 탈수소효소*의 경쟁적 억제물질이다.

(7) 푸마르산의 말산으로의 전환

푸마르산은 *fumarase*의 촉매로 수화되어 말산(malate)으로 전환된다(그림 15-52 참조). 말산의 중요성은 다음과 같다.

- 말산은 미토콘드리아막을 투과할 수 있다. 그러므로 말산은 세포질에서 생성되는 NADH의 환원당량들을 미토콘드리아 내로 운반하는데 이용된다(신장, 간, 심장조직의 malate-aspartate 셔틀). 그러나 NADH 자신은 직접 미토콘드리아 막을 통과할 수 없다.
- 세포질에서 말산은 *malic enzyme*에 의한 산화적 탈탄산반응으로 피루브산으로 전환되며 NADPH와 CO_2를 생성한다.

$$\text{Malate} + \text{NADP}^+ \rightarrow \text{pyruvate} + \text{CO}_2 + \text{NADPH} + \text{H}^+$$

5탄당분로 및 *이소시트르산 탈수소효소*와 함께 *malic enzyme*에 의한 NADPH 생성도 중요하다.

- 말산은 세포질에서 피루브산으로 전환하여 아세틸-CoA와 NADPH를 생성하므로 지방산 합성의 중요한 전구체이다. 물론 조건에 따라서 말산은 당신생의 전구체로도 사용된다.

(8) 말산의 산화에 의한 옥살로아세트산의 생성

말산은 *말산 탈수소효소*(*malate dehydrogenase*)에 의하여 옥살로아세트산으로 산화되며 TCA 회로에서 마지막으로 NADH를 생성한다(그림 15-52 참조). 옥살로아세트산은 아미노기전이에 의하여 아스파르트산과 가역적 평형상태에 있다. 옥살로아세트산과 아스파르트산의 가역적 반응은 계속적인 TCA 회로를 위한 분기점으로 작용한다.

- 옥살로아세트산은 미토콘드리아막을 통과할 수 없으나 말산 또는 아스파르트산으로 가역적으로 전환되어 막을 통과하여 재생될 수 있다.
- *Pyruvate carboxylase*, *말산 탈수소효소*, 혹은 아스파르트산의 탈아미노반응 등에 의하여 젖산, 프로피온산, 아미노산 등으로부터 형성된 옥살로아세트산은 당신생의 전구체가 된다. *Phosphoenolpyruvate carboxykinase*는 옥살로아세트산을 포스포엔올피루브산으로 전환시켜 당생성경로에 들어간다.
- 단백질 합성에 아스파르트산의 사용은 TCA회로의 중간물질을 제거하는 것과 같다.
- TCA회로 중간물질로서의 옥살로아세트산은 대사회로의 순환중 재생되므로 소모되는 것은 아니다.

4) TCA회로의 누출과 보충

TCA회로에는 중간물질들이 빠져나가는 몇 개의 분지점이 존재하며 따라서 분지점이 되는 중간물질들은 보충되지 않으면 안된다. TCA회로의 이화 및 동화기능에 관련된 누출과 보충들을 요약하면 그림 15-55와 같다.

(1) 중간물질의 누출

▪ 시트르산은 미토콘드리아막을 투과할 수 있으며, 세포질에 나온 시트르산은 *citrate lyase*에 의하여 옥살로아세트산과 아세틸-CoA로 분해된다. 세포질의 아세틸-CoA는 지방산 합성에 사용된다.

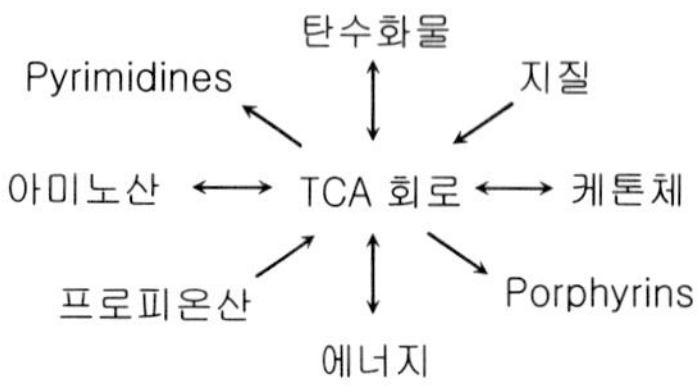

그림 15-55. TCA 회로 중간물질의 누출과 보충.

▪ 아스파르트산, 말산, 글루타민산 및 α-케토글루타르산도 투과성이 있으며 여러 세포질에서의 기능을 위하여 사용된다.

▪ 피루브산, α-케토글루타르산 및 옥살로아세트산은 아미노기 전이에 의하여 각각 해당하는 알라닌, 글루타민산 및 아스파르트산으로 전환되어 단백질의 구성분이 된다.

▪ 옥살로아세트산은 *PEP-carboxykinase*에 의하여 당신생 경로에 들어간다.

▪ 말산은 *malic enzyme*에 의하여 피루브산으로 전환되고 NADPH와 CO_2를 생성한다.

▪ 숙시닐-CoA는 헤모글로빈과 사이토크롬의 헴 구성분인 포르피린의 합성에 사용된다.

▪ 옥살로아세트산/아스파르트산 푸울은 누클레오타이드와 핵산의 구성분인 피리미딘의 합성에 사용된다.

(2) 중간물질의 보충

TCA회로의 중간물질들이 동화기능을 위하여 누출된 후 곧 누출된 중간물질들이 보충되지 않으면 TCA회로의 활성은 정지된다.

▪ 글루코스의 기능 중 하나는 TCA회로의 결함을 보충하여 지방으로부터 유도된 아세틸-CoA를 완전히 산화시키는 것이다. 글루코스로부터 해당에 의하여 생성된 피루브산은 *pyruvate carboxylase*에 의하여 옥살로아세트산으로 전환되어 보충된다. 그러므로 "지방은 탄수화물 불꽃에 의하여 연소된다" 라고 일컬어진다.

▪ 당원성 아미노산들은 아미노기전이반응(transamination)과 탈아미노반응(deamination)에 의하여 당신생에 필요한 TCA회로의 중간물질로 전환된다.

▪ 프로피온산은 숙시닐-CoA를 보충하여 당신생에 사용된다. 특히, 단위동물과 달리 반추동물은 당신생에 의하여 합성된 글루코스를 사용하므로 아미노산, 글리세롤 및 젖산과 함께 프로피온산으로부터의 당신생은 매우 중요하다. 프로피온산의 숙시닐-CoA로의 전환에는 B-비타민에 속하는 비오틴(biotin)과 코발라민(cobalamin)이 필요하다(그림 15-54 참조).

5) TCA회로에서 ATP 생성

아세틸-CoA로 TCA회로에 들어간 두 탄소원자는 연소되어 두 개의 CO_2를 생성한다. 회로의 처음에 사용되는 중간물질 옥살로아세트산을 비롯한 다른 중간물질들의 실질적인 소비와 생산은 없다. TCA회로의 1회 순환에서 추출되는 전자들 4쌍중 3쌍은 NAD^+에 포착되어 3NADH를 생성하고 나머지 1쌍은 FAD에 포착되어 $1FADH_2$를 생성한다. 그러므로 아세틸-CoA 1분자의 TCA회로 1회 순환에 의해서 3분자 NADH의 산화적 인산화에 의한 9ATP 생성, 1분자 $FADH_2$의 산화적 인산화에 의한 2ATP 생성, 그리고 기질수준 1 GTP의 전환에 의한 1ATP 생성을 합하여 총 12 ATP가 생성된다(표 15-4).

표 15-4. 1분자 아세틸-CoA의 산화에 의하여 생성되는 ATP 분자수

Energy 생성반응	ATP수/아세틸-CoA
$3NADH \rightarrow 3NAD^+$	9
$FADH_2 \rightarrow FAD$	2
GDP + Pi → GTP	1
합계	12

6) TCA회로의 조절

(1) 효소활성에 의한 조절

주로 *phosphofructokinase*에 의하여 조절되는 해당과는 대조적으로 TCA회로는 세가지 효소들에 의하여 조절된다. 즉, *시트르산 합성효소*의 활성은 ATP, NADH, 숙시닐-CoA 및 아세틸-CoA에 의하여 억제되며, *이소시트르산 탈수소효소*의 활성은 ATP와 NADH에 의하여 억제되고, α-*케토글루타르산 탈수소효소복합체*의 활성은 ATP, GTP, NADH 및 숙시닐-CoA에 의하여 억제된다.

(2) ADP에 의한 조절

근육수축, 생합성반응 및 기타 과정들에서의 에너지 소비는 ATP를 ADP와 Pi로 가수분해시키며 증가된 ADP농도는 산화적 인산화에 의한 ATP생성을 촉진시킨다. ATP생성은 에너지요구반응의 ATP 소비속도와 같아질 때까지 증가한다.

ADP 혹은 Pi농도가 제한되어 있으면 산화적 인산화에 의한 ATP생성은 감소된다. 산화적 인산화속도는 [ADP][Pi]/[ATP]에 비례한다. 이를 에너지 생성의 **호흡조절**(respiratory control)이라고 한다. 호흡사슬에 의한 NADH와 $FADH_2$의 산화는 ADP가 부족하면 정지된다. 이는 산화와 인산화가 공역되어있어 동시에 진행되기 때문이다. NADH와 $FADH_2$의 산화가 억제되어 축적되면 TCA회로에 필요한 이들의 산화형 조효소들(NAD^+, FAD)이 고갈되어 아세틸-CoA의 산화가 억제된다.

7) 탄수화물의 산화에 의한 ATP 생성

글루코스 1분자의 완전분해를 3단계로 나눌 수 있으며 1단계는 해당에 의하여 2분자의 피루브산을 생성하는 단계, 2단계는 피루브산의 탈탄산반응에 의하여 아세틸-CoA 2분자를 생성하는 단계, 3단계는 TCA회로에 의하여 2분자의 아세틸-CoA가 완전히 연소되어 CO_2로 분해되는 과정이다. 각 단계에서의 ATP생성과 총 ATP생성은 표 15-5와 같다. 글루코스 1분자의 에너지함량은 약 686㎉이며 이중 ATP로 포착된 에너지는 7.6㎉×38(ATP)≒288.8㎉로서 약 42%가 포착되어 체내에서 여러 목적으로 이용된다.

표 15-5. Glucose 대사에 의하여 생성되는 ATP 수

경로	촉매효소	생성 방법	ATP수/글루코스	
			호기상태	혐기상태
해당	*Glyceraldehyde-3-phosphate Dehydrogenase*	2NADH의 산화적 인산화	6	0
	Phosphoglycerate kinase	기질수준 인산화	2	2
	Pyruvate kinase	기질수준 인산화	2	2
	*Hexokinase*와 *phosphofructokinase*에 의한 ATP의 소비		-2	-2
	소계(알짜생성)		8	2
피루브산산화	*Pyruvate dehydrogenase*	2NADH의 산화적 인산화	6	0
	소계(알짜생성)		6	0
TCA회로	*Isocitrate dehydrogenase*	2NADH의 산화적 인산화	6	0
	α-Ketoglutarate dehydrgenase	2NADH의 산화적 인산화	6	0
	Succinate thiokinase	기질수준 인산화	2	0
	Succinate dehydrogenase	$FADH_2$의 산화적 인산화	4	0
	Malate dehydrogenase	2NADH의 산화적 인산화	6	0
	소계(알짜생성)		24	0
호기상태에서의 총 수			38	-
혐기상태에서의 총 수			-	2

10. 당신생

1) 당신생의 중요성

뇌, 적혈구, 신장 수질, 눈의 수정체와 각막, 고환 및 운동중의 근육과 같은 조직들은 대사연료로서 연속적으로 글루코스의 공급을 필요로 한다. 사람에서 탄수화물을 섭취하지 않을 때 간 글리코겐은 단지 10-18시간만 필요에 응할 수 있다. 지속된 절식으로 간 저장 글리코겐은 고갈되고, 글루코스는 젖산, 피루브산, 글리세롤 및 아미노산으로부터 유도되는 α-케토산과 같은 전구체들로부터 생성된다. 글루코스의 생성은 단순한 해당의 역방향으로 진행되지는 않는다. 해당의 전체적인 평형은 피루브산 생성 쪽으로 향하고 있으며, 글루코스는 특별한 경로인 **당신생**(gluconeogenesis)에 의하여 합성된다. 사람에서 당신생의 약 90%는 간에서, 약 10%는 신장에서 진행된다. 신장은 지속적인 절식의 경우를 제외하면 당신생의 역할은 작다. 그림 15-56은 당신생의 주요 경로를 보여준다.

2) 당신생의 기능과 전구체

(1) 당신생의 기능

글리코겐 저장능력은 한계가 있으며 각종 대사기능에 글루코스가 필수적이므로 식후 곧 당신생이 필요하게 된다. 글리코겐 분해와 함께 당신생은 혈당농도를 일정하게 유지할 수 있도록 한다. 식간에 사람은 필요한 글루코스의 75%를 글리코겐 분해로 얻으며, 25%는 주로 간과 부신피질에서의 당신생으로부터 얻는다. 당신생은 혈류중의 젖산을 제거한다. 젖산은 혐기적 상태에 있는 적혈구, 백혈구, 신장수질 및 고환에서 해당에 의하여 생성되며 운동 중인 근육에서도 생성된다. 간은 젖산회로(Cori 회로)를 통하여 젖산을 글루코스로 전환시킨다(그림 15-38 참조).

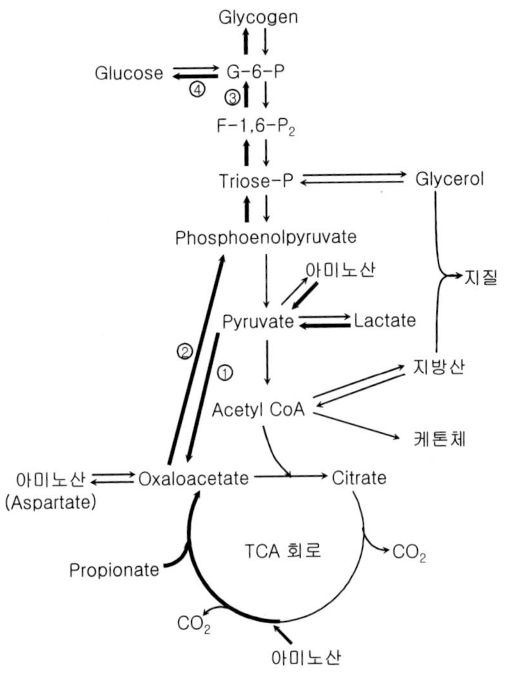

그림 15-56. 간과 신장의 당신생 주요 경로. 당신생방향은 굵은 선으로 표시하였다. ① *pyruvate carboxylase*, ② *PEP-carboxykinase*, ③ *fructose 1,6-bisphosphatase*, ④ *glucose 6-phosphatase*.

당신생은 또한 혈류로부터 글리세롤을 제거한다. 지방조직은 계속적으로 지질을 합성하고 분해한다. 지방이 분해되면 글리세롤이 생성된다. 지방조직은 다른 조직과 달리 *glycerokinase*가 없기 때문에 글리세롤을 지질합성에 필요한 글리세롤-인산(glycerol phosphate)으로 전환시킬 수 없으며 따라서 유리상태의 글리세롤을 지질합성에 다시 사용할 수 없다. 그러므로 글리세롤은 지방조직 대사의 노폐물로서 혈류중에 확산되며 *glycerokinase*를 가진 간과 신장 같은 조직에 의하여 제거되어 글리세롤-인산으로 인산화된 후 중성지질과 인지질의 합성에 사용되거나 글루코스 합성에 사용된다.

(2) 조직에서의 당신생

대부분의 조직들은 당을 합성할 수 있다. 그러나 적혈구, 지방조직, 심장 및 평활근 등은 당신생에 필요한 *F-1,6-BP-ase* 활성이 없기 때문에 당을 합성할 수 없다. 간과 신장은 당신생이 왕성한 조직으로 *G-6-P-ase*가 존재하기 때문에 당신생에 의하여 생성된 글루코스를 혈류 중으로 방출시킨다. 간을 절제한 동물에서 혈당의 항상성은 신장에 크게 의존한다.

(3) 당신생 전구체

다음 물질들은 간과 신장에서의 당신생 기질들이다.

① **아미노산:** 아미노산은 합성기능에 많이 활용되며 당신생에도 사용된다. 아미노산이 당으로 전환되기 위해서는 아미노기가 먼저 제거되어야 한다(요소로 배설). 필수아미노산들은 가능한 한 많은 단백질합성을 위하여 꼭 필요할 때만 당신생의 기질로 아껴서 사용된다. TCA회로의 중간물질과 피루브산으로 전환되는 대부분의 아미노산들은 당신생에 사용되므로 당원성 아미노산(glucogenic amino acids)이라고 하며, 이 중 일부는 아세틸-CoA 또는 아세토아세트산으로 전환되어 케톤체를 생성하므로 양원성 아미노산이라고 하고, 루신과 리신은 케톤체만을 생성하는 아미노산이다(표 15-6). 알라닌은 간에서, 글루타민은 신장에서의 당신생에 특히 중요하다. 반추동물에서 필수 및 반필수아미노산들로부터의 당신생은 전체적인 당신생의 약 5-7%에 달한다.

② **젖산:** 젖산은 간과 신장처럼 산화적 대사를 수행하는 조직에서 당신생에 사용된다. 젖산은 또한 미토콘드리아가 풍부하고 산소가 충분히 공급되는 심근에서 용이하게 산화된다. 운동중인 동물이나 반추동물에서 농후 탄수화물사료를 섭취하면(반추동물의 제1위 내의 젖산농도가 크게 증가한다) 발효산물중 주로 젖산으로부터 글루코스가 생성된다. 젖산은 간장에서의 주요한 당신생 전구체이다.

③ **글리세롤:** 지방세포에서 지질분해에 의하여 생성된 글리세롤은 *glycerokinase* 활성을 가진 조직들(간과 신장에서 특히 높다)에서 글루코스로 전환된다.

④ **프로피온산:** 반추동물의 제1위와 말의 맹장에서 미생물총(microflora)에 의하여 생성된 프로피온산은 이들 동물종에서 글루코스와 글리코겐의 주요한 전구체이다. 반추동물에서 프로피온산으로부터 생성되는 글루코스량은 사료에 따라 다르며 곡류를 다량 섭취할 때 약70%에 이르고 절식하면 생성되지 않는다. 위장관 미생물총에 의하여 생성되는 다른 주요한 휘발성 지방산

표15-6. 당원성 아미노산의 당신생 진입위치

진입위치	당원성 아미노산	비고
Pyruvate	Alanine	
	Glycine	
	Methionine	
	Cysteine	
	Threonine	케톤체도 생성
	Tryptophan	케톤체도 생성
α-Ketoglutarate	Glutamate	
	Glutamate	
	Methionine	
	Cysteine	
	Threonine	
	Tryptophan	
Succinyl-CoA	Valine	
	Isoleucine	케톤체도 생성
	Methionine	
Fumarate	Phenylalanine	케톤체도 생성
	Tyrosine	케톤체도 생성
Oxaloacetate	Aspartate	
	Asparagine	

※ Leucine과 Lysine은 케톤체만을 생성한다.

인 아세트산, 부티르산 및 지질분해로 생성되는 유리 지방산들은 당신생에 사용되지 않는다.

3) 당신생의 반응

해당과정의 7단계 반응은 가역적으로 젖산과 피루브산으로부터 당신생에도 사용된다. 그러나 3단계의 반응은 비가역적이며 4단계의 변칙적 반응들에 의하여 우회하여야 한다. 당신생에 독특한 반응들과 이 때 요구되는 ATP와 NADH를 표 15-7에 요약하였다.

(1) 피루브산의 카복시화

피루브산이 옥살로아세트산을 거쳐 포스포엔올피루브산(PEP)으로 전환되는 경로를 **DCA셔틀**(dicarboxylic acid shuttle, DCA shuttle)이라고 한다. 피루브산으로 전환될 수 있는 젖산이나 아미노산들은 피루브산으로 전환되어 해당의 역반응에 의하여 바로 phosphoeolpyruvate(PEP)로 전환되지 못하고 DCA셔틀에 의하여 PEP로 전환되는 것이다.

피루브산은 미토콘드리아에서 *pyruvate carboxylase*의 촉매로 CO_2와 결합하여 옥살로아세트산을 생성한다. *Pyruvate carboxylase*는 조효소 비오틴(biotin)과 결합상태로 존재하며 결합형의 비오틴을 **비오시틴**(biocytin)이라고 한다. ATP가 생산하는 고에너지는 효소에 비오틴을 결합시켜 아포효소-비오틴-CO_2 중간물질을 형성하며 CO_2를 공급, 지속적으로 피루브산을 카복시화하여 옥살로아세트산을 생성한다. 그러므로 비오틴 결핍동물은 당신생이 손상된다. *Pyruvate carboxylase* 활성의 조인자로 Mn이 필요하며 이 효소의 활성은 당신생의 주 기관인 간과 신장에서 높다.

표 15-7. 당신생과정에 사용되는 ATP와 NADH 수

반 응	소요ATP수 /glucose	소요NADH수 /glucose
(2) Pyruvate → (2)oxaloacetate	-2	0
(2) Oxaloacetate → (2) phosphoenolpyruvate	-2(GTP)	0
(2) Phosphoenolpyruvate → (2) 2-phosphoglycerate	0	0
(2) 2-Phosphoglycerate → (2) 3-phosphoglycerate	0	0
(2) 3-Phosphoglycerate → (2) 1,3-diphosphoglycerate	-2	0
(2) 1,3-Diphosphoglycerate → (2) glyceraldehyde 3-phosphate	0	-2
Glyceraldehyde 3-phosphate → dihydroxyacetone phosphate	0	0
Glyceraldehyde 3-phosphate + dihydroxyacetone phosphate → Fructose 1,6-diphosphate	0	0
Fructose 1,6-diphosphate → fructose 6-phosphate	0	0
Fructose 6-phosphate → glucose 6-phosphate	0	0
Glucose 6-phosphate → glucose	0	0

총반응: 2 pyruvate+4ATP+2GTP+2NADH+2H^++6H_2O → glucose+2NAD^++4ADP+2GDP+6Pi+6H^+

당신생에 독특한 반응들은 굵게 표시하였다.

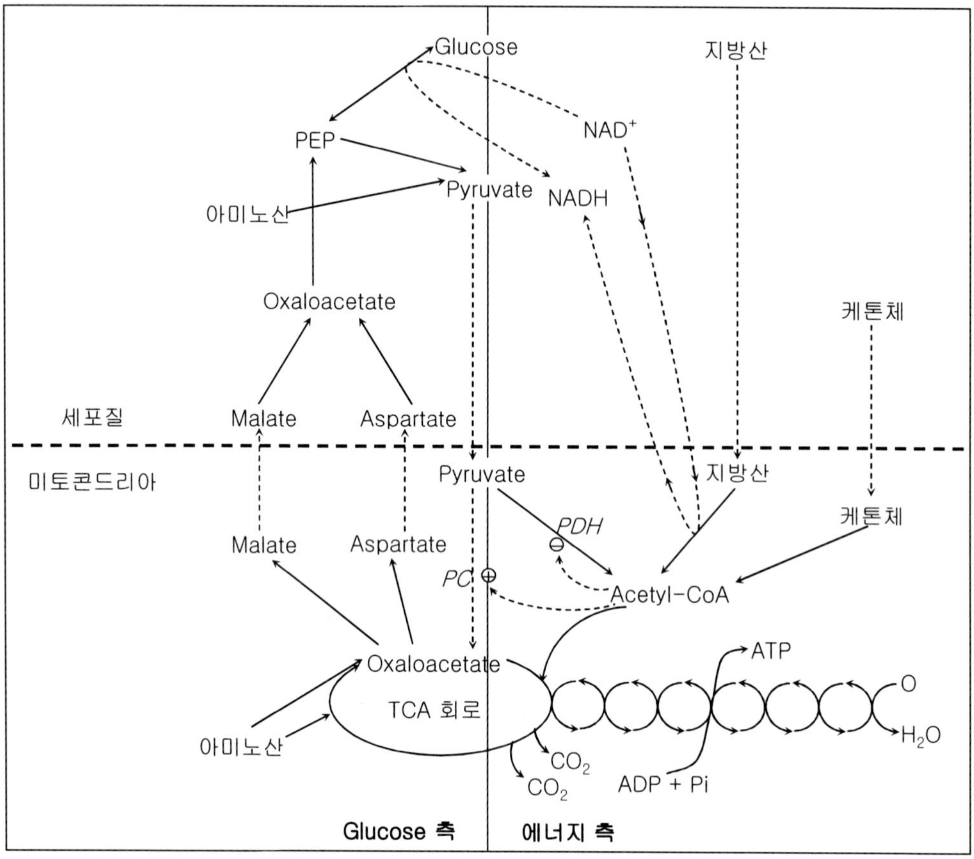

그림 15-57. 신진대사에서 *pyruvate carboxylase(PC)* 반응의 중요성. 아세틸-CoA에 의한 *pyruvate carboxylase*의 활성화는 에너지대사를 당신생과 연결시킨다. *PEP, phosphoenolpyruvate; PC, pyruvate carboxylase; PDH, pyruvate dehydrogenase.*

*Pyruvate carboxylase*는 미토콘드리아 효소로 옥살로아세트산을 생성하여 TCA회로의 중간물질을 보충하며 피루브산뿐 아니라 피루브산으로 전환되는 젖산과 아미노산들이 당신생 경로로 들어갈 수 있도록 해준다. 이 효소는 이 반응에 직접 참여하지 않는 미토콘드리아 내 아세틸-CoA농도의 상승(아세틸-CoA/CoA비율의 상승)에 의하여 알로스테릭하게 활성화된다.

아세틸-CoA에 의한 *pyruvate carboxylase* 단계의 활성화에는 에너지대사가 연관되어 있으며 당신생과도 연결되어 있다(그림 15-57). 에너지가 필요하여 지방산이 분해하면 아세틸-CoA농도가 상승하여 *pyruvate carboxylase*가 활성화되고 옥살로아세트산이 생성되어 TCA회로가 보충되며 따라서 아세틸-CoA의 연소도 증가된다. 그러나 필요한 에너지가 공급되고 ATP/ADP 비율과 $NADH/NAD^+$ 비율이 증가됨에 따라 TCA회로의 활성은 억제된다. 결론적으로 아세틸-CoA/CoA-SH 비율의 상승은 *피루브산 탈수소효소*활성을 억제하고 *pyruvate carboxylase* 활성을 자극하여 옥살로아세트산의 농도가 높아지면 당신생으로 향하게 된다. 이런 상황은 에너지가 필요하여 지방산이 연소되고 당신생에 의하여 글루코스를 공급할 필요가 있는 식간에 일어난다.

(2) 옥살로아세트산의 세포질로의 수송

미토콘드리아에서 생성된 옥살로아세트산은 당신생에 필요한 효소들이 존재하는 세포질로 수송되어야 한다. 그러나 옥살로아세트산은 미토콘드리아 내막을 통과할 수 없으며 따라서 *말산 탈수소효소*에 의하여 말산으로 환원된 후 세포질로 수송되어 세포질에 있는 같은 효소에 의하여 옥살로아세트산으로 재산화된다(그림 15-58).

(3) 세포질 옥살로아세트산의 탈탄산

옥살로아세트산은 *PEP-carboxykinase*에 의하여 탈탄산되고 인산화되어 포스포엔올피루브산(PEP)으로 전환된다(그림 15-58 참조). 이 반응은 고에너지의 PEP를 생성하기 위하여 GTP를 분해하여 에너지를 얻는다. 피루브산이나 TCA회로 중간물질들이 당신생경로에서 모두 옥살로아세트산으로 전환되기 때문에 이 반응은 당신생의 초점이 된다.

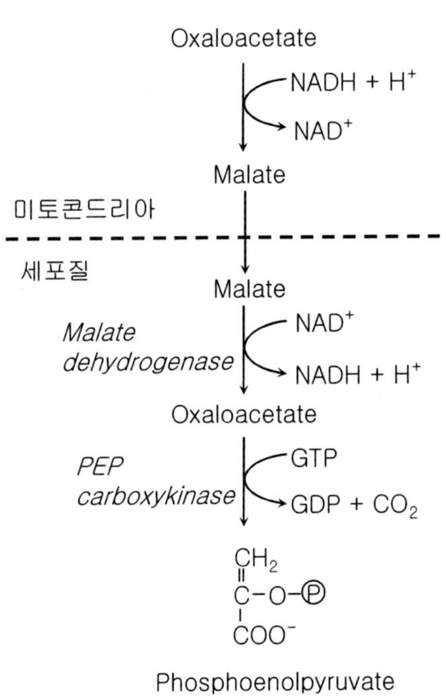

그림 15-58. Oxaloacetate의 세포질로의 수송과 *PEP carboxykinase*에 의한 phosphoenolpyruvate로의 전환.

*PEP-carboxykinase*의 활성은 세포내 cAMP농도에 반응하며, 그러므로 cAMP를 증가시키는 글루카곤은 이 효소의 활성화에 직접적 효과가 있다. 글루코코티코이드는 *PEP-carboxykinase* 활성에 직접효과가 없으나 글루카곤의 작용을 증폭시킨다. 간에서 에피네프린, 갑상선호르몬 및 α-아드레날린성 흥분제(α-adrenergic stimulators) 등은 *PEP-carboxykinase*를 활성화시킨다. 반면에 인슐린은 이 효소활성을 감소시켜 당신생을 자극하지 않으며 혈당농도를 낮춘다.

*PEP-carboxykinase*에 의한 반응을 위해서는 옥살로아세트산 농도가 높아야 하므로 아세틸-CoA에 의하여 *pyruvate carboxylase*가 활성화되어야 한다. 아세틸-CoA는 지방산 산화에 의하여 에너지를 공급할 때(예, 식간) 상승한다. 이때 당신생도 더욱 중요하게 증가한다. 고농도의 아세틸-CoA는 *pyruvate carboxylase* 활성을 직접 자극하며, *PEP- carboxykinase* 활성을 간접적으로 자극(옥살로아세트산농도 상승에 의한)하여 당신생이 필요할 때 DCA셔틀이 잘 작동되도록 한다.

TCA회로와 당신생의 분기점에서 ATP농도가 낮으면 옥살로아세트산에 대한 *시트르산 합성효소*의 Km치가 낮아져서 옥살로아세트산이 TCA회로에 순환되도록 한다. 고농도의 ATP는 옥살로아세트산에 대한 *시트르산 합성효소*의 친화성을 감소시켜 당신생경로로 향하게 된다.

지방조직은 *glycerokinase*가 없기 때문에 지질합성에 필요한 글리세롤-인산을 해당과정에서 생성되는 디하이드록시아세톤-인산의 환원으로 얻는다. 절식으로 글루코스가 부족하게 되면 지방조직은 혈류중의 젖산과 아미노산들(알라닌)의 제거를 증가시킨다. 절식 중 지방조직의 *PEP-carboxykinase* 활성은 크게 증가하며 당신생을 통하여 글리세롤-인산을 생성할 수 있게 된다.

(4) 포스포엔올피루브산의 프룩토스 1,6-2인산으로의 전환

포스포엔올피루브산(PEP)은 해당의 가역적 반응들에 의하여 역방향으로 반응이 진행되어 프룩토스 1,6-2인산(F-1,6-BP)으로 전환된다.

(5) 프룩토스 1,6-2인산의 탈인산

F-1,6-BP는 *phosphofructokinase-1*에 의한 반응이 비가역적이므로 *프룩토스 1,6-diphosphatase* (*F-1,6-BP-ase*)에 의하여 F-6-P로 전환된다(그림 15-59). *F-1,6-BP-ase*는 간과 신장에 존재하며, 이 반응은 당신생의 중요한 조절부위 중의 하나이다.

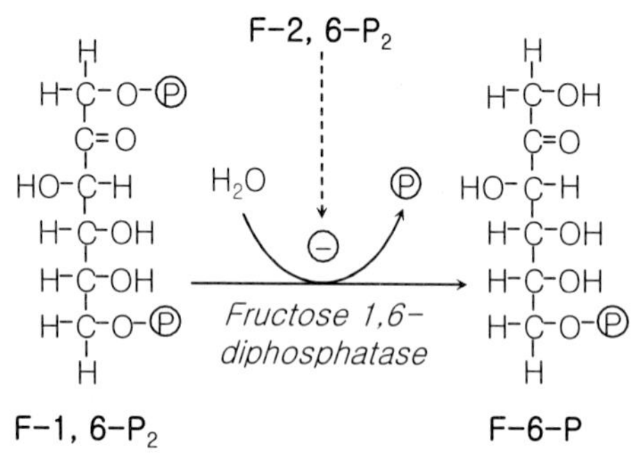

그림 15-59. *Fructose 1,6-diphosphatase*에 의한 fructose 1,6-diphosphate(F-1, 6-BP)의 탈인산.

① **세포내 ATP에 의한 조절:** *F-1,6-BP-ase*는 세포내 낮은 ATP농도를 반영하는 AMP농도의 상승에 의하여 억제된다. 반대로 고농도의 ATP와 저농도의 AMP는 이 효소를 활성화시켜 당신생을 자극한다.

② **프룩토스 2,6-2인산에 의한 조절:** F-2,6-BP는 *F-1,6-BP-ase*를 억제하여 당생성을 억제한다. 글루카곤은 F-2,6-BP농도를 저하시켜 *F-1,6-BP-ase*가 활성화되는 반면에 *phosphofructok- inase-1*은 억제되어 혈당농도를 상승시킨다.

(6) 글루코스 6-인산의 탈인산

F-6-P는 *phosphoglucose isomerase*에 의한 가역적반응으로 G-6-P로 전환된다. G-6-P는 *hexokinase*에 의하여 가역적으로 가수분해되지 않으며, *glucose 6-phosphatase* (*G-6-P-ase*)의 촉매로 가수분해되어 유리 글루코스를 생성한다(그림 15-60). *G-6- P-ase*는 *pyruvate carboxylase*와 같이 간과 신장에 존재하며 근육에는 없다. 그러므로 근육은 당신생으로 혈당을 공급할 수 없으며, 근육중의 글리코겐 분해로 생성된 G-6-P도 혈당의 공급원이 될 수 없다.

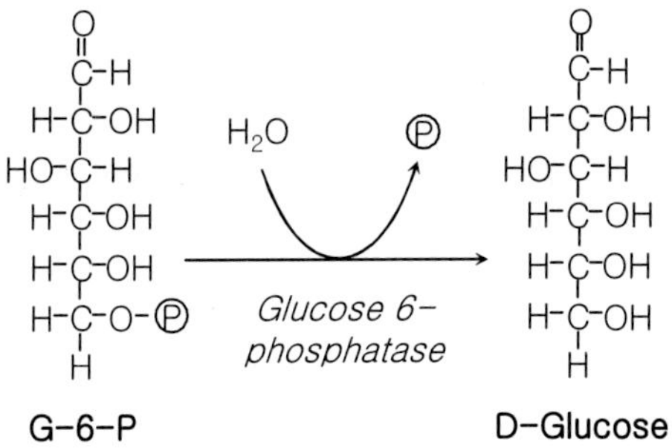

그림 15-60. *Glucose 6-Phosphatase*에 의한 glucose 6-phosphate의 탈인산.

11. 탄수화물 대사의 조절

1) 개론

글루코스와 그 유도체들은 많은 대사적 기능을 가질 뿐 아니라 탄수화물의 생성과 이용에 대하여 경쟁하는 많은 대사경로가 존재하기 때문에 탄수화물 대사는 어디에서 진행되더라도 적절하게 조절되어 평형이 유지되어야 한다. 이런 조절은 체내에서 진행되는 모든 탄수화물의 대사가 동시에 조절되기 위해서 중앙 통제가 필요하다. 글루코스의 생성과 이용속도의 변화로 반영되는 중앙통제는 혈류가 제공한다. 혈당농도의 상승은 신경수용체에 의하여 감지되어 신경신호를 내분비선으로 전달한다. 이어서 혈당농도의 상승을 억제하는 경로들이 작용하도록 적절한 호르몬이 분비되도록 한다. 경로에 대한 이런 조절들은 물론 속도조절단계에 해당하는 위치에서 이루어진다.

그러므로 세포수준에서의 대사조절을 잘 이해하여야 한다. 하나의 세포뿐 아니라 각종 조직과 기관간의 상호작용도 신경-내분비조절을 받는다. 그러므로 먼저 세포수준에서의 지질 및 단백질 대사를 검사하고, 다음에 조직과 기관들의 특성, 마지막으로 모든 조직들을 통합한 생물체의 전반적인 기능을 검사하여 대사에 대한 더욱 폭넓은 신경-내분비조절을 검토해야 한다. 한편 탄수화물 대사의 조절에 대하여 순서대로 검토하고 현저하게 나타난 특성들이 요약되어야 한다.

2) 글루코스와 그 유도체들의 기능

- 글루코스는 신경조직과 미토콘드리아가 없는 적혈구, 백혈구, 망막, 고환 및 혈류에 의한 적절한 산소 공급이 부족한 조직(격렬한 운동중인 조직)들의 에너지원이다.
- 저장 글리코겐은 식간 중의 에너지원으로 사용된다. 특히 간(혈당)과 근육에서 중요하다.
- 지방조직에 저장되는 지질의 합성에 필요한 글리세롤-인산의 공급원이다. 저장지질은 식간과 절식시에 당신생의 전구체인 글리세롤을 공급한다.
- TCA회로의 중간물질들을 보충하여 지질과 케톤체를 연소시켜 에너지를 생성한다.
- 5탄당분로의 연료로 사용되어 지방산과 스테로이드 합성과정에 필요한 NADPH를 생산하며 누클레오타이드와 핵산의 구성물질인 라이보스를 공급한다.
- 간은 우론산경로에서 글루쿠론산을 생성하여 독성물질과 포합체를 형성, 담즙으로 배설시키며, 당단백질과 당지질합성에 필요한 6탄당과 헥소사민을 공급하고, 영장류와 기니픽을 제외한 동물들에서 아스코르브산을 생성한다.
- 락토스를 생성한다.

- 글루코스 또는 글루코스와 상호 전환되는 다른 당류들은 당단백질 및 당지질의 탄수화물 성분이 된다.
- 솔비톨을 거쳐 정자운동에 필요한 프룩토스로 전환된다.
- 장에서 지질의 에스테르화에 필요한 글리세롤-인산을 제공하여 식이 지질의 흡수와 수송에 기여한다.

3) 탄수화물 공급의 필요성

(1) 탄수화물 섭취의 필요성

탄수화물을 섭취하지 않으면 탄수화물의 기능에서 보여주듯이 지질대사가 심하게 손상된다. 또한 단백질 대사도 심하게 손상된다. 즉, 당신생을 위한 전구체를 공급하기 위하여 아미노산의 탈아미노반응이 증가되며 이 때 암모니아를 다량 생성하여 질소평형이 깨져 치사적일 수 있다. 아스코르브산을 제외한 모든 탄수화물은 체내의 필수지방산이나 필수아미노산과는 달리 체내에서 합성될 수 있으며 따라서 필수 탄수화물이란 없다. 그러나 적절한 탄수화물의 섭취는 적절한 대사평형과 최고의 섭취효율을 위하여 반드시 필요하다.

동물이 식이 글루코스를 이용할 수 있는 능력은 **내당력**(glucose tolerance)으로 측정하여 알 수 있다(그림 15-61)). 이것은 글루코스의 일정량을 투여한 후 시간의 경과에 따른 혈당농도변화의 관계이다. 정상동물을 절식시킨 후 글루코스를 경구적으로 또는 비경구적으로 투여했을 때 혈당농도는 일시적으로 증가하나 절식시의 정상 농도로 복귀한다. 이때 정상 농도로의 복귀는 고혈당에 의한 췌장 β-세포의 자극으로 인슐린농도가 증가하기 때문이다. 인슐린은 조직세포 내로 혈당을 촉진수송하여 글리코겐과 지질의 형태로 저장할 수 있도록 대사를 전환시킨다. 실제로 정상동물에서 인슐린반응은 당 투여 후 일시적인 저혈당을 유발시켜 현기증과 의식불명을 일으킬 수 있다. 이러한 상황은 글루카곤과 카테콜아민의 유리로 스스로 교정된다. **당부하 시험**(glucose tolerance test)은 당뇨병(diabetes mellitus)진단의 보조수단으로 임상적으로 사용된다. 글루코스의 이용성이 저하된 환자는 글루코스 투여시 내당력 감소로 지속적인 고혈당증을 보인다. 사람에서 정상혈당 농도를 유지하나 내당력 감소를 보이는 것은 잠재형 췌장기능부전(latent pancreatic insufficiency)의 특징이며, 인생 후반기에 당뇨병으로 발전할 수 있기 때문에 당뇨병전증(prediabetes)이라고 한다.

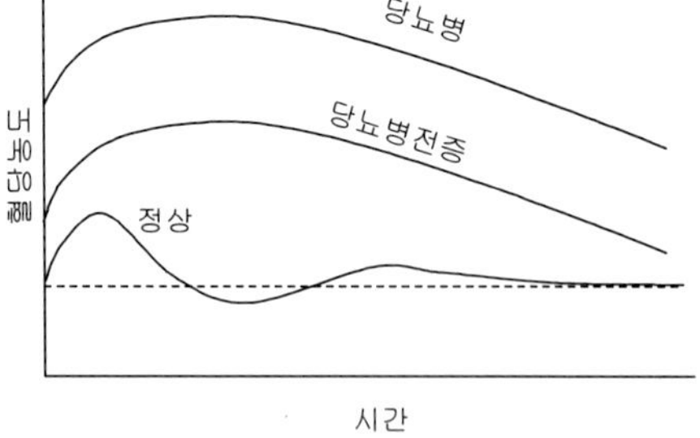

그림 15-61. 당부하곡선.

(2) 당신생의 필요성

체내의 탄수화물 저장능력은 매우 제한되어 있다. 70㎏ 체중의 성인에서 간은 글리코겐의 형태로 약 100g의 글루코스를 저장할 수 있다. 식간에 혈당의 약 75%를 글리코겐의 분해로 공급하며 규칙적인 식사로 이 저장을 보충한다. 따라서 식간에 혈당의 25%는 당신생에 의하여 공급된다. 그러나 이 비율은 간 저장 글리코겐이 고갈되기에 충분한 1일 이상 절식하면 거의 100%로 증가된다. 사람에서 절식중 당신생에 의한 일정한 당공급이 매우 중요하다는 것은 다음의 예에서 알 수 있다(표 15-8).

표 15-8. 인체에서 절식중 당신생의 중요성

글루코스요구량/일			글루코스생산량/일	
초기	혐기성 조직	40g	젖산(젖산회로를 통하여)	40g
	뇌	120g	글리세롤(지방조직으로부터)	20g
		총 160g	근육단백질(Ala+Gln을 통하여)	100g
				총 160g
후기	혐기성 조직	40g	젖산(젖산회로를 통하여)	40g
	뇌	35g	글리세롤(지방조직으로부터)	〉20g
		총 75g	근육 단백질(대부분 Gln)	〈15g
				총 75g

▪ 사람에서 뇌는 글루코스를 연소시키며, 적혈구, 백혈구, 신장수질, 망막 및 고환과 같은 혐기성 조직과 운동 중의 근육은 글루코스를 젖산으로 대사한다. 혐기성 조직들은 1일당 40g의 글루코스를 필요로 한다. 이들 조직들은 다른 어떤 물질로부터도 에너지를 만들 수 없기 때문에 지속적인 절식시에도 이러한 양의 글루코스를 필요로 한다. 이들 조직에서 생성된 젖산은 지방산으로부터 생성된 에너지를 사용하여 간에서 글루코스로 다시 전환된다(젖산회로).

▪ 절식초기에 뇌는 1일당 약 120g의 글루코스를 사용한다. 간 저장 글리코겐이 고갈되면 이때 필요한 글루코스를 당신생으로 공급하여야 한다. 지방조직에서 유리되는 글리세롤은 1일당 약 20g의 글루코스를 대체할 수 있다. 나머지 100g의 글루코스는 근육 단백질에서 유래된 아미노산의 전환으로 공급되어야 한다. 절식 중 근육에 분포하는 동-정맥혈중의 아미노산의 차이에 대한 분석 결과에 의하면 60%의 아미노산이 근육 중에서 다른 아미노산들로부터 전환된 알라닌과 글루타민으로 유리된 것이었다.

▪ 절식이 계속되면 뇌의 글루코스 요구량은 1일당 35g으로 감소되며 이는 뇌의 어떤 부위에서 글루코스에 앞서 케톤체가 산화되기 때문이다. 이에 따라 절식이 지속될 때 필요한 글루코스의 20g은 글리세롤로부터 공급하고, 약 15g만을 근육단백질을 분해하여 공급하므로써 근육단백질을 보존한다.

▪ 절식 중 아미노산으로부터 당신생속도의 감소는 주로 간에서의 알라닌의 사용감소를 반영한다. 따라서 절식이 계속되면 당신생 장소로 간의 상대적 중요성은 감소되며, 반면에 글루타민을 사용하는 신장피질의 중요성은 증가한다. 위의 내용과 관련된 두 특성을 요약하면 다음과 같다.

㉮ 글리세롤과 아미노산으로부터의 당신생은 체내에서 생성되는 실질적인 탄수화물 생성이며, 젖산으로부터의 당신생은 단순한 탄수화물의 재순환이다(Cori 회로).

㉯ 반추동물의 간은 연속적인 당신생 상태에 있다. 왜냐하면, 반추동물은 섭식 또는 절식 중에 글루코스를 소화관으로부터 얻을 수 없기 때문이다. 글루코스의 요구는 운동, 임신 및 비유 중에 증가한다.

4) 자율신경계에 의한 조절

(1) 자율신경계의 대사적 기능

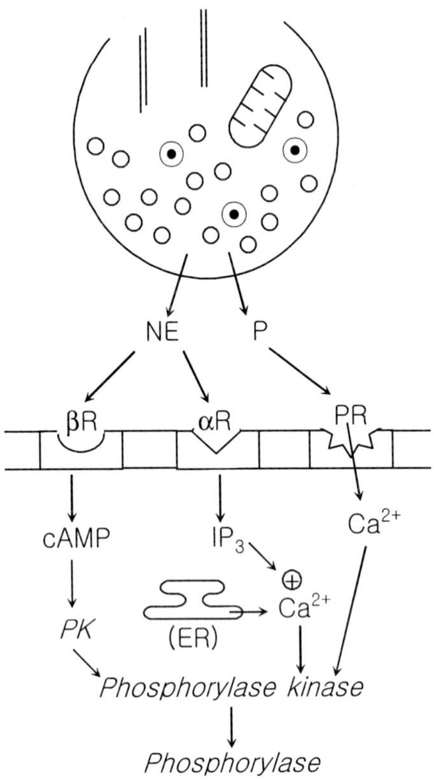

그림 15-62. 자율신경계 수용체들의 2차 전령계. 교감신경말단으로부터 동시에 유리된 노르에피네프린(NE)과 뉴로펩티드(neuropeptide, P)는 간세포의 *phosphorylase*를 활성화시킨다. αR, α-adrenergic receptor; βR, β-adrenergic receptor; PR, peptide receptor; IP_3, inositol-1,4,5-triphosphate; *PK, protein kinase*; ER, endoplasmic reticulum.

자율신경계의 기능은 긴급상황에 대한 대처, 수선기전 및 일정한 내부환경 유지(예, 항상성) 등의 일을 수행한다. 그러므로 자율신경계는 장기의 기능에 대한 신경내분비조절의 중심부라고 할 수 있다.

올바른 작용을 위하여수용체가 검출한 외부 신호를 장기 혹은 근육과 연결하는 신경경로를 **반사궁**(reflex arc)이라고 한다. 자율신경계에서 반사궁은 구심성 신경경로를 통하여 시상하부에 연결되며 이 곳에서 원심성 신경(부교감신경계의 미주신경과 교감신경계의 내장신경)을 통하여 간, 췌장, 위장 및 부신과 같은 표적기관에 연결되는 하나의 수용체로 구성된다.

자율신경계에 의한 조절은 교감신경계에 의한 조절과 부교감신경계에 의한 조절로 나눈다.

① 교감신경계에 의한 조절: *Phos- phorylase, G-6-P-ase* 및 *PEP-carboxykinase*와 같은 조절효소들을 직접 자극하고, *pyruvate kinase*를 억제하여 글리코겐 분해와 당신생을 활성화시켜 간에서 글루코스를 이용하게 한다. 필요한 에너지를 공급하기 위하여 *TG- lipase*를 활성화시켜 지질분해를 자극한다. 따라서 대사에 대한 전체적인 교감신경계의 효과는 이화적(catabolic)이다.

② 부교감신경계에 의한 조절: 식후 성장적인 상황과 관련이 있다. 그러므로 대사에서 동화적(anabolic)이다. 예를 들면, 인슐린의 영향하에 *글리코겐 합성효소*와 지방저장이 활성화된다.

자율신경계의 전달물질에 따라 2차전령들은 다르므로 각종 수용체들과 자율신경계의 지배를 감별해 낼 수 있다. 에피네프린과 노르에피네프린에 특이적인 아드레날린성수용체(adrenergic receptors)는 교감신경분지에 속하며, 콜린수용체(cholinergic receptors)는 *cholinesterase*에 특이적이고 부교감신경 분지에 속한다. 펩티드수용체는 축색수송을 통하여 이동하는 신경원성 펩티드(예, bombesin, 혈관작용 장펩티드, cholecystokinin 및 somatostatin)에 민감하다. 이상과 같은 주요 수용체들에 특이적으로 작용하는 활성제나 차단제들이 존재한다.

각종 전달물질들이 그들의 특이적인 수용체에 결합하면 수용체에 따라 3부류의 주요한 2차 전령계(2nd messenger system)가 신호를 전달한다(그림 15-62).

- β-아드레날린성 물질들은 cAMP와 *protein kinase*를 통하여 작용한다.
- α-아드레날린성 물질들은 이노시톨 3-인산(IP_3)과 소포체로부터 Ca^{2+}의 유리를 통하여 작용한다.
- 신경원성 펩티드(neurogenic peptide)는 세포외 Ca^{2+}과 칼모듈린(calmodulin)을 이용한다.
- 대사에 대한 자율신경계의 효과는 빠르며(수초), 상반된 기능을 가진 교감신경분지와 부교감신경분지를 통하여 작용하기 때문에 가역적이다.

(2) 자율신경계에 의한 당의 항상성 조절

글루코스 수용체는 구강, 소화관, 간(문정맥) 및 시상하부에 존재한다. 이들 수용체는 정상 글루코스 농도 변화에 민감하게 반응하여 글루코스 농도가 높거나 부족한지를 해석하는 시상하부로 통신한다.

시상하부는 복내측핵(ventromedial nuclei)과 외측핵(lateral nuclei)으로 구분된다.

- 복내측핵으로부터 교감신경분지(내장신경분지)가 간, 췌장, 부신, 지방조직, 소화관 및 심장조직세포와 같은 표적세포에 연결되어 있다.
- 외측핵으로부터 부교감신경분지(미주신경분지)가 간, 췌장조직의 표적세포에 연결되어 있다.

탄수화물 대사에 대한 자율신경계의 효과는 그림 15-63에 요약되어 있다.

외측 시상하부는 섭식중추(feeding center)를 가지고 있고, 복내측 시상하부는 포만중추(satiety center)를 가지고 있다. 이런 길항적 중추들은 글루코스가 충분하면 섭취를 억제하고 글루코스가 부족하면 섭취를 촉진한다.

자율신경계는 간의 대사에 강한 영향을 미치는 호르몬들을 유리시킨다. 부교감신경은 췌장으로부터 효과적으로 인슐린을 유리시키며, 간에서 *글리코겐 합성효소*를 활성화하여 글루코스의 저장을 촉진한다. 교감신경은 글리코겐분해(*phosphorylase*)와 당신생(*PEP-carboxykinase*)에 필요한 간의 조절효소들을 자극하고, 췌장에서 글루카곤과 부신수질에서 에피네프린을 효과적으로 유리하여 혈당농도가 저하되는 것을 막아준다. 자율신경계는 호르몬들의 개입 없이도 간의 조절효소들을 활성화시키는 것으로 밝혀졌다(그림 15-64).

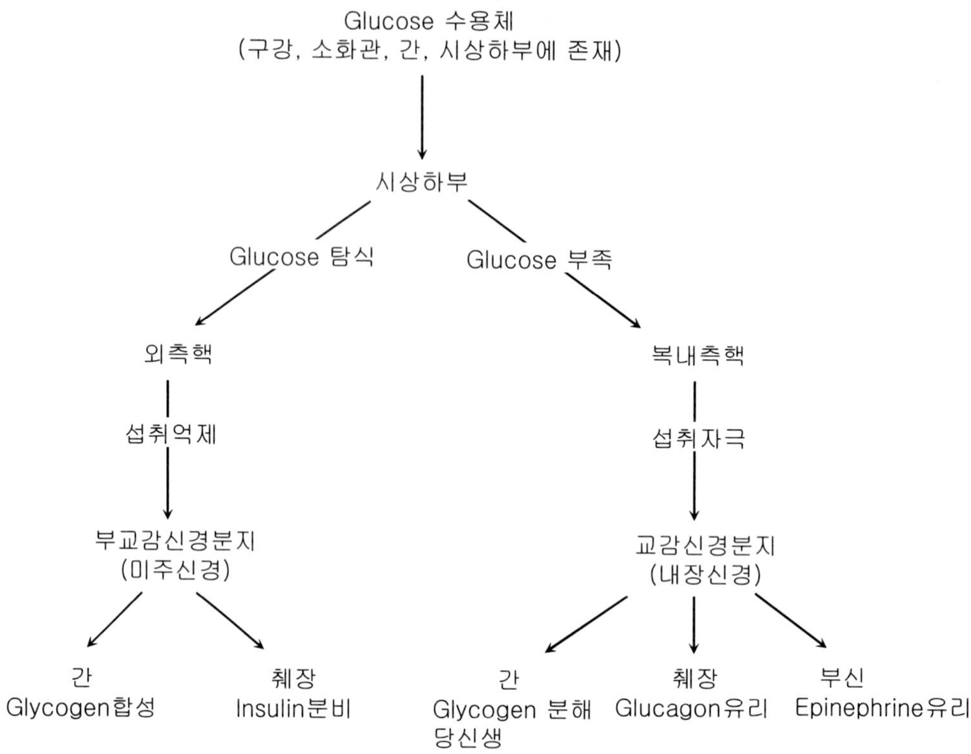

그림 15-63. 자율신경계에 의한 glucose 대사조절.

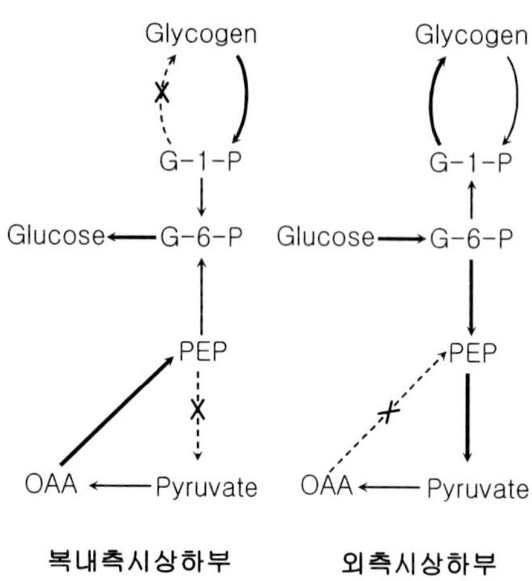

그림 15-64. 간의 탄수화물대사에 대한 복내측 및 외측시상하부의 상반된 영향. PEP, phospho-enolpyruvate; OAA, oxaloacetate.

5) 내분비의 영향

혈액은 생체에서 글루코스의 과부족과 평형을 반영하는 중심매체이다. 여러 조직과 장기들은 글루코스를 절약하여 사용한다. 혈당농도가 높으면 더 많은 글루코스를 흡수하며, 혈당농도가 낮으면 글루코스 이용을 절약한다. 이에 관한 많은 예들이 있다.

- 간은 혈당농도가 낮을 때 글리코겐 분해와 당신생으로 혈류중에 글루코스를 공급하며 반대로 혈당농도가 높을 때 혈당을 제거하여 글리코겐을 합성하거나 지방으로 전환시킨다.
- 낮은 혈당농도에서 근육조직은 혈류로부터 제거한 지방 및 케톤체와 함께 조직 자체를 연소시키며 높은 혈당농도에서는 인슐린의 도움으로 당

을 이용하거나 대사한다.

- 신장은 신세뇨관의 당부하가 재흡수가 가능한 최대농도를 초과할 때 혈당의 비상판 (emergency valve)이 된다. 사람에서 혈당농도가 간조직 *glucokinase*의 Km치(180㎎/100㎖)를 초과할 때 사구체의 여과속도는 증가하며 간에서의 흡수가 증가한다.
- 뇌는 절식중 케톤체의 이용이 증가한다.
- 탄수화물 저장의 극심한 변화에 따른 유해한 변화를 피하기 위하여 여러 조직들의 대사와 기능이 적절하게 조절된다. 이러한 적응은 신경내분비조절계에 의하여 중앙에서 통제하고 혈당농도의 작은 변화에도 예민하게 반응할 수 있어야 한다.

실제로 탄수화물 대사에 영향을 주는 호르몬들은 혈당농도의 작은 변화에도 반응하여 직접 또는 간접적으로 분비된다. 그러나 혈당농도가 이들 호르몬들을 유리시키는 유일한 인자는 아니다. 혈중의 지방산, 케톤체, 아미노산 및 특이적인 다른 호르몬의 존재는 호르몬의 분비에 영향을 줄지 모른다. 이는 탄수화물 대사에 영향을 주는 호르몬들이 지질과 단백질 대사를 변화시킬 수 있기 때문이다.

한 방향으로 대사에 영향을 주는 각 호르몬에 대하여 반대방향으로 대사에 영향을 주는 길항적 호르몬이 존재한다. 대사경로의 진행단계를 활성화하는 호르몬들은 길항적 경로의 조절효소를 억제하는 방법으로 작용한다. 예를 들면, 인슐린은 *phosphofructokinase*를 자극하는 반면에 *F-1,6-BP-ase* 활성을 억제한다. 일반적으로 한 호르몬을 분비시키는 조건은 길항적 호르몬분비를 억제한다. 또한 한 호르몬의 작용은 다른 호르몬을 활성화시키거나 억제한다. 항이뇨호르몬과 성호르몬과 같은 많은 호르몬들은 대사와 관계없는 1차적 기능 외에 탄수화물 대사에도 영향을 주는 것으로 밝혀졌다.

(1) 인슐린

인슐린은 췌장에서 고혈당농도, 어떤 아미노산들과 장 호르몬, 부교감신경계의 활성 및 β-아드레날린성 작용체에 반응하여 분비된다. 인슐린의 임무는 섭식으로부터 유도된 당, 지방산 및 아미노산들을 글리코겐, 지질 및 단백질로 전환시켜 저장하는 것이다. 인슐린은 또한 근육, 적혈구, 간 및 골격으로 하여금 섭취한 K^+의 이용을 증대시킨다. 인슐린은 간외 조직(예, 근육, 지방조직) 내로 글루코스 수송을 증대시켜 글루코스의 이용을 촉진한다. 간에서 글루코스 이용은 인슐린에 의하여 조절되지 않는다. 그러나 인슐린은 글루카곤의 효과에 반대되는 작용으로 간의 글루코스대사에 영향을 준다. 인슐린에 의하여 *glucokinase*의 활성은 증대되고 *G-6-P-ase*의 활성은 억제되어 G-6-P 생성이 증가하며 혈당을 글리코겐으로 저장되도록 자극한다(그림 15-65).

글리코겐으로서의 저장능력이 제한되어 있으므로 인슐린은 남는 글루코스로 지질을 합성하도록 자극한다. 지질합성을 위하여 인슐린은 다음과 같이 작용한다.

- G-6-P를 아세틸-CoA로 전환하는데 필요한 조절효소들(*phosphofructokinase, pyruvate kinase, 피루브산 탈수소효소 및 citrate lyase*)을 자극한다.
- 모든 NADPH-생성 시스템(5탄당분로의 *글루코스 6-인산 탈수소효소, malic enzyme* 및 세포

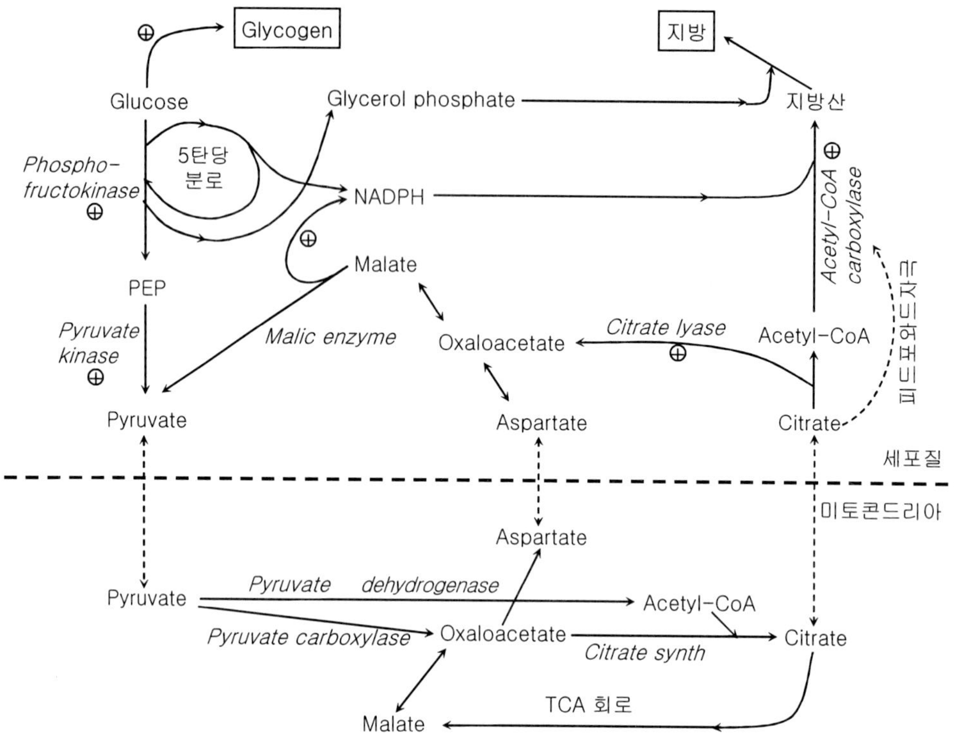

그림 15-65. 탄수화물 대사에 대한 insulin의 영향. PEP, phosphoenolpyruvate.

질 *이소시트르산 탈수소효소*)을 자극한다.

- 아세틸-CoA로부터 지방산 합성의 조절효소인 *acetyl-CoA carboxylase*를 자극한다. 중성지질 중의 글리세롤 성분은 식간에 중요한 탄수화물 자원이 된다.

(2) 글루카곤

글루카곤은 인슐린의 길항제로 저혈당농도, 운동, 스트레스 및 -아드레날린성 작용제의 반응으로 췌장에서 분비된다. 글루카곤의 기능은 저혈당을 정상으로 복귀시키고 식간에 체내 자원의 경제적 이용을 조절하는 것이다. 글루카곤은 혈류에 의하여 췌장에서 주로 간으로 운반되어 작용한다. 글루카곤은 *adenylate cyclase*를 자극하여 2차전령인 cAMP를 생성하며, cAMP는 *phosphorylase*를 활성화시켜 글리코겐을 분해한다. 또한 *G-6-P-ase*를 활성화시켜 유리되는 글루코스는 혈중으로 유리된다. 글루카곤은 근육 *phosphorylase*에는 영향을 미치지 않는다. 그러므로 간 글리코겐은 근육 글리코겐을 고갈시키지 않고 혈당으로 동원될 수 있다. 글루카곤은 글리코겐분해와 함께 간에서 당신생 조절효소들을 유도하고, 간에서 혈중 알라닌(근육에서 배출되는 주요 아미노산)의 이용을 증가시키며, 세포질 피루브산의 미토콘드리아로의 수송을 증가시켜 글루코스 생성을 자극한다(그림 15-66). 당신생과 일반적인 대사에 필요한 에너지는 글루카곤의 자극에 의한 지질분해로 제공된다. 지질분해에 의하여 생성된 지방산은 β-산화에 의하여 아세틸-CoA로 전환되며, 아세틸-CoA는 NADH 생성과 *pyruvate carboxylase* 활성을 자극하여 옥살로아세트산의 생성을 증가시키는 방법으로 당신생을 촉진한다. 글루카곤은 근육에서 순환중에 있는 지방산의 이용과 이화를 증가시킨다. 그러나 주로 간 수준에서 기능을 나타낸다.

식간에 간의 상황은 에너지측면과 글루코스 측면으로 나누어진다. 에너지는 지질연소로 얻어지며, 반면에 당평형은 저장단백질의 소비로 유지된다. 에너지 측면과 당 측면간에는 두가지 방법으로 연결되어있다. 하나는 NADH의 생성과 사용($NADH/NAD^+$)이며 다른 하나는 지질로부터 아세틸-CoA의 생성으로 *피루브산 탈수소효소*가 억제되어 글루코스를 절약하고, 반면에 알로

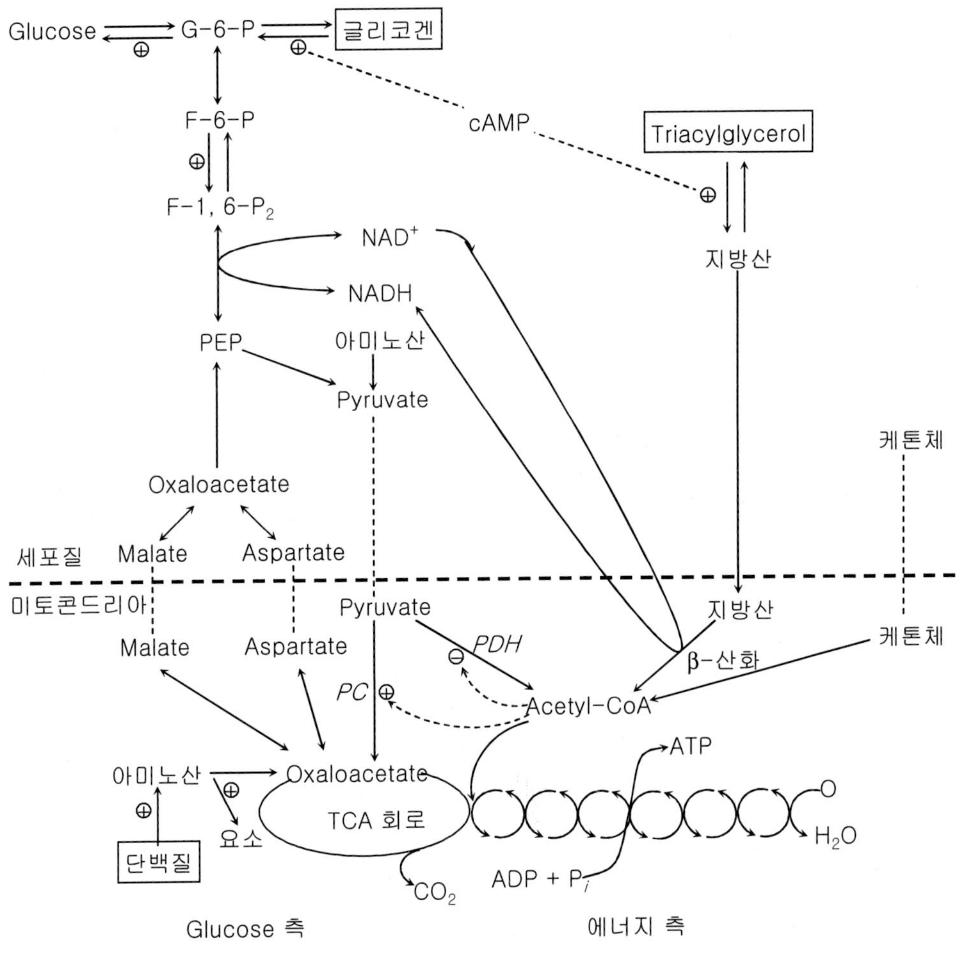

그림 15-66. 탄수화물 대사에 대한 glucagon의 영향. PEP, phosphoenolpyruvate.

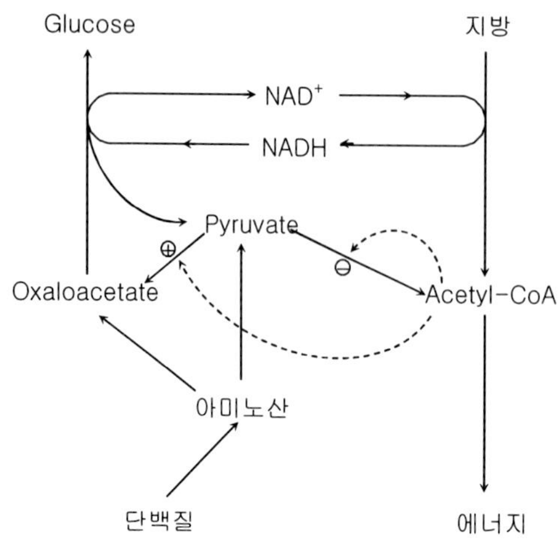

그림 15-67. 당신생과 지질분해의 연결.

스테릭하게 *pyruvate carboxylase*를 활성화시켜 당신생을 자극하는 것이다(그림 15-67).

(3) 부신피질자극 호르몬

부신피질자극호르몬(ACTH)은 스트레스와 저혈당증에 반응하여 뇌하수체 전엽에서 분비되는 호르몬들중의 하나이다. 탄수화물 대사와 관련하여 ACTH의 가장 중요한 기능은 부신피질로부터 글루코코티코이드 즉 코티솔(cortisol)의 유리를 자극하는 것이다.

(4) 글루코코티코이드

글루코코티코이드들은 ACTH에 반응하여 부신피질에서 분비되는 스테로이드호르몬으로 그 기능은 저혈당을 정상농도로 복귀시키는 것이다. 글루코코티코이드들은 *phosphorylase, G-6-P-ase, fructose 1,6,-diphosphatase* 및 *PEP-carboxykinase*를 암호화하는 DNA전사를 증진하여 세포내 대사에 영향을 준다. 그러므로 작용방법은 글루카곤의 작용에 비하여 느리다. 글루코코티코이드들의 대사효과는 지방조직에서 지질분해 자극, 간외 조직에서 글루코스 이용 증가, 단백질분해의 증가, 아미노산의 유리 및 유도효소들의 합성증가로 간에서의 당신생을 자극하며, 요소회로(*arginase*)를 활성화하여 아미노산이 글루코스로 전환될 때 생성되는 암모니아를 해독한다. 글루코코티코이드들은 단지 약간만 간의 당신생 속도에 변화를 준다. 그러나 글루카곤의 작용을 극대화하여 당신생을 자극한다.

(5) 에피네프린

에피네프린은 교감신경계의 신호에 반응하여 부신수질에서 분비되는 호르몬이다. 스트레스, 공포, 추위, 불안, 신경증(nervousness) 및 저혈당증은 교감신경을 자극한다. 이런 조건에서 에피네프린의 기능은 빨리 에너지를 공급하는 것이다. 이때 필요한 에너지는 물론 글리코겐이나 지방을 연소하여 얻는다. 그러나 지방산을 연소하기 위하여 모든 세포에서 TCA회로의 중간물질들을 보충하는 것이 필요하며, 따라서 간은 글리코겐 저장이 고갈될 때에 당신생을 통하여 글루코스를 제공하므로써 이들을 보충할 수 있다.

에피네프린은 cAMP-의존 및 Ca^{2+}/칼모둘린-의존 기전에 의하여 지질분해, 글리코겐분해 및 당신생을 자극한다. 지방조직에서 cAMP에 의한 *TG-lipase* 활성의 증가로 지방산을 유리시켜 근육에 제공하고, 동시에 간에서 지방산의 β-산화로 NADH를 생성하여 당신생을 촉진한다(그림 15-67 참조). 근육에서 에피네프린은 *phosphorylase*를 활성화시켜 글리코겐을 분해하며 젖산을 배출한다. 간에서 에피네프린에 의한 당신생 자극은 주로 내장외 조직(extrasplanchnic tissues)에서 젖산과 알라닌의 유리를 크게 증가시킨다(예를 들면, 에피네프린 주입후 젖산회로 활성의 극적 증가로 증명된다). 간에서 글루코스 유리를 촉진하기 위하여 글리코겐 분해와 당신생의 조절효소들인 *phosphorylase, G-6-P-ase, F-1,6-BP-ase, pyruvate carboxylase* 및 *PEP-carboxykinase*들이 활성화된다.

한 호르몬의 작용은 다른 호르몬들의 작용에 영향을 준다. 예를 들면, 에피네프린은 인슐린을 억제하고 글루카곤의 유리를 증가시키며 다른 많은 호르몬들에 대해서도 작용한다.

(6) 갑상선호르몬

타이록신(thyroxine, T_4)과 트리요오도타이로닌(triiodothyronine, T_3)같은 갑상선호르몬은 농도에 따라 다른 방법으로 대사에 영향을 준다. 저농도의 갑상선호르몬은 단백질을 동화하며, 고농도의 갑상선호르몬은 단백질을 이화한다. 두 갑상선호르몬 중 T_3는 더 빨리 작용한다. 추위의 스트레스는 다량의 갑상선호르몬들을 유리시켜 열을 생성한다. 그 이유는 산화적 인산화를 탈공역시켜 영양소의 산화로 생성되는 에너지를 ATP로 포착하는 대신 열로 유리시키기 때문이다. 열을 생성하기 위하여 영양소의 산화속도가 증가한다. 이를 보상하기 위하여 섭취량을 늘려 영양소를 보충하게 되며, 그렇지 않으면 체중은 급격히 감소한다. 이런 효과는 동물에게 많은 양의 갑상선호르몬을 투여하거나, 갑상선 활성을 자극하는 약물의 투여에 의하여 나타난다.

조절효소에 대한 갑상선호르몬의 효과는 핵에서 DNA와의 상호작용에 의하여 조절된다. 갑상선호르몬은 다음 방법으로 간에서 알라닌과 젖산으로부터의 당신생을 자극한다: ㉮ *Pyruvate kinase*활성을 억제하여 해당을 억제한다. ㉯ β-아드레날린성 수용체의 합성을 자극하여 카테콜아민의 작용을 강화한다. ㉰ *Phosphodiesterase* 활성을 저하시켜 cAMP농도를 증가시킴으로써 글루카곤과 카테콜아민의 작용을 강화한다. ㉱ 간에서 알라닌 이용을 자극하여 당신생 기질농도를 증가시킨다. 갑상선기능부전증(hypothyroidism)은 모든 이런 효과들을 역전시킨다.

(7) 성장 호르몬

성장 호르몬(growth hormone, somatotropin)은 세포 내로 아미노산의 수송을 자극하고 DNA와 RNA의 합성을 자극하여 성장을 촉진한다. 탄수화물 대사에서 성장 호르몬은 인슐린에 길항적이므로 당뇨병발생(diabetogenic)의 성질을 가진다. 간에서 성장 호르몬은 글리코겐분해와 아미노산들로부터의 당신생을 증가시킨다. 이런 효과는 혈당농도를 상승시키므로 인슐린 생성이 자극된다. 근육에서 성장 호르몬은 글루코스의 이용과 해당에 손상을 주며, 지질분해를 자극하여 생성되는 지방산을 에너지생성에 사용한다.

뇌하수체로부터 성장 호르몬 분비는 뇌하수체에서 분비되는 두 종류의 펩티드, 즉, 성장 호르몬 방출인자(growth hormone releasing factor, GH-RF, somatoliberin)와 성장 호르몬 방출-억제인자(growth hormone release-inhibiting factor, GH-RIF, somatostatin)에 의하여 조절된다. 소마토스타틴이라고도 칭하는 성장 호르몬방출-억제인자(GH-RIF)는 시상하부뿐 아니라 위, 그리고 췌장의 Langerhans의 D-세포에서도 생성된다. 소마토스타틴은 다음과 같이 작용한다. ㉮ 인슐린과 글루카곤의 방출을 억제하는 방분비 인자(paracrine factor)이다. ㉯ 성장 호르몬방출 억제인자이다. ㉰ 세포의 Ca^{2+}이용을 감소시키는 방법으로 성장 호르몬의 효과를 억제한다. ㉱ 뇌에서의 신경전달물질이다. ㉲ 위산 생성과 장운동을 억제하여 장에서 영양소의 흐름을 조절한다.

간에서 성장 호르몬은 소마토메딘(somatomedin, sulfation factor: 성장 호르몬의 작용을 매개하는 단백질)의 생성을 자극한다. 소마토메딘은 세포의 인슐린 수용체에 결합하여 인슐린과 같이 작용하며, 소마토메딘의 과잉으로 인슐린 수용체의 감소를 초래한다. 그러므로 소마토메딘은 강력한 당뇨병 유발물질이다.

6) 대사경로들의 조절

대사 구도를 보면 탄수화물 대사는 지질과 단백질 대사가 연결된 대사중심으로 생각될 수 있다. 모든 대사경로들은 정상적으로 평형상태에 있으며 평형상태의 변화는 경로의 방향변화에 기인한다. 방향변화는 속도조절 단계의 수정에 기인한다.

대사경로는 어느 방향으로 진행되던지 정지되지 않는다. 그러므로 *글리코겐 합성효소*가 활성화되는 조건은 *phosphorylase*를 억제하며, *F-1,6-BP-ase*를 할성화시키는 조건에서는 *fructokinase*가 억제된다. 고농도의 아세틸-CoA는 *피루브산 탈수소효소*활성을 억제하고 *pyruvate carboxylase*를 활성화하여 피루브산의 대사경로를 동화적 방향으로 전환시킨다.

한 경로가 정방향으로 진행되는지 혹은 역방향으로 진행되는지는 크게 알로스테릭인자들의 존재와 농도에 의하여 결정되며 계속해서 호르몬에 의하여 조절된다. 알로스테릭인자들은 주어진 경로의 방향만을 결정하지 않고 다른 경로들을 통합시키기 위하여 서로 연결시킨다. 예를 들어, 탄수화물과 지질대사를 서로 연결시킨다. 다른 경로들의 동기화(synchronization)의 예는 다음과 같다. 지방조직에 의한 글루코스의 이용과 해당, 지질합성 속도, 간에서 글루코스의 이용과 인산화를 위한 *glucokinase*와 *글리코겐 합성효소*의 활성화, 해당으로부터 글루코스를 절약하기 위하여 *phosphofructokinase*를 억제하는 고농도의 ATP와 시트르산을 생성하는 지방산 산화와 당신생 등이 동시에 진행된다.

여러 경로에 특히 중요한 물질은 조효소들과 그들의 비율이다(예, AMP/ATP, NADH/NAD^+ 등). 예를 들면, *Phosphofructokinase* 활성은 *adenylate cyclase*를 통한 AMP/ATP에 의하여 영향받으며, 지질합성은 5탄당분로의 활성에 의하여 생성되는 NADPH를 필요로하고, TCA회로의 활성은 NADH의 생성과 이용에 의하여 산화적 인산화와 연결되어 있다.

인산화와/탈인산화는 조절효소들의 활성이 보조를 맞추는 강력한 수단이다. 일반적으로 인산화는 유리 글루코스를 생성하는 과정(글리코겐 분해와 당신생)을 활성화하며 반면에 탈인산화는 글루코스를 글리코겐 또는 지방으로 저장할 때 관련되는 조절효소들을 활성화한다. 예를 들면, 인슐린이 *phosphodiesterase*를 자극하여 cAMP농도를 저하시킬 때 인슐린은 글리코겐합성을 위하여 *cAMP-의존 protein kinase*를 탈인산화하여 불활화시킨다. 인슐린은 글루코스를 지질로 전환하는데 관여하는 조절효소들인 *phosphofructokinase, pyruvate kinase, 피루브산 탈수소효소, citrate lyase* 및 *acetyl-CoA carboxylase*를 탈인산화하여 활성화시킨다.

제16장 지질 대사

1. 지질의 구조와 기능

1) 서론

지질(lipid)은 물에 불용성이며 에테르와 벤젠같은 유기용매에 가용성인 물질을 지칭하는 포괄적인 용어로 생체 내에 보편적으로 존재하며, 생물학적으로 중요한 유기분자이다. 지질은 세포의 기능에 매우 중요하다.

지질은 세포막의 구성분이며 에너지의 저장물질로 대사연료로 사용된다. 비타민 A, D, E 및 K와 같은 지용성 비타민은 지질로 분류되며 스테로이드 호르몬들[성호르몬, 글루코코티코이드, 알도스테론(aldosterone) 및 프로스타글란딘(prostaglandins)]도 지질에 속한다. 또 어떤 종류의 지질은 세포표면 성분으로 작용하거나 혹은 보호피막으로도 작용한다.

2) 지질의 분류

지질은 비누화성 성질에 따라 **비누화성 지질**(saponifiable lipids)과 **불비누화성 지질**(nonsaponifiable lipids)로 나눈다. 비누화란 지방산 에스테르(fatty acid ester)가 지방산과 알콜로 가수분해되는 과정이다. 지방산을 가지고 있는 중성지질(neutral fat, 트리아실글리세롤), 인지질, 당지질 및 왁스는 모두 비누화성 지질에 속한다. 불비누화성 지질은 지방산과 알콜로 가수분해되지 않는다. 테르펜(terpene), 스테로이드(steroid) 및 프로스타글란딘(prostaglandin)은 불비누화성 지질에 속한다. 또 다른 지질 분류법은 화학구조와 구성 성분에 의하여 분류한 Bloor의 분류법을 수정한 것으로 현재 유용하게 활용되고 있으며 요약하면 다음과 같다.

(1) 단순지질(simple lipid)

일반적으로 지방산과 알콜의 에스테르결합으로 이루어진 지질을 말하며 다음과 같은 지질이 여기에 속한다.

- 지방(fat): 포화지방산과 글리세롤의 에스테르(ester)이다. 고형상으로 중성지질에 속하며, 동물의 저장지질로 에너지원이 된다.
- 기름(oil): 유(油)라고도 하며 불포화지방산과 글리세롤의 에스테르이다. 액상으로 중성지질에 속하며 주로 식물성 저장지질이다.
- 왁스(wax): 포화지방산과 고급지방족 알콜의 에스테르이며 고형상이다.

- 콜레스테릴에스테르(cholesteryl ester): 지방산과 콜레스테롤의 에스테르로 여러 동물체에 존재한다.

(2) 복합지질(compound lipid)

분자 내에 인산, 당, 황산, 질소(아민, 아미노산) 등을 함유하고 있는 지질을 말한다.

- 인지질(phospholipids): 글리세롤의 지방산 에스테르에 인산과 대부분의 경우 질소화합물을 함유하고 있다. 글리세롤 대신 스핑고신(sphingosine)을 함유하는 인지질도 있다(sphingomyelin). 세포막, 핵, 미토콘드리아 등 세포의 주요 구성분이며, 뇌, 신경조직에도 다량 존재한다.
- 당지질(glycolipid): 지방산과 스핑고신 이외에 당질 및 질소화합물을 함유하고 있으며 인산과 글리세롤은 존재하지 않는다(glucocerebroside, galactocerebroside, ganglioside 등). 뇌와 신경조직에 많이 존재한다.
- 황지질(sulfolipid): 황산을 포함하는 당지질로 뇌, 간에 존재한다.
- 단백지질(proteolipid): 지질과 단백질의 복합체로 뇌, 심장, 간에 존재한다.

(3) 유도지질(derived lipid)

지질의 가수분해로 생성된 물질로 유기용매에 가용성이며 물에 불용성으로 다음과 같은 생체물질들이 포함된다.

- 지방산(fatty acid): R-COOH의 구조를 가지며 천연 지방산은 탄소수가 모두 짝수이다.
- 고급알콜: 왁스의 가수분해로 생성되는 알콜.
- 탄화수소: 지방족 탄화수소, 카로티노이드(carotenoid), 스쿠알렌(squalene) 등.
- 스테롤(sterols): 스테로이드 핵을 가진 알콜로 지용성 스테로이드호르몬들을 포함한다.
- 비타민 A, D, E, K: 지용성 비타민은 지질로 분류한다.
- 케톤체(ketone bodies)

3) 지방산

지질의 화학구조나 화학적 성질을 논할 때 먼저 구성분인 지방산(fatty acid)을 이해하여야 한다. 지방산은 지질을 구성하는 유기산을 지칭하며, 물에 불용성인 지질의 특성은 지방산의 성질에 기인한다. 그러나 모든 지방산이 물에 불용성이 아니며 탄소수 2~4개의 짧은 사슬 지방산은 물에 가용성이다. 이들 지방산들은 휘발성이 있으므로 휘발성지방산(volatile fatty acid, VFA)이라고 하며, 반추동물의 중요한 발효생성물이다. 지방산은 아래 그림과 같이 사슬의 한 끝에 -COOH기를 가진 긴 사슬의 탄화수소로서 지질의 기능에 중요한 영향을 미친다.

H_3C-$(CH_2)n$-$COOH$

소수성 영역 친수성 영역

지방산은 보통 직쇄상의 단일 카복시산(monocarboxylic acid)으로서 일반적으로 짝수의 탄소 수를 가지며, 포화지방산과 불포화지방산으로 나눈다.

(1) 포화지방산

포화지방산(saturated fatty acid)은 탄소사슬이 -CH_2-로 연결된 구조를 가지고 있다. 즉 탄소 간의 결합이 단일결합으로 이루어진 지방산을 말한다. 구성탄소에 번호를 붙일 때 -COOH의 탄소를 1번 탄소로 하고 역으로 순차적으로 2, 3, 4의 번호를 붙인다. 그리스문자의 순으로 탄소번호를 붙이기도 하는데 2번 탄소를 α-탄소로 하여 순차적으로 β-, γ-탄소라고 하며 마지막 CH_3-의 탄소를 오메가 탄소(omega carbon) 또는 n-탄소라고 한다. 중성 pH에서 -COOH기는 $-COO^-$으로 해리하여 물에 가용성이므로 지방산의 극성머리라고 하며, 나머지 부분을 비극성 꼬리라고 한다. 지방산 분자 중 극성머리가 차지하는 부분이 크면 수용성이며, 작으면 지용성이다. 중요한 포화지방산들은 표 16-1과 같다. 포화지방산의 이름은 관용명을 흔히 사용하지만 근래에는 계통명을 사용하는 경향이 늘어가는 추세에 있다. 계통명은 탄소원자 수에 해당하는 포화탄화수소명의 어미 "-e" 대신 "-oic acid"를 붙여 부른다. 예를 들면, methanoic acid(formic acid), ethanoic acid(acetic acid), propanoic acid(propionic acid) ....와 같은 것이다. 탄소원자 수 10 이하의 지방산은 보통 실온에서 액체이며 이보다 긴 사슬의 지방산은 보통 고체이다. 천연 지방산은 보통 탄소수 16, 18, 20의 긴 사슬을 가진 지방산이 대부분이다, 지방산들은 생리적 pH에서 해리하므로 흔히 음이온의 이름인 palmitate, stearate, ...등의 이름으로 부른다.

표 16-1. 포화지방산의 종류와 소재

관용명/계통명	C원자수	소 재
Formic acid/Methanoic acid	1	"C_1" 단위 대사에 참여
Acetic acid/Ethanoic acid	2	제1위 내 주요 탄수화물 발효종산물
Propionic acid/Propanoic acid	3	제1위 내 탄수화물 발효종산물
Butyric acid/Butanoic acid	4	유지방에 소량 함유. 탄수화물의 발효종산물.
Valeric acid/Pentanoic acid	5	〃
Caproic acid/Hexanoic acid	6	〃
Caprylic acid/Octanoic acid	8	유지방과 식물성 기름에 소량 함유.
Capric acid/Decanoic acid	10	
Lauric acid/Dodecanoic acid	12	경납, 육계피, 팜씨, 야자유, 월계수, 버터
Myristic acid/Tetradecanoic acid	14	육두구, 팜씨, 야자유, 버터
Palmitic acid/Hexadecanoic acid	16	모든 동식물 지질에 함유
Stearic acid/Octadecanoic acid	18	〃
Arachidic acid/Eicosanoic acid	20	땅콩유
Behenic acid/Docosanoic acid	22	종자
Lignoceric acid/Tetracosanoic acid	24	Cerebrosides, 땅콩유

포화 또는 불포화지방산 모두 짝수의 탄소원자를 가지며 이는 지방산 생합성이 두 개의 탄소원자를 가진 아세트산의 결합으로 이루어지기 때문이다.

(2) 불포화지방산

하나 이상의 2중 결합(-CH=CH-)을 가진 지방산을 불포화지방산(unsaturated fatty acids)이라고 한다. 생리적으로 중요한 불포화지방산들의 명칭과 분포는 표 16-2와 같다. 명명법은 포화지방산에서와 같이 관용명과 계통명이 사용되며 계통명은 포화지방산의 어미 -anoic acid 대신 -enoic acid로 바꾸어 부르며 2중 결합의 수에 따라 접미어를 -monoenoic acid, -dienoic acid, -trienoic acid....라고 부른다. 일반적으로 불포화지방산을 분자 내의 2중결합 수에 따라 다음과 같이 분류한다.

표 16-2. 생리적으로 중요한 불포화지방산

관용명/계통명	계열	C원자수와 2중 결합위치	소재와 중요성
Palmitoleic acid/*cis*-9-Hexadecenoic acid	n7	16:1;9	거의 모든 지질에 함유.
Oleic acid/*cis*-9-Octadecenoic acid	n9	18:1;9	중성지방에 가장 많은 지방산.
Nervonic acid/ *cis*-15-Tetracosenoic acid	n9	24:1;15	Cerebrosides에 함유.
Linoleic acid/ all-*cis*-9,12-Octadecadienoic acid	n6	18:2;9,12	식물성 기름에 함유(땅콩, 옥수수, 면실, 콩 등). 필수지방산
α-Linolenic acid/ all-*cis*-9,12,15-Octadecatrienoic acid	n3	18:3;9,12,15	흔히 linoleic acid와 같이 존재, 아마인유에 다량 함유, 필수지방산
Arachidonic acid/ all-*cis*-5,8,11,14-Eicosatetraenoic acid	n6	20:4;5,8,11,14	동물지방과 땅콩유에 존재, 동물 인지질의 중요성분, prostaglandins의 전구체, 필수지방산
Timnodonic acid/all-*cis*-5,8,11,14,17-Eicosapentaenoic acid	n3	20:5;5,8,11,14,17	어류(대구간, 고등어, 청어, 연어)
Cervonic acid/all-*cis*-4,7,10,13,16,19-Docosahexaenoic acid	n3	22:6;4,7,10,13,16,19	어유에 함유, 뇌의 인지질

① **단일 불포화지방산**(monounsaturated fatty acids, monoenoic acids): 하나의 2중결합을 포함하고 있는 지방산.

② **다중 불포화지방산**(polyunsaturated fatty acids, polyenoic acids, PUFA): 둘 이상의 2중결합을 포함하고 있는 지방산.

일반적으로 불포화지방산은 *cis*-배치의 이중결합 구조를 가지며 지방산 사슬의 굴곡과 꼬임이 생기게 한다(그림 16-1). 불포화지방산의 이러한 굴곡 때문에 다른 지방산의 탄화수소와 간격을 가지게 되며 분자운동을 할 수 있게 된다. 이 특징 때문에 긴 사슬의 불포화지방산은 실온에

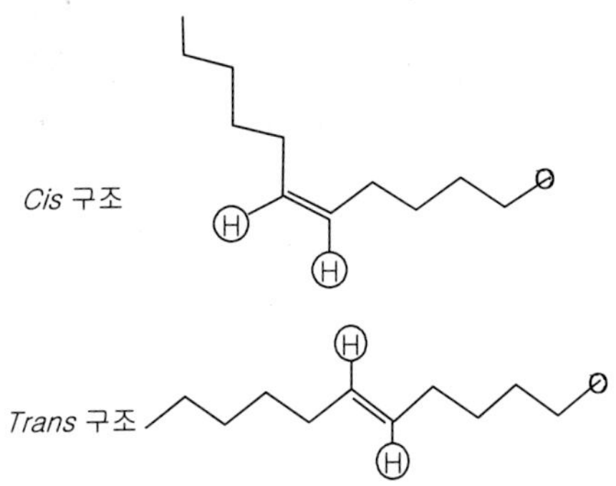

그림 16-1. 불포화 지방산의 *cis*구조와 *trans* 구조.

서 액체이다. 생체막 지질의 구성 지방산은 불포화지방산으로 융점이 낮으며 따라서 생체막이 유동성을 갖게 된다.

단일 불포화지방산인 올레산(oleic acid)은 대부분의 동물종에서 지방조직에 저장되는 지질의 주요한 구성 지방산이다. 그러나 반추동물에서는 스테아르산(stearic acid)이 월등히 많으며 고체 지방의 원인이 된다. 올레산은 스테아르산의 9번과 10번 탄소간의 산화로 2중결합이 형성되어 생성된다(그림 16-2).

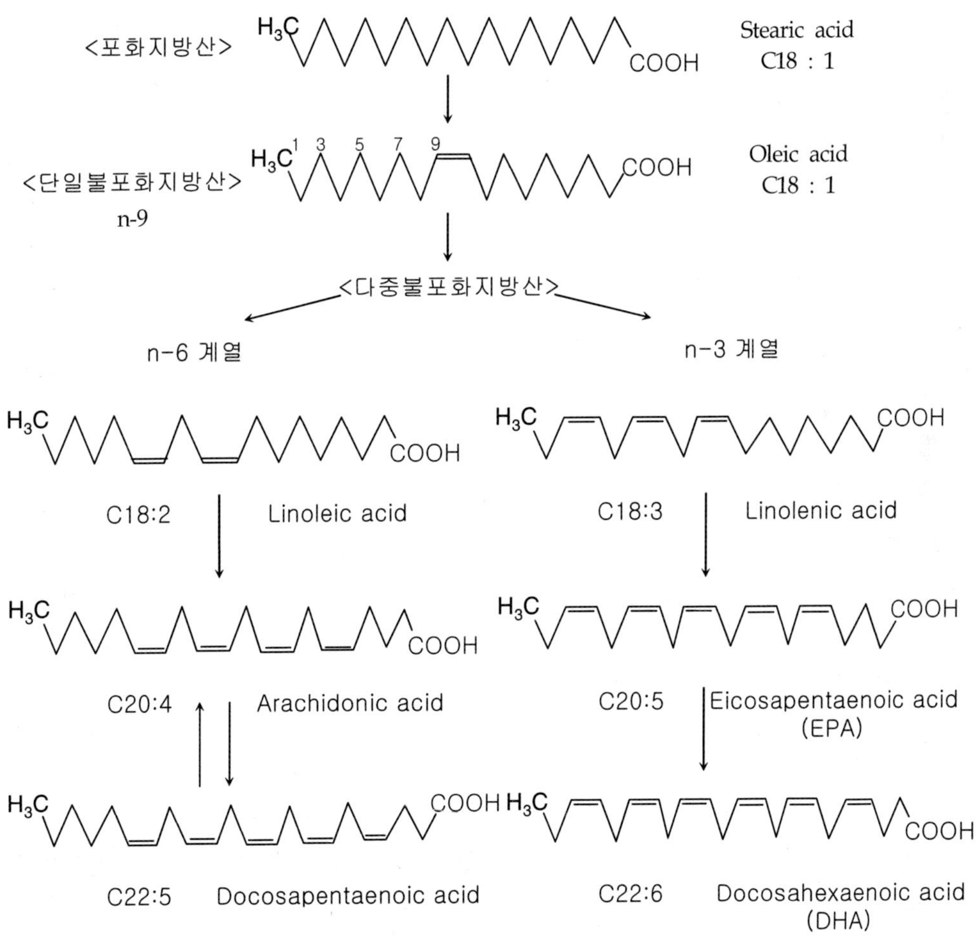

그림 16-2. 다중 불포화지방산(필수지방산)의 분류.

포유동물의 효소계는 n-탄소(또는 ω-탄소) 1번과 9번 사이에 2중결합을 만들 수 없으며 그러므로 이 사이에 2중결합을 가진 다중 불포화지방산들은 음식물로부터 섭취하여야 한다. 그러므로 n-6 탄소에 2중결합을 가진 리놀레산(linoleic acid)과 아라키돈산(arachidonic acid), n-3번 탄소에 2중결합을 가진 리놀렌산(linolenic acid)은 음식물로부터 반드시 섭취해야하는 **필수지방산**(essential fatty acid)들이다. 리놀레산은 옥수수기름이나 잇꽃기름과 같은 식물의 종자에서 추출된 기름에 많이 함유되어 있다. 다른 n-6 탄소에 2중결합을 가진 n-6 불포화지방산들은 리놀레산으로부터 생성된다. 아라키돈산도 리놀레산의 연장과 불포화반응에 의하여 생성되며 아라키돈산으로부터 도코사펜타엔산(docosapentaenoic acid)이 생성된다. 식물의 엽록체는 리놀레산의 n-3 탄소를 불포화하여 리놀렌산으로 전환하는 효소를 가지고 있으며, 리놀렌산은 다른 n-3계열 불포화지방산들의 전구물질이 된다. 에이코사펜타엔산(eicosapentaenoic acid, EPA)과 도코사헥사엔산(docosahexaenoic acid, DHA)은 리놀렌산에서 전환된 **다중 불포화지방산**(polyunsaturated fatty acid, PUFA)들이다. EPA와 DHA는 푸른 잎새, 식물성 기름(특히 콩기름) 및 유즙(milk)에 들어 있으며, 이들 PUFA들이 식물성 프랑크톤(phytoplankton)에 의하여 합성되므로 이들을 섭취하는 어류와 기타 해상동물들의 기름에 특히 많이 함유되어 있다.

PUFA는 생체에서 많은 중요한 기능들을 가지며 동물체는 이들을 스스로 합성할 수 없으므로 식물을 통하여 반드시 섭취해야 하며, 필수지방산인 리놀레산, 리놀렌산 및 아라키돈산은 다른 PUFA의 전구체들이다. 필수지방산의 결핍은 성장지연, 생식불능 및 피부, 간, 신장 등과 같은 많은 장기들의 변성을 초래한다. PUFA에 의한 이런 효과들과 기타 다른 효과들은 아라키돈산으로부터 생성되는 프로스타글란딘(prostaglandin)들과 류코트리엔(leukotriene)들에 의하여 조절된다. 최근에 대뇌피질, 망막, 고환 및 정자의 인지질 중에 DHA가 고농도로 함유되어 있음이 확인되었으며 따라서 n-3계 불포화지방산들이 뇌, 시각 및 생식기능에 매우 중요하다는 것이 확인되었다. n-3계 지방산들은 n-6계 지방산들과는 다른 특이한 기능들과 함께 현재 필수 영양소로 간주되고 있다.

대부분의 동물들은 필수지방산보다 더 긴 사슬의 PUFA를 리놀레산과 리놀렌산으로부터 합성할 수 있으나 고양이는 n-6탄소를 불포화하는 효소의 결핍으로 어류에서 발견되는 더 긴 사슬의 필수지방산을 섭취해야 하는 것으로 밝혀졌다. 유아는 또한 모체의 필수지방산으로부터 긴 사슬의 필수지방산 합성능력이 한정되어 있으므로 뇌와 시력발달을 위하여 DHA를 섭취하여야 한다. 비유중인 모체는 어류를 섭취하여 유즙 중 DHA함량을 증가시켜야 하며 이유식에는 DHA와 아라키돈산을 첨가하여야 한다.

반추동물은 지질함량이 낮은 사료를 섭취하지만 포화지방산은 제1위를 통과하여 결국은 동물조직에 들어간다. 불포화지방산은 제1위내의 미생물에 의한 수소화로 포화지방산으로 전환되어 소장으로 들어가 흡수된다. 제1위 내의 미생물은 식이 지질을 분해하며, 주로 유리 포화지방산의 형태로 소장에서 흡수된다. 반추동물은 필수지방산을 소장 미생물에 의한 소화와 미생물지질의 흡수로 얻는다.

단위동물의 식이지질 중의 리놀레산(n-6)은 리놀렌산(n-3)의 50-100배에 달하며(옥수수, 잇꽃, 해바라기, 혹은 땅콩기름), 두 필수지방산은 같은 *불포화효소*(*desaturase*)와 *연장효소*(*elongase*)에 경쟁하므로 모든 n-3 필수지방산의 합성이 심각하게 억제될 수 있다. 콩기름은 두 필수지방산이 균형을 이루어 함유되어 있으며, 어유는 모든 n-3 필수지방산을 제공한다. n-6/n-3 비율 또한 매우 중요하다. 즉, 식물성 및 비수생 동물성 지방함량이 높은 음식물(n-6 리놀레산과 포화지방산이 풍부하며, n-3 필수지방산이 결핍된)은 인슐린-저항성을 갖게 한다(인슐린 비의존성 당뇨병). 이때 n-3 필수지방산은 간에서 지단백질 생성에 대한 강력한 억제물질로서 n-3 필수지방산이 부족하거나 결핍되면 초저밀도지단백질(very low density lipoprotein, VLDL)의 생성이 억제되지 않으므로 말초조직은 VLDL에 의하여 풍부한 중성지질(트리아실글리세롤)을 공급받게 되며, 글루코스는 혈류로부터 제거되지 않는다. 리놀레산의 단 6%만 어유중의 장쇄형 n-3 필수지방산으로 치환하면 인슐린-저항성의 발생을 방지할 수 있다. 이것은 아마도 말초조직에서 지방산의 이용 감소와 글루코스 이용 증가에 대한 "연료 스윗치(fuel switching)"의 결과로 생각된다.

육지에 거주하는 농부들에 비하여 에스키모인 및 해안에 거주하는 어부들에 대한 역학적 연구에서 어류의 섭취를 증가시키면 혈청 콜레스테롤농도가 감소하고 관상동맥질환과 뇌일혈에 의한 사망률도 감소한다는 상관성이 밝혀졌다. 어유의 항아테롬성 성질(antiatherogenic property)에 대한 계속된 생리적 연구들에 의하여 다음과 같은 필수지방산의 유익한 효과들이 밝혀졌다.

- 필수지방산은 트리아실글리세롤, 콜레스테롤 및 간에서의 아포단백질 B(apoprotein B)의 생성을 저하시키며 따라서 간에서의 VLDL의 분비를 감소시킨다. 이에 따라 담즙산염으로 콜레스테롤의 전환속도가 증가하여 어유의 영향하에 분중에 담즙산염의 배설이 증가되며 혈청 콜레스테롤농도가 감소한다.
- 지혈과정에서 혈소판은 아라키돈산을 트롬복산 A_2(thromboxane A_2)로 전환시킨다. 트롬복산 A_2는 세동맥을 수축시켜 혈소판응집을 일으켜 혈액을 응고시킨다. 어유의 n-3 필수지방산은 아라키돈산과 경쟁하여 트롬복산 A_2 생성을 억제하며 혈관을 확장시키고 혈소판응집을 저하시킨다.
- n-3 필수지방산은 혈액의 점도를 감소시켜 적혈구의 변형능력(deformability)이 증가되므로 허혈상태의 조직에 산소공급을 증가시킨다.
- 어유는 내피세포-유도-성장인자들(endothelial- cell derived growth factors)의 생산을 감소시켜 혈관 내막의 평활근 증식을 억제할지도 모른다.

필수지방산으로 보충된 음식물의 역효과는 PUFA의 산화로 과산화지질(lipid peroxide)의 생성이 증가하여 암 발생이나 노화와 같은 독작용을 나타내는 것이다. 음식물중의 필수지방산 보충은 항산화제로서 비타민 E와 C 요구량을 증가시킨다.

(3) 에이코사노이드

20개의 탄소원자를 가진 다중 불포화지방산으로부터 유도된 물질들중에는 프로스타글란딘류(prostaglandins, PG)와 관련물질들인 류코트리엔류(leukotrienes, LT), 트롬복산류(thromboxanes, TX)등이 있으며 이들 모두를 지칭할 때 에이코사노이드(eicosanoids)라고 한다(그림 16-3). 프로스타노이드(prostanoid)는 프로스타글란딘류, 프로스타사이클린(prostacyclin, PGI) 및 트롬복산류 (TXs)

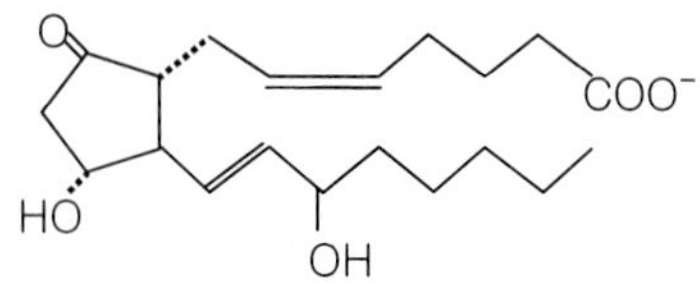

Prostaglandin F_2 (PGE_2)

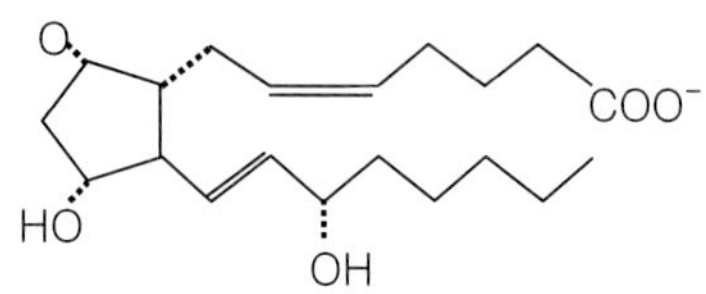

Prostaglandin $F_{2\alpha}$ ($PGF_{2\alpha}$)

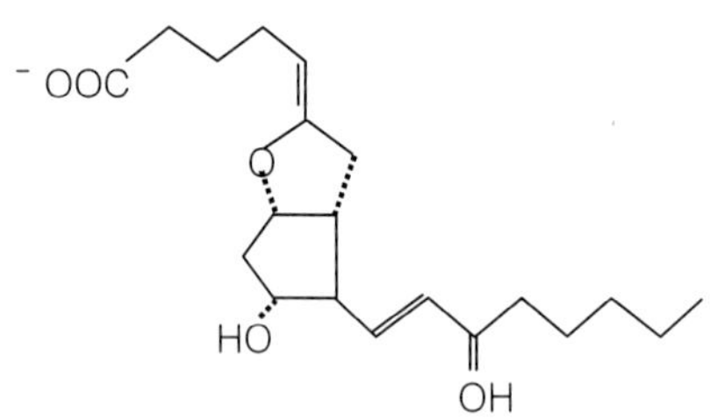

Prostacyclin (PGI_2)

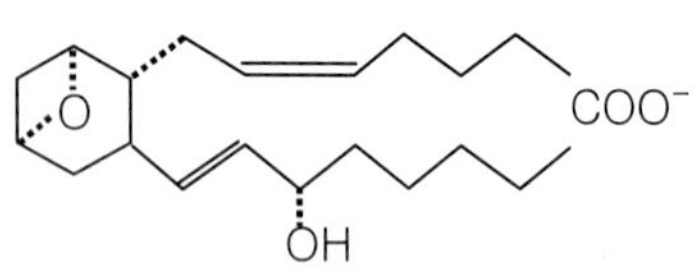

Thromboxane A_2 (TXA_2)

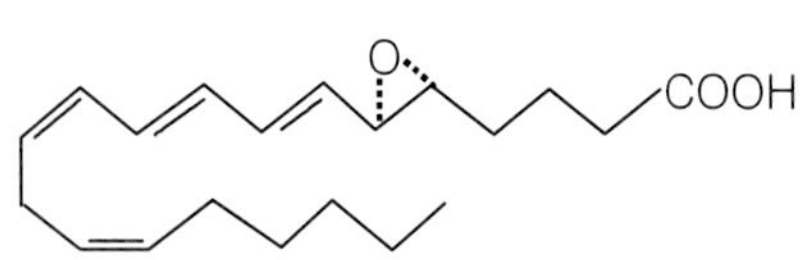

Leukotriene A_4 (LTA_4)

그림 16-3. Eicosanoid의 예. 3번째 문자들(A, E, D, F, I)은 기능기의 형태와 배열을 나타낸다.

등을 합쳐서 지칭하는 용어이다.

에이코사노이드는 모두 아라키돈산에서 유도된다(그림 16-4). 아라키돈산은 세포막지질인 포스파티딜콜린(phosphatidylcholine, lecithin)과 포스파티딜이노시톨(phosphatidylinositol)의 구성분인 글리세롤의 β-탄소에 결합되어있다. 어떤 효능제(agonists)는 *phospholipase* A_2의 활성을 자극하여 아라키돈산을 유리시킨다. 효능제들은 특이적인 표적세포에 작용한다. 예를 들면, 내피세포와 혈소판에 대한 트롬빈(thrombin)의 작용, 신세뇨관세포에 대한 브라디키닌(bradykinin)의 작용과 같은 것이다. 유리된 아라키돈산은 *cyclooxygenase*와 *lipoxygenase*의 촉매로 세포의 필요에 따라 세 부류중의 하나로 전환된다. 항염증성 호르몬인 글루코코티코이드는 세포막중의 *phospholipase* A_2의 활성을 억제하는 단백질의 합성을 자극하여 아라키돈산의 유리를 차단시킴으로서 염증성반응에 관여하는 세 부류에서 유도된 물질들의 생성을 억제한다. 반대로 아스피린(aspirin)은 특이적으로 *cyclooxygenase*의 활성을 억제하나 *lipo- xygenase*의 활성에는 영향을 주지 않으므로 류코트리엔이 합성된다. 따라서 아스피린은 프로스타글란딘과 트롬복산에 의하여 조절되는 혈액응고를 억제한다. 그러나 류코트리엔에 의한 천식(asthma)을 개선하지 못한다.

프로스타글란딘류는 분자내 기능기의 형태와 위치에 따라 PG에 A, E, D, F, I를 붙여 부른다. PGI_2(프로스타사이클린)의 문자아래에 쓴 숫자는 분자내 2중결합의 수를 뜻한다. 프로스타글란딘은 최초에 정액에서 발견되었으나 뒤에 혈압강하, 조직의 미소순환조절, 평활근 기관들의 자극, 생식기능 등 다양하게 작용하는 국소 호르몬으로서 모든 동물조직에 존재하며 생리적, 약리적으로 중요한 기능을 갖는 것으로 밝혀졌다. 과량의 프로스타글란딘은 일반적으로 통증, 염증, 열, 구역질, 구토 등의 다양한 증세를 나타낸다(그림 16-4 참조).

트롬복산류는 아라키돈산의 중심부에 다섯 개의 탄소원자와 하나의 산소원자로 구성된 6각형의 고리

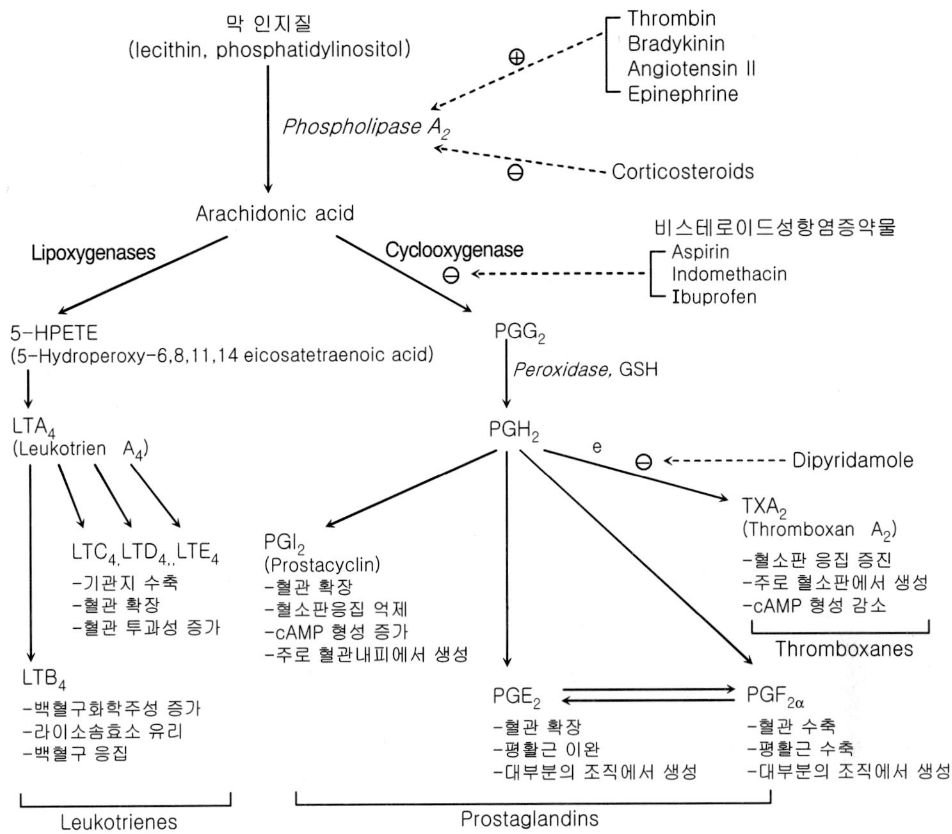

그림 16-4. Arachidonate로부터 주요 prostaglandin, leukotriene 및 thromboxane들의 생합성 개요.

구조와 고리중의 두 탄소원자 간에 하나의 산소원자를 가지고 있는 점에서 프로스타글란딘류와 다르다. 지혈과정 중에 혈소판에서 주로 생성되는 트롬복산 A_2(TXA_2)는 맥관계의 내피세포에서 주로 생성되며 혈관을 확장시키고 혈소판응집을 억제하는 PGI_2와 상반된 작용을 한다.

류코트리엔류는 면역 및 기타 자극에 의하여 대식세포와 백혈구에서 아라키돈산으로부터 생성된다. 류코트리엔류는 염증 및 과민성 반응과 관련된 많은 질병과 관련되어있다. 예를 들면, 기관지를 수축시키고(히스타민보다 수 백배 더 강력함), 혈관 투과성을 증대시켜 부종과 수포를 형성한다. 과민증의 지연반응물질(slow-reacting substance of anaphylaxis; SRS-A)은 류코트리엔류의 혼합물이다.

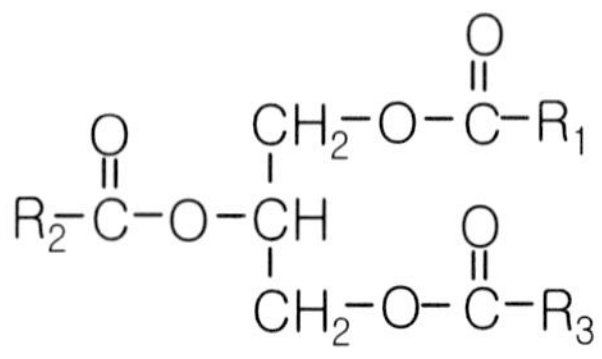

그림 16-5. Triacylglycerol의 구조.

4) 트리아실글리세롤

글리세롤 1분자 중 3개의 -OH기 각각에 3개의 지방산이 에스테르결합으로 이루어진 화합물을 트리아실글리세롤(triacylglycerol, TG) 또는 트리글리세라이드(triglyceride)라고 하며 전하를 갖지 않으므로 흔히 중성지질(neutral lipid)이라고 부른다(그림 16-5).

전형적인 트리아실글리세롤(TG)은 트리팔미틴(tripalmitin)으로 1분자의 글리세롤에 3분자의 팔미트산(palmitic acid)이 에스테르결합 되어있다. 그러나 스테아르산(stearic acid)이나 올레산(oleic acid)과 같은 다른 지방산들이 3개의 결합부위의 어느 곳이나 팔미트산을 치환하여 결합할 수 있다. 트리아실글리세롤 중의 포화지방산 혹은 불포화지방산에 따른 트리아실글리세롤의 분포는 다음과 같다.

Sat–[Sat, Sat]	Unsat–[Sat, Unsat]	Unsat–[Unsat, Unsat]
0.3%	19.5%	62%

트리아실글리세롤은 동물체의 지방조직에 저장되며 구성 탄소원자 대부분이 수소원자와 결합되어 있어 에너지를 많이 저장하고 있는 세포연료로 사용된다.

트리아실글리세롤이 실온에서 고체인가 액체인가를 결정하는 것은 지방산의 길이와 불포화도이다. 동물성 지방은 보통 실온에서 고체이며, 긴 사슬의 포화지방산으로 구성되어 있다. 반면에 식물성 기름은 실온에서 액체이며, 불포화지방산을 많이 함유하고 있다. 기름중의 불포화지

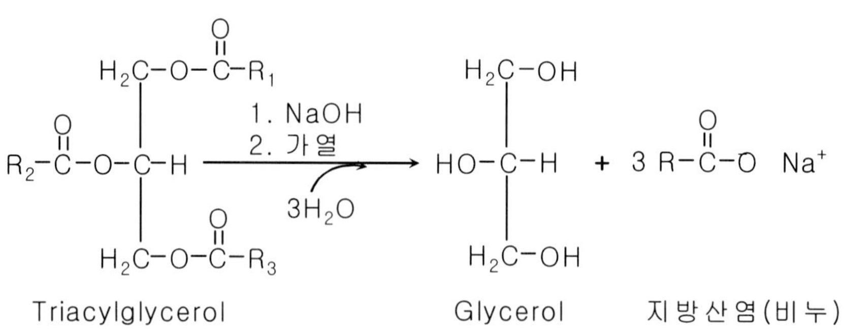

그림 16-6. Triacylglycerol의 비누화.

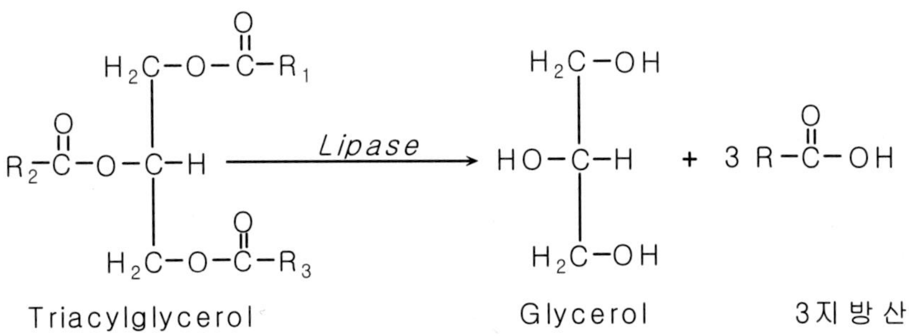

그림 16-7. *Lipase*에 의한 중성지질의 가수분해.

방산은 공기 산화와 세균에 의하여 분해되기 쉽다. 에스테르결합의 분해와 사슬내 2중결합이 끊어지면 각종 휘발성 분해산물이 생성되어 불쾌한 냄새와 맛을 가지게 한다. 이 과정을 **산패**(rancidity)라 하며 변질식품(rancid food)이 된다.

비누화(혹은 검화, saponification)는 트리아실글리세롤이 알카리의 존재에서 지방산염(비누)과 글리세롤로 분해되는 과정을 말한다(그림 16-6). *Lipase*는 그림 16-7과 같이 체내에서 비누화와 유사한 반응을 촉매한다. *Lipase*에 의한 촉매반응은 알칼리나 가열을 필요로 하지 않는다.

트리아실글리세롤은 *lipase*에 의한 가수분해 과정에서 1분자의 지방산을 유리시키면 디아실글리세롤(diacylglycerol, DG)이 되며, 2분자의 지방산을 유리시키면 모노아실글리세롤(monoacylglycerol, MG)이 된다. 3분자의 지방산이 모두 분리되면 글리세롤만 남게 된다.

5) 스테로이드

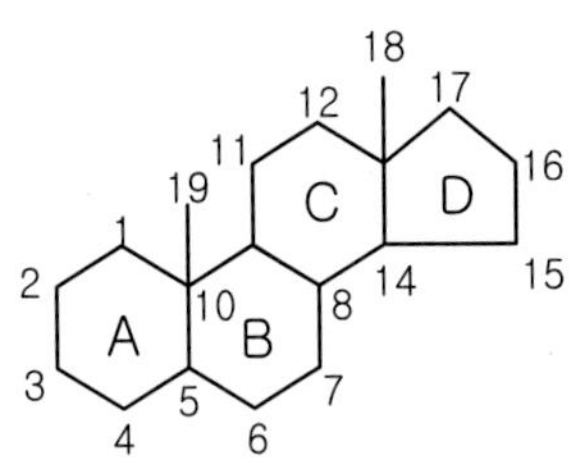

그림 16-8. Steroid의 핵.

스테로이드(steroid)는 흔히 지방과 더불어 발견된다. 스테로이드는 지방을 비누화한 후 비누화되지 않은 물질 중에서 분리할 수 있다. 모든 스테로이드는 4개의 고리를 가진 탄화수소계의 유도체이며, 모든 스테로이드 구조의 기본이 되는 스테로이드핵(cyclopentanoperhydrophenanthrene nucleus)의 구조와 구성 탄소에 붙여진 번호는 그림 16-8과 같다. 개개의 스테로이드는 ㉮ 고리구조에서 치환기의 수와 위치, ㉯ 2중결합의 수와 위치, ㉰ 고리구조의 입체화학 등에서 다르다. 콜레스테롤, 담즙산염(bile salts), 스테로이드 호르몬 및 비타민 D는 모두 스테로이드에 속하는 지질들이다(그림 16-9).

(1) 콜레스테롤과 콜레스테릴에스테르

콜레스테롤은 담즙산염, 스테로이드 호르몬「성 호르몬, 글루코코티코이드 및 미네랄코티코

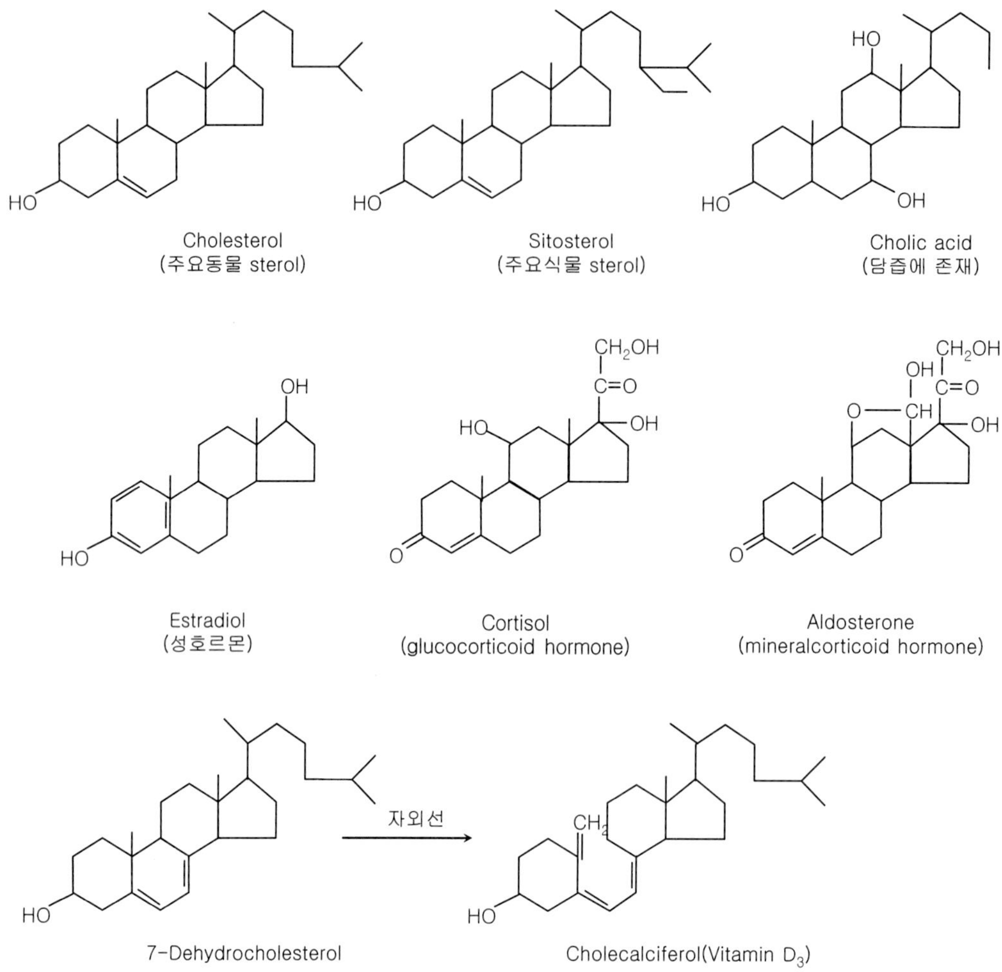

그림 16-9. 다양한 steroid들.

이드(mineralcorticoid)」 및 비타민 D와 같은 모든 스테로이드계 화합물의 합성 시발물질이며, 동물의 세포막, 신경수초(myelin) 및 지단백질(lipoprotein) 생성에 필요하다.

콜레스테롤은 모든 동물세포에 존재하며 특히 신경조직에 널리 분포되어 있다. 따라서 육식동물과 잡식동물들에 의하여 섭취된다. 초식동물은 콜레스테롤을 섭취할 기회가 없지만 그들의 조직과 유즙 중에 콜레스테롤이 존재하며 이는 체내에서 합성된 것임을 의미한다.

체내의 모든 조직들이 콜레스테롤을 합성할 수 있으나 특히 간, 장관 및 피부에서의 합성이 전 합성의 97%를 차지한다. 식이 콜레스테롤은 정상적으로 하루에 합성되는 총 콜레스테롤의 절반 이하이며, 스테로이드 합성에 사용되는 콜레스테롤량은 담즙산 합성에 사용되는 양의 10%에 불과하다. 간에서 콜레스테롤을 담즙산으로 전환하여 주로 배출하지만 담즙을 통한 콜레스테

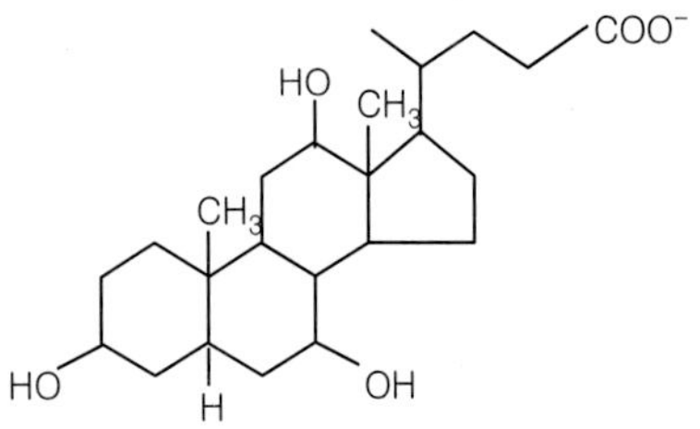

Cholic acid

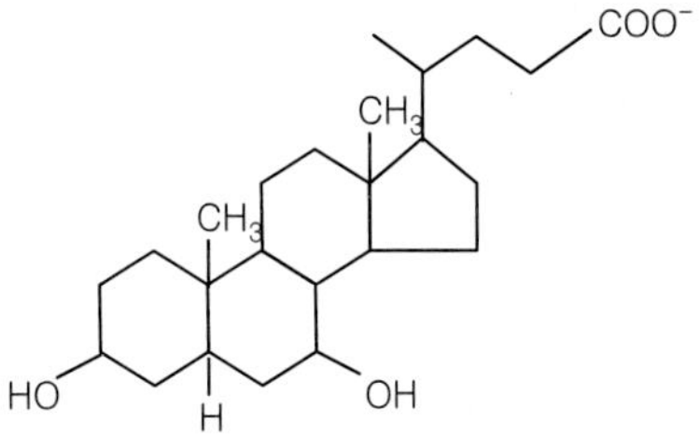

Chenodeoxycholic acid

그림 16-10. Cholic acid와 chenodeoxycholic acid의 구조.

롤의 직접 배설도 또한 콜레스테롤 배출의 주요경로이다. 하루에 평균해서 정상적으로 소장에 존재하는 콜레스테롤의 약 75%는 담즙을 통하여 배설된 것이다.

사람은 보통 하루에 1.5~2.0 g의 콜레스테롤을 합성하고 약 0.3 g의 콜레스테롤을 섭취하여 다른 많은 스테로이드의 중요한 전구체로 이용된다. 아테롬성동맥경화증(atherosclerosis)은 동맥벽의 결체조직에 콜레스테롤과 다른 지질들이 침착되어 결과적으로 콜레스테롤 덩어리가 형성되어 발병하게 된다. 만약 콜레스테롤 침착으로 심근 혈관이 막히면 심근경색(myocardial infarction)이 일어나며, 뇌혈관이 막히면 뇌졸중(stroke)을 일으킨다. 혈액 콜레스테롤의 증가와 아테롬성동맥경화증간에는 상관성이 있는 것으로 알려지고 있으나 이 질병의 복잡성 때문에 분명히 밝혀져 있지 않다. 그러나 동맥벽의 초기질환은 다량의 콜레스테롤과 콜레스테릴에스테르를 함유한 저밀도지단백질(low density lipoprotein, LDL)이 과량으로 존재하는 것과 관계가 있을 것으로 추측되고 있다.

콜레스테롤의 페놀성 -OH기는 필수지방산과 에스테르결합하여 콜레스테릴에스테르를 형성하며 콜레스테롤의 소수성을 강화시킨다. 콜레스테릴에스테르중의 불포화지방산은 굽혀져서 지질간에 상호작용을 쉽게 한다. 콜레스테롤과 콜레스테릴에스테르는 그들의 소수성 때문에 지단백질의 성분으로 단백질과 결합하여 수송된다.

(2) 담즙산과 담즙산염

① 담즙산과 담즙산염: 담즙(bile)은 유기물질과 무기물질의 수양성 혼합물이며, 담즙의 가장 중요한 성분은 포스파티딜콜린(phosphatidylcholine, lecithin)과 담즙산염(bile salts)들이다. 담즙은 간에서 총담관(common bile duct)을 통하여 십이지장으로 배출되며 소화에 즉시 필요하지 않을 때는 담낭(gallbladder)에 저장된다.

간에서 콜레스테롤로부터 다단계의 경로에 의하여 합성되는 담즙산은 콜산(cholic acid)과 키노데옥시콜산(chenodeoxycholic acid)(그림 16-10)으로 **1차 담즙산**(primary bile acids)이라고 한다. 담즙산은 콜레스테롤에 비하여 측쇄에 여러 개의 -OH기를 가지고 있기 때문에 양친매성(amphipathic)이다.

두 종류의 1차 담즙산은 간에서 배출되기 전에 각각 글리신 또는 타우린과 아마이드결합에

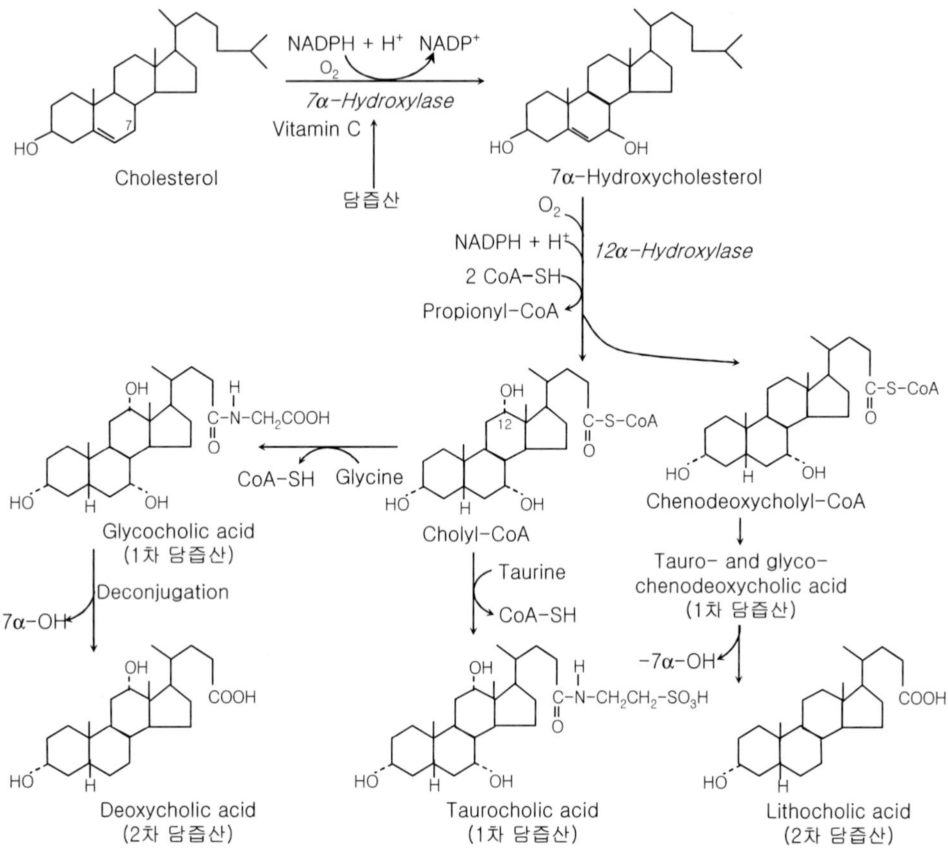

그림 16-11. 담즙산의 생합성과 분해.

의하여 글리코콜산(glycocholic acid), 글리코키노데옥시콜산(glycochenodeoxycholic acid), 타우로콜산(taurocholic acid) 및 타우로키노데옥시콜산(taurochenodeoxycholic acid)을 생성하며(그림 16-11), 이들을 담즙산염이라고 부른다. 담즙산염들은 담즙산보다 양친매성 성질이 더 크므로 더 효과적인 표면활성제(detergent)이다. [주: 타우린은 시스테인 대사의 종산물로서 망막과 중추신경계에 풍부하게 존재하며, 간을 비롯한 다른 조직들에도 존재한다.]

장내 세균은 담즙산염으로부터 글리신과 타우린을 제거할 수 있으며, 또한 1차 담즙산들에서 OH기를 제거하여 콜산을 데옥시콜산(deoxycholic acid)으로, 키노데옥시콜산을 리토콜산(lithocholic acid)으로 전환시킨다. 이 때 생성된 데옥시콜산과 리토콜산을 **2차 담즙산**(secondary bile acids)이라고 한다.

② **장간순환:** 장으로 분비되는 담즙산염들은 효과적으로 재흡수되어 재사용된다. 1차 및 2차 담즙산염과 담즙산들의 혼합물은 주로 회장에서 능동수송에 의하여 흡수되어 문맥혈로 들어간 후 간의 실질세포에 의하여 제거된다. [주: 담즙산은 소수성이므로 지방산과 같이 알부민과 결

합하여 수송된다.] 간에서 1차 및 2차 담즙산들은 글리신 및 타우린과 결합하여 담즙산염으로 전환되어 담즙 중에 들어간다. 십이지장으로 배출된 담즙산염들의 일부는 담즙산으로 분해되고 담즙산과 담즙산염들의 혼합물은 다시 회장에서 흡수되어 장간순환(enterohepatic circulation)을 한다(그림 16-12). 인체에서 매일 15~30 g의 담즙산염이 간에서 십이지장으로 분비되며 이중 단지 0.5 g만이 대변 중에 배설된다. 매일 배설되는 담즙산을 보충하기 위하여 간에서 약 0.5 g의 담즙산염이 합성된다.

③ **담즙산염 결핍증(담석증):** 간에서 콜레스테롤을 담즙과 함께 분비할 때 인지질과 담즙산염도 동시에 분비된다. 인지질과 담즙산염에 용해될 수 있는 양보다 많은 콜레스테롤은 담낭에 침전하여 **담석증**(cholelithiasis, gallstone disease)을 유발할 수 있다. 이런 현상은 간에서 콜레스테롤합성이 증가하거나, 콜레스테롤이나 지질을 너무 많이 섭취하거나, 담즙산염의 합성이 감소되거나, 담관의 폐쇄로 담즙의 장간순환에 장애가 있을 때 발생한다. 담석(gallstone)이 담낭벽에서 생성된 후 담낭에서 빠져나와 총담관 내 혹은 Oddi 괄약근에 머물게 되어 동통을 수반하는 담낭발작(gallbladder attack)을 일으키게 된다. 담석증의 유일한 치료는 외과적으로 담낭을 제거하거나 담석을 긁어내어 치료한다. 그러나 콜레스테롤 침착으로 생성된 담석(전 담석증의 약 80%)은 키노디올(chenodiol)로 불려지는 키노데옥시콜산을 투여하여 담즙산을 보충 급여함으로서 담석은 수개월 내지 수년에 걸쳐 점차로 용해된다.

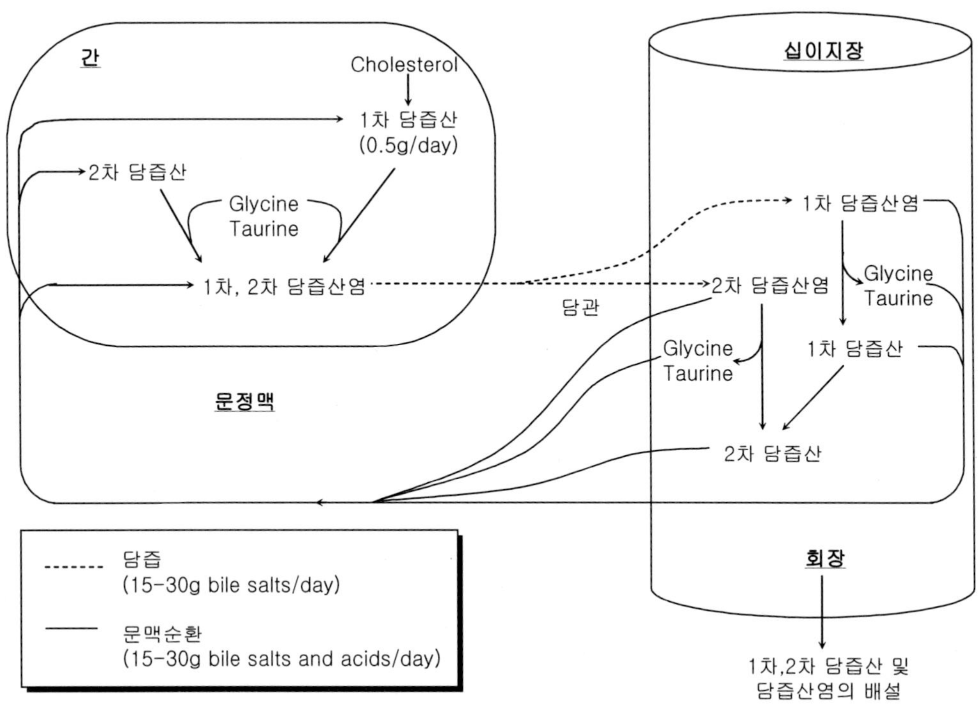

그림 16-12. 담즙산과 담즙산염의 장간순환.

(3) 스테로이드 호르몬

콜레스테롤은 다음 다섯 부류 스테로이드 호르몬들의 전구체이다(그림 16-13).

글루코코티코이드(예, cortisol), 미네랄코티코이드(예, aldosterone), 성호르몬으로서 안드로겐(androgen), 에스트로겐(estrogen), 프로게스테론(progesterone) 들은 콜레스테롤로부터 합성된다. 코티솔과 알도스테론은 부신피질에서, 에스트로겐과 프로게스테론은 난소와 난소황체에서, 테스토스테론(testosterone)은 고환에서 합성되어 분비된다. 부신피질에서 분비되는 글루코코티코이드들과 미네랄코티코스테로이드를 합쳐 코티코스테로이드(corticosteroid)라고 부른다. 주요 스테로이드 호르몬들 간의 관계는 그림 16-13과 같다. 비타민 D_3로 알려진 콜레칼시페롤(cholecalciferol) 또한 호르몬으로 분류되기도 하는데 역시 콜레스테롤로부터 합성된다. 스테로이드 호르몬들은 합성장소에서 표적기관으로 혈액에 의하여 운반된다. 스테로이드 호르몬들은 소수성이므로 혈장단백질과 결합하여 운반된다. 혈장 알부민은 스테로이드 호르몬의 비특이적인 운반체로 작용할 수 있으나 특이적인 혈장 스테로이드-운반단백질들은 스테로이드 호르몬과 더 단단하게 결합한다. 예를 들어, 트랜스코르틴(transcortin)은 코티솔과 코티코스테론(corticosterone)을 운반하며, 성호르몬-결합단백질은 성-스테로이드를 운반한다.

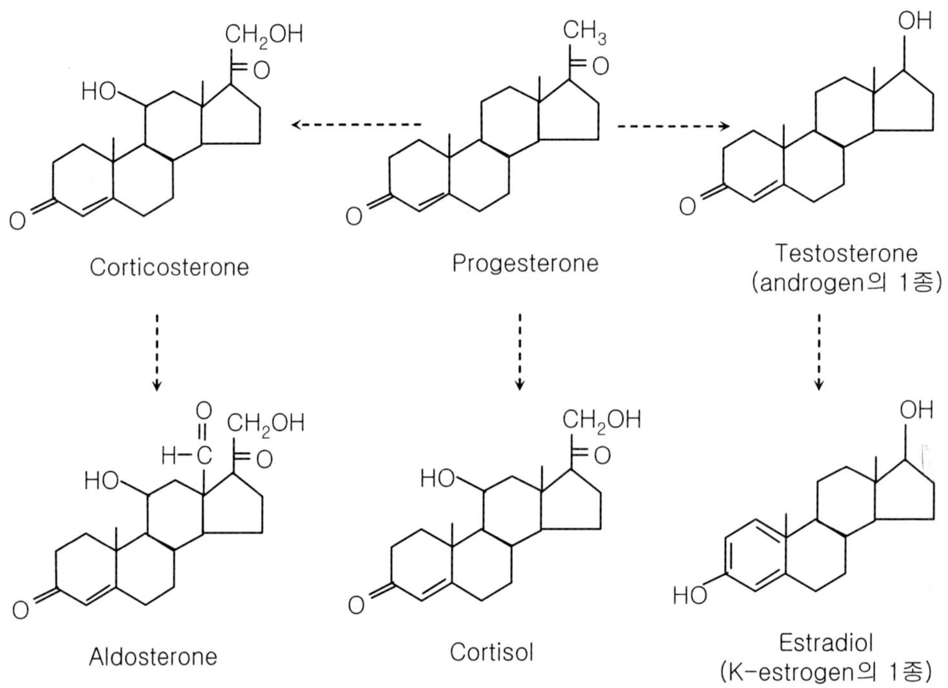

그림 16-13. Cholesterol로부터 합성되는 주요 steroid 호르몬들의 관계.

(4) 기타 스테롤

식물성 스테롤인 β-사이토스테롤(β-sitosterol)은 사람과 동물에서 빈약하게 흡수되나 흡수 후 장점막세포막과 결합하여 콜레스테롤의 이용을 차단할 수 있다. 맥각과 효모에 존재하는 에르고스테롤(ergosterol)은 자외선을 조사 받아 에르고칼시페롤(ergocalciferol, 비타민 D_2)로 전환되므로 중요하다. 대변에서 발견되는 코프로스테롤(coprosterol), 코프로스타놀(coprostanol), 콜레스타놀(cholestanol) 등은 장내 미생물의 작용으로 콜레스테롤로부터 생성된다.

6) 인지질

(1) 서론

인지질은 글리세롤 1, 2번 탄소의 각 -OH기에 지방산이 각각 에스테르결합하고 있으며 3번 탄소의 -OH기는 인산과 무기에스테르결합으로 포스파티드산(phosphatidic acid)을 생성한다. 1번 탄소에 결합하는 지방산은 어떤 것이라도 관계가 없으나 2번 탄소에 결합하는 지방산은 필수지방산들이며 특히 아라키돈산이 많이 결합한다. 인지질은 인산을 함유하기 때문에 붙여진 이름으로 대부분의 인지질은 인산기에 질소를 함유하는 알콜이 에스테르결합으로 연결되어 있다(그림 16-14). 지방산과 같이 인지질은 양성성질을 가지며 친수성 머리(인산과 알콜)와 소수성 꼬리(두개의 지방산사슬)로 나누어진다. 분자의 소수성 부위는 비극성 막 성분인 당지질, 단백질 및 콜레스테롤과 관계를 가지며, 친수성 머리는 막 밖으로 펼쳐져 있다. 막에 결합되지 않은 인지질은 담즙 성분, 폐의 표면활성제(surfactant) 및 혈장 지단백질 구성분 등의 중요한 역할을 수행하는 물질로 이용된다.

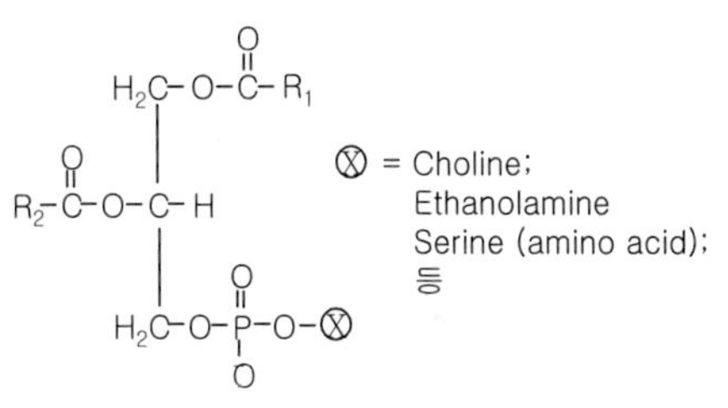

그림 16-14. 인지질의 일반구조.

(2) 인지질의 구조와 종류

인지질은 구성 알코올에 따라 두 부류로 나눈다. 하나는 글리세롤을 함유한 글리세로인지질(glycerophospholipid)로 포스포글리세라이드(phosphoglyceride)라고도 하며, 다른 하나는 스핑고신(sphingosine)을 함유한 스핑고마이엘린(sphingomyelin)이다. 이 두 인지질 모두 막 성분이지만 글리세롤을 함유하는 인지질들은 체내에서 부가적인 역할을 수행한다. 예를 들면, 담즙 성분으로 표면활성제로 작용하여 콜레스테롤을 용해시키며, 세포막에 어떤 단백질의 고착제로서 막의 신호전달에 참여하고, 폐 표면활성제로도 작용한다.

① **글리세로인지질:** 인지질 중 가장 많은 부류에 속하는 글리세로인지질(glycerophospholipid)은 모두 포스파티드산(phosphatidic acid)을 함유하고 있다. 포스파티드산은 가장

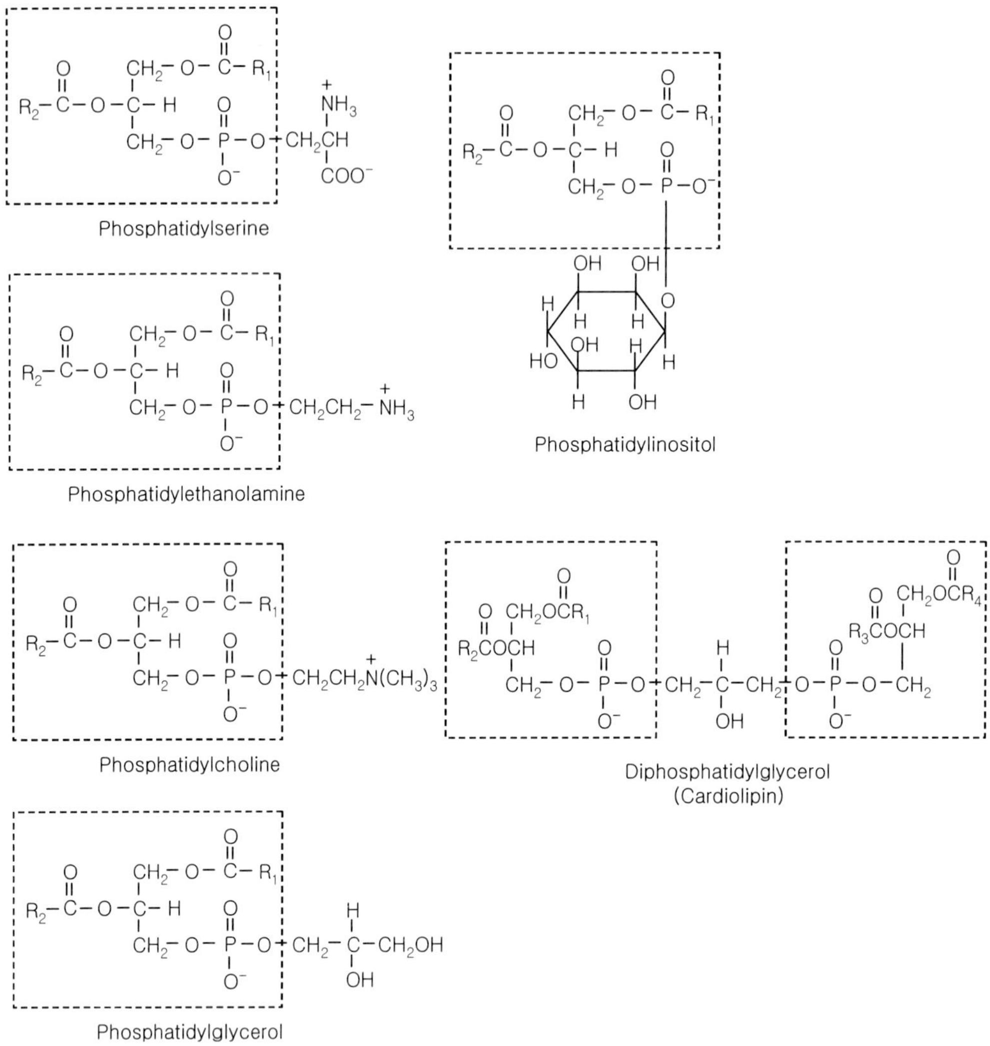

그림 16-15. 주요 글리세로인지질들의 구조.

간단한 글리세로인지질에 속하며, 모든 다른 글리세로인지질의 전구체이다. 글리세로인지질은 다음과 같이 분류할 수 있다(그림 16-15).

㉮ 포스파티드산과 알콜형태의 물질이 에스테르결합에 의하여 생성된 인지질로서 포스파티드산(phosphatidic acid, PA)의 형용사형인 포스파티딜(phosphatidyl)에 알콜기의 이름을 붙여 명명한다.

PA + 콜린 → 포스파티딜콜린(phosphatidylcholine, lecithin, PC)

PA + 에탄올아민 → 포스파티딜에탄올아민(phosphatidylethanolamine, cephalin, PE)

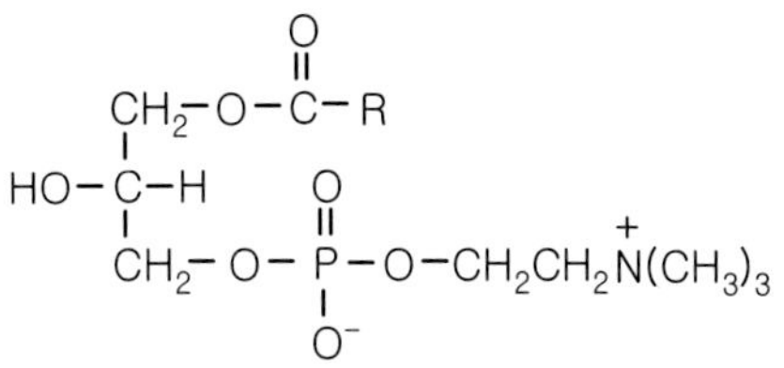

그림 16-16. Lysolecithin의 구조.

PA + 글리세롤 → 포스파티딜글리세롤 (phosphatidylglycerol, PG)

PA + 세린 → 포스파티딜세린 (phosphatidylserine, PS)

PA + 이노시톨 → 포스파티딜이노시톨 (phosphatidylinositol, lipositol, PI)

[주: 글리세로인지질 1번 혹은 2번 탄소의 지방산이 제거되면 라이소포스포글리세라이드(lyso-phosphoglyceride)가 된다. 예를 들면, 라이소레시틴(lysolecithin)(그림 16-16)]

㉯ 카디오리핀(cardiolipin, diphospha- tidylglycerol): 두 분자의 포스파티드산이 글리세롤을 가운데 두고 에스테르결합에 의하여 연결된 글리세로인지질이다(그림 16-15 참조)

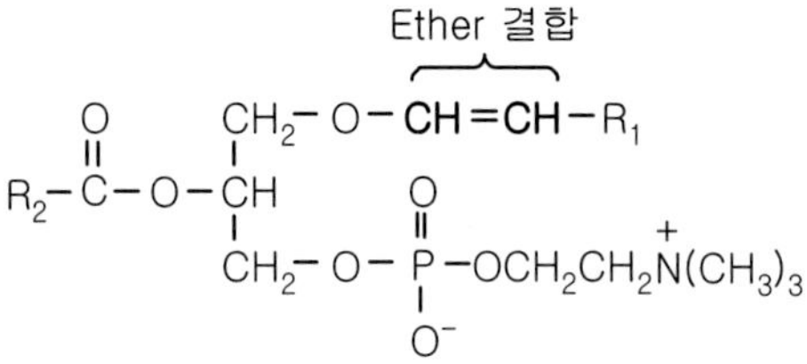

그림 16-17. Plasmalogen(phosphatidal-choline)의 구조.

㉰ 플라스마로겐(plasmalogen): 인지질중 글리세롤의 1번 탄소에 지방산이 에테르결합에 의하여 연결된 인지질이다. 플라스마로겐의 주요한 세 부류는 포스파티달콜린(phosphatidalcholine), 포스파티달에탄올아민(phosphatidalethanolamine) 및 포스파티달세린(phosphatidalserine)이다. 플라스마로겐의 구조적 특성으로 포스파티달에탄올아민을 예로 들면, 그림 16-17과 같으며 포스파티달콜린과 구조적으로 유사하다.

② **스핑고마이엘린:** 스핑고마이엘린은 알콜로서 글리세롤대신 아미노알콜인 스핑고신(sphingosine)이 결합되어 있다(그림 16-18). 세라미드(ceramide)는 스핑고신의 아미노기에 하나의 지방산이 아마이드결합으로 연결된 것을 말한다. 스핑고신 1번 탄소의 알콜기는 포스포릴콜린(phosphorylcholine)과 에스테르결합하여 스핑고마이엘린을 생성한다.

③ **인지질의 분포와 기능:** 포스파티드산은 트리아실글리세롤과 인지질합성의 중간산물로서 중요하다. 성숙 적혈구를 제외한 모든 세포들은 인지질을 합성할 수 있다. 반면에 트리아실글리세롤은 간, 지방조직, 비유중인 유선 및 장 점막세포에서만 합성된다. 그러나 포스파티드산은 조직 내에 대량으로 존재하지는 않는다.

포스파티딜콜린과 포스파티딜에탄올아민은 대부분의 동물세포에 풍부하게 존재하는 인지질이다. 특히 뇌, 간, 난황, 신경조직 등에 많으며 식물조직, 특히 콩에 많이 들어있다. 이들 인지질 합성에 필요한 콜린과 에탄올아민은 음식물의 섭취나 체내 인지질의 교체에 의하여 얻어진

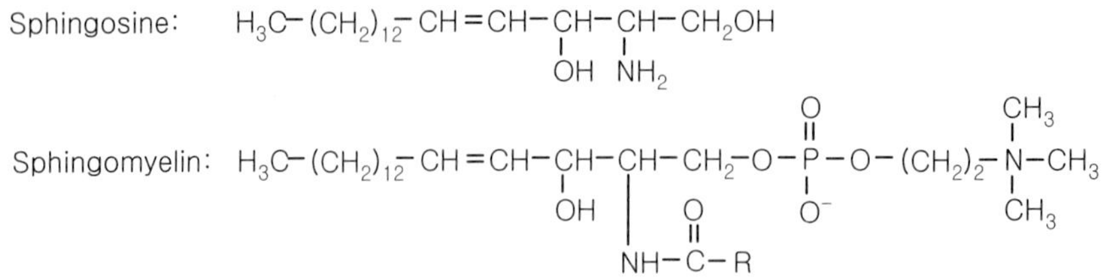

그림 16-18. Sphingosine과 sphingomyelin의 구조.

다. 콜린은 또한 막 중의 포스파티딜세린으로부터 합성될 수 있다. 콜린을 합성하기 위해서는 메티오닌을 필요로 하기 때문에(활성형인 S-adenosylmethionine을 통하여 세 개의 methyl기를 제공) 콜린의 재사용은 매우 중요하다. 메티오닌은 필수아미노산으로 음식물 중에 흔히 결핍되며, 따라서 콜린도 필수적으로 섭취해야 할 영양소가 된다. 콜린이 결핍되면 포스파티딜콜린을 합성할 수 없으므로 간은 포스파티딜콜린을 필요로하는 지단백질을 합성할 수 없다. 그러므로 간은 지방을 배출할 수 없으며 간에 축적되어 지방간(fatty liver) 변성을 일으킨다. 포스파티딜에탄올아민은 메틸화에 의하여 포스파티딜콜린으로 전환될 수 있다. 포스파티딜콜린은 음전하(인산)와 양전하(콜린)를 함께 가진 양성화합물로서 물과 상호 작용하므로 물에 대한 용해도가 더 크다. 실제로 포스파티딜콜린은 지질과 물 양쪽에 용해되며 따라서 수성환경에서 지단백질과 유탁액(emulsion)을 안정화시킨다. 디팔미토일레시틴(dipalmitoyllecithin)은 폐포의 세포외액층 표면활성제의 주요 성분으로 표면장력을 감소시켜 폐포의 와해를 방지한다. 유아의 **호흡곤란증후군**(respiratory distress syndrome)이라고도 하는 초자막증(hyaline membrane disease)은 미국에서 전체 유아 사망률의 약 15%에 달한다. 성인에서 면역억제약물 또는 화학요법제의 투여 후 부작용으로 표면활성제의 생성이 손상되면 표면활성제가 부족하게 되어 호흡부전(respiratory failure)을 유발할 수 있다.

포스파티딜세린은 포유동물의 조직에서 칼슘-활성화에 의한 "염기 교환" 반응으로 포스파티딜에탄올아민의 에탄올아민이 세린으로 교체되어 생성된다. 세포막 성분으로 뇌, 폐, 간 특히 소의 뇌 조직에 많다.

포스파티딜이노시톨은 흔히 글리세롤의 1번 탄소에 스테아르산, 2번 탄소에 아라키돈산을 함유하고 있는 점에서 특이한 인지질이다. 그러므로 포스파티딜이노시톨은 막 중의 아라키돈산 보유물질로서 프로스타글란딘합성이 필요할 때 기질인 아라키돈산을 제공한다. 세포막 수용체에 신경전달물질, 호르몬 및 성장인자들이 결합하면 막 결합 포스파티딜이노시톨의 인산화가 일어나며 이 때 생성된 트리포스포이노시톨(IP_3)은 2차전령으로 작용하여 세포내 칼슘의 동원과 *protein kinase C*를 활성화시킨다는 것은 이미 설명한 바 있다. 특이 단백질들은 막결합 포스파티딜이노시톨에 탄수화물을 다리로 하여 결합되어 있다. 이런 단백질의 예는 *alkaline phosphatase, acetylcholine esterase* 및 *lipoprotein lipase* 들이다. 단백질은 *phospholipase C*에 의하여 분리되며 폴리포스포이노시타이드(polyphosphoino- sitide)를 분해하여 2차전령인 트리포스포이노시톨과 디아실글리세롤을 유리시켜 *protein kinase C*를 활성화시킨다.

플라스마로겐(plasmalogen)은 뇌와 근육에서 전체 인지질의 10%까지 차지한다. 신경 수초는 다량의 포스파티딜에탄올아민을 함유하고 있으며, 심근은 다량의 포스파티딜콜린을 함유하고 있다. 1-알케닐-2-아세틸-포스파티달콜린(1-alkenyl-2-acetyl-phosphatidalcholine)은 다양한 세포들에게 작용하는 강력한 생리조절물질이다. 예를 들면, 혈소판을 응집시키므로 혈소판활성화인자(platelet- activating factor, PAF)라고도 한다. 혈소판활성화인자의 다른 효과로서 폐의 과민증(hypersensitivity), 급성 염증성반응 및 즉시형 과민증쇼크(anaphylactic shock)의 주요한 조절물질로 작용하여 기도와 폐수종을 증가시킨다. 또한 호중구와 폐포의 대식세포가 수퍼옥사이드래디칼을 생성하도록 한다. 또한 세포막 수용체에 결합하여 *phospholipase*들을 활성화시켜 인지질을 분해하는 것과 같은 막투과신호전달기전을 활성화시킨다(주: PAF는 어떤 시스템에서는 10^{-12} mol/ℓ의 낮은 농도에서도 생물학적 효과를 나타낸다.

카디오리핀(cardiolipin)은 포스파티딜글리세롤로부터 합성되며 미토콘드리아 막에 존재한다. 소의 심장근육에 많으며, 매독 혈청반응의 항원물질이다. 이것과 레시틴(lecithin)을 혼합한 유탁액은 매독항체와 특이적으로 반응하여 매독의 진단에 쓰인다(Wassermann 반응).

스핑고마이엘린은 뇌와 신경조직에서 대량으로 발견된다. 이 지질은 알콜로서 글리세롤 대신 스핑고신이 존재한다. 스핑고신과 지방산의 결합은 세라미드(ceramide)를 형성하는데 당지질을 구성하기도 한다. 스핑고마이엘린에서 가장 흔히 발견되는 지방산은 팔미트산, 스테아르산, 리그노세르산(lignoceric acid) 및 네르본산(nervonic acid) 등이다. 스핑고마이엘린은 신경섬유 수초의 중요한 구성분이다.

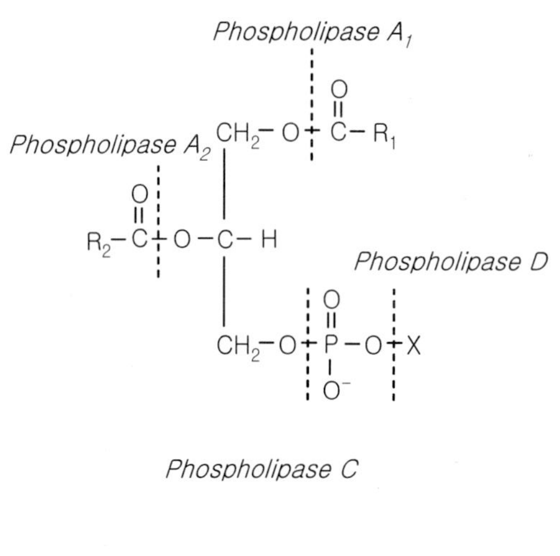

그림 16-19. *Phospholipase*에 의한 인지질의 분해.

(3) 인지질의 분해

글리세로인지질은 모든 조직 중의 *phospholipase*들과 췌장액에 의하여 분해된다. 독소(toxins)와 사독(venom)은 *phospho- lipase* 활성을 가지고 있으며, 어떤 병원성 세균은 세포막을 용해시키는 *phospholipase*를 생성하여 감염을 확산시킨다. 스핑고마이엘린은 라이소솜효소(lysosomal enzyme)인 *sphin- gomyelinase*에 의하여 분해된다.

- 글리세로인지질의 분해: *Phosph- olipase*들은 글리세로인지질의 인산디에스테르결합(phosphodiester bond)을 가수분해한다. 글리세로인지질을 분해하는

주요한 효소들이 그림 16-19에 나타나 있다. *Phospholipase*들은 인지질을 가수분해할 뿐 아니라 또한 인지질을 개조한다. 예를 들면, *phospholipase* A_1과 A_2는 막결합 인지질로부터 해당하는 지방산을 제거할 수 있으며, *fatty acyl-CoA transferase*를 사용하여 결합지방산을 교체할 수 있다. 예를 들면, 독특한 디팔미토일포스파티딜콜린을 합성하거나, 포스파티딜이노시톨 그리고 때로는 포스파티딜콜린의 2번 탄소에 아라키돈산이 결합하는 것을 확실히하기 위하여 이 기전이 사용된다.

- 스핑고마이엘린의 가수분해: 스핑고마이엘린은 *sphingomyelinase*에 의하여 포스포릴콜린(phosphorylcholine)과 세라미드(ceramide)로 가수분해되며, 세라미드는 계속해서 *ceramidase*들에 의하여 스핑고신과 유리 지방산으로 분해된다. Niemann-Pick병(유아 리포이드병)은 *sphingomyelinase*의 결핍으로 스핑고마이엘린을 분해할 수 없어 발생하는 유전질환이다. 중증(A형)은 간과 비장에 지질이 축적되어 크게 종창한다. 축적되는 지질은 주로 분해되지 못하는 스핑고마이엘린과 포스파티딜콜린이다. 중등도의 경우 신경조직에 약간의 손상과 함께 신장, 비장, 간장 및 골수도 영향을 받아 만성형이 되며 초기의 성인까지만 생존이 가능하다.

7) 당지질

(1) 서론

스핑고마이엘린과 같이 거의 모든 당지질(glycolipid)은 스핑고신에 한 분자의 지방산이 결합한 세라미드의 유도체들로서 당류와 결합되어 있다. 그러므로 정확한 이름은 당스핑고지질(glycosphingolipid)이라고 말할 수 있으며. 간단하게 당지질(glycolipid) 또는 스핑고지질(sphingolipid)이라고 부른다. 당지질은 스핑고마이엘린과 달리 인산을 함유하고 있지 않은 것이 특징이다. 인지질과 같이 당지질은 모든 막의 필수성분이며 특히 신경조직에 대량으로 존재한다. 당지질은 주로 세포막의 외층에 존재하며 세포외 환경과 상호 작용하여 세포 간의 상호작용, 성장 및 발육의 조절 역할을 수행한다. 당지질은 항원성이 강하여 혈액형의 항원, 태아발육의 특정기에 특이적인 각종 배항원(embryonic antigens) 및 어떤 종양의 항원으로 작용한다. 당지질은 또한 어떤 바이러스와 같이 콜레라와 디프테리아독소의 세포막 수용체로 작용한다. 세포들이 변형될 때(세포분열과 성장조절이 되지 않을 때) 막의 당지질 조성에 큰 변화가 있다. 당지질은 또한 지단백질에도 존재한다. 각종 당지질과 인지질이 같은 생물학적 구조물(수초, 지단백질, 세포막)에 존재하는 이유는 3차원구조가 매우 유사하기 때문이며 그들은 연속되는 지질기질의 상호감입교합(interdigitation)에서 서로 치환된다. 당지질을 적절하게 분해할 수 없을 때 당지질이 세포 내에 축적되어 신경계와 발육이 심각하게 손상된다.

(2) 당지질의 구조

당지질은 스핑고마이엘린과 달리 인산을 함유하지 않으며, 극성머리의 기능은 O-글라이코시드성 결합(O-glycosidic bond)에 의하여 세라미드에 단당류와 소당류가 결합되어 있다(그림

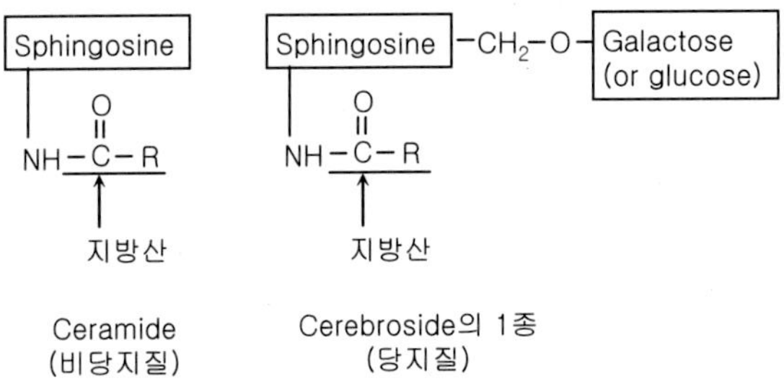

그림 16-20. Ceramide와 cerebroside의 구조.

$CH_3-(CH_2)_{22}-COO^-$
Lignocerate

$CH_3-(CH_2)_{21}-CH(OH)-COO^-$
Cerebronate

$CH_3-(CH_2)_7-CH=CH-(CH_2)_{13}-COO^-$
Nervonate

$CH_3-(CH_2)_7-CH=CH-(CH_2)_{12}-CH(OH)-COO^-$
Oxynervonate

그림 16-21. Cerebroside에 결합되는 특징적인 지방산들.

16-20). 당지질 중 탄수화물 성분의 수와 형태는 당지질의 종류를 결정한다.

① **중성 당지질:** 가장 간단한 중성 당지질은 세레브로시드(cerebroside)이다. 한 분자의 갈락토스를 함유하고 있는 갈락토세레브로시드(galactocerebroside)는 막에 흔히 존재하며, 글루코세레브로시드(glucocerebroside)는 주로 더 복잡한 당지질 합성과 분해의 중간물질로 이용된다. 갈락토세레브로시드들과 글루코세레브로시드는 스핑고신에 결합한 지방산의 형태가 서로 다르다. 세레브로시드에 결합하는 특징적인 지방산들은 그림 16-21과 같다. 이름에 함축되어 있는 것처럼 cerebroside는 뇌와 신경조직, 특히 수초에 고농도로 존재한다. 세라미드에 소당류의 결합은 한 분자의 글루코세레브로시드에 단당류들이 부가적으로 결합하여 생성된다. 이들의 예는 다음과 같다.

Ceramide dihexoside: Cer-Glc-Gal

Globoside(erythrocyte):Cer-Glc-Gal-Gal-GalNAc

Forssman antigen: Cer-Glc-Gal-Gal-GalNAc-GalNAc

(Cer, ceramide; Glc, glucose; Gal, galactose; GalNAc, N-acetylgalactosamine)

② **산성 당지질:** 산성 당지질은 생리적 pH에서 음전하를 가지며, 음전하는 강글리오시드(ganglioside)들에서는 N-아세틸뉴라민산(N-acetylneuraminic acid, NANA), 설파티드(sulfatide)들에서는 황산기에 기인한다.

- **강글리오시드류:** 가장 복잡한 당지질로서 주로 중추신경계, 특히 신경말단의 신경절세포(ganglion cell)에 존재한다. 세라미드-소당류의 유도체로 하나 이상의 NANA를 함유한다. 이 화합물의 표기법은 강글리오시드를 나타내는 G에 함유하고 있는 NANA의 수에 따라 M, D, T, 혹은 Q를 붙여 표기한다. 우측 아래에 표기한 숫자는 크로마토그라피에 의한 이동에 근거하여 붙여진 숫자이다. 예를 들어, Tay-Sachs병에서 축적되는 강글리오시드인 GM_2의 구조를 그림 16-22에 나타내었다.

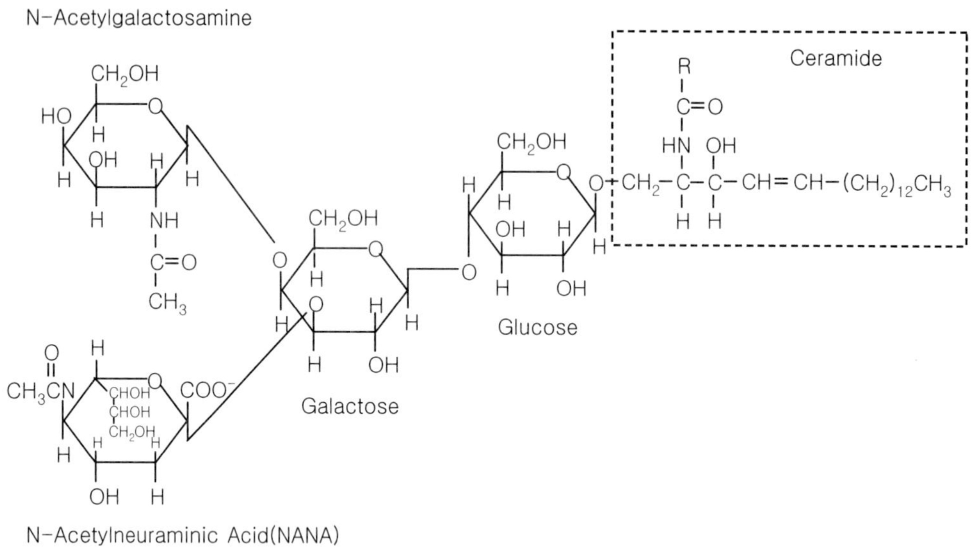

그림 16-22. Ganglioside GM_2의 구조.

▪ 설파티드류: 설파티드(sulfoglycosphingolipid)는 황산화된 갈락토실잔기를 함유하고 있는 세레브로시드들이다. 그러므로 생리적 pH에서 음전하를 가지며 신경조직에 특히 많다.

③ **스핑고지질증:** 정상적인 개체에서 스핑고지질(당지질)의 합성과 분해는 평형을 이루고 있으며 막중에 존재하는 당지질의 양은 일정하다. 당지질의 분해에 필요한 특이 가수분해효소의 부족이나 결핍은 라이소솜 내에 당지질이 축적되어 스핑고지질증(sphingolipidoses)을 유발한다. 특이 가수분해효소의 결핍은 신경조직에서 나타날 수 있으며 신경변성으로 조기 폐사에 이를 수 있다. 특이 가수분해효소의 선천성 결핍으로 인한 당지질저장병의 예를 표 16-3에 나타내었다.

표 16-3. Glycosphingolipid 저장질환

질 병	결손효소	증상의 특징
Fabry's disease	α-Galactosidase	피부병변, 사지통, 보통 40년 내에 사망
Gaucher's disease	β-Glucosidase	간비종대증(hepatosplenomegaly), 치료불가, 주로 사망
Krabbe's disease	β-Galactocerebrosidase	정신박약, 정신운동지연, 진행성 경련성 마비, 태아사망
Tay-Sachs disease (type I)	Hexosaminidase A	망막의 적색반점, 정신박약, 심한 정신운동지연, 실명, 사망, 북유럽 유태인에 만연.

8) 혈장 지질과 지단백질

혈장 지질을 용매로 추출하여 분리하면 트리아실글리세롤, 인지질, 콜레스테롤 및 콜레스테릴에스테르를 함유하며, 전 지방산의 5% 이하에 해당하는 유리형의 장쇄 지방산을 함유하고 있다. 이들 유리 지방산(free fatty acid, FFA)들은 혈장 지질 중 대사적으로 가장 활성이 있다. 혈장 지질분석으로 밝혀진 주요 지질들은 표 16-4와 같다.

표 16-4. 인체 혈장 지질

지질	mg/100 mℓ	
	평균	범위
Total lipid	570	360-820
Triacylglycerol	142	80-180
Total phospholipid	215	123-390
Phosphatidylcholine		50-200
Phosphatidylethanolamine		50-130
Sphingomyelins		15-35
Total cholesterol	200	107-320
Free cholesterol	55	26-106
Total fatty acid*		200-800
Free fatty acid	12	6-16

* 총 지방산 중 45%는 트리아실글리세롤에, 35%는 인지질에, 15%는 콜레스테릴에스테르에 들어 있고, 5% 이하가 유리 지방산이다.

혈장 지단백질(lipoprotein)은 지질과 아포지단백질(apolipoprotein)로 불려지는 특이 단백질의 분자복합체들이다. 동적인 지단백질입, 초저밀도지단백질(very low density lipoprotein, VLDL), 저밀도지단백질(low density lipoprotein, LDL) 및 고밀도지단백질(high density lipoprotein, HDL)로 분류된다(표 16-5).

지질을 함유하고 있는 지단백질은 혈장 중에 용해된 상태로 만들어 그들이 가지고 있는 지질을 조직으로 용이하게 운반하는 기능을 가진다. 인체의 전달 시스템은 동물들에 비하여 불완전하며 결과로서 점진적으로 지질이 축적(특히 콜레스테롤)된다. 이런 현상은 혈관을 점차 좁아지게 하여 인체에서는 아테롬성동맥경화증(atherosclerosis)을 유발하게 되며 생명을 위협하게 된다.

표 16-5. 인체 혈장의 주요 지단백질의 분류와 조성

	Chylomicron	VLDL	LDL	HDL
근원	장	간과 장	VLDL과 chylomicron	간과 장, VLDL과 chylomicron?
밀도(초원심분리)	d<1.006	d<1.006	1.019<d<1.063	1.063<d<1.210
전기영동 이동도	Origin	Pre-β	β	α
		조 성(%)		
총 단백질	1-2	6-10	18-25	44-55
총 지질	98-99	90-94	75-82	45-56
		아포단백질(apoproteins)		
주 아포단백질	B_{48}, C_{I}, C_{II}, C_{III}	B_{100}, C_{III}, E	B_{100}	A_{I}, A_{II}
미소 아포단백질	A_{I}, A_{II}, A_{IV}, E	A_{I}, A_{II}, C_{II}, D	C_{I}, C_{II}	B_{100}, C_{I},C_{II}, C_{III},D,E
주요 지질	식이트리아실글리세롤	합성트리아실글리세롤	콜레스테롤	인지질+콜레스테롤
		지질 분석		
트리아실글리세롤	75-90	50-65	4-9	1-7
인지질	3-9	10-20	15-24	25-32
콜레스테롤	3-14	20-31	50-58	15-26

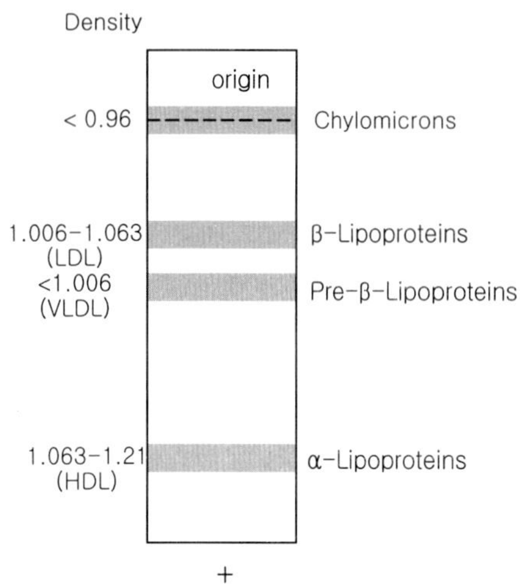

그림 16-23. 전기영동법에 의한 혈장 지단백질의 분리.

지단백질에 의하여 운반되는 주요 지질은 음식물과 생합성에 의하여 얻어지는 트리아실글리세롤과 콜레스테롤(유리 또는 에스테르형)이다. 지단백질은 트리아실글리세롤 혹은 콜레스테릴에스테르 또는 두 지질을 함께 함유하는 내부 중성지질(neutral lipid core)을 아포지단백질, 인지질 및 유리 콜레스테롤이 둘러싸고 이들의 극성부위가 지단백질의 표면에 배치됨으로써 지단백질입자는 수용액 중에 용해하게 된다. 지방조직에서 유리되는 유리 지방산들은 지단백질이 아닌 알부민에 결합되어 운반된다.

(1) 지단백질입자의 크기와 밀도

킬로미크론은 가장 낮은 밀도를 가진 가장 큰 지단백질로서 가장 많은 지질과 가장 적은 단백질을 함유한다. VLDL과 LDL은 이보다 더 높은 밀도를 가진 지단백질들로 더 적은 지질과 약간 더 많은 단백질을 함유한다. HDL입자는 가장 밀도가 높으며, 다른 지단백질들에 비하여 단백질함량이 가장 높고 지질은 트리아실글리세롤과 인지질이 대략 절반으로 구성되어 인지질함량이 가장 높은 지단백질이다. 혈장 지단백질은 또한 전기영동의 방법으로 이동거리에 의하여 분리될 수 있다(그림 16-23).

(2) 아포지단백질

지단백질입자와 관계 있는 아포지단백질(apolipoprotein)은 지단백질입자의 구성분으로 세포막 수용체에 대한 인지부위이며, 지단백질 대사와 관련된 효소들의 활성물질 혹은 조효소로 작용한다. 아포지단백질은 구조와 기능에 의하여 A에서 H까지 분류되며 아류로 다시 분류된다. 예를 들면, apoA-I 과 apoC-II와 같은 것이다.

9) 미셀, 유탁액 및 라이포솜

지단백질은 수성환경에서 지질을 수송할 수 있는 입자이다. 그러나 지질을 운반할 수 있는 유일한 물질은 아니다. 단백질을 이용하지 않고 지질을 운반할 수 있는 두 가지 상황이 발견된다. 하나는 장에서 단백질이 소화되는 상황하에 지질이 흡수되는 것이며, 다른 하나는 담즙에 의한 지질의 배설이다. 이런 상황들에서 담즙산염과 레시틴같은 양성분자들이 지질을 운반한다. 이 과정에서 지질들의 -OH기와 -COOH기는 물 또는 양성물질과 상호작용할 수 있도록 먼저

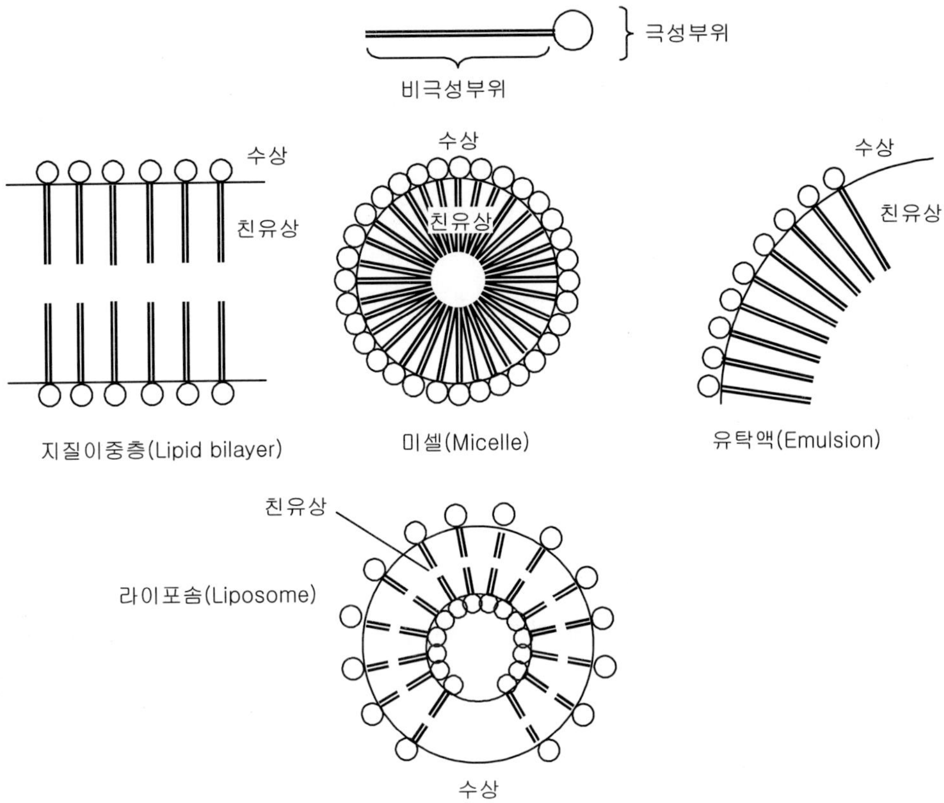

그림 16-24. 인지질과 같은 양친매성 지질들의 지질막, micelle, emulsion 및 liposome의 형성.

비누화되어야 한다.

일반적으로 지질은 많은 비극성기를 함유하기 때문에 물에 불용성이다. 그러나 지방산, 인지질 및 당지질은 보다 많은 극성기를 함유하기 때문에 부분적으로는 물에 녹고 부분적으로는 비극성 용매에 녹는다. 그러므로 분자는 물과 기름의 접촉면에 있어서 극성기는 수상(water phase)에, 비극성기는 유상(oil phase)에 있게끔 방향이 정해진다. 이와 같은 방법으로 생체막, 미셀(micelle), 유탁액(emulsion) 및 라이포솜(liposome) 등을 형성한다(그림 16-24). 극성지질의 2중막은 생물학적 막의 기본구조이며 그 두께는 5 ㎚이다. 극성지질의 한계농도가 수상 안에 존재하면 이들은 미셀을 형성한다. 담즙산염이 엉겨 미셀을 형성하고, 지방소화산물과 함께 혼합미셀을 형성하는 것은 소장으로부터 지질의 흡수를 촉진하는데 중요하다. 전형적인 장내 하나의 혼합미셀은 47개의 장쇄형 지방산 또는 모노아실글리세롤, 두 개의 라이소레시틴(lysolecithin), 두 개의 콜레스테롤, 약간의 글리세롤 및 지용성 비타민류(A, D, E, K)를 함유할 수 있다.

유탁액은 위장운동에 의한 혼합작용에 의하여 위장관내의 지방으로부터 형성되는 훨씬 큰 입자들이다. 유탁액 입자들(droplets)은 비극성 지질들을 다량 함유하고 있으며 레시틴과 같은 극성 지질이 유화제로 작용하여 안정화된다.

라이포솜은 수상에서 지질을 음파로 파괴하면 형성된다. 이것은 수상의 일부를 내포하는 지질의 이중막으로 된 구형으로 되어있다. 중심부의 수심(aqueous core)은 단백질 혹은 약물과 같은 수용성 물질이 함유되어 있다. 라이포솜은 유용한 연구기구임이 증명되었다. 최근에 생체의 면역계에 지장을 주지 않으면서 동물에게 이종 단백질을 투여하는 방법으로 라이포솜을 활용하여 매우 좋은 결과를 가져왔다. 또한 특정 세포의 수용체에 특이적인 리간드를 부착시킨 라이포솜을 사용하여 독성 약물을 그 세포에 정확히 보낼 수 있다.

2. 지질의 대사경로

1) 지질대사의 동적 평형

중성 트리아실글리세롤로 지방조직에 저장된 지방산은 체내의 주요한 저장 연료이다. 트리아실글리세롤은 고도로 환원된 무수물 형태이기 때문에 대사에너지의 농축된 저장물질이다. 지방산의 완전 산화로 CO_2와 물이 생성되며 지질 1 g당 9 kcal의 열량을 생성한다.

저장 지질은 일정한 유동상태에 있다. 저장 트리아실글리세롤이 일정하게 분해되어 생성된 지방산은 조직에 의하여 연소되거나, 간으로 수송되어 지단백질로 재 포장되거나 지방조직에 재저장된다. 이러한 방법으로 지질의 여러 대사경로는 동적으로 평형을 유지한다.

2) 지질의 소화와 흡수

성인은 매일 60-150 g의 지질을 흡수하며, 그중 90% 이상이 트리아실글리세롤이다. 나머지는 콜레스테롤, 콜레스테릴에스테르, 인지질 및 유리 지방산이다. 여기에서는 각종 식이 지질이 순환에 들어가서 중간대사에 이용될 때까지의 과정을 다룰 것이다.

(1) 구강과 위에서 지질의 가공

지질 소화는 설선(lingual gland)에서 분비되는 산에 안정한 *lipase*에 의하여 위에서 시작된다. 그러나 지질이 아직 유화되지 않았으므로 가수분해 속도는 느리며 지질과 물의 경계에서 단지 트리아실글리세롤만을 분해할 수 있다. 단쇄지방산(short chain fatty acids)과 중쇄지방산(median chain fatty acids)은 위 *lipase*에 의하여 분해된다. 그러나 이 효소는 중성 pH에서 활성을 가지므로 pH가 낮은 성체(adults)에서는 사용되지 못하나 위액의 pH가 중성에 가까운 유아는 섭취하는 유지질을 소화할 수 있다.

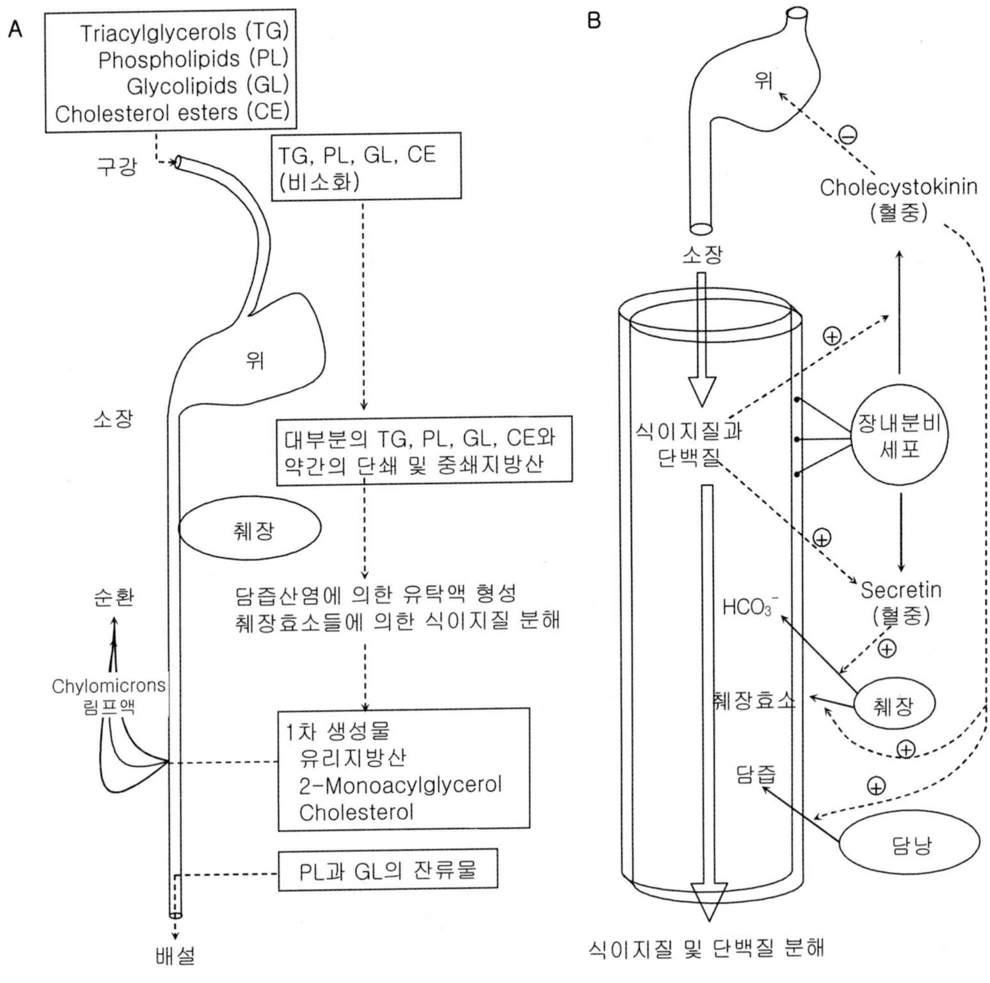

그림 16-25. 지질의 소화. A, 소화의 개요; B, 호르몬에 의한 소장의 지질대사 조절.

(2) 소장에서 지질의 소화

십이지장에서 지질은 **유화**(emulsification)되어 지질입자의 표면적이 넓어져서 소화효소들이 효과적으로 작용할 수 있게 된다. 유화는 표면활성제로 작용하는 담즙산염의 역할과 연동운동에 의한 기계적 혼합에 의하여 이루어진다.

식이 트리아실글리세롤, 콜레스테릴에스테르 및 인지질은 췌장효소들에 의하여 분해되며 효소들의 분비는 호르몬에 의하여 조절된다.

① 호르몬에 의한 조절: 소장에서 지질을 분해하는 효소는 호르몬의 조절에 따라 췌장에서 췌장액으로 분비된다(그림 16-25). 십이지장 하부와 공장의 점막세포들은 지질과 부분적으로 소화된 단백질의 존재에 반응하여 작은 펩티드호르몬인 콜레시스토키닌(cholecystokinin, CCK)을

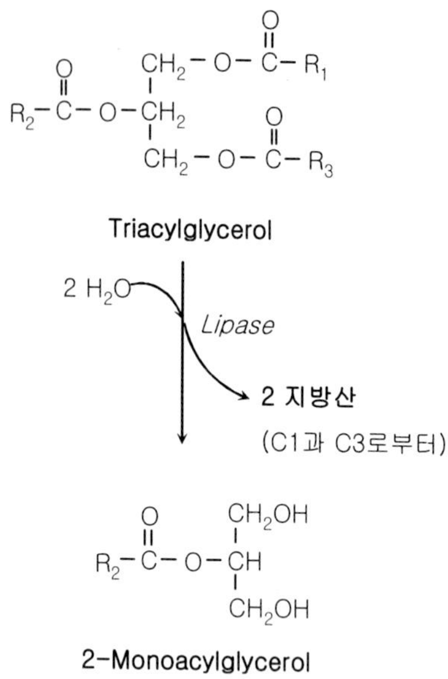

그림 16-26. 식이 triacylglycerol의 효소적 분해.

분비한다. 이 호르몬은 담낭을 수축하여 담즙을 유리시키고, 췌장의 외분비 세포에 작용하여 소화효소를 분비시킨다. 또한 위 운동을 감소시켜 위 내용물이 소장으로 천천히 유리되도록 한다.

다른 소장 세포들은 소장에 들어오는 유미즙(chyme)의 낮은 pH에 반응하여 작은 펩티드호르몬인 세크레틴(secretin)을 생산한다. 세크레틴은 췌장에서 탄산수소이온(bicarbonate, HCO_3^-)이 풍부한 수양성 용액을 유리시켜 효소의 소화작용에 적합하도록 장 내용물의 pH를 중화시킨다.

② **트리아실글리세롤의 분해:** 트리아실글리세롤은 췌장 *lipase*에 의하여 1번과 3번 탄소에 결합한 지방산들을 제거한다. 일차적인 가수분해산물은 2-모노아실글리세롤과 유리 지방산들이다(그림 16-26). 또한 췌장에서 분비되는 *colipase*는 지질과 물의 경계에 있는 *lipase*를 고정시키고 안정화되도록 돕는다.

③ **콜레스테릴에스테르의 분해:** 췌장에서 분비되는 *cholesterol esterase*는 콜레스테릴에스테르를 분해하여 콜레스테롤과 유리 지방산을 생성한다(그림 16-27).

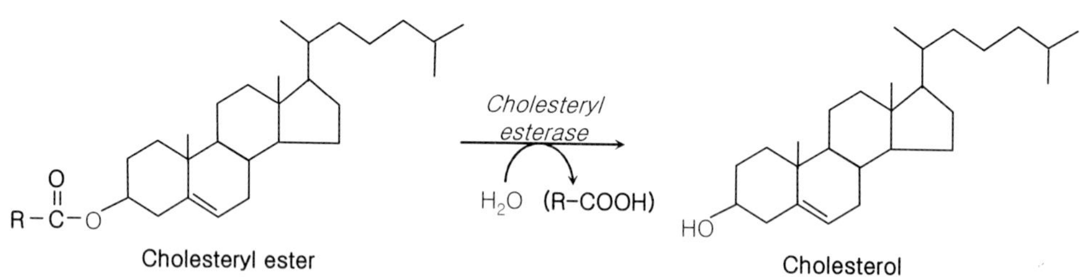

그림 16-27. Cholesteryl ester의 분해.

④ **인지질의 분해:** 췌장에서 불활성전구체로 분비되어 *트립신(trypsin)*에 의하여 활성화된 *phospholipase* A_2는 2번 탄소의 지방산을 제거하여 라이소인지질(lyso- phospholipid)을 남긴다. 예를 들면, 레시틴은 이 효소에 의하여 가수분해되면 라이소레시틴(lysolecithin)이 된다(그림 16-28). 1번 탄소에 남은 지방산은 *lysophospholipase*에 의하여 제거되고 최후로 남은 글리세릴포스포릴콜린은 분으로 배설되거나, 분해되거나, 또는 흡수된다.

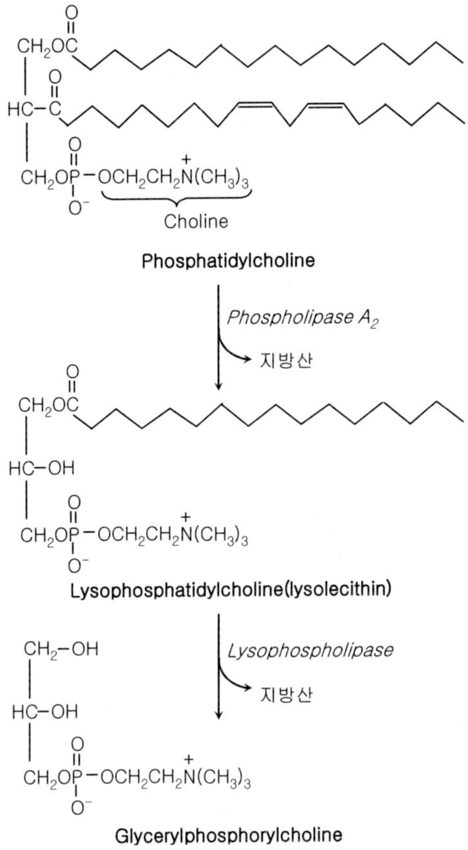

그림 16-28. 인지질의 분해.

(3) 장점막세포의 지질 흡수

유리 지방산, 유리콜레스테롤 및 2-모노아실글리세롤은 공장내 지질분해의 주된 생성물이다. 이들 지질은 담즙산염과 혼합 미셀을 형성하여 지질 흡수부위인 장점막세포의 쇄자연막(brush border membrane)으로 접근한다.

점막표면은 약 0.1 ㎜ 두께의 정체된 수층(unstirred water layer)으로 피복되어 있다. 지질은 먼저 수층을 통하여 확산되어야 한다. 이 확산은 지질 흡수의 속도조절 단계로 생각된다. 유탁액 입자들은 너무 커서 적절한 속도로 이 수층을 확산할 수 없으나 미셀입자의 크기는 작아서 충분히 확산할 수 있다. 그러므로 미셀은 지질을 점막세포의 쇄자연막까지 운반하는 주요한 운반체이다. 지질은 소장의 전위(proximal)에서, 담즙산염은 보다 원위(distal)인 회장에서 흡수된다(그림 16-29).

장에서 효율적인 지질흡수를 위해서는 소화에 의하여 생성된 글루코스가 필요하다. 이것은 탄수화물 및 지질대사 간에 중요한 연관이 있음을 의미한다. 단쇄지방산과 중쇄지방산들은 미셀형성 없이 장 점막에서 흡수된다. 이것은 지질의 흡수장애(malabsorption)를 가진 개체에서 식이요법시에 중요하다.

(4) 지질의 흡수 장애

지질의 흡수 장애는 분변 중에 지질을 배설하므로 지방변증(steatorrhea)을 일으키며 필수지방산을 비롯하여 비타민 A, D, E 및 K가 상실된다. 지방변증의 원인들은 그림 16-30에 도시한 바와 같이 담관 폐쇄에 의한 담즙 분비의 차단, 췌장에서 소화효소의 분비차단 및 장 점막세포의 손상에 따른 지질 흡수장애가 원인이다.

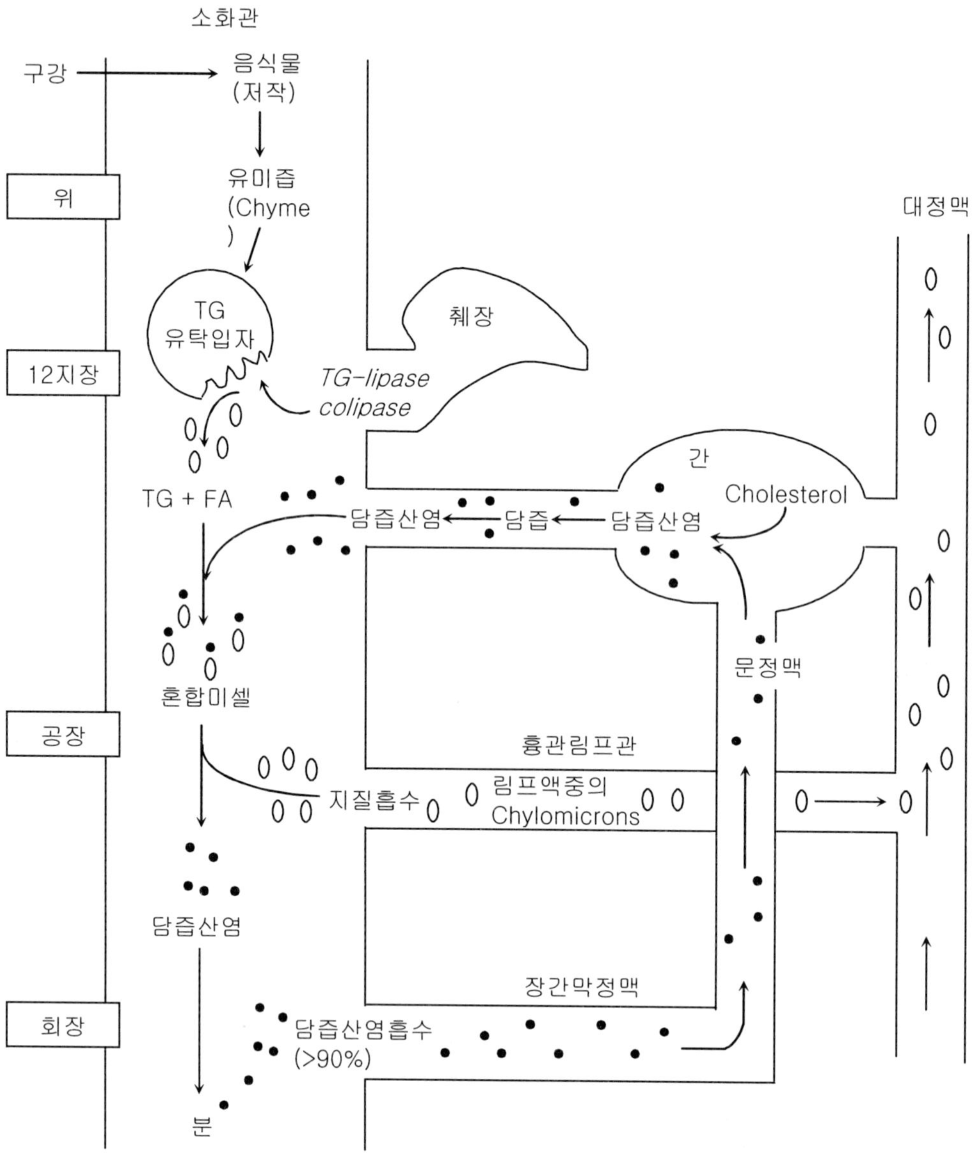

그림 16-29. 소장에서의 지질소화와 흡수.

(5) 장 점막세포의 지질 재합성

트리아실글리세롤 재합성의 주요 경로는 *지방산아실-CoA 합성효소*(*fatty acyl-CoA synthetase*)에 의한 지방산의 활성화로 시작한다(그림 16-31). 활성화된 지방산인 두 분자의 지방산아실-CoA는 *acyltransferase*의 촉매로 2-모노아실글리세롤에 결합하여 트리아실글리세롤을 생성한다.

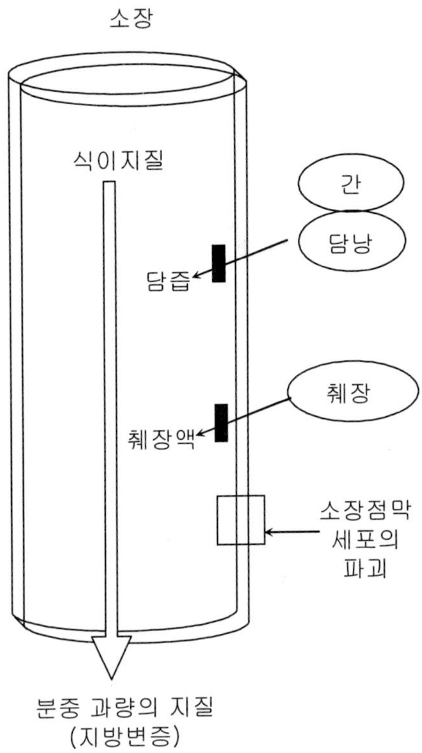

그림 16-30. 지방변증의 원인.

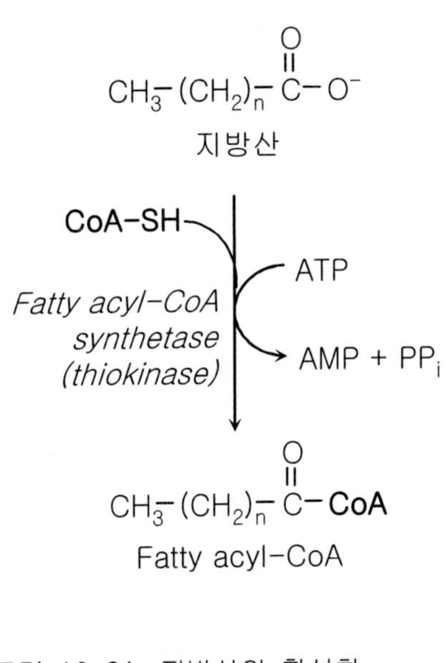

그림 16-31. 지방산의 활성화.

2-Monoacylglycerol + 2 fatty acyl-CoA →

triacylglycerol + 2 CoA-SH

두 번째의 경로는 간과 지방조직의 주 경로인 포스파티드산경로이다. 이 경로에서 글리세롤-인산은 두 분자의 지방산아실-CoA와 결합하여 포스파티드산을 생성한 다음 인산기가 제거되고 다른 지방산아실-CoA가 결합하여 트리아실글리세롤이 합성된다. 그러나 소장은 *glycerokinase*를 함유하지 않으므로 글리세롤을 인산화할 수 없으며 따라서 이 경로는 매우 미약한 경로로 생각된다. 모든 장쇄지방산은 트리아실글리세롤합성에 사용되지만 단쇄형과 중쇄형 지방산은 활성화되지 않으므로 지질 재합성에 사용되지 않고 문맥혈에 유리되어 혈청 알부민에 의하여 간으로 운반된다.

인지질은 부분적으로 분해되어 흡수된 후 *acyltransferase*의 촉매로 라이소인지질에 지방산아실-CoA를 결합시켜 인지질을 생성한다. 그러나 인지질의 구성분들인 콜린, 이노시톨, 지방산 및 갈락토스 등은 흡수된 후 많은 세포들 특히 간으로 운반되어 인지질, 세레브로시드, 설파티드 및 관련된 물질들의 합성에 사용된다.

유리콜레스테롤은 흡수된 후 점막세포에서 재합성된다. 식물 스테롤은 구조적으로 콜레스테롤과 매우 유사하나 장 점막에서 흡수되지 않으며 콜레스테롤의 흡수를 저해하므로 인체에서는 콜레스테롤-저하 약물로 사용된다.

3) 저장 지질의 동원과 수송

(1) 저장 지질의 지방산 유리

트리아실글리세롤의 1번과 3번 탄소에 결합한 지방산은 *호르몬-감응 lipase* (*hormone-sensitive lipase*)에 의하여 제거되고 모노아실글리세롤과

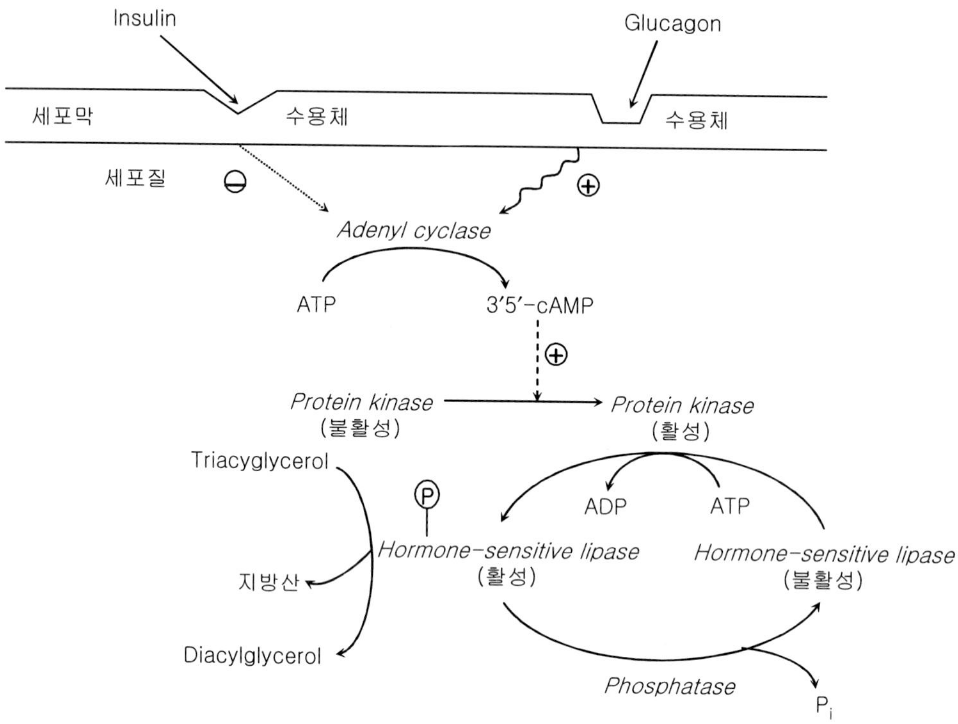

그림 16-32. 지방조직에서 triacylglycerol의 분해에 대한 호르몬의 조절.

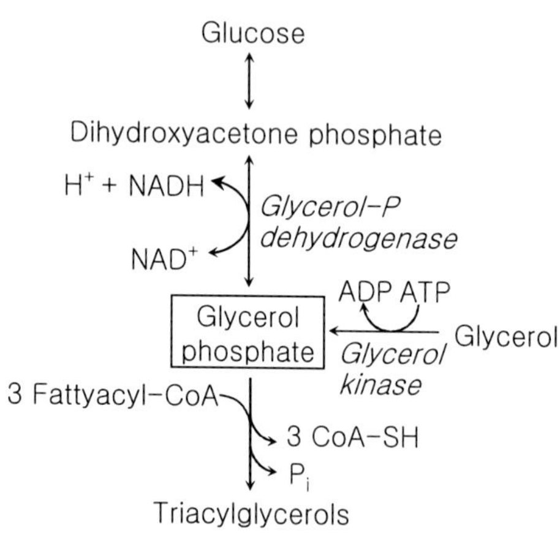

그림 16-33. 간에서 글리세롤의 운명.

디아실글리세롤에 특이적인 부가적 *lipase*가 남은 지방산을 제거한다(그림 16-32).

① ***호르몬-감응 lipase*의 활성화:** *호르몬-감응 lipase*는 *cAMP-의존 protein kinase*에 의한 인산화로 활성화된다. cAMP는 주로 세포막 수용체에 결합한 에피네프린의 영향으로 활성화된 *adenylate cyclase*에 의하여 지방세포에서 생성된다. cAMP-조절 연쇄반응이 활성화되면 지방산 합성은 정지되고, 트리아실글리세롤의 분해가 시작된다. 고농도의 혈장 인슐린과 글루코스는 *호르몬-감응 lipase*를 탈인산화하여 불활성화 시킨다.

② **글리세롤의 운명:** 유리된 글리세롤을 인산화하는 효소인 *glycerokinase*가 없는 지방세포에서 글리세롤은 대사될 수 없다. 따라서

글리세롤은 간으로 운반되어 인산화된다. 생성된 글리세롤-인산은 간에서 트리아실글리세롤 생성에 사용되거나 *글리세롤-인산 탈수소효소*에 의하여 디하이드록시아세톤-인산(DHAP)으로 전환된다(그림 16-33). DHAP는 해당 또는 당신생에 사용된다.

③ **지방산의 운명:** 유리 지방산은 지방세포에서 배출되어 즉시 혈장 알부민과 결합한 후 필요한 조직으로 운반된다. 운반된 지방산은 세포내로 확산하며 에너지를 생성하기 위하여 산화된다. 그러나 뇌, 다른 신경조직, 적혈구 및 부신수질은 지방산의 혈중 농도에 관계없이 혈장 유리 지방산을 사용할 수 없다.

(2) 미토콘드리아 내로 지방산의 수송

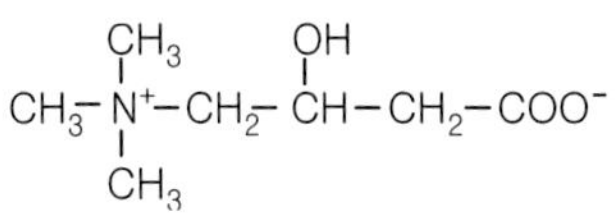

그림 16-34. Carnitine의 구조.

세포내로 유입된 지방산은 세포질의 *지방산아실-CoA 합성효소(fatty acyl-CoA synthetase)*의 촉매로 ATP 혹은 GTP를 소비하여 활성 지방산인 지방산아실-CoA로 전환된다. 지방산의 산화는 미토콘드리아의 기질에서 진행되기 때문에 지방산아실-CoA는 미토콘드리아 내막을 통과하여 수송되어야 한다. 그러나 지방산아실-CoA는 분자가 너무

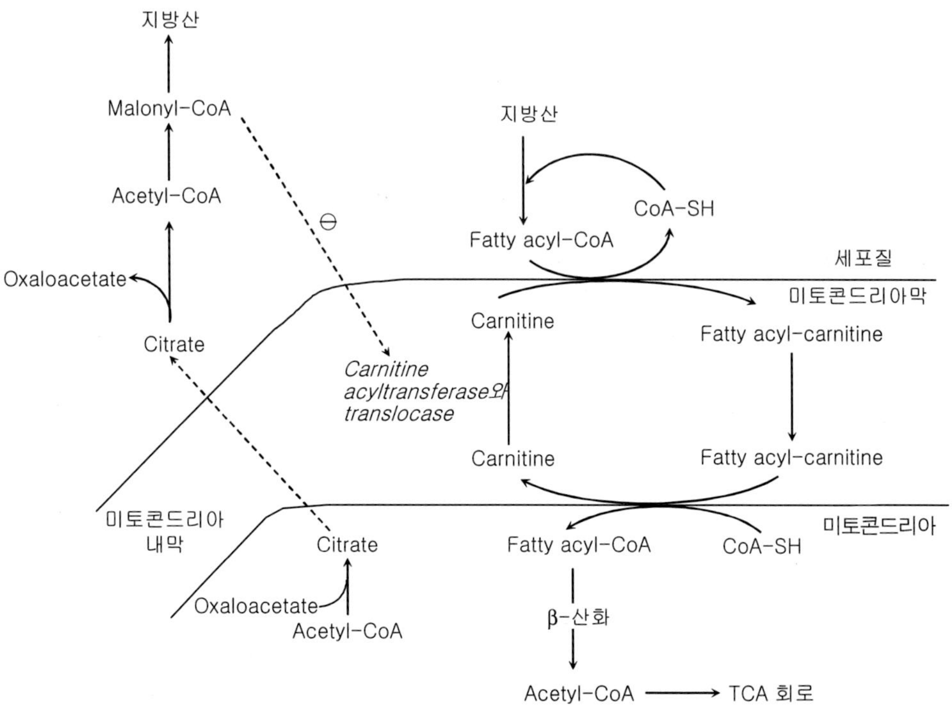

그림 16-35. Carnitine shuttle에 의한 지방산아실-CoA의 운반.

커서 미토콘드리아 내막을 통과할 수 없기 때문에 고에너지 결합을 이용하는 **카니틴 셔틀**(carnitine shuttle)에 의하여 미토콘드리아 기질 내로 수송된다. 이 셔틀에서 지방산아실-CoA의 지방산 아실기는 세포질 내의 *carnitine acyltransferase I*(*CAT I*)에 의하여 지방산아실-카니틴으로 전환된 후 미토콘드리아 내막의 *translocase*에 의하여 미토콘드리아의 기질내로 운반된다. 미토콘드리아 기질내의 *carnitine acyltransferase II*(*CAT II*)에 의하여 카니틴(그림 16-34)은 다시 분리되고 지방산 아실기는 세포질 내의 코엔자임 A와 결합하여 지방산아실-CoA로 재생된다. 이 때 분리된 카니틴은 *translocase*에 의하여 미토콘드리아막을 통과하여 다시 세포질로 수송되어 재활용된다(그림 16-35).

① **카니틴 셔틀의 억제물질:** 말로닐-CoA(malonyl-CoA)는 *carnitine acyltransferase I*을 강력하게 억제하여 지방산아실기가 미토콘드리아 내로 진입하는 것을 억제한다. 세포질에서 지방산 생합성이 자극될 때 말로닐-CoA는 지방산 생합성의 단위체로 사용되며 그 농도가 증가하면 *carnitine acyltransferase I*을 억제하여 미토콘드리아 내로 지방산아실기의 진입을 억제시킴으로서 지방산이 산화되지 않도록 한다.

② **카니틴의 유전적 결함:** 골격근 중 *carnitine acyltransferase*의 선천성 결함이나 카니틴 합성의 결함은 대사연료로 장쇄 지방산을 이용할 수 없다. 카니틴은 주로 간에서 1급 아민의 메틸화로 합성된다. 이 때 필요한 메틸기는 메티오닌으로부터 유도되며 메티오닌이 결핍된 음식물은 카니틴을 생성할 수 없으므로 간에 트리아실글리세롤을 축적하여 **지방간**(fatty liver)이 된다. 또한 마이오글로빈혈증(myoglobinemia)과 운동 후 허약 증세를 나타낸다.

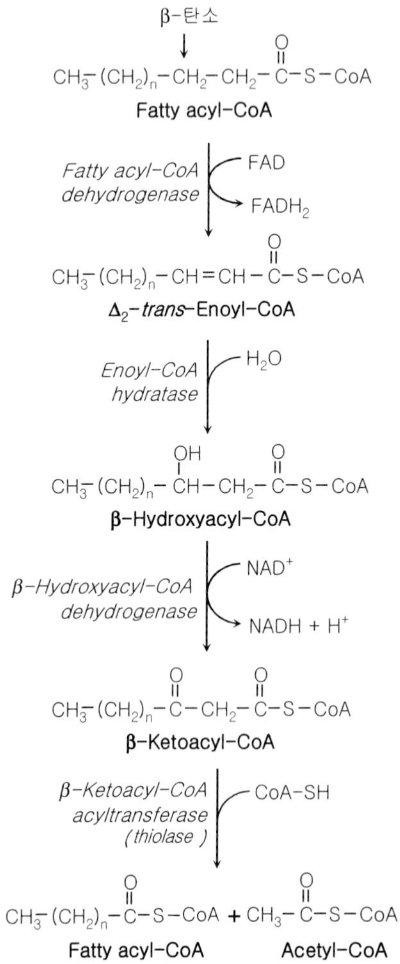

그림 16-36. 지방산의 β-산화.

4) 지방산의 β-산화

(1) 지질의 산화

중성 지방은 트리아실글리세롤로 저장된다. 지방의 산화는 조직세포에 존재하는 *lipase*와 순환 지단백질에 작용하는 *lipoprotein lipase*에 의한 트리아실글리세롤의 가수분해로 시작된다. *Glycerokinase*가 결핍된 조직(지방조직, 근육)에서 생성된 유리 글리세롤은 혈중에 유리되며 간에 의하여 제거되어 트리아실글리세롤을 생성하거나 당신생에 이용된다. 유리된 지방산은 같은 조직에서 에너지 생성을 위하여 대사되거나 혈중에 유출된다. 혈중의 지방산은 알부민과 결합하여 운반되어 다른 조직에 들어가 대사되거나 나머지는 간에 의하여 제거된다. 지방산은 코엔자임 A와 결합하여 활성화된 후 카니틴에 의하여 미토콘드리아 내로 운반되어 β-산화경로에 의하여 산화된다.

(2) β-산화의 반응

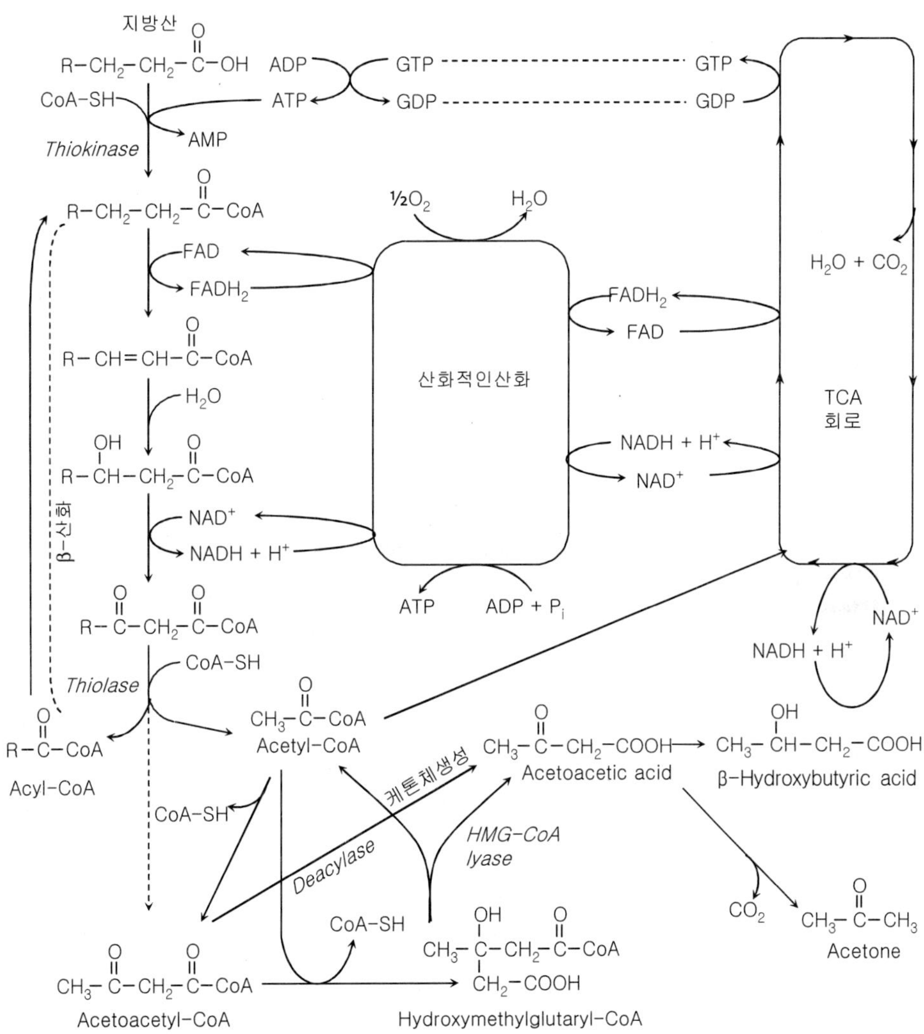

그림 16-37. 지방산의 β-산화와 TCA회로, 산화적인산화 및 케톤체 생성의 관계.

지방산의 β-산화는 미토콘드리아와 퍼옥시솜에서 일어난다. 미토콘드리아에서 β-산화는 연속된 4단계 반응의 반복으로 구성되며 1회의 연속된 반응에서 지방산사슬로부터 2개의 탄소단위가 분해되어 아세틸-CoA가 떨어져 나온다(그림 16-36). 이 때 1분자의 $FADH_2$와 1분자의 NADH가 생성된다.

퍼옥시솜에서의 β-산화는 다음과 같이 미토콘드리아에서의 β-산화와 다르다.

- 지방산아실-CoA의 진입은 카니틴셔틀을 사용하지 않는다.
- 산화는 산화효소와 같은 다른 효소들을 사용하며, 높은 산소장력이 필요하므로 간과 신장에서 주로 볼 수 있으며 H_2O_2를 생성한다.
- 지방산을 완전히 산화하지 않는다. 몇 분자의 아세틸-CoA가 제거된 후 남은 중쇄지방산(예, octanoic acid)은 카니틴셔틀에 의하여 미토콘드리아로 들어가 산화된다.
- C8 이상의 지방산을 산화할 수 있을지라도 퍼옥시솜은 미토콘드리아에서 처리가 잘 안되는 C20 이상의 초장쇄지방산을 산화시킨다.
- 퍼옥시솜의 β-산화는 에너지 생성과 관계가 없으며 미토콘드리아의 β-산화가 억제되는 조건하에서 지방산을 분해할 수 있다. 따라서 기아, 고지방식, 지질저하약물의 투여 및 열 조절 등이 필요할 때 퍼옥시솜의 β-산화가 유도될 수 있다. 미토콘드리아에서 β-산화에 의한 아세틸-CoA의 생성은 TCA회로와 산화적 인산화에 직접 연결되어 있어 대사적으로 조절된다(그림 16-37).
- 지방산을 활성화하는 코엔자임 A와의 결합에 필요한 에너지원은 TCA회로의 기질수준에서 생성되는 GTP이다.
- 지방산의 β-산화와 아세틸-CoA를 연소시키는 TCA회로에서 FAD와 NAD^+가 전자를 수용하여 $FADH_2$와 NADH가 생성되며 이어서 산화적인산화에 의하여 재산화된다. 그렇지 않으면 지방산과 아세틸-CoA의 산화는 정지된다. 산화적인산화는 계속해서 세포의 에너지 요구(ATP/ADP 및 NADH/NAD^+ 비율)에 의하여 조절된다. 세포가 에너지를 필요로할 때 ATP/ADP비율이 낮으면 산화적인 산화와 TCA회로의 활성이 증가하여 GTP와 산화형 조효소들을 생성하며, 지방산 산화도 진행되어 세포에 필요한 에너지를 제공한다. 그러나 ATP/ADP 비율이 증가하면 산화적인산화는 감소되고, NAD^+와 FAD의 재생도 감소되어 TCA회로의 활성은 감소되고 지방산은 산화되지 않는다.

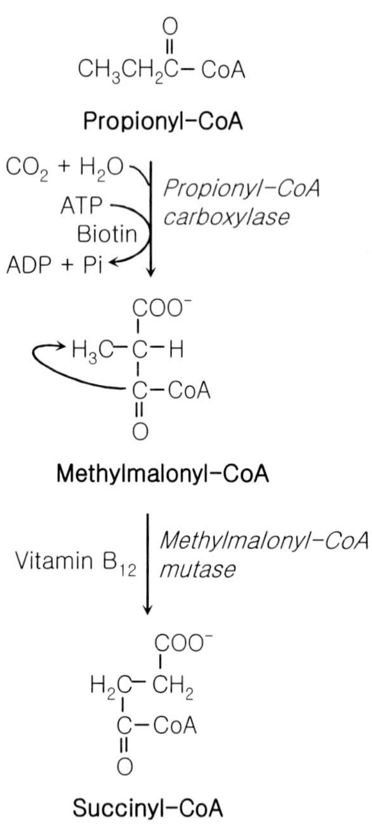

그림 16-38. Propionyl-CoA의 대사.

(3) 홀수사슬 지방산의 산화

홀수의 탄소원자를 가진 포화지방산의 β-산화는 짝수의 탄소원자를 가진 지방산과 같이 β-산화가 진행되며 마지막으로 세 탄소원자를 가진 프로피오닐-CoA(propionyl-CoA)를 남긴다. 프로피오닐-CoA는 2단계의 반응에 의하여 숙시닐-CoA(succinyl-CoA)로 전환되어 TCA회로에 들어가 대사된다(그림 16-38). [주: 프로피오닐-CoA는 메티오닌, 이소루신 및 발린과 같은 아미노산의 대사에 의해서도 생성된다.]

① **메틸말로닐-CoA의 합성:** 프로피오닐-CoA는 *propionyl-CoA carboxylase*에 의하여 메틸말로닐-CoA(methylmalonyl-CoA)로 전환된다. 이 때 다른 *carboxylase*와 마찬가지로 조효소로서 비오틴을 필요로 한다.

② **숙시닐-CoA의 합성:** 메틸말로닐-CoA의 탄소들은 *methylmalonyl-CoA mutase*에 의하여 숙시닐-CoA로 전환되며 이때 조효소로서 비타민 B_{12}(deoxyadenosylcobalamin)가 필요하다. 숙시닐-CoA는 TCA회로에 들어가 대사된다. 비타민 B_{12}가 결핍된 환자는 요중에 프로피온산(propionate)과 메틸말론산(methylmalonate)을 배설한다. 선천성 메틸말론산혈증(methylmalonic acidemia)과 산뇨증(aciduria)이 보고 되었으며 이러한 질병을 mutase의 결핍시와 비타민 B_{12}가 조효소형으로 전환될 수 없을 때 일어난다. 두 경우 모두 대사성 산증(metabolic acidosis)과 발육지연(developmental retardation)이 된다.

(4) 불포화지방산의 산화

불포화지방산들은 이미 부분적으로 산화되어 있기 때문에 포화지방산의 산화보다 에너지를 약간 적게 생성한다. 그러므로 더 적은 환원 조효소들이 생성된다.

표 16-6. 1분자 팔미트산의 완전산화시에 생성되는 ATP 수

분해경로	ATP수
β-산화(palmitic acid→8 아세틸-CoA)	35
7NADH×3 ATP	(21)
$7FADH_2$×2 ATP	(14)
TCA 회로(8 아세틸-CoA)	96
8 아세틸-CoA × 12 ATP	(96)
총 ATP수	131

(5) β-산화에 의한 에너지 생성

β-산화에 의한 에너지 생성은 매우 높다. 1분자의 팔미트산이 CO_2와 H_2O로 완전 산화될 때 생성되는 ATP수는 표 16-6과 같다.

지방산의 활성화에 2ATP가 소모되었으므로 실질적으로 생성된 ATP수는 129개와 같다. 129 ATP가 생성하는 자유에너지는 약 1000 kcal 이며, 1분자 팔미트산의 완전연소에 의하여 생성되는 열량은 2340 kcal 이므로 지방산 산화에 의하여 유용한 자유에너지형으로 얻어지는 열량은 전 열량의 약 40%에 해당한다.

트리아실글리세롤은 체내에 잠재에너지로 저장될 수 있는 가장 농축된 형태이다. 왜냐하면 단위당 열량가는 탄수화물과 단백질의 2배 이상이며 적은 물과 함께 저장할 수 있기 때문이다. 지

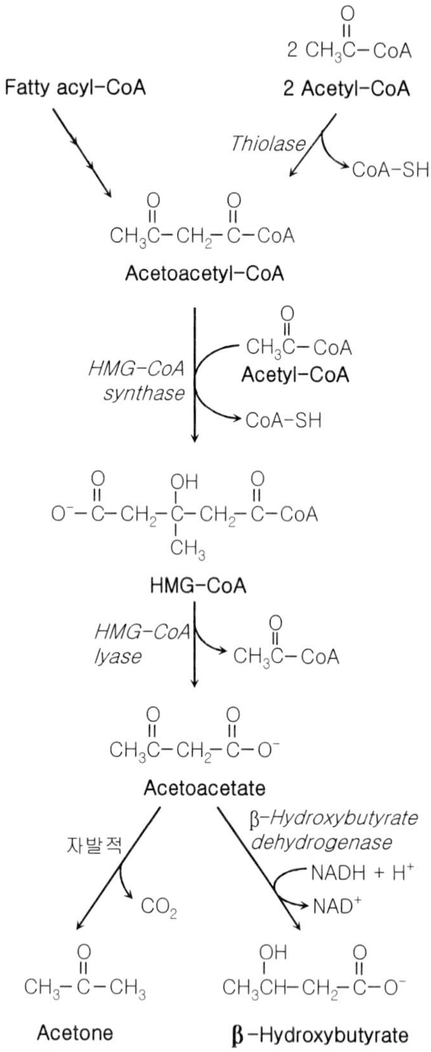

그림 16-39. 케톤체의 합성.
HMG-CoA, hydroxymethylglutaryl-CoA.

방산은 또한 산화시에 탄수화물이나 단백질보다 더 많은 대사수(metabolic water)를 제공하며 건조한 환경에 서식하는 포유동물과 장거리 비행하는 조류에게 매우 유익하게 작용한다.

(6) 중쇄 지방산아실-CoA 탈수소효소 결핍증

미토콘드리아에는 단쇄-(short-chained), 중쇄-(medium-chained) 및 장쇄-(long-chained) 지방산에 특이적인 세 종류의 *지방산아실-CoA 탈수소효소(fattyacyl-CoA dehydrogenase)*가 존재한다. 중쇄지방산아실-CoA 탈수소효소결핍증은 약 10,000명 중 1명 꼴로 발견된다. 이것은 지방산 산화의 감소와 심한 저혈당증(hypoglycemia)을 일으키며 유아급사증후군(sudden infant death syndrome, SIDS)의 10% 이상을 차지한다.

5) 케톤체의 생성과 이용

간세포의 미토콘드리아는 지방산 또는 피루브산에서 유도된 과량의 아세틸-CoA를 케톤체(ketone bodies)로 전환할 수 있다. 케톤체는 아세토아세트산(acetoacetate), β-하이드록시부티르산(β-hydroxybutyrate) 및 아세톤(acetone)의 세 종류가 있으며, 아세틸-CoA의 축합으로 생성된다. 케톤체라는 명칭에서 어미에 "체(body)"를 붙인 것은 잘못된 것으로 생각된다. 더구나 β-하이드록시부티르산은 케톤에 속하지도 않는다. 간에서 생성된 케톤체는 혈액을 통하여 근육, 뇌, 태아의 간, 신장, 유선 및 소장과 같은 말초조직에 운반되며 아세틸-CoA로 재 전환된 후 TCA회로에 의하여 산화된다. 케톤체는 다음과 같은 이유로 말초조직의 중요한 에너지원이다.

- 케톤체는 다른 지질과 달리 수용성이며 따라서 지단백질에 포함되어 운반되거나 알부민에 결합되어 운반되지 않는다.
- 케톤체는 간에서 산화할 수 있는 능력을 초과하여 존재하는 과량의 아세틸-CoA로부터 생성된다.
- 케톤체는 혈중농도에 비례하여 골격근, 심근, 뇌 및 신장 피질과 같은 간외 조직에서 이용

된다.

- 장기간의 절식이나 다른 어떤 조건에서 지질연료로 사용된다.

(1) 간에서 케톤체 생성의 두 경로

생리적 조건에서 단지 간세포의 미토콘드리아에서만 케톤체를 합성할 수 있다(제1위 또한 케톤체의 순환에 기여할 수 있을지라도)(그림 16-39). 첫째 경로는 정상적으로 간에서 지방산의 β-산화시에 부산물로 일정하게 케톤체가 생성되는 과정이다(그림 16-37 참조). β-산화과정에서 단 한번 생성되는 아세토아세틸-CoA (acetoacetyl-CoA)는 *deacylase*의 촉매로 코엔자임 A를 유리시키고 아세토아세트산을 생성한다. 1분자 장쇄지방산의 β-산화과정에서 단 1분자의 아세토아세틸-CoA가 생성될 수 있으므로 *deacylase*에 의하여 단 1분자의 아세토아세트산만이 생성된다. 두번째 경로는 탄수화물 부족으로 혈중에 다량 방출된 지방산은 간에서 흡수하여 β-산화되며, 이때 다량으로 생성된 아세틸-CoA의 축합으로 다량의 케톤체가 형성되어 케톤증(ketosis)을 유발한다. 이와 같이 케톤체 생성의 첫 단계에서 지방산의 불완전 산화 또는 아세틸-CoA의 축합 중 하나에 의하여 아세토아세틸-CoA를 생성한다. 둘째 단계에서 *HMG-CoA 합성효소* (*3-hydroxy-3-methylglutaryl-CoA synthetase*)는 아세토아세틸-CoA를 1분자의 아세틸-CoA와 결합시켜 HMG-CoA를 생성한다. [주: HMG-CoA는 또한 아미노산 루신의 대사중간산물이며 콜레스테롤의 전구체이다.] *HMG-CoA 합성효소*는 케톤체합성의 속도조절효소이며 간에만 충분히 존재한다. 셋째 단계에서 HMG-CoA는 *HMG-CoA lyase*에 의하여 아세토아세트산과 아세틸-CoA로 분해된다. 아세토아세트산은 *3-하이드록시부티르산 탈수소효소*(*3-hydroxybutyrate dehydrogenase*)에 의하여 환원되어(NADH사용) 3-하이드록시부티르산(3-hydroxybutyrate; 혈액과 요중 가장 많은

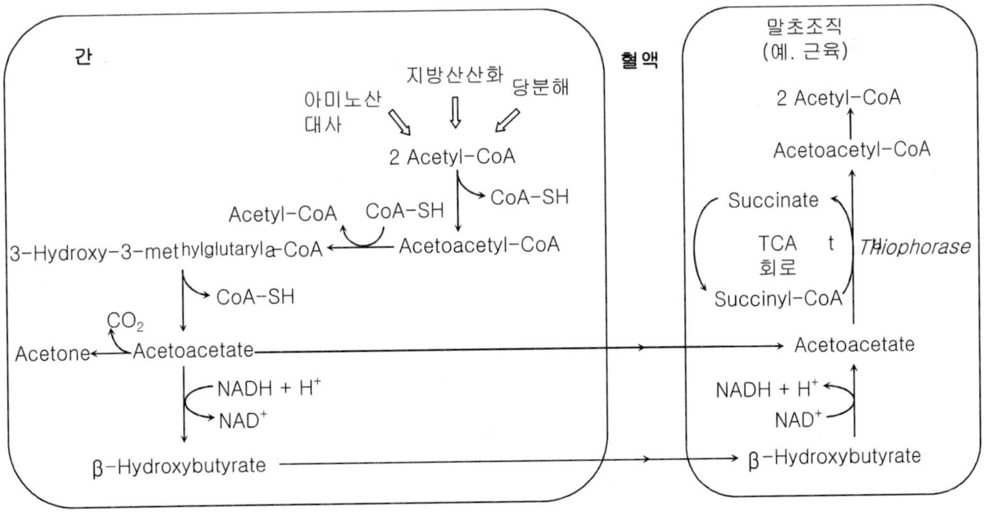

그림 16-40. 간에서의 케톤체 합성과 말초조직에서의 이용.

케톤체)으로 전환되거나 자발적인 탈탄산반응에 의하여 아세톤(acetone)을 생성한다.

(2) 말초조직에서 케톤체의 이용

간은 일정하게 저농도의 케톤체를 생성하며 생성된 케톤체는 절식 중 말초조직의 중요한 에너지원이 된다. 간은 케톤체를 생성할 수 있으나 아세토아세트산을 아세토아세틸-CoA로 전환할 수 없으므로 간 자신은 케톤체를 연료로 사용할 수 없다. 그러나 미토콘드리아가 없는 세포들(예, 적혈구)을 제외한 뇌를 비롯한 간 외의 조직들을 아세토아세트산과 3-하이드록시부티르산을 효율적으로 산화한다. 3-하이드록시부티르산은 NADH를 생성하는 *3-하이드록시부티르산 탈수소효소*에 의하여 아세토아세트산으로 산화된다. 아세토아세트산은 숙시닐-CoA로부터 코엔자임 A를 전달받아 아세토아세틸-CoA로 전환된 후 대사되어 두 분자의 아세틸-CoA를 생성한다(그림 16-40). 간은 *succinyl-CoA: acetoacetate CoA transferase(thiophorase)*가 없으며 따라서 아세토아세트산을 연료로 사용할 수 없다.

(3) 케톤증의 조건

케톤체의 생성속도가 이용속도보다 크면 혈중 농도가 상승하여 **케톤혈증**(ketonemia)이 되며 결국 요중에 배설되어 **케톤뇨증**(ketonuria)이 된다. 이를 합하여 **케톤증**(ketosis)이라고 한다.

절식, 당뇨병 및 식이 중단상태에서 비유 혹은 임신의 경우 탄수화물 공급이 부족하게 되면 저장 당을 절약하기 위하여 호르몬 평형이 바뀌어 지방조직에서 트리아실글리세롤의 분해가 일어나 과량의 지방산이 혈중에 유리된다. 조직들은 필요 이상의 영양소들을 흡수하지 않으며 따라서 과량의 지방산은 간에 흡수되어 처리된다. 간은 흡수된 지방산을 지단백질로 재 포장하여 배출한다. 일부 지방산은 에스테르화되어 축적되며 지방간이 된다. 그러나 간의 한정된 지방저장능력과 당신생을 위한 글리세롤-인산의 사용으로 과량의 지방산으로부터 트리아실글리세롤 생성속도는 제한된다. 지방산의 저장은 간세포에 매우 유해하므로 지방산은 변칙적으로 분해되어 수용성인 대사산물로 전환된다. 다량의 지방산은 간세포의 퍼옥시솜과 미토콘드리아에서 β-산화되어 acetyl-CoA로 되고 이 acetyl-CoA는 두 가지 원인에 따라 케톤체가 생성된다.

첫번째 원인은 지방산 산화에 의하여 생성된 다량의 아세틸-CoA는 에너지 요구량을 초과하여 ATP/ADP와 NADH/NAD^+비율을 상승시키며 이에 따라 TCA회로의 활성은 감소되고 결국 아세틸-CoA는 케톤체 생성경로로 들어간다.

두번째 원인은 절식 중 *HMG-CoA lyase*의 활성이 크게 증가하여 근육의 에너지 요구를 초과하는 다량의 케톤체 생성으로 혈중농도를 상승시키며(케톤혈증), 요중에 넘쳐흐른다(케톤뇨증). 아세토아세트산이 혈중의 주요 케톤체인 3-하이드록시부티르산으로 전환되는 원인은 산화적 인산화가 저하된 시점에서 β-산화를 계속하기 위하여 NADH를 재 산화시켜 NAD^+를 공급하기 때문이다.

미토콘드리아의 NAD^+/NADH 농도비는 약 8.0으로 일정하며 간에서의 하이드록시부티르산/아세토아세트산 농도비를 결정한다. 혈중 두 케토산의 농도비는 3~6의 범위에 있다. 따라서 아세토아세트산보다 훨씬 더 높은 농도의 하이드록시부티르산이 간에서 생성된다. 그러나 무척추 동물과 어떤 어류에는 하이드록시부티르산이 존재하지 않는다.

(4) 케톤증의 진단

당뇨병성 혼수(diabetic coma)에서 하이드록시부티르산/아세토아세트산의 농도비가 15 정도로 상승할 수 있으므로 임상적으로 중요하며, 이는 간의 NAD^+/NADH 농도비와 세포내 pH의 변화에 기인하는 것 같다. 케톤뇨증의 진단에 흔히 사용되는 신속 시험법(Clinistix 혹은 유사물질)은 단지 아세토아세트산과 아세톤을 검출하는 것이며 따라서 케톤뇨증이 심각하게 낮게 측정될 수 있다.

6) 지방산의 생합성

체내에서 사용되는 지방산의 큰 비율은 섭취에 의한 것이다. 섭취한 과량의 탄수화물과 단백질은 지방산으로 전환될 수 있으며 전환된 지방산의 일부는 트리아실글리세롤의 형태로 저장된다. 지방산의 합성은 주로 간과 유선에서 이루어지며 지방조직과 신장에서도 적은 양이 합성된다. 지방산은 세포질에서 아세틸-CoA로부터 합성되어 종산물로서 주로 팔미트산(C16)이 생성된다. 그러나 동물조직에 풍부한 팔미트산 이외의 지방산들, 예를 들면, 올레산(C18:1)은 체 저장지질 중 가장 풍부한 지방산이다. 팔미트산이 스테아르산으로 연장되거나 올레산으로 불포화되는 것은 활면소포체에서 일어난다. 대부분의 음식물은 지방보다 탄수화물을 많이 함유하고 있으나 체내에 탄수화물의 저장능력은 제한되어 있으므로 동물종에 특징적인 지방으로 전환되어 저장된다. 필수지방산들은 음식물로 반드시 섭취해야하는 지방산들을 말한다. 필수지방산 이외에도 인체조직에서 많은 비율을 차지하는 다른 지방산들은 음식물에서 얻어진다. 동물이 축적하는 지방은 경성(hard) 또는 연성(soft)이며 이는 음식물에 의하여 영향받을 수 있다. 또한 유지방의 조성도 사료에 의하여 영향받는다.

글리코겐 생성(glycogenesis)과 글리코겐 분해(glycogenolysis)와 같이 지방산 합성도 지방산 산화의 역방향으로 생각되었다. 그러나 현재 지방산의 β-산화와 달리 지방산 생합성은 다음과 같은 특징이 있다.

- 세포질에서 합성된다.
- 환원과정에 사용되는 환원제는 NADPH이다.
- 산화적 반응과 다른 별도의 경로에 의하여 합성된다.
- 합성 중간물질들은 아실운반체단백질(acyl carrier protein, ACP)에 공유결합으로 연결되어 있다. 반면에 β-산화의 중간물질들은 코엔자임 A에 연결되어 있다.
- 지방산 생합성과 관계되는 많은 효소들은 *지방산 합성효소(fatty acid synthase)*라고 지칭되는 다효소복합체(multienzyme complex)로 조직화되어 있다.
- 2탄소 단위의 연속된 부가에 의하여 팔미트산이 생성되며, 더 이상의 연장과 불포화는 다른 효소계에 의하여 수행된다.

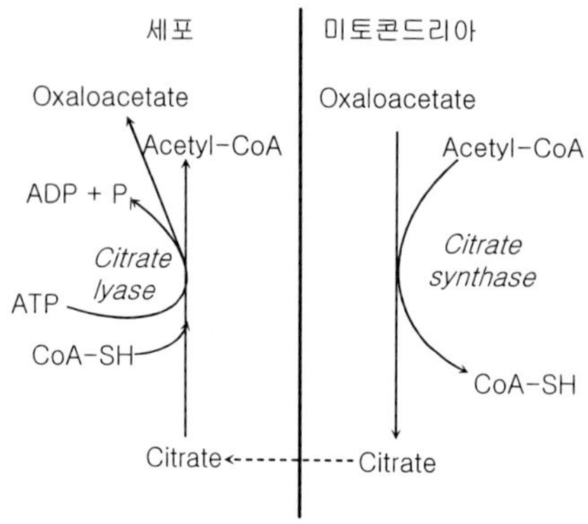

그림 16-41. 미토콘드리아 acetyl-CoA의 세포질로의 수송.

지방산 합성은 간, 신장, 뇌, 폐, 유선 및 지방조직을 포함한 많은 기관들과 조직들의 세포질에서 이루어진다. 지방산 합성에 필요한 조인자(혹은 조효소)는 ATP, Mn^{2+}, NADPH, 중탄산염, 비오틴이다.

(1) 세포질 아세틸-CoA의 생성

세포질에서 아세틸-CoA로부터 지방산의 생합성을 위해서는 미토콘드리아내에서 피루브산의 산화 또는 지방산, 케톤체 및 아미노산의 분해에 의하여 생성된 아세틸-CoA를 세포질로 이송하여야 한다. 그러나 아세틸-CoA의 코엔자임 A는 미토콘드리아막을 통과할 수 없으며, 아세틸부분만이 옥살로아세트산과 결합하여 생성된 시트르산의 형태로 세포질로 이송된다(그림 16-41). 미토콘드리아 내에 시트르산농도가 높을 때 시트르산은 세포질로 이송되어 세포질의 *citrate lyase*에 의하여 아세틸-CoA와 옥살로아세트산으로 분해된다. 이러한 현상은 다량의 ATP 존재로 *이소시트르산 탈수소효소*가 억제되어 시트르산과 이소시트르산이 축적될 때 일어난다. 지방산 합성은 다량의 ATP를 필요로 하기 때문에, ATP와 시트르산의 증가는 지방산 생합성의 기회를 증대시킨다.

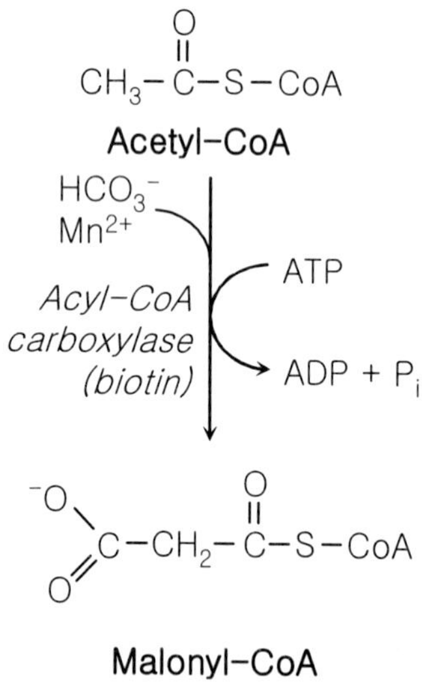

그림 16-42. Malonyl-CoA의 합성.

(2) 아세틸-CoA로부터 말로닐-CoA의 생성

아세틸-CoA는 *acetyl-CoA carboxylase*에 의하여 카복실화 되어 말로닐-CoA(malonyl-CoA)를 형성하며 이 때 ATP를 필요로 한다(그림 16-42). 이 효소는 세 개의 단백질인 *biotin carboxylase*, 비오틴 운반단백질 및 *carboxyl transferase*로 구성되어 있다. *Biotin carboxylase*는 카르복실기를 비오틴으로 전달하는 것을 촉매한다. 카복실화에 관계없이 비오틴은 비오틴 운반단백질의 ε-아미노기에 아마이드결합으로 결합되어 있다. *Carboxyl transferase*는 비오틴에 결합된 카르복실기를 아세틸-CoA로 이동시켜 말로닐-CoA가 생성되도록 한다.

*Acetyl-CoA carboxylase*는 세포질 내 지방산 생합성 속도조절효소로 다음과 같이 작용한다.

① ***Acetyl-CoA carboxylase*의 단기 조절:** 카복시화는 지방산 합성의 조절단계이다. *Acetyl-CoA carboxylase*의 불활성형은 4개의 단위체로 구성된 단량체(protomer)로 구성되어 있다. 시트르산은 단량체들을 중합시켜 효소를 활성화한다(그림 16-43). 말로닐-CoA(경로의 중간물질) 또는 팔미토

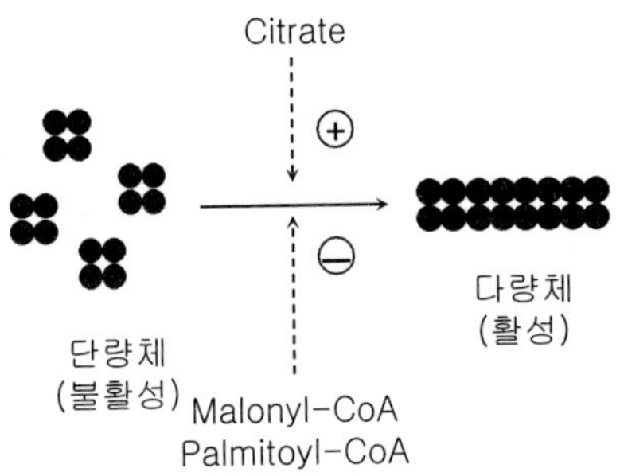

그림 16-43. *Acetyl-CoA carboxylase*에 대한 알로스테릭 조절.

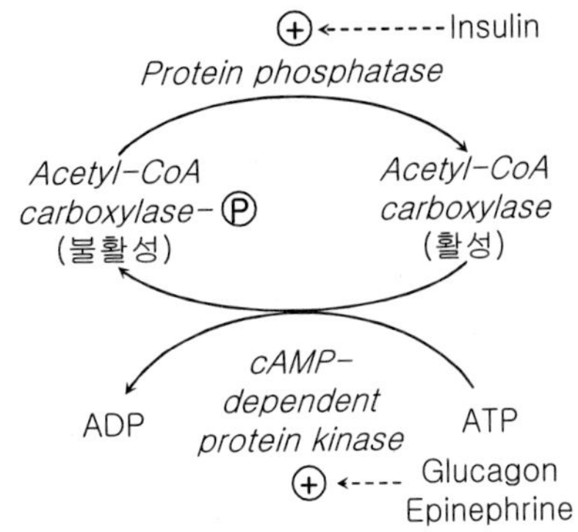

그림 16-44. *Acetyl-CoA carboxylase*에 대한 호르몬 조절.

일-CoA(palmitoyl- CoA: 경로의 종산물)는 이 효소의 중합 단량체들을 탈중합시켜 불활성화 시킨다. 단기 조절의 두 번째 기전은 가역적 인산화에 의한 것이다. 에피네프린은 이 효소를 인산화시켜 불활성화시키며(*글리코겐 합성효소*의 불활성화 기전과 유사함), 반대로 인슐린은 탈인산화로 활성화시킨다(그림 16-44).

② ***Acetyl-CoA carboxylase*의 장기 조절:** 탄수화물을 과다 섭취하거나 지방을 섭취하지 않으면 *acetyl-CoA carboxylase*의 합성증가로 지방산 합성이 증가된다. 역으로 지질함량이 높은 음식물을 섭취하거나 절식하면 이 효소의 합성이 감소되어 지방산 합성도 감소된다. [주: *지방산 합성효소*의 합성도 유사한 방법으로 조절된다.]

(3) 지방산 합성효소

지방산 생합성은 연속적으로 두 개의 탄소단위가 성장사슬에 덧붙여져 합성된다. 말로닐-CoA의 말로닐기에 있는 세 개의 탄소원자 중 두 개가 생합성 반응의 각 단계마다 지방산사슬에 더해진다. 지방산 합성 결과 일반적으로 16개의 탄소로 된 팔미트산이 생성되는데 16개의 탄소 모두 아세틸-CoA의 아세틸기에서 나왔다. 이 반응은 말로닐-CoA의 형성과 마찬가지로 막과 결합되어 있지 않고 세포질에 존재하는 다효소복합체가 필요하다. 개별적인 효소들로 구성되어 있는 이 복합체를 *지방산 합성효소*라고 하며 2량체로 구성되어 있다(그림 16-45). 각 단량체는 7개의 효소와 아실운반체단백질(acyl carrier protein, ACP)로 구성되어있다. 아세틸-CoA로부터 말로닐-CoA가 어떻게 생성되는지에 대하여 앞에서 살펴보았다. 팔미트산합성의 전 과정은 그림

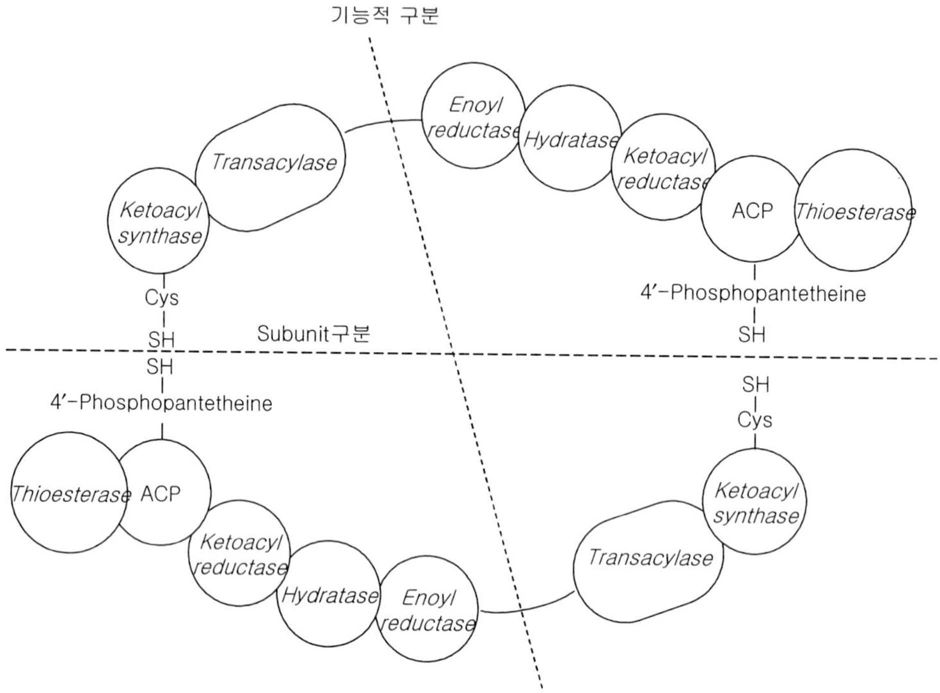

그림 16-45. *Fatty acid synthase* 다효소복합체.

16-46에 요약하였다. 한 분자의 팔미트산합성 시발단계에서 한 분자의 아세틸-CoA를 필요로 한다. 이 시발단계에서 아세틸-CoA의 아세틸기는 ACP에 결합한다. ACP는 *지방산 합성효소복합체*의 일부이다. 아세틸기는 ACP의 세린 곁사슬에 있는 4′-포스포판테테인(4′-phosphopantetheine)에 티오에스테르 결합(thioester linkage)으로 아세틸-ACP를 생성한다. 아세틸기는 다시 *β-케토아실-ACP 합성효소(β-ketoacyl-ACP synthase)*의 SH기에 전달되어 티오에스테르결합으로 아세틸-효소가 된다.

다음에 말로닐-CoA가 *ACP-malonyl transferase*에 결합하여 말로닐-ACP가 되고 코엔자임 A는 분리된다(ACP는 합성효소의 구성단백질이므로 앞으로 ACP대신 효소로 지칭하겠다(예, 말로닐-ACP → 말로닐-효소). 다음 단계는 아세토아세틸-효소를 생성하는 축합반응이다. ACP에 결합되어 있는 아세토아세틸기의 네 탄소 중 두개는 시발단계의 아세틸기에서 오고, 다른 두 탄소는 말로닐기에서 온다. ACP와 직접 티오에스테르결합한 두 탄소는 말로닐기에서 온 것이며, 그 다음의 두 탄소는 시발단계의 아세틸기에서 온 것이다. 말로닐기의 다른 탄소는 CO_2로 방출되는데 이것은 본래 아세틸-CoA를 카복시화시켜 말로닐-CoA를 생성할 때 사용된 것이다.

연이은 두번의 환원반응과 한 번의 탈수반응으로 아세토아세틸-효소(β-ketoacyl-ACP)는 부티릴-효소(acyl-ACP)로 전환된다. 첫 번째 환원반응에서 β-케토기는 알콜로 환원되어 D-β-히드록시부티릴-효소(D-β-hydroxybutyryl-ACP)를 생성한다. 이 과정에서 NADPH는 $NADP^+$로 산화된다.

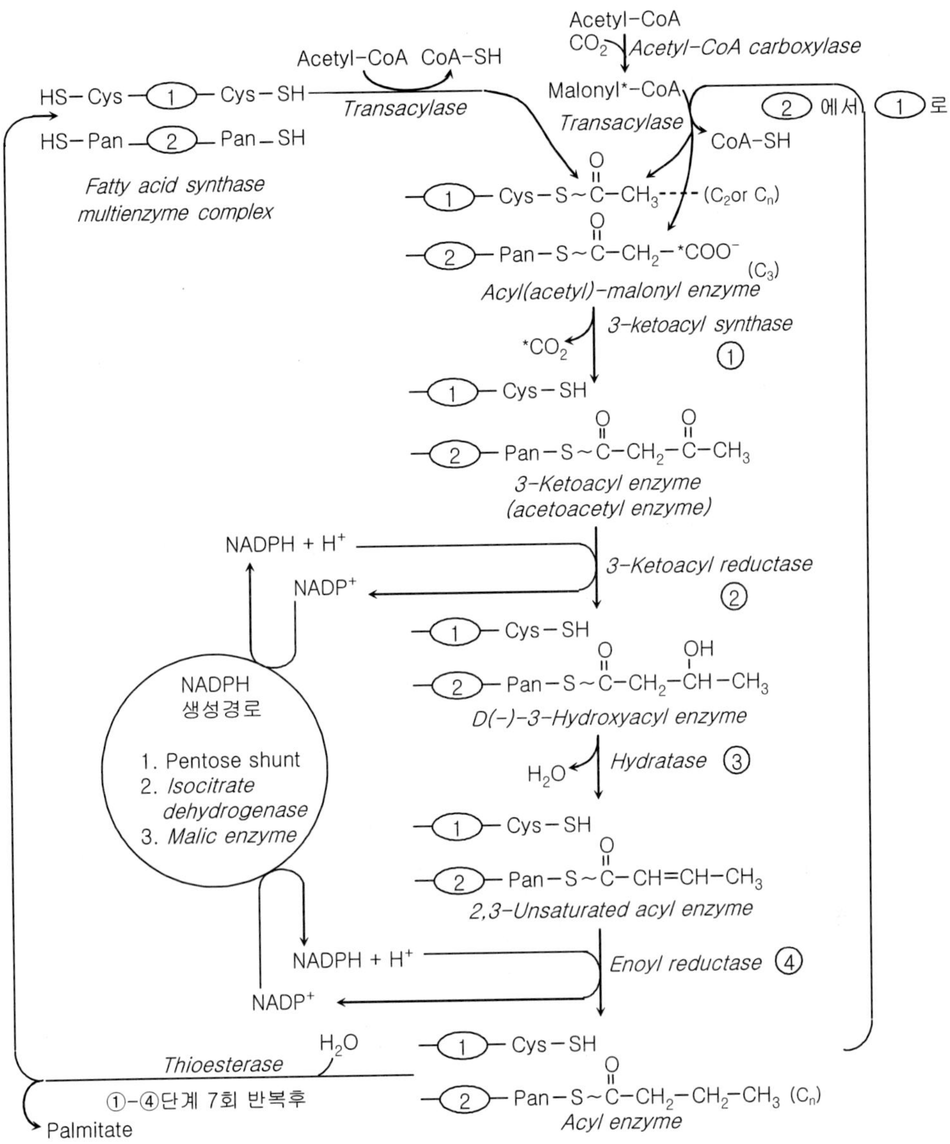

그림 16-46. Palmitate의 생합성. Cys, cystein; pan, 4'-phosphopantetheine; ①과 ②는 *fatty acid systhase*의 각 단량체를 나타낸다.

이 반응을 촉매하는 효소는 *β-ketoacyl-ACP reductase*이다. 탈수단계는 *β-hydroxyacyl-ACP dehydratase*에 의해 촉매되고 크로토닐(crotonyl)-효소(2,3-unsaturated acyl-ACP)를 생성한다. 이 2중결합은 *trans* 위치로 되어있다. 두 번째 환원반응은 *enoyl-ACP reductase*에 의하여 촉매되며, 부티릴-효소(acyl-ACP)를 생성한다. 이 반응에서도 NADPH가 조효소로 이용된다.

지방산 생합성의 두번째 순환에서 부티릴-효소는 첫 번째 순환의 아세틸-효소와 같은 역할을 한다. 부티릴기는 *β-케토아실-ACP 합성효소*로 전달되고, 말로닐기는 ACP로 전달된다. 다시 말로닐-효소와 축합반응이 일어난다. 이 두 번째 순환에서 응축반응으로 6개의 탄소를 가진 β-케토아실-효소가 생성된다. 첫번째 순환에서와 같이 추가된 두 탄소원자는 말로닐기에서 온다. 환원, 탈수 반응은 전처럼 일어나 헥사노일-효소(hexanoyl-ACP)를 생성한다. 이러한 연속적인 반응은 팔미토일-효소가 생성될 때까지 반복된다. 팔미토일-효소는 *palmitoyl thioesterase*에 의하여 가수분해되어 팔미트산이 유리된다.

Palmitoyl-ACP + H_2O → palmitate + ACP

팔미트산 생합성의 전체적인 반응은 다음과 같다.

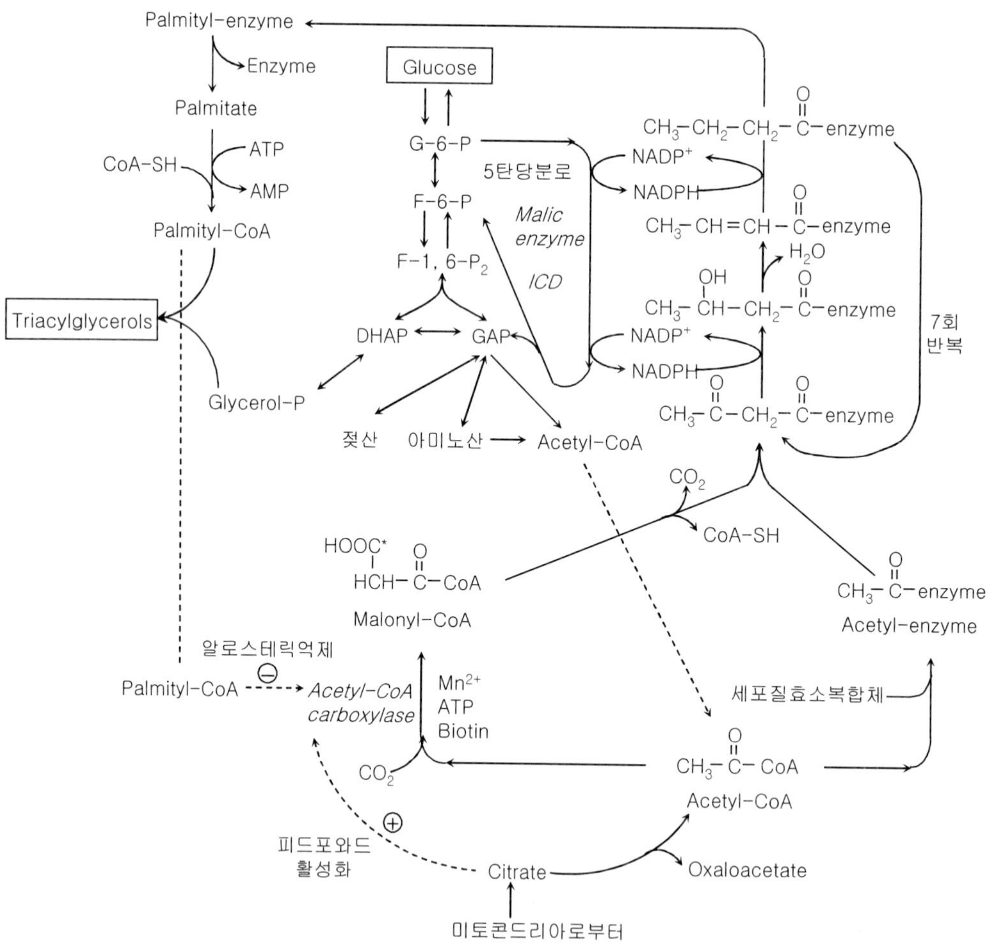

그림 16-47. 세포질에서의 glucose 대사(NADPH 생성)와 지방산 합성의 관계. DHAP, dihydroxyacetone phosphate; GAP, glyceraldehyde 3-phosphate; *ICD, isocitrate dehydrogenase.*

로 작용한다. 더욱이 지질합성의 차단과 동시에 콜레스테롤합성을 억제하여 아세틸-CoA로부터 콜레스테롤합성이 증대되는 것을 방지한다. 마지막으로 *lipase*를 활성화하지 않는 AMP-활성화 protein kinase에 의한 *호르몬-감응 TG lipase*의 인산화는 *lipase*가 *cAMP-의존 protein kinase*에 의한 인산화에 의하여 활성화되는 것을 막아준다. 따라서 저장 지방으로부터 지방산의 유리가 억제된다.

(7) 홀수사슬 지방산의 생합성

대부분의 동물과 인체에서 홀수사슬 지방산은 단지 미량으로 존재한다. 그러나 반추동물에서는 제1위내의 세균에 의하여 프로피온산이 많이 생성되기 때문에 적은 양이긴 하지만 약간 더 많은 홀수사슬 지방산이 생성되며, 육류와 낙농제품에도 존재한다. 홀수사슬 지방산의 합성은 개시분자로서 아세트산 대신 프로피온산을 사용하며, 다음의 사슬연장은 두 탄소단위가 연결되는 팔미트산 합성과정과 같다.

(8) 지방산사슬의 연장과 불포화

세포질에서 아세틸-CoA로부터 생성되는 지방산은 팔미트산이다. 팔미트산과 C_{10}이상의 식이 지방산을 특이적인 기능과 구조를 가진 지방산으로 전환하거나 트리아실글리세롤로 저장하기 위해서 사슬은 두 탄소단위로 추가되어 C_{18}, C_{20}, C_{22} 등의 지방산으로 연장된다. 또한 인체에서 포화지방산에 2중결합을 도입하여 저장 지질 중 가장 풍부하게 들어있는 지방산인 팔미트올레산(palmitoleic acid, C16:1) 또는 올레산(oleic acid, C18:1)을 생성한다. 저장 지방의 불포화도는 식이 지질에 따라 변화된다. 반추동물에서 제1위의 미생물총은 식물성 기름을 포화시키며 따라서 반추동물의 지방은 식이 지질과 관계없이 고도로 포화되어 있다.

지방산사슬의 연장과 불포화는 미토콘드리아와 활면소포체에서 일어난다. 두 탄소 단위의 부가에는 말로닐-CoA가 사용되며, 두 번의 환원 단계에서 NADPH를 사용한다.

7) 트리아실글리세롤의 합성과 저장

모노아실글리세롤, 디아실글리세롤 및 트리아실글리세롤은 한 분자의 글리세롤에 에스테르결합되어 있는 지방산 분자수(1, 2 및 3)에 따라 붙여진 이름이다. 지방산의 카르복실기가 글리세롤과 에스테르결합으로 연결되면 지방산의 음전하는 소실되고 "중성 지방"으로 전환된다.

(1) 글리세롤-인산의 합성

글리세롤-인산은 트리아실글리세롤 합성시 지방산의 수용체이다. 간과 지방조직에서 글리세롤-인산은 글루코스로부터 생성된다. 해당과정 중 생성되는 디하이드록시아세톤-인산(DHAP)은 *글리세롤-인산 탈수소효소*에 의하여 글리세롤-인산으로 환원된다(그림 16-49). 또 다른 경로는 간(지방조직은 제외)에서 *glycerokinase*의 촉매로 유리 글리세롤로부터 글리세롤-인산을 생성하는 것이다(그림 16-49 참조). [주: 지방세포는 인슐린의 존재에서만 글루코스를 흡수할 수 있다.] 그러므로 혈장 인슐린 농도가 낮으면 지방세포는 글리세롤-인산 합성 능력이 제한되어 트리아실글리세롤을 합성할 수 없다.

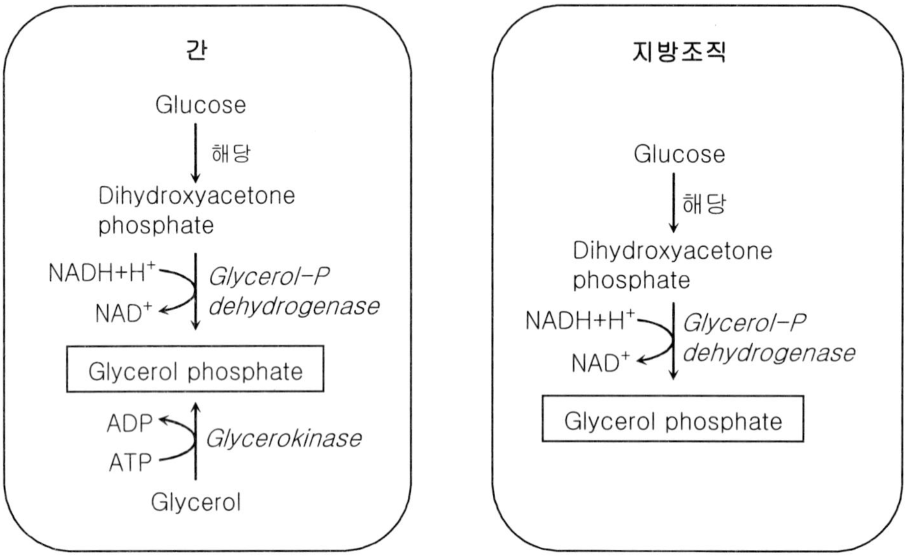

그림 16-49. 간과 지방조직에서 glycerol-phosphate의 생성.

(2) 트리아실글리세롤의 합성

지방산은 먼저 코엔자임 A와 결합하여 지방산아실-CoA로 활성화되어야 한다. 이 반응은 *지방산아실-CoA 합성효소(thiokinase)*에 의하여 촉매된다. 글리세롤-인산에 지방산아실-CoA로부터 두 개의 지방산이 순차적으로 결합한 후 인산이 제거되고 세번째의 지방산이 부가되어 트리아실글리세롤이 형성된다(그림 16-50).

(3) 트리아실글리세롤의 저장

트리아실글리세롤은 물에 대한 용해도가 매우 낮으므로 스스로 미셀을 형성할 수 없으며 지방세포 내에서 지방구를 형성한다. 이 지방구는 체내의 주요한 에너지 저장 물질이다.

(4) 간과 지방조직에서 트리아실글리세롤의 운명

지방조직에서 트리아실글리세롤은 세포의 세포질에 무수형으로 저장된다. 이 "저장 지방(depot fat)"은 필요할 때 연료로 사용된다. 간에서 트리아실글리세롤은 거의 저장되지 않으며

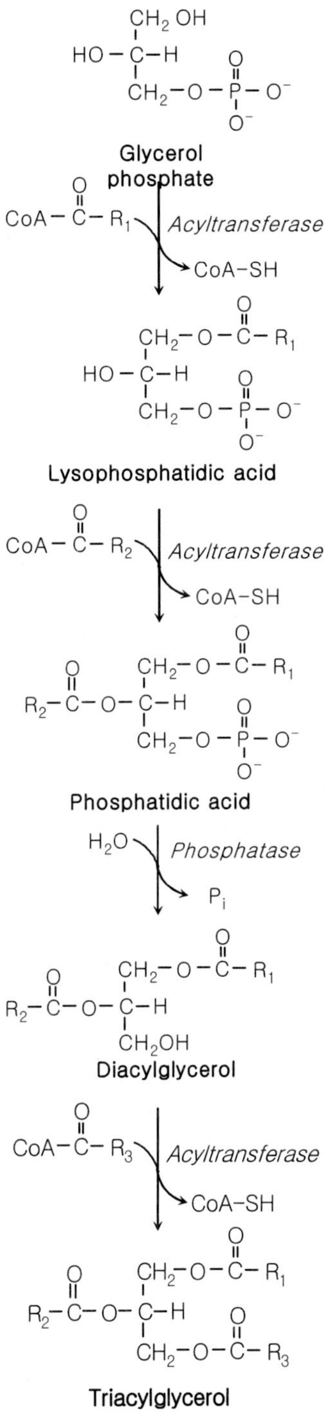

그림 16-50. Triacylglycerol의 합성.

콜레스테롤, 콜레스테릴에스테르, 인지질 및 단백질(apoB-100)과 같이 포장되어 지단백질인 초저밀도지단백질(VLDL)을 형성하여 혈중으로 배출한다. 혈중에 분비된 VLDL은 새로 합성된 지질을 말초조직으로 전달한다.

8) 콜레스테롤의 합성

콜레스테롤 생합성은 세포질과 소포체에서 이루어진다. 체내의 모든 조직들이 콜레스테롤을 합성할 수 있으나 간, 장관 및 피부가 총 콜레스테롤 합성의 97%를 차지한다. 식이 콜레스테롤은 정상적 조건에서 매일 합성되는 콜레스테롤의 절반 이하이다. 간에서 콜레스테롤은 주로 담즙산으로 전환되거나 콜레스테롤 자체로 담관을 통하여 체외로 배설된다. 24시간 동안 소장에 존재하는 콜레스테롤의 약 75%는 담즙에서 유래된 것이다. 콜레스테롤의 합성속도와 배설속도는 잘 조절된다. 조절의 불균형은 혈장 콜레스테롤농도를 증가시키며 관상동맥질병(coronary artery disease)을 유발할 수 있다. 반면에 담즙으로 과량의 콜레스테롤이 배설되면 담낭과 담관 내에 콜레스테롤이 침전될 수 있다.

콜레스테롤은 단 하나의 극성 원자단을 가지므로 실질적으로 물에 불용성이며, 더욱이 OH기가 지방산과 에스테르결합하면 불용성은 강화된다. 필수지방산이 콜레스테롤에 에스테르결합하면 분자는 초승달 형태가 되며 따라서 지질간에 상호작용이 가능하게 된다. 이러한 극단적인 조건에서 콜레스테롤은 담즙 중에 침전되어 농축되면 담석(gallstone)이 형성된다.

콜레스테롤을 합성할 수 있는 대부분의 세포는 자신이 필요로 하는 알맞은 양의 콜레스테롤을 생성하며 다음과 같은 경우에 예외적으로 콜레스테롤의 생성이 증가한다.

- 수초형성(myelinization) 중 말초신경계의 시반

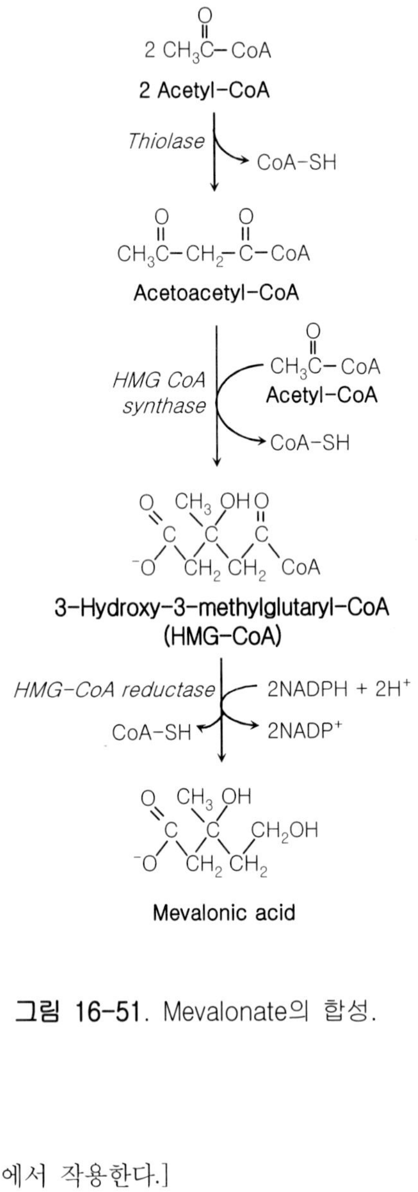

그림 16-51. Mevalonate의 합성.

세포(Schwann cell)는 수초(myelin sheath)의 중요한 구성분인 다량의 콜레스테롤을 합성한다.

- 소장은 킬로미크론형성 중 다량의 콜레스테롤을 생성한다.
- 간에서 콜레스테롤의 합성은 담즙산염과 지단백질 생성에 이용된다.

앞에서 언급한 바와 같이 콜레스테롤의 이화경로는 담즙산염으로 전환된 후 담즙과 함께 배설되거나 유리 콜레스테롤로서 배설된다. 콜레스테롤이 스테로이드 호르몬으로 전환되기 위해서는 NADPH를 필요로 한다. 따라서 부신과 난소에서 스테로이드 생성 중 5탄당 분로의 활성이 높은 이유가 된다. 또한 스테로이드 생성 중 페놀성-OH기의 형성에 비타민 C가 작용한다. 부신피질을 자극한 후 코티코스테로이드가 생성되면 부신 피질 중의 비타민 C 농도는 떨어진다.

(1) 메발론산의 합성

콜레스테롤 합성경로의 시작은 케톤체 생성경로와 유사한 HMG-CoA의 합성과 메발론산으로의 전환이다(그림 16-51). 먼저 두 아세틸-CoA가 축합하여 아세토아세틸-CoA를 형성하고 다음에 아세틸-CoA가 추가로 부가되어 HMG-CoA를 생성한다. [주: 간 실질세포는 *HMG-CoA 합성효소*의 두 동위효소가 존재한다. 세포질에 존재하는 효소는 콜레스테롤 합성에 참여하고, 미토콘드리아에 존재하는 효소는 케톤체 합성경로에서 작용한다.]

다음 단계는 콜레스테롤 합성의 조절효소인 *HMG-CoA reductase*에 의하여 HMG-CoA는 메발론산(mevalonate)으로 환원되고 코엔자임 A를 유리한다. 환원에 필요한 조효소는 두 분자의 NADPH이며, 이 반응은 비가역적으로 활면소포체막에서 진행된다.

(2) 콜레스테롤의 합성

콜레스테롤 합성의 요약된 경로는 그림 16-52에 도시하였다. *HMG-CoA reductase*에 의한 메발론산 생성반응과 이후의 연속된 반응들에 의한 콜레스테롤과 스테로이드의 생성은 활면소포

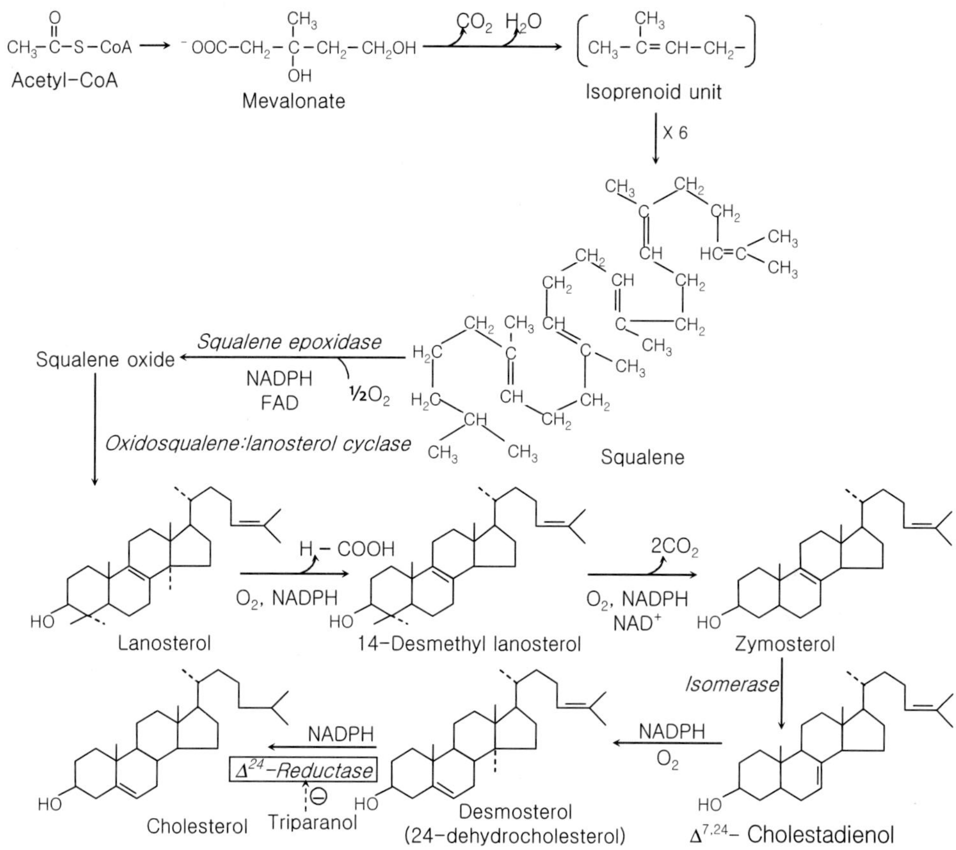

그림 16-52. Cholesterol의 생합성.

체에서 진행된다. 메발론산은 탈탄산산반응에 의하여 5-탄소 이소프렌(isoprene) 단위인 이소펜테닐 피로인산(isopentenyl pyrophosphate, IPP)으로 전환된 후 서로 축합하여 생성된 30-탄소의 스쿠알렌(squalene)을 거쳐서 콜레스테롤로 전환된다.

(3) 콜레스테롤 합성의 조절

*HMG-CoA reductase*는 소포체막에 내재하는 막 단백질로 활성부위는 세포질 내로 확장되어 있다. 이 효소는 콜레스테롤 합성의 조절효소로서 다음과 같은 방법으로 조절된다.

① **피드백 억제:** 콜레스테롤은 이 효소의 피드백 억제 물질로 콜레스테롤 합성을 감소시킨다.

② **호르몬에 의한 조절:** *HMG-CoA reductase* 활성은 글리코겐 합성을 조절하는 방법과 유사한 방법으로 조절된다. 글루카곤은 *HMG-CoA reductase*를 불활성형(인산화형)으로 전환을 유도하

여 콜레스테롤 합성속도를 저하시키며, 대조적으로 인슐린은 활성형(탈인산화형)으로 전환을 유도하여 콜레스테롤 합성을 증가시킨다.

③ **스테롤에 의한 전사 조절:** 콜레스테롤 합성은 지단백질 대사 중 세포에 흡수된 콜레스테롤량에 의하여 조절된다. 간세포에 봉입된 콜레스테롤 잔류물과 간 및 말초조직 세포에 봉입된 LDL은 콜레스테롤을 제공하여 *HMG-CoA reductase* 유전자의 전사를 감소시키며 따라서 콜레스테롤 합성이 감소된다(그림 16-53).

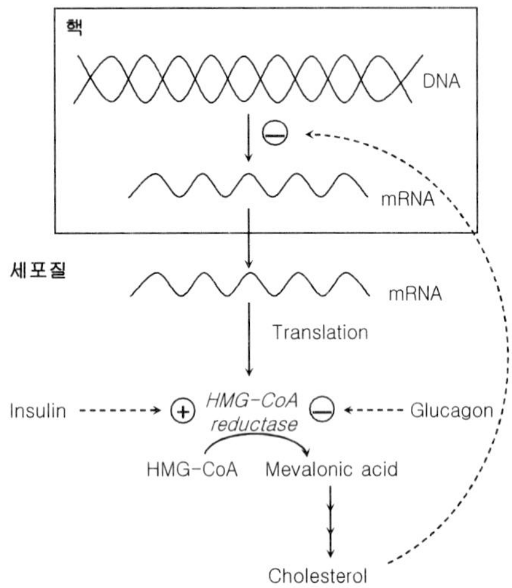

그림 16-53. *HMG-CoA reductase*의 조절.

④ **약물에 의한 억제:** 로바스타틴(lovastatin)과 마바스타틴(mavastatin)은 *HMG-CoA reductase*의 가역적, 경쟁적 억제물질이다. 이들 약물들은 고콜레스테롤혈증을 가진 환자들의 혈장 콜레스테롤농도를 저하시키기 위하여 사용된다.

체내에서 콜레스테롤은 항상성이 유지되어 혈액과 조직 중의 스테롤 농도는 일정하다. 이것은 콜레스테롤 섭취가 증가되면 콜레스테롤 합성이 감소하며, 섭취가 감소되면 합성이 증가한다는 것을 의미한다. 그러나 과량의 콜레스테롤을 섭취할 때도 콜레스테롤 합성은 완전히 중지되지 않는다. 따라서 총 콜레스테롤 농도는 증가하며 혈액과 조직 중 콜레스테롤 농도도 증가한다. 인체는 장에서 콜레스테롤의 흡수효율을 낮추거나 *HMG-CoA reductase*를 피드백 억제하여 스스로 방어할 수 있다.

3. 지단백질의 수송과 대사

1) 킬로미크론의 수송과 대사

(1) 장 점막세포에서 림프와 혈액으로의 지질 수송

인지질, 단쇄와 중쇄지방산(C2~C12), 담즙산염 및 지용성 비타민들(A, D, E, K)의 어떤 형태는 모두 친수성 성질을 가지고 있으며 알부민과 결합하여 문맥을 거쳐 간으로 운반된다. 간에서 이들은 더 대사되거나 VLDL의 형태로 만들어져서 혈류 중에 유리되어 다른 조직으로 운반된다.

불용성인 지질은 장 점막세포에서 가용성 입자의 형태인 킬로미크론(chylomicron)을 형성하여 운반된다. 물에 불용성인 트리아실글리세롤과 콜레스테릴에스테르를 인지질과 단백질로 피복하여 만들어진 킬로미크론은 수용액중에서 안정성을 갖게된다. 킬로미크론은 모든 지단백질중 지질함량은 가장 높고, 단백질 함량은 가장 낮으므로 밀도가 가장 낮아서 혈청과 림프를 원심분리하면 액층 위에 나타난다. 킬로미크론의 크기와 조성은 지질과 아포단백질 합성의 상대적 속도와 식이 지질의 조성에 달려있다. 킬로미크론은 장 점막세포에서만 생성되며 식이성 트리아실글리세롤만을 함유한다.

킬로미크론은 apoprotein A(apoA)와 B-48(apoB-48)을 함유한다. 아포단백질들은 장 점막세포의 조면소포체(RER)에서 합성되어 지질과 결합하며 골지체 내의 분비액포에 저장된 후 킬로미크론으로서 유미관(lacteals)으로 도관화된 장 림프관에 의하여 세포간질 공간으로 유리된다. 유미관을 거친 킬로미크론은 장간막 림프관과 흉부 림프관을 지나 좌측 쇄골하정맥의 혈류로 들어간다.

대부분의 식이 지질은 림프액을 거쳐 순환에 들어가 모든 조직으로 보내진다. 이것은 수용성 영양소들이 문정맥을 거쳐 먼저 간으로 보내지는 것과는 다르다. 닭은 림프관을 통하여 지질을 수송하지 않는다.

장 림프액에 존재하는 다른 종류의 지단백질은 VLDL이다. 그러나 혈중의 VLDL은 대부분 간에서 유리된 것이며 소장은 혈중 VLDL에 크게 기여하지 못한다. VLDL은 간에서 탄수화물로부터 합성된 지질 특히 트리아실글리세롤을 지방세포에 저장하기 위하여 혈중에 운반하는 지단백질이다. 장 림프액중에 존재하는 소량의 VLDL은 식이 지질이 아니라 점막세포에서 합성된 트리아실글리세롤(예를 들면, 포스파티드산경로에 의하여 합성된 것)을 운반한다. 그러므로 킬로미크론 합성량은 식이 섭취 지질량에 좌우되는 반면에 장 림프액을 통한 VLDL분비는 비교적 일정하다.

(2) 킬로미크론의 대사

지방 섭취 후 혈청은 킬로미크론이 많이 유리되기 때문에 유즙처럼 탁하게되며 이를 "**식후 유상화**(postprandial lactescence)" 라고 한다. 킬로미크론은 매우 빨리 혈류로부터 제거되어 (단지 몇 분의 반감기를 가짐) 혈액은 맑아진다(그림 16-54).

① 신생 킬로미크론의 수식: 림프관을 통하여 혈중에 유리된 신생 킬로미크론(nascent chylomicron)은 순환중인 HDL로부터 apoE와 apoC-II를 받아 수식된다. [주: apoE는 간 수용체에 의하여 인지되며, apoC는 킬로미크론에 함유된 트리아실글리세롤을 분해하는 효소인 *lipoprotein lipase*(*LPL*)를 활성화하는데 필요함]

② *Lipoprotein lipase*(*LPL*)에 의한 트리아실글리세롤의 분해: *LPL*은 주로 지방조직, 골격근, 심장, 폐 및 기타 조직 등의 모세혈관 내피표면에 위치한다. 순환중인 킬로미크론(그리고 VLDL)의 apoC-II는 *LPL*을 인지하여 결합하고 *LPL*을 활성화시킨다. 활성화된 *LPL*은 킬로미크론의 트리아실글리세롤을 모노아실글리세롤, 지방산 및 글리세롤로 분해하며 모노아실글리세롤과 유리 지방산은 조직에 흡수되어 트리아실글리세롤로 재합성되어 저장된다.

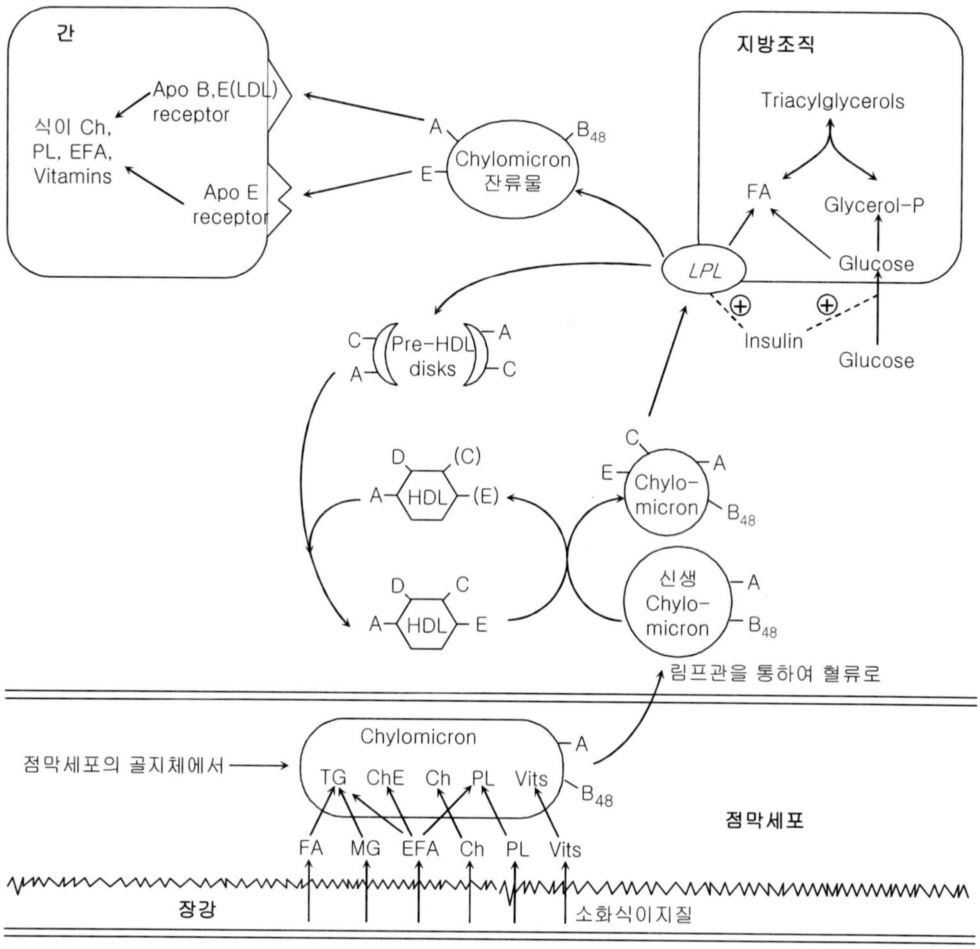

그림 16-54. Chylomicron의 대사. HDL, high-density lipoproten; LDL, low-density lipoprotein; FA, fatty acid; TG, tryacylglycerol; MG, monoacylglycerol; LPL, *lipoprotein lipase*; Ch, cholesterol; ChE, cholesteryl ester; PL, phospholipid; EFA, essential fatty acid; A, apoA; B, apoB_{48}; C, apoC; D, apoD;E, apoE, Vits, vitamins.

식후 혈중 킬로미크론의 증가와 함께 혈당과 인슐린 농도도 증가한다. 지방조직 중의 *LPL*은 인슐린에 의하여 활성화되며 동시에 인슐린은 글루코스를 세포내로 흡수시킨다. 세포내의 지방산과 글루코스로부터 생성되는 글리세롤-인산을 사용하여 트리아실글리세롤을 합성, 저장한다.

LPL 혹은 apoC-II가 결핍되면 혈장중 킬로미크론이 크게 증가하며 이를 **1형 고지혈증**(type 1 hyperlipidemia) 또는 **가족성 고킬로미크론혈증**(familial hyperchylomicronemia)이라고 한다. 환자에게 헤파린을 주사하면 *LPL*이 혈중으로 유리된다. 따라서 헤파린주사 후 혈중에 순환되는 *LPL*의 측정은 고지혈증의 진단에 유용하게 활용된다.

(3) 킬로미크론 잔류물의 생성

킬로미크론 중심부의 트리아실글리세롤이 *LPL*에 의하여 분해되면 약 절반의 크기로 감소되며 밀도는 증가한다. ApoC-II는 HDL로 반환되며 남은 성분은 단백질, 인지질 및 약간의 콜레스테롤로서 apoB-48과 apoE를 포함한다. 이를 킬로미크론 잔류물(chylomicron remnant)이라고 한다. 인체에서 킬로미크론 잔류물은 간에 의하여 순환으로부터 제거되어 apoB-48과 apoE의 짝을 인지하는 막 수용체에 결합하여 간세포 내로 들어간다. 세포내에 들어간 킬로미크론 잔류물 중의 아포단백질, 콜레스테릴에스테르 및 기타 성분들은 라이소솜의 효소들에 의하여 아미노산, 유리콜레스테롤 및 지방산으로 가수분해 된다. 유리콜레스테롤은 세포내 *HMG-CoA reductase* 활성을 억제하여 간에서의 콜레스테롤 합성을 조절한다.

2) 지단백질의 수송과 대사

(1) 초저밀도지단백질의 수송과 대사

간에서 생성된 초저밀도지단백질(very low density lipoprotein, VLDL)은 식후 간에서 탄수화물과 아미노산으로부터 합성되었거나, 식간에 순환 지방산을 이용하여 생합성된 대부분의 트리아실글리세롤을 말초조직으로 운반한다. 말초조직으로 운반된 트리아실글리세롤은 킬로미크론을 분해할 때와 같이 *LPL*에 의하여 분해된다. 간에서 트리아실글리세롤 합성과 VLDL 합성간의 불균형은 "**지방간**(fatty liver)" 을 유발시킨다. 간염, 당뇨병 및 만성 알콜 섭취 등은 지방간을 유발시킬 수 있다.

그림 16-55는 VLDL의 대사를 요약한 것이다.

① **VLDL의 유리:** VLDL은 apoB-100과 apoA-I을 함유하는 미숙 VLDL 입자로서 간에서 유리되며 순환 중인 고밀도지단백질(high-density lipoprotein, HDL)로부터 apoC-II와 ApoE를 얻는다.(주: 킬로미크론에서처럼 apoC-II는 *LPL*을 활성화한다.)

*LPL*은 순환 중인 VLDL에 부착된 apoC-II을 인지하여 VLDL과 결합하며 활성화된다. VLDL은 말초혈관의 *LPL*에 의하여 트리아실글리세롤은 비누화되며 지방산은 인접한 지방세포나 근육세포에 의하여 제거된다.

② **혈장중 VLDL로부터 IDL 및 LDL의 생성:** 트리아실글리세롤이 제거되어 VLDL의 크기는 감소되고 밀도는 높게된다. 표면의 apoC와 apoE는 HDL로 반환된다. 이때 VLDL의 트리아실글리세롤과 인지질은 HDL로 전이되는 반면에 HDL의 콜레스테릴에스테르는VLDL로 전이되는 교환반응이 일어난다. 이러한 교환은 콜레스테릴에스테르 전이단백질(ApoD)에 의하여 수행된다(그림 16-56). 지질과 아포단백질이 제거된 VLDL잔류물을 소위 중간밀도지단백질(intermediate-density lipoprotein, IDL)이라고 하며 킬로미크론잔류물과 VLDL잔류물을 합하여 **β-VLDL**이라고 한다. ApoB-100과 apoE가 풍부한 IDL은 신속하게 교체되어 약 절반은 간 수용체에 의하여 제거되고 다른 절반은 더 많은 트리아실글리세롤과 apoB-100이외의 모든 아포단백

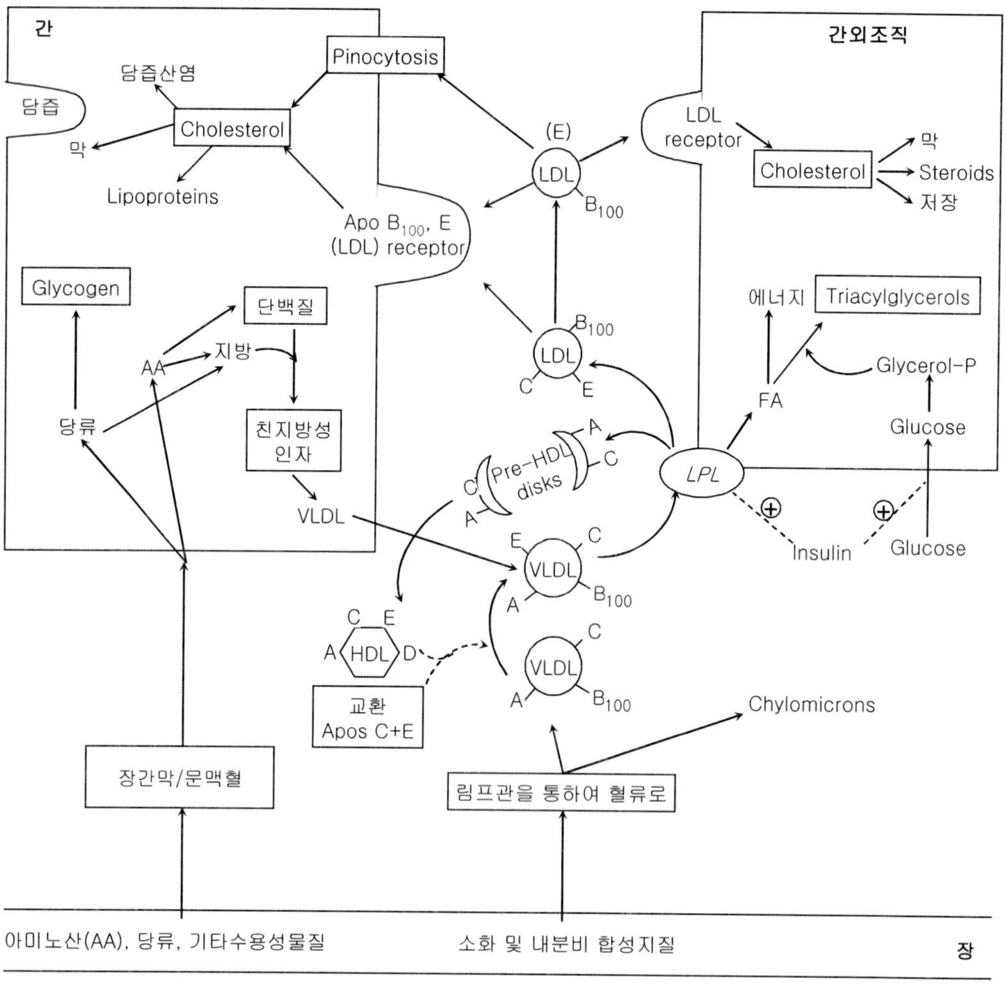

그림 16-55. VLDL의 대사. IDL, intermediate-density lipoprotein; 기타 약어는 그림 16-54와 같다.

질을 상실하여 저밀도지단백질(low density lipoprotein, LDL)로 전환된다.

(2) 저밀도지단백질의 대사

저밀도지단백질(LDL)은 apoB-100을 보유하며 다른 아포단백질들은 HDL로 반환되어 상실된다. LDL입자들은 VLDL보다 매우 적은 트리아실글리세롤을 함유하며 반면에 고농도의 콜레스테롤과 콜레스테릴에스테르를 함유한다.

① **LDL의 수용체-조절 봉입:** LDL의 일차적 기능은 말초조직에 콜레스테롤을 공급하는 것이다. LDL은 세포표면에 접촉하여 세포막에 유리 콜레스테롤을 축적하거나 apoB-100을 인지하

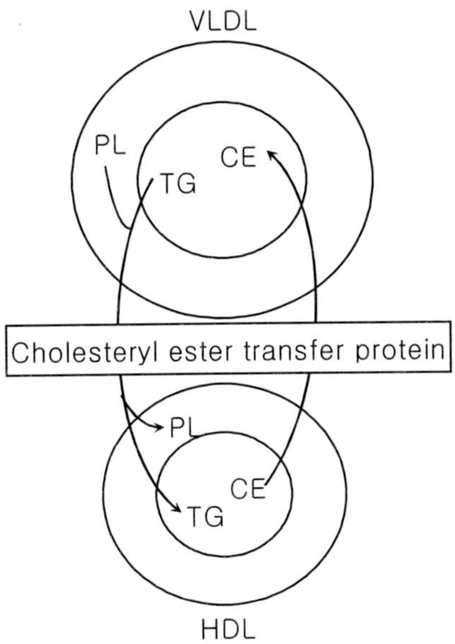

그림 16-56. Triacylglycerol(TG) 혹은 인지질(PL) 교환을 통한 HDL로부터 VLDL로의 cholesteryl ester(CE)의 전위.

는 세포막 수용체에 결합하여 콜레스테롤을 축적한다. LDL수용체는 음전하를 가진 당단백질로 세포막의 소와(pit)속에 집단으로 존재한다. 소와의 세포내측은 소와의 형태를 안정화하는 단백질(clathrin)로 피복 되어있다. 대부분의 LDL은 간과 간이외 조직의 수용체에 결합하여 세포내로 흡입된 후 대사된다(그림 16-57). 봉입된 LDL을 함유하는 막포(vesicle)는 빠르게 단백질피복을 제거하고 다른 유사한 막포와 함께 더 큰 엔도솜(endosome)을 형성한다. 엔도솜 내용물의 pH는 낮아져서 LDL은 수용체로부터 분리된다. 수용체는 엔도솜의 한쪽으로 이동하고 LDL은 액포강속에 남는다. [주: 이 구조를 CURL(Compartment for Uncoupling of Receptor and Ligand)이라고 한다.] 수용체는 분리되어 세포막으로 복귀하고 지단백질잔류물은 라이소솜효소들에 의하여 콜레스테롤, 아미노산, 지방산 및 인지질 등으로 분해된다. 나머지 LDL은 수용체 이외의 독립적인 기전을 통하여 각 조직에 의하여 제거된다. 동물종에 따라 차이가 있지만 LDL수용체의 절반 이상이 간에 위치한 것으로 생각된다.

② **LDL수용체와 콜레스테롤:** LDL수용체의 결핍은 혈장 콜레스테롤농도를 상승시킨다(트리아실글리세롤농도는 정상). 그 예는 II형 고지혈증(type II hyperlipidemia; familial hyperbetalipoproteinemia)으로 죽상 동맥경화증(atherosclerosis)의 진행을 크게 촉진한다. LDL흡입 후 유리된 콜레스테롤은 세 가지의 조절반응을 유도한다. ㉮ 속도조절효소인 *HMG-CoA reductase*의 활성을 억제하여 콜레스테롤 합성을 억제한다. ㉯ *Acyl-CoA:cholesterol acyltransferase(ACAT)*에 의한 콜레스테릴에스테르의 형성을 활성화한다. ㉰ 세포 표면의 LDL 수용체를 감소 조절한다.

간 이외의 조직에서 LDL 수용체를 통하여 전달받은 콜레스테롤은 막 구성이나 스테로이드 생합성에 사용될 수 있다. LDL 수용체의 증가 또는 감소조절에 의하여 필요에 따라 콜레스테롤을 세포 내로 흡입할 수 있다. 간에 흡입된 콜레스테롤은 합성 VLDL 혹은 HDL의 형태로 재분비되거나, 담즙산염으로 전환된 후 담즙으로 분비되거나, 혹은 유리콜레스테롤 또는 콜레스테릴에스테르의 형태로 분비된다.

안정적인 혈중 LDL은 VLDL대사에 의하여 생성되기도 하고, 직접 LDL_2를 합성하기도 한다. LDL_2는 VLDL로부터 생성되는 LDL_1에 비하여 밀도가 약간 더 높다. 직접경로에 의한 LDL_2의 합성은 가족성 고콜레스테롤혈증과 기타 고지혈증을 가진 환자, 그리고 정상적인 개체에서도 생

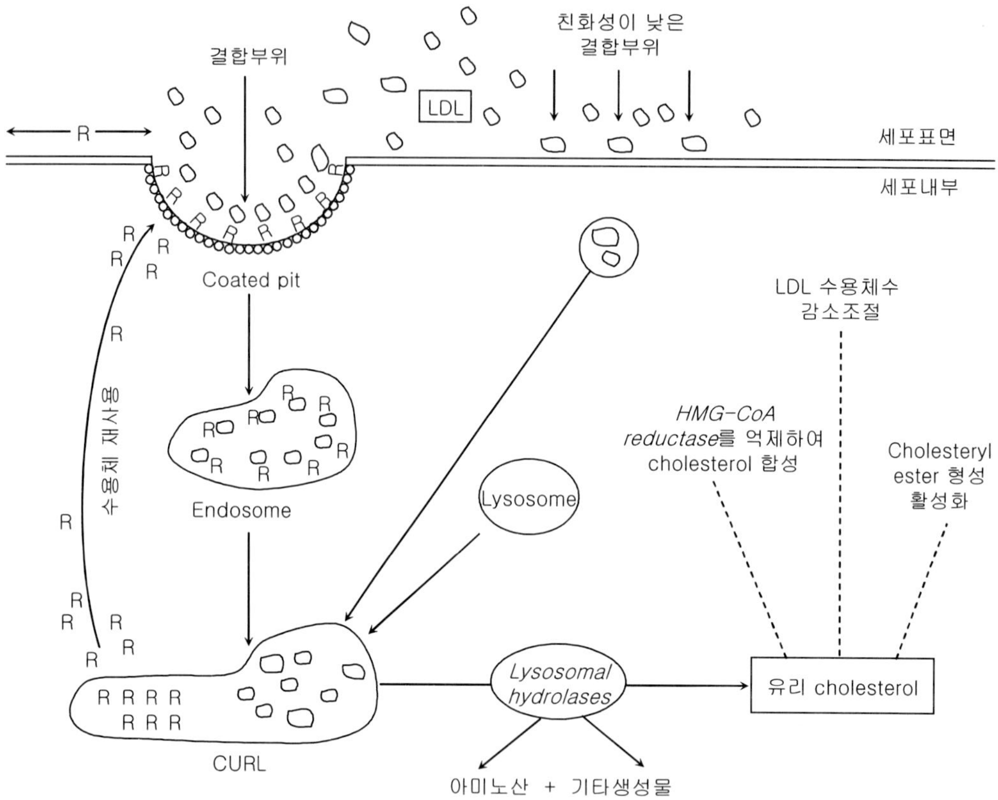

그림 16-57. LDL의 대사. CURL, compartment of uncoupling receptor form ligand.

성된다. 이 경로는 *HMG-CoA reductase*를 억제하는 콜레스티라민(cholestyramine)과 로바스타틴(lovastatin)같은 콜레스테롤-저하약물을 투여하여 조절할 수 있다. 가족성 고콜레스테롤혈증(familial hypercholesterolemia)을 가진 환자는 기능성 LDL수용체가 현저히 적거나 결핍되어 있으며 만성적으로 혈중 LDL농도가 높다. 조기 아테롬성동맥경화증과 관련된 III형 고지단백혈증(type III hyperlipoproteinemia)은 지단백질수용체와 변이형 apoE의 약한 결합에 기인하는 대사적 결함이 원인이다.

랫트에 콜레스테롤을 급여하거나 갑상선기능저하증(hypothyroidism)이 있으면 간 LDL수용체수가 감소하고 혈장 LDL농도가 증가한다. 갑상선기능항진증(hyperthyroidism), 에스트로겐의 투여 및 저콜레스테롤약물로서 메비놀린(mevinolin) 혹은 콤팍틴(compactin)과 같은 *HMG-CoA reductase*를 억제하는 약물과 콜레스티폴(colestipol) 혹은 콜레스티라민(cholestyramine)과 같이 장에서 담즙산염과 결합하는 약물들의 복합 투여는 간 LDL수용체수를 증가시키고 혈장 LDL 농도를 감소시킨다. 인슐린, 에스트로겐 및 트리요오도타이로닌(T_3)은 배양한 간세포와 LDL의 특이적인 결합을 증가시킨다. 이런 관찰은 고콜레스테롤혈증과 당뇨병, 폐경후 및 갑상선 기능

저하증에서 죽상동맥경화증의 위험을 증가시키는 원인이 될 수 있음을 말해준다.

③ **Watanabe 유전성 고지혈성 토끼:** 고콜레스테롤혈증, 특히 가족성 고콜레스테롤혈증의 원인을 밝히기 위하여 많은 연구가 수행되어 왔다. 일본 고베대학교의 수의사 Watanabe는 1973년 가족성 고콜레스테롤혈증의 동물 모델로서 Watanabe 유전성 고지혈성 토끼[Watanabe heritable hyperlipidemic(WHHL) rabbit]를 선택적 근친교배를 통하여 개발하여 연구를 시작하였다. 처음에 WHHL토끼는 부분적으로 고트리아실글리세롤혈증을 나타냈기 때문에 WHHL토끼와 인체의 가족성 고콜레스테롤혈증 간에는 유사성이 없는 것으로 평가되었다. 오늘날 이러한 사실은 부분적으로 인체의 LDL과는 달리 WHHL토끼의 LDL은 트리아실글리세롤 함량이 비교적 높은데 기인하는 것으로 밝혀졌다.

방사표지 LDL을 사용한 동력학적 연구에서 이 동물의 LDL은 과다하게 생성될 뿐 아니라 분해도 느린 것으로 밝혀졌다. 그러면 LDL수용체의 유전적 결함이 어떻게 LDL의 과량생성과 LDL 분해감소를 동시에 유발시키는가? 이 의문에 대한 대답은 LDL의 복잡한 생합성경로에 기인할 것으로 생각된다.

간은 순환중인 LDL을 제거할 뿐 아니라 중간밀도지단백질(intermediate density lipoprotein, IDL)도 제거한다. ApoB-100과 apoE가 풍부한 IDL은 전형적으로 신속히 교체된다. 그러나 WHHL토끼에서 명백한 LDL의 과량생성은 순환중인 IDL을 간장이 제거하지 못하므로서 순환중인 IDL이 LDL로 전환되는데 기인한다. 인체의 가족성 고콜레스테롤혈증에서도 이러한 가설이 전혀 관계가 없다고 단정할 수는 없을 것이다.

(3) 고밀도지단백질의 대사

고밀도지단백질(HDL)입자는 α-지단백질로 불려지기도 한다. 신생 HDL(nascent HDL)은 간, 장관 및 기타 각종 세포에서 분비된다. 부가적으로 혈관 내피에서 VLDL과 킬로미크론에서 떨어져 나온 아포단백질과 지질로부터 합성되어 혈중으로 유리된다. HDL의 주요한 기능은 ㉮ apoC-II의 보유체로 이 지단백질을 VLDL과 킬로미크론에 이송하여 *LPL*을 활성화한다. ㉯ 간 이외의 조직들에서 유리 콜레스테롤을 제거하여 *lecithin:cholesterol acyltransferase*의 촉매로 에스테르화하여 콜레스테릴에스테르를 생성한다. ㉰ 콜레스테릴에스테르를 트리아실글리세롤과 교환하여 VLDL과 LDL로 이송한다. ㉱ 콜레스테릴에스테르를 간으로 운반하여 콜레스테롤을 유리시키고 HDL은 분해된다.

① **아포지단백질의 보유체인 HDL:** HDL입자는 다른 혈장 지단백질에 필요한 아포단백질의 보유체이며 킬로미크론잔류물과 세포표면에 결합한 LDL이 세포내로 봉입되기 전에 대부분의 지단백질을 돌려받는다.

② **HDL의 기능과 운명:** 새로 분비된 신생HDL은 원판모양의 입자로 유리 콜레스테롤, 인지질(특히 lecithin) 및 아포단백질(apoE, apoA, apoC 등)을 많이 함유하고 있다. 원판모양의 HDL은 콜레스테롤을 축적하여 신속히 구형 입자로 전환된다. 이 과정에서 세 종류의 효소 즉, *lecithin:cholesterol acyltransferase(LCAT)*, *lipoprotein lipase(LPL)* 및 *hepatic TG-lipase(HTGL)*가 주요

한 역할을 한다. HDL은 세포막 표면과 순환중인 다른 지단백질들로부터 유리되는 콜레스테롤의 좋은 수용체(acceptor)이다.

- *Lecithin: cholesterol acyltransferase(LCAT)*는 HDL의 apoA-I에 의하여 활성화되는 혈장 효소로 HDL에 수용된 유리 콜레스테롤을 에스테르화 한다. [주: ApoA-I의 혈장농도는 알콜섭취에 의하여 증가된다.] 레시틴의 2번 탄소에 결합한 지방산이 콜레스테롤과 에스테르결합하며 라이소포스파티딜콜린을 남긴다. 생성된 콜레스테릴에스테르는 소수성이므로 HDL에 들어가서 구형의 HDL_3가 되며 콜레스테롤은 더 이상 막으로 이송되지 않는다. HDL_3입자는 *LPL*에 의한 킬로미크론과 VLDL의 분해로 말초조직으로부터 유리되는 아포지단백질과 지질을 계속 수용하여 약 두 배의 콜레스테릴에스테르함량을 가진 HDL_2가 된다. 이와같이 HDL표면의 유리 콜레스테롤을 고갈시키므로서 유리 콜레스테롤 구배가 형성되어 조직들과 다른 지단백질로부터 콜레스테롤을 받아드릴 수 있게 된다. 혈장 HDL의 콜레스테릴에스테르를 제거하는 유일한 기전은 콜레스테릴에스테르 전이단백질(apoD)에 의하여 VLDL로 이송하는 것이며(그림 16-56 참조), 궁극적으로 LDL에 함유되어 세포내로 봉입 될 때까지 존재한다. [주: 간 질환에서 혈장 콜레스테릴에스테르의 감소가 관찰된다. 이것은 레시틴이나 *LCAT* 결핍에 기인하는 것 같다.]
- *Lipoprotein lipase(LPL)*는 주로 지방조직과 골격근조직에 분포된 모세혈관의 내피세포에 위치하여 apoC-II에 의하여 활성화되며, 킬로미크론과 VLDL에 의하여 운반된 트리아실글리세롤을 가수분해한다. 지질분해과정에서 HDL_3는 콜레스테롤, 인지질 및 apoA-I을 얻어 *LCAT*의 도움으로 점진적으로 HDL_2로 전환된다. 그러므로 HDL_2 농도는 *LPL*에 의한 지질분해 효율을 반영한다. 예를 들어 육체운동과 같은 어떤 환경 하에서 HDL_2 농도가 상승하는 이유를 말해준다.
- 간의 *TG lipase(HTGL)*는 간에서 HDL_2가 HDL_3로 역전환하는데 관여한다. 일반적으로 HDL은 콜레스테롤을 과다한 곳에서 필요한 곳으로 운반한다. 예를 들어, HDL은 조직으로부터 콜레스테롤이 배설되는 간으로의 역 콜레스테롤 수송과 관계가 있다. 그러므로 HDL은 항동맥경화성이다. HDL의 이화와 기능은 그림 16-58에 요약되었다.

콜레스테롤을 함유하는 세포는 간질액 중의 수용체(acceptor), 특히 apoE가 없는 인지질이 풍부한 HDL에 그들의 콜레스테롤을 공급한다. 콜레스테롤로 보충된 HDL은 apoE를 얻게되고 apoE는 계속해서 HDL의 부가적인 콜레스테롤 습득을 촉진한다. *LCAT*의 촉매로 콜레스테롤을 에스테르화하여 apoE-HDL의 중심부에 농축하기 때문에 HDL은 약 두 배의 크기로 팽대한다. 팽대한 apoE-HDL은 apoE에 의하여 LDL수용체에 결합한다(apoE가 없는 HDL은 결합하지 않는다). 이런 방법으로 콜레스테롤은 거의 모든 동물종의 혈장과 간질액에 존재하는 apoE-HDL에 의하여 말초조직으로부터 간으로 운반된다. ApoE-HDL은 간세포 표면의 수용체-조절 봉입에 의하여 간세포내에 들어가 콜레스테롤을 유리한다.

HDL의 apoE수용체 이외에 다른 HDL수용체가 있는지는 불명하다. ApoA-IV는 랫트의 간세포에 결합하는 HDL의 리간드이며 apoE-의존 수용체와 다른 수용체부위에 결합한다.

콜레스테롤 섭취 후 HDL_2에 apoE와 콜레스테롤의 부가는 간의 apoE수용체에 결합하는 HDL을 생성한다.

HDL의 콜레스테릴에스테르는 apoA-I에 의한 것 보다 몇 배 더 큰 분별속도로 간과 스테로

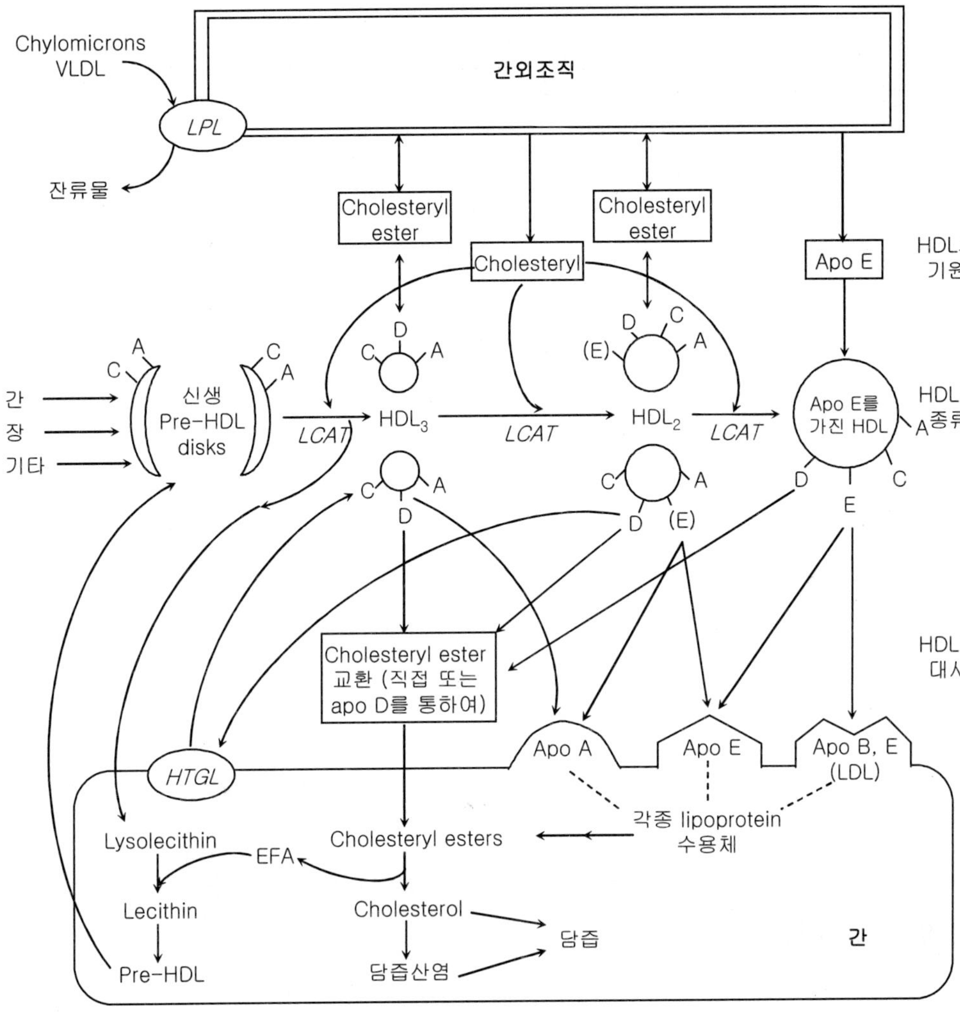

그림 16-58. HDL의 대사. *LCAT, lecithin-cholesterol acyltransferase; HTGL, hepatic TG lipase.* 기타 약어는 전의 그림과 같다.

이드생성 조직에서 콜레스테릴에스테르를 분해한다. 유리된 콜레스테롤은 지단백질로 재 저장되거나, 담즙산으로 전환되거나, 담즙으로 분비되어 체외로 배설된다.

콜레스테롤의 선택적 이용과 역콜레스테롤 수송에 대한 또 하나의 기전은 콜레스테릴에스테르 전이단백질(apoD)에 의하여 HDL의 콜레스테릴에스테르를 LDL로 전이시켜 LDL수용체-조절 봉입으로 세포내로 들어가는 것이다. 부가해서 HDL로부터 조직으로 콜레스테릴에스테르의 직접교환이 있을지도 모른다.

간외 조직들의 선택적 이용은 콜레스테롤의 필요에 따라 세포표면 LDL수용체의 증감조절을 통하여 조절된다. 콜레스테롤 섭취는 LDL수용체를 감소조절하고, 저콜레스테롤혈증은 정상적 상태에서 선택적 이용과 관계없는 조직들(근육, 지방조직, 피부)과 스테로이드를 생합성하는 부신과 난소에서 수용체를 증가조절 한다. 이에 따라 혈장 콜레스테롤 농도가 매우 낮으면 HDL-콜레스테릴에스테르는 간에서 스테로이드 생성조직(부신, 난소)으로 이동한다. 지방세포에 의한 HDL-콜레스테릴에스테르의 선택적 이용과 보유는 지방조직의 동적 총 콜레스테롤 저장량에 따라 결정된다. 그러므로 간외조직의 선택적 이용은 콜레스테롤의 항상성을 유지하기 위한 중요한 과정이다. 대조적으로 간의 선택적 이용조절은 증명되어있지 않다. 간은 콜레스테릴에스테르의 저장고로 작용한다. 간과 스테로이드 생성조직들을 제외한 모든 조직의 정상 세포들은 선택적 이용경로를 감소조절할 수 있는 충분한 콜레스테롤을 보유한다.

HDL의 여러 대사경로는 동물종과 환경에 따라 다르다. 인체와 토끼에서 apoE-HDL농도는 비교적 낮으며 콜레스테롤 배제는 콜레스테릴에스테르 전이단백질(apoD)에 의하여 크게 조절된다. 이런 방법으로 콜레스테릴에스테르는 HDL에서 VLDL, IDL 및 LDL로 이전되어 간에 흡입된 후 담즙으로 배설된다.

HDL은 세포 간에 콜레스테롤을 재분배한다. 좌골신경(sciatic nerve)이 손상되면 염증반응의 일부로서 단구(monocytes)는 신속히 상처부위에 들어가 대식세포(macrophages)가 된다. 대식세포는 인지질을 함유하는 원판에 많은 apoE를 생성한다. ApoE-HDL은 세포와 수초파쇄물 중의 콜레스테롤을 대식세포에 전달하여 저장된다. 축색(axon) 재생시에 신경돌기의 끝에 있는 고농도의 LDL수용체(Schwann cells)는 막 생성을 위하여 HDL-콜레스테롤을 흡입한다. 뒤에 LDL수용체는 축색의 재수초화(remyelinization)를 위하여 HDL-콜레스테롤을 흡입한다.

③ **심혈관질환에서 HDL의 역할:** HDL 특히 HDL_2는 심혈관질환을 방어한다. HDL_2는 식이, 유전 및 호르몬 인자들의 영향을 받는다. 반면에 HDL_3는 보다 독립적인 것 같다. HDL을 조절하는 인자들은 다음과 같다.

- 유전적 조절: 혈장 HDL은 Greenland의 에스키모인과 미국의 흑인에서 특히 높고, 아시아인은 특히 낮다.
- 성의 차이: 정상적인 여성의 HDL-콜레스테롤은 0.55 g/ℓ이며, 남성은 0.45 g/ℓ이다.
- 과체중은 혈장 HDL 농도와 역상관성이며, 혈장 트리아실글리세롤 농도와 관계가 있다.
- 식이 영향: 간에 손상을 주지 않을 정도의 적당한 알콜 섭취는 혈장 HDL_3 농도를 상승시킨다. 탄수화물을 많이 섭취하면 apoA-II에 비하여 apoA-I의 저하와 함께 HDL, 특히 HDL_2가 저하된다. 식이 콜레스테롤은 콜레스테릴에스테르와 apoE가 풍부한 HDL_1(동물의 HDLc)의 생성을 유도한다. 간의 apoB, apoE(LDL)와 apoE(잔류물) 수용체에 의하여 인지되는 이 HDL입자들은 간에서 이용되고 대사 되기 위하여 LDL과 경쟁한다.
- 운동: 특히 지구력을 요하는 운동은 근육과 지방조직의 지질분해 활성을 증가시키며, HDL, 특히 HDL_2를 상승시켜 트리아실글리세롤을 저하시킨다.
- 내분비: 에스트로겐과 타이록신은 HDL-콜레스테롤을 증가시키며, 테스토스테론은 HDL-콜레스테롤 특히 HDL_2를 저하시킨다. 인슐린은 *LPL*과 *LCAT*를 활성화하고 apoA-I합성을 증가시켜 HDL-콜레스테롤을 증가시킨다.

고콜레스테롤혈증의 대증요법은 위의 사실에 기초를 둔다. 첫번째 방법은 콜레스티라민(cholestyramine)과 콜레스티폴(cholestipol)을 경구투여하여 장에서 담즙산염과 결합, 분변으로 제거하여 장간순환을 방지한다. 결과적으로 간은 더 많은 담즙산을 생성하기 위하여 혈류 중의 콜레스테롤을 제거하여 혈장 콜레스테롤 농도를 저하시킨다. 두 번째 방법은 혈장 콜레스테롤농도가 저하될 때 정상적으로 간의 콜레스테롤 합성속도는 증가된다. 그러나 이러한 보상은 간의 콜레스테롤생성의 조절단계인 *HMG-CoA reductase* 활성을 억제하는 약물인 메비놀린(mevinolin), 콤팍틴(compactin) 혹은 로바스타틴(lovastatin)과 같은 약물들을 동시에 투여함으로서 방지할 수 있다. 세 번째의 방법은 콜레스테롤 섭취를 제한하는 것이다. 그러나 과량의 탄수화물, 지질, 혹은 단백질의 섭취는 결과적으로 간에서 지방으로 전환되며 과량의 지단백질을 생성하여 혈청 LDL-콜레스테롤을 상승시킨다.

3) 혈장지질의 임상적 관찰

① **혈장 시료의 의미:** 동물체내 원위에 위치한 각종 지질대사과정과 기능 간에는 동적평형상태가 유지된다. 혈장 중 서로 다른 지질들의 농도는 이러한 평형을 반영한다. 지단백질들은 흔히 신생형으로 많은 조직들에서 분비된 후 순환 중 세포의 이용, 조직세포 표면상의 양방향 상호작용 및 지단백질간 지질과 각종 지단백질의 교환 때문에 그들의 조성이 끊임없이 변한다. 또한 식후 식이 조성에 의한 변화, 절식중의 저장 지질의 동원에 의한 변화 및 친지방성 인자와 글루코스의 부족에 의한 변화가 있다. 그러므로 혈장 시료의 지질조성은 매우 동적인 복합체의 순간 정지상을 반영하는 것과 같다.

② **음식물 섭취 후 경과시간의 관계:** 식후 식이 지질은 킬로미크론의 형태로 혈류중에 들어가 혈액은 유상화(postprandial lactescence)된다. 과량으로 섭취한 식이 탄수화물과 단백질은 글리코겐과 단백질로 저장할 수 있는 능력을 초월하기 때문에 대부분의 동물은 주로 간에서 트리아실글리세롤로 전환되어 VLDL형으로 혈중에 배출된다. 인슐린과 apoC-II에 의하여 활성화된 *LPL*은 킬로미크론과 VLDL의 트리아실글리세롤 구성 지방산을 지방세포와 근육중에 전달하여 혈액을 맑게 하며, 킬로미크론과 VLDL의 잔류물이 생성된다. 킬로미크론 잔류물은 간의 apoE에 의하여 순환으로부터 신속히 제거되며, VLDL잔류물인 IDL의 일부는 신속히 간에 의하여 제거되고, 나머지는 LDL_1으로 전환된다. LDL_1은 콜레스테롤을 필요로 하는 모든 세포들(간을 포함해서, LDL수용체의 증가조절)에 의하여 천천히 제거된다. 간은 킬로미크론 잔류물 중 소량의 식이 콜레스테롤을 LDL_2형태로 혈중에 배출한다. 콜레스테롤이 많은 음식물을 섭취하면 apoE-HDL농도가 상승한다. 식후에 인슐린이 지방세포에서의 트리아실글리세롤 분해를 억제하므로 혈장 유리 지방산 농도는 정상 농도보다 낮다(그림 16-59).

식간에 대사는 인슐린에 길항적인 호르몬의 조절에 따라 절약상태로 전환된다. 지방조직에서 트리아실글리세롤의 재합성 속도보다 빠른 속도로 분해되어 혈중으로 지방산(알부민에 결합한)을 유리한다. 이 지방산들은 조직세포들의 영양을 위하여 제공되고 사용되지 않으면 간에 의하여 제거된다. 간은 지방산 일부를 자신의 많은 기능들을 위하여 사용하고 나머지 지방산은 트

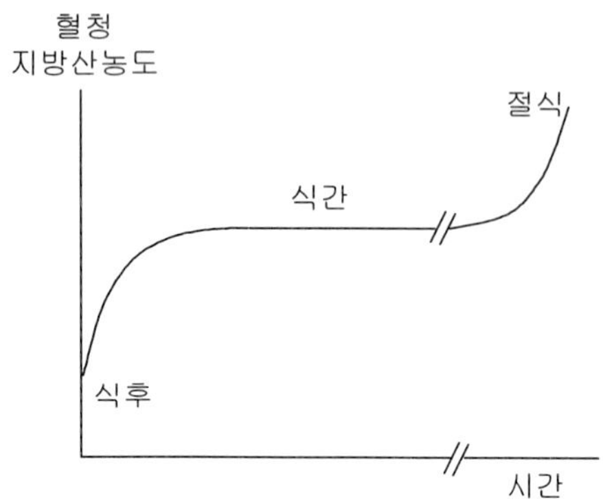

그림 16-59. 음식물 섭취 후 시간경과에 따른 유리 지방산(FFA)농도 변화.

리아실글리세롤로 재 에스테르화되어 VLDL형으로 혈류중에 유리되어 순환되며, 조직의 에너지 요구에 따라 공급되거나 지방조직에 저장되기 위하여 *LPL*에 의하여 혈류로부터 제거된다. 저장지질로부터 지방산 유리속도는 세포에 의한 이용과 간에 의한 재 에스테르화와 평형을 이루고 있으므로 순환중인 지방산농도는 일정하게 유지된다.

계속된 절식으로 저장지질 합성에 필요한 글리세롤-인산을 제공하는 탄수화물과 VLDL 합성에 필요한 친지방인자(lipotropic factor)들의 부족이 한계에 이르면 생존을 위하여 대사성 절약이 무너진다. 지방조직에서 지방산 유리 증가(*TG-lipase*에 대한 신경내분비 자극)와 지방 재저장 감소(글리세롤-인산 결핍에 의한)간의 불균형은 혈장 중 유리 지방산 농도의 증가를 초래한다. 친지방인자가 결핍된 간은 지방산의 유입과 VLDL의 배출이 보조를 맞출 수 없다. 간에서 어느 정도의 지방산은 에스테르화되어 축적되며("지방간" 의 원인) 유입된 지방산의 대부분은 케톤체로 분해된 후 혈중에 분비되어 케톤혈증(ketonemia), 케톤산증(ketoacidosis) 및 케톤뇨증(ketonuria)을 유발한다.

③ **혈장 지단백질의 임상적 활용:** 혈장 중 각종 지단백질의 상대적 비율은 식이 및 식후 시간에 의하여 영향받는다. 혈중 지단백질은 모든 지질대사와 일반적인 대사를 반영하므로 혈장 지단백질 분포는 각종 질환을 식별하는데 진단적으로 활용된다(예, 동맥경화증에서 HDL/LDL 비율).

4. 지방조직의 대사

1) 지질의 저장

지방조직은 에너지를 지질로 저장하거나 유리시키는 기능을 가진다. 다량의 지질을 저장하는 부위는 피하 결체조직, 복강, 신주위, 심장주위와 부고환의 지방피복 등 대부분의 조직에 산재되어 있다. 동물종에 따라 그리고 한 종류의 동물에서도 장기에 따라 트리아실글리세롤 중에 특별한 지방산을 저장하는 경향이 있다. 그러나 음식물 중의 지질조성은 조직의 저장지질 조성에 영향을 미친다. 예를 들면, 기름을 섭취하면 대부분의 동물에서 더 부드러운 지질을 저장하게 된다. 반추동물에서 식이 불포화지방산은 제1위에서 수소화되어 경화된다.

2) 트리아실글리세롤의 동적 평형

지방조직 대사의 방향과 속도는 혈중 글루코스 농도(그리고 인슐린 농도)에 의하여 조절된다. 트리아실글리세롤 대사는 동적평형 상태에 있다. 저장 트리아실글리세롤은 *호르몬-감응 TG lipase*에 의하여 유리 지방산과 유리 글리세롤로 분해되며 동시에 지방산 아실-CoA와 글리세롤-인산으로부터 트리아실글리세롤이 합성된다.

지방세포는 저장 트리아실글리세롤을 가수분해하여 유리되는 글리세롤을 인산화하는 *glycerokinase*가 결핍되어 있기 때문에 글리세롤을 재사용할 수 없다. 따라서 유리글리세롤은 혈중으로 배출되어 간과 신장에서 제거되며 당신생에 사용된다. 글리세롤이 지방조직에서 배제됨으로서 지방세포는 트리아실글리세롤을 합성하기 위한 글리세롤-인산을 혈당에서 일정하게 공급받는다. 글루코스-글리세롤 회로가 이 기능을 수행한다(그림 16-60).

지방조직에 의한 글루코스의 이용은 인슐린을 필요로 하며 지방조직은 인슐린에 민감하다(그림 16-61).

- 인슐린은 지방세포가 글루코스를 이용할 수 있게 하며 세포내에서 글루코스대사를 자극한다.

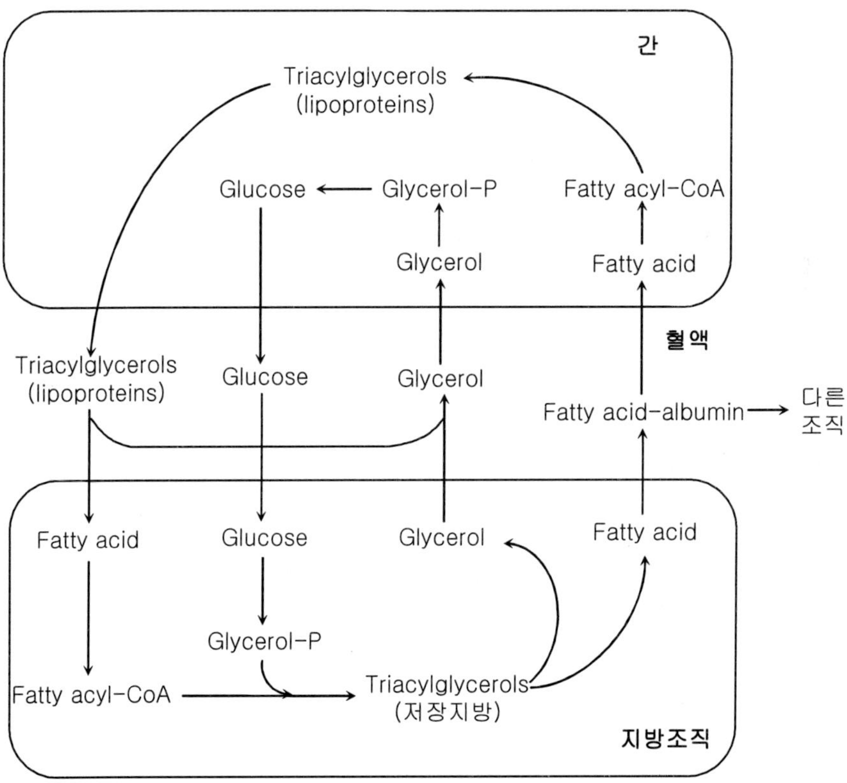

그림 16-60. Triacylglycerol의 동적평형에서 glucose-glycerol 회로의 역할.

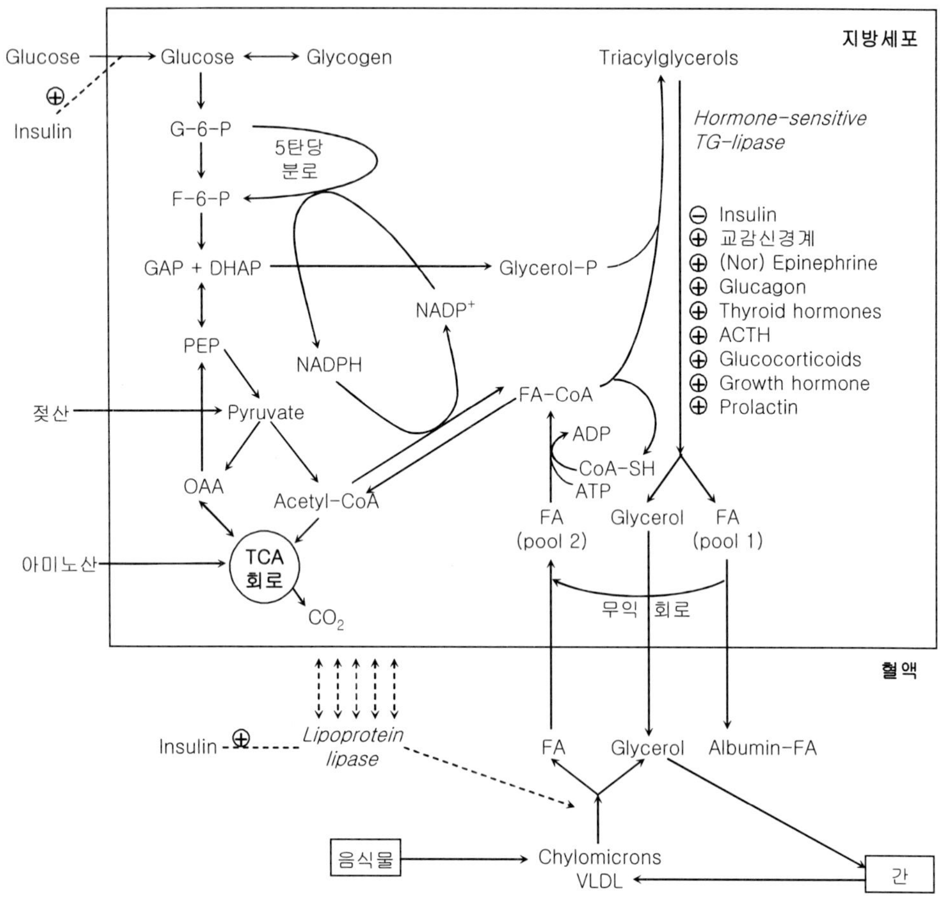

그림 16-61. 지방세포의 대사. OAA, oxaloacetate; G-6-P, glucose-6-phosphate; F-6-P, fructose-6-phosphate; GAP, glyceraldehyde phosphate; DHAP, dihydroxyacetone phosphate; PEP, phosphoenolpyruvate; FA, fatty acid; FA-CoA, fatty acyl-CoA.

- 인슐린은 *TG-lipase* 활성을 강력하게 억제하여 지방을 절약하는 효과를 가진다.
- 인슐린은 지방조직 내 혈관 내피세포에 있는 *lipoprotein lipase*를 활성화한다.

*Lipoprotein lipase*가 킬로미크론과 VLDL로부터 지방산을 유리시키는 시점에서 지방세포는 충분한 글루코스에서 전환된 글리세롤-인산을 사용하여 트리아실글리세롤을 합성하여 저장한다.

글루코스로부터 지질 생성과정에서 ATP가 생성되며 ATP의 증가는 지질생성을 손상시킨다. 따라서 ATP를 소모시키기 위한 무익회로(futile cycle)가 필요하다(그림 16-61 참조).

3) 급식 시간의 영향

(1) 식후의 영향

인슐린의 영향으로 글루코스는 세포에 흡수되어 글리코겐으로 저장되며 글리코겐으로 저장되지 않은 나머지는 지방산아실-CoA와 글리세롤-인산으로 전환되어 지방으로 저장된다. 간과 지방조직의 식후 지방 합성에 참여하는 상대적 정도는 동물 종과 연령에 따라 다르다. 식후 인슐린의 작용으로 *TG-lipase*가 억제되어 지방조직으로부터 지방의 유출이 느려지므로 혈장중의 유리 지방산 농도는 저하된다. 동적 트리아실글리세롤 평형은 일시적으로 지질 합성 쪽으로 전환된다.

(2) 식간의 영향

혈당농도는 평형 상태이며 대사는 인슐린 길항제에 의하여 지배된다. 글루코스는 우선적으로 대사되며 많은 에너지를 생성하기 위하여 지방이 소비된다. 동화상태는 점차적으로 실질적 지방 분해상태로 반전되나 혈중의 유리 지방산 농도는 안정하다. 대사적으로 글루코스로부터의 지방산 합성은 정지되고 지질을 분해하는 *TG-lipase*는 혈중 인슐린농도가 떨어짐에 따라 더욱 활성화되며 신경내분비 영향은 *TG-lipase*를 자극한다. 따라서 연료대사로서 지방산들의 이용이 증가하며 혈장 유리 지방산 농도는 상승한 후 새로운 평형에 도달했음을 암시하면서 혈장 지방산 농도는 기울어진다. 일정한 혈당농도를 유지하기 위하여 간에서의 당신생으로 충분한 글루코스를 제공한다. 지방세포는 *PEP-carboxykinase* 활성을 증가시켜 혈중의 젖산과 아미노산으로부터 글리세롤-인산을 생성하여 지방세포에 지방을 재저장할 수 있게 한다. 간은 지방조직에서 유리된 혈중의 글리세롤을 사용하여 혈장 지방산을 재에스테르화하여 VLDL로 재 포장한다. 간에서의 VLDL배출과 지방조직에서의 지방 재저장은 조직들이 필요로 하는 에너지생성을 초과하여 유리 지방산을 생성하는 지질분해와 보조를 맞추어 진행된다. 결과적으로 혈장 유리 지방산 농도는 안정하다(그림 16-59 참조).

(3) 절식과 당뇨병

지속적인 절식과 당뇨병은 생명을 위협할 정도로 당 평형을 전도시킬 수 있다. 이 때 대사는 체 저장물질을 절약하여 사용하므로서 생존을 유지한다. 혈당농도는 낮고 지방산 농도는 뚜렷하게 상승하며 케톤혈증이 관찰된다. 신경내분비 환경은 동적 트리아실글리세롤 평형이 분해 쪽으로 기울게 한다. 자율신경계의 교감신경분지와 노르에피네프린은 가장 강력하며 *TG-lipase*에 신속히 작용한다. 또한 지속적인 절식상태에서 두 종류의 뇌하수체 인자들이 생성되어 *TG-lipase* 합성을 유도하므로 이들은 지효성 인자들(slow-acting factors)이다. 간은 혈장 지방산으로부터 생성되는 트리아실글리세롤을 혈중으로 배출하기 위하여 VLDL로 포장하는데 필요한 콜린, 메티오닌, 이노시톨과 같은 친지방 성인자들이 없으면 지방이 저장되어 지방간이 된다. 간은 또한 생존을 위하여 당신생에 글리세롤을 사용하게 되며 이때 유리되는 과량의 지방산은 케톤체로 전환된다.

(4) 신경내분비 조절

TG-lipase 활성의 적응성 변화는 간 *phosphorylase*의 수식과 유사하다. *TG-lipase*를 자극하는 세 가지 방법은 다음과 같다.

- *TG-lipase*의 합성을 증진시킨다(글루코코티코이드).
- 각종 호르몬들에 대한 수용체와 자율신경계에 의하여 조절되는 *adenylate cyclase*와 Ca^{2+}/칼모듈린시스템을 통하여 *TG-lipase*가 활성화된다. *TG-lipase*는 인산화로 활성형이 된다.
- cAMP 농도를 높게 유지하기 위하여 *phosphodiesterase* 활성을 억제한다(예, caffeine).

인슐린은 cAMP농도를 저하시키며 *phosphodiesterase*를 증가시켜 *TG-lipase*를 억제한다.

동물종에 따라 여러 호르몬에 의한 지질분해반응은 차이가 있다. 인체의 지방조직은 타이록신과 카테콜라민을 제외한 대부분의 지질분해호르몬에 반응하지 않는다. 그러나 토끼, 기니픽, 돼지 및 닭은 카테콜라민에 의하여 지질이 잘 분해되지 않는다. 조류의 지질생성은 간에서만 이루어지며, 난 형성에 필요한 지질의 제공은 특히 중요하다. 조류에서 글루카곤은 뚜렷한 지질분해 효과를 나타낸다. 여러 동물종에서 지질대사가 예민하게 조절되는 다양한 기전들이 있는 것으로 나타났다.

지방조직의 *TG-lipase* 활성은 대부분의 동물에서 주로 교감신경계의 활성을 통한 노르에피네프린의 유리에 의하여 조절되는 것 같다. 이것은 헥사메토니움(hexamethonium)으로 신경절을 차단하거나 레세르핀(reserpine)으로 노르에피네프린을 고갈시키면 지방조직으로부터 트리아실글리세롤의 동원이 심하게 손상되는 것으로 증명된다. 갑상선호르몬의 영향을 강화시키는지 여부에 따라 지방동원에 영향을 주는 것처럼 또한 α-와 β-아드레날린성 신경지배 간의 차이는 체내 여러 곳에서 지방동원 정도에 크게 영향을 미친다.

(5) 갈색지방조직

갈색지방조직(brown adipose tissue)은 많은 미토콘드리아를 가진 작은 세포들과 지방구들로 구성된다. 대조적으로 백색지방세포는 미토콘드리아를 거의 함유하지 않으며 단 하나의 지방구를 함유하고 있다. 갈색지방조직은 혈액으로 충분히 관류된다.

갈색지방조직은 미토콘드리아 내막에 미토콘드리아의 내막 밖에서 내막 안쪽으로 양자를 전달하는 탈공역단백질(uncoupling protein)을 함유하고 있어 ATP생성 없이 다량의 글루코스나 지방산을 연소시켜 열을 생성할 수 있다. 탈공역단백질은 열 생성이 필요할 때, 예를 들면, 출산 직후, 동물이 추위에 노출되었을 때, 혹은 동면에서 깨어날 때 유도된다. 동면동물들은 일반동물보다 더 많은 갈색지방조직을 가지고 있다. 추위에 적응된 랫트들에게 노르에피네프린(열 생성을 유도하는 호르몬)을 주입하면 호흡이 3배로 증가하여 산소이용을 증가시키며, 이 때 이용되는 산소의 60%이상을 체중의 2%이하를 차지하는 갈색지방에서 사용한다. 탈공역단백질은 동물이 대사에너지를 보존할 필요가 있는 임신이나 비유 중에 감소된다.

글루코스로부터 지질 생합성은 ATP를 생성하며 이는 *phosphofructokinase, 피루브산 탈수소효소*, 또는 산화적 인산화 수준에서 속도가 조절된다. 그러므로 지질 생합성속도가 높은 조직은 ATP/ADP 비율을 저하시키기 위한 다른 기전이 존재한다. 지질 생합성속도가 매우 낮은 백색지방조직(white adipose tissue)에서 트리아실글리세롤/지방산 무익회로(TG/FA futile cycle)를 통하여 충분히 ATP를 사용한다. 다른 조직에서의 지질 생합성에 의한 ATP생성은 다른 무익회로(예, 간에서의 *phosphofructokinase/F-1,6-BP-ase*)에 의하여 ATP를 소비시킬 수 있다. 갈색지방조직에서 산화적인 산화의 탈공역 시스템은 식후 지질생합성속도를 크게 증가시킬 수 있다.

갈색지방조직의 주요한 대사적 및 기능적 특징은 식후에 글루코스를 트리아실글리세롤로 전환하여 지방으로 저장할 수 있다는 것이다. 추위에 적응 중 갈색지방조직은 체내의 주요한 글루코스 이용 조직들 중 가장 높은 *hexokinase* 활성을 가지며 *피루브산 탈수소효소*활성도 높다. 따라서 갈색지방조직은 식후 글루코스의 제거에 중요한 일부를 차지한다.

산화적인 산화가 탈공역됨으로서 갈색지방조직의 지질 생합성은 열 생성을 수반한다. 따라서 식후 갈색지방조직의 증가된 활성은 식후 열 생성의 큰 부분을 차지한다.

갈색지방조직은 많은 동물종에서 체중 조절기능을 가진다. 성장동물은 식후 열 생성의 보상성 증가로 과식에 의한 비만을 막아준다. 물론 이때 사료효율은 저하된다. 랫트에서 갈색지방조직의 양이 체중의 2% 이하일지라도 열 생성능력은 대사속도(에너지 소비속도)의 두 배를 넘는다.

갈색지방조직의 탈공역단백질의 유도에 의한 열 생성은 교감신경계에 의하여 조절된다. 갈색지방조직의 활성은 연령증가와 함께 감소되며 이는 교감신경의 퇴화와 관련된다. 결과적으로 열 생성능력이 떨어져 추위에 대한 내성이 감소하고 많은 노화 동물에서 볼 수 있는 비만성향을 가지게 된다.

5. 간과 지질대사

간은 지질대사의 중심으로서 지질 항상성을 유지시킨다. 간은 지단백질의 분비와 특이 수용체에 의하여 조절되는 재흡수를 통하여 말초조직과 상호 관련되어 있다. 간은 지질을 합성(식이 탄수화물과 아미노산으로부터 지질 합성; 지단백질 합성에 필요한 인지질 합성; 담즙산염 생성에 필요한 콜레스테롤 합성)하며, 비타민 A, D, E 및 K를 저장하고, 담즙으로 지질(예, 콜레스테롤, 빌리루빈 및 스테로이드 유도체)을 배설한다.

간은 정상적인 조건에서 많은 지질을 저장하지 않는다. 지질대사에서 간의 역할은 주로 수송과 관련된다. 지질수송의 방법으로서 지단백질과 담즙 형성에 관하여 이미 언급한 바 있다. 간에서의 수송장애로서 지방간과 케톤증을 들 수 있다.

1) 지단백질 생성

지질은 활면소포체에서 합성되며 골지체에서 단백질 및 탄수화물과 결합하여 소포(vesicles)로 포장된 후 배출작용에 의하여 세포외로 배출된다. 이런 방법으로 간은 식후에 간에서 합성된 지방산이나 식간에 혈류에서 제거된 지방산을 사용하여 생성된 트리아실글리세롤을 VLDL로 포장해서 분비한다.

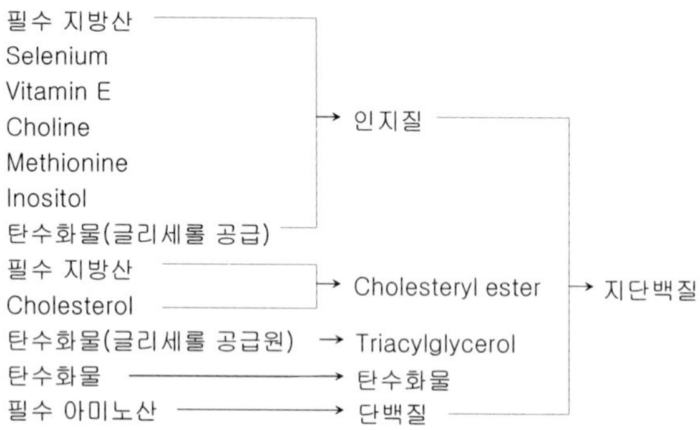

그림 16-62. 간에서 지단백질 생성에 필요한 성분.

VLDL합성에 필요한 성분들은 단백질, 콜레스테롤, 콜레스테릴에스테르, 인지질, 트리아실글리세롤 및 탄수화물 등이다(그림 16-62).

지단백질은 특징적인 조성을 가지며 따라서 VLDL이 생성될 때 구성분 중 단 하나라도 빠지게 되면 완전한 합성이 되지 못하므로 간은 잘못된 지방을 보유하게 된다(지방간). 간에 비정상적인 지방의 축적을 방지하는 물질을 친지방성인자(lipotropic factor)라고 한다. 예를 들면 콜린, 메티오닌 및 이노시톨 등이다. 비타민 E는 인지질과 콜레스테릴에스테르의 구성분인 필수지방산을 보호하기 때문에 친지방성인자이다. 무기질 셀레늄(selenium)은 과산화물을 분해하여 필수지방산-함유구조를 보호하는 효소인 *glutathione peroxidase*의 구성분이므로 또한 친지방성인자에 속하며, 판토텐산(pantothenic acid)은 코엔자임 A의 구성분으로 친지방성인자이다.

2) 지방간

지질을 저장하는 장기가 아닌 간에 많은 지질이 축적되는 것은 비정상적이다. 지방간 침윤(지방증, steatosis)은 일반적으로 경증 지방간, 중등도 지방간, 혹은 중증 지방간으로 구분된다. 중증인 경우 간은 종대되고, 연성이며, 수종성의 갈색으로 보인다. 간 중량의 50% 이상을 지방이 차지한다. 이런 상황이 계속되면 간경화증(liver cirrhosis)이 되며 간 기능이 손상된다.

간에 트리아실글리세롤의 축적을 유발하는 요인들은 다음과 같다.

- 간에서 지방산을 사용하는 지단백질 합성속도가 지방산 흡수속도보다 뒤떨어지면 혈장 지방산 농도는 상승하며 간은 지방산을 트리아실글리세롤로 에스테르화하여 저장한다. 이러한 상황은 절식이나 지질이 풍부한 음식물의 섭취 후에 나타난다.
- 탄수화물의 결핍 또는 탄수화물을 이용할 능력의 결핍(예, 절식, 당뇨병, 임신, 또는 비유)은 혈장 지방산 농도를 상승시키며 지방간과 케톤증을 유발한다.

- 지단백질의 구성분 중 하나라도 부족하면 지방간을 유발할 수 있다. 예를 들면, 필수지방산 혹은 콜린이 결핍된 음식물의 급여에서 볼 수 있다. 사료 중 필수아미노산의 결핍은 지단백질 중 단백질부분의 합성이 제한된다. 더욱이 필수아미노산이 결핍될 때 메티오닌의 부족은 인지질중 콜린부위의 생성이 제한되며, 또한 카니틴 결핍으로 연결되어 지방산 산화가 정지되고 트리아실글리세롤을 축적하게 된다. 사료 중 너무 많은 콜레스테롤은 많은 필수지방산을 에스테르화하므로서 인지질 생성에 필요한 충분한 필수지방산을 제공할 수 없게 된다.
- 퓨로마이신(puromycin)과 같은 항생물질은 단백질합성을 억제하며 지방간 발생에 도움을 준다.
- 납, 비소 및 사염화탄소와 같은 간 독소들(hepatotoxins)은 모두 지단백질 합성을 방해하거나 간에서 혈중으로 지단백질의 유리를 방해한다.

3) 케톤증

정상적인 조건에서 간은 지방산의 β-산화 중 케톤체를 생성하지만 케톤체 생성속도는 에너지 생성을 위하여 조직에서 순환중인 케톤체를 제거하는 속도와 잘 조화되어 있으므로 정상상태에서 케톤체는 혈중에 축적되지 않으며 요중에 단지 흔적만이 배설된다.

비정상적인 케톤증에서 혈액과 요중의 케톤체 농도는 상승한다. 아세토아세트산과 β-하이드록시부티르산은 강산들이며 혈중에 축적되면 산증(acidosis)의 하나인 **케톤산증**(ketoacidosis)이 된다. 상승된 혈장 H^+은 점차 세포내 K^+과 교환되며 심근수축에 대한 신경조절이 상실될 때까지 막투과 전위차가 치명적으로 낮아진다. 요중에 케톤산의 배설과 호흡을 통한 아세톤의 배출(중증의 케톤산증을 가진 암소의 호기에서 검출됨)은 생체의 큰 에너지 상실이며 따라서 케톤증을 가진 동물은 신속히 체중이 감소된다.

모든 케톤증의 공통적인 원인은 절식, 당뇨병 또는 췌장의 병변에서 볼 수 있는 탄수화물의 부족과 탄수화물 이용의 결핍이다. 이러한 조건은 임신 및 비유와 같이 탄수화물 대사에 큰 부담을 줄 때 더욱 악화될 수 있다. 반추동물은 사료로부터 글루코스를 얻지 못하며 대신 미생물의 대사에서 생성되는 소량의 프로피온산으로부터 당신생을 통하여 얻어야하므로 단위동물보다 쉽게 케톤증을 유발할 수 있다.

체내의 탄수화물이 고갈될 때 당신생을 조절하는 신경내분비 인자들은 지방조직의 *TG-lipase*를 자극하여 지방산 유리를 증가시키며, 따라서 혈장 유리 지방산 농도는 상승한다. 간외 조직에서 흡수되지 않고 순환하는 과량의 지방산은 간에서 제거하지만 친지방성인자들이 부족하면 지방산을 충분히 빨리 VLDL로 재포장할 수 없게 되며, 지질로 전환되어 축적되므로 지방간이 된다. 대부분의 글리세롤은 당신생으로 글루코스를 생성하여 혈당농도 유지에 사용된다. 따라서 흡수되는 지방산들을 에스테르화할 수 없으므로 β-산화에 의하여 아세틸-CoA로 분해되고(미토콘드리아와 퍼옥시솜에서) 계속해서 케톤체로 전환되어 혈중에 다량의 케톤체가 유리된다.

근육은 좋은 연료인 케톤체 연소를 증가시킨다. 그러나 필요한 에너지 이상으로 케톤체를 연소시키지 않음에 따라 간에서 합성된 다량의 케톤체는 혈중 농도를 증가시키게 된다. 또한 체내에서 가장 많은 글루코스를 소비하는 뇌는 글루코스 부족을 대신하여 케톤체의 사용을 증가시킨다. 케톤체의 또 다른 기여는 간과 신장에서 낮은 pH의 복합효과로 나타난다. 간에서 글루타민 생성이 자극되고, 반면에 신장에서 낮은 pH는 *glutaminase*를 자극하여 NH_4^+을 생성하므로서 배설되어 질산을 중화하며 이에 따라 요중에 K^+의 상실을 감소시킨다. 그러나 *glutaminase*의 활성 증가와 당신생 활성의 증가는 아미노산을 소비하므로 혈장 알부민농도를 감소시키고 부종을 유발할 수도 있다.

4) 태아의 케톤체 이용

임신한 모체의 케톤체는 임신 첫 2기 중 축적되는 많은 지방에서 유리된 지방산으로부터 생성된다. 3기 중 태아발육이 가장 왕성한 기간에 당 배출이 증가하므로 모체는 저장 지방을 이용하게 되며 따라서 모체의 간은 케톤체를 생성하게 된다. 간에 흡수되는 지방산으로부터 생성되는 케톤체는 모체에 의하여 이용될 뿐만 아니라 수동적 확산에 의하여 태반을 통과하여 태아에게 유입되며, 태아는 케톤체를 다음과 같이 이용한다.

- 글루코스를 대신하여 연료로 이용한다.
- 글루코스를 생합성 경로에 사용되도록 절약하기 위하여 글루코스 및 젖산산화의 억제물질로 사용한다.
- 케톤산의 산화를 억제하여 이들의 모체인 측쇄 아미노산(발린, 루신 및 이소루신)의 형성을 극대화한다.

태아에서 케톤체를 산화할 수 있는 효소들은 신장, 간, 뇌 및 근골격계를 포함한 여러 조직들에 존재한다. 태아의 간과 달리 출생 후의 간은 케톤체를 산화하는 능력을 상실하며 단지 케톤체를 배출할 수 있다. 그러나 케톤체는 성숙 동물의 골격근과 임신 자궁 및 뇌에 의하여 연료로 사용될 수 있다.

모체로부터의 케톤체는 측쇄 아미노산의 산화를 억제하며 아울러 태아의 뇌와 지방조직, 췌장, 간 및 폐를 포함한 다른 조직들에서 지질합성에 이용된다. 합성되는 지질은 중성지질뿐 아니라 인지질과 스테롤을 함유하며, 이는 태아에서 케톤체를 구조성분의 합성과 에너지 저장에 사용될 수 있음을 암시한다. 케톤체는 랫트 태아의 뇌 절편에서 피리미딘의 신합성을 억제하였다. 그러므로 모체가 절식 중 케톤체는 태아조직의 세포복제를 억제하고, 단백질과 지질 저장을 유지하여 생존기회를 극대화시키도록 작용하는 것으로 보인다.

5) 신생아의 케톤체 생성과 이용

많은 포유동물들에서 새로 태어난 새끼들은 포유기간 중 혈중 케톤체 농도가 높다. 이러한 사실은 두 가지 의문점을 가지게 한다. 하나는 새로 태어난 새끼들에게 고케톤혈증(hyperketonemia)의 생리적 장점은 무엇인가? 둘째는 케톤체의 이용은 어떻게 조절되는가? 이다.

대부분의 포유동물 유즙은 탄수화물함량에 비하여 지방함량이 높은 편이다. 그러므로 새로 태어난 새끼들은 포유기간 중 특히 탄수화물에 의존하는 세포를 위하여 글루코스를 보존하며 조직의 발육에 필요한 에너지를 공급하기 위하여 충분한 다른 변칙적인 연료(지방산과 케톤체)를 제공하여야 한다. 케톤체는 생리적 농도의 범위(0.1~0.5mM)내에서 독성이 없는 점과 물에 가용성인 점에서 유리 지방산보다 장점이 많다. 그러나 케톤체는 카복시산이기 때문에 고농도일 때 산-염기 평형에 영향을 준다. 포유중인 동물과 절식동물의 케톤체생성을 비교할 때 각 상황(포유와 절식)에서 보여주는 생리적 상황은 유사하다. 즉, ㉮ 혈장 유리 지방산이 증가된다. ㉯ 혈장 인슐린/글루카곤 비율이 감소된다. ㉰ 간의 카니틴 농도가 증가된다. ㉱ 간의 지질 합성이 감소된다.

출산 직후 뇌의 발육과 수초화에 필요한 인지질과 스핑고지질 합성의 기질로서 글루코스보다 케톤체를 더 선호하는 것은 명백하다. 따라서 출산 후 첫 2주 동안 콜레스테롤과 인지질이 축적될 때 이들 지질 중에 흡수되는 케톤체의 비율이 증가한다. 또한 능동적인 수초화가 진행되는 기간 중 세레브로시드의 합성시에도 케톤체의 비율이 증가한다.

폐에서 글루코스에 우선하여 아세토아세트산은 폐의 인지질 합성의 전구체로 더 잘 사용된다. 합성된 지질, 특히 디팔미틸포스파티딜콜린은 폐의 표면활성제로 작용하여 출생 후 초기에 폐 기능을 유지하는 데 강력한 역할을 한다. 케톤체와 글루코스는 인지질 중 각각 지방산과 글리세롤 부분을 제공하여 폐 지질 합성에 보완적인 역할을 한다. 폐에서처럼 뇌에서의 지질 합성에 아세토아세트산을 선호하는 것은 세포질에서 부분적으로 *아세토아세틸-CoA 합성효소*와 *thiolase*의 작용을 통하여 다음과 같이 아세토아세트산으로부터 아세틸-CoA와 아세토아세틸-CoA의 세포질 내 합성에서 비롯된다.

$$\text{Acetoacetate} + \text{ATP} + \text{CoA-SH} \xrightarrow[\textit{synthetase}]{\textit{Acetoacetyl-CoA}} \text{acetoacetyl-CoA} + \text{ADP} + \text{Pi}$$

$$\text{Acetyl-CoA} + \text{acetyl-CoA} \xrightarrow{\textit{Thiolase}} \text{acetoacetyl-CoA} + \text{CoA-SH}$$

분만 중의 태아에서 카테콜아민과 글루코코티코이드 농도의 상승은 폐의 II형 폐포상피세포(type II alveolar epithelial cell)에 의한 표면 활성제의 생성을 자극한다.

제17장 질소 대사

1. 아미노산 대사

1) 아미노산 대사의 개관

아미노산은 탄소, 수소 및 산소원자 외에 질소원자를 함유하고 있으며 이들 원자들은 또한 탄수화물과 지질에서도 발견된다. 이 질소는 저장될 수 없으며 세포가 필요로하는 양을 초과하는 아미노산은 즉시 분해된다. 이화의 초기에 아미노기전이반응(transamination)과 산화적 탈아미노반응(oxidative deamination)에 의하여 α-아미노기는 제거되어 암모니아와 α-케토산을 형성한다. 유리 암모니아의 일부는 요중에 배설되나 대부분은 요소로 합성되어 정량적으로 요중으로 배설된다. α-케토산의 탄소골격은 에너지 생성 대사경로의 중간물질로 전환되어 CO_2와 물, 글루코스, 지방산, 또는 케톤체로 전환될 수 있다. 어떤 아미노산들은 특이적인 물질로 전환되어 사용된다(그림 17-1). 이러한 변형에서 체단백질의 역할은 두 가지의 중요한 개념, 즉, 아미노산 푸울(amino acid pool)과 단백질 교체(protein turnover)에서 출발한다.

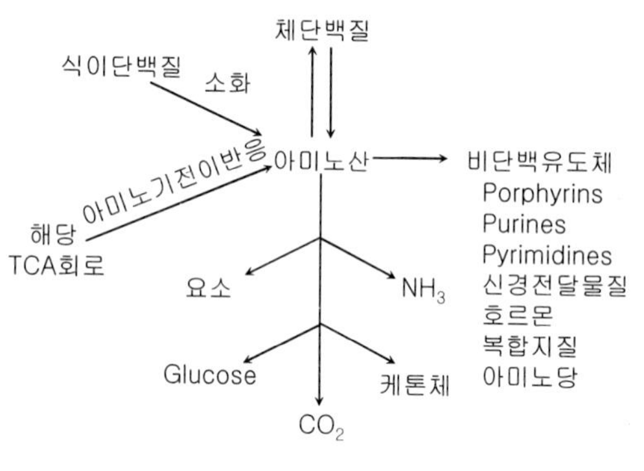

그림 17-1. 아미노산의 근원과 이용.

(1) 아미노산 푸울

식이 단백질과 조직 단백질의 가수분해에 의하여 유리된 아미노산은 체내에 이미 분포되어 있는 유리아미노산과 혼합되어 아미노산 푸울(amino acid pool)을 구성한다. 체중 70㎏에서 단백질량은 약 12㎏이나, 아미노산 푸울은 약 100g으로 아주 적다. 체단백질의 분해로 아미노산 푸울에 기여하는 아미노산의 운명은 체단백질을 재생성하는 것이며 성인은 부가적인 식이 단백질을 필요로 하지 않는다. 그러나 체단백질의 가수분해로 얻어진 아미노산의 약 75%가 새 조직 단백질 생합성에 이용되고 나머지는 그림 17-1에서 보여주는 물질들의 전구체로 이용되며, 나머지 부족한 부분을 식이 단백질에서 보충된 푸울에서 보충하고 남는 것은 체외로 배출한다.

(2) 단백질 교체

대부분의 체단백질은 일정하게 합성되고 분해된다. 건강한 동물에서 단백질 합성속도는 분해되는 단백질을 보충하기에 적합하기 때문에 체단백질 총량은 일정하다. 단백질 교체(protein turnover)로 지칭되는 이 과정에서 인체는 매일 300~400g의 단백질이 가수분해되고 재합성된다.

- 교체속도: 단백질 교체속도는 개개의 단백질에 따라 다르다. 예를 들면, 소화효소와 혈장단백질처럼 세포 바깥쪽에서 기능을 가진 어떤 단백질들은 빨리 분해되어 몇 시간 또는 며칠의 반감기를 갖는 것으로 측정되었으며 콜라겐과 같은 구조단백질은 대사적으로 안정하며 몇 개월 또는 몇 년의 반감기를 가진다.
- 단백질 교체에 대한 화학적 신호: 단백질들은 다른 반감기를 가지고 있으며 이는 단백질 구조에 의하여 영향 받는다. 예를 들면 산화에 의하여 화학적으로 변화되었거나 유비퀴틴(ubiquitin, 작은 열-안정성 단백질)과 결합한 어떤 단백질은 더 잘 분해된다. 더욱이 프롤린, 글루타민산, 세린 및 트레오닌의 서열(PEST서열이라고 지칭함)을 많이 가진 단백질은 빨리 분해되며 세포내에서 짧은 반감기를 가진다.

(3) 질소대사에서 식이 단백질의 역할

주로 에너지를 공급하는 탄수화물과 중성지질의 기능과 달리 아미노산의 주요 역할은 생합성반응, 특히 조직 단백질 합성의 단위체가 되는 것이며 2차적으로는 연료로 사용되는 것이다.

- 단백질의 영양권장량: 성인에서 아미노산의 이화로 매일 약 30~55 g의 단백질에 해당하는 질소가 상실된다. 이런 상실은 일정한 체단백질량을 유지하기 위하여 음식물을 통하여 보충되어야 한다. 70 kg의 체중을 가진 성인의 1일 단백질의 영양권장량(recommended dietary allowance, RDA)은 56 g으로 대사에 의하여 상실되는 아미노산을 보충하기 위한 안전선이다.
- 저단백질 식품의 섭취 결과: 적절한 단백질량을 섭취하지 않으면 체단백질 합성에 필요한 필수아미노산이 부족하게 된다. 따라서 실질적인 조직 단백질의 분해로 단백질 열량부족증(kwashiorkor)과 같은 단백질결핍증을 나타낸다.
- 고단백질 식품의 섭취 결과: 아미노산은 지질과 탄수화물처럼 저장되지 않는다. 그러므로 과량의 아미노산대사로 생성된 탄소골격은 산화되어 글루코스 또는 지방으로 전환되고, 아미노기는 암모니아로 전환된다.

2) 아미노산 질소의 대사

(1) 세포내로 아미노산의 수송

세포외액 중 유리아미노산 농도는 세포내보다 매우 낮다. 이러한 농도구배는 ATP에 의한 능동수송시스템에 의하여 유지된다. 적어도 7가지의 수송계가 존재하며 서로 다른 종류의 아미노산들을 수송하기 위하여 중복된 특이성을 가진 수송계가 알려졌다. 시스템 중의 하나는 신세뇨관에서 시스테인, 오르니틴, 아르기닌 및 리신의 재흡수이다. 선천성 시스틴뇨증(cystinuria)은 이 수송계의 결함에 기인하며 위의 네 종류의 아미노산들이 요로 배설된다. 이 질병은 임상적으로 시스틴(cystine)의 침전으로 신장결석(kidney stones)을 형성하여 요도를 차단할 수 있다.

(2) 아미노산 질소의 제거

모든 아미노산들의 이화 첫 단계는 아미노산에서 α-아미노기의 제거이다. 제거된 α-아미노기의 질소는 다른 물질을 생성하는데 이용되거나 배설된다. 질소의 배설형태는 요소(urea)로서 요소를 구성하는 두 질소원인 암모니아와 아스파르트산을 제공하는 반응인 아미노기전이반응(transamination)과 산화적 탈아미노반응(oxidative deamination)에 대하여 기술한다.

① **아미노기전이반응:** 대부분의 아미노산 이화 첫단계는 그들의 α-아미노기를 α-케토글루타르산에 전달하여 글루타민산을 생성하며 α-아미노기를 제공한 아미노산은 해당하는 α-케토산이 된다(그림 17-2). 아미노기전이반응에 의하여 생성된 글루타민산은 산화적으로 아미노기가 탈리되거나 비필수아미노산의 합성에 필요한 아미노기 공여체로 사용된다. 아미노기의 전이는 aminotransferase(전에는 trans- aminase)라고 불리는 효소들에 의하여 촉매된다. 리신과 트레오닌을 제외한 모든 아미노산들이 아미노기전이반응으로 대사될 수 있다.

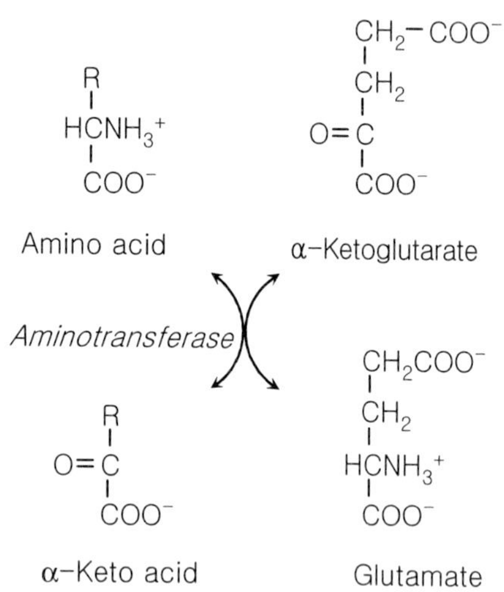

그림 17-2. 아미노-수용체로 α-ketoglutarate를 사용하는 *amino-transferase*의 반응

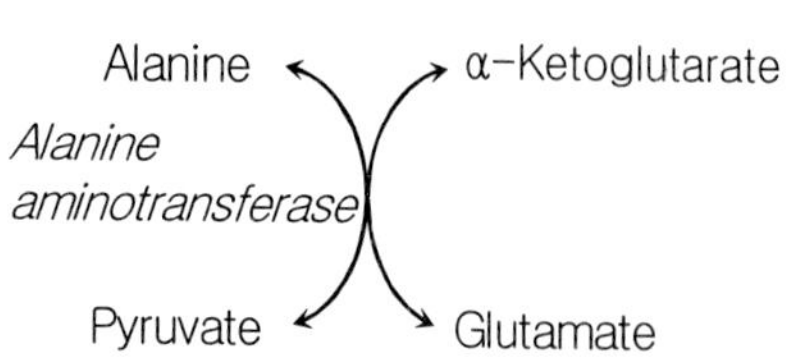

그림 17-3. *Alanine aminotransferase*에 의하여 촉매되는 반응.

■ Aminotransferase의 기질 특이성: 각 aminotransferase는 아미노기 공여체에 기질 특이성이 있으며 아미노기의 수용체는 거의 항상 α-케토글루타르산이기 때문에 특이적인 아미노기 공여체의 이름 뒤에 붙여 부른다. 가장 중요한 두 종류의 aminotransferase는 다음과 같다.

㉮ *Alanine aminotransferase(ALT)*: *Glutamate pyruvate transaminase(GPT)*라고도 불리며 많은 조직에 존재한다. 알라닌의 아미노기를 α-케토글루타르산에 전달하여 피루브산과 글루타민산의 생성을 촉매한다(그림 17-3). 이 반응은 가역적이지만 아미노산의 이화 중에는 글루타민산 합성 쪽으로 반응이 진행된다. 따라서 글루타민산은 알라닌질소의 집합체가 된다.

㉯ *Aspartate aminotransferase(AST)*: *Glutamate oxaloacetate transaminase(GOT)*라고도 하는 이 효

소는 글루타민산의 아미노기를 옥살로아세트산에 전달하여 α-케토글루타르산과 아스파르트산의 형성을 촉매한다. 그러므로 아미노기를 전달하여 글루타민산을 형성하는 다른 aminotransferase의 일반적인 규칙과 달리 역방향으로 촉매하는 효소이다. 아스파르트산은 요소회로(urea cycle)의 질소원으로 사용된다.

▪ Aminotransferase의 작용기전: 모든 aminotransferase는 조효소로서 피리독살-인산(pyridoxal phosphate)을 필요로 하며 아미노산에서 아미노기를 전달받아 피리독사민-인산(pyridoxamine phosphate)을 생성한다. 피리독사민형의 조효소는 α-케토산에 아미노기를 전달하여 해당되는 새 아미노산을 형성하고 조효소는 원래의 알데히드형으로 재생된다. 그림 17-4는 *AST*에 의하여 촉매되는 반응에서 두 형태의 조효소(피리독살-인산과 피리독사민-인산)의 역할을 보여준다.

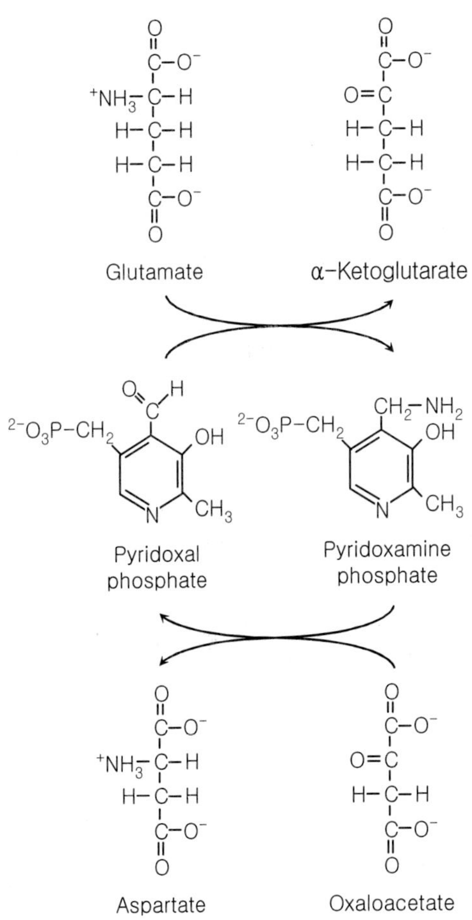

그림 17-4. *Aspartate aminotransferase*의 반응중 pyridoxal phosphate와 pyridoxamine phosphate의 상호전환.

▪ 아미노기전이반응의 평형: 평형상수는 거의 1에 가깝다. 아미노기의 제거를 통한 아미노산의 분해(예, 단백질이 풍부한 식이 섭취 후)와 α-케토산에 아미노기의 부가를 통한 아미노산의 생합성(예, 식이 공급이 부적합하여 세포의 합성이 필요할 때)의 평형상수는 1에 가깝다.

▪ 혈장 aminotransferase의 진단적 활용: Aminotransferase들은 정상적으로 세포내 효소이므로 혈장내 농도의 상승은 이 효소를 많이 함유하고 있는 세포들의 손상을 암시한다. 예를 들면, 외상이나 질병은 세포를 분해시켜 혈액으로 세포내 효소들을 유리시킨다. 혈장 중에 *AST*(*GOT*)와 *ALT*(*GPT*)의 증가는 특히 진단적 가치가 있다.

혈장 *AST*와 *ALT*는 거의 모든 간장 질환에서 상승된다. 그러나 중증의 바이러스성 간염(viral hepatitis)과 지속성 순환허탈(prolonged circulatory collapse)과 같이 확장성 세포괴사(cell necrosis)가 일어날 때 특히 상승된다. 연속적인 효소의 측정은 간 손상과정이나 회복과정을 알려주므로 흔히 유용하게 사용된다.

심근경색(myocardial infarction)과 근육질환 같은 간외 조직의 질병에서도 aminotransferase의 활성이 상승될 수 있다. 그러나 이런 경우 보통 간 질병과는 임상적으로 구별된다.

② **산화적 탈아미노반응:** 아미노기전이반응과는 대조적으로 산화적 탈아미노반응(oxidative deamination)은 아미노산에서 아미노기가 떨어져 나와 암모니아로 유리되며 탄소골격은 α-케토산이 된다. 이 반응은 주로 간과 신장에서 일어난다.

▪ *글루타민산 탈수소효소(glutamate dehydrogenase, GDH)*: 앞에서 언급한 바와 같이 아미노기전이반응에 의하여 대부분의 아미노산들의 아미노기는 α-케토글루타르산에 전달되어 글루타민산을 생성하여 집합된다. 글루타민산은 산화적 탈아미노반응에 의하여 암모니아를 유리 하는 유일한 아미노산이며 이 반응은 *GDH*에 의하여 촉매 된다(그림 17-5). 이 때 조효소로서 NAD^+ 혹은 $NADP^+$를 사용한다. 암모니아를 유리시키고 남은 탄소골격은 α-케토글루타르산이 된다.

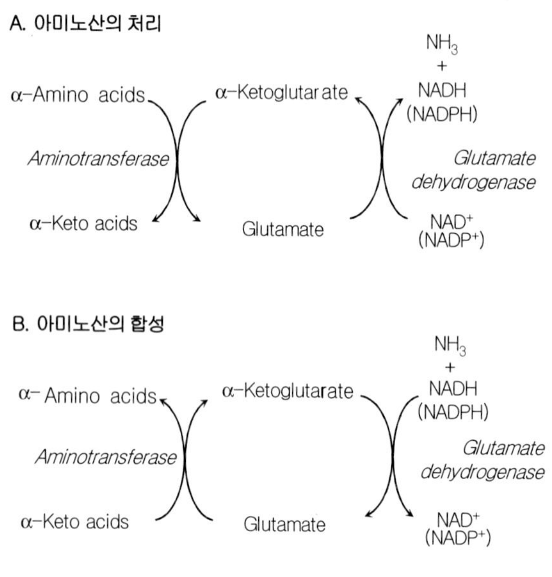

그림 17-5. *Aminotransferase*와 *glutamate dehydrogenase*의 연결반응.

반응의 방향은 글루타민산, α-케토글루타르산 및 암모니아의 상대적 농도와 환원형 조효소에 대한 산화형 조효소의 비율에 달려있다. 예를 들면, 단백질을 함유하는 음식물을 섭취한 후 간에 글루타민산 농도가 상승하며, 반응은 아미노산이 분해되어 암모니아를 생성하는 방향으로 진행된다(그림 17-5A). [주: 반응은 또한 해당하는 α-케토산으로부터 아미노산을 합성할 수 있다(그림 17-5B)]

ATP와 GTP는 *GDH*의 알로스테릭 억제물질이며, 반면에 ADP와 GDP는 활성제이다. 따라서 세포내의 에너지 수준이 낮을 때에는 *GDH*가 활성화되어 아미노산이 분해되며, α-케토글루타르산을 생성하여 TCA회로의 기질이 된다.

▪ *D-Amino acid oxidase*: D-아미노산은 식물체와 미생물의 세포벽에 존재하며 포유동물의 단백질합성에는 사용되지 않는다. 그러나 D-아미노산은 음식물 중에 함유되어 있으며 간에서 효과적으로 대사된다. *D-Amino acid oxidase*는 FAD-의존효소로 D-아미노산의 산화적 탈아미노반응을 촉매한다. 이때 생성되는 α-케토산은 아미노산대사의 일반경로에 들어가 대사되거나, L-아미노산으로 재 아미노화되거나, 혹은 에너지를 생성하기 위하여 대사된다(그림 17-6).

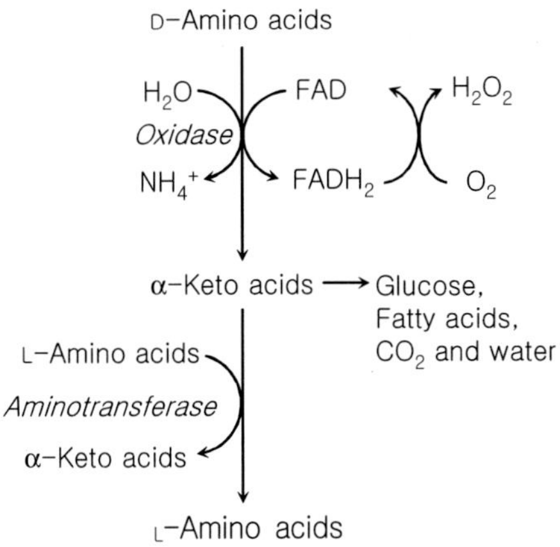

그림 17-6. D-아미노산의 탈아미노반응과 아미노기전이반응에 의한 L-아미노산의 생성.

(3) 요소회로

요소 생성경로인 요소회로(urea cycle)는 발견자의 이름을 따서 Krebs-Henseleit회로라고도 한다. 아미노산에서 암모니아의 형태로 제거된 아미노기는 요소로 전환되어 요중에 배설되며, 요중 질소 함유물질의 약 90%는 요소이다(표 17-1).

요소 분자중 한 질소원자는 유리 암모니아에서 제공되며, 다른 질소원자는 아스파르트산에서

표 17-1. 요중 질소화합물의 분포

질소 화합물	함유율(%)
Urea	86
Creatinine	5
NH_4^+	3
기타	6

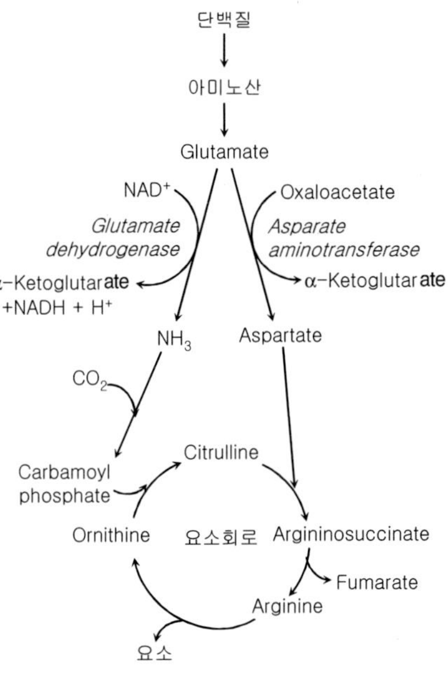

그림 17-7. 요소생성을 위한 아미노산 질소의 흐름.

제공된 것이다. 글루타민산은 암모니아 질소(*GDH*에 의한 산화적 탈아미노반응을 통해서)와 아스파르트산 질소(*AST*에 의한 옥살로아세트산의 아미노기전이반응에 의하여)의 직전 전구체이다(그림 17-7).

아미노산 질소의 배설에 관련된 주요 조직들의 역할을 요약하면 그림 17-8과 같다.

요소를 구성하는 탄소와 산소는 CO_2에서 유도된 것이다. 요소는 간에서 생성되어 혈류에 의하여 신장으로 운반되며 요중으로 배설된다.

요소합성의 처음 두 반응은 미토콘드리아에서 진행되며 나머지 반응들은 세포질에서 진행된다(그림 17-9). [주: *GDH* 또한 미토콘드리아에 존재하며 암모니아를 제공한다.]

① **카바모일-인산의 형성:** 미토콘드리아의 *카바모일-인산 합성효소 I(carbamoyl phosphate synthetase I)*은 NH_4^+과 CO_2를 결합시켜 카바모일-인산을 형성하며 이 때 두 분자의 ATP를 사

용한다. 이 효소는 N-아세틸글루타민산에 의하여 활성화된다. [주: 세포질에 존재하는 *카바모일-인산 합성효소 II*는 피리미딘 생합성에 참여하며 활성을 위하여 N-아세틸글루타민산을 필요로 하지 않는다.]

② **시트룰린의 형성:** 오르니틴(ornithine)과 시트룰린(citrulline)은 요소회로에 참여하는 아미노산들이다. 그러나 세포 단백질의 구성분이 아니며 따라서 이들 아미노산에 대한 유전암호도 없다. 오르니틴은 요소회로의 회전에서 재생되며 TCA회로에서 옥살로아세트산이 재생되는 것과 같다. 카바모일-인산에서 고에너지 인산의 유리는 반응의 방향이 앞으로 진행되도록 해준다. 미토콘드리아에서 진행되는 이 반응 생성물인 시트룰린은 세포질로 수송된다.

③ **아르기니노숙신산의 합성:** 세포질로 수송된 시트룰린은 아스파르트산과 축합하여 아르기니노숙신산(argininosuccinate)를 형성한다. 이 때 마지막 세번째의 ATP를 사용하며 AMP와 PPi로 분해된다. 아스파르트산의 α-아미노기는 요소질소 중 하나를 제공하게 된다.

④ **아르기니노숙신산의 분할:** 아르기니노숙신산은 아르기닌과 푸마르산으로 분할된다. 이 반응에 의하여 생성된 아르기닌은 요소의 직전 전구체이며, 푸마르산은 말산(malate)으로 수화

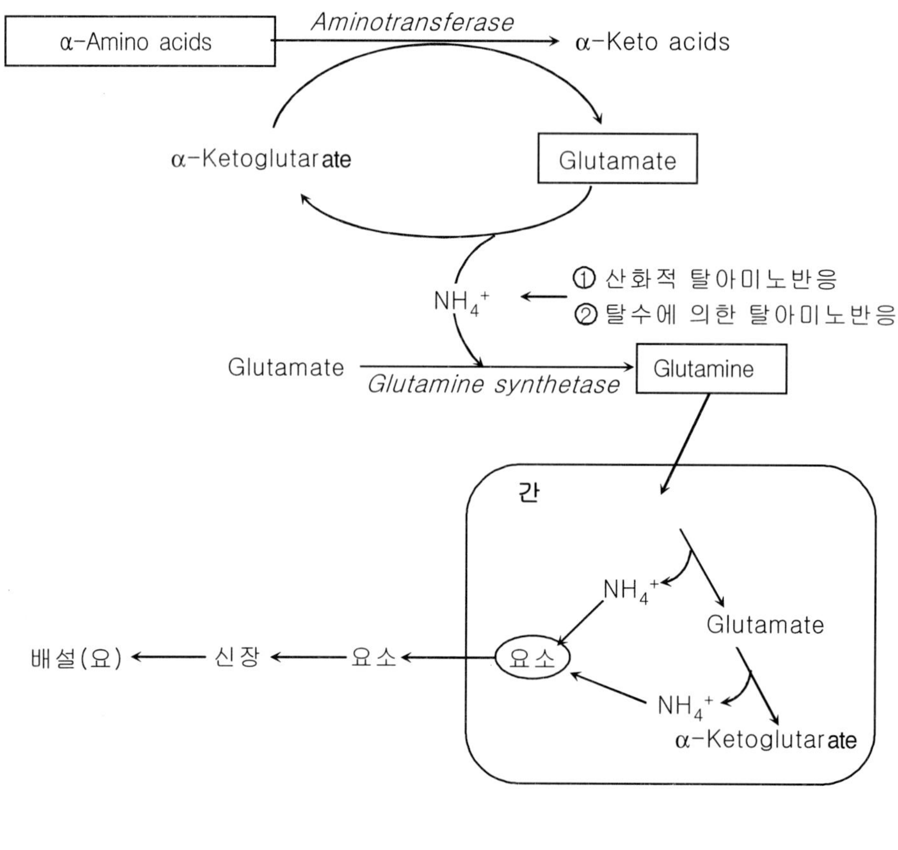

그림 17-8. 아미노산 질소 배설에 관련된 조직들의 역할.

되어 미토콘드리아에 들어가 TCA회로에 재진입한다(그림 17-10). 변칙적으로 세포질의 말산은 옥살로아세트산으로 산화되어 아스파르트산이나 글루코스로 전환될 수 있다.

⑤ **아르기닌의 분할에 의한 오르니틴과 요소의 생성:** *Arginase*는 아르기닌을 오르니틴과 요소로 분해한다. *Arginase*는 간에만 존재하므로 간에서만 아르기닌을 분할하여 요소를 합성할 수 있으며 다른 조직 중의 아르기닌은 요소합성에 사용되지 않는다.

▪ 요소의 운명: 요소는 간에서 확산되며 혈액에 들어가 신장으로 운반, 여과되어 요 중에 배설된다. 간에서 합성된 요소의 일부는 혈액에서 장으로 확산되어 세균의 *urease*에 의하여 CO_2와 NH_3로 분해된다. 이 암모니아는 부분적으로 분변 중에 배설되고, 부분적으로는 혈중에 재흡수된다. 신부전(renal failure)이 있는 환자는 혈장 요소농도가 상승되어 많은 양이 장으로 누출되며 장내 *urease*의 작용으로 임상적으로 중요한 **고암모니아혈증**(hyperammonemia)을 유발한다. 네오마이신(neomycin)의 경구투여는 암모니아를 생성하는 장내 세균수를 감소시킨다.

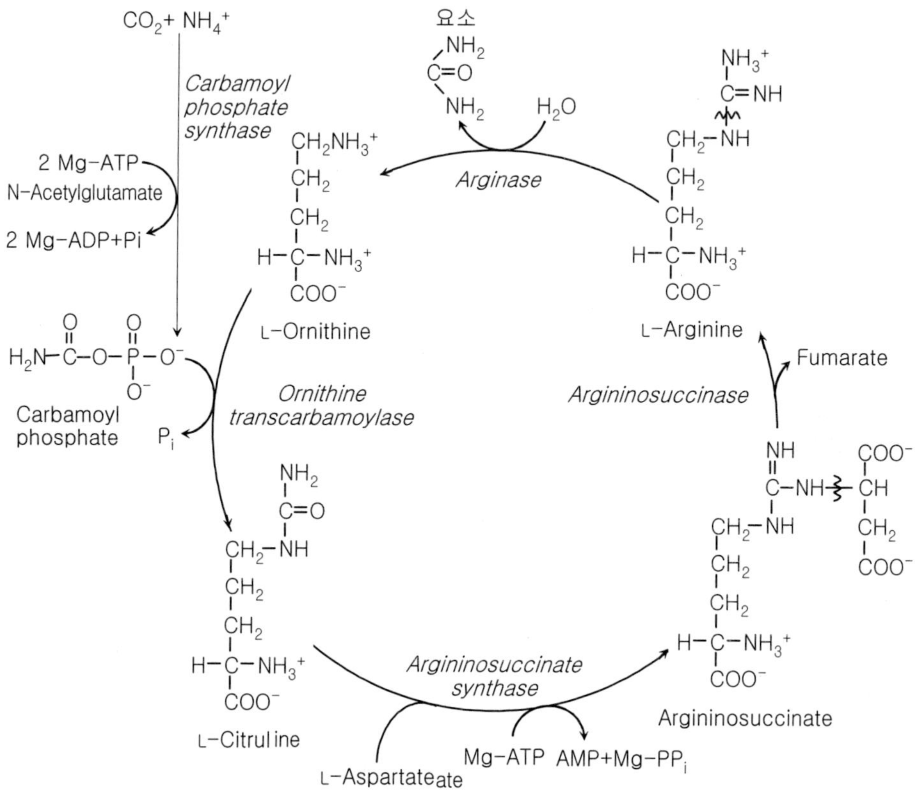

그림 17-9. 요소회로.

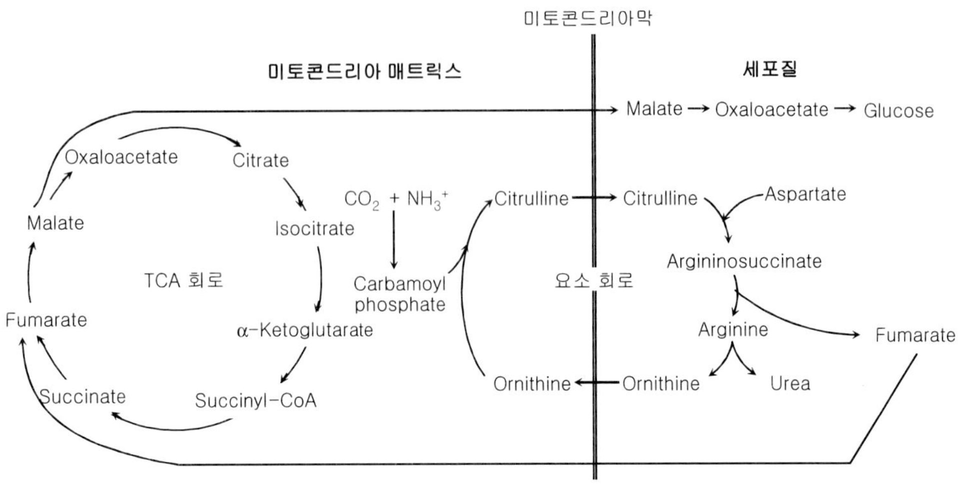

그림 17-10. 요소회로에 의하여 생성된 fumarate의 운명.

▪ 전체적인 화학량론:

Aspartate + NH_3 + CO_2 + 3ATP →

urea + fumarate + 2ADP + AMP + 2Pi + PPi + $3H_2O$

한 분자의 요소합성에 네개의 고에너지 인산염이 소모된다. 두 ATP는 두 ADP를 두 ATP로 복귀시키는데 사용되고, 나머지 둘은 하나의 AMP를 ATP로 복귀시키는데 사용된다. 그러므로 요소합성은 큰 $-\Delta G$를 가지며 비가역적이다.

• 요소회로의 조절 : N-아세틸글루타민산은 요소회로의 속도조절단계인 *carbamoyl phosphate synthetase I* 의 필수적 활성물질로서 아세틸-CoA와 글루타민산이 결합하여 합성된다(그림 17-11). 간 내에 이 물질의 농도는 단백질이 풍부한 음식물 섭취 후 증가하며 요소 합성속도를 증가시킨다.

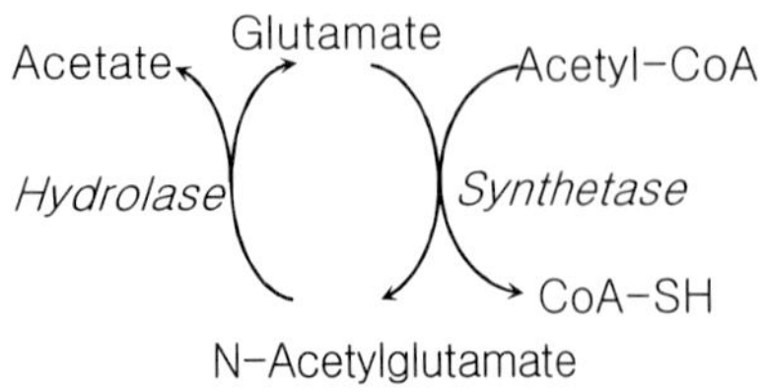

그림 17-11. *Carbamoyl phosphate synthetase* I의 알로스테릭 활성제인 N-acetylglutamate의 생성과 분해.

(4) 암모니아 대사

간에서 요소 합성에 암모니아를 사용하지만 혈중 암모니아 농도를 조금만 상승하더라도 중추신경계에 독성이 있으므로 혈중 농도가 낮게 유지되어야 한다. 그러므로 말초조직에서 생성된 암모니아를 혈중 농도를 낮게 유지하면서 간으로 운반하여 요소를 합성하여 제거하는 대사기전이 필요하게 된다.

① **암모니아 생성:** 암모니아는 다음과 같이 각종 물질로부터 생성되나 가장 중요한 것은 아미노산의 탈아미노반응에 의하여 생성되는 것이다.

- 아미노산: 많은 조직들, 특히 간은 aminotransferase와 *글루타민산 탈수소효소*가 촉매하는 반응에 의하여 아미노산으로부터 암모니아를 생성한다
- 글루타민: 신장은 *glutaminase*의 촉매로 글루타민을 분해하여 암모니아를 생성한다(그림 17-12). 이때 생성된 암모니아의 대부분은 체내의 산-염기 평형유지에 중요한 역할을 하는 NH_4^+으로 요중에 배설된다. 암모니아는 또한 장의 *glutaminase*에 의한 글루타민의 가수분해에 의해서도 생성된다. 점막세포는 혈액에서 혹은 식이 단백질의 소화로 글루타민을 얻는다.
- 요소: 장내의 요소는 세균에 의하여 분해되어 암모니아를 생성한다. 장에서 생성된 암모니아는 장에서 흡수되어 문정맥을 통하여 간으로 운반된 후 거의 정량적으로 요소로 전환된다.
- 아민: 음식물중의 아민(amines)과 호르몬 혹은 신경전달물질로 작용하는 모노아민(monoamines)은 *amine oxidase*에 의하여 암모니아를 생성한다.
- 퓨린과 피리미딘: 퓨린과 피리미딘의 아미노기는 이화과정에서 암모니아로 유리된다.

② **암모니아의 수송:** 조직에서 암모니아가 일정하게 생성되지만 매우 낮은 혈중 농도가 유지된다. 이것은 간에 의하여 혈액에서 신속히 제거되며 많은 조직들, 특히 근육에서 아미노산 질소를 암모니아가 아닌 글루타민이나 알라닌으로 유리하기 때문이다.

- 요소: 간에서 요소의 형성은 정량적으로 가장 중요한 암모니아의 제거방법이다. 요소는 혈

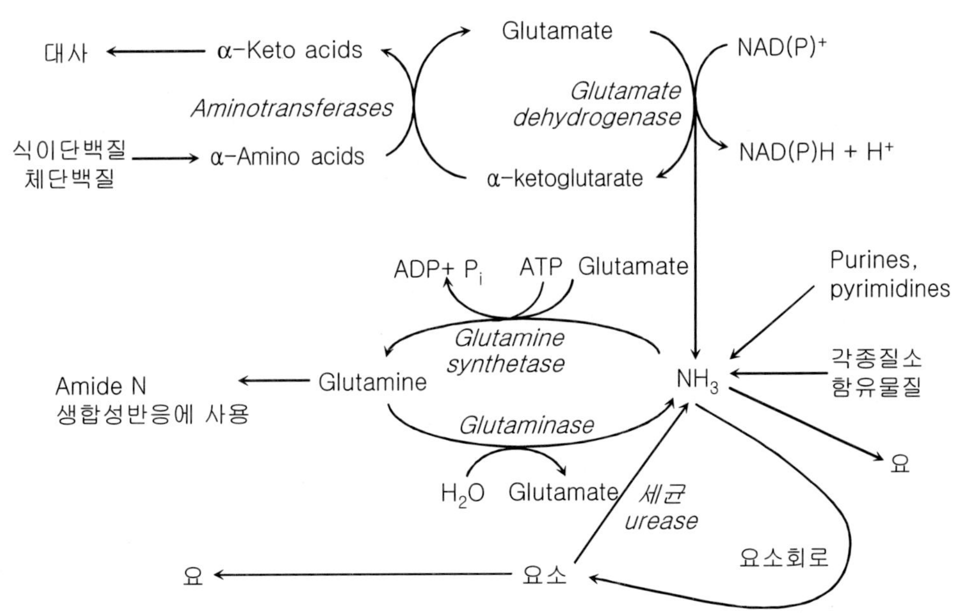

그림 17-12. 암모니아 대사.

액을 통하여 간에서 신장으로 운반되며 신사구체에 의하여 여과된다.

- 글루타민: 암모니아는 글루타민산과 결합하여 글루타민을 생성하여 운반된다(그림 17-12 참조). 글루타민의 형성은 주로 근육과 간에서 이루어지며 또한 뇌에서 암모니아 제거의 주요기전으로 신경계에서 중요하다. 글루타민은 이러한 암모니아의 수송기전에 따라 다른 아미노산보다 더 높은 혈장 농도로 존재한다. 순환 중인 글루타민은 신장에 의하여 제거되어 *glutaminase*에 의하여 암모니아를 유리시킨다.

③ **고암모니아혈증:** 혈중 암모니아 농도의 상승을 고암모니아혈증(hyperammonemia)이라 하며 진전(tremors), 언어장애(slurring of speech) 및 시력장애(slurring of vision)와 같은 **암모니아 중독**(ammonia intoxication) 증세를 나타낸다. 고농도의 암모니아는 혼수(coma)와 사망의 원인이 된다. 두 가지 주요한 형태의 고암모니아혈증은 다음과 같다.

- 후천성 고암모니아혈증(acquired hyperammonemia): 알콜중독, 간염, 혹은 담관폐쇄에 기인하는 간경변증(liver cirrhosis)은 간 주위에 측부순환(collateral circulation)을 형성한다. 결과적으로 문맥혈은 간을 거치지 않고 직접 체순환에 들어간다. 따라서 암모니아 해독이 손상되며 혈중 암모니아 농도를 상승시킨다.
- 유전성 고암모니아혈증(hereditary hyperammonemia): 요소합성에 관여하는 5종의 효소 중 하나라도 결핍되면 요소합성이 손상되며 출생 후 첫 5주 내에 고암모니아혈증이 유발된다. 모든 선천성 요소회로효소의 결핍은 정신발육장애(mental retardation)를 일으킨다.

④ **암모니아 독성의 기전:** 고농도 암모니아는 부분적으로 *글루타민산 탈수소효소(GDH)*에 의하여 α-케토글루타르산과 결합, 글루타민산 형성쪽으로 평형이 기울어져 α-케토글루타르산을 소모시키므로 TCA회로의 중간산물인 α-케토글루타르산이 고갈됨에 따라 세포내 산화감소와 ATP생성감소로 독성이 나타나는 것으로 생각되고 있다. 뇌는 특히 에너지 생성의 높은 비율을 TCA회로에 의존하기 때문에 α-케토글루타르산이 결핍되면 고암모니아혈증이 유발되기 쉽다 .

$$\alpha\text{-Ketoglutarate} + \text{NAD(P)H} + \text{H}^+ + \text{NH}_3 \xrightleftharpoons{GDH} \text{glutamate} + \text{NAD(P)}^+$$

⑤ **혈액에서 암모니아의 제거:** 모든 조직은 아미노산의 이화에 의하여 암모니아를 생성하지만 특히 당신생 중간과 신장에서 많이 생성된다. 또한 암모니아는 장내 세균에 의하여 생성되므로 문맥혈에 고농도의 암모니아가 존재할 수 있다. 그러나 정상상태에서 체순환 혈액 중 암모니아 농도는 낮으며 이것은 암모니아가 신경계에 매우 독성이 강하기 때문에 암모니아 농도를 낮게 유지하려는 조직에서의 네 과정이 있기 때문이다.

- α-케토산은 NH_3와 결합하여 주로 알라닌(피루브산에서), 아스파르트산(옥살로아세트산에서) 및 글루타민산(α-케토글루타르산에서)과 같은 아미노산들을 생성한다.
- 글루타민산과 아스파르트산의 아마이드화(amidation)로 글루타민과 아스파라긴을 생성한다.
- 신장에서 NH_4^+을 형성하여 요중으로 배설한다.
- 간에서 요소회로에 의하여 요소를 생성한다.

인체와 요소 배설동물에서 요소 배설량은 전체 유기노폐물의 90% 이상을 차지한다. 암모니아는 독성이 강하므로 간에서의 요소생성은 간의 가장 중요한 대사기능 중의 하나이다. *Arginase*는 간에만 존재하므로 혈중 *arginase*의 유출은 간세포 손상을 반영한다.

3) 아미노산 탄소골격의 대사

단백질에 함유된 20종의 아미노산들은 대사에 의하여 아미노기가 제거되어 탄소골격이 남는다. 탄소골격은 대사되어 옥살로아세트산, α-케토글루타르산, 피루브산, 푸마르산, 아세틸-CoA, 아세토아세틸-CoA, 숙시닐-CoA등 7종의 물질을 형성한다. 이 물질들은 중간대사경로에 들어가 글루코스나 지질로 전환되거나 TCA회로에 들어가 산화되어 에너지를 생산하면서 CO_2와 물로 분해된다.

(1) 당원성 및 케톤체생성 아미노산

아미노산들은 각자의 대사 종산물의 성질에 따라 당원성(글루코스생성) 아미노산(glucogenic amino acids)과 케톤체생성 아미노산(ketogenic amino acids)으로 분류된다(표 17-2). 아미노산은 또한 체내에서 합성가능여부에 따라 필수아미노산과 비필수아미노산으로 분류되기도 한다.

표 17-2. 당원성 및 케톤체생성 아미노산

Glucose생성 (당원성)	Glucose와 케톤체 생성	케톤체 생성
	비필수아미노산	
Alanine	Tyrosine	
Asparagine		
Aspartic acid		
Cysteine		
Glutamin acid		
Glutamine		
Glycine		
Proline		
Serine		
	필수아미노산	
Arginine	Isoleucine	Leucine
Histidine	Phenylalanine	Lysine
Methionine	Tryptophan	
Valine	Threonine	

① **당원성 아미노산:** 아미노산이 대사되어 피루브산이나 TCA회로의 중간물질의 하나로 전환되는 아미노산들로서 글루코스생성 아미노산이라고도 한다. 이런 중간물질들은 당신생의 기질이 되어 간과 근육에서 글루코스나 글리코겐으로 전환될 수 있다.

② **케톤체생성 아미노산:** 아미노산이 대사되어 케톤체인 아세토아세트산이나 이의 전구체인 아세틸-CoA 또는 아세토아세틸-CoA로 전환되는 아미노산들을 케톤체생성 아미노산이라고 한다. 아세토아세트산은 세 종류의 케톤체 중 하나로서 다른 케톤체들인 β-하이드록시부티르산 및 아세톤으로 전환될 수 있다. 루신과 리신은 케톤체로만 전환되는 단백질 구성 아미노산이다.

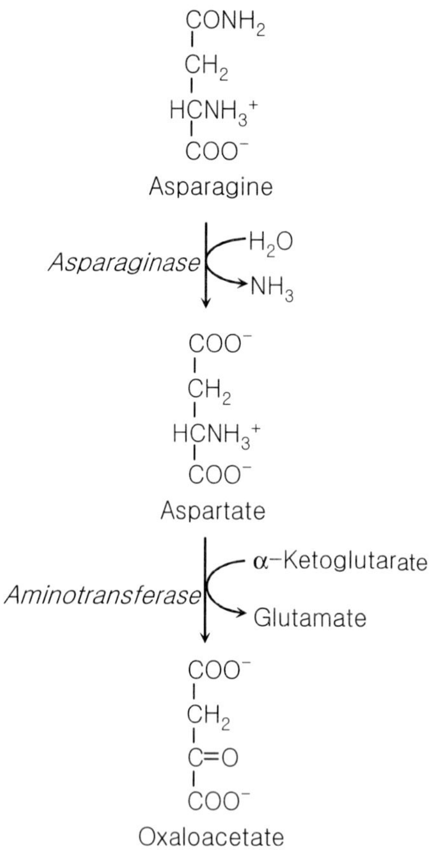

그림 17-13. Asparagine과 aspartate의 대사.

(2) 옥살로아세트산을 생성하는 아미노산

아스파라긴은 *asparaginase*에 의하여 가수분해되어 아스파르트산과 암모니아를 유리한다. 아스파르트산은 아미노기전이반응으로 아미노기를 잃고 옥살로아세트산을 생성한다(그림 17-13).

(3) α-케토글루타르산을 생성하는 아미노산

▪ 글루타민은 *glutaminase*에 의하여 글루타민산과 암모니아로 전환되며, 글루타민산은 *글루타민산 탈수소효소*에 의하여 α-케토글루타르산과 암모니아로 분해된다.

▪ 혈액의 산도는 pH 7.35~7.40 범위에서 엄격히 조절되며 신장이 pH의 장기적 유지를 담당한다. 그림 17-14는 신장이 만성 산증에서 과량의 H^+을 배출하는 수단으로 글루타민-유래 NH_4^+을 이용하는 방법을 나타낸다. 혈중의 글루타민은 세뇨관 표피에서 탈암모니아로 글루타민산으로 전환되고, 이어서 다시 탈암모니아로 α-케토글루타르산으로 전환된다. 생성된 비전하 암모니아는 세뇨관 내강으로 수동적으로 확산된다. 표피세포가 나트륨-수소이온 역수송체(sodium-proton antiporter)를 통하여 H^+을 분비하므로 관의 내강은 세포질보다 더 산성화되어 있다. 그러므로 관 내강의 암모니아는 H^+과 결합하여 NH_4^+을 생성한다. 전하를 띤 NH_4^+은 더 이상 세포내로 확산되지 못하고 요관으로 흘러나와 요중에 배설된다. 비록 NH_3가 막을 자유로이 통과하지만, 관 내강과 표피세포의 세포질 사이에 pH구배가 지속되는 한 NH_4^+ 농도의 구배는 필연적이다.

▪ 프롤린은 글루타민산으로 산화되며(그림 17-15), 글루타민산은 탈아미노반응에 의하여 α-케토글루타르산을 생성한다.

▪ 아르기닌은 *arginase*에 의하여 오르니틴과 요소를 생성하며, 요소회로의 한 부분으로 주로 간에 존재한다. 오르니틴은 지속적인 아미노기전이반응에 의하여 글루타민산-γ-세미알데히드(glutamate-γ-semialdehyde)를 거쳐 α-케토글루타르산으로 전환된다.

▪ 히스티딘은 탈아미노반응과 가수분해에 의하여 N-포름이미노글루타민산(N-formimino-glutamate, FIGlu)으로 전환되어 formimino기를 테트라하이드로엽산(tetrahydrofolate)에 전달하고 남는 글루타민산은 위와 같이 대사된다(그림 17-16). [주: 엽산(folate)이 부족한 개체는 요 중

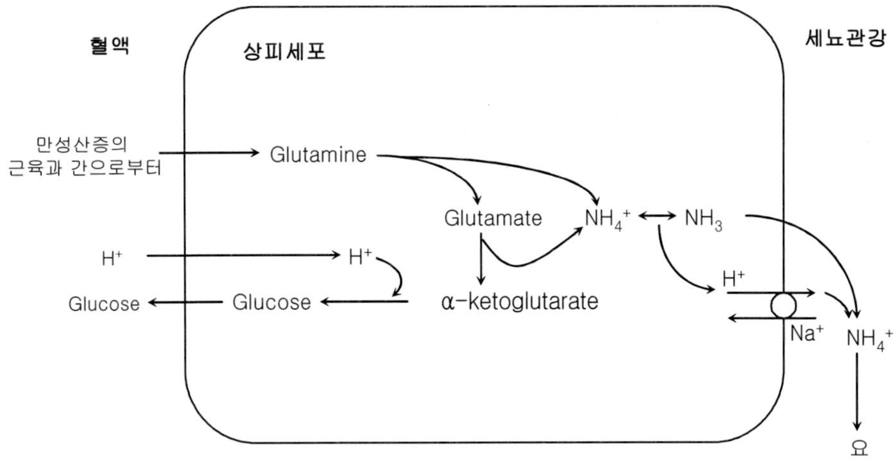

그림 17-14. Glutamine 대사와 신장에서의 산-염기 평형.

에 FIGlu의 배설이 증가하며, 특히 다량의 히스티딘을 섭취하면 더욱 증가한다. **FIGlu 배설시험**은 엽산 결핍증의 진단에 이용된다.]

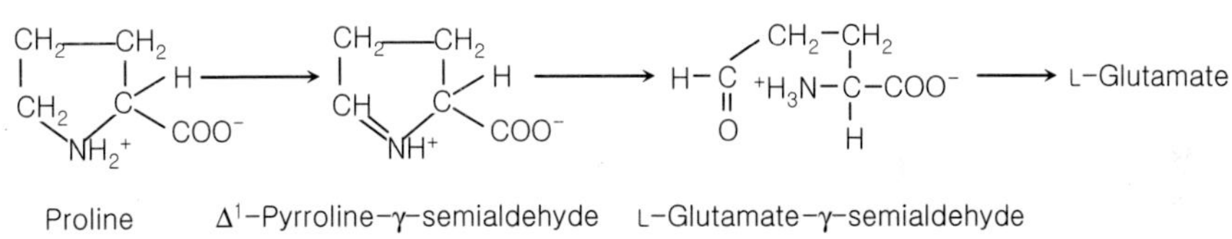

그림 17-15. Proline의 분해.

(4) 피루브산을 생성하는 아미노산

- 알라닌은 아미노기전이반응(*ALT*에 의한)에 의하여 피루브산을 생성한다(그림 17-17).
- 세린은 *serine dehydratase*에 의하여 피루브산으로 전환된다. 세린은 또한 글리신과 N^5, N^{10}-메틸렌테트라하이드로엽산으로 전환될 수 있다(그림 17-18).
- 글리신은 N^5, N^{10}-메틸렌테트라하이드로엽산으로부터 메틸렌기를 전달받아 세린으로 전환될 수 있으며(그림 17-18 참조), *glycine cleavage enzyme*에 의하여 산화되면 CO_2와 NH_4^+을 생성한다. 이 효소의 유전적 결핍은 비케톤성 고혈당(nonketotic hyperglycemia)의 원인이 된다. 이 유전적 질병은 심한 고혈당으로 출산 직후 사망하거나 심각한 정신박약이 된다. 글리신의

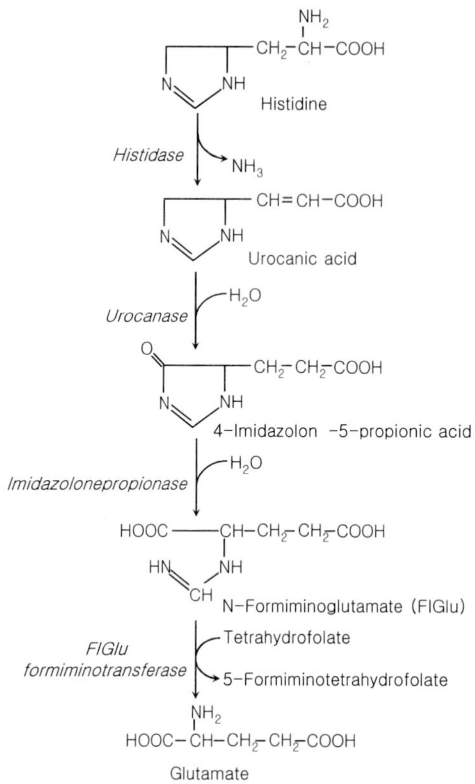

그림 17-16. Histidine의 분해.

또 다른 반응은 *D-amino acid oxidase*에 의하여 글리옥실산(glyoxylate)의 생성이다. 글리옥실산은 아미노기전이반응으로 글리신을 재생하거나 옥살산으로 산화된다(그림 17-19). 비수용성 옥살산칼슘의 침전은 신장결석의 일반적인 원인이다. 옥살산의 일부는 음식물(주로 채소류)에서 보충되거나 일부는 생합성된다.

- 시스틴은 NADH+H^+을 사용하여 시스테인으로 환원되며, 시스테인은 탈황산으로 피루브산을 생성한다.
- 트레오닌은 α-아미노-β-케토부티르산(α-amino-β-ketobutyrate)으로 산화된 후 아세틸-CoA와 글리신으로 분해되거나 피루브산으로 전환되며, 또 다른 경로는 *threonine dehydratase*에 의하여 -케토부티르산으로 전환된 다음 프로피오닐-CoA를 거쳐 succinyl-CoA로 전환된다. 세린, 글리신 및 트레오닌 대사의 관련성을 요약하면 그림 17-20과 같다.

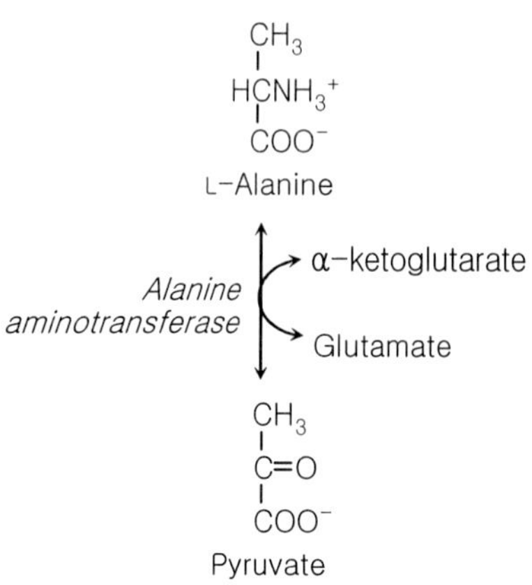

그림 17-17. Alanine의 대사.

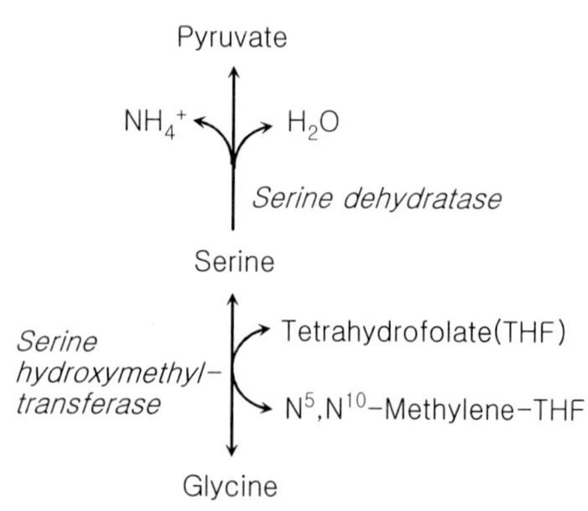

그림 17-18. Serine의로부터 피루브산의 생성과 serine과 glycine의 상호전환.

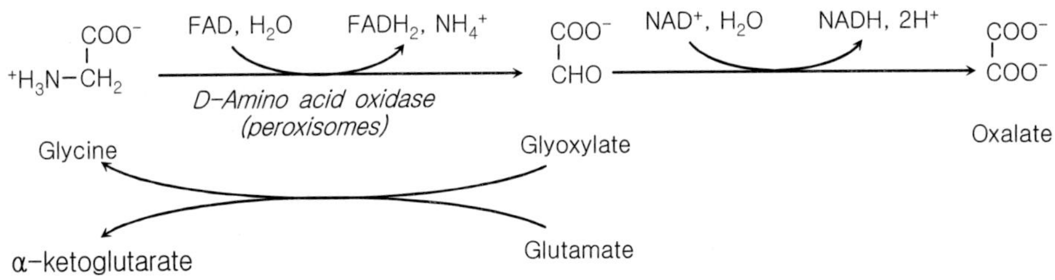

그림 17-19. Glycine으로부터 glyoxylate의 생성과 산화.

(5) 푸마르산을 생성하는 아미노산

페닐알라닌은 간에서 *phenylalanine hydroxylase*에 의하여 타이로신으로 전환되며 이 두 아미노산은 궁극적으로 푸마르산과 아세토아세트산을 생성한다(그림 17-21). 그러므로 페닐알라닌과 타이로신은 글루코스와 케톤체생성 아미노산들이다.

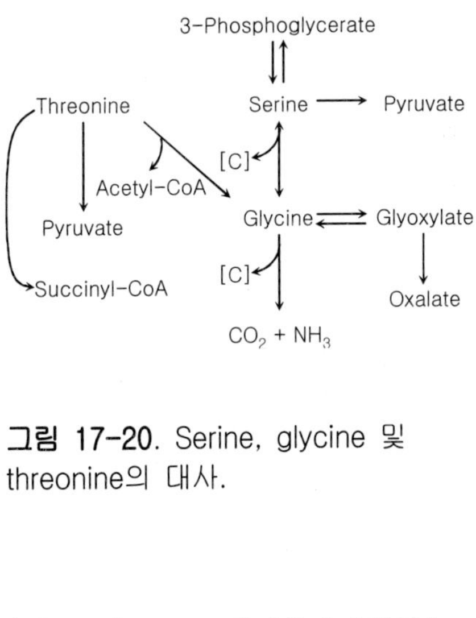

그림 17-20. Serine, glycine 및 threonine의 대사.

페닐알라닌과 타이로신의 대사에 관여하는 효소들의 선천성 결핍증이 알려졌다.

페닐케톤뇨증(phenylketonuria, PKU)은 *phenylalanine hydroxylase*의 결핍으로 페닐알라닌이 타이로신으로 전환되지 못하고 요중에 배설된다. *Phenylalanine hydroxylase*는 분자산소와 테트라하이드로바이옵테린(tetra-hydrobiopterin, $BioH_4$)을 조효소로 사용하는 monooxygenase이다. $BioH_4$은 반응에 의하여 디하이드로바이옵테린(dihydrobiopterin, $BioH_2$)으로 산화되고 $BioH_2$는 다시 *NADH-의존 $BioH_2$ reductase*에 의하여 다시 환원된다. 그러므로 **고페닐알라닌혈증**(hyperphenylalaninemia)은 *$BioH_2$ reductase* 또는 *$BioH_2$ 합성효소*의 결핍에 기인할 수도 있다.

페닐케톤뇨증의 특징은 조직, 혈장 및 요중 페닐알라닌 농도의 상승이다. 아울러 페닐알라닌으로부터 전환되는 페닐피루브산(phenylpyruvate), 페닐락트산(phenyllactate), 페닐아세트산(phenylacetate) 및 페닐아세틸글루타민(phenylacetylglutamine) 등이 요중에 배설된다(그림 17-22).

이 질병은 페닐알라닌과 그 대사산물들이 태반을 자유롭게 통과하지만 임신중 모체는 혈중 증가된 페닐알라닌을 제거하므로 태아의 페닐알라닌의 혈중 농도는 정상을 유지할 수 있다. 그러나 신생아의 페닐케톤뇨증은 출생 며칠 후 혈장 페닐알라닌 및 요중 페닐피루브산의 증가가

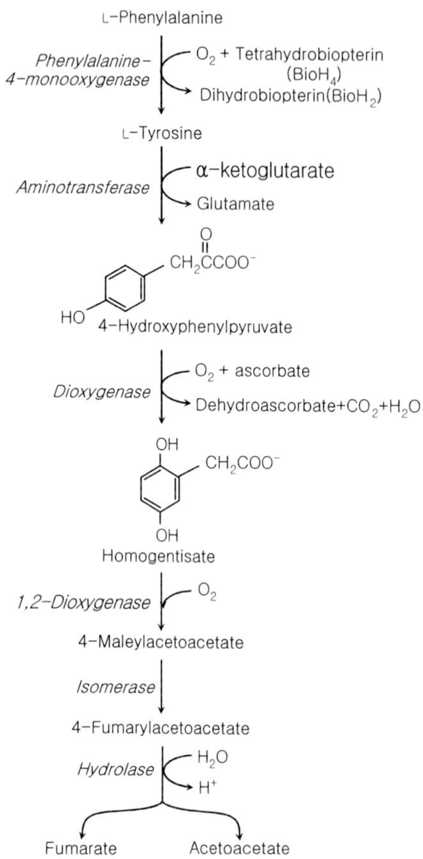

그림 17-21. Phenylalanine과 tyrosine의 분해.

확인된다. 페닐케톤뇨증을 보이는 환자들은 정신발육장애, 보행 및 언어장애, 발작, 활동항진, 경련, 소두증(microcephaly) 및 발육장애가 나타난다. 실제로 치료받지 않은 신생아에서 지능 수치가 25~50으로 정신지체 현상이 나타난다. 페닐알라닌 때문에 타이로신이 결핍되므로 멜라닌(melanin)합성이 저해되어 금발, 옅은 안색 및 푸른 눈을 나타낸다.

페닐케톤뇨증은 페닐알라닌의 제한적 섭취로 효과적으로 치료할 수 있다. 페닐알라닌은 필수아미노산이므로 음식물에서 완전히 제거할 수 없으나 혈액 페닐알라닌 농도를 수시로 확인해야 한다. 타이로신은 페닐케톤뇨증 환자에게 필수아미노산이지만 보충할 필요는 없다. 성장하는 뇌에 생화학적으로 장해를 줄 수 있기 때문에 저페닐알라닌 식이가 필요하다. 인공감미료인 **아스파탐**(aspatame, N-aspartyl-phenylalanine-methylester)은 페닐케톤뇨증 환자에게 페닐알라닌을 제공하므로 위험하다.

페닐케톤뇨증은 요중 페닐피루브산을 염화제2철($FeCl_2$)로 진단하거나 더 정밀하게는 혈액의 페닐알라닌을 측정하는 것이다. 실험실에서 보편적으로 사용하는 방법은 **Guthrie 시험법**으로 페

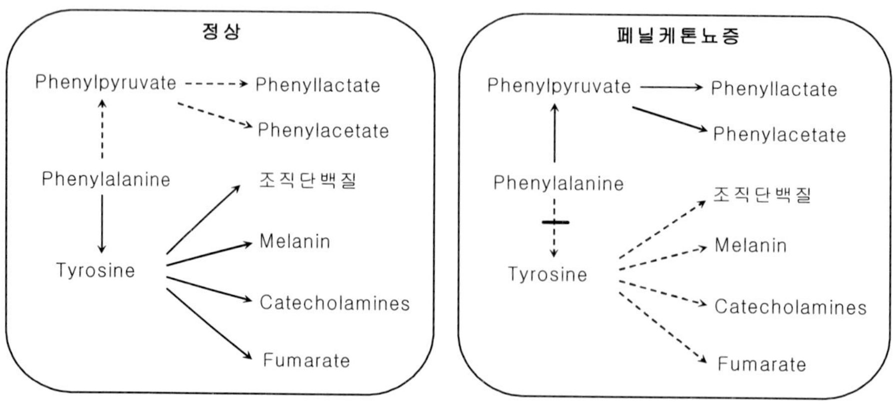

그림 17-22. 정상개체와 페닐케톤뇨증 환자의 phenylalanine 대사경로의 요약.

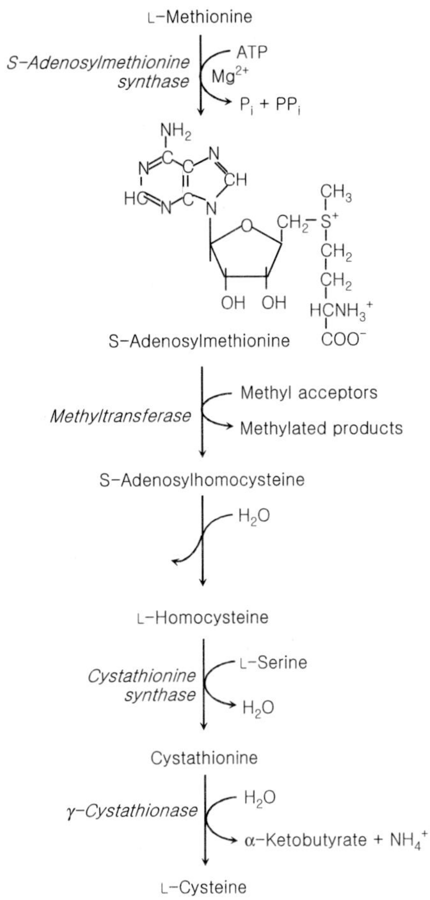

그림 17-23. Methionine의 분해.

닐케톤뇨증의 혈액이 페닐알라닌-의존적 세균의 성장지원을 기초로 한 실험법이다.

타이로신 대사에 대한 선천성 질환들이 보고되었다. **알캅톤뇨증**(alkaptonuria)은 *homo- gentisate oxidase*의 결핍으로 타이로신으로부터 생성된 호모겐티스산(homogentisate)의 축적되어 요중에 배설되며 빛과 공기 중에서 산화되어 요를 검게 만든다. 검은 색소는 결체조직에 점점 누적되어 **조직갈변증**(ochro- nosis)으로 진행되고 고령의 인체에서는 고통스런 관절염을 동반한다. 2종의 다른 **타이로신혈증**(tyrosinemia)이 또한 알려졌다. 타이로신혈증 I형은 *tyrosine aminotransferase*의 결핍에 기인하며, 타이로신혈증 II형은 *fumaryl-acetoacetate hydrolase*의 결핍에 기인한다. 푸마릴-아세토아세트산의 축적과 관련된 유기산들은 세뇨관 흡수와 간 손상을 초래한다. **백색증**(albinism)은 타이로신으로부터 멜라닌의 생성이 억제되어 나타난다.

(6) 숙시닐-CoA를 생성하는 아미노산

메티오닌, 발린, 이소루신 및 트레오닌은 TCA회로 중간물질인 숙시닐-CoA로 전환되어 당신생 전구체가 된다.

① **메티오닌:** 메티오닌은 ATP의 도움으로 인산을 함유하지 않은 고에너지 화합물인 S-아데노실메티오닌(S-adenosylmethionine, SAM)을 생성하며, SAM 중의 황에 결합된 메틸기는 활성화되어 1-탄소대사의 메틸기 공여체로서 여러 수용체분자의 산소원자, 질소원자, 때로는 탄소원자에 전달되어 부착된다(그림 17-23). 이 반응의 잔류물질인 S-아데노실호모시스테인은 반응에 수반된 자유에너지의 상실로 메틸기의 전달이 불가능하며, 호모시스테인과 아데노신으로 가수분해 된다.

▪ 시스테인의 합성: 호모시스테인은 세린과 결합하여 시스타티오닌(cystathionine)을 생성하며, 이어서 시스테인과 α-케토부티르산으로 가수분해된다. 이 경로는 세린이 시스테인으로 전환되는 경로이며, 호모시스테인이 α-케토부티르산으로 전환된 후 산화적 탈탄산반응으로 프로피오닐-CoA로 전환될 수 있음을 뜻한다. 프로피오닐-CoA는 숙시닐-CoA로 전환된다. 호모시스테인은 필수아미노산인 메티오닌으로부터 합성되기 때문에 시스테인은 메티오닌이 존재할 때는 필수아

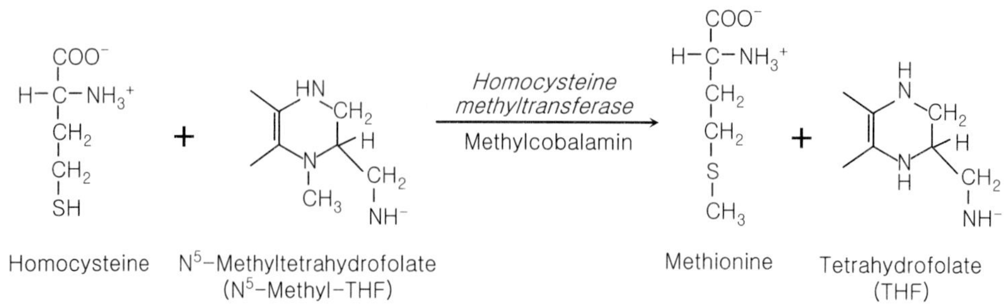

그림 17-24. Homocysteine으로부터 methionine의 재합성.

미노산이 아니다.

▪ 메티오닌의 재합성: 호모시스테인은 비타민 B_{12}에서 유도된 조효소인 메틸코발라민(methylcobalamin)이 공여하는 메틸기와 결합하여 메티오닌을 재 합성할 수 있으며 코발라민은 다시 N^5-메틸테트라하이드로엽산(N^5-methyltetrahydrofolate)으로부터 메틸기를 공여받아 재충전된다(그림 17-24).

② **발린과 이소루신:** 발린과 이소루신은 프로피오닐-CoA를 거쳐 숙시닐-CoA를 생성하는 측쇄 아미노산들이다(그림 17-25).

③ **트레오닌:** 트레오닌은 탈수되어 α-케토부티르산을 생성하며, α-케토부티르산은 프로피오닐-CoA를 거쳐 숙시닐-CoA로 전환된다. [주: 트레오닌은 또한 피루브산과 아세틸-CoA로 전환될 수 있다.]

(7) 아세틸-CoA 또는 아세토아세틸-CoA를 생성하는 아미노산

다음 4종의 아미노산들은 직접 아세틸-CoA와 아세토아세틸-CoA를 생성한다. 앞에서 언급한 것처럼 트레오닌은 아세틸-CoA로 분해될 수 있으며(그림 17-20 참조), 페닐알라닌과 타이로신 또한 대사과정에서 아세토아세트산을 생성한다(그림 17-21 참조). 그러므로 케톤체생성 아미노산은 전부 7종이다.

① **루신:** 루신은 케톤체만을 생성하는 아미노산으로 아세틸-CoA와 아세토아세트산을 생성한다(그림 17-25 참조). 루신대사는 다른 측쇄아미노산인 이소루신과 발린의 대사와 유사하다.

② **이소루신:** 이소루신은 아세틸-CoA와 프로피오닐-CoA를 생성하기 때문에 케톤체와 당을 다같이 생성할 수 있다. 이소루신대사의 첫 3단계는 실제로 다른 측쇄 아미노산인 발린과 루신을 분해하는 기본단계들과 같다.

③ **리신:** 리신은 케톤체만을 생성하는 아미노산으로 이 아미노산의 어떤 아미노기들도 아미노산대사의 첫 단계인 아미노기전이반응을 하지 않으며, 궁극적으로 아세토아세틸-CoA를 생성한다(그림 17-26). 리신은 또한 지방산을 미토콘드리아로 전달하는 카니틴합성에도 이용된다.

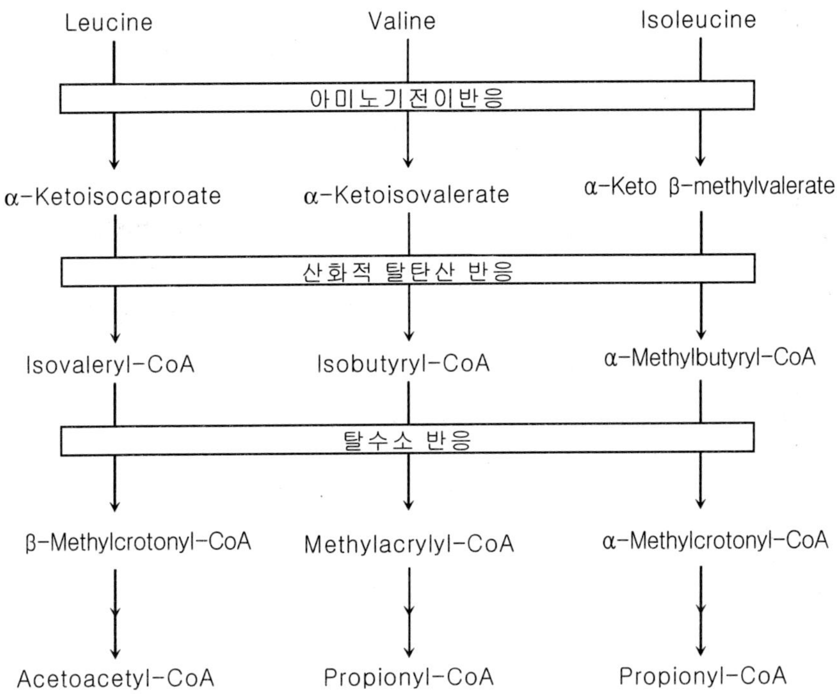

그림 17-25. 루신, 발린 및 이소루신의 분해.

④ **트립토판:** 트립토판은 복잡한 반응들에 의하여 리신과 같이 아세토아세틸-CoA로 전환된다(그림 17-25 참조). 트립토판의 환구조가 산화적으로 절단되어 생성된 키누레닌(kynurenine)은 다양하게 분파되어 대사된다. 인돌환 이외의 트립토판은 알라닌이 되고, 인돌환 자체는 여러 산물로 전환된다. 이 산물 중에는 리신분해에 관여하는 α-케토아디프산(ketoadipate)외에도 비타민의 일종인 니코틴산(nicotinate)이 있다. 키누렌산(kynurenate)과 크산투렌산(xanthurenate)같이 트립토판에서 유래되는 이소퀴놀린(isoquinoline)들은 더 이상 분해되지 않고 소변으로 배설되며 소변의 색을 어느 정도 노랗게 한다.

(8) 측쇄 아미노산들의 대사

측쇄 아미노산인 이소루신, 루신 및 발린은 필수아미노산들이다. 다른 아미노산들과 달리 측쇄 아미노산들은 간보다도 주로 말초조직(특히 근육)에서 대사된다. 이 세 아미노산들은 비슷한 경로로 대사된다(그림 17-24 참조).

① **아미노기전이반응:** 세 아미노산의 아미노기는 같은 효소인 *측쇄 α-amino acid amino-transferase*에 의하여 제거된다.

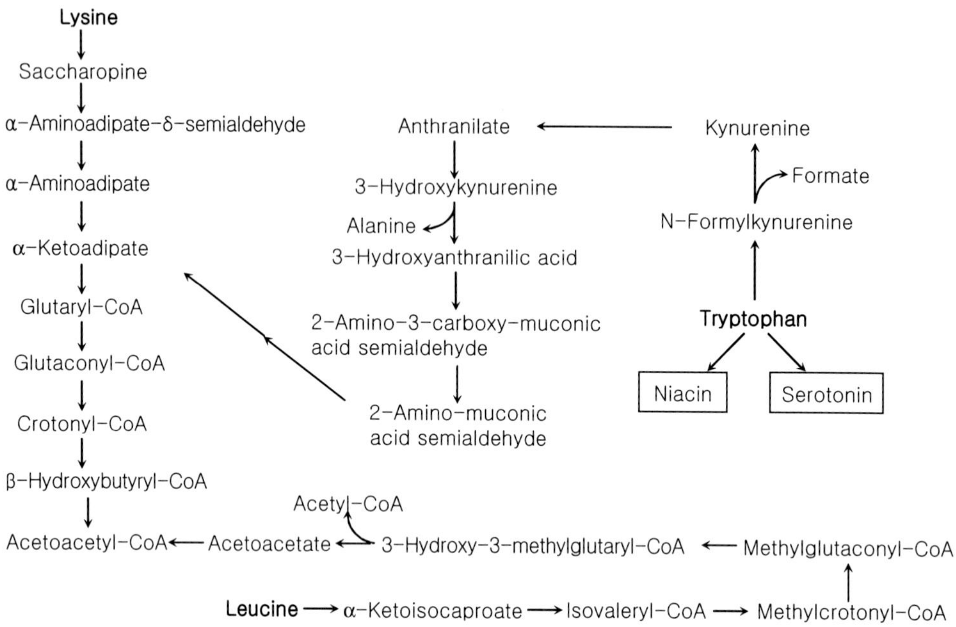

그림 17-26. 리신, 트립토판 및 루신의 주요 이화경로.

② **산화적 탈탄산반응:** 세 아미노산에서 유도된 α-케토산들의 카복실기는 조효소로 티아민 피로인산(thiamine pyrophosphate, TPP)을 사용하는 *측쇄 α-케토산 탈수소효소복합체*에 의하여 제거된다. 이 반응은 피루브산의 아세틸-CoA로의 전환 및 α-케토글루타르산의 숙시닐-CoA로의 산화와 유사하다. *측쇄 α-케토산 탈수소효소*의 선천성 결핍증은 요중에 측쇄 케토산(α-ketoisocaproate)을 배설하며 측쇄 케토산에 의한 달콤한 냄새 때문에 **매플시럽뇨증**(maple syrup urine disease)이라고 한다.

③ **탈수소화:** 위의 반응에서 생성된 아실-CoA 생성물은 산화되어 α,β-불포화아실-CoA 유도체들을 생성한다. 이 반응은 지방산의 β-산화에서 서술된 탈수소화와 유사하다.

Pyruvate ⟶ Alanine
Oxaloacetate ⟶ Aspartate
α-Ketoglutarate ⟶ Glutamate

그림 17-27. 아미노기전이반응에 의한 해당. α-케토산으로부터 alanine, aspartate 및 glutamate의 생성.

이상의 대사결과로 이소루신은 궁극적으로 아세틸-CoA와 숙시닐-CoA를 생성하므로 케톤체와 당을 생성하는 아미노산이며, 발린은 숙시닐-CoA를 생성하므로 당원성 아미노산이다. 루신은 아세토아세트산과 아세틸-CoA로 대사되므로 케톤체생성 아미노산이다.

4) 비필수아미노산의 생합성

필수아미노산들은 체내에서 합성할 수 없거나 충분히 합성할 수 없는 아미노산들로 정상적인 단백질합성을 위하여 음식물과 함께 섭취해야만 한다. 반면에 비필수아미노산들은 대사 중간물질로부터 충분한 양이 합성되거나 시스테인과 타이로신처럼 필수아미노산들로부터 합성될 수 있는 아미노산들이다.

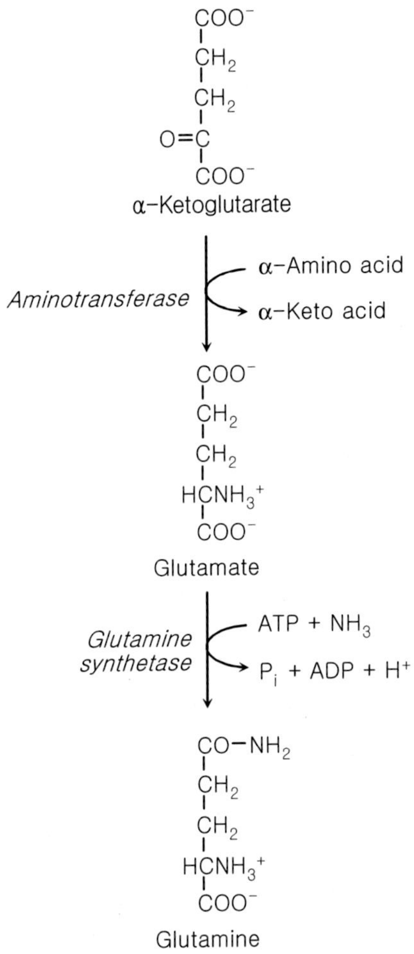

그림 17-28. Glutamine의 생합성.

(1) α-케토산으로부터의 합성

알라닌, 아스파르트산 및 글루타민산은 각각 α-케토산인 피루브산, 옥살로아세트산 및 α-케토글루타르산에 아미노기전이반응에 의하여 합성된다(그림 17-27). 이 아미노기전이반응들은 아미노산 생합성경로의 가장 일반적인 방법이다. 글루타민산은 또한 *글루타민산 탈수소효소*에 의하여 촉매되는 산화적 탈아미노반응에 의하여 합성된다.

(2) 아마이드화반응에 의한 합성

- 글루타민은 *글루타민 합성효소*에 의하여 글루타민산으로부터 생성되며 ATP를 필요로 한다(그림 17-28). 이 반응은 뇌와 간에서 암모니아 해독의 주요 기전이다.
- 아스파라긴은 글루타민을 아마이드공여체로 사용하는 *아스파라긴 합성효소*의 촉매로 아스파르트산으로부터 합성되며 ATP를 필요로 한다(그림 17-29). [주: 빨리 분화하는 어떤 백혈병세포(leukemic cell)는 성장에 필요한 충분한 아스파라긴을 합성할 수 없으며 따라서 혈액 중의 아스파라긴을 사용한다. 아스파라긴을 아스파르트산으로 가수분해하는 *asparaginase*는 혈장 아스파라긴 농도를 감소시키므로 아스파라긴을 필요로 하는 암세포들의 증식을 억제할 수 있다.]

(3) 프롤린

글루타민산은 글루타민산--세미알데히드를 거쳐 프롤린으로 전환된다(그림 17-30).

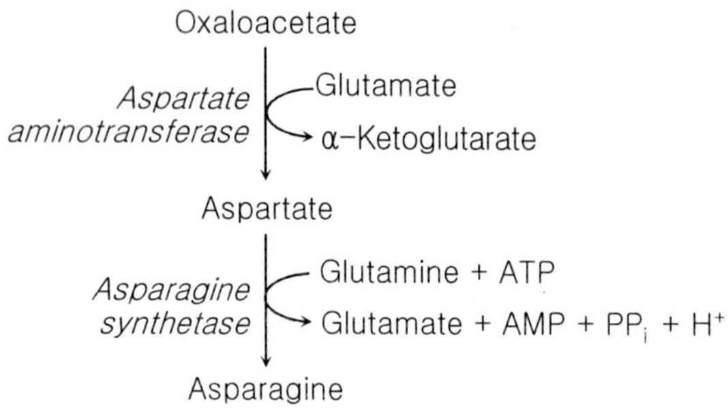

그림 17-29. Asparagine의 생합성.

(4) 세린, 글리신 및 시스테인

▪ 세린은 해당의 중간물질인 3-포스포글리세르산으로부터 생성된다. 3-포스포글리세르산은 먼저 3-포스포피루브산으로 산화되고 다음에 아미노기전이반응에 의하여 3-포스포세린(3-phospho-serine)을 생성한 후 인산에스테르의 가수분해로 세린이 생성된다. 세린은 또한 글리신에 하이드록시메틸(hydroxymethyl)기의 전달로 생성된다(그림 17-18 참조)

▪ 글리신은 세린에서 하이드록시메틸기를 제거하여 생성된다(그림 17-18 참조)

▪ 시스테인은 호모시스테인과 세린이 결합하여 시스타티오닌을 생성하고 이어서 -케토부티르산과 시스테인으로 가수분해되어 생성된다(그림 17-22 참조). 호모시스테인은 메티오닌으로부터 유도된다. 메티오닌은 필수아미노산이기 때문에 메티오닌을 적절하게 섭취할 때에만 시스테인이 합성될 수 있다.

Proline ⇄ Δ^1-Pyrolline 5-carboxylate ⇄ Glutamate-γ-semialdehyde ⇄ Glutamate ⇄ α-ketoglutarate

그림 17-30. Proline과 glutamate의 상호전환.

(5) 타이로신

타이로신은 *phenylalanine hydroxylase*에 의하여 페닐알라닌으로부터 생성된다. 이 반응은 분자산소와 조효소인 테트라하이드로바이옵테린(tetrahydrobiopterin)을 필요로 한다(그림 17-31). 분자산소 중 1산소원자는 타이로신의 하이드록실기가 되고 다른 산소원자는 물로 환원된다. 반응 중 테트라하이드로바이옵테린은 디하이드로바이옵테린으로 산화된다. 테트라하이드로바이옵테린은 NADPH를 사용하는 다른 반응에서 디하이드로바이옵테린으로부터 재생된다. 시스테인과 같이 타이로신은 필수아미노산인 페닐알라닌으로부터 생성되므로, 적절한 식이 페닐알라닌이 존재할 때만 비필수아미노산이다. *Phenylalanine hydroxylase*의 유전적 결핍은 페닐케톤뇨증(phenylketonuria)을 유발한다.

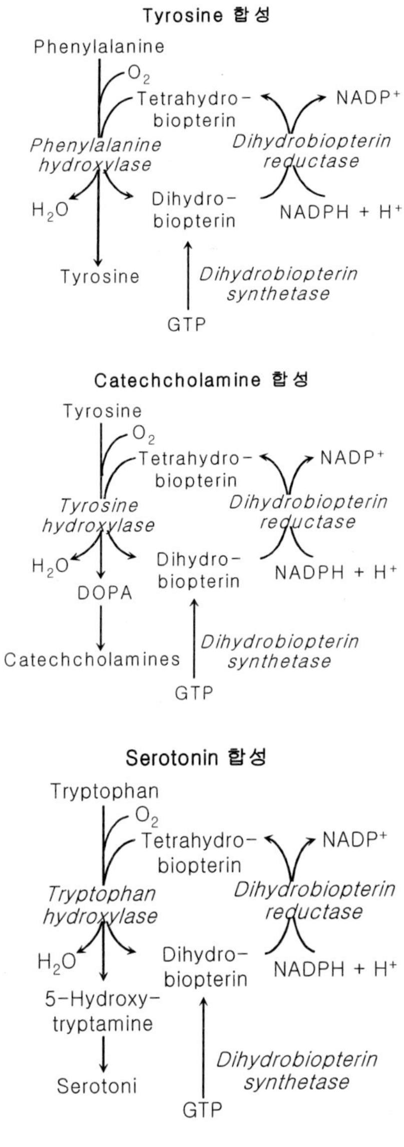

그림 17-31. 아미노산과 tetrahydro-biopterin이 관여하는 생합성 반응들.

5) 아미노산으로부터 특수물질의 생성

아미노산은 단백질 구성단위인 동시에 중요한 생리적 기능을 가진 많은 질소화합물의 전구체가 된다(그림 17-32). 이런 기능을 가진 물질들에는 포르피린(porphyrin), 신경전달물질, 호르몬, 퓨린 및 피리미딘 등이 있다.

(1) 포르피린의 합성과 분해

포르피린(porphyrin)은 금속이온들, 일반적으로 Fe^{2+} 혹은 Fe^{3+}과 쉽게 결합하는 환상화합물이다. 척추동물에서 가장 흔한 메탈로포르피린(metalloporphyrin)은 헴(heme)으로 헤모글로빈, 마이오글로빈, 사이토크롬들, *catalase* 및 *tryptophan pyrollase* 등의 보결분자단이다. 이들 헴단백질들은 일정하게 신속히 합성되고 분해된다. 예를 들면, 대사에 의하여 상실되는 헴을 대체하기 위하여 매일 6-7g의 헤모글로빈이 합성된다. 헴단백질의 교체를 수반하여 관련 포르피린들의 합성과 분해 및 결합한 철 이온들의 재순환이 이루어진다. 헤모글로빈 포르피린성분의 생성과 분해는 생체의 질소평형에 정량적으로 중요하다.

① **포르피린의 생합성:** 헴을 생합성하는 주요 장기는 많은 헴단백질들(특히 cytochrome P-450)을 합성하는 간장과 헤모글로빈 합성이 활발한 골수의 적혈구-생산 세포들이다. 포르피린 합성의 최초 반응과 마지막 3단계는 미토콘드리아에서 진행되고 중간 단계들은 세포질에서 진행된다(그림 17-33).[주: 성숙 적혈구는 미토콘드리아가 없으므로 헴을 합성할 수 없다.]

▪ **δ-아미노레불린산의 생성:** 포르피린 분자의 모든 탄소와 질소원자는 글리신과 숙시닐-CoA로부터 제공된다. 글리신과 숙시닐-CoA는 *δ-아미노레불린산 합성효소*(*δ-aminolevulinate synthase*)의 촉매로 축합되어 δ-아미노레불린산(aminolevulinic acid, ALA)을 생성한다. 이 반응은 조효소로 피리독살-인산을 사용하며 포르피린 생합성의 조절단계이다. 헴의 Fe^{2+}이 Fe^{3+}으로 산화함에 따라 유도되는 헤민(hemin) 농도의

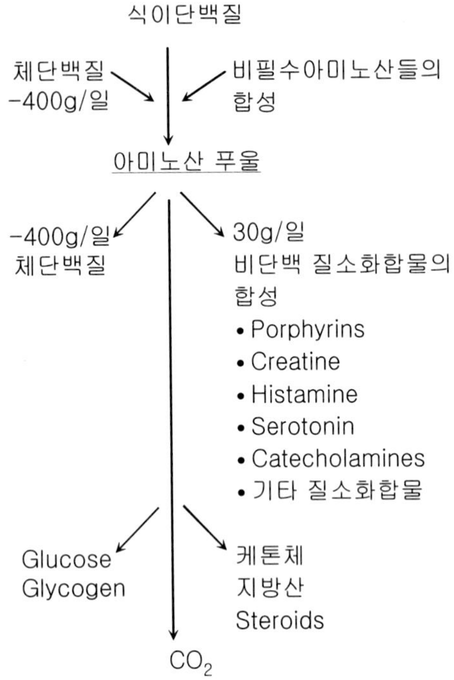

그림 17-32. 질소화합물의 전구체로서의 아미노산.

상승은 *ALA 합성효소*활성을 감소시킨다. 포르피린이 글로빈이나 다른 아포단백질들의 이용을 초과하여 생성되면 헴이 축적되고 헤민으로 산화되어 *ALA 합성효소*의 합성을 감소시킨다. 페노바비탈(phenobarbital)과 같은 약물들의 투여는 간 *ALA 합성효소*의 활성을 크게 증가시킨다. 이 약물들은 간장의 마이크로솜에 존재하는 *cytochrome P-450 monooxygenase* 시스템에 의하여 대사된다. 이 약물들의 반응으로 사이토크롬 P-450의 합성이 증가되며 따라서 사이토크롬 P-450의 성분인 헴의 소비가 증가한다. 이 때문에 간세포에서 헴농도가 감소되어 *ALA 합성효소* 합성이 증가되며 따라서 ALA 농도가 증가된다.

▪ **포르포빌리노겐의 생성:** *δ-aminolevulinate dehydrase*는 두 분자의 ALA를 탈수, 축합하여 포르포빌리노겐(porphobilinogen)을 생성하며, 이 반응은 중금속들에 의하여 극히 예민하게 억제된다(그림 17-34). 이러한 억제는 ALA를

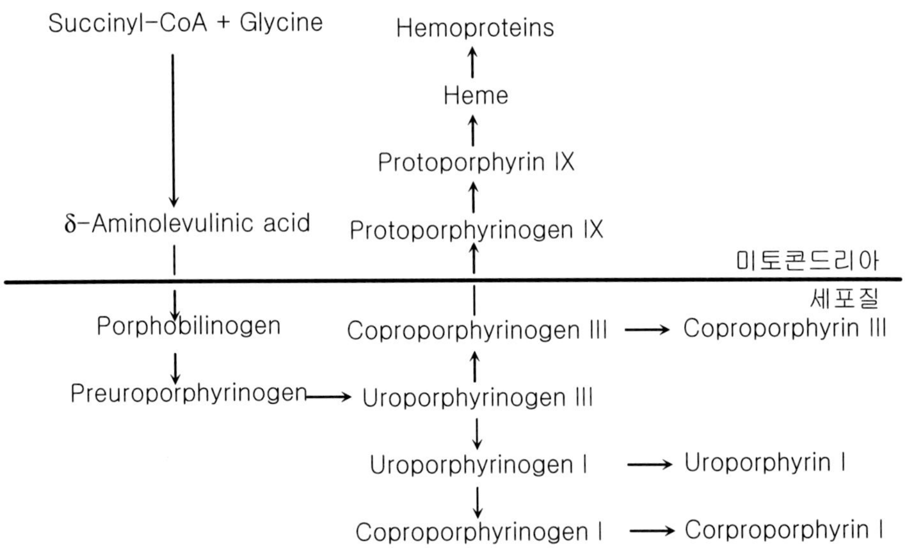

그림 17-33. Heme 합성의 요약.

상승시키며, 납중독에서 빈혈의 원인이다.

▪ **헴의 생성:** *우로포르피리노겐-I 합성효소* (*Uroporphyrinogen-I synthetase*)와 *우로포르피리노겐-III 합성보조효소*(*uroporphyrinogen-III cosyn- thetase*)는 네 분자의 포르포빌리노겐을 축합하여 우로포르피리노겐 III를 생성한다(네 분자의 포르포빌리노겐은 자발적으로 우로포르피리노겐-I(uropophrinogen-I)을 생성할 수 있다. 이어서 우로포르피리노겐-III는 일련의 탈탄산반응과 산화에 의하여 헴으로 전환된다(그림 17-35). 프로토포르피린 IX(protoporphyrin IX) 내에 Fe^{2+}은 자발적으로 도입되지만 *ferrochelatase*에 의하여 도입속도가 증가된다. 이 효소는 납에 의하여 억제된다.

② **포르피린증:** 포르피린증(porphyria)은 헴 합성의 선천성 결손이 원인이며, 포르피린과 포르피린 전구체들의 축적과 배설이 증가된다. 포르피린증은 적혈구 또는 간장의 효소결핍여부에 따라 적혈구조혈성(erythropoietic) 또는 간성(hepatic) 포르피린증으로 구분된다. 유전적으로 열성질병인 선천성 적혈구조혈성포르피린증(congenital erythropoietic porphyria)을 제외한 실제의 모든 포르피린증은 보통염색체 우성 유전질환(autosomal dominant disorders)으로 유전된다. 각 포르피린증은 헴 합성경로 중 하나의 효소결핍에 기인하는 특이한 중간물질들이 축적된다.

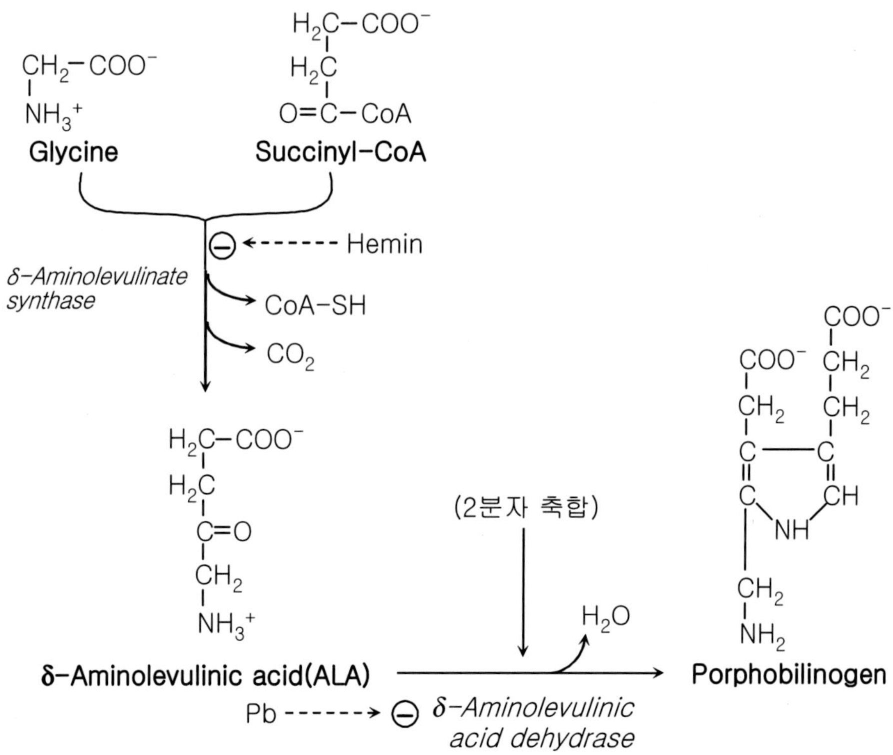

그림 17-34. Porphyrin 합성경로에서 porphobilinogen의 생성.

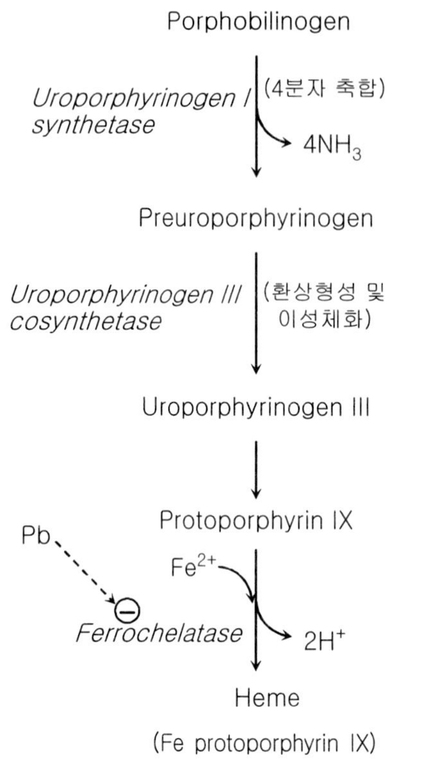

그림 17-35. Porphyrin 합성경로에서 heme의 생성.

▪ **임상적 발현:** 급성 간헐성 포르피린증과 같이 ALA와 포르포빌리노겐이 축적되는 포르피린증은 복통과 신경정신병적장애(neuro- psychiatric disturbance)를 일으킨다. 이러한 증상들은 바비투르산(barbiturate)과 같은 사이토크롬 P-450 약물산화시스템의 합성을 유도하는 약물들의 투여로 진정된다. 효소가 결핍된 개체는 테트라파이롤(tetrapyrrole) 중간물질들이 축적되고 광감수성(photosensitivity)을 나타낸다. 즉, 가시광선에 노출되면 피부소양증과 화상을 일으킨다. [주: 이러한 증상들은 포르피린-매개로 산소로부터 수퍼옥사이드 래디칼(superoxide radical)의 형성에 기인하는 것으로 생각된다. 이 반응성 산소종들은 산화적으로 막을 손상시키고 라이소솜으로부터 파괴적인 효소들을 유리시킨다. 세포 성분들의 파괴는 광감수성을 나타나게 한다.]

▪ ***ALA 합성효소* 활성 증가:** 포르피린증의 일반적 특징중의 하나는 헴 합성 감소이다. 헴은 정상적으로 *ALA 합성효소* 억제물질이기 때문에 헴의 결핍은 *ALA 합성효소*의 합성을 증가시키며 중간물질들의 합성도 증가된다.

▪ **치료:** 포르피린증의 심각한 증상들은 *ALA 합성효소*의 합성을 감소시키는 헤민의 정맥주사로 완화된다. 광선을 피하고, β-카로틴(유리 래디칼 제거제)의 섭취가 도움이 된다.

③ **헴의 분해:** 약 120일간의 순환 후 적혈구는 망상내피계, 특히 간장과 비장에서 분해된다(그림 17-36). 분해되는 헴의 약 85%는 적혈구에서 유래된 것이고, 15%는 미숙 적혈구와 적혈구외 조직들의 사이토크롬들로부터 유래된 것이다.

▪ **빌리루빈의 생성:** 헴분해의 1단계는 망상내피계 세포들의 마이크로솜에 있는 *heme oxygenase* 시스템에 의하여 녹색 색소인 빌리베르딘(biliverdin)을 생성한다. 빌리베르딘은 환원되어 적황색의 빌리루빈으로 전환된다. 빌리루빈과 빌리루빈유도체들을 합쳐서 담즙색소(bile pigment)라고 지칭한다. 빌리루빈은 혈장에 단지 약간만 용해되므로 알부민과 결합하여 간으로 수송된다. 알부민에서 유리된 빌리루빈은 간세포에 들어가 세포내 단백질들, 특히 리간딘(ligandin)이라는 단백질과 잘 결합한다. 간세포에서 빌리루빈은 글루쿠론산 두 분자와 결합하여 빌리루빈 디글루쿠로나이드(bilirubin diglucuronide)를 형성함으로써 용해도가 증가된다. 이 반응은 글루쿠론산공여체로 UDP-글루쿠론산을 사용하는 *bilirubin glucuronyl- transferase*에 의하여

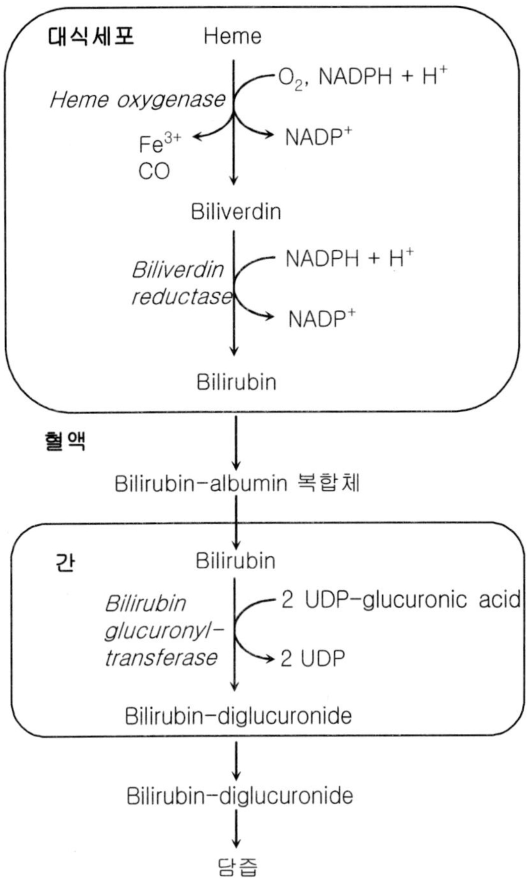

그림 17-36. Heme으로부터 bilirubin의 생성.

촉매된다.

▪ **빌리루빈의 배설:** 빌리루빈 디글루쿠로나이드는 농도구배에 저항하여 능동적으로 담관내로 수송되어 담즙으로 배설된다. 이 에너지의존적인 속도조절 단계는 간질환의 손상에 민감하다. 유리상태의 빌리루빈은 정상적으로 배설되지 않는다. 빌리루빈 디글루쿠로나이드는 장관내의 세균에 의하여 가수분해되고 환원되어 무색의 우로빌리노겐(urobilinogen)으로 전환된다. 약간의 우로빌리노겐은 장관으로부터 문맥혈로 재 흡수되어 신장으로 수송된 후 황색의 우로빌린(urobilin)으로 전환되어 요중에 배설된다. 장내 대부분의 우로빌리노겐은 장내 세균에 의하여 산화되어 특징적인 갈색의 분변색소를 나타내는 스테르코빌린(stercobilin)으로 전환되어 체외로 배설된다.

④ **황달:** 황달(jaundice, icterus)은 피부와 공막(눈 흰자위)의 황색을 말하며, 혈중 빌리루빈 농도의 증가로 인한 2차적인 빌리루빈의 축적이 원인이다. 황달 자체는 질병이 아닐지라도 일반적으로 원 질환(underlying disease)의 한 증상으로 간주된다.

▪ **황달의 형태:** 황달은 세 가지의 주요 형태로 분류된다. 그러나 실제로는 이러한 단순한 분류 이상으로 흔히 복잡하다. 예를 들면, 빌리루빈의 축적은 빌리루빈대사에서 한단계 이상의 손상에 기인할 수 있기 때문이다.

㉮ 용혈성 황달(hemolytic jaundice): 간장은 매일 3000㎎이상의 빌리루빈을 포합체를 만들어 배출시킬 수 있다. 반면에 간장은 정상적으로 매일 300㎎의 빌리루빈만을 생성할 수 있으며 따라서 정상상태의 간 기능을 유지한다면 아무런 문제가 없다. 그러나 다량의 적혈구 분해(예, 겸상적혈구빈혈, 말라리아)는 간이 포합체를 형성하는 속도보다 더 빨리 빌리루빈을 생성할 수 있다. 더 많은 빌리루빈이 담즙으로 배설되면 장간순환에 들어가는 우로빌리노겐의 양이 증가하고 요중에 배설되는 양도 증가한다. 혈중 유리형 빌리루빈 농도도 상승한다(그림 17-37).

㉯ 폐쇄성 황달(obstructive jaundice): 담관의 폐쇄에 기인하는 황달이다. 예를 들면, 간암이

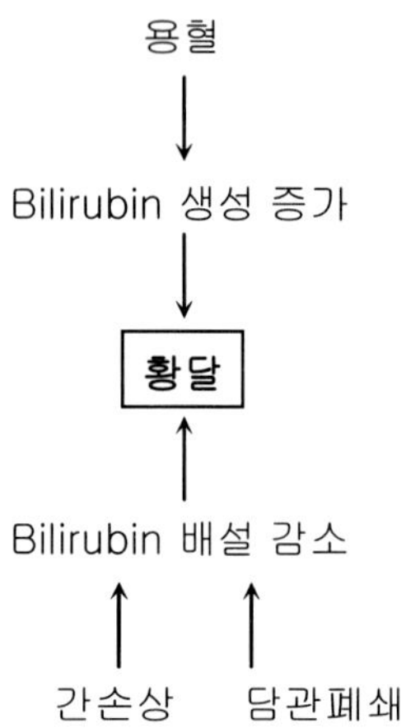

그림 17-37. 황달의 원인들.

나 담석은 담관을 폐쇄하여 장내로 빌리루빈의 배출을 차단시킬 수 있다. 위장의 통증, 구역질 및 창백한 점토색의 분변이 흔히 보이는 증상이다. 간장은 빌리루빈포합체를 혈중으로 역류시켜 요중에 배설한다.[주: 담관의 지속적 폐쇄는 간을 손상시키며, 유리 빌리루빈농도의 상승을 초래한다.]

㉰ 간세포성 황달(hepatocellular jaundice): 간세포의 손상(예, 간경변증, 간염)은 빌리루빈의 이용과 빌리루빈포합체의 생성을 감소시킨다. 유리형 빌리루빈이 혈중에 나타나고 요중 우로빌리노겐의 배설이 증가한다. 요는 암색이며, 분변은 창백한 점토색이다. 혈장 *AST*농도와 *ALT*농도가 상승하고 구역질과 식욕부진을 경험한다.

▪ **신생아 황달:** 신생아, 특히 미숙아는 출생시간의 *bilirubin glucuronyl-transferase* 활성이 낮기 때문에 흔히 빌리루빈이 축적되며 2주 전후에 성인 농도에 도달한다. 알부민의 결합능력을 초과하는 상승된 빌리루빈은 기저 신경절(basal ganglia)내로 확산하여 유독한 뇌병(encephalopathy)을 일으킨다. 뚜렷한 증상을 보이는 신생아는 청색형광으로 치료한다. 청색형광은 빌리루빈을 보다 극성을 가진 수용성 이성체로 전환시키며, 글루쿠론산과 포합체를 형성하지 않고도 담즙으로 배설될 수 있다.

(2) 크레아틴

크레아틴-인산(creatine phosphate)은 근육에 존재하는 크레아틴의 인산화 유도체로 ADP에 인산을 제공하여 ATP를 생성할 수 있는 고에너지화합물이다(그림 17-38). *Creatine kinase*에 의하여 촉매되는 이 반응은 강렬한 첫 몇분간의 근 수축에 필요한 세포내 ATP농도를 유지하는데 이용될 수 있다. [주: 혈장 creatine kinase의 존재는 조직 손상을 암시하며, 심근경색 진단에 이용된다.]

① **크레아틴의 합성:** 크레아틴은 글리신과 아르기닌의 구아니디노(guanidino)기에 S-아데노실메티오닌으로부터 메틸기를 공급받아 합성된다(그림 17-38). 크레아틴은 인산공여체로 ATP를 사용하는 *creatine kinase*에 의하여 크레아틴-인산으로 인산화된다. 포스포크레아틴(phos-phocreatine)은 근육중에 고에너지인산화물의 저장물질로 작용한다.[주: 포스포크레아틴의 양은 근육량에 비례한다.]

② **크레아틴의 분해:** 크레아틴과 포스포크레아틴은 자발적으로, 그리고 느리지만 일정한 속도로 환상화합물인 크레아티닌(creatinine)으로 전환되어 요중에 배설된다. 생체로부터 배설되는 크레아티닌량은 체내 총 포스포크레아틴량에 비례하므로, 근육량 측정에 이용될 수 있다. 어떤 이유로 근육량이 감소할 때(예, 마비, 근 위축) 요중 크레아티닌 함량이 낮아진다. 또한 크레아티닌은 정상적으로 혈액으로부터 신속히 제거되어 배설되므로 혈중 크레아티닌 농도의 상승은

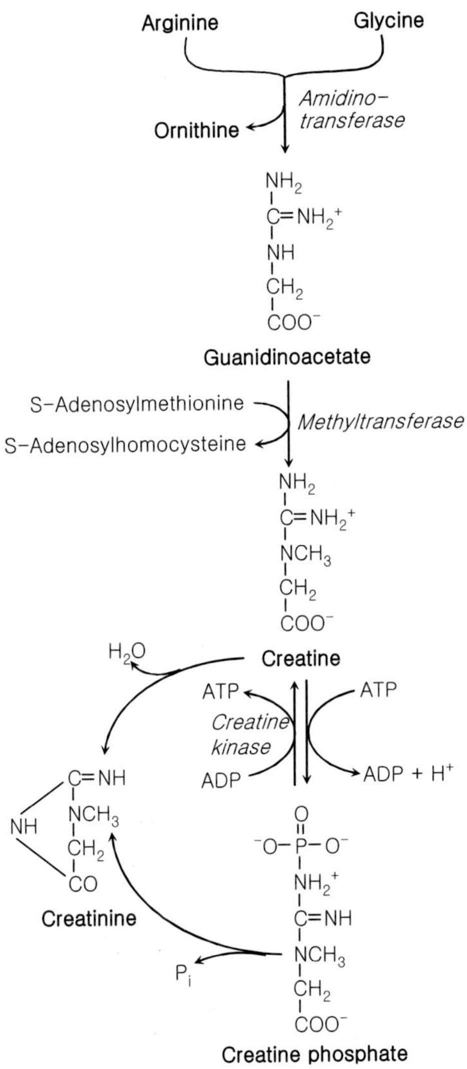

그림 17-38. Creatine의 합성.

신 기능부전의 예민한 지표가 된다. 정상 성인남자는 매일 약 15 mmol의 크레아티닌을 배설한다.

(3) 히스타민

히스타민(histamine)은 알러지반응, 염증성 반응, 위산분비 및 뇌의 부분에서 신경전달 등 광범위한 세포내 반응들을 조정하는 하나의 화학전령이다. 히스타민은 임상적으로 사용되지 않는다. 그러나 히스타민의 작용을 간섭하는 물질들이 치료의 목적으로 중요하게 적용된다. 히스타민은 강력한 혈관확장제로 히스티딘의 탈탄산으로 생성된다(그림 17-39). 히스타민은 알러지반응 또는 외상에 의하여 비만세포에서 분비된다.

(4) 세로토닌

세로토닌(serotonin, 5-hydroxytryptamine)은 장점막 세포들에 가장 많은 양이 존재하고 혈소판과 중추신경계에도 존재한다. 세로토닌은 통감각과 정동성 장애(affective disorders)와 관련된 정상 내지 비정상 행위 그리고 수면, 체온 및 혈압 등의 조절과 같은 다양한 생리적 역할을 한다. 세로토닌은 *phenylalanine hydroxylase*에 의한 반응과 유사한 방법으로 트립토판의 하이드록시화에 의하여 합성된다(그림 17-40).

(5) 카테콜아민류

도파민(dopamine), 노르에피네프린 및 에피네프린은 생물학적으로 활성 아민들이며 이들을 합쳐 카테콜아민류(catecholamines)라고 지칭한다. 도파민과 노르에피네프린은 뇌와 자율신경계의 신경전달물질로 작용한다. 노르에피네프린과 에피네프린은 부신수질에서 합성된다.

① **기능:** 신경계 밖에서 노르에피네프린과 에피네프린은 탄수화물과 지질대사의 조절물질로 작용한다. 노르에피네프린과 에피네프린은 공포, 운동, 추위 및 낮은 혈당농도에 반응하여 부신

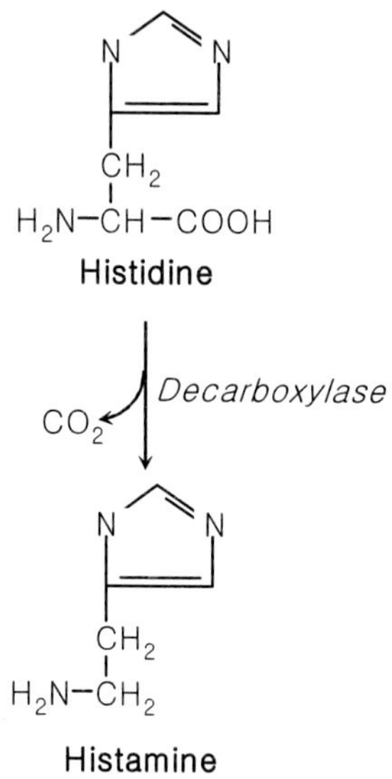

그림 17-39. Histamine의 생합성.

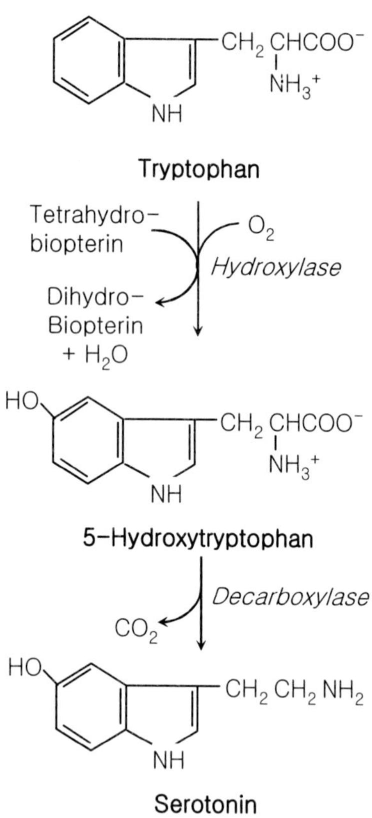

그림 17-40. Serotonin의 합성.

수질로부터 유리된다. 노르에피네프린과 에피네프린은 심장박출과 혈압을 증가시키는 동시에 트리아실글리세롤과 글리코겐의 분해를 증대시킨다.

② **카테콜아민류의 합성:** 카테콜아민류는 타이로신으로부터 합성된다(그림 17-41). 타이로신은 먼저 하이드록시화되어 3,4-디하이드록시페닐알라닌(3,4-dihydroxyphenylalanine, dopa)을 생성한다. [주: 이 반응은 속도조절단계로 효소는 중추신경계, 교감신경절 및 부신수질에 풍부하게 존재한다.] Dopa는 탈탄산되어 도파민(dopamine)으로 전환되고 이어서 하이드록시화되어 노르에피네프린을 생성한다. 에피네프린은 노르에피네프린에 S-아데노실메티오닌으로부터 메틸기를 전달받아 생성된다.

③ **카테콜아민류의 분해:** 카테콜아민류는 *monoamine oxidase(MAO)*에 의한 탈아미노반응과 *catechol-O-methyltransferase(COMT)*에 의한 O-메틸화에 의하여 불활화된다(그림 17-42). *MAO*반응에 의한 알데히드산물은 해당하는 산들로 산화된다. 이 반응들의 생성물인 VMA (vanillylmandelic acid), metanephrine 및 normetanephrine 등은 요중에 배설된다.

Monoamine oxidase: 이 효소는 신경뿐 아니라 장과 간장같은 다른 조직들에도 존재한다. 신경에서 *MAO*는 과량의 신경전달물질들(노르에피네프린, 도파민 및 세로토닌)을 산화적 탈아미노화로 불활화시키는 안전판으로 작용한다. *MAO*억제물질들은 비가역적 내지 가역적으로 이 효소를 불활화시켜 신경전달물질들의 분해를 저해하며 노르에피네프린과 세로토닌 수용체들을 활성화시킨다.

(6) 멜라닌

멜라닌(melanin)은 신체의 여러 조직, 특히 눈, 모발 및 피부에 많이 존재하는 색소이다. 피부에 존재하는 색소형성세포를 멜라닌세포(melanocyte)라고 한다. 여기에서 멜라닌은 광선의 유해한 효과로부터 원세포들을 보호하기 위하여 합성된다. 첫 단계는 *tyrosinase*에 의하여 타이로신이 하이드록시화되어

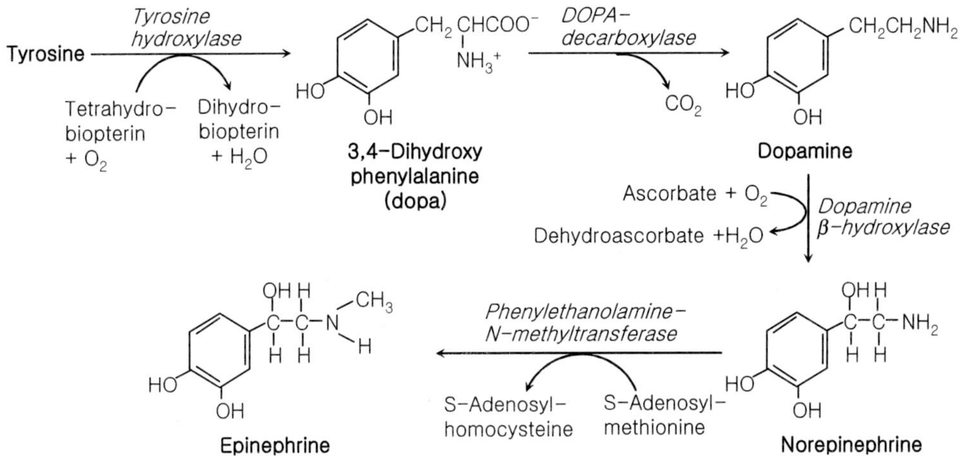

그림 17-41. Catecholamine류의 합성.

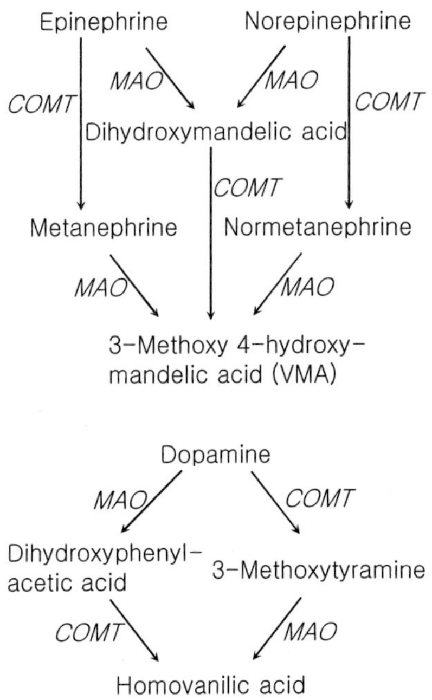

그림 17-42. Catecholamine의 대사. *COMT, catechol-O-methyltransferase; MAO, monoamine oxidase.*

dopa를 생성하며, 이어지는 반응들에서 *tyrosinase*에 의하여 또는 자발적인 반응으로 갈색 내지 흑색색소를 생성한다.

2. 퓨린과 피리미딘의 대사

퓨린과 피리미딘은 DNA, RNA, ATP, GTP 및 UTP같은 고에너지 화합물의 구성단위로서 모든 조직에서 매우 중요한 물질이다. 또한 몇몇 비타민과 결합하여 활성형 비타민을 만들기도 한다 (예, 라이보플라빈과 결합하여 FAD형성, 나이아신과 결합하여 NAD^+ 또는 $NADP^+$ 형성, 판토텐산과 결합하여 코엔자임 A 형성).

피부, 장점막, 간, 췌장세포, 또는 암탉의 난관세포 등과 같이 분화가 빠르거나 단백질합성속도가 빠른 세포들은 퓨린과 피리미딘 요구량이 높다. 안정된 수의 세포집단을 가진 성체의 근육과 신경조직조차도 느린 속도로 RNA와 단백질이 교체되므로 이들 물질들이 필요하다.

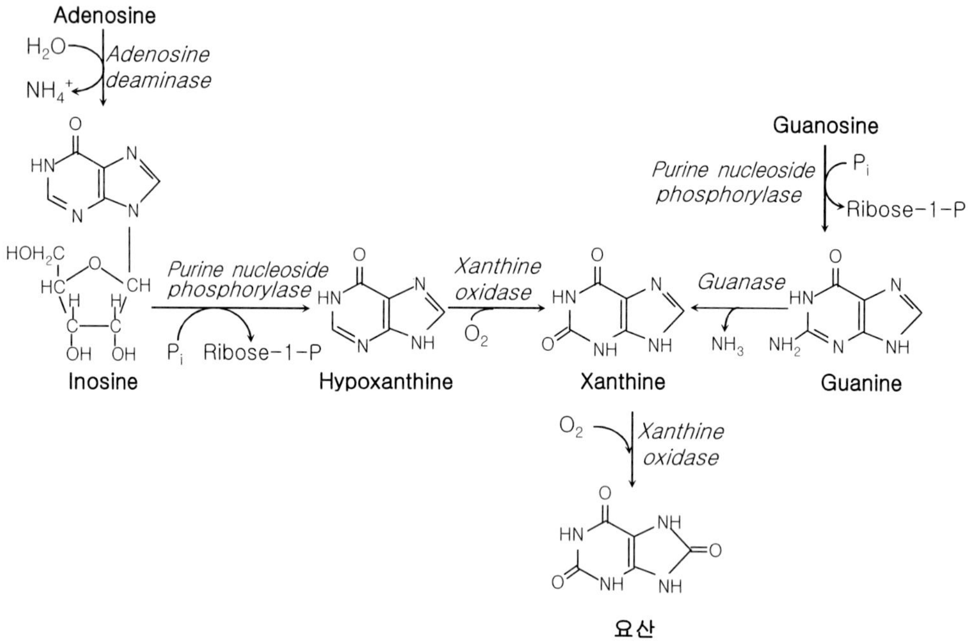

그림 17-43. Purine nucleoside로부터 요산의 생성. Purine deoxyribonucleoside도 포유동물의 위장관 점막에 존재하는 동일한 경로와 효소들에 의하여 분해된다.

1) 퓨린의 분해

식이 퓨린이나 내분비 퓨린의 대부분은 간과 장에서 산화되어 요산(uric acid)으로 분해되어 요중에 배설된다(그림 17-43).

사람을 포함한 영장류는 정상적으로 요중에 요산을 배설한다. 다른 포유동물들은 신장에서 요산을 재흡수하여 간으로 수송하며 간의 *요산 분해효소*(*uricase*)에 의하여 알란토인(allantoin)으로 전환된 후 요중에 배설된다(그림 17-44). 달마시안 개(Dalmatian dog)는 신세뇨관이 없으며 혈액에서 여과된 요산을 재흡수할 수 없다. 그러나 간은 정상적인 양의 *uricase*를 가지고 있으므로 요산을 알란토인으로 전환시킬 수 있으며 따라서 많은 요산과 함께 알란토인이 요중에 배설된다.

요산은 혈액과 요중에서 용해도가 낮으며 산성 pH에서 조차도 낮다. 그러므로 용해도를 초과할 때 과량의 요산이 요로와 관절에 침전된다. 요로가 폐쇄되면 요결석(urolithiasis)을 일으키며 관절에 침전되면 심한 통증을 수반하는 관절염증성 종창(통풍결절, tophi)을 일으킨다. 원발성 통풍(primary gout)은 퓨린 생합성의 선천성 결함에 기인한다. 만성적인 퓨린의 과생성은 요산을 과다 생성하여 신석(kidney stone)이나 통풍결절을 일으킨다. *Xanthine oxidase*의 경쟁적 억제물질인 알로푸리놀(allopurinol)은 퓨린염기가 요산으로 산화되는 것을 방지하여 원발성 통풍

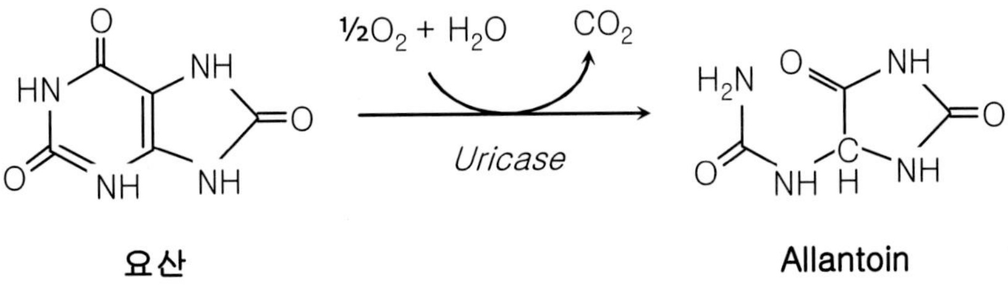

그림 17-44. 요산의 allantoin으로의 전환.

증상을 억제한다. 2차 통풍(secondary gout)은 절식, 혈액질환(백혈병) 및 기타 소모성 질환 등에서 비정상적으로 상승된 내분비 퓨린염기들의 교체에 의하여 일으켜진다. 통풍은 정상적으로

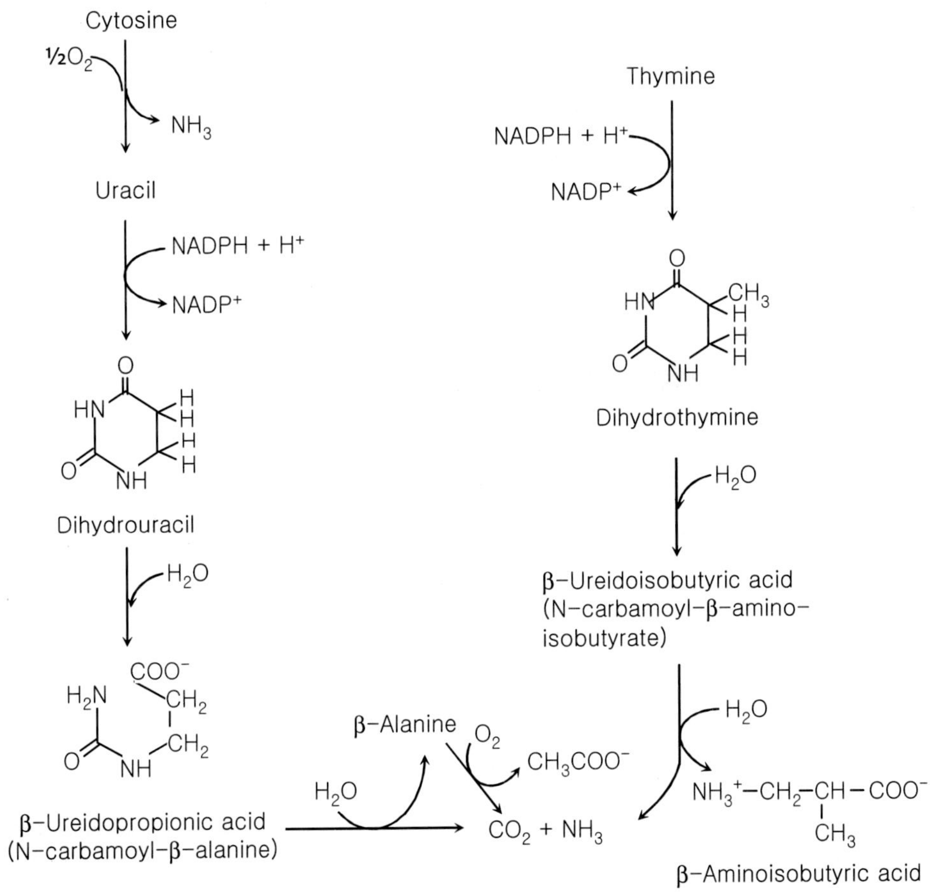

그림 17-45. Pyrimidine 대사.

영장류의 질환이다. 달마시안 개는 요산에 기인하는 요로(urinary tract) 문제들에 민감하다.

2) 피리미딘의 분해

피리미딘염기는 주로 간에서 분해되어 β-알라닌과 β-아미노이소부티르산(β-amino-isobutyrate)을 생성한다(그림 17-45). β-알라닌은 사이토신과 우라실로부터 생성되고, β-아미노이소부티르산은 티민(DNA)으로부터 생성된다. 요중의 β-아미노이소부티르산측정은 방사선 조사에 의한 DNA의 손상을 검지하는데 이용된다.

3) 요소배설동물과 요산배설동물

단백질은 동물에서 가장 풍부한 질소 저장물질이다. 포유동물은 아미노산 질소의 주요 대사산물인 요소를 생성하여 요중에 배설하며 이런 동물을 **요소배설동물**(ureotelic animal)이라고 한다. 포유동물에서 퓨린질소의 요중 배설물질은 요산과 알란토인(allantoin)이다. 그러나 퓨린이 총 질소대사에서 차지하는 비율은 매우 적다.

한편 조류와 어떤 파충류는 퓨린과 아미노산 질소를 요산의 형태로 배설하며, 이런 동물들을 **요산배설동물**(uricotelic animals)이라고 한다. 요산은 고도로 농축되어 요산 덩어리(uric acid paste)로 배설하여 물의 삼투적 상실을 최소화시키는 이점이 있다.

대부분의 수생동물과 같이 경골어류는 아미노산 질소를 암모니아로 배설하며, 이들을 **암모니아배설동물**(ammonotelic animals)이라고 한다.

4) 퓨린의 생합성

퓨린은 B-비타민의 도움으로 비필수아미노산으로부터 합성된다. 퓨린고리를 구성하고 있는 각 원자의 기원을 그림 17-46에 나타내었다.

아데닌과 구아닌은 가장 중요한 퓨린들로서 구아닌은 아데닌에서 쉽게 생합성된다. 누클레오사이드와 누클레오타이드의 구조에서 라이보스는 퓨린고리의 9번 질소에 연결되어 있다. 글리신, CO_2 및 세린과 테트라하이드로엽산의 유도체는 탄소원자를 제공하며, 글루타민과 아스파르트산은 질소원자를 제공한다(그림 17-47).

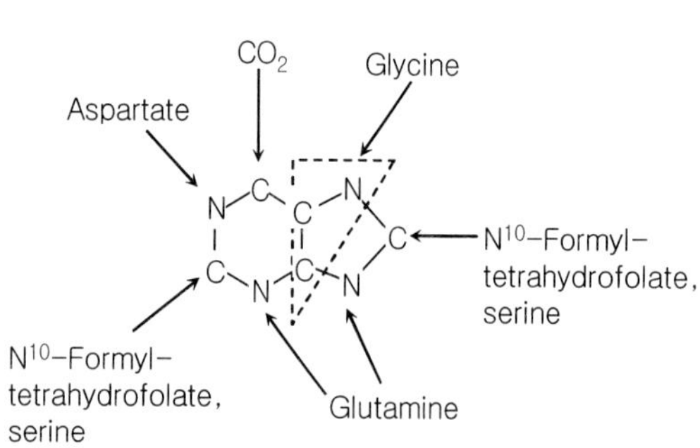

그림 17-46. Purine고리 구성원자들의 근원.

퓨린고리는 라이보스 5-인산에 여러 물질들이 첨가되어 합성된다. 라이보스-5-인산에 ATP유래의 인산이 첨가되어 5-포스포라이보실-1-피로인산(5-phosphoribosyl-1-pyrophosphate, PRPP)을 생성한다. PRPP의

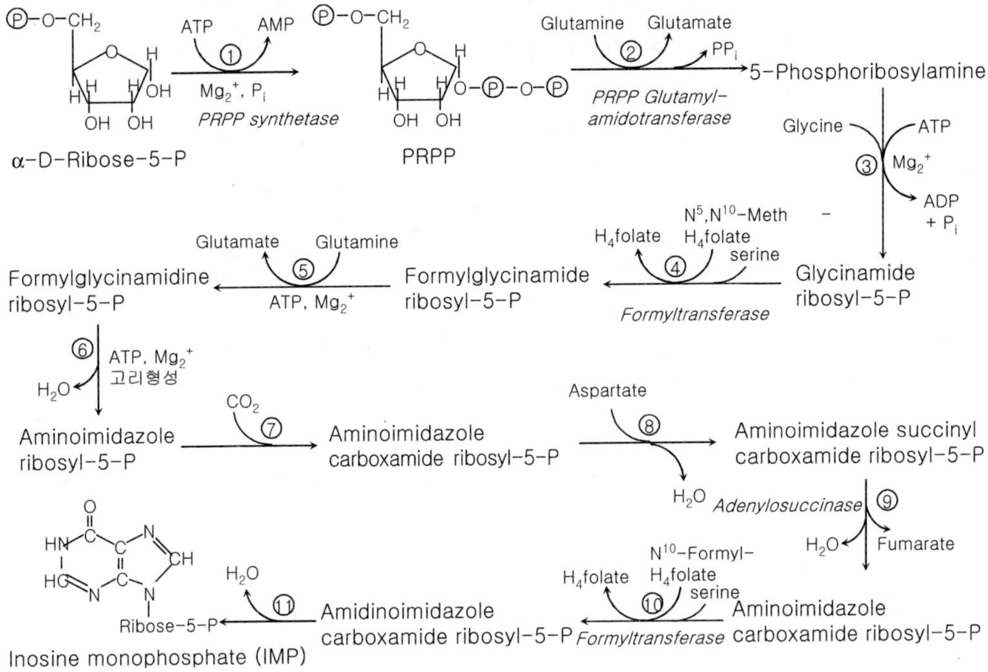

그림 17-47. Purine nucleotide(IMP)의 생합성. PRPP. 5-phosphoribosyl-1-pyrophosphate.

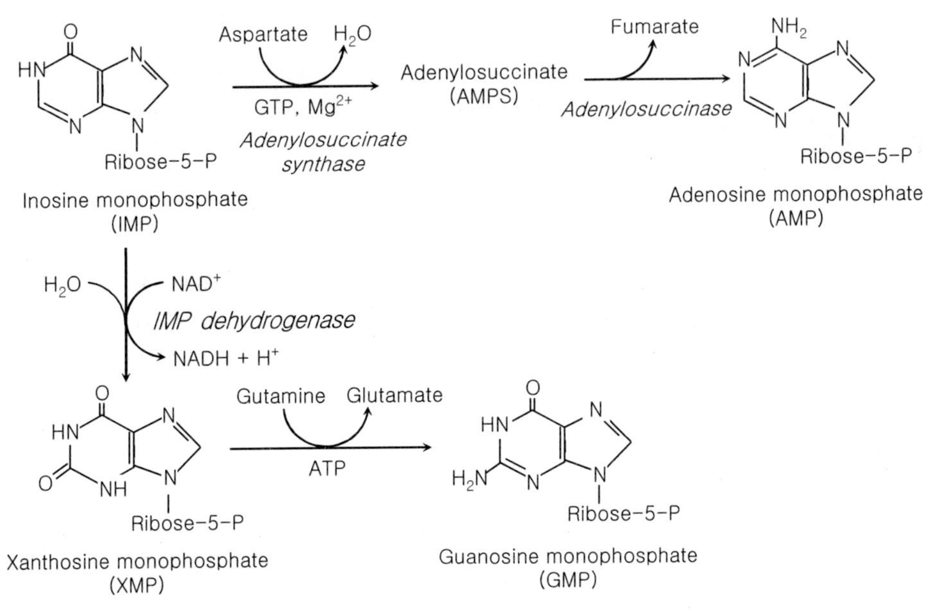

그림 17-48. IMP로부터 AMP와 GMP의 생성.

피로인산기는 가수분해되어 다음 단계의 반응들을 계속 진행시키는 원동력이 된다. 다음에는 5각형의 고리에 이어 6각형 고리가 순차적으로 형성된다. 라이보스 1′위치의 피로인산기는 글루타민의 아미노기로 치환되고, 이어지는 반응에서 글리신이 퓨린고리의 4번, 5번 및 7번 질소를 공급하여 축합시킨다. 이어서 메테닐-테트라하이드로엽산(methenyl tetrahydrofolate)과 세린이 8번 탄소, 글루타민이 9번 질소를 제공하여 5각형 고리구조가 완성된 후 6각형 고리를 형성하기 위하여 CO_2가 6번 탄소, 아스파르트산이 1번 질소, 포르밀-테트라하이드로엽산(formyltetrahydrofolate)과 세린이 2번 탄소, 글루타민이 3번 질소를 공급하여 퓨린고리가 완성된다. 이노신 5′-1인산(inosine 5′-monophosphate, inosinic acid, IMP)은 이 경로의 최종산물이다. 이노신산(IMP)은 아데닐산(AMP)과 구아닐산(GMP)의 전구체이다(그림 17-48). 아스파르트산은 IMP의 퓨린고리 6번 탄소에 아미노기를 전달하여 AMP를 만든다. 이 반응과는 다른 방법으로 IMP의 퓨린고리 2번 탄소가 산화되고, 이어서 글루타민에 의하여 아미노기가 첨가되면 GMP가 생성된다. 퓨린의 생합성은 핵산, NAD 또는 FAD의 필요에 따라 조절된다. 유리상태의 생성물들은 PRPP합성을 알로스테릭하게 억제한다.

5) 피리미딘의 생합성

피리미딘고리를 구성하는 각 원자의 근원은 그림 17-49와 같다. 피리미딘누클레오타이드(pyrimidine nucleotide)의 생합성은 퓨린누클레오타이드(purine nucleotide)와 같이 비필수화합물과 B-비타민의 도움으로 합성된다. 그러나 퓨린합성과 달리 피리미딘고리가 먼저 만들어진 후 라이보스-인산에 연결되어 우리딘 5′-1인산(uridine 5′-monophosphate, UMP)이 형성된다(그림 17-50). 피리미딘누클레오타이드합성의 조절은 효소활성의 피드백 억제 및 억제/회복 조절에 의하여 달성된다.

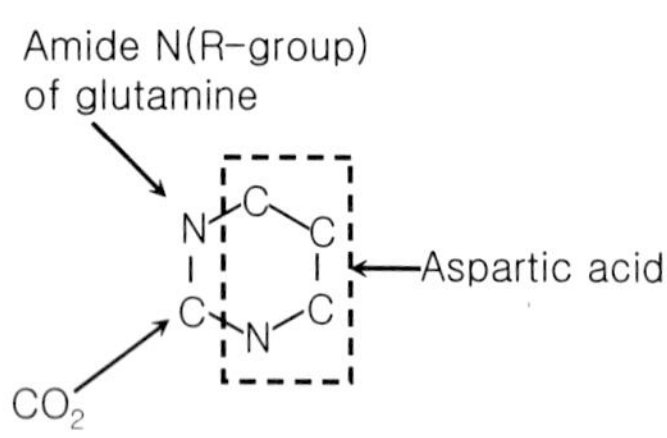

그림 17-49. Pyrimidine고리 구성원자들의 근원.

음식물은 중요하지 않으며 생체가 필요로 하는 퓨린과 피리미딘은 대체로 내분비물질로부터 합성된다. 퓨린과 같이 피리미딘염기의 합성은 B-비타민과 글리신, 세린, 아스파르트산 및 글루타민과 같은 비필수아미노산들을 필요로 한다. 따라서 퓨린과 피리미딘 생합성에 필요한 물질들을 공급하기 위하여 TCA회로에서 일정한 성분들의 누출이 수반된다.

누클레오타이드합성에 필요한 라이보스와 데옥시라이보스는 ㉮ 글루코스의 산화적 5탄당분로(간), ㉯ 비산화적 5탄당 분로(근육), ㉰ 우론산경로(간, 신장)에 의하여 합성된다. 소량이 수동적으로 음식물로부터 흡수된다.

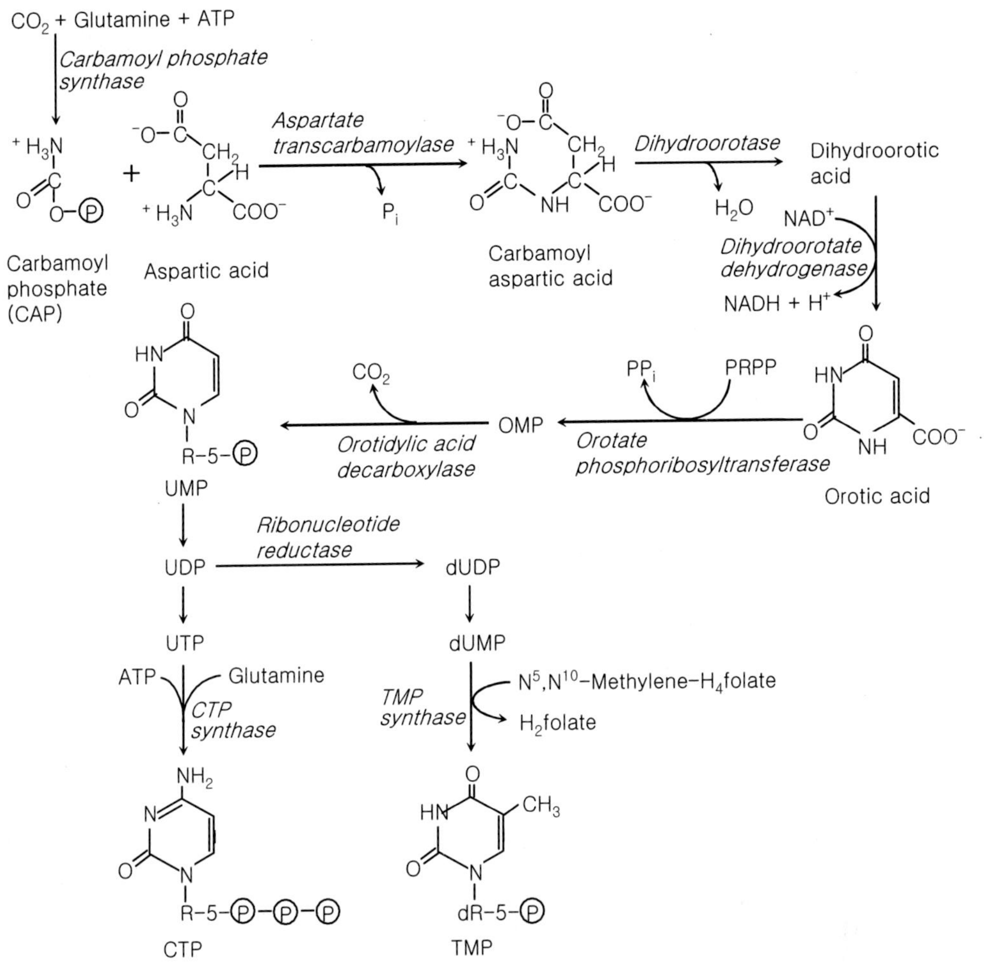

그림 17-50. Pyrimidine nucleotide들의 생합성.

6) 퓨린과 피리미딘 생합성 억제물질

퓨린과 피리미딘염기의 생합성을 억제하는 방법은 여러 암종의 치료를 위한 화학요법(chemotherapy) 중의 하나이다. 악성 세포들은 특징적으로 정상세포보다 매우 빨리 분화하며 따라서 더 많은 퓨린과 피리미딘염기들을 필요로 한다. 그러므로 악성세포들은 정상세포보다 퓨린과 피리미딘염기의 생합성을 억제하는 물질들에 의하여 영향을 많이 받는다. 물론 억제물질들은 정상세포의 퓨린과 피리미딘염기의 생합성에도 손상을 주며 모든 체세포에게 독성이 있다. 퓨린과 피리미딘 생합성의 강력한 억제물질인 아사제린(asazerine)은 질소의 전이를 차단하여 생합성을 억제한다. 그러나 이 물질은 정상세포에 독성이 너무 강하여 화학요법제로 잘 사용되지 않는다. 아미놉테린(aminopterin)은 퓨린과 피리미딘 생합성에서 1탄소 전이를 억제하며, 급성 백혈병의 화학요법제로 가치가 있다.

3. 질소화합물의 소화

1) 식이 단백질의 소화

성숙 동물에서 주로 아미노산과 짧은 펩타이드들이 흡수된다. 작은 펩타이드가 흡수된다는 사실은 점막을 통하여 유리 트립토판을 수송할 수 없는 하트넙병(Hartnup disease) 환자가 거의 정상적으로 발육한다는 사실로서 증명된다. 대부분의 작은 펩타이드들은 소장의 점막세포에 들어오는 즉시 점막세포의 쇄자연막(brush border)과 세포질에 있는 펩타이드 가수분해효소에 의하여 유리 아미노산으로 가수분해 된다. 이들이 장에서 단백질로 합성되지 않고 남은 유리아미노산과 일부 작은 펩타이드들은 문정맥을 경유하여 간으로 운반된다.

단백질 분해효소는 endopeptidase와 exopeptidase로 구분된다. Endopeptidase는 펩타이드사슬의 내부 펩타이드결합을 분해하며, 분해되지 않은 펩타이드들을 남긴다. 위에서 분비되는 *pepsin*과 췌장에서 분비되는 *trypsin*, *chymotrypsin* 및 *elastase(elastinase)*는 endopeptidase에 속한다. Exopeptidase에는 *aminopeptidase*와 *carboxypeptidase*가 있다. *Aminopeptidase*는 endopeptidase들의 소화산물인 펩타이드의 아미노말단 펩타이드결합을 분해하며 *carboxy- peptidase*는 카복시말단 펩타이드결합을 분해한다.

(1) 위액에 의한 단백질의 소화

단백질의 소화는 위에서 시작된다. 위에서 분비되는 위액은 염산과 효소 전구체인 펩시노겐(pepsinogen)을 함유하고 있다.

- 염산(HCl): 위액 중의 염산은 pH 2-3으로 단백질을 가수분해시킬 수 없다. 그러나 세균을 사멸시킬 수 있으며 단백질을 변성시켜 민감하게 단백질 가수분해효소의 작용을 받을 수 있도록 해준다.
- *Pepsin*: 위의 장액세포에서 불활성형인 펩시노겐으로 분비되는 산-안정성의 endopepti- dase이다. 일반적으로 효소 전구체는 효소의 활성부위를 방해하는 추가적인 아미노산서열을 가지고 있으며 이 추가적 아미노산서열을 제거하여 효소를 활성화할 수 있다. 펩시노겐은 염산 또는 이미 활성화된 *pepsin*의 자가촉매로 *pepsin*으로 활성화된다. *Pepsin*은 식이 단백질을 유리아미노산과 펩타이드로 분해한다.

(2) 췌장효소에 의한 단백질의 소화

위에서 *pepsin*에 의하여 분해된 폴리펩타이드들은 소장에 들어와 췌장에서 분비된 endopeptidase들과 exopeptidasde들에 의하여 올리고펩타이드와 아미노산으로 분해된다.

- 특이성: 각 효소는 펩타이드결합에 인접한 아미노산의 R기에 따라 특이성이 다르다(그림 17-51). 예를 들면, *trypsin*은 펩타이드결합의 카보닐기가 아르기닌 또는 리신에 의하여 제공되었을 때만 분해한다.
- 효소 전구체의 유리와 활성화: 췌장에서 분비되는 효소 전구체는 신경내분비자극 특히 콜레시스토키닌과 세크레틴의 분비에 의하여 조절된다. 장 쇄자연막의 점막세포 표면에서 합성되는 *enteropeptidase(enterokinase)*가 트립시노겐(trypsinogen)을 *trypsin*으로 전환시키며, *trypsin*은 계속하여 다른 트립시노겐을 *trypsin*으로 전환시킨다. 따라서 *enteropeptidase*는 단백질 분해효소들을 활성화시키는 시발점이며 *trypsin*은 모든 췌장에서 분비되는 효소 전구체들의 공통 활성물질이다.
- 아미노산과 디펩타이드의 흡수: 유리아미노산과 디펩타이드는 장 상피세포에 의하여 흡수되며 이때 ATP와 비타민 B_6가 필요하다. ATP생성이 손상되면 아미노산흡수가 억제된다. 소장 점막에는 여러 아미노산과 디펩타이드를 흡수하는 다른 경로들이 존재한다. 흡수된 아미노산들은 장 단백질합성에 부분적으로 사용된다. 나머지는 문정맥을 거쳐 간으로 운반된다. 디펩타이드는 점막세포의 세포질에서 아미노산으로 가수분해되어 다른 유리아미노산과 같이 문정맥에 들어가 간으로 운반된다. 간에 들어간 아미노산은 간에서 대사 되거나 혈류 중에 유리된다.
- 단백질 소화이상: 췌장분비이상증[예, 만성 췌장염(chronic pancreatitis), 낭포성 섬유증(cystic fibrosis), 췌장의 외과적 절제]을 가진 개체는 지방과 단백질의 소화와 흡수가 불완전하

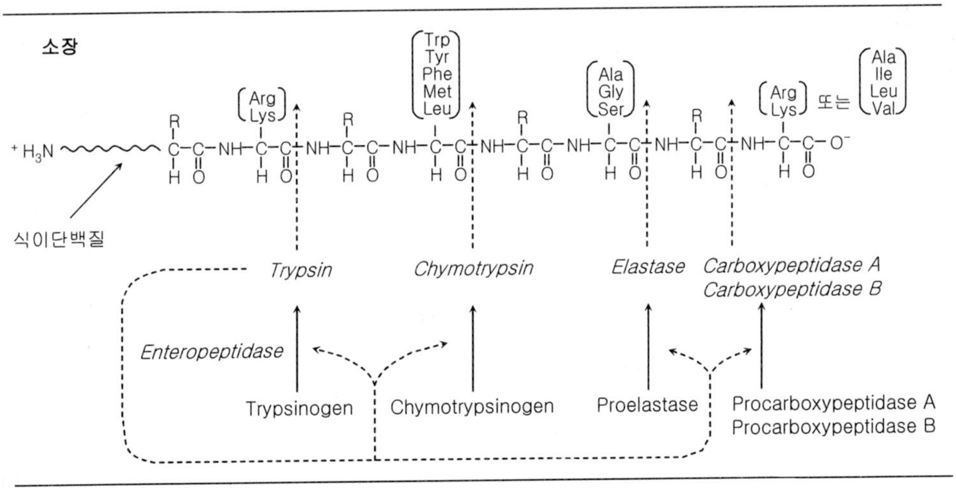

그림 17-51. 췌장 *protease*들에 의한 식이 단백질의 분해.

다. 결과적으로 지방변증(steatorrhea)과 분변중에 소화되지 않은 단백질이 나타난다.

▪ 장 미생물총에 의한 분해: 식이 아미노산의 일부는 장내 미생물총에 의한 부패와 발효로 상실된다. α-카복실기의 탈탄산에 의하여 아민이 생성된다. 리신에서 생성된 카다베린(cadaverine)과 오르니틴에서 생성된 푸트레신(putrescine)은 냄새가 심하며, 히스티딘에서 생성된 히스타민은 혈관 수축제로 작용한다. 아미노산의 완전 발효는 기체(H_2S, CH_4), NH_4^+ 및 기타 소분자 화합물들을 생성한다.

2) 핵단백질의 소화

핵단백질은 췌장효소들에 의하여 단백질과 핵산으로 분해된다. 다음에 RNA는 *ribonuclease(RNA-ase)*에 의하여, DNA는 *deoxyribonuclease(DNA-ase)*에 의하여 누클레오타이드로 분해된다. 이어서 누클레오타이드는 장의 *mononucleotidase*에 의하여 누클레오사이드와 인산으로 분해되고, 누클레오사이드들은 *nucleosidase*들에 의하여 유리 염기와 5탄당으로 분해된다.

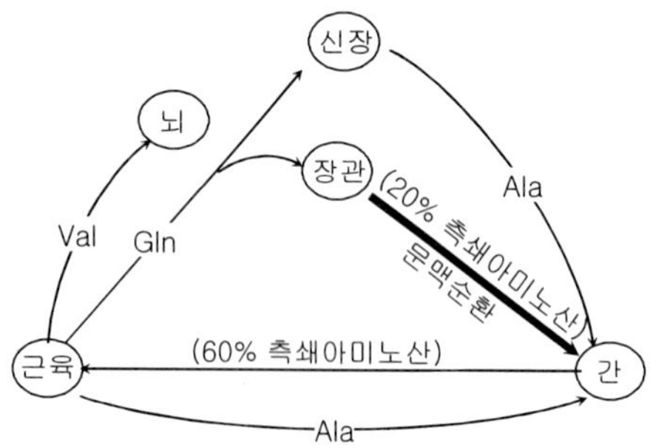

그림 17-52. 섭취 후 기관간 아미노산 교환.

4. 체단백질 대사의 조절

1) 간장의 아미노산 대사

간장, 장 및 신장은 혈액으로부터 아미노산을 제거한다. 아미노산들은 전하와 작은 분자량으로 인하여 흡수한 장기에 저장되지 않으며 신속히 대사된다. 아미노산들은 기능성 단백질 또는 구조 단백질로 합성되어 사용되거나 또는 지질로 전환되어 저장된다. 유리아미노산은 글루코스나 유리지방산처럼 매우 동적이다.

동물 체단백질의 절반이 근육조직에 존재하지만, 아미노산 이화과정의 효소들은 간에 가장 풍부하다. 식후 대부분의 글루타민과 글루타민산은 소장 점막에서 대사된다. 대부분의 다른 아미노산들은 간으로 운반되어 약간은 혈장 단백질합성에 이용되고 대부분은 이화된다. 다만, 측쇄 아미노산인 발린, 루신 및 이소루신은 간장에서 대사 되지 않고 바로 말초조직으로 보내어져 아미노기전이반응으로 α-케토산을 생성하며 생성된 측쇄 α-케토산들은 간으로 운반되어 대사된다.

근육조직은 기아상태에서 혈장 아미노산들의 주요 공급원이다(그림 17-52, 그림 17-53). 특히, 알라닌과 글루타민이 다량으로 유출되어 각각 전체 혈장아미노산의 50%와 25%를 차지한다. 대부분의 알라닌은 간에서 제거되어 당신생의 주요 기질로 이용된다. 글루타민은 대부분 신장과 장에서 제거된다. 신장은 *glutaminase*에 의하여 암모니아를 생성하고 NH_4^+으로서 요중에 배설된

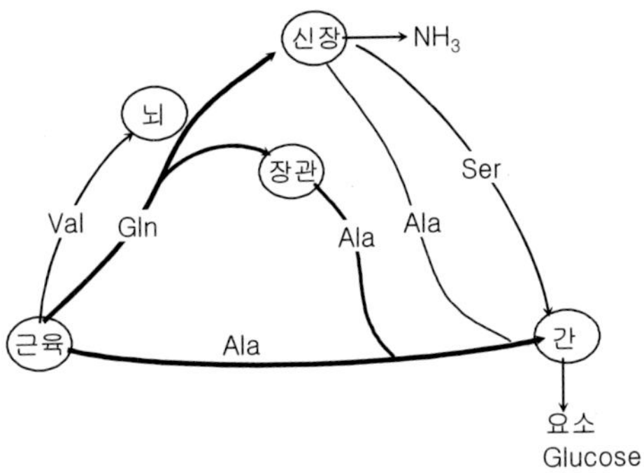

그림 17-53. 흡수 후 기관간 아미노산 교환.

다. 장은 대사 에너지의 생산을 위하여 글루코스와 함께 글루타민을 주요 기질로 이용한다.

질소는 간 이외의 조직에서 아미노산(알라닌이 가장 중요) 또는 유리 암모니아의 형태로 간으로 수송된다. 암모니아를 생성하는 보다 중요한 조직은 장으로 점막세포에서 글루타민과 글루타민산으로부터 생성되거나, 또는 요소나 소화되지 않은 단백질에 세균성 효소들이 작용하여 생성된다. 약간의 암모니아는 장 이외의 조직에서 *글루타민산 탈수소효소*(대부분의 조직), *gluta- minase*(신장), *histidase*(피부) 및 다른 효소들에 의하여 유출된다.

*카바모일-인산 합성효소*의 반응에 필요한 대부분의 암모니아는 간 이외의 기관에서 제공된다. 반면에 간에서의 아미노산대사는 아미노기전이반응으로 글루타민산을 생성하고 최종적으로 아스파르트산을 생성하여 요소회로에 질소를 공급한다. 간 문맥 주변세포들도 *글루타민 합성효소*를 가지고 있으며, 카바모일-인산합성시에 새어나오는 대부분의 암모니아를 제거한다.

2) 골격근의 대사적 성질

근육의 구조와 기능 유지에 필요한 대사의 필요성과 전 생체대사의 유지에 필요한 저장 근육 단백질의 대사적 기능에 대하여 요약한다.

(1) 근 섬유의 분별

근 섬유는 외관과 수축특성을 기초로 다음과 같이 구별된다(표 17-3).

- **I형 섬유**(Type I fibers): 지근 섬유(slow muscle fiber)라고도 하며, 적색으로 지연-단수축(slow-twitch contraction)을 일으킨다. 즉, 지속적인 운동에 느리게 수축된다. 이 근육세포들은 마이오글로빈과 지방산 및 케톤체의 호기성 이화에 사용되는 미토콘드리아의 사이토크롬 때문에 암적색을 띠고 있다. 또한 영양소가 풍부하고 수축에 필요한 ATP를 산화적 인산화를 통하여 얻을 수 있기 때문에 이 적색근들은 쉽게 피로하지 않는다. 혈액의 공급은 충분하고, 수 많은 미토콘드리아는 훈련으로 증가되며, 세포직경은 작고, II형 섬유에 비하여 적은 근세관계(sarco- tubular system)를 가지고 있다. 근소포체(sarcoplasmic reticulum)의 Ca^{2+} 이용과 유리는 느리다.
- **II형 섬유**(Type II fibers): 속근 섬유(fast muscle fiber)라고도 하며, 백색으로 신속-단수축(fast-twitch contraction)을 일으킨다. 즉 단기간의 폭발적인 활동을 나타낸다. 세포들은 미토콘드리아의 수가 드물고, 필요한 ATP는 주로 글리코겐 분해, 혐기적 해당 및 포스포크레아

틴으로부터 혐기적으로 유도된다. 이 세포들은 글리코겐분해와 해당의 분해효소들, *젖산 탈수소효소*, 포스포크레아틴 및 *creatine kinase*(*CK*, *CPK*)를 풍부하게 함유하고 있다. *CK*는 ATP를 사용하여 크레아틴으로부터 포스포크레아틴을 생성한다(그림 17-38 참조). 젖산은 산소가 회박하기 때문에 대사 전자를 저장하는데 사용된다. 이 섬유는 혈액 공급이 충분하지 않고, 세포 직경은 크며, 근세관계의 Ca^{2+}이용과 유리는 빠르다. 마이오신(myosin)의 *ATPase*활성도 높아서 신속하고 강력한 수축반응을 나타낸다.

표 17-3. 속근 섬유와 지근 섬유의 특징

	속근섬유	지근섬유
Myosin ATPase	높음	낮음
에너지 이용	높음	낮음
색	백식	적색
Myoglobin	없음	있음
수축속도	빠름	느림
수축기간	짧음	지속적

- **III형 섬유**(Type III fibers): 중등도의 색을 나타내므로 **중간 섬유**(intermediate fibers)라고도 부른다. 높은 속도의 호기성 대사와 글리코겐분해활성을 가진 신속-단수축 섬유이다.

이들 근섬유의 비율은 주로 유전적으로 결정되며 훈련에 의하여 영향받지 않는다. 예를 들어 Quarter종 말(I형 7%, II형93%)은 고속의 단거리 경주에 좋으며, Thoroughbred종 말(I형 12%, II형 88%)은 중간 속도, Heavy Hunter종 말(I형 31%, II형 69%)은 더 긴 시간동안 호기성 운동을 지속할 수 있다. Greyhound종 개(I형 3%, II형 97%)는 훌륭한 단거리 선수이며, 잡종개(I형 31%, II형 69%)는 장거리 운동에 더 적합하다. 사람에서 장거리선수(I형 79%, II형 21%)는 단거리선수(I형 24%, II형 76%)와 거의 정반대의 조성을 가진다. 다른 근육들은 3종 근육형의 특징적인 비율들을 가진다.

(2) 근육수축의 에너지원

근육수축에 필요한 ATP는 마이오신의 *ATPase*에 의하여 분해된다. 글리코겐 분해, 해당 및 TCA효소들은 모든 근 섬유들에 의하여 완전히 보충되고 있으나 적색 섬유가 백색 섬유보다 더 많은 미토콘드리아를 가지고 있으므로 I형 섬유는 유리지방산과 케톤체를 산화시킬 수 있는 반면에 II형 섬유는 필요한 ATP를 글리코겐과 글루코스 대사 및 포스포크레아틴의 가수분해로 얻는다. 그러므로 근육의 에너지원은 다음과 같이 분류할 수 있다.

- 지방산과 케톤체는 적절한 혈액(산소) 공급과 많은 미토콘드리아를 가진 섬유의 풍부한 ATP원이다.
- 저장 글리코겐은 혈액 글루코스와 함께 백색근에서 혐기적 대사에 의한 ATP 생성원이다. 적색 섬유에서의 산화적 인산화에 의한 ATP생성과 비교할 때 백색근에서의 기질수준의 ATP생성이 약 2.5배 더 빠르다. 저장 글리코겐은 최대 근수축에 필요한 1.5분간의 연료치를 제공할 수 있다. 글리코겐 저장물이 고갈된 후 보충하는 데에는 며칠이 걸린다(음식물에 달려있다). Ca^{2+}은 근 수축에 필요할 뿐 아니라 2차 전령계의 하나로서 *protein kinase*를 활성화하여 불활성 근 *phosphorylase b*를 인산화시켜 활성형의 *phosphorylase a*로 전환시킴으로서 글리코겐으로부터 글루코스를 유리시킨다. 이 효소의 결핍은 **McArdle 글리코겐저장병**(McArdle's glycogen storage

disease)을 일으킨다.

- ATP와 포스포크레아틴은 근육 중에 소량 존재한다. **포스파겐 에너지 시스템**(phosphagen energy system)이라고 불리는 이 물질들은 고갈되기 전 10초 이내의 짧고 폭발적인 근육수축을 지속할 수 있다. *Myokinase*는 2ADP를 1ATP와 1AMP로 전환시키지만 실제로는 중요하지 않다. 포스포크레아틴은 산화적 인산화의 약 4배 빠른 속도로 ATP를 생성하므로 백색근에서 특히 중요하다.
- 글리코겐과 포스포크레아틴의 복합적 혐기적 분해효과는 II형 백색근섬유의 특징으로서 단거리선수가 단숨에 100m를 달릴 수 있게 해준다.

혈장 *CK* 활성의 측정은 근 손상을 진단하는데 흔히 이용된다. 포스포크레아틴의 대사산물인 크레아티닌은 근육에서 혈중으로 배출되며 같은 속도로 신장에서 요중으로 배설되므로 정상상태에서 일정한 혈중 농도를 유지한다.

(3) 산소부채

격심한 운동중 체액과 조직중에 용해된 산소나 헤모글로빈과 마이오글로빈에 결합된 산소 등의 모든 산소는 신속히 사용된다. 이 때 적색 섬유에서만 호기적 대사를 계속할 수 있으며 백색 섬유는 저장 글리코겐과 혈류에서 제거한 글루코스로부터 혐기적으로 에너지를 얻어야 한다. 혐기적 대사의 종산물인 젖산은 근육 활성의 재충전을 위하여 간에서 글루코스로 재 전환된다(젖산회로). 그러므로 근육의 혐기적 대사 유지는 간의 호기적 능력에 달려있다. 운동을 마친 후 산소평형은 재정립된다. 계속된 과호흡(hyperventilation)은 그 동안 초래된 산소부채를 보상하기에 충분한 산소를 공급한다. 즉, 체액과 조직에 용해되거나 결합된 산소 저장이 재 보충되며 호기적 대사에 의하여 포스파겐과 글리코겐은 재 저장된다. 이 때 원상태로 회복하기 위하여 과량으로 사용되는 산소량을 산소부채라고 한다.

(4) 섭취와 관련한 골격근 대사

식후에 근육대사에 필요한 연료는 글루코스이다. 고농도의 인슐린은 글루코스의 이용과 미토콘드리아에서의 산화적 대사를 자극한다. 글리코겐은 주로 젖산으로부터 합성된다. 아미노산들, 특히 측쇄 아미노산(루신, 이소루신, 발린)을 취하여 근육 단백질로 저장된다. 이 때 인슐린은 단백질 분해를 억제하는 효과를 나타낸다.

식간에 글루코스와 인슐린농도는 감소되며 지방조직에서 유리된 지방산이 근육의 주요한 영양소가 된다. 절식중 간에서 증가 생성된 지방산과 케톤체의 산화로 *피루브산 탈수소효소*활성이 억제되며 생명 유지에 필요한 글루코스를 절약하게 된다. 골격근은 체내의 주요한 단백질 보유조직이다. 측쇄 아미노산들은 골격 및 심근에서(간 제외) 절식 중 더 빠른 속도로 TCA회로의 중간물질로 분해된다. 그들의 탄소골격은 근 수축에 필요한 연료로 사용되고 아미노기는 알라닌의 형태로 간에 운반되며, 요소회로를 통하여 요소로 전환되어 체외로 배설된다. 다른 단백질들은 대부분 알라닌으로 전환되어 간으로 운반된 후 당신생 기질로 이용된다.

심근(cardiac muscle) 대사는 적색근 섬유의 대사와 유사하다. 심근은 미토콘드리아를 많이 가지고 있으므로 식후 지방산농도가 낮고 글루코스농도가 높을 때 외에는 지방산, 케톤체 및 젖산(운동 중)이 주요 영양소가 된다.

3) 식후 장과 간의 역할

사람이 하루에 섭취하는 단백질량은 약 100g이다. 여기에 점막세포에서 탈락한 단백질 약 50g과 위장 분비물 중의 단백질 약 17g을 포함하면 1일당 전부 약 170g의 단백질이 장에 도달되는 셈이다. 이 중 약 10g 정도가 분변으로 배설되고 160g이 흡수된다. 흡수된 아미노산들은 문정맥을 통하여 간으로 운반된다. 측쇄아미노산들(발린, 이소루신, 루신)을 제외한 필수아미노산들의 대부분은 간에서 주로 대사된다. 그러나 측쇄아미노산들은 간을 거쳐 주로 근육과 신장에 운반되어 대사 되거나 저장된다. 개는 다량의 육류를 섭취한 후 흡수된 아미노산의 절반 이상을 간에서 분해하여 요소, 지방 및 탄수화물을 생성하며, 소량이 간 단백질로 보유되고 약간은 혈장 단백질로 분비된다. 흡수된 아미노산의 단지 25%만이 유리아미노산, 특히 측쇄아미노산으로 혈중에 순환된다.

간은 체내의 필요에 따라 민감하고 정교한 방법으로 필수아미노산들의 분해를 조절한다. 필요 이상의 필수아미노산을 섭취하면 해당되는 분해경로의 효소들이 흔히 유도된다(예, *tryptophan oxygenase*).

식후 혈장 아미노산 농도는 인슐린-의존성 기전에 의하여 처리되는 식이 탄수화물의 영향을 받는다. 즉, 인슐린-조절 수송을 통하여 아미노산이 근육중에 축적되기 때문에 혈장 아미노산 특히 측쇄아미노산 농도가 감소한다.

4) 단백질 대사에서 골격근의 역할

(1) 단백질 저장과 질소 절약

전체 단백질의 60%가 근육에 존재하므로 근육은 식간에 간에서 혈장 단백질 합성에 필요한 아미노산들과 글루코스를 제공하는 거대한 저장고라고 할 수 있다. 그러나 근육 중의 저장 단백질과 글리코겐은 생동적인 수축기능을 도와준다. 저장 글리코겐은 신속한 수축에 필요한 중요한 에너지원이다. 그러므로 탄수화물이 공급되지 않는 상황에서도 수축기능이 보존될 정도의 농도를 유지하는 것이 필요하다. 실제로 랫트에서 횡격막 근육 글리코겐은 절식 후 24시간 내에 섭취시 수준의 40%정도로 떨어지며 이후 일정하게 유지된다. 근육 글리코겐이 글루코스 생성에 기여하는 방법은 해당에 의하여 글루코스 전구체들(젖산, 피루브산 및 알라닌)을 생성하는 것이다. 그러나 이러한 기여는 절식초기에만 해당된다. 대조적으로 횡격막 근육의 단백질함량은 랫트에서 절식 후 5일간에 걸쳐 떨어져 처음 수준의 약 60%에서 안정된다. 그러므로 근육 단백질은 근 저장 글리코겐에 비하여 필요한 글루코스를 생성할 수 있는 아미노산을 더 오랜 기간 공

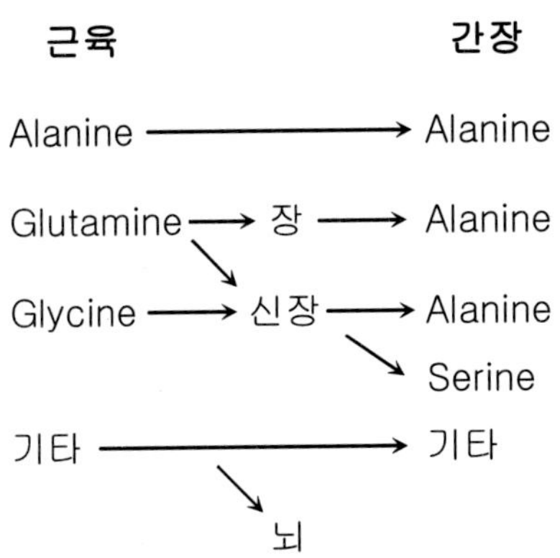

그림 17-54. 근육에서 유리되는 당원성 아미노산들.

급할 수 있다.

지속적인 절식시에 근 단백질 교체는 크게 둔화되어 정상 교체율의 20%로 감소되며, 질소를 절약하여 지속적인 절식을 극복하는 데 큰 도움이 된다. 다량의 글루코스를 사용하는 뇌의 적응은 질소절약에서 중요하다. 뇌는 글루코스 대신 케톤체를 이용함으로서 글루코스를 절약하고 간에서 당신생을 감소시켜 근육 단백질을 절약한다.

(2) 간에서 근육 단백질로부터의 당신생

알라닌은 간에서 취하는 가장 중요한 아미노산이다. 알라닌은 근육에서 유리되는 모든 당원성 아미노산들 중 약 38%를 차지한다. 부가적으로 약간의 알라닌이 장과 신장에서 글루타민으로부터 생성된다(그림 17-54). 간에 존재하는 아미노산들의 수송계 중 알라닌 수송을 담당하는 A수송계는 간에서의 당신생이 필요할 때 절식과 글루카곤, 글루코코티코이드 및 카테콜아민과 같은 당원성 호르몬들에 의하여 유도된다. 이 유도는 단백질합성을 방해하는 항생물질들에 의하여 차단된다. 또 다른 당신생 속도의 결정인자는 혈중 알라닌농도이다. 간에서 알라닌을 사용하는 당신생능력은 매우 높아서 생리적 알라닌농도의 9배에 달할 때조차도 포화되지 않는다. 그러므로 A수송계의 유도와 함께 혈중 알라닌 농도는 간에서의 당신생 속도를 조절한다.

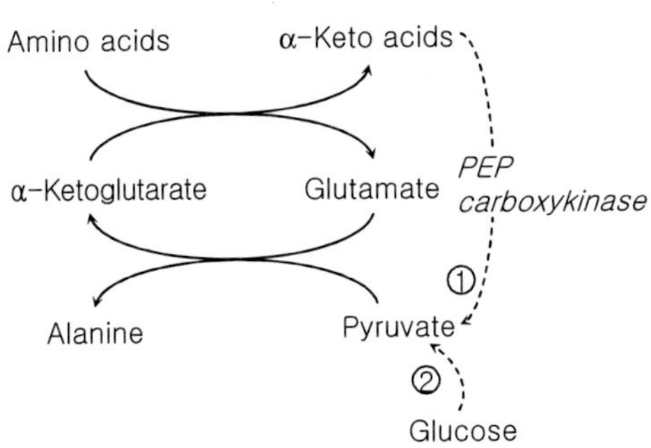

그림 17-55. 근육에서 아미노산들이 alanine으로의 전환. PEP, phosphoenolpyruvate. ①아미노산의 transmination에 의하여 유도된다. ② glucose-alanine 회로에 의하여 유도된다.

(3) 근육에서 알라닌의 송출

알라닌과 글루타민은 근육 단백질에 존재하는 비율을 초과해서 유리된다. 이는 근육에서 유리되는 알라닌과 글루타민의 일부가 탄수화물이나 다른 아미노산들로부터 전환되어 생성된다는 것을 의미한다.

- 알라닌의 생성: 근육 아미노산들이 알라닌으로 전환되기 위해서는 먼저 -케토글루타르산으로 아미노기가 전이되어야 한다(그림 17-55). 근육에서 이 아미노기전이반응은 실제로는 아스파르트산과 측쇄아미노산들(발린, 루신, 이소루신)로 제한되며, 이 아미노산들이 알라닌의 전구체로 사용된다. 이 때 피루브산

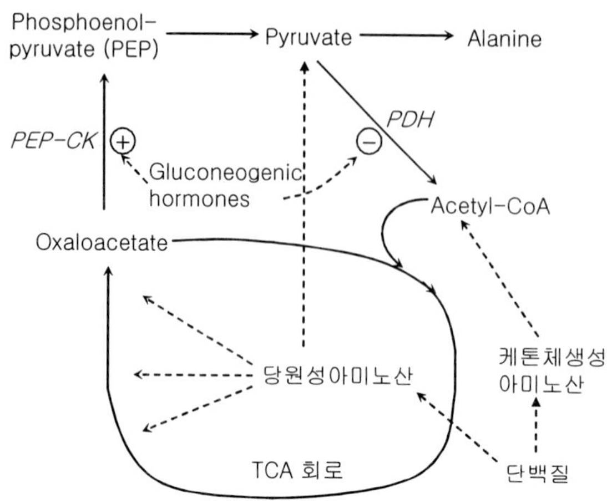

그림 17-56. 근육 단백질에서 alanine 의 수송에 필요한 피루브산의 생성. *PEP-CK, PEP-carboxykinase; PDH, 피루브산탈수소효소.*

이 적절하게 공급되어야 알라닌송출을 유지할 수 있으며, 따라서 피루브산은 속도조절 물질로 작용한다.

알라닌송출에 필요한 피루브산은 두 가지 방법으로 유도된다. 하나는 근육 단백질 구성 아미노산들의 아미노기전이반응에 의하여 생성되는 -케토산에서 유래된 것이며(그림 17-55의 ①), 둘째는 글루코스-알라닌 회로를 통하여 간에서 글루코스로부터 유래된 것이다(그림 17-55의 ②).

- 근육 단백질: 근육 중의 모든 당원성 아미노산들에서 생성된 케토산들은 옥살로아세트산이나 *PEP-carboxykinase* (*PEP-CK*)반응을 통하여 직접 또는 간접적으로 알라닌의 수송에 필요한 피루브산을 생성한다(그림 17-56). 알라닌송출이 필요한 조건(절식, 식간)에서 여러 당신생 호르몬들은 *PEP-CK*를 자극하고 동시에 *피루브산 탈수소효소*를 억제함으로서 효과적으로 피루브산을 생성하여 알라닌을 송출한다.
- 글루코스-알라닌회로: 피루브산은 **글루코스-알라닌 회로**에서 유도된다(그림 17-57). 아미노

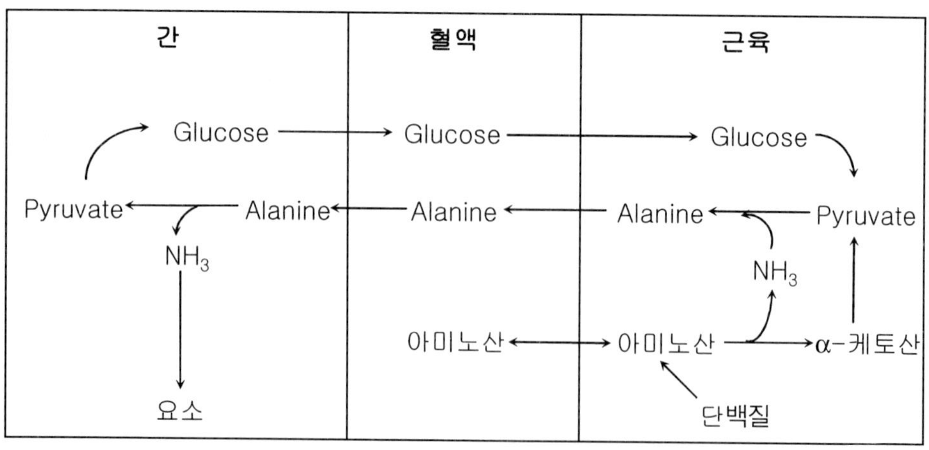

그림 17-57. Glucose-alanine 회로에서 피루브산의 생성.

기들은 근육과 다른 간외 조직에서 간으로 운반되어 요소회로에 의하여 해독된다. 간은 알라닌을 다시 글루코스로 전환시키며 근육은 글루코스를 피루브산으로 전환시킨다. 이렇게 하여 글루코스-알라닌회로는 탄화수소를 재 회전시키며 NH_3를 운반한다. 더 정확히 말하자면 당원성 아미노산들은 알라닌의 형태로 아미노기를 운반하기 위하여 자신들의 피루브산을 생성한다. 그러나 동시에 케톤체생성 아미노산들은 피루브산을 생성하지 않고 암모니아를 유리하며 따라서 글루코스-알라닌회로는 케톤체생성 아미노산들의 아미노기운반에 이용된다.

- 간과 기타 조직간 글루코스회로: 간은 글루코스-알라닌회로 외에 어떤 경로가 없는 세포를 구조하는 두 개의 다른 글루코스경로로서 간과 운동중인 근육간의 **글루코스-젖산회로**(Cori 회로)와 간과 지방조직간의 **글루코스-글리세롤회로**가 존재한다. 글루코스회로에 포함된 알라닌, 글리세롤 및 젖산은 회로외의 목적으로 사용될 수 없으며 글루코스를 생성한다. 그러나 조직 단백질의 소비는 회로외 알라닌을 생성하며 같은 방법으로 저장지방의 소비는 회로외 글리세롤을 생성한다. 이들 회로외 전구체들은 간에서 글루코스를 생성한다.

5) 단백질 평형

체중 70㎏인 사람의 평형에 대한 실험에서 매일 양질의 식이 단백질 32g을 섭취하면 질소 항상성이 유지된다. 이러한 수치는 1일에 분변으로 10g, 요중에 20g, 피부로 2g의 질소상실에 상응한다. 그러나 매일 32~100g의 단백질을 섭취함에도 불구하고 1일당 300g의 단백질이 합성된다. 이는 흡수한 아미노산을 사용하고, 단백질 합성과 분해의 동적평형을 위하여 수회 이상 재사용된다는 것을 의미한다.

단백질대사의 강도는 동물의 크기에 따라 다르다. 이에 대한 예는 다음과 같다.

- 성숙한 랫트의 체중 ㎏당 필수아미노산인 트레오닌과 메티오닌의 요구량은 사람의 약 4배이다.
- 체중이 무거운 동물일수록 혈청 알부민의 교체가 느리다.
- RNA/DNA 비율로 측정한 간세포 당 RNA함량은 체중이 큰 동물일수록 감소하며 이는 체중이 큰 동물일수록 간에서 단백질합성속도가 느리다는 것을 암시한다(표 17-4).

이 데이터의 결론은 아미노산 항상성의 정량적인 해석에서 체중을 계산에 넣어야 한다는 것이다. 그러나 유사한 논쟁으로 외삽법에 의한 인체에 대한 비타민 C의 대량 투여가 있다. 또한 총 에너지요구량은 동물체의 크기에 비례하지 않는다.

6) 호르몬과 단백질 대사

(1) 성장호르몬

성장호르몬은 간에서 생성되는 소마토메딘(somatomedin, insulin-like grow- th factor, IGF)을 통해서 작용하는 단백질동화호르몬이다. 세포내로 아미노산 수송을 증진시키며, 따라서 혈장

표 17-4. 단백질대사에 대한 체중의 영향

체중증가순서로 나열한 동물종	혈장알부민의 반감기(일)	RNA/DNA 비율
마우스	높음	낮음
렛트	높음	낮음
토끼	백식	적색
개	없음	있음
소	짧음	지속적

아미노산 농도는 감소된다. 절식 중 성장호르몬은 근육조직의 단백질 분해를 감소시키며 탄수화물 이용을 감소시킨다. 그러나 지질분해와 간에서의 당신생을 자극한다.

(2) 인슐린

성장호르몬에 의하여 동원되는 인슐린과 소마토메딘은 세포내로 아미노산 수송을 증진시키며 단백질 동화를 자극한다. 더욱이 인슐린은 탄수화물의 이용을 자극하여 단백질 합성에 필요한 에너지 생성을 유도한다. 인슐린의 길항제인 글루카곤은 단백질 이화를 자극한다.

(3) 테스토스테론

테스토스테론과 테스토스테론합성유도체들은 동화적이며 남성화 활성을 가진다. 동화적 스테로이드들을 다음과 같은 조건들에서 임상적으로 적용할 수 있을 지라도 대부분의 임상가들은 잘 사용하지 않는다.

- 노령동물의 소모성 질병(음의 질소 및 Ca^{2+} 평형)
- 조직-소모성진행의 역전, 영양불량, 중증 기생충감염증, 열성 신장염(febrile conditions of nephritis)
- 외과적 수술 후의 경련
- 골 결절의 지연결합
- 추간판 헤르니아(prolapsed intervertebral disc)의 회복, 손상 인대의 복원
- 조혈(erythropoiesis) 자극, 재생불능성 빈혈(aplastic anemia)과 림프종(lymphoma)

(4) 에피네프린과 갑상선자극호르몬

에피네프린과 갑상선자극호르몬(TSH)은 단백질에 이화적이며 혈장 아미노산농도를 또한 저하시킨다. 이 호르몬들은 다른 영양소들중에서 아미노산들에 작용하여 에너지를 생성하는 방향으로 작용한다.

(5) 글루코코티코이드

글루코코티코이드는 단백질을 이화시키며 *PEP-carboxykinase*와 *fructose 1,6-diphospha- tase* 활성을 자극하여 아미노산들을 당신생 방향으로 작용한다. 또한 근육조직에서 탄수화물과 아미노산의 이용을 감소시킨다.

5. 질소평형과 배설물질

성숙동물은 **질소평형**(nitrogen balance)상태에 있다. 섭취한 질소량과 요 및 분변중에 배설되는 질소량은 같다. 섭취 질소량이 변화되면 수일내에 새로운 평형을 이룬다. 생명체는 필요할 때 신속히 질소 절약상태로 전환할 수 있다. 섭취한 질소량보다 배설되는 질소량이 적을 때 양(정)의 질소평형(positive nitrogen balance)이라고 한다. 양의 질소평형은 성장, 조직의 복원, 임신 및 비유중에 나타난다. 섭취한 질소량보다 배설되는 질소량이 많으면 음(부)의 질소평형(negative nitrogen balance)이라고 하며 절식, 영양불량, 외상(trauma) 및 당뇨병(과도한 당신생과 산증에 따른 신장에서의 NH_4^+의 상실)에서 나타난다.

1) 사료 중의 질소

단백질은 대사될 수 있는 가장 주요한 질소자원이다. 식이 단백질은 필수아미노산함량에 따른 품질을 고려하여야 한다. 퓨린, 피리미딘 및 포르피린 등은 소량의 질소자원이다.

반추동물의 소장에 존재하는 소화성 단백질의 약 60%는 제1위에서 유도된 미생물 단백질이다. 이 단백질의 많은 부분이 탄수화물(cellulose)과 비단백성 질소(타액 요소)로부터 합성된다.

2) 분변 중의 질소

1급 아민류(발효와 부패산물), 타우린과 글리신, 빌리루빈 및 많은 다른 소량의 질소산물들이 분변중에 존재한다. 죽은 세균의 질소량은 하나의 질소평형인자로 생각하지 않는다. 왜냐하면 죽은 세균의 배설과 식이 질소를 소비하는 신생 세균의 성장 간에 평형을 이루고 있기 때문이다.

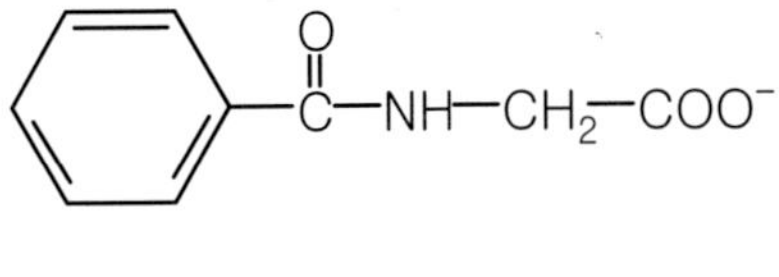

Hippuric acid

그림 17-58. Hippuric acid의 구조식.

3) 요중의 질소

- 요소는 요소배설동물의 요중에 존재하는 주요한 질소화합물이다. 요소는 아미노산의 이화로 생성된 암모니아의 해독 생성물이다.
- 퓨린의 이화로 생성되는 요산은 사람과 Dalmatian개에서 배설된다. 영장류 이하의 동물들은 퓨린을 알란토인으로 전환한다. 조류는 요소를 배설하지 않으며 모든 질소 노폐물을 요산으로 전환한다.
- NH_4^+은 요중에 존재하며 산-염기 평형과 무기질 평형에 달려있다.
- 피리미딘으로부터 생성되는 β-아미노이소부티르산과 β-알라닌이 요중에 발견된다.

- 히푸르산(hippuric acid)은 모든 채식동물의 요중에 존재하며, 특히 마뇨중에 비교적 고농도로 존재한다. 히푸르산은 벤조산(benzoic acid)과 글리신의 포합으로 생성된다(그림 17-58). 히푸르산의 생성은 식물-유래 페놀성 화합물의 해독기전으로 이용된다.
- 요중 메틸히스티딘(methylhistidine)의 존재는 근단백질 교체를 측정하는 방법으로 이용된다. 근 단백질인 액틴(actin)과 마이오신이 합성된 후 히스티딘이 메틸화된다. 근원섬유 단백질(myofibrillar proteins)이 분해하면 메틸히스티딘을 함유하는 이 단백질에 대한 코돈이 없기 때문에 메틸히스티딘은 단백질합성에 재사용될 수 없으며 순환중에 유리되어 요중에 배설된다. 따라서 단백질 교체의 지표로 이용된다.
- D-아미노산, 포르피린 산화생성물 및 다른 미소 성분들이 정상적으로 요중에 존재하며, 비정상적 상태에서는 L-아미노산과 단백질도 존재한다.

제18장 전신 대사

1. 섭취와 정상상태

1) 에너지 저장

체내에 에너지로 사용되기 위하여 저장되는 물질은 주로 제한된 양의 글리코겐, 무제한으로 저장할 수 있는 중성지질 및 에너지로 소비될 수 있는 단백질로 구성된다. 이외에 한정된 양의 ATP와 소량의 포스포크레아틴이 에너지로 저장된다.

에너지 저장물질의 상대적 크기는 다음과 같다.

- 성인의 평균 총 연료저장은 166,000㎉로서 약 85%의 지질, 15%의 단백질 및 0.5%의 탄수화물로 구성된다.
- 비만이 아닌 체중 70㎏의 건강한 사람이 에너지 저장물질로 보행할 수 있는 거리는 다음과 같다.

ATP:	36.6m
Phosphocreatine:	109.7m
Glycogen:	1,280.2m(혐기적)
	16,093.0m(호기적)
Lipid:	1,013,859.0m

다량의 열량을 섭취한 후 그 열량은 ATP의 형태로 보유되지 않고 에너지 저장물질로 저장된다. 먼저 제한된 양의 글리코겐으로 재저장 되며, 과량의 글루코스는 지방으로 전환되어 식이지방과 함께 중성지질로 저장된다. 식후 아미노산들은 대부분 조직단백질로 저장되며 나머지는 지방으로 전환된다. 당장 쓸 수 있는 ATP량은 적으며 항상 그 양은 산화적인산화와 기질수준의 ATP 생성으로 조절된다. 대부분 조직의 에너지 저장물질인 지방은 가장 많이 소비된다. 글리코겐으로 저장되는 적은 양의 글루코스는 뇌와 적혈구에 영양분을 제공하는 것과 같은 중요한 목적에 사용되기 위하여 절약된다. 단백질 또한 특이적이며 필수적인 목적으로 보존된다. 글루코스 농도가 낮을 때 단백질이 당신생에 사용된다.

2) 식후, 식간 및 절식시의 대사상태

섭취와 관련한 대사 상태는 다음과 같은 특징을 가진다.

- 식후에 자율신경계 부교감신경분지의 영향을 받으며, 식간과 특히 절식시에는 교감신경분지의 영향을 받는다.
- 전반적인 대사에서 탄수화물의 이용이 절약된다. 충분히 섭취한 후의 상태는 저장하는 것이다. 인슐린의 지시하에 글리코겐으로 저장되거나, 여러 세포들의 에너지로 사용되거나, 또는 지방으로 전환된다. 식간에는 글루코스를 절약하는 시기로 글루코스나 글루코스 전구체들을 저장하여 다음 섭취까지 지속되도록 한다. 인슐린 길항제들(글루카곤, 글루코코티코이드)이 분비된다. 절식상태는 비상상태의 생존전략으로 글루코스를 절약하며, 대신 케톤체를 연료로 사용한다.
- 혈청 유리지방산 농도는 식후에는 낮고, 식간에는 일정하게 유지되며, 절식시에는 상승한다.
- 식후의 혈청은 젖빛(lactescence, 유상화)이 된다.

식 직후, 식간 및 절식 등 각 상황에서 일어나는 탄수화물, 지질 및 질소화합물의 전신대사(whole body metabolism)를 이해하기 위해서는 생체의 전체적 접근으로 시작하여 적절한 대사적 구도를 연결시키고 대사경로의 방향과 속도에 대한 조절기전을 생각하도록 한다(내분비, 피드백, 피드포워드 등).

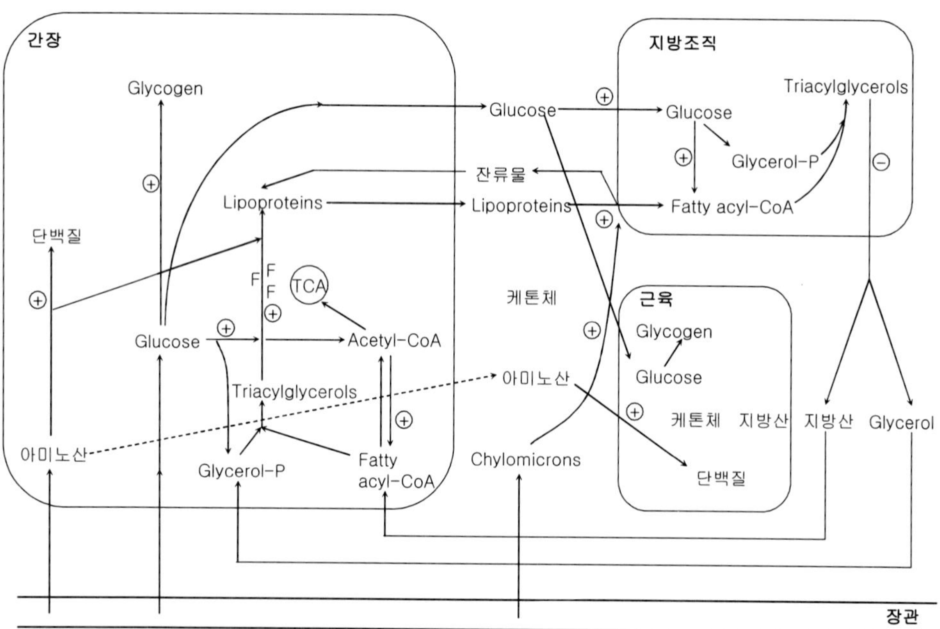

그림 18-1. 식후의 저장. 인슐린과 피드포워드 효과. F, 친지방성 인자들.

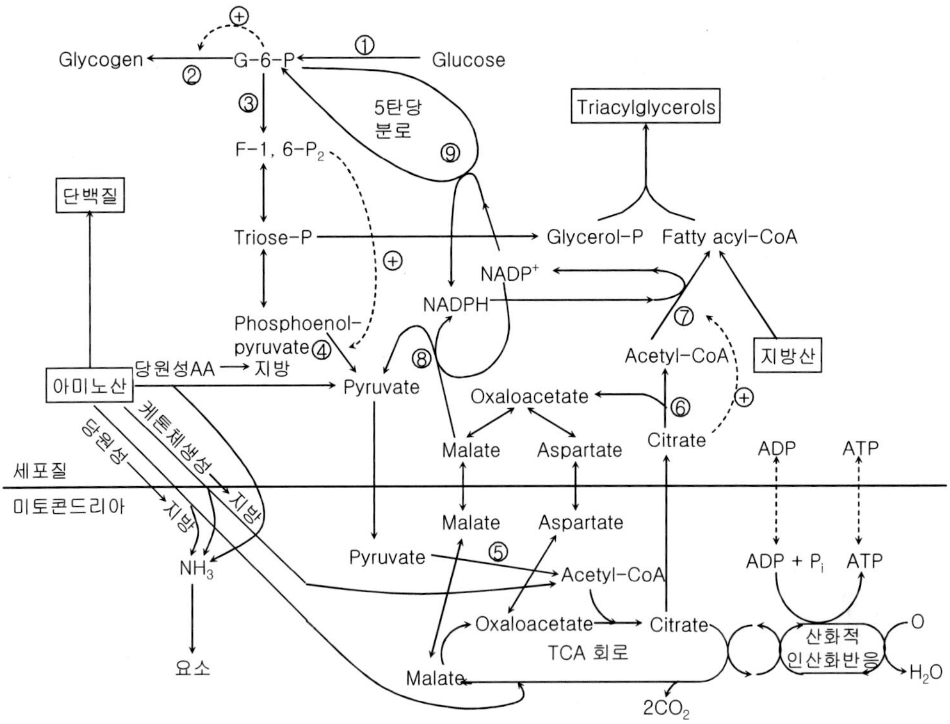

그림 18-1'. 식후 저장 상태에서 인슐린과 유도효소들의 피드포워드 조절. ① *glucokinase* ② *glycogen synthase* ③ *phosphofructokinase* ④ *pyruvate kinase* ⑤ *pyruvate dehydrogenase* ⑥ *citrate lyase* ⑦ *acetyl-CoA carboxylase* ⑧ *malic enzyme* ⑨ *glucose 6-phosphate dehydrogenase.*

3) 식후의 상태: 저장

식 직후에는 글루코스와 인슐린 농도가 높다. 이 때는 섭취한 영양소와 필수적인 식이 성분들을 저장하는 시기이다(그림 18-1, 18-1'). 탄수화물은 글리코겐으로 저장되고 여러 조직에서 에너지원으로 사용된다. 아미노산은 근육 단백질로 저장된다. 이 두 물질은 식간에 동원될 수 있다. 그러나 과량의 당류와 아미노산은 지방으로 전환되어 식이 지방산에서 전환된 지질과 함께 저장된다. 저장된 지질 중의 글리세롤 부분은 뒤에 당신생에 사용되고 지방산 부분은 에너지 생성에 사용된다.

(1) 간

- 수용성 물질은 문정맥을 경유하여 간에 들어가며, 비타민과 무기질을 저장한다.

- 단백질과 글리코겐 저장물로 채워진다.
- 측쇄 필수아미노산은 간을 통과한다.
- 과량의 당류와 아미노산들은 중성지질로 전환되어 VLDL의 형태로 혈류중에 방출된다.
- 인지질, 단백질 및 지용성 비타민류를 함유하는 킬로미크론 잔류물은 간에 들어가며, 비타민 A, D 및 K는 간에 저장되고, 비타민 E는 여러 조직에 저장된다.
- 인슐린의 작용에 의해 혈당농도를 저하시키기 위한 글리코겐 합성과 지질 합성이 촉진된다.
- 이 시기에 혈당은 간으로 유입된다.
- 적절한 대사적 구도에 따라서 인슐린은 식이 물질을 저장하기 위한 식후의 대사방향으로 조절효소를 자극한다.

(2) 간외 조직

- 킬로미크론의 트리아실글리세롤은 인슐린-자극 *lipoprotein lipase* 활성에 의하여 분해되며, 생성된 지방산은 지방조직에 들어가 트리아실글리세롤로 전환되어 저장된다.
- 식이 글루코스는 인슐린의 작용으로 대부분의 간외 조직(예, 근육과 지방조직)에 들어가 글리코겐으로 저장되거나, 에너지 생성에 사용되거나, 지방으로 전환된다.
- 식이 아미노산도 인슐린 조절하에 조직에 들어가 조직 단백질로 저장된다.

(3) 혈류

- 글루코스 농도가 상승한다.
- 풍부한 측쇄아미노산을 함유하는 아미노산 농도가 일시적으로 상승되나 인슐린 영향하에 신속히 저하된다.
- 킬로미크론과 VLDL에 의하여 혈액의 유상화(lactescence)가 관찰된다. 그러나 간외 조직의 *lipoprotein lipase* 활성에 의하여 맑아지며, 킬로미크론 잔류물과 VLDL 잔류물을 생성한다. 이들은 간에 의하여 제거된다.
- 혈장 유리지방산 농도가 낮아진다.

4) 식간의 상태: 절약

식간의 상태는 각종 저장물질들의 절약 사용이 특징이다(그림 18-2, 18-2′). 한정된 글리코겐 저장물은 에너지원으로 글루코스를 사용하는 조직들(예, 뇌 조직, 적혈구)에게 글루코스를 제공하며, TCA 회로의 중간물질 보충, 트리아실글리세롤 저장에 필요한 글리세롤-인산의 제공, 당단백질과 당지질의 합성 등과 같은 전형적인 탄수화물의 기능을 위하여 다른 조직들(예, 근육, 지방조직)에게도 글루코스를 제공한다. 저장 단백질은 아미노산을 필수적으로 사용하는 여러 과정들, 예를 들면, 단백질의 재합성, 질소화합물(핵산, 글루타티온 및 헤모글로빈 등)의 합성 및

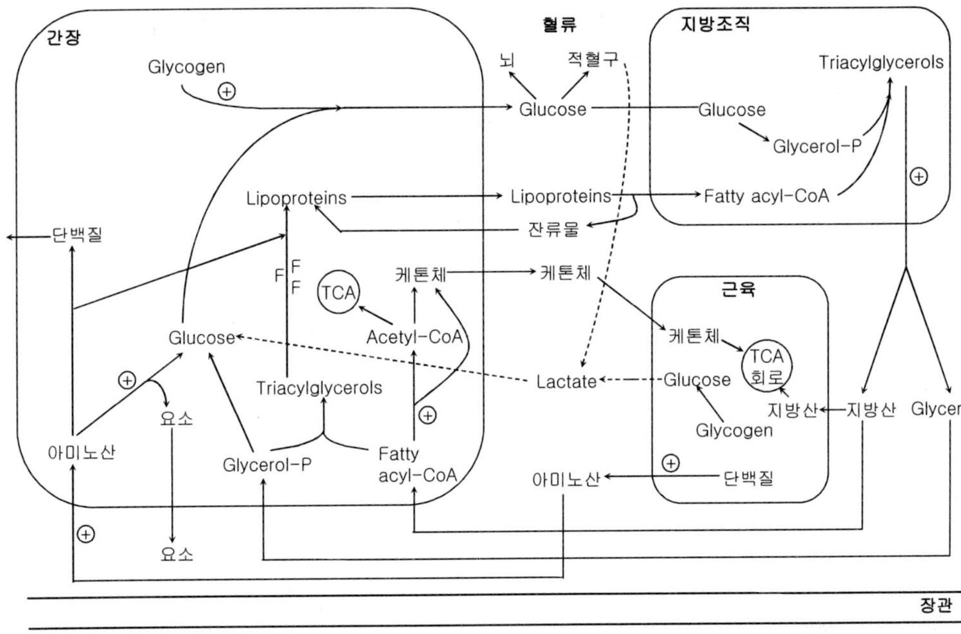

그림 18-2. 식간의 절약. Glucagon의 효과. F, 친지방성 인자들.

당신생 등에 가장 경제적으로 분배된다. 저장 지방은 신체의 항상성 유지에 필요한 에너지를 제공한다. 자율신경계는 글루코스, 유리지방산, 아미노산 및 케톤체의 일정한 혈장 농도를 유지시키며, 또한 인슐린과 인슐린-길항 호르몬(간에 주로 작용하는 글루카곤, 글루코코티코이드 및 에피네프린) 간의 균형을 예민하게 조율한다.

(1) 간

- 일정한 혈당농도를 유지하기 위하여 간은 글루코스 유출량을 조정한다.
- 글리코겐 분해가 글리코겐 합성에 우선하여 진행된다.
- 당신생이 해당과정에 우선하여 진행된다. 간에서 당신생의 가장 중요한 전구체는 대부분 알라닌으로 근육의 당원성 아미노산으로부터 전환되거나 글루코스-알라닌 회로를 통하여 근육의 케톤체생성 아미노산으로부터 전환되어 유입된다. 간으로 들어오는 아미노산 수송계가 활성화되며, 요소 회로의 활성이 증가되어 아미노산 노폐물을 해독한다. 부가적으로 지방조직의 트리아실글리세롤로부터 유도된 글리세롤을 사용하여 질소를 절약하는 당신생이 일어난다. 젖산으로부터의 당신생은 글루코스-젖산 회로(Cori 회로)에 의하여 이루어지며 에너지와 함께 혐기성 조직을 활용한다.
- 부분적으로 혈류로부터 제거한 지방을 대사하여 에너지를 얻는다. 지방산 분해는 글루코스를 절약한다. 지방산의 산화는 NADH와 ATP를 제공하고, *pyruvate carboxylase*의 활성화와

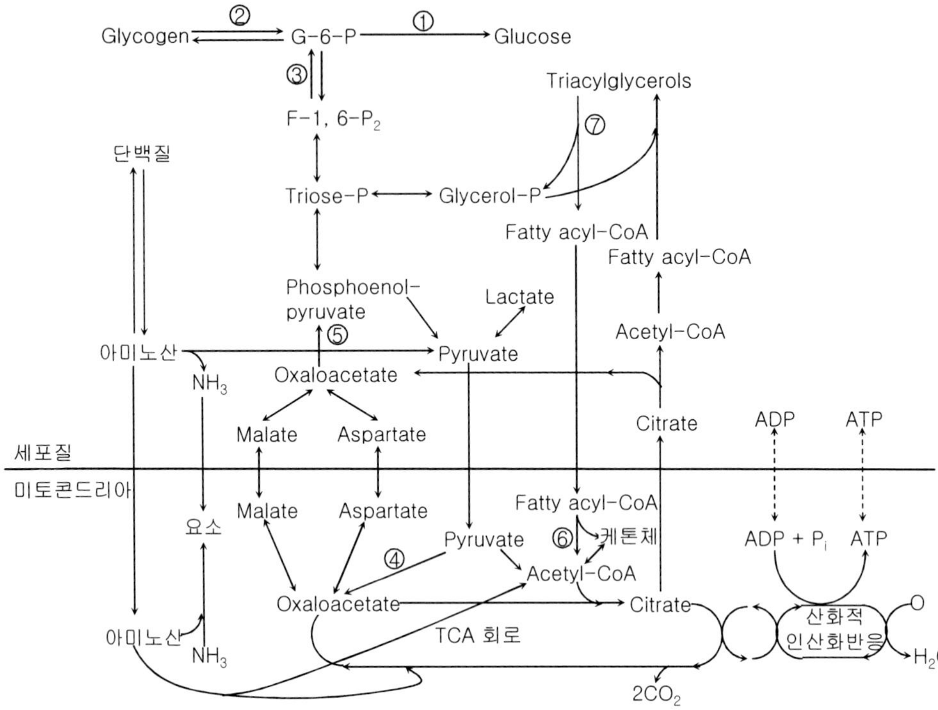

그림 18-2'. 식간의 절약상태에서 glucagon과 glucocorticoid가 조절효소들에 작용한다. ① *glucose-6-phosphatase* ② *phosphorylase* ③ *fructose 1,6-diphosphatase* ④ *pyruvate carboxylase* ⑤ *PEP caboxykinase* ⑥ *deacylase* ⑦ *TG lipase.*

*피루브산 탈수소효소*의 활성 억제로 옥살로아세트산과 알라닌 형성을 자극하여 당신생을 증진시킨다.

▪ 소량의 케톤체가 생성되어(*deacylase*) 혈류 중에 방출되며 근육 세포에 의하여 제거된다. 간에서의 케톤체 생성속도와 근육에서의 이용 속도가 같으므로 혈중 케톤체는 낮은 농도로 일정하게 유지된다.

▪ 충분한 친지방성인자들은 VLDL을 생성하여 지방조직과 간조직간의 지질회로를 차단함으로서 간에 트리아실글리세롤이 축적되지 않도록 한다.

▪ 교감신경 효과 및 관련된 글루카곤-글루코코티코이드-에피네프린의 효과는 인슐린 분비를 저하시키며 대사구도에서 식간의 상태로 전환시킨다. 이들 호르몬들은 모든 글루코스-생성 및 글루코스-절약 과정들(글리코겐 분해, 당신생, 단백질 분해 및 해당)을 자극하여 혈당농도를 유지시킨다.

(2) 간외 조직

- 필요한 에너지를 생성하기 위하여 지방이 사용된다. 간외 조직에 필요한 에너지를 위하여 교감신경계와 인슐린-길항 호르몬들이 *TG-lipase*의 활성을 자극하며 이에 따라 지방세포로부터 지방산의 유리가 증가된다. 에너지 요구량을 초과하여 유리되는 지방산은 간에서 VLDL형으로 재 포장되어 방출되며, 지방조직에 재저장 된다.
- 글루코스(그리고 아미노산)는 지방조직에서 글리세롤-인산을 생성하며, VLDL에서 유도된 지방산을 트리아실글리세롤로 재 저장하는데 사용된다.
- 케톤체는 근육에서 다른 연료에 우선하여 연소된다. 따라서 케톤체는 혈중에 축적되지 않는다.
- 심근에서 심근 대사에 주로 사용되는 연료인 지방산을 공급하기 위하여 *lipoprotein lipase*의 활성이 증가한다.
- 글루코스는 신경조직과 적혈구와 같은 조직에서 최우선적으로 사용되기 위하여 절약된다.
- 조직단백질은 분해되어 아미노산을 생성하며, 이어서 아미노기 전이반응으로 α-케토글루타르산은 글루타민산과 글루타민으로 전환되고, 피루브산은 알라닌으로 전환되어 간으로 수송되며 당신생을 위하여 사용된다.

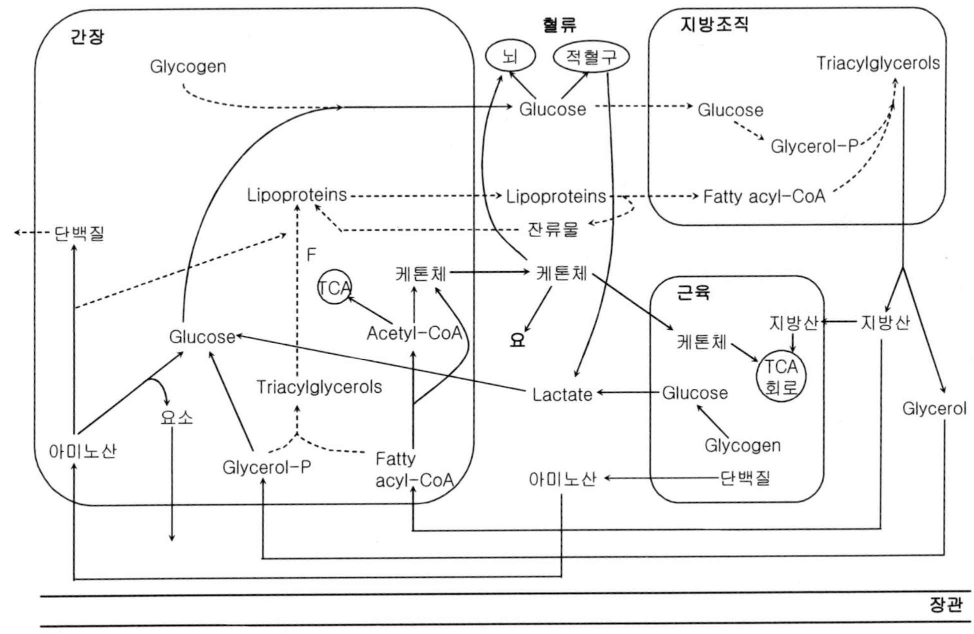

그림 18-3. 절식상태에서의 생존전략. 실선의 방향은 주요 반응경로를 나타낸다. F, 친지방성 인자.

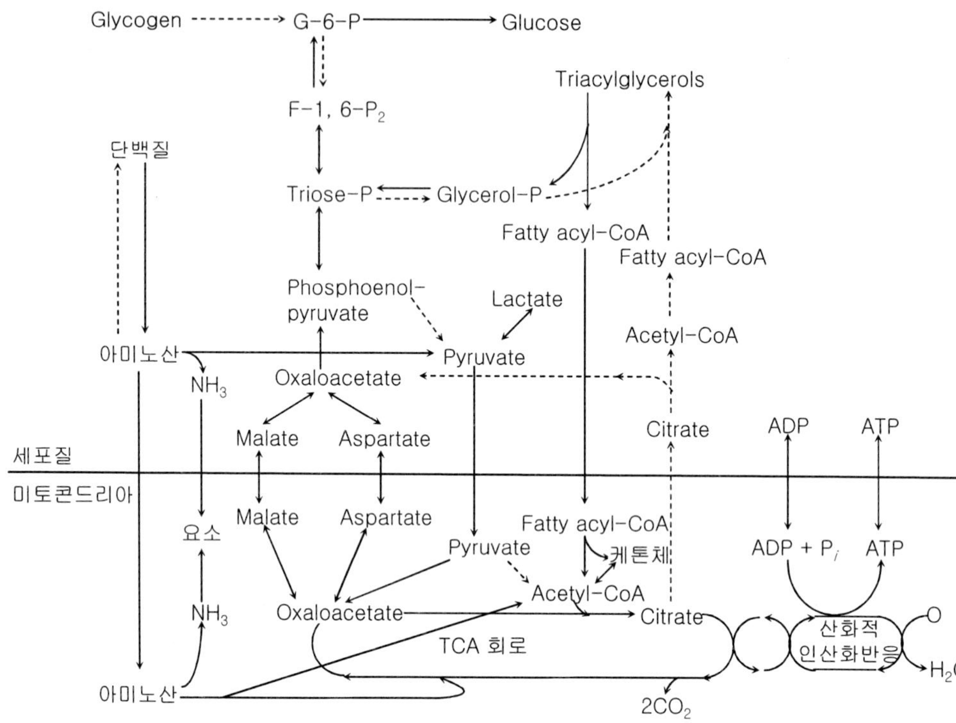

그림 18-3'. 절식상태에서의 생존전략. 실선은 주요 경로를 나타낸다.

(3) 혈류

- 글루코스, 아미노산, 유리지방산 및 케톤체의 농도는 정상적이며 안정적이다.
- 젖빛의 혈액이 맑아진다.
- 해당되는 그림들에서 다음 회로들을 살펴보는 것이 도움이 된다. ㉮ 젖산-글루코스 회로, ㉯ 글리세롤-글루코스 회로, ㉰ 알라닌-글루코스 회로, 그리고 이 회로들의 기능 등.

5) 절식시의 상태: 생존

절식이 지속되면 신체는 비타민, 무기질, 필수아미노산과 지방산, 친지방성인자 및 글리코겐 등과 같은 필수 인자들이 고갈된다(그림 18-3, 18-3′). 이렇게 되면 필수인자들의 결핍으로 생체 저장물질들을 사용할 수 없기 때문에 남아있는 비축 물질조차도 이용할 수 없게되어 생명이 위태로운 상태가 된다. 이 경우에는 비록 경제적이지는 않으나 응급수단(예, 케톤뇨의 방출 등)을 사용하여 생명을 연장할 수 있다.

교감신경계와 교감신경계의 자극으로 유리되는 인슐린-길항성 호르몬들(글루카곤, 글루코코티코이드, 에피네프린 및 노르에피네프린)의 지시하에 조직 단백질이 분해되어 간의 당신생에 필요한 아미노산을 공급하는 반면, 지질 분해를 증가시켜 저장지방으로부터 다량의 지방산을 유리시킨다. 이렇게 유리된 지방산은 에너지 요구량을 초과할 뿐 아니라 특히 친지방성인자가 결여된 조건에서 VLDL로서 지방산을 재순환시킬 수 있는 간의 능력을 초과하게 된다. 결과적으로 트리아실글리세롤이 간에 축적되어 **지방간**(fatty liver)이 되며, 간은 많은 양의 지방산을 케톤체로 전환한다. 절식이 지속되면서 케톤증(ketosis)을 비롯한 산증(acidosis)이 발생하고 K^+ 상실 및 케톤뇨의 형태로 다량의 에너지가 상실된다. 그러므로 이러한 상태가 적절히 조절되지 않으면 치명적일 수 있다. 그러나 케톤체 생성은 다음과 같이 생존에 필요한 몇 가지 장점을 가지고 있다.

- 케톤체는 지방산의 수용성형으로 오줌을 통해 배설할 수 있는 수단이 된다.
- 지방산이 케톤체로 전환되면서 글리세롤이 남게 되는데, 이것은 트리아실글리세롤로 합성될 수 없으므로 당신생에 이용된다.
- 글루코스의 대량 소비처인 뇌는 글루코스의 결여시에 글루코스를 대신하여 케톤체를 사용한다. 결과적으로 간은 당신생에 대한 부담을 줄일 수 있음으로 당 전구체로 사용되는 근육 단백질을 절약할 수 있게 된다.
- 케톤체는 인슐린의 제조를 자극하는 부가적인 조절효과를 가지며, 따라서 모든 체저장물질의 결정적인 분해를 억제하여 동물을 보호한다.

(1) 간외 조직

- 인슐린 농도가 낮고 글리세롤-인산의 전구체가 결여되어있기 때문에 트리아실글리세롤의 재저장이 강력히 억제된다.
- 글루코스 부족에 반응하여 신경내분비조절에 의한 트리아실글리세롤의 분해가 촉진된다. 결과적으로 조직의 영양적 요구량을 초과하여 많은 지방산을 유리한다. 따라서 혈청 유리지방산 농도가 상승되고 간에 들어가는 지방산량도 증가한다.
- 조직 단백질이 당신생에 사용된다.

(2) 간

- 절식중 친지방성인자들(콜린, 메티오닌, 이노시톨 및 비타민 E)이 고갈되어 트리아실글리세롤이 축적된다(지방간).
- 과량의 지방산이 혈류로부터 들어온다.
- 당신생에 사용되는 글리세롤의 공급부족으로 간에 들어오는 지방산과 같은 비율로 트리아실글리세롤을 재합성하지 못한다.
- 트리아실글리세롤로 전환되지 못한 지방산은 쉽게 미토콘드리아에 들어가(말로닐-CoA 농도가 낮기 때문에 *carnitine acyltransferase*가 활성화됨) 아세틸-CoA로 β-산화되며, 이어서 케

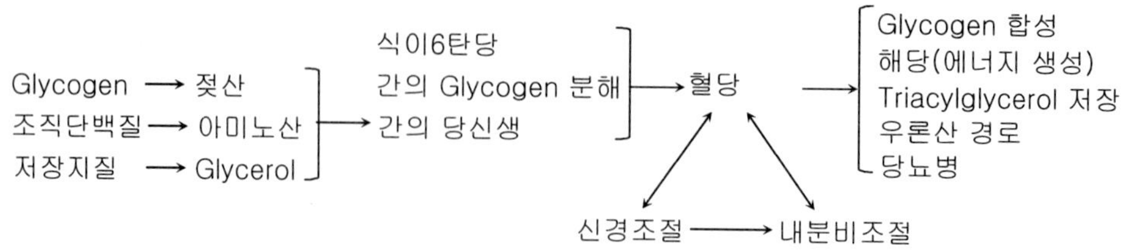

그림 18-4. 혈당농도의 조절.

톤체로 전환된다(Lynen 경로).

▪ 케톤체는 간에서 혈류 중에 대량으로 방출되며, 케톤체 생성속도가 소비속도를 초과하면 케톤산증(ketoacidosis)이 된다.

(3) 혈류

- 케톤산증
- K^+ 농도 상승
- 유리지방산 농도 상승
- 혈장 글루코스 농도 저하
- 혈장 단백질 농도 저하; 교질삼투압 감소; 조직의 부종

6) 대사적 간기능의 요약

대사의 중추기관으로서의 간의 중요성을 강조하기 위하여 대사적 간기능과 혈당농도의 조절에 대한 역할에 대하여 간단히 요약하였다.

(1) 혈당의 항상성

혈당 농도는 주야리듬, 품종, 성별, 영양 및 스트레스 등에 기인하여 변할 수 있음에도 불구하고 상당히 일정하게 유지된다. 그러나 정상 혈당 농도의 범위는 동물종에 따라서는 큰 차이가 있다. 사람 및 기타 단위동물의 혈당농도는 약 100㎎/100㎖(식후 120-130㎎/100㎖, 식간 80㎎/100㎖)이며, 반추동물의 혈당 농도는 약 40-60㎎/100㎖이다.

혈당 농도의 조절은 신경내분비계의 지시하에 간이 조절역할을 수행하는 복잡한 신체기능에 의하여 이루어진다(그림 18-4).

혈당 농도의 검지와 조절은 자율신경계와 자율신경계의 작용으로 분비되는 내분비 물질에 의해 이루어지는데, 이러한 호르몬들은 자율신경계의 영향으로 분비되는 외에 분비촉진제(secretagogues; 예, 글루코스, 아미노산, 케톤체) 또는 혈중 다른 호르몬들의 존재에 반응하여

분비된다.

신경내분비 지시하에 여러 조직들(예, 근육)은 식후에 글루코스를 이용하는 방향으로 전환하고, 식간에는 글루코스를 절약(지방과 케톤체 연소)하는 방향으로 전환하여 혈당 조절을 돕는다. 식간에는 근육 단백질을 분해하여 간에서의 당신생을 보조한다. 뇌는 절식중 케톤체를 사용한다. 신장은 한정된 범위에서 당신생기능이 있으며, 심한 고혈당증에서 요중에 글루코스를 누출시킨다. 심한 고혈당증의 위험은 조직의 삼투적 탈수(예, 뇌) 현상에 의해 유발된다. 지방조직은 식후에 글루코스를 지방으로 전환하여 저장한다. 식간에 저장 트리아실글리세롤은 간에서의 당신생에 필요한 글리세롤을 공급한다. 조직에서 연소되는 세 분자의 지방산에 대하여 한 분자의 글리세롤이 당신생에 사용된다. 식후의 간은 글루코스를 글리코겐 합성, 에너지 생성 및 지질 합성에 사용한다. 식간에 간 외의 조직이 혈류 중의 글루코스를 취하여 이용하거나 자신이 저장했던 글리코겐을 이용하는 반면에 간은 순환 혈중으로 글루코스를 공여한다. 이를 "대사의 전도(metabolic upside-down)"라고 말한다. 식간의 혈당은 글리코겐 분해와 아미노산, 글리세롤 및 젖산으로부터 당신생에 의하여 합성된 글루코스로 구성된다(그림 18-4 참조).

(2) 지질 수송

간은 단백질이 없는 담즙 또는 장액이나 단백질을 함유하는 매체(혈류)로 지질을 수송하여 신체의 지질균형을 유지하는데 핵심적인 역할을 한다.

간은 담즙과 장내의 비수용성 노폐물과 지질의 수송에 필요한 혼합 미셀을 형성하는 담즙산염, 콜레스테롤 및 인지질을 생성한다. 담즙산염은 장간순환을 통하여 재순환된다.

간은 식후에 VLDL을 생성하여 식이 지질을 혈중에 순환시키며, 식간에 지방세포와 간사이에 지방산을 재순환시킨다. 부가적으로 간은 지방세포에 글루코스를 공급하여 트리아실글리세롤 합성에 필요한 글리세롤로 전환시킨다. 고밀도지단백질(HDL)은 간과 기타 다른 곳에서 형성된다. HDL의 콜레스테롤 제거기능은 *lecithin cholesterol acyltransferase*(*LCAT*)의 활성을 필요로 한다. *LCAT*는 HDL-레시틴으로부터 제거된 필수지방산을 사용하여 콜레스테롤을 에스테르화한다. 필수지방산의 제거로 생성된 라이소레시틴(lysolecithin)은 간에서 다시 레시틴으로 전환된다. HDL에 함유된 콜레스테릴에스테르는 최종적으로 담즙으로 배설된다. 킬로미크론 잔류물로부터 콜레스테롤의 이용, VLDL과 LDL의 형성 및 담즙과 지단백질 형성을 위한 콜레스테롤의 신합성과 함께 이러한 콜레스테롤-배설기능은 간이 콜레스테롤 대사의 중심기관임을 말해주고 있다. 또 간은 지질과 다른 비수용성 물질의 혈중 순환에 필요한 알부민을 생성한다. 간에서 지방산 산화의 부산물로 케톤체가 생성되어 식간에 에너지원으로 이용되며, 근육에서 대사된다. 절식 중 케톤체 생성이 증가하여 과량의 지방산을 용해시키며 생존에 도움을 준다.

(3) 단백질 대사

식후에 간은 아미노산을 간외 조직에 저장하거나, 간과 혈장 단백질로 전환하거나, 또는 지방으로 전환한다. 식간에 간에서 A-시스템(근 단백질로부터 alanine의 수송)과 글루코스-알라닌

회로를 통하여 아미노산의 이용이 활성화됨으로써 당신생을 위하여 조직 단백질이 동원된다. 더욱이 간은 혈장 단백질의 대부분을 생성하여 공급함으로써 혈액의 교질삼투압 기능을 제공하고, 무기질, 비타민, 지질, 호르몬, 노폐물 등의 수송기능을 제공한다. 많은 혈장 단백질들은 부분적으로 우론산 경로를 통하여 유도된 당 사슬을 함유한다.

(4) 저장 기능

간은 무기질(예, 철)과 비타민(예, 비타민 A, D)을 저장하며, 특이적인 무기질-수송단백질(예, transferrin)과 비타민-수송단백질(예, transcobalamine)들은 무기질과 비타민들을 분배한다. 간은 또한 혈액과 글리코겐을 저장한다.

(5) 혈류로부터 노폐물의 제거

간의 중요한 기능은 다양한 기전으로 혈중의 노폐물을 제거하는 것이다. 암모니아는 대부분 요소 회로를 통하여 제거된다. 그러나 HCO_3^-의 이용이 저하된 산성조건에서는 글루타민이 생성되고, 신장에서 *glutaminase* 활성이 증가되어 NH_4^+을 생성하여 배출한다. 빌리루빈과 기타 노폐물들은 간에서 글루쿠론산, 글루타티온 혹은 기타의 화합물들과 포합체를 형성하여 담즙으로 배설되거나 요중에 배설되기 위하여 혈중으로 다시 들어간다. 호르몬들(예, 스테로이드)도 같은 방법으로 불활화 된다. 약물과 노폐물의 제거, 그리고 호르몬을 불활화하는 또 다른 방법은 세포질의 사이토크롬 P450과 사이토크롬 B_5에 의한 산화, 탈탄산반응, 산소화, 메틸화 등과 같은 화학적 수식에 의한 것이다.

(6) 호르몬 균형

간은 여러 방법으로 호르몬 조절계를 조절하는 중심기관이다. 호르몬들은 포합체 형성(예, 스테로이드, 카테콜아민), 화학적 수식(예, T_4에서 T_3로의 역전환) 및 효소에 의한 분해(예, *insulinase*와 글루카곤의 분해)에 의하여 불활화되거나 활성화된다(T_4에서 T_3로의 전환). 간은 특이 호르몬-결합 단백질들(예, 트랜스코르틴과 소마토메딘)을 합성한다.

2. 병적 상태

전체적으로 대사는 항상성을 유지할 수 있도록 잘 유지된다. 그러나 생명체가 적절한 기능을 발휘하기 위해서는 어떤 임계조건들(critical conditions)이 존재한다. 이 임계조건들에 이상이 초래되면 대사장애가 일어날 수 있다.

1) 대사장애 유발원인

- 탄수화물의 저장은 한계가 있다. 그러나 탄수화물은 생물학적으로 중요한 기능을 가진다. 그러므로 지속적인 탄수화물 공급은 매우 중요하다.
- 지방은 불용성이며 그럼에도 불구하고, 담즙, 장 및 혈류와 같은 수용성매체를 통해 수송되지 않으면 안된다.
- 생체 스스로 합성할 수 없는 필수 영양물질들이 공급되어야 한다. 예, 비타민, 무기질, 필수지방산과 아미노산.
- 조절효소들은 유전적 영향과 조인자 이용능, 알로스테릭 효과 및 호르몬과 신경신호와 같은 환경조건들에 의하여 영향받는다.

2) 대사장애

대사장애(metabolic disorders)는 위에서 기술된 네 가지 유발원인에 따라 특징적으로 나타난다. 이미 상세하게 설명한 다음 대사장애들은 이러한 유발원인들을 적절히 조절하지 못함으로써 유발된 것들이다. 치료를 할 때 대사장애가 유전적인 것인지, 또는 다양한 조건들[식이, 외과적, 의인성(iatrogenic), 환경]에 의한 것인지를 판별하는 것이 중요하다.

(1) 탄수화물 관련 장애

탄수화물 결핍증에 기인하는 가장 흔한 장애는 절식, 영양불량, 당뇨병, 다두 임신 및 유즙의 과다생산에 의하여 발생하는 케톤증이다. 선천성 효소결핍증으로 글리코겐 저장병과 갈락토스혈증이 발생할 수 있다.

(2) 지방 관련 장애

사료 중 친지방성 물질의 결핍은 지방간을 유발하며, 간기능 상실로 이어진다. 식이성 간 중독물질은 유사한 효과를 나타낸다. 담석증(cholelithiasis)과 아테롬성 동맥경화증(atherosclerosis)은 지질(콜레스테롤) 용해도에 대한 조절이상을 가져온다.

(3) 필수 영양물질 결핍 관련 장애

- 열량의 결핍은 공복시 부종(fasting edema), 지방간 및 케톤증을 유발한다.
- 셀레늄, 메티오닌 및 레시틴과 같은 친지방성인자들의 결핍은 지방간의 원인이다.
- 무기질의 결핍은 골다공증, 빈혈, 갑상선기능저하증을 유발하며, Se, Mb, Zn, Cu, Fe 등과 같은 미량 무기질을 필요로 하는 조절효소들의 활성을 저하시킨다.
- 필수지방산의 결핍은 세포의 노화, 아테롬성동맥경화증, 생식불능(sterility) 등의 장애를 일으킨다.
- 필수아미노산의 결핍은 단백질결핍증 그리고 탄수화물과 지질대사 이상을 초래한다.

비타민의 결핍은 여러 비타민결핍증(avitaminosis)을 일으켜 빈혈에서부터 괴혈병, 구루병,

발기부전(impotence) 등의 다양한 증상을 나타낸다.

(4) 조절효소의 활성에 기인하는 장애

- 조효소 이용능의 결여에 기인하는 장애는 비타민결핍증이 포함된다. 악성빈혈증은 비타민 B_{12} 결핍사료, 위절제(gastrectomy) 또는 유전성 내재인자(intrinsic factor)의 결핍에 기인하는 비타민 B_{12} 결핍증이다.
- 속도조절효소에 대한 알로스테릭 조절기능의 결여는 통풍(과도한 퓨린합성과 요산으로의 전환)과 각종 고지혈증을 일으키는 원인중의 하나이다.
- 호르몬에 의한 주요 대사의 적절한 조절의 결여는 불충분한 호르몬의 생산(예, 당뇨병, 갑상선기능저하증) 혹은 적절한 호르몬의 보상없이 내분비기관의 외과적 제거가 원인이다. 유전적 혹은 조건적 비정상 호르몬 수용체(아테롬성 동맥경화증)도 또한 원인이 될 수 있다.
- 분자병으로서 조절효소 활성의 선천성 결핍증과 헤모글로빈 구조의 선천성 이상으로 인한 산소운반능의 상실 등이 있다.

제19장 영양

1. 대사율

생체에서 대사 경제론의 요점은 환경과의 에너지 교환을 평가하는 것이다. 에너지의 변환은 성장, 정신 활동, 생식, 운동 및 호흡과 같은 생명을 유지하기 위한 다양한 화학반응들을 수반한다. 체내에서 화학적 변환에 의하여 에너지를 유리하는 신진대사는 궁극적으로 음식물의 산화로 유도된다. 식이 에너지는 성숙한 동물에서 신체의 구조와 기능 유지에 필요한 에너지와 체온조절에 사용되는 에너지의 두 형태로 구분된다. 이 두 형태는 모든 조건에서 주요 형태인 열과 기계적 일을 수행하는 에너지이다. 기계적 일을 수행하지 않는다면 음식물 중의 모든 에너지는 열을 생성할 것이다.

1) 대사율의 정의

동물의 열 생성률은 휴식 중 기질의 대사율(산화율)을 측정한 것이다. 이 열 생성률을 동물의 **대사율**(metabolic rate)이라고 한다.

대사율 = 열 생성률

성숙동물의 대사율은 생체활성을 유지하기 위한 에너지, 내외 환경변화에 대응하기 위한 에너지와 신체적 활동, 성장과 조직의 수선, 임신 및 유즙 생산에 소비되는 에너지로 구성된다.

2) 식이 에너지의 형태

(1) 총 에너지

체내에 들어온 모든 화학적 에너지가 열로서 나타나지는 않는다. 음식물로 섭취한 에너지를 **총 에너지**(gross energy)라고 한다. 총 에너지는 봄브 열량계(bomb calorimeter)로 완전히 화학적으로 연소시켜 측정한다. 열량계에 의한 총 에너지는 동물에서의 반응기전에 관계없이 에너지를 유리시키므로 음식물 중 총 에너지함량과 같다.

$$\text{봄브 열량계: } C_6H_{12}O_6 + 6O_2 \longrightarrow 6CO_2 + 6H_2O + \text{열}$$

$$\text{동물: } C_6H_{12}O_6 \xrightarrow{\text{해당}} 2\ \text{Pyruvate} \xrightarrow[\searrow 2CO_2]{\text{TCA회로}} 4CO_2 + H_2O + ATP + \text{열}$$

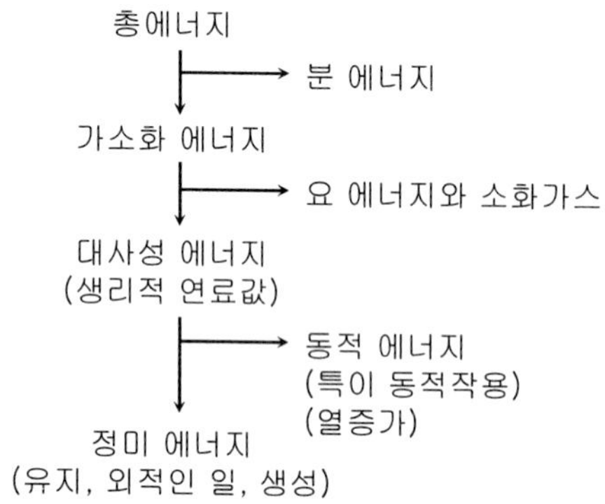

그림 19-1. 음식물에서 상실되는 에너지.

(2) 가소화 에너지

음식물 중 총 에너지에서 분변으로 배설되는 소화성 또는 비소화성 식이 성분이 갖는 에너지는 감해야 된다. 단위 동물에서 가장 중요한 비소화성 물질중의 하나는 셀룰로스이다. 분변 에너지에는 또한 탈락된 장 점막세포, 담즙산염, 세균 생성물 및 세균체 등을 포함한다. 총 식이 에너지가 위장관에 들어가 분변 에너지로 잃고 남은 에너지를 **가소화 에너지**(digestible energy)라고 한다(그림 19-1).

가소화 에너지는 기체형태의 소화산물(gaseous digestion products)과 요 에너지(urinary energy)로 상실되는 에너지를 포함하고 있기 때문에 동물이 이용할 수 있는 실질적인 에너지가 아니다. 메탄(methane)과 같은 기체 형태의 소화산물들은 초식동물 특히 반추동물에서 아주 중요하다. 반추동물의 1위에서 생성되는 기체인 메탄은 트림으로 분출되며 그 일부는 호흡기로 들어가 폐에서 재 흡수된다. 특히 단백질을 섭취하였을 때 동물이 섭취한 총 에너지와 대사적 열생산이 맞지 않는 주요한 이유는 요중으로 배설되는 에너지 상실이다. 봄브 열량계는 단백질소까지 산화시켜 열을 생산하는 반면에 생체대사에서 질소는 에너지의 소비로 요소를 생성하여 배설되기 때문이다. 그러나 탄수화물과 지방의 열량계에 의한 열생산과 대사에 의한 열생산은 잘 일치한다.

(3) 대사성 에너지

가소화 에너지에서 요를 통한 배설 에너지와 기체형태의 소화산물을 뺀 나머지 에너지를 **대사성 에너지**(metabolizable energy) 또는 **생리적 연료값**(physiological fuel value)이라고 한다. 이 에너지의 일부는 생명체의 유지, 외부적인 일 및 유즙과 난(eggs) 생산에 필요한 실질적인 에너지로 이용되고, 다른 일부는 특이적인 동적 작용 때문에 열로서 부득이 상실된다. 음식물의 열량은 다음과 같이 보고 되었다.

탄수화물: 4 ㎉/g

단백질: 4 ㎉/g

지질: 9 ㎉/g

3) 생리적 연료값의 사용 예

체중 9.08 ㎏인 개의 주인이 하루에 급여해야 할 사료의 양은 얼마일까? 개 사료 용기에 표시된 내용은 다음과 같았다.

조단백질 25%(@ 4 ㎉/g단백질=100 ㎉/100g사료)

조섬유 4%

지방 8%(@ 9 ㎉/g지방=72 ㎉/100g사료)

수분 10%

회분 4%

용기에 표시된 비탄수화물 성분(불소화 조섬유 포함)의 합계는 51%이며 나머지 49%는 가소화 탄수화물에 해당된다. 그러므로 사료 100 g당 각 가소화 성분의 열량을 계산하여 합하면 총열량을 계산할 수 있다.

탄수화물: 49 g × 4 ㎉/g = 196 ㎉/100g사료

단백질: 25 g × 4 ㎉/g = 100 ㎉/100g사료

지방: 8 g × 9 ㎉/g = 72 ㎉/100g사료

합 계 368 ㎉/100g사료

즉, 개 사료는 3680㎉/㎏의 에너지를 함유하고 있다. 개는 하루에 체중 ㎏당 약 66 ㎉(66 ㎉/㎏/일)의 에너지가 필요하므로 체중 9㎏의 개는 하루에 약 594 ㎉(66 ㎉ × 9)의 에너지가 필요하다. 따라서 하루에 594 ㎉ × ㎏/3680 ㎉ = 0.161 ㎏의 사료를 급여하면 된다.

4) 대사율의 측정

직접 열량 측정법으로 얼음에 둘러싸인 열량계 안에 동물을 넣는다. 이 열량계를 얼음을 용해시키는데 80 ㎉/㎏의 열량이 필요하도록 조절하고, 여기에 기니픽을 넣어 10시간 동안에 0.37 ㎏의 얼음을 용해시켰다면 10시간 동안의 열 생성은 0.37×80㎉=29.6㎉이다.

열량계의 다른 형태는 격리된 물 또는 격리된 물질 내의 민감한 열전대(thermocouples)에 열전달을 측정하는 것이다. 가장 좋은 방법중의 하나는 동물로부터 수분 증발에 의하여 상실되는 열을 측정하는 방법으로 증기압(vapor pressure), 온도 및 기속(air velocity)의 검지가 필요하다.

이상과 같이 직접적 열량 측정법들은 사용하기 어려운 방법들이다. 장치를 제조하거나 유지하기 어렵고 일반적으로 사용하기에 너무 번거롭다. 이에 따라 생화학, 영양 및 대사를 연구하는 목표와 발전을 위하여 간접적인 열량 측정법을 개발하게 되었다.

5) 호흡계수의 측정

호흡계수(respiratory quotient, RQ)는 소비된 O_2량에 대한 생성된 CO_2량의 비율을 말하며 간접 열량 측정법으로 활용된다. 동물체는 섭취한 음식물을 산화시켜 에너지를 생산하므로 에너지 교환의 크기(열 생산)는 O_2소비, CO_2생성 및 요중 요소-질소의 상실로부터 전산화할 수 있다. 호흡계수는 탄수화물이 가장 높고, 지방 연소가 가장 낮다. 절식 동물은 케톤체가 글루코스 대신 연료로 사용되기 때문에 뇌의 시험관내 호흡계수는 낮아진다(아세토아세트산은 글루코스와 같은 RQ를 가지나 β-하이드록시부티르산은 더 낮은 RQ를 가진다.). 식후에 전신의 호흡계수는 당 연소 때문에 증가하지만 뒤에 지방을 주 연료로 사용하게 되면 떨어진다.

(1) 탄수화물의 연소

기체의 1그램분자량은 22.4ℓ임을 기억하라.

$C_6H_{12}O_6$ + $6O_2$ → $6CO_2$ + $6H_20$ + 열

180g Glucose + 134.4ℓ O_2 → 134.4ℓ CO_2 + $6H_2O$ + 4×180㎉

그러므로 탄수화물의 RQ = 6/6, 즉, 1.0이며, 134.4ℓ O_2는 720㎉의 에너지를 생산한다. 즉, 1ℓ의 O_2는 5.36㎉의 에너지를 생산한다.

(2) 지질의 연소

트리팔미틴(tripalmitin)을 예로 들면,

$C_{51}H_{98}O_6$ + $72.5O_2$ → $51CO_2$ + $49H_2O$ + 열

806g TP +1624ℓ O_2 → 1142ℓ CO_2 + $49H_2O$ + 9×806㎉

그러므로 지질의 RQ = 51/72.5, 즉, 0.7이며, 1624ℓ의 O_2는 7254㎉의 에너지를 생성한다. 즉, 1ℓ의 O_2는 4.47㎉의 에너지를 생성한다.

(3) 탄수화물과 지질 혼합물의 연소

지질 연소에 사용된 산소 소비 분획을 f라고 하면, 탄수화물 산화에 사용된 산소 분획은 1-f

가 된다. 따라서 관찰된 RQ = 0.7×f + (1-f)×1 = 1-0.3f이다. 예를 들어, RQ=0.8이라면 1-0.3f=0.8, f=0.67이 된다. 즉, 측정된 산소 소비의 67%는 지방 연소(4.47㎉/ℓ)에 사용되었고, 나머지는 탄수화물 연소(5.36㎉/ℓ)에 사용된 것이다. 이 에너지 유리의 합계는 대사율이 된다.

(4) 단백질의 연소

단백질 연소에 의한 정확한 호흡계수의 예측은 단백질의 다양한 구조들 때문에 어려운 점이 있다. 평균적으로 단백질소는 단백질 중량의 16%이며, 결국 요소-질소로 요중에 배설된다. 정확한 단백질 급여실험에 의하면 요중 요소 1g은 산화된 단백질 6.25g(약 25㎉에 해당), 생성된 CO_2 4.8ℓ, 소모된 O_2 5.9ℓ에 해당한다. 따라서 단백질 연소에 사용된 1ℓ의 O_2는 약 4.23㎉를 생산한다.

(5) 탄수화물, 지질 및 단백질 혼합물의 연소

규칙적으로 섭취한 개의 24시간 동안 대사율을 조사한바 소비한 O_2는 139ℓ, 생산된 CO_2는 120ℓ, 요중에 배설된 요소-질소는 10g이었다. 이들로부터 계산된 대사율은 아래와 같다.

- 10g의 요소-질소는 단백질 62.5g의 산화(약 250㎉에 해당), 48ℓ의 CO_2생성, 59ℓ의 O_2 소비량을 뜻한다.
- 탄수화물과 지질이화에 의하여 생성된 CO_2는 120ℓ-48ℓ=72ℓ이고, 소비된 O_2는 139ℓ-59ℓ= 80ℓ에 해당한다. 즉 비단백질의 RQ는 72/80 = 0.9이다.
- 지질 연소에 사용된 O_2 소비 분획(f)은 앞의 방정식에 의하여 1-0.3×f=0.9, 따라서 f=0.333이다. 그러므로 비단백 O_2 소비의 33.3%는 지방연소에 사용되었다. 즉, 26.67ℓ×4.47㎉/ℓ = 119㎉의 에너지가 지질연소에 의하여 얻어졌다.
- 비단백 O_2 소비의 나머지는 탄수화물 연소에 사용된 것이다. 즉, 80ℓ-26.67ℓ=53.33ℓ의 O_2가 탄수화물 연소에 사용되었으므로 53.33×5.36㎉=286㎉의 에너지가 탄수화물 연소로 생성되었다. 그러므로 대사율은 250㎉+119㎉+286㎉ = 655㎉/일 이다.

(6) 간이 측정법

앞에서 논의한 방법은 상용법으로 사용하기에는 좀 불편하다. 그러므로 단지 O_2 소비량만을 측정한다(생성된 CO_2와 요중 요소-질소는 측정하지 않는다). 절식상태에서 1ℓ의 O_2소비는 표준사료를 급여한 랫트의 4,825㎉에 해당한다. 다른 동물들에서는 약간 다르다. 이 수치는 상용법으로 적용하기에 충분하며 한 상황과 다른 상황에서 한 사료가 주어진 동물을 비교하는데 적합하다. 예를 들어 어떤 처치가 대사율에 미치는 효과를 검정하는데 효과적이다.

6) 대사율의 표준화 값

동물의 상태에 따라 에너지 요구량에 영향을 주어 대사율을 변화시키므로 대사율을 해석하는 데 어려움이 있다.

- 동물의 체중과 크기는 에너지 요구량과 관계가 있다. 체중이 높을수록 명백히 더 많은 열량을 필요로 하지만 더 큰 동물이 작은 동물보다 더 효율적이다. 예를 들면, 300g의 랫트는 약 100㎉/kg/일의 열량을 필요로 하지만 3kg의 고양이는 약 50㎉, 81kg의 사람은 약 23㎉, 150kg의 돼지는 단지 18㎉를 필요로 한다. 크기가 다르거나 종이 다른 온혈동물의 체중 kg당 대사율을 표준화하는 유용한 방정식은 다음과 같다.

$$\text{대사율(㎉)} = 70 \times [\text{체중(kg)}]^{3/4}.$$

이 식은 대사율의 대수와 체중 간에 직선 관계를 나타낸다(그림 19-2).

물론 동물이 4지(4 legs)를 가지고 있지 않거나 피부형태가 다르거나(털, 가피, 맨살 등) 특히, 냉혈동물이면 다른 ㎉/kg의 수치가 요구된다. 모든 경우에 환경과의 열 교환은 표준화 되어 있지 않다.

- 냉, 온 환경에의 노출은 열 교환에 영향을 주어 대사율을 변화시킨다.
- 운동은 열량을 필요로 하며 대사율을 증가시킨다. 운동 시간과 운동 강도가 고려되어야 한다.
- 식후에는 일시적으로 장에서의 소화와 특이적인 동적 활동으로 다량의 열이 생성된다.

이러한 영향 때문에 대사율이 측정되어 표준화 양식으로 표현되도록 하기 위하여 주의를 기울여야 한다. 즉, 환축은 측정 전 표준시간 동안 섭취하지 말아야 하고, 휴식을 취해야 하며, 또한 표준 환경 온도와 습도에서 측정되어야 한다. 대사율은 체중 단위당 대사율로서 표현되어야

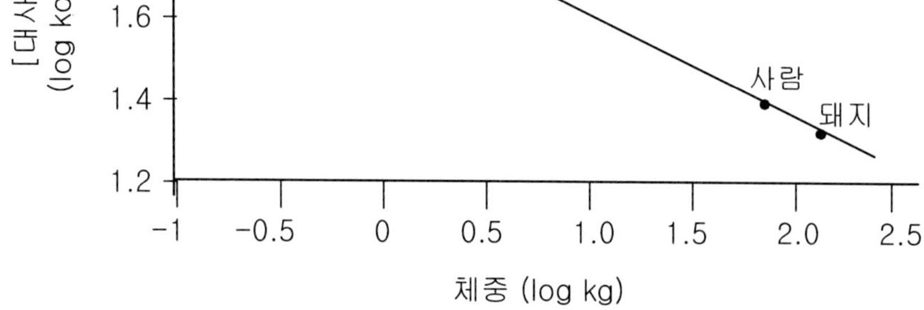

그림 19-2. 체중과 대사율의 관계.

한다. 이러한 요인들을 주의 깊게 감시함으로써 주어진 동물종, 주어진 성별(숫컷보다 암컷에서 더 낮다), 주어진 연령(급성장기 상승) 및 주어진 기후아래에서 대사율의 표준치를 얻을 수 있다 (사람의 경우 열대지방에서의 대사율은 북극지방에 비하여 더 낮다.).

7) 기초대사율

기초대사율(basal metabolic rate, BMR)은 에너지 항상성을 유지하기 위한 최소한의 에너지 요구량을 말한다. 따라서 BMR은 논리적인 개념이다. BMR는 심근수축, 호흡, 신 기능, 소디움 펌프, 뇌 활동 및 체온 유지와 같은 필수적 과정들을 위한 에너지 소비로 구성된다. BMR을 측정하는 것은 실용적이 아니다. 왜냐하면 가축의 BMR을 상승시키는 모든 종류의 상태[예를 들면, 불안(신경 및 호르몬 영향), 정신활동(일) 등]를 설정할 것이기 때문이다. 그러므로 실제 목적으로 그리고 기준으로서 **안정대사율**(resting metabolic rate; RMR)이 12시간의 절식 후 그리고 주위 온도에서 완전히 이완된 표준화되고 재현성 있는 상태에서 측정된다. 안정대사율은 기초대사율보다 약 3%가 높다.

8) 에너지 소비

에너지 소비 = RMR + 일 + 유지분

- 방정식에서 안정대사율(RMR)은 생명 유지에 필요한 합성 활성에 사용되는 에너지를 반영한다.
- 일은 육체 활동, 성장, 조직 수선, 임신 및 유즙 생산에 사용된 에너지를 말한다.
- 유지분(maintenance increments)은 정신적 스트레스, 추위에 대한 노출, 음식물 혹은 약물에 의한 발열효과(예, caffeine)와 같이 BMR을 초과하여 에너지 소비를 증가시키는 육체 활동 이외의 인자들을 말한다.

각종 체조직의 단위당 에너지 요구율은 동일하지 않다(표 19-1). 지방세포는 모든 다른 세포에 비하여 대사속도가 느리다. 이것은 수컷에 비하여 암컷의 대사 속도가 느린 이유 중의 하나이다.

표 19-1. 인체에서 호기성 조직의 중량과 에너지 요구량

조직	중량(%)	에너지요구(%)
뇌	2	20
간	2	20
근육	35-40	20
지방조직	20	2.5

9) 대사율의 의학적 활용

표준화한 대사율로서 몇 가지 상태를 평가할 수 있다.

(1) 영양 상태

절식 시에 생체는 에너지 소비를 절약하므로 대사율이 감소한다. 단백질 평형의 변화가 조기에 나타난다. 즉, 단백질 대사의 강도는 동물체의 크기에 비례하여 변화되며, 식이 단백질이 부족할 때 동물은 질소 소비를 절약한다.

(2) 질병 상태

체온 상승(열)은 에너지를 소모시킨다. 인체에서 1℃의 체온 상승은 12%의 대사율을 증가시킨다. 또한 세포 활성을 증가시키는 다른 조건들은 대사율을 증가시킨다(예, 암).

(3) 호르몬 균형

호르몬 균형은 대사율에 뚜렷하게 영향을 준다. 인슐린/글루카곤의 불균형, 코티코스테로이드, 카테콜아민, 타이록신, 성장호르몬 및 기타 내분비-관계 인자들(예, 수용체)의 부적절한 생성률은 모두 생체가 식이 에너지를 이용할 수 있는 효율에 영향을 주며 따라서 대사율에도 영향을 준다. 특히 갑상선호르몬은 이런 면에서 고려되어야 한다.

10) 갑상선호르몬

갑상선에서 분비되는 두 호르몬인 타이록신(T_4)과 트리요오도타이로닌(T_3)은 뇌와 뇌하수체 전엽, 림프절, 폐, 비장, 고환, 자궁 및 망막을 제외한 거의 모든 조직에서 O_2 소비를 증가시킨다. 정상 상태에서 갑상선호르몬들은 정상 기능에 적합한 조직들의 대사율을 유지시킨다. 갑상선호르몬은 세포핵에서 조절효소 mRNA의 전사에 영향을 주므로 작용이 느리다. 갑상선에서 갑상선호르몬의 생성은 뇌하수체에서 분비되는 갑상선 자극 호르몬(TSH)에 의하여 자극되며, TSH의 분비는 시상하부에서 분비되는 티로트로핀 방출 호르몬(thyrotropin- releasing hormone, TRH)을 통하여 조절된다.

갑상선에 의한 호르몬 생성이 비정상적으로 감소하거나 결핍에 기인하는 갑상선기능 부전증(hypothyroidism)이 되면 대사율은 감소되고, 체온은 정상 이하로 떨어지며, 정신과 육체적 반응은 느려지고, 탄수화물과 다른 음식물은 지방으로 전환된다. 갑상선기능저하증의 다른 임상증상은 불임(infertility), 점액수종(myxedema), 얇은 피모(thin haircoat), 서맥(bradycardia), 혈압 강하, 혈량 감소, 신장의 Na^+ 상실 및 변비(constipation) 등이다.

과량의 갑상선호르몬은 체조직의 대사율을 증가시키며 O_2 소비율이 증가된다. 예를 들면, 랫트에 요오드화 카제인(iodinated casein)을 급여하여 갑상선 기능을 항진시킨 후 O_2 소비율을 측정했던 바 대사율이 23% 증가되었다. 갑상선기능항진증에서 대사율의 증가는 체내 탄수화물, 단백질 및 지질의 저장을 고갈시킨다. 따라서 갑상선 기능이 항진된 동물은 보통 체중의 감소와 근육의 감퇴를 나타낸다. 또 췌장의 인슐린 생성 세포의 고갈로 당뇨병이 되는 경향과 장에서의 글루코스 흡수 속도를 증가시켜 고혈당증(hyperglycemia)이 되며 비정상적인 당 내성(abnormal glucose tolerance)이 된다. 열 생성속도의 증가는 대사율의 증가를 수반하며, 체온을 상승시킨다. 타이록신은 심장에 직접 작용하여 심 박출(cardiac output)을 증가시켜 수축기 혈압(systolic blood pressure)과 심박동수(heart rate)를 증가시키며 이는 갑상선기능항진증의 일반적 증상이다. 과량의 갑상선호르몬의 분비는 또한 중추신경계에 영향을 주어 과민성(irritability), 불안(restlessness) 및 흔히 근육 진전(muscular tremors)을 일으킨다. 다른 임상 증상에는 하리, 신장의 Ca^{2+} 배설 증가 및 안구 돌출증(exophthalmos)과 포스포크레아틴, K^{+}, 콜레스테롤 등의 혈중 농도가 감소된다.

갑상선호르몬과 카테콜아민의 작용은 갑상선기능항진증의 증상들과 밀접한 연관이 있으며, 교감신경계의 활성 증가를 반영한다. 갑상선호르몬은 심근조직, 골격근, 지방조직 및 림프구의 β-아드레날린성 수용체의 수를 증가시키며, 심근 α-아드레날린성 수용체를 감소시킨다. 따라서 갑상선기능항진증은 체내에서 β-아드레날린성 수용체 활성을 증대시켜 심 박동수와 수축의 증대, 글리코겐의 분해, 지질 분해, 글루카곤의 분비, 피부 혈관의 확장 및 레닌(renin) 분비를 증대시킨다.

2. 영양의 정량적인 면

1) 영양

일찍이 균형식의 관점에서 섭취를 필요로 하는 영양의 정성적 개념이 다음과 같이 설정되었다. ㉮ 단백질과 지질의 효율적 대사에 필요한 탄수화물의 적절한 섭취, ㉯ 질소 평형 유지에 필요한 아미노산들의 섭취, ㉰ 고품질 단백질 중의 필수아미노산들의 섭취, ㉱ n-6 및 n-3계의 필수지방산들의 섭취, ㉲ 비타민류의 섭취, ㉳ 무기질의 섭취, ㉴ 물의 섭취 등이다.

앞에서의 대사율에 대한 논의를 근거로 영양의 정량적 요소, 즉 동물의 총 에너지 요구량이 추가된다. 적은 열량을 섭취하면 체중이 감소되고 과량의 열량을 섭취하면 체중이 증가한다. 물론 **영양 소요량**(dietary allowance)은 성장, 임신, 비유 및 외부의 일과 같은 특별한 일에 따라서 결정되어야 한다.

동물의 총 에너지 요구량에 맞도록 식이 성분들을 혼합할 때 탄수화물과 단백질은 4㎉/g, 지방은 9㎉/g의 에너지를 얻을 수 있음을 계산해야 한다. 그러나 이 수치들은 적어도 다음의 두가지 이유 때문에 정확한 실제 에너지는 다를 수 있다.

- 주의해야 할 첫째 이유는 모든 필수 영양 요소들이 적당량 존재하며 탄수화물, 단백질 및 지방이 적절하게 이용될 수 있는 비율로 혼합되어 있다는 가정에 근거한 것으로 영양 균형이 맞지 않으면 위의 열량값들은 잘못된 것이다. 예를 들어, 지방이 균형식의 일부로 존재할 때 9㎉/g의 대사 에너지를 함유하고 있는 것으로 계산되나 지방만을 섭취한다면 지방은 흡수되지 않으므로 대사되지 않으며 따라서 에너지 값은 없다.
- 영양소들의 표준 에너지 값을 적용할 때 주의해야 할 둘째 이유는 특이 동적 작용에 기인

하는 다양한 에너지 손실이 있다는 것이다.

2) 특이동적작용

특이동적작용(specific dynamic action, SDA)은 특이동적효과(specific effect), 열량증가(heat increment), 발열효과(thermogenic effect) 등의 용어와 동의어로 사용된다.

특이동적작용은 정미 에너지 푸울의 한 부분이 되는 것 이외에 불가피하게 열로서 상실되는 에너지 부분을 말한다. 예를 들어, 절식중인 개에서 열량증가가 증명되었다. 25g의 단백질이 대사될 때 예상된 100㎉ 대신 130㎉의 열이 생성되어 30%가 증가 생성된다. 100㎉의 지방이 대사 될 때 113㎉의 열이 생성되고(+13%), 100㎉에 해당하는 탄수화물이 대사될 때 105㎉의 열이 생성된다(+5%). 이런 수치는 순수한 성분을 개에게 급여했을 때 얻어졌으며 급여 전 이 성분들을 혼합하여 급여했을 때는 훨씬 낮아졌다. 또한 순수한 성분들을 영양상태가 좋은 개에게 급여했을 때에는 더 낮은 SDA가 관찰되었다. 그러므로 SDA는 불변 인자(constant factor)가 아니며, 동물의 영양상태와 사료의 조성에 달려 있다. 이 때문에 영양소들의 열량치로부터 표준화된 SDA 추정치를 만들 수 없다.

SDA는 장의 연동작용과 담즙과 췌장액의 분비에 기인하지 않는다. 이 사실은 아미노산을 경구 투여했을 때 보다 정맥 내로 투여했을 때 SDA가 약간 낮을 뿐이라는 사실로부터 확인되었다. SDA는 체내 영양성분들의 저장에 필요한 조직의 대사활성 증가를 반영한다(예, 글루코스에서 지방으로의 전환, 요소합성, 단백질합성 등). 이런 활성은 대사에 사용할 수 있는 정미에너지를 확보하기 위한 에너지 투자로 생각된다. 간에서의 높은 대사율 때문에 간의 온도는 장내의 온도보다 높다. 특히 섭취 후 갈색지방조직의 발열작용은 SDA에 크게 기여한다.

3) 규칙과 불규칙 섭취

SDA 크기에 영향을 주면 일정 기간 급여한 총 열량이 같을 지라도 규칙적인 섭취 또는 조금씩 연속적으로 섭취하는 것과 같은 불규칙적인 섭취 방법에 따라 정성적 그리고 정량적 대사 결과에 뚜렷한 차이가 나타난다. 이유는 식이 탄수화물과 단백질이 제한된 저장량을 채운 후 나머지가 지방으로 전환되기 때문이다. 이는 생체 조성에 영향을 준다. 또한 급식 절약에 영향을 준다. 비록 섭취량이 많을 지라도 탄수화물과 단백질은 충분히 저장되지 않으므로 규칙적으로 섭취해야 한다. 반면에 연속해서 조금씩 섭취하면 탄수화물과 단백질의 재공급으로 그들의 이용 속도와 보조를 맞출 수 있다. 결과적으로 지방으로의 전환이 줄어서 대사열의 상실이 줄고, 요소로 배설되는 질소 상실도 줄게되며, SDA도 더 적게되어 급여 효율이 더 높아진다. 물론 이런 사실들은 반추동물에는 적용되지 않는다.

제20장 비타민

1. 서론

비타민은 ㉮ 소량으로 기능을 나타내며(μg 혹은 mg), ㉯ 동물체의 정상 기능에 필수적이며, ㉰ 조직에서 충분히 합성할 수 없고, ㉱ 결핍되면 심각한 비타민 결핍증(avitaminosis)을 일으키는 유기물질이다. 가축에서 단지 12종의 비타민들이 필요하다. 즉, 비타민 A, D, E, K 등과 티아민, 리보플라빈, 나이아신, 비타민 B_6, 판토텐산, 비오틴, 엽산 및 비타민 B_{12} 들이다. 비타민 C는 가축의 조직에서 적당량이 합성되므로 비타민으로 분류되지 않는다. 그러나 어떤 조건에서는 결핍증이 나타날 수 있으므로 주의하여야 한다.

비타민은 용해도에 따라 **지용성 비타민**(fat-soluble vitamins)과 **수용성 비타민**(water-soluble vitamins)으로 분류한다. 또한 생체에서의 기능에 따라 조직 분화와 조직 구조 유지에 중요한 비타민(비타민 A, D, E, C)과 대사 효소계의 조효소로 작용하는 비타민(B-vitamins와 비타민 K)으로 분류하기도 한다.

반추동물에서 전위(forestomach)의 미생물에 의하여 합성되는 B-비타민류와 비타민 K는 생리적 요구량을 충족시킬 수 있다. 또한 B-비타민류와 비타민 K는 반추동물과 밍크를 제외한 단위동물의 맹장과 결장에서도 미생물에 의하여 합성된다. 밍크는 소화관이 짧고 단순하여 음식물이 빨리 통과하므로 합성할 수 없다. 그러나 후장(hind gut)에서 합성되는 비타민류가 얼마나 흡수되는지는 알려져 있지 않으나 비타민 B_{12}와 비타민 K의 흡수는 실험적으로 증명되었다. 단위동물에서 미생물에 의한 B-비타민의 합성은 식분증(coprophagy, 食糞症)에 의존하는 동물들만 정량적으로 중요하며, 정상적인 단위 동물은 반추동물과 달리 식이 비타민의 공급에 의존한다. 비타민 A는 반추동물에서 주로 프로비타민인 β-카로틴으로 공급되며 단위동물은 일반적으로 미리 형성된 비타민 A로 공급받는다. 비타민 A, D 및 E는 위장관 내의 미생물에 의하여 합성되지 않는다. 그러나 비타민 D는 햇볕이나 자외선에 노출된 동물의 피부에서 적당량이 합성될 수 있다. 결과적으로 비타민의 급여는 동물종, 사료조성 및 사육과 축사의 상태에 달려있다.

2. 지용성 비타민

지용성 비타민은 식물과 세균에 의하여 합성되는 이소프레노이드(isoprenoid)계 화합물이다. 지용성 비타민이 장에서 흡수되기 위해서 담즙산염에 의한 미셀이 형성되어야 한다. 따라서 지방흡수 장애가 있으면 지용성 비타민의 결핍이 초래된다. 같은 이유로 지용성 비타민의 보충은 지질을 섭취할 때 효과적이다. 지용성 비타민의 조직간 운반은 혈장 지단백질이나 특이한 운반단백질을 필요로 한다. 지용성 비타민은 신장을 통하여 배설될 수 없으므로 과다하게 섭취하였을 때 특정 장기에 과다하게 축적되어 독작용을 유발하기도 한다.

프로비타민(provitamin)은 비타민으로 전환될 수 있는 물질로서 지용성 비타민에서 흔히 발견된다.

1) 비타민 A

(1) 명명, 구조, 생물학적 활성 및 소재

비타민 A는 프로비타민 A인 카로티노이드(carotenoid)를 제외한 레티놀(retinol)의 생물학적 활성을 가진 모든 β-ionone 유도체들의 일반명으로 그 구조와 명칭은 그림 20-1 및 표 20-1과 같다.

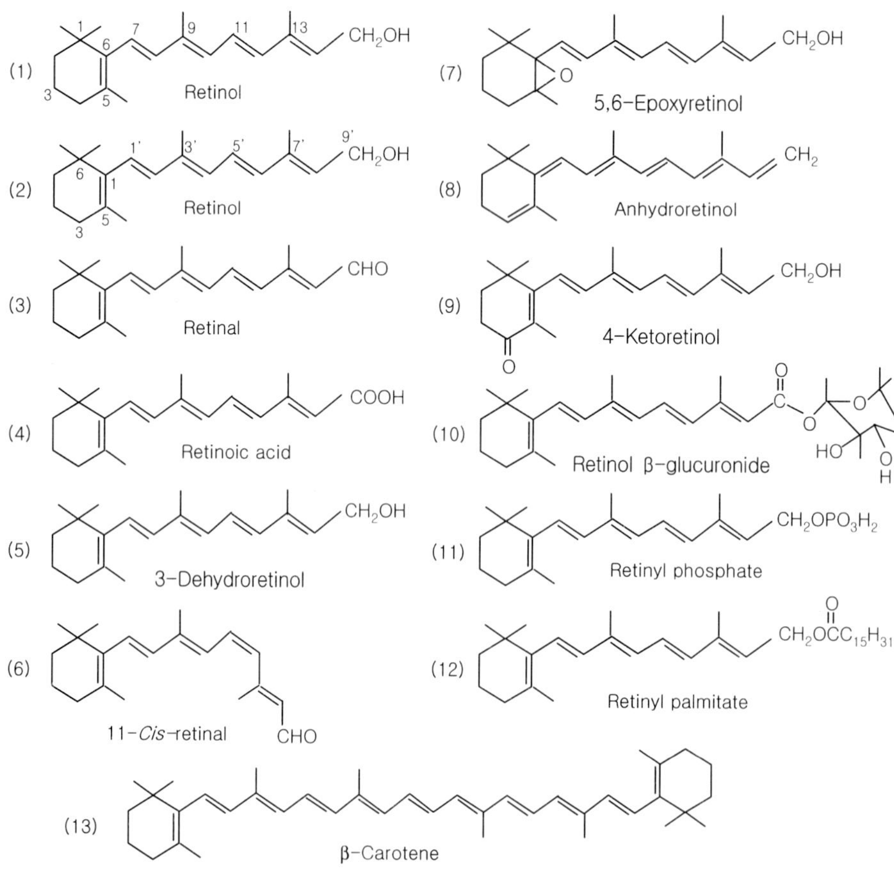

그림 20-1. Retinol과 그 유도체들의 구조식.

표 20-1. 비타민 A에 속하는 주요 화합물들의 명칭

추천된 명칭	동의어
Retinol(a,b)	Vitamin A_1 alcohol, axerophthol
Retinal, retinaldehyde(c)	Vitamin A_1 aldehyde, retinene
Retinoic acid(d)	Vitamin A_1 acid
3-Dehydroretinol(e)	Vitamin A_2
11-*Cis*-retinaldehyde(f)	11-*Cis* or neo b vitamin A aldehyde
5,6-Epoxyretinol(g)	5,6-Epoxy vitamin A alcohol
Anhydroretinol(h)	Anhydro vitamin A
4-Ketoretinol(i)	4-Keto vitamin A alcohol
Retinoyl β-glucuronide(j)	Vitamin A acid β-glucuronide
Retinyl phosphate(k)	Vitamin A phosphate
Retinyl palmitate(l)	Vitamin A palmitate
Retinyl acetate	Vitamin A acetate

( )내의 알파벳은 그림 20-1의 구조식을 나타냄.

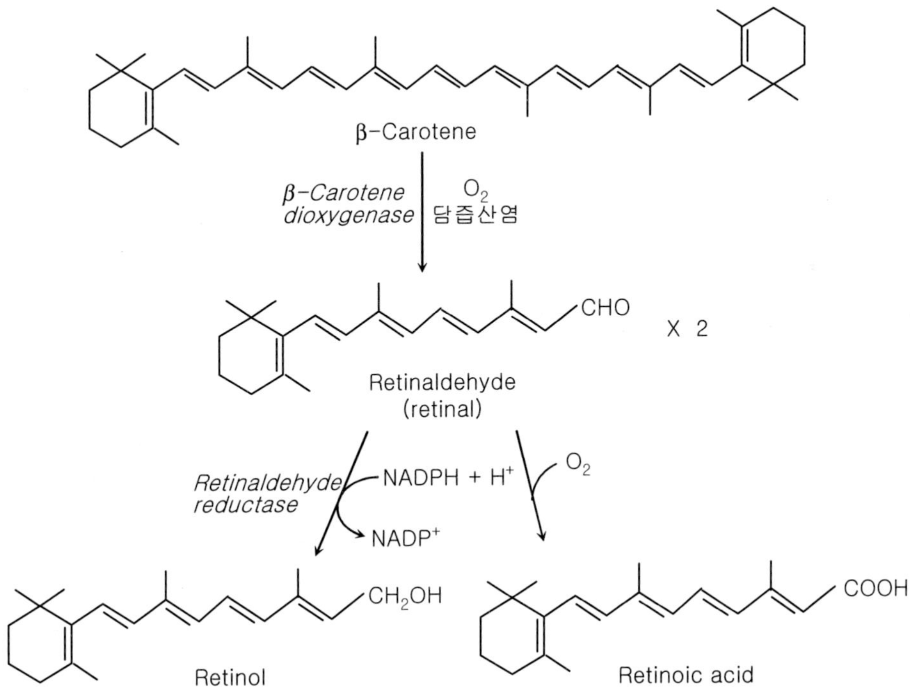

그림 20-2. β-Carotene의 분해. 두 분자의 retinal로 분해된 후 다시 retinol로 환원되거나 retinoic acid로 산화된다.

비타민 A의 생물학적 활성형은 레티노이드(retinoids)로서 레티놀(retinol), 레티날(retinal) 및 레티노인산(retinoic acid)이 여기에 속한다. 그러나 레티놀은 체내에서 아세트산, 프로피온산 혹은 팔미트산과 결합하여 레티닐 에스테르(retinyl ester)를 형성하며 체 저장형 또는 순환형으로 중요하다. 레티놀(열 증가)의 산화로 생성되는 레티날 또는 레티노인산은 실질적인 활성형이다. 레티노이드는 모두 생물학적 활성을 가지나 서로 항상 치환될 수는 없다. 동물체의 비타민 A는 비타민 A_1이며 반면에 비타민 A_2는 담수어류에 존재한다.

분자중 공액 2중결합 때문에 기하 이성체가 존재한다. 트랜스(trans)형인 이성체가 가장 흔하며 정의에 의하여 100% 활성을 가진다.

비타민 A는 동물체에만 존재하며 식물체는 카로티노이드에 속하는 프로비타민으로서 α-, β-, γ-카로틴 및 크립토크산틴(cryptoxanthine)을 가진다. 프로비타민들의 화학적 구조는 레티놀 구조와 유사하다. β-카로틴은 다른 프로비타민들과 달리 두 개의 β-ionone핵을 가지며 소장 점막

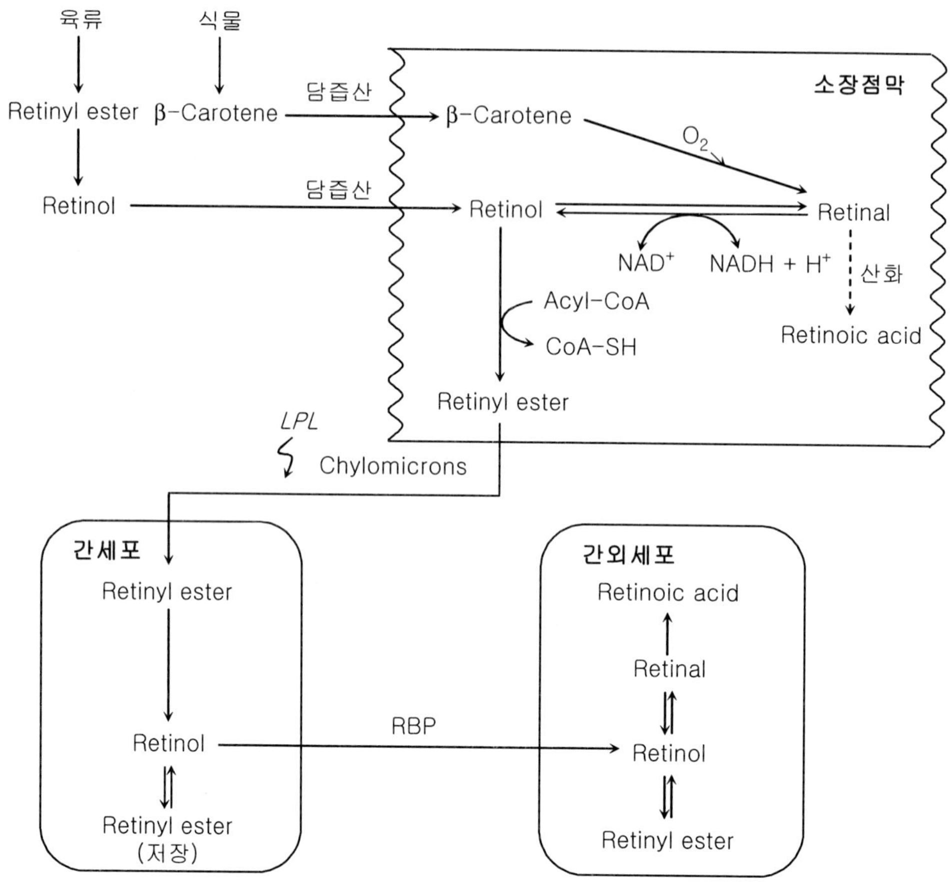

그림 20-3. Retinoid의 이동과 대사. RBP, retinol binding protein; *LPL, lipoprotein lipase.*

세포의 세포질에서 *β-carotene dioxygenase*에 의하여 두 분자의 레티날을 생성한다(그림 20-2). β-카로틴은 비타민 A로 전환되는 외에 그 자신이 활성형으로 중요한 항산화 기능을 가진다. 다른 카로티노이드들은 같은 효소에 의하여 분해되어 1분자의 레티날을 생성함으로 비효율적이다.

표 20-2. 인체에서 비타민 A의 국제단위(IU)와 retinol 당량.

비타민A의 종류	㎍/IU	Retinol equivalents/㎍
All-*trans*retinol	0.300	낮음
All-*trans*retinol acetate	0.344	낮음
All-*trans*retinol palmitate	0.549	적색
All-*trans* β-carotene*	1.8	있음
Mixed carotenoids	3.6	지속적

*렛트는 특이적인 실험조건에서 β-carotene은 retinol의 두배에 해당하는 양(0.6㎍/IU)이 필요하다. 그러나 인체는 carotenoid를 더 잘 이용하지 못하며 retinol의 6배에 해당하는 양(1.8㎍/IU)이 필요하다.

표 20-3. Retinol에 대한 프로비타민들의 비교 역가

Provitamin A	비교 역가
(Retinol)	100
(Dehydroretinol)	40
α-Carotene	25
β-Carotene	50
γ-Carotene	14
Cryptoxanthin	29

표 20-4. 동물종에 따른 β-carotene의 비타민 A활성

동물종	β-Carotene(㎍) /㎍ vitamin A	Retinol equivalents/㎍
랫트	2	1667
조류	2	1667
면양	5.8	580
돼지	6.2	533
소	5	667
여우와 밍크	12	277

(2) 비타민 A의 흡수와 수송

장 점막세포는 비타민 A와 프로비타민 A를 흡수하며 프로비타민 A가 비타민 A로 전환되는 주요 장소이다. 송아지는 전적으로 장 점막에서 이 전환이 이루어진다. 다른 동물들은 각 조직에 흡수된 후 약간 전환된다. 레티노이드의 이동과 대사는 그림 20-3에 나타내었다. 레티놀은 **레티놀 결합단백질**(retinol binding protein, RBP)에 결합되어 간에서 간 이외의 조직으로 운반된다. 표피세포는 RBP와 결합된 레티놀의 주요 목표이다. 표적 조직인 장 점막은 레티놀을 레티날 또는 레티노인산으로 산화시킬 수 있다.

(3) 비타민 A의 양적 표현

비타민 A의 국제단위(internat-ional unit; IU)와 해당되는 비타민 A 및 프로비타민 A의 중량관계는 표 20-2와 같다.

랫트의 성장률에 기초한 레티놀과 프로비타민들의 생물학적 역가는 표 20-3과 같다.

가축들의 β-카로틴에 대한 상대적 생물학적 역가는 표 20-4와 같다. 일반적으로 β-카로틴은 조류에서 최대로 이용되며 다른 동물들은 더 낮다.

(4) 비타민 A의 기능

표적 조직에서 필요로 하는 비타민 A의 형태와 작용은 시계(visual system) 이외에는 거의 알려져 있지 않다. 비타민 A의 세 가지 형태, 즉, 레티놀, 레티날 및 레티노인산은 생물학적 활성을 갖지만 레티노인산은 생식에 필요한 레티놀을 대신할 수 없고, 레티노인산과 레티놀은 시계에서 레티날을 대신할 수 없다. 지금까지 비교적 잘 알려진 기능 중 중요한 내용은 다음과 같다.

- **시각회로**(visual cycle): 비타민 A는 간상(rod) 및 원추(cone)세포의 시색소(visual pigment)의 성분이다. 망막의 시색소인 로돕신(rhodopsin)은 단백질 옵신(opsin)과 11-*cis* 레티날이 결합한 물질이다. 로돕신이 광선에 노출되면 all-*trans* 레티날과 옵신으로 분리되고 뇌에 광신경(optic nerve)에 의하여 전달되는 신경 충격(nerve impulse)이 일어난다. 로돕신의 재생은 all-*trans* 레티날의 이성체화로 11-*cis* 레티날이 재생되어 자동적으로 옵신과 결합함으로써 달성된다. 유사한 반응으로 원추세포에서 색 시각(color vision)이 달성된다(그림 20-4).

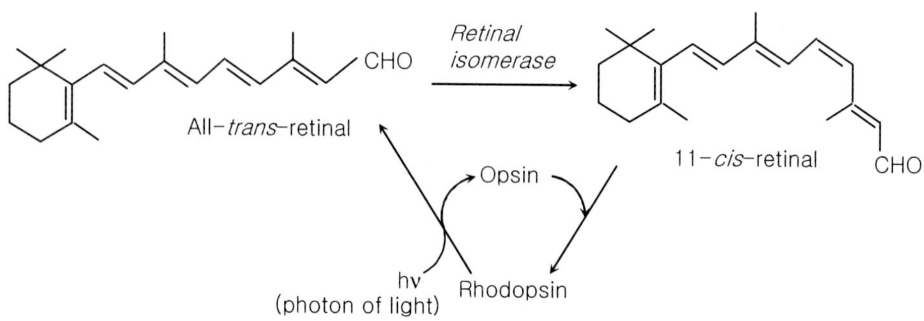

그림 20-4. 시각회로.

- 성장: 세포막을 통한 간접적 효과로 영향을 준다. 비타민 A가 결핍된 동물은 미뢰(taste bud)의 각화로 식욕을 상실한다.
- 골격 성장과 신경조직: 골아세포의 활성(osteoblastic activity)과 파골세포의 활성(osteoclastic activity) 조절에 중요하다. 골격의 성장은 둔화되고 신경계의 성장과 보조를 맞출 수 없어 간접적으로 중추신경계의 손상을 일으킨다. 또한 뇌척수액의 흡수에 대한 직접적 영향을 줄지도 모른다.
- 생식: 레티놀과 레티날은 수컷의 정자생성을 보조하고 암컷의 태아 흡수를 방지하는 등 정상적 생식을 위하여 필수적이다.
- 상피세포의 유지: 레티노인산은 생식 유지와 시각회로에는 관여하지 않으나 상피세포의 성장과 분화를 조절하는 단백질의 합성과 점액 분비를 증가시킨다. 그러므로 이것은 상피세포 교체를 증가시킨다. 따라서 출생 후 레티놀만을 공급하면 눈이 멀고 불임이 된다.

- 세포막: 막 지질의 산화 및 환원성 유지에 중요하다.
- 기초대사: 갑상선호르몬을 통하여 영향을 줄지 모른다.
- 글리코겐 생성: 레티노인산은 스테로이드처럼 작용한다. 따라서 당신생에 대한 스테로이드 호르몬의 효과에도 간접적으로 영향을 준다.
- 지질 및 지용성물질의 대사: 콜레스테롤, 코엔자임 Q, 비타민 E, 비타민 D 및 성선 호르몬들의 대사에 영향을 준다.
- 단백질 대사: 혈청 및 근육단백질 합성을 자극한다.
- 면역반응: 항체단백질의 합성과 세포-조절 면역반응에 직접 영향을 준다.
- 스트레스와 감염에 대한 저항성: 명백히 간접적으로 영향을 준다.
- β-카로틴은 항산화 작용이 있다. 항산화 작용을 가진 비타민 C, E와 같이 심장과 폐암의 위험도를 감소시킨다.

(5) 임상적 관찰

화학적으로 관계가 있으나 레티노인산과 레티놀은 치료를 위한 적용면에서는 완전히 다르다. 레티놀과 그 전구체는 식이 보조제로 사용되나 레티노인산은 피부과학에 유용하다.

- 식이 결핍증: 비타민 A 결핍증이 있는 가축에게는 레티놀 또는 레티닐 에스테르를 투여한다. **야맹증**(night blindness)은 비타민 A 결핍증의 초기 증상 중의 하나이다. 지속적인 결핍은 시각세포가 비가역적으로 상실된다. 중증의 비타민 A 결핍증은 안구건조증(xerophthalmia)이 되어 결막과 각막이 병적으로 건조된다. 치료하지 않으면 불투명한 반흔조직(scar tissue)의 형성으로 야맹증이 된다.
- 좌창과 건선: 좌창(acne, 여드름)과 건선(psoriasis)같은 피부병들은 레티노인산과 레티노인산 유도체로 효과적으로 치료된다. 경증의 좌창인 Darler 질환과 피부 노화는 벤조일퍼옥사이드(benzoyl peroxide), 항생제와 함께 all-*trans* 레티노인산의 국소적용으로 치료된다. 관례적 치료법에 저항성이 있는 낭포성 좌창(cystic acne)은 13-*cis* 레티노인산을 경구 투여한다.
- 만성 질환의 예방: β-카로틴 함량이 높은 음식을 섭취하면 심장병, 폐 및 피부암 발생이 감소한다. 또한 백내장(cataract)과 반상 변성(macular degeneration)의 위험이 감소한다. 이런 방어작용은 β-카로틴의 항산화 성질과 면역기능의 증진에 기인하는 것으로 생각된다. β-카로틴의 이러한 작용은 비타민 A 전구체로서의 역할과는 관계없이 이루어지며, 비타민 A와 달리 장기간 고농도의 섭취에도 독성이 없다.
- 레티노이드의 독성: 과량의 비타민 A 섭취는 비타민 A 과잉증(hypervitaminosis A)을 일으킨다. 사람에서 1일 7.5㎎ 이상의 레티놀 섭취는 피해야 한다. 만성 비타민 A 과잉증의 초기 증상은 피부의 건조와 소양증(pruritus), 간종대와 간경화증으로 진행 가능성 및 두개강 내압(intracranial pressure)에 의한 뇌종양과 유사한 증상을 나타낸다. 임신중 과량의 비타민 A 섭취는 발육중인 태아의 선천성 기형(congenital malformation)이 될 가능성이 높다. 13-*cis* 레티노인산은 가임 여성에게 최기형(teratogenic)임으로 중증이 아니라면 가임 여성에게 절대로 사용되어서는 안되며, 지속적 사용은 고지혈증과 LDL/HDL 비율의 증가로 심혈관 질환을 일으킬 수 있다.

2) 비타민 D

(1) 명명, 구조, 생물학적 활성 및 소재

비타민 D는 정성적으로 콜레칼시페롤(cholecalciferol, vitamin D_3)의 생물학적 활성을 나타내는 모든 스테로이드를 지칭한다. 그러나 단지 콜레칼시페롤과 에르고칼시페롤(ergo- calciferol, vitamin D_2)만이 동물 영양에서 중요하다.

비타민 D_3는 간, 특히 어류의 간에 풍부하게 존재한다. 반면에 동물에는 소량이 존재한다. 비타민 D_3는 포유동물과 조류의 피부에서 광선 또는 자외선 조사에 의하여 7-데하이드로콜레스테롤(7-dehydrocholesterol, provitamin D_3)로부터 합성되며, 식물 유래의 비타민 D_2는 에르고스테롤(ergosterol, provitamin D_2)의 조사에 의하여 생성됨으로 조사된 건초에 존재한다(그림 20-5). 비타민 D_3는 모든 가축에 중요한 비타민이며, 비타민 D_2는 조류를 제외한 모든 동물에서 비타민 D_3와 같이 중요하다. 병아리에서 비타민 D_3/비타민 D_2의 활성비는 약 35:1이다. 즉, 조류는 동물 유래의 비타민 D 또는 합성 비타민 D_3를 급여해야 된다는 것을 의미한다.

비타민 D는 비타민 자신이 아니라 대사산물인 25-하이드록시콜레칼시페롤[25-hydroxy-cholecalciferol, 25-(OH)D_3]과 1,25-디하이드록시콜레칼시페롤[1,25-dihydroxycho-lecalciferol,

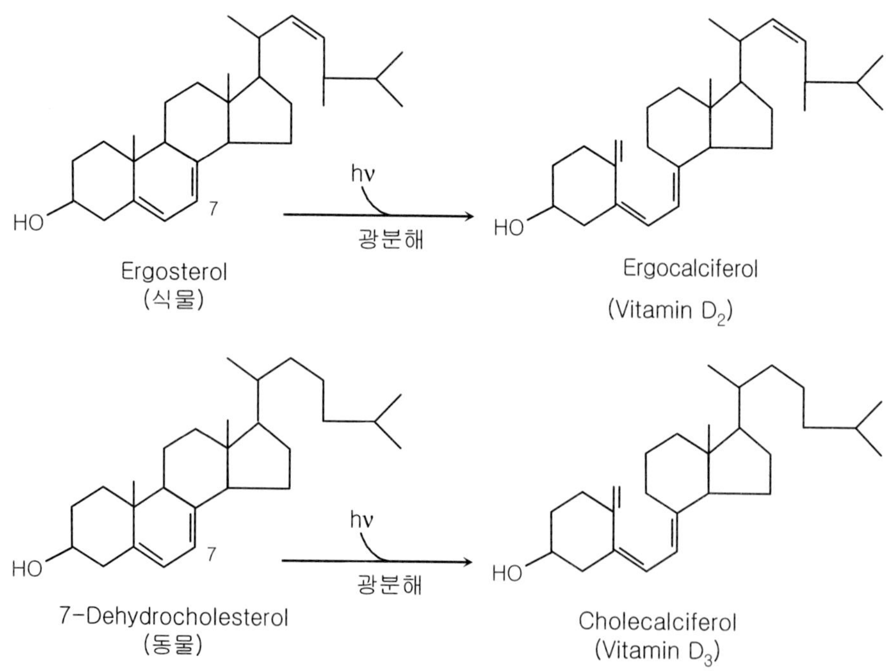

그림 4-14. *Lydyl oxidase*에 의한 protocollagen간의 교차결합.

calcitriol, 1,25-$(OH)_2D_3$]로 전환되어 활성을 나타낸다.

(2) 비타민 D의 대사

피부에서 형성된 콜레칼시페롤과 장에서 흡수된 콜레칼시페롤은 혈장단백과 결합하여 간과 신장으로 운반되고 이어서 연속적인 하이드록시화(hydroxylation)에 의하여 생리적 활성형인 1,25-$(OH)_2D_3$로 전환된다(그림 20-6). 유사한 유도체가 에르고칼시페롤로부터도 형성되는 것 같다. 간에서의 *cholecalciferol 25-hydroxylase*에 의하여 생성된 25-$(OH)D_3$는 주요한 순환형 비타민 D인 동시에 저장형이다. 25-$(OH)D_3$는 신장의 *25-(OH)D₃ 1-hydroxylase*에 의하여 1,25-$(OH)_2D_3$로 전환되며 이 효소는 조절효소로서 부갑상선호르몬(parathyroid hormone, PTH), 저칼슘혈증(hypocalcemia) 및 저인산혈증(hypophosphatemia)에 의해 증가된다. 콜레칼시페롤과 25-$(OH)D_3$는 30일의 생물학적 반감기를 가지나 1,25-$(OH)_2D_3$는 24시간만 활성을 가진다.

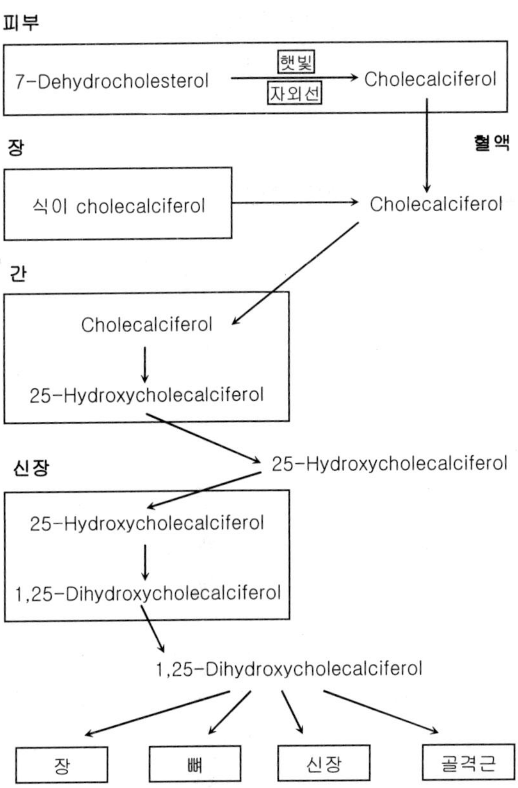

그림 20-6. Cholecalciferol로부터 1,25-dihydroxycholecalciferol의 생성.

(3) 비타민 D의 기능

칼시트리올(calcitriol, 1,25-$(OH)_2D_3$)은 호르몬 유사물질로서 그 수용체는 레티노인산, 스테로이드 호르몬 및 갑상선호르몬의 수용체와 같은 부류이며, 수용체와 결합하여 전사인자로서 유전자 발현에 관여한다. 혈청 인산과 칼슘의 감소는 신장 *1-hydroxylase*의 활성을 증가시켜 칼시트리올[1,25-$(OH)_2D_3$]의 생성이 증가된다. 칼시트리올은 3가지 효과를 가진다. 자신의 생성을 억제하고, *24-hydroxylase*를 자극하며, 장, 골격 및 신장에서 생리적 기능을 갖는 24,25-디하이드록시콜레칼시페롤[24,25-dihydroxycholecalciferol, 24,25-$(OH)_2D_3$]을 생성한다. 칼시트리올의 전반적인 기능은 혈장 칼슘과 인산농도를 유지하는 것이다(그림 20-7).

- 장에서 칼슘 흡수 증가: 장에서 칼시트리올은 부갑상선호르몬의 도움 없이 식이성 칼슘과 인의 흡수를 촉진한다.
- 신장에서 칼슘 배설 최소화: 칼시트리올은 신장에서 부갑상선호르몬과 협력하여 Ca^{2+}의 재흡수를 촉진한다.

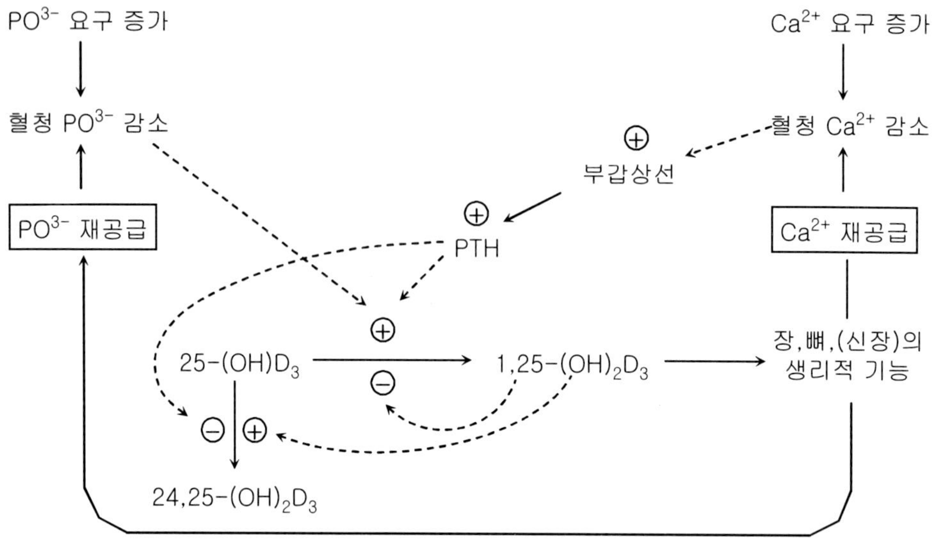

그림 20-7. 비타민 D3의 하이드록실화의 기능. 혈청 인산과 칼슘이온농도의 감소는 인산과 칼슘을 보충하는 방향으로 작용한다. 25-(OH)D_3, 25-hydroxycholecalciferol; 1,25-$(OH)_2D_3$, 1,25-dihydroxycholecalciferol; 24,25-$(OH)_2D_3$,24,25-dihydroxycholecalciferol; PTH, parathyroid hormone.

- 골격의 융식(resorption) 자극: 칼시트리올은 단백질합성과 부갑상선호르몬을 필요로 하는 과정을 통하여 혈장 Ca^{2+} 농도를 증가시키며, 골격의 파골세포(osteoclast)를 자극하여 칼슘과 인을 유리시킨다.
- 24,25-$(OH)_2D_3$도 또한 소장의 Ca^{2+} 흡수를 증가시키는 역할을 지니나, 혈청 Ca^{2+}과 인산의 농도를 다같이 감소시킨다. 골격의 광물질화를 촉진하고 칼슘의 주요 형태인 수산화인회석의 합성을 촉진한다.

(4) 임상적 관찰

비타민 D 결핍증(hypovitaminosis D)과 비타민 D 과잉증이 관찰되었다.

① **일반적 비타민 D 결핍증상:** 미숙동물은 구루병(rickets), 테타니(tetany) 및 성장지연을 보이고, 성숙동물은 골연화증(osteomalacia)과 테타니가 나타난다. 혈장 칼슘 및 인산농도가 감소되고, 혈액 *alkaline-phosphatase* 활성이 증가한다. 전지 만곡(bowing of foreleg), 관절의 비후, 척추 골절, 4지 마비, 보행 경직(stiffness of gait), 속호흡(rapid respiration) 및 테타니와 과민성(irritability)이 나타난다.

- 소: 혈청 저 칼슘농도에 기인하는 산욕 마비(parturient paresis)와 유열(milk fever) 및 유생산 감소와 번식 장애(reproductive disturbances)가 나타난다.

- 가금류: 부리(soft beak)와 골격의 연화, 산란 조류에서 얇은 난각 및 난생성과 부화율의 감소가 나타난다.
- 모피생산동물: 밍크에서 저성장과 골격의 발육이 저하되며, 파행(lameness)과 늑골 관절의 종창을 보인다.

② **비타민 D의 독성:** 과량의 비타민 D 섭취는 비타민 D 과잉증(hypervitaminosis D)을 일으킨다. 뼈에서 칼슘과 인을 동원하여 혈장 칼슘과 인 농도를 증가시키며 혈관계, 요로, 신장과 같은 다른 조직의 석회화(calcification)를 초래한다. 결국 뼈는 취약해지고 기형이 된다. 중증의 비타민 D 과잉증은 송아지, 소, 병아리, 말 및 돼지에서 관찰된다.

- 송아지: 성장 억제 설사, 사지 경직(limb stiffness).
- 돼지: 체중 증가율 감소, 담색 간(pale liver), 관상 혈관 및 동맥의 석회화.

3) 비타민 E

(1) 명명, 구조, 생물학적 활성 및 소재

비타민 E는 α-토코페롤(α-tocopherol)의 생물학적 활성을 나타내는 모든 토콜(tocol)과 토코트리엔올(tocotrienol)의 일반명이다. 이중 가장 풍부하고 강력한 것은 α-토코페롤이다.

랫트에서 측정된 각종 토코페롤과 토코트레엔올의 상대적 생물학적 활성을 비교하면 다음과 같다.

d,1-α-Tocopherylacetate: 100%

d-α-Tocopherol: 80%

d,1-α-Tocopherol: 59%

d-α-Tocopherylacetate: 136%

d-α-Tocotrienol: 13%

d-β-Tocopherol: 45%

d-β-Tocotrienol: 4%

d-γ-Tocopherol: 13%

d-δ-Tocopherol: <0.4%

반추동물의 혈청 토코페롤 농도는 불충분한 경태반 전달(transplacental transfer) 때문에 신생 송아지에서 낮다. 그러나 초유와 유즙은 비타민 E 급여원으로 중요하다.

(2) 비타민 E의 흡수와 조직 분포

담즙산염 존재하에 소장에서 20~40%가 흡수된다. 혈중 특이적 결합 단백질은 없으나 혈장

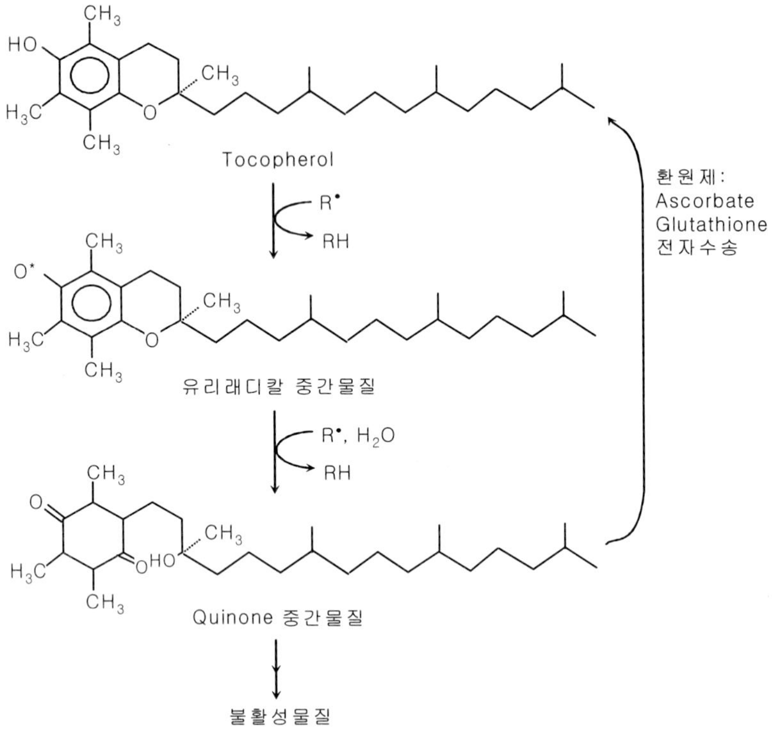

그림 20-8. α-Tocopherol의 유리 래디칼 제거, R˙, 유리 래디칼.

지단백질에 의해 운반된다. 조직분배에 선택성이 없으며 지질이 풍부한 모든 조직, 특히 지방조직에 높은 농도로 존재한다.

(3) 비타민 E의 기능

비타민 E의 밝혀진 생물학적 기능은 아래와 같다.

- 항산화제로서의 기능과 유리 래디칼을 제거하는 기능이다(그림 20-8). 비타민 E는 막지질, 저장지방 및 지단백질의 지질이 산화과정 중 생성되는 유리 래디칼과 반응하여 유리 래디칼에 의한 연쇄반응을 저해한다. 비타민 C와 글루타티온과 같은 환원제는 초기에 생성된 α-tocopherol-유리 래디칼과 퀴논형 중간물질을 최초의 활성형 α-토코페롤로 환원시켜 비타민 E의 고갈을 억제한다.
- 적혈구 막의 비타민 E는 용혈을 방지하며, 셀레늄과 함황 아미노산의 대사 및 헴합성에 특이적인 역할로서 조혈기능을 돕는다.
- LDL-콜레스테롤의 산화를 막아 심장질환에 대한 예방 효과가 있다.

(4) 임상적 관찰

식이 비타민 E의 결핍은 일반적으로 생식, 골격 및 평활근, 심근, 순환계, 신경계, 위장관, 지방조직, 호흡계, 피부, 신장 및 간 등에서 동물에 따라 매우 다양하게 나타난다.

근육과 간세포가 파괴되면 근육과 간의 효소활성이 혈청에서 측정되며, 비타민 E 결핍증의 임상 진단법으로 이용된다.

가축의 비타민 E 결핍증의 생화학적 증상 및 기타 전형적인 결핍증상은 아래와 같다.

① **생화학적 증상:** 혈장 토코페롤농도가 감소하고 근육 및 간장 효소들의 혈청농도가 증가한다. 비타민 E의 결핍은 막지질에 손상을 주어 리놀산과 아라키돈산이 감소되고, 막의 미세 구조와 생화학적 변화를 초래하여 미토콘드리아막의 변성으로 미토콘드리아 기능이 저해된다.

② **결핍증상:**

- 돼지: 심근변성(cardiac muscular degeneration)으로 인한 쌍실심장병(Mulberry heart disease), 간괴사(hepatic necrosis), 근이영양증(muscular dystrophy)으로 인한 영양성 PSE (nutrtional PSE; Pale, Soft, Exudate muscle), 빈혈, 수종, 황색지방 및 위궤양 등을 유발한다. 비타민 E의 보충급여로서 체중, 사료 효율, 생식행위를 개선하지 못한다. 비유중의 돼지는 유즙 생성이 감소된다.
- 소 및 양: 송아지와 새끼양에서 근이영양증과 사지경직(limb stiffness)이 특징인 근병증(myopathy), 번식장애(잔류 태반)가 나타난다. 유즙생성이 영향받으며 유질이 떨어진다(산화취를 나타낸다)

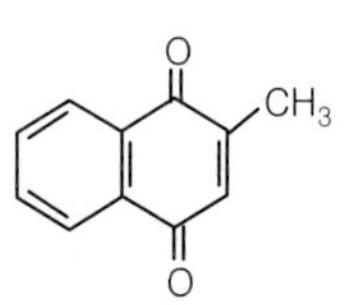

Menadione (Vitamin K_3)

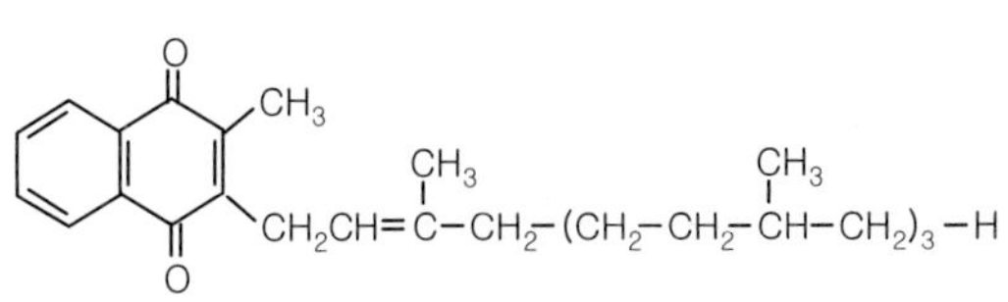

Phylloquinone (Vitamon K_1, Phytonadione, Mephyton)

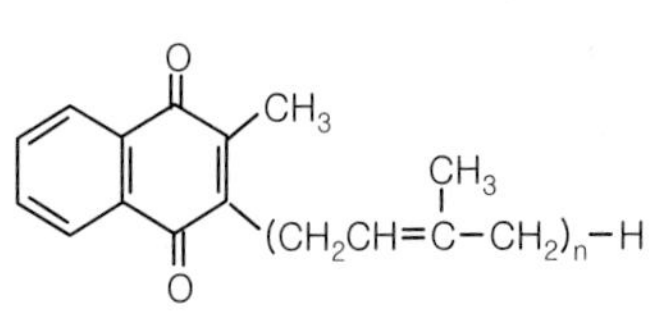

Menaquinone-n (Vitamin K_2: n=6,7 또는 9)

그림 20-9. Vitamin K의 종류와 구조.

- 가금류: 뇌연화증(encephalomalacia; 운동실조를 일으키는 신경 병변), 삼출성 체질(exudative diathesis), 근이영양증, 배 변성(embryonic degeneration), 수탉의 불임. 난 생성은 영향받지 않는다.
- 모피 생산동물: 황색 지방증, 빈혈, 모피의 불량, 운동 장애 등이 나타난다.

③ **비타민 E의 독성:** 지용성 비타민 중독성이 가장 낮으며 독성이 관찰되지 않았다.

4) 비타민 K

(1) 명명, 구조, 생물학적 활성 및 소재

비타민 K는 메나디온(menadione, 2-methyl-1,4-naphthoquinone, vitamin

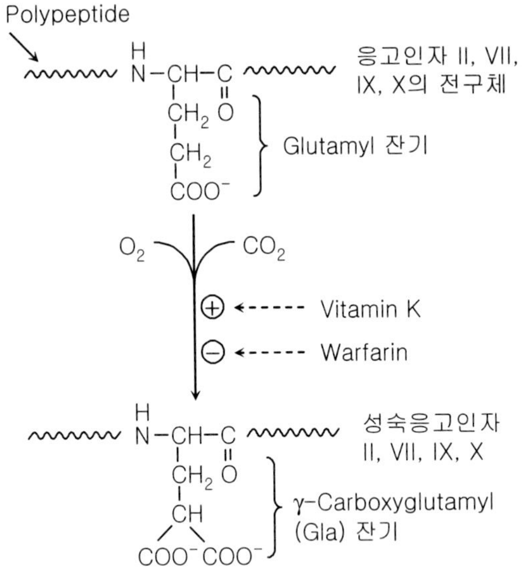

그림 20-10. Vitamin K에 의하여 촉매되는 글루타민산잔기의 카복시화.

K_3), 필로퀴논(phylloquinone, 2-methyl-3-phytyl-1,4-naphthoquinone, vitamin K_1) 및 menaquinone (vitamin K_2)의 생물학적 활성을 나타내는 모든 유도체들의 일반명이다(그림 20-9).

비타민 K_1은 녹색 식물에 존재하며, 비타민 K_2는 세균에 의해서 합성된다. 비타민 K_3는 흔히 합성 비타민을 말하며, 메나디온이 흔히 사용되는 이름이다. 자연계에 존재하는 K-비타민은 다른 수의 페닐 단위(phenyl unit)로 구성된 측쇄를 가지고 있다. 필라퀴논의 불포화 측쇄 때문에 *cis-trans* 이성체가 존재한다. *Cis*-필로퀴논은 생물학적 활성이 거의 없으며 *trans*-이성체는 강한 활성을 가진다. 비타민 K의 생물학적 역가의 표준은 메나디온 1㎍이 나타내는 항출혈 활성(antihemorragic activity)으로 나타낸다. 병아리 검정법에 의한 비타민 K 1㎎ 당 상대적 역가는 메나디온 =1000, 비타민 K_1=500, 비타민 K_2=400이다.

(2) 비타민 K의 기능

비타민 K는 프로트롬빈(prothr- ombin)과 혈액 응고인자 II, VII, IX 및 X의 합성에 필요하다. 이 단백질들은 불활성 전구체 분자들로 합성된다. 전구체 단백질들은 비타민 K 존재 하에 분자 중의 글루타민산잔기를 카복시화하여 γ-카복시글루타민산(Gla)을 함유하는 성숙 응고인자로 전환시킨다(그림 20-10). 이 반응은 O_2와 CO_2 및 하이드로퀴논형 비타민 K를 필요로 한다. γ-카복시글루타민산의 형성은 자연계에 존재하는 디쿠마롤(dicumarol)과 비타민 K의 합성 유사체인 와파린(warfarin)에 의하여 억제된다.

프로트롬빈의 γ-카복시글루타민산잔기는 인접한 카복시기의 음전하 때문에 좋은 Ca^{2+} 킬레이트제(chelator)가 된다. 프로트롬빈-Ca 복합체는 혈소판 표면의 혈액응고에 필수적인 인지질과 결합할 수 있다. 혈소판과의 결합은 프로트롬빈을 단백분해하여 트롬빈으로의 전환 속도를 증가시킨다.

γ-카복시글루타민산은 다른 단백질에도 존재한다(예, 골격 중의 osteocalcin). 그러나 이 단백질의 생리적 역할이나 이 단백질의 합성에 대한 비타민 K의 역할은 알려져 있지 않다.

(3) 임상적 관찰

일반적으로 장내 세균에 의하여 충분히 생성되므로 결핍은 드물다.

① **비타민 K 결핍증:** 식이 비타민 K의 결핍은 신생아의 용혈성 빈혈이 특징이다. 혈액 응고시간의 지연, 빈혈 및 많은 체조직의 출혈을 일으킨다. 병아리는 쉽게 고갈된다. 다른 동물들은 정상적인 사육조건에서 결핍증은 거의 나타나지 않는다. 신생 자돈에서 제대 출혈, 성장 자돈에서 피하 출혈, 혈뇨, 비정상적인 호흡 및 혈액 응고시간 지연 등이 보고되었다. 비타민 K 길항제인 디쿠마롤을 많이 함유한 곰팡이 핀 스위트클로버로 만든 건초나 사일리지를 섭취하면 스위트클로바 질환(sweet clover disease)으로 불리는 출혈증상이 나타난다. 모피 생산동물에서는 모피의 질이 떨어진다. 그러나 정상적으로 비타민이 강화된 상품 사료를 섭취하였을 때 비타민 K 결핍증은 일반적으로 나타나지 않는다.

장기간 항생제의 사용은 세균과 비타민 K를 감소시켜 혈액응고 장애를 일으킨다.

② **비타민 K의 독성:** 과량의 메나디온과 그 유도체들은 개, 사람, 생쥐 및 토끼에 출혈 독성의 비타민 K 과잉증(hypervitaminosis K)을 나타낸다. 그러나 자연상태의 비타민 K는 비교적 무해하다.

3. 수용성 비타민

대부분의 수용성 비타민은 조효소 합성의 전구체로 기능이 매우 다양하다. 수용성 비타민들은 쉽게 흡수되고 조직으로 이동하여 활성형의 조효소로 전환된다. 수용성 비타민은 신장에서 쉽게 배설됨으로 동물체에 해로운 수준까지 축적되지 않는다.

1) 티아민

(1) 명명, 구조, 생물학적 활성 및 소재

비타민 B_1은 티아민(thiamine)의 일반명이다. 티아민은 식물과 동물체에 광범위하게 분포되어 있다. 티아민은 *thiaminase*에 의하여 쉽게 분해된다. *Thiaminase*는 생선류, 특히 잉어과 어류와 청어, 조개류와 갑각류 및 양치식물(ferns)과 쇠뜨기(equisetums) 등에 존재한다. 티아민은 또한 어떤 세균에 의해서도 생성된다.

식물체의 티아민은 주로 유리 티아민, 혹은 염화 티아민으로 존재하며, 동물체에 흡수된 티아민은 간으로 운반되어 ATP에 의하여 티아민 피로인산(thiamine pyrophosphate)과 리포티아마이드(lipothiamide, LTTP)로 인산화 된다. 동물조직에는 약 80%가 주로 생물학적 활성형 조효소인 티아민 피로인산으로 존재한다.

(2) 티아민의 기능

음식물의 티아민은 쉽게 흡수되어 조직으로 이동된 후 ATP-의존 반응으로 조효소 티아민 피로인산으로 전환되어 생물학적 활성을 가진다(그림 20-11).

티아민 피로인산은 B-비타민 또는 성장인자로 알려진 리포산(lipoic acid)과 결합하여 조효소, 리포티아마이드(LTTP)를 형성하여 주요 기능을 발휘한다. LTPP는 α-케토산들의 산화적 탈탄산반응의 조효소로 작용한다. 3종의 다른 B-비타민들, 판토텐산, 나이아신 및 리보플라빈 등이 탈탄산 반응에 관련되어 있다(그림 20-12). LTTP는 또한 5탄당 분로에서 α-케톨(α-ketol)의 형성과 분해를 촉매하는 *transketolase*의 조효소로 작용한다. 따라서 티아민의 주 기능은 탄수화물 대사에서 발휘된다.

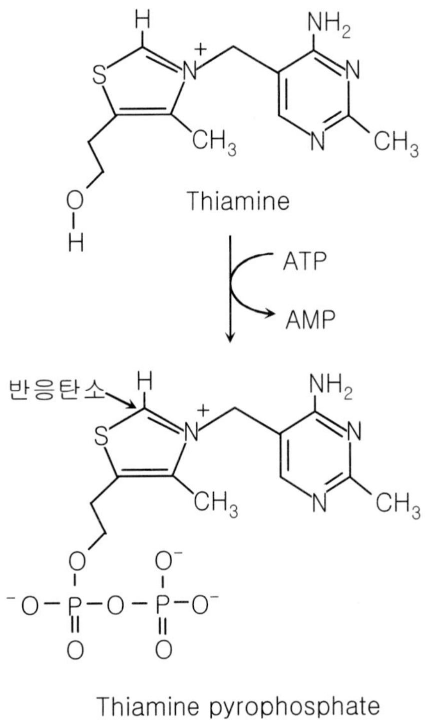

그림 20-11. Thiamine으로부터 thiamine pyrophosphate의 생성.

(3) 임상적 관찰

① **티아민 결핍증의 원인:** 티아민 결핍증은 주로 *thiaminase*에 의한 티아민의 파괴에 기인한다. 이 효소는 모피 생산 동물의 사료중에 함유된 어류에 존재한다. 또한 온대지방의 전통적 목장에 널리 분포되어 있는 고사리에도 존재한다.

티아민의 구조적 유사물질인 합성 항대사물질(antimetabolites)도 티아민 결핍증의 원인이다. 가금 사료에 첨가하는 항콕시듐제(coccidiostat)인 암프롤리움(am- prolium)은 항대사물질이며, 다른 항대사물질로 피리티아민(pyrithiamine)과 옥시티아민(oxythiamine)이 실험 목적으로 흔히 사용된다.

② **티아민 결핍증:** 티아민 결핍증은 피루브산과 젖산의 축적으로 신경장애를 일으키는 것이다. 암프롤리움의 급여로 조류에 다발성 신경염(polyneuritis), 소에 회백뇌연화증(polioencephalomalacia)을 일으킨다고 보고되었다. 사람의 경미한 결핍증은 위장관 질환, 무력증, 작열각(burning feet) 등이며, 중증인 경우 말초신경장애, 정신질환, 실조증으로 발전된다. 티아민이 거의 결핍된 경우에 나타나는 각기병(beriberi)에서 신경근과 심혈관장애로 환각, 근무력, 안근마비, 기억상실 등의 특징적 증상을 나타내며, 말초혈관 확장과 심장 정맥순환이 증가된다. 최악의 경우 심근 수축력 상실과 심박출 장애로 죽게된다.

각기병은 백미를 주식으로 하는 가난한 사람에게 주로 나타났다. 알콜 중독자의 티아민 결

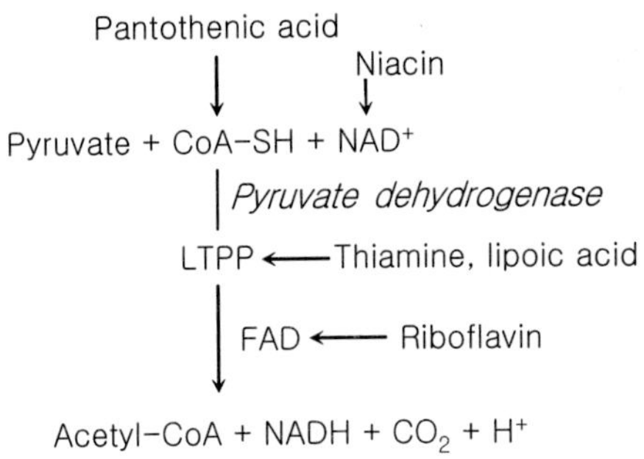

그림 20-12. 피루브산의 탈탄산반응에 관여하는 B-비타민들. LTPP, lipothiamide.

핍증은 각기병보다 베르니케-코사코프증(Wernicke-Korsakoff syndrome)을 초래한다. 이 질환의 급성단계는 베르니케뇌증(Wernicke's encephalophathy)이라 부르며 정신이상, 환각, 운동실조, 안근마비 등이 나타난다. 만성단계는 코사코프 정신병(Korsakoff psychosis)으로 불리며 선행성 건망증을 보이고 매우 허약한 건강상태를 나타낸다.

베르니케뇌증은 티아민 주사로 치료할 수 있으나 건망증후군(amestric syndrome)이 나타나면 치유될 수 없으므로 정기적 진단과 즉각적 처치가 필수적이다.

③ **결핍증의 진단:** 요 중에 배설되는 티아민을 측정하여 평가할 수 있다. 또한 티아민 피로인산을 투여하기 전, 후 전혈이나 적혈구의 *transketolase* 활성을 측정하여 진단할 수 있다. 글루코스를 투여한 후 혈청 피부르산 또는 젖산 농도를 측정하기도 한다. 티아민 피로인산이 부족하면 *피루브산탈수소효소활성*이 감소하므로 이들 유기산들의 혈청 농도가 증가한다.

2) 리보플라빈

(1) 명명, 구조, 성질 및 소재

리보플라빈의 일반명은 비타민 B_2이다. 효모, 유즙 및 녹색의 채소에 풍부하게 함유되어 있으며, 대부분의 곡류중 함량은 적다. 동물체에서 유리형 리보플라빈은 비교적 적으며 혈장, 눈 및 정액중에 소량으로 존재한다. 동물조직에서 리보플라빈은 주로 플라빈 아데닌 디누클레오타이드(flavin adenine dinucleotide, FAD), 소량은 플라빈 모노누클레오타이드(flavin mononucleotide, FMN)로 전환되어 존재한다. 유리 리보플라빈과 FAD 및 FMN의 환원형은 450 ㎚에서 흡광을 갖는 황색이며 산화되면 강한 형광을 발한다. 리보플라빈과 이들 유도체들은 열에 안정하지만 가시광선에 노출되면 신속하게 불활성 형태로 분해된다.

(2) 리보플라빈의 기능

리보플라빈은 소장 상단에서 에너지-의존 운반계에 의하여 흡수되며 조직으로 운반되어 FAD와 FMN으로 전환되며(그림 20-13), 나머지는 요중에 배설되거나 소포체의 효소들에 의하여 대사 된다. FAD와 FMN은 플라보효소(flavoenzyme) 또는 플라보단백질(flavoprotein)로 알려진 산화-환원 효소들의 조효소로 작용한다. 플라보효소들의 대부분은 조효소로 FAD를 사용한다.

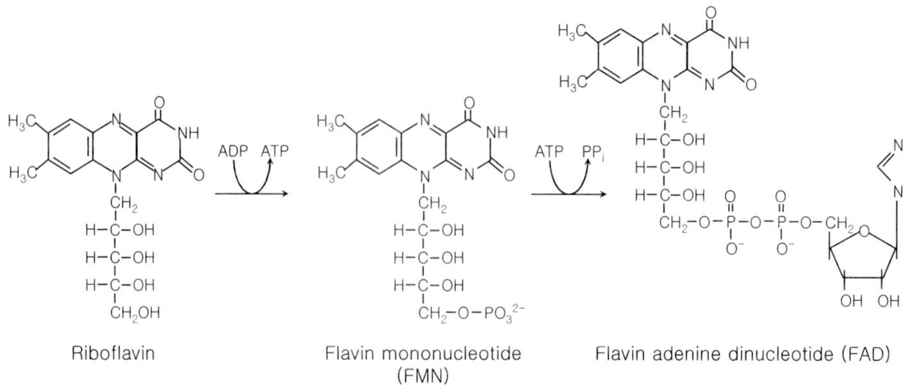

그림 20-13. FMN과 FAD의 구조와 생합성.

예를 들면, *D-amino acid oxidase, xanthine oxidase*(hypoxanthine과 xanthine을 요산으로 전환), 리포산탈수소효소(*lipoyl dehydrogenase*; 피루브산의 산화적 탈탄산반응), *acyl-CoA 탈수소효소*(지방산 산화), *숙신산탈수소효소*(TCA 회로에서 작용), *L-갈락토노-γ-락톤탈수소효소*(*L-galactono-γ-lactone dehydrogenase*; L-아스코르브산 생성) 등이다. 반면에 *L-amino acid oxidase*는 조효소로 FMN을 사용한다.

(3) 임상적 관찰

리보플라빈 결핍은 앞에서 언급한 바 대사과정의 손상으로 나타난다. 따라서 결핍동물은 불완전한 산화 때문에 정상 동물보다 15-20% 더 많은 에너지를 소비하게 된다. 전구체 아미노산이 산화되지 않으므로 당신생을 통한 글루코스와 글리코겐 생성이 감소되고, 지방산은 간에 중성 지방을 형성하여 축적됨으로서 지방간(fatty liver)이 될 것이다. 또 하이포크산틴과 크산틴은 요산으로 전환되지 못하므로 요중에 배설된다. 결핍증은 동물종과 생리적 상태에 따라 다르게 나타난다. 성숙한 반추동물은 제1위의 미생물이 리보플라빈을 생성하므로 정상적인 조건에서 결핍증은 나타나지 않는다. 각종 가축의 전형적 결핍증상은 아래와 같다.

- 돼지: 식욕상실, 성장지연, 사료섭취 감소, 거친 피모, 탈모, 설사, 피부염, 광 감수성, 안구수정체 혼탁(lens opacity), 불안정한 보행(unsteady gait), 궤양성 대장염(ulcerative colitis), 항문점막의 염증, 태아의 융식(resorption of fetuses), 조산(prmature farrowing).
- 송아지: 식욕상실, 과다 유루(excessive lacrimation), 타액분비과다(salivation), 탈모, 설사, 구각의 미란(soreness in corners of the mouth).
- 가금류: 다리 마비(leg paralysis), 난 생산 및 부화율 감소.
- 모피생산동물: 성장불량, 모피의 탈색. 여우는 밍크보다 더 심각하게 영향받는다.

3) 나이아신

(1) 명명, 구조, 생물학적 활성 및 소재

나이아신(niacin)은 피리미딘 유도체인 니코틴산(nicotinic acid)과 니코틴아마이드(nicotinamide, niacinamide)의 생물학적 활성을 가진 유도체들에 포괄적으로 사용되는 일반명이다. 따라서 니코틴산과 니코틴아마이드 모두 비타민활성을 가지나 생체에서 니코틴아마이드가 활성형이다.

나이아신은 자연계에 널리 분포되어 있다. 곡류에 많이 함유되어 있으나 흔히 쉽게 이용할 수 없는 결합형으로 존재한다. 돼지는 옥수수에 함유되어 있는 나이아신의 30% 이상을 이용할 수 없다. 우유는 비교적 적게 함유되어 있다.

(2) 나이아신의 기능

섭취한 나이아신은 생리적으로 활성형인 나이아신아마이드로 전환된다. 체내에서 나이아신과 나이아신아마이드는 조효소인 나이아신아마이드 아데닌 디누클레오타이드(niacinamide adenine dinucleotide, NAD^+)와 나이아신아마이드 아데닌 디누클레오타이드 인산(niacinamide adenine dinucleotide phosphate, $NADP^+$)을 구성한다(그림 20-14). 음식물로 섭취한 NAD^+이나 $NADP^+$은 위장관에서 가수분해되어 소장에서 니코틴산이나 나이아신아마이드 형태로 흡수된 후 조직으로 이동되어 다시 NAD^+과 $NADP^+$을 형성한다. 과량의 나이아신은 신장에서 니코틴산과 나이아신아미이드 형태로, 일부는 대사물질 형태로 배설된다. 산화-환원계에서 NAD^+과 $NADP^+$의 기능은 탈수소효소들로부터 제공된 수소원자를 수용하고, 이어서 호흡사슬의 플라보효소들과 같은 다른 수소 수용체에 수소원자를 전달하는 것이다. 나이아신은 호흡사슬에서 다른

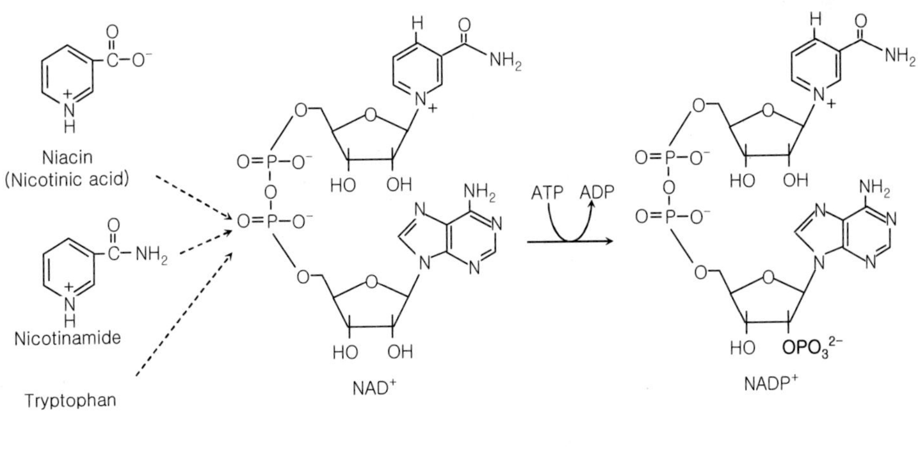

그림 20-14. NAD^+과 $NADP^+$의 구조와 생합성.

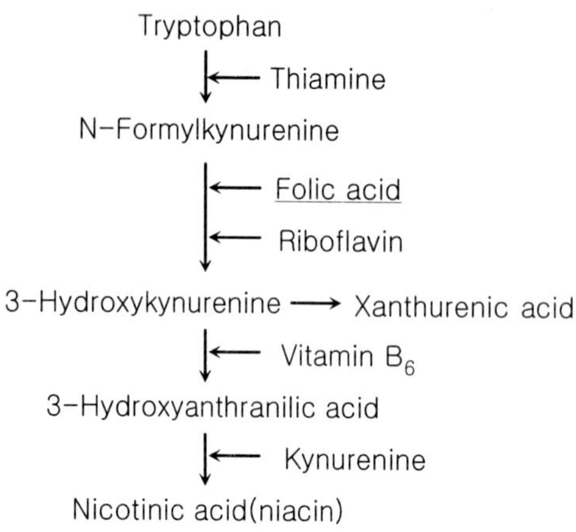

그림 20-15. Tryptophan 대사와 관련된 B-비타민들.

비타민들과 함께 ATP생성에 직접 관여한다.

체내의 많은 탈수소효소들은 글루코스의 혐기적 및 호기적 산화, 당신생, 지방산 산화와 합성 및 비타민 A의 로돕신(rhodopsin)으로의 전환과 같은 반응들에서 조효소로 NAD^+과 $NADP^+$을 사용한다. 나이아신은 ATP 생성에 관여하므로 합성(탄수화물, 지질, 단백질 등)과 근 수축과 같은 대부분의 에너지 사용과정에 중요하다.

나이아신은 체내에서 트립토판으로부터 생성될 수 있다(그림 20-15). 그러므로 식이 트립토판을 충분히 급여하면 송아지의 나이아신 결핍증은 나타나지 않는다. 그러나 인체에서 NAD와 NADP가 트립토판으로부터 생성될 수 있으나 불충분하다. 즉, 트립토판은 필수아미노산인데 1㎎의 나이아신을 생성하기 위하여 60㎎의 트립토판이 필요하다. 뿐만 아니라 나이아신합성경로에는 리보플라빈, 티아민 및 피리독신이 필요함으로 복합적으로 비타민이 결핍되면 나이아신합성이 어렵게 된다.

(3) 임상적 관찰

사람에서의 결핍증은 펠라그라(pellagra)이며, 피부염, 설사, 망상(헛소리), 그리고 죽음으로 특징 지워진다. 가축도 유사한 병변을 보인다. 상피 병변은 설점막(흑설, black tongue), 위점막(궤양) 및 장점막의 내면으로 퍼진다. 그러나 결핍증은 나이아신의 잘 알려진 생화학적 기능과 특별히 연관되어있지 않다. 가축의 결핍증상은 다음과 같다.

- 일반 결핍증상: 피부와 위장 점막의 병변, 신경 장애, 성장억제.
- 돼지: 피부염, 설사, 구토, 빈혈
- 가금류: 피부염, 구내염, 기형증, 난 생산과 부화율 감소.
- 모피 생산동물: 빈혈, 소화장애, 빈혈에 기인하는 모 품질 저하.
- 자연상태의 항대사물질은 알려져 있지 않으나 합성물질로 3-아세틸피리딘(3-acetyl-pyridine)과 이소니코틴산(isonicotinic acid)이 있다.

4) 비타민 B_6

(1) 명명, 구조, 생물학적 활성 및 소재

비타민 B_6는 피리독신(pyridoxine)의 생물학적 활성을 가진 모든 2-메틸-피리딘(methyl-

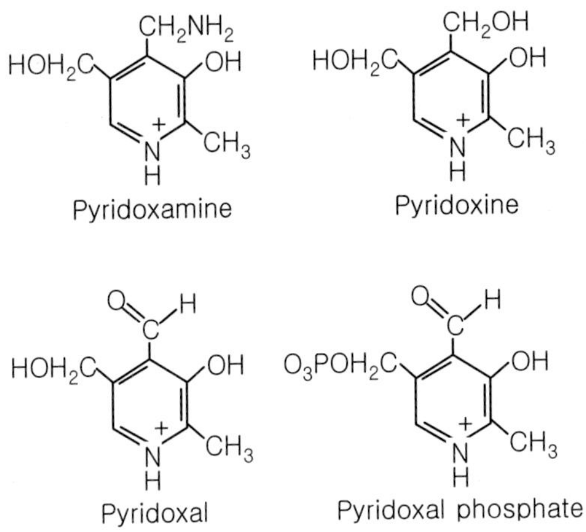

그림 20-16. 비타민 B_6와 pyridoxal phosphate의 구조.

pyridine) 유도체들의 일반명이다. 가장 흔한 비타민 B_6는 피리독신(pyridoxine), 피리독살(pyridoxal) 및 피리독사민(pyridoxamine)이며 생리적 활성 조효소는 피리독살 인산(pyridoxal phosphate, PLP)과 피리독사민 인산(pyridoxamine phosphate)이다(그림 20-16). 비타민 B_6는 많은 채소들과 동물조직중에 존재한다. 피리독신은 식물에 함유되어 있으며 동물조직에서 피리독살과 피리독사민으로 전환된다.

(2) 비타민 B_6의 기능

비타민 B_6의 활성 조효소들은 단백질과 아미노산 대사에 중요하며, 탄수화물, 지질 및 무기질대사에도 관여한다.

① **아미노산 대사:** 탈탄산반응, 아미노기 전이반응, 탈수반응, 아미노산의 분해, 아미노산에서 -SH기의 분리, L-아미노산에서 D-아미노산으로의 전환 및 아미노산 흡수 증진에 필요하다.

- 포르피린의 합성: 피리독살 인산은 헤모글로빈과 마이오글로빈의 포르피린 전구체인 δ-아미노레불린산(δ-amonolevulinic acid) 형성의 조인자이다.
- 면역반응: 항체생성과 세포성 면역반응에 중요하다.
- 호르몬 작용: 카테콜아민류, 세로토닌 및 히스타민의 생성에 관여한다. 성장 호르몬, 성선자극 호르몬, 뇌하수체 호르몬, 갑상선호르몬 및 인슐린의 활성에 영향을 준다.

② **탄수화물 대사:** 아미노기 전이반응은 피루브산과 같은 α-케토산을 생성한다. 피리독살 인산은 더욱이 *glycogen phosphorylase*의 조효소로 작용한다. 동물체 비타민 B_6의 약 50%이상은 근육 *phosphorylase*의 조효소인 피리독살 인산으로 존재한다.

③ **지질대사:** 아미노기 전이반응은 α-케토산을 생성하며 α-케토산은 아세틸-CoA 또는 아실화합물(acyl-compound)로 전환되어 지질합성에 이용된다. 콜레스테롤, 필수지방산 및 스핑고지질 대사에 관여한다.

④ **무기질 대사:** 돼지에서 칼슘, 인, 나트륨, 칼륨 및 아연의 보유를 증가시킨다. 병아리에서 칼륨과 몰리브덴의 보유를 증가시킨다.

(3) 임상적 관찰

비타민 B_6의 대사에 미치는 영향이 광범위하기 때문에 결핍시에는 성장, 생식, 내분비와 같은 필수적 기능과 피부, 신경계, 혈액, 신장 및 다른 내분비선의 기능들이 심각하게 영향받는다.

비타민 B_6 결핍증의 병변은 피부, 신경조직 및 조혈의 변화로 동물종에 관계없이 거의 일정한 양상을 보인다. 동물종에 따라 관찰되는 결핍 증상들은 다음과 같다.

- 일반적인 결핍증상: 빈혈, 간질양 발작(epileptic-like fits), 흥분성 항진(hyperexcitability), 경련, 식욕 상실, 성장 지연, 사료이용률 감소.
- 돼지: 구토, 설사 운동 장애, 비늘 피부(scaly skin), 유루(lacrimation), 실명, 빈혈, 식욕상실, 성장지연, 사료이용률 감소.
- 송아지: 식욕상실, 성장지연, 설사, 운동장애, 경련성 발작, 심외막과 신장의 출혈.
- 가금류: 식욕 감소, 성장 지연, 사료의 비효율적 이용, 연축성 경련(spasmic convulsions), 기형증(perosis), 빈혈, 흥분성 항진, 깃털 발육부진, 난 생산과 부화율 감소.
- 모피 생산 동물: 식욕상실, 성장지연, 솜털의 성장, 암컷의 수정감소, 수컷의 불임.

비타민 B_6 결핍증은 구조 유사체인 4-데옥시피리미딘(4-deoxypyrimidine), 5-메톡시피리독신(5-methoxypyridoxine), 톡소피리미딘(toxopyrimidine), 페니실라민(penicillamine), 이소나이아지드(isoniazid), 세미카바지드(semicarbazide) 등의 급여로 유도된다. 비타민 B_6는 트립토판으로부터 니코틴산의 형성에 관여한다. 따라서 비타민 B_6가 결핍되면, 임상 증상이 나타나기 전, 초기에 요중에 크산투렌산(xanthurenic acid), 키누레닌(kynurenine) 및 3-하이드록시키누레닌(3-hydroxykynurenine)이 배설된다. 그러나 송아지는 요중에 크산투렌산을 배설하지 않는다.

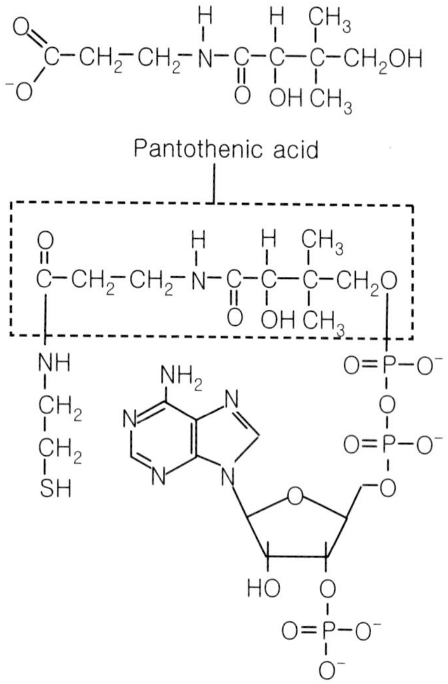

그림 20-17. Pantothenic acid와 coenzyme A의 구조.

5) 판토텐산

(1) 구조와 소재

판토텐산(pantothenic acid)은 판토인산(pantoic acid)과 β-알라닌으로 구성되어 있으며, 자연계에 널리 분포되어 있다. 체내에서 중요한 조효소의 하나인 코엔자임 A의 구성분이 된다(그림 20-17).

(2) 판토텐산의 기능

코엔자임 A의 구성분으로서 중요한 역할을 한다. 코엔자임 A는 효소의 전 6군에 속하는 72종의 효소들에서 조효소로 사용되는 것으로 알려졌다. 중간대사에서 주요한 역할은 탄수화물, 단백질 및 지질의 동화와 이화반응, 그리고 에너지

대사에 아세틸-CoA를 통하여 작용한다. 신진대사에서 아세틸-CoA의 주요역할은 다음과 같다.

- 아세틸화(해독)
- 아세틸콜린(neurohormone)의 생성.
- TCA회로의 시발물질
- 케톤체 생성
- 아미노탄수화물의 아세틸화(예, 글루코사민의 생성).
- 스테로이드(콜레스테롤, 비타민 D_3, 담즙산염, 에스트로겐, 테스토스테론, 코티코스테로이드) 합성의 시발물질.
- 숙시닐-CoA를 경유하여 헴(헤모글로빈, 마이오글로빈)합성.
- 지방산을 경유하여 중성지질(tri-, di-, monoacylglycerol), 인지질, 콜레스테릴에스테르 등을 합성하며, 역으로 지질들이 지방산을 경유하여 아세틸-CoA를 생성할 수 있다. 코엔자임 A는 아세트산보다 더 큰 탄소수를 가진 아실기를 전달할 수 있다.
- 단백질은 아미노산을 경유하여 아세틸-CoA로 전환될 수 있다.
- 중간대사 과정에 대한 일반적인 영향 외에 판토텐산은 면역글로불린의 생성에 필수적이다.

(3) 임상적 관찰

대사에너지의 이용성은 감소되고 열 생성은 증가하여 합성에 필요한 에너지를 감소시킨다. 판토텐산 결핍증의 증상은 다음과 같다.

- 일반적 결핍증상: 식욕상실, 성장억제, 사료이용율 감소, 빈혈, 피부염, 운동장애, 번식장애, 소화장애.
- 돼지: 피부 비듬(scurfy skin), 얇은 피모(thin hair coat), 운동장애(거위걸음), 후지 마비(paralysis of hindquaters), 설사, 장관 궤양.
- 송아지: 피모의 빈약, 눈과 비강 주위의 피부염.
- 가금류: 깃털의 발육지연, 눈과 안검 주위의 삼출물, 지저분한 부리와 총배설강(scabbiness of beak and cloaca), 검고 더러운 간, 난생산은 감소하지 않으나 부화율은 감소한다.
- 모피생산 동물: 밍크는 결핍증이 나타나지 않는다. 여우에서 탈색된 회색 피모, 성장장애, 소화장애, 배설물 중 혈액, 마비, 빈혈, 출혈.

6) 비오틴

(1) 명명, 구조, 생물학적 활성 및 소재

비오틴(biotin)은 *pyruvate carboxylase, acetyl-CoA carboxylase, propionyl-CoA carboxylase*와 같은 *ATP-의존성 carboxylase*의 조효소로서 자연계에서는 흔히 리신잔기의 ε-아미노기에 비오틴이 결합되어 있다. 장내와 조직에서 비오틴과 결합되어 있는 효소가 가수분해되면 비오틴과 리신의 결합 생성물인 비오시틴(biocytin)을 생성한다(그림 20-18).

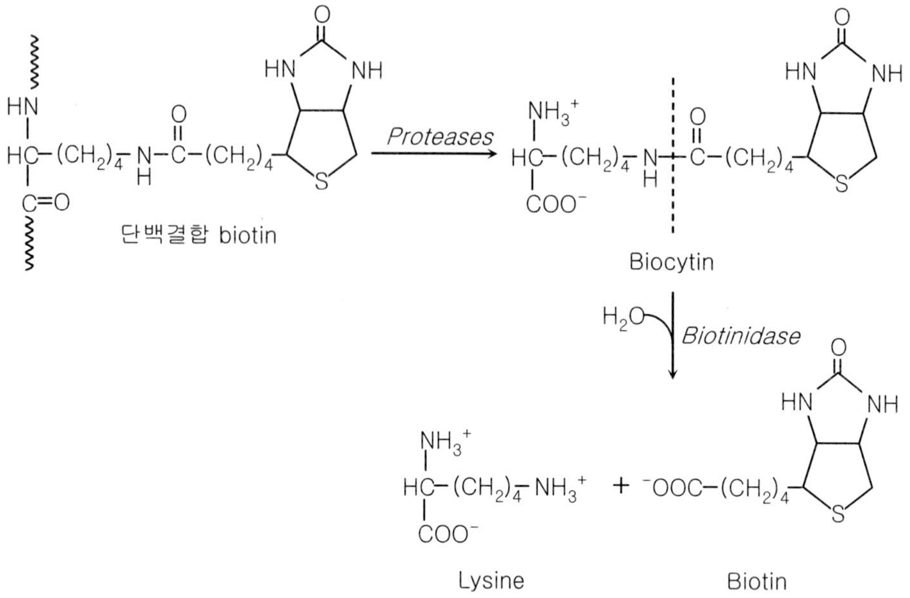

그림 20-18. Biotin-결합 효소의 분해.

비오틴은 많은 동물과 식물 사료에 비교적 고농도로 존재한다. 그러나 미생물학적으로 측정된 양이 동물에게 쉽게 이용되지 않을 수도 있다. 닭의 성장반응에서 콩과 옥수수의 비오틴은 100% 이용된다. 그러나 밀의 비오틴은 이용되지 않으며, 보리, 귀리 및 수수의 비오틴은 단지 30% 까지만 이용된다. 난백중의 단백질인 아비딘(avidin)은 소화관에서 비오틴과 결합하여 비오틴의 흡수를 저해하므로 유해한 물질로 작용한다.

(2) 비오틴의 기능

비오틴의 역할은 *carboxylase*의 보결분자족으로 에너지-의존성 CO_2 고정 또는 효소적으로 결합된 CO_2의 전달이다. 조효소형은 비오틴이 효소단백질의 리신잔기와 결합된 비오시틴이다.

카복실화는 지방산 생합성과 당신생 그리고 루신과 같은 어떤 아미노산들의 대사에 필요하다.

(3) 임상적 관찰

비오틴 결핍증에서 *acetyl-CoA carboxylase* 활성이 감소된다. 따라서 비오틴 결핍 자돈에서 지방조직의 총 지질농도가 암컷에서는 24%, 수컷에서는 9%까지 감소된다. 지방조직의 지방산 조성도 뚜렷하게 영향 받는다. 결핍동물은 팔미트산과 스테아르산이 감소하고, 팔미트올레산, 리놀레산 및 리놀렌산의 비율이 높아진다. 저장지방의 불포화도의 증가는 사체지방의 연화로 더 쉽

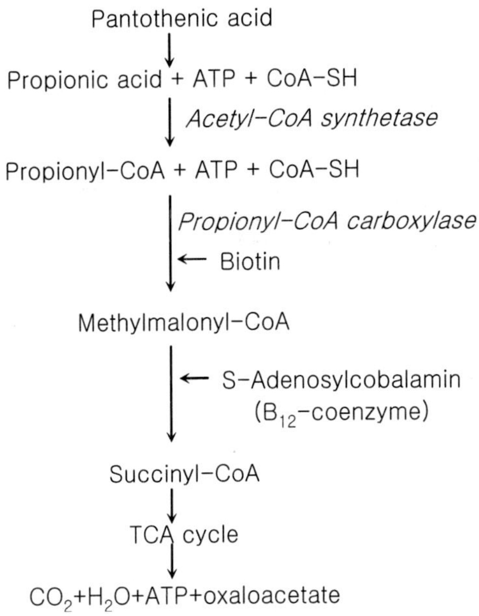

그림 20-19. 프로피온산 대사에서 B-비타민의 역할.

게 산화되기 때문에 바람직스럽지 않다. 비오틴은 또한 *propionyl-CoA carboxylase*의 조효소로 반추동물에서 특히 중요하다. 제1위의 발효 생성물인 휘발성 지방산의 하나인 프로피온산의 이용에서 중요한 중간산물인 메틸말로닐-CoA의 형성에 필요하다(그림 20-19).

글루코스 생성 감소는 혈당 농도를 저하시키고, 글루코스로부터 생성되는 에너지를 사용하는 중추신경계는 신경 병변을 일으킨다. 글루코스 대사 감소는 지방산 산화와 아세틸-CoA 생성을 증가시켜 케톤혈증을 일으킨다. 소에서는 비오틴 결핍증이 관찰되지 않았다. 그러나 그림 20-19에서 보여주는 것처럼 반추동물의 당신생 과정에서 피루브산의 옥살로아세트산으로의 전환과 프로피온산의 대사를 통하여 비오틴이 중심적 역할을 하며, 따라서 비오틴은 젖소의 당신생에 필요한 한계인자(limiting factor)로 생각된다. 특히 비유중인 젖소에서 중요한 케톤증의 한 요인이 될지 모른다. 글루코스 대사의 억제는 또한 비타민 C의 합성을 억제할 것이다. 단백질 합성도 손상되며 이는 불충분한 에너지 공급에 기인하는 간접적인 것이다.

일반적 결핍증상과 가축에 따라 관찰되는 증상들은 다음과 같다.

- 일반 결핍 증상: 식욕상실, 성장억제, 음식물 이용 감소, 피부염, 운동장애, 번식장애, 조직 지질의 지방산 조성 변화.
- 돼지: 비듬, 거친 피모, 탈모, 발굽의 균열, 설 및 구강점막의 병변, 후지의 연축(spasticity).
- 송아지: 후지 마비
- 가금류: 피부염, 부리, 안검, 발가락 및 다리 관절의 병변, 앵무새양 부리(parrot-like beak), 기형증, 깃털 발육불량(칠면조에는 없음), 난 생산과 부화율 감소, 지방간, 지방 신장증.
- 모피생산 동물: 피모와 꼬리 교벽(biting), 모 품질 저하, 속털의 회색화, 탈모, 눈, 코 및 구강의 삼출, 쇄약한 발톱, 수컷의 습성 복부(wet belly), 지방간.

일반적으로 사용되는 클로르테트라사이클린(chlortetracycline)과 페니실린(penicillin)과 같은 항생물질은 설파메타진(sulfamethazine)의 투여와 관계없이 돼지의 비오틴 요구량에 영향을 주지 않는다. 난백에 존재하는 아비딘은 가열조리로 극복될 수 있다.

7) 엽산

(1) 명명, 구조, 생물학적 활성 및 소재

엽산(folic acid, monopteroylglutamic acid)과 엽산의 생물학적 활성을 나타내는 관련된 물질들의 일반명으로 폴라신(folacin)이라고도 한다. 엽산은 프테리딘(pteridine)핵, 파라아미노벤조산(para-aminobenzoic acid, PABA) 및 글루타민산으로 구성되어 있으며, 많은 엽산유도체들이 존재한다(그림 20-20). 예를 들면, 디하이드로엽산(dihydrofolic acid, DHF), 테트라하이드로엽산(tetrahydrofolic acid, THF), 5-포르밀테트라하이드로엽산(5-formyltetrahydrofolic acid), 10-포르밀 테트라하이드로엽산(10-formyltetrahydrofolic acid) 및 10-메틸테트라하이드로엽산(10-methyltetrahydrofolic acid) 등이다.

엽산은 식물과 일반 사료에 널리 함유되어 있다. 엽산은 대부분 다수(~7)의 글루타민산과 결합되어 있다. 엽산의 대사적 활성형은 테트라하이드로엽산과 유도체들이다.

(2) 엽산의 기능

생물학적 활성을 나타내는 엽산과 유도체들 중에서 주요한 활성물질은 테트라하이드로엽산(THF)이다. 생체에서 엽산은 환원되어 조효소, 테트라하이드로엽산이 된다. 비타민 C는 생체에

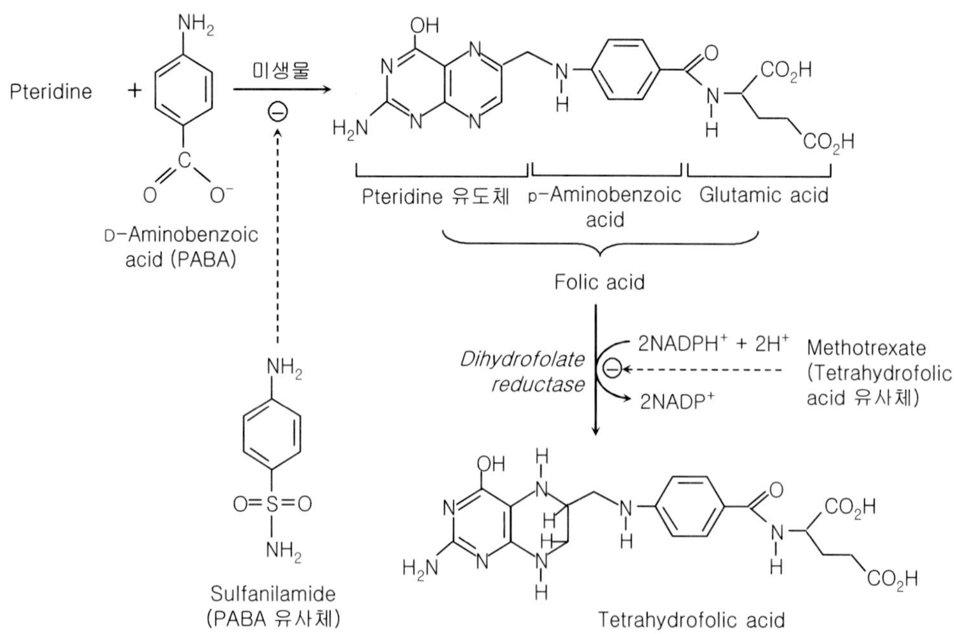

그림 20-20. Folic acid의 tetrahydrofolic acid로의 전환.

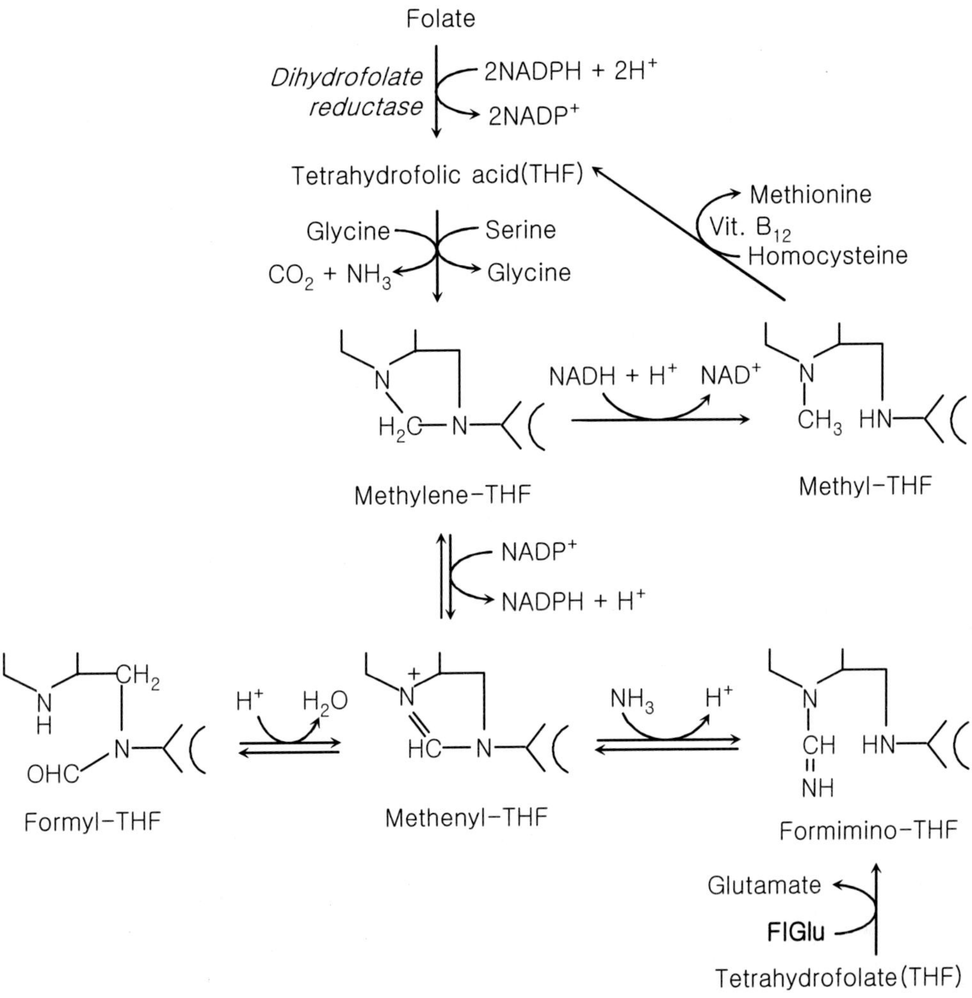

그림 20-21. 1탄소 단위 운반체로서 tetrahydrofolic acid(THF)의 역할. FIGlu, formimino-glutamate.

서 테트라하이드로엽산의 안정화에 필요하다.

테트라하이드로엽산은 많은 효소반응들에서 한 물질로부터 다른 물질로 하이드록시메틸기(-CH_2OH), 포르밀기(-CHO) 및 메틸기(-CH_3)와 같은 1탄소 단위의 중간 운반체로 작용한다(그림 20-21).

- 1탄소 단위는 이화과정 중 테트라하이드로엽산으로부터 얻는다. 주요한 1탄소의 공급원은 세린과 글리신 분해 반응에서의 글리신, 그리고 히스티딘 분해과정에서의 포름이미노글루타민산(formimino-glutamate, FIGlu)이다.

- 테트라하이드로엽산과 일단 결합하면 1탄소 단위는 쉽게 효소에 의하여 산화되거나 환원된다.
- 1탄소 단위는 생합성반응에서 테트라하이드로엽산으로부터 수용체분자에 전달된다.

테트라하이드로엽산은 또한 비타민 B_{12}와 협력하여 1탄소 운반체로서 퓨린 누클레오타이드(purine nucleotide)와 TMP의 생합성, 호모시스테인의 메틸화반응에 의한 메티오닌의 합성에도 필요하다. 그러므로 빨리 성장하는 세포들은 엽산을 조효소로 사용하는 효소들이 많이 필요하다. 엽산은 또한 아미노산 대사, 예를 들면, 세린으로부터 글리신과 메티오닌의 형성, 아미노에탄올(aminoethanol)의 메틸화에 의한 콜린의 생성 및 아미노산들(예, 트레오닌과 히스티딘)의 상호전환에 필요하다. 엽산은 또한 면역글로불린의 합성과 세포-매개 면역반응에도 필요하다.

(3) 임상적 관찰

생화학적으로 엽산 기능의 손상은 단백질 합성이 억제되어 근육 생성(육류생산)이 저해되고 성장이 억제된다. 퓨린합성의 억제는 헤모글로빈과 마이오글로빈의 합성에 영향을 주어 빈혈과 백색근(pale muscle)의 원인이 될 수 있다. 면역 반응이 억제되고, 감염과 질병에 대한 저항성도 저하될 것이다. 세포의 성장과 조직 재생속도가 빠른 조직들(예, 위장관 상피, 표피, 골수)은 특히 영향을 받는다. 엽산 결핍증은 동물종에 따라 다르다.

- 일반적 결핍증상: 구강점막의 병변, 설사에 이어지는 위장장애, 탈모, 감염에 대한 감수성증가, 대적혈구성 빈혈(macrocytic anemia), 성장억제.
- 돼지: 피모불량, 탈모, 낮은 헤마토크리트치.
- 가금류: 성장억제, 불완전 깃털발육, 기형증, 빈혈, 난 생산 및 부화율 감소.
- 모피생산동물: 여우에서 급격한 체중감소, 빈혈. 밍크에서 체중감소, 허약, 빈혈, 설사, 지방간, 빈혈에 기인하는 모피 품질저하.

다른 비타민처럼, 엽산의 생화학적 구조는 활성을 위하여 매우 중요하다. 생체에서 디하이드로엽산은 테트라하이드로엽산으로 전환된다. 그러나 이 반응은 디하이드로엽산의 구조유사체인 아미놉테린(aminopterin)과 아메톱테린(amethopterin)에 의하여 경쟁적으로 억제된다. 그러므로 이 약물들은 우라실의 메틸화를 억제하여 DNA의 필수 성분인 티민을 생성하지 못하게 되므로 결과적으로 성장이 정지된다. 항-엽산 약물로 알려진 이 약물들은 어떤 형태의 암, 특히 백혈병의 악화를 지연시키는 것으로 알려졌다.

엽산생성을 억제하는 물질은 세균의 성장을 억제한다(그림 20-20 참조). 설폰아마이드(sufonamide)는 PABA의 구조적 유사체로 프테로인산(pteroic acid)의 합성을 억제하며, 메토트렉세이트(methotrexate)와 트리메토프림(trimethoprim)은 인체의 *dihydrofolate reductase*에는 작용하지 않으나 세균에서는 활성을 억제하여 테트라하이드로엽산 생성을 억제한다.

8) 비타민 B_{12}

(1) 명명, 구조, 생물학적 활성 및 소재

비타민 B_{12} 또는 코발라민(cobalamin)은 시아노코발라민(cyanocobalamin)의 생물학적 활성을 나타내는 모든 코리노이드(corrinoids)를 말하며, 비타민 B_{12}와 조효소형들은 그림 20-22와 같다. 코리노이드는 코린핵(corrin nucleus)을 가지고 있으며 중심부에 있는 4개의 질소와 코발트 이온(Co^+)이 복합체를 형성하는 구조이다.

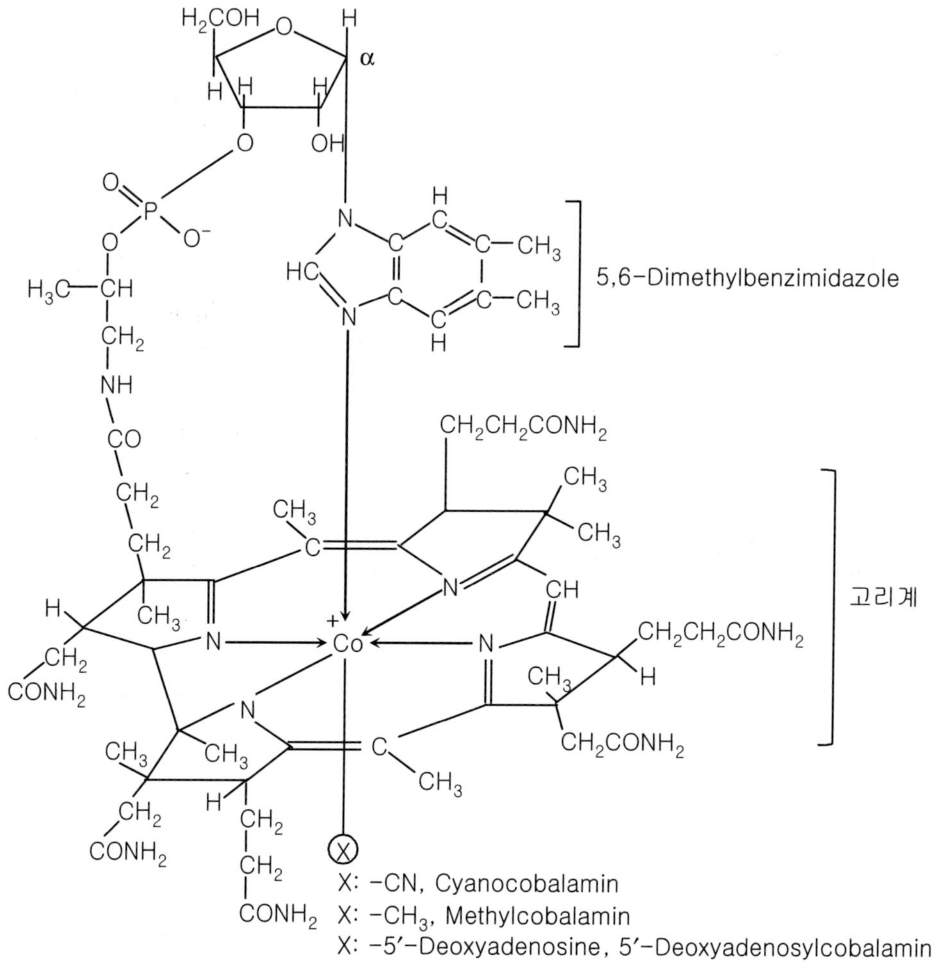

그림 20-22. Vitamin B_{12}(cyanocobalamin)와 조효소형들(methylcobalamin과 5'-deoxyadenosylcobalamin)의 구조.

시아노코발라민은 순수한 화학물질로 자연계에는 거의 존재하지 않으며, 4.5%의 코발트를 함유하고 있다. 코발트(Co)는 네 개의 파이롤(pyrrole)기 질소들의 중심에 위치하며 5,6-디메틸벤즈이미다졸(dimethylbenzimidozole)의 질소와 배위결합으로 연결되어 있다.

비타민B_{12}의 조효소형은 -CN이 5′-데옥시아데노신(5′-deoxyadenosine)으로 치환된 **5′-deoxyadenosylcobalamin**이며, 다른 하나는 메틸기로 치환된 **methylcobalamin**이다.

코리노이드가 다른 누클레오타이드를 함유하기도 한다. 예를 들어, 슈도비타민 B_{12}(pseudovitamin B_{12})는 아데닌을, factor A는 2-메틸아데닌(2-methyladenine)을 함유하고 있으며, factor B는 누클레오타이드를 전혀 함유하고 있지 않다. 이들 유사체들은 고등동물에서 활성이 없으나 어떤 미생물이나 원충류에서는 비타민 B_{12}를 대신할 수 있다.

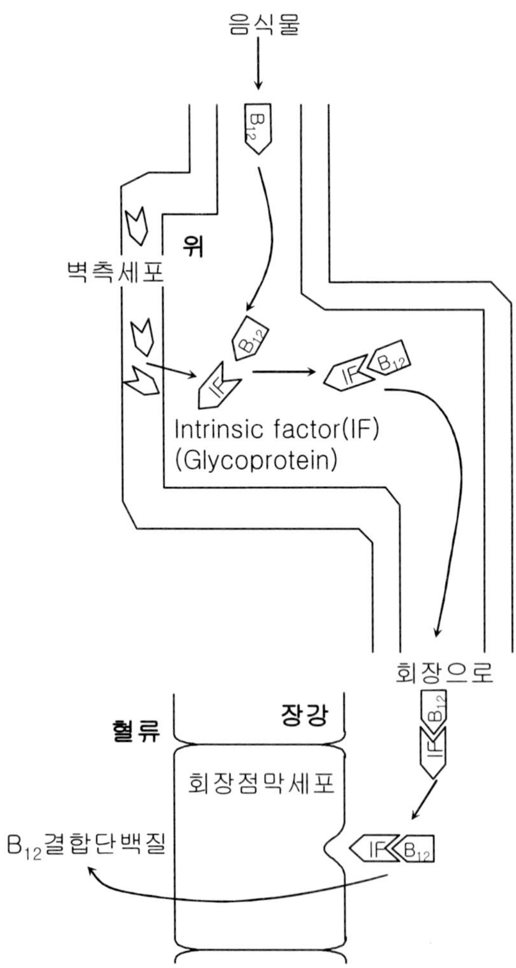

그림 20-23. Vitamin B_{12}의 흡수.

비타민 B_{12}는 장관의 미생물에 의하여 합성되며 숙주동물이 직접 흡수하여 이용할 수 있으나 일반 동물에서는 중요하지 않다. 식물체에는 존재하지 않으며 따라서 육류 또는 미생물에 의한 발효산물을 섭취하여 얻을 수 있다.

섭취한 비타민 B_{12}를 흡수하기 위해서는 위의 벽측세포(parietal cell)에서 분비되는 당단백질인 **내재인자**(intrinsic factor)가 필요하다. 비타민 B_{12}는 내재인자와 단단히 결합하며 회장에 도달하여 흡수된다(그림 20-23). 혈중에 유리된 코발라민은 트랜스코발라민 II(transcobalamin II) 및 혈장단백질과 결합한다. 코발라민-트랜스코발라민 II복합체는 수용체를 통한 세포내 봉입으로 유입된다. 혈장단백질은 코발라민과 결합하여 필요한 조직으로 운반할 뿐 아니라 신장에서 코발라민의 배설을 막아준다.

(2) 비타민 B_{12}의 기능

생체에서 비타민 B_{12}는 두 가지 형태의 반응을 한다.

- 5′-데옥시아데노실코발라민에 의하여 한 탄소원자로부터 인접한 탄소원자로 수소원자의 분자 내 전달.

- 메틸코발라민을 통한 메틸기의 전달.

5'-데옥시아데노실코발라민의 반응중 중요한 반응은 메틸말로닐-CoA의 숙시닐-CoA로의 전환이다. 프로피온산은 이 반응을 통하여 당 대사에 이용될 수 있다. 이 반응은 또한 비오틴을 필요로 하며 이미 논의된 바와 같이 반추동물에서 특히 중요하다. 메틸코발라민은 엽산 조효소와 같이 메틸기 전달에 필요하며, 호모시스테인의 메티오닌 형성에 관련되어 있다.

(3) 임상적 관찰

비타민 B_{12}는 동물의 성장에 중요하며, 적혈구의 정상적 발육과 성숙에 필수적이다. 사람에서 잘 알려진 결핍증은 악성빈혈(pernicious anemia)이다. 그러나 가축에서 악성빈혈은 일어나지 않는다.

- 일반적 결핍증상: 식욕감퇴, 체중증가율 감소, 사료이용률 감소, 빈혈, 신경장애, 번식장애.
- 돼지: 성장지연, 사료이용률 감소, 설사, 구토, 거칠고 얇은 피모, 후지의 부조화, 정상적혈구성 빈혈(normocytic anemia), 번식장애.
- 가금류: 성장지연, 깃털불량, 기형증, 지방간, 난 생산과 부화율 감소.
- 반추동물: 식욕상실, 성장둔화, 빈혈.
- 모피생산 동물: 식욕감소, 성장둔화, 빈혈, 빈혈에 기인하는 모 품질불량.

결핍증은 일반적으로 비타민 B_{12}의 부족한 섭취에 기인하지 않는다. 반추동물의 비타민 B_{12} 결핍증은 일반적으로 간접적으로 코발트 부족과 관계된다. 반추동물에서 관찰된 결핍증상은 또한 코발트 결핍증에서 관찰된 증상과 유사하다.

악성빈혈증은 위의 벽측세포가 자가면역기전에 의해 파괴되는 위축성 위염에 의하여 유발된다. 이는 내재인자의 부족으로 코발라민의 흡수가 저해되기 때문이다.

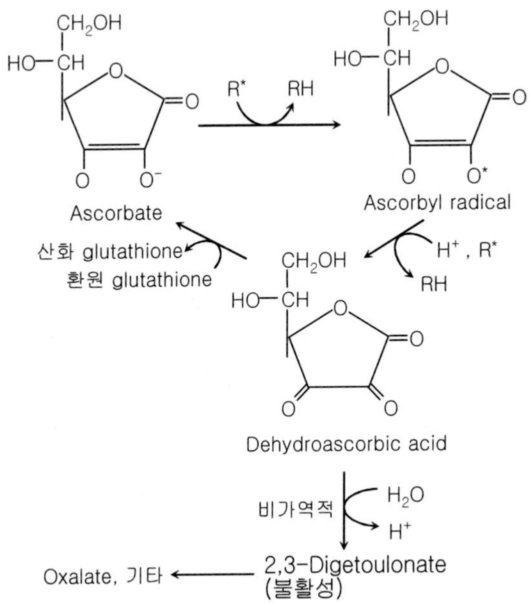

그림 20-24. Vitamin C의 구조와 항산화 작용.

9) 비타민 C

(1) 명명, 구조, 생물학적 활성 및 소재

비타민 C는 아스코르브산(ascorbic acid)의 생물학적 활성을 나타내는 모든 화합물의 일반명이다. 아스코르브산은 산화형이며, 데하이드로아스코르브산

(dehydro- ascorbic acid)은 환원형으로 둘 모두 생물학적 활성을 가진다. 비타민 C는 영장류, 기니픽 및 몇몇 큰 박쥐를 제외한 모든 가축의 조직에서 적당량 합성되며, 과실과 야채에도 많이 함유되어 있고, 동물의 간과 신장에도 상당량을 함유하고 있으나 유즙 중에는 함량이 낮다.

(2) 비타민 C의 기능

아스코르브산은 환원제(항산화제)인 동시에 유리래디칼 제거제(free radical scavenger)이다(그림 20-24). 그러므로 아스코르브산은 항산화제로서 페리틴(ferritin)내에 혈장철의 삽입, 타이로신의 정상적 산화와 대사, 각종 효소들, 특히 금속을 함유하는 효소들의 산화와 환원 및 LDL의 산화 억제에 관여하며, 위장에서 아질산염(nitrite)과 질산염(nitrate)으로부터 강력한 발암성 물질인 니트로사민(nitrosamine)의 생성도 억제한다.

비타민 C를 필요로 하는 중요한 반응들은 다음과 같다.

- 프로콜라겐(procollagen)에 있는 프롤린과 리신기의 하이드록실화는 아스코르브산을 필요로 하며, 이 반응의 장애는 현저한 결체조직의 손상으로 **괴혈병**(scurvy)이 야기된다. 이 반응은 지방조직, 유골(osteoid) 및 상아질(dentine)의 형성과 기능에 필요하며 괴혈병에서의 결핍증상을 말해준다.
- 카니틴 합성은 2개의 철을 함유한 *ascorbate-의존 dioxygenase*를 필요로 한다. 사람의 카니틴 결핍증은 괴혈병의 특징인 피로와 권태를 초래하기도 한다.
- 도파민(dopamine)으로부터 노르에피네프린 합성은 아스코르브산을 필요로 한다.
- 간의 소포체에서 콜레스테롤을 담즙산으로 전환시키는 *7-hydroxylase*에 의한 반응도 아스코르브산에 의존한다.

비타민 C는 또한 부신피질에서의 하이드록시화 반응을 통하여 스테로이드 호르몬 합성에 관여하며 갑상선 활성에도 중요하다. 그러나 동물의 면역반응과는 관련이 없다.

(3) 임상적 관찰

비오틴의 결핍에 기인하는 부적절한 글루코스 대사의 결과로 비타민 C합성이 손상될 수 있다. 나이아신 결핍은 NADPH의 부족으로 D-글루쿠론산을 환원시켜 L-굴론산을 생성할 수 없으며 따라서 비타민 C의 합성이 저해된다. 신생 자돈에서 비타민 C의 합성은 첫 몇 주 동안 불충분하다. 온도와 습도의 상승, 질병 또는 스트레스(조기 이유, 분만, 수송 등)와 같은 나쁜 환경에서 비타민 C 요구량이 증가한다.

비타민 C가 결핍되면 엽산과 비타민 B_{12}의 이용이 손상되어 빈혈이 생긴다. 이런 상황은 철 흡수가 감소되면 더 악화된다. 항산화제로서 비타민 C는 비타민 E와 같은 방법으로 작용한다. 그러므로 이들 중 하나의 결핍은 다른 쪽의 필요를 증가시킨다. 수컷의 수정능은 비타민 C의 영향을 많이 받는다. 따라서 가축사료에 비타민 C를 함유시켜야 할지 모른다. 그러나 지금까지 결핍증상은 돼지와 가금에서만 관찰되었다.

- 돼지: 비타민 C 부족증(hypovitaminosis C)에서 유약(weakness), 피로, 호흡곤란(dyspnea), 뼈의 동통, 지각과민(hyperesthesia) 등이 나타난다. 결핍증은 사람과 같이 피부, 근육조직, 지방조직 및 내부장기의 출혈과 묄러-발로우병[Moeller-Barlow's disease; 골막하 혈종(subperiostial hematoma)]의 전형적 증상이 관찰된다. 그러나 혈청 비타민 C농도는 정상과 다름없다.
- 가금류: 결핍증상이 열, 스트레스 중에 나타나는 것 같다. 더운 기후로 유지된 산란계에서 번식이 감소된다.

4. 비타민의 기능과 대사

1) 비타민의 기능

지용성 비타민들의 기능에 비하여 수용성 비타민들에 대한 지식은 더 많이 밝혀졌지만 완전히 밝혀지진 않았다. 중간대사에서 조효소로서의 기능은 비교적 잘 밝혀졌다. 그러나 밝혀진 반응들의 대부분과 그 반응들을 조절하는 인자들은 시험관내 실험을 통하여 얻어진 결과라는 것을 고려해야 한다. 어떤 비타민의 결핍에 기인하는 결핍증상 중의 어떤 증상은 그 비타민의 기능에 관한 지식으로는 이해할 수 없다. 따라서 아직 밝혀지지 않은 비타민의 반응이 있는 것으로 생각되거나 발견되지 않은 비타민 간의 어떤 상호작용이 있는 것으로 생각된다. 생체내에서 비타민들의 기능과 효과를 이해하기 위한 많은 연구, 특히 생체실험을 통한 연구가 요구된다. 표. 20-5는 B-비타민들의 조효소형과 기능과의 관계, 조효소 형태 및 생체에서 그들이 관여하는

표 20-5. 비타민의 조효소형과 기능

비타민	조효소형	기능
Thiamine	Thiamine pyrophosphate (Thiamine PP)	α-Keto acid의 탈탄산, aldehyde기의 전이
Riboflavin	Flavin mononucleotide(FMN).	수소원자의 수송
	Flavin adenine dinucleotide(FAD)	〃
Niacin	Nicotinamide adenine dinucleotide (NAD)	수소원자의 수송
	Nicotinamide adenine dinucleotide phosphate(NADP)	〃
Vitamin B_6	Pyridoxal phosphate	아미노기의 수송, 아미노산의 탈탄산
Pantothenic acid	Coenzyme A(CoA-SH)	Acyl기의 수송
Biotin	Biocytin	카복실화, Carboxyl기의 전이
Folic acid	Tetrahydrofolate(THF)	Hydroxymethyl-, formyl- 및 methyl기의 전이
Vitamin B_{12}	5'-Deoxyadenosylcobalamin Methylcobalamin	CH_3COOH의 분자간 수송 수소원자의 1.2 전환, Methyl기의 제공

주요 반응들을 요약한 것이다. 따라서 이들은 탄수화물, 단백질, 지질 및 무기질들의 동화와 이화에 관여할 수 있다. 또한 TCA회로나 호흡사슬과 같은 에너지 대사에도 관여할 수 있다.

표 20-6은 대사과정에 대한 각 비타민들의 관련을 요약한 것이다. 단백질 대사에 대한 효과는 직접적 또는 간접적이며, 또한 장 점막에서 칼슘-결합 단백질의 합성을 자극하는 비타민 D처럼 매우 특이적이다.

표 20-6. 탄수화물, 단백질, 지질, 무기질 및 에너지 대사에 비타민류의 이용

	탄수화물	단백질	지질	에너지	무기질
Vitamin A	+	+	+	?	+
Vitamin D		+			+
Vitamin E		+	+	+	
Vitamin K		+			
Thiamine	+	(+)		+	
Riboflavin	+	+	+	+	
Niacin	+	+	+	+	
Vitamin B_6	+	+	+	+	+
Pantothenic acid	+	+	+	+	
Biotin	+	(+)	+	+	
Folic acid	+	+			
Vitamin B_{12}	+	+			
Vitamin C	+	+			

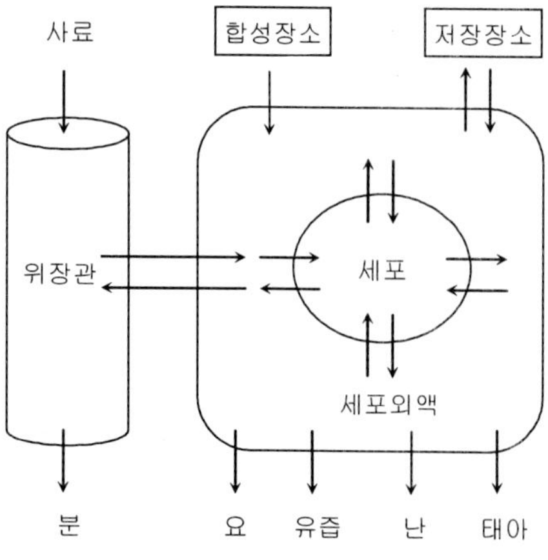

그림 20-25. Vitamin의 대사경로.

2) 비타민의 조직 공급과 대사

생체에서 비타민의 운명은 그림 20-25에 도시하였다. 어떤 조직과 기관들, 예를 들어 간과 지방조직은 지용성 비타민을 저장하여 고갈될 때 공급할 수 있다. 이런 저장은 수개월을 지속하여 공급할 수도 있다. 그러므로 지용성 비타민은 매일 급여할 필요가 없으나 일정량을 매일 급여하는 것이 좋다.

세포외액은 비타민들을 장관에서 흡수하거나, 체내에서 합성하거나, 또는 체 저장 비타민을 유리시켜 공급받는다. 식이 비타민이 주요한 공급원이지만 B-비타민들이나 비타민 K_1은 미생물에 의해서도 합성된다. 대사 후 비타민들과 그들의 대사산물들은 체외로 배설되며 따라서 새로운

표 20-7. 가축의 혈청 비타민 농도(ℓ당)

Vitamin의 종류	소	면양	돼지	가금류
Vitamin A(IU)	330-1000	660-1500	330-1170	500-3330
Carotene(㎍)	500-20000	0-200	0-100	300-3000
Vitamin D(IU)	-	50-900	210	-
Vitamin E(㎍)	1650	-	1000-2000	20000-30000
Vitamin K(㎍)	-	-	-	-
Thiamine(㎍)	50-110	30-150	170-300	50-110
Riboflavin(㎍)	400-500	240-300	800-1200	120-180
Niacin(㎎)	3-9	4-14	3-8	10-12
Pantothenic acid(㎍)	300	-	350	515
Vitamin B_6(㎍)	-	-	-	-
Biotin(㎍)	-	-	0.40	1.28
Folic acid(㎍)	27	-	33	41
Vitamin B_{12}(㎍)	0.4-0.6	-	0.8-1.3	3.8-6.6
Vitamin C(㎎)	3-5	4-8	3.4	14-24

공급으로 보충되어야 한다. 지용성 비타민들은 주로 담즙으로 배설되며, 수용성 비타민들은 주로 요중에 배설된다. 다른 주요한 비타민의 상실경로는 유즙, 난(eggs), 또는 태아를 통한 유출이다.

그러나 일정하게 공급할 필요량의 결정은 어렵다. 소화시험, 평형시험 및 교체연구와 같이 다른 영양소들에 사용되는 관례적 실험법은 비타민에는 적용할 수 없다. 소화와 평형시험 결과는 많은 비타민들이 위장관에서 합성되거나 생체에서 장내로 분비되거나 분과 함께 배설되기

표 20-8. 가축의 간 저장 비타민 농도(실 중량 100g당)

Vitamin의 종류	소	면양	돼지	가금류
Vitamin A(IU)	15000-20000	50000-70000	60000-200000	90000-100000
Vitamin D(IU)	40-50	20	40-80	
Vitamin E(㎎)	0.4		0.1	0.5-0.7
Vitamin K(㎎)			0.1	
Thiamine(㎎)	0.25-0.3		0.27-0.76	0.15
Riboflavin(㎎)	2.8-3.4	1.0-3.5	2.9-4.4	1.4-2.3
Niacin(㎎)	12-25	39-46	12	8-15
Pantothenic acid(㎎)	7-10	5.3	4	4.8
Vitamin B_6(㎎)	0.5-0.71	1-2.5	0.29-0.59	0.3
Biotin(㎎)	0.09-0.58		0.20-0.96	
Folic acid(㎎)	0.290	0.276	0.220	0.377
Vitamin B_{12}(㎎)	0.03-0.15	0.104	0.47-0.65	0.01-0.015
Vitamin C(㎎)	30		20-25	30-60

표 20-9. 우유중 비타민 농도

성분	초유	우유
지방(%)	3.6	3.5
Carotenoids(㎍/g fat)	24-45	7
Vitamin A(IU/g fat)	140-160	27
Vitamin D(IU/g fat)	0.9-1.8	0.6
Vitamin E(IU/g fat)	100-150	20
Thiamin(㎍/ℓ)	600-910	100-470
Riboflavin(㎎/ℓ)	2.3-6.7	1.5-2.0
Niacin(㎍/ℓ)	500-1000	600-1000
Pantothenic acid(㎎/ℓ)	2.2	2.2-3.5
Vitamin B_6(㎍/ℓ)	500-700	200-600
Biotin(㎍/ℓ)	20-80	20-50
Vitamin B_{12}(㎍/ℓ)	6-30	2.6-7.1
Folic acid(㎍/ℓ)	9-50	10-40
Ascorbic acid(㎎/ℓ)	16-33	9-25

때문에 간단히 결론을 내릴 수 없다. 따라서 분중의 비타민들이 식이성인지, 미생물에 의한 것인지, 내분비에 의한 것인지 알 수 없으며, 그 양이 섭취량을 초과할지 모른다. 어느 정도의 비타민은 흔히 미지의 대사산물로 요중에 배설되며 나머지는 그렇지 않다. 또한 후장(hindgut)에서 미생물에 의하여 합성된 비타민이 흡수될 수 있기 때문에 요중의 비타민 또는 대사산물의 농도는 섭취한 농도를 초과할 수도 있다. 특히 반추동물에서 전위에서 생산된 양이 식이량을 초과할 수 있기 때문에 더욱 복잡하다.

한 비타민의 교체는 대사적으로 고갈된 생체의 푸울(pool)이 식이 비타민의 섭취로 보충되는 과정들로서 정의한다. 알려진 저장농도로부터 고갈 속도를 결정하는 것도 가능한 방법이다. 이 방법으로 체저장 비타민이 얼마나 오래 지속될 수 있는가에 대한 정보를 얻을 수 있다.

혈액, 조직, 유즙 또는 난과 같은 생산물 중의 비타민 농도는 생체의 비타민 상태를 암시할 수도 있다. 표 20-7과 표 20-8은 가축들의 혈장 또는 혈청과 간 중의 비타민들의 농도를 나타낸 것이며, 표 20-9는 초유와 유즙 중의 비타민 농도를 보여준다.

제21장 무기질

1. 주요 무기질

주요 무기질(major minerals)은 다음의 7개의 원소들이다.

- 칼륨(potassium, K), 나트륨(sodium, Na) 및 염소(chlorine, Cl)는 전해질을 형성한다.
- 칼슘(calcium, Ca), 인(phosphorus, P), 마그네슘(magnesium, Mg)은 주로 골을 형성한다.
- 황(sulphur, S)은 주로 아미노산에 들어있다.

1) 칼륨, 나트륨, 염소

(1) 칼륨, 나트륨 및 염소의 분포와 수송 및 기능

나트륨이 주로 세포외액에 존재하는데 반하여 칼륨은 세포내의 필수적인 원소이다(표 21-1).

표 21-1. 체중 50kg의 포유동물 조직중 Na, K 및 Cl의 분포(mEq)

원소	체내 총량	쉽게 교체할 수 있는 양	세포외액	세포내액
나트륨	2900	2200(76%)	1750	450
칼륨	2150	1970(91%)	70	1900
염소	1520	1500(100%)	1150	350

세포내액과 외액 사이에 표 21-1과 같은 일정한 농도구배를 유지하기 위하여 에너지를 사용하기 때문에 대사적으로 중요한 의미가 있다. 세포 내외의 나트륨 농도를 유지하기 위해서는 농도구배에 역행하는 나트륨의 능동수송이 필요하며, 이는 농도 구배에 역행하는 다른 여러 물질들의 수송을 위한 원동력이 되는 것 같다. 나트륨의 수송과 기능은 아래와 같다.

- 세포외액량의 조절
- 세포내로 K^+의 수송은 세포외로의 Na^+의 수송과 연결된 짝지워진 펌프를 사용하며 에너지로 ATP를 사용한다(*$Na^+K^+ATPase$*).
- 나트륨과 당 또는 아미노산의 세포내로의 수송은 *$Na^+K^+ATPase$*에 의하여 형성된 나트륨농도 구배가 수송 원동력으로 사용된다는 가설이다.
- 신경근 전달 물질

상당량의 나트륨은 교체되지 않고(골격 나트륨의 일부로 생각됨), 칼륨은 더 교체되지 않으며, 염소는 거의 교체되지 않는다.

칼륨은 세포내액의 주요 양이온으로서 다음과 같은 기능을 가진다.

- $Na^+K^+ATPase$와 세포에 의한 분자의 유입
- 신경근 전달 물질
- 산-염기 평형

염소는 주로 세포외액에 존재하며, 알카리 원소의 수동적 위성 음이온으로 생각된다. 그러나 위벽에서 Cl^-의 능동 수송이 관찰되었으며, 소장에서 Cl^-과 HCO_3^- 의 교환도 보고 되었다. 신장에서 최근에 농도구배에 역행하는 수송이 있음이 증명되었다.

(2) 소장의 전해질 흡수

소장에서의 전해질 흡수는 동물종과 소화관의 위치에 따라 다른 것 같다. 반추동물의 전위에서 나트륨과 염소가 공수송되며, 또한 상피를 통한 Cl^-과 HCO_3^-이 교환된다. 그러나 주요기전은 나트륨과 당 또는 아미노산의 공흡수이다.

나트륨은 장내로 분비되지 않으며, 식이성 나트륨은 당과 아미노산 흡수의 필수조건은 아니다(당과 아미노산은 변칙적인 흡수경로를 이용한다). 역으로 당과 아미노산은 거의 분비되지 않으며, 에너지가 없는 음식의 섭취로 나트륨은 잘 흡수되지 않는다. 이러한 사실은 하리로 인한 다량의 전해질 상실 치료에 중요한 의미를 가지게 한다.

표 21-2. 심하게 설사하는 신생 송아지의 생물리학적 내지 생화학적 특징

측정항목	건강 송아지	설사 송아지
혈장(체중의 %)	10.4	8.8
세포외액(체중의 %)	44.3	35.8
세포내액(체중의 %)	29.0	35.9
혈장 나트륨(mEq/ℓ)	140	129
혈장 칼륨(mEq/ℓ)	5.1	6.2
혈장 염소(mEq/ℓ)	100	99
혈장 HCO_3^-(mEq/ℓ)	29	17
혈장 인산(mEq/ℓ)	2.1	2.8
총 단백질(g/ℓ)	7.2	6.1
혈액 pH	7.36	7.16
pCO_2(mmHg)	48	45
pO_2(mmHg)	28	31
요소(mmol/ℓ)	3.8	16.1
오스몰 농도(mOsm)	295	285

(3) 나트륨과 칼륨의 결핍증

① 나트륨 결핍증

- 사람에서는 입원환자에게서 흔히 발생한다. 구토, 설사, 이뇨제의 사용, Addison병, 갑상선기능 저하증, 고혈당(삼투성 이뇨), 신부전 등이 원인이다.
- 보통 수분 상실을 동반하며, 체액량이 감소하고 순환부전 및 허탈이 발생한다.
- 송아지에서 세균에 의한 설사로 유도된 나트륨 결핍증은 표 21-2와 같다. 분변을 통한 나트륨의 배설에 따라 장벽의 cAMP농도가 증가되어 능동적인

나트륨 흡수를 차단하고 소장에서 HCO_3^-과 물을 배설시킨다. 결과적으로 혈액의 Na^+저하, 혈장 몰 삼투압 농도 저하, 세포외액량의 감소 및 세포내액량이 증가(세포내 삼투압이 세포외액보다 더 높게되기 때문)한다.

성우의 결핍증과는 대조적으로 요량 감소(혈압이 너무 낮아 정상적으로 사구체 여과가 되지 않는다.), 혈중 요소증가, 나트륨 상실 및 유기산 생성 등과 관련된 대사성 산증이 나타난다.

단순한 수분상실에 기인하는 탈수와는 매우 다른 생화학적 임상적 증상을 보인다. 즉, 다량의 설사, 그리고 대부분의 경우 저체온증(hypothermia)과 함께 소침해진다. 피부의 주름, 안와함몰(sunken in the orbits)과 같은 탈수증세가 나타난다. 정맥은 허탈하고(collapse), 혈액은 점성이 있으며 주사침의 끝이 응고한다.

② 칼륨 결핍증

- 구토, 이뇨제의 사용, 설사, 스테로이드 과용, 고알도스테론혈증(Conn 증후군), 쿠싱 증후군 및 알카리증에서 나타난다.
- 부정맥의 위험이 있으며, 신경근이 약화된다.
- 심한 알카리증은 매우 위험하며 즉각적인 조치가 필요하다.

(4) 전해질 독성

일반적으로 나트륨 섭취는 동물 스스로 조절하며 임의의 섭취로 무해하다.

만성독성은 나트륨 농도가 낮은 사료와 물을 섭취할 수 없을 때 나타날 수 있다. 그러나 온화한 기후에서 흔하지 않다. 물에 자유롭게 접할 수 있는 면양은 10% NaCl을 함유한 사료에 견디는 것으로 나타났다. 급성독성은 나트륨 섭취를 조절할 수 없을 때 나타난다. 이런 상황은 두 가지로 돼지의 집단사육 시에 음식물에 대하여 심하게 경쟁할 때와 나트륨 결핍 동물이 소금에 자유롭게 접근할 수 있을 때(가끔 암소에서 나타난다) 나타난다. 증상은 설사, 심한 갈증, 수막뇌염(meningoencephalitis)과 유사한 신경증상 등이다. 혈중 나트륨 농도는 높고, 부검소견은 거의 없다. 복수와 수심막염(hydropericarditis)이 가끔 나타난다. 사람에서는 고혈압의 원인이 될 수 있다.

칼륨 독성은 매우 드물다. 칼륨 부하는 나트륨 배설을 유도한다. 그러나 이것은 새로운 균형에 도달할 때까지의 일시적 현상이며, 일반적으로 나트륨 요구량을 초과하여 부하되지 않는다. 과량의 칼륨을 함유한 사료는 마그네슘 흡수부위에 간섭하여 마그네슘 소화율을 감소시킬 수 있다. 목장에서 칼륨의 과다 시비(fertilization)는 저마그네슘혈증성 진전(hypo- magnesemic tetany)의 원인이 될 수 있으며, 또한 목초의 마그네슘 수준을 저하시켜 질병을 유발할 수 있다. 사람에서 심실세동과 심장정지로 인하여 사망에 이를 수 있다.

2) 칼슘과 인

칼슘과 인은 여러 생리적 기능을 가지며 포유동물 체중의 3% 이상을 차지하고 있다. 인산과 결합해 있는 칼슘의 가시적 형태는 골격으로서 신체의 지지 및 보호, 대사성 보유체(metabolic reservoirs), 치아형성 등에 기여한다.

(1) 칼슘과 인의 분포와 동력학

성인은 1~2 kg의 칼슘을 가지고 있으며 이 중 98% 이상이 골격 중에 있다. 즉, 골격은 칼슘과 인의 저장물질이다. 골격 형성과정은 골아세포(osteoblasts)에 의한 유골(osteoid)의 생성, 유골의 성숙, 석회화(mineralization)의 개시 및 석회화를 거친다. 유골조직은 교차결합으로 이루어진 콜라겐성 근원섬유(collagenous fibrils)로 만들어지며 칼슘과 높은 친화성을 가진 당단백질을 함유한다. 세포내 칼슘은 대부분 미토콘드리아와 소포체내에 존재한다. 혈중 총 칼슘량은 대략 9.4mg/100㎖(2.4mmole/ℓ)이며, 이 중 41%는 단백질과 결합되어 있고(비 확산성), 9%는 산성탄산, 시트르산, 인산, 젖산 등과 결합되어 있으며(확산성), 나머지 50%는 비 결합형의 이온화된 Ca^{2+}으로 존재한다. 혈장과 간질액간에 평형을 이루고 있는 이온화된 Ca^{2+}(1.2mmole/ℓ)은 앞에서 언급한 대사기능을 위하여 사용된다. 칼슘 농도는 골격, 조직, 신장 및 장에 작용하는 3종의 호르몬(PTH, calcitonin 및 calcitriol)에 의하여 정밀하게 조절된다.

칼슘 농도를 조절하는 3종의 호르몬들은 혈청 인산농도(약, 1.3mmole/ℓ)의 조절에도 작용하여 골격과의 조절성 교환, 장에서의 흡수 및 신장에서의 배설 등을 조절한다. 성인은 약 1kg의 인산을 함유하며 그 중 85%는 골격에 존재한다. 혈장의 pH 7.4에서 $H_2PO_4^-$의 해리항수 pK=6.8이므로 Henderson-Hasselbalch 방정식에 의하면 혈장의 $HPO_4^{2-}/H_2PO_4^-=4/1$ 이다. 3종의 칼슘-인산염을 용해도 순서로 열거하면 $Ca_3(PO_4)_2$, $CaHPO_4$ 및 $Ca(H_2PO_4)_2$이며, 위의 pH에서 이들 칼슘염들은 쉽게 용해된다. 장의 pH에서 주요 칼슘염은 $CaHPO_4$와 $Ca(H_2PO_4)_2$이다. 칼슘과 인은 과포화액으로 공존하며 피로인산과 같은 억제물질에 의하여 결정이 방지된다. 피로인산이 가수분해되는 어떤 조건에서는 골격 형성과 동맥경화증에서 보여주는 것처럼 침전하여 석출된다. 골격, 치아 및 연골의 주된 인산칼슘염은 수산화인회석{hydroxyapatite, $[Ca_3(PO_4)_2]_3Ca(OH)_2$}이다.

골격 유기기질(organic matrix)의 90~95%는 콜라겐섬유이며, 나머지는 기저물질(ground substance)로서 세포외액과 프로테오글리칸들(chondroitin sulfate, hyaluronic acid)로 구성되어있다. 골격중의 작은 단백질인 오스테오칼신(osteocalcin)은 수산화인회석과 단단히 결합되어 있다. 이 단백질은 Ca^{2+}-의존 혈액응고인자처럼 γ-카복시글루타민산잔기를 가지고 있으며, 따라서 수산화인회석과 결합할 때 비타민 K를 필요로 한다. 골격형성은 비타민 K 외에도 기질의 당부가(glycosylation)를 위하여 비타민 A, 콜라겐 형성을 위하여 비타민 C, Ca^{2+}의 수송을 위하여 비타민 D를 필요로 한다.

골격 중량의 약 절반 또는 골격 용량의 1/3은 무기질로 구성되어 있으며, 대부분은 수산화인회석결정으로 존재하며, 또한 인산, 카르본산, 불화물, 시트르산 및 수산화물의 Ca^{2+}, Mg^{2+}, K^+ 및 Na^+ 염으로도 존재한다. 이들 무정형의 염들은 수산화인회석에 흡수되어 존재하며, 필요할 때마다 Ca^{2+}, Mg^{2+}, Na^+, K^+ 및 P를 동원할 수 있으므로 생리적으로 매우 중요하다.

칼슘의 동력학은 다음과 같다.

- 칼슘대사는 동물종에 따라 다르다.
- 골격은 정적 조직이 아니라 무기질이 신속히 교체된다. 그러나 노화에 따라 감소한다.

- 실질적인 칼슘의 소화율은 성장동물(비유중인)에서 높고 성숙동물에서 감소한다. 반추동물에서 실제 칼슘 소화율은 20~40%이며, 단위동물은 40~50%로서 약간 더 높다.
- 칼슘 소화율은 식이 칼슘이 낮을 때 증가하며, 이는 흡수가 조절된다는 것을 말해준다.

골분해(osteolysis) 중 SO_4^{2-}(기질로부터)와 Ca^{2+}(수산화 인회석으로부터)이 동시에 유리된다. 콜라겐이 가수분해되면 다량의 하이드록시프롤린을 유리하며, 이는 재사용 되지 않고 요 중에 배설된다. 그러므로 요중의 하이드록시프롤린은 골격 대사를 반영하며, 칼슘 동원의 지표로 활용할 수 있다.

(2) 칼슘의 기능

① 구조적 기능

- 골격과 치아의 주요한 조성물질이다.
- 칼모듈린(calmodulin)에 의하여 조절되는 봉입(endocytosis)과 배출(exocytosis)시, 사이토스켈레톤의 기능유지에 필수적이다.

② 대사적 기능

칼슘활성형은 인산 칼슘과 Ca^{2+}이며 효소활성제로 작용한다.

- Ca^{2+}은 네단계의 혈액응고 과정에 필수적이다. 인자 IX의 활성화[항혈우병인자 B (antihemophilic factor B)], 인자 X의 활성화, 인자 II의 활성화(prothrombin의 thrombin으로의 전환) 및 피브린(fibrin)의 불용화에 필요하다.
- 보체의 활성화에 Ca^{2+}을 필요로 한다.
- *Phosphorylase b*를 *phosphorylase a*로 전환시키는 *phosphorylase b kinase*는 Ca^{2+}에 의하여 자극된다. 이러한 조절로 글리코겐 분해가 자극되고, 골격근을 수축시킨다.
- 간의 *transglutaminase*는 Ca^{2+}(또는 Sr^{2+})을 절대적으로 필요로 한다.
- Ca^{2+}의 활성 중에는 효소활성을 통하여 조절하지 않는 경우도 있다. 예를 들면, 응유과정에서 Ca^{2+}은 효소반응에 영향을 주기보다는 오히려 카제인(casein)의 응고에 영향을 주는것 같다.
- 정상적인 세포막 투과성을 유지시킨다.
- 포유(suckling)시 위내에서 렌닌(rennin)의 도움으로 유즙응유(milk curdling)에 필수적이다.
- 렉틴(lectin)에 결합하는 당단백질과 같이 많은 수용체-리간드 결합에 필수적이다.
- 여러 효소들의 필수적인 조인자로 작용하며(예, *pancreatic lipase* 와 *amylase*), 어떤 효소는 Ca^{2+}/칼모듈린의 상호작용을 통해서 작용한다(예, *글리코겐합성효소*).

③ 근-신경계에 대한 기능

근-신경계에 대한 Ca^{2+}의 작용은 수축과 분비이다. 세포 내 많은 활성들은 먼저 세포막을 수식하는 어떤 물질(예, 호르몬)의 영향으로 세포내로 Ca^{2+}이 유입되어 다음 예와 같이 작용한다.

- 호르몬과 신경전달물질에 반응하여 칼슘이 유리된다. 정상적인 신경조직의 자극 감수성 유

지와 신경간 및 신경근 접합부에서 신경충격의 전달에 관여한다.

- 심근의 수축성, 율동 및 강건함을 유지시킨다.
- 근 수축(골격근 또는 평활근). 트로포닌 C(troponin C)와 결합한다.
- 정상적인 골격근 유지에 필요하다. 수축단백질인 마이오신(myosin)은 *Ca-의존 ATPase*이다.
- 과민반응 중 세포외액 중에 히스타민의 유리와 함께 비만세포(mast cell)의 과립 감소.
- 각종 호르몬의 분비는 또한 세포 내로 Ca^{2+}의 유입을 수반한다. 예를 들면, 카테콜아민류, 인슐린, 부신피질 호르몬들, 신경하수체호르몬(neurohypophysial hormones)의 분비 등이다. 백혈구의 기능도 같은 방법으로 조절된다. 각종 외분비들도 Ca^{2+}-의존성이다. Ca^{2+}은 또한 신경전달물질들의 유리를 조절한다.
- Ca^{2+}은 cAMP 또는 프로스타글란딘과 같이 항이뇨호르몬(antidiuretic hormone, ADH)과 가스트린(gastrin)과 같은 몇몇 호르몬들의 필수적인 2차전령이다.

Ca^{2+}에 의한 세포내 활성의 수식은 칼슘의 유입과 유출을 필요로 한다. 유출은 세포외액으로 또는 세포 내 소기관, 주로 미토콘드리아 내로 이루어진다. 적혈구 같은 세포들은 나트륨의 전기화학적 구배로부터 생성되는 에너지와 ATP를 연료로 사용하는 Ca-펌프에 의한 나트륨-칼슘 역수송기전이 존재한다. 대부분 세포의 세포질내 칼슘함량 조절은 미토콘드리아가 부분적으로 중요한 역할을 담당한다. 평활근에서도 같은 방법으로 조절된다. 그러나 골격근은 수축과 이완을 더욱 신속하게 변환시키는 더 빠른 시스템으로서 근소포체(sarcoplasmic reticulum)를 가지고 있다. 칼슘의 수송은 *Mg^{2+}-의존성 ATPase*에 의하여 달성된다. 1몰 ATP의 가수분해로 두 원자의 칼슘이 막을 통과하여 전달된다.

(3) 인의 기능

인은 비타민 D 또는 칼슘과 결합하여 기능을 수행한다.

① 구조적 기능

인은 골격조직과 치아의 구조형성 역할을 한다.

② 대사적 기능

- 인의 기능은 에너지대사와 필연적인 관계가 있다. 인산화는 해당작용과 5탄당 분로에서 보여주는 것처럼 필수적 전제 요건이다. ATP와 같은 누클레오사이드 인산(nucleoside phosphate)들은 생체에서 주요한 고에너지 분자이며 또한 호르몬 작용의 중요한 전령이다(cAMP 등). 그러므로 인은 세포의 기능을 유지하는데 기본이 된다.
- 인은 미토콘드리아의 에너지대사를 조절하며, 요중 H^+을 완충시키는 물질로 작용한다.
- 조직 중에서 피로인산은 인산칼슘의 침전을 억제한다.
- 유기인산은 인단백질, 인지질, 핵산 및 인산화된 대사중간물질을 형성하여 기능을 발휘한다.

(4) 칼슘과 인 대사의 조절

부갑상선호르몬(PTH), 칼시토닌(calcitonin, CT) 및 칼시트리올(calcitriol, DHC, 1,25-(OH)$_2$ D$_3$)등 3종의 호르몬이 혈청 Ca^{2+}과 무기인산 농도의 항상성을 조절한다. 호르몬의 활성은 피드백 억제에 의하여 혈청 Ca^{2+} 농도를 조절한다. 먼저 골격과 혈류 간에 크게 조절이 이루어지고, 다음에 장, 신장 및 기타 조직들에 작용하여 예민하게 칼슘과 인대사가 조절된다(그림 21-1, 표 21-3)

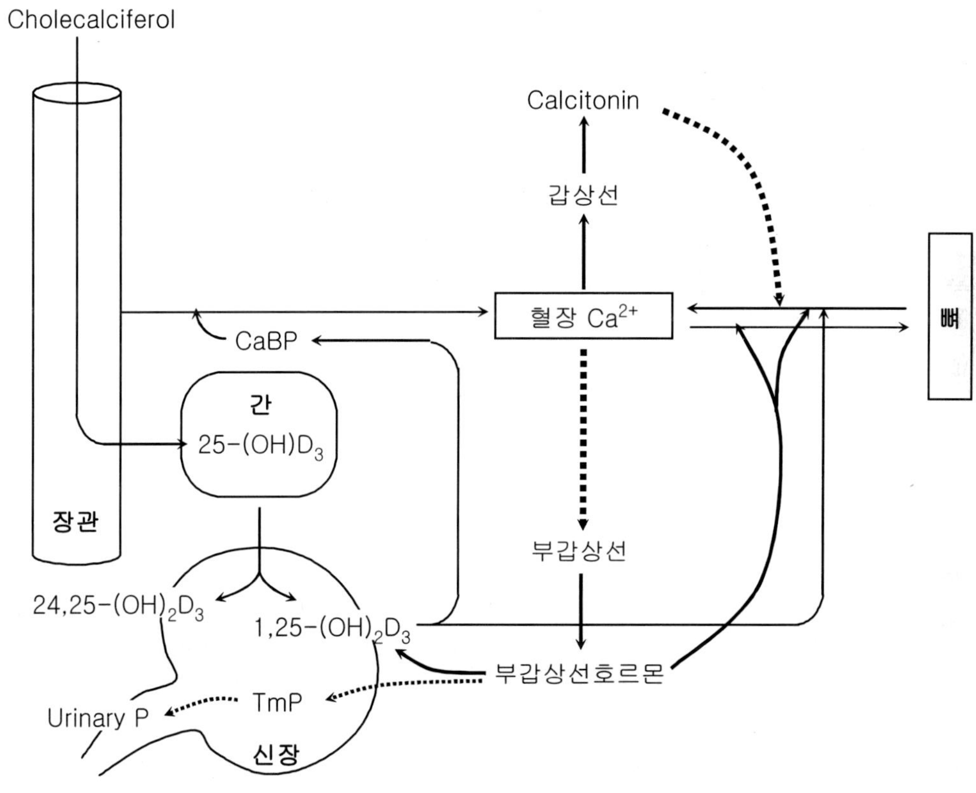

그림 21-1. 칼슘과 인의 조절. 25-(OH)D$_3$, 25-hydroxycholecalciferol; 1,25-(OH$_2$)D$_3$, 1,25-dihydroxycholecalciferol; 24,25-(OH$_2$)D$_3$, 24,25-dihydroxycholecalciferol; TmP, maximal tubular reaborption; CaBP, Ca-binding protein; Va, 칼슘흡수속도; v_{0+}와 v_{0-}, 혈장과 골격간 칼슘교환속도.

<1> 부갑상선호르몬

혈청 Ca^{2+} 농도의 저하에 반응하여 분비된 부갑상선호르몬(PTH)은 혈청 무기인산(Pi)을 상승시키지 않으면서 Ca^{2+} 농도만을 증가시킨다. PTH 효과는 칼시토닌의 길항작용과 PTH의 반응으

표 21-3. 칼슘과 인 대사를 조절하는 호르몬

작용	부갑상선호르몬	Calcitonin	Calcitriol
혈청 [Ca^{2+}]	↑	↓	↑
혈청 [P]	↓	↓	↑
신장	↑Ca^{2+}의 재흡수 ↓Pi의 재흡수 ↑α-*hydroxylase* 활성	↓Ca^{2+}의 재흡수 ↓Pi의 재흡수	↑Ca^{2+}의 재흡수 ↑Pi의 재흡수
골격	↑골흡수	↓골흡수	골로부터 Ca^{2+}의 동원
위장관	간접적인 Ca^{2+}과 Pi 흡수증가 (calcitriol 생성증가에 의한)	효과없음	↑Ca^{2+}과 Pi흡수

로 신장에서 생성된 DHC에 의한 PTH 분비의 피드백 억제로 조절된다.

<2> 칼시토닌

칼시토닌(calcitonin, thyrocalcitonin)은 갑상선과 부갑상선에서 분비되는 호르몬이다. PTH에 비하여 칼시토닌의 효과는 적다. 혈청 Ca^{2+}이 상승하면 갑상선에서 칼시토닌을 분비하여 혈청 Ca^{2+}을 저하시킨다. 더욱이 칼시토닌은 신세뇨관에서 Ca^{2+}과 Pi의 재흡수를 저하시킨다. 그러나 칼시토닌에 의한 혈청 Ca^{2+}의 저하는 일시적이며 효과적인 PTH 유리에 의하여 저지된다.

<3> 1,25-디하이드록시콜레칼시페롤

콜레칼시페롤(비타민 D_3, 25-OHD_3)은 비활성형으로 신장에서 두 번의 하이드록실화에 의하여 생성되는 1,25-디하이드록시콜레칼시페롤(1,25-$(OH)_2D_3$, DHC, calcitriol)이 활성형이며, 24,25-$(OH)_2D_3$는 활성형이 아니다. 활성형 칼시트리올은 장, 골격 및 신장에서 칼슘과 인산의 수송에 영향을 주어 골격의 무기질화(mineralization)를 계속할 수 있는 수준으로 혈청 중의 Ca^{2+}과 Pi를 유지시키는 호르몬이다.

활성형은 장에서 Ca과 P의 흡수를 자극하며 골격의 무기질 교체를 자극한다. 칼시트리올에 의한 골격 대사의 자극은 PTH의 작용과 같이 이루어진다. 그러나 작용기전은 서로 다르다. 즉, 칼시트리올은 골격세포 내의 cAMP 농도를 증가시키지 않는다. 신장에서 칼시트리올의 생성은 PTH에 의하여 자극되며, 또한 저칼슘혈증과(또는) 과인산뇨증(hyperphosphaturia)에 반응한다. 비타민 D의 하이드록실화는 식이 칼슘이 낮을 때 어떻게 칼슘 흡수를 증가시키는지를 말해준다.

칼슘과 인농도를 조절하는 3가지의 호르몬의 역할을 요약하면 다음과 같다.

- 부갑상선호르몬은 혈청 칼슘 농도를 증가시키고, 무기인의 농도를 감소시킨다.

- 비타민 D는 혈청 칼슘과 무기인의 농도를 모두 증가시킨다.
- 갑상선에서 주로 분비되는 호르몬, 칼시토닌은 혈청 칼슘과 무기인의 농도를 모두 감소시킨다.

<4> 칼슘과 인의 흡수와 배설

세포외액 중 900㎎의 칼슘 푸울에 비교할 때 1일당 칼슘의 교체는 1g으로 매우 큰 양으로 세 호르몬에 의하여 칼슘 푸울의 조절이 이루어진다. 그러나 1일 1g의 칼슘 교체는 골격중 1000g의 칼슘 저장량에 비하면 매우 적은 양이다. 골격중의 수산화인회석에 흡수된 칼슘중 교체가 용이한 소량의 칼슘만으로도 며칠간의 저칼슘 섭취시 칼슘 푸울을 유지하는 데 아무런 지장이 없다. 그러나 비유, 임신, 성장, 혹은 설사가 있을 때에는 칼슘 푸울을 유지하기 위하여 칼슘 섭취를 증가시켜야 한다.

장에서의 칼슘 흡수는 주로 십이지장과 회장에서 칼시트리올에 의한 직접적인 자극과 칼시트리올의 생성을 자극하는 PTH의 간접적인 작용에 의하여 능동적 및 수동적 과정으로 이루어진다. 식이성 칼슘의 대부분은 옥살산, 피틴산 및 핵산 등과 불용성 염을 형성하기 때문에 흡수되지 않는다. 칼슘과 대조적으로 식이성 인산은 칼시트리올과 간접적인 PTH의 도움으로 능동수송에 의하여 거의 완전히 흡수된다. 장에서의 칼슘과 인산의 흡수에 영향을 주는 또 다른 인자는 위장관 상부의 산도와 식이 중의 Ca/P 비율이다. 대부분의 동물에서 이상적인 Ca/P 비율은 1/1 내지 2/1이다. 식이성 칼슘이 증가하면 인흡수를 제한하고, 반대로 식이성 인의 증가는 칼슘 흡수를 제한한다. 육류는 인이 풍부하고 낙농제품은 칼슘이 풍부하다.

총 칼슘 푸울 중 단지 이온화된 Ca^{2+}만이 여과된다. 혈청 Ca^{2+}의 항상성을 유지하기 위하여 신 세뇨관의 능동적 재흡수가 PTH-칼시트리올에 의하여 정밀하게 조절된다. 저칼슘혈증(hypocalcemia)시에는 100% 재흡수되며, 고칼슘혈증(hypercalcemia)시에는 요중 Ca^{2+}의 배설이 증가된다. 사람 혈청 중 무기 인농도는 약 1~1.4mmole/ℓ로서 거의 모두 신사구체에서 여과될 수 있다. 혈청 무기인은 신장의 일류계(overflow system, 溢流系,)에 의하여 조절된다. 즉, 능동적 무기인 재흡수에 필요한 세뇨관 최대 수송량(tubular transport maximum, Tm)은 0.1mmole/min이며, 혈청 무기인 농도가 약 0.8mmole/ℓ에 도달하였을 때 세뇨관의 부담(tubular load)으로 넘쳐흐르기 시작한다. PTH는 인산과 관련하여 두 가지의 직접

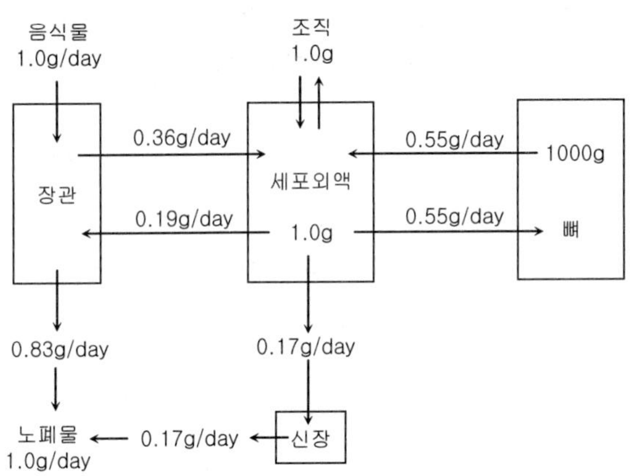

그림 21-2. 성인에서 정상적인 칼슘의 흡수와 배설에 의한 항상성 유지.

적인 효과를 나타낸다. 골격 흡수(bone resorption)는 혈장으로 무기인을 유리시키고, PTH는 신세뇨관에서의 무기인의 능동적 재흡수에 필요한 Tm치를 저하시키며 무기인 배설의 증가로 인산뇨증(phosphaturia)이 된다.

세포외액과 골격 및 조직세포간의 평형은 그림 21-2에 간단히 도시되어있다. 혈청 Ca^{2+}과 Pi 농도의 효과적인 물리-화학적 완충은 골격과의 단순교환 및 조직세포내 미토콘드리아와 소포체 중 Ca의 교환으로 달성된다. 전 혈액의 약 5%, 즉, 전 세포외액의 1%는 골격을 통하여 흐르며 Mg^{2+}, Na^{+} 및 K^{+}과 같이 쉽게 Ca과 P를 교환하여 평형을 이루어 과량의 무기질은 축적되고 혈중의 부족한 무기질은 재공급된다. 이러한 단순한 교환에 의하여 달성되는 완충기전은 세 종류의 내분비 호르몬에 의한 Ca과 P농도의 정밀한 조절로서 이루어진다.

칼슘과 인의 흡수와 배설에 직접 영향을 미치는 요인들을 요약하면 다음과 같다.

- 장에서의 칼슘 흡수는 칼슘 섭취농도에 따라 다르다.
- 비타민 D 결핍증에서 나타나는 증상인 구루병에서는 매우 낮다. 칼슘 흡수는 칼슘 흡수에 필수적인 장 점막에서 생성되는 칼슘-결합단백질에 달려있다. 칼슘은 아직 밝혀지지 않은 기전에 의하여 능동적으로 흡수되며 세포 내 수송에 관계된다.
- 락토스와 아미노산은 칼슘과 결합하기 때문에 흡수를 증가시킨다.
- 섬유질은 흡수를 감소시킨다. 그러므로 채식은 칼슘량을 많이 필요로 한다.
- 장에서의 인 흡수 또한 비타민 D에 의하여 활성화되며, 그 기전 역시 밝혀지지 않았다.
- 반추동물에서 요중 칼슘 배설은 매우 낮으며, 대부분의 동물에서 분변을 통한 배설이 요를 통한 배설보다 높다.
- 신장에서의 인 배설은 혈장 인산 조절의 가장 중요한 인자이다.

<5> 칼슘과 인산의 항상성 조절이상

칼슘과 인산의 중요한 기능 때문에 칼슘과 인산의 항상성이 잘 유지되고 있다. 칼슘과 인산의 항상성 기전은 세포내액과 세포외액 간의 적응, 골격과 세포외액 간의 교환, 분뇨를 통한 배설, 섭취와 장으로부터의 흡수 등에 의하여 조절된다. 정상적으로 혈청 칼슘과 인의 농도는 골격, 신장 및 장의 무기질대사를 조절하는 3종의 호르몬이 혈청의 물리화학적 교환과의 협동으로 조절된다. 저칼슘혈증은 PTH의 작용으로 ㉮요중 칼슘 배설 억제, ㉯칼슘과 인에 대한 장으로부터의 흡수와 골격으로부터의 유리 자극(반면에 과량의 인은 요중으로 배설시킨다), ㉰콜레칼시페롤의 칼시트리올로의 전환을 활성화시켜 효과적으로 방어한다. 칼시트리올은 골격, 신장 및 장에 작용하여 혈청 칼슘과 인농도를 증가시키며 골격에서 다시 무기질화 되도록 한다. 고칼슘혈증은 칼시토닌으로 하여금 골격형성을 촉진시키고 신장에서의 칼슘과 인의 재흡수를 저하시킴으로서 방어된다.

반추동물에서 칼슘은 충분히 제공되므로 결핍증은 중요하지 않다. 그러나 비타민 D 결핍증은 칼시트리올생성이 손상되어 성장 동물에서 구루병을 유발하며, 성숙 동물에서는 골연화증을 유발한다. 비타민 D 저항성 구루병은 드물게 비타민 D 대사의 손상으로 발생한다. 어떤 식물체는 비타민 D의 1--하이드록실형을 함유하고 있으며 초식동물에 조직의 과석회화(hypercalcification)

를 초래한다. 스트론티움 구루병은 Sr^{2+}에 의한 신장 *1--hydroxylase*의 억제에 기인한다.

혈청 Ca^{2+}과 Pi 농도의 교란은 다음과 같은 복잡하고 심각한 결과를 가져온다.

① **칼슘 결핍증**

- 구루병(rickets)
- 골연화증, 골의 석회화 저하
- 폐경기에 골다공증, 골량 감소
- 저칼슘혈증(hypocalcemia)은 신경막의 Na^{+}의 투과성을 증대시켜 신경감응성(nerve irritability)의 증가, 불수의 소성(involuntary firing), 근 수축, 진전(특히 후두근의 연축은 위험하며, 기도 폐쇄로 죽는다) 및 경련을 일으킨다. 혈청 칼슘 농도가 9.4㎎/100㎖에서 6.5㎎/100㎖로 감소(35%저하)하면 이런 증상들이 나타나고 50% 감소하면 치사적이다.

② **칼슘 과잉 증상**

- 기관의 기능 저하, 신장 결석 형성.
- 고칼슘혈증(hypercalcemia)은 여러 기관, 특히 동맥, 심장, 간, 신장에 주로 침착하여 석회화된다. 심근활성을 억제하고, 심박동에 영향을 주며(갑작스러운 칼슘의 정맥내 주입에 의한 것이면 치사적이다), 장근벽 수축억제에 따른 변비가 올 수 있다. 이런 증상은10-15㎎/100㎖의 혈청 칼슘농도에서 일어날 수 있으며 17㎎/100㎖이상이면 폐의 세동맥, 동맥벽 및 신세뇨관 등을 포함한 전 신체에서 칼슘-인산이 침전한다.

③ **인 결핍증**: 인의 심한 결핍증에서 다음 증상을 보인다.

- 근육의 약화
- 적혈구 내의 2,3-디포스포글리세르산(2,3-DPG) 생성 감소, 산소의 해리저하
- 구루병과 골연화증
- 저인산혈증(hypophosphatemia)은 골격으로부터 무기질을 탈리시켜 골을 약화시킨다. 더욱이 해당경로와 ATP생성경로에 영향을 주어 근 쇠약(muscle weakness), 백혈구의 기능상실(감염이 잘된다), 용혈 및 2,3-DPG의 결핍으로 헤모글로빈의 산소포화도 곡선이 좌경화한다.

위의 임상증상들은 칼슘과 인의 불균형을 가시적으로 암시할 뿐이다. 정상적인 혈청칼슘과 인농도를 나타낼지라도 실제로는 심한 결핍상태에 있을 수 있다는 가능성을 배제할 수 없다. 왜냐하면 혈청농도는 항상성으로 조절되고 있으며 마지막 단계에서 비로소 변화되기 때문이다. 그러므로 혈청 중 칼슘, 인 및 *alkaline phosphatase* 활성의 측정과 함께 골격의 무기질화에 대한 방사선 촬영, 신장의 칼슘과 인 배설검사 등을 실시하여 칼슘과 인의 항상성 상태를 종합적으로 분석하여야한다.

④ **인 과잉 증상**

칼슘과 결합하여 인산 칼슘을 생성하여 기관에 침착할 수 있다.

<6> 칼슘과 인에 의한 전해질 평형장애

칼슘과 인의 항상성을 교란하는 선천성 및 조건성 이상으로 인한 전해질 평형장애는 다음과

같은 증상을 나타낸다.

▪ 자간(eclampsia, 子癎)은 암캐와 암퇘지에 많이 발생하는 분만전 장애이다. 발육 중인 태아로 유출되는 칼슘에 기인하는 저칼슘혈증은 근신경계의 과흥분(hyperexitability)을 일으키며 심하면 진전(tetany)을 일으킨다.

▪ 유열(milk fever)은 분만 후 젖소에 나타나는 질병으로 실제로는 열과 관계가 없다. 혈청 중 칼슘과 인 농도가 낮고, 마그네슘 농도가 높으며, 과민증(hypersensitivity)을 거쳐 마비, 혼수 및 죽음에 이른다. 우유 중의 칼슘 농도와 인 농도는 각기 혈장농도의 13배와 5-8배에 달한다. 결론적으로 비유중 골격에서 무기질이 유리되어 혈액을 거쳐 우유 중으로 배출되므로 골격의 취약성(fragility)이 증가된다. 이런 상황은 분만 직전과 후에 사료 섭취의 감소, 그래서 무기질 섭취의 감소로 비유 개시기에 더욱 악화된다. 분만 후 혈장 중의 칼슘과 인 농도는 극히 낮아지며 이 것은 유즙 분비감소와 함께 골격으로부터 칼슘과 인을 지속적으로 동원할 수 없음을 의미한다. 유열은 칼시토닌의 증가나 PTH의 감소에 기인하지 않으며, 발병 원인에 대해서 잘 알려져 있지 않다. 아마도 밝혀지지 않은 어떤 이유 때문에 환축의 골격이 PTH에 반응하지 않는 것으로 생각되고 있다. 분만 전에 칼슘 급여를 증가시키면 부갑상선의 활성을 저하시킬 수 있으므로 좋지 않다. 실제로 분만 전에 PTH 생성을 자극하기 위하여 칼슘을 적게 섭취시켜야 한다. 환축은 가용성 칼슘(예, calcium gluconate)을 서서히 정맥 내로 주사한다. 갑작스런 고칼슘혈증은 수축기의 심장박동을 정지시킬 수 있다.

▪ 전-육식증후군(all-meat diet syndrome): 식육 중 Ca/P 비율은 약 1/16으로 바람직한 범위인 1/1 내지 2/1보다 매우 낮다. 이 것은 저칼슘혈증과 고인산혈증을 교정하기 위하여 2차적로 부갑상선항진증(hyperparathyroidism)을 일으키며, 골격 무기질이 탈리된다.

▪ 부갑상선저하증(hypoparathyroidism)은 흔히 갑상선 절제시 부주의로 접해있는 부갑상선의 제거에 기인한다. 칼슘과 비타민 D 혹은 그 유사체인 디하이드로타키스테롤(dihydro-tachysterol; 신장에서 칼시트리올로 직접 전환됨)을 규칙적으로 급여한 경우를 제외하면, C-25의 하이드록시화에 대한 간장의 조절 실패로 저칼슘혈증성 진전을 일으켜 죽음에 이른다. 비타민 D는 골격으로부터 Ca^{2+}과 Pi흡수에 영향을 주는 PTH와 유사한 기능을 가지고 있음을 기억하라.

▪ 비타민 D 과잉증(hypervitaminosis D) 혹은 비타민 D 독성은 음식물 중에 과량의 비타민 D를 보충급여하여 발생한다. 골격의 탈석회화로 골격이 취약해지며, 혈청 칼슘과 인농도가 감소한다. 신 세뇨관에 이소성 석회화(ectopic calcification)를 유발하며, 신부전증(renal failure)을 초래한다. 이런 효과는 칼시트리올과 관계가 없다. 왜냐하면 이런 조건에서 칼시트리올생성에 관여하는 신장 *hydroxylase*의 활성이 억제되기 때문이며, 오히려 간장에서 칼시트리올 전구체인 25-하이드록시콜레칼시페롤(vitamin D_3)의 과량 형성에 기인한다.

▪ 비타민 D 부족증(hypovitaminosis D) 혹은 **구루병**(rickets)은 불충분한 비타민 D 섭취, 혹은 일광에 대한 노출부족으로 발생한다. 증상은 장에서의 칼슘흡수 감소, 골격으로부터 칼슘흡수 감소, 저칼슘혈증, PTH농도의 증가, 저인산혈증, 인산뇨증 및 골격 석회화의 손상을 나타낸다. 이러한 증상들은 골격 성장을 위하여 비타민 D 요구량이 높은 어린 동물들에게 많이 나타난다. X-선 소견은 적합한 유기 골격기질을 보여주고 있으나 기질의 부적절한 석회화를 보여준

다. 골격은 지지강도가 부족하게되며 어리거나 발육 중인 동물들에서 골격이 구부러진다.

▪ 골연화증(osteomalacia)은 성숙한 동물에서 발생하며 구루병과 같이 골격은 탈석회화하고 기질은 영향받지 않는다. 원인은 저 칼슘, 저 Ca/P 비율, 혹은 저 비타민 D와 같이 내분비 이상과 식이성 부족에 기인한다.

▪ 골다공증(osteoporosis)은 무기질에 비례해서 골격기질도 함께 없어지는 상태를 말하며 X-선 검사에 의하여 골연화증과 감별된다. 골다공증의 원인에는 ㉮ 노화, 동면, 우주비행과 같이 골격을 사용하지 않으면 골격흡수의 원인이 된다. ㉯ 단백질 영양불량, ㉰ 골격 단백질합성에 필요한 비타민 A, C 및 K의 결핍, ㉱ 병리적인 글루코코티코이드의 상승으로 쿠싱병(Cushing's disease)과 유사하며 당신생(gluconeogenesis)을 위한 골격 단백질의 동원, ㉲ 에스트로겐의 결핍(특히 폐경 후의 여자에게 오기 쉽다. 골 성장은 에스트로겐-자극 칼시트리올 형성에 의하여 촉진된다.), ㉳ 부갑상선항진증(대부분 부갑상선의 종양에 기인하며 주로 여성에서 발병한다. 이러한 이유는 아마도 임신과 비유 중 지속적인 칼슘배출로 인한 부갑상선의 과도한 자극이 말년에 종양 발생의 소인으로 작용하는 것 같다.), ㉴ 프로스타글란딘 E는 류마티스성 관절염(rheumatoid arthritis)과 어떤 악성종양과 같은 염증성 질병에서 골 흡수를 조절하는 것 같다. 아스피린과 같이 프로스타글란딘합성을 억제하는 약물들은 이런 조건들을 방어한다.

▪ 신성 구루병(renal rickets)은 칼슘을 재흡수하지 못하는 신부전증으로 인한 골연화증을 말한다. 만성 신장병에서 손상된 신장은 칼시트리올을 생성하지 못하며 따라서 신 세뇨관에서의 칼슘 재흡수에 대한 조절기능을 상실하여 요중으로 칼슘이 배설된다. 혈청중 Ca^{2+} 농도를 유지하기 위하여 PTH는 골격에서 무기질을 유리시키며 단백질 기질만 남게되어 고무양 골격(rubbery bones)이 된다. 구루병을 일으키는 다른 신장병은 선천성 저인산혈증에서 보여주는 바와 같이 세뇨관에서 인의 재흡수가 낮은데 기인한다. 비타민 D-저항성의 이 구루병은 칼슘과 비타민 D를 투여하는 대신에 인산화합물을 투여하여야 한다.

3) 마그네슘

(1) 마그네슘의 분포와 저장

생체가 보유하는 마그네슘의 절반은 골격근 중에 불용성형으로 존재한다. 나머지의 대부분(35%)은 세포 내에 존재하며 세포 내에 두 번째로 많이 함유하는 양이온(첫 번째는 K^+)이다. 세포외액에는 단지 약 1%만을 함유하고있다. 미토콘드리아 내에 높은 함량으로 존재한다. 가장 많은 세포질 Mg^{2+}은 복합체로 존재하며 마그네슘 복합체의 30%는 아데닌 누클레오타이드와 결합되어 있다. 간세포 내의 유리 Mg^{2+} 농도는 0.6mM로서 총 세포질 마그네슘의 9%에 해당한다.

골격은 마그네슘의 주요 저장소이며, 결핍되면 골격 마그네슘은 점차 혈중에 유리되어 순환한다. 성장동물은 성숙동물에 비하여 더 쉽게 마그네슘을 유리한다. 다소 결핍된 사료로 사육한 성장동물에서 더 심한 만성 결핍증을 유발하며, 매우 결핍된 사료는 성숙동물에서 조기에 증상이 나타난다.

포유동물의 조직은 쉽게 Mg^{2+}을 교체할 수 있는 조직(신장, 간, 심장, 비장, 폐)과 느리게 교체할 수 있는 조직(횡문근, 뇌, 적혈구)으로 나눌 수 있다.

(2) 마그네슘의 기능

- 어떤 종류의 단백질과 DNA 합성에 필요하다.
- 세포내 대사에 사용되는 많은 종류의 효소활성을 위하여 필요하다. 그러나 활성화에 필요한 농도는 매우 차이가 크다. 인체에서 300종 이상의 효소 조인자로 작용한다. 이러한 효소들은 ATP-의존성 반응의 촉매역할을 한다. 마그네슘은 ATP와 결합하여 Mg-ATP 복합체를 형성하며 이 물질은 kinase와 같은 효소의 기질이 된다.
- 중추신경계와 말초신경계에 대한 Mg^{2+}의 작용은 Ca^{2+}과 매우 유사하다. 즉, Mg^{2+}은 부족할 때에는 흥분하고 과량일 때에는 흥분을 억제한다.
- Mg^{2+}은 PTH의 합성, 유리 및 표적세포에 대한 작용에 필요하다. 그러나 과량의 혈청 Mg^{2+}농도는 또한 PTH의 분비를 억제하고 PTH의 말초작용을 억제하는 것 같다. 그러므로 PTH의 적절한 분비와 작용은 정상적인 혈청 Mg^{2+} 농도에 달려있다.
- 흥분-분비 연관 과정(excitation-secretion coupling process)에서 Ca^{2+} 결합위치에 대한 경쟁물질이 된다.
- 골격조직과 치아의 구조 형성역할을 한다.
- 칼슘과 함께 결합하여 막의 투과성과 신경근육 전달에 영향을 준다.
- 마그네슘의 보유와 혈장 농도는 신장에서의 배설을 통하여 조절된다. 항상성을 위한 요배설과 장 흡수의 내분비 조절은 증명되지 않았다.

(3) 마그네슘의 흡수와 배설

정상적인 혈장 Mg^{2+}농도는 약 1.5~2.5 mEq/ℓ이며 혈장 Mg^{2+}의 1/4은 단백질과 결합되어 있어 신 사구체를 통과할 수 없다. 대부분의 여과된 Mg^{2+}은 재흡수되며 재흡수는 PTH에 의하여 증가된다. 부갑상선절제에 따른 급격한 PTH의 결핍은 Mg^{2+} 농도를 감소시킨다.

① **위장관에서의 흡수:** 단위동물은 주로 소장에서 흡수되며, 반추동물은 주로 제1위에서 흡수된다. 그러나 마그네슘은 장으로부터 효과적으로 흡수되지 않으며 생체이용률과 식이 조성에 달려있다. 마그네슘의 흡수는 Ca^{2+}과 경쟁하지 않으며 위장관에서 능동적으로 흡수되지 않고 농도구배에 의존한다. 제1위에서의 흡수기전은 명확하지 않다.

② **신장에서의 배설:** 신장에서 여과된 Mg^{2+}의 3~5%만이 요중에 나타나며, 따라서 Mg^{2+}은 신 세뇨관에서 매우 효율적으로 재흡수된다. 신장은 또한 마그네슘을 분비할 수 있는 것으로 생각되고 있으나 증명되지 않았다. 마그네슘은 산증에서는 신장을 통하여 배설되고 소하관의 알카리성 pH에서는 Mg^{2+}의 흡수가 저해된다.

(4) 마그네슘 결핍증

- 조기에 나타나는 마그네슘 결핍증은 단백질 합성의 감소로 인한 저단백혈증과 성장장애이다. 단백질합성 감소는 *RNA polymerase*의 불활화, *aminoacyl-tRNA synthetase*의 불활화, 라이보솜에 개시체의 결합(Mg-의존성), 폴리펩타이드 사슬 신장인자들의 활성화(Mg-의존성) 등이 원인이다.
- 테타니양 발작(tetanic seizure)은 마그네슘 결핍증의 특징적 증상이다. 이 것은 신경근 접합부(neuromuscular junction)의 *cholinesterase*가 억제되어 아세틸콜린이 축적되기 때문으로 생각되어 왔다. 그러나 강하게 Mg-의존성인 근소포체의 Ca-펌프의 교란에 기인할 가능성이 더 높다.
- 적혈구 수명의 단축으로 진행성 용혈에 의한 빈혈을 일으킨다. 적혈구 수명 단축은 적혈구 생존에 중요한 글루코스 대사와 5탄당 분로의 Mg-의존성 효소들이 억제되기 때문이다.
- 오래 지속되는 마그네슘 결핍증은 랫트에서 흉선 종양(thymic neoplasm)을 유발한다. 이는 DNA 변이를 수선하는 효소들이 Mg-의존성이기 때문이다(예, *DNA-ligase*).
- 마그네슘 결핍증으로 인한 저칼슘혈증은 비타민 D 대사와 관계가 없다. 칼시토닌의 분비는 증가되지 않으며, PTH는 감소되지 않는다.
- 마그네슘은 지질의 과도한 축적에 대항하여 간장을 보호한다. 이는 메티오닌-활성효소의 마그네슘에 대한 높은 필요량과 관계가 있을지 모른다.
- 마그네슘 결핍증은 2차적인 칼륨 결핍과 나트륨 과다를 유도한다.
- 랫트의 마그네슘 결핍증에서 심한 신석회증(nephrocalcinosis)이 흔하게 나타난다.
- 랫트의 마그네슘 결핍증에서 세포의 과립감소로부터 히스타민의 유리로 귀가 적색이 된다. 이는 비만세포의 수용체에 대한 칼슘과 마그네슘의 길항작용과 관계될 수 있다. 비만세포의 히스타민분비가 Ca^{2+}에 의하여 유도되며, Mg^{2+}에 의하여 억제된다.

(5) 신경근 감응성

신경근 감응성(neuromuscular irritability, NI) 에 대한 Na^{+}, K^{+}, Ca^{2+}, Pi, Mg^{2+} 및 H^{+}의 효과는 다음 방정식으로 나타낼 수 있다.

$$\mathrm{NI} \propto \frac{\mathrm{Na}^{+} \cdot \mathrm{K}^{+} \cdot \mathrm{Pi}}{\mathrm{Ca}^{2+} \cdot \mathrm{Mg}^{2+} \cdot \mathrm{H}^{+}}$$

Na^{+}, K^{+}, 혹은 Pi의 혈청 농도의 상승은 일반적으로 NI를 증가시키며, 반대로 Ca^{2+}, Mg^{2+}, 혹은 H^{+} 농도의 상승은 신경근감응성을 감소시킨다.

4) 황

(1) 황의 분포, 기능 및 대사

황을 함유한 메티오닌을 섭취하는 것은 시스테인의 합성에 필수적이다. 두 아미노산은 모두 단백질과 효소에 들어가며, 무기질 대사에 관여한다. 그러나 포유동물은 황산염으로부터 유기 황화합물을 합성할 수 없다.

① **무기형(inorganic forms):** 황산이온(SO_4^{2-})은 장에서 흡수된다. 장을 통한 황산의 전달은 대사 억제물질들에 의하여 강하게 억제된다. 혈장 SO_4^{2-}농도는 약 1mEq/ℓ이며, 무기황이나 유기황 모두 주로 요를 통하여 배설된다.

황산화(sulphation)의 과정은 ATP를 소비하여 충분한 에너지를 가진 3′-포스포아데노신 5′-포

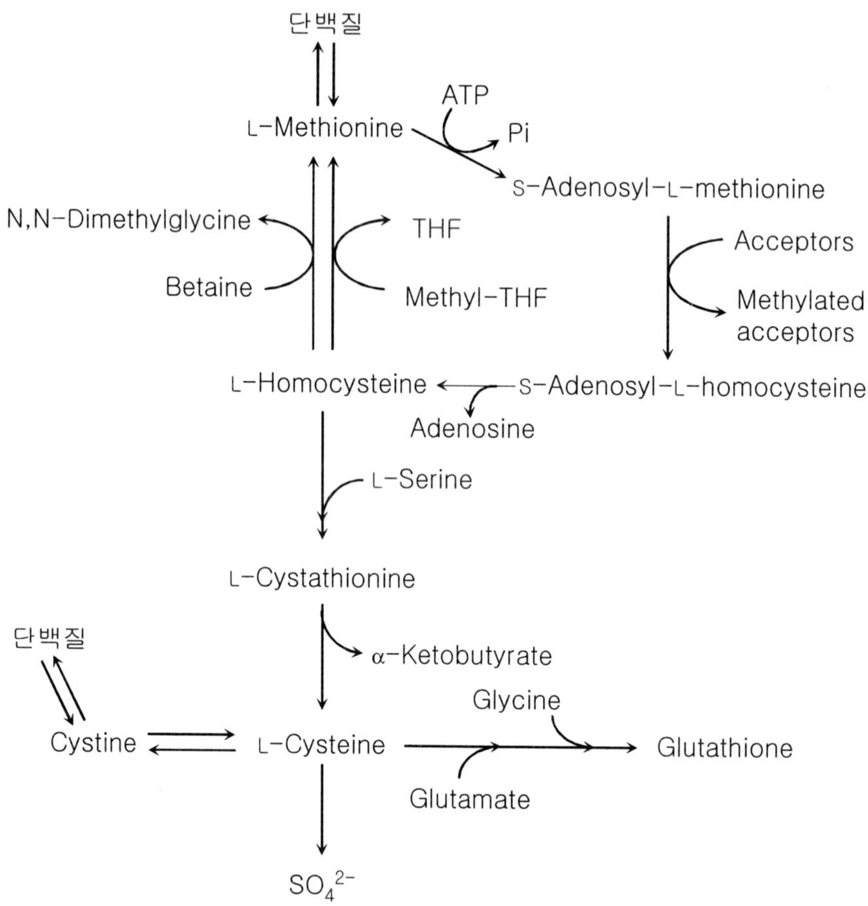

그림 21-3. 포유동물의 일반적 황 대사. THF, tetrahydrofolate.

스포설페이트(3'-phosphoadenosine 5'-phosphosulphate)를 생성하고, 이어서 다당류의 에스테르화에 사용된다. 황산 에스테르는 결체조직, 연골, 골격 혹은 치아(chondroitin sulphate), 소화 점액(mucoitin sulphate), 헤파린 및 뇌에 매우 중요하다.

② **유기형(organic forms):** 두 종류의 아미노산, 시스테인과 메티오닌이 황 대사의 중심을 차지한다. 메티오닌으로부터 시스틴을 쉽게 합성할 수 있으나 시스틴으로부터 메티오닌을 생성할 수는 없다. 시스틴은 두 분자의 시스테인이 환원되어 이황화 결합으로 연결되어 생성되며, 이 반응은 가역적이다.

이런 형태의 이황화 결합은 단백질 구조, 특히 α-케라틴과 면역단백질의 구조에 매우 중요하다.

- 시스테인은 글루타티온합성에 필요하다. 환원 글루타티온의 -SH기는 글루타티온의 산화-환원 과정에 중요한 역할을 하며, 한 분자의 산화 글루타티온을 형성할 때 이황화결합 위치를 제공한다.
- 메티오닌은 메틸기 전달반응(transmethylation)에 중요한 역할을 한다(예, 아세트산으로부터 스테로이드합성). 메티오닌 대사는 메티오닌의 활성화로 시작한다. 메티오닌 활성효소는 ATP와 메티오닌으로부터 S-아데노실메티오닌을 생성하여 수용체에 메틸기를 제공하고 그 자신은 호모시스테인으로 전환된다. 호모시스테인은 적어도 두 기전에 의하여 재메틸화되어 메티오닌을 재생하거나 시스틴을 생성한다(그림 21-3).
- 황은 또한 생물학적으로 중요한 분자들, 즉, 티아민, 비오틴, 리포산(lipoic acid) 및 코엔자임 A 등의 구성분이 된다.
- 황 대사는 주로 간장에서 진행된다. 메틸기 전달반응에 의하여 혈중 지질 수송에 필요한 지단백질, 인지질 및 콜레스테릴에스테르가 합성된다. 따라서 함황 아미노산 결핍시에 지방간 형성, 단백질합성 지연, 산화-환원반응의 교란 등 심각한 결과가 초래된다.

(2) 황 결핍증과 독성

- 황 결핍증의 동물은 급격히 쇠약(emaciation)해지며, α-케라틴이 풍부한 조직들(뿔, 손톱, 발톱, 피모)의 성장이 억제된다. 단위동물의 음식물은 적절한 유기황을 함유한다. 반추동물에서 옥수수 사일레지(maize silage) 급여시에 흔히 발생한다. 반추동물에 대한 보충급여는 무기형으로 제공되며 제1위의 세균은 함황 아미노산을 합성할 수 있다.
- 황이 독성이 없을지라도 황은 아연과 망간의 이용율을 저하시키므로 과량을 급여해서는 안된다.

2. 미량 무기질

미량 무기질들(trace minerals)은 양적으로는 미량만이 필요할지라도 영양학적으로 필수적이다. 미량 무기질들은 대부분 단백질과 결합되어 있다. 미량 무기질들은 보통 음식물로부터 섭취

표 21-4. 면양의 체내 미량 무기질 조성(철, 아연은 ㎜/kg, 동, 망간, 요드, 코발트는 ㎛/kg)

기관/조직	철	아연	동	망간	요드	코발트
근육	8	9	30	100	1	1.5
골격	10	6	800	30		2.6
피부	1	1.7	700	16		1.9
혈장	0.07	0.14	40	2	1	0.4
혈구	40	0.2	20	2		0.06
간	5	0.8	2000	80	2	2.7
폐	2	0.3	30	3	0.5	0.4
심장	0.2	0.2	1	14		0.2
신장	0.2	0.12	15	3	0.05	0.1
뇌	0.1	0.05	5	1	0.02	0.02
비장	0.3	0.04	20	<1		0.03
소화관/내장	3.5	1.9	600	130	75	1.7
양털	15	4	500	50		
합계	70	20	4200	380	80	12

되며 고농도에서는 독성이 있다. 철, 아연, 구리를 포함하는 대부분의 미량 무기질들은 세포내 결합단백질과 복합체로 존재하여 미량 무기질을 저장할 뿐 아니라 유리상태로 있을 때의 독성을 막을 수 있다. 면양(체중 50㎏)의 체내 미량 무기질 조성은 표 21-4와 같다.

1) 철

(1) 철의 체내 분포

체중 약 50㎏의 면양은 약 4g의 철(iron, Fe)을 가지고 있으며 이중 55~60%는 헤모글로빈에 존재한다. 헤모글로빈의 수명은 대부분의 동물종에서 약 2개월로 비교적 짧다(면양 50일, 소 55일, 랫트 63일, 돼지 65일, 인체는 120일).

이것은 면양에서 매일 44㎎의 철이 헤모글로빈의 분해로 유리된다는 것을 의미한다. 매일 60㎎의 철을 섭취하는 면양은 이중 4.5㎎을 흡수하며 매우 효율적으로 철의 재순환이 이루어진다(그림 21-4).

철 대사의 특징은 다음과 같다.

- 임신하지 않은 성숙동물은 철결핍증에 저항성이 강하다.
- 기생충에 의한 흡혈, 출혈, 임신 등과 같은 폐쇄 순환으로부터의 철 유출은 빈혈을 유발하며 철 요구량을 크게 증가시킨다.
- 성장중인 동물은 철 결핍증에 매우 민감하다.

페리틴(ferritin)과 헤모시데린(hemosiderin)은 철 저장물질로 모든 조직, 특히 간, 비장 및 골수에 고농도로 존재한다. 철은 페리틴에서 헤모시데린으로 이동하며, 반대로도 쉽게 이동한다.

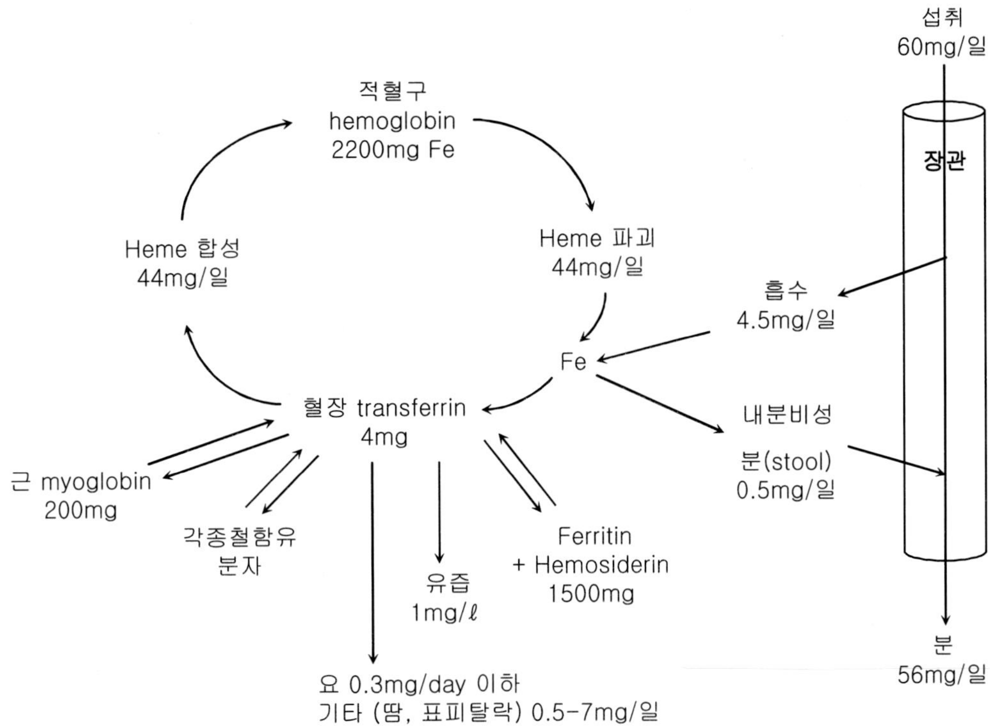

그림 21-4. 면양(체중 50kg)의 철 대사.

이 두 분자의 단백질은 비헴(nonheme) 분자로서 각기 20%~35%의 철을 함유한다. 포유동물에서 페리틴/헤모시데린 비율은 총 철 저장량(저장 철의 증가는 헤모시데린의 상대적 증가를 유발한다)과 철 저장속도(철이용의 급격한 증가는 헤모시데린의 상대적 농도를 증가시킨다.)에 영향받는다. 이는 아마도 아포페리틴(apoferritin; 철 없는 페리틴)이 한계량으로 존재하기 때문으로 생각된다.

(2) 철의 흡수와 배설

철은 소화관에서 빈약하게 흡수된다. 단위동물에서는 주로 십이지장에서 흡수된다. 장 점막을 통한 철의 수송효율은 철 결핍증에서 증가한다. 성인은 일반 음식물에 함유된 철의 2~20%를 흡수하며, 철 결핍증이 있는 성인의 철 흡수는 20~60%로 증가한다.

철은 코발트와 함께 능동적 기전에 의하여 흡수된다. 이 두 이온들은 결과적으로 이 흡수기전에 경쟁한다. 아스코르브산, 각종 유기산, 아미노산 및 당류 등은 철 흡수를 증가시키며, 고농도의 식이 인산과 아연, 그리고 동 결핍증은 철 흡수를 감소시킨다.

철의 배설은 과다한 출혈이 있을 때조차도 매우 적다. 인체의 분중에 배설되는 철은 1일

0.3~0.5㎎이며, 요중 배설량은 1일 0.2~0.3㎎이다. 기타 철 상실[박리(desquamation), 발한(perspiration) 등]은 인체에서 1일 0.5~2㎎으로 일정하지 않다.

(3) 철과 관련된 기능

- 환원 헤모글로빈은 산화 헤모글로빈과 평형상태에 있으며 이 평형(각 화합물의 상대적 비율)은 산소압과 pH에 달려있다. 조직 대사에서 생성된 CO_2는 적혈구 내로 확산하여 *carbonic anhydrase*의 촉매로 수화된다.

  H^+의 증가는 헤모글로빈의 해리곡선을 이동시키며 조직에서 산소 유리를 유도한다.
- 철(Fe^{2+}, Fe^{3+})은 탄수화물 대사에 관련된 여러 효소들의 활성제이다.
- 철 결합 단백질인 트랜스페린(transferrin), 페리틴 및 헤모시데린의 기능은 철의 전달과 저장이다.
- 철 단백질들은 널리 분포되어 있으며, 미토콘드리아의 전자 전달사슬의 사이토크롬들과 같이 중요한 산화-환원반응에 참여한다.
- 또 다른 철 결합 단백질, 락토페린(lactoferrin)은 우유와 백혈구에서 분리될 수 있으며, 자연상태에서 25~35%가 철로 포화되어 철 복합체를 형성함으로서 세균들이 이용할 수 없게 한다. 대장균은 젖산균보다 철 요구량이 매우 높지만 모든 철이 락토페린과 결합되어있기 때문에 철을 이용할 수 없으며 따라서 락토페린은 대장균의 억제물질로 작용한다. 이러한 이유로 락토페린은 신생아의 설사에도 효과가 있을 수 있다.

(4) 대사의 조절

헤모글로빈 합성속도와 적혈구 형성(erythropoiesis)은 주로 신장에서 생성되어 혈중에 순환하는 당단백질 호르몬인 에리트로포이에틴(erythropoietin; 적혈구 조혈 인자)에 의하여 조절된

$$CO_2 + H_2O \rightleftharpoons HCO_3^- + H^+$$

다. 동맥혈중 낮은 산소량은 신장에서 에리트로포이에틴의 분비를 자극하며, 에리트로포이에틴은 골수에서 적혈구 생성을 피드백 조절한다. 이러한 사실은 여러 상황(출혈, 고도에서의 산소부족)에서 보여주는 보상성 조혈(compensatory erythropoiesis)로서 증명된다.

(5) 철 요구량, 결핍증 및 독성

① **철 요구량:** 철 요구량은 완전히 성장한 후에는 낮다(일반적으로 10ppm 이하). 그러나 다음과 같은 3가지 생리적 상태에서는 높아진다.

- 수유 중인 동물은 출생시에 체내 철 저장량이 낮을 뿐 아니라 빨리 성장하며, 유즙 중 철 함량(0.5~1㎎/ℓ)도 낮으므로 철 요구량이 높다. 모체에게 철을 급여하여도 유즙 중 철 함량이 증가되지 않는다. 철 요구량은 돼지새끼에서 125ppm이며 송아지와 면양새끼는 40ppm이다. 따라서 수유만으로는 돼지새끼에서 위험한 철 결핍증을 유발하며, 송아지와 면양새끼는 단지 경미한 빈혈증을 유발한다.
- 빠른 성장기에는 조직의 신생을 위하여 철 요구량이 증가한다.
- 임신한 암컷에서 태아의 조혈(hematopoiesis)을 위하여 철 요구량이 증가한다.

음식물 중 철 함량은 음식물에 따라 많은 차이가 있다. 유즙보다 육류(400~600ppm)에서 함량이 높다. 일반적으로 사료는 100~1000ppm으로 높고, 곡류는 중등도이며, 밀가루는 10ppm으로 낮다.

② **철 결핍증:** 빈혈은 철 결핍증의 주요 증상이며, 적혈구의 헤모글로빈 함량이 낮고 일반적으로 혈구량은 낮거나 정상이다. 혈청 철은 정상보다 낮으며 트랜스페린은 철 포화도가 감소한다. 혈장 엽산은 비타민요구량의 증가에 따라 감소된다. 적혈구 수명이 감소되고 조직 사이토크롬 C가 환원된다.

다른 형태의 빈혈은 다음과 같은 원인들에 기인한다.

- 기생충에 의한 혈액소비는 철 결핍증과 유사한 생화학적 병리학적 소견을 보이며 때로는 저단백혈증(hypoproteinemia)을 보인다.
- 담즙색소 형성 증가를 수반하는 용혈[면양의 동 독성, 적혈구의 기생충, 마그네슘 결핍증]에 기인하는 빈혈로, 때로는 황달, 혈장에 빌리루빈의 유리, 적혈구 수명감소(소의 anaplasma 감염증에서 적혈구 수명은 5~8일이다) 등을 유발하며 혈장 철농도가 높아진다.
- 여러 결핍증: 비타민 B_{12}결핍증은 대적혈구성 빈혈(macrocytic anemia)을 유발하며, 동 결핍증은 체내에 철 저장을 수반하는 빈혈을 유발한다. 헤모시데린으로부터 철을 동원하기 위해서는 동-함유 효소인 *ceruloplasmin*(*ferroxidase I*)을 필요로 한다. 엽산 결핍증은 또한 비타민 B_{12} 결핍증과 생화학적으로 유사한 빈혈증을 유발한다.

③ **철 독성:** 철 독성은 사람에서 보고된 바 있으나 가축에서는 문제되지 않는다.

2) 아연

(1) 아연의 분포와 저장

아연(zinc, Zn)의 조직 분포는 눈의 맥락막(choroid)과 홍채(iris), 수컷의 성기관인 전립선과 정액(seminal fluid)에서 높은 농도를 보이는 것을 제외하면 대부분의 조직에서 거의 균일하게 분포되어 있다(표 21-4참조).

아연 함량이 낮은 음식물을 섭취하면 아연 결핍증이 빨리 나타난다. 이는 아연의 체내 저장량이 적다는 것을 암시한다.

(2) 아연의 흡수와 배설

아연은 육류, 견과, 콩, 맥아 및 다른 여러 종류의 식품에 함유되어 있으며, 단위동물에서는 주로 소장에서 흡수된다. 반추동물은 제4위에서 실질적으로 흡수되고 소장의 나머지에서 점진적으로 흡수된다.

아연의 흡수는 능동적 과정이며, 체내에 아연 보충의 필요에 따라 조절되므로 아연의 항상성에 크게 기여한다. 예를 들면, 정상 랫트에서 아연의 실질 흡수는 5~7%인데 비하여, 아연-고갈 동물에서는 아연의 흡수가 두 배로 증가한다. 아연은 혈액 내에 특이적인 결합단백질이 없으며 혈청 알부민에 결합되어 운반된다. 아연은 세포내에서 동과 또 따른 중금속이 결합하는 금속단백질인 메탈로티오네인(metallothionein)형태로 저장된다. 메탈로티오네인은 많은 조직내에 존재하며 그 합성은 아연, 카드뮴, 비스무트 및 비소를 포함하는 중금속에 의해 유도된다.

메탈로티오네인은 유리상태의 비결합 금속이온의 독성으로부터 세포를 방어한다. 아연은 췌장 분비물에 존재하며 분변은 그 배출의 주요 경로이다. 분변으로 배설되는 아연은 주로 흡수되지 않은 음식물중의 아연으로 음식물 중 아연함량이 적을 때 분변으로 배설되는 아연량도 감소한다. 인체에서 분변을 통한 배출량과 비교할 때, 요(0.5㎎/일), 땀(0.2~2㎎/일), 정액(1㎎/일) 등에 의한 배출량은 중요하지 않다.

(3) 아연 대사와 관련된 기능

① **아연과 효소:** 주요한 아연을 필요로 하는 금속효소는 *carbonic anhydrase, alkaline phosphatase*, 각종 *탈수소효소*들, 췌장 *carboxypeptidase A*와 *B, pyridoxal phosphokinase* 및 *DNA polymerase*들이다. 일반적으로 아연 결핍동물에서 해당 효소들의 활성은 감소한다. 그러나 아연 결핍증과의 정확한 연관성은 *nucleotide polymerase*들을 제외하고는 증명되지 않았다. 아연은 두 아연-의존 효소 즉, *deoxynucleotidyl transferase*와 *DNA polymerase*들을 통하여 DNA합성에 참여한다. 이는 아연 결핍증에서 관찰되는 성장지연의 원인이 단백질합성 감소에 기인한다는 것을 말해준다. 더욱이 콜라겐 합성 감소는 상처의 치유를 지연시킨다.

② **아연과 각질형성:** 아연은 명백히 각질형성(keratogenesis)과 관련이 있다. 여러 동물종의 결핍증에서 이상각화증(parakeratosis)과 탈모증(alopecia)이 유발된다. 이러한 사실은 시스틴 대사와 관련이 있는 것 같다. 그러나 정확한 생화학적 기전은 밝혀지지 않았다.

③ **아연과 인슐린:** 인슐린과 프로인슐린은 아연원자와 결합하여 응집된다. 아연-결핍 랫트는 과량을 섭취하는 동물보다 복강 내로 투여한 글루코스에 대한 내성이 낮다. 그러나 경구 섭취한 글루코스에는 잘 견딘다. 이러한 모순된 결과들로 아연의 정확한 역할을 이해할 수 없게 한다. 아연 이온들이 인슐린분자들에 대한 방어기능을 가질지도 모른다.

④ **아연과 스트레스:** 염증성 과정들[화상, 외상, 악성 종양, 감염, 심근경색, 엔도톡신혈증(endotoxemia) 및 열]이 혈장 아연농도를 감소시킬는지 모른다. 이는 질병 이환중에 음의 평형(negative balance)상태가 되더라도(식욕부진, 설사, 땀 혹은 요를 통한 상실에 기인하는) 아연의 상실보다는 혈장 아연이 간으로 이동하기 때문이다. 이런 이동은 식균세포(phagocytic cell)의 활

성화에 따라 분비되는 인자인 백혈구 내분비 조절물질(leucocytic endogenous mediatot, LEM)에 의하여 자극된다. 동시에 LEM은 간에서 세룰로플라스민(ceruloplasmin)의 유리와 동혈증(cupremia)의 증가를 유도한다.

⑤ **아연과 미각 및 후각:** 아연 결핍증은 미각력(taste acuity)의 상실, 이미증(pica) 및 후각력(smell acuity)의 상실을 유도한다. 아연 결핍증이 있는 랫트는 또한 염 기호성이 증가한다. 이러한 장애는 아연 결핍증에서 식욕상실과 성장이 감소되는 원인을 말해준다.

(4) 아연 요구량, 결핍증 및 독성

아연 요구량은 일반 음식물에서 건량으로 약 50ppm이다. 그러나 아연 결핍증은 정상적인 아연농도를 함유한 음식물을 섭취한 동물들에서 흔히 발생한다. 아연의 흡수는 과량의 칼슘이나 유황에 의하여 억제된다. 아연의 흡수를 방해하는 다른 간섭물질도 있을 것으로 보이며 이런 원인들로 인해 아연 결핍증이 유발될 수도 있다. 2%의 유황을 함유하는 옥수수 사일레지의 아연 요구량은 75ppm 이다. 아연의 중독량은 건량중 1000ppm이상으로 가축에 대한 독성이 거의 없다.

3) 동

(1) 동의 분포와 저장

조직 중 동(copper, Cu)의 분포는 동물종과 동물의 동 저장상태에 따라 다르다. 동의 농도가 가장 높은 조직들은 간장, 뇌, 신장, 심장 및 피모이다(표 21-5). 심장을 제외한 이들 조직들은 동 상태에 민감하게 영향 받으며 혈장 농도도 같이 영향받는다. 간에 저장되는 동 함량은 반추동물에서 특히 높다. 체내 동 상태를 측정하기 위한 조직은 주로 혈장, 간장 및 피모의 세조직들이다.

표 21-5. 조직중 동 함량(ppm)

동물종	Cu 상태	조직중 Cu 함량 (ppm)			
		혈장	간장	피모	뇌
사람	정상	1.0-1.2	10-15	10-20	
암소	정상	0.9-1.2	30-120	8-15	9-18
	결핍	<0.7	1-30	<7	<9
면양	정상	1	30-300		
	결핍	<0.7	2-30		
	중독량	3-8	>300		
돼지	정상		5-15		

(2) 소화, 흡수, 대사 및 배설

식이 동은 빈약하게 흡수된다. 성숙한 면양의 소화율은 섭취한 동의 10% 이하이다. 흡수는 주로 위와 상부소장에서 이루어지나 면양과 아마도 다른 반추동물은 대장에서도 흡수된다. 동의 흡수는 동 결핍증이 있으면 증가된다. 혈장에 도달한 Cu^{2+}은 혈장 알부민과 아미노산들에 느슨하게 결합하여 신속히 변화할 수 있는 푸울(pool)을 형성한다. 간에서 Cu^{2+}은 세룰로플라스민과 결합하여 혈중에 유리된다.

동을 함유하는 주요 효소들과 영향받는 대사경로 및 결핍증상들은 표 21-6과 같다.

표 21-6. 동-의존 효소들과 영향받는 대사경로 및 결핍증상

동-의존 효소	결핍시 영향받는 대사경로	결핍증상
Lysyl oxidase	Collagen 생합성	골결손, 견고한 피모, 심장장애
Cytochrome C oxidase	전자전달 사슬	심장장애, 우묵한 등(Sway back)
Amine oxidase	생체 아민합성	우묵한 등
Tyrosinase(phenolase)	Melanin 생합성	색소탈실
Ceruloplasmin(ferredoxin I)	철 산화상태	빈혈

동의 요를 통한 배설은 미미하다. 대부분은 담즙을 통하여 대변으로 배설된다.

(3) 동 요구량, 결핍증 및 독성

대부분의 동물종에서 동의 최소 요구량은 건량중 7~10ppm이다. 중독량은 동물종에 따라 큰 차이가 있다. 돼지사료에 함유된 250ppm은 중독 농도에 가깝지만 성장을 자극하며, 암소는 150ppm의 높은 농도에서도 견딘다. 그러나 면양은 15ppm 이상 함유하는 사료의 섭취로 심한 증상을 나타낸다. 이러한 사실은 결핍증과 독성 간의 매우 좁은 한계를 말해주며, 동 비평형은 흔히 면양에서 관찰된다. 면양의 동 중독은 심한 용혈성 황달(hemolytic jaundice)이며, 흔히 치사적이다. 동 중독에 의한 용혈성 황달은 역학적 특성과 혈액과 간장의 동 농도에 의하여 바베시아증(babesiosis)과 용이하게 감별할 수 있다. 면양의 동 중독은 부적절한 무기질 첨가나 다른 축종을 위한 농후사료의 섭취, 또는 목장에 돼지 배설물의 살포 후 발생한다.

혈장 동 농도는 동 상태의 신빙성 있는 지표이다. 혈장 동의 90% 이상이 세룰로플라스민형으로 존재한다. 따라서 혈장 동은 원소로서 또는 세룰로플라스민으로서 측정될 수 있다.

두 결과는 고도로 상관성이 있다. 그러나 세룰로플라스민 측정이 일반적으로 선호되며 그것은 시료의 채취에서 오염되지 않기 때문이다.

간 저장 동은 혈장보다 더욱 신빙성이 있으며 특히 동 중독의 경우에 그렇다. 그러나 생체검사(biopsy)의 어려움 때문에 괴사의 진단에 적용하기 어려운 난점이 있다.

피모의 동 함량은 소에서 오래 지속되는 결핍증의 경우 가치있는 지표가 된다. 그러나 다른 동물종과 급성 결핍증에서의 가치는 의심스럽다.

4) 요오드

요오드(iodine, I)는 갑상선호르몬[triiodothyronine(T_3)과 thyroxine(T_4)]을 구성하는 원소로서 신진대사에 매우 중요하다.

50㎏의 면양 체내 총 요오드량은 약 10㎎이며, 이중 8㎎은 갑상선에 존재한다. 이와 같이 조직중 미량원소의 편중된 저장은 매우 특별한 경우에 해당한다. 요오드는 I^-으로 흡수되어 혈장 요오드의 10%이하의 농도로 존재하며 대부분은 갑상선에 흡수되어 I_2로 산화되어 요오드화 아미노산의 형태로 티로글로불린(thyroglobulin)과 결합한다. 티로글로불린은 가수분해되어 호르몬의 활성을 가진 디펩타이드(T_3와 T_4)를 유리한다. 이러한 분비는 주로 뇌하수체와 시상하부를 포함한 다양한 피드백 시스템에 의하여 조절된다. 혈장 유기 요오드는 주로 T_4(96-97%)와 T_3(3%)이며 거의 대부분 단백질과 결합되어 있다. 결합 단백질은 3종으로 갑상선호르몬은 갑상선 결합 단백질(thyroid binding protein, TBG)에 60%, 프레알부민(prealbumin)에 30%, 알부민에 10%가 결합되어 있다.

신진대사에 대한 갑상선호르몬의 효과는 매우 복잡하다. 기초대사율을 증가시키며, 동화와 이화과정 모두를 증가시킨다.

항 갑상선 물질들은 세 가지 방법으로 작용한다.

- 요오드의 포집: SCN^-과 ClO_4^-은 경쟁적 억제로 과량의 요오드를 극복할 수 있다.
- 요오드의 산화: 티오우레아(thiourea), 티오우라실(thiouracil)은 요오드를 산화시킨다.
- 타이로신의 요오드화: 티오우레아, 파라-아미노벤조산(para-aminobenzoic acid), 설파구아니딘(sulfaguanidine)은 요오드화를 억제한다. 토끼풀의 시안생성 배당체는 조직에서 티오시안산(thiocyanate)을 생성하여(포집 효과) 갑상선종 발생효과(goitrogenic effect)를 가지며 이는 요오드에 의하여 역전된다. 십자화과 식물(goitrin)은 주요한 천연 항 갑상선 물질로 요오드화 효과를 가지며 요오드에 의하여 부분적으로만 역전된다.

인체와 동물에서 토착 갑상선종은 광범위한 역학적 조사에 의하여 요오드 결핍증과 관련이 있는 것으로 밝혀졌다. 대부분의 농장 가축들의 요오드 요구량은 0.1~0.15ppm이다. 유럽에서 생산되는 사료는 0.1~0.2ppm의 요오드를 함유하고 있으며 첨가사료를 섭취하지 않는 동물들의 한계농도로 생각되고 있다.

결핍증의 임상진단에서는 단지 심한 결핍증만이 검출된다. 실험실 진단은 단백질-결합 요오드(protein-bound iodine, PBI), 또는 부탄올-추출 요오드(butanol-extractible iodine, BEI)의 측정에 근거한다. 성체(adults)의 PBI는 인체에서 약 5㎍/100㎖, 소에서 3~5㎍/100㎖, 면양과 산양에서 4㎍/100㎖이다.

5) 기타 미량원소

(1) 망간

망간(manganese, Mn)은 많은 효소의 활성을 촉진하지만 대부분의 경우 마그네슘으로 대체될 수 있다. 과량의 망간은 정신장애와 파킨슨씨병(Pakinson's disease)을 유발한다.

(2) 몰리브덴

몰리브덴(molybdenum, Mo)은 *xanthine oxidase*와 같은 많은 산화효소에 존재한다.

(3) 셀레늄

셀레늄(selenium, Se)은 시스테인과 결합한 형태로 *glutathione peroxidase*에 들어있다. 셀레늄 결핍증과 독성은 많이 보고되었다. 셀레늄 결핍증은 셀레늄이 부족한 토양에서 성장한 음식물중의 낮은 셀레늄 함량에 기인한다.

(4) 크롬

크롬(chromium, Cr)은 확실히 구명되지 않았지만 인슐린의 표적 조직에 대한 작용을 촉진하기 위하여 인슐린과 결합하는 "glucose tolerance factor"의 구성분이다 그러나 단지 일부의 당뇨병에서만 크롬과의 반응이 나타난다.

(5) 불소

불소(fluorine, F)는 절대적으로 필수적인 원소는 아니지만 무기 결정체에 섞여서 골격과 이를 강화한다. 아마도 골다공증에도 효과가 있을 것으로 추정된다.

제22장 비교 반추동물 대사

반추동물의 특징은 소화관에서 진성위 또는 선위(glandular stomach; abomasum, 제4위) 앞에 전위(forestomachs)로서 제1위(rumen), 제2위(reticulum) 및 제3위(omasum)를 가지고 있는 것이다. 반추동물 대사의 독특한 특징은 제1위의 세균과 원충류에 의한 음식물의 혐기성 발효에 기인하는 것들이다. 반추동물의 대사에서 특징적이고 중요한 부분을 일반적인 단위동물의 대사와 비교하여 차이점들을 살펴본다.

1. 위장관의 소화와 흡수

1) 소화: 제1위의 미생물총

반추동물이 다른 단위동물들과 크게 다른 점은 단위동물들이 소화할 수 없는 섬유소(cellulose)를 이용할 수 있다는 점이다. 섬유소 또는 다른 조섬유들의 이용은 제1위와 제2위에 존재하는 미생물대사에 크게 의존한다. 섬유소는 지상에서 가장 풍부한 유기물질이며, 대부분의 식물은 섬유소 또는 조섬유를 20%까지 함유하고 있으므로 반추동물은 식물과 동물세계 간에 먹이 사슬을 연결하는 중요한 연결고리라고 할 수 있다. 반추동물의 또 다른 특징은 상당량의 비단백 질소가 세균과 원충류의 단백질로부터 합성된다는 것이다. 세균과 원충류는 제4위와 소장에서 소화되어 반추동물이 이용할 수 있다. 따라서 비단백 질소가 합성되는 제1위는 매우 중요한 부위가 된다. 음식물로 섭취되는 단백질 또한 미생물총(microflora)에 의하여 분해되며 미생물 단백질, 부분적인 소화 단백질, 아미노산 및 지방산들을 반추동물이 이용한다. 더욱이 제1위의 미생물총은 비타민 K와 모든 비타민B-복합체를 합성하며, 적절한 코발트를 제공하여 비타민 B_{12}도 합성한다.

제1위의 미생물총과 숙주동물 간의 관계는 공생관계(symbiotic relationship)이다. 미생물총은 생존을 위한 안전한 장소와 성장과 증식에 필요한 성분(음식물과 물)을 공급받으며, 반추동물은 미생물총에 의한 대사산물의 이용과 함께 제4위와 소장에서 미생물총을 직접 소화하여 이용할 수 있다.

제1위는 미생물의 요구에 알맞도록 잘 장치되어 있다. 중등도의 암소에서 제1위의 크기는 약 150ℓ이며 따라서 다량의 음식물을 보유할 수 있다. 초식동물은 식물의 빈약한 영양 때문에 다량 섭취해야만 한다. 제1위는 pH 6.8정도의 상당히 안정된 pH와 38-40℃의 온도를 유지하고 있으며 잘 혼합할 수 있다. 제1위의 벽은 미생물에 의한 대사생성물들을 이용할 수 있도록 충분히 맥관화(vascularization) 되어 있다. 제1위는 외분비선이 없으므로 미생물이 없으면 소화기능이 없다.

제1위에 존재하는 세균은 주로 그람-음성 구균과 단간균으로 그 수는 내용물 1g중 약 5×10^{10}이며, 원충류는 주로 섬모충(ciliates)으로 그 수는 내용물 1g중 약 100만이다.

제1위 내는 산소가 없기 때문에 미생물 대사는 혐기적이다. 따라서 전자평형을 위하여 산화과정(전자 제거)은 환원과정(전자 수용)을 수반한다. 예를 들어, 탄수화물과 단백질의 분해에 의한 CO_2와 산화물질의 생성은 메탄, 수소가스 및 휘발성 지방산 등, 환원물질의 생성을 수반한다. 이러한 환경에서 다가불포화지방산은 대부분 포화지방산으로 전환된다.

탄수화물과 단백질은 CO_2를 생성하는 산화적 경로나 메탄과 휘발성 지방산을 생성하는 환원적 경로를 통하여 제1위 내 미생물 단백질과 기타 미생물 구성분들의 합성을 위한 중요한 기질이 된다. 휘발성 지방산들(acetate, propionate, butyrate, 소량의 valerate와 isovalerate)은 미생물대사의 노폐물로서 중요하다. 휘발성 지방산은 이온화되지 않은 상태로 제1위 상피를 통과하여 제1위의 정맥내로 들어가며 이런 방법으로 반추동물의 1일 열량의 약 2/3를 제공한다.

표 22-1. 사료 성분들의 단위시간 당 소화율

첨가 기질	가스생성/3시간
비첨가	1㎖
압착(팽대)수수	130㎖
일반수수	47㎖
Casein	37㎖
Aspartic acid	32㎖
Cellulose	11㎖
Sucrose	113㎖

아세트산과 부티르산은 케톤체와 지질을 생성하는 산들이며 글루코스합성에 기여할 수 없다. 흡수과정에서 제1위벽(ruminal wall)은 부티르산의 거의 절반을 케톤체인 β-하이드록시부티르산으로 전환시킨다. 프로피온산은 반추동물의 간에서 생성되는 글루코스의 중요한 전구체이다. 글루코스합성의 다른 중요한 전구체는 아미노산들이다. 합성되는 글루코스의 약 50%는 프로피온산에서, 나머지 50%는 아미노산에서 합성된다. 당신생에 이용되는 각각의 정확한 비율은 사료의 화학적 조성과 물리적인 제조방법에 따라 좌우된다(표 22-1). 예를 들면, 주로 섬유소인 건초를 다량 함유하는 조사료는 미생물총에 의하여 아세트산을 많이 생성하며 상대적으로 곡류를 많이 함유한 사료(농후사료)는 프로피온산을 생성한다. 농후사료를 가열하거나 조리하여 팽대시키면 미생물총에 의한 프로피온산 생성은 더 증가하며, 이에 따라 글루코스 생성도 더 증가한다. 또한 당신생에 아미노산의 이용이 적어지므로 단백질합성에 아미노산을 더 이용할 수 있게 된다.

2) 비유우의 글루코스 요구량

반추동물에서 미생물 대사의 한가지 단점은 미생물들이 모든 식이 탄수화물을 예외 없이 아세트산, 프로피온산 및 부티르산으로 발효시키는 것이다. 결과적으로 반추동물은 장관의 글루코스를 이용할 수 없으며, 필요한 글루코스를 전적으로 당신생에 의존하게 된다. 반추동물은 단위동물과 같이 생체의 기능을 위하여 반드시 글루코스를 필요로 한다. 그러나 과학자들은 선택적 육종을 통하여 글루코스의 기능을 정량적으로 더 중요하게 만들었다. 예를 들면, 더 많은 양의 우유를 생산하도록 젖소를 개량하고 있다. 비유를 지속하기 위하여 체 조직의 대사적 협력을 유지하도록 적응시킨 비유중인 산양의 유방에서 생리학적 변화들이 관찰되었다. 즉, 비유 중인 산양의 유방은 당신생에 의하여 생산된 글루코스의 60~85%, 아세트산의 14~41% 및 아미노산의 상당량을 이용하는 것으로 밝혀졌다. 매일 우유 약 36㎏을 생산하는 비유중인 젖소에서 총 혈당 푸울과 같은 글루코스양이 매 5분마다 교체되며 유선에서의 이용은 전 글루코스 교체의 50~85%에 해당한다. 글루코스의 대부분이 유선에서 락토스 합성에 이용되지만, 글루코스는 또한 글리세롤, 지방산 및 유단백질 합성에도 사용된다. 암양은 두 태아를 유지하기 어렵기 때문에 사료가 귀하고 태아의 발육이 최대인 시기에는 특히 글루코스 요구량이 증가한다.

이러한 생산을 위한 과량의 필요에 적응하기 위하여 자연의 법칙이 변화된다. 암소의 제1위는 매우 크지만 높은 생산성을 위하여 필요한 많은 양의 빈약한 조사료를 물리적으로 섭취할 수 없다. 따라서 열량적으로 농축되고, 비자연적인 사료를 섭취하게 된다. 이렇게 되면 반추동물의 대사성 문제점들이 크게 증가된다. 예를 들면, 곡류함량이 높은 사료의 섭취로 젖산 산증(lactic acidosis)을 일으킬 수 있으며, 질소원으로 사료에 요소를 첨가하면 암모니아 중독을 일으킬 수 있다.

2. 중간대사

단위동물과 반추동물의 체내에서 영양성분들의 전체적 흐름을 그림 22-1에 요약하였다.

1) 탄수화물 대사

식이 탄수화물의 대부분은 제1위에서 발효되어 휘발성 지방산, 메탄 및 CO_2를 생성한다. 어떤 곡류를 섭취하였을 때 약간의 발효되지 않은 전분이 존재하면 소장의 *maltase*활성이 낮기 때문에 말토스를 글루코스로 가수분해하기 어렵다. 더욱이 면양에서 글루코스의 능동적 흡수가 매우 어렵다는 것이 밝혀졌으며, 반추동물의 소장에서 글루코스의 흡수는 글루코스가 고농도일 때 가능하다. 따라서 거의 모든 환경에서 고양이와 반추동물의 순환 혈당은 90~100%가 주로 간에서 당신생에 의하여 생성된 것이다. 고양이와 반추동물의 당신생속도는 당 생성 전구체(예, 아미노산과 프로피온산)의 공급이 가장 높을 때, 즉, 사료 섭취 후 가장 높다. 부가적으로 제1위의 미생물총에 의하여 생성되는 소량의 발레르산, 이소발레르산 및 L-젖산이 당신생에 이용된다. 절식 중 중성지질의 분해로 생성되는 글리세롤이 당신생 전구체로 이용된다.

신장에서의 당신생은 반추동물에서 중요하다. 합성되는 글루코스의 약 10%는 신장에서 유도되며(면양), 그 중 65%는 글루타민, 젖산 및 피루브산으로부터, 그리고 12%는 글리세롤로부터 생성된다. 랫트와 달리 글리신은 당신생 전구체로 잘 이용되지 않는다. 간에서 글리신의 이

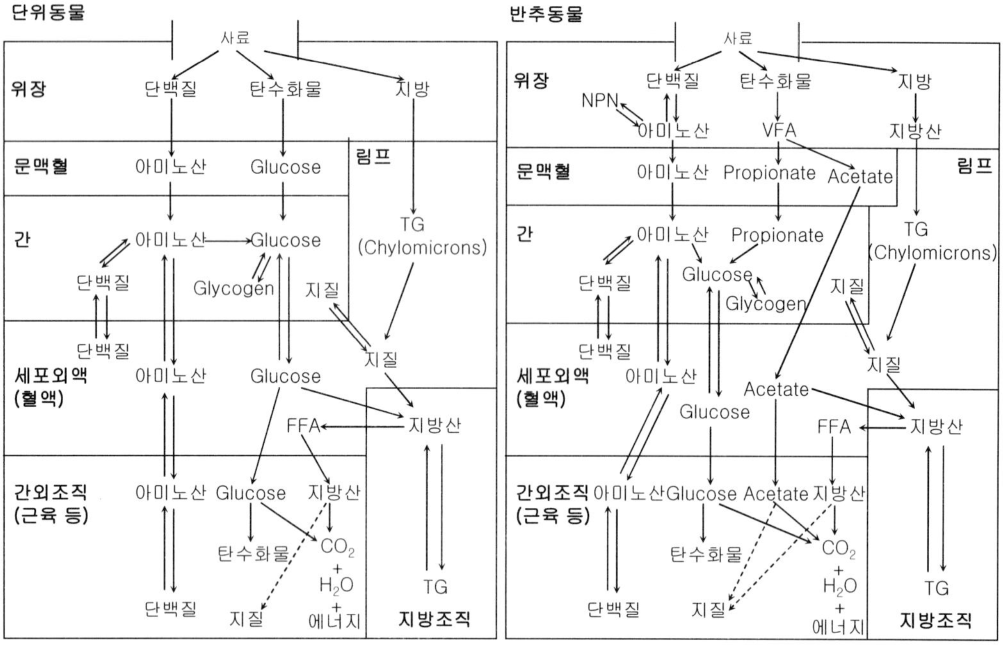

그림 22-1. 동물체내 영양성분들의 전체적 흐름. FFA, 유리 지방산; VFA, 휘발성 지방산; TG, triacylglycerol; NPN, nonprotein nitrogen.

용은 히푸르산 합성과 담즙산염 형성에 사용되는 것이다.

당신생 전구체가 다르지만 단위동물과 반추동물의 당신생과정은 아주 유사하다. 그러나 반추동물은 당신생에 중요한 효소인 *PEP-carboxykinase*가 세포질에 존재할 뿐 아니라 DCA-셔틀의 *pyruvate carboxylase*도 미토콘드리아와 세포질에 모두 존재한다. 그러므로 소에서 당신생과정 중에 피루브산이 옥살로아세트산으로 전환되기 위하여 미토콘드리아로 들어가지 않는다. 세포질에서 피루브산으로부터 당신생이 이루어지는 것과 같이 아세트산으로부터 지방산 합성도 미토콘드리아를 사용하지 않는다. 제1위에서 탄수화물의 발효에 의하여 생성된 VFA중 아세트산이 혈류 중에 풍부하므로 미토콘드리아 내에서 피루브산으로부터 아세트산을 생성할 필요가 없다.

반추동물의 다른 특징은 당신생이 인슐린에 민감하지 않다는 것이다. 억제를 관찰하려면 인슐린을 문맥 내로 투여해야만 한다. 단위동물에서 논의된 바와 같이 인슐린은 간외 대사와 같은 정도로 간 대사에 영향을 주지 않는다. 간에서 인슐린의 주요기능은 글루카곤의 길항제로 작용하는 것이다. 문맥주위 세포들에서 식후 당신생이 일어나는 것으로 알려졌다. 인슐린의 주요기능은 간에서의 글리코겐합성과 간외 조직에 지방과 단백질 저장을 자극하는 것이다. 반추동물에서 인슐린의 유리는 글루코스뿐 아니라 프로피온산, 부티르산, 발레르산 및 이소발레르산, 식 후 많은 신호들에 의하여 자극된다.

그림 22-2은 유즙생성에 필요한 당생성 및 지방생성 식이 성분들을 보여준다.

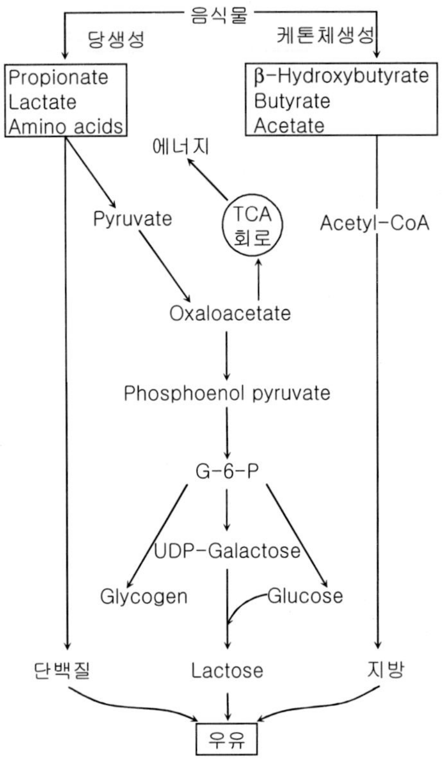

그림 22-2. 반추동물의 유즙생성에 사용되는 식이 성분.

2) 질소 대사

단백질은 제1위에서 분해되는 정도에 따라 달라진다(표 22-2).

반추동물에게 제1위 내 미생물에 의한 분해에 저항하는 단백질(회피 단백질)의 급여는 ㉮ 식이 단백질이 미생물 단백질로 이송될 때 초래되는 상실을 최소화하고, ㉯ 최대의 미생물 성장에 필요한 양의 암모니아 생성을 억제하여 동물의 질소절약을 증대시킬 수 있다. 후자는 암모니아의 과다 생성과 독성위험을 줄일 수 있기 때문에 저렴한 비단백 질소(요소)의 급여기회를 증가시킨다.

제1위 내의 질소 처리를 조절하여 양모의 성장, 생체의 발육 및 유단백질 생산을 증가시킨다. 적절한 유즙생산을 위하여 지방조직에서 유리된 지방형태의 열량이 섭취 단백질을 초과할 때인 비유 초기에 회피 단백질이 특별히 급여될 수 있을 것이다. 비유 초기에 유즙생산의 극대화는 비유 후기의 유즙 생산속도를 결정하기 때문에 경제적으로 매우 중요하다.

회피 단백질의 급여에 대한 위의 개념 외에 다음 사항들이 추가될 수 있다.

- 회피 단백질의 급여는 진행중인 우유 생산율에 따라 간단히 결정할 수 없다. 비유기가 고려되어야 한다. 30㎏의 우유를 생산할 때에도 음의 에너지 및 질소평형을 보이는 비유 초기에 생산되는 시기와 동물의 사료섭취를 과량으로 소비하는 최대 비유기 후에 생산되는 시기에 따라 큰 차이가 있다.

표 22-2. 제1위에서 분해되지 않은 단백질[회피 단백질(escape protein)]의 양

사료	회피 단백질(%)	사료	회피 단백질(%)
Casein	10	옥수수사일레지	30
청초사일레지	15	콩가루	30
귀리	20	옥수수	40
보리	20	옥수수글루텐가루	55
콩	20	어분	60
알팔파 사일레지 (<35%DM)	30		

▪ 회피의 정도는 주어진 단백질의 경제적 사용만을 의미하지 않는다. 단백질의 품질, 특히 필수아미노산인 리신과 메티오닌을 고려하는 것이 매우 중요하다. 일반적으로 식물 단백질중 농도가 낮은 필수아미노산들은 성장과 우유생산의 속도-조절 물질이다. 그러므로 섭취하는 사료에 따라 더 높은 리신과 메티오닌 이용성에 의하여 더 적은 회피로 정착될 수 있다.

반추동물 사료의 주요 질소성분은 단백질, 핵산, 유리 아미노산 및 비단백 질소(예, 요소)들이다. 제1위에서 이 물질들은 암모니아와 탄소골격으로 분해된다. 식이성 비단백 질소, 유리 아미노산 및 핵산은 완전히 분해되는 반면에 단백질은 제1위에서의 용해도에 따라 크게 영향받아 분해정도가 다르다. 암모니아는 계속해서 미생물 세포 내로 들어간다. 약간의 암모니아는 흡수되어 간에서 요소로 전환된다. 요소는 요중에 배설되거나 타액을 통하여 제1위로 다시 들어가 *urease*에 의하여 암모니아로 재생된다. 요소 재순환의 기능은 간에 의한 HCO_3^-의 제거(요소 생성을 통하여)를 돕는 것이며 이런 방법으로 산-염기평형이 조절된다. 식물은 다량의 유기산들을 함유하며, 이들의 대사에 의하여 생성되는 HCO_3^-을 제거하지 않으면 안된다.

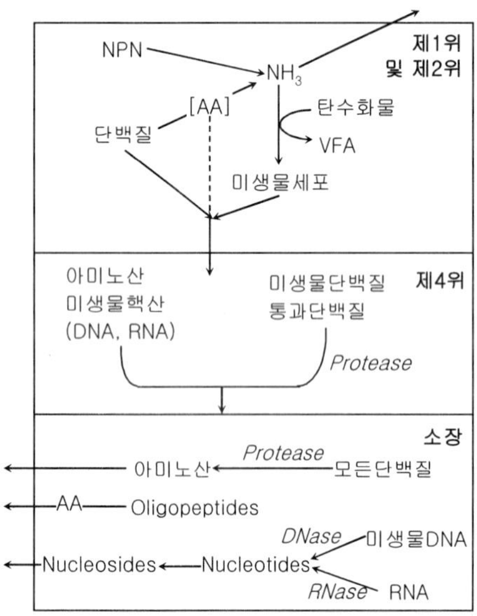

그림 22-3. 반추동물 위장관내 질소대사의 개관. VFA, 휘발성 지방산; NPN, 비단백질소; AA, 아미노산; DNase, *deoxuribonuclease*; RNase, *ribonuclease*.

미생물 세포, 분해되지 않은 식이 단백질(회피 단백질) 및 약간의 유리 아미노산들은 소화산물과 함께 제1위 내지 제2위로부터 제3위와 제4위를 통과하여 소장으로 들어간다(그림 22-3). 이렇게 하여 소화와 흡수장치를 가진 소장 하부는 식이 단백질과 미생물 단백질, 핵산 및 약간의 유리 아미노산과 펩타이드로 구성된 질소화합물의 혼합물이 존재한다. 장내 아미노산의 약 60~80%는 미생물에서 유래된 것이며, 따라서 유단백질의 2/3는 제1위의 미생물 단백질에서 온

것이다.

반추동물의 소화관내 식이 조단백질과 비단백 질소에 대하여 일반적으로 다음과 같이 설명할 수 있다.

- 전형적 반추동물 사료로 섭취하는 식이 질소의 85%는 진성 단백질이며, 15%는 비단백 질소형이다.
- 제1위~제2위로 재순환하는 질소량(타액 요소 또는 혈액으로부터 확산하는 요소)은 정상적인 식이 질소 섭취량의 12%에 해당한다.
- 진성 식이 단백질의 40%는 제1위의 미생물에 의한 분해가 회피되어 소장으로 들어가며, 반면에 모든 식이 비단백 질소와 재 순환 질소는 제1위의 암모니아푸울을 통과한다.
- 제1위 내 모든 암모니아의 90%는 미생물 질소로 들어간다.
- 미생물 질소의 80%는 진성 단백질형이며, 이용되지 않는 비단백질형이 20%이다.
- 미생물 진성 단백질의 80%는 소장에서 소화되어 흡수된다(대사성 단백질).

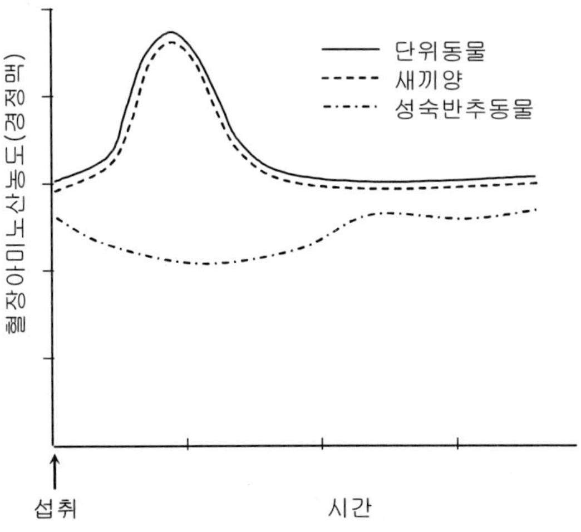

그림 22-4. 식후 혈장 아미노산 농도 변화.

반추동물의 췌장은 개와 영장류보다 100~200배의 *ribonuclease* 활성을 가진다. 반추동물의 흡수기전은 다른 동물들과 유사하나 하부 회장의 중심에서 아미노산 이용속도가 가장 높다. 이것은 반추동물의 4위에서 소화물의 중화속도가 느리고, 따라서 췌장 *protease*들의 활성화와 최대 활성이 지연되기 때문이다. 필수아미노산들은 비필수아미노산보다 더 빨리 흡수된다. 식후에 성숙한 면양의 혈장 아미노산 농도는 변하지 않거나 감소하는 반면에 새끼 면양과 비반추동물들의 혈장 아미노산 농도는 증가한다(그림 22-4).

간에서 당신생을 위하여 근육 단백질이 분해된다. 근육에서 당 생성 아미노산들의 대부분은 혈류로 유리되기 전에 알라닌, 글루타민 및 아스파르트산(반추동물에 특이적임)으로 전환된다. 케톤체 생성 아미노산인 루신은 위의 세 질소 운반형으로 전환되지 않는다. 따라서 루신은 단백질 분해 중 근육에 축적된다. 루신 농도의 증가는 단백질 분해를 억제하며 따라서 근육에서 아미노산 유리를 조절하는데 도움을 준다. 케톤체 농도의 상승은 또한 단백질분해를 억제한다.

근육에서 유리된 아미노산들은 장시간에 걸쳐 수송된다(그림 22-5). 간은 혈류로부터 아미노산을 제거하며 절식 중에는 제거속도가 증가된다. 장은 혈액에서 글루타민을 제거하고 알라닌을 유리한다. 면양에서 신장은 식후에 혈중으로 글루타민을 유리한다. 간이 받아들이는 모든 글루

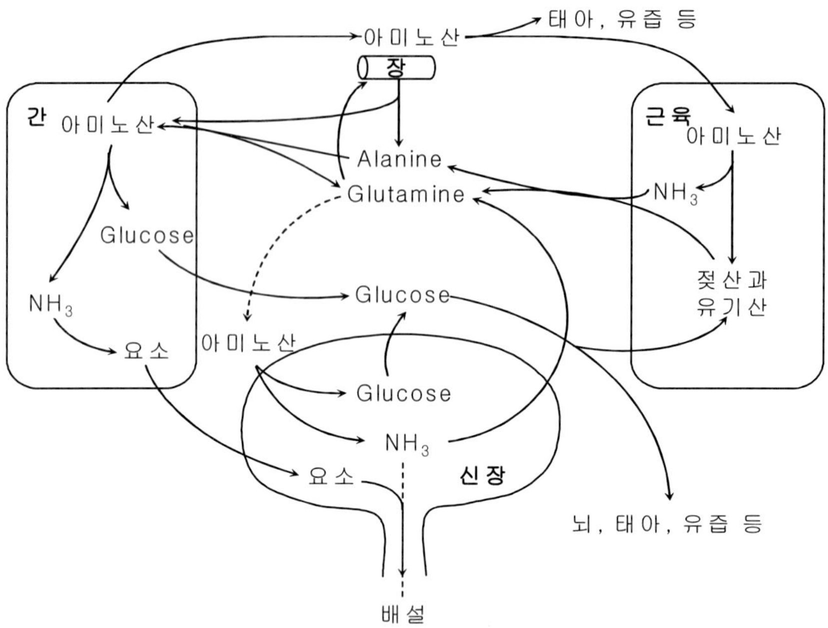

그림 22-5. 반추동물의 장기간 질소 수송.

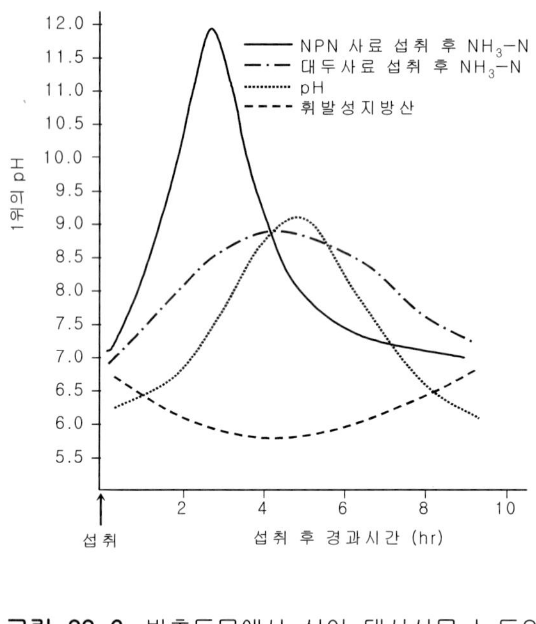

그림 22-6. 반추동물에서 식이 대사산물 농도와 제1위 내 pH 변화.

타민의 약 절반은 신장에서 유리된 것이다. 신장에서 당신생에 사용되는 아미노산은 암모니아를 생성하며, 암모니아는 글루타민형으로 간에 수송되어 요소로 전환된다. 그러나 절식 중 글루타민은 당신생을 위하여 신장에 의하여 제거되며, 생성된 암모니아는 요 중에 배설된다. 신장 *glutaminase*는 산증 시에 유도된다.

글루카곤은 간에서 아미노산, 특히 알라닌과 글루타민을 제거하여 당신생에 사용하도록 한다. 인슐린은 근육이 단백질 합성을 증진하도록 자극한다. 결론적으로 성숙한 반추동물의 혈중 아미노산 농도는 식후에 감소한다(그림 22-4참조). 이는 식후에 증가하는 혈중 VFA들이 인슐린 분비를 자극하기 때문이다. 반추동물의 식후 상태는 식이 대사산물 농도의 증가와 제1위 내의 pH 저하로 정의된다 (그림 22-6).

우유 질소화합물의 92% 이상은 혈액에서 추출한 아미노산을 사용하여 유선에서 새로 합성한 단백질들로 구성된다. 흥미롭게도 유선은 우유 중에 분비되는 아미노산을 초과하여 필수아미노산을 흡수한다. 그러나 공급이 부족한 비필수아미노산들도 흡수한다. 유선은 필수아미노산들을 비필수아미노산으로 전환시킨다.

3) 지질 대사

성숙한 반추동물에서 지방산 합성의 90%이상은 지방조직에서 일어나며, 이 때 아세트산이 주로 사용된다. 글루코스는 단지 소량만이 반추동물에서 지방으로 전환된다.

성숙한 반추동물에서 간은 지방산 합성에 중요하지 않다. 문맥혈에 들어온 VFA중 프로피온산은 당신생에 사용되고 아세트산은 간에 흡수되지 않는다. 부티르산은 당신생에 사용되지 않지만 *phosphorylase*와 *pyruvate carboxylase*의 활성을 자극하고 당신생에 필요한 에너지를 생성하여 간에서의 당신생을 증가시킨다. 간은 지방조직에서 지방산 합성, 특히 비유 초기의 지방산 합성에 필요한 아세트산의 진정한 공급처이다. 체내에서 생성된 미토콘드리아의 아세틸-CoA는 지방생성의 전구체가 아니다. 그 이유는 ㉮ *citrate lyase*의 활성이 낮아 아세틸-CoA를 미토콘드리아 밖으로 내보낼 수 없고, ㉯ 반추동물의 간은 *PEP-carboxykinase* 활성이 높아 지질생성을 제쳐놓고 옥살로아세트산을 당신생 방향으로 향하도록 하기 때문이다. 간에서 옥살로아세트산 농도가 낮아지면 지방산 산화에 의하여 생성된 아세틸-CoA는 TCA회로에 쉽게 연결되지 못하고 케톤체를 형성하게 된다. 지방조직에서 *malic enzyme* 활성이 낮으며, 따라서 지방산 합성에 필요한 NADPH는 5탄당 분로와 세포질의 *이소시트르산탈수소효소*에 의하여 생성된 것을 사용한다.

반추동물의 혈장은 킬로미크론을 거의 함유하지 않으며, 합성 및 식이 지질은 주로 VLDL형으로 수송된다. VLDL 농도는 비유중 낮아지며, 그것은 유방에서의 *lipoprotein lipase*의 Km치가 낮기 때문이다. 증가된 혈장 지질의 80~90%는 콜레스테롤이 풍부한 LDL과 인지질이 풍부한 HDL로 존재한다.

4) 동류분배

전에 동화와 체저장물질 이화의 동적 과정을 조절하여 비평형의 안정상태를 유지하는 것을 항상성(homeostasis)이라고 정의하였다. 동류분배(또는 항상성 분배, homeorrhesis)는 대사산물의 안정된 흐름을 다룬다. 예를 들면, 근육(단백질)과 지방조직(지방)의 발육에 필요한 영양소의 분배, 또는 유즙생산을 위한 식이 성분 및 체 구성분의 흐름 등이다. 발육과 유즙생산의 동류분배적 조절에 대하여 어떤 식이 및 영양인자들이 관련되어 있고 어떤 약물들이 그것에 영향을 줄 수 있다는 것이 알려지긴 했지만 아직 거의 이해되지 않고 있다. 성장 조절을 이해하는 과학적 중요성 외에도 큰 경제적 관심이 여기에 포함된다. 예를 들면, 축산은 동물의 정상적 생물학적 기능에 필요한 것을 초과하여 대단히 많은 지방조직을 생성한다. 지방형성의 동류분배적 조절이 더 잘 이해되었다면 비용을 줄이고 식이성 에너지를 절약할 수 있을 것이다. 같은 방법으로 우유생산에 대한 동류분배적 조절을 이해하면 더 낳은 경제적인 급여로 이어질 수 있는 것이다.

인슐린과 성장호르몬(somatotropin)은 다같이 단백질-동화 호르몬이지만 이들의 작용방법은 다르다. 인슐린은 주로 식후 단백질의 합성과 축적 및 지방의 저장에 관여하며, 따라서 항상성 조절물질로 생각된다. 이러한 관점에서 성장 호르몬은 인슐린과 유사하며 이는 성장 호르몬의 반응으로 간에서 생성되는 소마토메딘(예, insulin-like factor I)의 효과에 크게 기인한다. 대조적으로 성장 호르몬 그 자체는 단백질과 지방 저장에 대한 영양소들의 분배와 유즙 생산에 영양소들의 사용을 조절하는 동류분배적 조절물질중의 하나이다. 성장 호르몬의 영향으로 단백질이 생성되고 지방저장은 감소한다. 이러한 효과는 비계가 없는 돈육 생산을 위하여 바람직하다. 8주간 돼지 소마토트로핀을 매일 근육주사한 결과 햄 지방을 감소시켰으며, 햄 단백질은 증가되었다. 유즙 생산에 대한 성장 호르몬의 효과도 같은 결과를 나타내었다(그림 22-7).

비유 초기(음의 에너지 및 질소평형에 있을 때)의 암소에 성장 호르몬을 투여하면 우유의 생산이 증가하고 아울러 지방도 증가하지만 단백질량은 감소된다. 그러나 비유 후기(양의 에너지 평형에 있을 때)에 성장호르몬을 투여하면 유생산은 크게 증가되나(41%) 단백질, 지방 및 유당의 조성변화는 없다. 성장호르몬은 상업적으로 재조합 DNA법에 의하여 생산되며 이렇게 얻어진 성장호르몬은 하나의 메티오닌이 첨가되어 원래의 소마토트로핀과는 차이가 있다. 재조합 소마토트로핀이 유 생산에 미치는 효과는 천연 호르몬의 효과를 능가하며, 과학자들에게 많은 관심을 가지게 한다.

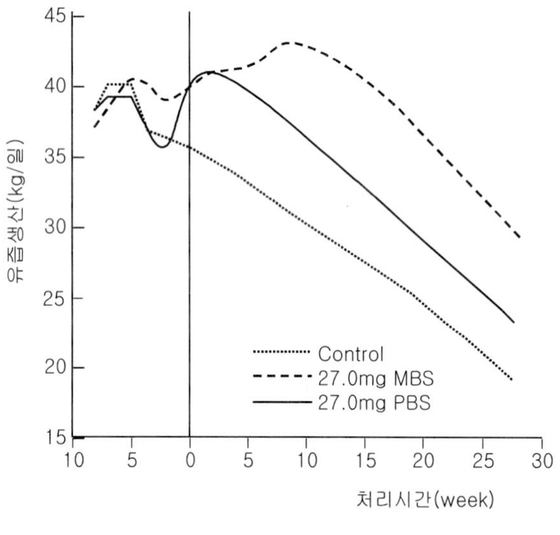

그림 22-7. Somatotropin의 투여에 의한 유 생산 증가. MBS, methylated bovine somatotropin; PBS, pituitary bovine somatotropin.

성장호르몬은 강력한 당뇨병 유발성이며, 이는 만성 고혈당증을 유발시킬 수 있음을 뜻한다. 이와 관련하여 성장호르몬은 간에서의 당신생을 자극하며(그러므로 유 생산에 필요한 더 많은 글루코스의 생성), 인슐린 수용체와 *hexokinase* 활성을 감소시켜 근육조직의 글루코스 이용을 감소시킨다. 성장 호르몬의 유선발육(mammogenic)과 유 분비촉진 활성(galactopoietic activity)은 프로락틴(prolactin)과의 구조적 유사성으로 설명할 수 있다.

클렌부테롤(clenbuterol)과 락토파민(ractopamine)은 합성물질로 β-작동체이다. 이 들은 β-아드레날린성 수용체를 자극한다. β-아드레날린성 수용체는 정상적으로는 교감신경계의 활성에 반응하여 분비되는 에피네프린에 의하여 활성화된다. 그러므로 이 물질들을 교감신경 흥분제(sympathomimetic agent)로 분류한다. β-아드레날린성 수용체의 활성화는 전형적으로 심박동수(heart rate)와 수축성, 글리코겐 분해, 당신생, 지질 분해, 인슐린과 다량의 글루카곤 분비, 피부 혈관 확장 및 레닌 분비와 같은 활성들의 증가와 관련되어 있다. 수송아지(steers), 조류, 면양 및 돼지에서 이러한 재분배 물질들의 뚜렷한 효과는 지방을 감소시키고 사체의 단백질 함량을 증가시키는 것이다.

5) 케톤체

케톤체는 대사장애의 지표로 이용되기도 하고 또는 중요한 연료로서 인식되기도 하는 등 의문의 물질로 생각되어 왔다. 케톤산증을 유발하기 때문에 케톤체는 기본적으로 유해한 물질로 간주되었다. 그러나 1930년대에 여러 조직이 케톤체를 산화시킬 수 있다는 것이 증명됨으로서 케톤체가 지질연료로 중요할 수도 있다고 생각되었다. 그 후 많은 학자들의 연구에 의하여 케톤체는 혈중에 지질연료를 수송하는 중요한 역할을 하는 것으로 밝혀졌다. 더욱이 최근의 연구는 케톤체는 연료로서 뿐만 아니라 동물 체내의 통합적인 연료 동원과 이용에서 중요한 역할을 한다는 것을 암시하고 있다.

케톤체는 주로 간에서 생성되며 전위(대부분 제1위) 상피에서도 생성된다. 간 조직에서 케톤체는 지방조직에 저장된 중성지질의 분해로 떨어져 나온 장쇄 지방산의 부분적 산화에 의하여 생성된다. 그러면 "지질 연료가 간에서 왜 다른 형태로 전환되어야 하는가?" 라는 의문이 생길 것이다. 이런 의문에 대한 대답은 지방산의 성질과 관계가 있다. 혈액의 수성매체에서 비독성형으로 장쇄 지방산을 수송하기 위해서는 알부민과 결합하여야 한다. 그러나 이 방법은 중요한 결점이 있다. 혈중 지방산 총농도는 2mM 가까이 증가할 수 있으나 대부분이 알부민과 복합체를 형성하고 있으므로 유리지방산 농도는 10μM 정도로 매우 낮다. 따라서 세포 내로 지방산의 확산속도는 낮을 것이며, 이런 사실은 지방산이 글루코스보다 먼저 연료로 사용되기 어려울 것이다. 이러한 한계는 에너지 요구율이 높은 먼 거리의 조직에서 지방산을 연료로 사용하기는 더욱 어렵다. 지방산의 수송을 위하여 알부민과 결합하지 않는 가용성인 케톤체로 전환된다면 혈액과 간질액에서 사실상 더 높은 지질 연료농도를 유지하는 결과가 될 것이다. 혈 중 케톤체 농도는 몇 일간의 절식 후 2~3mM로 상승하며, 절식이 지속될 때는 7~8mM로 상승한다. 이 농도의 케톤체는 약 5mM 글루코스의 정상적 혈당 농도와 효율적으로 경쟁할 수 있다. 글루코스를 쉽게 대체할 수 있는 케톤체는 특히 두 가지의 중요한 역할을 한다.

- 필수근(essential muscle)에 용이하게 확산할 수 있는 연료의 공급. 생체는 생리학적으로 중요한 기능을 수행하는 많은 근육들[예, 혈액 순환을 위한 심장, 호흡을 위한 횡격막, 음식물의 소화와 흡수에 필요한 어떤 평활근, 분만중의 자궁근층(myometrium) 등]이 존재한다. 이런 근육에 저혈당증과 함께 혈액공급 감소를 수반하면(예, 저혈압, 저관류) 중요한 근육에 불충분한 연료의 공급으로 근육이 피로하게 되어 생명을 위협하는 상태에 빠지게 된다. 이러한 환경에서 중요한 조직으로 쉽게 확산할 수 있는 고농도의 케톤체는 연료로서 글루코스를 대체할 수 있다.

중요한 조직들은 실제로 케톤체를 이용할 수 있는 효소의 활성이 높다.

▪ 절식기간 중 뇌에 연료의 공급. 사람을 비롯한 어떤 동물종들의 뇌에 분포한 동정맥혈의 차이를 측정한 바 절식중 뇌의 연료로서 글루코스 대신 케톤체로 점차 치환되는 것으로 밝혀졌다. 약 3주간의 절식 후 사람의 뇌는 케톤체의 산화로 가장 많은 에너지(60%)를 얻으며, 나머지는 글루코스의 산화로 얻는다. 더 긴 절식으로 케톤체 산화에 의한 이러한 의존도를 변경시키지 않는다. 산화율의 증가는 엄격히 혈중 케톤체 농도에 달려있는 것으로 나타났다. 지방산은 케톤체와 달리 혈청 알부민과 결합되어 있어 혈액-뇌 관문(blood-brain barrier)을 통과하여 확산할 수 없기 때문에 뇌조직의 연료로 제공될 수 없다. 단위동물과는 대조적으로 성숙한 반추류의 뇌는 케톤체의 이용에 적응되어있지 않으며, 따라서 글루코스 산화에 더 의존한다.

반추동물에서 β-하이드록시부티르산과 아세토아세트산의 비율은 정상적으로 10:1 이상이다. 반추동물은 전형적으로 사료 섭취 후 혈중 케톤체 농도는 높으며, 절식상태에서도 높다.

아세토아세트산은 미토콘드리아에서 아세트산으로부터 생성되며, 세포질로 나와서 효소적으로 β-하이드록시부티르산으로 전환된다.

반추동물은 단위동물과 달리 미토콘드리아보다는 오히려 간세포의 세포질에서 아세토아세트산이 β-하이드록시부티르산으로 전환된다. 이러한 특징은 단위동물과 비교해서 반추동물의 지방산 산화중 혈청 아세토아세트산과 β-하이드록시부티르산농도의 비율이 다른 양상을 보이는 이유를 말해준다.

▪ 단위동물에서 혈청 β-하이드록시부티르산에 대한 아세토아세트산의 비율은 지방산 산화의 증가에 수반하여 감소한다. 이는 아마도 왕성한 지방산 산화에 기인하는 미토콘드리아내의 낮은 $NAD^+/NADH$ 비율을 반영하는 것으로 보인다. 고농도의 NADH는 반응을 β-하이드록시부티르산을 생성하는 방향으로 진행시킨다.

▪ 반추동물에서 β-하이드록시부티르산에 대한 아세토아세트산의 비율은 케톤체 생성률에 비례하며 미토콘드리아내의 $NAD^+/NADH$ 비율에 영향받지 않는다. 케톤체 생성상태에서 당신생도 활성화되며, 이 과정에서 세포질의 NADH를 사용하게 됨으로 소량의 NADH만이 β-하이드록시부티르산의 생성에 이용된다.

하나의 케톤체가 아니라 왜 두 종류의 케톤체를 생성하는 이유는 무엇인가? 그 이유는 명확하지 않다. 비교연구에 의하면 비반추동물과 어떤 어류에서 β-하이드록시부티르산이 결여된 상태에 아세토아세트산이 나타나는 것으로 보아 아세토아세트산이 더 초보적인 케톤체임을 암시한다. 그러나 β-하이드록시부티르산이 더 환원되었으므로 더 좋은 연료가 된다. 그러면 아세토아세트산은 왜 지속되는가? 그것은 한두 종의 케톤체를 대량으로 생성하기 위하여 특히 비반추동물에서 간의 산화-환원상태에 따라 케톤체가 합성될 수 있도록 하기 위한 것일지 모른다. 그러나 두 케톤체의 평형 혼합물이 생성되면 간 미토콘드리아의 산화-환원상태의 변화에 의하여 유리되는 케톤체의 비율을 간단히 변경시킨다.

케톤체 생성과 당신생은 직접 관계된다. 즉, 어느 한쪽이 증가하면 다른 쪽도 증가된다. 이러한 관계는 몇 개의 인자로 설명될 수 있다. ㉮ 글루코스 요구량이 증가하면 옥살로아세트산은 글루코스 생성을 위하여 미토콘드리아에서 제거된다. 충분하지 않은 옥살로아세트산은 TCA회로에서 아세트산과 결합하기 위하여 잔류되며, 그래서 케톤체를 형성하게 된다. ㉯ 지방산은 β-산화를 위하여 *carnitine acyltransferase* 시스템에 의하여 세포질에서 미토콘드리아 내로 들어가며, 계속해서 직접 및 간접적으로(호르몬에 의하여) 글루코스 이용성에 의하여 조절된다. 지방산 수송은 글루코스 요구가 높고 신속한 당신생중 자극되며, 세포내 글루코스 공급이 풍부할 때 억제된다. 이는 당신생과 케톤체 생성의 동시 진행을 말해준다. *Carnitine acyltransferase*에 대한 글루코스의 영향은 비유초기에 곡류함량이 높은 사료의 급여가 케톤체 생성을 감소시키는 이유를 간접적으로 말해준다. 프로피온산 생성증가는 혈당 농도를 상승시키고 따라서 *carnitine acyltransferase*의 활성을 억제한다. 부가적으로 인슐린 분비가 증가되어 지방조직에서 *TG lipase*의 활성을 억제하며, 따라서 감소된 지방산으로 케톤체를 생성할 수 있다.

지속적인 절식중 반추동물의 위장관은 케톤체를 제공하지 않는다. 간은 순환중인 지방산을 제거하여 케톤체를 생성한다. 반추동물의 간은 절식 중 아주 쉽게 친지방성 인자들이 고갈되어 이들 지방산들이 VLDL에 잘 포장되지 않는다. 그 원인으로 ㉮ 제1위에서 들어오는 소화성 미생물 부족 때문에 필수지방산들에 문제가 있다. ㉯ 반추동물은 초식동물 사료에서 콜레스테롤을 섭취하지 못하므로 콜레스테롤을 합성해야만 하며, 세균막은 콜레스테롤을 함유하고 있지 않다. 절식 중에는 콜레스테롤의 신합성이 억제된다. ㉰ 콜린은 고갈되며, 메티오닌 투여로 구조된다. ㉱ 아포단백질 이용성이 제한된다. 이리하여 지방간 침윤(fatty liver infiltration)과 케톤체의 과다 생성이 관찰된다.

절식시 비반추동물의 뇌는 대사를 전환하여 간에서의 당신생 부담을 덜고 케톤체를 이용하는 방향으로 전환하며 근육 단백질도 절약한다는 것을 말한 바 있다. 대조적으로 양과 소의 뇌는 케톤체의 이용에 잘 적응되지 않는다. 따라서 절식시에도 반추동물의 뇌는 일정하게 다량의 글루코스를 사용한다.

다가불포화지방산의 결핍을 보충하기 위하여 리놀산을 포름알데히드-처리 단백질로 만들어진 캡슐에 넣어 투여한다. 이렇게 함으로서 제1위에서 소화와 수소화를 방지할 수 있다.이러한 처치의 부수적 효과는 지방조직중의 지방이 유연하게 되는 것이다. 다가 불포화지방산 캡슐을 급여한 후 비타민 E(그리고/또는 셀레늄)를 급여해야 하며, 성장하는 동물들에게는 특히 중요하다. 이렇게 생산된 유즙은 더 많은 불포화 지방산을 함유하게 되나 총 지방량은 낮아질 수 있다.

6) 휘발성지방산의 식욕조절

반추동물의 대사와 영양에서 VFA의 흥미있는 역할은 식욕을 조절한다는 것이다. 아세트산은 이런 면에서 특히 중요하다. 사료를 섭취하면 제1위에서 발효의 증가에 따라 혈중의 VFA(주로 아세트산)는 지속적으로 증가하며(간에서 아세트산을 흡수하지 않으므로) 식욕이 억제되어 반추를 계속한다. 아세트산의 식욕 억제효과는 뇌에 직접 작용하는 것으로 생각된다. 제1위에서의 발효가 정지되면 혈중 아세트산농도가 감소하며 식욕도 회복되고 새로운 사료가 미생물총에 공급되어 발효가 자극된다

3. 대사장애와 관리

1) 암모니아 중독

경제적 개념 때문에 사료중 단백질을 더 값싼 비단백질소(NPN)로 대체하게 되었다. 회피 단백질의 급여에는 제1위의 미생물총이 NPN을 단백질로 동화함으로써 급여한 NPN까지도 회피 단백질에 포함시킨다. 과량의 요소를 사료에 첨가할 때 미생물의 *urease* 활성은 간에서 처리할 수 있는 양을 초과하여 암모니아를 유리시킨다. 혈중 고농도 암모니아는 암모니아 독성을 나타내며, 암모니아에 의한 신경독성 효과와 암모니아에 의한 알카리증(alkalosis)은 근연축(muscle twitching), 부자연스러운 동작(uncoordinated movement), 경련(convulsion), 혼수(coma) 및 죽음에 이르게 한다.

2) 젖산 산증

반추동물의 생산성 제고에 필요한 열량을 제공하기 위하여 사료에 곡류(농후사료)를 보충하며, 곡류로부터 많은 피로피온산이 생성되어 적절한 당신생 전구체로 이용된다. 농후사료를 과량으로 급여하면 다량의 젖산(D-형과 L-형)을 생성하여 제1위의 pH를 떨어뜨린다. 계속해서 제1위 미생물총의 유익한 미생물들의 발육을 억제하고 젖산 생성 미생물의 발육을 증진시킨다. 결과적으로 제1위벽의 손상과 함께 젖산 산증(lactic acidosis)에 기인하는 균혈증[bacteremia; 간농양(liver abcess)]을 일으키며, 젖산과 위성 양이온(satellite cations)에 의한 삼투효과로 제1위 내로 다량의 체수가 빠져 나와 혈액량감소성 쇼크(hypovolemic shock)를 일으켜 죽음에 이를 수 있다.

3) 저유지방 증후군

저유지방 증후군(low milk-fat syndrome)은 유지방 함량의 뚜렷한 감소가 특징이며 경제적 손실이 크다. 조사료보다 높은 비율의 곡류를 섭취한 젖소에서 발생하며, 또한 캡슐로 포장된다가 불포화지방산이 보충된 정상사료를 급여할 때도 나타난다.

이러한 증후를 일으키는 원인은 좀 복잡하다.

(1) 다중불포화지방산에 의한 저유지방 증후군

먼저 지적하기 쉬운 것은 다중불포화지방산에 의한 저유지방 증후군이다. 혈장 지단백질중에 존재하는 다중불포화지방산은 유선에 의한 트리아실글리세롤(VLDL로부터)의 이용과 대사를 억제하여 유지방 함량이 저하된다.

(2) 농후사료 급여에 의한 저유지방 증후군

곡류의 비율이 높은 사료의 급여로 발생하는 저유지방 증후군은 유선의 지방합성에 필요한 아세트산농도의 저하에 기인하는 것으로 믿어져 왔다. 그러나 이는 아세트산의 공급이 변화되지 않는다는 것이 발견됨으로써 잘못임이 증명되었다. 농후사료의 급여에 기인하는 저유지방 증후군의 원인으로 다량의 프로피온산 생성과 관련된다는 것을 다음의 세 가지 사실에 근거를 두고 있다.

- 글루코스를 정맥주사하면 유지방 생산을 억제한다.
- 프로피온산 또는 글루코스는 인슐린의 분비를 자극하며, 따라서 지방조직에서 지방의 유리가 억제된다. 이는 간에서의 VLDL 생성을 저하시키며, 유지방합성을 위한 유선의 VLDL이용력을 제한한다.
- 증가 생성된 프로피온산은 제1위에서 비타민 B_{12} 생성을 감소시키며, 따라서 프로피온산의 숙시닐-CoA로의 전환이 손상된다. 대신 중간물질인 메틸말론산이 혈중에 증가되며, 이 물질이 조직(예, 유선)에서의 지방산 합성을 억제한다

4) 유열

칼슘, 마그네슘 및 인산은 정상적으로 세포외액중에 존재하며 나트륨, HCO_3^- 및 염소에 비하여 비교적 소량으로 존재한다. 그러나 세포내액은 칼륨과 같이 다량의 마그네슘과 인산을 함유한다. 유열의 특징은 혈중 무기질(특히 칼슘과 마그네슘)농도의 저하이다. 유열에서 관찰된 병리-생리적 증상을 이해하기 위해서는 마그네슘과 칼슘의 대립적인 작용에 의존하는 신경근육의 기능을 충분히 인식해야 한다.

유열(milk fever)은 분만마비(parturient paresis) 또는 분만저칼슘혈증(parturient hypocalcemia)과 동의어로 사용되기도 하며, 소에서 가장 많이 발생하는 심각한 질병 중 하나이다. 이 질병은 분만이 가까워지면서 발생하므로 비유 개시와 관련이 있다. 이 질병의 90% 이상이 분만 전 24시간부터 분만 후 48시간 사이에 발생한다. 유열은 젖소와 육우 모두에서 발생되나 젖소에서는 주로 칼슘과 인산의 불균형에 의하여 발생하고, 육우는 저마그네슘혈증성 조건(hypomagnesemic condition)에서 더 빈번하게 발생된다.

전형적인 저칼슘혈증성 유열의 증세는 우둔함, 건조한 코와 동공확장, 항문 괄약근 수축 및 식욕 상실이다. 근육조절 감소에 기인하는 인장된 관절의 경직을 수반하는 후지(hind legs)의 휘저음(paddling)이 나타나고, 심리적으로 불안해하며 의기소침(collapse)해진다. 중추신경계의 퇴행으로 마취(narcosis)상태가 되면 전형적으로 목을 비튼다. 최종에는 혼수에 이르고 머리를 측복부로 돌린다. 이 질병과정에서 저혈당증도 빈번히 관찰된다.

유열에서 저혈당증과 함께 급성 저인산혈증(acute hypophosphatemia)을 수반할 수 있다. 혈액 인산의 결핍은 근무력(muscle weakness)과 관계된다. 전형적인 경우 급성 요통(acute lumbar pain), 가슴과 유방의 분만수종(parturient edema), 기립불능을 보인다. 많은 경우에 칼슘주사는 많은 급성 증상들을 완화시킨다. 그러나 명백한 정상 동물들은 기립불능이 회복되지 않는다. 어

떤 경우에는 일시적으로 개선되나 몇 시간 후에는 원상태로 돌아가며, 드물게 2차 주사에 반응한다. 이런 경우 1차에 칼슘치료를 받았다면 보통 만성이 되며, 인산염으로 지속적으로 치료받았을 때에도 여러 날 누운 상태로 지낸다.

이 질병의 치료와 예방에 사용한 직접비용은 단지 이 질병 때문에 입은 경제적 손실의 일부일 뿐이다. 어떤 유열은 치료에 실패하며, 예후가 좋지 않기 때문에 쓸모 없는 소로 전락한다. 이 질병의 4~28%는 치료되지 않고 쓸모 없는 소가 되며, 이 중 20~67%는 죽거나 도살된다. 유열의 가장 중요한 결과중의 하나는 횡와위(recumbency)에 의한 압력에 기인하는 신경과 근육의 손상이다. 다른 두번째 폐사의 원인은 신경근 전달 실패 또는 평활근 마비와 관계되는 것 같다. 마비에 의한 트림반사(eructation reflex)의 상실은 직접적으로는 고창증(bloat), 간접적으로는 제1위 내용물의 흡입에 의한 폐렴(pneumonia)을 일으킬 수 있다.

비타민 D와 그의 활성 대사산물들은 젖소의 유열 예방에 어느 정도 가치가 있을 수 있다. 분만전 고칼슘 사료를 급여한 암소는 장의 칼슘 흡수에 의존하게 되며, 일반적으로 부갑상선으로부터 PTH의 방출이 감소되는 경향이 있다. 분만에 임박하여 흔히 나타나는 식욕부진(anorexia)과 위장관 정체(gastrointestinal stasis)는 세포외액으로 주요한 칼슘의 흐름을 방해한다. 비유 개시와 함께 칼슘의 유출량은 유입량을 초과하며, 암소는 저칼슘혈증으로 발전한다. 한편 저칼슘 균형사료를 급여한 암소는 칼슘 항상성을 유지할 수 있다. 골흡수(bone resorption)와 장흡수(intestinal absorption)는 전 임신기간 중 세포외액의 칼슘 유입에 기여할 것이다. 분만 전후시기에 흔히 나타나는 식욕부진과 위장관 정체는 일시적으로 하나의 유입경로를 방해할지 모른다. 그러나 이런 식이 조건하에서 PTH 분비에 반응할 수 있는 활성 골흡수 세포들의 적절한 푸울이 더 있는 것 같다. 이는 칼슘의 유출과 유입간의 적절한 균형을 유지시켜 진행성 저칼슘혈증의 발생을 방지하며, 따라서 유열도 방지된다.

5) 케톤증

(1) 병인론

비유 초기 2개월중에 특히 관찰되는 소 케톤증(bovine ketosis)과 쌍태아를 가진 양에서 임신말기에 관찰되는 임신중독증(pregnancy toxemia)은 고케톤혈증(hyperketonemia), 산증, 케톤뇨증, 저혈당증, 지방간, 식욕상실 등이 특징이다. 비유초기에 발생하는 케톤증은 모체에 의한 식이 섭취가 최고에 도달하지 않았음에도 불구하고 유생산을 증대시키는 동류분배성 호르몬인 프로락틴과 성장 호르몬에 의하여 음의 에너지평형이 형성되기 때문이다(그림 22-8).

이 시기에 풍부한 저장 지방을 동원하여 유지방을 생산한다. 그러나 또한 과다한 지방산의 부담은 부분적으로 간에서 케톤체로 전환된다. 분만전의 임신우가 과다한 지방이 저장되지 않도록 적절히 관리하면 비유초기에 케톤체의 생성을 제한하거나 억제시킬 수 있다. 또한 제1위의 미생물총이 충분한 프로피온산을 생성하여 유당 생성에 지장이 없도록 곡류를 첨가한 사료를 급여해야 한다. 단백질 급여는 이와 같은 초기 유즙생산 속도를 조절하며, 따라서 단백질의 보

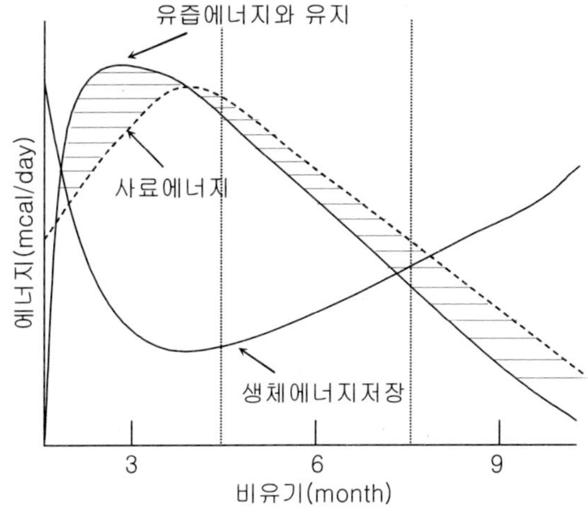

그림 22-8. 비유중 식이, 유즙 및 생체 에너지의 관계.

충으로 더 좋은 유즙을 생산한다. 비유 후기에 충분한 에너지, 글루코스, 또는 단백질을 급여하지 않으면 바로 유즙 생산이 감소된다.

소 케톤증의 원인은 다양하며, 네 가지 다른 형으로 분류되어왔다.

① **급식부족 케톤증:** 건강상태에 따라 다음과 같이 분류한다.

- 1차 급식부족 케톤증(primary underfeeding ketosis): 적합한 사료를 충분히 섭취하지 못한 암소에서 발생.
- 2차 급식부족 케톤증(secondary underfeeding ketosis): 질병으로 인한 암소의 사료섭취 부족으로 발생.

② **급식 케톤증:** 급식 케톤증(feeding ketosis)은 다음과 같이 분류한다.

- 케톤체생성 케톤증(ketogenic ketosis): 부티르산과 중쇄 지방산(예, 땅콩에 함유)과 같은 케톤체생성 영양소의 과량 섭취 암소에서 발생.
- 자발성 케톤증(spontaneous ketosis): 유즙 생성에 필요한 글루코스의 전구체를 충분히 함유하고있는 영양적으로 적절한 사료를 섭취한 암소에서 발생. 저장 지방에서 지방산이 계속적으로 동원되어 우유 생성에 사용된다. 아울러 간에서 과량의 케톤체가 생성된다. 이것은 충분한 탄수화물의 존재에서 케톤체가 생성되는 경우로 중요하다.

1차 급식부족 케톤증은 이미 논의된 바와 같이 비생산성 동물에서 발생되는 케톤증과 유사하다. 총 글루코스 생성의 약 85%가 유당생성에 사용됨으로 위험한 탄수화물 부족이 나타나며, 지방조직으로부터 지방이 동원되게 된다. 이렇게 동원된 글리세롤은 간에서 당신생에 사용된다. 조직이 필요로하는 양을 초과하는 지방산은 VLDL로서 방출할 수 없는 조직(친지방성 인자의 결여)으로부터 간으로 들어간다. 간에 트리아실글리세롤형으로 저장할 수 있는 양은 제한되어있으며, 따라서 간은 이들 지방산을 수용성 형태, 즉, 케톤체로 전환하여 방출한다. 또한 신장에서 혈장의 흐름이 감소되어(암양에서) 사구체 여과속도가 억제되므로 케톤뇨증이 감소하고 혈액에 케톤체가 축적되게 된다. 정상 암소에서는 절식 2일 후 위장관의 혈행이 절반으로 감소되며, 케톤증으로 인하여 식욕상실을 가져오고 그래서 영양소의 흡수 기능이 손상된다.

2차 급식부족 케톤증은 케톤증의 일반적 특성이 식욕상실이므로 보통 다른 케톤증의 하나를 수반한다.

(2) 케톤증을 억제하는 영양관리

소의 케톤증과 양의 임신중독증을 예방하기 위하여 사료첨가제(feed additives)를 첨가할 때 주의해야 한다. 예를 들면, 훌륭한 당생성 전구체로서 프로피온산 나트륨이 고려된다. 그러나 프로피온산은 사료첨가제로서 몇 가지의 심각한 단점이 있다.

- 외인성 프로피온산은 프로피온산 생성균의 대사활성을 억제하고, 아세트산과 부티르산 생성균의 활성을 촉진한다. 이는 제1위 내 미생물 효소들의 균형이 깨어져 프로피온산 급여를 중단하였을 때 당생성 전구체가 심각하게 부족하게 되는 현상을 유발한다.
- 프로피온산은 인슐린 반응을 이끌어내고 비타민 B_{12}의 생성을 저하시키는 것으로 알려졌으며, 따라서 저유지방 증후군을 유발할 수 있다.
- 프로피온산의 급여는 적당량의 사료를 섭취하기 전에 식욕을 억제한다.
- 반추동물은 맛이 좋지 않은 프로피온산 함유사료를 알아낼 수 있는 것으로 보이며 섭취와 당 생성 전구체의 이용능이 억제될 수 있다.

케톤증을 방어하는 이상적인 방법은 아직 발견되지 않았다. 암소에서 45~60일의 건유기에 체 저장을 보충하도록 추천되고 있다. 이는 계속해서 유생산을 증가시킨다. 임신 말기에 가까워지면서 지방조직에 지방이 축적되어 지방우증후군(fat cow syndrome)이 되지 않도록 총 열량섭취를 제한할 것을 권장하고 있다. 이 때 축적되는 지방은 비유 초기에 과다하게 즉시 유리되어 케톤증 발생에 기여한다. 임신 말기에 가까워가면서 제한된 열량사료의 일부에 곡류의 비율을 증가시켜 제1위 내의 프로피온산 생성균이 배양되도록 하여야 한다. 이런 방법으로 비유 초기에 필요한 글루코스를 공급할 수 있다. 농후사료에 의한 제1위 내 pH 저하효과는 분만 후의 비유우 사료에 첨가된 수소탄산나트륨($NaHCO_3$)과 산화마그네슘(MgO)의 혼합물에 의하여 완충될 수 있다. 그러나 제1위 내의 이러한 완충효과는 너무 짧게 지속된다.

소의 케톤증에 대처하기 위한 적절한 경영법을 만들기 위하여 우선적으로 탄수화물 부족에 기인하지 않는 자발성 급식 케톤증과 급식부족 케톤증을 감별하기 위한 기준 설정이 중요하다. 한 형태의 케톤증에 효과가 있는 처치법은 다른형의 케톤증에는 전혀 효과가 없을 수 있다.

자발성 케톤증을 억제할 수 있는 혁신적인 방법은 제1위의 대사에 영향받지 않는 형태로 장쇄-지방산을 급여하는 것이다. 즉 포름알데히드-처리 단백질이나 회피 단백질에 결합시키거나 또는 칼슘염으로서 급여하는 것이다. 지방조직에 저장된 지방을 동원하는 대신 지방의 급여로 유지방성분을 제공하는 것이 좋다는 것을 평가하기 위하여 자발성 케톤증을 유발시키는 조건은 고도 농후사료의 급여라는 것을 회상해야 한다. 이런 사료로부터 생성되는 다량의 당 생성 전구체는 유당 생성을 증가시켜 유즙 생산을 증가시킨다. 그 다음에 지방조직으로부터 지방동원이 자극된다. 이 지방은 필수적인 유지방으로 사용된다. 그러나 또한 다량으로 생성된 지방산이 간에서 케톤체로 전환된다(예, 자발성 케톤증). 한편 회피형(escape form)으로 필요한 지방산을 급여한 후 이들 지방산은 킬로미크론으로 체내 대사에 들어간다. 따라서 이들 지방산은 간 이외의 *lipoprotein lipase*를 가진 조직(예, 유선)에 들어간다. 그러므로 이들 식이성 지방산들은 케톤증 유발에 사용되지 않으며, 실제로 이 지방산들은 케톤증에 효과적으로 저항한다.

찾아보기

• d •

• e •

• f •

• g •

• h •